中国地质调查局和中国地质大调查专项"矿产、海洋与油气资源调查中的现代测试技术体系研究"和"实验测试支撑技术体系与创新性方法成果集成"项目资助

现代地质分析技术研究与应用

Research and Application of Modern Geoanalysis

罗立强　吴晓军　主编

科　学　出　版　社

北　京

内 容 简 介

本书系统报道我国近十年来在地质实验分析技术领域的研究进展与应用成果，主要包括：激光剥蚀电感耦合等离子体质谱微区分析技术、共聚焦X射线荧光和近边吸收结构谱成分与元素形态分析技术、矿物物相与元素赋存状态分析技术、岩石矿物中的元素成分分析技术，以及现场分析、海洋样品分析、有机污染物分析等。可供从事地质分析与实验测试技术研究与应用、基础地质与矿物学研究、地球化学勘查、矿产综合利用与评价、生态与环境等相关领域的科研、教学及管理人员学习参考。

图书在版编目（CIP）数据

现代地质分析技术研究与应用 / 罗立强，吴晓军主编. —北京：科学出版社，2017.8

ISBN 978-7-03-054172-7

Ⅰ. ①现⋯ Ⅱ. ①罗⋯ ②吴⋯ Ⅲ. ①地质学–研究 Ⅳ. ①P5

中国版本图书馆 CIP 数据核字(2017)第 199455 号

责任编辑：闫　群 / 责任校对：刘凤英
责任印制：关山飞 / 封面设计：张　放

科学出版社 出版

北京东黄城根北街 16 号
邮政编码：100717
http://www.sciencep.com

北京科信印刷有限公司 印刷

科学出版社发行　　各地新华书店经销

*

2017 年 8 月第 一 版　　开本：889×1194 1/16
2017 年 8 月第一次印刷　　印张：33
字数：1 050 000

定价：298.00 元

(如有印装质量问题，我社负责调换)

《现代地质分析技术研究与应用》
编辑委员会

序

2006 年，为开展矿山生态环境与人类健康相关性调查和研究，带着两个学生，去了南方矿区。一晃十年，当年一起与学生登高望远、击鼓迎新的情景还恍若昨日。

十年来，我国地质分析科学理论与实践已发生了深刻的变化，实验测试技术取得了显著进展。矿物微区分析、元素形态分析、原位活体分析等分析技术从初创到成熟应用，走过了一条从无到有的不断探索、不断创新的发展之路；矿物物相分析、元素赋存状态分析、复杂有机污染物分析等实验测试技术从繁复的化学和人工分离鉴定，到现代实验仪器的综合分析和智能识别，实现了从分析方法到技术途径的根本性改变；矿物矿石多元素分析、地质现场分析在复杂样品分析和现场实时监测及快速测定方面，也取得了显著进展。

十年来，我国地质实验测试技术的人员素质和规模迅速提高和扩大，年轻人才茁壮成长。这十年最值得欣慰的是，在地质调查项目的支持下，在我们这支队伍的相互帮衬和关注下，一支年轻的地质分析科学家队伍已经形成。初创时期，多数实验室经费缺乏、仪器稀少、实验技术人员流失，一些大区实验室只有五六人，甚至二三人。而现在，已涌现出一批目标远大、能力强、有追求、敢作为的年轻人，他们定是我国地质分析领域未来十年、二十年的支撑和栋梁。

十年来，我国地质实验测试技术的进步已在国内外产生了重大影响。一批成果已在国内外代表性刊物上发表，诸多学者受邀在全国性科学大会上做特邀学术报告，相关实验测试技术和方法亦在国际地质大会、国际地球化学大会、国际光谱学大会等权威国际性学术会议上展出，取得了为国际同行所认可的科学和技术进步，并奠定了未来我国地质与地球化学分析研究与技术发展的坚实基础。

为系统总结十年来我国地质分析领域的研究成果，呈现地质分析领域交叉、融合、发展的技术进步之征途，展望地质分析的未来之发展，我们编写了《现代地质分析技术研究与应用》一书，既是对我们过去十年研究工作的总结，也希望借此书为我们这个团队和我国地质分析工作者提供可资借鉴和参考的数据和信息。

本书共七章，系统报道我国十年来地质实验分析技术在激光剥蚀电感耦合等离子体质谱微区分析技术、共聚焦 X 射线荧光和近边吸收谱成分与元素形态分析技术、矿物物相与元素赋存状态分析技术、岩石矿物中的元素成分分析技术，以及现场分析、海洋样品分析、有机污染物分析等领域的研究进展与应用成果。

第 1 章报道激光剥蚀电感耦合等离子体质谱（LA-ICP-MS）分析技术的研究与应用。建立了无需内标的单外标与多外标基体归一校准法、多外标结合硫内标归一定量校准法、双气路校准法等新技术新方法，并在硅酸盐、碳酸盐、硫化物矿物等多元素分析中成功应用；建立了基于 LA-MC-ICP-MS 的斜锆石、锆石、磷灰石等副矿物 U-Pb 定年技术和硼同位素高精度分析技术，及单个熔体包裹体分析技术；在采用沉淀结合粉末压片法与镍锍试金法制备包含铂族元素在内的硫化物矿物分析标准物质方面，突破了微区分析标准物质缺乏的瓶颈和制约，成为国际上继美德之后拥有微区 LA-ICP-MS 标准物质研发能力的三个国家之一，极大地提升了我国地质分析领域的国际影响力，并为我国开展地质样品微区 LA-ICP-MS 定量分析奠定了坚实基础。

第 2 章报道同步辐射等微区分析技术在土壤矿物特性表征与转化过程中的机理与应用研究成果。获得了生物地球化学研究中样品微区和界面中的 Cu、Pb、Zn、As 等元素的分布和形态特征，得到了矿区植物对重金属吸收、利用的特征及其影响因素，在铅锌矿区土壤中的微小矿物颗粒的矿物转化和重金属释放机理的研究方面取得重要进展；建立了典型矿区微生物、土壤酶、土壤 DNA 培养分离和提取方法，得到了矿区的特异抗性微生物、指示酶和 DNA，在土壤植物作用过程与机理、矿区污染和生物找矿研究领域取得了开拓性进展；通过实际采集铅锌矿及相关矿物，获得了相关矿物和无机分子的拉曼光谱谱图，借助化学计量学手段，研发了铅锌矿鉴定模块，具有良好的激光拉曼现场找矿快速分析应用前景。在元素微区分布和形态分析及生物地球化学研究方面，取得了国际公认的创新性研究进展。

第 3 章以矿物物相与元素赋存状态分析技术研究与应用为重点，将现代矿物分析与鉴定技术如电子探针、扫描电镜、激光拉曼、X 射线衍射、红外光谱等结合应用于锰银矿、碲金银矿、斑岩铜矿、黄铁矿、高磷铁矿，以及高岭石、蒙脱石、磷灰石、硼矿石等矿物的分析与鉴定，在探讨矿物成因和成矿条件、选冶和工业利用、矿产开发等方面，提供了不可或缺的实验测定数据，并为深入开展矿物学和矿床学研究提供了重要的技术支撑手段。透明和不透明矿物中流体包裹体的分析研究，也展示了该领域的前沿技术水平。

第 4 章重点关注岩石矿物元素组成分析技术的研究与应用，共 20 节，是传统地质分析的领地。随着科学技术的进步，该领域已从传统化学分析向现代仪器分析发展，建立了以 X 射线荧光光谱（XRF）、电感耦合等离子体发射光谱与质谱（ICP-OES/MS）分析技术为主并结合相关辅助测试技术，配套测定岩石矿物中主次痕量元素的技术方法体系。该章内容既包含 XRF 测定镍矿石、铁矿石、钼铜矿石、铅锌矿、钒钛磁铁矿、磷矿石和石膏矿中主次量元素的分析方法，又涵盖 ICP-OES/MS 测定钨矿石、铌钽矿、铍矿石、铝土矿、铜多金属矿、铁铜多金属矿复杂基体样品、铅锌矿、钒钛磁铁矿、磷矿石、石墨矿和芒硝矿中的多种元素的分析方法。样品前处理方法也得到了创新性发展，其中采用封闭酸溶分解样品、碰撞/反应池消除干扰、有机试剂增敏以及氢化物发生与 ICP-MS 联用技术，对地质样品中稀散元素镓、铟、铊、锗、硒和碲的分析，利用氢氟酸介质，解决铌、钽、钨等易水解元素的 ICP-OES/MS 测定问题等，都是有益的新尝试，具有借鉴意义。

第 5 章聚焦现场分析技术与应用，主要报道钻探流体现场分析技术、覆盖区浅钻取样样品车载 EDXRF 现场分析、车载偏振-EDXRF 现场分析铜铅锌矿石、树脂富集 EDXRF 分析水样中重金属等应用研究成果。实现了汶川地震科学钻探实时流体监测，发现了龙门山中央断裂带深部流体多组分异常及其与深部主滑移带的相关性；实现了矿产资源勘查样品的野外现场分析，解决了多金属矿石复杂基体样品 EDXRF 分析时缺少基体匹配校准标样、粒度效应和矿物效应校正困难的问题。为解决现场分析中检出限不理想的困境，通过选用 S-930 螯合树脂，富集水样中 V、Mn、Fe、Co、Ni、Cu、Zn 和 Pb 等 8 种重金属元素，实现了各元素 EDXRF 检出限约 10g/L，比直接分析水样降低了约 2 个数量级，为采用 EDXRF 技术开展水样现场分析打下了良好的基础。

第 6 章报道海洋分析技术与应用。建立了离子色谱法测试海水和孔隙水中 8 种阴离子和 8 种阳离子的分析方法，该方法可应用于海水和孔隙水中 16 种离子的现场快速分析、河口海岸带环境调查、全球气候变化研究、海底油气资源调查、天然气水合物资源勘查等；借助高纯锗γ探测器和超低本底铅室技术，准确测量了样品中 ^{210}Pb、^{137}Cs 和 ^{234}Th 放射性比活度，并应用于黄河口和长江口地区海洋沉积物测年；应用加速溶剂萃取-固相萃取技术-气相色谱/质谱技术建立了海洋沉积物中正构烷烃、部分甾萜烷烃和芳烃等生物标志物的分析方法，并应用于海洋沉积物生物标志物的分析测试。所建方法在当前海洋地质、油气、环境等研究领域具有重要的实用价值。

第 7 章报道有机污染物分析技术与应用。建立不同环境样品中微量甚至痕量有机污染物的检测分析方法具有非常重要的意义，近十年来有机地球化学分析测试在地质实验测试领域得到飞速发展，已成为多目标地质调查的重要技术支持，在环境地质调查、生态地球化学调查和研究金属成矿作用及规律等方面发挥重要作用。该章共 6 节，在比较多种海岸带沉积物中持久性有机污染物前处理方法的基础上，优化了相关仪器测定参数，最终建立了 22 种有机氯农药、14 种多环芳烃、7 种多氯联苯分析方法体系及质量控制体系；建立了土壤及沉积物中 28 种挥发性有机物现场前处理技术方法。该章着眼于当前有机地球化学调查中的热点，从土壤、沉积物、水和生物等多环境介质入手，分别就样品采集、前处理方法及材料研制、仪器分析测试技术等诸多环节展开研究，进一步对一些典型有机污染物的分布特征、人体暴露水平和潜在生态风险进行分析和评价，并对生物标志物和金属成矿作用进行初步探索，为今后有机地球化学分析测试技术的发展提供了有价值的科学依据。

此外，我国地质科技工作者在实验室信息化管理系统、标准物质与标准化、油气分析技术等方面的研究与应用，也取得了瞩目的成就，与本书报道的领域共同构成了现代地质分析技术体系，读者们能从其他著作或刊物中查阅到相关的研究进展与应用报告，用以之需。

十年来，我们一直不懈努力，坚持着以饱满的热情投身于地质调查事业，坚持着以求索创新的精神从事地质实验研究。十年来，特别是自 2009 年以来，在中国地质调查局的支持下，国家地质实验测试中心组织全国地质分析实验室，实施并完成了"现代实验测试技术在地质调查中的应用研究"、"矿产、海洋与油气资源调查中的现代测试技术体系研究"和"地质实验测试技术研发示范与应用" 3 个计划项目，设立工作项目 52 个，工作内容 150 个，总经费 1.549 亿元，参加单位涵盖中国地质调查局及全国各省、自治区地质和行业分析测试实验室 32 个，参研科技人员 1200 余人次，完成专著两部。其中，第一部《现代地质与地球化学分析研究进展》已由地质出版社于 2014 年 12 月出版。本书为第二部。

第二部《现代地质分析技术研究与应用》的撰写和出版历时 3 年，参编人员 214 人次，总字数 105 万字。值此新书出版的日子，我们向所有参研人员和作者，向所有关心和支持地质实验测试技术发展的同仁们致以诚挚的谢意。没有你们的参与，没有你们的支持和倾心投入，要想完成此书的浩瀚写作那一定是天方夜谭，也是一项不可能完成的工作。

走过十年，伏案数载，我们一同努力完成了本书的撰写和出版，其艰辛，其苦乐，尽在不言中。谢谢你们的一路陪伴，衷心感谢大家。

相信我们的明天会更美好！

罗立强　吴晓军

2016 年 12 月 28 日于北京

目　　录

第1章　激光剥蚀电感耦合等离子体质谱分析技术研究与应用 ··· 1
  1.1　硅酸盐类矿物 LA-ICP-MS 微区原位分析 ··· 2
    1.1.1　技术方法与主要原理 ··· 2
    1.1.2　实验部分 ·· 3
    1.1.3　结果与讨论 ··· 5
    1.1.4　结论与展望 ··· 12
  1.2　碳酸盐及氟碳酸盐矿物 LA-ICP-MS 微区原位分析 ······································· 14
    1.2.1　实验方法 ·· 14
    1.2.2　结果与讨论 ··· 16
    1.2.3　结论与展望 ··· 21
  1.3　硫化物矿物 LA-ICP-MS 微区原位成分分析 ·· 23
    1.3.1　实验方法 ·· 23
    1.3.2　结果与讨论 ··· 24
    1.3.3　结论与展望 ··· 29
  1.4　单个熔体包裹体 LA-ICP-MS 分析及地质学应用 ··· 31
    1.4.1　地质背景与样品特征 ··· 31
    1.4.2　熔体包裹体 LA-ICP-MS 分析方法 ·· 31
    1.4.3　结果与讨论 ··· 32
    1.4.4　结论 ··· 34
  1.5　LA-ICP-MS 分析矿物微区成分分布技术方法研究 ······································· 36
    1.5.1　实验部分 ·· 36
    1.5.2　结果与讨论 ··· 37
    1.5.3　结论与展望 ··· 41
  1.6　LA-ICP-MS 微区原位矿物分析中的基体效应研究 ······································· 43
    1.6.1　元素对比值研究基体效应原理 ·· 43
    1.6.2　实验方法 ·· 44
    1.6.3　结果与讨论 ··· 46
    1.6.4　结论与展望 ··· 50
  1.7　硫化物微区分析标准物质研制 ··· 53
    1.7.1　实验部分 ·· 53
    1.7.2　结果与讨论 ··· 54
    1.7.3　结论与展望 ··· 57
  1.8　硅酸盐微区原位分析成分（备选）标准物质的研制 ····································· 59
    1.8.1　CGSG 系列玻璃的原料及玻璃样品的制备过程 ····································· 59
    1.8.2　均匀性检验 ··· 60
    1.8.3　稳定性检验 ··· 66
    1.8.4　CGSG 系列玻璃态样品的定值分析与定值结果 ····································· 66
    1.8.5　结论与展望 ··· 67
  1.9　斜锆石 LA-ICP-MS U-Pb 定年技术与应用 ··· 70
    1.9.1　研究区地质概况 ·· 70
    1.9.2　技术方法与主要原理 ··· 70

1.9.3 实验部分 75
1.9.4 应用与研究成果 76
1.9.5 结论与展望 80
1.10 探针片 LA-MC-ICP-MS 锆石和磷灰石微区原位 U-Pb 定年 82
1.10.1 研究区域与地质特征 82
1.10.2 技术方法 82
1.10.3 实验部分 83
1.10.4 结果与讨论 85
1.10.5 结论与展望 88
1.11 LA-MC-ICP-MS 硼同位素示踪分析与应用 93
1.11.1 研究区域与地质背景 93
1.11.2 技术方法与主要原理 94
1.11.3 实验部分 95
1.11.4 应用与研究成果 97
1.11.5 结论与展望 99
第 2 章 原位微区及形态分析技术与矿山生物地球化学研究 101
2.1 微区 X 射线荧光及吸收谱技术在植物重金属分布和形态中的应用研究 102
2.1.1 同步辐射微区 X 射线荧光光谱技术 102
2.1.2 同步辐射 X 射线吸收谱精细结构技术 102
2.1.3 实验部分 102
2.1.4 结果与讨论 103
2.1.5 结论与展望 108
2.2 土壤铅矿物转化特征及微生物与铅的相互作用研究 111
2.2.1 实验部分 111
2.2.2 结果与讨论 112
2.2.3 结论 117
2.3 铅锌矿地区表层土壤中重金属污染对土壤酶类抑制与激活作用 119
2.3.1 实验部分 119
2.3.2 结果与讨论 120
2.3.3 结论 127
2.4 应用 HPLC-ESI-MS 测定土壤和植物中小分子有机酸 128
2.4.1 实验部分 128
2.4.2 结果与讨论 129
2.4.3 结论 131
2.5 铅锌矿的激光拉曼光谱特征及鉴定技术 134
2.5.1 激光拉曼光谱方法 134
2.5.2 实验部分 135
2.5.3 铅锌矿及其伴生（共生）矿物的拉曼光谱特征 135
2.5.4 未知矿物鉴别 141
2.5.5 结论 143
第 3 章 矿物物相与元素赋存状态分析技术研究与应用 145
3.1 河北相广锰银矿床中锰矿物研究 146
3.1.1 样品与实验方法 146
3.1.2 结果与讨论 147
3.1.3 结论 150
3.2 甘肃北山绢英岩中云母结构 X 射线衍射分析 152
3.2.1 研究区域与地质背景 152
3.2.2 实验部分 153
3.2.3 应用与研究成果 155

　　　3.2.4　结论 158
　3.3　甘肃白山堂铜矿区黑云母电子探针分析 160
　　　3.3.1　实验部分 160
　　　3.3.2　结果与讨论 164
　　　3.3.3　结论与展望 164
　3.4　甘肃白山堂矿区黄铁矿特征 LA-ICP-MS 与电子探针联合分析 167
　　　3.4.1　实验部分 167
　　　3.4.2　结果与讨论 168
　　　3.4.3　结论 173
　3.5　甘肃北山斑岩铜矿中钾长石粉晶 X 射线结构研究 174
　　　3.5.1　研究区域与地质背景 175
　　　3.5.2　实验部分 175
　　　3.5.3　结果与讨论 176
　　　3.5.4　结论与展望 181
　3.6　凹凸棒石矿综合分析技术与应用 183
　　　3.6.1　仪器与主要材料 183
　　　3.6.2　样品前处理方法 183
　　　3.6.3　样品分析方法 184
　　　3.6.4　结果与讨论 185
　　　3.6.5　结论 188
　3.7　滑石物相分析技术与应用 190
　　　3.7.1　仪器与主要材料 190
　　　3.7.2　样品分析方法 190
　　　3.7.3　结果与讨论 192
　　　3.7.4　结论 194
　3.8　石棉物相分析技术与应用 196
　　　3.8.1　仪器与主要材料 196
　　　3.8.2　样品分析方法 196
　　　3.8.3　结果与讨论 197
　　　3.8.4　结论 199
　3.9　高岭石和蒙脱石物相分析技术与应用 201
　　　3.9.1　仪器与主要材料 201
　　　3.9.2　样品检测方法 201
　　　3.9.3　结果与讨论 202
　　　3.9.4　结论 206
　3.10　紫金山铜多金属矿蚀变矿物组合分析技术与应用 209
　　　3.10.1　实验部分 209
　　　3.10.2　结果与讨论 210
　　　3.10.3　结论 212
　3.11　金银碲化物矿物的交生结构特征及对成矿条件的指示 216
　　　3.11.1　研究区域地质背景与样品采集 216
　　　3.11.2　实验方法及主要原理 216
　　　3.11.3　实验与研究成果 216
　　　3.11.4　结论与展望 220
　3.12　大台沟超深铁矿矿物组分分析技术 222
　　　3.12.1　研究区域与地质背景 222
　　　3.12.2　研究方法与主要原理 222
　　　3.12.3　实验部分 222
　　　3.12.4　结果与讨论 223

　　　3.12.5　结论 225
3.13　磷灰石物相分析技术与应用 226
　　　3.13.1　实验部分 226
　　　3.13.2　结果与讨论 227
　　　3.13.3　结论 231
3.14　碳酸盐矿物物相分析技术与应用 232
　　　3.14.1　实验部分 232
　　　3.14.2　结果与讨论 234
　　　3.14.3　结论 238
3.15　耐火黏土矿物分析鉴定技术与应用 239
　　　3.15.1　研究区域与地质背景 239
　　　3.15.2　鉴定方法与主要原理 239
　　　3.15.3　实验部分 239
　　　3.15.4　结果与讨论 240
　　　3.15.5　结论 244
3.16　硼矿石物相分析技术与应用 246
　　　3.16.1　研究区域与地质背景 246
　　　3.16.2　实验部分 246
　　　3.16.3　结果与讨论 247
　　　3.16.4　结论 249
3.17　高磷铁矿中铁磷元素赋存状态研究 250
　　　3.17.1　实验部分 250
　　　3.17.2　结果与讨论 251
　　　3.17.3　结论 254
3.18　丹巴杨柳坪铜镍硫化物铂族矿床铂族元素赋存状态研究 255
　　　3.18.1　实验部分 255
　　　3.18.2　结果与讨论 256
　　　3.18.3　结论 261
3.19　铁铜多金属矿床矿物及元素赋存状态研究 263
　　　3.19.1　实验部分 263
　　　3.19.2　结果与讨论 265
　　　3.19.3　结论 268
3.20　变温条件下流体包裹体拉曼光谱分析 270
　　　3.20.1　实验部分 270
　　　3.20.2　结果与讨论 271
　　　3.20.3　结论 274
3.21　湖南柿竹园钨锡多金属矿床不同颜色萤石中流体包裹体实验技术研究 276
　　　3.21.1　实验部分 276
　　　3.21.2　结果与讨论 277
　　　3.21.3　结论与展望 281
3.22　铁铜多金属矿床流体包裹体实验技术 284
　　　3.22.1　研究区域与地质背景 284
　　　3.22.2　实验部分 285
　　　3.22.3　结果与讨论 286
　　　3.22.4　结论与展望 292
3.23　雪山嶂铜多金属矿床金属矿物流体包裹体研究 293
　　　3.23.1　实验部分 293
　　　3.23.2　结果与讨论 294
　　　3.23.3　讨论 297

3.23.4 结论与展望 ··· 298
第4章　岩石矿物分析技术与应用研究 ··· 300
　4.1 钨矿石、铌钽矿石、铍矿石中多元素配套分析技术 ·· 301
　　4.1.1 钨矿石、铌钽矿石 ICP-OES/MS 配套分析方法 ·· 301
　　4.1.2 铍矿石 ICP-OES/MS 分析方法 ··· 305
　　4.1.3 结论 ··· 306
　4.2 镍矿石中主次痕量元素 X 射线荧光光谱分析技术研究 ·· 308
　　4.2.1 研究区域与地质背景 ··· 308
　　4.2.2 实验部分 ··· 308
　　4.2.3 结果与讨论 ·· 309
　　4.2.4 结论 ··· 313
　4.3 铝土矿中稀土元素及微量元素分析技术研究 ·· 314
　　4.3.1 样品地质背景 ··· 314
　　4.3.2 实验部分 ··· 315
　　4.3.3 结果与讨论 ·· 316
　　4.3.4 结论与展望 ·· 318
　4.4 铁矿石中主次量元素分析技术研究 ··· 320
　　4.4.1 实验部分 ··· 320
　　4.4.2 结果与讨论 ·· 321
　　4.4.3 结论 ··· 324
　4.5 钼铜多金属矿中主次量元素分析技术研究 ·· 326
　　4.5.1 样品矿物特性 ··· 326
　　4.5.2 粉末压片波长色散 X 射线荧光光谱法测定主次量元素 ································· 326
　　4.5.3 电感耦合等离子体发射光谱法测定铜铅锌钨钼 ·· 330
　　4.5.4 结论与展望 ·· 332
　4.6 雪山嶂铜多金属矿中稀土元素及微量元素现代仪器分析技术研究 ······················ 333
　　4.6.1 研究区域与地质背景 ··· 333
　　4.6.2 实验方法 ··· 333
　　4.6.3 结果与讨论 ·· 334
　　4.6.4 结论与展望 ·· 336
　4.7 硫化铜矿样品 X 射线荧光光谱分析技术研究 ··· 338
　　4.7.1 研究区域与地质背景 ··· 338
　　4.7.2 实验部分 ··· 338
　　4.7.3 结论 ··· 341
　4.8 铁铜多金属矿复杂基体样品中稀土元素分析技术研究 ··· 343
　　4.8.1 实验部分 ··· 343
　　4.8.2 结果与讨论 ·· 344
　　4.8.3 结论与展望 ·· 345
　4.9 含重晶石的银铅矿中铅的分析技术研究 ·· 346
　　4.9.1 研究区域与地质背景 ··· 346
　　4.9.2 实验部分 ··· 346
　　4.9.3 结果与讨论 ·· 347
　　4.9.4 结论 ··· 350
　4.10 内蒙古东乌旗铅锌矿中主次量元素分析技术研究 ·· 352
　　4.10.1 实验部分 ·· 352
　　4.10.2 结果与讨论 ·· 353
　　4.10.3 结论与展望 ·· 356
　4.11 超贫磁铁矿中磁性铁分析技术研究 ·· 358
　　4.11.1 研究区域与地质背景 ·· 358

4.11.2　实验部分 ………………………………………………………………… 359
4.11.3　结果与讨论 ……………………………………………………………… 360
4.11.4　实际样品分析 …………………………………………………………… 362
4.11.5　结论与展望 ……………………………………………………………… 363
4.12　超深铁矿中磁性铁分析技术研究 ……………………………………………… 364
4.12.1　实验部分 ………………………………………………………………… 364
4.12.2　结果与讨论 ……………………………………………………………… 365
4.12.3　结论 ……………………………………………………………………… 367
4.13　金矿中金元素电位滴定分析技术研究 ………………………………………… 369
4.13.1　方法主要原理 …………………………………………………………… 369
4.13.2　实验部分 ………………………………………………………………… 369
4.13.3　结果与讨论 ……………………………………………………………… 370
4.13.4　结论 ……………………………………………………………………… 372
4.14　硫铁矿中铁的自动电位滴定分析技术研究 …………………………………… 373
4.14.1　实验部分 ………………………………………………………………… 373
4.14.2　结果与讨论 ……………………………………………………………… 374
4.14.3　结论 ……………………………………………………………………… 378
4.15　地质样品中稀散元素镓铟铊锗硒碲分析技术研究 …………………………… 380
4.15.1　实验部分 ………………………………………………………………… 380
4.15.2　结果与讨论 ……………………………………………………………… 381
4.15.3　结论与展望 ……………………………………………………………… 385
4.16　磷矿石现代仪器分析技术研究 ………………………………………………… 387
4.16.1　X 射线荧光光谱法测定磷矿石中 12 种主次量元素 …………………… 387
4.16.2　电感耦合等离子体发射光谱法测定磷矿石中主次量元素 …………… 389
4.16.3　电感耦合等离子体质谱法测定磷矿石中的多组分 …………………… 391
4.16.4　结论与展望 ……………………………………………………………… 393
4.17　石膏矿中主次量元素分析技术研究 …………………………………………… 394
4.17.1　研究区域与地质背景 …………………………………………………… 394
4.17.2　实验部分 ………………………………………………………………… 395
4.17.3　结果与讨论 ……………………………………………………………… 395
4.17.4　结论 ……………………………………………………………………… 398
4.18　滑石矿中有害组分的现代仪器分析技术研究 ………………………………… 400
4.18.1　研究区地质背景 ………………………………………………………… 400
4.18.2　矿石矿物特征 …………………………………………………………… 400
4.18.3　滑石矿中石棉的检测方法 ……………………………………………… 400
4.18.4　滑石矿中有害元素分析方法 …………………………………………… 403
4.18.5　结论与展望 ……………………………………………………………… 404
4.19　芒硝矿化学成分分析技术研究 ………………………………………………… 406
4.19.1　实验部分 ………………………………………………………………… 406
4.19.2　结果与讨论 ……………………………………………………………… 407
4.19.3　ICP-OES 和离子色谱法的检出限 ……………………………………… 409
4.19.4　结论 ……………………………………………………………………… 410
4.20　石墨中常量元素分析技术研究 ………………………………………………… 411
4.20.1　研究区域与地质背景 …………………………………………………… 411
4.20.2　实验部分 ………………………………………………………………… 411
4.20.3　结果与讨论 ……………………………………………………………… 412
4.20.4　结论与展望 ……………………………………………………………… 415
第 5 章　现场分析技术与应用 …………………………………………………………… 417
5.1　钻探流体现场分析技术研究与应用 …………………………………………… 418

　　　5.1.1　研究区域与地质背景 ·· 418
　　　5.1.2　钻探流体现场分析方法主要原理 ··· 418
　　　5.1.3　结果与讨论 ··· 419
　　　5.1.4　结论与展望 ··· 420
　5.2　覆盖区浅钻样品的车载实验室现场分析 ··· 422
　　　5.2.1　实验部分 ·· 422
　　　5.2.2　结果与讨论 ··· 424
　　　5.2.3　结论 ··· 425
　5.3　车载偏振-EDXRF 现场分析铜铅锌矿石 ··· 427
　　　5.3.1　实验部分 ·· 427
　　　5.3.2　结果与讨论 ··· 428
　　　5.3.3　结论与展望 ··· 430
　5.4　树脂富集 EDXRF 分析水样中重金属及现场应用 ··························· 432
　　　5.4.1　实验部分 ·· 432
　　　5.4.2　结果与讨论 ··· 433
　　　5.4.3　结论与展望 ··· 436
第 6 章　海洋分析技术与应用 ··· 437
　6.1　离子色谱分析技术在海水和孔隙水阴阳离子分析中的应用 ············ 438
　　　6.1.1　海水和孔隙水分析应用地质背景 ··· 438
　　　6.1.2　海水和孔隙水中阴离子的离子色谱分析技术 ·························· 438
　　　6.1.3　海水和孔隙水中阳离子的离子色谱分析技术 ·························· 443
　　　6.1.4　结论与展望 ··· 446
　6.2　海洋沉积物 ^{234}Th、^{210}Pb 和 ^{137}Cs 测年技术与应用 ··················· 449
　　　6.2.1　研究区域与地质特征 ··· 449
　　　6.2.2　实验部分 ·· 450
　　　6.2.3　结果与讨论 ··· 451
　　　6.2.4　成果应用 ·· 454
　　　6.2.5　结论与展望 ··· 455
　6.3　海洋生物标志物现代分析技术 ·· 456
　　　6.3.1　实验部分 ·· 456
　　　6.3.2　结果与讨论 ··· 458
　　　6.3.3　结论 ··· 461
第 7 章　有机污染物分析技术与应用 ··· 463
　7.1　地质调查海岸带沉积物中有机污染物分析技术与方法的建立及应用 ··· 464
　　　7.1.1　实验部分 ·· 464
　　　7.1.2　结果与讨论 ··· 467
　　　7.1.3　结论与展望 ··· 470
　7.2　土壤和沉积物中挥发性有机样品的采集及现场处理技术 ··············· 471
　　　7.2.1　土壤和沉积物中挥发性有机物分析测试方法的建立 ··············· 471
　　　7.2.2　土壤和沉积物中挥发性有机物分析测试方法的应用 ··············· 473
　　　7.2.3　土壤和沉积物中挥发性有机物现场前处理技术研究 ··············· 474
　　　7.2.4　结论 ··· 475
　7.3　基于自制有机-无机杂化涂层材料的固相微萃取-气相色谱-质谱联用分析技术 ··· 477
　　　7.3.1　实验部分 ·· 477
　　　7.3.2　结果与讨论 ··· 479
　　　7.3.3　结论与展望 ··· 483
　7.4　母乳中典型氯代有机污染物分析技术与应用 ································· 485
　　　7.4.1　研究区域与样品来源 ··· 485
　　　7.4.2　实验部分 ·· 486

7.4.3 结果与讨论 ……………………………………………………………………………… 489
7.4.4 方法应用 …………………………………………………………………………………… 491
7.4.5 结论与展望 ………………………………………………………………………………… 492
7.5 长江三角洲典型区域多环境介质中多环芳烃污染特征、风险评价及来源研究 ……… 495
7.5.1 实验部分 …………………………………………………………………………………… 495
7.5.2 结果与讨论 ………………………………………………………………………………… 497
7.5.3 结论与展望 ………………………………………………………………………………… 501
7.6 紫金山铜多金属矿中有机质的生物标志物分析技术研究与应用 ……………………… 503
7.6.1 研究区地质背景 …………………………………………………………………………… 504
7.6.2 实验部分 …………………………………………………………………………………… 504
7.6.3 结果与讨论 ………………………………………………………………………………… 505
7.6.4 实际样品中生物标志物分析 ……………………………………………………………… 508
7.6.5 结论与展望 ………………………………………………………………………………… 508

第1章　激光剥蚀电感耦合等离子体质谱分析技术研究与应用

激光剥蚀电感耦合等离子体质谱（LA-ICP-MS）是 20 世纪 90 年代以来迅速发展起来的一种能对固体样品进行原位、微区、痕量分析和元素微区分布特征（面分布和深度分布）研究的高灵敏度（ng/g，10^{-9}）的显微分析技术。它不仅克服了常规单矿物分析因所选矿物纯度不足所造成的分析结果解释上的一些问题，在分析灵敏度方面也远远优于电子探针（EMPA）等技术。LA-ICP-MS 不仅分析方法学发展迅速，而且在地学、环境相关问题的应用研究方面也得到了广泛应用，成为一种炙手可热的研究工具。主要的研究方向包括校准物质研制和应用、校准方法开发和改进以及一些仪器相关问题。其典型的应用包括：玄武岩岩浆微量元素地球化学和地幔演化（玻璃及熔融包裹体、矿物-熔体分配系数、地幔地球化学）；变质矿物和变质过程（变质岩矿物之间的微量元素分配、微量元素温压计、变质反应的微量元素指示——环带结构）；硫化物中铂族元素（赋存状态分析）；环境相关问题（增生结构——树轮、耳石、鳞片、珊瑚等与环境因素的相关性等）。此外，LA-ICP-MS 也常应用于锆石等副矿物 U-Pb 同位素定年分析，在 Lu-Hf、Sm-Nd 等同位素体系的原位分析方面也已取得重要进展。

近十年来，中国地质调查局所属多家单位先后引进了 LA-ICP-MS 分析系统。其中包括激光器与四极杆型质谱仪联用系统（LA-Q-ICP-MS）、激光器与单接收型双聚焦质谱仪联用系统（LA-SF-ICP-MS），以及激光器与多接收型双聚焦质谱仪联用系统（LA-MC-ICP-MS）。在地质调查等项目的支持下，分析技术人员充分利用国内外 LA-ICP-MS 技术的最新实验方法和微区校准标样资源，使技术方法的开发和应用工作起点高、见效快，一般在仪器引进后 3~6 个月，即可例行开展地质科研急需的硅酸盐矿物微区原位多元素（约 50 种）同时分析、锆石微区 U-Pb 体系定年分析等。在硫化物及碳酸盐矿物微区原位元素分析、硅酸盐及硫化物矿物微区元素分析（备选）标准物质研制、矿物微区元素分布的快速扫描分析、斜锆石矿物微区 U-Pb 定年、探针片上锆石和磷灰石的原位定年、高精度硼同位素示踪分析等诸多方面，均取得了重要进展和创新性的方法学研究成果，部分成果已达到国际先进水平。这些技术方法和成果，大多已应用于实际矿物样品的分析中，为地质科研提供了重要的分析数据支撑，也取得了较高的经济效益和社会效益。

本章展示中国地质调查局所属实验室近十年来 LA-ICP-MS 分析技术研发及其应用成果，希望为同行及地学研究人员提供有益的信息，促进微区分析技术的进一步发展。

撰写人：詹秀春（国家地质实验测试中心）；胡明月（国家地质实验测试中心）

1.1 硅酸盐类矿物 LA-ICP-MS 微区原位分析

硅酸盐类矿物是一类由金属阳离子与硅酸根化合而成的含氧酸盐矿物。在自然界分布极广，是构成地壳、上地幔的主要矿物，估计含量占整个地壳的 90% 以上，在石陨石和月岩中的含量也很丰富。已知的硅酸盐类矿物约有 800 个矿物种，约占矿物种总数的 1/4。许多硅酸盐矿物如石棉、云母、滑石、高岭石、蒙脱石、沸石等是重要的非金属矿物原料和材料。有的是提取金属钾、铝和稀有金属锂、铍、锆、铷、铯等的主要矿石矿物，如霞石、锂云母、绿柱石、锆石、天河石等。还有不少硅酸盐矿物如祖母绿、海蓝宝石、翡翠等都是珍贵的宝石矿物。除了陨石和月岩中形成的硅酸盐矿物以外，在地壳中无论是内生、表生，还是变质作用，几乎所有成岩、成矿过程中普遍有硅酸盐矿物的形成。岩浆期后的接触交代作用和热液蚀变作用所产生的硅酸盐矿物与原始围岩的成分密切有关。变质作用（主要指区域变质作用）形成的硅酸盐矿物，一方面取决于原岩成分，另一方面取决于变质作用的物理化学条件。硅酸盐矿物及其组合在变质作用中的演变是变质作用的重要标志。表生作用形成的硅酸盐矿物以黏土矿物为主，多属于层状硅酸盐，它们在表生作用条件下是最稳定的。

在激光剥蚀电感耦合等离子体质谱（LA-ICP-MS）分析中，对于硅酸盐类矿物的分析方法是最早开始开发的，其校准样品数量最多、定量分析元素种类最全面的分析方法，其中最主要的分析目标矿物包括锆石、长石、云母等，一些成分简单的矿物如磷灰石、金红石等也可以应用硅酸盐矿物的分析方法进行定量分析。

1.1.1 技术方法与主要原理

1.1.1.1 外标结合内标的校准方法

直接外标法是基于被测定元素在标准和样品分析中的灵敏度 S 不发生变化，这是许多仪器分析法的基础。

$$S_u^{sam} = S_u^{std}，\quad 即 \ C_u^{sam} = C_u^{std} \frac{I_u^{sam}}{I_u^{std}} \tag{1.1}$$

由于质谱分析的特性，在进行定量分析时，引入内标来校正进样量、仪器漂移等方面的影响，以外标法结合内标进行多元素定量分析时，若以 C_{un}^a 表示未知样品中 a 元素的浓度，I_{un}^a 表示未知样品中 a 元素的强度，I_{un}^{in} 表示未知样品中内标元素的强度，I_s^a 表示标准样品中 a 元素的强度，I_s^{in} 表示标准样品中内标元素的强度，可以得到以下关系，即

$$C_{un}^a = K \cdot \frac{I_{un}^a}{I_{un}^{in}} \cdot \frac{I_s^{in}}{I_s^a} \tag{1.2}$$

1.1.1.2 单外标基体归一校准方法

当灵敏度发生变化，常用的简化处理方式是设定所有元素之间的相对灵敏度不变（相当于内标法中用一个内标校正所有被测元素的变化）。相对灵敏度不变，也可理解为所有元素的变化幅度相同。

$$S_u^{std} = k' \cdot S_u^{sam} \tag{1.3}$$

式中，k' 为灵敏度变化幅度。

由式（1.1）推导出

本节编写人：胡明月（国家地质实验测试中心）

$$C_u^{sam} = k' \cdot \frac{I_u^{sam} C_u^{std}}{I_u^{std}} \tag{1.4}$$

式中只有 k' 是未知的，只要求得 k' 值，即可根据已知的外标浓度和测得的外标和样品的强度值得到样品中被测元素的浓度。k' 可以采用基体总量归一的方法求得。

由式（1.4）得出：

$$\sum C_u^{sam} = k' \cdot \sum \frac{I_u^{sam} C_u^{std}}{I_u^{std}} \tag{1.5}$$

即当各元素的变化幅度相同时，其加和的变化幅度也相同。

在实际硅酸盐全分析中，主次量元素 Na_2O、MgO、Al_2O_3、SiO_2、P_2O_5、SO_3、K_2O、CaO、TiO_2、MnO、TFe_2O_3、H_2O^+、CO_2 加和一般可以达到 99% 以上。对于大多数硅酸盐样品，SO_3、H_2O^+ 和 CO_2 之和少于 5%。那么，如果测定了尽可能全的主次量元素，应有 $\sum C_u^{sam} \approx 100\%$，因此可得

$$k' = \frac{100\%}{\sum \dfrac{I_u^{sam} C_u^{std}}{I_u^{std}}} \tag{1.6}$$

由式（1.6）可得到各被测元素的浓度。

具体做法是：不采用内标，直接用外标法得到每一未知样品中待测元素的浓度及所有主含量元素浓度，将主量元素氧化物加和后进行 100%归一（式（1.6）），求出变化幅度系数 k'，对外标法结果进行校正（式（1.5）），得到待测元素的最终分析结果。

1.1.1.3　双气路校准方法

在激光剥蚀出来的气溶胶进入等离子体质谱仪之前，另导入一路标准溶液雾化产生的气溶胶，两路混合以后再进入等离子体质谱仪，在某种程度上相当于标准加入法，增加了校准物质的可溯源性，并且可以在一定程度上减少剥蚀效率和基体效应对定量准确性的制约。

1.1.2　实验部分

1.1.2.1　仪器工作条件

实验中所用质谱仪为 Finnigan ELEMENT 2，是双聚焦高分辨质谱仪，所用激光器为 New Wave 的 UP-213。该仪器具有高灵敏度、低噪声的特点，在溶液工作状态下，1 ng/g ^{115}In 的计数率可达到 2×10^6 cps，是一般四极杆质谱仪的几十倍甚至上百倍。而且该仪器的暗噪声可以达到 0.2 cps，使检测可以达到理想的检出限。LA-ICP-MS 仪器工作参数见表 1.1。

表 1.1　LA-ICP-MS 仪器工作参数

质谱参数	工作条件	激光参数	工作条件
冷却气流量	16 L/min	激光波长	213 nm
辅助气流量	0.73 L/min	激光能量	2 mJ
样品气（Ar）流量	0.85 L/min	脉冲频率	10 Hz
外加气（He）流量	0.610 L/min	束斑大小	40 μm
RF 发生器功率	1200 W	剥蚀时间	40 s
采样锥孔径	1.0 mm		
截取锥孔径	0.7 mm		
每峰点数	100		
采集峰宽	4%		

1.1.2.2 校准物质

美国国家标准与技术研究所（NIST）研制的 NIST 系列玻璃参考物质：NIST SRM 610、NIST SRM 612、NIST SRM 614；美国地质调查局（USGS）研制的天然矿物熔融玻璃态参考物质系列：BCR-2G、BIR-1G、BHVO-2G、NKT-1G、GSD-1G；德国马普化学所 MPI-DING 玻璃态参考物质系列：KL2-G、T1-G、StHs6/80-G、ATHO-G、GOR128-G、GOR132-G、ML3B-G。

1.1.2.3 检出限

检出限是气体空白 10 次测定结果的 3 倍标准偏差，测定下限为 9 倍标准偏差，测定上限为测定当天仪器状态下该同位素允许达到的最大检测强度，结果见表 1.2。

表 1.2　检出限及测定上下限

元素	同位素	检出限/×10⁻⁶	测定下限/×10⁻⁶	测定上限/cps
Mg	25	5.8	17.40	$9×10^9$
Al	27	2.6	7.800	$9×10^9$
Si	29	138	414	$9×10^9$
Ca	44	13	39.00	$9×10^9$
Sc	45	0.14	0.420	$9×10^9$
Ti	49	0.12	0.360	$9×10^9$
V	51	0.009	0.027	$9×10^9$
Cr	52	1.1	3.300	$9×10^9$
Mn	55	0.048	0.144	$9×10^9$
Fe	57	1.6	4.800	$9×10^9$
Co	59	0.071	0.213	$9×10^9$
Ni	60	0.036	0.108	$9×10^9$
Cu	65	0.046	0.138	$9×10^9$
Zn	66	0.11	0.330	$9×10^9$
Ga	71	0.0124	0.0372	$9×10^9$
Ge	72	0.0425	0.1275	$9×10^9$
Rb	85	0.0071	0.0213	$9×10^9$
Sr	88	0.0014	0.0042	$9×10^9$
Y	89	0.0104	0.0312	$9×10^9$
Zr	91	0.0013	0.0039	$9×10^9$
Nb	93	0.0233	0.0699	$9×10^9$
Cd	111	0.0023	0.0069	$9×10^9$
Sn	118	0.101	0.303	$9×10^9$
Cs	133	0.0056	0.0168	$9×10^9$
Ba	137	0.0041	0.0123	$9×10^9$
La	139	0.0011	0.0033	$9×10^9$
Ce	140	0.0009	0.0027	$9×10^9$
Pr	141	0.0009	0.0027	$9×10^9$
Nd	145	0.0036	0.0108	$9×10^9$
Sm	147	0.0062	0.0186	$9×10^9$
Eu	151	0.0022	0.0066	$9×10^9$
Gd	157	0.0069	0.0207	$9×10^9$
Tb	159	0.0004	0.0012	$9×10^9$
Dy	163	0.0018	0.0054	$9×10^9$
Ho	165	0.0005	0.0015	$9×10^9$

续表

元素	同位素	检出限/×10⁻⁶	测定下限/×10⁻⁶	测定上限/cps
Er	166	0.0001	0.0003	$9×10^9$
Tm	169	0.0003	0.0009	$9×10^9$
Yb	172	0.0006	0.0018	$9×10^9$
Lu	175	0.0002	0.0006	$9×10^9$
Hf	178	0.0011	0.0033	$9×10^9$
Ta	181	0.0005	0.0015	$9×10^9$
Tl	205	0.0019	0.0057	$9×10^9$
Pb	208	0.0046	0.0138	$9×10^9$
Th	232	0.0001	0.0003	$9×10^9$
U	238	0.0001	0.0003	$9×10^9$

1.1.3　结果与讨论

1.1.3.1　剥蚀条件研究

1）剥蚀效果

图 1.1 是在剥蚀的过程中，用激光器自带的 CCD 拍照的部分矿物的剥蚀效果照片。图 1.2 是用扫描电镜（SEM）拍摄的剥蚀坑底部和坑壁的部分图像，用此技术还可以对剥蚀坑的直径和深度进行测量。由于实验室配备的是 213 nm 激光器，方解石和石英这两种矿物对此波长的激光束能量吸收较差，产生了灾难性剥蚀。表明用此技术分析这类矿物存在一定的难度。

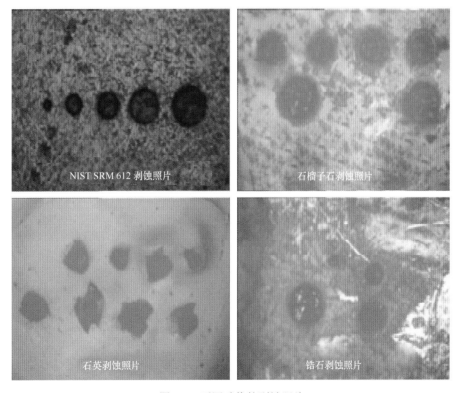

NIST SRM 612 剥蚀照片

石榴子石剥蚀照片

石英剥蚀照片

锆石剥蚀照片

图 1.1　不同矿物的剥蚀照片

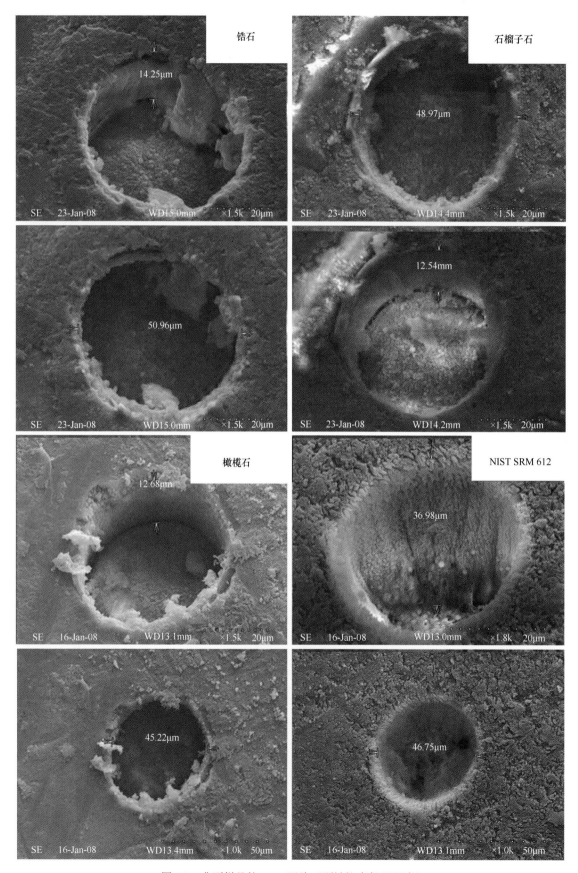

图 1.2 典型样品的 SEM 照片（剥蚀坑直径及深度）

其他几种样品的剥蚀效果比较好。65%和80%的激光剥蚀能量（分别对应 41.2 J/cm^2 和 60.70 J/cm^2 的能量密度）对于石榴子石（铁镁榴石）、天然锆石和橄榄石的剥蚀都是适宜的。表 1.3 是本剥蚀实验得到的一些结果，可以看出激光坑的尺寸普遍大于激光束的尺寸，说明在剥蚀过程中激光束对坑壁具有一定的扩充作用。当激光束为 20 μm 时，对某些样品的剥蚀能力明显降低，这可能是小孔径条件下的气溶胶传输能力低所致，单脉冲剥蚀深度大的样品受到的影响更显著。本次实验中，由于样品的抛光度不够好，在一定程度上对 SEM 的测量产生影响。

总体而言，除 NIST SRM 612 以外，其他样品的单脉冲剥蚀深度约为 35 nm，与文献报道的 30 nm 比较一致。以 40 s 的剥蚀时间、每秒 10 个脉冲为标准测量条件，样品总剥蚀深度约为 15~20 μm。也就是说，目前条件下可以分析的最小矿物颗粒为 20 μm 以上，且在此条件下，微量元素的分析能力会有较大的降低。

表 1.3　不同激光剥蚀条件下得到的剥蚀效果

样品	束斑直径/μm	激光能量（65%）			激光能量（80%）		
		激光坑直径/μm	单脉冲剥蚀深度/μm	单脉冲剥蚀体积/μm^3	激光坑直径/μm	单脉冲剥蚀深度/μm	单脉冲剥蚀体积/μm^3
NIST SRM 612	20	22.9	0.043	17.8	20.2	0.055	17.5
	40	46.8	0.092	159	46.0	0.099	164
	60	64.7	0.106	348	63.6	0.087	276
	100	95.5	0.107	764	99.0	0.105	805
橄榄石	20	21.6	0.019	6.8	22.8	0.026	10.5
	40	45.2	0.032	51	47.2	0.042	73
	60	60.0	0.043	120	65.6	0.065	220
	100	99	0.036	279	101	0.053	421
锆石	20	23.0	0.046	18.9	24.4	0.034	15.9
	40	54.4	0.039	90	51.0	0.036	73
	60	—	—	—	64.8	0.046	150
	100	105	0.032	275	102	0.032	265
石榴石	20	24.3	0.034	15.6	24.2	0.032	14.7
	40	44.7	0.034	54	47.7	0.033	59
	60	61.4	0.037	109	64.7	0.048	156
	100	95.3	0.047	334	98.8	0.042	320

2）NIST SRM 612 标准玻璃剥蚀能量与质谱信号的关系

剥蚀对象为国际标准物质 NIST SRM 612，激光能量的大小以总能量的百分数进行选择，在 40 μm 束斑下，选择激光总能量的 40%时，能量密度约为 0.55 J/cm^2，选择使用总能量的 65%时能量密度约为 41.2 J/cm^2，选择总能量的 80%时作用于样品的能量密度约为 60.7 J/cm^2。在这三个能量条件下，对 NIST SRM 612 进行剥蚀实验，所得的计数率除以该同位素的对应丰度值，得到相当于该元素 100%丰度对应的强度值，记为该元素的灵敏度，结果见图 1.3，其中不同颜色的曲线代表不同元素，点 1 对应 40%能量，点 2 对应 65%能量，点 3 对应 80%能量。选定适宜的剥蚀能量为 65%。

3）方法检出限和精密度

在激光未进行剥蚀时，测定 12 组气体空白，计算 3 倍相对标准偏差为方法的检出限。采用 40 μm 光斑，60%能量，以 NIST SRM 612 为外标，对 NIST SRM 612、NIST SRM 614 及 MPI-DING 玻璃参考物质进行测定，计算检出限、国际参考物质测定结果、国际参考数据及相对标准偏差。绝大多数元素检出限可达到纳克每克至 10^{-10} g/g，只有少数轻质量元素如 Mg、Cr、Fe 受到多原子离子的干扰，检出限为微克每克量级。测定 NIST SRM 612 精密度结果在全部稀土元素的相对标准偏差可以达到 1%左右。图 1.4 为几种校准样品的分析结果。

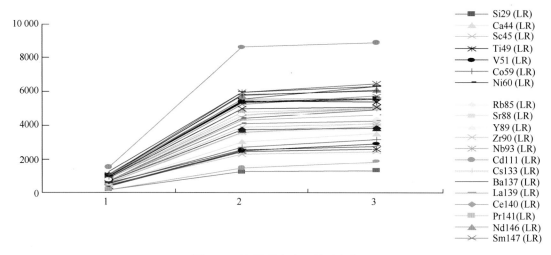

图 1.3　不同能量密度下的强度值

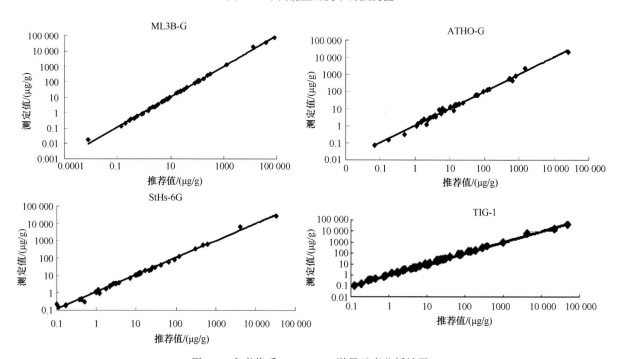

图 1.4　参考物质 MPI-DING 微量元素分析结果

1.1.3.2　基体归一校准锆石

分析了天然锆石 Zircon-1、Zircon-2 和德国标准物质 ATHO-G（由天然硅酸盐岩石流纹岩制备的熔融玻璃标准参考物）。颗粒状样品用环氧树脂固定，表面抛光，测定前用酒精棉清洗表面。外标标准物质为 NIST SRM 612（合成硅酸盐熔融玻璃片）。

激光采样过程中，首先遮挡激光束进行空白计数 12 s，接着对样品上的一个点位进行连续剥蚀 43 s，最后停止剥蚀后用氦气吹扫清洗进样系统时继续计数 15 s，一个样品的总分析时间约 70 s。ICP-MS 的信号测量与激光点燃同步开始。为得到较高的灵敏度，采用低分辨模式。在 $^{23}Na\sim^{238}U$ 的 50 余个元素的质量范围内，共发生 9 次磁场变换，磁扫和电扫的总空置时间为 0.27 s。信号积分时间选择为峰宽的 4%，除 Na、K、Si、Zr 等主量元素的测量停留时间为 4 ms 外，次量和痕量元素均为 20 ms，总测量时间为 0.98 s，一次全扫描的总时间为 1.25 s，有效测量时间占 78.4%。在每个样品的 70 s 分析时间内，总扫描次数为 56 次，其中空白扫描 10 次，样品剥蚀扫描 34 次，清洗扫描 12 次。

取 10 次空白信号取平均值作为空白值；在本实验中，由于样品中元素分布在垂直方向基本是均匀的，截取 34 次扫描信号中部的平稳区间（约 23 次）积分后取平均值，扣除空白值即为净信号强度。将各元素的净信号强度值代入式（1.5）和式（1.6），即可得到所有被分析元素的浓度值。以上数据处理利用 Microsoft Excel 程序可以很方便地完成。

当样品垂直分布非均匀时，各元素的信号变化可在计算机监控器上实时观测，此情况下可以以每次扫描逐点或分小段进行数据处理，即可得到各分析点元素的垂直分布信息。在内标法对照分析中，选择 Si 为内标，未知锆石样品中 SiO_2 根据 $ZrSiO_4$ 理论值计算为 32.8%，ATHO-G 中 SiO_2 含量直接采用推荐值 75.6%。

1）锆石样品和硅酸盐标准物质的分析结果

应用基体归一校准法分析了天然锆石 Zircon-1、Zircon-2 和德国标准物质 ATHO-G。检出限体现了方法的检出能力，只与空白值的标准偏差及灵敏度有关，应用内标法和归一法对数据进行处理，对检出限没有实质性影响。从气体空白测定得到的检出限数据中可看出，内标法和基体归一法分析两个天然锆石和 ATHO-G 的结果对照，符合程度都很好。基体归一校准法分析硅酸盐玻璃标准物质 ATHO-G 的结果，相对误差小于 10% 的元素有 36 个，大于 25% 的元素只有 2 个。

2）应用基体归一校正法的有关问题

（1）应用基体归一校正法得到的分析结果的准确度能否满足要求，主要取决于加和的元素是否完全，表 1.4 列出未完全加和对分析准确度的影响。锆石是很适合用基体归一校准的样品，基本没有不能测定的高含量元素。C、S、F、Cl 等阴离子的测定比较困难，因此当样品中这类元素或结晶水含量较高时，应用氧化物加和归一会引起较大误差。对于一般硅酸盐类地质样品，主量元素（造岩元素）Na、Mg、Al、Si、P、K、Ca、Ti、Mn、Fe、Zr 等都是较轻元素，用它们的氧化物加和来补偿重元素的变化不是最理想的，但相比常用的单元素内标法（多选择 Ca、Si、Ti 等）还是要合理一些。

表 1.4　基体归一法可能引起的分析误差　　　　　　　　　　　　%

加和元素总量	可能的相对误差	加和元素总量	可能的相对误差
100	0	95	5.26
99	1.01	90	11.1
98	2.04	85	17.6
97	3.09		

（2）天然锆石的基本组成是硅酸锆，用 NIST 合成硅酸盐玻璃外标进行标准化可能因基体效应而对分析结果的准确性有一定影响，基体归一法可以部分补偿这种影响。但更可靠的方式是采用天然锆石标准物质进行标准化。由于较通用的天然锆石标准 91500 的微量元素定值不充分，且该标准物质已很难得到，有待研制新的具有微量元素可靠定值的锆石标准物质。用 NIST SRM 612 外标与基体归一结合得到的分析结果，即使存在一点偏差，但不会影响元素分布模式，而地质研究更看重的常常是元素的分布模式。图 1.5 为本研究分析 ATHO-G 和两个锆石样品得到的球粒陨石稀土标准化曲线，可看出这些曲线的形状与该类型地质样品的特征是吻合的。

（3）对于地质学家，矿物样品微区原位元素浓度的三维变化信息具有非常重要的意义。LA-ICP-MS 具备提供这种三维信息的能力，当激光在一个点位向下剥蚀时，可以得到该点的垂直分布信息。即使基体元素和其他被分析元素在垂直方向都是非均匀的，只要对每次或数次扫描进行逐点基体元素氧化物加和归一校正，仍可期望得到较可靠的元素垂直分布信息。水平方向的线扫描更可以应用基体归一法，而无需顾虑内标法中内标元素可能变化的问题。

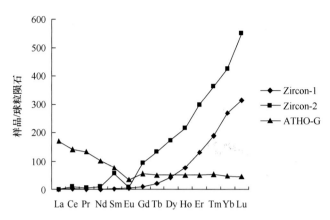

图 1.5　ATHO-G 和两个锆石样品的稀土球粒陨石标准化曲线

具有复杂演化历史的变质岩地区锆石样品，往往具有多期生长的内部结构。通过 LA-ICP-MS 对锆石进行微量元素的原位微区分析，不仅可以定量颗粒的微量元素成分，而且可以揭示单颗粒锆石内存在的成分不均一性和成分环带，从而为锆石的成因研究等提供重要的数据资料。本研究仅测定了元素均匀分布的样品。而从原理上讲，基体归一法完全可以用于环带结构分析。

3）技术优势

在 LA-ICP-MS 进行地质样品的原位微区多元素定量分析中，应用基体氧化物加和归一方法进行校准，可以避免预先用电子微探针（EMPA）等其他微区分析技术对未知样品中的内标元素进行定量。该技术可应用于锆石及其他硅酸盐岩石、矿物及其他基体元素可测的地质样品中几十种元素的微区原位定量分析，并可望进一步应用于具有环带结构、难以找到均匀分布的内标元素的地质样品的元素空间分布分析。

1.1.3.3　双气流路校准

1）校准样品分析结果

在分析一组液态标准物质后，得到液态标准物质校准曲线，此时选取合适浓度的液态标准物质混合目标分析物的激光剥蚀气溶胶，即可得到混合强度，平行于液态校准曲线作出的直线即可得到相应截距值，通过内标校准计算即可得到所分析物质的定量值。表 1.5 为应用双气流路方法分析两种参考物质的分析结果。

为检验分析的稳定性和适用性，将一组校准溶液与固态混合，分别得出标准溶液曲线和混合曲线。图 1.6 和图 1.7 分别为 NIST SRM 612 和 KL2-G 部分元素的分析线，这两条分析线基本是平行的。

2）分析的稳定性

由于在传统的单流路进样模式下引入一路标准溶液，两路气溶胶的混合情况以及复杂的元素分馏与质量歧视等因素，增加了分析的不确定性。

以双路进样校准分析方法制定标准溶液分析曲线，在一天不同时间段，以该分析曲线分析国际玻璃参考物质 NIST SRM 6125 次，统计分析结果，图 1.8 为各元素分析的短期稳定性指标。统计数据显示，分析的 RSD 均小于 10%，在短期内分析结果基本稳定。

由于 ICP-MS 的灵敏度指标，与不同的开机时间、不同的调谐手段以及其他各种因素有关，且由于检测器自身检测能力会随时间不断衰减，在不更换检测器的情况下，ICP-MS 的灵敏度指标会随时间缓慢衰减。如本项目中所用 ELEMENT 2 型质谱仪，在进行双路进样分析时，从 2008 年至 2010 年信号有近十倍的衰减。图 1.9 为不同时间建立不同的分析校正曲线对 NIST SRM 612 进行分析得到的定量结果。

表 1.5　双气路法参考物质分析结果

元素	NIST SRM 612			KL2-G		
	测定值	推荐值	回收率/%	测定值	推荐值	回收率/%
Co	49.1	45.0	109	47.1	41.2	114
Cu	42.3	37.0	114	99	87.9	113
Sr	87.5	78.4	112	418	356	117
Y	38.0	38.0	100	24	24	100
Ba	43.8	39.7	110	116	123	94
La	37.1	35.8	104	12.28	13.1	94
Ce	45.3	38.7	117	33.62	32.4	104
Pr	41.7	37.2	112	4.7	4.6	102
Nd	36.5	35.9	102	21.52	21.6	100
Sm	37.5	38.1	98	5.48	5.54	99
Eu	37.4	35.0	107	1.94	1.92	101
Gd	37.1	36.7	101	5.62	5.92	95
Tb	35.4	36.0	98	0.80	0.89	90
Dy	32.7	36.1	91	4.79	5.22	92
Ho	35.1	36.2	97	0.84	0.96	88
Er	34.8	38.0	92	2.27	2.54	89
Tm	33.4	38.0	88	0.21	0.331	63
Yb	34.5	39.2	88	1.75	2.1	83
Lu	34.8	36.9	94	0.27	0.28	96
Pb	33.0	38.6	85			
Th	31.3	31.7	99			
U	35.9	37.4	96			

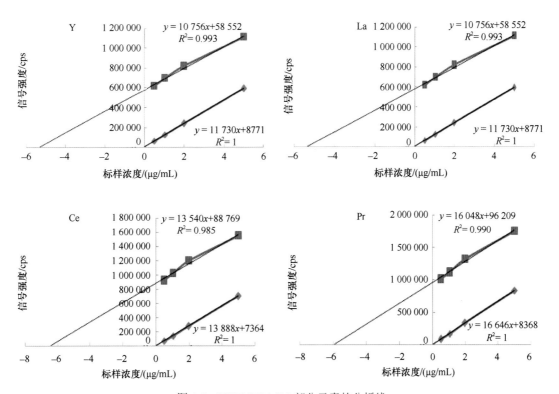

图 1.6　NIST SRM 612 部分元素的分析线

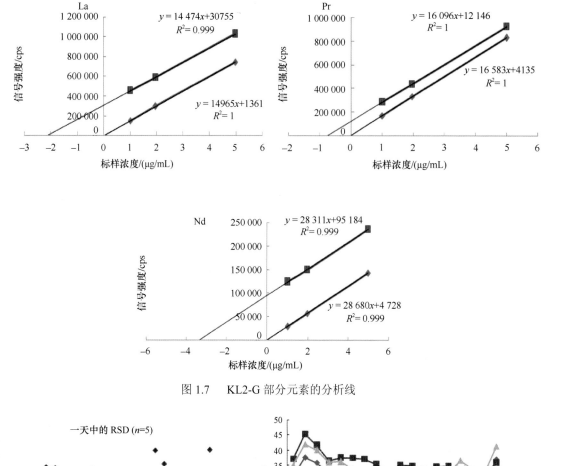

图 1.7　KL2-G 部分元素的分析线

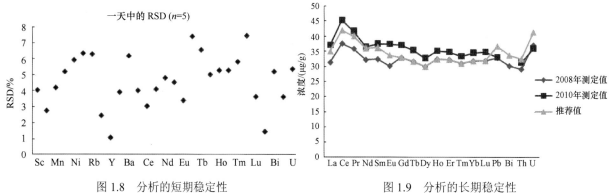

图 1.8　分析的短期稳定性　　　　　　图 1.9　分析的长期稳定性

1.1.4　结论与展望

通过激光和质谱参数的调节，在我国建立了基体归一校准方法和双气流路进样校准硅酸盐矿物的基本分析方法。硅酸盐类矿物分析是 LA-ICP-MS 多元素定量分析技术中最基础、最成熟的分析方法，在几十年的发展过程中，众多科学工作者对其剥蚀传输行为、校准样品、校准方法进行了深入研究。目前可以对大多数微量元素进行较准确的定量分析，但由于采样量小，灵敏度略低于传统的溶液法。未来的分析技术发展可能进一步集中于基础的方法学研究以及仪器的改进，以提高分析的灵敏度和准确性。

参 考 文 献

[1]　Günther D, Hattendorf B. Solid Sample Analysis Using Laser Ablation Inductively Coupled Plasma Mass Spectrometry[J].

Trends in Analytical Chemistry, 2005, 24(3): 255-263.

[2] Jochum K P, Stoll B, Herwig K, et al. MPI-DING Reference Glasses for in situ Microanalysis: New Reference Values for Element Concentrations and Isotope Ratios[J]. Geochemistry, Geophysics, Geosystems, 2006, 7(2): Q02008, doi: 10. 1029/2005GC001060.

[3] Gao S, Liu X, Yuan H, et al. Determination of Forty Two Major and Trace Elements in USGS and NIST SRM Glasses by Laser Ablation-Inductively Coupled Plasma-Mass Spectrometry[J]. Geostandards Newsletter: The Journal of Geostandards and Geoanalysis, 2002, 26(2): 181-196.

[4] Halicza L, Günther D. Quantitative Analysis of Silicates Using LA-ICP-MS with Liquid Calibration[J]. Journal of Analytical Atomic Spectrometry, 2004, 19(12): 1539-1545.

[5] Ciaran O, Barry L S, Evans P. On-line Additions of Aqueous Standards for Calibration of Laser Ablation Inductively Coupled Plasma Mass Spectrometry: Theory and Comparison of Wet and Dry Plasma Conditions[J]. Journal of Analytical Atomic Spectrometry, 2006, 21(6): 556-565.

[6] 徐鸿志, 胡圣虹, 胡兆初, 等. 激光剥蚀-电感耦合等离子体质谱研究富钴结壳生长环带的元素分布[J]. 分析化学, 2007, 35(8): 1099-1104.

1.2　碳酸盐及氟碳酸盐矿物 LA-ICP-MS 微区原位分析

自然界中已知的碳酸盐矿物已逾 100 种，最为常见的包括方解石（$CaCO_3$）、文石（$CaCO_3$）、菱镁矿（$MgCO_3$）、白云石（$CaMg[CO_3]_2$）、菱铁矿（$FeCO_3$）等。随着全球气候变化问题越来越受人们重视，以珊瑚、贝壳、鱼耳石、珍珠等海洋生物质碳酸盐以及以洞穴石笋为代表的环境样品，其 Ca、Sr、Mg、Ba、稀土元素（REE）等主次痕量元素含量是重建气候和环境信息的重要指标[1-2]。碳酸盐质洞穴石笋样品分布广泛，受外界干扰小，沉积时间跨度大，生长机制对外部气候环境敏感，且定年准确、分辨率高，除了碳氧同位素和微层（厚度、灰度）等指标，石笋中的微量元素变化也记录了长期的、高分辨的古气候信息，有助于认识石笋的生长机理和古气候的重建[3-5]。

另一类重要的碳酸盐矿物——稀土氟碳酸盐矿物是提取稀土元素的重要矿物，包括钡稀土氟碳酸盐系列矿物、钙稀土氟碳酸盐系列矿物以及几种锶稀土氟碳酸盐矿物。这些矿物罕见，产地稀少，其中以我国白云鄂博矿床最为典型[6-7]。白云鄂博是世界著名的超大型稀土-铌-铁矿床，成矿条件复杂，目前对于矿床的成矿时代和矿床成因问题众说纷纭。因此研究稀土氟碳酸盐矿物的化学组成、共生组合等不仅可丰富矿物学的研究内容，而且对研究矿床成因具有重要意义[8-9]。

LA-ICP-MS 是 20 世纪 90 年代以来迅速发展起来的一种能对固体样品进行原位、微区、痕量分析和元素微区分布特征（面分布和深度分布）研究的显微分析技术。因其具有高灵敏度（ng/g，10^{-9}）、宽动态范围、高空间分辨率、低基线背景值、少进样量以及快检测速度等特点，使得 LA-ICP-MS 在地质环境样品痕量元素分析中占有很大优势[10-11]。LA-ICP-MS 方法在测定微量元素方面具有较强的优势，但在碳酸盐包括稀土氟碳酸盐矿物测定过程中存在一些问题，主要包括：①标准与实际样品基体匹配的问题[12]；②在基体归一方法定量校准上，碳酸盐矿物包括氟碳酸盐矿物中 C 和 F 元素均具有较高的电离能，即便在高温焰矩条件下也不能完全电离，ICP-MS 对其检测灵敏度低，难以准确定量，需要对该方法进行重新修正[13]；③稀土元素（REE）同位素干扰的问题[14]；④稀土氟碳酸盐矿物镜下识别的问题，由于 LA-ICP-MS 不像电子探针能够根据背散射图像反映的元素信息快速识别稀土矿物，而需要在常规的光学显微镜下准确识别以便上机测试。

本节针对石笋微层生长的特点，分别采用线扫描的方式分析 Mg/Ca 和 Sr/Ca 的变化分布趋势，采用点剥蚀方式，在检测 C 和不检测 C 的两种情况下比较常规内标法与多外标结合内标归一定量法定量分析 45 种元素含量的结果，为石笋等古气候样品微量元素多指标的综合解译研究提供方法学依据。同时对白云鄂博矿区采集的稀土氟碳酸盐样品开展相关矿物学的鉴定和 LA-ICP-MS 方法的多元素基体归一法定量分析方法研究，旨意在不测量 C、F 元素的情况下，实现稀土氟碳酸盐矿物多元素含量基体归一法的准确定量，以替代需要采用其他方法提前测定一种主量元素含量作为内标值的内标法，从而简化 LA-ICP-MS 测试方法流程，为白云鄂博矿床稀土矿物和成因研究提供新的技术方法支持。同时比较和观察了氟碳铈矿的不同束斑剥蚀坑的大小、形貌以及数据结果，为实际矿物样品检测时选择合适的束斑尺寸提供参考依据。

1.2.1　实验方法

1.2.1.1　样品地质背景及制备

本节石笋样品取自辽宁省桓仁县庙洞；稀土氟碳酸盐矿物采集自位于内蒙古北部的白云鄂博稀土矿区。白云鄂博大地构造位置属华北地带内蒙古地轴北缘的边缘坳陷裂谷，近东西向的乌兰宝力格和白云鄂博—白银角拉克两大断裂对白云鄂博区的构造格局、岩浆活动、成矿作用起主导作用。白云鄂博群是组成白云鄂博裂谷建造的主要地层，是一套低绿片岩相的火山及陆源沉积岩系，主要由变质砂砾岩、长

本节编写人：范晨子（国家地质实验测试中心）

石石英砂岩、板岩、结晶灰岩组成，白云鄂博矿赋存于宽沟背斜的南翼。采集的样品进行岩石光片或光薄片的磨制，待用。

1.2.1.2　实验方法

LA-ICP-MS 分析采用德国 Finnigan 公司 ELEMENT 2 型扇形磁场高分辨高灵敏电感耦合等离子体质谱仪，配有美国 New Wave 公司 UP 213 型钇铝石榴石固体激光剥蚀系统以及 193 nm ArF 准分子激光剥蚀系统。仪器点火后静置 15 min 待等离子体稳定后，用 NIST SRM 612 对仪器参数进行调谐，使 ^{7}Li、^{139}La、^{232}Th 信号达到最强，氧化物产率 ^{232}Th^{16}O/^{232}Th 低于 0.2%。调谐后的 ICP-MS 和激光剥蚀系统的主要工作参数见表 1.6。

表 1.6　仪器工作条件

质谱工作参数	工作条件		激光工作参数	工作条件	
	石笋	稀土氟碳酸盐		石笋	稀土氟碳酸盐
射频功率	1207 W	1097 W	激光器（波长）	New Wave UP213（213 nm）	New Wave 193ArF（193 nm）
模式	低分辨（$m/\Delta m \approx 300$）	低分辨（$m/\Delta m \approx 300$）	能量强度	80%	80%
冷却气（Ar）流量	16.92 L/min	16.35 L/min	激光剥蚀频率	10 Hz	10 Hz
辅助气（Ar）流量	0.80 L/min	0.63 L/min	束斑	30 μm、40 μm	5~50 μm
载气（He）流量	0.783 L/min	0.585 L/min	扫描方式	线扫、点剥蚀	点剥蚀
样品气（Ar）流量	0.897 L/min	0.776 L/min			

Mg/Ca、Sr/Ca 元素比值分析采取线扫描的方式，线扫描方向平行于石笋的生长轴方向，扫描速率 2 μm/s，剥蚀深度约 5 μm，每扫描 1 mm 聚焦一次，每次采集空白计数 30 s，每扫描 5 mm 线穿插 3 个单点剥蚀的碳酸盐标样 MACS-3 来校正。多元素定量分析采取点剥蚀的方式，在距线沟约 100 μm 处、以点距 250 μm 的方式平行于线沟布点。石笋样品每扫描 10 个点，穿插 2 个 MACS-3 和 2 个 NIST SRM 610 标准物质点来校正质量歧视和仪器偏倚，每个点总分析时间约为 76 s，其中空白采样 20 s，激光发射时间 40 s。在 ^{7}Li~^{238}U 的 45 种元素的质量范围内，共发生 10 次磁场变换，磁扫和电扫的总空置时间为 0.298 s。信号积分选择为峰宽的 4%，每峰点数为 100，所有元素的测量停留时间均为 4×5 ms，总测量时间为 0.9 s。

稀土氟碳酸盐样品每扫描 10 个点，穿插 2 个 MACS-3 和 2 个 NIST SRM 610 标准物质点来校正质量歧视和仪器偏倚，每个点总分析时间约 76 s，其中空白采样 20 s，激光发射时间 40 s。在 ^{7}Li~^{238}U 的 55 种同位素的质量范围内，共发生 9 次磁场变换，磁扫和电扫的总空置时间为 0.535 s。信号积分选择为峰宽的 4%，每峰点数为 100，除了 ^{7}Li、^{31}P 停留时间为 5 ms，所有元素的测量停留时间均为 4 ms，总测量时间为 0.757 s。

1.2.1.3　实验计算方法

LA-ICP-MS 线扫描石笋的数据取 15 次空白信号的平均值作为空白值，每 5 次扫描取 1 次平均扣除空白值计算纯信号强度，采用扫描线段前后单点剥蚀 MACS-3 标样的相对灵敏度系数，通过贾泽荣等[15]提出的外标结合内标归一定量校准技术中的变换式（1.7）来获得 Mg/Ca 以及式（1.8）获得 Sr/Ca 浓度比值，即

$$\frac{C_{\text{Mg}}}{C_{\text{Ca}}} = \frac{k_{\text{Mg}}I_{\text{Mg}}}{k_{\text{Ca}}I_{\text{Ca}}} \tag{1.7}$$

$$\frac{C_{\text{Sr}}}{C_{\text{Ca}}} = \frac{k_{\text{Sr}}I_{\text{Sr}}}{k_{\text{Ca}}I_{\text{Ca}}} \tag{1.8}$$

LA-ICP-MS 点剥蚀石笋数据取 10 次空白信号的平均值作为空白值，截取信号中部平稳区间积分

后取平均值扣除空白值计算纯信号强度。将各元素的标准值及纯信号强度分别代入外标结合内标法式（1.9），选择 Ca 为内标，依据电子探针结果获得石笋样品中的 Ca 内标浓度值来计算被分析元素的浓度值，即

$$C_u^{sam} = \frac{k_u C_i^{sam} I_u^{sam}}{I_i^{sam}}$$ （1.9）

在石笋样品分析中，主量元素 CaO、MgO 和 CO_2 加和一般可达到 99%以上，因此在测定了样品中尽可能全部的主、次量元素（包括检测 C 含量）后，采用氧化物形式加和后趋于 100%，即

$$\sum_{j=1}^{n} C_{u_j}^{sam} = \sum_{j=1}^{n} \frac{k_{u_j} I_{u_j}^{sam}}{I_i^{sam}} C_i^{sam} \approx 100\%$$ （1.10）

然而对于碳酸盐石笋，其重要组成元素 C 难以准确检出，在实际操作中，根据赋存状态主量元素 Ca、Mg 通常采用碳酸盐形式 $CaCO_3$、$MgCO_3$ 和其他元素加和进行 100%归一。因此在本实验中分别采用了测 C 以氧化物形式加和以及不测 C 以碳酸盐形式加和两种方式进行归一。将式（1.9）结合式（1.10）变换后获得外标结合内标归一定量式（1.11），可以在不需要测定内标元素含量的情况下计算被分析元素的浓度值，即

$$C_u^{sam} = \frac{\dfrac{k_u C_i^{sam} I_u^{sam}}{I_i^{sam}}}{\sum_{j=1}^{n} \dfrac{k_{u_j} I_{u_j}^{sam}}{I_i^{sam}} C_i^{sam}} = \frac{k_u I_u^{sam}}{\sum_{j=1}^{n} k_{u_j} I_{u_j}^{sam}}$$ （1.11）

式中，k 为被测元素的相对灵敏度系数（RSF），通过外标样品获得；C 为浓度；sam 为样品；I 为净信号强度；u 为被测元素；j 为第 j 个元素；i 为内标元素。

用 LA-ICP-MS 分析稀土氟碳酸盐矿物（以氟碳铈矿和黄河矿为代表），在基体归一定量时对 Ba、Ca 采用 $BaCO_3$、$CaCO_3$ 的形式计算，轻稀土元素 La、Ce、Pr、Nd、Sm 分别采用 $LaCO_3F$、$CeCO_3F$、$PrCO_3F$、$NdCO_3F$、$SmCO_3F$ 的形式采用式（1.11）进行归一计算。内标法中采用式（1.9）进行计算，Ce 作为内标元素，Ce 的含量采用电子探针测定，获得氟碳铈矿中 Ce 的平均值为 45.38%（以 $CeCO_3F$ 计），黄河矿中 Ce 的平均值为 25.42%（以 $CeCO_3F$ 计）。

1.2.2　结果与讨论

1.2.2.1　石笋的 LA-ICP-MS 微区原位分析

1）线扫描分析石笋样品 Mg/Ca 和 Sr/Ca 空间分布的可行性

线扫描相比点剥蚀具有连续性强、数据处理简单、分析成本低的特点，尤其适用于石笋这类由于气候动力和土壤过程的年季旋回形成的微生长层结构，能够完整地显现元素随微层交替转换的空间分布信息。激光在线扫描时的空间分辨率受到前面未衰减脉冲信号与后面信号可能叠加的影响。因此本研究对比了 30 μm 和 40 μm 束斑线扫描对石笋中 Mg/Ca 和 Sr/Ca 值变化的影响。图 1.10 中所示线扫描结果不仅能够展现石笋中 Mg/Ca 和 Sr/Ca 值的长周期性变化（对比 1、2、3 框），而且在较短的周期内（1、2、3 框内）也有较好的效果，且在本样品中 Mg/Ca 和 Sr/Ca 值的变化趋势基本一致，可以作为反映季节性水文特征变化的重要指标与微层、年龄等信息进行比对。40 μm 束斑（图 1.10 中 a 线）相比 30 μm 束斑（图 1.10 中 b 线）线扫描数据稳定性强，一方面反映了小束斑条件下剥蚀出的物质少，影响了分析精密度，另一方面也说明了束斑斑径对空间分辨率存在一定影响。将线扫描结果与 40 μm 点剥蚀的外标结合内标归一定量法两种加和形式计算结果（图 1.10 中 c、d 线）相比较，发现二者的比值变化趋势完全吻合，线扫描与点剥蚀所获得的 Mg/Ca 和 Sr/Ca 浓度比值的绝对值也基本接近。因此，采用 MACS-3 点剥蚀方式求得相对灵敏度系数计算线扫描时元素浓度

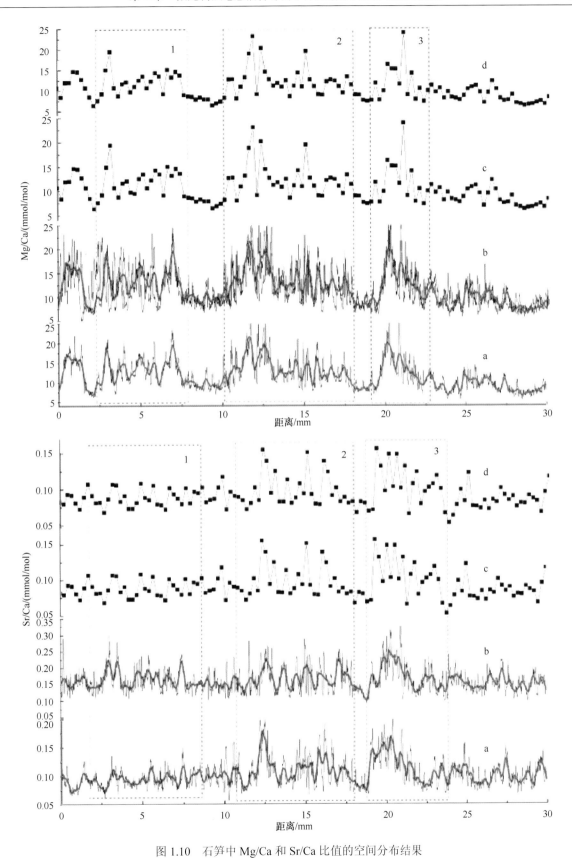

图 1.10　石笋中 Mg/Ca 和 Sr/Ca 比值的空间分布结果

a. 40 μm 束斑线扫描结果；b. 30 μm 束斑线扫描结果；c. 40 μm 束斑不检测 C 含量时点剥蚀归一法计算结果；d. 40 μm 束斑检测 C 含量时点剥蚀归一法计算结果。

黑线代表原始数据点，红线代表每 30 个原始点平滑后的数据点。

比值的方式完全能满足石笋样品 Mg/Ca 和 Sr/Ca 空间分布趋势的分析要求。

2）石笋样品外标结合内标法归一定量分析结果

结合 MACS-3、NIST SRM 610 和 NIST SRM 612 标样的相对灵敏度系数，在检测 C 含量和不检测 C 含量的两种情况下分别以氧化物和碳酸盐形式应用归一定量法分析了石笋样品，并在仪器操作条件下以空白气体的 3 倍标准偏差所代表的元素浓度值计算检出限。结果表明归一法与内标法校正结果对比吻合程度很好（表 1.7），并且以碳酸盐形式归一分析结果更为接近内标法校正值。由于 C 元素具有较高的电离能（第一电离能为 11.260 eV），即便在高温焰矩条件下也不能完全电离，因此 ICP-MS 对于 C 的检测灵敏度低，加之部分空白 C 的干扰（^{13}C 背景值计数约 3.5×10^5）难以准确定量。石笋样品中不含或含有极少量杂质物相是主量元素 Ca、Mg 以碳酸盐形式与其他元素加和归一法准确定量的重要前提条件。27 次石笋样品检测中，以内标法计算结果为标准参考值（因此所有元素相对偏差一致），不测量 C 时归一定量方法测定 26 次结果的系统相对偏差都小于 2%，只有 1 次偏差大于 10%。而在该次测量中电子探针测定内标 CaO 的含量为 50.34%，与方解石相中 CaO 的理论值 56% 有较大的差距，导致了最终计算结果较大的系统相对偏差。因此在实际分析中应尽量避开石笋中的裂隙、包裹体及其他杂质，选择干净的区域进行分析。

表 1.7　内标法与归一定量法分析石笋样品结果对照

元素	石笋 1			石笋 2			检出限
	内标法	测 C 基体归一	不测 C 基体归一	内标法	测 C 基体归一	不测 C 基体归一	（n=7, 3s）
Li	<	<	<	<	<	<	0.13
Be	<	<	<	<	<	<	0.033
B	0.54	0.58	0.54	<	<	<	0.14
CO$_2$*	36.49	39.47	—	41.62	42.39	—	3.32
Na	24.1	26.0	24.0	27.8	28.3	27.4	3.8
MgO/MgCO$_3$*[①]	0.63	0.68	1.3	0.54	0.55	1.1	0.0001
Al	<	<	<	<	<	<	3.7
Si	110	119	110	90.7	92.4	89.7	16.5
P	163	176	163	48.6	49.5	48.1	1.6
K	3.2	3.5	3.2	1.2	1.3	1.2	0.18
CaO/CaCO$_3$*[①]	55.31	59.82	98.65	55.99	57.02	98.84	0.0013
Ti	<	<	<	<	<	<	0.11
V	0.025	0.027	0.025	0.0065	0.0066	0.0064	0.0014
Cr	2.5	2.7	2.5	3.2	3.2	3.1	0.14
Mn	0.13	0.14	0.13	<	<	<	0.021
Fe	9.5	10.2	9.4	<	<	<	1.8
Co	<	<	<	0.038	0.038	0.037	0.011
Ni	2.1	2.3	2.1	<	<	<	0.37
Cu	0.66	0.71	0.66	0.20	0.21	0.20	0.019
Zn	1.9	2.0	1.9	0.23	0.23	0.22	0.043
As	<	<	<	0.70	0.71	0.69	0.058
Rb	<	<	<	<	<	<	0.0083
Sr	70.3	76.0	70.2	117	119	116	0.26
Zr	0.11	0.11	0.11	<	<	<	0.033
Cd	0.15	0.16	0.15	<	<	<	0.021
Ba	17.1	18.5	17.1	42.3	43.0	41.8	0.028
La	0.0035	0.0037	0.0034	0.0047	0.0048	0.0047	0.0009
Ce	0.0035	0.0038	0.0035	<	<	<	0.0009
Pr	0.0008	0.0009	0.0008	0.0028	0.0028	0.0028	0.0001
Nd	0.016	0.017	0.016	<	<	<	0.0046

续表

| 元素 | 石笋 1 | | | 石笋 2 | | | 检出限 |
	内标法	测 C 基体归一	不测 C 基体归一	内标法	测 C 基体归一	不测 C 基体归一	(n=7, 3s)
Sm	<	<	<	<	<	<	0.0004
Eu	0.012	0.013	0.012	<	<	<	0.0024
Gd	0.057	0.061	0.056	0.087	0.088	0.087	0.0061
Tb	0.0026	0.0028	0.0026	<	<	<	0.0005
Dy	0.0067	0.0072	0.0067	0.025	0.025	0.024	0.0021
Ho	<	<	<	0.0011	0.0011	0.0011	0.0002
Er	0.018	0.020	0.018	0.0087	0.0089	0.0087	0.0017
Tm	<	<	<	<	<	<	0.0008
Yb	<	<	<	<	<	<	0.0061
Lu	0.0026	0.0029	0.0026	<	<	<	0.0004
Hf	0.0051	0.0056	0.0051	<	<	<	0.0021
Pb	0.011	0.011	0.010	<	<	<	0.0008
Th	0.0010	0.0011	0.0010	<	<	<	0.0002
U	0.14	0.16	0.14	0.10	0.11	0.10	0.0004

注：标记*的元素单位为%，其他元素单位为 μg/g；<表示未检出；—表示未检测。标记①表示测量 C 基体归一计算时，以氧化物 MgO 和 CaO 的形式表示；不测量 C 基体归一计算时，以碳酸盐 MgCO₃ 和 CaCO₃ 的形式表示；检出限是以氧化物 MgO 和 CaO 的形式计量。

1.2.2.2　稀土氟碳酸盐矿物的 LA-ICP-MS 分析

通过对光薄片中稀土氟碳酸盐矿物的鉴定，本实验选择了两种已用电子探针确定化学成分的稀土氟碳酸盐矿物——氟碳铈矿和黄河矿，开展 LA-ICP-MS 分析方法研究，分别采用内标法和基体归一法进行了多点测量值的比较。表 1.8 中列出了部分测量的数据及以空白气体的 3 倍标准偏差所代表的元素浓度值计算的检出限，可以观察到两种方法计算的数据基本吻合。黄河矿和氟碳铈矿均属于钡稀土氟碳酸盐系列的矿物，这一系列矿物为 $CeCO_3F$ 和 $BaCO_3$ 的复盐，阳离子总数与 CO_3^{2-} 总数相等，F 的进入以补偿三价稀土元素的电价平衡。由于 C、F 元素具有较高的电离能，ICP-MS 难以准确定量，因此在归一计算中对于含量较高的 Ca^{2+}、Ba^{2+} 以碳酸盐的形式以及轻稀土 La^{3+}、Ce^{3+}、Pr^{3+}、Nd^{3+}、Sm^{3+} 以氟碳酸盐的形式引入计算方法。氟碳铈矿归一法 7 次测量的 La、Ce、Pr、Nd、Sm（以 REE_2O_3 氧化物形式计）平均值分别为 25.21%、34.16%、3.14%、9.25%、0.67%；黄河矿归一法 7 次测量的 La、Ce、Pr、Nd、Sm（以 REE_2O_3 氧化物形式计）平均值分别为 9.98%、18.55%、2.02%、6.76%、0.63%，Ba（以 BaO 形式计）平均值为 34.97%。上述这几种主量元素与电子探针测定值较接近，表明直接采用归一法测定稀土氟碳酸盐矿物中的元素含量是可行的。

表 1.8　内标法和归一定量法分析稀土氟碳酸盐矿物的数据结果对比

| 元素 | 氟碳铈矿 1 | | 氟碳铈矿 2 | | 氟碳铈矿 3 | | 黄河矿 1 | | 黄河矿 2 | | 黄河矿 3 | | 检出限 |
	内标	归一	内标	归一	内标	归一	内标	归一	内标	归一	内标	归一	(n=7，3s)
Li	13.8	13.9	2.6	2.6	25.2	25.9	<	<	<	<	<	<	0.45
Na	10.3	10.4	<	<	<	<	<	<	<	<	73.0	70.7	7.0
Mg	<	<	36.8	36.8	<	<	10.4	9.9	9.4	9.2	17.5	17.0	1.3
Al	<	<	50.2	51.2	<	<	<	<	6.5	6.3	16.0	15.5	3.9
Si	1902	1923	2303	2305	1964	2015	961	913	1383	1359	1411	1367	504
P	195	197	190	190	206	211	313	298	210	207	268	260	12.9
K	28.4	28.7	33.7	33.8	16.4	16.9	10.3	9.8	0.65	0.64	42.8	41.5	9.8
CaCO₃	2694	2722	5102	5105	3375	3462	5804	5512	7977	7836	6240	6045	53.4
Sc	<	<	<	<	<	<	<	<	0.19	0.19	<	<	0.066

续表

元素	氟碳铈矿1		氟碳铈矿2		氟碳铈矿3		黄河矿1		黄河矿2		黄河矿3		检出限
	内标	归一	内标	归一	内标	归一	内标	归一	内标	归一	内标	归一	(n=7, 3s)
Ti	<	<	2.5	2.5	<	<	<	<	0.90	0.89	<	<	0.56
V	<	<	0.42	0.42	<	<	<	<	1.3	1.2	<	<	0.055
Cr	14.0	14.2	25.1	25.1	58.0	59.5	8.1	7.7	25.1	24.6	13.5	13.1	3.4
Mn	2.5	2.5	12.0	12.1	1.9	2.0	6.1	5.8	6.2	6.1	38.8	37.6	0.57
Fe	8.0	8.1	135	135	<	<	92.0	87.4	817	802	1165	1128	3.9
Co	<	<	<	<	<	<	<	<	<	<	<	<	0.085
Ni	<	<	<	<	<	<	7.8	7.4	1.0	1.0	<	<	0.59
Cu	<	<	<	<	<	<	330	313	324	319	317	307	0.34
Zn	0.78	0.79	<	<	<	<	404	383	390	384	379	368	0.67
Rb	0.23	0.23	0.20	0.20	0.052	0.053	0.26	0.24	0.33	0.33	0.41	0.39	0.027
Sr	804	813	888	888	791	812	1382	1313	1706	1676	1369	1326	0.074
Y	1624	1642	1640	1641	1598	1639	1743	1656	2537	2493	2091	2026	0.016
Zr	1.5	1.5	1.3	1.3	1.5	1.5	3.6	3.5	2.7	2.7	3.2	3.1	0.13
Nb	0.052	0.052	0.13	0.13	0.037	0.038	0.083	0.079	0.19	0.18	0.73	0.71	0.011
Mo	<	<	<	<	0.36	0.36	0.28	0.26	0.31	0.31	<	<	0.099
Cd	<	<	0.24	0.24	<	<	<	<	<	<	<	<	0.23
In	0.018	0.018	0.044	0.044	<	<	<	<	<	<	<	<	0.009
Sn	0.44	0.44	0.21	0.21	0.38	0.39	0.38	0.36	1.2	1.3	0.76	0.74	0.15
Sb	<	<	0.044	0.044	<	<	<	<	0.049	0.048	<	<	0.015
Cs	0.041	0.041	0.013	0.014	0.11	0.11	0.66	0.63	0.51	0.50	0.64	0.62	0.008
BaCO₃[①]	0.06	0.06	0.09	0.09	0.04	0.04	48.48	46.05	45.67	44.86	46.00	44.56	0.054[②]
LaCO₃F[①]	33.80	34.16	35.01	35.03	32.51	33.35	15.49	14.71	12.89	12.66	12.94	12.94	0.013[②]
CeCO₃F[①]	45.38	45.87	45.38	45.41	45.38	46.55	25.42	24.14	25.42	24.97	25.42	24.63	0.002[②]
PrCO₃F[①]	3.94	4.03	4.05	4.05	4.01	4.12	2.51	2.39	2.77	2.72	2.96	2.86	0.006[②]
NdCO₃F[①]	12.19	12.32	11.40	11.41	11.97	12.28	8.46	8.04	9.19	9.03	9.90	9.59	0.018[②]
SmCO₃F[①]	0.88	0.89	0.80	0.80	0.84	0.86	0.69	0.66	0.95	0.93	0.95	0.92	0.020[②]
Eu	1512	1528	1542	1543	1566	1607	1318	1299	1806	1775	1915	1855	0.017
Gd	2949	2980	3005	3007	2994	3071	7759	7370	8293	8147	8730	8458	0.006
Tb	215	218	216	216	220	226	229	226	351	345	324	314	0.001
Dy	764	772	790	791	782	803	805	764	1248	1226	1092	1059	0.005
Ho	76.9	78.1	77.4	77.4	77.6	79.6	94.0	89.4	135	133	112	108	0.002
Er	91.1	92.0	90.3	90.3	85.2	87.4	139	134	186	183	170	165	0.010
Tm	3.7	3.8	3.8	3.8	3.7	3.8	7.2	6.9	9.5	9.3	8.9	8.6	0.009
Yb	9.3	9.4	9.3	9.3	8.0	8.2	19.6	18.6	25.8	25.4	24.2	23.5	0.006
Lu	0.38	0.39	0.52	0.52	0.40	0.41	0.85	0.81	1.0	1.0	0.99	0.97	0.005
Hf	0.17	0.17	<	<	0.16	0.16	0.26	0.25	0.39	0.39	0.16	0.15	0.010
Ta	0.010	0.011	0.015	0.015	0.015	0.015	0.024	0.023	0.020	0.019	0.031	0.030	0.002
W	0.090	0.092	0.24	0.24	0.059	0.061	0.019	0.018	0.066	0.065	0.089	0.086	0.046
Tl	0.019	0.020	<	<	<	<	0.008	0.008	<	<	<	<	0.007
Pb	68.8	69.6	136	136	46.9	48.2	38.3	36.5	21.9	21.6	20.6	19.9	0.003
Bi	0.021	0.021	0.023	0.023	0.070	0.072	0.032	0.031	0.027	0.027	0.029	0.029	0.009
Th	2348	2374	4669	4672	1610	1652	1003	953	536	527	509	493	0.008
U	0.010	0.010	0.008	0.008	0.020	0.021	0.078	0.074	0.11	0.11	0.089	0.087	0.008

注：标记①含量单位为%，其他元素含量单位为 μg/g；<表示未检出；标记②含量单位为 μg/g。

本实验将基体归一法计算的数据对氟碳铈矿和黄河矿进行了球粒陨石标准化稀土配分模式的标定
（图 1.11）。这两种稀土氟碳酸盐矿物均富含轻稀土，其中以 La、Ce、Pr、Nd 占绝对优势；稀土越轻越富
集，原子序数为偶数的轻稀土相对含量较相邻的奇数者高，但是奇数稀土富集的倍数比下一偶数稀土富
集的倍数大；Eu 无异常，该特征与已报道的电子探针、X 射线荧光光谱、湿化学法分析的钡稀土氟碳酸
盐稀土配分特征一致[16]。

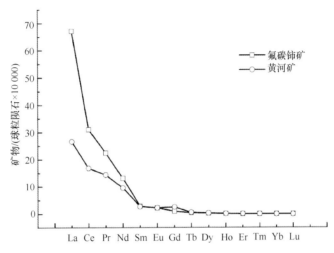

图 1.11　氟碳铈矿和黄河矿的球粒陨石标准化稀土分布形式

1.2.3　结论与展望

LA-ICP-MS 是一项适用于石笋气候样品微层中微量元素比值和含量分析的原位微区技术。相比密布
点剥蚀的传统方法，应用线扫描可以连续、快捷的获得石笋中 Mg/Ca、Sr/Ca 值的空间分布模式。基于
MACS-3 碳酸盐标样中部分元素标准值和准确度缺失，通过相对灵敏度系数构建桥梁，应用 MACS-3、
NIST SRM 610 和 NIST SRM 612 多外标结合内标 Ca 归一定量分析石笋样品微量元素含量切实可行。针
对纯净方解石和/或文石相的石笋样品，主量元素 Ca、Mg 以碳酸盐形式与其他元素进行 100%加和归一
能够解决 ICP-MS 对于 C 元素无法准确检测的问题，与常规内标法（Ca 内标）校正结果基本一致。

应用 LA-ICP-MS 技术也可实现对稀土氟碳酸盐矿物的成分标型特征的研究，对于认识白云鄂博
REE-Nb-Fe 矿床成因具有重要的意义。通过在光学显微镜和背散射图像下准确区分稀土氟碳酸盐矿物的
种类之后可在光薄片上实现对该类矿物的直接 LA-ICP-MS 分析。白云鄂博产稀土氟碳酸盐矿物以轻稀土
为主，通过对常规基体归一方法进行改进，Ba、Ca 采用 $BaCO_3$、$CaCO_3$ 的形式（Sr 含量高时也采用 $SrCO_3$
形式计算）、轻稀土采用 $REECO_3F$ 形式进行加和归一计算，计算结果与电子探针以及 LA-ICP-MS 内标法
计算的数据基本吻合。该方法不需要采用其他方法预先测定内标元素，简化了 LA-ICP-MS 对稀土氟碳酸
盐矿物成分测定的流程，并且在 ICP-MS 因电离能过高不能准确测量 C、F 元素情况下实现了多元素的定
量分析。多尺寸束斑条件下测量数据表明 5 μm 条件下因激光剥蚀的量过少造成信号灵敏度低，总体数据
质量差；10 μm 条件下测量的结果与 20、35、50 μm 束斑条件下测量的结果较为接近，基本能满足对小
颗粒稀土氟碳酸盐矿物成分的分析。

LA-ICP-MS 在碳酸盐矿物包括氟碳酸盐矿物微量元素的分析中具有较好的应用前景，但是目前的研
究存在一些问题，包括：①目前工作主要是进行了 LA-ICP-MS 内标法和基体归一法以及电子探针数据之
间的比对，仍需要采用其他的方法包括溶液 ICP-MS 方法进一步验证 LA-ICP-MS 数据结果准确性；②稀
土元素同位素之间干扰可能对数据的准确度造成一定的影响，将在以后的研究中继续探讨。本研究希望

通过对碳酸盐和氟碳酸盐矿物 LA-ICP-MS 微区原位分析方法的建设，开展实际的碳酸盐、氟碳酸盐矿物样品检测工作，进一步推动古气候、环境变迁和重大地质事件科学研究。

参 考 文 献

[1] 张海伟, 蔡演军, 谭亮成. 石笋矿物类型、成因及其对气候和环境的指示[J]. 中国岩溶, 2010, 29(3): 222-228.

[2] 殷建军, 覃嘉铭, 林玉石, 等. 中国近 2000 年来气候变化石笋记录研究进展[J]. 中国岩溶, 2010, 29(3): 258-266.

[3] Fairchild I J, Treble P C. Trace Elements in Speleothems as Recorders of Environmental Change[J]. Quaternary Science Reviews, 2009, 28: 449-468.

[4] Finch A A, Shaw P A, Weedon G P, et al. Trace Element Variation in Speleothem Aragonite: Potential for Palaeoenvironmental Reconstruction[J]. Earth and Planetary Science Letters, 2001, 186: 255-267.

[5] 谭明. 石笋微层气候学的几个重要问题[J]. 第四纪研究, 2005, 25(2): 164-169.

[6] 吴秀玲, 孟大维. 钙-铈氟碳盐矿物的透射电镜研究[M]. 武汉: 中国地质大学出版社, 2000.

[7] Xu J S, Yang G M, Li G W, et al. Dingdaohengite-(Ce) from the Bayan Obo REE-Nb-Fe Mine, China: Both a True Polymorph of Perrierite-(Ce) and a Titanic Analog at the C1 Site of Chevkinite Subgroup[J]. American Mineralogist, 2008, 93: 740-744.

[8] 袁忠信. 再谈白云鄂博矿床的成矿时代和矿床成因[J]. 地质学报, 2012, 86(5): 683-686.

[9] Yang X M, Le Bas M J. Chemical Composition of Carbonate Minerals from Bayan Obo, Inner Mongolia, China: Implications for Petrogenesis[J]. Lithos, 2004, 72: 97-116.

[10] Desmarchelier J A, Hellstrom J C, McCulloch M T. Rapid Trace Element Analysis of Speleothems by ELA-ICP-MS[J]. Chemical Geology, 2006, 231: 102-117.

[11] Millszkiewicz N, Walas S, Tobiasz A. Current Approaches to Calibration of LA-ICP-MS Analysis[J]. Journal of Analytical Atomic Spectrometry, 2015, 30: 327-338.

[12] Tanaka K, Takahashi Y, Shimizu H. Determination of Rare Earth Element in Carbonate Using Laser-Ablation Inductively-Coupled Plasma Mass Spectrometry: An Examination of the Influence of the Matrix on Laser Ablation-Inductively Coupled Plasma-Mass Spectrometry Analysis[J]. Analytica Chimica Acta, 2007, 583: 303-309.

[13] Frick D A, Günther D. Fundamental Studies on the Ablation Behaviour of Carbon in LA-ICP-MS with Respect to the Suitability as Internal Standard[J]. Journal of Analytical Atomic Spectrometry, 2012, 27: 1294-1303.

[14] Jochum K P, Scholz D, Stoll B, et al. Accurate Trace Element Analysis of Speleothems and Biogenic Calcium Carbonates by LA-ICP-MS[J]. Chemical Geology, 2012, 318-319: 31-44.

[15] 贾泽荣, 詹秀春, 何红蓼, 等. 激光烧蚀-等离子体质谱结合归一定量方法原位线扫描检测石榴石多种元素[J]. 分析化学, 2009, 37(5): 653-658.

[16] 杨学明, 杨晓勇, 陈双喜, 等. 白云鄂博钡稀土氟碳酸盐矿物的新产状及其矿物学特征[J]. 科学通报, 1999, 44(9): 984-989.

1.3　硫化物矿物 LA-ICP-MS 微区原位成分分析

　　硫化物矿物是矿物学上的一大类，也是地球科学领域研究的重点矿物之一。一方面，由于亲铜元素 Cu、Zn、Pb、Hg、Ag、Cd、In、Sn、As、Ga、Ge、Bi 等及亲铁元素 Fe、Mn、Co、Ni、Mo、Au、Re、铂族元素（PGEs）等高度富集在硫化物矿物中，常形成具有工业开采价值的大型矿床，因而硫化物矿物具有可观的经济价值；另一方面，硫化物中痕量金属元素的含量及其变化特征在硫化物矿石矿物及矿床形成过程中具有指示剂的作用，可为成矿预测和找矿勘探提供有关的科学信息[1]，故硫化物矿物在矿石矿物成因学、经济地质学和环境地球化学研究领域具有重要的应用价值[2-3]。由于硫化物矿物的经济价值及地学应用意义，使其成为地学研究的热门矿物之一。

　　目前，硫化物矿物整体分析主要依赖于电子探针（EMPA）与电感耦合等离子体光谱/质谱（ICP-OES/MS）技术的结合，即以电子探针分析主次量元素、以光谱/质谱技术分析痕量元素[4-5]。同时使用多种分析手段，不仅增加了分析成本，也延长了上机测试等待时间，不利于地质样品快速分析。同时，随着地质分析朝着原位微区分析的方向发展，电子探针尽管作为一种常用的微区分析手段，但受制于检出限较差，无法满足硫化物矿物痕量元素分析的要求。LA-ICP-MS 是 20 世纪 90 年代快速发展起来的一种原位微区分析技术，不仅可同时分析矿物中的主、次、痕量元素[6]，还可以获取元素的三维空间分布信息，是硫化物矿物多元素微区分析最重要的技术手段之一。然而，由于硫化物矿物的激光剥蚀特性与硅酸盐及氧化物不同，氩化物干扰不容忽略，分析校准用的标准物质又严重缺乏，制约了 LA-ICP-MS 在硫化物矿物微区分析中的广泛应用。

　　本研究首先采用扫描电镜研究了硫化物矿物激光剥蚀坑的形貌，考察硫化物矿物剥蚀期间的局部熔融现象。针对硫化物矿物校准物质严重缺乏的问题，提出了多玻璃标样结合硫内标归一定量技术分析硫化物单矿物中主、次、痕量元素的“矿物桥”定量校准技术，结合定量分析结果表明该校准方法具有一定的实用性。研究了具有宽范围、较高痕量元素含量的玄武岩基体的玻璃标准 GSD-1G、GSE-1G 结合 Fe 内标直接用于分析硫化物矿物的可行性。最后，利用实验室最新引进的 193 nm 准分子激光剥蚀系统，探讨了不同激光束斑大小及能量强度对硫化物矿物分析中元素分馏效应的影响。

1.3.1　实验方法

1.3.1.1　实验仪器

　　实验主要采用 UP 213 型激光器及 ELEMENT 2 型质谱仪组成的 LA-ICP-MS。UP 213 激光剥蚀系统由美国 New Wave 公司生产的五倍频 Nd：YAG 激光器，波长为 213 nm。此外，在研究硫化物矿物激光剥蚀坑形貌及元素分馏效应时，采用了 New Wave 公司生产的 193 nm 准分子激光剥蚀系统（NWR 193 ESI）。ELEMENT 2 型 ICP-MS 由德国 Finnigan 公司生产，为双聚焦扇形磁场高分辨高灵敏 ICP-MS。

1.3.1.2　标准物质

　　实验采用的各类标准物质来源及其分类：NIST 合成玻璃标准物质 NIST SRM 610、NIST SRM 612；MPI-DING 地质玻璃标准系列 KL2-G、T1-G、StHs6/80-G、ML3B-G、GOR128-G、GOR132-G、ATHO-G；USGS 地质玻璃标准系列 BCR-2G、BHVO-2G、BIR-1G、GSD-1G；CGSG 地质玻璃标准系列 CGSG-1、CGSG-2、CGSG-4、CGSG-5；硫化物矿物校准物质 MASS-1[2] 及 IMER-1[7]。

　　采用均匀性较好、已有主量元素定值的电子探针成分分析标准样品代替天然矿物样品，电子探针硫化物矿物标准样品由中国地质科学院矿产资源研究所电子探针室提供，包括黄铁矿（K18）、硫砷银矿（K32）、方铅矿（K51）、天然闪锌矿（K52-N）、合成闪锌矿（K52-S）、辉锑矿（K54）、辉钼矿（K56）、硫锰矿（K59）、黄铜矿（K60）、硫镉矿（K63）、毒砂（K64）、黄锡矿（K-H）等常见硫化物矿物以及含氧盐矿物硬石膏（K42）[8]。将所有硫化物矿物粘在一个样品靶上，环氧树脂固化并抛光处理。

1.3.1.3　仪器工作条件

在低分辨率模式下（R=300）调试 ICP-MS。实验采用高纯 He 为载气，NIST SRM 610 为校准物质，控制氧化物产率（$^{232}Th^{16}O/^{232}Th$）小于 0.3%，获得较高的灵敏度又能降低氧化物干扰。同位素的选择，除了 Ca 元素以外，选取了硫化物矿物中可能含有的所有的亲硫（铜）及亲铁元素。LA-ICP-MS 仪器详细工作参数见表 1.9。

表 1.9　LA-ICP-MS 仪器工作参数

	激光剥蚀系统		电感耦合等离子体质谱（ELEMENT 2）			
工作参数	UP 213	NWR 193 ESI	射频功率	1200 W	每峰点数	100
激光波长	213 nm	193 nm	冷却气（Ar）流量	16 L/min	质量峰宽	4%
束斑直径	40 μm	15、25、35、50、75、100 μm	辅助气（Ar）流量	1.0 L/min	积分时间	主量元素为 8 ms、痕量元素为 10 ms
能量强度	60%	50%、60%、70%、80%	载气（He）流量	0.49 L/min	静置时间	默认（^7Li 为 0.100 s）
重复频率	10 Hz	10 Hz	样品气（Ar）流量	0.61 L/min	检测模式	双重模式（计数和模拟）
剥蚀时间	30 s	40 s	同位素 ^{34}S、^{44}Ca、^{55}Mn、^{57}Fe、^{59}Co、^{60}Ni、^{65}Cu、^{66}Zn、^{71}Ga、^{72}Ge、^{75}As、^{76}Se、^{95}Mo、^{101}Ru、^{103}Rh、^{105}Pd、^{107}Ag、^{111}Cd、^{115}In、^{118}Sn、^{121}Sb、^{128}Te、^{185}Re、^{189}Os、^{191}Ir、^{194}Pt、^{197}Au、^{202}Hg、^{205}Tl、^{207}Pb、^{209}Bi			
脉冲宽度	5 ns	4 ns				
吹扫时间	30 s	30 s				

1.3.1.4　数据采集与处理

激光剥蚀采取单点剥蚀的方式，每个标准及样品扫描 5~8 个点，主量元素积分时间为 8 ms，微量、痕量元素积分时间均为 10 ms。数据处理在 Microsoft Excel 中进行，所有玻璃态标准物质数值均来自德国马普化学研究所 GeoReM 数据库（http://georem.mpch-mainz.gwdg.de/）最新推荐值，硫化物校准物质及电子探针矿物标样采用有关文献值。

1.3.2　结果与讨论

1.3.2.1　硫化物激光剥蚀局部熔融现象

1）不同激光能量强度下的局部熔融

为了考察硫化物在激光剥蚀期间产生的局部熔融现象，分别考察了 70%、60%、55%、50% 不同激光能量强度对 NIST SRM 612 信号强度及硫化物标准 MASS-1 熔融程度的影响，相关实验结果如表 1.10 所示。结果表明，不同激光能量强度下，局部熔融的现象都存在，但随着激光能量的降低，剥蚀坑周围的熔融范围大幅缩小；然而，激光能量较低时导致元素灵敏度大幅度减小，尤其对玻璃标样中痕量元素定量分析不利，这也是制约 LA-ICP-MS 分析硫化物一个重要因素。综合上述因素，最后选择激光的能量强度为 60%，氧化物产率（$^{232}Th^{16}O/^{232}Th$）小于 0.2%。

2）相同激光工作条件下不同硫化物及标准的局部熔融

采用 193 nm 准分子激光剥蚀系统，在 35 μm 激光束斑直径、80%激光能量强度下，考察了黄铁矿

表 1.10　不同激光能量对 NIST SRM 612 剥蚀信号及 MASS-1 熔融现象的影响

项目	激光能量强度/%			
	70	60	55	50
能量密度/（J/cm²）	12~15	7~11	5~7	0.5~2
²³²Th 信号/kcps	~200	~80	~40	~4
MASS-1 熔融情况	严重	较严重	不太严重	不太严重

（K18）、闪锌矿（K52）、黄铜矿（K60）、毒砂（K64）、硫化物矿物标准 MASS-1 及玻璃标准 NIST SRM 610 的剥蚀坑形貌差异，如图 1.12 所示。SEM 形貌图显示，在相同激光剥蚀条件下，不同硫化物矿物及标准的激光剥蚀坑有较大差别，剥蚀坑直径大小从 39 μm 至 51 μm 不等，剥蚀坑的规则程度及深度亦有较大差异，硫化物矿物的局部熔融现象要比合成硫化物矿物标准 MASS-1 及玻璃标准 NIST SRM 610 严重得多，显示出硫化物矿物与标准不同的剥蚀行为差异。然而，有研究者采用飞秒激光剥蚀系统（fs-LA）分析硫化物矿物[9]，发现局部熔融现象消失，进而可改善分析结果。

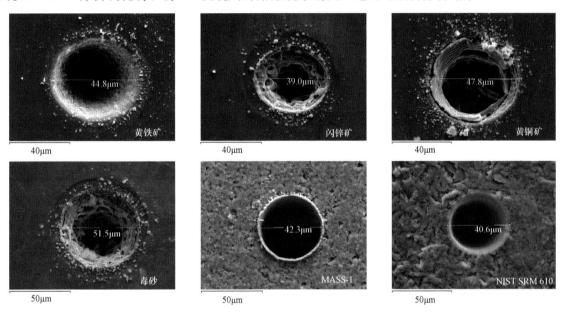

图 1.12　相同激光束斑直径下不同矿物样品剥蚀坑 SEM 图像

1.3.2.2　"矿物桥"定量校准技术

1）外标结合内标归一定量技术

在基体归一定量校准技术的基础上[10]，贾泽荣等[11]提出了外标结合内标归一定量校准技术，其计算公式如下：

$$c_u^{sam} = \frac{k_u I_u^{sam}}{\sum_{j=1}^{n} k_{u_j} I_{u_j}^{sam}} \times 100\% \tag{1.12}$$

式中，k 为元素相对灵敏度因子（RSF）；c 为浓度；sam 代表样品；I 为净信号强度；u 代表分析元素；j 代表第 j 个元素。

基体归一定量校准技术使用了元素的灵敏度因子（SF），仅适合单外标校准。而外标结合内标归一定量校准技术使用了相对灵敏度因子（RSF），元素的 RSF 经过了内标的标准化，不同标准相同元素 RSF 的差异较小，因而内标归一定量校准技术还可以使用多外标同时校准。然而，利用外标结合内标归一定量技术分析未知样时，标样和样品之间元素 RSF 的差异是造成分析结果误差的重要因素，而主量元素氧化物加和是否接近 100%是影响分析结果的另一重要因素[10, 12]。

2）"矿物桥"定量校准技术

硅酸盐玻璃标准物质由于缺乏与硫化物在结晶上及成分上的匹配，尤其是贫 S，因而被认为不适合用于定量校准硫化物矿物中的所有元素，尤其是主量元素 S。本研究另辟新径，以硬石膏矿物（$CaSO_4$）为桥梁，将玻璃标准 NIST SRM 610、GSD-1G 等含有宽范围的痕量元素转换成以 S 为基体的硫化物标准，从而可分析硫化物矿物中包含 S 在内的全部元素。具体做法如下：以硬石膏矿物中 Ca 相对于 S 的灵敏度因子 $RSF_{(S/Ca)}$ 为桥梁，将玻璃标样中感兴趣元素相对于 Ca 的灵敏度因子 $RSF_{(Ca/M)}$ 转换成元素相对于 S 的灵敏度因子 $RSF_{(S/M)}$，然后代入外标结合内标归一定量校准公式（1.12）中分析硫化物矿物，这种方法称为"矿物桥"定量校准技术。其中，相对灵敏度因子 RSF 转换公式如下：

$$k\left(\frac{S}{M}\right) = k\left(\frac{Ca}{M}\right)_{GRM} \cdot k\left(\frac{S}{Ca}\right)_{Anh} = \left(\frac{I_{Ca}}{I_M} \cdot \frac{c_M}{c_{Ca}}\right)_{GRM} \cdot \left(\frac{I_S}{I_{Ca}} \cdot \frac{c_{Ca}}{c_S}\right)_{Anh} \tag{1.13}$$

式中，M 表示感兴趣元素（金属或半金属元素）；GRM 表示玻璃标样；Anh 表示硬石膏。

本方法实现的前提条件（或假设）是：玻璃标准中元素转换后相对于 S 的灵敏度因子与硫化物矿物中相应元素的 RSF 相等，即 $k(S/M)_{GRM \cdot Anh} = k(S/M)_{sulfide}$，亦即玻璃标样与硫化物矿物没有基体效应的差异。

3）"矿物桥"定量校准技术可行性

利用 12 种国际玻璃标样组成的多外标（GSD-1G 除外）结合硫内标归一定量技术分析了硫化物矿物标准 MASS-1 中 20 种元素，同时以 Fe 为内标、NIST SRM 610 为外标定量校准硫化物矿物标准 MASS-1，分析结果见表 1.11。

表 1.11　玻璃标样结合硫内标归一定量及 Fe 内标校准法分析 MASS-1 结果（n=12）

元素	给定值	玻璃标样结合硫内标归一定量校准法/（μg/g）						Fe 内标校准法/（μg/g）	
		NIST SRM 610		GSD-1G		多外标		NIST SRM 610	
		平均值	SD	平均值	SD	平均值	SD	平均值	SD
S[a]	27.6±0.10	31.17	1.18	27.82	1.12	28.57	1.14	16.36	1.15
Fe[a]	15.6±0.1	13.82	0.50	12.15	0.42	14.11	0.49	15.60	0.00
Cu[a]	13.4±0.05	11.07	0.32	10.96	0.29	12.24	0.33	12.85	0.41
Zn[a]	21.0±0.5	21.54	0.52	26.62	0.58	22.65	0.50	24.46	0.55
Mn	280±80	264	11	209	8	242	10	305	7
Co	60±10	61	2	54	1	60	2	71	2
Ni	97±15	91	4	71	3	97	5	102	5
Ga	64±11	55	2	46	2	55	2	64	1
Ge	50[c]	61	2	46	1	56	2	72	2
As	65±3	71	3	128	5	65	2	78	3
Mo	59±9	55	4	55	4	65	4	65	3
Ag	50±5	47	2	59	3	44	2	57	2
Cd	60±7	146	27	250	47	134	25	182	52
In	50[b]	59	2	49	2	54	2	70	2
Sn	59±6	53	2	44	2	65	3	63	2
Sb	60±9	57	2	80	3	52	2	68	2
Au	47[c]	51	6	32	4	47	5	60	6
Tl	50[b]	63	2	—	—	58	2	76	3
Pb	68±7	68	2	78	2	76	2	80	3
Bi	60[b]	58	2	71	2	61	2	70	2

注：a 单位为%，b 为信息值，c 来自文献[2]；—表示未检测。

　　结果表明，多外标结合硫内标归一定量技术法分析 MASS-1 可以获得较为满意的结果：对主量元素的分析误差<10%，有参考值的痕量元素（Cd 除外，可能是由于 MASS-1 中 Cd 受到干扰）分析结果几乎都在参考值±不确定度范围之内，3 个信息值及 2 个文献值的分析结果也与给定值很接近。与 GSD-1G 相比，单外标 NIST SRM 610 结合硫内标归一定量校准法得到的结果较好，尤其是痕量元素，可能是由于其痕量元素含量较高的缘故。单外标 NIST SRM 610 结合硫内标归一定量校准法对多个痕量元素的分析结果也在参考值±不确定度范围之内，因而也可以用于分析硫化物矿物中的痕量元素；但主量元素分析结果的误差（Zn 除外）相对较大，不如多外标理想。

　　与 Fe 为内标、NIST SRM 610 为外标定量分析 MASS-1 结果相比，无论是单外标（NIST SRM 610）还是多外标结合硫内标归一定量校准法获得的结果几乎都比内标校准法结果更接近给定值，同时本方法也比文献[2]获得的 S 及痕量元素 Co、Ni、Ag、Au 的分析结果更接近给定值，并且精度也更高。以上分析结果表明，玻璃标样外标结合硫内标归一定量技术分析硫化物具有一定的可行性，尤其是采用多外标。

4）"矿物桥"定量校准技术分析硫化物矿物

　　利用玻璃标样（单外标 NIST SRM 610 及多外标）结合硫内标归一定量技术分析了 12 个硫化物单矿物，并与以 MASS-1 为外标、内标结合归一校准法及硫内标校准法分析结果进行了对比。多外标结合硫内标归一定量技术对于主量元素分析结果表明，除天然闪锌矿中 Cd 与 Zn、辉锑矿中 Sb 及硫砷银矿中的 S 相对误差在 15%~20%外，其他元素的相对误差都小于 10%；玻璃标样对多个矿物的分析结果甚至比 MASS-1 分析结果更好（图 1.13），如对被认为 MASS-1 基体不匹配的方铅矿（K51）主量元素 S、Pb 分析结果的相对误差都小于 2%。对于硫化物矿物中含有的痕量元素，多玻璃标样外标分析结果与 MASS-1 分析结果很接近。同时，单外标 NIST SRM 610 对部分主量元素校准结果与给定值吻合得较好，对大多数痕量元素的分析结果也与 MASS-1 校准结果接近，表明以 NIST SRM 610 为外标结合 Fe 为内标在硫化物矿物痕量元素分析中具有一定的实用性[9]。

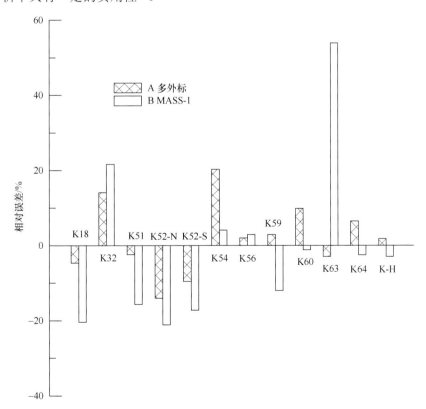

图 1.13　外标结合硫内标归一定量技术分析 12 个硫化物矿物中主量元素 S 的相对误差

1.3.2.3 直接采用玻璃标准定量校准硫化物矿物

目前，缺乏基体匹配的硫化物矿物校准物质是制约 LA-ICP-MS 分析的瓶颈所在[2, 7, 13]。因而，人们不得已采用 NIST SRM 610 等玻璃标准定量校准硫化物矿物[13]。NIST SRM 610 含有宽范围的痕量元素，但由于 Fe 不是主量元素，其含量仅为 458 μg/g，将 Fe 作为内标元素会影响分析结果的准确度和精密度。USGS 合成的玄武岩地质玻璃标准物质 GSD-1G 及 GSE-1G 中几乎含有所有亲铜、亲铁痕量元素，痕量元素含量分别为约 40 μg/g 和约 400 μg/g，同时 Fe 是主量元素，可用作内标元素，理论上可以替代 NIST SRM 610 用于硫化物矿物的定量分析。

采用 193 nm 准分子激光剥蚀系统（NWR 193 ESI），在 35 μm 束斑直径、70%激光能量强度剥蚀条件下，以 ^{57}Fe 为内标，分别采用 GSD-1G 及 GSE-1G 为外标，分析 USGS 合成的硫化物矿物标准 MASS-1 中的多元素，分析结果如图 1.14 所示。除了少数几个挥发性元素外，包括主量元素 Cu、Zn 在内的元素分析结果的相对误差都小于 15%，并且除 Cd 及 Pt 分析结果的相对标准偏差分别为 6.81% 及 6.08%外，其余各元素分析结果的精度优于 5%。研究表明，以 Fe 为内标，利用具有玄武岩基体的地质玻璃 GSD-1G 及 GSE-1G 分析 Fe 为主量元素的硫化物矿物具有一定的可行性，尤其是分析其中的痕量元素[9]。

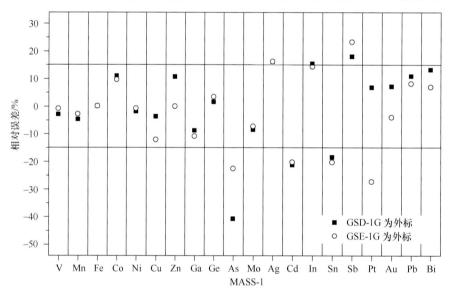

图 1.14　分别以 GSD-1G 及 GSE-1G 校准硫化物矿物标准 MASS-1 的相对误差（以 Fe 为内标）

1.3.2.4 准分子激光对硫化物矿物分馏效应的影响

元素分馏效应是影响 LA-ICP-MS 定量分析结果准确度及精确度的一个重要因素，常用元素分馏因子（EFF）表征元素分馏效应的大小。分馏因子可以准确地反映在激光剥蚀过程中不同元素分馏行为的差异[14-16]，即 EFF 值越接近 1.0，表明分馏效应越小，反之则越大。

以黄铜矿（K60）为例，考察了 193 nm 准分子激光剥蚀系统不同束斑直径（15 μm、25 μm、35 μm、50 μm、75 μm、100 μm）及不同激光能量强度（50%、60%、70%、80%）对元素分馏效应的影响。以 ^{57}Fe 为内标，计算了黄铜矿中可能含有的元素分馏因子 EFF，如图 1.15 所示。

不同激光束斑直径及不同激光能量强度下，黄铜矿中元素的分馏因子几乎都在 1.0±0.1 范围之内，表明分馏效应并不明显，尤其采用 35 μm 及以上束斑直径时，分馏效应几乎可以忽略不计。以上研究表明，采用 193 nm 准分子激光剥蚀系统分析硫化物矿物，元素分馏因子得到有效改善，降低了元素分馏效应对硫化物矿物分析结果的影响，有利于提高分析结果的准确性[17-19]。

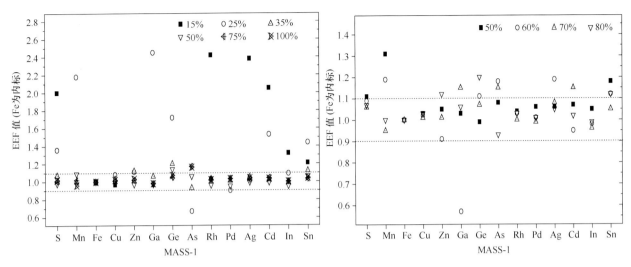

图 1.15　193 nm 准分子激光剥蚀条件对黄铜矿（K60）元素分馏效应的影响

1.3.3　结论与展望

　　本研究建立的玻璃标样结合硫内标归一定量校准法分析硫化物矿物具有一定的可行性及实用性。在硫化物矿物校准物质严重缺乏的情况下，本方法可在一定程度上克服基体不匹配的问题，为硫化物矿物定量校准提供了一种新的思路。同时以 Fe 为内标、利用具有宽范围痕量元素的玄武岩基体的地质玻璃 GSD-1G 及 GSE-1G 分析 Fe 为主量元素的硫化物矿物具有一定的可行性，尤其是分析痕量元素。然而，相对于硅酸盐、氧化物矿物，不同硫化物矿物激光剥蚀行为有较大差异，尤其是缺乏基体匹配的硫化物矿物分析标准物质，成为制约硫化物矿物 LA-ICP-MS 微区定量分析的关键因素，因而研制基体匹配的硫化物矿物微区分析标准物质成为亟待解决的重要问题。此外，为改善硫化物矿物分析结果，可采用最为先进的飞秒激光剥蚀系统，改善因剥蚀产生的局部熔融、降低元素分馏效应，进而提高分析结果的准确度与精度。

　　致谢：感谢国家自然科学基金青年基金项目（41203022）和中国地质调查局地质调查项目（1212011301500）对本工作的资助。

参 考 文 献

[1]　周涛发, 张乐骏, 袁峰, 等. 安徽铜陵新桥 Cu-Au-S 矿床黄铁矿微量元素 LA-ICP-MS 原位测定及其对矿床成因的制约[J]. 地学前缘, 2010, 17(2): 306-319.

[2]　Wilson S A, Ridley W I, Koenig A E. Development of Sulfide Calibration Standards for the Laser Ablation Inductively-Coupled Plasma Mass Spectrometry Technique[J]. Journal of Analytical Atomic Spectrometry, 2002, 17(4): 406-409.

[3]　Perkins W T, Pearce N J G, Westgate J A. The Development of Laser Ablation ICP-MS and Calibration Strategies: Examples from the Analysis of Trace Elements in Volcanic Glass Shards and Sulfide Minerals[J]. Geostandards Newsletter, 1997, 21: 175-190.

[4]　周家云, 郑荣才, 朱志敏, 等. 拉拉铜矿黄铁矿微量元素地球化学特征及其成因意义[J]. 矿物岩石, 2008, 28(3): 64-71.

[5]　毛光周, 华仁民, 高剑锋, 等. 江西金山金矿床含金黄铁矿的稀土元素和微量元素特征[J]. 矿床地质, 2006, 25(4): 412-426.

[6]　Günther D, Hattendorf B. Solid Sample Analysis Using Laser Ablation Inductively Coupled Plasma Mass Spectrometry[J]. Trends in Analytical Chemistry, 2005, 24(3): 255-265.

[7]　Ding L H, Yang G, Xia F, et al. A LA-ICP-MS Sulphide Calibration Standard Based on a Chalcogenide Glass[J]. Mineralogical Magazine, 2011, 75(2): 279-287.

[8] 周剑雄, 陈振宇. 扫描电镜测长问题的讨论[M]. 成都: 电子科技大学出版社, 2006: 244-261.

[9] Wohlgemuth-Ueberwasser C C, Jochum K P. Capability of fs-LA-ICP-MS for Sulfide Analysis in Comparison to ns-LA-ICP-MS: Reduction of Laser Induced Matrix Effects?[J]. Journal of Analytical Atomic Spectrometry, 2015, 30(12): 2469-2480.

[10] 胡明月, 何红蓼, 詹秀春, 等. 基体归一定量技术在激光烧蚀-等离子体质谱法锆石原位多元素分析中的应用[J]. 分析化学, 2008, 36(7): 947-953.

[11] 贾泽荣, 詹秀春, 何红蓼, 等. 激光烧蚀-等离子体质谱结合归一定量方法原位线扫描检测石榴石多种元素[J]. 分析化学, 2009, 37(5): 653-658.

[12] Liu Y S, Hu Z C, Gao S, et al. In situ Analysis of Major and Trace Elements of Anhydrous Minerals by LA-ICP-MS without Applying an Internal Standard[J]. Chemical Geology, 2008, 257: 34-43.

[13] Danyushevsky L, Robinson P, Gilbert S, et al. Routine Quantitative Multi-element Analysis of Sulphide Minerals by Laser Ablation ICP-MS: Standard Development and Consideration of Matrix Effects[J]. Geochemistry: Exploration, Environment, Analysis, 2011, 11: 51-60.

[14] 张路远, 胡圣虹, 胡兆初, 等. 基于大气压下介质阻挡放电抑制 LA-ICP-MS 分析中元素分馏效应研究[J]. 高等学校化学学报, 2008, 29(10): 1947-1952.

[15] Gaboardi M, Humayun M. Elemental Fractionation during LA-ICP-MS Analysis of Silicate Glasses: Implications for Matrix-independent Standardization[J]. Journal of Analytical Atomic Spectrometry, 2009, 24: 1188-1197.

[16] Kroslakova I, Günther D. Elemental Fractionation in Laser Ablation-Inductively Coupled Plasma-Mass Spectrometry: Evidence for Mass Load Induced Matrix Effects in the ICP during Ablation of a Silicate Glass[J]. Journal of Analytical Atomic Spectrometry, 2007, 22: 51-62.

[17] Jochum K P, Stoll B, Herwig K, et al. Validation of LA-ICP-MS Trace Element Analysis of Geological Glasses Using a New Solid-state 193nm Nd: YAG Laser and Matrix-matched Calibration[J]. Journal of Analytical Atomic Spectrometry, 2007, 22: 112-121.

[18] Jochum K P, Stoll B, Weis U, et al. Non-matrix-matched Calibration for the Multi-element Analysis of Geological and Environmental Samples Using 200nm Femtosecond LA-ICP-MS: A Comparison with Nanosecond Lasers[J]. Geostandards and Geoanalytical Research, 2014, 38(3): 265-292.

[19] Li Z, Hu Z C, Liu Y S, et al. Accurate Determination of Elements in Silicate Glass by Nanosecond and Femtosecond Laser Ablation ICP-MS at High Spatial Resolution[J]. Chemical Geology, 2015, 400: 11-23.

1.4 单个熔体包裹体 LA-ICP-MS 分析及地质学应用

橄榄石作为玄武质岩浆演化早期结晶的主要矿物，其中的熔体包裹体有效保留岩浆被捕获时的温度、压力及化学组成等信息，为恢复原始岩浆的成分、反演岩浆演化过程、证实岩浆同化和混合作用的存在提供直接有效手段。随着地质工作者对于熔体包裹体携带信息的逐步重视，对于熔体包裹体的测试技术也提出了更高的要求。

相对于电子探针和二次离子探针分析，LA-ICP-MS 分析包裹体样品无需进行加热均一化处理，避免了该过程中带来的爆裂、泄露、成分变化及无法均一等潜在问题；包裹体不必抛露至表面，且可以不受包裹体矿物相制约，省时高效，减少了样品制备过程中包裹体信息的损耗；在短时间内 LA-ICP-MS 进行多个包裹体分析，排除干扰信息，更全面反映岩浆演化信息，更准确、可靠地还原原始岩浆成分[1-2]。近年来，单个熔体包裹体 LA-ICP-MS 分析技术逐步成为熔体包裹体成分分析的主要技术，广泛应用于地质与矿床学研究中，尤其是在深部岩浆过程、岩浆-热液转化过程等热点问题研究中开辟了新的方向。

华北克拉通自中生代以来发生了大幅度的减薄，同时伴随着大规模的岩浆活动形成了大量花岗岩、中酸性火山岩及基性岩火山岩。对于其形成机制国内外研究者提出了多种不同的模式[3-8]，其中以拆沉模式[3]和地幔交代作用[4-5]两种观点最为广泛接受。同时华北地区广泛分布新生代玄武岩，包括碱性玄武岩和拉斑玄武岩。前人对新生代碱性玄武岩中橄榄岩和辉石岩捕房体进行了大量的研究，元素及同位素证据表明产生新生代玄武岩的岩石圈地幔与之前的岩石圈地幔存在明显差异，代表新生的岩石圈地幔，反映了软流圈地幔与岩石圈地幔相互作用的结果[9-12]。本节选取山东临朐新生代橄榄玄武岩为研究对象，采用 LA-ICP-MS 技术对橄榄石斑晶中的熔体包裹体主微量元素进行定量分析研究，了解熔体包裹体的成分特征，讨论该玄武岩的成因及其对华北克拉通演化的指示意义。

1.4.1 地质背景与样品特征

山东省临朐县出露的碱性玄武岩主要有牛山期和尧山期。本节样品为尧山期岩浆活动产物。该玄武岩为碱性橄榄玄武岩，呈灰黑色，斑状结构，块状构造。斑晶主要为橄榄石，自形较好，颗粒较大，约 1~2 mm；基质呈隐晶-玻璃质，主要由辉石、斜长石等矿物微晶组成。橄榄石斑晶中有大量尖晶石包体存在，部分橄榄石中含单个或多个熔融包裹体（图 1.16）。熔体包裹体多为玻璃质，部分可见子矿物和收缩气泡，大小在 10~100 μm，在橄榄石中孤立分布，为原生包裹体。

1.4.2 熔体包裹体 LA-ICP-MS 分析方法

橄榄石斑晶中单个熔体包裹体 LA-ICP-MS 分析在国家地质实验测试中心完成。分析使用 New Wave 193 nm ArF 准分子激光器及德国 Finnigan 公司 ELEMENT 2 高分辨电感耦合等离子体质谱仪。本工作选择大于 30 μm 熔体包裹体，测量时激光束斑略大于熔体包裹体直径，激光频率 10 Hz，以 He 作为吹扫气体。ICP-MS 分析采用低分辨模式，实验开始前使用 NIST SRM 612 进行仪器信号调谐，调节气体通量，使 La 和 Th 信号大于 3×10^5，监测 ThO^+/Th^+ 控制氧化物产率小于 0.2%，$^{238}U/^{232}Th \approx 1$，降低因不完全离子化造成的元素分馏效应。单个样品测试开始进行 20 s 仪器空白信息采集，具体样品剥蚀时间根据不同样品分析信号特征决定（图 1.17）。采用合成玻璃 NIST SRM 612、NIST SRM 610、KL2-G 作为校准外标，选择 Si 为内标元素。数据处理采用 Microsoft Excel 进行，橄榄石及混合信息数据处理利用外标结合内标基体归一定量技术计算主次痕量元素的含量[13]，利用该方法分析硅酸盐样品主量元素

本节编写人：赵令浩（国家地质实验测试中心）

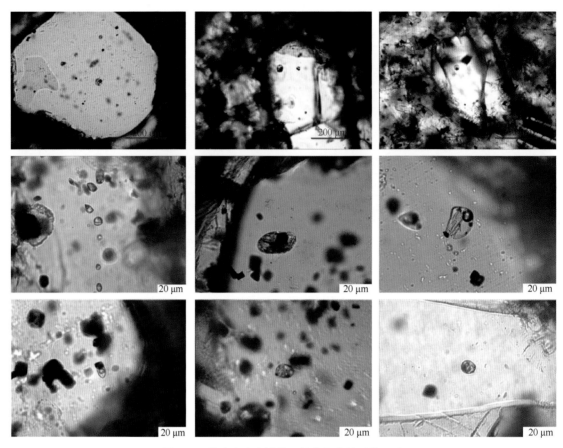

图 1.16　临朐玄武岩橄榄石熔体包裹体显微照片

误差小于 5%，微量元素误差低于 10%。

单个熔体包裹体 LA-ICP-MS 分析时，主矿物与熔体包裹体同时剥蚀，获得混合信息，因此定量处理需扣除主矿物（橄榄石）的干扰。Halter 等[1]、Zajacz 和 Halter[2]针对该问题提出了多种数据处理方法。本文采用橄榄石与玄武质熔体平衡 Fe-Mg 分配系数 $k_{Fe-Mg}^{Ol/Melt}$ =0.30±0.03[14-15]进行熔体包裹体数据处理。

Zajacz 等[2, 16]研究表明利用该方法计算质量因子 x 的主要误差来源于 $k_{Fe-Mg}^{Host/Melt}$ 的不确定度（贡献为 2.8%）、熔体沿主矿物壁重结晶作用导致的 Fe 丢失（贡献为 3%）和熔体 Fe^{2+}/Fe^{3+} 比值估算（贡献为 3%）三个方面。

对于该方法的准确性，前人进行了比较研究。本节对橄榄石同一生长环带中的两颗邻近的熔体包裹体（SMI7-1、SIMI7-2）进行分析，除少数元素受到尖晶石包裹体的影响，其余主量和微量元素的相对误差小于 5%。另外对锆石中的矿物包裹体（绿泥石、石榴子石、角闪石、斜长石）进行原位分析，获得的数据与 EMPA 数据在误差范围内具有很好的一致性[17]。

1.4.3　结果与讨论

1.4.3.1　橄榄石地球化学

玄武岩浆中有两种橄榄石存在：岩浆结晶的橄榄石斑晶和地幔捕掳晶。前者形成于该岩浆体系，后者为来源于岩浆源区的捕房体，因此这两种橄榄石晶体中包含的熔融包裹体成分具有不同的意义。临朐玄武岩样品中的橄榄石晶体颗粒较大，自形较好，不同于捕掳晶的他形特征。另外，橄榄石中的 CaO 含量明显大于 0.1%，与前人研究的岩浆成因橄榄石具有相同特征[18-20]。橄榄石的 Fo 值［镁橄榄石牌号，Fo=100×Mg/(Mg+Fe)］较低，核部 Fo=66~82，边部 Fo=64~73，明显低于同地区捕掳橄榄石晶体的 Fo 值（一

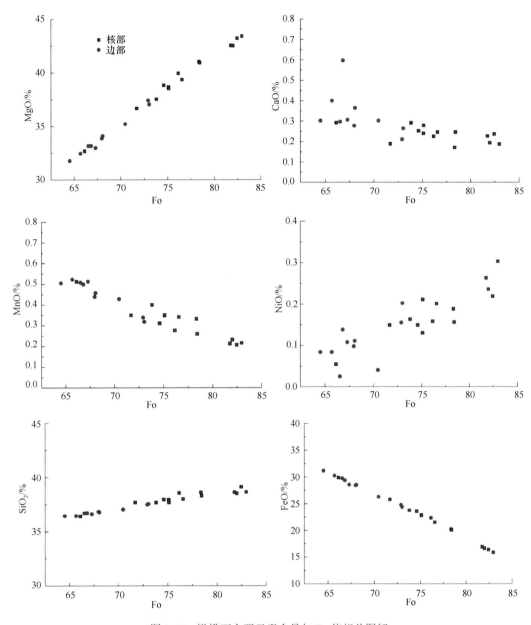

图 1.17　橄榄石主要元素含量与 Fo 值相关图解

般 Fo>89），同时 CaO 和 MnO 含量与 Fo 值呈负相关关系，NiO 含量与 Fo 值呈正相关关系（图 1.17），其演化明显偏离了地幔橄榄岩的变化，符合岩浆结晶分异的变化趋势，因此临朐新生代玄武岩中的橄榄石晶体属于岩浆作用过程中结晶形成，而非地幔捕掳晶。其中的熔融包裹体可以代表岩浆系统演化过程中的原始成分。根据 Herzberg[18]的研究结果发现，相对于地幔橄榄岩熔体中的橄榄石，临朐玄武岩橄榄石中 Ni 和 Fe/Mn 值较高，Ca 和 Mn 含量相对较低，表明临朐玄武岩可能源于辉石岩部分熔融。

1.4.3.2　熔体包裹体地球化学

　　临朐玄武岩橄榄石斑晶中的熔体包裹体在主量、微量元素成分上记录了比全岩更大的成分差异，其所确定的岩浆演化线覆盖了全岩成分范围。熔体包裹体的主量元素成分范围较大，如 SiO_2=39.2%~48.5%，MgO=12.1%~18.4%，CaO=5.74%~8.1%，Al_2O_3=10.3%~14.7%，K_2O+Na_2O=0.98%~9.25%，K_2O/Na_2O=0.55~0.93。在火山岩分类图解（TAS）上，熔体包裹体具有碱玄质组分。随着 MgO 含量的降低，熔体包裹体中 SiO_2、TiO_2、Al_2O_3、CaO 和 Na_2O 含量增加，CaO/Al_2O_3 值基本保持恒定。熔体包裹体确定的岩浆演化趋势覆盖了全岩的成分范围。值得注意的是，通过电子探针分析获得的包裹体成分主要分为两类，一类包裹体所含元素种类与 LA-ICP-MS 分析包裹体一致，但是含量明显偏低，这种包裹体应该与 LA-ICP-MS 分析的包裹体同属原生包裹体，但是由于被包裹后发生了结晶分异，电子探针的分析仅为其中的一部分结晶物成分；另外一类包裹体主要成分为硅铝质成分，该类包裹体可能是橄榄石边缘裂隙生长的次生包裹体。

熔体包裹体微量元素整体上具有较大的变化范围，在原始地幔标准化图解上，熔体包裹体微量元素表现出与全岩一致的微量元素分布模式，具明显的 Nb、Ta 正异常，富集大离子亲石元素和轻稀土元素，∑REEs=109~131 μg/g，与全岩稀土元素总量一致。Ti 微正异常，Sr 总体上正异常较为明显，全岩 Pb 明显正异常，熔体包裹体中 Pb 变化较大，从正异常、无异常到弱负异常都有。

熔体包裹体中 Ni 与 MgO 呈正相关关系，反映了橄榄石的结晶分离作用，恒定的 CaO/Al_2O_3 值说明在岩浆结晶过程中没有单斜辉石的大量生成；随着岩浆演化，TiO_2 含量没有发生明显变化，且 TiO_2 与 FeO 没有明显的相关关系，反映了岩浆演化过程中没有明显的钛磁铁矿的结晶分异。这与橄榄石为主要斑晶的事实相一致。

Zeng 等[9]对 Pb、Nd 同位素进行研究表明中国东部新生代玄武岩同位素体系具有混合特征，认为亏损端元来自于软流圈地幔，富集端元来源于地壳。本研究中临朐玄武岩熔体包裹体中 Pb 含量偏高，其 Ce/Pb 值为 16.7~26.6，平均值为 20.9，低于 MORB 和 OIB 的 Ce/Pb=25；与 Ce/Pb 值相似，Ba/Th 值也可以指示岩浆源区。在陆壳的上、中、下三层结构中，只有下地壳（Ba/Th=56.7）具有高于原始地幔的 Ba/Th 值。在本研究目前分析的熔体包裹体成分中，Ba/Th 值大致可以分为两类，一类 Ba/Th=107~161，该比值明显高于原始地幔值，另外一类 Ba/Th=50~55，略高于原始地幔值。熔体包裹体的 Ce/Pb、Ba/Th 值暗示了下地壳物质的加入。

对于全岩的 Ce/Pb、Ba/Th 同样可以指示地壳物质的加入，但是无论是上升过程中被下地壳混染，还是源区含有在循环的地壳物质都会造成玄武岩的全岩 Ce/Pb 值、Ba/Th 值发生同样变化，仅凭全岩成分无法进行判断。形成于岩浆混合作用前后或混合作用过程中的熔体包裹体保存了熔体的多样性和最原始的岩浆组成。岩浆混合形成的包裹体主微量元素具有两个端元不同比例混合特征，一些特征性地球化学指标发生明显变化，其岩浆演化无法用矿物的分离结晶解释。尽管临朐玄武岩橄榄石中熔体包裹体成分具有一定的变化范围，但是通过橄榄石的分离结晶可以很好地解释其主量成分的变化，包裹体微量元素分布特征与全岩一致，包裹体成分没有发生显著的混合作用，其壳源特征继承自原岩[10]。

临朐玄武岩熔体包裹体高 Mg 含量体现了其原始岩浆特征，但是 CaO 含量小于 10%，低于橄榄岩来源的岩浆，在 CaO-MgO 图解上全岩成分落在 Zeng 等[9]鲁西火山群区域，熔体包裹体成分具有很好的线性，全岩成分落在包裹体确定岩浆演化线上，表明其源区有辉石岩或榴辉岩成分。熔体包裹体及全岩轻重稀土明显分异，也暗示源区有石榴子石残留。原始地幔标准化图解上，熔体包裹体的 Hf/Hf^* 值为 0.58~0.92，具负异常特征，Zr/Hf 值为 37.7~66.1，高于原始地幔的 Zr/Hf 值。根据石榴子石和辉石在部分熔融过程中对 Zr/Hf 值不同的影响[21-22]，推断其源区可能是辉石岩。辉石岩发生部分熔融，单斜辉石作为主要残留相，导致形成的熔体 CaO 含量偏低及较高的 Zr/Hf 值。

1.4.4　结论

利用 LA-ICP-MS 对橄榄石中的单个熔体包裹体进行成分分析，验证实验数据结果表明本实验室建立的方法能够有效、准确地测定单个熔体包裹体中的主微量元素含量，并应用于地质解释。对山东临朐新生代碱性玄武岩橄榄石斑晶及其中的熔体包裹体分析数据表明，分析结果能够很好地反映原始岩浆特征及演化过程。根据包裹体主微量元素特征及前人工作成果，本研究认为山东临朐碱性玄武岩的原岩为辉石岩，可能是中生代壳幔相互作用的产物。如果中生代地壳物质发生拆沉进入软流圈地幔，地壳物质部分熔融，形成石榴辉石岩，并在新生代与地幔橄榄岩反应发生熔融成为临朐玄武岩的源区；如果中生代的克拉通破坏是由于俯冲陆壳脱水熔融，交代地幔橄榄岩，地幔减薄和转变形成的辉石岩成为新生代碱性玄武岩的源区。

参 考 文 献

[1] Halter W E, Heinrich C A, Pettke T. Laser-Ablation ICP-MS Analysis of Silicate and Sulfide Melt Inclusions in an Andesitic Complex Ⅱ: Evidence for Magma Mixing and Magma Chamber Evolution[J]. Contributions to Mineralogy & Petrology, 2004, 147(4): 397-412.

[2] Zajacz Z, Halter W. LA-ICPMS Analyses of Silicate Melt Inclusions in Co-precipitated Minerals: Quantification, Data Analysis and Mineral/Melt Partitioning[J]. Geochimica et Cosmochimica Acta, 2007, 71(4): 1021-1040.

[3] Gao S, Rudnick R L, Yuan H, et al. Recycling Lower Continental Crust in the North China Craton[J]. Nature, 2004, 432(7019): 892-897.

[4] Zhang H. Peridotite-melt Interaction: A Key Point for the Destruction of Cratonic Lithospheric Mantle[J]. Chinese Science Bulletin, 2009, 54(19): 3417-3437.

[5] 张宏福. 橄榄岩-熔体相互作用: 克拉通型岩石圈地幔能够被破坏之关键[J]. 科学通报, 2009, 54(14): 2008-2026.

[6] 吴福元, 徐义刚, 高山, 等. 华北岩石圈减薄与克拉通破坏研究的主要学术争论[J]. 岩石学报, 2009, 24(6): 1145-1174.

[7] Xu Y, Huang X, Ma J, et al. Crust-mantle Interaction during the Tectono-thermal Reactivation of the North China Craton: Constraints from SHRIMP Zircon U-Pb Chronology and Geochemistry of Mesozoic Plutons from Western Shandong[J]. Contributions to Mineralogy & Petrology, 2004, 147(6): 750-767.

[8] Zheng J P, Griffin W L, O Reilly S Y, et al. Mechanism and Timing of Lithospheric Modification and Replacement Beneath the Eastern North China Craton: Peridotitic Xenoliths from the 100Ma Fuxin Basalts and a Regional Synthesis[J]. Geochimica et Cosmochimica Acta, 2007, 71(21): 5203-5225.

[9] Zeng G, Chen L, Hofmann A W, et al. Crust Recycling in the Sources of Two Parallel Volcanic Chains in Shandong, North China[J]. Earth and Planetary Science Letters, 2011, 302(3): 359-368.

[10] 陈立辉, 曾罡, 胡森林, 等. 地壳再循环与大陆碱性玄武岩的成因: 以山东新生代碱性玄武岩为例[J]. 高校地质学报, 2012, 18(1): 16-27.

[11] Liu J, Chen L, Ni P. Fluid/Melt Inclusions in Cenozoic Mantle Xenoliths from Linqu, Shandong Province, Eastern China: Implications for Asthenosphere-Lithosphere Interactions[J]. Chinese Science Bulletin, 2010, 55(11): 1067-1076.

[12] 罗丹, 陈立辉, 曾罡, 等. 陆内强碱性火山岩的成因: 以山东无棣大山霞石岩为例[J]. 岩石学报, 2009, 25(2): 311-319.

[13] 胡明月, 何红蓼, 詹秀春, 等. 基体归一定量技术在激光烧蚀-等离子体质谱法锆石原位多元素分析中的应用[J]. 分析化学, 2008, 36(7): 947-953.

[14] Roeder P L, Emslie R F. Olivine-liquid Equilibrium[J]. Contributions to Mineralogy and Petrology, 1970, 29(4): 275-289.

[15] Grove T L, Baker M B. Phase Equilibrium Controls on the Tholeiitic Versus Calc-alkaline Differentiation Trends[J]. Journal of Geophysical Research, 1984, 89(B5): 3253-3274.

[16] Zajacz Z, Halter W E, Pettke T, et al. Determination of Fluid/Melt Partition Coefficients by LA-ICPMS Analysis of Co-existing Fluid and Silicate Melt Inclusions: Controls on Element Partitioning[J]. Geochimica et Cosmochimica Acta, 2008, 72(8): 2169-2197.

[17] 罗立强, 吴晓军. 现代地质与地球化学分析研究进展[M]. 北京: 地质出版社, 2014: 146-160.

[18] Herzberg C. Identification of Source Lithology in the Hawaiian and Canary Islands: Implications for Origins[J]. Journal of Petrology, 2010, 52(1): 113-146.

[19] Hong L B, Zhang Y H, Qian S P, et al. Constraints from Melt Inclusions and Their Host Olivines on the Petrogenesis of Oligocene-Early Miocene Xindian Basalts, Chifeng Area, North China Craton[J]. Contributions to Mineralogy & Petrology, 2013, 165(2): 305-326.

[20] Ren Z Y, Takahashi E, Orihashi Y, et al. Petrogenesis of Tholeiitic Lavas from the Submarine Hana Ridge, Haleakala Volcano, Hawaii[J]. Journal of Petrology, 2004, 45(10): 2067-2099.

[21] Weaver B L. Geochemistry of Highly-undersaturated Ocean Island Basalt Suites from the South Atlantic Ocean: Fernando de Noronha and Trindade Islands[J]. Contributions to Mineralogy & Petrology, 1990, 105(5): 502-515.

[22] Hauri E H, Wagner T P, Grove T L. Experimental and Natural Partitioning of Th, U, Pb and Other Trace Elements between Garnet, Clinopyroxene and Basaltic Melts[J]. Chemical Geology, 1994, 117(94): 149-166.

1.5　LA-ICP-MS 分析矿物微区成分分布技术方法研究

　　矿物微区成分的空间分布在地球科学研究中具有重要意义，可以反映出温度、压力、氧逸度、硫逸度等物理/化学条件的变化，是研究矿物形成机制、生长规律及变质化学动力学过程的途径。激光剥蚀电感耦合等离子体质谱（LA-ICP-MS）是一种固体样品原位微区分析技术，已被广泛应用于研究矿物成分分布特征，尤其是用来研究矿物的生长环带[1-4]。

　　矿物生长过程中核部封闭，保留了原始特征；边缘处在相对开放的体系中，受外部环境影响，易发生变质。体现在元素含量的差异上：就黄铁矿（热液成因）而言，若边部 Cu、Zn、Ag、Au、Bi 等元素含量高于核部，则反映后期的成矿流体性质更有利于这些元素进入黄铁矿颗粒；若核部 Au、As、Sb、Ag 含量较高而边部较低，则可能是边缘与热液流体接触发生交代作用，Au、As、Sb、Ag 被释放出而吸附于围岩形成新的矿源[5-6]，据此可以估算矿床规模；此外高温有利于 Co、Ni 替代 Fe，低温有利于 As、Sb 替代 S[7]，此类元素分布的差异可以反映矿物生长过程中的温度变化。金红石中 Zr 可作为地质温度计，由于 Zr 的含量分布不一定均一，得出核部温度高于边部或核部温度低于边部的结论都有可能[8]，对此又有不同的地质学解释；金红石的 Nb/Ta 值可以反映原岩形成过程中岩浆分离结晶-变质作用，实际上单颗粒金红石不同位置的 Nb、Ta 含量可能不同[9]，这对以往的研究提出了质疑。石榴子石中 Mg 含量升高，Mn 含量降低反映温度升高，Ca 含量升高反映压力升高[10]；石榴子石[10-11]、磷灰石[12]中稀土元素对岩石形成的化学动力学及温压条件变化敏感，在核部、边部不同区域的富集反映生长或重结晶的矿化过程。这就是研究矿物成分分布的意义。

　　激光剥蚀有两种剥蚀方式，分别为单点剥蚀和线扫描。在线扫描相关的研究中，空间分辨率的问题并没有得到足够的重视：有学者过分相信仪器的能力[13-15]，不考虑空间分辨率的问题[16-17]，或考虑到了空间分辨率的问题，但未做细致研究[18-19]，乃至把束斑大小当做空间分辨率[20]。相比之下，有一些研究工作比较细致：例如在进行线扫描分析之前，预先测算了空间分辨率，给出具体数值[21]，并根据实际情况做优化处理[22]，设计浓度梯度实验，专门研究了空间分辨率的问题[4]等。形成的结论有：元素的空间分辨率由激光束斑大小和剥蚀速率决定[23-26]，并受实验条件、样品透明度等因素控制[4, 27-28]，较小的束斑有利于获得好的分辨率[23]，所测的元素越多空间分辨率越差[29]；元素浓度影响空间分辨率，元素种类并不是空间分辨率的重要影响因素，各元素可以用统一的空间分辨率[4]；较小体积的样品室将产生记忆效应，信号拖尾现象较显著[24]，改进样品室可以提高吹扫效率，降低每个脉冲信号间的叠加，获得更高的空间分辨率[25]。从原理上讲，线扫描时，剥蚀深度不变，激光束斑在水平方向以一定速度移动，这就可能造成前面未衰降的信号对后面信号的叠加。因此，剥蚀过程中每个脉冲信号间的叠加是影响线扫描过程中元素测量空间分辨率最主要的因素。因此两种激光剥蚀方法各有利弊：单点剥蚀是成熟的技术，在 LA-ICP-MS 的相关研究中应用广泛；缺点是由于各点之间的间距造成的不能完整、连续地反映研究区域内矿物成分分布情况，同时每个点的剥蚀时间接近 2 min，完成对所有点的剥蚀耗时较长。线扫描可以更连续、更完整地体现矿物成分分布信息，且剥蚀速度较快，还被证实可以降低元素分馏效应[30]；但 LA-ICP-MS 线扫描技术在信号灵敏度、检出限、元素空间分辨率等方面研究不够，这是本节研究的主要内容。

1.5.1　实验部分

1.5.1.1　样品的选择

　　实验选用的样品为：美国国家标准技术研究所（NIST）合成的标准玻璃 NIST SRM 610 和 NIST SRM 612，美国地质调查局（USGS）制备的玄武岩基体标准玻璃 GSD-1G，国家地质实验测试中心合成的硅

本节编写人：孙冬阳（国家地质实验测试中心）；袁继海（国家地质实验测试中心）

酸盐玻璃 CGSG-1、CGSG-2、CGSG-4、CGSG-5。

1.5.1.2　仪器工作条件

实验采用 UP-213 型 Nd：YAG 激光器（美国 New Wave 公司）与 ELEMENT 2 双聚焦扇形磁场 ICP-MS（德国 Finnigan 公司）联用的 LA-ICP-MS。ICP-MS 和激光剥蚀系统的主要工作参数如下：射频功率 1208 W，冷却气流 16.43 L/min，辅助气流 0.76 L/min，样品气流 0.734 L/min，载气流（He）0.686 L/min。采样锥孔 1.0 mm，截取锥孔 0.7 mm，分辨率为 300（低分辨），高真空 9.24×10^{-8} mbar，激光波长 213 nm，激光能量输出强度 80%。

为了使仪器条件最优化，实验采用高纯氦气为载气，NIST SRM 612 标准玻璃调试仪器。仪器稳定后，通过缓慢调节炬管的空间位置、样品气流速、载气流速等质谱参数，在 40 μm 激光束斑直径下，使得 ^{139}La、^{232}Th 的信号强度分别达到 4×10^5 cps 与 5×10^5 cps 以上，同时氧化物产率（^{232}Th^{16}O/^{232}Th）小于 0.2%，使仪器进入最佳工作状态。

1.5.1.3　实验方法

1）单点剥蚀与线扫描的对比实验

分别采用单点剥蚀与线扫描剥蚀方式对样品进行分析。激光束斑直径 40 μm，剥蚀频率 10 Hz，激光预热时间 20 s，激光剥蚀时间 40 s，吹扫时间 40 s。其中，线扫描采取 5 μm/s 的扫描速度。分析了 Na~U 总共 52 种元素，磁场共发生了 8 次跳跃，其中有效测量时间占 68%。数据处理在 Microsoft Excel 中进行。采用 ^{29}Si 为内标元素计算元素的相对灵敏度因子（RSF）与元素分馏因子（EFF），标准样品的元素含量采用德国地质与环境分析标准物质数据库 GeoReM 最新推荐值。

2）线扫描方式元素的空间分辨率的相关实验

单脉冲剥蚀实验：通过对单元素单脉冲剥蚀，得到信号的时间结构，统计不同样品中不同元素信号的衰减时间，得出线扫描的元素测量空间分辨率。进行了 2 次实验，分别采用标准品室和双体积样品室。质量数由轻到重分别选取 ^{23}Na、^{29}Si、^{57}Fe、^{89}Y、^{139}La、^{165}Ho、^{208}Pb、^{232}Th 这 8 个元素进行单脉冲剥蚀实验。每个样品中的每个元素测 10 次，每隔 10 s 测一次，每次测试选择样品上的不同位置，分别在 CGSG-1、CGSG-2、CGSG-4、CGSG-5 四个样品上进行测试。每个元素单独测量，选择峰宽的 4%，停留时间 5 ms，空置时间 1 ms，测量次数 7100 次，总测量时间 150 s。激光采用单点剥蚀模式，束斑直径 40 μm，剥蚀频率 1 Hz，剥蚀时间 1 s，激光能量 0.46 mJ，能量密度 37 J/cm²。

含特异条带样品线扫描剥蚀：制备存在元素浓度差的样本，用 LA-ICP-MS 做线扫描分析，研究其临界处的信号特征。将磁带条粘在玻璃片上，磁带中含 Fe 元素，因此磁带与玻璃片间形成了 Fe 元素浓度差。当激光从磁带打到玻璃片时，Fe 元素信号会大幅下降。通过比较激光不同束斑大小、不同扫描速度下 Fe 信号衰减所需的时间以及对应的位移以获得分辨率信息。ICP-MS 选择峰宽的 4%，停留时间 30 ms，空置时间 5 ms，测量次数 2000 次。激光采用线扫描模式，剥蚀频率 10 Hz；分别采用 5 μm/s 速度+20 μm 束斑、5 μm/s 速度+40 μm 束斑、10 μm/s 速度+40 μm 束斑、50 μm/s 速度+40 μm 束斑四种条件进行试验。

1.5.2　结果与讨论

1.5.2.1　单点剥蚀与线扫描的对比

1）元素灵敏度

对比研究激光单点剥蚀与线扫描对元素灵敏度的影响。如图 1.18 所示，在相同激光剥蚀条件下，所

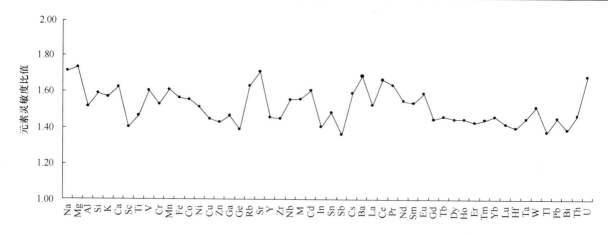

图 1.18　激光线扫描与单点剥蚀元素灵敏度的比值

考察的 52 种元素灵敏度在线扫描剥蚀模式下是单点剥蚀的 1.5~1.8 倍，所有元素的灵敏度都得到了改善。这表明在相同实验条件下，线扫描不仅可得到平滑的元素信号，还有助于提高元素的灵敏度。

2）元素检出限

以玻璃标准物质 NIST SRM 610 为例，计算单点剥蚀与线扫描模式下各元素的检出限，如图 1.19 所示。除个别元素外，绝大多数元素线扫描模式下获得检出限优于单点剥蚀，这是由于二者在本底几乎完全一致的情况下，线扫描能获得较高的元素灵敏度所致。线扫描剥蚀获得的元素检出限除 Na、Si、Ca 及 Fe 等在 1~10 μg/g，其余 48 种元素的检出限低于 1 μg/g，La~U 的痕量元素检出限更是低至 0.12~6.9 ng/g 的水平，满足矿物样品痕量、超痕量元素分析的要求。

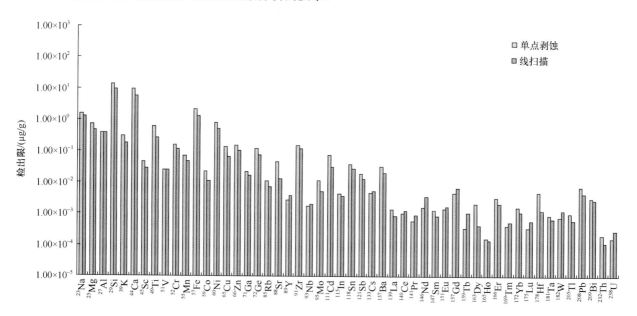

图 1.19　LA-ICP-MS 单点剥蚀与线扫描剥蚀模式下元素的检出限

3）元素分馏效应

用分馏因子衡量元素分馏效应，分馏因子越接近 1.0，表明分馏效应越小，反之则越大。选用标准玻璃 NIST SRM 610 为研究对象，以 ^{29}Si 为内标，计算单点剥蚀与线扫描剥蚀模式下的元素分馏因子（EFF），考察两种不同剥蚀模式对元素分馏效应的影响。

如图 1.20 所示，在线扫描剥蚀模式下，NIST SRM 610 中所考察的 52 种元素的分馏因子几乎都比单点剥蚀模式更接近 1.0，表明线扫描分馏效应比单点剥蚀模式小。这是由于在剥蚀方式上，线扫描一直在动态变化，属于浅层剥蚀，而单点剥蚀属于深层剥蚀，前者剥蚀深度远低于后者，因而线扫描与剥蚀深度增加有关的元素分馏效应不明显，即线扫描剥蚀模式有助于减小元素分馏效应。分馏效应研究进一步表明，由于激光单点剥蚀与线扫描剥蚀行为有明显差异，对校准物质采用单点剥蚀方式而对样品采用线扫描模式将引起较大的分析误差。

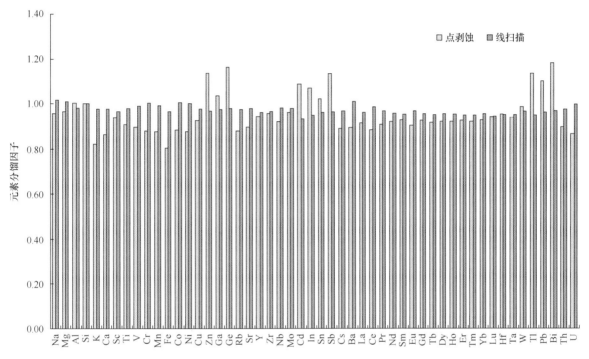

图 1.20　标准玻璃 NIST SRM 610 单点剥蚀与线扫描模式下的元素分馏因子

1.5.2.2　线扫描方式元素的空间分辨率的相关研究

1）通过单脉冲实验研究线扫描方式元素的空间分辨率

对于单脉冲信号，取从开始响应到衰减完全的全部信号，扣除背景值，得到一个脉冲获得的全部信号的净强度。据此制作出以时间为横坐标的积分曲线（图 1.21），图中可以读出单脉冲信号衰减所需的时间。

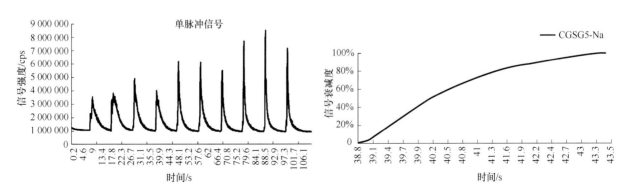

图 1.21　单脉冲信号和单脉冲信号积分曲线

　　单脉冲信号的时间结构分析显示每个脉冲信号从开始响应到衰减完全需要一段时间，同一样品的不同元素信号的衰减所需的时间不同，同一元素在不同样品中信号的衰减所需的时间也不相同。标准样品室条件下与双体积样品室条件下不同样品中不同元素信号衰减到 50%、80%、95%、99% 所需的时间（取 10 次测量的平均值）分别列于表 1.12。标准样品室条件下衰减所需时间均不超过 7 s，最长为 CGSG-5 中的 ^{57}Fe 元素（6.4 s），最短为 CGSG-5 的 ^{165}Ho 元素（0.4 s）。双体积样品室条件下信号衰减所需时间均不超过 4 s，最长为 CGSG-5 中的 ^{57}Fe 元素（3.4 s），最短为 CGSG-2 的 ^{29}Si 元素（0.4 s）。各元素在不同样品（CGSG-1、CGSG-2、CGSG-4、CGSG-5）的差异并不明显。使用标准样品室时，元素信号衰减所需时间较长，且不同元素的信号衰减时间相差很大。使用双体积样品室时，元素信号衰减所需时间较短，且不同元素的信号衰减时间比较趋近，所有元素不超过 4 s，大多在 2 s 左右。实验表明，使用双体积样品室，减小了各元素间信号衰减所需时间差异，各元素总体信号衰减所需时间变短，吹扫效率得以提高，更有利于 LA-ICP-MS 线扫描模式下空间分辨率的提升。

表 1.12　各样品中元素单脉冲信号衰减所需时间

样品	信号衰减度/%	元素单脉冲信号衰减所需时间/s															
		标准样品室								双体积样品室							
		Na	Si	Fe	Y	La	Ho	Pb	Th	Na	Si	Fe	Y	La	Ho	Pb	Th
CGSG-1	50	0.4	0.4	0.5	0.4	0.6	0.3	0.3	0.5	1	0.7	1.1	1	1.1	1	1	0.9
	80	0.7	0.8	0.9	0.7	1.3	0.4	0.6	1.2	1.4	1	1.6	1.5	1.5	1.5	1.6	1.5
	95	1.3	1.4	2.2	1.1	3	0.6	0.8	2.2	2	1.4	2.2	2.1	2.1	2	2.2	2
	99	1.5	2	3.4	1.3	4.1	0.6	1	2.7	2.8	1.5	3.1	2.8	3	2.3	3.1	2.8
CGSG-2	50	0.6	0.7	0.8	0.6	0.8	0.3	0.7	0.9	1.3	0.2	1.2	1.1	1.2	1	1.2	1.2
	80	1	1.4	1.9	1.1	1.9	0.5	1.3	1.8	1.6	0.3	1.6	1.5	1.5	1.4	1.6	1.5
	95	1.7	2.1	3.7	1.8	3.7	0.6	2.3	3.5	2.2	0.4	2.1	2	2	1.9	2.1	2
	99	2.3	2.5	4.9	2.1	5.1	0.6	2.8	4.7	3	0.4	2.7	2.5	2.6	2.1	2.6	2.6
CGSG-4	50	0.6	0.9	0.8	0.7	0.6	0.3	0.6	1.1	1.1	0.2	1.3	1.1	1.2	1	1.1	1.1
	80	1.1	1.8	1.8	1.5	1.4	0.6	1.2	2.1	1.5	0.1	1.6	1.4	1.5	1.3	1.5	1.3
	95	1.7	2.8	3.4	2.2	2.1	0.7	1.9	3	1.9	0.1	2	1.8	2	1.6	1.7	1.7
	99	2	3.3	4.4	2.4	2.4	0.7	2.2	3.5	2.3	0.1	2.5	2.2	2.5	1.8	2.2	2.2
CGSG-5	50	1.2	1.4	1.6	0.7	2.1	0.2	0.4	0.4	1	0.5	1	1	1.1	0.8	0.9	1
	80	2.4	2.6	3.2	1.2	3.6	0.3	0.7	0.6	1.3	0.7	1.5	1.5	1.7	1.3	1.3	1.5
	95	3.6	3.8	4.8	1.4	4.9	0.5	1.1	1.1	1.7	0.8	2.1	2	2.4	1.7	1.7	2
	99	4.3	4.3	5.7	1.5	5.4	0.5	1.3	1.4	2.2	0.9	3.1	2.4	3.3	1.9	2.2	2.7

2）线扫描空间分辨率的确定

　　线扫描时，剥蚀深度不变，束斑大小也是一定的。因此空间分辨率只受到 X 轴方向（激光沿线方向运行）影响。由于单脉冲信号衰减需要一定时间，这一方向上的分辨率由束斑的直径与单个脉冲信号衰减完全所需时间对应的空间位移这两部分构成，X 轴方向分辨率为两者之和。线扫描方向元素的空间分辨率 L 可用公式（1.14）表示：

$$L=\Phi+vt \tag{1.14}$$

式中，Φ 表示激光束斑直径；v 表示线扫描速度；t 表示信号衰减时间。

　　由于不同元素单脉冲信号衰减行为的不同，测量时不同元素的空间分辨率也是不同的。在本实验中，以单体积样品室为例，各元素单脉冲信号衰减所需时间不超过 7 s，当线剥蚀速度为 5 μm/s 时，对应的空间位移为 40 μm。如果用 40 μm 的束斑，则空间分辨率为 40 μm+5 μm/s×7 s≤75 μm。对于线扫描测量这样的分辨率是可以接受的。减小束斑或减小线剥蚀速度可能会提高线扫描的空间分辨率。双体积样品室，有利于 LA-ICP-MS 线扫描模式下空间分辨率的提升。本实验的研究对象为硅酸盐矿物样品，元素单脉冲信号衰减行为在碳酸盐、氧化物、硫化物矿物等不同类型的样品中可能会有所差异。实验只选取了少量有代表性的元素，未对其他元素进行分析，这些需要进一步实验来完善。

1.5.2.3　实验条件对元素空间分辨率的影响

不同实验条件下 Fe 信号衰减所需的时间：在 5 μm/s 扫描速度+20 μm 束斑直径时为 4 s，在 5 μm/s 扫描速度+40 μm 束斑直径时为 7 s，在 10 μm/s 扫描速度+40 μm 束斑直径时为 5 s，在 50 μm/s 扫描速度+40 μm 束斑直径时为 3 s。

空间分辨率根据计算式得出：在 5 μm/s 扫描速度+20 μm 束斑直径时为 40 μm，在 5 μm/s 扫描速度+40 μm 束斑直径时为 75 μm，在 10 μm/s 扫描速度+40 μm 束斑直径时为 90 μm，在 50 μm/s 扫描速度+40 μm 束斑直径时为 190 μm。

由此可知，扫描速度一定时，激光束斑越小，获得的空间分辨率越高。束斑大小一定时，扫描速度越快，信号衰减所需的时间越短，但由于速度快，对应的位移可能反而更大。最终的空间分辨率受扫描速度与信号衰减时间综合影响。

1.5.3　结论与展望

相对于单点剥蚀模式，激光剥蚀线扫描分析模式不仅可获得平滑的信号强度，有效提高所有元素的灵敏度 1.5~1.8 倍，还可以降低元素的检出限。线扫描剥蚀获得几乎所有元素的分馏因子比单点剥蚀更接近 1.0，表明线扫描具有更小的元素分馏效应。线扫描过程中元素空间分辨率由束斑的直径、单个脉冲信号衰减完全所需时间和扫描速度共同决定，可以量化。使用双体积样品室更有利于脉冲信号的快速衰减及空间分辨率的提高。

仪器分析是地学研究中重要的辅助手段。LA-ICP-MS 作为微区原位分析技术，用于矿物成分分布分析最为直接、简便。采用线扫描方式更为快捷且获得的信息相对完整。为了获得较好的空间分辨率，需要在测试前进行试验并通过计算得出合适的剥蚀速度及束斑直径，以获取最好的效果。通过激光剥蚀和 ICP-MS 测量过程中元素强度信号结构变化规律的深入研究，有可能为数据处理时剥离因信号拖尾造成的叠加效应影响提供思路，从而使空间分辨率得到大幅度改善。

致谢：感谢科学技术部创新方法工作专项（2009IM032200）和中国地质调查局地质调查项目（1212011-301500）对本工作的资助。

参 考 文 献

[1] 徐鸿志, 胡圣虹, 胡兆初, 等. 激光剥蚀-电感耦合等离子体质谱研究富钴结壳生长环带的元素分布[J]. 分析化学, 2007, 35(8): 1099-1104.

[2] Xiao Y L, Sun W D, Jochen H, et al. Making Continental Crust through Slab Melting: Constraints from Niobium-Tantalum Fractionation in UHP Metamorphic Rutile[J]. Geochimica et Cosmochimica Acta, 2006, 70: 4770-4782.

[3] Schmidt A, Weyer S, John T, et al. HFSE Systematics of Rutile-bearing Eclogites: New Insights into Subduction Zone Processes and Implications[J]. Geochimica et Cosmochimica Acta, 2009, 73: 455-468.

[4] Sanborn M, Telmer K. The Spatial Resolution of LA-ICP-MS Line Scans across Heterogeneous Materials such as Fish Otoliths and Zoned Minerals[J]. Journal of Analytical Atomic Spectrometry, 2003, 18: 1231-1237.

[5] 杨书桐. 黄铁矿的环带结构与金矿源的关系——以皖南东至金矿化区为例[J]. 地质找矿论丛, 1993, 8(2): 53-60.

[6] 周涛发, 张乐骏, 袁峰, 等. 安徽铜陵新桥 Cu-Au-S 矿床黄铁矿微量元素 LA-ICP-MS 原位测定及其对矿床成因的制约[J]. 地学前缘, 2010, 17(2): 306-318.

[7] 李胜荣, 陈光远, 邵伟, 等. 胶东乳山金矿双山子矿区黄铁矿环带结构研究[J]. 矿物学报, 1994, 14(2): 152-156.

[8] 高晓英, 郑永飞. 金红石 Zr 和锆石 Ti 含量地质温度计[J]. 岩石学报, 2011, 27(2): 417-432.

[9] 肖益林, 黄建, 刘磊, 等. 金红石: 重要的地球化学"信息库"[J]. 岩石学报, 2011. 27(2): 398-416.

[10] 夏琼霞, 郑永飞. 高压-超高压变质岩石中石榴石的环带和成因[J]. 岩石学报, 2011, 27(2): 433-450.

[11] 翟德高, 刘家军, 王建平, 等. 矽卡岩矿床成矿热液演化:来自石榴子石韵律环带 LA-ICPMS 的证据[J]. 矿物学报, 2011, 31(增刊): 529-531.

[12] 宗克清, 刘勇胜, 高长贵, 等. CCSD 主孔榴辉岩中磷灰石微区微量元素和 Sr 同位素组成研究[J]. 岩石学报, 2011, 23(12): 3267-3274.

[13] Becker J S, Zoriy M V, Pickhardt C, et al. Imaging of Copper, Zinc, and Other Elements in Thin Section of Human Brain Samples (Hippocampus) by Laser Ablation Inductively Coupled Plasma Mass Spectrometry[J]. Analytical Chemistry, 2005, 77: 3208-3216.

[14] Kurta C, Dorta L, Mittermayr F, et al. Rapid Screening of Boron Isotope Ratios in Nuclear Shielding Materials by LA-ICPMS—A Comparison of Two Different Instrumental Setups[J]. Journal of Analytical Atomic Spectrometry, 2014, 29: 185-192.

[15] Hennekam R, Jilbert T, Mason P R D, et al. High-resolution Line-scan Analysis of Resin-embedded Sediments Using Laser Ablation-Inductively Coupled Plasma-Mass Spectrometry (LA-ICP-MS) [J]. Chemical Geology, 2015, 403: 42-51.

[16] Deol S, Deb M, Large R R, et al. LA-ICPMS and EPMA Studies of Pyrite, Arsenopyrite and Loellingite from the Bhukia-Jagpura Gold Prospect, Southern Rajasthan, India: Implications for Oregenesis and Gold Remobilization[J]. Chemical Geology, 2012, 326-327: 72-87.

[17] Halden N M, Friedrich L A. Trace-element Distributions in Fish Otoliths: Natural Markers of Life Histories, Environmental Conditions and Exposure to Tailings Effluence[J]. Mineralogical Magazine, 2008, 72(2): 593-605.

[18] Woodhead J D, Hellstrom J, Hergt J M, et al. Isotopic and Elemental Imaging of Geological Materials by Laser Ablation Inductively Coupled Plasma-Mass Spectrometry[J]. International Association of Geoanalysts, 2007, 31: 331-343.

[19] Rauch S, Hemond H F, Brabander D J. High Spatial Resolution Analysis of Lake Sediment Cores by Laser Ablation-Inductively Coupled Plasma-Mass Spectrometry (LA-ICP-MS) [J]. American Society of Limnology and Oceanography Methods, 2006, 4: 268-274.

[20] Jackson B, Harper S, Smith L, et al. Elemental Mapping and Quantitative Analysis of Cu, Zn, and Fe in Rat Brain Sections by Laser Ablation ICP-MS[J]. Analytical and Bioanalytical Chemistry, 2006, 384: 951-957.

[21] Pisonero J, Kroslakova I, Günther D, et al. Laser Ablation Inductively Coupled Plasma Mass Spectrometry for Direct Analysis of the Spatial Distribution of Trace Elements in Metallurgical-grade Silicon[J]. Analytical and Bioanalytical Chemistry, 2006, 386: 12-20.

[22] Becker J S, Lobinski R, Becker J S. Metal Imaging in Non-denaturating 2D Electrophoresis Gels by Laser Ablation Inductively Coupled Plasma Mass Spectrometry (LA-ICP-MS) for the Detection of Metalloproteins[J]. Metallomics, 2009, 1: 312-316.

[23] Ulrich T, Kamber B S, Jugo P J. Imaging Element-distribution Patterns in Minerals by Laser Ablation-Inductively Coupled Plasma-Mass Spectrometry (LA-ICP-MS) [J]. The Canadian Mineralogist, 2009, 47: 1001-1012.

[24] Kanicky V, Kuhn H D, Günther D. Depth Profile Studies of ZrTiN Coatings by Laser Ablation Inductively Coupled Plasma Mass Spectrometry[J]. Analytical and Bioanalytical Chemistry, 2004, 380: 218-226.

[25] Fricker M B, Kutscher D, Aeschlimann B, et al. High Spatial Resolution Trace Element Analysis by LA-ICP-MS Using a Novel Ablation Cell for Multiple or Large Samples[J]. International Journal of Mass Spectrometry, 2011, 307: 39-45.

[26] Alexander E E, Sarah T, Christoph K, et al. Quantitative Bioimaging by LA-ICP-MS: A Methodological Study on the Distribution of Pt and Ru in Viscera Originating from Cisplatin- and KP1339-treated Mice[J]. Royal Society of Chemistry, 2014, 6: 1616-1625.

[27] Russo R E, Mao X L, Borisov O V, et al. Influence of Wavelength on Fractionation in Laser Ablation ICP-MS[J]. Journal of Analytical Atomic Spectrometry, 2000, 15: 1115-1120.

[28] Guillong M, Günther D. Effect of Particle Size Distribution on ICP-induced Elemental Fractionation in Laser Ablation-Inductively Coupled Plasma-Mass Spectrometry[J]. Journal of Analytical Atomic Spectrometry, 2002, 17: 831-837.

[29] Reinhardt H, Kriews M, Miller H, et al. Laser Ablation Inductively Coupled Plasma Mass Spectrometry: A New Tool for Trace Element Analysis in Ice Cores Fresenius[J]. Journal of Analytical Chemistry, 2001, 370: 629-636.

[30] Li X H, Liang X R, Sun M, et al. Precise $^{206}Pb/^{238}U$ Age Determination on Zircons by Laser Ablation Microprobe-Inductively Coupled Plasma-Mass Spectrometry Using Continuous Linear Ablation[J]. Chemical Geology, 2001, 175: 209-219.

1.6　LA-ICP-MS 微区原位矿物分析中的基体效应研究

　　基体效应是指基体对分析物信号强度的抑制或增强效应，是由于样品的某种特性影响未知样元素含量或同位素组成的测量结果，是一种非线性干扰[1]。基体效应大致可分为两类：一类是基体组成效应，这是由于基体元素类型及丰度的不同所造成的；另一类是物理结构效应，如玻璃与晶体结构的不同引起的基体效应[1]。LA-ICP-MS 微区分析是一种相对分析技术，对校准物质基体依赖性强，基体匹配的标准物质被认为是 LA-ICP-MS 定量分析的理想选择，而实际中很难找到与样品基体物理性质和化学性质都相匹配的标准物质[2]。尤其是碳酸盐、硫化物矿物微区分析标准物质严重缺乏，阻碍了 LA-ICP-MS 在碳酸盐、硫化物矿物分析中的广泛应用。由于基体匹配校准物质的缺乏，人们不得已采用合成玻璃标准物质 NIST SRM 610、NIST SRM 612 等校准碳酸盐、硫化物矿物样品。由于基体不匹配，不可避免地会引入一定的分析误差，因而减少或消除基体效应成为 LA-ICP-MS 定量校准研究的热点之一[3-4]，但学者还没有提出一种能定量描述基体效应的公式或方法，也使得基体效应不像元素分馏效应研究那样深入与透彻。

　　为了减小基体效应对分析结果的影响，一般用内标补偿基体效应。内标一般为主量元素，在校准物质及样品中均有较高的含量、分布均匀、分馏行为相近、其值可被其他独立的分析方法确定。内标的作用包括校正仪器信号漂移、激光能量及剥蚀、传输效率变化对信号产生的影响，改善分析数据的精密度及准确度，校正一般的基体效应[5]。但由于受到第一电离能（FIP）[4,6]、元素冷凝温度（Tc）[6]等因素的限制，内标并不能完全校正基体效应。

　　本节在前人研究的基础上，首先采用元素相对灵敏度因子（RSF）的相对标准偏差（RSD）研究硅酸盐玻璃标准与天然矿物的基体效应，然后以元素对的强度比为纵坐标、以浓度比为横坐标绘制 I_i/I_{is}-C_i/C_{is} 图，以其线性相关系数 r 描述基体效应的差异。研究玻璃标准与碳酸盐矿物标准、玻璃标准与硫化物矿物标准及硫化物矿物、硫化物矿物标准与天然硫化物矿物的基体效应差异，并结合定量校准结果验证这种研究基体效应方法的可靠性及实用性。

1.6.1　元素对比值研究基体效应原理

1.6.1.1　基体效应的表征

　　基体效应虽不能直接被量化研究，但可以通过不同样品中元素灵敏度因子和相对灵敏度因子的差异来表征。灵敏度因子（SF）是基体效应最直接的体现，除了受仪器波动的影响外，它主要反映不同基体的样品因剥蚀、传输效率及电离行为不同导致的元素测量信号的变化。实际分析中，人们常以相对灵敏度因子（RSF）表征经内标校正后基体效应差异的水平[5-6]。RSF 也称为相对元素响应（RER），经过了内标的标准化，可用于校正因激光剥蚀产率、气溶胶传输、离子化及其传输、检测效率的差异及质量分馏效应，是实际分析中基体效应的重要表征形式[5]。

1.6.1.2　相对灵敏度因子表征基体效应原理

　　RSF 可由 Norman 等给出的外标结合内标定量校准公式推出，详细推导如下。
　　内标定量校准法公式可表述为

本节编写人：袁继海（国家地质实验测试中心）；孙冬阳（国家地质实验测试中心）；詹秀春（国家地质实验测试中心）

$$C_{sam}^{i} = C_{sam}^{is} \cdot \frac{I_{sam}^{i}}{I_{sam}^{is}} \cdot \left(\frac{I_{std}^{is}}{I_{std}^{i}} \cdot \frac{C_{std}^{i}}{C_{std}^{is}} \right) \tag{1.15}$$

式中，C 为浓度；i 为待测元素；is 为内标元素；std 为标样；sam 为样品；I 为净信号强度。

式（1.15）可变形为

$$\frac{I_{std}^{i}}{C_{std}^{i}} \cdot \frac{C_{std}^{is}}{I_{std}^{is}} = \frac{I_{sam}^{i}}{C_{sam}^{i}} \cdot \frac{C_{sam}^{is}}{I_{sam}^{is}} \tag{1.16}$$

由灵敏度因子的定义 $S = \dfrac{I}{C}$，式（1.16）可得

$$\frac{S_{std}^{i}}{S_{std}^{is}} = \frac{S_{sam}^{i}}{S_{sam}^{is}} \tag{1.17}$$

RSF 的公式即由式（1.17）推导出

$$k = \frac{S_{i}}{S_{is}} = \frac{I_{i}}{I_{is}} \cdot \frac{C_{is}}{C_{i}} \tag{1.18}$$

内标校准法要求标样和未知样之间各元素的 RSF 一致，即 $k_{std} = k_{sam}$，即标样和未知样之间没有基体效应的差异，这样就可以利用从标样中获得的元素 RSF 计算出未知样的含量。实际分析中由于基体效应的存在，标样和未知样之间元素的 RSF 并不完全一致，往往存在一定的差异，而以 RSF 的 RSD 可表征其差异的大小，即 RSD 越大，基体效应差异越大，反之则越小。

1.6.1.3　元素对比值研究基体效应原理

尽管元素 RSF 的 RSD 可以反映基体效应的差异大小，但并不能直接量化不同标准或样品的基体效应大小。在以 RSF 的 RSD 描述基体效应的基础上，进一步提出采用元素对比值描述基体效应，即以元素对的含量比（C_i/C_{is}）为横坐标、强度比（I_i/I_{is}）为纵坐标作图，以 I_i/I_{is}-C_i/C_{is} 图的线性相关系数 r 描述基体效应，相关公式可表示为

$$k = \frac{I_{i}}{I_{is}} \times \frac{C_{is}}{C_{i}} = \frac{I_{i}}{I_{is}} \Big/ \frac{C_{i}}{C_{is}} \tag{1.19}$$

即

$$\frac{I_{i}}{I_{is}} = k \frac{C_{i}}{C_{is}} \tag{1.20}$$

式中，k 表示相对灵敏度因子 RSF；其余符号同式（1.15）。

式（1.20）表明当无基体效应差异的理想情况下，不同标准及样品中相同元素对的 RSF 应相等，即 I_i/I_{is} 与 C_i/C_{is} 正相关（相关系数 $R=1$），各元素对的 k 值均落在 I_i/I_{is} 与 C_i/C_{is} 的回归曲线上，其斜率即为 RSF。由于分析标准与实际样品往往存在一定的基体差别，其 k 值并不完全位于 I_i/I_{is}-C_i/C_{is} 图的回归曲线上，可能产生一定程度的偏离，而 I_i/I_{is}-C_i/C_{is} 图的线性相关系数 R 可在一定程度上量化基体效应的这种差异大小，即 R 越接近 1，基体效应差异越小，反之则基体效应差异越大。为便于与 C_i/C_{is} 建立起更直接的关系，所有 I_i/I_{is} 及 RSF 都经过了同位素丰度归一修正。

1.6.2　实验方法

1.6.2.1　仪器设备

本研究采用 UP-213 型激光剥蚀系统及 ELEMENT 2 型扇形磁场 ICP-MS 组成的 LA-ICP-MS。UP-213

激光剥蚀系统由美国 New Wave 公司生产，为 5 倍频 Nd：YAG 激光器，波长为 213 nm。ELEMENT 2 型质谱仪由德国 Finnigan 公司生产，为双聚焦扇形磁场高分辨高灵敏 ICP-MS。

1.6.2.2　标准物质

实验采用的各类标准物质来源及其分类：2 种 NIST 合成玻璃标准物质 NIST SRM 610、NIST SRM 612；7 种 MPI-DING 地质玻璃标准系列 KL2-G、T1-G、StHs6/80-G、ML3B-G、GOR128-G、GOR132-G、ATHO-G；4 种 USGS 地质玻璃标准系列 BCR-2G、BHVO-2G、BIR-1G、GSD-1G；4 种 CGSG 地质玻璃标准系列 CGSG-1、CGSG-2、CGSG-4、CGSG-5；USGS 碳酸盐矿物标准 MACS-3；硫化物矿物校准物质 MASS-1[7] 及 IMER-1[8]。电子探针矿物标准样品由中国地质科学院矿产资源研究所电子探针室提供，包括 10 种硅酸盐矿物标样：K2（硅灰石）、K3（斜长石）、M12（顽火辉石）、K17（透辉石）、K21（镁橄榄石）、K23（镁铝榴石）、K44（正长石）、K45（钠长石）、K69（榍石）、K81（硬玉）；6 种硫化物矿物标样：K18（黄铁矿）、K52-N（天然闪锌矿）、K52-S（合成闪锌矿）、K60（黄铜矿）、K64（毒砂）、K14（黄锡矿）。

将所有硅酸盐矿物、硫化物矿物分别粘在一个样品靶上，环氧树脂固化并抛光处理。所有标准及矿物在 18.0 MΩ·cm 超纯水中超声 10 min，去除表面污染，供 LA-ICP-MS 上机分析。

1.6.2.3　实验条件

在低分辨率模式下（R=300）调试 ICP-MS。实验采用高纯 He 为载气，NIST SRM 610 作为校准物质，调节 ^{232}Th 的信号强度大于 $2.0×10^6$ cps，氧化物产率（^{232}Th^{16}O/^{232}Th）小于 0.3%，获得较高的灵敏度又能降低氧化物干扰。测得最佳仪器化条件下获得的二价离子化产率 Ce^{2+}/Ce$^+$ 小于 7%。59 种元素同位素的选择充分考虑同质异位素、二价离子及多原子离子的干扰。LA-ICP-MS 详细工作条件见表 1.13。

表 1.13　LA-ICP-MS 工作条件

质谱工作参数	条件		激光工作参数	条件	
	硅酸盐矿物	硫化物矿物		硅酸盐矿物	硫化物矿物
射频功率	1 250 W	1 200 W	激光波长	213 nm	213 nm
冷却气（Ar）流量	16 L/min	16 L/min	剥蚀频率	10 Hz	10 Hz
样品气（Ar）流量	0.9 L/min	0.61 L/min	能量强度	80%	80%
载气（He）流量	0.5 L/min	0.49 L/min	能量密度	21 J/cm^2	8 J/cm^2
积分时间	主量元素 6 ms，痕量元素 10 ms	8 ms	束斑直径	40 μm	30 μm
静置时间	默认	默认（Li 0.1 s）	剥蚀时间	40 s	50 s
检测模式	双重模式（计数和模拟）		吹扫时间	40 s	40 s

1.6.2.4　数据采集与处理

激光采用单点剥蚀模式，以 NIST SRM 610 作为监控物质。硅酸盐矿物基体效应研究：每个玻璃标样及矿物标样在近似一条直线上扫描 4 个点，每个点总分析时间 98 s，其中背景计数时间 15 s，剥蚀时间 40 s；硫化物矿物元素对比值研究：每个标准物质及矿物剥蚀 5 个点，之后扫描 NIST SRM 610 一次。每个剥蚀点总分析时间为 107 s，其中背景采样时间 20 s，激光剥蚀时间 50 s，总扫描 60 次，包括激光剥蚀期间扫描 27 次。数据处理在 Microsoft Excel 中进行，所有玻璃态标准物质数值均来自德国马普化学研究所 GeoReM 数据库（http://georem.mpch-mainz.gwdg.de/）最新推荐值，硅酸盐矿物、硫化物校准物质及矿物采用文献值。

1.6.3　结果与讨论

1.6.3.1　仪器波动对基体效应研究的影响

仪器漂移是影响分析结果的重要因素之一，也是基体效应差异研究必须优先考虑的问题[9]。本研究采用实验过程中一段时间内元素 RSF 的变化情况来观测仪器的波动情况[5]。为研究仪器波动对信号响应的影响，以 ^{44}Ca 为内标，分析了作为监控物质 NIST SRM 610 中 59 种元素在整个实验过程中 48 次剥蚀的 RSF 变化情况，用 RSD 衡量（元素丰度经过了归一化处理）。图 1.22 显示了 NIST SRM 610 中 Al、Fe、La、U 等 4 种不同含量水平的元素相对于 Ca 的 RSF 变化情况，RSD 小于 9%；其他绝大多数元素 RSF 变化范围为 3%~10%，与文献报道的正常变化范围一致[5]，表明本次实验受仪器波动的影响可以忽略。

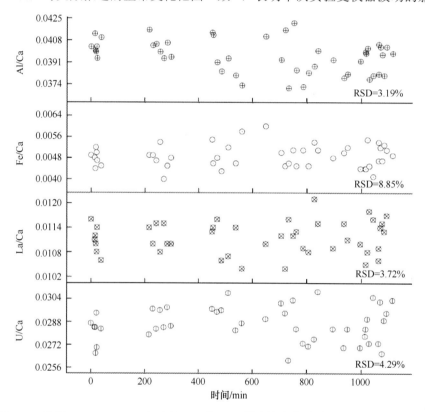

图 1.22　采用 NIST SRM 610 中元素 RSF 的 RSD 描述整个实验过程中的仪器波动变化

1.6.3.2　硅酸盐矿物基体效应研究

1）硅酸盐玻璃标样与矿物标样基体效应的差异

首先计算全部玻璃标样元素 RSF 的均值（$\bar{x}$）、标准偏差（s）及其 $\bar{x}\pm3s$（99.7%置信区间）范围，发现所考察的硅酸盐矿物中元素 RSF 值均落在玻璃标样中 $\bar{x}\pm3s$ 范围内，且由所有玻璃标样和矿物标样得到的元素 RSF 的 RSD 小于 8%，初步研究表明硅酸盐矿物与玻璃标样之间的基体效应差异较小。

2）不同类型玻璃标样对 RSF 差异的影响

为进一步研究硅酸盐矿物与玻璃标样基体效应的差异，将 17 种硅酸盐玻璃标样分为合成玻璃（NIST 系列）、国际地质玻璃、中国地质玻璃和玄武岩基体标样 4 种类型，分别考察各种类型玻璃标样与 10 种矿物标样中相应元素 RSF 的 RSD 值，如图 1.23 所示。各种类型玻璃标样与矿物标样之间元素 RSF 一致性较好，RSD 几乎都小于 8%，尤其是具有天然地质基体的玻璃标样及玄武岩基体的玻璃标样与硅酸盐矿物之间的基体效应差异更小，RSD 几乎都小于 7%，似乎更适合用于定量校准硅酸盐矿物。合成玻璃标样 NIST 系列与天然矿物之间大多数元素 RSF 的差异相对较大，但 RSD 均小于 8%，基体效应亦不明显，因而 NIST 系列也可用于定量校准硅酸盐矿物。

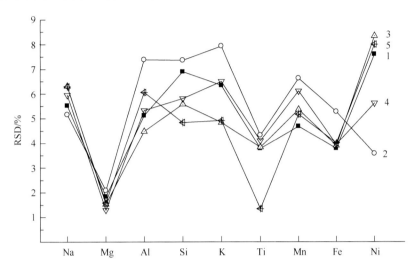

图 1.23　不同类型玻璃标样与硅酸盐矿物中元素 RSF 的差异大小（用 RSD 表示）
1. 全部玻璃标样与矿物；2. 合成玻璃标样 NIST 系列与矿物；3. 国际地质玻璃标样与矿物；
4. 玄武岩基体玻璃标样与矿物；5. 中国玻璃标样与矿物。

3）不同内标元素对基体效应的补偿作用

为探讨不同内标元素对基体效应的补偿作用，分别以 Ca 及 Si 为内标，比较了 17 种玻璃标样与全部 10 种硅酸盐矿物中相应元素 RSF 的一致性（图 1.24a）；分别以 Ca、Si、Al 为内标，比较了 17 种玻璃标样与 5 种同时含有 Ca、Si、Al 的硅酸盐矿物中相应元素 RSF 的一致性（图 1.24b）。

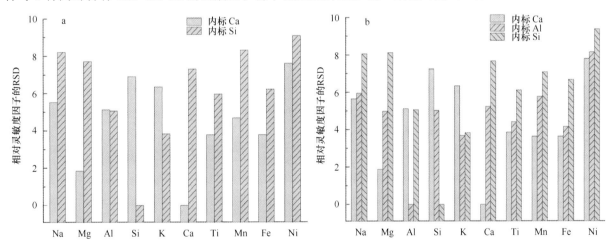

图 1.24　不同内标元素对玻璃标样及矿物中元素 RSF 一致性的影响
a. 玻璃标样与 10 种矿物；b. 玻璃标样与 5 种矿物。

图 1.24 中可以看出，当 Ca 为内标时，玻璃标样与相应矿物中各元素 RSF 的一致性几乎都最好，其次是 Al，最差的是 Si。这表明 Ca 作内标时，可以有效地减小硅酸盐玻璃标样与硅酸盐矿物之间基体效应的差别，故 Ca 是硅酸盐分析中比较理想的内标元素[5-6]。在不含主量元素 Ca 的硅酸盐矿物中，也可以选用 Al 作内标；相对于 Ca 与 Al 而言，Si 作内标时补偿作用较差。Si 可能由于相对于其他元素有分馏的趋势[6]，导致其对基体效应的补偿作用相对较差。

1.6.3.3　元素对比值研究碳酸盐基体效应

碳酸盐 LA-ICP-MS 微区分析基体匹配标准物质严重缺乏[10-11]，目前仅有少数几个校准物质如 MACS-3、GP-4 等，阻碍了 LA-ICP-MS 微区技术在碳酸盐定量分析中的广泛应用。硅酸盐玻璃标准物质与碳酸盐含有某些类似的主、次、痕量元素，也常被用于校准碳酸盐样品[10, 12]。为了验证玻璃标准物质校准碳酸盐的可行性，本研究以 ^{44}Ca 为内标，以碳酸盐中常见元素对 Mg/Ca、Mn/Ca、Sr/Ca 及 Ba/Ca 为研究对象，利用 I_i/I_{is}-C_i/C_{is} 图考察了 17 个玻璃标准物质、富 Mg 硅酸盐矿物 K21 及 K23、碳酸盐标准物质 MACS-3 中元素对 Mg/Ca、Mn/Ca 基体效应的差异大小，以及 17 个玻璃标准物质与 MACS-3 中 Sr/Ca、Ba/Ca 基体效应的差异大小。

结果表明，所考察的 4 个元素对的 k 值几乎均落在 I_i/I_{Ca} 与 C_i/C_{Ca} 的回归曲线上（i=Mg、Mn、Sr、Ba），线性相关系数 r 均达到了 0.999 以上，呈现出极好的相关性；各对 RSF 均值 x 与回归曲线斜率的相对误差都小于 7%，趋向较为一致；且 4 个元素对 RSF 的 RSD 均小于 6%，以上研究结果显示出较小的基体效应差异。因而，尽管硅酸盐玻璃、硅酸盐矿物与碳酸盐基体组成不同，各元素对含量比（C_i/C_{Ca}）的最大值与最小值分别相差 473 445、2814、394、2253 倍，元素含量水平差异很大，但所考察的硅酸盐玻璃标准、硅酸盐矿物及碳酸盐基体效应差异并不显著。研究同时也表明 Ca 是校正硅酸盐玻璃标准物质、硅酸盐矿物及碳酸盐基体效应差异比较理想的内标元素，对基体效应起到了良好的补偿作用，因而采用 Ca 为内标，以硅酸盐玻璃标准物质定量校准碳酸盐样品具有较强的可行性[13]。本研究也从原理上验证了前人采用玻璃标准物质定量校准碳酸盐样品具有可行性。

1.6.3.4　元素对比值研究硫化物矿物基体效应

1）玻璃标准与硫化物基体效应

以 ^{57}Fe 为内标，以硫化物中常见的元素 Cu、Zn、Mn、Co、Ga、Pb 为研究对象，考察了 13 个玻璃标准（NIST SRM 610；MPI-DING 地质玻璃标准系列 KL2-G、StHs6/80-G、ML3B-G、GOR132-G；USGS 地质玻璃标准系列 BCR-2G、BHVO-2G、BIR-1G、GSD-1G；CGSG 地质玻璃标准系列 CGSG-1、CGSG-2、CGSG-4、CGSG-5）与 2 个硫化物标准 MASS-1、IMER-1 以及 2 个硫化物矿物 K60、K14 中同时含有的元素对 Cu/Fe、Zn/Fe 的基体效应差异，同时考察了 13 个玻璃标准与 2 个硫化物标准 MASS-1 及 IMER-1 同时含有的痕量元素对 Mn/Fe、Co/Fe、Ga/Fe、Pb/Fe 的基体效应差异。

首先计算所有标准及硫化物矿物各元素对含量比 C_i/C_{Fe}、信号强度比 I_i/I_{Fe}（i=Cu、Zn、Mn、Co、Ga、Pb）及其 RSF，并计算玻璃标准各元素对 RSF 的均值 x 及其标准偏差 s。结果显示，无论是硫化物标准还是硫化物矿物，各元素对 RSF 几乎都位于相应玻璃标准 $x \pm 2s$ 范围内。由于 IMER-1 中的元素值均为信息值，可能由于低含量痕量元素定值不确定度较大[8]，使得 IMER-1 中元素对的 RSF 偏低，而 Fe-Pb 的 RSF 甚至超出了玻璃标准 $x \pm 3s$ 范围。以上初步研究表明，玻璃标准与硫化物标准、硫化物矿物存在一定的基体效应差异。

在 RSF 描述基体效应的基础上，以 C_i/C_{Fe} 为横坐标、I_i/I_{Fe} 为纵坐标绘制 I_i/I_{is}-C_i/C_{is} 图，同时给出各元素对 RSF 的 RSD，如图 1.25 所示。为便于对比，将 C_i/C_{Fe} 极低的标准物质另绘制 I_i/I_{is}-C_i/C_{is} 图，置于原图的坐上角。在 I_i/I_{Fe}-C_i/C_{Fe} 图上，Cu/Fe、Zn/Fe 元素对的线性相关系数 r 仅达到了 0.99 以上，相关性不够理想；而痕量元素对 Mn/Fe、Co/Fe、Ga/Fe、Pb/Fe 线性相关系数 r 达到了 0.999 以上，表现出较好的相关性。以上定量研究数据进一步表明，玻璃标准与硫化物标准、硫化物矿物存在一定的基体效应差异，尤其是在玻璃标准中为痕量元素、在硫化物中为主量元素的 Cu 和 Zn 差异更大。

2）玻璃标准定量校准硫化物矿物

为了验证采用元素对 I_i/I_{is}-C_i/C_{is} 图的线性相关系数 R 量化基体效应研究的可行性，以 Fe 为内标，分

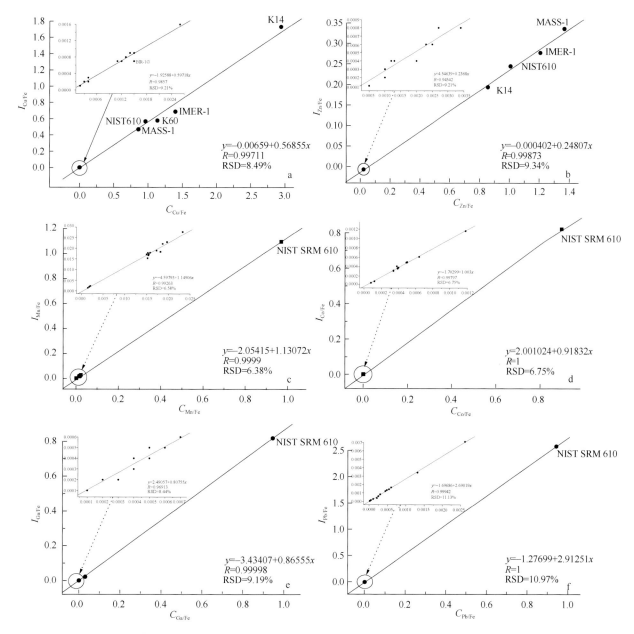

图 1.25　采用元素对描述硅酸盐玻璃标准、合成硫化物矿物标准及硫化物矿物基体效应差异

a. 13 种硅酸盐玻璃标准、硫化物标准 MASS-1、IMER-1 和硫化物矿物 K60、K14 基体效应差异；

b. 13 种硅酸盐玻璃标准、硫化物标准 MASS-1、IMER-1 和硫化物矿物 K14 基体效应差异；

c~f. 13 种硅酸盐玻璃标准与硫化物标准 MASS-1、IMER-1 基体效应差异。

别采用 13 个玻璃标准为外标定量分析硫化物标准 MASS-1、IMER-1 及黄铜矿、黄锡矿中的多元素。分析结果表明，主量元素 Cu、Zn 的绝大多数分析结果的相对误差大于 10%，表明以 Fe 为内标、采用玻璃标准中痕量的金属元素定量分析硫化物中相应的主量元素结果并不理想，可能会造成较大的分析误差；除少数挥发性元素 In、Sn、Sb、Bi 外，玻璃标准定量分析 MASS-1 中绝大多数痕量元素结果几乎都在其给定值±不确定度范围内，尤其是 NIST SRM 610 为外标时的分析结果与其推荐值十分吻合，同时对黄锡矿的绝大多数痕量元素分析结果相对于 MASS-1 的误差小于 15%，表明玻璃标准适用于分析硫化物矿物中的痕量元素。以上研究还表明，当标准与样品的元素对均位于 I_i/I_{is}-C_i/C_{is} 图回归曲线上或一致时，分析结果的误差可忽略，如采用 NIST SRM 610 分析 MASS-1 中的 Zn。因而，采用元素对 I_i/I_{is}-C_i/C_{is} 图的线性相关系数 R 描述基体效应有一定的合理性与实用性。

3）合成硫化物标准与硫化物矿物基体效应

为探讨合成硫化物标准精确校准硫化物矿物的可靠性，以 ^{34}S 为内标，以元素对 Fe/S、Cu/S、Zn/S 为研究对象，采用 I_i/I_{is}-C_i/C_{is} 图描述 2 个合成硫化物标准与 6 个硫化物矿物的基体效应差异。如图 1.26 所示，各对 I_i/I_S 与 C_i/C_S（i=Fe、Cu、Zn）线性相关系数 R 均小于 0.999，同时各 RSF 的 RSD 值几乎都大于 10%，呈现出较为显著的基体效应差异。

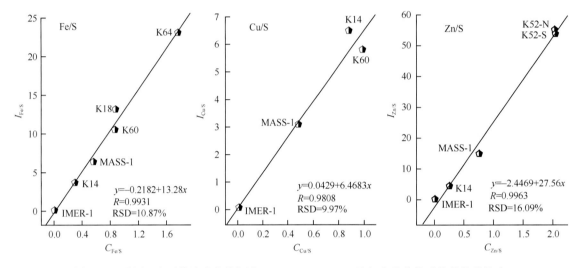

图 1.26　采用元素对描述硫化物标准 MASS-1、IMER-1 及相应硫化物矿物的基体效应

为验证合成硫化物矿物标准与天然硫化物矿物的基体效应差异，以 ^{34}S 为内标、MASS-1 及 IMER-1 为外标分析 6 个硫化物矿物中的主量元素，绝大多数分析结果相对于电子探针结果的误差大于 10%。因而，尽管合成硫化物矿物校准物质 MASS-1 和 IMER-1 具有 Fe-Cu-Zn-S 类似的基体组成或较高的含量，但与天然硫化物矿物并非完全基体匹配，故采用 MASS-1 和 IMER-1 定量分析硫化物矿物主量元素也可能引入较大的分析误差。

1.6.3.5　元素分馏效应对基体效应的影响

元素分馏效应是影响 LA-ICP-MS 分析结果准确度及精密度的一个重要因素。常用分馏因子（EFF）表征元素分馏效应，分馏因子可以准确地反映在激光剥蚀过程中不同元素分馏行为的差异，即 EFF 越接近 1.0，表明分馏效应越小，反之则越大[6, 14-18]。

以 ^{34}S 为内标，计算各硫化物标准及矿物中元素对的 EFF，探讨可能的元素分馏效应对基体效应的影响，计算结果如图 1.27 所示。硫化物校准物质 MASS-1、IMER-1 各元素对 EFF 都小于 0.90，而 6 个硫化物矿物各元素对 EFF 更接近 1.0，表明合成硫化物校准物质与天然硫化物矿物有不同的元素分馏行为，这可能是引起硫化物标准与硫化物矿物基体效应差异的一个重要因素。

1.6.4　结论与展望

本研究提出以分析元素与内标元素的强度比为纵坐标、以其浓度比为横坐标绘制 I_i/I_{is}-C_i/C_{is} 图，以 I_i/I_{is}-C_i/C_{is} 图的线性相关系数 r 量化基体效应的差异，同时辅以 RSF 的 RSD 描述基体效应，并结合定量分析结果验证这种研究基体效应方法的可行性，以实现对基体效应差异大小的量化研究。通过考察多个硅酸盐玻璃标准与相应的天然硅酸盐矿物、碳酸盐矿物、天然硫化物矿物中多个元素对的基体效应差异，表明采用元素对 I_i/I_{is}-C_i/C_{is} 图的线性相关系数 R 及 RSF 的 RSD 描述基体效应有一定的合理性与实用性，可在一定程度上实现对基体效应的量化研究。同时，I_i/I_{is}-C_i/C_{is} 图在定量分析中也具有一定的应用价值。

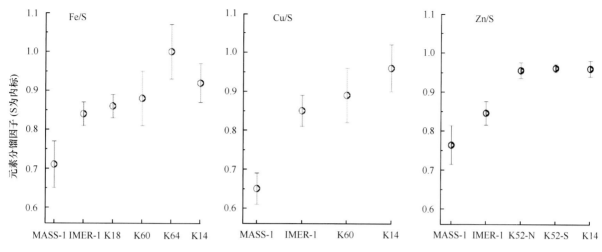

图 1.27　合成硫化物矿物标准 MASS-1、IMER-1 及相应硫化物矿物元素分馏因子

并且，从理论上表明，硅酸盐玻璃标准物质不仅可以用于定量分析硅酸盐矿物，在基体匹配校准物质缺乏的条件下也可用于校准非基体匹配的矿物如碳酸盐、硫化物矿物中的某些元素。

　　本研究主要是提供了一种量化基体效应研究的思路，但并没有从根源上解决基体效应的问题。随着 LA-ICP-MS 朝着高分辨率、更高准确度及精度方向发展，如何减小基体效应、提高分析的精度与准确度是亟待解决的问题。除了在数据处理时需考察不同内标元素对基体效应的补偿作用外，采用短波长及短脉冲激光剥蚀系统是减小基体效应的有效手段，而研制基体匹配的校准物质是减小基体效应的关键，尤其是研制基体匹配的碳酸盐、硫化物矿物微区分析标准物质是迫在眉睫的需求。

　　致谢：感谢国家自然科学青年基金项目（41203022）和中国地质调查局地质调查项目（1212011301500）对本工作的资助。

参 考 文 献

[1]　Janney P E, Richter F M, Mendybaev R A, et al. Matrix Effects in the Analysis of Mg and Si Isotope Ratios in Natural and Synthetic Glasses by Laser Ablation-Multicollector ICPMS: A Comparison of Single- and Double-focusing Mass Spectrometers[J]. Chemical Geology, 2011, 281(1-2): 26-40.

[2]　Cromwell E F, Arrowsmith P. Semiquantitative Analysis with Laser Ablation Inductively Coupled Plasma Mass Spectrometry[J]. Analytical Chemistry, 1995, 67: 131-138.

[3]　Czas J, Jochum K P, Stoll B, et al. Investigation of Matrix Effects in 193 nm Laser Ablation-Inductively Coupled Plasma-Mass Spectrometry Analysis Using Reference Glasses of Different Transparencies[J]. Spectrochimica Acta Part B: Atomic Spectroscopy, 2012, 78: 20-26.

[4]　Zhang B C, He M H, Hang W, et al. Minimizing Matrix Effect by Femtosecond Laser Ablation and Ionization in Elemental Determination[J]. Analytical Chemistry, 2013, 85: 4507-4511.

[5]　Jochum K P, Stoll B, Herwig K, et al. Validation of LA-ICP-MS Trace Element Analysis of Geological Glasses Using a New Solid-state 193 nm Nd: YAG Laser and Matrix-matched Calibration[J]. Journal of Analytical Atomic Spectrometry, 2007, 22: 112-121.

[6]　Gaboardi M, Humayun M. Elemental Fractionation during LA-ICP-MS Analysis of Silicate Glasses: Implications for Matrix-independent Standardization[J]. Journal of Analytical Atomic Spectrometry, 2009, 24: 1188-1197.

[7]　Wilson S A, Ridley W I, Koenig A E. Development of Sulfide Calibration Standards for the Laser Ablation Inductively-Coupled Plasma Mass Spectrometry Technique[J]. Journal of Analytical Atomic Spectrometry, 2002, 17(4): 406-409.

[8]　Ding L H, Yang G, Xia F, et al. A LA-ICP-MS Sulphide Calibration Standard Based on a Chalcogenide Glass[J]. Mineralogical Magazine, 2011, 75(2): 279-287.

[9]　Ridder F D, Pintelon R, Schoukens J, et al. An Improved Multiple Internal Standard Normalisation for Drift in LA-ICP-MS Measurements[J]. Journal of Analytical Atomic Spectrometry, 2002, 17: 1461-1470.

[10]　Chen L, Liu Y S, Hu Z C, et al. Accurate Determinations of Fifty-four Major and Trace Elements in Carbonate by LA-ICP-MS Using Normalization Strategy of Bulk Components as 100%[J]. Chemical Geology, 2011, 284(3-4): 283-295.

[11]　Barats A, Pécheyran C, Amouroux D, et al. Matrix-matched Quantitative Analysis of Trace-elements in Calcium Carbonate Shells by Laser-Ablation ICP-MS: Application to the Determination of Daily Scale Profiles in Scallop Shell (Pecten maximus)[J]. Analytical and Bioanalytical Chemistry, 2007, 387: 1131-1140.

[12]　Craig C A, Jarvis K E, Clarke L J. An Assessment of Calibration Strategies for the Quantitative and Semiquantitative Analysis of Calcium Carbonate Matrices by Laser Ablation Inductively Coupled Plasma-Mass Spectrometry (LA-ICP-MS)[J]. Journal of Analytical Atomic Spectrometry, 2000, 15: 1001-1008.

[13]　Tanaka K, Takahashi Y, Shimizu H. Determination of Rare Earth Element in Carbonate Using Laser-Ablation Inductively Coupled Plasma Mass Spectrometry: An Examination of the Influence of the Matrix on Laser-Ablation Inductively-Coupled Plasma Mass Spectrometry Analysis[J]. Analytical Chimica Acta, 2007, 583: 303-309.

[14]　张路远, 胡圣虹, 胡兆初, 等. 基于大气压下介质阻挡放电抑制 LA-ICP-MS 分析中元素分馏效应研究[J]. 高等学校化学学报, 2008, 29(10): 1947-1952.

[15]　Kroslakova I, Günther D. Elemental Fractionation in Laser Ablation-Inductively Coupled Plasma-Mass Spectrometry: Evidence for Mass Load Induced Matrix Effects in the ICP during Ablation of a Silicate Glass[J]. Journal of Analytical Atomic Spectrometry, 2007, 22: 51-62.

[16]　Jochum K P, Stoll B, Weis U, et al. Non-matrix-matched Calibration for the Multi-element Analysis of Geological and Environmental Samples Using 200nm Femtosecond LA-ICP-MS: A Comparison with Nanosecond Lasers[J]. Geostandards and Geoanalytical Research, 2014, 38(3): 265-292.

[17]　Diwakar P K, Gonzalez J J, Harilal S S, et al. Ultrafast Laser Ablation ICP-MS: Role of Spot Size, Laser Fluence, and Repetition Rate in Signal Intensity and Elemental Fractionation[J]. Journal of Analytical Atomic Spectrometry, 2014, 29(2): 339-346.

[18]　Luo T, Wang Y, Hu Z C, et al. Further Investigation into ICP-induced Elemental Fractionation in LA-ICP-MS Using a Local Aerosol Extraction Strategy[J]. Journal of Analytical Atomic Spectrometry, 2015, 30(4): 941-949.

1.7　硫化物微区分析标准物质研制

硫化物矿物在地学研究、特别是在矿床地质学研究占有重要地位[1-3]。LA-ICP-MS 技术为硫化物矿物研究提供了不可多得的工具，该技术由于灵敏度高、动态范围宽、检出限低、分析速度快、成本低等突出优点，弥补了电子探针技术只能分析矿物中主次量元素的缺陷，在分析性能上也远远优于质子探针、同步辐射 X 射线荧光微探针等技术，在矿物原位微区分析中的应用越来越广泛[4]。当前有关 LA-ICP-MS 技术的基础研究主要集中在校准方法、标准物质研制、分馏效应抑制、传输效率提高、剥蚀颗粒分布及仪器装置与实验技术改进等方面[5-10]。对于硫化物矿物，由于其种类众多、基体复杂、缺乏合适的校准标准物质等原因，LA-ICP-MS 技术在硫化物矿物原位微区分析中的应用受到一定限制[11-14]，地学工作者渴望该技术能为硫化物矿物分析提供便捷、准确的原位微区微量、痕量元素定量结果，因此研究硫化物微区分析标准物质和定量分析方法已势在必行。

近年来，由于美国地质调查局、德国马普化学研究所和国家地质实验测试中心相继研制了基于天然硅酸岩基体的玻璃态标准样品，使得业界过去单纯依赖美国 NIST SRM 610 系列合成玻璃进行校准的局面有所改观，也为与分析校准相关的方法学研究提供了物质保障。在硫化物标样方面，少数研究者通过人工合成的方式自制了部分分析校准样品，由于量少，只能供自己的实验室短期使用，其他人无法获得；并且，这些校准样品并未按规范的标准物质研制步骤进行制备。国际上唯一应用于 LA-ICP-MS 分析的标准物质 MASS-1 为非晶质沉淀结合粉末压片法制成，但也未进行全面的微量元素定值，尤其不足的是缺少贵金属含量数据。用于电子探针分析的硫化物微区标准样品比较多，该类标准物质样品量极小，且只有其中主量元素（如硫、铁、铜、镍等）有定量结果，无法应用于激光剥蚀等离子体质谱分析校准。本工作通过采集、实验室内制备等手段，力求获得和目标硫化物基体基本一致或基体类似的均匀物质；采用 LA-ICP-MS 和 EMPA 等微区分析技术对获得的硫化物进行主量、微量元素的均匀性检验；对经过均匀性验证的硫化物进行主量、微量元素多实验室协同定值分析；以求研制成功多金属硫化物校准样品，为硫化物微区原位 LA-ICP-MS 微量元素分析提供支持。

1.7.1　实验部分

1.7.1.1　粉晶压片法合成硫化物校准样品

分别将 1.4 mol 硫酸锌、硫酸铜，0.7 mol 硫酸铁溶解于约 0.8 L 水中，分别加入几十种元素标准溶液（表 1.14），充分混匀后，将三种溶液分别用 0.45 μm 滤膜抽滤。待滤液充分混合后，缓慢加入过量的硫化钠溶液，其间不间断搅拌，直至沉淀完全。所得泥浆状黑色物质用离心机充分清洗数次，60℃烘干 24 h。所得固体以玛瑙钵捣碎后，以行星式球磨机加入无水乙醇单向研磨 2 h，双向研磨 2 h，隔天干燥研磨 2 h，得到 3 个细粉状系列固体物质，每个约 200 g。根据添加微量元素的组成与浓度不同，将样品分别命名为 sul-1、sul-2、sul-3。其中压饼共 32 个，在国家地质实验测试中心以 LA-ICP-MS 进行均匀性检验及稳定性检验工作，在中国地质科学院矿产资源研究所电子探针中心进行主量元素均匀性检验工作。

1.7.1.2　硫镍试金法合成硫化物校准样品

使用硫化镍试金技术，分别添加 1000 μg/g 贵金属标准溶液 0、4、10、20、60、100 μL 及 Cu、Zn、Pb、Sb 等元素的矿石标准物质各 0.1 g（表 1.15）。混合原料在 1100℃条件下熔融 1 h，贵金属元素富集

本节编写人：胡明月（国家地质实验测试中心）；赵令浩（国家地质实验测试中心）；孙冬阳（国家地质实验测试中心）

表 1.14　单元素标准溶液加入情况

项目	sul-1	sul-2	sul-3
元素组成	Cs、Ba、Co、Cr、Ni、Mn、Mo、Sn、Au、Ag、Bi、Hg、Ga、Hf、Ti、Pt、Ir、Pd、Cd、Rh、Ge、In、Re、Sc、Se、Sr、Sb-1、Rb、Te、V、Ta、Y、Ce、Nd、Ru、La、W、As、Zr	Sc、Ti、V、Cr、Mn、Co、Ni、Ga、Ge、As、Se、Rb、Sr、Y、Zr、Nb、Mo、Ru、Rh、Pd、Ag、Cd、In、Sn、Sb-1、Te、Cs、Ba、La、Ce、Pr、Nd、Sm、Eu、Gd、Tb、Dy、Ho、Er、Tm、Yb、Lu、Hf、Ta、W、Re、Ir、Pt、Au、Hg、Tl、Pb、Bi、Th、U	Sc、Ti、V、Cr、Mn、Co、Ni、Ga、Ge、As、Se、Rb、Sr、Y、Zr、Nb、Mo、Ru、Rh、Pd、Ag、Cd、In、Sn、Sb-1、Te、Cs、Ba、La、Ce、Pr、Nd、Sm、Eu、Gd、Tb、Dy、Ho、Er、Tm、Yb、Lu、Hf、Ta、W、Re、Ir、Pt、Au、Hg、Tl、Pb、Bi、Th、U
溶液浓度	Th、U：100 mg/mL 其他：1000 mg/mL	Pb：5000 mg/mL 其他：1000 mg/mL	Pb：5000 mg/mL 其他：1000 mg/mL
加入体积	Th、U：10 mL 其他：4 mL	Pb：6.3 mL Th、U：15 mL 其他：16 mL	Pb：64 mL Th、U：30 mL 其他：32 mL

表 1.15　原料添加比例

添加物	添加量/μL				
	1-2	1-3	1-4	1-5	1-6
Ru、Rh、Pd、Ir、Pt、Au/（1000 μg/mL）	4	10	20	60	100
Re/（100 μg/mL）	40	100	200	600	1000
Os/（5 μg/mL）	500	500	500	500	500
固态标样/g	0.1	0.1	0.1	0.1	0.1

于硫化物熔体中，经多次摇动混匀后，将熔体倒入模具，快速冷却，锍化镍试金扣与硅酸盐熔渣分离，形成镍扣约重 2 g。将此镍扣破碎后，封装在真空石英管内，1200℃重熔、淬火，制得 2 系列的 11 个硫化镍基固态样品。在国家地质实验测试中心以激光剥蚀电感耦合等离子体质谱仪（LA-ICP-MS）进行均匀性检验工作，在中国地质科学院矿产资源研究所电子探针中心进行主量元素均匀性检验工作。

1.7.2　结果与讨论

1.7.2.1　粉晶压片法合成硫化物校准样品的粒度检查

所合成备选校准物质采用 LA-ICP-MS 分析方法，由于该方法通常在进行多元素定量分析过程中所用束斑大小为 30~100 μm，这就要求校准物质在几十微米尺度目标元素均匀分布，大粒度（如普通的 200 目研磨后样品尺寸约为 75 μm）的粉末样品压片后难以达到均匀性要求。通过对合成样品进行粒度分析，保证样品不存在过大颗粒，可以更好地保证样品均匀性。

扫描电镜粒度检查：图 1.28 为 sul-2 在研磨后放入扫描电镜下得到的扫描电镜照片，由照片可观察到样品由小颗粒集聚成团状颗粒。其中小颗粒可达到几至几十纳米，最大颗粒不超过 1 μm。

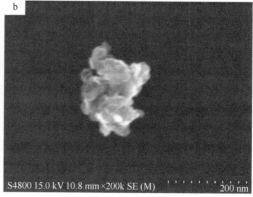

图 1.28　sul-2 在放大 35 倍（a）、200 倍（b）下得到的扫描电镜图片

激光粒度仪分析：经马尔文粒度仪测试，样品平均粒径为 1453 nm。

1.7.2.2　粉晶压片法合成硫化物样品的均匀性

应用电子探针方法，对样品 sul-1、sul-2、sul-3 进行主量元素均匀性检验，所用束斑为 5~10 μm，而且粉末样品压片紧实度不如天然样品，所得电子探针数据 RSD 值偏大，且总量加和在 80% 左右。3 个备选样品电子探针数据见表 1.16。

表 1.16　3 个电子探针均匀性检验结果　　　　　　　　　　　　%

样品	项目	S	Fe	Zn	Cu	总和
sul-1	平均值	26.47	4.35	20.52	27.75	79.09
	RSD	1.41	4.84	2.36	2.27	—
sul-2	平均值	27.80	11.85	17.43	18.96	76.04
	RSD	1.09	3.20	1.49	1.72	—
sul-3	平均值	27.80	11.85	17.43	18.96	76.04
	RSD	1.09	3.20	1.49	1.72	—

应用 LA-ICP-MS 方法，对样品 sul-1、sul-2、sul-3 进行主量及微量元素均匀性检查，所用斑束为 40 μm，以 Fe 作为内标元素，MASS-1 及 KL2-G 作为外标联合校准，由于其中 Au、Ag、Pt、Pd、Rh、Re 等贵金属元素在这两个标准样品中并不具备准确定值，所以表中列出该种元素为参考值，仅作为均匀性检验结果。三个备选样品 LA-ICP-MS 均匀性检验数据见表 1.17。

表 1.17　sul-1、sul-2、sul-3 三个样品的均匀性检验结果（n＝10）

同位素	sul-1		sul-2		sul-3	
	平均值/（μg/g）	RSD/%	平均值/（μg/g）	RSD/%	平均值/（μg/g）	RSD/%
^{23}Na	7575	4.55	9027.55	5.86	23 700	5.04
^{34}S	292 034	2.24	29.00	5.43	323534	2.75
^{45}Sc	0.50	1.93	47.55	2.64	24.13	1.77
^{49}Ti	59.45	1.62	324 255	3.60	89.64	2.41
^{51}V	1.62	2.35	2.79	5.32	52.95	1.99
^{52}Cr	10.11	1.08	33.90	2.31	37.35	1.17
^{55}Mn	315	1.02	10.86	2.32	456	1.11
^{59}Co	43 482	0.00	12.20	2.93	61.37	1.71
^{60}Ni	15.18	0.37	593	1.59	66.52	0.86
^{65}Cu	8.79	1.90	67.35	4.75	144 378	0.58
^{66}Zn	215 081	0.82	75.68	6.54	195 952	0.50
^{69}Ga	221 559	1.07	181 687	2.60	52.17	1.84
^{72}Ge	8.57	1.76	208 456	3.80	35.68	2.16
^{75}As	6.09	0.56	27.48	3.99	92.15	2.50
^{82}Se	195.21	1.83	19.51	1.30	78.54	2.25
^{85}Rb	10.76	4.43	163.46	0.96	37.81	1.93
^{88}Sr	1.48	2.26	41.64	9.23	33.00	2.68
^{89}Y	0.42	2.39	12.00	4.57	71.51	1.58
^{91}Zr	0.37	2.52	4.75	8.57	15.77	2.70
^{95}Mo	1.80	5.37	32.86	6.10	47.83	1.51
^{102}Ru	11.96	1.18	4.81	7.21	69.71	1.66
^{103}Rh	972	1.24	21.17	7.48	6.037	0.92

同位素	sul-1		sul-2		sul-3	
	平均值/（μg/g）	RSD/%	平均值/（μg/g）	RSD/%	平均值/（μg/g）	RSD/%
^{105}Pd	492	1.10	33.29	6.80	1.814	0.53
^{107}Ag	41.38	0.60	1.235	20.52	146.90	1.18
^{111}Cd	10.34	1.09	51.48	6.16	4.37	2.16
^{11}In	63.31	8.88	2.32	5.83	119.65	5.79
^{118}Sn	10.31	0.97	88.17	11.05	67.32	2.09
^{121}Sb	10.85	1.42	35.53	6.55	66.97	2.89
^{123}Te	11.01	0.44	43.14	4.06	46.48	1.17
^{133}Cs	3.58	1.29	39.65	5.44	15.72	1.51
^{139}La	6.36	0.78	10.24	2.35	51.86	3.05
^{140}Ce	0.56	2.68	22.35	8.38	63.10	2.07
^{178}Hf	0.45	1.03	25.68	4.30	56.75	2.78
^{181}Ta	2.02	2.52	25.49	6.88	56.34	2.49
^{182}W	9.12	1.19	27.11	8.37	60.18	2.25
^{185}Re	9.31	2.16	26.59	8.32	62.43	2.36
^{193}Ir	0.15	9.71	30.45	10.76	62.76	2.92
^{195}Pt	0.11	4.39	27.34	9.08	62.47	3.00
^{197}Au	10.52	0.85	29.32	9.66	60.74	2.44
^{201}Hg	12.77	1.29	29.09	8.32	64.07	2.32
^{205}Tl	6.38	2.35	28.58	13.21	63.28	2.54
^{208}Pb	1.01	2.03	29.10	8.50	62.75	2.20
^{209}Bi	2.74	1.47	30.13	11.62	60.95	1.90
^{232}Th	10.71	1.43	28.41	17.22	63.42	1.98
^{238}U	0.66	3.54	31.87	10.10	61.87	1.92

　　样品 sul-1 添加元素较少，添加总量最少，Nb、Ta、Zr、Hf 等元素一块样品抽检均匀性较差，所有元素块间总 RSD<10%，说明在大范围内均匀性良好。样品 sul-2 中 Al、S、Sc、Ti、V、Cr、Mn、Co、Cu、Zn、Ga、Ge、As、Sn、Te 等元素最终块间 RSD<5%，Rh、Re、Cd 及部分稀土元素 RSD>10%，其他元素 RSD 介于 5%~10%，均匀性良好。样品 sul-3 添加元素个数最多，添加量最大，块间均匀性与本块随机抽检均匀性均较好，所有元素 RSD<10%，大多数元素 RSD<5%，尤其贵金属元素亦具有很好的均匀性结果。sul-1 和 sul-2 样品中个别元素均匀性较差，可能由于添加量过少导致，在进一步研制校准样品的过程中，可加大标准溶液浓度或添加体积。

1.7.2.3　硫镍试金法合成硫化物样品的均匀性

　　应用 LA-ICP-MS 技术对镍扣系列校准物质进行均匀性检验，镍扣系列中每个样品随机选择 10 点，以 40 μm 束斑进行激光剥蚀，^{34}S 为内标进行数据标准化，该系列数据 RSD 大小可表征样品中各元素均一性（图 1.29）。其中主量元素 Ni、Cu、Fe、Sb、Pb 的 RSD<5%，Co、Ag、Tl、Bi 等微量元素 RSD<5%，在样品中均一分布；Cr、Mn、Zn、Sn、In、Ba 等元素由于在镍扣中含量极低，RSD 值较大；贵金属元素（PGEs、Au）^{99}Ru、^{101}Ru、^{102}Ru、^{103}Rh、^{105}Pd、^{185}Re、^{187}Re、^{192}Os、^{191}Ir、^{193}Ir 的 RSD<10%，^{194}Pt、^{195}Pt 的 RSD=4%~20%，满足微区分析精度要求，在样品中均一分布；Au 的 RSD 值约 20%，均一性相对较差。均匀性检验结果见图 1.30。

1.7.2.4　人工添加元素在硫镍试金扣中的回收效果

　　在贵金属元素 ^{34}S 标准化强度（X 轴）与原始添加量（Y 轴）关系图上（图 1.30），拟合直线的线性

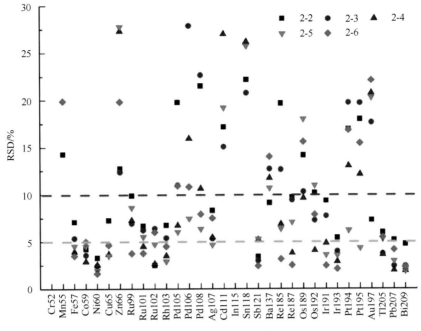

图 1.29 镍扣样品各元素的 RSD 值（$n=10$）

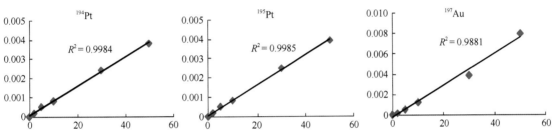

图 1.30 贵金属元素 ^{34}S 标准化强度（X 轴）与原始添加量（Y 轴）关系图

相关系数的平方均大于 0.99，说明样品制作过程中，系列内部各镍扣贵金属元素回收率比较稳定，同时说明各元素在样品中分布较均匀。

1.7.3 结论与展望

从沉淀法获得的样品粒度、沉淀法及锍化镍试金扣的均匀性等方面的数据看，两种制备方法都是成功的。其中锍化镍试金扣的方法应该可以直接应用于硫化物矿物分析中多种贵金属元素的定量校准或过程控制。沉淀法制备的硫化物样品的定值数据正在统计中，目前 sul-1、sul-2 和 sul-3 已分别得到 29、47、48 种元素的有效定值数据，有望达到国家一级标准物质规范要求，并对未来的硫化物矿物多元素分析的校准及质量控制提供较好的支持。

参 考 文 献

[1] Arif J, Baker T. Gold Paragenesis and Chemistry at Batu Hijau, Indoneisa: Implications for Gold-rich Porphyry Copper Deposits[J]. Mineralium Deposita, 2004, 39: 523-535.

[2] Axel G, Armin Z. Zircon Formation Versus Zircon Alteration—New Insights from Combined U-Pb and Lu-Hf in-situ LA-ICP-MS Analyses, and Consequences for the Interpretation of Archean Zircon from the Central Zone of the Limpopo

Belt[J]. Chemical Geology, 2009, 261: 230-243.

[3] Barnes S J, Cox R A, Zientek M L. Platinum-group Element, Gold, Silver and Base Metal Distribution in Compositionally Zoned Sulfide Droplets from the Medvezky Creek Mine, Noril'sk, Russia[J]. Contributions to Mineralogy and Petrology, 2006, 152: 187-200.

[4] Cabri L J, Sylvester P J, Tubrett M N. Comparison of LAM-ICP-MS and Micro-PIXE Results for Palladium and Rhodium in Selected Samples of Noril'sk and Talnakh Sulfides[J]. The Canadian Mineralogist, 2003, 41: 321-329.

[5] Jarvis K E, Williams J G, Parry S J, et al. Quantitative Determination of the Platinum-group Elements and Gold Using NiS Fire Assay with Laser Ablation-Inductively Coupled Plasma mass Spectrometry (LA-ICP-MS)[J]. Chemical Geology, 1995, 124: 124: 37-46.

[6] Jochum K P, Stoll B, Herwig K, et al. Validation of LA-ICP-MS Trace Element Analysis of Geological Glasses Using a New Solid-state 193nm Nd: YAG Laser and Matrix-matched Calibration[J]. Journal of Analytical Atomic Spectrometry, 2007, 22: 112-121.

[7] Leonid D, Phillip R, Sarah G, et al. Routine Quantitative Multi-element Analysis of Sulphide Minerals by Laser Ablation ICP-MS: Standard Development and Consideration of Matrix Effects[J]. Geochemistry Exploration Environment Analysis, 2011, 11: 51-60.

[8] Liu Y S, Hu Z C, Gao S, et al. In situ Analysis of Major and Trace Elements of Anhydrous Minerals by LA-ICP-MS without Applying an Internal Standard[J]. Chemical Geology, 2008, 257: 34-43.

[9] McDonald I. Development of Sulphide Standards for the in-situ Analysis of Platinum-group Elements by Laser Ablation Inductively Coupled Plasma-Mass Spectrometry[C]. Proceedings of the 10th International Platinum Symposium (Extended Abstracts), 2005: 468-471.

[10] Mungall J E, Andrews D R A, Cabri L J, et al. Partitioning of Cu, Ni, Au, and Platinum-group Elements between Monosulfide Solid Solution and Sulfide Melt under Controlled Oxygen and Sulfur Fugacities[J]. Geochimca et Cosmochimca Acta, 2005, 69(17): 4349-4360.

[11] Arjan J G M, Paul R D M. A Critical Assessment of Laser Ablation ICP-MS as an Analytical Tool for Depth Analysis in Silca-based Glass Samples[J]. Journal of Analytical Atomic Spectrometry, 1999, 14: 1143-1153.

[12] Ingo H, Friedhelmvon B, Ronny S, et al. In situ Iron Isotope Ratio Determination Using UV-Femtosecond Laser Ablation with Application to Hydrothermal Ore Formation Processes[J]. Geochimica et Cosmochimica Acta, 2006, 70: 3677-3688.

[13] Ballhaus C, Sylvester P. UV Laser Ablation ICP-MS: Some Applications in the Earth Sciences[J]. Journal of Petrology, 2000, 41: 545-561.

[14] Cook N J, Ciobanu C L, Pring A, et al. Trace and Minor Elements in Sphalerite: A LA-ICPMS Study[J]. Geochimica et Cosmochimica Acta, 2009, 73: 4761-4791.

1.8　硅酸盐微区原位分析成分（备选）标准物质的研制

　　地学、环境研究的重要发展趋势之一是由宏观现象的观测和表征向微观信息的获取和解释的转变，或者是两种信息的组合运用。LA-ICP-MS 法是一种高灵敏度的微区原位多元素分析技术，其痕量元素检出限低至 ng/g 量级，与电子探针技术（EMPA）共同构成了地学实验室矿物微区主、次、痕量元素微区分析的支撑体系。按 LA-ICP-MS 常规 40 μm 激光束斑剥蚀样品估算，分析矿物样品时的典型采样量大约为 5×10^{-8} g。尽管近年来不同实验室开发了多种 LA-ICP-MS 定量校准技术，但是受方法原理所限，都必须依赖标准样品进行方法校准和分析质量控制；整体分析标准物质的最小取样量显然无法满足要求。因此，国际上以美国国家标准技术局（NIST）、美国地质调查局（USGS）、德国马普化学研究所（MPI）为主导，开展了以玻璃态物质制备为主体的微区标准样品的制备工作。

　　目前，用于 LA-ICP-MS 的标准样品主要有人工合成玻璃、天然成分地质标准玻璃、天然和合成的矿物 4 大类[1-2]。NIST 制备了 SRM 610~617 系列玻璃标样[3-6]，尽管其中的 Mg、Ti、Fe 等元素的含量很低，与实际地质样品差异很大，但因研制较早，痕量元素含量比较适合用于校准，且均匀性也比较好，曾在相当长的时间内作为 LA-ICP-MS 首先的标准样品。USGS 先研制了 3 个天然玄武岩基天然标样 BCR-2G、BHVO-2G 和 BIR-1G[7-9]，又在玄武岩基体中人工添加不同含量水平的痕量元素，制备了 4 个合成玄武岩玻璃 GSA-1G、GSC-1G、GSD-1G 和 GSE-1G[9-10]；这 4 个标样与 NIST 系列具有异曲同工之处，但因基体与天然地质样品接近，目前被公认为地质样品分析比较理想的校准标样。MPI 采用天然地质物料研制了包括玄武岩（KL2-G、ML3B-G），安山岩（StHs6/80-G），科马提岩（GOR128-G、GOR132-G），橄榄岩（BM90/21-G），流纹岩（ATHO-G）及石英闪长岩（T1-G）等 6 种不同岩性共 8 个标样[10-11]，在岩石类型的全面性、参与定值分析实验室的广泛性及数据处理的规范性方面，均开创了微区痕量分析标样研制的先河。可以说，这些玻璃态硅酸盐微区标样为 LA-ICP-MS 在地学分析中的应用起到了非常好的支持和促进作用。

　　由于 LA-ICP-MS 分析中的基体效应影响被越来越多的实验室认同，为了应对不同种类矿物样品的分析，一些实验室还报道了试金法[12]、均相沉淀-压制法[13]、烧结法[14-15]、熔融法[16]制备硫化物标样的方法，以及粉末压片法制备碳酸盐[17-18]及磷酸盐（USGS 的 MAPS-4 和 MAPS-5）校准样品的方法。由于制备方法所限，所含元素的种类少，均匀性较玻璃态制备方法有一定差距。另外，一些实验室制备的量很少，无法为同行提供使用。因此，在很多情况下，玻璃态标准物质仍是各类矿物分析必不可少的校准标样。

　　2006 年前后，LA-ICP-MS 技术开始在我国地质实验室普及。鉴于当时国际校准标样不易获取且供应量小，同时也出于自主技术发展的需要，国家地质实验测试中心（NRCGA）于 2007 年在科技部和地质调查项目的资助下，开始了 CGSG 系列天然硅酸盐地质玻璃标样的研制工作，并于 2010 年研制了包括玄武岩（CGSG-1）、正长岩（CGSG-2）、安山岩（CGSG-5）和土壤（CGSG-4）4 个可以大量供应的备选标样[19]，其中正长岩（CGSG-2）和土壤（CGSG-4）在国际范围内属首次推出。尽管目前尚未申报国家标准物质，但已在国内外一些实验室的科研工作中使用[20-26]。本节主要介绍 CGSG 系列玻璃标样的制备、均匀性检验、稳定性检验、定值分析及定值结果。

1.8.1　CGSG 系列玻璃的原料及玻璃样品的制备过程

1.8.1.1　原料的选择及配比

　　本研究重点考虑了物质的地球化学分布的广泛性和元素含量水平和梯度。选择玄武岩、正长岩、超

本节编写人：樊兴涛（国家地质实验测试中心）；詹秀春（国家地质实验测试中心）；王广（国家地质实验测试中心）；胡明月（国家地质实验测试中心）

基性岩、土壤和安山岩等 5 种物料作为基材，取名为 CGSG-1~CGSG-5；由于超基性岩样品熔制失败，故最终获得 CGSG-1、CGSG-2、CGSG-4 和 CGSG-5 共 4 个玻璃态物质，见表 1.18。

表 1.18　玻璃态标物原料配比

玻璃态样品名称	原料岩性	原料状态	原料来源	原料配比	备注
CGSG-1	玄武岩	−200 目粉末	西藏	1 kg 原料	—
CGSG-2	正长岩	−200 目粉末	GBW07109	1 kg 原料	—
CGSG-3	超基性岩	−200 目粉末	西藏	1 kg 原料	未全熔
CGSG-4	土壤	超细粉碎	北京	1 kg 原料	—
CGSG-5	安山岩	−200 目粉末	GBW07104	1 kg 原料+170 g 碳酸钠+20 g 四硼酸锂	助熔

1.8.1.2　制备工艺

在相关专家讨论并进行了初步熔制试验的基础上，拟定了分两步熔制、玻璃退火的制备工艺。

（1）取约 1 kg 原料，混入占总量 5%的蒸馏水，分 3~4 次加入到预热至 1200~1400℃的刚玉坩埚中，在 1470~1650℃下熔融 5 h 以上，熔融物倾倒于水池中淬火，得到粒度小于 0.5 mm 的碎渣，用蒸馏水清洗干净后，200℃烘干 2 h，然后在玛瑙球磨机中球磨 3 h（~4 罐×200 g/罐），过 100 目筛，滤出磨圆的大颗粒，用玛瑙研钵将大颗粒磨细后，合并至预置了 6 个玛瑙球的塑料瓶中，手工振荡混匀 1 h，得到约 800 g 的熟料。

（2）向熟料中加入 5%的蒸馏水并混匀后，分 4 次转入已预热至 1200~1300℃的带刚玉外套的铂坩埚中，在 1530~1630℃下熔融 4 h 以上，倾倒于预热的铁板上成型，经退火后，制备成总质量各约 600 g 稳定的玻璃样块，形状大致为 6 cm×10 cm×1.5 cm（宽×长×厚）的扁平长方体。

（3）为了减小和消除所制得的玻璃体的内应力，防止其在存放过程或磨制抛光等制样过程中爆裂，通过实验测量了各玻璃体的差热曲线（图 1.31），并根据差热曲线计算出 TG 点，由 TG 点设定实际最高保温温度。作为标准物质，综合考虑均匀性和塑韧性，实际最高保温温度比 TG 点低 100~200℃。样品 CGSG-1 的 TG 点为 880℃，实际最高保温温度为 800℃；样品 CGSG-2 的 TG 点为 901℃，实际最高保温温度为 800℃；样品 CGSG-4 的 TG 点为 849℃，实际最高保温温度为 700℃；样品 CGSG-5 的 TG 点为 733℃，实际最高保温温度为 550℃。

1.8.1.3　微区均匀性检验、定值分析样品的制备

为了进行均匀性检验和定值分析，采用机械切割的方法，先将样品切割成宽约 5 mm 的条状，然后进一步切割成毫米尺寸的小块。再随机从这些小块的样品中取样，制作成微区分析靶，用于均匀性检验和微区方法定值分析。

1.8.1.4　整体分析法定值分析样品的制备

在完成均匀性检验分析，并确认玻璃态物质整体均匀后，从所切割出的样品块中随机选取约 120 g 样品，在行星式玛瑙球磨机中球磨至粒度小于 200 目，分装成 10 瓶，用于整体分析手段的定值分析。

1.8.2　均匀性检验

玻璃态备选标准物质是针对微区分析技术的校准和质量控制所研制的，需在微区尺度上具有足够的均匀性，因此，必须采用微区分析技术进行均匀性检验。本工作采用 EMPA 和 SEM-EDXRF 分析技术对各样品中的主量元素，采用 LA-ICP-MS 分析技术对各样品中的主次痕量元素进行了整体和局部的均匀性检验。

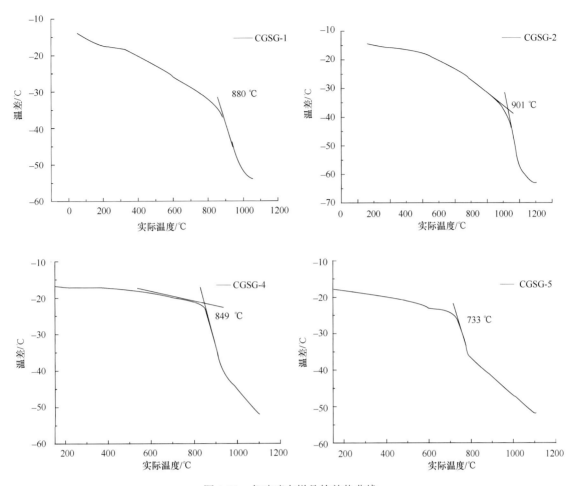

图 1.31　各玻璃态样品的差热曲线

1.8.2.1　采用 LA-ICP-MS 进行均匀性检验

　　按三种方式进行了微区均匀性检验：①整块玻璃上选定不同位置的均匀性检验，目的是检查制备过程中是否存在元素分异；②局部多次采样分析，目的是检查样品局部小区域的均匀性和对方法的精密度进行评价；③随机采样均匀性检验，目的是对样品的整体均匀性进行综合评价。实验工作在国家地质实验测试中心和德国马普化学研究所进行，LA-ICP-MS 采用的工作条件见表 1.19。

表 1.19　LA-ICP-MS 工作条件

工作参数	国家地质实验测试中心（NRCGA）	德国马普化学研究所（MPI）
ICP-MS 仪器型号	ELEMENT 2	ELEMENT 2
RF 功率/W	1200	1270
冷却气流速/（L/min）	16	15
辅助气流速/（L/min）	0.73	1
载气 1（Ar）流速/（L/min）	0.69	0.85
载气 2（He）流速/（L/min）	0.61	0.65
计数时间/s	0.005	0.002
质量窗口宽度	4%	10%
激光烧蚀系统	New Wave UP 213	New Wave UP 213
激光波长/nm	213	213
能量密度/（J/cm^2）	20	15
激光束斑直径/μm	40	120
激光脉冲频率/Hz	10	10

1）整块玻璃大范围选定位置均匀性检验

玻璃态物质在熔制过程中存在元素分异的可能性。熔体浇铸成形后，玻璃体的不同部位的物料源自熔制坩埚中的不同深度。为了对整块玻璃成分的均一性进行确认，设计了指定区域的采样和分析实验。采集样品在 NRCGA 进行分析，总共 6 处均匀分布在玻璃体的边缘和中部。各不同位置分别分析 5 次，并以 Ca 为内标，计算出各元素的相对强度，并求出 5 次测量的平均相对强度值，然后对不同位置的数据进行统计计算，表 1.20 是各玻璃样品分析结果的统计数据。除了 CGSG-2 的 Pb 和 U 元素外，各样品中元素的精密度（RSD）均优于 10%，表明样品在大尺度上的分布是均匀的，不存在分异现象。

表 1.20　整体玻璃不同位置采样 LA-ICP-MS 分析统计结果（$n=6$）　　　　　%

同位素	CGSG-1		CGSG-2		CGSG-4		CGSG-5	
	平均值	RSD	平均值	RSD	平均值	RSD	平均值	RSD
^{45}Sc	0.011 29	4.6	0.019 29	2.2	0.008 77	1.3	0.010 36	1.1
^{49}Ti	0.711 75	1.8	0.646 53	1.9	0.163 16	1.7	0.186 26	3.4
^{51}V	0.168 64	1.2	0.812 84	1.5	0.089 22	1.0	0.157 00	2.2
^{57}Fe	1.383 33	3.2	3.968 35	1.2	0.689 13	1.0	0.998 16	2.2
^{59}Co	0.026 10	3.4	0.020 90	1.8	0.010 76	2.0	0.015 06	2.6
^{65}Cu	0.005 16	8.6	0.016 32	4.5	0.007 53	4.1	0.013 44	4.5
^{71}Ga	0.020 61	9.6	0.079 31	1.0	0.009 08	1.5	0.014 35	2.8
^{85}Rb	0.105 07	2.6	0.441 84	1.4	0.073 36	1.8	0.046 37	2.0
^{88}Sr	1.642 67	3.5	5.408 19	1.1	0.419 68	2.7	1.176 47	3.6
^{91}Zr	0.083 62	9.3	0.822 26	1.1	0.037 13	3.4	0.034 12	3.2
^{93}Nb	0.097 26	3.1	0.452 78	1.1	0.023 50	0.9	0.023 87	1.5
^{137}Ba	0.529 98	2.0	0.338 51	1.5	0.158 10	2.3	0.279 18	2.2
^{139}La	0.356 45	1.4	1.239 00	1.6	0.080 42	2.7	0.084 28	2.4
^{140}Ce	0.736 96	2.9	1.977 02	2.1	0.143 34	2.3	0.146 95	2.5
^{141}Pr	0.087 92	2.3	0.201 11	2.0	0.017 88	2.6	0.017 63	3.0
^{146}Nd	0.058 28	1.8	0.111 11	1.8	0.011 52	2.5	0.011 62	2.4
^{147}Sm	0.006 67	3.3	0.012 51	2.7	0.001 73	4.1	0.001 57	3.6
^{151}Eu	0.004 99	2.8	0.010 41	1.0	0.001 26	2.6	0.001 52	4.0
^{157}Gd	0.003 99	3.9	0.007 80	3.7	0.001 26	3.8	0.000 98	6.8
^{159}Tb	0.004 27	7.7	0.011 04	1.6	0.002 21	2.7	0.001 64	0.9
^{163}Dy	0.005 15	5.7	0.015 22	1.1	0.003 36	2.6	0.002 19	2.1
^{165}Ho	0.003 38	7.1	0.011 32	1.5	0.002 73	3.5	0.001 59	3.4
^{166}Er	0.002 71	8.0	0.010 88	1.4	0.002 68	3.1	0.001 47	3.8
^{169}Tm	0.001 02	5.5	0.004 89	1.8	0.001 19	3.9	0.000 60	2.5
^{172}Yb	0.001 38	4.1	0.007 21	1.6	0.001 69	4.1	0.000 84	5.2
^{175}Lu	0.000 77	4.0	0.004 87	2.0	0.001 10	2.5	0.000 53	4.2
^{178}Hf	0.010 56	5.3	0.126 7 3	1.3	0.006 23	2.7	0.006 14	3.5
^{208}Pb	0.059 53	4.6	0.776 69	39.2	0.077 36	3.6	0.051 29	1.5
^{232}Th	0.078 44	4.3	0.985 84	1.6	0.042 08	3.8	0.036 30	3.2
^{238}U	0.015 55	6.3	0.194 88	16.2	0.009 68	2.5	0.009 26	4.8

注：表中的平均值和 RSD 代表 6 个不同取样点位元素相对强度（Ca 内标）结果的统计值，每个取样点位的数据是该点位 5 次测量的平均值。

2）玻璃切块小范围内均匀性检验

从每个 CGSG 玻璃态样品各随机选三块，在 MPI 采用 LA-ICP-MS 技术进行多点分析，各测点间的距离为 100 μm，实验所采用的仪器条件见表 1.19。数据处理方法是，以 Ca 为内标（其含量由 EMPA 事先测得），采用外标结合内标的定量方法进行计算，各样品测量数据统计见图 1.32，图中每个点代表一个元素的数据，三个样块分别用不同颜色标记；为方便比较，横坐标为经测量用同位素丰度归一后的元素含量（μg/g），纵坐标为相对强度的相对标准偏差（%）。除个别元素外，RSD 值小于 10%，与 LA-ICP-MS技术本身可达到的分析精度基本一致；实际上，同一样品不同切块的分析数据也很一致。

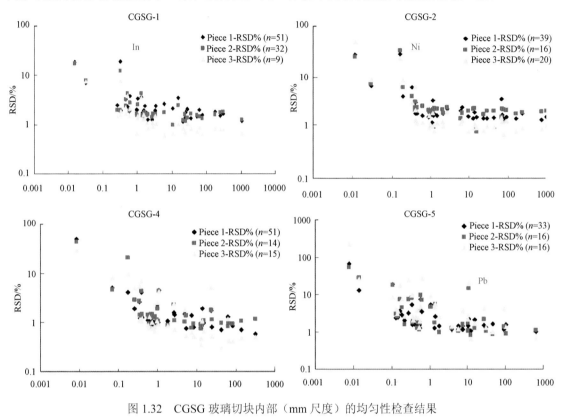

图 1.32　CGSG 玻璃切块内部（mm 尺度）的均匀性检查结果

3）玻璃切块随机抽样均匀性检验分析

随机从 CGSG 系列玻璃样品中各取 15~19 块样品，制备成微区分析靶后，在 NRCGA 使用LA-ICP-MS 进行分析，仪器工作条件见表 1.19。鉴于微区分析取样量少的特点，为了保证均匀性检验结论的正确性，对每一个可能定值的元素均进行了测量。CGSG-1 分析了 19 个靶，每个靶上分析两次；其他三个玻璃样品（制成的时间与 CGSG-1 有所不同），各制成 1 个靶，每个靶上分别包含 15~16 个玻璃块，每个玻璃块上测量 5 次；其中一个玻璃块测量 15 次，用于监控方法的精密度。用统计学方法对数据进行处理，发现用 F 检验时，多个元素的 F 测量值大于临界值；鉴于 LA-ICP-MS 分析时气溶胶传输的不稳定性，以及样块在样品池中位置差异可能对结果造成影响等因素，认为 F 检验方法对LA-ICP-MS 微区测量时的适用性不好。因此，以结果的精密度（RSD）衡量样品的均匀性，各不同样块得到的元素的 RSD 值几乎均在 10%以内，故认为样品是均匀的。本文仅以图形方式给出各样品中元素的总体精度（RSD），并与实验室分析国际标样的结果进行比较，见图 1.33，图中每个点代表一个元素的数据，横坐标为同位素丰度归一后的元素含量（μg/g），纵坐标为样本总体的 RSD（%）。

1.8.2.2　采用电子探针和扫描电镜-EDXRF 进行均匀性检验

1）电子探针微区均匀性分析

电子探针（EMPA）微区均匀性检验分析在 MPI 开展。所采用的仪器为 JEOL-8200 型波长色散

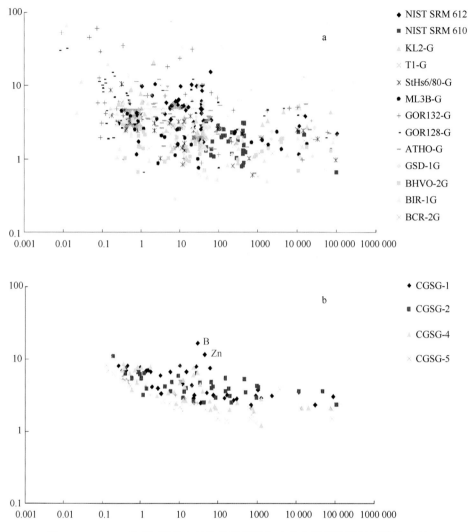

图 1.33　CGSG 系列标样均匀性检验结果及与实验室得到的国际标样的对照

电子探针仪。实验采用的加速电压为 15 kV，电子流强度为 12 nA，束斑大小为 10 μm。Na 的测量时间为 30 s，其他元素的测量时间均为 60 s。实验对玻璃切块进行了逐点测量，每个测量点的间距为 100 μm。表 1.21 对浓度大于 2%的 SiO_2、CaO、Al_2O_3、MgO 和 FeO 等元素分析结果的相对标准偏差（RSD）进行统计，结果显示各元素的 RSD 值介于 0.2%~1.8%，与均匀玻璃的分析精度相当，即各玻璃样品的主成分分析未发现存在不均匀性。

表 1.21　CGSG 系列玻璃 EMPA 分析数据的相对标准偏差　　　　　　　　%

元素	RSD				
	CGSG-1	CGSG-2	CGSG-4	CGSG-5	EPMA 重复性
SiO_2	0.3	0.4	0.6	0.2	0.2~0.7
Al_2O_3	0.4	0.3	0.4	0.4	0.4~0.9
FeO	1.4	1.1	1.8	1.6	0.5~2.0
MgO	0.9	—	1.2	—	0.4~1.5
CaO	0.7	—	0.7	0.9	0.4~1.7

2）扫描电镜 X 射线能谱微区均匀性分析

扫描电镜 X 射线能谱（SEM-EDXRF）微区均匀性检验工作在北京矿冶研究院测试中心进行。所采用仪器为 Hitachi S-3500 型扫描电子显微镜，配备 Oxford Inca 型能谱仪。对于每个测点，测量方法是用电子束对 20 μm×20 μm 的区域进行动态扫描，同时记录元素特征 X 射线信号。每个玻璃态样品各分析 3 个分割块，每块各分析 40 点；有 10 个测点尽量靠近，其中 9 个测点形成一个 3×3 的矩阵，间距小于 1 μm，第 10 个测点选在 3×3 的矩阵中，其分析结果的精度用于代表该方法的精度；其余 30 个测点按 3×10 的矩阵排布，间距均为 100 μm，其分析结果的精度用于代表方法精度与可能的不均匀性的总和。分析结果见表 1.22。

表 1.22　CGSG 玻璃标样扫描电镜均匀性分析结果　　　　　　　　　　%

元素	分割块	CGSG-1				CGSG-2				CGSG-4				CGSG-5			
		值1	S1	值2	S2	值1	S1	值2	S2	值1	S1	值2	S2	值1	S1	值2	S2
Na_2O	块1	3.6	0.17	3.72	0.14	6.59	0.25	6.57	0.17	2.8	0.1	2.76	0.12	11.26	0.19	11.47	0.21
	块2	3.6	0.16	3.57	0.13	6.7	0.23	6.69	0.2	2.83	0.11	2.8	0.12	11.5	0.25	11.51	0.19
	块3	3.49	0.09	3.53	0.14	6.51	0.15	6.51	0.15	2.78	0.11	2.73	0.15	11.28	0.13	11.33	0.15
MgO	块1	3.94	0.17	4.05	0.13	1.01	0.12	1.01	0.15	2.16	0.2	2.13	0.13	1.53	0.12	1.49	0.14
	块2	4.13	0.13	3.98	0.14	1.03	0.1	1.02	0.12	2.17	0.05	2.2	0.12	1.56	0.14	1.54	0.14
	块3	3.96	0.13	4	0.12	1.06	0.17	1.02	0.13	2.17	0.09	2.15	0.11	1.48	0.1	1.51	0.12
Al_2O_3	块1	17.24	0.15	17.24	0.23	21.02	0.16	20.78	0.26	14.86	0.19	14.8	0.2	16.02	0.22	15.98	0.24
	块2	17.37	0.25	17.36	0.2	20.94	0.23	20.91	0.26	14.96	0.17	14.88	0.23	16	0.24	15.96	0.24
	块3	17.31	0.12	17.26	0.26	20.64	0.19	20.82	0.19	14.81	0.2	14.83	0.19	16.09	0.19	15.98	0.2
SiO_2	块1	53.14	0.33	53.24	0.3	54.85	0.27	54.64	0.41	64.63	0.21	64.39	0.29	58.36	0.34	58.48	0.31
	块2	53.13	0.22	52.99	0.31	54.86	0.3	54.69	0.37	64.55	0.23	64.63	0.31	58.42	0.2	58.38	0.28
	块3	52.94	0.39	53.26	0.44	54.66	0.14	54.53	0.27	64.21	0.27	64.4	0.21	58.41	0.33	58.35	0.24
K_2O	块1	4.12	0.11	4.06	0.09	6.79	0.16	7	0.1	2.69	0.07	2.76	0.1	2.06	0.11	2.03	0.08
	块2	4.03	0.13	4.09	0.09	6.8	0.15	6.88	0.19	2.65	0.05	2.67	0.08	2	0.08	2	0.12
	块3	4.07	0.1	4.13	0.11	6.98	0.06	7	0.11	2.74	0.06	2.72	0.08	2.05	0.1	2.04	0.06
CaO	块1	5.79	0.15	5.71	0.15	1.7	0.09	1.77	0.1	7.03	0.13	7.14	0.16	4.76	0.12	4.73	0.12
	块2	5.79	0.09	5.84	0.11	1.75	0.1	1.75	0.1	7.02	0.17	6.99	0.18	4.62	0.07	4.73	0.12
	块3	5.9	0.14	5.84	0.15	1.77	0.07	1.8	0.1	7.09	0.07	7.11	0.12	4.7	0.07	4.76	0.12
TiO_2	块1	2.09	0.1	2.11	0.13	0.64	0.1	0.65	0.11	0.67	0.1	0.66	0.09	0.54	0.1	0.5	0.09
	块2	2.24	0.11	2.26	0.12	0.59	0.1	0.63	0.1	0.64	0.1	0.66	0.1	0.49	0.06	0.51	0.09
	块3	2.33	0.13	2.28	0.13	0.64	0.1	0.66	0.1	0.74	0.12	0.67	0.1	0.51	0.1	0.51	0.07
Fe_2O_3	块1	8.84	0.15	8.69	0.22	7.4	0.25	7.58	0.3	5.16	0.17	5.37	0.24	5.47	0.21	5.32	0.27
	块2	8.62	0.32	8.84	0.2	7.33	0.25	7.42	0.37	5.17	0.28	5.16	0.16	5.41	0.13	5.36	0.2
	块3	8.91	0.21	8.63	0.33	7.74	0.28	7.65	0.2	5.46	0.17	5.38	0.19	5.49	0.16	5.52	0.19

注：值 1 为小区域内 10 个测点结果的平均值；S1 为小区域内 10 个测点结果的标准偏差；值 2 为间距 100 μm 的 30 个测点结果的平均值；S2 为间距 100 μm 的 30 个测点结果的标准偏差。

1.8.2.3　CGSG 玻璃均匀性综合评价

用 EMPA、SEM-EDXRF 进行的主量元素均匀性检验分析结果证实 CGSG 系列玻璃中的主量元素是均匀的。LA-ICP-MS 测量得到主量及痕量元素的块内精度一般介于 3%~7%，束斑越大精度越好；除极个别元素外，块间精度 RSD 一般优于 10%；实测精密度与国际标样（均为块内）具有可比性。在进行定值分析时，有 6 家实验室对多个不同的切块进行了分析，所得到的结果一致性良好，未发现因样品不均匀因素引起的结果的大的偏差。

总体上，CGSG-1、CGSG-4 和 CGSG-5 各样品整体上是均匀的。CGSG-2 在整块玻璃指定位置切块分析时，发现有一个切块中的 Pb、Bi、Mo、U 这几个挥发性元素存在相对强度明显偏低的问题，因该样块其他各元素的数据与 CGSG-1、CGSG-4 和 CGSG-5 样块的一致性很好，且在后续的其他均匀性检验过程中也未发现 Pb、Bi、Mo、U 的不均匀性问题，因此推测在样品制备过程中，熔融体近表面可能有部分挥发损失。就其他各元素而言，CGSG-2 在整体上是均匀性比较好，符合微区原位分析要求。

1.8.3 稳定性检验

本工作根据标准物质技术规范的要求，分别于 2008 年 5 月、2009 年 5 月和 2010 年 1 月，在 NRCGA 采用 LA-ICP-MS 对 CGSG 系列样品进行了 3 次取样分析，统计了 32 个痕量元素（主量元素仅包括 Ti）的 RSD 值。4 个样品中，3 个样品 Zn 的 RSD 超过 10%，最大 17.0%；Pb 的 RSD 值均超过 10%，介于 12.5%~21.8%，CGSG-2 中 Sc 的 RSD 为 26.9%，其他各元素的 RSD 值均在 10%之内。3 次测量得到的结果的精密度与分析方法本身的精密度相近，故认为所制备的玻璃态备选标准物质是稳定的。

1.8.4 CGSG 系列玻璃态样品的定值分析与定值结果

1.8.4.1 定值分析技术手段与参加协同定值分析的实验室

定值分析采用了微区分析技术和常规分析技术。常规分析技术包括电感耦合等离子体质谱法（ICP-MS）、X 射线荧光光谱法（XRF）、电感耦合等离子体发射光谱法（ICP-OES）、仪器中子活化（INNA）、原子荧光光谱法（AFS）、比色法（COL）、重量法（GR）、滴定法（VOL）、发射光谱法（OES）等；协同定值分析的参加单位包括国家地质实验测试中心、中国科学院广州地球化学研究所、中国地质科学院地球物理地球化学勘查研究所、山东省地质科学实验研究院、沈阳地质调查中心、辽宁地质矿产研究院、安徽省地质实验研究所、中国原子能科学研究院、核工业北京地质研究院 9 个实验室。

微区分析技术主要采用 LA-ICP-MS 和 EMPA 两种分析技术；协同定值分析的参加单位包括国家地质实验测试中心、德国马普化学研究所、中国科学院广州地球化学研究所、西北大学、中国地质大学（武汉）、中国地质科学院地球物理地球化学勘查研究所、中国地质科学院矿产资源研究所 7 个实验室。

1.8.4.2 定值数据不确定度的计算

定值数据的计算及不确定度评估由国家地质实验测试中心罗代洪研究员完成。其中不确定度计算采用以下公式：

$$U = t_{0.05(n-1)} \cdot u_c = t_{0.05(n-1)} \cdot \sqrt{u_a{}^2 + u_b{}^2} = t_{0.05(n-1)} \cdot \sqrt{\left(\frac{s}{\sqrt{n}}\right)^2 + \left(\frac{R}{2\sqrt{3}m}\right)^2} \tag{1.21}$$

式中，U 为标准值的不确定度，置信概率为 95%；u_c、u_a 和 u_b 为分别为总不确定度、a 类和 b 类不确定度；s 为实验室平均值数据间的标准偏差；n 为实验室平均值数据数；R 为分析方法平均值数据间的极差；m 为参与评估的方法数。

1.8.4.3 定值数据

表 1.23 为 CGSG 玻璃标样的主量元素和部分痕量元素的定值结果（CV）与不确定度（U）。表 1.24 是最近获得的美国洛斯阿拉莫斯国家实验室采用同位素稀释法的 U、Th 分析数据[24]，与表 1.23 的数据有很好的一致性。

表 1.23　CGSG 玻璃（备选）标样主量元素和痕量元素定值数据

序号	元素	CGSG-1 （10^{-2}）		CGSG-2 （10^{-2}）		CGSG-4 （10^{-2}）		CGSG-5 （10^{-2}）	
		CV	U	CV	U	CV	U	CV	U
1	Al_2O_3	17.3	0.19	20.77	0.31	14.77	0.40	15.75	0.36
2	CaO	5.83	0.067	1.70	0.053	6.96	0.18	4.73	0.10
3	Fe_2O_3	8.65	0.13	7.51	0.14	5.12	0.13	4.95	0.13
4	K_2O	3.94	0.056	6.95	0.15	2.63	0.054	1.93	0.033
5	MgO	3.99	0.064	0.87	0.035	2.16	0.071	1.53	0.04
6	MnO	0.12	0.003	0.13	0.005	0.109	0.004	0.0878	0.004
7	Na_2O	3.76	0.07	6.55	0.22	2.80	0.054	11.35	0.52
8	P_2O_5	1.12	0.032	0.093	0.007	0.253	0.012	0.21	0.01
9	SiO_2	52.76	0.24	54.29	0.29	63.74	0.32	56.82	0.63
10	TiO_2	2.24	0.069	0.59	0.041	0.614	0.046	0.503	0.031
	小计	99.71	—	99.45	—	99.16	—	97.86	—
1	La	171	5.5	160	6.7	41.4	1.1	30.7	0.7
2	Ce	342	8.3	256	6.2	73.3	1.71	52.7	1.6
3	Pr	35.7	0.86	23.2	0.8	8.19	0.26	5.72	0.10
4	Nd	137	3.8	74.6	1.99	30.8	0.9	22.4	0.64
5	Sm	18.8	0.51	9.75	0.24	5.49	0.18	3.6	0.061
6	Eu	4.2	0.14	2.48	0.14	1.24	0.045	1.08	0.057
7	Gd	11.9	1.38	6.86	0.94	4.67	0.29	2.79	0.12
8	Tb	1.4	0.13	0.97	0.079	0.72	0.048	0.37	0.034
9	Dy	6.22	0.26	4.96	0.23	4.22	0.12	1.91	0.064
10	Ho	1.00	0.03	0.9	0.03	0.84	0.029	0.35	0.011
11	Er	2.57	0.15	2.66	0.10	2.49	0.10	0.94	0.027
12	Tm	0.33	0.03	0.41	0.033	0.38	0.032	0.14	0.013
13	Yb	1.96	0.11	2.76	0.18	2.44	0.08	0.88	0.057
14	Lu	0.27	0.015	0.42	0.026	0.37	0.023	0.13	0.009
15	Sc	12.4	0.66	4.34	1.12	10.6	0.87	8.56	0.84
16	Y	27.8	1.22	28.5	1.44	24.1	0.95	10.4	0.31
17	Th	21.1	0.74	75.3	2.41	12.8	0.57	7.62	0.37
18	U	3.43	0.17	13.7	0.66	2.72	0.17	1.79	0.13

表 1.24　同位素稀释法得到的 CGSG 玻璃中 Th 和 U 的含量[24]

元素	CGSG-1 （10^{-6}）		CGSG-2 （10^{-6}）		CGSG-4 （10^{-6}）		CGSG-5 （10^{-6}）	
	CV	U	CV	U	CV	U	CV	U
Th	20.6	0.2	74.5	0.4	12.4	0.1	7.27	0.05
U	3.54	0.01	14.7	0.04	2.78	0.01	1.79	0.01

1.8.5　结论与展望

本研究通过前期研讨和试验，确定了与国外完全不同、比较有特色而又经济的玻璃态物质的制备工艺。均匀性、稳定性和定值分析结果表明，这套制备工艺是行之有效的。出于对微区分析特点的认知，在均匀性检验方面拟定了比较细致的方案，从而可以对所制备的玻璃样品的均匀性进行客观的评价。与国际上其他同类标样的研制过程相比，检查方案更细致，工作量更大。另外需要指出的是，CGSG-2 在指定位置分析时，Pb、Bi、Mo 和 U 有一个位置数据明显偏低，追溯制备过程发现取样点对应于熔制时坩埚的表层，可能有高温挥发损失；尽管在后期所有的均匀性检验和微区定值分析中均未出现此种情况，但在使用时还是有必要关注。CGSG-1、CGSG-2、CGSG-4、CGSG-5 其他元素的数据正在收集整理中，最终定值元素应该在 53~55 个，比国际同类标样略少（最多 61 个）。CGSG-5 是目前仅有的 B 元素含量

　　高的样品，尽管其均匀性检验结果很好，但因定值数据的离散度大，尚需进一步的工作。按照国际同行的做法，已定值的数据也有可能会根据数据的不断积累而更新。

　　硅酸盐标样研制工作只是一个开始。磷酸盐、碳酸盐、硫化物标样尤为缺乏，鉴于它们在环境、地学及选矿等领域的重要性，需要抓紧开展研制。由于微区分析取样量极小，使用方法也与整体分析差别很大，因此，国家标准物质技术规范在微区标物研制中的适用性有待进一步研讨。

参 考 文 献

[1] Jochum K P, Stoll B. Reference Materials for Elemental and Isotopic Analyses by LA-(MC)-ICP-MS: Successes and Outstanding Needs[M]//Sylvester P. Laser Ablation ICP-MS in the Earth Sciences: Current Practices and Outstanding Issues. Quebec: Mineralogical Association of Canada, 2008: 147-168.

[2] 刘勇胜, 胡兆初, 李明, 等. LA-ICP-MS 在地质样品元素分析中的应用[J]. 科学通报, 2013, 58(36): 3753-3769.

[3] Rocholl A B E, Simon K, Jochum K P, et al. Chemical Characterisation of NIST Silicate Glass Certified Reference Material SRM610 by ICP-MS, TIMS, LIMS, SSMS, INAA, AAS and PIXE[J]. Geostandards and Geoanalytical Research, 1997, 21: 101-114.

[4] Pearce N J G, Perkins W T, Westgate J A, et al. A Compilation of New and Published Major and Trace Element Data for NIST SRM610 and NIST SRM612 Glass Reference Materials[J]. Geostandards and Geoanalytical Research, 1997, 21: 115-144.

[5] Rocholl A, Dulski P, Raczek I. New ID-TIMS, ICP-MS and SIMS Data on the Trace Element Composition and Homogeneity of NIST Certified Reference Material SRM610-611[J]. Geostandards and Geoanalytical Research, 2000, 24: 261-274.

[6] Jochum K P, Weis U, Stoll B, et al. Determination of Reference Values for NIST SRM610-617 Glasses Following ISO Guidelines[J]. Geostandards and Geoanalytical Research, 2011, 35: 397-429.

[7] Rocholl A. Major and Trace Element Composition and Homogeneity of Microbeam Reference Material: Basalt Glass USGS BCR-2G[J]. Geostandards and Geoanalytical Research, 1998, 22: 33-45.

[8] Gao S, Liu X, Yuan H, et al. Determination of Forty Two Major and Trace Elements in USGS and NIST SRM Glasses by Laser Ablation Inductively Coupled Plasma-Mass Spectrometry[J]. Geostandards and Geoanalytical Research, 2002, 26: 181-196.

[9] Jochum K P, Willbold M, Raczek I, et al. Chemical Characterisation of the USGS Reference Glasses GSA-1G, GSC-1G, GSD-1G, GSE-1G, BCR-2G, BHVO-2G and BIR-1G Using EPMA, ID-TIMS, ID-ICP-MS and LA-ICP-MS[J]. Geostandards and Geoanalytical Research, 2005, 29: 285-302.

[10] Jochum K P, Dingwell D B, Rocholl A, et al. The Preparation and Preliminary Characterisation of Eight Geological MPI-DING Reference Glasses for in-situ Microanalysis[J]. Geostandards and Geoanalytical Research, 2000, 24: 87-133.

[11] Jochum K P, Stoll B, Herwig K, et al. MPI-DING Reference Glasses for in situ Microanalysis: New Reference Values for Element Concentrations and Isotope Ratios[J]. Geochemistry, Geophysics, Geosystems, 2006, 7(2): 1-44.

[12] Shibuya E K, Sarkis J E S, Enzweiler J, et al. Determination of Platinum Group Elements and Gold in Geological Materials Using an Ultraviolet Laser Ablation High-resolution Inductively Coupled Plasma Mass Spectrometric Technique[J]. Journal of Analytical Atomic Spectrometry, 1998, 13: 941-944.

[13] Wilson S A, Ridley W I, Koenig A E. Development of Sulfide Calibration Standards for the Laser Ablation Inductively-Coupled Plasma Mass Spectrometry Technique[J]. Journal of Analytical Atomic Spectrometry, 2002, 17: 406-409.

[14] Danyushevsky L, Robinson P, Gilbert S, et al. Routine Quantitative Multi-element Analysis of Sulphide Minerals by Laser Ablation ICP-MS: Standard Development and Consideration of Matrix Effects[J]. Geochemistry: Exploration, Environment, Analysis, 2011, 11: 51-60.

[15] Ding L, Yang G, Xia F, et al. A LA-ICP-MS Sulphide Calibration Standard Based on a Chalcogenide Glass[J]. Mineralogical Magazine, 2011, 75: 279-287.

[16] Gilbert S, Danyushevsky L, Robinson P, et al. A Comparative Study of Five Reference Materials and the Lombard Meteorite for the Determination of the Platinum-group Elements and Gold by LA-ICP-MS[J]. Geostandards and Geoanalytical Research, 2013, 37(1): 51-64.

[17] Barats A, Pécheyran C, Amouroux D, et al. Matrix-matched Quantitative Analysis of Trace-elements in Calcium Carbonate Shells by Laser-Ablation ICP-MS: Application to the Determination of Daily Scale Profiles in Scallop Shell (Pecten Maximus)[J]. Analytical and Bioanalytical Chemistry, 2007, 387: 1131-1140.

[18] Tanaka K, Takahashi Y, Shimizu H. Determination of Rare Earth Element in Carbonate Using Laser-Ablation Inductively-Coupled Plasma Mass Spectrometry: An Examination of the Influence of the Matrix on Laser-Ablation Inductively-Coupled Plasma Mass Spectrometry Analysis[J]. Analytica Chimica Acta, 2007, 583: 303-309.

[19] Hu M Y, Fan X T, Stoll B, et al. Preliminary Characterisation of New Reference Materials for Microanalysis: Chinese

Geological Standard Glasses CGSG-1, CGSG-2, CGSG-4 and CGSG-5[J]. Geostandards and Geoanalytical Research, 2011, 35: 235-251.

[20] 袁继海, 詹秀春, 孙冬阳, 等. 激光剥蚀电感耦合等离子体质谱分析硅酸盐矿物基体效应的研究[J]. 分析化学, 2011, 39(10): 1582-1588.

[21] 袁继海, 詹秀春, 范晨子, 等. 玻璃标样结合硫内标归一定量技术在激光剥蚀-等离子体质谱分析硫化物矿物中的应用[J]. 分析化学, 2012, 40(2): 201-207.

[22] 孙冬阳, 王广, 范晨子, 等. 激光烧蚀电感耦合等离子体质谱线扫描技术的空间分辨率研究[J]. 岩矿测试, 2012, 31(1): 127-131.

[23] 袁继海, 詹秀春, 胡明月, 等. 基于元素对研究激光剥蚀电感耦合等离子体质谱分析硫化物矿物的基体效应[J]. 光谱学与光谱分析, 2015, 35(2): 512-518.

[24] Denton J S, Murrell M T, Goldstein S J, et al. Evaluation of New Geological Reference Materials for Uranium-series Measurements: Chinese Geological Standard Glasses (CGSG) and Macusanite Obsidian[J]. Analytical Chemistry, 2013, 85(20): 9975-9981.

[25] Chen K Y, Yuan H L, Bao Z A, et al. Precise and Accurate in situ Determination of Lead Isotope Ratios in NIST, USGS, MPI-DING and CGSG Glass Reference Materials Using Femtosecond Laser Ablation MC-ICP-MS[J]. Geostandards and Geoanalytical Research, 2014, 38(1): 5-21.

[26] Jochum K P, Stoll B, Weis U, et al. Non-matrix-matched Calibration for the Multi-element Analysis of Geological and Environmental Samples Using 200 nm Femtosecond LA-ICP-MS: A Comparison with Nanosecond Lasers[J]. Geostandards and Geoanalytical Research, 2014, 38(3): 265-292.

1.9　斜锆石 LA-ICP-MS U-Pb 定年技术与应用

斜锆石的主要成分为氧化锆（ZrO_2），是硅不饱和镁铁质-超镁铁质岩和碱性岩中的主要含 Zr 副矿物相，常见于辉长岩、斜长岩、辉绿岩、碳酸岩、金伯利岩、碱性正长岩、层状镁铁质岩石、陨石、月球和火星岩石等。斜锆石作为一种富铀矿物，早在 122 年前就被发现。含铀副矿物（如锆石、榍石等）的 U-Pb 同位素定年研究在 20 世纪 50 年代中期就已开始，而斜锆石的相关研究晚了近二十年，这与斜锆石的矿物特性有关。Anderson 和 Hinthorne[1]在 1972 年首先报道了斜锆石 U-Pb 年龄，其利用离子探针测定月岩中斜锆石 $^{207}Pb/^{206}Pb$ 年龄为 4.1 Ga 左右。随着科技技术的进步，实验室采用热电离质谱实现了对 1~2 μg 的斜锆石进行有效定年，对于含有 100 pg 的 Pb 的样品，如果 U、Pb 背景足够干净（<2 pg），U-Pb 定年可以达到非常高的精度（如 $^{207}Pb/^{206}Pb$ 比值精度优于 0.1%）[2]。基于这一技术，到 20 世纪 90 年代中后期，斜锆石已经成为进行基性岩、岩床和层状基性岩定年普遍被使用的矿物。随着二次离子探针（SHRIMP）仪器的发明及其在地质年代学领域的广泛应用，有学者利用 SHRIMP 法开展斜锆石的 U-Pb 原位微区定年研究。进入 21 世纪以来，越来越多的研究人员尝试使用发展迅速且潜力巨大的 LA-ICP-MS 进行斜锆石 U-Pb 定年工作。本节着眼于斜锆石 LA-ICP-MS U-Pb 定年方法，探索适用于斜锆石的激光条件和质谱参数，以斜锆石标准样品 Phalaborwa 为研究对象，建立斜锆石 LA-ICP-MS U-Pb 定年的测试方法和数据处理方法，并将其应用于金川岩体中的斜锆石的 U-Pb 年龄测定。另外，本文还利用 SHRIMP 方法对同一斜锆石样品进行了对比测定，以更好地评估该方法的可靠性及适用性。

1.9.1　研究区地质概况

本次实验方法研究以金川超基性岩体为对象。金川岩体位于甘肃省金昌市境内，出露面积仅 1.34 km²，但是中国最大、世界第三大的铜镍硫化物矿床，是小岩体成大矿的典型代表。金川地区处于河西走廊东部，祁连山东北麓龙首山脉中段，区域上位于华北地区边部阿拉善地块西南缘的龙首山隆起带内，其北是地块内部区，以南是祁连褶皱系的走廊过渡带（图 1.34）。金川岩体出露地层为龙首山群下部白家嘴子组，系一套历经高角闪岩相部分重熔的变质岩石，主要由黑云斜长片麻岩、斜长角闪岩、角闪岩和大理岩组成。该超基性岩体主要由纯橄岩、二辉橄榄岩、斜长二辉橄榄岩、橄榄二辉岩组成。

在进行成岩成矿作用研究的同时，多位学者针对金川岩体的成岩成矿时代也开展了不少研究工作[3-6]。最初定年采用的是橄榄石及辉石矿物 Sm-Nd 等时线法[7]，获得的年龄为 1508±31 Ma，一般认为金川岩体形成于中元古代。随后又报道出一些全岩 Sm-Nd 等时线年龄、全岩 Rb-Sr 等时线年龄和黑云母 K-Ar 年龄，但并没有引起太大关注。近年来，随着测试技术的不断发展，Li 等[3-4]相继报道了 3 个基性-超基性岩体的 SHRIMP 锆/斜锆石 U-Pb 年龄，均在 825 Ma 左右，认为金川岩体形成于新元古代且与 Rodinia 超大陆的解体有关。

1.9.2　技术方法与主要原理

采用 LA-ICP-MS 进行斜锆石 U-Pb 定年的关键在于对元素分馏效应进行有效控制和校正。涉及的相关技术有两个：一是要找到适用于斜锆石定年测试的最佳激光剥蚀参数，以降低剥蚀过程中的元素分馏，同时保证足够高的测试信号灵敏度；二是要采用有效的方法对元素分馏及仪器漂移进行校正。本文主要对这两项技术作了深入研究，获得了令人满意的效果。

本节编写人：李艳广（中国地质调查局西安地质调查中心）；汪双双（中国地质调查局西安地质调查中心）

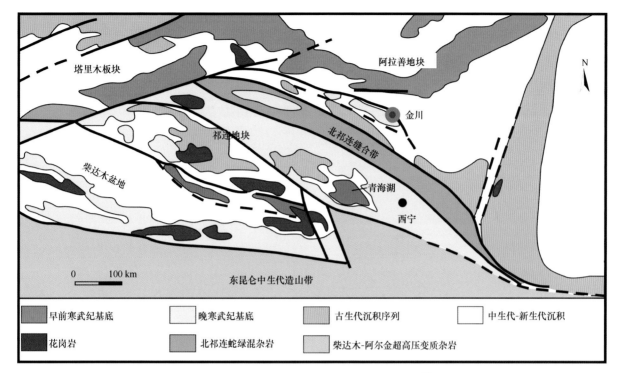

图 1.34　金川岩体大地构造背景示意图（基于 Li 等[3]修改）

1.9.2.1　斜锆石的激光剥蚀行为

由于斜锆石的晶体结构、硬度等均有别于锆石，斜锆石的激光剥蚀行为也与锆石有所不同。本项目首先固定激光剥蚀频率（7 Hz）和束斑直径（32 μm），变换能量密度（1~15 J/cm²），分别对斜锆石标样（Phalaborwa）和锆石标样（GJ-1）进行 20 s 的剥蚀，然后应用扫描电镜对剥蚀坑进行二次电子图像的采集，观察剥蚀坑貌特征。

从图 1.35 中可以看出，在相同激光剥蚀条件下，相较于锆石，斜锆石的剥蚀坑更深，熔融程度更严重，剥蚀坑底有更多物质残留。在变换能量密度时，锆石的剥蚀坑貌特征变化不大（均平整，坑内残留物质少），斜锆石的剥蚀坑貌特征与能量密度关系密切（只有在能量密度不小于 9 J/cm² 时，剥蚀坑才变得平整，且坑内残留物质变少）。以上不同的激光剥蚀行为与二者的物理性质差异有关，会进一步引起二者元素分馏程度的不一致。

1.9.2.2　斜锆石激光剥蚀条件探索

为了得到适用于斜锆石定年测试的激光剥蚀参数，本项目设计了一系列条件实验：首先固定激光剥蚀频率（10 Hz）和束斑直径（32 μm），变换激光剥蚀能量密度（选取 1~15 J/cm²），综合对比 ^{206}Pb、^{238}U 检测信号的灵敏度及其均值的 RSD 和 ^{206}Pb/^{238}U 元素分馏程度，得到该条件下最优的剥蚀能量密度；然后固定该最优剥蚀能量密度，束斑直径不变，变换激光剥蚀频率（选取 1~15 Hz），再次综合对比 ^{206}Pb、^{238}U 检测信号的灵敏度及其均值的 RSD 和 ^{206}Pb/^{238}U 元素分馏程度，得到该条件下最优的剥蚀频率。

本节采用元素分馏指数来衡量不同激光剥蚀条件下 ^{206}Pb/^{238}U 的元素分馏程度：

$$元素分馏指数 = \frac{比值_1 - 比值_2}{比值_总} \times 100\% \qquad (1.22)$$

式中，比值$_总$为在剥蚀时间区间内，采集的所有相应同位素比值的平均值；比值$_1$为在前 1/2 剥蚀时间区间内，采集的所有相应同位素比值的平均值；比值$_2$为在后 1/2 剥蚀时间区间内，采集的所有相应同

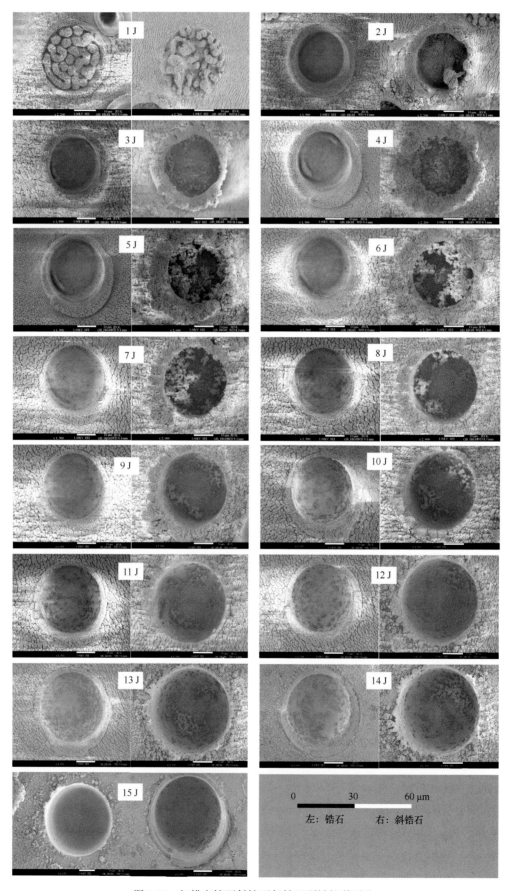

图 1.35　扫描电镜下斜锆石与锆石剥蚀坑貌对比

位素比值的平均值。

从图 1.36 可以看出，经 30 次条件实验，当激光剥蚀能量密度为 10 J/cm²，剥蚀频率为 5 Hz 时，斜锆石的 ^{206}Pb/^{238}U 的元素分馏程度最低。同时，该剥蚀条件下也能保证有足够高的灵敏度（NIST SRM 610 中 ^{238}U 信号强度>900 000 cps）和足够低的测试信号精度（RSD<4%）。

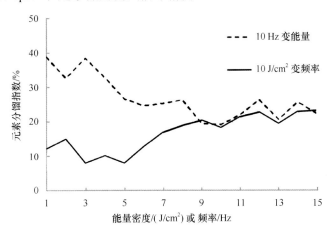

图 1.36　30 次条件实验 ^{206}Pb/^{238}U 元素分馏指数

需要指出的是，本次研究所设计的条件实验是在特定的剥蚀频率和束斑直径下优选最佳能量，而不同的剥蚀频率都对应有各自的最佳能量密度，在随后的特定最佳能量密度和束斑直径条件下，又会对应有不同的最佳剥蚀频率。因此，10 J/cm² 的剥蚀能量密度和 5 Hz 的剥蚀频率只是本次条件实验获得的斜锆石 U-Pb 定年的最优参数。

1.9.2.3　斜锆石 U-Pb 同位素分馏效应和仪器漂移的校正

目前常用的校正计算软件主要有 Glitter 和 ICPMSDataCal，这些软件采用的单点同位素比值计算方法主要有两种，分别是 ROM 法（相应同位素所选剥蚀信号区段内数据计数平均值的比值）和 MOR 法（所选剥蚀信号区段内相应同位素计数比值的平均值）。对于激光剥蚀过程中元素分馏程度不大的矿物（如锆石），这两种方法都可以达到比较理想的效果。每年均有大量 Glitter 和 ICPMSDataCal 处理的锆石数据发表足够说明这一点。然而，斜锆石的激光剥蚀行为与锆石差别很大（图 1.35），前者不仅剥蚀坑深，熔蚀现象严重，而且剥蚀坑里有更多的残留物质，造成斜锆石在激光剥蚀过程中的元素分馏严重，对剥蚀信号区段的选择非常敏感，直接影响数据的精确度和准确度。相比之下，截距法的校正效果可能更好，即将同位素比值与剥蚀时间用最小二乘法进行回归拟合，得到截距，并将此初始比值视作还未发生分馏的单点同位素比值。

本研究基于"截距法"和"无内标单外标"计算原理，编制了"BUSTER"（Baddeleyite User-friendly Smart Time Exact Reduction 的首字母缩写）数据处理程序。该程序的校正原理、计算过程和误差分析叙述如下。

（1）校正原理：基于剥蚀开始时刻基本不存在元素分馏的事实，将剥蚀信号与时间进行二次曲线拟合，取截距，即：初始时刻元素比值。再将所有用于数值校正的标样"初始比值"与测试时间进行线性拟合得到校正曲线，采用样品对应测试时间点的标样插值来校正样品的"初始比值"，进而根据衰变方程计算得到年龄。

（2）计算过程：对于每个测点，取相应同位素比值 40 s 数据采集时间中 5~35 s 的数据，采用最小二乘法，与采样时间进行二次曲线拟合，得

$$r = at^2 + bt + c \tag{1.23}$$

得到截距 c，即标样相应同位素比的初始比值 R_{mea} 和样品相应同位素比的初始比值 r_{mea}。

采用最小二乘法，将 R_{mea} 与测试时间进行线性拟合

$$R_{\text{mea}} = at + b \tag{1.24}$$

得到样品相应时间点上的校正因子 R'（或虚拟标样比值、标样比值插值）。

据下式得

$$r_{\text{cal}} = r_{\text{mea}} \times R_{\text{sta}} / R' \tag{1.25}$$

式中，r_{cal} 为校正后样品相应同位素比值；r_{mea} 为样品实测相应同位素比值；R_{sta} 为标准样品相应同位素比值；R' 为校正因子（或虚拟标样比值、标样比值插值）。

$^{206}\text{Pb}/^{238}\text{U}$ 和 $^{207}\text{Pb}/^{235}\text{U}$ 年龄 t 由下式得

$$t = \ln(r_{\text{cal}} + 1) / \lambda \tag{1.26}$$

式中，λ 为 ^{235}U、^{238}U 的衰变常数。

$^{207}\text{Pb}/^{206}\text{Pb}$ 年龄 t 可由下式采用迭代法得

$$^{207}\text{Pb}/^{206}\text{Pb} = \frac{1}{137.88} \times \frac{e^{\lambda_2 t} - 1}{e^{\lambda_1 t} - 1} \tag{1.27}$$

式中，λ_1 为 ^{238}U 的衰变常数；λ_2 为 ^{235}U 的衰变常数。

（3）误差传递过程：对于一般函数 $y = f(x)$，有 $\sigma y^2 = (\partial f / \partial x)^2 \sigma x^2$。同理，$^{206}\text{Pb}/^{238}\text{U}$ 和 $^{207}\text{Pb}/^{235}\text{U}$ 年龄 t 的误差为

$$\sigma t = \frac{1}{\lambda} \times \frac{1}{r_{\text{cal}} + 1} \times \sigma r_{\text{cal}} \tag{1.28}$$

由于 $r_{\text{cal}} = r_{\text{mea}} \times R_{\text{sta}} / R'$，则有 $\ln r_{\text{cal}} = \ln r_{\text{mea}} + \ln R_{\text{sta}} - \ln R'$，那么

$$\sigma r_{\text{cal}} = r_{\text{cal}} \sqrt{\frac{\sigma r_{\text{mea}}^2}{r_{\text{mea}}^2} + \frac{\sigma R_{\text{sta}}^2}{R_{\text{sta}}^2} + \frac{\sigma R'^2}{R'^2}} \tag{1.29}$$

式中，R_{sta} 和 σR_{sta} 为已知值，r_{cal}、r_{mea} 和 R' 可以通过计算得到，计算方法见"（2）计算过程"，那么只需得到 σr_{mea} 和 $\sigma R'$ 即可。

样品点实测值 r_{mea} 是由二次曲线拟合得到的，即

$$r = at^2 + bt + c \tag{1.30}$$

将其转化成线性公式为

$$r = T + c \tag{1.31}$$

$$T = at^2 + bt \tag{1.32}$$

则有

$$\sigma r_{\text{mea}} = \sigma r \times \sqrt{\frac{1}{n} + \frac{\overline{T}^2}{L_{\text{TT}}}} \tag{1.33}$$

其中

$$\sigma r = \sqrt{\sum_{i=1}^{n} \frac{(r_i - r')^2}{n-1}} \tag{1.34}$$

$$L_{\text{TT}} = \sum_{i=1}^{n} (T_i - \overline{T})^2 \tag{1.35}$$

代入式（1.33）得

$$\sigma r_{\text{mea}} = \sqrt{\sum_{i=1}^{n} \frac{(r_i - r')^2}{n-1}} \times \sqrt{\frac{1}{n} + \frac{\overline{T}^2}{\sum_{i=1}^{n} (T_i - \overline{T})^2}} \tag{1.36}$$

另，由于校正因子 R' 是由实测标样比值 R_{mea} 与时间进行线性拟合得到的，则

$$\sigma R' = \sqrt{\sum_{i=1}^{n} \frac{(R_{\mathrm{mea}}(i) - R')^2}{n-1}} \qquad (1.37)$$

将式（1.36）、式（1.37）代入式（1.29），再将式（1.29）代入式（1.28）即可得到 $^{206}Pb/^{238}U$ 和 $^{207}Pb/^{235}U$ 年龄的误差。

$^{207}Pb/^{206}Pb$ 年龄误差的计算方法为

$$\sigma_t = \sqrt{\frac{(\mathrm{e}^{\lambda_1 t} - 1)^2 \sigma_r^2 + (ut\mathrm{e}^{\lambda_2 t})^2 \sigma_{\lambda_2}^2 + (rt\mathrm{e}^{\lambda_1 t})^2 \sigma_{\lambda_1}^2}{(u\lambda_2 \mathrm{e}^{\lambda_2 t} - r\lambda_1 \mathrm{e}^{\lambda_1 t})^2}} \qquad (1.38)$$

式中，r 为 $^{207}Pb/^{206}Pb$ 比值；t 为 $^{207}Pb/^{206}Pb$ 年龄；u 为 $^{235}U/^{238}U$；λ_1 为 ^{238}U 的衰变常数；λ_2 为 ^{235}U 的衰变常数。

1.9.3　实验部分

1.9.3.1　样品前处理

将 Phalaborwa 斜锆石标准样品粘贴在双面胶上，用环氧树脂固定，将斜锆石的一面打磨，使其露出最大面，再进行抛光处理，以备下一步实验。在斜锆石 LA-ICP-MS 测试之前，先用无水乙醇将其表面清洁干净，避免矿物表面铅污染。

斜锆石的透射光、反射光图像和阴极发光图像分别在国土资源部地质作用成矿与找矿重点实验室电子显微镜实验室和扫描电子显微镜实验室进行。其中，钨灯丝扫描电镜型号为 JSM-6510A，阴极发光仪型号为 Gatan Chromal CL2。结合斜锆石的透射光、反射光图像和阴极发光图像，优选表面平整、无包裹体或裂隙和阴极发光较暗的区域作为 LA-ICP-MS 的测试点位（阴极发光图像暗的区域一般铀含量高，有利于得到精度更高的数据年龄，但要注意避开存在放射性损伤的区域）。

1.9.3.2　仪器测试条件与测试过程

本次测试是在国土资源部地质作用成矿与找矿重点实验室微区同位素地球化学实验室完成，采用的是由德国 Coherent 公司生产的 Geolas Pro 型 ArF 准分子激光剥蚀系统和美国 Agilent 公司生产的 7700x 型四极杆 ICP-MS 联合构成的激光剥蚀等离子体质谱分析系统。ICP-MS 点火后静置 30 min，待等离子体稳定后，用 1 μg/L 的 Agilent 调谐溶液对仪器参数进行调谐，使 $^7Li^+$、$^{59}Co^+$、$^{205}Tl^+$、Ce^{2+}/Ce^+、CeO^+/Ce^+ 信号达到最优。然后将溶液雾化进样系统换到激光剥蚀进样系统，采用 NIST SRM 610 对仪器参数进行调谐，将 $^{206}Pb^+$、$^{207}Pb^+$、$^{238}U^+$、UO^+/U^+ 信号调到最优。调谐后的 ICP-MS 和激光剥蚀系统的主要工作参数见表 1.25。

表 1.25　LA-ICP-MS 主要工作参数

激光剥蚀系统分析参数		等离子体质谱仪分析参数	
分析参数	工作条件	分析参数	工作条件
能量密度	10 J/cm²	射频发射功率	1450 W
频率	5 Hz	采样深度	5.5 mm
单脉冲能量	80 mJ	载气流	0.71 L/min
氦气流速	800 mL/min	Torch-H	−0.21 mm
束斑直径	24 μm	Torch-V	−0.11 mm

斜锆石 U-Pb 同位素分析测点剥蚀取样的方式为：每 5 个未知测点插入 1 个 PHA 标样，每个测点总分析时间为 60 s，其中采集背景信号 10 s，激光剥蚀取样时间 40 s，冲洗样品池及管路时间 10 s。剥蚀物质由高纯氦气带入 ICP-MS 进行分析。本文采用斜锆石标样 Phalaborwa 作为外标进行 U-Pb 同位素分馏和仪器漂移校正计算，采用自编的"BUSTER"数据处理程序，未对数据进行任何普通铅校正，数据的绘图

采用 Isoplot 3.0 完成。

1.9.3.3　斜锆石标准样品 Phalaborwa 的 U-Pb 年龄测定

采用本次研究开发的测试方法对斜锆石标准样品 Phalaborwa 进行了 U-Pb 年龄的测定。Phalaborwa 斜锆石采自南非 Phalaborwa 杂岩体中的碳酸岩，目前已有较多的地球化学以及年代学方面的研究[2, 8-11]。Phalaborwa 斜锆石颗粒粗大（可达 1~2 cm），颗粒内部 U 含量不均匀（变化范围：292~1389 μg/g），具高度封闭的 U-Pb 系统，未发生 Pb 丢失或 U 获得，其 $^{206}Pb/^{204}Pb$ 值均大于 10000，不必做任何普通铅校正，是非常理想的斜锆石标准样品[2]。图 1.37a 为 Phalaborwa 斜锆石碎片的阴极发光图像，发光均匀，未显示明显的震荡环带。

本次研究共进行了 23 个测点的分析，$^{207}Pb/^{206}Pb$ 单点测试误差（1σ 误差百分比）范围为 2.37%~6.68%，平均值为 3.25%，$^{207}Pb/^{206}Pb$ 年龄加权平均值为 2089±23 Ma（图 1.37b）。数据未进行任何普通铅校正。

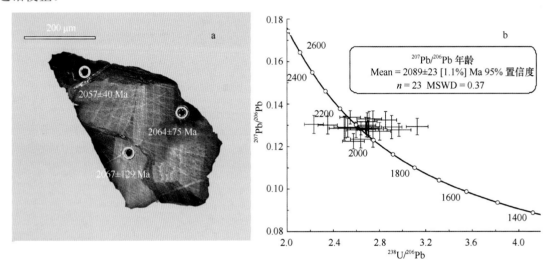

图 1.37　斜锆石标样 Phalaborwa 阴极发光图像（部分，图中所标年龄为 $^{207}Pb/^{206}Pb$ 年龄）及 U-Pb Tera-Wasserburg 投图

1.9.3.4　Glitter、ICPMSDataCal 和 BUSTER 数据处理方法的比较

分别采用 Glitter、ICPMSDataCal 和自编的"BUSTER"数据处理程序对斜锆石标准样品 Phalaborwa 的 U-Pb 同位素测试数据进行了处理。在使用 Glitter 和 ICPMSDataCal 软件进行数据处理过程中，严格将样品信号区间卡的位置与标样一致，以保证客观。使用自编的"BUSTER"严格按照预设的计算方法和误差传递策略进行，没有人为主观因素的加入。由于 $^{207}Pb/^{206}Pb$ 测试结果不受分馏效应的影响，为了比较三种处理方法对分馏效应的校正效果，以下仅对 $^{206}Pb/^{238}U$ 测试进行比较评价（表 1.26）。可以看出，就测试准确度而言，分馏校正后 $^{206}Pb/^{238}U$ 年龄"BUSTER"处理结果明显要优于 Glitter 和 ICPMSDataCal，但就单点测试精确度而言，"BUSTER"则差一些，其原因是由于实测同位素比值计算这一步采用二次曲线拟合取截距比 ROM 法（相应同位素所选剥蚀信号区段内数据计数平均值的比值）或 MOR 法（所选剥蚀信号区段内相应同位素计数比值的平均值）的不确定度要大，经误差传递，年龄的测试误差也会偏大。

1.9.4　应用与研究成果

1.9.4.1　金川超基性岩体斜锆石样品特征

本研究选择手持 XRF 现场测试 Zr 含量高的区域，有针对性的采样，且加大采样量，但仅有一个

表 1.26　三种数据处理方法结果的比较

样品	铅校正	评价指标	①Glitter	②ICPMSDataCal	③BUSTER	结论（">"表示优于）
斜锆石标样 Phalaborwa	未进行普 通铅扣除	单点 $^{206}Pb/^{238}U$ 比值 误差范围/%	1.0~1.2	1.1~1.4	2.0~5.9	①>②>③
		$^{206}Pb/^{238}U$ 年龄加权 平均结果的精准性	1898±89 Ma n=23 MSWD=266	1901±94 Ma n=23 MSWD=242	2034±54 Ma n=23 MSWD=4.4	③>②>①

样品（14JC-01，现场手持 XRF 测试 Zr 元素含量显示值为 80~120 μg/g）分选出了斜锆石。扫描电镜背散射电子图像（图 1.38）显示，金川岩体中的斜锆石在钛铁矿中呈他形存在于钛铁矿的裂隙（图 1.38a、c、d）或边部（图 1.38b、d）。同时，斜锆石也赋存于斜方辉石（图 1.39a、d）、单斜辉石（图 1.39b、e）以及斜长石（图 1.39c、f）等多种硅酸盐矿物中，但斜锆石边部或裂隙均出现交代成因锆石。在斜锆石 U-Pb 年龄测定时，要尽量选取纯净的区域。

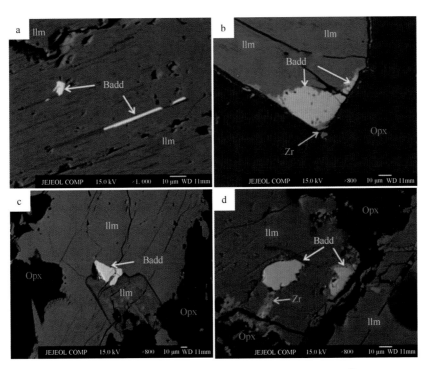

图 1.38　显示从钛铁矿中存在斜锆石的 BSE 图像
Badd—斜锆石；Zr—锆石；Ilm—钛铁矿；Opx—斜方辉石。

1.9.4.2　金川超基性岩体斜锆石 U-Pb 年龄测定

1）LA-ICP-MS 法

样品的前处理及测试过程与前文所述 Phalaboewa 斜锆石测试方法相同。结合斜锆石的透射光、反射光图像和阴极发光图像，优选表面平整、无包裹体或裂隙和阴极发光较暗的区域对金川地区蚀变辉橄岩中的斜锆石进行了 30 个测点的分析，测试结果详见图 1.40a。该斜锆石样品中存在普通铅，且受变质作用影响发生了铅丢失。由于本次测试采用的质谱为四极杆电感耦合等离子体质谱（ICP-qMS），无法对 ^{204}Pb 进行准确测试，因此不能采用 ^{204}Pb 法进行普通铅扣除。^{207}Pb 法为 LA-ICP-MS U-Pb 年龄测试进行普通铅扣除常用的方法，然而该方法并不能剔除叠加了"铅丢失"的数据对年龄结果的影响。本研究采用 Isoplot 3.0 内置的功能：向初始铅位置拟合直线的方法，将拟合残差允许限设为 2.5σ，这样就可以剔除那些既存

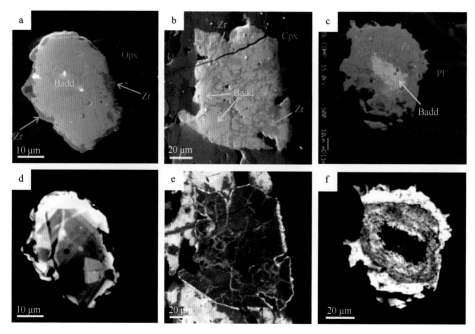

图 1.39　赋存于不同硅酸盐矿物中的斜锆石 BSE 图像和阴极发光图像

Badd—斜锆石；Zr—锆石；Cpx—单斜辉石；Pl—斜长石。

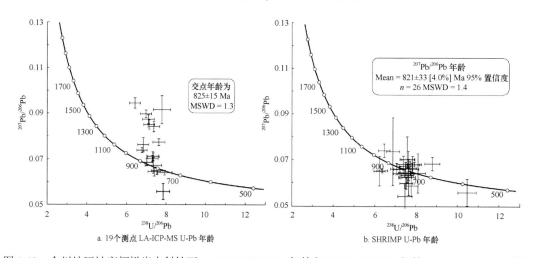

a. 19个测点 LA-ICP-MS U-Pb 年龄　　　　　　　　b. SHRIMP U-Pb 年龄

图 1.40　金川地区蚀变辉橄岩中斜锆石 LA-ICP-MS U-Pb 年龄和 SHRIMP U-Pb 年龄 Tera-Wasserburg 投图

在普通铅又明显受"铅丢失"影响的数据点。具体做法为：根据 Stacey-Kramers 铅同位素丰度演化模型，825 Ma 时，普通铅中 $^{207}Pb/^{206}Pb$ 值为 0.89421；将所有测点向该初始比值拟合一条直线，符合拟合残差允许限 2.5σ 之内的测点有 19 个，直线与谐和线的交点即该组锆石的结晶年龄为 825±15 Ma（图 1.40a），与前人测试结果（SIMS 法，约 825 Ma）一致[3-4]。

2）SHRIMP 法

　　为评价所采用的 LA-ICP-MS 测试方法的可靠性，本研究将金川岩体蚀变橄榄岩中的斜锆石进行了二次离子质谱 U-Pb 年龄测试。测试在北京离子探针中心完成，详细的分析流程参考文献[12]。测试结果中，采用 ^{204}Pb 法进行普通铅扣除后的 $^{206}Pb/^{238}U$ 年龄较分散（588~959 Ma），这主要是因为斜锆石受变质作用的影响发生了铅丢失，同时也可能叠加了"光轴效应"[13]的影响。所以，尽管本次测试的是年轻样品（年龄小于 1 Ga），$^{207}Pb/^{206}Pb$ 测试结果依然要优于 $^{206}Pb/^{238}U$ 测试结果，$^{207}Pb/^{206}Pb$ 年龄加权平均值为 821±33 Ma（图 1.40b），与前人测试结果（SIMS 法测得大约 825 Ma）[3-4]及本次采用 LA-ICP-MS 测试的结果在误差范围内均一致。

3）两种测试方法测试结果的比较

LA-ICP-MS 和 SHRIMP 两种方法测试结果的比较通过 Tera-Wasserburg 投图来完成。当数据未进行任何普通铅扣除（图 1.41a）或均采用 ^{207}Pb 法进行了普通铅扣除（图 1.41b）时，LA-ICP-MS 法的单点测试精度虽不及 SHRIMP 法，但其 ^{206}Pb/^{238}U 年龄更集中。当 SHRIMP 数据采用 ^{204}Pb 法进行普通铅扣除，LA-ICP-MS 数据采取向初始铅 ^{207}Pb/^{206}Pb 比值（0.894 21）拉直线的方式获取与谐和线的交点年龄作为岩浆结晶年龄时（图 1.41c），两者的测年结果一致。

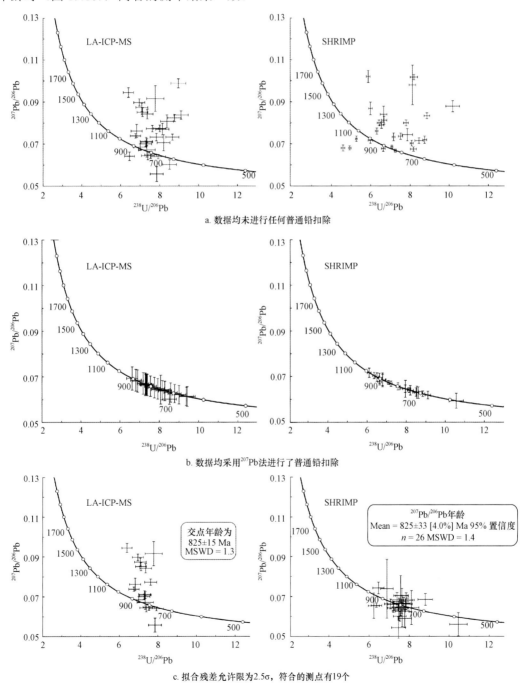

a. 数据均未进行任何普通铅扣除

b. 数据均采用^{207}Pb法进行了普通铅扣除

c. 拟合残差允许限为2.5σ，符合的测点有19个

图 1.41　金川地区蚀变辉橄岩中斜锆石 U-Pb 定年 LA-ICP-MS 和 SHRIMP 两种方法测试结果 Tera-Wasserburg 投图比较
左图：采用向初始铅 ^{207}Pb/^{206}Pb 比值拉直线的方式获取与谐和线的交点年龄；右图：采用 ^{204}Pb 法进行普通铅扣除。

综合以上比较分析，与大多数锆石测年结果类似，SHRIMP 法测试单点精度要优于 LA-ICP-MS 法，但是，$^{206}Pb/^{238}U$ 测试结果的加权平均值显示，LA-ICP-MS 法要优于 SHRIMP 法，这可能与采用 SIMS 进行斜锆石 U-Pb 定年测试过程中存在"光轴效应"有关。进行普通铅扣除后的数据显示，本次研究采用自编的"BUSER"数据处理程序校正的 LA-ICP-MS 斜锆石 U-Pb 年龄数据与 SHRMP 法得到了一致的结果。

4）斜锆石 LA-ICP-MS U-Pb 测年方法的适用性

Phalaborwa 是非常理想的斜锆石标样。Eriksson[8]最早对 Phalaborwa 杂岩体中方铀钍石、斜锆石进行了 U-Pb 分析，获得等时线年龄为 2049±9 Ma。随后 Heaman 和 Lecheminant[2]采用 TIMS 法测得 Phalaborwa 斜锆石 $^{207}Pb/^{206}Pb$ 年龄为 2059.8±0.8 Ma。Wingate 和 Compston[13]采用 SHRIMP 法测得 Phalaborwa 斜锆石 $^{207}Pb/^{206}Pb$ 年龄为 2057.1±2.6 Ma。本研究利用斜锆石 LA-ICP-MS U-Pb 测年方法获得 Phalaborwa 斜锆石 $^{207}Pb/^{206}Pb$ 年龄加权平均值为 2089±23 Ma，如果以 2060 Ma 视作 Phalaborwa 斜锆石结晶年龄的真值，则本次测试 $^{207}Pb/^{206}Pb$ 年龄结果与真值之间的偏差为 1.40%。

利用斜锆石 LA-ICP-MS 测年方法进一步对金川岩体中的斜锆石进行 U-Pb 年龄测定。该岩体的锆石与斜锆石年代学研究资料均比较丰富。Li 等[3-4]相继报道了 3 个金川基性-超基性岩体的 SHRIMP 锆石/斜锆石 U-Pb 年龄，均在 825 Ma 左右。本文测得金川岩体斜锆石 LA-ICP-MS U-Pb 年龄为 825±15 Ma，与前人测年结果在误差范围内一致，表明本文建立的斜锆石 LA-ICP-MS 测年方法对金川岩体中的斜锆石也是可行的。

1.9.5　结论与展望

斜锆石是进行基性、超基性岩定年的理想矿物，合适的采样方法和矿物分选技术可以获得适用于 LA-ICP-MS U-Pb 定年的斜锆石样品。采用本次研究自编的、基于"截距法"的"BUSTER"数据处理程序进行斜锆石 U-Pb 定年数据的处理可以得到良好效果。本研究所建立的斜锆石 LA-ICP-MS U-Pb 定年方法虽然在单点测试精度上不及 SIMS 法，但能够得到足够准确的年龄结果。实验测试结果表明，采用 LA-ICP-MS 法测定斜锆石 U-Pb 年龄不但具有 SIMS 法原位、微区分析的优势，而且未发现 SIMS 测试斜锆石过程中存在的"光轴效应"，从而能够得到可以相互印证的 $^{207}Pb/^{206}Pb$、$^{206}Pb/^{235}U$ 和 $^{206}Pb/^{238}U$ 三组年龄。然而，由于缺乏具有相似基体且组分均一的成分标样，尚难以对斜锆石元素含量进行准确测定，因此无法为年龄数据的解释提供元素含量方面的信息。该方法遇到的最大问题是对直径小于 10 μm 斜锆石难以进行准确分析。随着相关技术的不断发展和仪器灵敏度的进一步提高，相信 LA-ICP-MS 技术终将成为用于斜锆石 U-Pb 定年测试最为普遍的方法。

致谢：感谢中国地质调查局地质调查项目（1212011301500）对本工作的资助。

参 考 文 献

[1]　Anderson C A, Hinthorne J R. U, Th, Pb and REE Abundances and $^{207}Pb/^{206}Pb$ Ages of Individual Minerals in Returned Lunar Material by Ion Microprobe Mass Analysis[J]. Earth and Planetary Science Letters, 1972, 14: 195-200.

[2]　Heaman L M, Lecheminant A N. Paragenesis and U-Pb Systematics of Baddeleyite (ZrO_2) [J]. Chemical Geology, 1993, 110: 95-126.

[3]　Li X H, Su L, Chung S L, et al. Formation of the Jinchuan Ultramafic Intrusion and the World's Third Largest Ni-Cu Sulfide Deposit[J]. Geochemistry Geophysics Geosystems, 2005, 6: 16-32.

[4]　Li X H, Su L, Song B, et al. SHRIMP U-Pb Zircon Age of the Jinchuan Ultramafic Intrusion and Its Geological

Significance[J]. Chinese Science Bulletin, 2004, 49(4): 420-422.

[5]　Yang G, Du A D, Lu J R, et al. Re-Os (ICP-MS) Dating of the Massive Sulfide Ores from Jinchuan Ni-Cu-PGE Deposit[J]. Science in China (D Seires), 2005, 48(10): 1672-1677.

[6]　Yang S H, Qu W J, Tian Y L, et al. Origin of the Inconsistent Apparent Re-Os Ages of the Jinchuan Ni-Cu Sulfide Ore Deposit, China: Post-segregation Diffusion of Os[J]. Chemical Geology, 2008, 247: 401- 418.

[7]　汤中立, 杨杰东. 金川含矿超镁铁岩的 Sm-Nb 法定年[J]. 科学通报, 1992, 37(10): 918-920.

[8]　Eriksson S C. Age of Carbonatite and Phoscorite Magmatism of the Phalaborwa Complex (South Africa)[J]. Isotope Geoscience, 1984, 2: 291-299.

[9]　French J E, Heaman L M, Chacko T. Feasibility of Chemical U-Th-total Pb Baddeleyite Dating by Electron Microprobe[J]. Chemical Geology, 2002, 188: 85-104.

[10]　Hirata T. Determination of Zr Isotopic Composition and U-Pb Ages for Terrestrial and Extraterrestrial Zr-bearing Minerals Using Laser Ablation-Inductively Coupled Plasma Mass Spectrometry: Implications for Nb-Zr Isotopic Systematics[J]. Chemical Geology, 2001, 176: 323-342.

[11]　Reischmann T, Brugmann G E, Jochum K P. Trace Element and Isotopic Composition of Baddeleyite[J]. Mineral Petrology, 1995, 53: 155-164.

[12]　Williams I S. U-Th-Pb Geochronology by Ion Microprobe[J]//McKibben M A, Shanks Ⅲ W C, Ridley W I. Applications of Microanalytical Techniques to Understanding Mineralizing Processes. Reviews in Economical Geology, 1998, 7: 1-35.

[13]　Wingate M T D, Compston W. Crystal Orientation Effects during Ion Microprobe U-Pb Analysis of Baddeleyite[J]. Chemical Geology, 2000, 168: 75-97.

1.10 探针片 LA-MC-ICP-MS 锆石和磷灰石微区原位 U-Pb 定年

含铀矿物的微区原位 U-Pb 同位素年龄分析方法，如二次离子质谱法（SIMS）、激光剥蚀电感耦合等离子体质谱法（LA-ICP-MS）已日渐成熟，并得到广泛应用。上述方法对于成因简单的岩石如年轻的侵入岩来说非常有效，可以准确测定矿物形成的年龄。然而对于那些经历多期变形变质、多期成矿等可能存在多组 U-Pb 同位素年龄的岩石，传统 U-Pb 测年方法由于需要将含铀矿物从岩石中分离出来，破坏了其与周围矿物的关系，不能建立每组年龄与相应地质事件的联系，所以对获得的某些年龄数据很难给予合理解释。为此，Foster 等[1]首先在抛光的岩石探针片上直接测定石榴石包裹体和基质中独居石的 U-Th-Pb 同位素年龄，发现不同成因的独居石年龄存在差异，且具有不同的矿物共生组合，代表不同地质意义。之后，Simonetti 等[2]尝试用 LA-MC-ICP-MS 法在薄片上对锆石、独居石、榍石等含铀矿物开展 U-Pb 同位素测年，利用调整后的多接收器，只需要少量样品就可获得精确的地质年代学数据，且与同位素稀释热电离质谱法（ID-TIMS）获得的结果在误差范围内一致。我国一些学者也尝试开展了探针片上含铀矿物微区原地原位 U-Pb 同位素测年工作，但还未形成一套系统的探针片上含铀矿物微区原地原位 U-Pb 同位素定年方法。

利用探针片直接测定岩石矿物年龄，为解决多期变形变质作用、多期成矿作用等年代学测定提供了一个有效的方法，本节将重点介绍探针片测年流程及方法。该方法的核心是不分离测年矿物，通过探针片上矿物共生组合分析，建立测年矿物与地质事件的联系，应用 LA-MC-ICP-MS 法对探针片中不同成因域的含铀矿物（如锆石、磷灰石）进行 U-Pb 同位素测年，最终对年龄数据给予合理解释。

1.10.1 研究区域与地质特征

选择八达岭花岗杂岩体进行探针片测年研究，该岩体位于北京北部，是燕辽地区燕山期岩浆侵入活动的典型代表。岩体呈北东向带状展布，周围主要为中新元古代地层。八达岭花岗杂岩包括花岗闪长岩、二长花岗岩、石英二长岩、石英闪长岩、碱长花岗岩及包裹于其中的辉长岩–闪长岩等[3]。前人对八达岭杂岩体进行了测年研究，其结果相近，形成于早白垩世。该花岗岩类中的锆石晶形完整、颗粒较大、岩浆环带发育，数量较多，且同时含有磷灰石。这些优越的条件适合进行探针片锆石、磷灰石测年方法研究，已有不同方法的测年资料也便于开展对比。

1.10.2 技术方法

探针片测年技术方法主要分为锆石、磷灰石成因研究和 U-Pb 同位素测定。

（1）利用偏光显微镜研究锆石、磷灰石与主要矿物组合的时空关系，确定具有明确地质成因意义的测定矿物，完成测试样品的选择。

（2）利用激光拉曼光谱仪、电子探针和阴极发光仪等设备研究矿物晶体化学特征（包裹体、背散射图像、阴极发光）；利用激光剥蚀电感耦合等离子体质谱仪和电子探针测定锆石、磷灰石的微量元素及主量元素组成，最终确定其成因。

（3）采用激光剥蚀多接收器电感耦合等离子体质谱仪在探针片上进行锆石、磷灰石微区原位 U-Pb 同位素测定，并与传统方法（树脂靶）进行对比研究。主要采用的关键性技术方法如下。

①分馏效应的校正技术。激光剥蚀诱导分馏、转移诱导分馏和 ICP-MS 中激发诱导分馏是引起

本节编写人：许雅雯（中国地质调查局天津地质调查中心）；王家松（中国地质调查局天津地质调查中心）；张永清（中国地质调查局天津地质调查中心）；崔玉荣（中国地质调查局天津地质调查中心）；郭虎（中国地质调查局天津地质调查中心）；李国占（中国地质调查局天津地质调查中心）；李惠民（中国地质调查局天津地质调查中心）

LA-ICP-MS 分馏效应的三大来源。通过激光波长、激光能量、激光聚焦状态、激光剥蚀孔径、激光脉冲频率、剥蚀时间、元素电离能及样品本身的性质等因素对所测试样品的元素分馏作用的影响进行评价，在此基础上优化激光参数及剥蚀方法，将能有效降低分馏效应。②扫描方法。根据不同的测试对象，分别采用点扫描和线扫描相结合方式完成方法测试。③质量歧视校正技术。从 ICP 条件实验，包括冷却气、辅助气和载气流量以及等离子体功率，离子计数器和法拉第杯增益系数校正，进行 MIC 效率实验，确定最佳工作电压等测量参数得到 MC-ICP-MS 的最佳仪器条件和质量歧视校正方法。④数据处理方法。采用标样 GJ-1、91500 等作为外标进行 U-Pb 同位素分馏效应的校正，同位素比值的计算利用中国地质大学（武汉）刘勇胜[4]研发的软件 ICPMSDataCal 程序，U-Pb 年龄的计算及 U-Pb 谐和图的绘制采用 Isoplot 3.10[5] 完成。普通铅校正应用实测 ^{204}Pb 校正法、^{207}Pb 校正法、^{208}Pb 校正法和等时线法，对测试结果分别进行普通铅校正，最终选取最优的校正方法。

1.10.3　实验部分

1.10.3.1　探针片测年样品制备

1）样品采集

野外采集样品应具代表性，尽可能新鲜。样品规格一般不小于 6 cm×12 cm×18 cm。对于测年矿物含量较少的岩性应适当增加样品采集量。对于高级变质岩，应采集野外能够确定多期变形变质特征的岩石样品。

2）探针片制备方法及要求

一般磨制 5~6 个探针片就可以满足测年所需。对于含测年矿物较少或有特殊要求的岩石（如需寻找多期变质的测年矿物），一般 1 件测年样品需要磨制 10~15 个探针片，才能获得测年所需要的矿物数量。制备的探针片厚度约 50~80 μm，载玻璃大小为 2.5 cm×5 cm。探针片制备步骤为：切样、粗磨、细磨、粗抛、粘片、切片、磨片、粗抛、精抛。对已有的探针片，光洁度不能满足测年要求者，应重新进行抛光。

3）探针片测年颗粒挑选原则与方法

在明确了矿物组合及矿物世代关系后（详见 1.10.4.1），尽量选择探针片中较大的锆石、磷灰石等含铀矿物用于测年。标记方法：将选好的锆石或磷灰石置于显微镜十字丝中心，用记号笔标注并编号（图 1.42a），将一个探针片中选出的多个颗粒用直线相连（图 1.42b）并拍照，以便进行阴极发光图像分析及 U-Pb 同位素测定时使用。

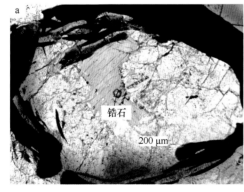

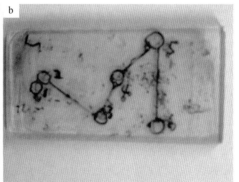

a. 探针片圈定的锆石　　　　　　　　　　b. 探针片上标注测年的矿物颗粒

图 1.42　探针片中锆石、磷灰石挑选及标注方法

1.10.3.2　探针片 LA-MC-ICP-MS U-Pb 测年

1）实验条件

实验测试使用的多接收器电感耦合等离子体质谱仪为美国 ThermoFisher 公司生产的 Neptune，其离子光学通路采用能量、质量聚焦的双聚焦设计，并采用动态变焦将质量色散扩大至 17%。仪器配有 9 个法拉第杯接收器和 4 个离子计数器接收器，除了中心杯和离子计数器外，其余 8 个法拉第杯配置在中心杯的两侧（表 1.27、表 1.28），并以马达驱动进行精确的位置调节，4 个离子计数器捆绑在 L4 法拉第杯上[6]。采用的激光剥蚀系统为美国 ESI 公司生产的 New Wave193 nm FX ArF 准分子激光器，波长 193 nm，脉冲宽度小于 4 ns，束斑直径 2、5、10、20、35、50、75、100 和 150 μm 可调，脉冲频率 1~200 Hz 连续可调，激光输出功率 15 J/cm^2。

表 1.27　探针片锆石 LA-MC-ICP-MS U-Pb 同位素测定接收器配置

检测器	同位素	检测器	同位素
L4	^{204}Pb	H1	—
L3	^{206}Pb	H2	^{232}Th
L2	^{207}Pb	H3	—
L1	^{208}Pb	H4	^{238}U
C	219.26		

注：L4、L3、L2、L1、C、H1、H2、H3、H4 为仪器的 9 个法拉第接收杯的编号，对应的 ^{204}Pb、^{206}Pb、^{207}Pb、^{208}Pb、^{232}Th、^{238}U 代表分析测试时接收杯接收的不同质量数的 U、Th、Pb 同位素，219.26 是在中心杯设置的虚拟质量数。

表 1.28　探针片锆石 LA-MC-ICP-MS U-Pb 同位素测定仪器参数

分析参数	工作条件	分析参数	工作条件
进样方式	激光进样	积分时间	0.131 s
冷却气（Ar）流量	16 L/min	样品信号采集时间	60 s（12 s 空白）
辅助气（Ar）流量	0.75 L/min	激光能量密度	11 J/cm^2
载气（Ar）流量	0.968 L/min	剥蚀束斑	35 μm
载气（He）流量	0.86 L/min	激光频率	8~20 Hz
RF 功率	1250 W		

本次测试利用 193 nm 激光器，束斑直径为 35 μm，频率为 10 Hz，能量密度为 11 J/cm^2，对锆石进行点剥蚀，剥蚀物质以 He 为载气送入 Neptune 质谱仪的 ICP 内，在 8000 K 温度下，剥蚀下来的样品颗粒发生蒸发、分解、激发和电离，经过离子光学透镜的聚焦和加速，进入 ESA，过滤掉杂质粒子后进入分析管道，经过磁场的偏转和 ZOOM 的作用，最后被接收器接收。

2）测试方法

传统树脂靶上锆石 LA-MC-ICP-MS U-Pb 同位素定年样品制备[7]及测试方法已经成熟。探针片上锆石等 U-Pb 同位素测年与传统树脂靶上测年技术方法基本相同，不同之处在于探针片测年矿物没有与共生矿物分离，分布比较分散，数量较少，颗粒大小不均，测试过程中要避免其他造岩矿物对其的影响。

用玻璃刀将探针片切成合适的大小，放入探针片专用样品池中。一般一个探针片上锆石介于 1~12 颗，每更换一个探针片均在测试开始与结束时测定一个 NIST SRM 610 玻璃标样和两个 GJ-1 锆石标样，中间每测定 5 或 6 个点（传统树脂靶测定 8 个点）需测定 2 个 GJ-1 锆石标样。采用标样 GJ-1 作为外标进行 U-Pb 同位素分馏效应的校正；普通铅校正应用 ^{208}Pb 校正法。利用 NIST SRM 610 玻璃标样作为外标计算锆石样品的 U、Th、Pb 含量。

磷灰石的测试方法及实验仪器与锆石类似，但剥蚀束斑变为 50 μm，频率为 12 Hz，能量密度为 10~11 J/cm²。采用磷灰石的实验室工作标样作为外标，对分析过程中的 U-Pb 同位素分馏进行校正。因磷灰石普通铅相对较高，放射成因铅较低，普通铅校正采用 U-Pb 或 Pb-Pb 等时线法和逆谐和图法。

1.10.4　结果与讨论

1.10.4.1　测年矿物成因分析

为更准确解释探针片上测定矿物的年龄，矿物成因研究十分重要。除了阴极发光成像、背散射成像、微量元素分析、激光拉曼分析外，在探针片上开展测年矿物的矿物组合分析也是其成因研究的重要内容。

1）探针片上（锆石、磷灰石）岩相学及矿物组合分析

探针片上开展测年矿物的矿物组合分析主要是探究其年龄的地质意义。对于未变质变形的侵入岩来说，矿物共生组合分析较为简单，其组成的矿物多为同期矿物组合。如花岗岩的造岩矿物主要由长石、石英、黑云母、角闪石等组成，锆石、磷灰石、榍石、独居石等以副矿物形式存在，与造岩矿物为同期共生组合（继承锆石，显微镜下不能鉴别，需要用阴极发光等方法进行区分）。

对于经历多期变质变形的变质岩，确定测年矿物的组合是该测年方法的关键。主要利用偏反光显微镜对探针片中不同期次造岩矿物共生组合进行研究，分析测年矿物与岩石中主要矿物组合之间的时空关系，鉴别出不同世代、不同期次、不同成因域（图 1.43）的锆石、磷灰石等含铀矿物，然后有针对性地开展年代学研究。

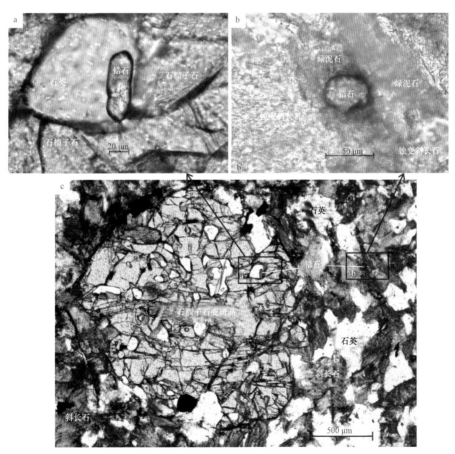

图 1.43　榴闪岩不同成因域中的锆石

a. 石榴子石变斑晶域中的锆石；b. 基质域中的锆石；c. 榴闪岩中石榴子石变斑晶域和基质域中锆石。

2）探针片上测年矿物透反射特征研究

挑选和标定测年的含铀矿物之后，对其进行透射光及反射光照相，主要观察测年矿物晶形、裂纹、包裹体等。需要注意的是，个别在透射光下能够看见（图1.44a）反射光下看不见的矿物（图1.44b），说明未暴露在表面，而是被包裹在透明造岩矿物（如石英、长石）内，本研究建议不选这样的矿物进行测年，因为它既拍摄不到阴极发光图像，测年仪器上也不显示。如果该锆石非常重要，可以参照周围其他矿物特征估计它的位置，测年时先用激光轻微剥蚀，待出现信号再开始测试。

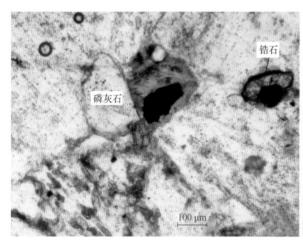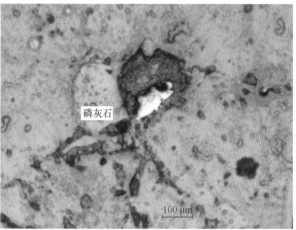

a. 探针片中锆石、磷灰石透射光图像   b. 对应 a 图的反射光图像（锆石未显示出来）

图 1.44 探针片中锆石透射光、反射光图像

3）探针片锆石阴极发光图像分析

首先要区别测年矿物（锆石、磷灰石等）与造岩矿物。在阴极发光图像中，锆石、磷灰石等具有明显的发光性，锆石多发育环带，磷灰石通常不分带或有微弱振荡环带，而多数造岩矿物不发光，石英虽发光，但一般不具有特征晶形。其次对测年矿物（锆石、磷灰石等）进行成因分析。如岩浆锆石多为自形，阴极发光图像具有典型的韵律环带；变质锆石通常由多晶面组成，没有锥面和柱面之分，有的不发育环带，有的发育扇形、不规则形环带，有的发育核-幔结构；热液锆石较为自形，阴极发光图像有的不发光呈黑色，有的具不规则的不发光区域和发光区域。

4）微量元素及拉曼光谱分析

（1）Th、U 含量及 Th/U 值研究

锆石成因研究的方法较多，其中 Th/U 值一直被用作判断不同成因锆石的一个重要依据。一般认为岩浆锆石具有较低的 Th、U 含量和较高的 Th/U 值（>0.4），变质锆石具有较低的 Th/U 值（<0.1）。也有研究认为岩浆锆石 Th/U≥0.5[8]，变质锆石 Th/U<0.07[9]。八达岭花岗岩类的锆石 Th、U 含量（除 BTS-3 外）普遍较低，Th/U 值与前人总结的岩浆锆石的 Th/U 值特征（>0.4）相符，表明它们均为岩浆成因锆石。

但是样品 BTS3 却表现出较为复杂的情况，其锆石的 Th、U 含量多数超过 3000 μg/g，而 Th/U 值相对偏低。如样品 BTS3-1-1 和 BTS3-6-1，二者锆石的 Th/U 值分别为 0.38、0.69，它们均大于变质锆石的 Th/U 值（<0.1），同时 BTS3-1-1 锆石的 Th/U 值（0.38）还低于岩浆锆石的 Th/U 值范围。宏观上，该岩体未变质，具花岗结构特征，但 BTS3 探针片中却出现了变晶结构。综合考虑稀土配分及激光拉曼特征（见下述），该锆石是受到了后期热液影响，因此应该谨慎地利用 Th/U 值来判定锆石的成因。

（2）稀土含量及配分模式

稀土元素配分模式被广泛用作区分不同成因锆石。国内外学者普遍认为稀土元素总量：热液锆石＞岩浆锆石＞变质锆石；配分曲线：岩浆锆石与变质锆石相似为左倾式，热液锆石平坦分布[10-14]。

BTS1 为八达岭黄花城岩体，岩性为二长花岗斑岩，锆石稀土配分模式为陡峭的左倾式，轻稀土亏损，重稀土富集，具有明显的 Ce 正异常和较强的 Eu 负异常，与岩浆锆石基本一致，为岩浆成因锆石（图 1.45），所测年龄代表岩体形成时代。BTS3 为八达岭对白峪岩体，岩性为变质含石榴二长花岗岩，样品有 2 个测点表现出与热液锆石具相似的稀土配分模式（图 1.45 红色线），然而其中一个锆石的 Th/U 值为 0.69，与前人研究的岩浆锆石特征相符。这些相互矛盾的特点表明它们最初为岩浆锆石，后期受到热液影响，其测试的年龄（113 Ma、118 Ma）也小于该样品中未受热液影响的锆石年龄（约 140 Ma）。

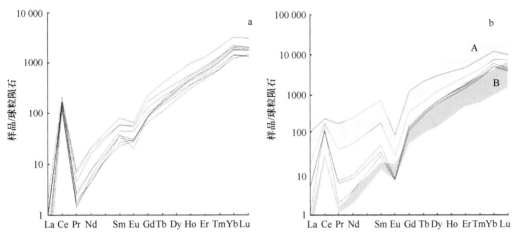

图 1.45　BTS1（a）、BTS3（b）样品中锆石的稀土元素特征

a 为锆石稀土分布特征；b 中红色线为其中 2 个测点的锆石 REE 特征，黑色线为 BTS3 其他测点的 REE 特征，
阴影部分：热液锆石 A 及岩浆锆石 B 的稀土元素组成[12]。

（3）激光拉曼光谱

激光拉曼光谱主要研究锆石蜕晶质化。一般认为，当锆石拉曼特征峰 1008 cm^{-1} 峰的峰位为 1007 cm^{-1} 左右，且半高宽≤5 cm^{-1}，锆石为完全结晶质；峰位介于 1000~980 cm^{-1}，半高宽 10~30 cm^{-1}，为蜕晶质化锆石；当峰位＜980 cm^{-1}，半高宽＞30 cm^{-1}，为强蜕晶质化锆石。八达岭花岗杂岩体样品 BTS1、BTS9、BTS10 探针片中锆石的峰位偏移和半高宽变化均不大，表明蜕晶化程度均较弱，而 BTS3 锆石特征峰位明显偏移较大，半高宽也加大，表明该锆石发生了严重的蜕晶化，为后期热液作用的结果。

1.10.4.2　探针片与树脂靶中锆石、磷灰石 LA-MC-ICP-MS 测年结果对比

对八达岭花岗杂岩体岩石 BTS1、BTS9、BTS10 中锆石和 BTS2 中磷灰石进行了探针片与树脂靶对比研究。本文列出代表性的探针片样品 BTS1 中锆石和 BTS2 中磷灰石的测试结果。BTS1 探针片与树脂靶中锆石阴极发光图像、测点位置及 ^{206}Pb/^{238}U 年龄见图 1.46，对比发现探针片与树脂靶中锆石特征相似，都发育震荡环带，均为岩浆锆石。表 1.29 为八达岭黄花城二长花岗斑岩（BTS1）探针片测年结果，37 个测点 ^{206}Pb/^{238}U 年龄加权平均值为 138.6±0.6 Ma（图 1.47a），与该样品树脂靶（33 个测点）的 ^{206}Pb/^{238}U 测年结果 137.6±0.6 Ma（图 1.47b）在误差范围内一致。

BTS2 样品中磷灰石探针片与树脂靶上的阴极发光对比如图 1.48 所示。探针片上磷灰石属于原位，其大小相差悬殊，树脂靶上磷灰石因人为挑选颗粒大小均匀，但二者结构相似，环带不发育。BTS2 探针片测试数据见表 1.30。从表 1.30 及图 1.49 可以看到，磷灰石中各测点具有不同的普通铅含量，测试点分布在等时线上具很好的线性，磷灰石 ^{206}Pb/^{238}U 等时线年龄为 136.4±6.6 Ma，树脂靶中磷灰石 ^{206}Pb/^{238}U 等时线年龄为 130.1±5.5 Ma，两者在误差范围内一致。表明在探针片上进行磷灰石测年是完全可行的。

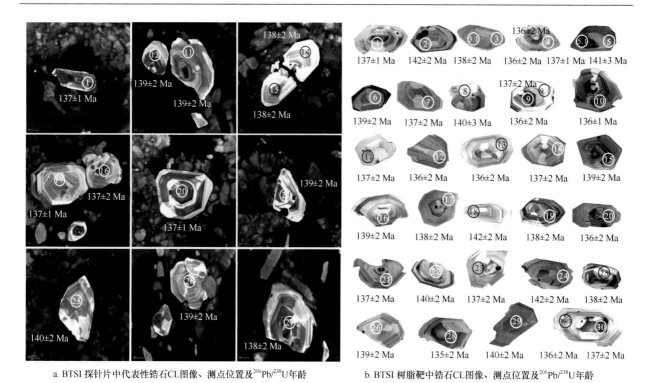

a. BTSI 探针片中代表性锆石CL图像、测点位置及 $^{206}Pb/^{238}U$ 年龄　　b. BTSI 树脂靶中锆石CL图像、测点位置及 $^{206}Pb/^{238}U$ 年龄

图 1.46　BTS1 探针片与树脂靶中锆石阴极发光（CL）图像、测点位置及 $^{206}Pb/^{238}U$ 年龄

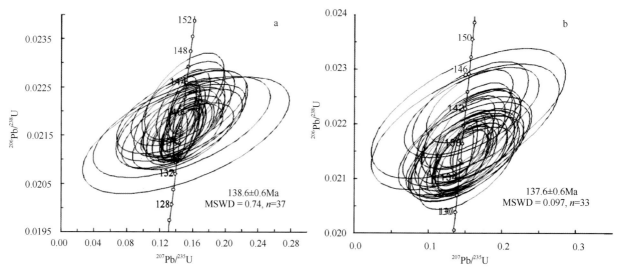

图 1.47　BTS1 探针片（a）与树脂靶（b）中锆石 U-Pb 谐和图

1.10.4.3　探针片测年结果与前人研究成果对比

本研究获得八达岭杂岩体中黄花城二长花岗斑岩的锆石年龄 138.6±0.6 Ma，与焦守涛等[15]获得的 133±0.6 Ma 相差 5 Ma，野外调查表明，它们虽然为同一岩体，但岩性不同，可能属于不同期次的侵入岩。对薛家石梁岩体细中粒闪长岩的锆石进行了测试，获得定年结果为 128.8±0.7 Ma，与 Su 等[16]对该岩体锆石 SHRIMP 定年结果（132.8~123.3 Ma）一致。

1.10.5　结论与展望

本研究表明，在探针片上进行锆石、磷灰石微区原位 LA-MC-ICP-MS U-Pb 同位素年龄测定是完

表 1.29　BTS1 探针片上锆石的 LA-MC-ICP-MS U-Pb 同位素分析结果

测点号	含量 (10^-6)			同位素比值								年龄 (Ma)					
	Pb	Th	U	$^{206}Pb/^{238}U$	1σ	$^{207}Pb/^{235}U$	1σ	$^{207}Pb/^{206}Pb$	1σ	$^{232}Th/^{238}U$	1σ	$^{206}Pb/^{238}U$	1σ	$^{207}Pb/^{235}U$	1σ	$^{207}Pb/^{206}Pb$	1σ
1	35	1022	1346	0.021 48	0.000 22	0.1495	0.0054	0.0505	0.0018	0.7597	0.0054	137	1	141	5	217	81
2	22	1366	559	0.021 57	0.000 24	0.148	0.012	0.0498	0.0039	2.442	0.009	138	2	140	11	186	182
3	21	728	774	0.021 66	0.000 24	0.149	0.011	0.0498	0.0036	0.940	0.013	138	2	141	10	187	166
4	6	282	195	0.021 66	0.000 43	0.147	0.044	0.049	0.017	1.446	0.016	138	3	139	42	155	796
5	4	214	144	0.021 49	0.000 50	0.152	0.051	0.051	0.023	1.4826	0.0055	137	3	144	49	251	1017
6	9	375	290	0.022 11	0.000 31	0.148	0.014	0.0486	0.0045	1.2950	0.0037	141	2	140	13	130	220
7	17	849	549	0.021 66	0.000 25	0.1482	0.0082	0.0496	0.0027	1.545	0.027	138	2	140	8	178	127
8	36	1237	1215	0.022 14	0.000 24	0.1480	0.0069	0.0485	0.0022	1.0182	0.0034	141	2	140	7	124	108
10	15	667	516	0.021 74	0.000 28	0.147	0.010	0.0492	0.0032	1.292	0.008	139	2	140	9	157	154
11	9	426	263	0.021 75	0.000 33	0.146	0.032	0.049	0.011	1.617	0.030	139	2	139	30	140	541
12	20	1370	457	0.021 85	0.000 29	0.145	0.011	0.0480	0.0034	2.998	0.013	139	2	137	10	99	167
13	32	1041	1239	0.021 51	0.000 22	0.1519	0.0064	0.0512	0.0021	0.8403	0.0024	137	1	144	6	251	95
14	8	326	299	0.021 70	0.000 30	0.148	0.018	0.0493	0.0061	1.0895	0.0015	138	2	140	17	164	288
15	11	463	377	0.021 58	0.000 27	0.149	0.015	0.0499	0.0052	1.2272	0.0007	138	2	141	15	192	242
16	18	727	685	0.021 55	0.000 24	0.146	0.011	0.0492	0.0036	1.0610	0.0009	137	2	139	10	159	170
17	25	1270	858	0.021 53	0.000 23	0.147	0.011	0.0495	0.0035	1.480	0.015	137	1	139	10	172	165
19	9	492	316	0.021 47	0.000 28	0.148	0.025	0.050	0.008	1.5546	0.0043	137	2	140	24	197	392
20	28	1340	962	0.021 49	0.000 22	0.150	0.007	0.0505	0.0024	1.3926	0.0038	137	1	142	7	220	112
21	15	749	478	0.021 78	0.000 29	0.149	0.021	0.049	0.007	1.566	0.011	139	2	141	20	170	330
23	8	274	288	0.021 86	0.000 33	0.147	0.024	0.049	0.008	0.9534	0.0025	139	2	140	23	143	393
24	26	1160	793	0.021 97	0.000 23	0.151	0.010	0.0500	0.0041	1.4629	0.0032	140	1	143	9	194	151
25	7	319	216	0.021 98	0.000 35	0.146	0.032	0.048	0.010	1.482	0.010	140	2	139	30	113	548
26	9	379	294	0.021 82	0.000 32	0.149	0.020	0.0496	0.0028	1.2886	0.0068	139	2	141	19	178	319
27	11	562	357	0.021 67	0.000 26	0.147	0.020	0.0491	0.0069	1.5729	0.0025	138	2	139	19	151	332
28	12	606	370	0.022 20	0.000 34	0.149	0.021	0.049	0.007	1.6380	0.0048	142	2	141	20	127	338
29	37	2698	1001	0.022 07	0.000 22	0.150	0.007	0.0493	0.0024	2.6964	0.0049	141	1	142	7	160	115
30	37	1864	1125	0.021 97	0.000 23	0.147	0.007	0.0485	0.0022	1.6563	0.0021	140	1	139	7	123	109
31	30	1502	1041	0.021 86	0.000 22	0.1515	0.0066	0.0503	0.0021	1.4422	0.0027	139	1	143	6	207	98
32	15	755	487	0.021 51	0.000 26	0.150	0.019	0.0504	0.0065	1.5514	0.0030	137	2	142	18	216	296
33	23	1350	723	0.021 50	0.000 23	0.148	0.010	0.0498	0.0035	1.8656	0.0036	137	1	140	10	184	163
34	40	2460	1072	0.021 85	0.000 22	0.1504	0.0062	0.0499	0.0020	2.2939	0.0031	139	1	142	6	191	95
35	6	363	214	0.021 62	0.000 34	0.147	0.030	0.049	0.011	1.6989	0.0021	138	2	139	28	162	515
37	9	398	322	0.022 07	0.000 33	0.148	0.026	0.049	0.009	1.2380	0.0022	141	2	140	24	128	417
38	8	418	258	0.022 30	0.000 37	0.150	0.020	0.0486	0.0066	1.6161	0.0017	142	2	141	19	130	321
39	7	468	208	0.021 82	0.000 41	0.147	0.033	0.049	0.012	2.247	0.009	139	3	139	31	134	575
40	51	1406	2174	0.021 42	0.000 21	0.1445	0.0036	0.0489	0.0012	0.6469	0.0018	137	1	137	3	144	57
43	16	1008	465	0.021 60	0.000 25	0.147	0.015	0.0493	0.0051	2.167	0.011	138	2	139	14	162	243

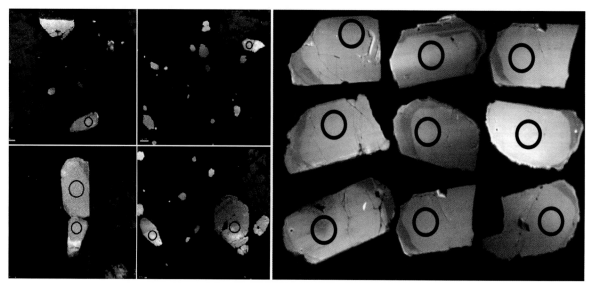

探针片中磷灰石阴极发光图像及测点位置　　　　　　树脂靶中磷灰石阴极发光图像及测点位置

图 1.48　BTS2 探针片与树脂靶中代表性磷灰石阴极发光图像对比图

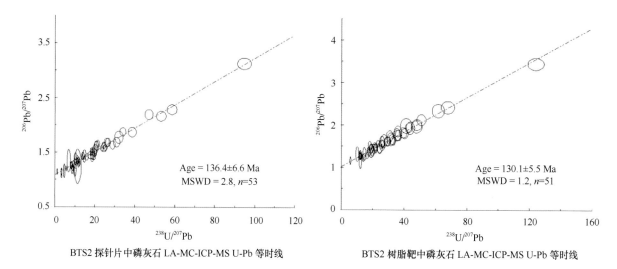

BTS2 探针片中磷灰石 LA-MC-ICP-MS U-Pb 等时线　　　BTS2 树脂靶中磷灰石 LA-MC-ICP-MS U-Pb 等时线

图 1.49　BTS2 探针片与树脂靶中磷灰石 LA-MC-ICP-MS U-Pb 等时线图

表 1.30　BTS2 探针片上磷灰石的 LA-MC-ICP-MS U-Pb 同位素分析结果

测点号	$^{206}Pb/^{207}Pb$	误差/%	$^{238}U/^{207}Pb$	误差/%	$^{206}Pb/^{238}U$	误差/%
BTS2.1	1.20	1.49	3.94	1.71	0.2111	1.48
BTS2.2	1.32	1.8	5.88	1.6	0.1288	1.3
BTS2.4	1.43	2.0	6.83	2.1	0.1023	1.5
BTS2.5	1.77	2.6	10.19	2.7	0.0553	1.8
BTS2.6	1.68	1.9	9.25	1.9	0.0645	1.4
BTS2.8	1.42	2.0	7.95	1.9	0.0887	1.4
BTS2.9	2.19	1.6	9.82	1.8	0.0465	1.2
BTS2.10	1.58	1.5	9.53	1.6	0.0665	1.2
BTS2.11	1.68	1.9	9.42	1.9	0.0632	1.3
BTS2.12	1.38	1.6	5.93	1.7	0.1224	1.3
BTS2.13	1.66	1.7	7.87	1.7	0.0768	2.1
BTS2.14	1.44	1.7	8.36	1.7	0.0829	1.3
BTS2.15	3.12	1.4	9.71	1.5	0.0330	1.0

续表

测点号	$^{206}Pb/^{207}Pb$	误差/%	$^{238}U/^{207}Pb$	误差/%	$^{206}Pb/^{238}U$	误差/%
BTS2.16	1.52	1.6	7.95	1.6	0.0828	1.2
BTS2.19	1.62	1.6	9.30	1.7	0.0662	1.2
BTS2.20	1.65	1.6	7.69	1.6	0.0790	1.2
BTS2.21	1.42	1.7	7.06	1.7	0.0997	1.3
BTS2.22	1.56	2.0	8.38	2.6	0.0765	1.7
BTS2.23	1.62	2.0	7.95	2.1	0.0777	1.4
BTS2.26	1.87	2.0	11.12	2.2	0.0481	1.4
BTS2.28	1.59	2.1	9.75	2.1	0.0646	1.6
BTS2.30	1.39	1.9	9.65	1.9	0.0744	1.3
BTS2.31	1.24	10.5	7.41	6.1	0.1087	5.6
BTS2.33	2.16	1.7	11.42	1.9	0.0406	1.2
BTS2.34	2.28	1.6	11.28	1.7	0.0389	1.1
BTS2.35	1.19	3.0	6.12	2.5	0.1373	2.3
BTS2.36	1.26	2.0	5.13	1.8	0.1545	1.5
BTS2.37	1.68	2.2	10.93	2.2	0.0544	1.4
BTS2.38	1.12	3.4	2.63	3.0	0.3390	3.0
BTS2.39	1.28	2.5	6.17	2.3	0.1262	2.0
BTS2.40	1.43	2.0	9.20	2.1	0.0759	1.6
BTS2.41	1.47	2.5	8.76	2.3	0.0778	1.8
BTS2.42	1.14	2.2	2.50	2.6	0.3525	2.5
BTS2.43	1.31	2.0	7.07	1.9	0.1077	1.6
BTS2.45	1.28	2.1	5.64	2.0	0.1381	1.6
BTS2.46	1.34	1.6	6.37	1.6	0.1176	1.3
BTS2.47	1.42	1.9	9.65	1.7	0.0727	1.4
BTS2.48	1.37	1.6	7.84	1.7	0.0930	1.3
BTS2.49	1.22	1.9	5.98	1.8	0.1369	1.5
BTS2.50	1.29	1.8	7.13	1.7	0.1089	1.4
BTS2.51	1.46	2.4	6.98	2.0	0.0983	1.6
BTS2.52	1.49	1.8	8.87	1.8	0.0755	1.4
BTS2.53	1.87	1.7	9.72	1.8	0.0549	1.2
BTS2.54	1.63	1.9	10.89	1.9	0.0563	1.3
BTS2.55	1.59	1.5	10.06	1.5	0.0627	1.2
BTS2.56	1.50	2.2	8.82	2.3	0.0756	1.6
BTS2.57	1.27	2.0	5.22	2.1	0.1511	1.7
BTS2.58	1.17	4.2	7.28	2.8	0.1170	2.8
BTS2.59	1.52	1.8	8.28	1.9	0.0795	1.3
BTS2.60	1.34	6.3	3.85	4.8	0.1933	3.8
BTS2.61	1.16	4.4	3.49	3.5	0.2474	3.0
BTS2.62	1.36	1.8	6.42	1.7	0.1149	1.4
BTS2.63	1.40	2.7	5.27	2.6	0.1356	1.9

全可行的。主要测试流程包括：样品制备、测年矿物成因研究和激光剥蚀电感耦合等离子体质谱测年。该方法相对来说比较繁杂，建议岩浆岩仍用传统的挑选单矿物颗粒制靶的方法测年，而对多期变质的岩石，采用探针片定年方法能获得更好的结果。

该方法最大的优势在于不必将锆石、磷灰石等测年矿物从岩石中分离出来，在确定了测年矿物的共生矿物组合及地质意义后，直接在探针片上测年，将年龄与特定地质事件（如变质、热液、多期成矿等）相联系，对年龄数据给予科学、合理的地质解释。该方法还可避免岩石粉碎、矿物挑选、制靶过程中可能引起的混染，从而获得真实的岩石或者矿物年龄。

该方法对于确定高级变质岩变形变质期次、多期成矿时代等具广泛的应用前景。例如，可以根据不同成因域中的锆石，对榴辉岩多期次变质如峰期、退变质时代开展精细定年研究；再如，在微小铀矿物

（＜10 μm）和多期次、多阶段铀矿体的微区定年研究中更能显示其优越性。由于晶质铀矿或沥青铀矿具多阶段、多期次性，在矿物挑选过程中很难区分，采用传统方法（如 ID-TIMS 法、LA-MC-ICP-MS 树脂靶法）定年时，得到的年龄可能为混合年龄，无实际地质意义。而用探针片测年方法就能很好地解决这个问题，在探针片上很容易将沥青铀矿与其他矿物、不同期次的铀矿物区分开，从而直接在探针片上进行测年。因此，该方法也为铀矿床 U-Pb 同位素测年开辟了一个新的途径。

参 考 文 献

[1]　Foster G, Kinny P, Vance D, et al. The Significance of Monazite U-Th-Pb Age Data in Metamorphic as Semblages: A Combined Study of Monazite and Garnaet Chronology[J]. Earth and Planetary Science Letters, 2000, 181: 327-340.

[2]　Simonetti A, Heaman L M, Chacko T, et al. In situ Petrographic Thin Section U-Pb Dating of Zircon, Monazite, and Titanite Using Laser Ablation-MC-ICP-MS[J]. International Journal of Mass Spectrometry, 2006, 253: 87-97.

[3]　王焰, 张旗. 八达岭花岗杂岩的组成、地球化学特征及其意义[J]. 岩石学报, 2001, 17(4): 533-540.

[4]　Liu Y S, Gao S, Hu Z C, et al. Continental and Oceanic Crust Recycling-induced Melt-peridotite Interactions in the Trans-North China Orogen: U-Pb Dating, Hf Isotopes and Trace Elements in Zircons from Mantle Xenoliths[J]. Journal of Petrology, 2010, 51(1-2): 537-571.

[5]　Ludwig K R. User's Manual for Isoplot/Ex, Version 3. 00[C]//A Geochronological Toolkit for Microsoft Excel. Berkeley Geochronology Center: Special Publication, 2003: 1-70.

[6]　周红英, 耿建珍, 崔玉荣, 等. 磷灰石微区原位 LA-MC-ICP-MS U-Pb 同位素定年[J]. 地球学报, 2012, 33(6): 857-864.

[7]　宋彪, 张玉海, 万渝生, 等. 锆石 SHRIMP 样品靶制作、年龄测定及有关现象讨论[J]. 地质论评, 2002, 48(增刊): 26-30.

[8]　Hoskin P W O, Schaltegger U. The Composition of Zircon and Igneous and Metamorphic Petrogenesis[J]. Reviews in Mineralogy and Geochemistry, 2003, 53: 52-53.

[9]　Rubatto D. Zircon Trace Element Geochemistry: Partitioning with Garnet and the Link between U-Pb Ages and Metamorphism[J]. Chemical Geology, 2002, 184(1-2): 123-138.

[10]　张小文, 向华, 钟增球, 等. 海南尖峰岭岩体热液锆石 U-Pb 定年及微量元素研究: 对热液作用及抱伦金矿成矿时代的限定[J]. 地球科学——中国地质大学学报, 2009, 34(6): 921-930.

[11]　赵振华. 副矿物微量元素地球化学特征在成岩成矿作用研究中的应用[J]. 地学前缘, 2010, 17(1): 267-286.

[12]　Guo H, Du Y S, Yang J H. U-Pb Geochronology of Hydrothermal Zircon from the Mesoproterozoic Gaoyuzhuang Formation on the Northern Margin of the North China Block and Its Geological Implications[J]. Earth Sciences, 2011, 54(11): 1675-1685.

[13]　Hoskin P W O, Ireland T R. Rare Earth Elementchemistry of Zircon and Its Use as a Provenance Indicator[J]. Geology, 2000, 28(7): 627-630.

[14]　Hoskin P W O. Trace Element Composition of Hydrothermal Zircon and the Alteration of Hadean Zircon from the Jack Hills, Australia[J]. Geochimica et Cosmochimica Acta, 2005, 69(3): 637-648.

[15]　焦守涛, 颜丹平, 张旗, 等. 八达岭花岗岩的年龄、地球化学特征及其地质意义[J]. 岩石学报, 2013, 29(3): 769-780.

[16]　Su S G, Niu Y L, Deng J F, et al. Petrology and Geochronology of Xuejiashiliang Igneous Complex and Their Genetic Link to the Lithospheric Thinning during the Yanshanian Orogenesis in Eastern China[J]. Lithos, 2007, 96(1-2): 90-107.

1.11　LA-MC-ICP-MS 硼同位素示踪分析与应用

硼同位素已被广泛地应用于板块俯冲和岩浆演化[1]、区分海陆相蒸发环境[2]、示踪矿床的成矿环境和物质来源[3]、地热与水环境地球化学[4]以及古海洋和古气候[5]等研究领域。相应的硼同位素测试方法也取得了长足的进步，目前国际上硼同位素分析方法主要有两类：一类是溶液法，将样品溶解后提纯出硼，用表面热电离质谱（TIMS）或 MC-ICP-MS 来测量硼同位素比值；另一类是原位分析法，用离子探针（SIMS）或 LA-MC-ICP-MS 直接对矿物进行原位硼同位素比值测量。

TIMS 方法是目前应用最广泛的硼同位素测试方法，可分为正离子热电离质谱（P-TIMS）和负离子热离子质谱（N-TIMS）两种。P-TIMS 使用 $Cs_2BO_2^+$ 作为发生离子，使硼同位素的高精度测定得以实现，精度可优于 0.01%。因为 $Cs_2BO_2^+$ 质量数大（308 和 309），硼同位素在测定过程中受分馏效应的影响很低。N-TIMS 技术采用负离子测定方法，检测 BO_2^- 离子，质量数为 42 和 43，该方法的优点是有较高的灵敏度，质谱测定只需 ng 级的硼样品。缺点是，由于负离子的相对质量差较大，使得测定过程中同位素的分馏效应较大，测定精度低（约 0.1%），对于稀少样品的测定较为适用。

相对于 TIMS 方法的耗时耗力，需要繁琐的样品前处理过程，MC-ICP-MS 测定硼同位素样品由于没有同量异位素干扰，所以相对纯化要求较低。基体效应也随着硼化学分离技术的日臻完善得以解决，因此，MC-ICP-MS 的应用也越来越广泛。针对进样后的基体效应（系统记忆效应），目前提出有雾化器进样法，氨气混合进样法——利用氨气的挥发性将硼酸转化为不具挥发性的硼酸铵，采用 5%硝酸—（1%硝酸+0.1% 氢氟酸）—水—20%氨水—水交换清洗。Roux 等[6]发表了用 LA-MC-ICP-MS 技术测定 ng 级的硼同位素原位样品的流程，采用高频的样品/标样切换方法来校正分馏效应和仪器漂移，获得的实验精度优于 1‰。传统的 MC-ICP-MS 使用的信号接收器是法拉第杯，其实验精度受到了接收器背景噪音的制约，对于低硼含量的样品很难精确测定，而目前改进的 MC-ICP-MS 技术采用的离子计数器背景噪音要小得多，可以极大地提高信噪比。因此，就目前而言，MC-ICP-MS 技术已成为硼同位素的测试手段。

SIMS 表面微区方法测定硼同位素组成的方法具有较多优点，如样品的用量极少，分辨率高，可进行原位分析等。但是由于这类仪器的价格非常昂贵，限制了其推广使用，仅有少量的文献述及此种方法[7]。鉴于 SIMS 方法较为昂贵，本次研究利用 LA-MC-ICP-MS 方法对辽东地区前寒武纪硼酸盐矿床进行了硼同位素示范性研究。此类硼镁矿矿床是世界上独有的古元古代超大型硼矿床，集中产出在辽-吉裂谷带硼矿成矿带中。由于辽东硼矿后期经历强烈的混合岩化作用和蛇纹石化蚀变作用，原始沉积特征遗失殆尽，导致对硼来源的认识存在两种迥异的观点：①火山热泉供硼-非海相蒸发沉积[8]；②海底火山喷发形成矿源层，后期混合岩化成矿[9]。本研究拟采用微区硼同位素分析技术，通过系统测定不同含硼矿物的硼同位素组成，查明硼同位素的时空变化规律，结合前人研究揭示辽东硼矿的成因和形成机制。

1.11.1　研究区域与地质背景

华北克拉通面积超过 30 万 km^2，东部基底于古元古代早期发生裂解，形成辽吉裂谷，内部沉积了一套火山-沉积建造，被称为胶-辽-吉带[10]，包括山东省东部的荆山群和粉子山群、辽宁省东部的辽河群、吉林省南部的集安群和老岭群，以及朝鲜北部的 Macheonayeong 群。辽宁省内的辽河群呈近东西向展布，西起瓦房店、盖州、大石桥一带，东到达岫岩、凤城、宽甸、桓仁一线（图 1.50）。辽河群不整合于鞍山群变质岩之上，自下而上分为五个组：浪子山组、里尔峪组、高家峪组、大石桥组和盖县组，普遍经历绿片岩相至角闪岩相的变质作用，后期有一套时代为 1.87 Ga 的巨斑状花岗岩侵位至辽河群盖县组之中。根据岩相建造与构造特征，辽吉裂谷横向上可划分为北缘斜坡（鞍山—桓仁北缘滨海斜坡）、中央凹陷（大石桥—宽甸轴部浅海凹陷）和南缘浅台（岫岩—丹东南缘滨海浅台）三个构造岩相区，将裂谷北缘斜坡

本节编写人：胡古月（中国地质科学院矿产资源研究所）；侯可军（中国地质科学院矿产资源研究所）

区和中央凹陷区的古元古代火山-沉积地层分别命名为北辽河群和南辽河群。北辽河群包括浪子山组、里尔峪组、高家峪组、大石桥组和盖县组 5 个岩相层位，而南辽河群则缺少底部的浪子山组，直接以里尔峪组与太古代基底不整合接触。

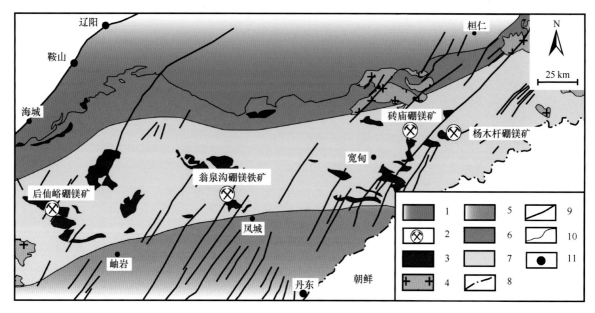

图 1.50　辽东裂谷中硼矿床的分布简图（据 Hu 等[3]修改）

1—古太古代基底；2—硼酸盐矿床；3—元古代条痕状混合花岗岩；4—巨斑状花岗岩；5—辽河群南缘浅台区；6—辽河群北缘斜坡区；
7—辽河群中央凹陷区；8—国界线；9—中生代断层；10—地质界线；11—地名。

南辽河群之中的里尔峪组是一套富硼的酸性基性-酸性火山-沉积岩系熔岩、凝灰岩和黏土岩的互层，已变质为主要由条痕状花岗岩、各类变粒岩和浅粒岩、斜长角闪岩、长英质片岩和石英-云母片岩的岩石组合，夹有电气石岩、镁橄榄岩、橄榄玄武岩和富镁大理岩，最大厚度超过 1400 m，被命名为含硼岩系。辽东地区南辽河群含硼岩系之中众多的硼酸盐矿床自西而东可划分为后仙峪、翁泉沟和砖庙-杨木杆三个硼矿区。由于地层倒转，含硼岩系底部的条痕状花岗岩常覆盖在后期沉积的硼矿体之上，如在后仙峪矿区的条痕状花岗岩之下找到了隐伏硼矿体。辽宁省内的硼矿可分为后仙峪矿区和砖庙-杨木杆矿区的遂安石-硼镁石型硼矿床，以及翁泉沟矿区的硼镁铁矿-硼镁石型硼矿床。遂安石-硼镁石型硼矿床的矿体以层状和透镜状赋存于蛇纹石化橄榄岩和少量的蛇纹石化大理岩之中。矿石矿物类型包括遂安石、硼镁石和硼镁铁矿。矿石主要以遂安石为主，并常与水结合成硼镁石。硼镁石又可分为块状和纤维状，其中纤维状的硼镁石是块状硼镁石或遂安石蚀变的产物[3]。脉石矿物有镁橄榄石、蛇纹石、金云母、透闪石、菱镁矿、磁铁矿和电气石等。电气石矿物在矿区分布广泛，常见于矿体内部的电气石金云母透闪石带、滑石金云母化橄榄岩带和伟晶岩之中，粒度可达到"厘米级"；远离矿化带中的电气石则主要分布于变粒岩和伟晶岩之中，一般为微粒至细粒状。翁泉沟硼镁铁矿-硼镁石型硼矿床的容矿地层厚达 800 m，矿体规模巨大，矿体直接容矿围岩为蛇纹石化橄榄玄武岩和大理岩，向外依次为各类变粒岩、浅粒岩和条痕状花岗岩。含矿地层中镁质大理岩、橄榄玄武岩和硼镁铁矿均呈层状或透镜状产出，矿石矿物有磁铁矿、硼镁铁矿、纤维硼镁石、板状硼镁石和遂安石；脉石矿物有蛇纹石化橄榄玄武岩、蛇纹石化大理岩、金云母和斜硅镁石等，伴生有磁黄铁矿、黄铁矿和黄铜矿等硫化物矿物，局部硼镁铁矿矿体中见有磷矿夹层。大部分的硼镁铁矿已分解为磁铁矿和硼镁石。电气石主要分布在穿切矿体的伟晶岩脉和上盘的变粒岩和浅粒岩之中。

1.11.2　技术方法与主要原理

LA-MC-ICP-MS 与传统分析方法一样，硼同位素的测定即是要测定样品与标样中 $^{11}B/^{10}B$ 比值的千分

偏差。硼同位素组成的表示方法一般为:

$$\delta^{11}B=\left[\frac{(^{11}B/^{10}B)_{样品}}{(^{11}B/^{10}B)_{标准}}-1\right]\times1000‰ \tag{1.39}$$

其中,标准为美国国家标准技术研究所的 NIST SRM 951 硼酸样品 $(^{11}B/^{10}B_{NIST\,SRM951}=4.050\,03)$。本研究以美国国家标准技术研究所的 NIST SRM 610 玻璃或 IAEA B4 作为外标。NIST SRM 610 中硼同位素组成较为均一,大约含有 357 μg/g 的硼。Kasemann 等[11]利用 P-TIMS 方法获得 NIST SRM 610 中 $\delta^{11}B$ 值为 −0.78‰;而 Roux 等[6]利用 MC-ICP-MS 测得其 $^{11}B/^{10}B$ 比值为 4.0494 和 4.0486,相对于 NIST SRM 951 的 $\delta^{11}B$ 值分别为−0.16‰和−0.36‰,平均值为−0.26‰,二者在误差范围内一致。本研究以 Roux 等[6]测试的平均值即 $^{11}B/^{10}B$=4.049 作为参考值。IAEA B4 是国际原子能机构的电气石硼同位素标准,Jiang 等[12]采用离子探针获得该标准的 $\delta^{11}B$ 值为−7.9‰±0.4‰。Gonfiantini 等[13]报道的 3 个不同实验室 P-TIMS 分析结果在误差范围内一致,其 $\delta^{11}B$ 平均值为−8.71‰±0.18‰,本研究也以此为参考值。

1.11.3　实验部分

1.11.3.1　仪器介绍与数据获取

实验测试在中国地质科学院矿产资源研究所引进的 Neptune 多接收电感耦合等离子体质谱仪(MC-ICP-MS)及与之配套的 New Wave UP-213 激光剥蚀系统上进行[14]。测试所用仪器参数见表 1.31。激光剥蚀系统能够产生 213 nm 的紫外激光,经过激光匀化将能量聚焦在样品表面,激光的输出频率在 1~20 Hz 可调,剥蚀直径在 12~100 μm 可调,激光的输出能量可以调节,最大实际输出功率可达 35 J/cm²。Neptune 型 MC-ICP-MS 由 ThermoFinnigan 公司制造,离子光学系统采用双聚焦(能量聚焦和质量聚焦)设计,采用动态变焦系统(zoom)可以将质量色散扩大至 17%。本实验室的 Neptune MC-ICP-MS 配有 9 个法拉第杯接收器和 5 个离子计数器接收器。除了中心杯外,其余 8 个法拉第杯配置在中心杯的两侧,并以马达驱动进行精确的位置调节。在中心杯后装有一个电子倍增器,在最低质量数杯外侧装有 4 个离子计数器。

表 1.31　MC-ICP-MS 和激光剥蚀系统仪器参数

MC-ICP-MS 仪器参数		激光剥蚀系统参数	
仪器型号	ThermoFinnigan Neptune	仪器型号	New Wave UP 213
高频发生器功率	1200 W	载气及流速	He: 0.8 L/min
反射功率	<3 W	能量密度	8 J/cm²
冷却气流量	15 L/min	激光剥蚀直径	25~80 μm
辅助气流量	0.6 L/min	剥蚀频率	10 Hz
样品气流量	1.0 L/min		
锥	镍锥		
接收器	法拉第杯, L3: ^{10}B; H4: ^{11}B		
灵敏度	^{11}B>1.5 mV/(μg/g)(激光进样)		
积分时间	0.131 s		

在本测试研究过程中,采用的是法拉第杯对硼的两个同位素信号(L3: ^{10}B; H4: ^{11}B)同时接收。在接收激光之前,先以 2 μg/mL 的 Alfa 公司生产的硼酸溶液对仪器法拉第杯进行调节,并进行质量标定。然后连接激光剥蚀系统,以 He 作载气将剥蚀产生的气溶胶吹出,通过三通与 Ar 气混合载入 MC-ICP-MS 的等离子体进行离子化。开始正式测定前以 NIST SRM 610 对仪器参数进行调节,使之达到最佳状态。数据采集采用静态同时接收方式,采用的积分时间为 0.131 s,共采集 200 组数据,共需时约 27 s。

1.11.3.2　质量歧视和分馏校正

激光剥蚀、传输和离子化过程中会产生同位素分馏。轻质量离子（硼离子）在 MC-ICP-MS 测试过程中，因为空间电荷效应等导致较大的质量歧视，所以必须对仪器质量歧视进行校正。本研究采用标准-样品-标准交叉法进行质量歧视校正。该方法假定整个分析过程中外部标准的分馏与样品相同，即利用仪器对样品测试前后两个标样的质量歧视因子对样品进行校正。

1.11.3.3　条件实验结果与讨论

1）硼同位素标准测试结果

IAEA B4 和 IAEA B6 分别为电气石和黑曜石硼同位素国际标准，其硼同位素组成见 Gonfiantini 等[13] 的详细报道。本研究以 NIST SRM 610 为外标，在 80 μm（NIST SRM 610 硼同位素测定所需最小剥蚀直径）、~8 J/cm² 的能量密度下对 2 块 IAEA B4（~28 000 μg/g B）和 2 块 IAEA B6（~200 μg/g B）碎片的硼同位素组成在不同的工作日进行了随机选点测试，获得的测试结果分别为–8.36‰±0.58‰（2σ）和–3.29‰±1.12‰（2σ），与文献报道值在误差范围内完全一致。

利用 LA-MC-ICP-MS 和 P-TIMS 方法对两个电气石实验室标准 IMR RB1 和 IMR RB2 进行了硼同位素对比测量。P-TIMS 方法测试是在中国科学院青海盐湖研究所完成的，采用 Na_2CO_3 和 K_2CO_3 的混合熔剂对样品在 850℃ 条件下进行分解，用硼特效树脂（Amberlite IRA 743）和阴阳混合离子交换树脂相结合的方法对样品中的硼进行纯化分离，整个流程中空白只有 13 ng 硼，回收率可达 97.6%~102%。本次测试过程中对 NIST SRM 951 标准样品硼同位素的测定结果为 4.053 57±0.000 24（n=6）。LA-MC-ICP-MS 测试以 IAEA B4 为外部标准，在 25 μm、~8 J/cm² 的能量密度条件下，对 5 块 IMR RB1 和 2 块 IMR RB2 在不同的工作日内进行了随机选点测试，获得的 $\delta^{11}B$ 值分别为–12.96‰±0.97‰（2σ，n=57）和–12.53‰±0.57‰（2σ，n=20），与 P-TIMS 所得结果在误差范围内完全一致（表 1.32），同时也表明 IMR RB1 和 IMR RB2 硼同位素组成较为均一。

表 1.32　系列标准样品硼同位素 LA-MC-ICP-MS 和 P-TIMS 测试结果比较

实验次数	LA-MC-ICP-MS 测试值			
	IAEA B4	IAEA B6	IMR RB1	IMR RB2
1	–8.46±0.70（n=11）	–3.01±0.44（n=10）	–13.23±0.21（n=12）	–12.56±0.60（n=12）
2	–8.31±0.49（n=11）	–3.68±0.92（n=11）	–12.88±0.68（n=9）	–12.49±0.56（n=9）
3	–8.30±0.50（n=11）	–3.10±1.00（n=14）	–12.44±0.53（n=9）	—
4	–8.70±0.66（n=4）	—	–12.85±0.25（n=9）	—
5	–8.24±0.54（n=13）	—	–12.91±0.25（n=9）	—
6	—	—	–13.35±0.33（n=9）	—
平均值	–8.36±0.58（n=50）	–3.29±1.12（n=35）	–12.96±0.97（n=57）	–12.53±0.57（n=21）

实验次数	P-TIMS 测试值			
	IAEA B4	IAEA B6	IMR RB1	IMR RB2
1	—	—	–12.8±0.1（n=3）	–11.95±0.5（n=2）
2	—	—	–11.2±0.1（n=4）	–12.9±0.3（n=5）
3	—	—	–10.9±0.6（n=4）	–12.3±0.5（n=3）
4	—	—	–11.0±0.3（n=3）	–10.7±0.5（n=3）
5	—	—	–12.6±0.7（n=3）	–11.2±0.5（n=3）
6	—	—	–9.8±0.9（n=3）	—
7	—	—	–16.3±0.1（n=3）	—
8	—	—	–13.9±0.3（n=3）	—
平均值	–8.71±0.18 / –8.67±0.30	–1.8±1.5 / –1.63±0.73	–12.22±1.1（N=8）	–12.10±0.78（N=5）

注：IAEA B4 及 IAEA B6 参考值分别见 Gonfiantini 等[13]。表中所列数据是相对国际标准 NIST SRM 951 的 $\delta^{11}B$（‰）值。所列数据测试误差为 2σ，n 为测试次数，N 为同一样品 P-TIMS 平行测试次数。

2）基质效应对测试结果的影响

基质效应是指在给定的工作条件下，如果样品和标样的基质成分不同，可能导致同位素比值在测定过程中产生质量分馏。本研究分别以 NIST SRM 610 和 IAEA B4 为标准对 IMR RB1 进行了 13 次测试，两者所得硼同位素测试结果分别为 $\delta^{11}B=-13.05‰\pm0.62‰$（$2\sigma$）和 $\delta^{11}B=-12.97‰\pm1.17‰$（$2\sigma$），两者在误差范围内完全一致（图 1.51）。本研究中，所有硼同位素标准 LA-MC-ICP-MS 方法测试所得结果与文献报道值或 P-TIMS 所得结果在误差范围内完全一致，说明基质效应在 LA-MC-ICP-MS 硼同位素测试过程中影响不明显。

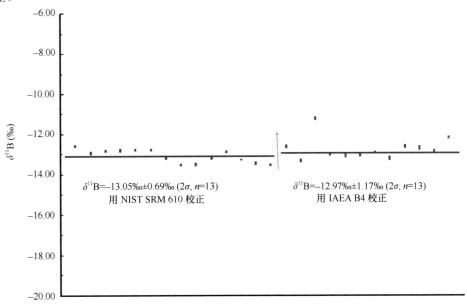

图 1.51　使用不同外标校正获得 IMR RB1 硼同位素结果比较

1.11.4　应用与研究成果

本研究从辽东 3 个硼酸盐矿区的地下和地表矿坑，容矿围岩之中采集了典型的含电气石变粒岩、浅粒岩、淡色花岗岩和硼酸盐矿石，对赋存其中的电气石和硼酸盐矿物进行了 LA-MC-ICP-MS 原位硼同位素测试，结果见表 1.33。翁泉沟由硼镁铁分解而成的硼镁石（图 1.52f）的 $\delta^{11}B$ 值为+6.8‰~+8.2‰；而后仙峪矿区和砖庙-杨木杆矿区的硼镁石和遂安石（图 1.52e）的 $\delta^{11}B$ 值高达+8.6‰~+14.5‰。在砖庙-杨木杆矿区，侵位至矿体之中的伟晶岩电气石（图 1.52h）的硼同位素 $\delta^{11}B$ 值为+9.5‰~+12.7‰，后仙峪矿区矿体上盘的浅粒岩（12HXY-6）内含有大量的电气石，$\delta^{11}B$ 值为+10.2‰~+11.3‰；矿区外围变粒岩之中电气石的 $\delta^{11}B$ 值为+6.3‰~+6.9‰，侵位其中的伟晶岩的 $\delta^{11}B$ 值为+5.7‰~+7.6‰；而远离矿体的含硼岩系之中变粒岩的电气石的 $\delta^{11}B$ 值为-8.3‰~-5.9‰，伟晶岩的 $\delta^{11}B$ 值为-9.9‰~-9.2‰。因此，矿区的硼酸盐类矿物具有较宽的硼同位素组成，但随着不断远离硼矿体，整体上显示出不断降低的特征。另外，尽管电气石在显微镜下显示出震荡环带的特征，但未发现存在硼同位素组成方面的变化。

地壳中硼的储库主要包括各类碎屑沉积岩、海相蒸发岩和陆相蒸发岩[8]。全球已探明的 2 个最大硼矿区——土耳其西安拉托尼亚地区和美国加利福尼亚地区的硼酸盐矿床均属于陆相蒸发盐型硼矿床。少量诸如哈萨克斯坦的印德硼酸盐矿床则属于海相蒸发成因，硼质来自于海水的蒸发富集。陆相咸化湖泊沉积碳酸盐岩的 $\delta^{11}B$ 值与海洋碳酸盐岩的 $\delta^{11}B$ 值具有明显的差异，两者的 $\delta^{11}B$ 值分别为-7‰±10‰和 25‰±4‰。辽东硼矿中的后仙峪和砖庙-杨木杆 2 个硼镁石型矿床中矿石的 $\delta^{11}B$ 值为 9.6‰~14.5‰（表 1.33），翁泉沟硼镁铁矿型矿床中由硼镁铁矿及其分解而成的硼镁石的 $\delta^{11}B$ 值为

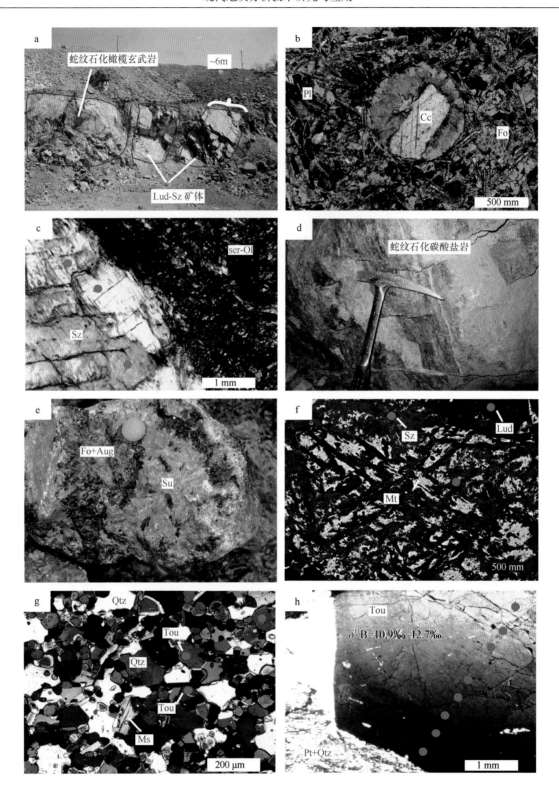

图 1.52　辽东地区硼酸盐矿床的野外露头和镜下照片

a. 层状的蛇纹石化橄榄玄武岩和硼镁铁矿-硼镁石矿体；b. 蛇纹石化橄榄玄武岩（13WQG-35）的镜下照片，由镁橄榄石、辉石和斜长石组成，其中杏仁体内充填为方解石；c. 蛇纹石化橄榄岩与硼镁石之间的接触关系；d. 砖庙硼矿区蛇纹石化碳酸盐岩的野外露头；e. 硼镁矿矿石及其中的超基性矿物集合体（12HYG-6）；f. 在翁泉沟矿区，硼镁铁矿分解为硼镁石和磁铁矿的镜下照片；g. 硼矿体周缘，含电气石浅粒岩的镜下照片；h. 伟晶岩中厘米级的电气石矿物。Aug 为辉石；Cc 为方解石；Fo 为镁橄榄石；Lud 为硼镁铁矿；Ms 为白云母；Mt 为磁铁矿；Ol 为橄榄石；Pl 为斜长石；Sz 为硼镁石；Su 为遂安石；Qtz 为石英；ser 为蛇纹石化；图中的绿色点位代表了 LA-MC-ICP-MS 硼同位素测试点。

6.8‰~8.2‰（表 1.33），处于非海相蒸发岩和海相蒸发岩之间。含硼矿物的变质和脱水作用可导致矿物的 $\delta^{11}B$ 值降低[15]。辽东地区的含硼地层普遍遭受了绿片岩相-角闪岩相的变质作用，因此，初始富硼蒸发岩的 $\delta^{11}B$ 值可能比测定值高，揭示硼矿可能形成于海相蒸发沉积环境。在变质或热液作用过程中，含硼的固液体系中 ^{11}B 优先进入液相。绝大部分前寒武纪海相碳酸盐岩的 $\delta^{11}B$ 值已下降至 $-6.2‰~4.4‰$[5]。因此，据硼同位素属于大离子亲石性元素的基本地球化学性质以及早前寒武纪海相碳酸盐和海相地层中电气石矿物的 $\delta^{11}B$ 值普遍较低的地球化学事实，暗示古元古代海水蒸发沉积形成此类硼酸盐类矿物。辽东地区硼酸盐矿床的 $\delta^{11}B$ 值高达 10‰左右（表 1.33），清晰地表明硼酸盐矿床原始形成于海相蒸发环境。

表 1.33　辽东硼矿区电气石和硼矿石的硼同位素组成

矿区	岩石/矿物	位置	样品号	$\delta^{11}B/‰$
后仙峪	硼镁石	硼矿体内	CM-6	11.9~12.2
后仙峪	浅粒岩内电气石	硼矿体接触带	12HXY-6	10.2~11.3
后仙峪	淡色花岗岩内电气石	硼矿体内	12HXY-19	10.4~10.7
后仙峪	伟晶岩内电气石	远离硼矿体	DSQ-05	6.3~6.9
后仙峪	伟晶岩内电气石	硼矿体内	DSQ-07	9.5~9.8
后仙峪	硼镁石	硼矿体内	HXY-15	11.2~12.5
后仙峪	硼镁石	硼矿体内	HXY-13	11.0~12.7
翁泉沟	硼镁铁矿	硼矿体内	WQG-3	7.8~8.2
翁泉沟	硼镁铁矿	硼矿体内	WQG-15	6.8~7.8
砖庙-杨木杆	硼镁石	硼矿体内	HPC-2	8.6~9.5
砖庙-杨木杆	变粒岩内电气石	远离硼矿体	MA-2	5.7~7.6
砖庙-杨木杆	遂安石	硼矿体内	12HYG-6	12.1~14.5
砖庙-杨木杆	伟晶岩内电气石	硼矿体内	12YMG-06	10.9~12.7
砖庙-杨木杆	硼镁石	硼矿体内	12ERG-7	12.5~12.7
含硼岩系	伟晶岩内电气石	硼矿区外	LD005	−9.9~9.2
含硼岩系	变粒岩内电气石	硼矿区外	LD011	−8.3~5.9

LA-MC-ICP-MS 微区原位硼同位素测试技术发现，从矿体→近矿围岩→外围岩石，含硼矿物的 $\delta^{11}B$ 值不断降低（表 1.33），反映了矿床中的硼在区域变质作用过程中向外围发生了扩散迁移，并与地层中的硼发生了混合，随着距离的增加，矿床中硼的影响减弱，地层中硼的影响增强。这表明硼酸盐矿床可能由海相蒸发沉积形成，受到了后期变质改造。

1.11.5　结论与展望

相对于传统的溶液法硼同位素测试技术，LA-MC-ICP-MS 方法能直接对矿物进行原位硼同位素比值测量，大大提高了工作效率。基于 LA-MC-ICP-MS 硼同位素测试技术，得到辽东硼矿区矿石的 $\delta^{11}B$ 值为 6.8‰~14.5‰，平均值为 10.8‰，矿体内部脉石矿物及边缘浅粒岩内电气石的 $\delta^{11}B$ 值为 9.5‰~12.7‰，矿区外围电气石的 $\delta^{11}B$ 值为 5.7‰~7.6‰，而远离硼矿区的电气石的 $\delta^{11}B$ 值为−9.9‰~−5.9‰，矿区含硼矿物强烈的硼同位素正异常指示硼矿的初始海相蒸发成因。

LA-MC-ICP-MS 硼同位素测试技术除了在沉积型矿床中能获得应用外，在岩浆演化过程中亦可能有地球化学示踪作用[12]。岩浆型电气石形成后，能在较高的温压条件下保持稳定，后期变质过程和部分熔融作用对电气石的硼同位素组成影响较小[7]，是地质过程的见证矿物。这一研究结果对利用电气石硼同位素示踪大型岩体的岩浆源区和演化过程具有重要意义。在我国青藏高原喜马拉雅造山带，出露有大量富含富硼电气石和云母矿物的岩浆岩和变沉积岩，是将来进一步验证硼同位素地球化学理论分馏行为的良好野外天然实验室。

致谢：感谢中国地质调查局地质调查项目（121201103000150001）对本工作的资助。

参 考 文 献

[1] Jone R E, De Hoog J C M, Kirstein L A, et al. Temporal Variations in the Influence of the Subducting Slab on Central Andean Arc Magmas: Evidence from Boron Isotope Systematics[J]. Earth and Planetary Science Letters, 2014, 408: 390-401.

[2] MacGregor J R, Grew E S, De Hoog J C M, et al. Boron Isotopic Composition of Tourmaline, Prismatine, and Grandidierite from Granulite Facies Paragneisses in the Larsemann Hills, Prydz Bay, East Antarctica: Evidence for a Non-marine Evaporite Source[J]. Geochimica et Cosmochimica Acta, 2013, 123: 261-283.

[3] Hu G Y, Li Y H, Fan C F, et al. In situ LA-MC-ICP-MS Boron and Zircon U-Pb Age Determinations of Paleoproterozoic Borate Deposits in Liaoning Province, Northeastern China[J]. Ore Geology Reviews, 2015, 65: 1127-1141.

[4] Wei H Z, Jiang S Y, Tan H B, et al. Boron Isotope Geochemistry of Salt Sediments from the Dongtai Salt Lake in Qaidam Basin: Boron Budget and Sources[J]. Chemical Geology, 2014, 380: 74-83.

[5] Kasemann S A, Prave A R, Fallick A E, et al. Neoproterozoic Ice Ages, Boron Isotopes, and Ocean Acidification: Implications for a Snowball Earth[J]. Geology, 2010, 38: 775-778.

[6] Roux P J, Shirey S B, Benton L, et al. In situ, Multiple-Multiplier, Laser Ablation ICP-MS Measurement of Boron Isotopic Composition (δ^{11}B) at the Nanogram Level[J]. Chemical Geology, 2004, 203: 123-138.

[7] Marschall H R, Jiang S Y. Tourmaline Isotopes: No Element Left Behind[J]. Element, 2011, 7: 313-319.

[8] Peng Q M, Palmer M R. The Paleoterozoic Mg-Fe Borate Deposits of Liaoning and Jilin Provinces, Northeast China[J]. Economic Geology, 2002, 97: 93-108.

[9] 肖荣阁, 刘敬党, 吴振, 等. 辽东后仙峪地区元古界超镁橄榄岩岩石学及其成因[J]. 现代地质, 2007, 12(4): 638-644.

[10] Zhao G C, Cawood P A, Li S Z, et al. Amalgamation of the North China Craton: Key Issues and Discussion[J]. Precambrian Research, 2012, 222-223: 55-76.

[11] Kasemann S A, Meixner A, Rocholl A, et al. Boron and Oxygen Isotope Composition of Certified Reference Materials NIST SRM610/612 and Reference Materials JB-2 and JR-2[J]. Geostandards Newsletter, 2001, 25: 405-416.

[12] Jiang S Y, Radvanec M, Nakamura E, et al. Chemical and Boron Isotopic Variations of Tourmaline in the Hnilec Granite-related Hydrothermal System, Slovakia: Constraints on Magmatic and Metamorphic Fluid Evolution[J]. Lithos, 2008, 106: 1-11.

[13] Gonfiantini R, Tonarini S, Groning M, et al. Intercomparison of Boron Isotope and Concentration Measurements. Part Ⅱ: Evaluation of Results[J]. Geostandards Newsletter, 2003, 27: 41-57.

[14] 侯可军, 李延河, 肖应凯, 等. LA-MC-ICP-MS 硼同位素微区原位测试技术[J]. 科学通报, 2010, 55(22): 2207-2213.

[15] Peacock S M, Hervig R L. Boron Isotopic Composition of Subduction-zone Metamorphic Rocks[J]. Chemical Geology, 1999, 160: 281-290.

第2章　原位微区及形态分析技术与矿山生物地球化学研究

　　矿山开采产生了大量有毒有害物质，严重污染和破坏了人类赖以生存的环境。由于受到矿山开采等人为活动的干预，重金属在土壤中的含量越来越高，产生的毒性元素破坏农田生态系统，危害农作物生长，污染了食物链。目前全球平均每年排放 Hg 约 1.5 万 t，Pb 约 500 万 t。我国已有矿山 113 108 座，采矿占用或破坏的土地面积 238.3 万 hm^2，其中不同规模的铅锌矿矿山 850 余座，长期粗放的开采已造成土壤中大面积的铅污染，土地污染十分严重。铅矿的开采和冶炼是造成生态环境中重金属污染的主要原因之一，这种污染通常长久存在，难以去除。我国铅锌矿开采区农田生物地球化学调查发现，当地居民的日常蔬菜中含 Pb、As、Cd 浓度显著超出国家标准，其中受污染最严重的是芹菜、菠菜、韭菜，尤其是芹菜中 Pb 含量高达 8.9 mg/kg，为蔬菜国家标准允许值的 30 倍，As、Cd 浓度分别超出国家允许标准值的 3 倍、4 倍。

　　重金属进入土壤、植物等介质后，给人类健康带来极大的威胁。如 Pb 进入植物体后，可以通过与不同蛋白质的巯基结合，造成蛋白质结构破坏和活性抑制，有时还会抑制植物对某些重要元素的吸收，从而导致元素缺乏。Pb 对植物的毒性取决于植物种类和毒性阈值。已有研究从生理和细胞解毒机制的角度报道了 Pb 对植物的胁迫。受毒性元素污染的农作物将通过食物链传递，损害人类健康，引发致残、致命性疾病。Pb 通过食物链进入人体，会直接伤害大脑和神经传导系统，造成贫血、智力缺陷等神经毒性疾病，也会引起肝、肾损伤。As 暴露会引起肺、肝、膀胱和肾癌。Cd 引起骨痛、肾毒症和心血管疾病。因此，减少矿山开采带来的生态危害是十分必要和迫切的。

　　本章以铅锌矿矿山生物地球化学研究中分析技术为主导，以解决矿山生物地球化学过程中的问题为目的分为五节。第 2.1 节使用微区 X 射线荧光技术和 X 射线吸收谱技术，探讨矿山生物地球化学研究中植物中的元素分布和形态特征；第 2.2 节基于 X 射线吸收谱、分步提取等技术，探索矿区矿物转化和微生物形态特征；第 2.3 节借助液相色谱-质谱分析技术，建立有效的植物和土壤中小分子有机酸分析方法，并探讨了矿区小分子有机酸存在特征；第 2.4 节从矿区微生物与重金属的相关关系和生物酶特征等角度进行了深入探索；第 2.5 节则侧重激光拉曼光谱在快速找矿中的应用。

　　本章涉及的现代分析技术包括 X 射线原位微区荧光光谱、X 射线吸收谱、激光拉曼光谱技术以及微生物的分析技术，成为矿山环境生物地球化学研究中的重要分析技术和手段，可探索矿山环境的生物地球化学特征，探索生命及其无机环境在元素丰度上的相似性，这种相似性决定了生命体对环境化学状态的依赖性；可描述化学元素在生态系统中的迁移转化的复杂组合关系及其生物效应，此迁移导致了生命体与环境间的物质和能量交换。尤其是针对矿山环境，研究重金属对矿山生态环境中的土壤、水体、动物、植物、微生物等介质中的总量和形态特征的生物地球化学研究，对于帮助人们了解重金属生物地球化学特征、重金属污染的植物修复具有重要指导意义与应用价值。

撰写人：沈亚婷（国家地质实验测试中心）

2.1   微区 X 射线荧光及吸收谱技术在植物重金属分布和形态中的应用研究

随着同步辐射技术的发展，同步辐射微束 X 射线荧光光谱（Micro-synchrotron Radiation X-ray Fluorescence，μ-SRXRF）技术被越来越广泛地应用于植物元素的分布特征研究中。同时，基于同步辐射的 X 射线吸收谱精细结构（X-ray Absorption Near Edge Structure，XANES）的形态分析手段也逐渐从材料、化学领域跨越到生物和环境样品的形态分析中。

μ-SRXRF 和 XANES 技术的结合可以同时反映重金属元素在植物及土壤中的原位分布特征和元素的形态信息，这对于揭示元素从环境介质进入植物前后的形态变化，生物可利用性，植物对重金属元素的耐受性、富集机理及解毒机制等研究具有重要的意义。本研究以某铅锌矿尾矿坝土壤中培育出的哥伦比亚野生型拟南芥幼苗为研究对象，使用 μ-SRXRF 描述了拟南芥幼苗中元素分布特征，从组织和器官水平上解释植株中毒以后无法继续存活的原因，同时尝试用 XANES 技术研究了植物感兴趣点及根际土壤中 Pb 的形态，为研究拟南芥吸收和储存 Pb 的机理和 Pb 的植物可利用性研究提供依据。

2.1.1   同步辐射微束 X 射线荧光光谱技术

同步辐射微束 X 射线荧光光谱技术（μ-SRXRF）利用不同元素的荧光光谱特征来分辨并探测不同基质样品中不同元素的种类和含量，在环境样品研究中，μ-SRXRF 技术与其他微区分析技术相比有如下特点[1-2]：①无损分析。μ-SRXRF 的入射光具有较低能量耗散，X 射线与带电粒子，如质子和电子相比破坏性低很多，入射光带来的样品损伤较小。②样品准备过程简单。③可以同时得到多个元素的信息，这对于环境样品异质性分析尤为重要。④较深的穿透深度。入射的 X 射线一般可以穿透样品表面几个到几十个微米的深度，为获得元素的三维分布信息提供了前提，这与入射光为带电粒子的 PIXE 有很大不同。⑤高空间分辨率。随着聚焦技术的发展，空间分辨率已经可以达到纳米和亚微米尺度。⑥高灵敏度。μ-SRXRF 的 X 射线背散射噪声比电子探针 X 射线微分析光谱中的轫致辐射要低很多。这种高偏振度的同步辐射使得 μ-SRXRF 可以达到高信噪比和更低的检出限。⑦实验可在自然条件下进行。但某些样品基质及元素形态对实验环境较敏感，为尽量保持样品中元素的原始形态信息，μ-SRXRF 需要在低温或超低温实验条件下开展，这也为 μ-SRXRF 未来的发展提出了新的要求。⑧可调谐性。光谱的波长可以调节，使得在进行 μ-SRXRF 分析的同时，开展特定元素的吸收谱精细结构研究成为可能。

2.1.2   同步辐射 X 射线吸收谱精细结构技术

同步辐射 X 射线吸收谱精细结构技术（XANES）是从原子和分子水平分析样品中目标元素及其周围元素的空间结构的重要工具。它不仅可以应用于晶体分析中，还可以用于平移序很低或没有平移序的物质分析，例如非晶体系、玻璃相、准晶体、无序薄膜、细胞膜、液体、金属蛋白、工程材料、有机和金属有机化合物、气体等。应用 XANES 技术可以测定元素周期表中的大部分元素，故 XANES 在物理学、化学、生物学、生物物理学、医学、工程学、环境科学、材料科学和地质学等学科中得到了广泛应用。

将吸收谱信号正确解译以后，可以得出丰富的待测样品中的原子和电子结构信息，包括：①价态信息，即吸收物质元素的电荷态；②形态，即吸收物质元素周围原子的类型与配位特性；③吸收原子周围的配位原子个数；④周围原子与吸收原子的距离；⑤无序度，即在热运动和结构无序条件下的分布特征。

2.1.3   实验部分

2.1.3.1   样品采集和制备

尾矿坝土壤培育拟南芥实验。从云南兰坪铅锌矿地区采集尾矿坝土壤，运回实验室，将土壤置于育

本节编写人：沈亚婷（国家地质实验测试中心）

苗盒中，播种哥伦比亚野生型拟南芥种子，覆膜，待 5 天后种子发芽，幼苗刚展开子叶时，连盆运至上海光源同步辐射硬 X 射线线站实验室，小心将植株整株移出，用蒸馏水和 Milli-Q 水分别冲洗 5 次，在显微镜下将植株粘贴在无硫胶带上，立即进行原位活体分析。同时，将植株根系黏着的土壤整块粘贴于无硫胶带上，进行元素形态分析。

拟南芥实验室 Pb 暴露。将哥伦比亚野生型拟南芥播种子用 70%的乙醇浸泡 30 s，用去离子水清洗 3 次，播种在营养液浸泡的陶土颗粒上，营养液配方为 475 mg 硝酸钾、82.5 mg 氯化钙、45 mg 硫酸镁、42.5 mg 硝酸铵和 312 mg 磷酸二氢钾。在自然光线下培育 3 天后，加入 10 mmol/L 硝酸铅，保证营养液中 Pb 浓度梯度为 0~80 μg/L，将植物样品活体带入实验线站，去离子水清洗 5 次，粘贴在无硫胶带上待测。

2.1.3.2　μ-SRXRF 和 XANES 分析

μ-SRXRF 分析在中国科学院上海应用物理研究所 Beamline 15U 硬 X 射线微聚焦及应用光束线站进行，使用 K-B 镜聚焦，光斑大小 2.1 μm×3.5 μm，入射光光子能量 20 keV，使用 50 mm^2 硅漂移探测器（SDD，Vortex USA），扫描步长 15 μm，谱采集时间为 1.2 s。扫描结束后，分别在植物根、叶中对 Pb 的浓度高值点及根际土壤进行 μ-SRXRF 分析，谱采集时间为 60 s。μ-SRXRF 结束后对植物中的不同器官及根际土壤采用荧光模式进行 Pb$_{L3}$ 边 XANES 分析。Pb$_{L3}$ 的 XANES 测定主要在中国科学院上海应用物理研究所 Beamline 14W1（X 射线吸收精细结构谱）线站进行，使用 Si（III）双晶单色器，32 元硅漂移固体探测器，透射模式。两个线站均使用铅箔进行能量校准，并对自带相同标准物质进行测定，以进行能量校正和漂移校正。吸收边采集范围至少为吸收边前 50 eV 到吸收边后 200 eV。

为使用 XANES 准确标定 Pb 形态，购置 Pb 的标样若干，包括 Pb(OH)$_2$、(CH$_3$)$_3$ClPb、Pb$_3$O$_4$、PbO、Pb$_3$(PO$_4$)$_2$、PbS、Pb(Ac)$_2$、Pb$_5$(PO$_4$)$_3$Cl、(C$_{17}$H$_{35}$COO)$_2$Pb、2PbCO$_3$·Pb(OH)、PbSO$_4$、Pb(NO$_3$)$_2$ 等。所有标样使用研钵粉碎，分别均匀涂抹于无硫胶带上，折叠后待测。

2.1.3.3　数据处理

使用 PyMCA 软件进行荧光单点采谱数据解谱。使用 Matlab 进行 μ-SRXRF 数据处理和图像绘制。使用 ATHANE 进行 μ-XANES 和 XANES 数据的峰位校正、平滑、数据归一、线性拟合等操作。

2.1.4　结果与讨论

2.1.4.1　尾矿坝土壤培育的拟南芥中元素的分布特征

植物和根际土壤中元素准确识别是进行拟南芥中元素分布特征研究的前提。首先对尾矿坝土壤中生长的拟南芥植株进行 μ-SRXRF 粗扫，在特征峰较为显著的样点进行 60 s 单点采谱，对 XRF 谱图的元素特征峰和谱线重叠干扰识别，并在此基础上圈定各元素特征峰相应感兴趣区边界。使用该感兴趣区峰边界参数进行 μ-SRXRF 二维扫描，经过数据处理获得样品元素微区分布图。

谱线重叠是影响微区扫描结果准确性和可靠度的关键。对于存在严重干扰的 Pb$_{L-M5}$（10.5515 keV）和 As$_{K-L3}$（10.543 keV），分别选择 As$_{K-M}$（11.726 keV）和 Pb$_{L2-M4}$（12.614 keV）作为 As 和 Pb 的分析谱线位置进行测定。从图 2.1a 可以看出，可以选定 As$_{K-M3}$（11.726 keV）作为感兴趣区中点、11.42~12.06 keV 作为 As 的感兴趣区；12.14 keV 可以选为 Pb$_{L-M4}$ 的低能起点，12.77 keV 作为高能端。但如果将此感兴趣区设置用于 Pb 含量较高的样品时，如相同植物拟南芥的根部样品时（图 2.1b），则 Pb$_{L-M4}$ 谱峰的低能端分布会进入 As 的感兴趣区高能端范围，导致重叠干扰。这时即使没有 As 的存在，却由于 Pb 的谱峰高斯分布会产生存在 As 的错误结果。因此为确保实验测定结果的可靠性，需同时选择 10.5 keV 进行测定，即 As 和 Pb 选择了三个峰位附近的区域作为感兴趣区。通过三个感兴趣区的综合判断，得出 Pb 和 As 是

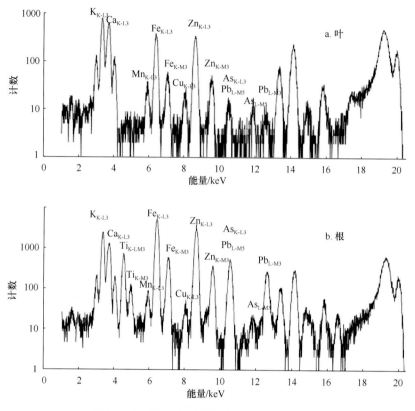

图 2.1　拟南芥幼苗感兴趣点的 μ-SRXRF 特征

否存在的结论。对含量较低的样品，感兴趣区的设置范围通常会稍宽一些，如 300 eV 左右，以保证有足够的待测元素的谱峰强度计数。

　　谱线重叠也是影响元素间相关性结果的重要因素。目前的常规能量探测器的分辨率还不够高，一般在 145 eV 左右，对于许多重叠谱线不足以达到理想的分离。通常，元素周期表中过渡元素相邻元素间的 K 系谱线存在较为严重的谱线重叠，如 K_{K-M2}（3.5091 keV）和 Ca_{K-L3}（3.6923 keV）、Mn_{K-M3}（6.4918 keV）和 Fe_{K-L3}（6.4052 keV）、Cu_{K-M3}（8.9039 keV）和 Zn_{K-M3}（8.6372 keV）。这种相邻元素间的谱线重叠会在某种程度上导致样品中元素的测定强度出现元素相关性，但这种强度相关性并不真实代表样品中的元素存在真实的相关性。因此，当这些元素出现强度相关时，需要进行谱线重叠校正，才可以获得样品中元素间相关性的真实结果，这也是目前 SRXRF 元素微区扫描分析中的难点，所以当元素二维分布数据结果中出现几种元素分布一致的现象时，需要仔细甄别，以防出现错误结论。

　　本研究中，K-Ca、Mn-Fe、Cu-Zn 在样品中同时存在，如图 2.1 所示。K、Mn、Cu 的 K-M3 谱线分别与 Ca、Fe、Zn 的 K-L3 谱线完全重叠，不能分开测定，故得到的元素谱线强度分布图是含有谱线重叠的合成强度。从实际样品的 SRXRF 微区扫描图来看，这些谱线重叠的元素间并未出现强相关的现象，所研究样本的结果是真实可靠的。

　　通过微区荧光谱图感兴趣区信号强度的采集和数据处理，可以得到拟南芥 μ-SRXRF 元素分布图（图 2.2），揭示了元素在植物体内的运移和储存特异性及相关性。K 大量分布于植物的茎中，这与 K 在植物体内以离子态存在、移动性很强相符；Ca 主要分布于植物的茎、叶中；Mn 分布于叶中；Fe、Cu、Zn 基本符合元素在植物的根和叶中的分布特征。根部 Pb 的含量比茎和叶中的 Pb 相对强度大很多，佐证了一些通过植物根和叶分离后分别进行总量测定得到的结果[3]。Zn 是植物幼叶生长的必需元素，在幼叶部位浓度通常较高。从图 2.2 可以看出，Zn 在叶中的高值区域为植株子叶包被的幼芽区域。在该幼芽的位置上，我们也观察到了 Pb 的高值区，这说明该生态型拟南芥在输送和存储 Pb 时，除文献已报道的根系部分，幼芽也是另一个不可忽略的部位。

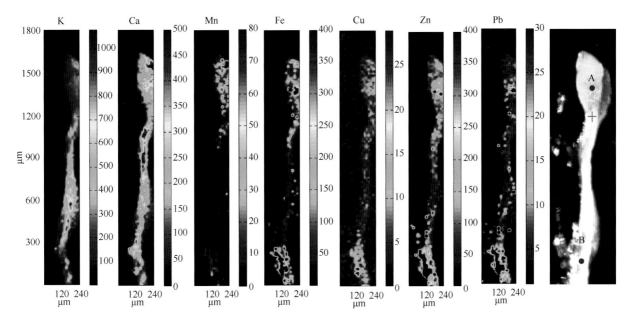

图 2.2　拟南芥中 K、Ca、Mn、Fe、Cu、Zn、Pb 元素分布特征
A、B 分别为感兴趣点。

由于尾矿坝土壤中含有大量 Pb 和 Zn 等重金属物质，导致土壤中生长的拟南芥，从种子萌发到伸展出子叶后，幼苗不再继续生长，且停留在子叶期数日便会凋亡。本研究表征的元素吸收和分布特征，从宏观的角度解释并证实了植株组织和器官水平的中毒机制。可以有两种方式抑制植物新芽的发育——植物某些必需元素的缺乏或有毒元素的富集。对于铅锌矿尾矿坝土壤，Pb 是对植物产生毒害的最直接的元素之一，Pb 可以通过刺激形成自由基和活性氧造成氧化损伤，形成氧化压力[4]。在很多植物种类中，Pb 都可以通过诱导脂质过氧化作用，并产生活性氧自由基（ROS），例如超氧自由基（·O—）、过氧化氢（H_2O_2）和氢氧自由基（·OH）等，从而诱导产生氧化压力[5]。在重金属胁迫下，植物也可以通过其特有的方式降低细胞质中有毒金属离子的含量，例如改变膜渗透性，增加细胞壁对金属的结合能力，增加金属螯合物的分泌，刺激金属输送出细胞的输出泵作用[6]。植物也会启动信息传导机制，触发酶和非酶抗氧化机制来为细胞解毒[7]，如超氧化物歧化酶（SOD）会破坏超氧游离基，过氧化氢酶（CAT）分解过氧化氢等[7]。本研究提示，未来利用 μ-SRXRF 技术进一步研究 Pb 在植物特殊部位的高浓度分布特征，可以为解释植物对 Pb 的阻拦和输送及氧化压力的应激作用提供了新的数据基础和支撑。前文提到，植物生长的抑制也可能与有益元素的缺乏有关，例如 Mn 在植物体内的分布受到的影响因素比较多，而 Mn 通常和叶绿素活化有关，一些转移磷酸的酶和三羧酸循环中的柠檬酸脱氢酶、草酰琥珀酸脱氢酶、α-酮戊二酸脱氢酶、苹果酸脱氢酶、柠檬酸合成酶等，都需 Mn 的活化。Mn 与光合和呼吸均有关系，同时还是硝酸还原的辅助因素，缺锰时硝酸就不能还原成氨，植物也就不能合成氨基酸和蛋白质。图 2.2 显示 Mn 和 Pb 呈竞争分布关系，Pb 的分布导致植物关键部位（如根和幼芽）在吸收和利用 Mn 时受到抑制，这也可能是导致植株凋亡的另一种原因。因此，μ-SRXRF 提供的元素竞争分布信息在提示我们进行重金属毒性机理研究时，需要充分考虑可能与有毒元素吸收和分布相抑制的植物生长有益和必需元素的缺乏问题。

2.1.4.2　尾矿坝土壤中铅的形态特征

铅矿尾矿坝和冶炼厂周边的土壤中 Pb 含量通常都高于背景值，但是其存在形态各异，不同的形态决定着 Pb 的生物可利用性。Pb 从矿物开采到进入土壤，Pb 的形态转化经历了复杂的过程。该研究区域 Pb 的矿物矿石主要为方铅矿、白铅矿、铅矾等，对根际土壤颗粒进行了 Pb 的近边结构分析，由于 $Pb_{L_{III}}$ 边的 XANES 光谱对 Pb 第一壳层配位的敏感性[8-10]，通过比较样品与标准样品之间 $Pb_{L_{III}}$ 边 XANES 白峰位置，可以初步推断样品中 Pb 的形态。由于植物中 Pb 的浓度较低和基质干扰，未能探测到植物中的 μ-XANES 结果。根际土壤的 μ-XANES 及 Pb 标样的 XANES 数据如图 2.3 所示。

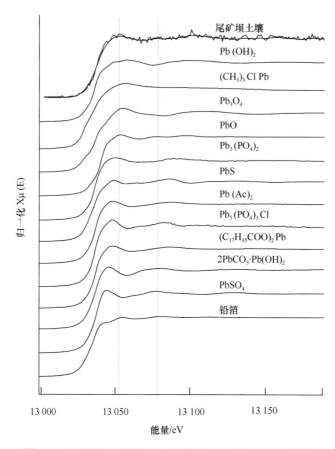

图 2.3　尾矿坝根际土壤及 Pb 标样的 $Pb_{L_{III}}$ 边 XANES 比较

　　有研究者报道铅矿开采区附近土壤中 Pb 形态主要以 $PbCO_3$ 或 PbO 形式存在[11-12]。也有研究发现，铅矿或铅冶炼地区的土壤中 50%的 Pb 以 Fe（III）的氢氧化物和锰氧化物形式存在，而在一些有机质含量比较丰富的冶炼地区，有机质是 Pb 的主要沉积介质[13]。有报道发现，当使用 XANES 测定多个污染土壤样品中的 Pb 形态时，发现 Pb 在土壤中有的以铁氧化物形式存在，有的以铁氧化物、磷氯铅和 Pb（0 价）形式存在，有的全部以铁氧化物形式存在[14]，土壤中有机配位 Pb 具备很好的植物可利用性[15]。本研究经过根际土壤中 Pb 的形态与标样谱图的比对，可以观察到尾矿坝土壤 XANES 峰型和峰位与有机铅存在差异。PbO、Pb_3O_4 和 Pb（OH）$_2$ 更接近根际土壤的 $Pb_{L_{III}}$ 近边结构，如图 2.3 所示。以此拟合尾矿坝土壤中–20~91 eV 的 Pb 吸收边，每次最多拟合 3 种标样，得到的最优拟合结果为：PbO 64.2%，Pb（OH）$_2$ 28.8%，Pb_3O_4 6.3%，R 因子为 0.004 802 908，Reduced chi-square（卡方）值为 0.003 729 964，可见该研究区尾矿坝土壤中 Pb 主要以非晶质而非方铅矿、白铅矿、铅矾等矿物矿石或有机铅形式存在，Pb 的植物可利用性水平并不高。

2.1.4.3　人工暴露铅的拟南芥中元素分布特征

　　哥伦比亚野生型拟南芥（Arabidopsis *thaliana*）种子种植在 $Pb(NO_3)_2$ 的溶液中，设置空白对照组。分别对种皮、根、茎、叶进行单点 μ-SRXRF 的 60 s 采谱，见图 2.4a，图中可观察到显著的 Pb 浓度变化。康普顿峰用于校正不同部位元素测定的基质效应。Pb L_3-M_5 从峰高左侧到右侧完整积分，考虑到其他峰对康普顿峰的影响,康普顿积分从最高峰到右侧最低处。积分后的峰比值显示,种皮、根、茎和叶的相对浓度比值分别为 56.9、20.4、6.9 和 1.2。由于待测物是活体植物,无法保证标样基质和实际样品完全一致,所以基质校准一致是原位微区定量分析的难题。如果一个样品很薄,元素的含量计算相对容易,强度和浓度一般呈线性分布。本研究中基于以下 3 个原因,样品中元素浓度和峰高比呈线性关系:①μ-SRXRF 光谱信号采集对应的样品点均为薄样,同一个样品的不同点位的形状差异几乎可以忽略。②样品是植物的幼芽,采谱点位都是非常饱含水分的,同一个样品的不同部位基质差异很小。③康普顿散射可以用来补偿和校正样品轻微基质差异。

通过相对浓度计算,可以发现种皮、根、茎的浓度分别是幼叶部分的 48.2 倍、17.3 倍、5.8 倍,种皮、根、茎、叶的浓度分别是空白组的 3458 倍、1241 倍、420 倍、72 倍。根部是植物对 Pb 吸收的第一道阻挡屏障,大部分的 Pb 进入根部以后被滞留,以减少植物地上部分的 Pb 含量并降低 Pb 对植物体的损伤。2011 年已有研究报道海洲香薷中的 Pb 浓度在根、茎、叶中的比例为 137∶2∶1[16],仅针对根茎相对浓度比来看,海洲香薷的根对 Pb 的屏蔽能力大约是哥伦比亚野生型拟南芥根的 3 倍,两种植物体中,Pb 浓度最高的部位位于根部。在图 2.4b 中,茎被分为 3 个部分:近根部分、中间部分和近叶部分。叶肉组织中的 Pb 浓度最低,但叶中的维管束含量很高,接近叶及中间部位的茎中 Pb 含量明显低于接近根部的茎,这些现象与 Zhang 等[16]的报道相似。

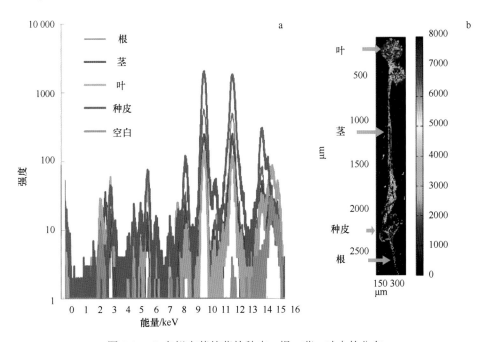

图 2.4   Pb 在拟南芥幼芽的种皮、根、茎、叶中的分布
a. 拟南芥的种皮、根、茎和叶的 μ-SRXRF 谱图;b. Pb 在拟南芥幼芽中的相对浓度二维分布图。

2.1.4.4   人工暴露铅的拟南芥中铅 L3 μ-XANES 的特征

由于 Pb $_{\text{LⅢ}}$边的 XANES 谱图对第一壳层结构敏感,故 XANES 常被用于形态的指纹识别。在完成 Pb 在植物中的二维分布扫描之后,选择植物体中 Pb 分布的高值区域,如图 2.4b 所示,进行微区的 XANES 谱图形态信息采集和分析,从而判断 Pb 在植物体的不同部位中的存在形态。针对每个样点,采集 2 次数据,采集的光斑大小为 3 μm×3 μm。采集到的 Pb $_{\text{LⅢ}}$边 μ-XANES 进行归一化,Pb 的浓度越高,信号的信噪比越好,所以种皮的信号最好,而植物的叶的信号最差。将重复采集的谱图进行叠加,以降低信噪比,从而得到相对较好的 XANES 谱图,将样品叠加后的谱图与标样谱图进行比较,见图 2.5。从图中可以看到,哥伦比亚野生型拟南芥根、茎、叶中的 Pb $_{\text{LⅢ}}$边白线峰的漂移电子伏特数有限,即植物体内这 3 个不同的部位中 Pb 价态差异不大，均为 Pb（Ⅱ）。

植物样品中的 Pb 形态通常比较复杂，在 XANES 谱图处理过程中，通常使用线性拟合法，将 12 种标样进行 1~3 种可能的线性组合。E_0 的选择对整个线性拟合结果非常重要，通常 XANES 的拟合范围为 E_0 附近 -20~50 eV，但针对 Pb 的 $Pb_{L_{Ⅲ}}$ 边，E_0 后 50~60 eV 附近还有 Pb 的第二个峰位出现（图 2.5），包含着 Pb 形态更丰富的信息。但在很多文献拟合中，研究者选择 $Pb_{L_{Ⅲ}}$ 边的 XANES 拟合范围差异很大，例如有的选择 -25~85 eV，也有的选择 -40~70 eV[17-18]。本研究选择了不同的拟合区域，比较不同拟合区域的选择对拟合结果的影响，见表 2.1。

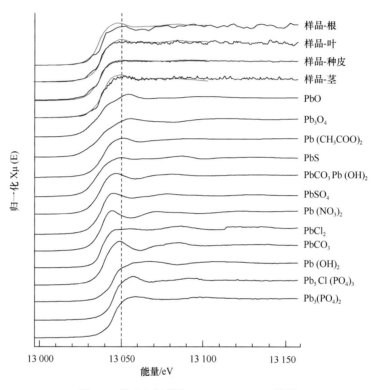

图 2.5　样品和标样的 Pb L3 μ-XANES 谱图
虚线为线性拟合在 -20~70 eV 的拟合结果。

在 $Pb(NO_3)_2$ 人工培养的哥伦比亚野生型拟南芥中发现了 Pb 存在的不同形态，如表 2.1 所示。在不同的拟合区域条件设置下，样品中 Pb 形态的组成也存在差异。例如当选择拟合区域为 -20~30 eV 时，种皮沉积的 Pb 形态多为 PbO、$PbSO_4$ 和 $PbCl_2$，根中主要是 $Pb_5Cl(PO_4)_3$ 和 $Pb(OH)_2$，从而阻止 Pb 向上输送。当 Pb 输送到叶中后，主要以 $Pb(OH)_2$ 形态存在。当用 -20~70 eV 拟合时，拟合结果会存在一些差异。例如此时种皮中的 Pb 主要形态为 $Pb_3(PO_3)_2$ 和 $Pb(OH)_2$，根中主要形态为 $Pb(Ac)_2$ 和 $Pb(SO_4)_2$，茎中主要形态为 $Pb(Ac)_2$ 和 $Pb_3(PO_3)_2$，沉积到叶中主要形态为 $Pb(OH)_2$、$Pb_5Cl(PO_4)_3$ 和 $PbCO_3$。Pb 在植物中的化学形态特别复杂，且很有争议。很多报道显示，Pb 首先被植物的根吸收后，以 $Pb_3(PO_3)_2$ 或 $PbCO_3$ 形式进行化学沉淀[19-21]。Pb 在茎和叶中的主要形态是 $Pb(Ac)_2$、$Pb(NO_3)_2$ 和 PbS[22]，吸收的水溶性无机铅被转化为有机铅[23]。也有 $Pb_3(PO_3)_2$ 和苹果酸-Pb 和 GSH-Pb 在植物的茎、叶、根中存在的相关报道[23]。同时，由于研究者使用的标样不同，故拟合结果也存在差异，进一步完善 $Pb_{L_{Ⅲ}}$ 边 XAFS 谱图标样库是准确解析植物体内 Pb 形态的关键。

2.1.5　结论与展望

使用 μ-SRXRF 技术对云南某铅锌矿尾矿坝土壤中萌发的哥伦比亚野生型拟南芥幼苗中 K、Ca、Fe、

表 2.1　不同拟合区间的线性拟合结果

样品	能量范围（eV）	R 因子	卡方	化合物 1		化合物 2		化合物 3	
根	−20~30	0.000 81	0.010 491	$Pb_5Cl(PO_4)_3$	0.690	$Pb(OH)_2$	0.310	—	
	−20~40	0.001 09	0.018 923	$PbCl_2$	0.419	$PbCO_3$	0.392	PbO	0.190
	−20~50	0.001 06	0.000 765	$Pb_5Cl(PO_4)_3$	0.924	$PbCO_3$	0.076	—	
	−20~60	0.000 99	0.000 751	$Pb(Ac)_2$	0.721	$PbSO_4$	0.279	—	
	−20~70	0.000 90	0.000 759	$Pb(Ac)_2$	0.689	$PbSO_4$	0.311	—	
种皮	−20~30	0.000 24	0.025 532	PbO	0.365	$PbSO_4$	0.358	$PbCl_2$	0.277
	−20~40	0.000 18	0.025 532	$Pb_3(PO_4)_2$	0.626	$Pb(OH)_2$	0.241	$PbCO_3$	0.133
	−20~50	0.000 19	0.025 532	$Pb_3(PO_4)_2$	0.515	$Pb(OH)_2$	0.319	$PbCO_3$	0.165
	−20~60	0.000 17	0.025 532	$Pb(OH)_2$	0.561	$Pb_5Cl(PO_4)_3$	0.299	$PbCO_3$	0.140
	−20~70	0.000 16	0.025 532	$Pb_3(PO_4)_2$	0.511	$Pb(OH)_2$	0.300	$PbCO_3$	0.190
叶	−20~30	0.000 48	0.025 526	$Pb(OH)_2$	0.851	$Pb_5Cl(PO_4)_3$	0.184	—	
	−20~40	0.000 48	0.025 526	$Pb_3(PO_4)_2$	0.511	$Pb(OH)_2$	0.249	$PbCO_3$	0.077
	−20~50	0.000 53	0.025 526	$PbCO_3$	0.580	$Pb_5Cl(PO_4)_3$	0.368	$PbCO_3$	0.052
	−20~60	0.000 53	0.025 526	$Pb(OH)_2$	0.544	$Pb_5Cl(PO_4)_3$	0.381	$PbCO_3$	0.074
	−20~70	0.000 59	0.025 526	$Pb(OH)_2$	0.527	$Pb_5Cl(PO_4)_3$	0.389	$PbCO_3$	0.084
茎	−20~30	0.000 83	0.000 495	$Pb(Ac)_2$	0.817	$Pb(OH)_2$	0.183	—	
	−20~40	0.000 67	0.000 442	$Pb(Ac)_2$	0.823	$Pb(OH)_2$	0.177	—	
	−20~50	0.000 66	0.000 474	PbS	0.505	$PbCl_2$	0.495	—	
	−20~60	0.000 65	0.000 492	$Pb(Ac)_2$	0.901	$Pb_5Cl(PO_4)_3$	0.099	—	
	−20~70	0.000 59	0.000 464	$Pb(Ac)_2$	0.898	$Pb_3(PO_4)_2$	0.102	—	

Mn、Cu、Zn 和 Pb 等元素的分布特征进行研究显示，Pb 除了在植物根部有高浓度分布区域，在植株幼芽处也有小区域的高值点。植物体中 Pb 和 Mn 的分布呈明显的竞争分布关系，植株幼苗在该土壤中毒而凋亡的原因可能是来自 Pb 本身对植物顶端幼芽的氧化压力胁迫，以及 Pb 的存在对 Mn 等植物生长必需元素的吸收和利用的抑制。使用 XANES 研究该尾矿坝中植株的根际土壤形态，通过标样和根际土壤的白峰峰型和峰位比对，发现土壤中 Pb 的主要形态为 PbO 64.2%、$Pb(OH)_2$ 28.8%和 Pb_3O_4 6.3%，Pb 的植物可利用水平并不高，所以进一步开展 Pb 从无机形态进入植物的过程，尤其是土壤中微生物、土壤可溶解性有机质在 Pb 进入植物及其对植物中 Pb 形态的改变，对于开展植物吸收和利用 Pb 等元素及植物中毒机理和解毒机制具有重要意义。

　　μ-SRXRF 可以很好地应用于植物元素的微区分布研究，而 XANES 技术在研究 $Pb_{LⅢ}$ 边形态分析时，需要进一步界定和完善拟合条件的设置，同时完善标样库，寻找与植物本身相似的基质对于准确解析植物体内的 Pb 形态至关重要。

参 考 文 献

[1] Majumdar S, Peralta-Videa J R, Castillo-Michel H, et al. Applications of Synchrotron μ-XRF to Study the Distribution of Biologically Important Elements in Different Environmental Matrices: A Review[J]. Analytica Chimica Acta, 2012, 755: 1-16.

[2] 许涛, 罗立强. 原位微区 X 射线荧光光谱分析装置与技术研究进展[J]. 岩矿测试, 2011, 30(3): 375-383.

[3] Phang I, Leung D M, Taylor H H, et al. Correlation of Growth Inhibition with Accumulation of Pb in Cell Wall and Changes in Response to Oxidative Stress in Arabidopsis Thaliana Seedlings[J]. Plant Growth Regulation, 2011, 64(1): 17-25.

[4] Schützendübel A, Polle A. Plant Responses to Abiotic Stresses: Heavy Metal-induced Oxidative Stress and Protection by Mycorrhization[J]. Journal of Experimental Botany, 2002, 53(372): 1351-1365.

[5] Verma S, Dubey R S. Lead Toxicity Induces Lipid Peroxidation and Alters the Activities of Antioxidant Enzymes in Growing

Rice Plants[J]. Plant Science, 2003, 164(4): 645-655.

[6] Yang X, Feng Y, He Z, et al. Molecular Mechanisms of Heavy Metal Hyperaccumulation and Phytoremediation[J]. Journal of Trace Elements in Medicine and Biology, 2005, 18(4): 339-353.

[7] Dalton D. Antioxidant Defenses of Plants and Fungi in Oxidative Stress and Antioxidant Defenses in Biology[M]. US: Springer Press, 1995: 298-355.

[8] Bargar J R, Brown Jr G E, Parks G A. Surface Complexation of Pb (Ⅱ) at Oxide-Water Interfaces: Ⅱ. XAFS and Bond-valence Determination of Mononuclear Pb (Ⅱ) Sorption Products and Surface Functional Groups on Iron Oxides[J]. Geochimica et Cosmochimica Acta, 1997, 61(13): 2639-2652.

[9] Strawn D G, Sparks D L. The Use of XAFS to Distinguish between Inner and Outer-sphere Lead Adsorption Complexes on Montmorillonite[J]. Journal of Colloid and Interface Science, 1999, 216(2): 257-269.

[10] Trivedi P, Dyer J A, Sparks D L. Lead Sorption onto Ferrihydrite. 1. A Macroscopic and Spectroscopic Assessment[J]. Environmental Science & Technology, 2003, 37(5): 908-914.

[11] Schoof R, Butcher M, Sellstone C, et al. An Assessment of Lead Absorption from Soil Affected by Smelter Emissions[J]. Environmental Geochemistry and Health, 1995, 17(4): 189-199.

[12] Michael R. Bioavailability of Soil-borne Chemicals: Abiotic Assessment Tools[J]. Human and Ecological Risk Assessment, 2004, 10(4): 647-656.

[13] Morin G, Ostergren J D, Juillot F, et al. XAFS Determination of the Chemical Form of Lead in Smelter-contaminated Soils and Mine Tailings: Importance of Adsorption Processes[J]. American Mineralogist, 1999, 84(3): 420-434.

[14] Smith E, Kempson I M, Juhasz A L, et al. In Vivo-in Vitro and XANES Spectroscopy Assessments of Lead Bioavailability in Contaminated Periurban Soils[J]. Environmental Science & Technology, 2011, 45(14): 6145-6152.

[15] Shahid M, Pinelli E, Dumat C. Review of Pb Availability and Toxicity to Plants in Relation with Metal Speciation: Role of Synthetic and Natural Organic Ligands[J]. Journal of Hazardous Materials, 2012, 219-220: 1-12.

[16] Zhang J, Tian S, Lu L, et al. Lead Tolerance and Cellular Distribution in Elsholtzia Splendens Using Synchrotron Radiation Micro-X-ray Fluorescence[J]. Journal of Hazardous Materials, 2011, 197: 264-271.

[17] Chu B B, Luo L Q, Xu T, et al. XANES Study of Lead Speciation in Duckweed[J]. Spectroscopy and Spectral Analysis, 2012, 32(7): 1975-1978.

[18] Bovenkamp G L, Prange A, Schumacher W, et al. Lead Uptake in Diverse Plant Families: A Study Applying X-ray Absorption Near Edge Spectroscopy[J]. Environmental Science & Technology, 2013, 47(9): 4375-4382.

[19] Peralta-Videa J R, Lopez M L, Narayan M, et al. The Biochemistry of Environmental Heavy Metal Uptake by Plants: Implications for the Food Chain[J]. The International Journal of Biochemistry & Cell Biology, 2009, 41(8-9): 1665-1677.

[20] Sahi S V, Bryant N L, Sharma N C, et al. Characterization of a Lead Hyperaccumulator Shrub, Sesbania Drummondii[J]. Environmental Science & Technology, 2002, 36(21): 4676-4680.

[21] Sharma P, Dubey R S. Lead Toxicity in Plants[J]. Brazilian Journal of Plant Physiology, 2005, 17(1): 35-52.

[22] Sharma N C, Gardea-Torresdey J L, Parsons J, et al. Chemical Speciation and Cellular Deposition of Lead in Sesbania Drummondii[J]. Environmental Toxicology and Chemistry, 2004, 23(9): 2068-2073.

[23] Tian S K, Lu L L, Yang X O, et al. Spatial Imaging and Speciation of Lead in the Accumulator Plant Sedum *alfredii* by Microscopically Focused Synchrotron X-ray Investigation[J]. Environmental Science & Technology, 2010, 44(15): 5920-5926.

2.2　土壤铅矿物转化特征及微生物与铅的相互作用研究

据报道，全球范围内铅矿石的开采估计已造成 3 亿 t 的铅进入环境[1]。方铅矿是主要的含铅矿石，理论上方铅矿溶解度极低，很难水解成铅离子。然而，很多铅锌矿区土壤、水、植物和生物中铅含量较高[2-3]，铅同位素示踪技术表明铅元素已从矿石中迁移进入环境[4]。土壤的连续提取实验也表明，矿区土壤中的 Pb 主要以可提取态和可还原态存在，残渣态只占很少一部分[5-6]。Lara 等[7]揭示了模拟土壤环境下 PbS-PbSO₄-PbCO₃ 转化的过程，认为在中性碳酸盐环境下方铅矿可氧化为白铅矿。因此，矿物转化是 Pb 从方铅矿迁移进入环境的必要途径。然而，矿物转化的研究大多是针对实验模拟情况，很多实验中所用温度较高，远高于常温，而生物氧化行为多发生在 pH<4 的非常规环境下，对于自然环境下土壤方铅矿转化的研究还未见报道。

矿区土壤微生物在矿物分解、元素释放、迁移、沉淀和富集过程中起着重要作用[8]。微生物对 Pb 的吸附和转化与细胞表面的胞外聚合物有关，主要的吸附官能团有羧酸基、羟基、氨基有机磷酸基团等，转化过程主要与巯基及金属硫蛋白等有关[9]。然而由于微生物特殊的存在形态及吸附方式的差异，普通的分析测试技术对细菌吸附 Pb 的定量测试存在很大难度，μ-SRXRF 的发展为其定量分析提供了技术条件，在细胞等微小样品中的应用也比较广泛，主要用于研究元素分布规律[10]，对微量元素的定量测试较少。在细菌累积的毒性元素研究方面，也大多局限于砷等其他元素的报道[11]，对 Pb 元素形态的研究报道极少。因此，本研究以铅锌矿区（云南兰坪、云南勐糯和南京栖霞山）表层土壤为研究对象，利用 BCR 连续提取、重矿物分选和鉴定、微生物分离、筛选和鉴定、同步辐射微区和形态分析等技术，开展了土壤铅矿物转化特征及微生物与铅的相互作用研究，有助于理解 Pb 元素的生物地球化学作用过程，并为污染阻断提供依据。

2.2.1　实验部分

2.2.1.1　样品采集

采集 3 个铅锌矿区和 2 个参考区的表层土壤，即兰坪铅锌矿区（26°24′N，99°25′E）、勐糯铅锌矿区（24°19′N，99°3′E）、栖霞山铅锌矿区（32°9′N，118°57′E），参考区为非矿区的云南镇康县（23°46′N，98°49′E）和湖北天门（30°44′N，112°47′E）。其中微生物样品主要分析兰坪铅锌矿区的农田土壤，矿物转化实验主要针对 3 个铅锌矿区土壤，参考区土壤主要用于 BCR 连续提取实验对比研究。

2.2.1.2　BCR 连续提取

利用 BCR 连续提取法进行了土壤形态分析，即弱酸提取态、可还原态、可氧化态和残渣态[12]。具体提取步骤如下：称取 1.000 g 样品，加入 0.11 mol/L 醋酸 40 mL，22±5℃下振荡 16 h，在 3000g 离心力下离心 20 min，上清液即为弱酸提取态溶液；向上一步的剩余物中加入 0.5 mol/L 盐酸羟胺（pH=2）40 mL，振荡 16 h，离心 20 min，上清液即为可还原态溶液；向上一步的剩余物中加入 10 mL 30%过氧化氢，保持室温 1 h，继续在 85±2℃下消化 1 h，加入 1 mol/L 醋酸铵（pH=2）50 mL，振荡 16 h，离心 20 min，上清液即为可氧化态溶液；上一步剩余物即为残渣态，利用四酸溶矿的方法消解处理后，上机测定。

本节编写人：储彬彬（国家地质实验测试中心）；曾远（国家地质实验测试中心）

2.2.1.3　重矿分选和鉴定

重矿分选主要是通过人工重砂的方法筛选出土壤中的重矿物。首先通过破碎和淘洗，筛选出重砂部分；再通过磁选的方法区分磁性部分和无磁性部分；无磁性部分通过电磁选方法分离出电磁性部分和无电磁性部分；最后通过显微镜观察鉴定，挑选出各个单重矿物。铅矿物主要分布在无电磁性部分。挑选出来的铅矿物在环境扫描电子显微镜下进行观察鉴定。

2.2.1.4　微生物的分离和培养

分别称取新鲜土样 10.000 g 于 90 mL 无菌蒸馏水的 300 mL 锥形瓶中，每个样品 3 份重复，混匀后于 30℃、150 r/min 振荡 1 h，制成土壤菌悬液 10^{-1}，采用 1.00 mL 无菌移液枪头，吸取 10^{-1} 稀释液 1.00 mL 移入含 9.00 mL 无菌水试管中，依次按 10 倍法稀释至 10^{-5}。细菌采用的稀释度为 $10^{-5} \sim 10^{-3}$，真菌和放线菌的稀释度为 $10^{-4} \sim 10^{-2}$，每个稀释浓度 3 个重复。

分别移取 0.1 mL 土壤菌悬液于相应无菌培养基上，涂匀之后将培养皿放入 28℃ 恒温培养箱中培养，待细菌培养 5 d，放线菌和真菌培养 7 d 后，计数培养皿上出现的菌落。每克干土中菌数量通过乘以稀释倍数和土壤样品干湿比进行换算而得[13]。不同种类的微生物采用不同功能的培养基进行培养：细菌采用牛肉膏-蛋白胨培养基，真菌采用马丁氏培养基，放线菌采用改良高氏一号培养基。

2.2.1.5　抗铅特征细菌的筛选及鉴定

在牛肉膏-蛋白胨培养基配方中加入不同体积 25 mg/g 的 Pb^{2+} 溶液，制备含 Pb^{2+} 浓度为 0、200、400、600、800 μg/g 的培养基，选取部分 Pb 含量高的土壤样品制备菌悬液，涂于含 Pb^{2+} 的培养基上，于 28℃ 恒温箱中培养，定期观察。到细菌菌落生长之后，分别将不同的菌种接种到不含 Pb^{2+} 的空白培养基上，采用划线稀释法分离和纯化菌种。纯化后的菌株经过抽提基因组 DNA，再依照细菌 16S 保守序列 PCR 扩增，PCR 扩增产物进行 DNA 测序，利用 GenBank 数据库进行 BLAST 分析[14]。

2.2.2　结果与讨论

2.2.2.1　土壤形态与矿物相关性分析

土壤的 BCR 连续提取实验结果如图 2.6 所示。从图中可以看出，3 个铅锌矿区（云南兰坪、勐糯和南京栖霞山）以及参考区（非矿区）土壤中的 Pb 主要以可还原态形式存在，其中可还原态 Pb 与总量 Pb 的相关性较高（$R^2 = 0.95$）。矿区和参考区的土壤形态对比发现，矿区土壤中残渣态所占比重明显低于参考区，其中兰坪和勐糯铅锌矿区土壤主要以可还原态和弱酸提取态为主，说明矿区土壤铅的存在形式更容易被植物吸收和利用，危害更加显著。

另外，综合重矿物分选结果、铅及各个形态含量相关性分析，发现总铅含量与铅矿物的含量没有相关性，可还原态铅含量与铅矿物（方铅矿和白铅矿）的含量亦没有相关性，并且铅的总量及各个分形态与无磁性土壤、电磁性土壤含量均无相关性。说明土壤中铅的存在形式复杂多样，并不以方铅矿和白铅矿为主，还存在其他矿或形式，可能分散于土壤的各个部分。

2.2.2.2　土壤重矿物分析

南京铅锌矿区及矿区周围菜园的土壤重矿分选结果见表 2.2。可以看出，菜园土壤中含有矿山主要矿

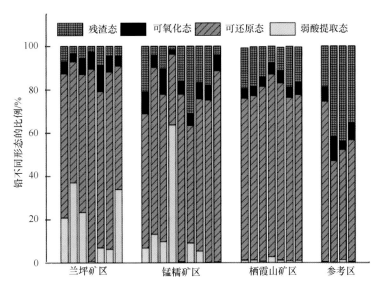

图 2.6　土壤中铅不同形态分布

物：锰矿、黄铁矿、方铅矿和闪锌矿；其他硫化物矿物：雄黄、毒砂和辰砂；铅矿的氧化产物：白铅矿、铅黄和铅钒。而选矿厂土壤重矿物种类较单一但含量较高，主要为锰矿、黄铁矿、方铅矿和闪锌矿。方铅矿和白铅矿的显微照相和扫描电镜背散射照片分别如图 2.7 所示。

2.2.2.3　土壤重矿物转化

方铅矿是铅锌矿区的主要矿物，因此在矿区土壤中也存在。从表 2.2 可以看出，选矿厂附近土壤中只有方铅矿，但在矿区周边的菜园中除了方铅矿还有白铅矿，这说明方铅矿在迁移过程中发生了转化。另外，在显微镜观察中，既发现了方铅矿表面的少量白铅矿，又发现白铅矿中存在未氧化的方铅矿残留，表明土壤矿物氧化程度不同。

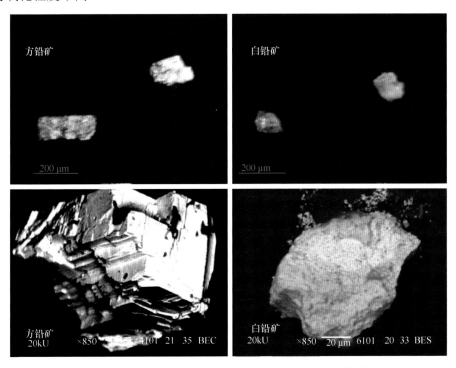

图 2.7　方铅矿和白铅矿的显微照相图及扫描电镜背散射图

表 2.2　土壤中重矿物分布特征

地点	样品号	样品原始质量/kg	软硬锰矿	黄铁矿	方铅矿	白铅矿	自然铅	铅钒	铅黄	闪锌矿	雄黄	毒砂	辰砂
选矿厂	KX-6A	2.25	512	87%	1984	—	—	—	—	—	—	—	—
	KX-6B	2	—	89%	0.1%	—	—	—	—	1%	—	—	—
矿区周边菜园1	L-19	0.79	3%	—	—	—	—	—	—	—	—	—	—
	L-20	0.7	4%	5	2	7	—	—	4	—	—	—	—
	KX-1	2.5	7%	0.4%	8	12	—	—	—	—	—	—	2
	KX-2	2.7	1%	0.3%	112	—	—	8	—	—	—	—	8
	KX-3	2.6	48	2%	26	52	—	—	—	—	—	—	8
矿区周边菜园2	L-21	0.4	2%	0.1%	—	2	—	—	—	—	—	—	—
	L-22	0.6	21%	62	—	78	—	—	—	—	62	—	5
	KX-7	2.4	0.4%	2%	200	—	—	—	—	—	—	—	8
	KX-8	2.48	0.2%	2%	3	4	—	—	—	—	—	6	—
矿区周边菜园3	KX-4	2.5	31	3%	6	—	6	—	—	4	—	—	2
	KX-5	2.5	9%	5%	0.10%	8	—	—	—	—	—	—	6

注：带%的数据为该矿物占重矿物含量的百分数，其他数据均为矿物颗粒数。

为了证实土壤矿物之间的转化，针对多矿物共生的微区界面开展了扫描电镜分析。为了避免镀碳的干扰，选择了不用导电涂层的环境扫描电镜进行分析。由于样品细小，传统的样品处理方法（即用双面胶将样品粘贴在玻璃片）均有较高的 C 和 O 的背景检出，干扰白铅矿（PbCO₃）的分析。因此将微细矿物样品直接置于纯锡纸中，利用锡纸的褶皱固定样品，开展环境扫描电镜分析。该分析发现了方铅矿和白铅矿的氧化界面，并通过能谱再次确认了方铅矿和白铅矿的存在。

关于方铅矿向白铅矿的转化过程，主要是方铅矿先氧化成铅矾，铅矾在水和二氧化碳的作用下可继续氧化成白铅矿[15]。由于白铅矿的溶度积（3.3×10^{-14}）远大于方铅矿的溶度积（3.4×10^{-28}），故白铅矿中的 Pb^{2+} 更容易进入环境。

$$PbS（方铅矿）+2O_2\rightarrow PbSO_4（铅矾）$$
$$PbSO_4+2H_2O+CO_2\rightarrow PbCO_3（白铅矿）+H_2SO_4$$
$$PbCO_3\rightarrow Pb^{2+}+CO_3^{2+}$$

2.2.2.4　土壤中三种微生物数量分布及其与重金属的关系

土壤中 3 种微生物的总数量如图 2.8 所示，在 LPS-8、LPS-9、LPS-10、LPS-11 等部分样品中，微生物总量相对较大，结合样品中重金属含量信息表明，该区域内样品微生物活动较为活跃，这部分样品采自离铅锌矿区距离较远的点位，与污染区相比，具有一定的对照意义。结合土壤理化性质数据，发现玉米的生长会影响土壤中有机质、氮含量、土壤含水量等，同时，植物根部的生长是该区域中微生物生存的有机营养物和能量的主要来源，植物的生长会影响土壤中有效磷、速效钾、有机质和全氮含量的分布，进而对微生物的生存有一定的影响[16]。植物根际环境的不同，根系及其分泌物会改变土壤中各种元素的含量，这些都是微生物生长环境的重要组成部分[17]。

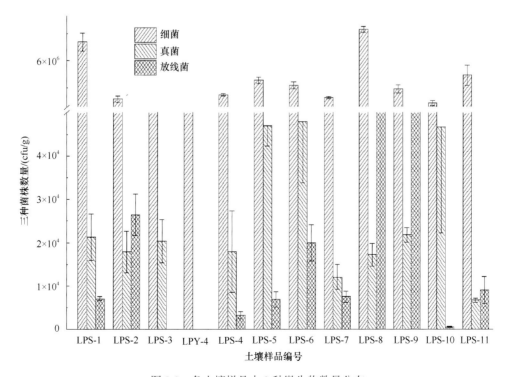

图 2.8　各土壤样品中 3 种微生物数量分布

存在于土壤中的重金属，由于其相对稳定，难以降解，毒性作用大，并且具有一定的积累效应等特点，会对在其生长环境下的微生物产生明显的不良影响，主要表现在重金属会改变微生物的群落结构，降低微生物生物量，影响微生物的生物活性等[18]。重金属元素的稳定存在会与其生长环境中的微生物长期作用，严重时会危害种群的结构，导致耐性菌的增加，并有可能变异生成新的菌株等[19]。这些新的菌株相比于其他普通菌株可能对重金属的反应更为灵敏，同时还有可能具有降解、转化、吸收或降低毒性等方面的作用[20]。

本次研究主要关注 Pb 和 As 对微生物分布的影响，这些毒性金属对微生物总量的影响没有营养元素对微生物总量的影响显著。由实验结果推测重金属 Pb 与细菌比例呈现正相关性，与真菌、放线菌比例呈现负相关性。相反，重金属 As 与真菌比例呈现负相关性，而 As 含量与放线菌呈现弱的正相关性。

2.2.2.5 特异性细菌的筛选与鉴定

不同土壤样品中细菌在不同浓度 Pb^{2+} 存在下均有一定量的菌株生存，表明可以在该样品中筛选出具有 Pb 耐受性的菌株，当将纯化后的菌株接种到含 Pb 浓度分别为 200、400、600、800 μg/g 的培养基上，通过观察细菌生长状态可以获得菌株的最大耐受 Pb 的浓度。各种细菌的 Pb 耐受浓度结果见表 2.3。结合土壤样品中本身 Pb 浓度结果，发现从含 Pb 浓度较高的土壤中定向筛选的细菌具有更高浓度的 Pb 耐受性，特别是 LPS-6-3 及 LPS-7-1 两个菌株，对铅的耐受性在 600 μg/g 之上。另外，特异性细菌进行 DNA 鉴定结果显示，具有较高 Pb 抗性的细菌主要是 *Arthrobacter* sp.（节杆菌属）。

表 2.3　筛选出的不同菌株对 Pb 的耐受浓度和致死浓度值　　　　μg/g

菌株编号	Pb 耐受浓度	Pb 致死浓度	菌株编号	Pb 耐受浓度	Pb 致死浓度
LPS-6-3	600	600 以上	LPS-7-2	400	600
LPS-7-1	600	600 以上	LPS-7-3	400	600
LPS-3-1	400	600	LPS-6-2	200	400
LPS-3-2	400	600	LPY-4-1	<200	200
LPS-3-3	400	600	LPY-4-2	<200	200
LPS-3-4	400	600	LPY-4-3	<200	200
LPS-6-1	400	600	LPY-4-4	<200	200
LPS-6-4	400	600			

2.2.2.6 特征微生物吸附转化铅机理研究

采用同步辐射 XRF 和 XANES 技术进行 Pb 特异性细菌吸附 Pb 的机理研究，建立了一种简单微区测定培养基及细菌体内 Pb 含量的方法，经过能量校正后，利用 Pb 元素 Lβ峰（约 12.6 keV）的峰面积与康普顿峰峰面积比对相应 Pb 浓度作图，得到线性回归方程为 $y=2.920\times10^{-4}x-0.008\,42$（$R^2=0.9404$）。若忽略细菌和培养基的本底差异，检测结果可适用于细菌体内 Pb 浓度的检测，研究表明细菌对 Pb 的吸附值最高可达 5925 μg/g。

细菌吸附 Pb 的 Mapping（面扫描）实验结果显示分离培养的细菌都具有吸收累积 Pb 的能力。图 2.9 为 LPS-6-1 细菌与培养基表面扫描图，表明 LPS-6-1 细菌具有吸收或吸附 Pb 的能力，可将 Pb 从培养基中吸附到微生物本身，具有一定的累积效果。

利用 XANES 技术分析细菌中 Pb 的形态，发现 Pb 在细菌体内主要以有机结合态的形式存在。在制备 Pb-培养基实验过程中，向牛肉膏-蛋白胨培养基中加入 $Pb(NO_3)_2$ 后，培养基内即出现部分浑浊沉淀物，可能是 Pb^{2+} 与培养基中的某种成分如牛肉膏、蛋白胨等有机小分子形成螯合物，导致在培养基中 Pb 以有机结合态的形式存在。与各种 Pb 的标准谱图对比发现，两株细菌和培养基的 Pb 谱峰与有机形式的乙酸铅和硬脂酸铅谱峰相似。推测在细菌体内，从培养基内吸收的 Pb 也是以有机结合态的形式存在，这与采用 Athena 软件进行拟合的结果相同。不过由于其他有机铅形态标样的缺失，对于 Pb 在微生物体内的形态转化规律还需要开展进一步研究。

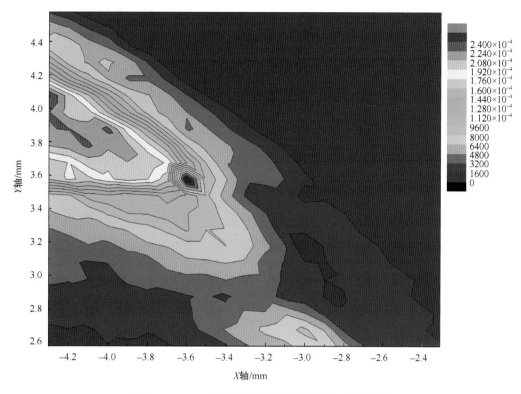

图 2.9　LPS-6-1 细菌培养基平面面扫描 Pb 计数图谱

2.2.3　结论

重矿物的研究发现，矿区周边土壤中存在方铅矿、闪锌矿、黄铁矿等矿山主要矿石，还存在一些转化的次生矿物白铅矿和铅矾。通过扫描电镜发现了方铅矿向白铅矿转化的界面，分析了方铅矿向白铅矿转化的过程。BCR 连续提取的结果也显示矿区土壤中的 Pb 主要以可还原态和弱酸提取态存在，这与矿物转化结果较为一致。由于白铅矿的溶度积远大于方铅矿，因而白铅矿中的铅更易迁移进入环境。

矿区土壤样品中微生物主要为细菌，占所有菌株数量的 95%以上。重金属对微生物分布的影响会危害种群的结构，相关性结果表明 Pb 与细菌所占比例呈现正相关性，与真菌、放线菌比例呈现负相关性，As 与真菌比例呈负相关性，与放线菌呈弱的正相关性。具有高 Pb 抗性的细菌主要是 *Arthrobacter* sp.属，其对 Pb 的吸附值高达 5925 μg/g，在细菌体内，Pb 主要以有机结合态的形式存在。

参 考 文 献

[1] Tong S, Von Schirnding Y E, Prapamontol T. Environmental Lead Exposure: A Public Health Problem of Global Dimensions[J]. Bulletin of the World Health Organization, 2000, 78(9): 1068-1077.

[2] 储彬彬, 罗立强. 南京栖霞山铅锌矿地区土壤重金属污染评价[J]. 岩矿测试, 2010, 29(1): 5-8.

[3] Aleksander-Kwaterczak U, Ciszewski D. Groundwater Hydrochemistry and Soil Pollution in a Catchment Affected by an Abandoned Lead-Zinc Mine: Functioning of a Diffuse Pollution Source[J]. Environmental Earth Sciences, 2011, 65(4): 1179-1189.

[4] 储彬彬, 罗立强, 王晓芳, 等. 南京栖霞山铅锌矿区铅同位素示踪[J]. 地球学报, 2012, 33(2): 209-215.

[5] Schaider L A, Senn D B, Brabander D J, et al. Characterization of Zinc, Lead, and Cadmium in Mine Waste: Implications for Transport, Exposure, and Bioavailability[J]. Environmental Science & Technology, 2007, 41(11): 4164-4171.

[6] Iavazzo P, Adamo P, Boni M, et al. Mineralogy and Chemical Forms of Lead and Zinc in Abandoned Mine Wastes and Soils: An Example from Morocco[J]. Journal of Geochemical Exploration, 2012, 113: 56-67.

[7] Lara R H, Briones R, Monroy M G, et al. Galena Weathering under Simulated Calcareous Soil Conditions[J]. Science of the Total Environment, 2011, 409(19): 3971-3979.

[8] Wang Q, Zhou D, Cang L, et al. Indication of Soil Heavy Metal Pollution with Earthworms and Soil Microbial Biomass Carbon in the Vicinity of an Abandoned Copper Mine in Eastern Nanjing, China[J]. European Journal of Soil Biology, 2009, 45(3): 229-234.

[9] Oh S E, Hassan S H, Joo J H. Biosorption of Heavy Metals by Lyophilized Cells of Pseudomonas Stutzeri[J]. World Journal of Microbiology and Biotechnology, 2009, 25(10): 1771-1778.

[10] Roudeau S, Carmona A, Perrin L, et al. Correlative Organelle Fluorescence Microscopy and Synchrotron X-ray Chemical Element Imaging in Single Cells[J]. Analytical and Bioanalytical Chemistry, 2014, 406(27): 6979-6991.

[11] Tripathi P, Singh P C, Mishra A, et al. Trichoderma Inoculation Augments Grain Amino Acids and Mineral Nutrients by Modulating Arsenic Speciation and Accumulation in Chickpea (Cicer *arietinum* L.) [J]. Ecotoxicology and Environmental Safety, 2015, 117: 72-80.

[12] Rauret G, Lopez-Sanchez J, Sahuquillo A, et al. Improvement of the BCR Three Step Sequential Extraction Procedure prior to the Certification of New Sediment and Soil Reference Materials[J]. Journal of Environmental Monitoring, 1999, 1(1): 57-61.

[13] 李小林, 颜森, 张小平, 等. 铅锌矿区重金属污染对微生物数量及放线菌群落结构的影响[J]. 农业环境科学学报, 2011, 30(3): 468-475.

[14] Kaleta E J, Clark A E, Johnson D R, et al. Use of PCR Coupled with Electrospray Ionization Mass Spectrometry for Rapid Identification of Bacterial and Yeast Bloodstream Pathogens from Blood Culture Bottles[J]. Journal of Clinical Microbiology, 2011, 49(1): 345-353.

[15] Luo L Q, Chu B B, Liu Y, et al. Distribution, Origin, and Transformation of Metal and Metalloid Pollution in Vegetable Fields, Irrigation Water, and Aerosols near a Pb-Zn Mine[J]. Environmental Science & Pollution Research International, 2014, 21(13): 8242-8260.

[16] Kowalchuk G A, Buma D S, de Boer W, et al. Effects of above-ground Plant Species Composition and Diversity on the Diversity of Soil-borne Microorganisms[J]. Antonie van Leeuwenhoek, 2002, 81(1-4): 509-520.

[17] 周桔, 雷霆. 土壤微生物多样性影响因素及研究方法的现状与展望[J]. 生物多样性, 2007, 15(3): 306-311.

[18] 王嘉, 王仁卿, 郭卫华. 重金属对土壤微生物影响的研究进展[J]. 山东农业科学, 2006(1): 101-105.

[19] Zhang W H, Huang Z, He L Y, et al. Assessment of Bacterial Communities and Characterization of Lead-resistant Bacteria in the Rhizosphere Soils of Metal-tolerant Chenopodium Ambrosioides Grown on Lead-Zinc Mine Tailings[J]. Chemosphere, 2012, 87(10): 1171-1178.

[20] Máthé I, Benedek T, Táncsics A, et al. Diversity, Activity, Antibiotic and Heavy Metal Resistance of Bacteria from Petroleum Hydrocarbon Contaminated Soils Located in Harghita County (Romania) [J]. International Biodeterioration & Biodegradation, 2012, 73(9): 41-49.

2.3　铅锌矿地区表层土壤中重金属污染对土壤酶类抑制与激活作用

采矿、冶炼、加工、发电、废物泄漏和化石燃料的燃烧是水体和农田土壤重金属污染的主要原因[1]。与有机污染物不同，重金属在土壤和水体中通常是不可改变、不可降解和持久性存在的，因此严重威胁生态安全和人体健康。

土壤酶活性的大小可较灵敏地反映土壤中生化反应的方向和强度，是土壤生物学活性的体现，常用作判断污染物对生物潜在毒性的手段。虽然一些学者认为土壤酶活力与重金属污染没有必然的相关性[2-3]，但土壤酶类参与各类氧化还原反应以及营养物质的循环，尤其是参与 C、N、P 的循环，因此分析重金属的形态与土壤酶活性的关系也很重要。与其他指示重金属污染的方法相比，通过测定土壤酶活力的变化来表征重金属的污染是一种快速、简单、廉价的方法，近年来已有越来越多的研究开始采用酶活力来评价土壤质量和生态环境健康[4]。

但是不同来源的土壤样品其土壤酶活性对重金属离子的响应不完全相同，而且不同的研究结果也不尽相同。目前尚未发现一种可以简单、通用、广谱的表征重金属离子污染程度的酶，这也限制了该技术的发展。鉴于此，本研究以云南保山—龙陵地区铅锌矿区土壤样品为研究对象，多位点采集样品，对样品中参与 C、N、P 循环以及氧化还原反应的多种酶的活性进行测定，同时测定了样品中 51 种重金属的含量以及土壤的理化性质，主要目的有以下三个方面：①调查长期铅锌矿开采区土壤性质的具体情况，评价重金属对土壤性质的影响；②评价长期重金属污染对不同位点土壤酶活性的抑制与激活作用，包括淀粉酶、纤维素酶、转化酶、乙酰氨基葡萄糖苷酶（NAG）β-葡萄糖苷酶（BG）、蛋白酶、脲酶、磷酸酶、过氧化氢酶和多酚氧化酶（PPO）；③分析上述酶作为重金属污染表征的可行性，试图找到一些表征污染的"核心酶"并分析其在评价土壤质量实际应用中的潜力。

2.3.1　实验部分

2.3.1.1　矿区土壤样品采集及温室模拟实验设计

土壤样品来自云南省勐糯镇（99°4′E，24°19′N），采用混合多点采样法取表层 0~30 cm 的土壤。用于温室模拟实验的土壤样品，采自北京市顺义区农业试验示范站的未污染的表层 0~20 cm 的农田土壤。土壤中重金属的本底值为 Cd 0.14 mg/kg、Cu 21.01 mg/kg、Pb 19.1 mg/kg 和 Zn 83.67 mg/kg。取 300 g 土壤分别用 5 种不同梯度的 Pb、Zn 和 Cd（0、10、100、1000、10 000 mg/kg）在 30℃下处理 30 天（每个处理重复 4 次），取样测定各种土壤酶活力，从而评价重金属对土壤酶活力的生态毒理效果。土壤含水量为 15%，培养过程中每隔一天进行喷淋，保持土壤含水量稳定。

2.3.1.2　土壤理化性质分析

土壤的理化性质包括土壤有机质含量（SOM）、总氮（TN）、NH_4^+-N、NO_3^--N、速效磷（AP）、速效钾（AK）和 pH。SOM 采用重铬酸钾容量法测定，TN 采用半微量凯氏定氮法，NH_4^+-N 采用 2 mol/L 氯化钾抽提-靛酚蓝分光光度法，NO_3^--N 采用酚二磺酸分光光度法，AP 采用 0.5 mol/L 碳酸氢钠抽提-钼酸铵酒石酸锑钾和抗坏血酸的分光光度法，AK 采用醋酸铵抽提-火焰光度法[5]。pH 采用 pH 计测定。土壤重金属含量采用偏振能量色散 X 射线荧光光谱仪（P-EDXRF）X-lab 2000 测定[6]。

本节编写人：袁红莉（中国农业大学生物学院）；杨金水（中国农业大学生物学院）；李宝珍（中国农业大学生物学院）

2.3.1.3　土壤酶活力及不同形态重金属含量测定

β-葡萄糖苷酸酶（BG）、N-乙酰-β-D-葡萄糖苷酶（NAG）、磷酸酶、PPO 的活力使用优化改进后的微孔板吸光光度法测定[7-8]；脲酶、蛋白酶、转化酶、纤维素酶、淀粉酶以及过氧化氢酶使用传统土壤酶活力测定方法。

采用分步提取法提取并测定重金属 4 种形态（弱酸提取态、可还原态、可氧化态、残余态）的含量。

2.3.1.4　数据统计分析

单因素变化采用方差分析（ANOVA），土壤酶活力和重金属相关性采用冗余分析（RDA），采用 SPSS 软件分析皮尔森相关性系数，不同土壤样品的相似性采用 PAST 软件基于 Bray-Curits 距离矩阵进行非度量多维尺度分析（NMDS）。

2.3.2　结果与讨论

2.3.2.1　重金属的空间分布及土壤重金属污染评价

NMDS 分析显示所有样品可以根据重金属含量分为低、中、高和超高 4 组（图 2.10）。As、Cd、Cu、Cr、Hg、Ni、Pb 和 Zn 在 4 组样品中的总含量分别为 391~1900.9 mg/kg（轻度污染）、4223.8~13 615.8 mg/kg（中度污染）、33 527.9~34 653.4 mg/kg（重度污染）和 134 492.4~235 576.9 mg/kg（极度

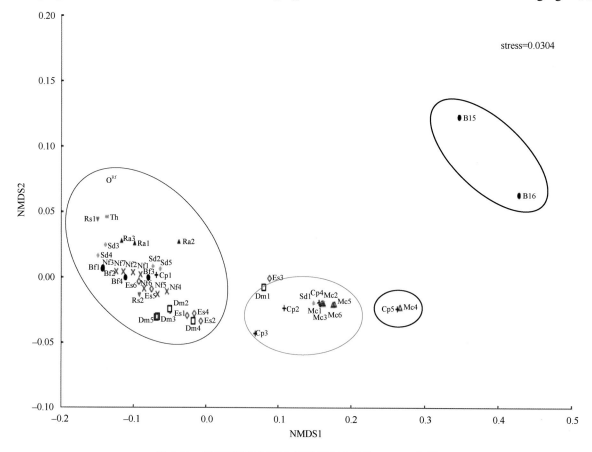

图 2.10　基于污染地区重金属种类和含量的 NMDS 分析

污染）。Soriano 等[9]也将污染地区的重金属浓度分为 4 类，但是其浓度范围分别为低于 1501 mg/kg、1501~3003 mg/kg、3003~11 550 mg/kg 和大于 11 550 mg/kg，此浓度范围远远小于本研究的样品，从另一个侧面表明了该地区污染的严重性。

土壤的污染状态可用污染因子（CF）表示：$CF = C_s/C_c$，式中 C_s 是土壤样品中元素的平均浓度，C_c 是标准或者对照或者未污染土壤中元素的浓度[10]。整体污染水平可用污染负荷指数（PLI）来表示[11]：$PLI = (C_{f1} \times C_{f2} \times C_{f3} \times \cdots \times C_{fn})^{1/n}$，式中 n 是样品数量。PLI 是一个简单而有效的评价重金属污染水平的指标，其可分为 4 个水平：未污染（PLI<1）、中度污染（1<PLI<2）、重度污染（2<PLI<3）和极度污染（PLI>3）[12]。

重金属污染的评价结果（表 2.4）显示，Pb、Cd 和 Zn 是主要的污染离子且在 50% 以上的样品中浓度极高（C_f>4）。此外，有 13 个样品中 As 极度污染（C_f>4），与 Gomez-Ros 等的报道结果相似，这可能是由于 As 是伴随离子并且在采矿过程中低的提取效率所造成的[13]。样品 Bf5 和 Bf6 中几乎所有的重金属都是极度污染，这可能是由于样品 Bf5 紧邻铅硫厂废液处理池，Bf6 采自矿渣堆。PLI 结果（表 2.4）显示，所有 47 个样品中仅有 Rs1 属于未污染，25 个样品属于中度污染，5 个样品属于重度污染，16 个样品属于极度污染。该结果进一步表明采矿对生态环境中重金属摄入的影响显著。

2.3.2.2　重金属对土壤酶活力的抑制与激活作用

土壤酶活力可以反映重金属污染情况下陆地生态系统的生态健康。本研究发现在长期重金属污染区域，PPO 具有最高的酶活力并且在不同样品中具有显著差异。除了 Bf5 样品，过氧化氢酶在所有样品中都普遍存在。磷酸酶也普遍存在并在各样品间有明显的差异。对参与碳循环的各类酶而言，除了个别样品中有非常低的纤维素酶之外，绝大多数样品中未检测到纤维素酶。此外，淀粉酶活性高于转化酶、NAG 和 BG 活性。对参与氮循环的酶而言，脲酶活性高于蛋白酶活性。

对 47 个样品重金属含量与酶活力的相关性进行了 RDA 分析，结果显示极度污染位点 Bf5 和 Bf6 的土壤酶活力分别与 Cd 和 As 呈较强的正相关关系，与 Hg、Cr、Cu、Ni 呈正相关，但分别与 Pb 和 Zn 呈显著负相关。重度污染位点 Cp5 和 Mc4 的土壤酶活力与 Pb 呈正相关，但与 Cd、Hg、Cr、Cu、Ni 呈负相关。中度污染位点除了 Cp3 之外，其余位点的土壤酶活力都与 Pb 和 As 呈正相关。然而，轻度污染位点的酶活力与重金属之间没有显著的相关性，仅仅 Cr、Cu 和 Ni 对土壤酶活力有轻微的影响。说明不同种类的重金属和不同的污染程度对土壤酶活性的影响差异显著，详细分析重金属污染与土壤酶活性之间的相关性对科学评价及监控重金属污染尤为重要。

皮尔森相关分析结果（图 2.11）显示 PPO 对重金属离子的响应比过氧化氢酶、淀粉酶和磷酸酶都更敏感并且与除 Cr 之外的所有金属离子都呈显著正相关（$P<0.05$），即重金属离子可激活土壤 PPO 的活性。目前，多种酶被用于评价重金属的污染程度，例如与碳循环相关的淀粉酶、纤维素酶、转化酶、NAG 和 BG，与氮循环相关的脲酶、蛋白酶和硝酸盐还原酶，与磷转化相关的磷酸酶以及与金属离子氧化还原相关的过氧化氢酶和脱氢酶，而关于 PPO 对长期重金属污染的响应报道较少。

此外，过氧化氢酶是第二重要的响应重金属污染的土壤酶，其与 As、Cd、Ni、Pb 和 Zn 具有显著正相关（$P<0.05$）。淀粉酶与 As、Cd、Pb 和 Zn 呈显著正相关（$P<0.05$）。虽然已有报道磷酸酶与 As、Cd、Cu、Pb 和 Zn 等具有正、负显著相关性，认为可作为这些金属离子污染的指征[14-16]，但是本研究仅发现其与 As、Pb 和 Zn 具有显著正相关性（$P<0.05$，见图 2.11）。在很多研究中脲酶也已经作为重金属污染的生物指征[14, 16]，但本研究发现脲酶与金属离子之间无显著相关性。此外，NAG、转化酶、纤维素酶和蛋白酶也与重金属之间无显著相关性，这可能与土壤性质、环境因子影响及污染史等相关。因此，用土壤酶活性评价重金属污染应该考虑多个因素。

2.3.2.3　不同形态重金属离子对土壤酶活力的抑制与激活作用

研究表明，某一重金属在土壤中的总量并不能真实评价其环境行为和生态效应，而重金属在土

表 2.4　重金属污染的 C_f 和 PLI 评价

| 样品编号 | C_f | | | | | | | | | PLI | 污染等级 |
	As	Cd	Cu	Cr	Hg	Ni	Pb	Zn			
Rf	8.56	5.75	1.40	0.78	0.67	1.09	1.09	0.96		1.59	M
Ra1	2.06	2.13	1.47	0.91	1.00	1.11	5.76	1.99		1.71	M
Ra2	6.45	5.25	2.61	0.95	1.33	2.03	13.32	4.43		3.28	E
Ra3	1.71	1.88	1.24	1.04	1.17	1.10	5.76	1.54		1.62	M
Rs1	1.00	1.00	1.00	1.00	1.00	1.00	1.00	1.00		1.00	N
Rs2	0.64	8.38	0.86	0.66	1.33	0.96	5.76	3.70		1.74	M
Es1	0.98	30.63	1.12	0.86	1.33	0.77	6.90	8.95		2.56	H
Es2	1.10	37.38	1.09	0.82	1.00	0.85	5.76	11.61		2.60	H
Es3	1.40	142.88	1.46	0.83	1.33	0.89	17.16	33.73		4.49	E
Es4	1.08	36.25	1.07	0.76	0.83	0.73	5.76	9.68		2.40	H
Es5	0.89	10.38	0.94	0.80	1.17	0.76	5.12	4.26		1.84	M
Es6	0.84	7.25	0.98	0.85	0.83	0.76	5.76	3.25		1.67	M
Sd1	5.69	76.38	1.68	0.81	1.67	1.28	101.59	50.75		7.11	E
Sd2	1.61	3.88	1.32	0.88	1.00	1.11	5.76	3.48		1.89	M
Sd3	0.94	2.25	0.99	0.70	2.00	2.53	2.59	1.43		1.51	M
Sd4	0.93	1.75	0.83	0.60	1.00	0.70	5.76	1.22		1.19	M
Sd5	0.82	4.63	0.64	0.61	1.17	0.50	8.94	3.90		1.53	M
Cp1	1.41	5.13	1.10	0.75	1.17	0.92	5.76	3.90		1.86	M
Cp2	3.40	43.25	1.07	0.84	2.33	0.89	70.97	31.49		5.28	E
Cp3	2.71	24.75	1.08	0.88	1.33	0.76	5.76	19.37		3.04	E
Cp4	6.39	160.50	1.81	0.79	2.00	1.17	121.91	52.48		8.27	E
Cp5	13.52	294.38	2.28	0.63	4.83	1.68	5.76	177.67		9.12	E
Mc1	6.61	108.63	1.58	0.81	1.17	1.20	125.47	72.79		7.66	E
Mc2	6.54	73.00	1.64	0.86	1.83	1.27	5.76	57.46		5.18	E
Mc3	7.67	87.63	1.51	0.80	1.67	1.13	120.16	56.55		7.53	E
Mc4	14.60	311.63	2.27	0.59	5.00	1.33	5.76	182.39		8.98	E
Mc5	7.39	110.25	1.78	0.75	3.33	1.15	147.22	69.21		8.98	E

续表

样品编号	C_f								PLI	污染等级
	As	Cd	Cu	Cr	Hg	Ni	Pb	Zn		
Mc6	5.81	96.25	1.50	0.76	2.00	1.08	5.76	58.09	5.11	E
Bf1	0.45	5.00	0.71	0.85	2.17	0.43	2.81	1.41	1.22	M
Bf2	0.39	3.50	0.80	0.82	2.50	0.45	5.76	1.49	1.31	M
Bf3	0.92	9.13	1.24	1.11	0.83	0.79	5.33	3.66	1.87	M
Bf4	0.74	5.13	0.90	0.77	1.83	0.60	5.76	2.35	1.58	M
Bf5	186.25	874.25	55.14	0.50	74.67	2.52	2608.74	371.97	73.24	E
Bf6	75.34	31 612.50	159.10	0.46	49.17	3.96	5.76	1521.00	64.51	E
Dm1	1.73	134.63	2.36	0.83	1.33	0.63	22.04	29.01	4.72	E
Dm2	1.18	37.00	1.53	0.94	1.17	0.77	5.76	6.40	2.60	H
Dm3	0.71	8.13	0.73	0.71	1.00	0.51	3.57	5.57	1.53	M
Dm4	0.92	19.50	1.40	0.76	0.83	0.80	5.76	10.27	2.29	H
Dm5	0.71	10.88	0.95	0.58	1.00	0.50	3.49	5.39	1.59	M
Nf1	0.83	2.63	0.81	0.75	1.00	0.76	5.76	3.02	1.43	M
Nf2	1.10	3.25	1.00	0.75	3.50	0.90	4.36	2.68	1.77	M
Nf3	0.41	2.25	0.87	0.83	0.67	0.80	5.76	2.01	1.20	M
Nf4	0.89	6.13	1.04	1.11	0.83	1.11	7.77	5.45	1.99	M
Nf5	1.44	1.88	1.62	0.89	1.17	1.04	5.76	4.88	1.84	M
Nf6	0.85	2.88	1.13	0.82	1.17	1.21	3.05	3.88	1.58	M
Nf7	0.88	1.25	1.08	0.83	1.17	0.99	5.76	2.46	1.42	M
Th	1.00	5.63	2.36	1.17	1.83	0.83	2.28	1.06	1.66	M

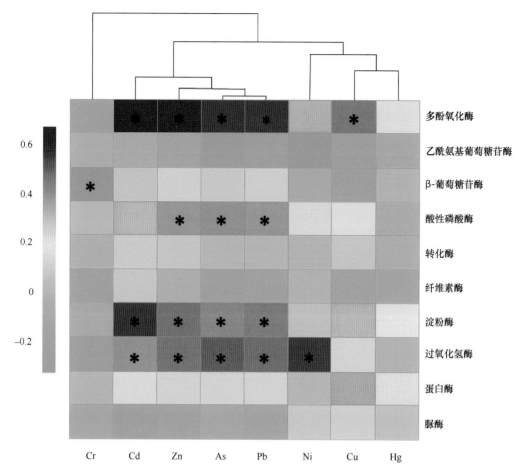

图 2.11　土壤酶活性和重金属之间的相关性（Pearson 相关系数）热图
红色表示正相关；黄色表示弱相关；绿色表示负相关；*表示显著相关，且 $P<0.05$。

壤中的形态含量及其比例才是决定其对环境及周围生态系统造成影响的关键因素。一般情况下，残留态重金属的含量可以代表重金属元素在土壤或沉积物中的背景值。一般而言，用连续提取法划分土壤中重金属不同形态的生物可利用性的顺序是：碳酸盐结合态>铁锰氧化物结合态>有机结合态>残渣态。

　　根据图 2.10 的重金属含量区域分类，选取低度污染区域的 Rf1、Ra1、Th、Dm3、Nf5、Rs1 样品，中度污染区域的 Mc1 和 Mc3 样品，重度污染区域的 Cp5 样品以及极度污染区域的 Bf5 样品为代表，分析样品中 Cd、Cu、Pb 和 Zn 的不同状态。结果表明，对 Cd 元素而言，在低污染区域，Rf1 和 Rs1 样品中 Cd 基本上由残渣态组成，其余样品以残渣态、酸溶态和可还原态为主要存在形式；在中度污染、重度污染及极度污染区域，样品以酸溶态 Cd 为主要存在形态，且随着污染加重，酸溶态比例降低，可还原态比例增加。对 Cu 元素而言，随着污染的加重，残渣态减少，可还原态和酸溶态增多，在超污染区域主要存在形式为可氧化态。对 Pb 元素而言，主要以可还原态形态存在，但是在低污染区域残渣态相对含量较高；在中度和重度污染区域除可还原态外，酸溶态为第二大存在状态；此外，在极度污染区域主要为可还原态和可氧化态形式。对于 Zn 元素而言，除 Dm3 样品比较特殊，酸溶态和残渣态各占近50%；随着污染的加重，残渣态减少，可还原态增多，在超污染区域主要存在形式为可氧化态。整体上，Cd 和 Pb 在所取样品中基本都处于活化状态，生物可给性最高，而 Zn 在中度、重度及极度污染样品中生物可给性高，这三者是土壤样品的主要污染源，而土壤中的 Cu 大部分处于钝化状态，不是主要污染源，这与表 2.4 所有样品的分析结果相吻合。

　　Cd、Cu、Pb 和 Zn 的不同形态对土壤酶活力的影响列于表 2.5。可以看出，Cd 和 Cu 对土壤酶活

表 2.5　重金属不同形态对土壤酶活力的抑制及促进作用

形态	淀粉酶	转化酶	乙酰氨基葡萄糖苷酶	β-葡萄糖苷酶	蛋白酶	脲酶	酸性磷酸酶	过氧化氢酶	多酚氧化酶
Cd	0.467	−0.180	0.225	0.263	−0.046	−0.333	0.167	0.467	0.378
酸溶态	0.333	0.135	0.045	0.119	0.000	−0.556*	0.167	0.067	0.333
可还原态	0.333	0.315	0.045	0.024	0.092	−0.467	0.119	0.067	0.422
可氧化态	0.156	0.225	0.045	−0.024	0.000	−0.644**	0.167	−0.022	0.333
残渣态	0.156	0.090	−0.360	0.072	0.000	−0.022	−0.310	0.156	−0.111
Cu	0.111	0.135	0.045	0.263	0.138	0.200	0.358	0.467	0.022
酸溶态	−0.045	0.318	−0.068	0.097	0.163	−0.494*	0.290	−0.090	0.135
可还原态	0.244	0.674**	−0.135	−0.167	0.230	−0.111	0.358	0.333	0.333
可氧化态	0.022	0.360	0.180	0.072	0.138	−0.511*	0.310	−0.067	0.289
残渣态	0.200	−0.449	−0.135	−0.024	0.322	0.467	−0.072	−0.244	−0.244
Pb	0.511*	0.135	0.270	0.119	0.046	−0.022	0.310	0.689**	0.511*
酸溶态	0.111	0.270	0.180	0.072	0.138	−0.422	0.358	0.022	0.289
可还原态	0.200	0.449	0.180	−0.024	0.138	−0.333	0.263	0.200	0.556*
可氧化态	0.156	0.494*	0.135	−0.072	0.184	−0.378	0.358	0.156	0.422
残渣态	0.111	0.270	0.090	0.072	0.138	−0.333	0.406	0.200	0.467
Zn	0.333	0.090	0.315	0.215	−0.092	−0.200	0.263	0.600*	0.511*
酸溶态	0.289	0.000	0.180	0.167	−0.138	−0.689**	0.119	0.111	0.467
可还原态	0.244	0.180	0.135	0.119	−0.184	−0.556*	0.119	0.244	0.511*
可氧化态	−0.022	0.315	0.135	0.072	0.000	−0.556*	0.215	−0.022	0.333
残渣态	0.244	−0.045	0.000	0.215	0.368	0.156	0.406	0.156	0.156

注：标注"*"和"**"的数据表示显著相关。

力无显著影响，Pb 对土壤淀粉酶、过氧化氢酶和 PPO 的活性有显著的促进作用，Zn 对过氧化氢酶和 PPO 的活性有显著的促进作用，这与图 2.11 中全部样品的土壤酶活力与重金属的相关性一致。重金属不同形态对土壤酶活力的影响与其整体对酶活的影响不完全相同。其中酸溶态、可氧化态 Cd、Cu 和 Zn 对脲酶活性有显著的抑制作用。可还原态 Cu 和可氧化态 Pb 对转化酶活性具有显著的促进作用，可还原态 Pb 和 Zn 对 PPO 具有显著的促进作用，这与全部样品的整体分析结果一致，从中也可以看出 PPO 活性可以很好地表征铅锌矿长期污染的状况。

2.3.2.4　温室条件下重金属对土壤酶活力的影响评价

综合考虑采样点的实际污染情况，选择了 Cd、Zn、Pb 三种重金属与 PPO、过氧化氢酶、淀粉酶、磷酸酶、BG、脲酶酶活力之间的相关性进行了温室模拟实验验证。酶活力检测结果显示虽然一些重金属在低浓度下可以促进某类酶的活性（Cd 和 Zn 对淀粉酶、磷酸酶、过氧化氢酶和 PPO；Pb 对 BG），但是随着 Cd、Pb 和 Zn 重金属离子浓度的增加，这六大类酶整体活性趋势都随之下降，这与 Pan 和 Yu[17] 的报道结果是一致的。比较特殊的是随着 Pb 浓度的增加，过氧化氢酶活性也是增加的，因此可以推断土壤中过氧化氢酶活性的提高与微生物的重金属解毒是密切相关的。

皮尔森相关分析（图 2.12）结果显示过氧化氢酶和脲酶与 Pb 和 Zn 显著相关（$P<0.05$）。虽然实际调查显示 PPO、淀粉酶和磷酸酶与 Cd、Pb 和 Zn 具有显著相关性，但在温室的短期模拟实验中未发现这 3 个酶与重金属的相关性，只有过氧化氢酶仍然与这三种离子具有显著相关性。因此我们推测过氧化氢酶作为一种氧化还原酶类，不论是在温室的短期模拟实验中还是在铅锌矿的长期污染过程中，都是反映重金属污染的良好指征。结合其他文献报道结果，本研究认为氧化还原酶类由于与重金属的脱毒密切相关，因此可作为重金属污染的"核心酶指征"。此外，与氮循环相关的脲酶、与碳循环相关的淀粉酶以及与磷循环相关的磷酸酶也是重金属污染的重要生物指征，可作为氧化还原酶类的补充来表征特定环境下的重金属污染情况。而 PPO 可作为长期重金属污染下一个新的氧化还原酶类代表性指征。

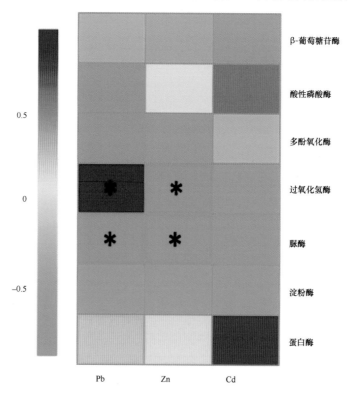

图 2.12　温室模拟条件下土壤酶活力和重金属之间的相关性（Pearson 相关系数）热图

红色表示正相关；黄色表示弱相关；绿色表示负相关；*表示显著相关，且 $P<0.05$。

2.3.3　结论

中国云南勐糯铅锌矿开采导致的土壤中重金属污染程度为：Pb>Cd>Zn>As>Hg>Cu>Ni>Cr。污染负荷指数表明 Pb、Cd、Zn 和 As 是该地区的主要污染离子。PPO、淀粉酶、磷酸酶和过氧化氢酶可作为该地区长期多种重金属复合污染的生物指征。结合温室模拟结果，本研究认为氧化还原酶类可作为今后重金属污染生物指征的一个"核心酶"，这对于后续相关领域的研究具有一定的指导意义。

参 考 文 献

[1] Mirzaei R, Ghorbani H, Hafezi M N. Ecological Risk of Heavy Metal Hotspots in Topsoils in the Province of Golestan, Iran[J]. Journal of Geochemical Exploration, 2014, 147: 268-276.

[2] Tripathy S, Bhattacharyya P, Mohapatra R, et al. Chowdhury, Influence of Different Fractions of Heavy Metals on Microbial Ecophysiological Indicators and Enzyme Activities in Century Old Municipal Solid Waste Amended Soil[J]. Ecological Engineering, 2014, 70: 25-34.

[3] Zhang F P, Li C F, Tong L G, et al. Response of Microbial Characteristics to Heavy Metal Pollution of Mining Soils in Central Tibet, China[J]. Applied Soil Ecology, 2010, 45: 144-151.

[4] Hu X F, Jiang Y, Shu Y, et al. Effects of Mining Wastewater Discharges on Heavy Metal Pollution and Soil Enzyme Activity of the Paddy Fields[J]. Journal of Geochemical Exploration, 2014, 147: 139-150.

[5] Cui B, Zhao H, Li X, et al. Temporal and Spatial Distributions of Soil Nutrients in Hani Terraced Paddy Fields, Southwestern China[J]. Procedia Environmental Sciences, 2010(2): 1032-1042.

[6] Chu B B, Luo L Q. EDXRF Analysis of Soil Heavy Metals on Lead-Zinc Orefield[J]. Spectroscopy and Spectral Analysis, 2010, 30: 825-828.

[7] Allison S D, Jastrow J D. Activities of Extracellular Enzymes in Physically Isolated Fractions of Restored Grassland Soils[J]. Soil Biology & Biochemistry, 2006, 38: 3245-3256.

[8] Allison S D, Vitousek P M. Responses of Extracellular Enzymes to Simple and Complex Nutrient Inputs[J]. Soil Biology & Biochemistry, 2005, 37: 937-944.

[9] Soriano A, Pallarés S, Pardo F, et al. Deposition of Heavy Metals from Particulate Settleable Matter in Soils of an Industrialised Area[J]. Journal of Geochemical Exploration, 2012, 113: 36-44.

[10] Boamponsem L K, Adam J I, Dampare S B, et al. Assessment of Atmospheric Heavy Metal Deposition in the Tarkwa Gold Mining Area of Ghana Using Epiphytic Lichens[J]. Nuclear Instruments and Methods in Physics Research Section B: Beam Interactions with Materials and Atoms, 2010, 268: 1492-1501.

[11] Bhuiyan M A H, Parvez L, Islam M, et al. Heavy Metal Pollutionof Coal Mine-affected Agricultural Soils in the Northern Part of Bangladesh[J]. Journal of Hazardous Materials, 2010, 173: 384-392.

[12] Liu G, Tao L, Liu X, et al. Heavy Metal Speciation and Pollution of Agricultural Soils along Jishui River in Non-ferrous Metal Mine Area in Jiangxi Province, China[J]. Journal of Geochemical Exploration, 2013, 132: 156-163.

[13] Gomez-Ros J M, Garcia G, Peñas J M. Assessment of Restoration Success of Former Metal Mining Areas after 30 Years in a Highly Polluted Mediterranean Mining Area: Cartagena-La Unión[J]. Ecological Engineering, 2013, 57: 393-402.

[14] Hu X F, Jiang Y, Shu Y, et al. Effects of Mining Wastewater Discharges on Heavy Metal Pollution and Soil Enzyme Activity of the Paddy Fields[J]. Journal of Geochemical Exploration, 2014, 147: 139-150.

[15] Lee I S, Kim O K, Chang Y Y, et al. Heavy Metal Concentrations and Enzyme Activities in Soil from a Contaminated Korean Shooting Range[J]. Journal of Bioscience and Bioengineering, 2002, 94: 406-411.

[16] Majera B J, Tscherkob D, Paschkec A, et al. Effects of Heavy Metal Contamination of Soils on Micronucleusinduction in Tradescantia and on Microbial Enzyme Activities: A Comparative Investigation[J]. Mutation Research, 2002, 515: 111-124.

[17] Pan J, Yu L. Effects of Cd or/and Pb on Soil Enzyme Activities and Microbial Community Structure[J]. Ecological Engineering, 2011, 37: 1889-1894.

2.4　应用 HPLC-ESI-MS 测定土壤和植物中小分子有机酸

小分子有机酸（LMWOA）是指分子量小于 250 的有机酸，广泛存在于植物体内、植物根系土壤、土壤环境及生物体内，是一种带有一个或多个羧基功能团的低分子量碳氢氧化合物。LMWOA 来源为土壤有机质及植物根系生长分泌的成分。已有研究表明，土壤中的有机酸能够影响碳汇的产生和流动[1]，促进矿物的溶蚀[2]，参与元素的吸收、运输、积累等过程，促进植物生长发育[3]。同时，LMWOA 作为一种天然螯合剂，在控制重金属溶解性、植物有效性和生物毒性方面发挥着重要作用。土壤和植物中 LMWOA 成分对重金属作用机制研究，对于减轻和防治土壤中重金属的危害[4]、保护农业生态环境和人体健康都具有重要意义。

LMWOA 的检测方法常用气相色谱法、液相色谱法、毛细管电泳法及离子色谱法[5]。气相色谱法需要进行衍生，过程复杂且不能够反映真实状态下有机酸的含量。液相色谱法和离子色谱法抗干扰能力差，对样品前处理有很高的要求，且仅依赖于色谱分离，辨识度低。近二十年来，随着电喷雾电离（ESI）研制成功，高效色谱-质谱联用（HPLC-ESI-MS）技术迅猛发展，液相色谱与质谱的优点很好地融合在一起。液相色谱分析条件温和，有多种分离模式可供选择，适用范围广；质谱检测器作为液相色谱的检测器弥补了液相色谱检测器在灵敏度和专一性方面的不足，即使目标物性质相似度很高在色谱柱上难以分离时也能通过监测不同的离子实现准确的定性定量分析，减轻液相色谱分离的负担。因此，HPLC-ESI-MS 尤其适合对极性、难挥发和热不稳定化合物的绝大多数有机污染物进行分析。

近年来，国外学者尝试应用 LC-MS/MS 定性分析和定量测定多种介质中的 LMWOA[6-9]。Erro 和 Cole[10] 建立了 LC-MS/MS（质量分析器为 QTrap）测定植物组织和分泌物中 LMWOA 的方法，该方法取样量小，提取过程不需要有机溶剂且不需要净化过程。Ehling 和 Cole[11] 建立了同位素稀释法 LC-MS/MS（质量分析器为 QqQ）测定葡萄酒中柠檬酸、马来酸、奎宁酸和酒石酸的方法，该方法分析果汁样品简单快速，且准确度高。基于以上成果，本研究拟将 LC-MS/MS 测定 LMWOA 扩展至土壤介质和农作物，同时比较了不同前处理方式对土壤和植物根、茎、叶不同部位的 LMWOA 测定值的影响。

2.4.1　实验部分

2.4.1.1　仪器与试剂

1200 系列高效液相色谱仪（美国 Agilent 公司），API4000 三重四极杆串联质谱仪配电喷雾离子源（美国 Sciex 公司），Sigma3-18ks 离心机（德国 Sigma 公司），Ecotron 摇床（瑞士 Infors 公司）。

马来酸、富马酸、草酸和琥珀酸标准品购自德国 Dr. Ehrenstorfer 公司，柠檬酸标准品购自美国 Supelco 公司，酒石酸、丙酮酸和乌头酸标准品购自美国 ChromaDex 公司，DL-异柠檬酸三钠盐水合物、甲酸和醋酸购自比利时 Acros 公司，甲醇购自美国 Fisher 公司，实验用水均为 Mill-Q 水。

2.4.1.2　样品前处理

土壤中的 LMWOA 采用振荡法提取：称取 1 g 土壤样品加入 40 mL 离心瓶中，加入 10 mL 超纯水，振荡 1 h 后，以 4000 r/min 离心 30 min。取上清液过 0.45 μm 滤膜后上机测定。

植物样品中的 LMWOA 采用均质法提取：称取 0.1 g 植物样品置于 40 mL 离心瓶中，加入 20 mL 超纯水，用匀浆机磨成均匀的液态样品，以 4000 r/min 离心 30 min，上清液过 0.45 μm 滤膜后上机测定。

本节编写人：路国慧（国家地质实验测试中心）

2.4.1.3　仪器分析条件

液相色谱条件：RHM-Monosaccharide H⁺（8%）柱；流动相为 0.1%醋酸水溶液等梯度洗脱 20 min，流速 500 μL/min，柱温 40℃，进样量 20 μL。Atlantis T3 色谱柱流动相为 0.2%醋酸和甲醇的混合溶液（体积比 8∶2），等梯度洗脱 10 min，流速 300 μL/min，柱温 40℃，进样量 10 μL。

质谱条件：采用电喷雾离子化源（ESI），负离子模式；电喷雾电压 4500 kV，离子源温度 600℃；气帘气压力 72.3 kPa；雾化器压力 344.7 kPa；去溶剂气压力 206.8 kPa；锥孔气压力 137.9 kPa；碰撞气压力 68.9 kPa。

2.4.2　结果与讨论

2.4.2.1　液相色谱条件优化

色谱柱作为色谱分析的核心部分，其选择是否适当直接决定了整个色谱分析的成败。实验开始选用反相色谱中较为普遍的亲水性化合物专用柱 Atlantis T3 柱（2.1 mm×50 mm×3 μm）对目标物进行分离，在优化的梯度条件下大多数目标物可以获得比较尖锐、对称的色谱峰，但是草酸严重拖尾且大多数待测物保留较弱。为了增强这几种化合物在色谱柱上的保留并且得到较尖锐的色谱峰进而提高其灵敏度，尝试使用氢离子型糖柱 RHM-Monosaccharide H⁺（8%）柱（7.8 mm×300 mm×5 μm）对目标化合物进行分离，目标物分离度和峰形都更为理想。另外对聚合物基质反相色谱柱 RSpak JJ-50 2D 柱（2.0 mm×150 mm×5 μm）和亲水色谱柱 Atlantis Hilic 柱进行优化。实验结果表明上述两种色谱柱在各种商品指导流动相下均无法对待测的 10 种 LMWOA 获得良好的保留和分离。故实验选择 RHM-Monosaccharide H⁺（8%）柱进行定量测定，Atlantis T3 柱用于定性确证。

向水中加入浓度为 0.1%~0.5%的甲酸和醋酸，并分别加入 0~5%的甲醇作为流动相，实验结果表明流动相中甲醇对各待测物响应值、保留时间和峰形都没有显著影响。相比于醋酸水溶液，流动相为甲酸水溶液时，待测物保留时间变长，且响应值显著降低，溶液中醋酸浓度由 0.1%升至 0.4%后，化合物的保留时间和峰形改变不明显，但是响应值降低（图 2.13）。故选择 0.1%醋酸水溶液为流动相。

2.4.2.2　振荡法和超声法提取土壤中小分子有机酸

振荡法：分别称取基质土 1 g 加入 40 mL 离心瓶中，加入 LMWOA 混合标准后，加入 10 mL 提取液，提取液分别选择水、0.1%甲酸水溶液、0.2%甲酸水溶液、0.1%醋酸水溶液及 0.2%醋酸水溶液。振荡 1 h 后，以 4000 r/min 离心 30 min。取上清液过 0.45 μm 滤膜后上机测定，其中每种样品分为加标组和不加标组，且每个样品做两个平行样。应用上述 5 种溶剂提取基质土的结果表明，除酒石酸未检出外，其他 8 种有机酸均有检出，其中马来酸和草酸含量最高。不同溶剂的提取效率差别比较大：马来酸、异柠檬酸、富马酸、奎尼酸、琥珀酸和丙酮酸在 5 种溶剂中均能得到较高的回收率，柠檬酸、草酸、乌头酸和酒石酸的回收率受溶剂影响显著，在甲酸和醋酸体系下，柠檬酸和酒石酸的回收率均低于 60%。

超声法：分别称取基质土 1 g 加入 40 mL 离心瓶中，加入 LMWOA 混合标准后，加入 10 mL 上述 5 种提取液。以 50 kHz 超声提取 1 h 后，以 4000 r/min 离心 30 min。取上清液过 0.45 μm 滤膜后上机测定。基质土中除酒石酸未检出外，其他 8 种有机酸均有检出，与振荡法提取结果吻合。不同提取溶剂体系下，各种 LMWOA 的回收率结果与振荡法基本吻合。马来酸、异柠檬酸、富马酸、奎尼酸、琥珀酸和丙酮酸的回收率均高于 75%。超声法提取的草酸回收率为 56.7%，可能受样品中高含量的草酸影响。总之，两种提取方法结果基本一致，对于柠檬酸、草酸和酒石酸三种化合物，振荡法的回收率高于超声法，故本研究选择采用振荡法提取土壤样品中的 LMWOA。

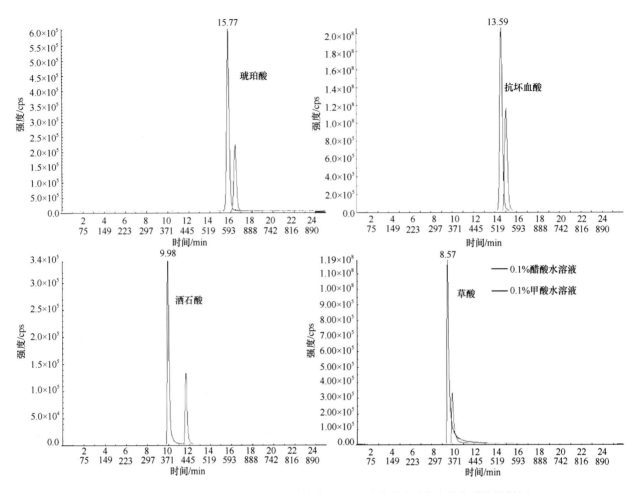

图 2.13　流动相分别为 0.1%醋酸水溶液与 0.1%甲酸水溶液时化合物色谱差异举例

2.4.2.3　均质法提取植物中小分子有机酸

称取 1 g（湿重）黄瓜样品及标准品置于 40 mL 离心瓶中，加入 20 mL 提取溶剂，用匀浆机磨成均匀的液态样品，以 4000 r/min 离心 30 min，上清液过 0.45 μm 滤膜后上机测定。9 种待测 LMWOA 中有 8 种在黄瓜样品中被检出，其中丙酮酸含量最高，柠檬酸次之。应用上述 5 种不同提取液均可以提取出样品中的 LMWOA，其中纯水提取效果明显优于其他提取液。

2.4.2.4　方法技术指标及验证

配制不同浓度水平的目标物混合标准系列溶液，按选定仪器条件上机测定，验证方法的稳定性、可靠性等性能指标，以不同浓度目标物峰面积为纵坐标，以目标物浓度为横坐标进行线性回归分析。线性范围、精密度和检出限结果见表 2.6。

为验证建立的振荡法提取土壤中 LMWOA 和均质法提取植物中 LMWOA 的方法适用性，在北京市采集植物样品 5 个，分别为狗尾巴草的叶片、根和茎以及蒲公英的叶片和叶柄。柠檬酸、富马酸、草酸、奎尼酸、琥珀酸、丙酮酸和乌头酸在 5 个样品中均被检出，马来酸和酒石酸在狗尾巴草的茎叶中未被检出，在狗尾巴草根和蒲公英中被检出。两种不同植物中的 LMWOA 及其含量呈现明显差异。

表 2.6 LC-MS/MS 测定 LMWOA 的线性范围、精密度和检出限

目标物	线性范围/（ng/mL）	精密度/%	仪器检出限/（ng/mL）	土壤检出限/（μg/g）	植物检出限/（μg/g）
柠檬酸	20~1000	7.44	5	0.025	0.2
酒石酸	10~500	2.72	5	0.025	0.2
马来酸	2~100	4.00	1	0.005	0.04
富马酸	10~250	4.13	10	0.05	0.4
草酸	200~5000	2.97	200	1	8
异柠檬酸	20~1000	2.22	5	0.025	0.2
奎宁酸	10~500	1.40	5	0.025	0.2
琥珀酸	20~500	1.31	20	0.1	0.8
丙酮酸	10~250	2.22	10	0.05	0.4
乌头酸	10~500	2.24	5	0.025	0.2

2.4.2.5 方法应用

应用本研究建立的技术方法，研究了云南兰坪铅锌矿区和丽江农田禾本科植物根系土壤和根部土壤中 LMWOA 的分布特征。在兰坪铅锌矿区选择两块不同的玉米地，分别采集三株玉米及相应的土壤样品，包括玉米根、玉米叶、玉米茎、根系土、根部土样品。在丽江市的玉米地也以同样的方式采集三株玉米及相应的土壤样品。分别采用振荡法和均质法提取土壤和玉米中 LMWOA。取上清液过 0.45 μm 滤膜后上机测定。在 9 种 LMWOA 中，丙酮酸、富马酸和酒石酸在所有样品中均未被检出。根系土和根部土中的 LMWOA 含量有差别，但并不明显。地块差异造成土壤中 LMWOA 差异显著。在前期研究中发现镉污染严重的玉米田土壤中草酸的含量显著高于其他两个地块；铅污染严重的玉米田与丽江对照区土壤中的 LMWOA 相比未见明显差异。重金属胁迫会影响植物根系分泌 LMWOA 的数量和组成[12-13]，植物通过改变分泌物缓解重金属带来的危害[14-15]。同时，植物中 LMWOA 向土壤释放，改变土壤矿物表面的吸附点位和电荷，进而改变土壤中重金属物质的吸附和解吸[16]。各区域根部土和根系土中 LMWOA 均有明显差异，关于土壤中 LMWOA 转化或运移规律尚待继续研究。

不同区域玉米中 LMWOA 不同，同一地块三株玉米中 LMWOA 含量也不尽相同，且在各部位含量比例各不相同。图 2.14 举例说明了铅污染地块与丽江对照区土壤及相应玉米中根系土、根部土、根、茎、叶和种子中 LMWOA 的组成差异性。虽然影响植株中 LMWOA 含量的因素很多，但不同地块的差异仍有一定规律性：①玉米中部分待测物的含量范围无大幅度变化，如玉米根中的柠檬酸、异柠檬酸、草酸和丙酮酸的含量为数百 μg/g，酒石酸和马来酸的含量为几个 μg/g，奎宁酸、琥珀酸和富马酸则随植株不同变化较大。玉米叶和玉米茎中亦有相似规律。②同一地块中三株玉米中 LMWOA 的总量接近，玉米叶中 LMWOA 随植株的变化较小。③丽江对照区玉米中的丙酮酸和酒石酸的根叶比和根茎比明显高于矿区植物。上述差异可能是由于地区土壤营养元素、轮作方式、玉米品种和生长周期差异造成的，也可能与铅锌矿开采造成农田中铅、镉和砷等重金属污染有关，具体需要进一步研究。

2.4.3 结论

本研究建立了土壤和植物中草酸、柠檬酸和丙酮酸等 9 种 LMWOA 的分析方法。土壤中 9 种 LMWOA 的检出限为 0.005~1 μg/g，植物中 9 种 LMWOA 的检出限为 0.04~8 μg/g。经过验证，该方法适用且操作简便，样品无需进行复杂的前处理，仪器方法灵敏、可靠。

应用本研究建立的方法，揭示了兰坪铅锌矿区和丽江农田禾本科植物根系土壤和根部土壤中 LMWOA 的分布特征，发现镉污染严重的玉米田土壤中草酸的含量显著高于其他地块；对照区即丽江市

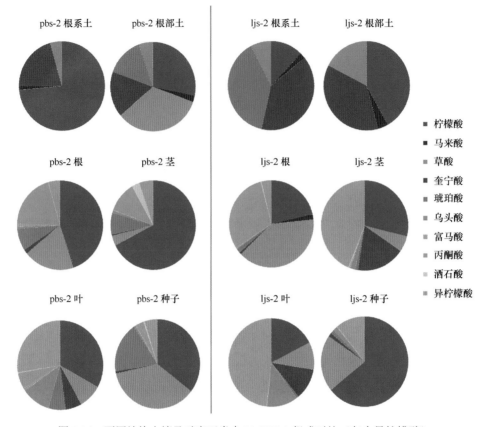

図 2.14　不同地块土壤及对应玉米中 LMWOA 组成对比（包含异柠檬酸）

农田玉米中的丙酮酸和酒石酸的根叶比和根茎比明显高于矿区玉米的根叶比和根茎比。本方法的建立可以为进一步开展植物分泌 LMWOA 与土壤中有益有害元素和有机污染物的双向影响过程研究提供技术支持。

参 考 文 献

[1] 赵宽, 吴沿友. 根系分泌的有机酸及其对喀斯特植物、土壤碳汇的影响[J]. 中国岩溶, 2011, 30(4): 466-471.

[2] 陈传平, 固旭, 周苏闽, 等. 不同有机酸对矿物溶解的动力学实验研究[J]. 地质学报, 2008, 82(7): 1007-1012.

[3] Goyne K W, Brantley S L, Chorover J. Rare Earth Element Release from Phosphate Minerals in the Presence of Organic Acids[J]. Chemical Geology, 2010, 278(1-2): 1-14.

[4] Duarte B, Freitas J, Caçador I. The Role of Organic Acids in Assisted Phytoremediation Processes of Salt Marsh Sediments[J]. Hydrobiologia, 2011, 674(1): 169-177.

[5] 谢文明, Ko K Y, Lee K S. 土壤和白菜中低分子量有机酸的气相色谱分析[J]. 岩矿测试, 2009, 28(2): 97-100.

[6] Jaitz L, Mueller B, Koellensperger G, et al. LC-MS Analysis of Low Molecular Weight Organic Acids Derived from Root Exudation[J]. Analytical and Bioanalytical Chemistry, 2011, 400(8): 2587-2596.

[7] Rellán-Álvarez R, López-Gomollón S, Abadía J, et al. Development of a New High-performance Liquid Chromatography-Electrospray Ionization Time-of-Flight Mass Spectrometry Method for the Determination of Low Molecular Mass Organic Acids in Plant Tissue Extracts[J]. Journal of Agricultural and Food Chemistry, 2011, 59(13): 6864-6870.

[8] Ali T, Bylund D, Essén S A, et al. Liquid Extraction of Low Molecular Mass Organic Acids and Hydroxamate Siderophores from Boreal Forest Soil[J]. Soil Biology and Biochemistry, 2011, 43(12): 2417-2422.

[9] Allred B M, Lang J R, Barlaz M A, et al. Orthogonal Zirconium Diol/C18 Liquid Chromatography-Tandem Mass Spectrometry Analysis of Poly and Perfluoroalkyl Substances in Landfill Leachate[J]. Journal of Chromatography A, 2014, 1359: 202-211.

[10] Erro J, Zamarreño A M, Yvin J C, et al. Determination of Organic Acids in Tissues and Exudates of Maize, Lupin, and Chickpea by High-performance Liquid Chromatography-Tandem Mass Spectrometry[J]. Journal of Agricultural and Food

Chemistry, 2009, 57(10): 4004-4010.

[11] Ehling S, Cole S. Analysis of Organic Acids in Fruit Juices by Liquid Chromatography-Mass Spectrometry: An Enhanced Tool for Authenticity Testing[J]. Journal of Agricultural and Food Chemistry, 2011, 59(6): 2229-2234.

[12] Dresler S, Hanaka A, Bednarek W, et al. Accumulation of Low-Molecular-Weight Organic Acids in Roots and Leaf Segments of Zea Mays Plants Treated with Cadmium and Copper[J]. Acta Physiologiae Plantarum, 2014, 36(6): 1565-1575.

[13] Ding H, Wen D, Fu Z, et al. The Secretion of Organic Acids is also Regulated by Factors Other than Aluminum[J]. Environmental Monitoring and Assessment, 2014, 186(2): 1123-1131.

[14] Ghnaya T, Zaier H, Baioui R, et al. Implication of Organic Acids in the Long-distance Transport and the Accumulation of Lead in Sesuvium *portulacastrum* and Brassica *juncea*[J]. Chemosphere, 2013, 90(4): 1449-1454.

[15] Wei W, Cui J, Wei Z. Effects of Low Molecular Weight Organic Acids on the Immobilization of Aqueous Pb（Ⅱ）Using Phosphate Rock and Different Crystallized Hydroxyapatite[J]. Chemosphere, 2014, 10(5): 14-23.

[16] Najafi S, Jalali M. Effects of Organic Acids on Cadmium and Copper Sorption and Desorption by Two Calcareous Soils[J]. Environmental Monitoring and Assessment, 2015, 187(9): 1-10.

2.5　铅锌矿的激光拉曼光谱特征及鉴定技术

　　矿石是一类具有开采价值的有用矿物集合体，根据其是否可用分为矿石矿物和脉石矿物。矿石矿物即有用矿物，能从中提取有用成分的金属或非金属矿物，如铁矿石中的赤铁矿、磁铁矿、菱铁矿和褐铁矿，金矿石中的自然金、（针）碲金矿、金银矿，锰矿石中的软（硬）锰矿、褐锰矿、菱锰矿和黑锰矿等。脉石矿物是指那些不能提炼出有用矿物且与矿石矿物伴生的一类矿物，如铁矿石中的黄铜矿、蓝铁矿和毒砂，金矿石中的黄铁矿、方铅矿和毒砂等。每种矿石的矿石矿物和脉石矿物的比例都有差异，在许多金属矿石中，脉石矿物的比重超过矿石矿物，因此矿石的冶炼是个非常重要的过程[1]。

　　根据矿物的成因（原生、次生或变质）可以将矿物分为原生矿物、次生矿物和变质矿物。次生矿物是在原生矿物的基础上发生化学变化而形成的新矿物，如铅矾和白铅矿都是方铅矿的次生矿物，二者都是在方铅矿的基础上发生氧化、风化等一系列变化形成的。原生矿物和次生矿物之间存在差异，也存在某些内部联系。变质矿物是在变质岩中特有的矿石，如滑石、石榴子石和蛇纹石等。矿石中单个矿物结晶颗粒的形态、大小和空间结构等特征即矿石结构。大部分矿石的结构能通过显微镜观察，极少数颗粒较大的矿石也可用肉眼观察。矿石的解理程度是鉴定矿物的重要性质，解理是指矿物晶体受力后会沿一定方向破裂并产生光滑平面的性质。凡是具有解理的同种矿物，其解理方向和解理程度都是相同的，因此在显微镜下根据解理的情况区分不同的矿物。如石墨和云母都是极完全解理矿物，方铅矿和方解石都是弯曲解理矿物。

　　铅锌矿是指一类富含金属元素铅和锌的矿物[2]。铅锌矿在我国分布较广泛，主要集中在内蒙古、甘肃、湖南、广东、广西和云南省，并形成了五大铅锌矿采集、选矿、冶炼等生产基地。铅锌矿用途广泛，主要应用领域有电气工业、冶金工业、机械工业、军事工业、化学工业等。铅锌矿在原生矿床中经常共生，因为它们具有共同的成矿物质来源，有类似的外层电子结构，且都具有强烈的亲硫性。目前已发现的铅锌矿物约有250多种，大约1/3是硫化物和硫酸盐类，但可供工业利用的只有17种，这17种铅锌矿分别为方铅矿、白铅矿、铅矾、硫锑铅矿、脆硫锑铅矿、磷氯铅矿、砷铅矿、钼铅矿、钒铅矿、铬铅矿、车轮矿、闪锌矿（纤维锌矿）、菱锌矿、水锌矿、异极矿、硅锌矿，其中方铅矿（PbS）、闪锌矿（ZnS）是主要的铅锌矿物原料。经常与这些铅锌矿矿石矿物伴生的矿物有：黄铜矿、黄铁矿、重晶石、方解石、孔雀石、毒砂、白云石等。

　　矿石的鉴别、分类已经成为采矿和选矿体系中很重要的环节。最初，这些信息的采集都是由矿物学家通过光学显微镜完成。然而随着科技的发展，一系列能检测矿物元素信息的技术也被应用于矿物鉴定中，如激光诱导等离子体光谱（LIPS）[3]、红外光谱（IR）[4-5]、X射线衍射（XRD）[6]、激光显微拉曼光谱[7-11]等。

　　目前，我国自主建立的矿物拉曼光谱的数据库极少且种类不够齐全，对矿物、宝石、文物等样品的快速鉴别主要依赖于国外学术网站已经公布的拉曼矿物数据库或国外文献，如RRUFF数据库、矿物拉曼手册等，而较齐全、方便查阅的拉曼数据库也一般为大型仪器公司所有，价格昂贵。本节将以铅锌矿相关的矿物为核心，辅以其他相关无机化合物和矿物颜料，建立以铅锌矿为主的无机矿物的拉曼光谱数据库，在此基础上提出鉴别和区分铅锌矿及其伴生和共生矿物的光谱依据，为矿物勘探、筛选、地质、考古分析提供强有力的数据支撑。

2.5.1　激光拉曼光谱方法

　　拉曼光谱是由光的非弹性散射现象所产生的一种分子振动-转动光谱，通过与分子相互作用的光子产生的表征分子振动或转动能级差的特征频移，来反映分子的结构信息。每种物质分子都有其对应的"指纹"拉曼

本节编写人：胡继明（武汉大学）

光谱，来自于测量分子受入射光激发而产生的非弹性散射信号。随着"陷式"滤波器、CCD 检测器以及迈克逊干涉仪的相继问世，激光拉曼光谱的应用范围日渐普及，在化学、物理学、生物学和医学等领域非常活跃。

拉曼位移（Raman shift，光谱图横坐标）即分子振动或转动频率，它只与分子结构有关，与入射光频率无关。每一种物质有自己的特征拉曼光谱，拉曼谱线的位移值的大小、数目和谱带的强度（Raman intensity，光谱图纵坐标）等指标都反映了物质分子振动和转动能级信息。与另一种分子振动光谱方法即红外光谱相比，拉曼光谱有着以下突出的优势：①检测范围宽，能够测量低波数（50~4000 cm^{-1}），尤其适合无机物的分析应用；②能够对样品实现多组分的同时检测；③不需要复杂的样品前处理过程，有利于原位、现场检测；④激发光束的直径在其聚焦部位通常只有 0.2~2 mm 甚至 1~2 μm，能实现微量或小面积样品的分析检测；⑤能利用光纤实现遥感在线分析。基于以上优点以及高灵敏、无损分析的检测特性，激光拉曼光谱十分适合矿石、宝石的鉴定鉴别分析，尤其在矿石的野外作业、现场快速分析方面极具应用潜力[12-13]。

2.5.2　实验部分

2.5.2.1　仪器

显微共聚焦激光拉曼光谱仪（HR800，Horiba Jobin Yvon，法国），632.8 nm 氦-氖激光器，50 倍长焦，光谱分辨率约为 2 cm^{-1}。

2.5.2.2　样品

铅锌矿：方铅矿、白铅矿、磷氯铅矿、闪锌矿、菱锌矿、异极矿（山长水远矿物有限公司），脆硫锑铅矿、钼铅矿、钒铅矿、铁闪锌矿（中国地质图书馆）。

颜料矿物：蓝铜矿、青金石、雄黄、孔雀石、褐铁矿、镜铁矿、锡石、萤石（中国地质图书馆）。

其他伴生矿物：黄铜矿、斑铜矿、氯铜矿、黄铁矿、白钨矿、重晶石、方解石、毒砂、白云石、斜方砷铁矿、磷灰石、云母石、菱铁矿、文石、水硅钒钙石、锌黄锡矿、硅铜矿、石膏、孔雀石、蓝晶石、绿帘石、黑柱石、锰铝榴石、钙铁辉石、钙铁榴石、日光榴石、霓辉石以及 10 种未知矿物（全部来自中国地质图书馆）。所有样品均为高纯度矿物。

2.5.2.3　样品处理与信号采集

样品在测试前用超纯水清洗三遍，待样品风干。每个样品的内部结构、风化程度、纯度都有差别，会对拉曼光谱信号产生影响，因此每个样品的采集时间有微小差异。根据样品在光镜视野中的形貌差异来确定光谱的采点个数，一般每个样品至少 10 个。光谱采集区间为 100~1800 cm^{-1}，样品采集时间为 30~120 s，光谱数据由仪器自带的 NGSLabspec-final 软件扣基线。

2.5.3　铅锌矿及其伴生（共生）矿物的拉曼光谱特征

2.5.3.1　铅锌矿类矿物的拉曼光谱特征

方铅矿（Galena）的化学组成为 PbS，其晶体结构为等轴晶系。方铅矿常呈立方体、六八面体或菱形十二面体，矿石常以集合体形式存在，通常呈粒状或致密块状。它的颜色通常为铅灰色、暗灰色，具有很强的金属光泽，完全解理。图 2.15 是方铅矿的拉曼光谱图。从图中可以看出，方铅矿粉末 a 和块状方铅矿 b 的光谱差异很大，方铅矿粉末的特征峰为 135、430、601 和 965 cm^{-1}，而块状方铅矿的特征峰为 157、201 和 461 cm^{-1}。为解析上述光谱差异，目前为止铅锌矿的拉曼光谱研究比较多，除了简单研究其微观结构和组成外，方铅矿的氧化也是研究的一个热点[14-17]。Smith 等[16]在前人的基础上对方铅矿的拉曼光谱进行了详细分析，他们测得的特征峰为~154、~210 和 460 cm^{-1}，这三个峰对应 Pb—S 键的伸缩信息，同时也发现少量硫酸根（960 cm^{-1}）的存在。结合文献资料可知，图 2.15a 中出现的 135、430 和 965 cm^{-1} 是方铅矿被部分氧化的结果，而图 2.15b 是纯方铅矿的拉曼光谱图。此外，Shapter 等[17]研究方铅矿被氧化成氧化铅（PbO/Pb$_3$O$_4$）或硫酸铅的过程也为方铅矿被氧化后出现上述三个峰提供了直接证据。

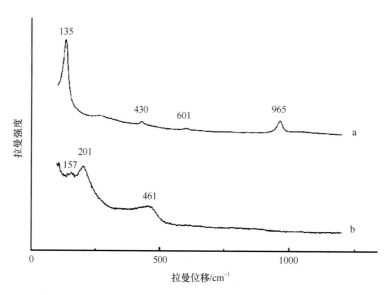

图 2.15　方铅矿的拉曼光谱图（激发光为 632.8 nm 氦氖激光）
a. 方铅矿粉末；b. 块状方铅矿。

白铅矿（Cerussite）的化学组成为 PbCO$_3$，属斜方晶系。它是方铅矿在地表氧化后产生的次生矿物，常常与磷氯铅矿、水白铅矿等共生，阻止方铅矿进一步被氧化。晶体为板状或假六方双锥状，集合体一般呈致密块状、钟乳状、土状或粒状。白铅矿通常呈白色、浅黄或灰色，混入方铅矿或铁会呈现黑色或褐色。本节分析的白铅矿样品表面有白色和黄色，还有少量黑色的区域。实验过程中发现白色、黄色区域的拉曼图没有实质性差异。白色、黑色区域的拉曼光谱见图 2.16，从图中看出黑色区域（b、d）是在采集过程中引入的无定形碳（1317、1604 cm^{-1}）的结果。白铅矿的特征峰为 150、215、681、839、1055 和 1376 cm^{-1}，主要是 $(CO_3)^{2-}$ 和 Pb—O 的拉曼峰。1055 cm^{-1} 和 839 cm^{-1} 分别对应碳酸根的 ν_1 对称伸缩振动和 ν_2 面外弯曲振动模式，1376 cm^{-1} 对应碳酸根的 ν_3 反对称伸缩振动模式，681 cm^{-1} 对应碳酸根的 ν_4 面内弯曲振动模式，150 cm^{-1} 和 215 cm^{-1} 对应晶格振动[18]。白铅矿除了作为炼铅的主要原料外，还可以作为颜料使用，如铅白——水合白铅矿。铅白在我国有悠久的使用历史，早在西元 400 年前就有古籍记载了铅白人工合成的步骤，出土的秦兵马俑彩绘就用到了铅白。

脆硫锑铅矿（Jamesonite）的化学组成为 Pb$_4$FeSb$_6$S$_{14}$，属单斜晶系，产于中低温铅锌矿床，常与闪锌矿、硫铅锑矿、方铅矿、黝铜矿等共生。颜色常呈铅灰色。晶体形态呈斜方柱晶状或针状，集合体通常呈羽毛状、纤维状、梳状，因此有"羽毛矿"之称。它的拉曼光谱如图 2.17a 所示，图中只有 4 个比较宽的峰：114、281、625 和 1094 cm^{-1}。实验得到的拉曼图和 RRUFF 数据库收录的相似度很高，但是这些峰的归属尚不明确。

磷氯铅矿（Pyromorphite）的化学组成为 Pb$_5$(PO$_4$)$_3$Cl，属六方晶系，产于铅矿床氧化带。它通常与铅矾、白铅矿、异极矿、褐铁矿等伴生，量多时可作为铅矿找矿的标志。晶体常呈六方柱状、小圆筒状或针状，集合体常呈球状、晶簇状和粒状，经常显(黄)绿色，有时呈褐色和橘黄色。它的特征拉曼光谱如图 2.17b 所示，其拉曼特征峰为 108、191、394、410、554、577、920、948 和 1025 cm^{-1}，主要是 $(PO_4)^{3-}$ 和

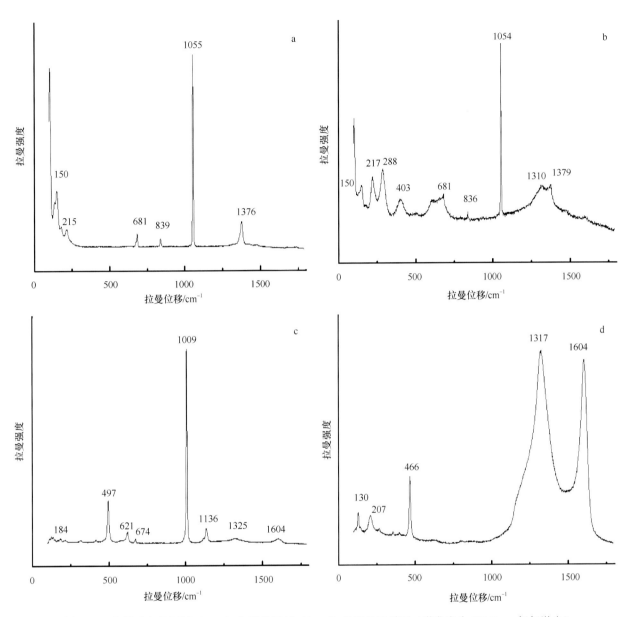

图 2.16　白铅矿白色区域（a、c）和黑色区域（b、d）的拉曼光谱图（激发光为 632.8 nm 氦氖激光）

Pb 相关产物的特征峰。920 cm^{-1} 和 948 cm^{-1} 对应磷酸根的 v_1 对称伸缩振动模式，1025 cm^{-1} 对应磷酸根的 v_3 反对称伸缩振动模式，554 cm^{-1} 和 577 cm^{-1} 对应磷酸根的 v_4 面内弯曲振动模式，394 cm^{-1} 和 410 cm^{-1} 对应磷酸根的 v_2 面外弯曲振动模式，108 cm^{-1} 和 194 cm^{-1} 对应晶格振动[19]。Frost 课题组[20]发现磷氯铅矿 [Pb$_5$(PO$_4$)$_3$Cl] 很容易部分被砷铅矿 [Pb$_5$(AsO$_4$)$_3$Cl] 和钒铅矿 [Pb$_5$(VO$_4$)$_3$Cl] 取代，因此当 (PO$_4$)$^{3-}$ 部分被 (AsO$_4$)$^{3-}$ 替代后，v_1 对称伸缩振动会出现在 824 cm^{-1} 和 851 cm^{-1} 处，v_2 弯曲振动模式会出现在 331 cm^{-1} 和 354 cm^{-1} 处，很明显这里没有发生取代现象。

　　钒铅矿（Vanadinite）的化学组成为 Pb$_5$(VO$_4$)$_3$Cl，属六方晶系，是主要的钒矿石，也能用来提炼铅矿石。它一般在铅矿床的氧化带作为次生矿物产出，晶体呈六方柱状、毛发状或针状，集合体通常呈晶簇状和球状。颜色大部分呈鲜红、橙红、黄、浅褐红或鲜褐色等。图 2.18a 显示的是采自不同地域的钒铅矿的拉曼光谱图，峰形和峰的位置都没有太大变化，唯一的差异是图 2.18a 中多了 1089 cm^{-1} 处碳酸根的峰，猜测是方解石在钒铅矿中存在的结果。钒铅矿的特征拉曼峰为 148、292、324、354、415、724、792 和 827 cm^{-1}，主要是 (VO$_4$)$^{3-}$ 的特征峰。827 cm^{-1} 对应其 (VO$_4$)$^{3-}$ 的 v_1 对称伸缩振动模式，724 cm^{-1} 和 792 cm^{-1}

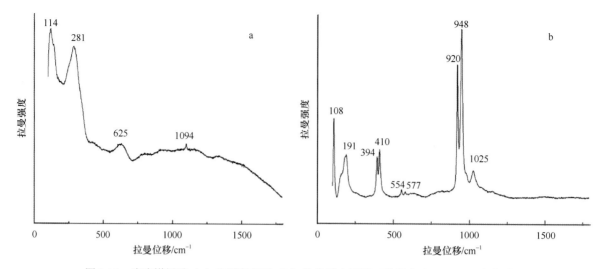

图 2.17　脆硫锑铅矿（a）和磷氯铅矿（b）的拉曼光谱图（激发光为 632.8 nm 氦氖激光）

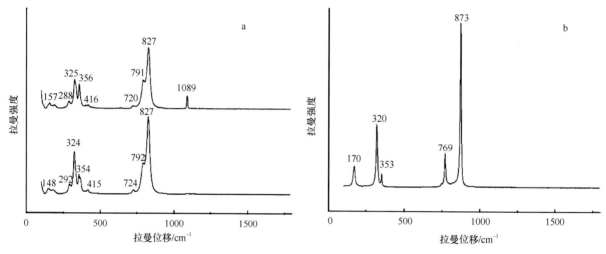

图 2.18　钒铅矿（a）和钼铅矿（b）的拉曼光谱图（激发光为 632.8 nm 氦氖激光）

对应$(VO_4)^{3-}$的 v_3 反对称伸缩振动模式，324 cm^{-1} 和 292 cm^{-1} 对应$(VO_4)^{3-}$的 v_2 面外弯曲振动模式，415、354 和 324 cm^{-1} 对应$(VO_4)^{3-}$的 v_4 面内弯曲振动模式，148 cm^{-1} 对应晶格振动[21]。

钼铅矿（Wulfenite）的化学组成为 $Pb(MoO_4)$，属四方晶系，常于铅锌矿床氧化带产出，通常用于提炼钼，也可作为铅矿石。晶体呈板状、薄板状晶体、锥状以及柱状，集合体呈四方双锥晶类。它的颜色很绚丽夺目，呈现出各种黄色、橘红色、灰色和褐色等，具有很高的观赏和收藏价值。钼铅矿的拉曼峰如图 2.18b 所示，其特征峰有 170、320、353、769 和 873 cm^{-1}，这些峰主要是$(MoO_4)^{2-}$官能团的特征拉曼信号。170 cm^{-1} 对应晶格振动，320 cm^{-1} 对应钼酸根的 v_2 面外弯曲振动模式，353 cm^{-1} 对应钼酸根的 v_4 面内弯曲振动模式，769 cm^{-1} 对应钼酸根的 v_3 反对称伸缩振动模式，873 cm^{-1} 对应钼酸根的 v_1 对称伸缩振动模式[22]。

闪锌矿（Sphalerite）的化学组成为 ZnS，属等轴晶系，通常与方铅矿共生。与其化学成分相同属六方晶系的称为纤锌矿。闪锌矿通常含铁，其中铁的含量可高达 30%，当铁含量大于 10%时称其为铁闪锌矿。晶体呈四面体或菱形十二面体，集合体为粒状，菱形十二面体完全解理。纯闪锌矿几乎无色，但随着铁含量的增加而呈现浅黄、黄褐、棕甚至黑色。闪锌矿在地表极易风化成菱锌矿。图 2.19 为闪锌矿和铁闪锌矿的特征拉曼光谱图。其中 a、b 分别为粉末状和块状的闪锌矿，它们的峰形基本相同，但是所有峰基本都有 5~10 cm^{-1} 的位移，应该是测量条件不同所导致的差异。b、c、d 来自三个不同地区，其中 b

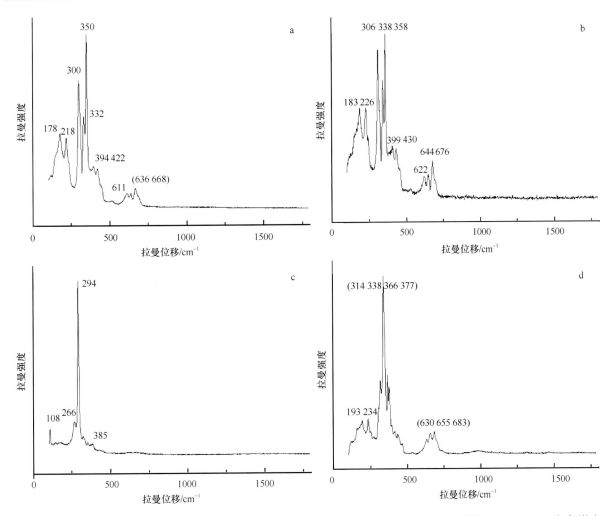

图 2.19　粉末状闪锌矿（a）和块状闪锌矿（b）以及铁闪锌矿（c 和 d）的拉曼光谱图（激发光为 632.8 nm 氦氖激光）

为纯闪锌矿，c 和 d 都是铁闪锌矿。从图中可以看出不同铁含量的闪锌矿其拉曼峰存在较大差异。b 纯闪锌矿的特征拉曼峰为 183、226、306、338、358、399、430、622、644 和 676 cm^{-1}，d 铁闪锌矿的特征拉曼峰为 192、234、314、338、366、377、630、655 和 683 cm^{-1}，c 铁闪锌矿的特征拉曼峰为 108、266、294 和 385 cm^{-1}。仔细进行比对可知，ZnS 中混入部分 Fe 会影响菱锌矿本身的振动方式，因此存在较小的位移；而对于 c 而言不仅特征峰的个数减少了，而且峰的位置也发生了很大变化，可以解释为 ZnS 中 Fe 的含量足够多，占据了原先 ZnS 的主导地位。文献[23-24]中指出天然闪锌矿中的特征拉曼峰主要来自 LO（348 cm^{-1}）和 TO 模式（272 cm^{-1}），在 300~700 cm^{-1} 有很多峰，但是具体的归属记载不是很详细。

　　菱锌矿（Smithsonite）的化学组成为 ZnCO$_3$，属三方晶系，多产于铅锌矿床氧化带，是闪锌矿的次生矿物，通常与蓝铜矿、异极矿、孔雀石、水锌矿、方铅矿等矿物共生。晶体常呈菱面体和偏三角面体，集合体可呈块状、粒状、葡萄状、钟乳状等。图 2.20a 为菱锌矿的拉曼光谱图，从图中可知菱锌矿的特征拉曼峰为 197、307、732、1095、1403 和 1734 cm^{-1}，主要是碳酸根(CO$_3$)$^{2-}$ 和 Zn—O 的信号。1095 cm^{-1} 对应碳酸根的 ν_1 对称伸缩振动，1403 cm^{-1} 对应碳酸根的 ν_3 反对称伸缩振动，732 cm^{-1} 对应碳酸根的 ν_4 面外弯曲振动，而晶格振动则对应于 197 cm^{-1} 和 307 cm^{-1}[25-26]。

　　异极矿（Hemimorphite）的化学组成为 Zn$_4$(H$_2$O)(Si$_2$O$_7$)(OH)$_2$，属斜方晶系，产于铅锌硫化物矿床的氧化带，是闪锌矿的次生氧化矿物。晶体常呈脉状产出，集合体多呈肾状、钟乳状、球状等。通常无色或淡蓝色，具有很大的收藏价值。如图 2.20b 所示，异极矿的特征拉曼峰为 133、168、213、282、331、

401、453、558、676、849、930 和 977 cm^{-1}，它是硅酸盐类的矿物。168 cm^{-1} 和 133 cm^{-1} 对应 O–ZnO 弯曲振动，331 cm^{-1} 和 282 cm^{-1} 对应 ZnO 伸缩振动，453 cm^{-1} 和 401 cm^{-1} 对应[Si$_2$O$_7$]基团的 v_2 面外弯曲振动，930 cm^{-1} 对应[Si$_2$O$_7$]基团的 v_1 对称伸缩振动[20]。

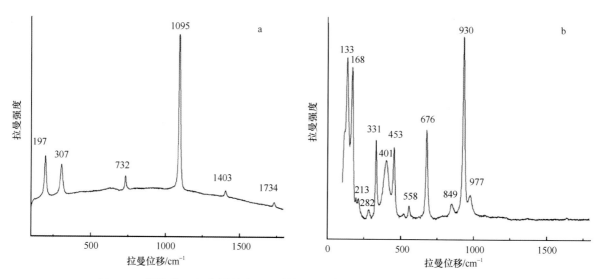

图 2.20　菱锌矿（a）和异极矿（b）的拉曼光谱图（激发光为 632.8 nm 氦氖激光）

2.5.3.2　矿物颜料的拉曼光谱特征

本节研究的矿物颜料有蓝铜矿、青金石、孔雀石、雄黄、褐铁矿、镜铁矿、萤石和锡石。蓝铜矿（石青）、青金石和孔雀石通常作为蓝色颜料的原料；雄黄、褐铁矿、镜铁矿通常作为黄色、红色颜料使用；萤石和锡石通常作为助熔剂在绘画等艺术品中使用。

在中国古代青金石和蓝铜矿即作为蓝色颜料使用，前者从魏晋南北朝开始使用，后者从隋唐开始使用。青金石（Lazurite）的化学组成为(Na, Ca)$_8$(AlSiO$_4$)$_6$(SO$_4$, S, Cl)$_2$，成分比较复杂，常与多种矿物共生，属等轴晶系。晶体一般呈菱形十二面体，集合体常呈致密块状和粒状。青金石通常和黄铁矿、方解石共生，本文中测量的青金石就有一小部分呈白色，是碳酸钙集合体的外部呈现。蓝铜矿（Azurite）的化学组成为 Cu$_3$(CO$_3$)$_2$(OH)$_2$，属单斜晶系，常与孔雀石共生，它的集合体常呈柱状、钟乳状、厚板状等。

如图 2.21 所示，青金石的拉曼峰为 257、547、583、803、1093、1351 和 1639 cm^{-1}，其中文献已报道的青金石的特征峰为 258、548、803、1096 和 1635 cm^{-1}，上述结果基本吻合。547 cm^{-1} 对应青金石中 S$_3^-$ 的对称伸缩振动模式，1093 cm^{-1} 对应碳酸根的 v_1 对称伸缩振动[27]。蓝铜矿的拉曼峰为 210、248、281、402、466、765、836、936、1095、1419、1581 和 3426 cm^{-1}。3426 cm^{-1} 对应 OH 伸缩振动，1581 cm^{-1} 和 1419 cm^{-1} 对应碳酸根的 v_3 反对称伸缩振动，1095 cm^{-1} 对应碳酸根的 v_1 对称伸缩振动，836 cm^{-1} 对应碳酸根的 v_2 面外弯曲振动，765 cm^{-1} 对应碳酸根的 v_4 面内弯曲振动，402、281、248 和 210 cm^{-1} 对应晶格振动[28]。

雄黄（Orpiment）的化学组成为 As$_4$S$_4$，属单斜晶系。它通常呈橘红色，集合体呈致密块状、土状。镜铁矿（Specularite）的化学组成为 Fe$_2$O$_3$，是片状的赤铁矿，属三方晶系。图 2.22 是雄黄和镜铁矿的拉曼光谱图，雄黄的特征峰为 158、197、207、236、342、356 和 369 cm^{-1}，其中 158 cm^{-1} 和 197 cm^{-1} 对应 S—As—S 弯曲振动，236、342、356 和 369 cm^{-1} 对应 As—S 伸缩振动。镜铁矿的特征峰为 246、298、412、497、614、820 和 1323 cm^{-1}，对比文献可知 246、298、412、614 cm^{-1} 对应 Fe—O 伸缩振动模式，497 cm^{-1} 对应 Fe—O 弯曲振动模式[29]。

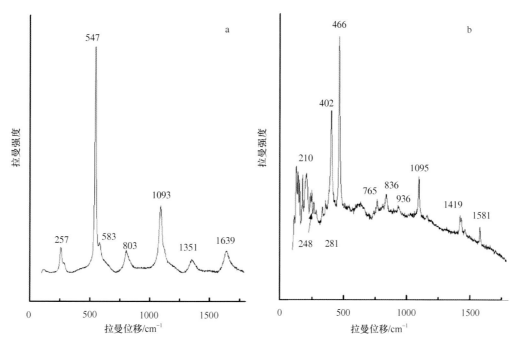

图 2.21　青金石（a）和蓝铜矿（b）的拉曼光谱图（激发光为 632.8 nm 氦氖激光）

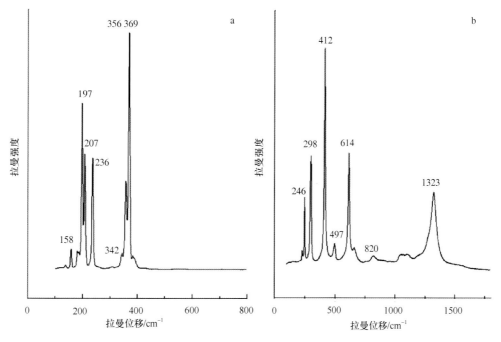

图 2.22　雄黄（a）和镜铁矿（b）的拉曼光谱图（激发光为 632.8 nm 氦氖激光）

2.5.3.3　其他伴生（共生）矿物的拉曼光谱特征

本研究还采集了铅锌矿等一些脉石矿物以及与铅锌矿无关的矿物的拉曼光谱图，如方解石、石膏、白云石、黄铜矿、黄铁矿等，这里仅以表格的形式呈现这些矿物的特征拉曼峰（表 2.7、表 2.8、表 2.9）。

2.5.4　未知矿物鉴别

本研究得到了大量矿物的拉曼光谱图，可以利用这些数据对未知矿物进行鉴别分析。这一部分分析

表 2.7　碳酸盐、硫酸盐和磷酸盐矿物的特征拉曼峰

矿物名称	化学组成	拉曼位移（cm^{-1}）及强度
白铅矿	$PbCO_3$	150 m，215m，681 w，839 w，1054 vs，1376 m
菱锌矿	$ZnCO_3$	197 m，307 m，732 m，1095 vs，1403 w，1734 w
白云石	$CaMg(CO_3)_2$	176 m，298 m，341 vw，726 m，1009 w，1094 w，1441 w，1758 w
方解石	$CaCO_3$	158 m，285 s，715 m，1089 vs，1436 w，1750 w
文石	$CaCO_3$	154 s，180 m，207 s，248 w，260 w，701 m，717 w，854 w，1085 vs，1462 w，1574 w
菱铁矿	$FeCO_3$	207 m，311 m，745 w，1102 vs，1747 w
蓝铜矿	$Cu_3(CO_3)_2(OH)_2$	210 m，248 m，281 m，402 s，466 s，765 w，836 w，936 w，1095 m，1419 w，1581 w
孔雀石	$Cu_2(OH)_2CO_3$	120 m，154 s，181 s，221 m，270 m，352 m，434 s，510 w，536 w，600 w，720 w，750 w，1060 m，1099 m，1370 w，1498 m
重晶石	$BaSO_4$	148 vw，187 vw，460 m，615 w，628 vw，986 vs，1140 w
石膏	$CaSO_4$	133 w，182 w，415 m，494 m，621 w，1009 vs，1141 m，3404 m
磷氯铅矿	$Pb_5(PO_4)_3Cl$	108 s，191 m，394 m，410 m，554 vw，577vw，920 s，948 s，1025 w
磷灰石	$Ca_5(PO_4)_3(F，Cl，OH)$	142 vw，214 vw，433 m，594 m，610 w，968 vs，1015 w，1056 m，1083 w

表 2.8　硫化矿的特征拉曼峰

矿物名称	化学组成	拉曼位移（cm^{-1}）及强度
方铅矿	PbS	157 w，201 m，461 m
闪锌矿	ZnS	183 m，226 m，306 s，338 s，358 s，399 w，430 w，622 w，644 w，676 m
脆硫锑铅矿	$Pb_4FeSb_6S_{14}$	114 s，281 s，625 m，1094 w
黄铁矿	FeS_2	343 s，381 s，431 m
黄铜矿	$CuFeS_2$	148 m，307 m，335 s，363 w，394 w，412 w
斑铜矿	Cu_5FeS_4	119 m，28 3 m，305 s，332 m，364 w，484 m
斜方砷铁矿	$FeAs_2$	136 w，239 s，267 s
雄黄	As_4S_4	158 w，197 s，207 s，236 s，342 w，356 s，369 s

表 2.9　硅酸盐矿物及其他矿物的特征拉曼峰

矿物名称	化学组成	拉曼位移（cm^{-1}）及强度
湖北石	硅酸盐矿物	130 m，177 m，201 s，257 m，290 m，334 m，367 w，401 s，443 w，471 s，502 m，508 w，545 w，577 s，667 s，737 w，897 s，961 s，1006 w，1032 m，1088 w
绿帘石	硅酸盐矿物	156 w，282 m，712 w，1086 s
黑柱石	硅酸盐矿物	122 m，161 m，185 m
水硅矾钙石	硅酸盐矿物	148 w，178 m，209 m，247 m，306 w，353 w，444 m，587 m，684 m，948 m，967 w，995 vs，1088 w，1641 w
高岭石	硅酸盐矿物	144 s，226 w，444 s，615 s
霓辉石	硅酸盐矿物	152 w，179 m，198 m，211 s，231 m，282 w，311 w，328 m，360 s，386 m，402 m，514 m，561 s，579 m，696 w，775 w，883 s，967 s，989 s，1060 s
铬云母	硅酸盐矿物	268 m
金云母	硅酸盐矿物	212 w，279 s，424 m，649 w，718 m，768 w，927 w
日光榴石	硅酸盐矿物	127 m，204 m，226 m，265 w，292 m，354 w，410 m，463 s，611 w，807 w，1080 vw，1161 vw，1323 w
锰铝榴石	硅酸盐矿物	160 w，175 w，219 w，341 m，369 w，473 vw，498 vw，545 m，628 w，849 w，907 m，1026 m
钙铁榴石	硅酸盐矿物	173 m，237 m，266 w，312 m，324 w，352 s，371 vs，452 w，493 m，516 s，553 w，817 m，843 m，874 s，995 w

续表

矿物名称	化学组成	拉曼位移（cm^{-1}）及强度
钙铁辉石	硅酸盐矿物	118 s，126 s，143 m，151 w，169 w，202 w，215 m，237 m，267 m，285 m，322 w，338 m，376 w，387 m，403 s，434 w，479 m，499 w，537 m，579 m，664 s，730 w，760 w，871 w，899 m，955 m，975 m，1006 m，1040 w，1058 m
蓝晶石	硅酸盐矿物	111 w，167 m，265 m，297 w，466 s，987 m，1060 m
青金石	硅酸盐矿物	257 w，547 s，583 vw，803 w，1093 m，1351 w，1639 w
褐铁矿	FeO(OH)·nH$_2$O	此处无特征峰，荧光很强
镜铁矿	Fe$_2$O$_3$	227 w，246 m，298 s，412 vs，497 w，614 s，657 w，820 w，1323 s br
萤石	CaF$_2$	324 m，625 s，1006 s，1036 m，1188 m，1608 m
锡石	SnO$_2$	126 m，246 m，287 m，450 m，635 s，778 m
氯铜矿	Cu$_2$Cl(OH)$_3$	121 vw，212 vw，329 w，433 w，465 w，830 vs
白钨矿	CaWO$_4$	121 m，215 m，337 s，404 m，801 m，842 m，915 vs
钒铅矿	Pb$_5$(VO$_4$)$_3$Cl	148 w，292 w，324 m，354 w，415 w，724 w，792 w，827 s
钼铅矿	Pb(MoO$_4$)	170 m，320 m，353 w，769 m，873 s

的未知矿物样品共 10 种，通过文中的拉曼光谱数据库可以快速鉴别其中 7 种矿物，它们分别是方解石（1号）、萤石（2 号）、斑铜矿（3 号）、黄铁矿（4 号）、闪锌矿（5 号）、赤铁矿（6 号）和钙铁辉石（7 号），另外三种得到的矿物与我们采集的光谱对比没有发现相似的性质，所以需要其他的技术手段辅助判别。

　　1 号矿物得到的拉曼峰分别为 158、283、713、1086、1437 和 1752 cm^{-1}，与表 2.7 中方解石的特征峰（158、285、715、1089、1436 和 1750 cm^{-1}）对比，二者几乎一致，每个特征峰都能很好地对应，因此可以确定 1 号矿石含有方解石。2 号矿物得到的拉曼峰为 321 cm^{-1}，与表 2.9 中萤石的特征峰（324 cm^{-1}）相似，这个峰通常作为鉴定萤石存在与否的标志。3 号矿物得到的拉曼峰为 117、279、305、334 和 367 cm^{-1}，与表 2.8 中斑铜矿的特征峰（119、283、305、332、364 和 484 cm^{-1}）相似度很高，因此其为斑铜矿的可能性很高。4 号矿物得到的拉曼峰为 344、380 和 430 cm^{-1}，与表 2.8 中黄铁矿的特征峰（343、381 和 431 cm^{-1}）相似，因此推测其含有黄铁矿。5 号矿物得到的拉曼峰为 182、218、300、332、351、400、425、638 和 670 cm^{-1}，与表 2.8 中闪锌矿的特征峰（183、226、306、338、358、399、430、622、644 和 676 cm^{-1}）相似，因此推测其主要为闪锌矿。6 号矿物得到的拉曼峰为 228、247、294、413、498、614 和 1326 cm^{-1}，与表 2.9 中镜铁矿的特征峰（227、246、298、412、497、614、657、820 和 1323 cm^{-1}）相似，因此推测其为镜铁矿或赤铁矿。7 号矿物得到的拉曼峰为 108、133、141、165、186、211、229、271、299、340、433、489、539、586、663、793、1008、1060 和 1116 cm^{-1}，与表 2.9 中钙铁辉石的一系列特征峰相似，因此推测其主要成分中含有钙铁辉石。

2.5.5　结论

　　本节主要采集了铅锌矿主要矿物、一些颜料矿物以及一些经常在矿石中存在的脉石矿物的拉曼光谱图，同时对峰的位置、峰的归属等信息作了较详细的说明。在建立这些以铅锌矿为核心的无机矿物拉曼光谱数据库的基础上，实现了对未知矿物的初步鉴定。10 种未知矿物样品中，有 7 种样品的拉曼特征峰与收集的已知矿物谱峰的相似度高达 90% 以上，能有效地缩短鉴定时间，减少工作量。因此建立的我国首个无机矿物拉曼光谱数据库能够快速鉴定未知矿物的种类，为快速筛选矿物提供了新的依据。

参 考 文 献

[1]　马鸿文. 工业矿物与岩石[M]. 北京：化学工业出版社，2005.

[2]　吴良士，白鸽，袁中信. 矿物与岩石[M]. 北京：化学工业出版社，2005：22-29.

[3] Kaski S, Häkkänen H, Korppi-Tommola J. Sulfide Mineral Identification Using Laser-induced Plasma Spectroscopy[J]. Minerals Engineering, 2003, 16(11): 1239-1243.

[4] Taylor D G, Nenadic C M, Crable J V. Infrared Spectra for Mineral Identification[J]. The American Industrial Hygiene Association Journal, 1970, 31(1): 100-108.

[5] Johannes C B, Puhan H W Y. The Use of Far Infrared Interferometric Spectroscopy for Mineral Identification[J]. American Mineralogist, 1972, 57: 998-1002.

[6] Ouhadi V R, Yong R N. Impact of Clay Microstructure and Mass Absorption Coefficient on the Quantitative Mineral Identification by XRD Analysis[J]. Applied Clay Science, 2003, 23(1): 141-148.

[7] Sharma S K, Lucey P G, Ghosh M, et al. Stand-off Raman Spectroscopic Detection of Minerals on Planetary Surfaces[J]. Spectrochimica Acta Part A: Molecular and Biomolecular Spectroscopy, 2003, 59(10): 2391-2407.

[8] Blaha J J, Rosasco G J. Raman Microprobe Spectra of Individual Microcrystals and Fibers of Talc, Tremolite, and Related Silicate Minerals[J]. Analytical Chemistry, 1978, 50(7): 892-896.

[9] Herman R G, Bogdan C E, Sommer A J, et al. Discrimination among Carbonate Minerals by Raman Spectroscopy Using the Laser Microprobe[J]. Applied Spectroscopy, 1987, 41(3): 437-440.

[10] Mernagh T P. Use of The Laser Raman Microprobe for Discrimination amongst Feldspar Minerals[J]. Journal of Raman Spectroscopy, 1991, 22(8): 453-457.

[11] Herman R G, Bogdan C E, Sommer A J. Laser Raman Microprobe Study of the Identification and Thermal Transformations of Some Carbonate and Aluminosilicate Minerals[M]//Advances in Materials Characterization Ⅱ. US: Springer Press, 1985: 113-130.

[12] Das R S, Agrawal Y K. Raman Spectroscopy: Recent Advancements, Techniques and Applications[J]. Vibrational Spectroscopy, 2011, 57(2): 163-176.

[13] Schmitt M, Popp J. Raman Spectroscopy at the Beginning of the Twenty-first Century[J]. Journal of Raman Spectroscopy, 2006, 37(1-3): 20-28.

[14] Sherwin R, Clark R J H, Lauck R, et al. Effect of Isotope Substitution and Doping on the Raman Spectrum of Galena (PbS) [J]. Solid State Communications, 2005, 134(8): 565-570.

[15] Batonneau Y, Bremard C, Laureyns J, et al. Microscopic and Imaging Raman Scattering Study of PbS and Its Photo-Oxidation Products[J]. Journal of Raman Spectroscopy, 2000, 31(12): 1113-1119.

[16] Smith G D, Firth S, Clark R J H, et al. First and Second Order Raman Spectra of Galena (PbS) [J]. Journal of Applied Physics, 2002, 92(8): 4375-4380.

[17] Shapter J G, Brooker M H, Skinner W M. Observation of the Oxidation of Galena Using Raman Spectroscopy[J]. International Journal of Mineral Processing, 2000, 60(3): 199-211.

[18] Martens W N, Rintoul L, Kloprogge J T, et al. Single Crystal Raman Spectroscopy of Cerussite[J]. American Mineralogist, 2004, 89(2-3): 352-358.

[19] Frost R L, Palmer S J. A Raman Spectroscopic Study of the Phosphate Mineral Pyromorphite $Pb_5(PO_4)_3Cl$[J]. Polyhedron, 2007, 26(15): 4533-4541.

[20] Frost R L, Bouzaid J M, Jagannadha R B. Vibrational Spectroscopy of the Sorosilicate Mineral Hemimorphite $Zn_4(OH)_2Si_2O_7H_2O$[J]. Polyhedron, 2007, 26(12): 2405-2412.

[21] Frost R L, Crane M, Williams P A, et al. Isomorphic Substitution in Vanadinite $Pb_5(VO_4)_3Cl$—A Raman Spectroscopic Study[J]. Journal of Raman Spectroscopy, 2003, 34(3): 214-220.

[22] Jehlička J, VíTek P, Edwards H G M, et al. Application of Portable Raman Instruments for Fast and Non-destructive Detection of Minerals on Outcrops[J]. Spectrochimica Acta Part A: Molecular and Biomolecular Spectroscopy, 2009, 73(3): 410-419.

[23] Hope G A, Woods R, Munce C G. Raman Microprobe Mineral Identification[J]. Minerals Engineering, 2001, 14(12): 1565-1577.

[24] Kharbish S. A Raman Spectroscopic Investigation of Fe-rich Sphalerite: Effect of Fe-substitution[J]. Physics and Chemistry of Minerals, 2007, 34(8): 551-558.

[25] Frost R L, Hales M C, Wain D L. Raman Spectroscopy of Smithsonite[J]. Journal of Raman Spectroscopy, 2008, 39(1): 108-114.

[26] Hales M C, Frost R L. Synthesis and Vibrational Spectroscopic Characterisation of Synthetic Hydrozincite and Smithsonite[J]. Polyhedron, 2007, 26(17): 4955-4962.

[27] Bicchieri M, Nardone M, Russo P A, et al. Characterization of Azurite and Lazurite Based Pigments by Laser Induced Break Down Spectroscopy and Micro-Raman Spectroscopy[J]. Spectrochimica Acta Part B: Atomic Spectroscopy, 2001, 56(6): 915-922.

[28] Frost R L, Martens W N, Rintoul L, et al. Raman Spectroscopic Study of Azurite and Malachite at 298 and 77 K[J]. Journal of Raman Spectroscopy, 2002, 33(4): 252-259.

[29] de Faria D L A, Venâncio S S, de Oliveira M T. Raman Microspectroscopy of Some Iron Oxides and Oxyhydroxides[J]. Journal of Raman Spectroscopy, 1997, 28(11): 873-878.

第3章　矿物物相与元素赋存状态分析技术研究与应用

矿物物相分析是地质研究的重要学科之一，能提供矿物在自然界存在的状态、形态、赋存状态信息，是地质找矿、矿床评价、资源综合利用和矿石选冶等工作的技术支撑。矿物物相分析方法分为物理方法和化学方法两大类。前者依据各种元素和化合物的光性、电性、晶体特性等物理性质进行鉴别，所用仪器有显微镜、X射线衍射仪（XRD）、拉曼光谱仪（LRM）、红外光谱仪（IR）、电子探针（EPMA）、扫描电镜（SEM）、透射电镜（TEM）、热重分析仪（TGA）、差示扫描量热仪（DSC）、激光粒度分析仪等；后者则依据各种矿物元素和化合物的化学性质的差异，采用选择性溶剂溶解、分离、富集，应用经典化学法或X射线荧光光谱（XRF）、电感耦合等离子体发射光谱/质谱（ICP-OES/MS）、原子吸收光谱（AAS）等现代仪器设备，研究各种相态的组分及其含量。

本章共分23节，展示了利用上述物相分析技术研究各类矿物物相特征及元素赋存状态的最新研究成果，为矿物的种属鉴定和开发利用提供了技术支持。如兰西锰矿和黑锌锰矿在我国报道较少，通过LA-ICP-MS、XRD和SEM等手段深入研究河北相广锰银矿床中这两种矿物的特征及成因，为锰银矿的开发利用提供了重要参考。三道湾子金矿中的微米级金银碲化物，无法用常规分析技术进行鉴定，利用XRD和SEM等识别出碲银矿-针碲金银矿和碲金银矿-碲银矿（碲汞矿、碲金矿）两种交生结构，为探讨成矿条件提供了直接证据。

利用XRD、IR、激光粒度仪、SEM等对凹凸棒石、滑石、石棉、高岭石和蒙脱石等黏土矿物的研究，揭示了其结构特征和微观形貌，所建立的种属鉴别综合分析方法对矿石的开发应用具有指导意义。应用体积密度法、粉晶XRD和扫描电镜对耐火黏土矿中铝土矿、高岭石以及煅烧后生成的莫来石的特征研究，为鉴别和工业利用耐火黏土矿物提供了依据。磷灰石矿物、碳酸盐矿物以及硼矿石的化学物相分析方法的建立，为这些矿物的工业利用提供了直接参考。

斑岩铜矿区矿物蚀变广泛而强烈，某些矿物的特征具有找矿指示意义，但其结构与成分的测定难度大，针对这些难点，研究者建立了白色云母结构多型的XRD测定方法，改进了热液黑云母主微量元素的电子探针测定技术，建立了黄铁矿中主微量元素的电子探针和LA-ICP-MS原位测定技术，完善了钾长石有序度的XRD测定方法。利用IR和XRD等对紫金山铜多金属矿中蚀变矿物组合开展的研究，识别出地开石与明矾石的近红外和中红外特征参数，为此类矿物的红外光谱研究提供了重要参考。此外，鄂西官店高磷铁矿、大台沟超深铁矿、丹巴杨柳坪铜镍硫化物铂族矿床以及西昌—滇中地区元古代铁铜多金属矿床中矿物及元素赋存状态的研究工作，亦为矿物选冶和矿床开发利用提供了重要依据。

流体包裹体被称为"古流体的化石"，是地质、矿产和石油勘探领域重要的研究课题。建立的常温和低温拉曼光谱法可用于流体包裹体成分与盐度的分析测定。应用显微测温、激光拉曼光谱、同步辐射-X射线荧光微探针（SRXRF）等技术，对特大型钨锡多金属矿床中不同成矿阶段萤石以及铁铜多金属矿中石英和方解石流体包裹体特征的研究，获得了成矿流体特征及矿床成因方面的大量信息。应用红外显微镜和冷热台研究石榴子石、闪锌矿和黑钨矿等金属矿物流体包裹体的特征，改变了我国流体包裹体研究以透明和半透明矿物为主的现状，对相关实验室开展流体包裹体红外显微测温工作具有重要借鉴意义。

总体来说，矿物物相与元素赋存状态分析是一门传统而又不断进步的学科，在地质科研工作中发挥着重要作用。随着先进分析测试设备的发展，其分析精度不断提高，研究领域不断拓展，日臻完善的矿物物相分析技术对资源和能源勘探与开发的支撑作用将越来越显著。

撰写人：叶美芳（中国地质调查局西安地质调查中心）

3.1 河北相广锰银矿床中锰矿物研究

锰银矿是我国重要的银和锰资源类型，已探明的原矿中锰含量介于 3%~35%，银储量合计近万 t[1]。然而长期以来锰银矿资源一直被视为"呆矿"而得不到有效的开发和利用，其主要原因是银呈"分散态"存在，且与锰矿物致密共生，导致难以通过常规机械选矿方法获得高品位的锰银精矿，继而不能获得较好的银浸出指标，如常用的氰浸法对该类矿石中银的回收率仅为 10%~50%[1-2]。由此可见，锰矿物对于银的富集及赋存状态具有重要影响。

目前在世界范围内的锰银矿床中已经鉴定出超过 15 种的锰氧化物矿物，以硬锰矿、水锰矿、软锰矿、锰钾矿产出较多[3-5]。对于绝大部分锰氧化物矿物最基本的结构单元为 MnO_6 八面体，根据 MnO_6 八面体单元共棱和（或）角顶形成的不同结构排列，可将锰氧化物矿物大致划分为孔道和层状结构两类[6]。锰银矿床中已经报道的层状结构锰氧化物矿物主要有水钠锰矿和黑锌锰矿族矿物，其中在美国内华达州 Aurora 锰银矿区发现的黑银锰矿[Aurorite，分子式（Mn, Ag, Ca）$Mn_3O_7 \cdot 3H_2O$]，其 Ag_2O 含量可达 7.5%，是一种具有黑锌锰矿结构的含银氧化锰矿物[4]。

本研究在河北相广锰银矿床中也发现了多种锰氧化物矿物，其中包括锰钾矿、锰铅矿、软锰矿、水锰矿、兰西锰矿和黑锌锰矿。由于锰氧化物矿物普遍的结晶差、颗粒细小的原因，导致了长期以来对于锰矿物种属鉴定存在一定的误差，对于兰西锰矿和黑锌锰矿这两种锰氧化物在该地区矿床也是首次被报道。兰西锰矿[（Ca, Mn^{2+}）$Mn_4^{4+}O_9 \cdot 3H_2O$]，是一种稀少的锰矿物，具有与水钠锰矿类似的层状结构，1859年在法国兰西地区被发现之后，又在意大利 Romano、奥地利 Friesach 等地被发现[7-8]，而我国仅在陕西汉中天台山泥盆系含磷锰岩系中被发现[9]。黑锌锰矿（$ZnMn_3O_7 \cdot 3H_2O$）作为另一种与水钠锰矿族矿物具有显著不同的层间结构的层状矿物[10]，尽管是锰矿床中较为常见的表生矿物，但是含银的黑锌锰矿是比较少见的。本节针对河北相广锰银矿床中发现的兰西锰矿和黑锌锰矿这两种层状锰氧化物进行了较为详细的矿物学研究。

3.1.1 样品与实验方法

3.1.1.1 样品产出背景

样品采自河北相广锰银矿床的锰银型矿石。该矿床是一个中型低硫化物型浅成低温热液矿床，位于华北板块北部、燕山褶皱带西北端，矿床赋存于侏罗系后城组和张家口组。该锰银矿体受断裂构造控制，该地区的岩浆岩包括张家口组的流纹质熔结凝灰岩和花岗斑岩；围岩的硅化-泥化-褐铁矿化蚀变与成矿关系密切[11]。

3.1.1.2 实验方法

矿石矿物的显微结构构造采用 Leica DM2700P 型光学显微镜和 FEI Quanta 650 FEG 型扫描电子显微镜直接观察光片。锰矿物的主量微区化学成分采用 JXA-8230 型电子探针波谱分析；银含量采用 Finnigan Element II 电感耦合等离子体质谱仪结合 NewWave 193nm ArF 激光剥蚀系统进行分析。矿物物相采用 RIGAKU-RA 型 X 射线衍射仪测定。透射电镜测试是将粉末样品分散后滴在微栅上，采用 JEOL JEM 2010 型电子显微镜进行分析。

本节编写人：范晨子（国家地质实验测试中心）；王玲（华北理工大学）

3.1.2　结果与讨论

3.1.2.1　锰矿形态

兰西锰矿呈现出褐棕色，无光泽，在反光镜下呈现灰白色，具有强非均质性，无内反射色。兰西锰矿与方解石、磁铁矿密切共生，主要填充于方解石颗粒的裂隙中或边缘，偶见与菱锰矿呈同心圆状交替共生（图 3.1a~c）。兰西锰矿在电子显微镜下呈树枝状、毛毡状、针状、刀片状的集合体（图 3.1d~f），晶粒一维生长，宽度一般小于 2 μm，长度多在 2 μm 到几十微米。

黑锌锰矿在矿石中与锰铅矿、锰钾矿、软锰矿、褐铁矿、黄钾铁矾和高岭石等共生。黑锌锰矿具有蓝黑-灰黑颜色，在反射光下呈现灰-白色，反射色较锰钾矿、软锰矿暗。黑锌锰矿具有针状、棒状的单晶，长度可达 20~50 μm（图 3.1g，i），尤其在裂隙、孔隙处单晶较为发育，并可与软锰矿或锰铅矿呈条带状形式交替产出（图 3.1h）。

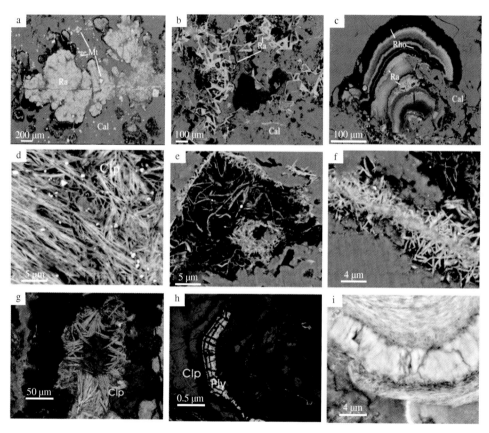

图 3.1　兰西锰矿和黑锌锰矿的微形貌图
Cal—方解石；Clp—黑锌锰矿；Mt—磁铁矿；Ra—兰西锰矿；Rho—菱锰矿；Pyl—软锰矿。

3.1.2.2　锰矿化学成分

兰西锰矿和黑锌锰矿的单点及平均化学成分列于表 3.1。由于电子探针方法无法区分变价锰，本文假定低价锰为 Mn^{2+}，高价锰为 Mn^{4+}，采用剩余氧的方法计算 Mn^{2+} 和 Mn^{4+} 占总锰含量的比例，$w(H_2O)$ 为测定成分总量与 100% 之间的差值，用 $n(O)=9$ 和 $n(O)=7$ 的方法分别计算了兰西锰矿和黑锌锰矿的平均化学分子式为：

表 3.1　兰西锰矿和黑锌锰矿的电子探针分析结果

矿物名称		Na₂O	MgO	Al₂O₃	SiO₂	K₂O	CaO	PbO	Fe₂O₃	TiO₂	ZnO	BaO	Ag₂O	CuO	NiO	MnO	MnO₂	Cr₂O₃	总计/%
兰西锰矿	1	1.21	2.97	0.10	0.00	0.45	3.11	0.00	1.05	0.03	0.00	0.00	0.02	0.02	0.00	4.67	76.45	0.10	90.17
	2	1.02	2.87	0.13	0.07	0.44	3.79	0.05	2.60	0.00	0.00	0.16	0.00	0.07	0.00	5.52	72.54	0.02	89.29
	3	2.28	2.23	0.34	0.09	0.76	3.77	0.03	3.13	0.00	0.08	0.00	0.02	0.04	0.05	4.60	71.46	0.30	89.17
	4	1.14	2.38	0.32	0.24	0.50	3.96	0.04	8.33	0.00	0.17	0.00	0.00	0.04	0.13	11.58	61.38	0.14	90.33
	5	0.92	3.02	0.91	0.43	0.37	3.11	0.00	0.51	0.00	0.00	0.10	0.03	0.00	0.08	6.28	76.43	0.06	92.24
	6	1.00	2.87	0.06	0.00	0.39	3.53	0.10	0.68	0.00	0.00	0.13	0.02	0.00	0.09	5.24	82.00	0.09	96.19
	7	0.98	2.89	0.47	0.23	0.41	3.27	0.00	0.32	0.00	0.00	0.06	0.01	0.04	0.00	5.80	80.99	0.01	95.48
	8	0.92	3.19	0.11	0.02	0.41	3.37	0.01	0.51	0.03	0.00	0.00	0.00	0.06	0.01	4.89	81.31	0.08	94.91
	9	1.03	2.52	0.31	0.05	0.48	3.42	0.02	1.07	0.00	0.07	0.06	0.03	0.00	0.00	5.83	76.24	0.15	91.29
	平均值	1.17	2.77	0.30	0.12	0.47	3.48	0.03	2.02	0.01	0.04	0.06	0.01	0.03	0.04	6.04	75.42	0.10	92.12
黑锌锰矿	1	0.23	0.24	1.44	0.16	0.69	1.51	0.21	1.71	0.00	3.39	0.00	0.01	0.07	0.02	10.59	74.21	0.02	94.49
	2	0.37	0.00	0.09	0.07	4.46	0.31	0.15	0.29	0.00	3.10	0.39	0.12	0.00	0.00	6.11	83.31	0.00	98.75
	3	1.02	0.23	0.48	0.15	0.49	0.55	0.08	0.93	0.00	13.59	0.03	0.09	0.00	0.00	1.37	80.01	0.06	99.08
	4	0.29	0.16	1.53	0.31	0.48	0.83	0.01	1.90	0.00	4.74	0.06	0.07	0.01	0.00	8.34	66.22	0.18	85.12
	5	0.39	0.26	1.48	0.92	0.40	0.85	0.08	1.58	0.03	3.91	0.00	0.02	0.03	0.01	10.62	72.04	0.63	93.26
	6	0.38	0.09	0.52	0.17	0.19	0.28	0.02	1.66	0.00	3.93	0.00	0.01	0.00	0.00	11.96	70.09	0.15	89.44
	7	0.72	0.09	0.58	0.16	0.21	0.37	0.02	0.69	0.00	10.54	0.00	0.00	0.00	0.00	3.20	66.46	0.07	83.11
	8	0.37	0.74	7.28	3.73	0.28	3.31	0.00	2.28	0.00	4.62	0.27	0.43	0.16	0.00	2.65	66.82	0.41	93.35
	平均值	0.47	0.23	1.67	0.71	0.90	1.00	0.07	1.38	0.00	5.98	0.09	0.09	0.03	0.00	6.86	72.40	0.19	92.08

兰西锰矿：$(Mn^{2+}_{0.38}Mg_{0.31}Ca_{0.28}Na_{0.17}K_{0.04})_{1.18}(Mn^{4+}_{3.84}Fe^{3+}_{0.12}Al_{0.03}Si_{0.01}Cr_{0.01})_{4.01}O_9 \cdot 1.97H_2O$

黑锌锰矿：$(Mn^{2+}_{0.34}Zn_{0.30}Ca_{0.06}K_{0.06}Na_{0.05}Mg_{0.02})_{0.83}(Mn^{4+}_{2.93}Al_{0.11}Fe^{3+}_{0.06}Si_{0.04}Cr_{0.01})_{3.15}O_7 \cdot 1.74H_2O$

相广地区兰西锰矿的 CaO 含量约为 3.11%~3.19%，同时含有较高含量的 Mn^{2+} 和 Mg，MnO 和 MgO 含量平均值分别可以达到 6.04% 和 2.77%，但是 Mn^{2+}/Ca 值（1.35∶1）远低于兰西锰矿的另外一种异质同构体——高根矿（$Mn^{2+}/Ca=9∶1$）[12]。兰西锰矿中银含量较其他几种锰氧化物偏低，14 个点测定的 Ag 含量平均值为 60 μg/g，最高也仅为 82 μg/g（表 3.2）。

表 3.2 兰西锰矿与黑锌锰矿中的银含量分析结果

矿物名称	点数		Ag 含量/（μg/g）
兰西锰矿	14	最大值	82.28
		最小值	46.54
		$[X]\pm\sigma$	60.29±14.15
黑锌锰矿	17	最大值	538.76
		最小值	83.94
		$[X]\pm\sigma$	250.04±150.71

典型黑锌锰矿的 ZnO 含量为 18%~22%[13-14]，而相广地区黑锌锰矿的 ZnO 含量为 3.4%~13.6%，变化较大，比现有报道中黑锌锰矿的 ZnO 含量偏低。Zn 可以被 Ag、Ni、Mg 替代形成黑银锰矿（aurorite）、锰镍矿（ernienickelite）、建水矿（jianshuiite）[4, 15-16]，因此 Ca^{2+}、K^+、Na^+、Mg^{2+} 以及部分 Mn 可能是以二价的形式替代了 Zn 的位置产出。17 组分析中 Ag 在黑锌锰矿中的含量为 84~539 μg/g，变化范围也较大。

3.1.2.3 锰矿晶体结构分析

表 3.3 列出了相广地区兰西锰矿、黑锌锰矿及相关标准卡片的 X 射线粉晶衍射分析数据。兰西锰矿特征衍射三强峰为 0.746 nm、0.372 nm、0.246 nm，对照 PDF22-0718 卡片符合六方晶系兰西锰矿的特征峰。黑锌锰矿特征衍射三强峰为 0.694 nm、0.223 nm、0.407 nm，对照 PDF84-1692 卡片符合六方晶系黑锌锰矿的特征峰。

表 3.3 相广地区兰西锰矿与黑锌锰矿的 X 射线粉晶衍射谱峰

兰西锰矿			黑锌锰矿		
d/nm	22-0718		d/nm	84-1692	
	d/nm	hkl		d/nm	hkl
0.7456	0.7490	001	0.6944	0.6941	003
0.3721	0.3740	002	0.4072	0.4071	104
0.2457	0.2463	100	0.3509	0.3511	015
0.2340	0.2342	101	0.3462	0.3471	006
0.2049	0.2064	102	0.3329	0.3313	11-3
0.1749	0.1758	103	0.2768	0.2766	024
0.1418	0.1425	110	0.2554	0.2554	11-6
0.1396	0.1397	111	0.2448	0.2451	12-1
			0.2403	0.2402	21-2
			0.2231	0.2230	12-4
			0.2129	0.2123	21-5
			0.1897	0.1899	12-7
			0.1842	0.1844	036
			0.1793		
			0.1638		
			0.1497		
			0.1425		

采用透射电镜分别对兰西锰矿和黑锌锰矿 c 轴方向的层间进行观察。兰西锰矿具有与水钠锰矿相似的层间结构，MnO_6 八面体片层平行于（001）面网，层间占据有 Ca 原子和 H_2O 分子[8]，可以看到在真空环境高能电子束的轰击下兰西锰矿层间脱水垮塌，面网间距从 0.75 nm 降到 0.53 nm（图 3.2a），这与兰西锰矿在 300℃加热后层间脱水以及水钠锰矿在透射电镜下观察到的脱水情况一致[17-18]。黑锌锰矿层间出现了大量的晶格缺陷，包括面网扭曲、合并以及缺失（图 3.2b 箭头处）。黑锌锰矿中每七个 Mn 八面体位置上缺一个空位，Zn^{2+} 位于此空位的上下，构成了 $ZnMn_3O_7$ 层，层间以水分子联接，水分子组成了六方紧密堆积的层，每七个水分子位上有一个是空的。黑锌锰矿与水钠锰矿族矿物具有显著不同的层间结构，黑锌锰矿的层与层的稳定是通过锌离子和相邻层之间的氢键联接，而水钠锰矿层间的稳定主要是通过 Na^+、Ca^{2+} 与层内过剩的负电荷之间的强键联接，同时也包括了层内氧原子和层间的水分子之间的氢键[10]。可以看到黑锌锰矿在电子束的轰击下也发生了层间脱水，层间距由 0.69 nm 垮塌至 0.52~0.53 nm，说明在黑锌锰矿和兰西锰矿的层间都只有一层水分子的存在。

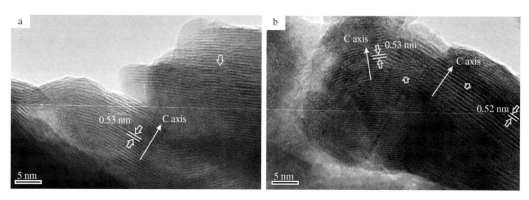

图 3.2　兰西锰矿（a）和黑锌锰矿（b）层结构的透射电镜照片

3.1.2.4　矿物成因分析

相广地区锰银矿床是次火山热液型的矿床。根据矿物的共生组合，兰西锰矿与粗粒的方解石、磁铁矿共生在一起，表明兰西锰矿更倾向于热液成因而非风化成因[8]。兰西锰矿通常被认为是钙锰矿在含氧溶液的参与下的转变产物，而钙锰矿可在较高温度和压力的热液条件下形成，往往被作为是热液成因锰结核、结壳的标志物[17, 19]。黑锌锰矿则认为主要是与含铅锌硫化物的热液脉体的风化作用有关，主要形成于风化作用的晚期[20]。本研究还观测到银的卤素矿物如角银矿、溴银矿、碘银矿以及硫化物矿物辉银矿，粒径约在几微米到几十微米，包裹在以黑锌锰矿、锰铅矿、褐铁矿等为代表的铁、锰矿物中；并且可以观察到银在黑锌锰矿以及在其他几种风化作用的锰矿物如锰铅矿、锰钾矿中更为富集，说明了银主要是在风化作用过程中富集。

原生的银的硫化物矿物受风化作用分解后，银可呈 Ag_2SO_4 和 $Ag_2S_2O_3$ 的形式搬运和迁移，Ag 的分散或富集受环境的氧化还原电位、酸碱性、溶液的化学成分等多种因素的影响。由于银的卤化物溶解度小，Ag_2SO_4 和 $Ag_2S_2O_3$ 极易与硅酸盐分解产生的 Cl、Br、I 等生成角银矿、溴银矿、碘银矿[3]。锰对于银的富集也有着重要的影响，由于锰矿物具有较大的比表面积和较低的零电荷点，在风化过程中 Ag^+ 极易被锰氧化物矿物所吸附，并在晶质态的转化过程中转移到锰矿物的层间或孔道中，由无序吸附向类质同象转化。

3.1.3　结论

兰西锰矿和黑锌锰矿是河北相广锰银矿床中产出的两种主要层状锰氧化物，均呈隐晶质胶状、同心圆状、条带状等产状，显微观察具有一维的针状、棒状、片状等晶形，长度在几十微米左右，宽度从纳米级到几微米。兰西锰矿和黑锌锰矿层间存在的大量 Mn^{2+}、Mg^{2+}、K^+、Na^+、Ag^+ 等离子的替换，层间含有一层水分子并在电子束轰击下易脱水使得层间从 0.69~0.75 nm 垮塌至 0.53 nm 左右。相广地区的兰西锰矿主要为热液成因，而黑锌锰矿为风化作用成因。风化作用过程中锰对于银的富集产生重要的影响，原生的银的硫化物矿物风化分解后以离子态形式被锰矿物吸附后转移成层间或孔道。

致谢： 感谢国家自然科学基金青年基金项目（41302030）、中国地质调查局地质调查项目（12120113015100）、河北省科技支撑计划项目（13273811）对本工作的资助。

参 考 文 献

[1] 余丽秀, 孙亚光, 尚红卫. 中国含银锰矿资源分布及属性研究[J]. 中国锰业, 2009, 27(3): 1-5.

[2] Tian Q H, Jiao C Y, Guo X Y. Extraction of Valuable Metals from Manganese-Silver Ore[J]. Hydrometallurgy, 2012, 119-120: 8-15.

[3] 黄崇轲, 朱裕生. 中国银矿产及其时空分布[M]. 北京: 地震出版社, 2002.

[4] Radtke A S, Taylor C M, Hewett D F. Aurorite, Argentian Todorokite, and Hydrous Silver-bearing Lead Manganese Oxide[J]. Economic Geology, 1967, 62: 186-206.

[5] Gómez-Caballero J A, Villasenor-Cabral M G, Santiago-Jacinto P, et al. Hypogene Ba-rich Todorokite and Associated Nanometric Native Silver in the San Miguel Tenango Mining Area, Zacatlán, Puebla, Mexico[J]. The Canadian Mineralogist, 2010, 48: 1237-1253.

[6] Pasero M. A Short Outline of the Tunnel Oxides [J]. Reviews in Mineralogy and Geochemistry, 2005, 57: 291-305.

[7] Barrese E, Giampaolo C, Grubessi O, et al. Ranciéite from Mazzano Romano (Latium, Italy)[J]. Mineralogical Magazine, 1986, 50: 111-118.

[8] Ertl A, Pertlik F, Prem M, et al. Rancieite Crystals from Friésach, Carinthia, Austria [J]. European Journal of Minerlogy, 2005, 17: 163-172.

[9] 王典谟. 陕西汉中天台山的兰西锰矿[J]. 地质论评, 1979, 25(1): 19-25.

[10] Post J E, Appleman P E. Chalcophanite, $ZnMn_3O_7 \cdot 3H_2O$: New Crystal-structure Determinations [J]. American Mineralogist, 1988, 73: 1401-1404.

[11] 刘成维, 谷振飞, 魏明辉, 等. 河北相广锰银矿床成矿特征与形成机理[J]. 矿产勘查, 2012, 3(2): 164-170.

[12] Nambu M, Tanida K. New Mineral Takanelite [J]. American Mineralogist, 1971, 56: 1487-1488.

[13] Vassileva M, Dobrev S, Kolkovski B. Chalcophanite and Coronadite from Au-polymetallic Madjarovo Deposit, Eastern Rhodopes[J]. Геология и геофизика, 2004, 47: 57-62.

[14] Frenzel G. The Manganese Ore Minerals[M]//Varentsov I M. Gresselly G. Geology and Geochemistry of Manganese. Budapest: Akademiai Kiado, 1980: 25-157.

[15] Grice J D, Gartrell B, Gault A, et al. $NiMn_3O_7 \cdot 3H_2O$, a New Mineral Species from the Siberia Complex, Western Australia: Comments on the Crystallography of the Chalcophanite Group[J]. The Canadian Mineralogist, 1994, 32: 333-337.

[16] Jambor J L, Grew E S. New Mineral Names: Jianshuiite[J]. American Mineralogist, 1994, 79: 185-189.

[17] Chukhrov F V, Gorshkov A I, Rudnitskaya E S, et al. Manganese Minerals in Clays: A Review[J]. Clays and Clay Minerals, 1980, 28(5): 346-354.

[18] Post J E, Veblen D R. Crystal Structure Determinations of Synthetic Sodium, Magnesium, and Potassium Birnessite Using TEM and the Rietveld Method[J]. American Mineralogist, 1990, 75: 477-489.

[19] Ostwald J. The Biogeochemical Origin of the Groote Eylandt Manganese Oxide Pisoliths and Ooliths, Northern Australia[J]. Ore Geology Reviews, 1990, 5(5-6): 469-490.

[20] 李绥远, 李艺, 赖来仁. 中国伴生银矿床银的工艺矿物学[M]. 北京: 地质出版社, 1996.

3.2　甘肃北山绢英岩中云母结构 X 射线衍射分析

绢英岩化蚀变带是斑岩型铜矿床中常见矿化最强烈的地带，是近地表寻找斑岩型铜矿的重要矿物学标志之一，其主要矿物组合为：石英-绢云母-黄铁矿。绢云母是呈细小鳞片状的白云母。通常白云母、多硅白云母、绿鳞石和钠云母被统称为白色云母，其物性非常相似，在显微镜下不易区分，但由于其成分不同，反映了各自形成过程中地质条件的不同。因此，对白色云母的类型及特征进行研究在地质科学研究和矿物选冶利用上具有十分重要的意义。

随着测试技术的发展，研究云母结构与成分特征的手段也越来越多，如：电子探针[1-3]、扫描电镜[4-5]、X 射线衍射[4-7]、X 射线光电子能谱[7]、X 射线荧光光谱[7]、差热分析[4]、红外光谱[8]、拉曼光谱[9]、X 射线透射衍射[10]、选区电子衍射[11]等。在地球科学研究领域应用较广泛的是前三者，它们作为传统物相分析的重要手段，在云母类矿物的结构与成分分析中发挥了重大作用。

前人研究表明，白云母常见的多型变体包括 $1M$、$1M_d$（无序型）、$2M_1$、$2M_2$ 和 $3T$ 型，自然界最常见的是 $2M_1$ 型；多硅白云母的结构型有 $2M$、$1M$ 和 $3T$ 三种，最常见的是 $2M$ 型，$1M$ 和 $3T$ 型多硅白云母是板块消亡带的特征矿物。Sassi 等[12]对 410 件低级变质泥质片岩的研究发现，白云母晶胞参数 b_0 值可作为压力的指示剂，并以 0.9000 nm 和 0.9040 nm 为限，将浅变质岩的变质作用划分为低压、中压和高压。

因此，建立符合仪器和实验室条件的测试流程，准确测定云母的多型和结构参数 b_0 值，对于支撑新的历史条件下地质找矿工作具有重要的实际意义。

3.2.1　研究区域与地质背景

北山地处我国西北戈壁荒漠，横跨内蒙古、甘肃和新疆三省（区），总体位于中亚造山带中部南缘，属塔里木板块东北边缘，是我国西部地区最为重要的有色和贵重金属成矿带之一（图 3.3）[13-17]。公婆泉和白山堂铜矿是甘肃北山地区典型的斑岩型铜矿床。前人围绕公婆泉和白山堂铜矿的地质特征、与成矿关系密切的火成岩的地球化学特征与形成年龄、矿床流体地球化学特征、矿床成因与找矿预测等开展了系列研究，但鲜有针对与成矿关系密切的蚀变矿物特征的研究，不利于在区域深部或外围寻找同类型矿床。

公婆泉中型斑岩铜矿床位于甘肃肃北蒙古族自治县公婆泉东 15 km，矿田面积 105 km^2，包括中部的一矿区、东北部的二矿区和南部的三矿区，以及跃进岗、黑石山、沙泉沟三个矿点，主要储量集中于一矿区（由三个矿段组成）。区内出露的地层主要为志留系中上统公婆泉群玄武岩、安山岩、粗安岩、石英粗面岩和流纹岩，以英安岩和安山岩最为发育。区内断裂构造多呈 NW 向和近 SN 向分布，与矿体空间关系密切。区内出露的侵入岩包括花岗闪长斑岩、英安斑岩、石英闪长玢岩、二长花岗岩以及辉长岩，其中花岗闪长斑岩（锆石 LA-ICP-MS 年龄 453.2±6.5 Ma[18]）、英安斑岩（Rb-Sr 等时线年龄 409~416 Ma[19]）和石英闪长玢岩是重要的容矿围岩，矿体呈透镜状、脉状产其中，少数矿体产于公婆泉群石英粗面岩中。围岩蚀变普遍且较强烈，分带性较明显，主要有钾硅酸盐化、绢英岩化、黄铁矿化、青盘岩化、绿帘石化、碳酸盐化、钠长石化、泥化等，以赋矿斑岩体为中心，向外依次可分为 5 个带：绢云次生石英岩带、黑云母石英钾长石化带、青盘岩化带、角岩化带和石英钠长石化-矽卡岩化带[20]。斑岩型铜矿体主要产于绢云次生石英岩带内。

白山堂中型斑岩铜矿床位于甘肃省金塔县北 100 km 处，矿区面积约 15 km^2，分为 4 个矿带，主要工业矿体集中在一矿带，一般所说的白山堂铜矿床即指一矿带。区内出露地层有蓟县系平头山群碎屑岩、

本节编写人：叶美芳（中国地质调查局西安地质调查中心）；刘三（中国地质调查局西安地质调查中心）；赵慧博（中国地质调查局西安地质调查中心）；闫巧娟（中国地质调查局西安地质调查中心）；侯弘（中国地质调查局西安地质调查中心）

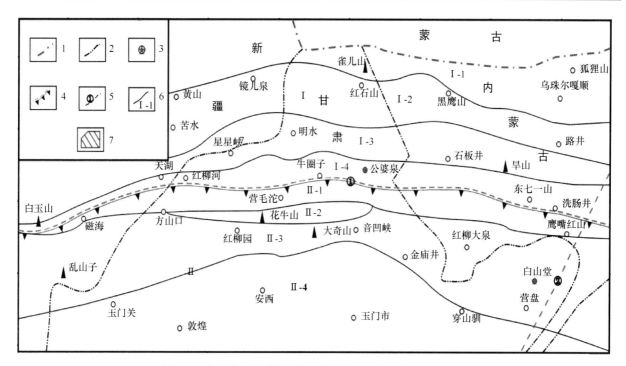

图 3.3　北山地区大地构造单元划分略图（修改自文献[16]）

1.国界；2.省界；3.研究区；4.缝合线；5.边界断裂及编号（①.红柳河—牛圈子—洗肠井断裂；②.黑河断裂）；6.构造分区界线及编号（Ⅰ.哈萨克斯坦板块星星峡—旱山微板块；Ⅰ-1.大南湖—雀儿山—狐狸山早古生代活动陆缘带；Ⅰ-2.黄山—红石山—路井古生陆内裂谷带；Ⅰ-3.星星峡—明水—旱山地块；Ⅰ-4.白云山南—公婆泉—七一山古生代活动陆缘带；Ⅱ.塔里木—华北板块敦煌微板块；Ⅱ-1.方山口—营毛沱—鹰嘴红山早古生代被动陆缘带；Ⅱ-2.花牛山早古生代陆缘裂谷带；Ⅱ-3.磁海—红柳园—白山堂晚古生代陆内裂谷带；Ⅱ-4.敦煌地块）；7.北山地区范围示意图。

上侏罗统赤金堡群和第四系。平头山群为成矿浅成侵入体的围岩，由上部绢云石英片岩、石墨石英片岩、中部含钙质片岩、灰岩、白云质大理岩和下部绢云石英片岩组成。区内岩浆活动广泛而强烈，侵入体主要为华力西中晚期的斜长花岗岩（Rb-Sr 等时线年龄 276 Ma[21]，锆石 LA-ICP-MS 年龄 275 Ma[22]）、黑云母花岗岩、花岗闪长岩、石英闪长岩、闪长岩，以及早期的流纹斑岩（锆石 LA-ICP-MS 年龄 371~375 Ma[22-23]）、英安斑岩、石英粗面岩等超浅成岩（次火山岩）。区内断裂构造以 NWW 向和 NNE 向平移断裂为主，矿体主要呈脉状及透镜状产于流纹斑岩中。围岩蚀变发育于流纹斑岩岩体和环状岩墙之间，主要蚀变类型有硅化（包括次生石英岩化）、绿泥石化、黄铁矿化、碳酸盐化、绢云母化、角岩化（黑云母化）和矽卡岩化（阳起石化、透辉石化、透闪石化、绿帘石化）等。与铜矿化关系最密切的是硅化（次生石英岩化）和绿泥石化。

3.2.2　实验部分

3.2.2.1　样品来源及特征

公婆泉矿区样品采自一矿区二矿段矿化较为集中的绢英岩化蚀变带，原岩为发生不同程度绢云母化、次生石英岩化的英安斑岩或花岗斑岩。白山堂矿区样品采自一矿带大采坑剖面，原岩为发生不同程度绢云母化、次生石英岩化、绿泥石化的流纹斑岩。样品手标本呈淡黄绿-深绿色，块状构造，板状劈理或片理发育，可见星点状、脉状或浸染状硫化物（含量约 1%~5%），常伴随有红柱石化、电气石化等热液蚀变（图 3.4a、b）。主要的金属硫化物是黄铁矿、黄铜矿和斑铜矿，与绢云母、绿泥石等关系密切。

在偏光显微镜下，绢云母为细小的鳞片状集合体。全岩粉末 X 射线衍射分析表明，样品中绢（白）云母含量为 7%~27%，同时存在 1M 和 2M₁ 多型；主要矿物组成为石英、长石、绿泥石、黄铁矿、黄铜矿等，部分样品还含有少量方解石、白云石、红柱石等。取样品碎片，利用中国地质调查局西安地质调查中心引进的日本电子公司 JSM-7500F 型场发射扫描电镜和牛津 X-Max50 型能谱仪进行了形貌和成分分析（扫描电压 0.8 keV，能谱分析电压 10 keV，放大倍数 160~900 倍）。分析结果表明，样品中呈细小鳞片状的不仅有绢云母（图 3.4c、e、f），还有绿泥石（图 3.4d），与岩相学观察一致。绢（白）云母集合体呈现的形态包括：边缘不规则的细小花瓣状（图 3.4c）、扭折的板片状（图 3.4e）和平直板片状（图 3.4f），体现了绢云母与白云母的渐变过渡，其中可能还含有部分水白云母。

图 3.4　公婆泉和白山堂铜矿区绢云母蚀变带样品手标本及显微图像

a. 公婆泉矿区 GDJ-1 样品手标本照片；b. 白山堂矿区 BST12#-3 样品正交偏光照片；c~f 依次为白山堂矿区 BST8#-3 和 BST12#-3、公婆泉矿区 GDJ-3 和 GDJ-1 样品中绢（白）云母扫描电镜二次电子图像。

3.2.2.2　样品制备

样品粉碎至 300 目，备全岩分析。

由于云母类矿物以片状、鳞片状为主，在混合矿物中倾向于形态定向，普通 X 射线粉晶衍射测定易造成某些晶面衍射的缺失或不足，故需制备特殊的岩石 b_0 片，以得到特定晶面的准确信息。样品经卡尺定向，用切片机切割成 18 mm×16 mm×5 mm 的岩石定向 b_0 片，切割方向垂直于绢（白）云母片理面。

3.2.2.3　测试条件

测试使用仪器为 Rigaku D/max 2500 型 X 射线衍射仪。实验条件为：Cu 靶，电压 40 kV，电流 200 mA，狭缝系统：SS=DS=1°，RS=0.15 mm，扫描方式：连续扫描，扫描步长 0.02°，扫描速度：5°~65° 扫描，

10°/min；59°~65°扫描，5°/min。滤波：闪烁计数器，探测器：石墨单色器，θ 偏差 0.000°。测量时，使切片的片理垂直入射光栅狭缝的方向。测试中，5°~65°扫描以石英 $d_{(101)}$=3.3440，$2\theta_{(101)}$=26.64°作为内标；59°~65°扫描以石英 $d_{(211)}$=1.5415，$2\theta_{(211)}$=59.96°作为内标，分别见于图 3.5a~d。

3.2.2.4　数据处理

数据分析使用 Jade 7.0 软件，b_0 值分布概率密度图使用 Isoplot 3.0 软件制作。

3.2.3　应用与研究成果

3.2.3.1　样品中云母结构多型与 b_0 值特征

样品 b_0 片在 5°~65°范围内扫描分析（10°/min）表明，公婆泉和白山堂矿区绢英岩中绢（白）云母为 1M 和 2M$_1$ 多型共存（图 3.5a 和 c，表 3.4）。前人研究认为，$d_{(001)}$≈1 nm 是云母类矿物的鉴定特征（有时也可能是水合多水高岭石，需要依靠其他特征加以鉴别），而 $d_{(060)}$ 值可用于区分二八面体和三八面体云母（前者 0.149~0.151 nm，后者 0.152~0.155 nm）。不同多型的白云母具有各自的特征峰，可据此区分其多型。2M$_1$ 型白云母具有 0.299 nm、0.320 nm 和 0.348 nm 特征峰；3T 型白云母没有 0.430 nm、0.397 nm 特征峰，而有 0.310 nm 和 0.360 nm 特征峰；1M 型白云母与 3T 型白云母相似，但没有 0.446 nm 和 0.387 nm 特征峰，而多了 0.269 nm 和 0.307 nm 特征峰。获得样品的 X 射线衍射谱图与 ICDD 卡片库中 PDF#07-0025（1M）、PDF#19-0814（2M$_1$）、PDF#06-0623（2M$_1$）等云母结构的 X 射线衍射谱图吻合很好，同时存在 0.268 nm、0.307 nm 和 0.299 nm、0.320 nm、0.347 nm（0.346 nm）特征峰，表明样品中同时存在 1M 和 2M$_1$ 型绢（白）云母。

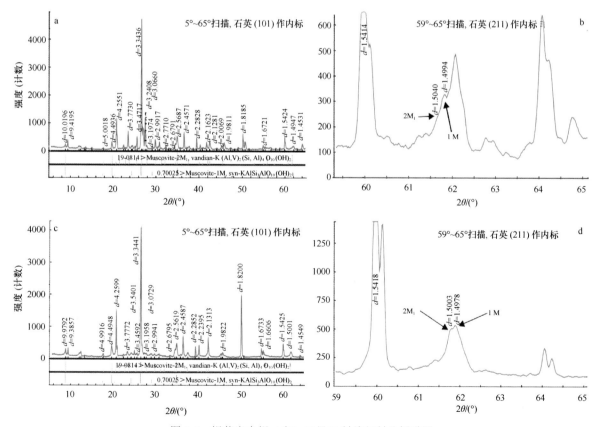

图 3.5　绢英岩中绢（白）云母 X 射线衍射分析谱图
a 和 b 为公婆泉矿区样品 GDJ-2；c 和 d 为白山堂矿区样品 BST12#-3。

表3.4 公婆泉和白山堂矿区绢（白）云母X射线衍射分析数据

矿区	样品编号	云母含量/%	云母类型	$d_{(060)}$/nm	b_0/nm
公婆泉矿区	GDJ-1	22	1M	0.14982	0.8989
			2M₁	0.15044	0.9026
	GDJ-2	17	1M	0.14994	0.8996
			2M₁	0.15040	0.9024
	GDJ-3	21	1M	0.14991	0.8995
			2M₁	0.15026	0.9016
	GDJ-4	18	1M	0.14974	0.8984
			2M₁	0.15037	0.9022
	GDJ-5	12	1M	0.14994	0.8996
			2M₁	0.15031	0.9019
	II-4	22	1M	0.14990	0.8994
			2M₁	0.15053	0.9032
	G2014-S2	13	1M	0.14991	0.8995
			2M₁	—	—
	G2014-S3	10	1M	0.14986	0.8992
			2M₁	—	—
	G2014-S4	7	1M	0.14990	0.8994
			2M₁	—	—
	G2014-S5	21	1M	0.14990	0.8994
			2M₁	0.15042	0.9025
	G2014-S6	11	1M	0.14982	0.8989
			2M₁	—	—
	G2014-S7	17	1M	0.14982	0.8989
			2M₁	0.15039	0.9023
	G2014-S8	12	1M	0.14990	0.8994
			2M₁	—	—

矿区	样品编号	云母含量/%	云母类型	$d_{(060)}$/nm	b_0/nm
公婆泉矿区	G2014-S9	19	1M	0.14991	0.8995
			2M₁	0.15033	0.9020
	G2014-S10	20	1M	0.14991	0.8995
			2M₁	0.15038	0.9023
	G2014-S11	11	1M	0.14995	0.8997
			2M₁	0.15034	0.9020
	G2014-S12	21	1M	0.14991	0.8995
			2M₁	0.15042	0.9025
	G2014-S13	11	1M	0.14991	0.8995
			2M₁	0.15042	0.9025
白山堂矿区	BST12-15	14	1M	0.14979	0.8987
			2M₁	0.15038	0.9023
	BST08#2	10	1M	0.14988	0.8993
			2M₁	0.15043	0.9026
	BST08#3	11	1M	0.14973	0.8984
			2M₁	0.15025	0.9015
	BST12#-3	22	1M	0.14978	0.8987
			2M₁	0.15003	0.9002
	BST13#-3	27	1M	0.14991	0.8995
			2M₁	0.15050	0.9030
	B2014-S1	20	1M	0.14989	0.8993
			2M₁	0.15038	0.9023
	B2014-S2	21	1M	0.14982	0.8989
			2M₁	0.15034	0.9020
	B2014-S3	11	1M	0.14991	0.8995
			2M₁	0.15036	0.9022

注："—"代表 b_0 片分析未检测到显著特征峰，故无计算值。但这些样品全岩粉末分析表明其存在相应多型。

在 59°~65°范围内降低扫描速度（5°/min）获得的 X 射线衍射谱图显示，除少数样品外，多数样品的白云母（060）衍射峰表现为双峰形态（图 3.5b、d）。由于全岩粉末和大多数 b_0 片 X 射线衍射分析的结果都确证样品中同时存在 1M 和 $2M_1$ 型绢（白）云母，故认为该双峰是由不同多型绢（白）云母（060）衍射峰叠加而成。经衍射峰拟合剥离，双峰分别取值，其中，面网间距 0.149 74~0.149 95 nm 为 1M 型绢（白）云母的 $d_{(060)}$ 值，面网间距 0.150 03~0.150 53 nm 为 $2M_1$ 型绢（白）云母的 $d_{(060)}$ 值。部分样品的（060）衍射峰为单峰形态，可能与 b_0 片制备不理想（切割方向未完全垂直云母片理方向）有关，其 $d_{(060)}$ 值为 0.149 82~0.149 91 nm，推测为 1M 多型绢（白）云母的 $d_{(060)}$ 值。按 $b_0 = 6 \times d_{(060)}$ 计算样品中云母的 b_0 值见表 3.4。

公婆泉铜矿区 1M 型绢（白）云母的 b_0 值为 0.8984~0.8997 nm，加权平均值为 0.8993 nm；$2M_1$ 型绢（白）云母的 b_0 值为 0.9016~0.9032 nm，加权平均值为 0.9023 nm。白山堂铜矿区 1M 型绢（白）云母的 b_0 值为 0.8984~0.8995 nm，加权平均值为 0.8991 nm；$2M_1$ 型绢（白）云母的 b_0 值为 0.9002~0.9030 nm，加权平均值为 0.9020 nm。从计算得到的 b_0 值来看，公婆泉和白山堂铜矿区绢（白）云母特征相似，1M 型绢（白）云母的 b_0 值相当（平均值分别为 0.8993 nm 和 0.8991 nm），$2M_1$ 型绢（白）云母的 b_0 值也相当（平均值分别为 0.9023 nm 和 0.9020 nm），但总体上公婆泉矿区绢（白）云母的 b_0 值略高（表 3.4，图 3.6）。

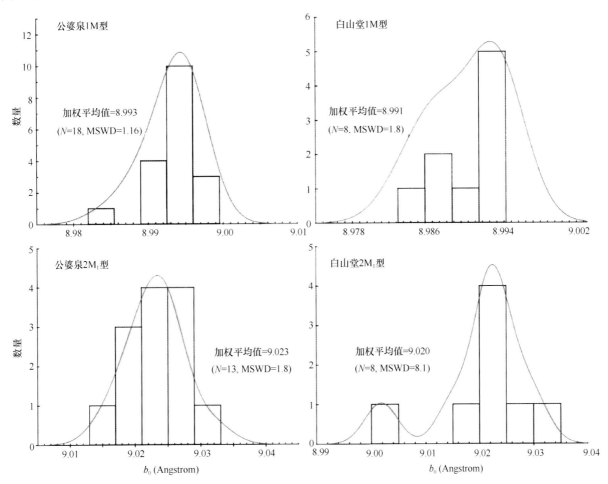

图 3.6 公婆泉和白山堂矿区绢（白）云母 b_0 值分布概率密度图

3.2.3.2 云母结构多型与 b_0 值的成矿指示意义

前人研究表明，白云母的 $b_0 = 0.899$ nm，而多硅白云母的 $b_0 \geqslant 0.903$ nm；多硅白云母多型变体以 2M 型为主，3T 型较少，自然界多为混合型。公婆泉和白山堂矿区绢（白）云母的结构多型与 b_0 值表明，其在矿物成分上很可能是多种云母共存，其中 1M 型为低压下（$b_0<0.9000$ nm）形成的普通绢（白）云母，而 2M$_1$ 型有可能为中压下（$b_0=0.9000\sim0.9040$ nm[12]）形成的云母。两种不同条件下形成的白色云母共存，很可能指示了成矿条件的临界范围，进一步的矿物学研究有望为区域成矿规律研究提供重要信息。

3.2.4　结论

本研究建立了应用 X 射线粉晶衍射仪快速测定绢（白）云母结构多型与 b_0 值的技术，揭示了甘肃北山斑岩铜矿区绢英岩化带存在 1M 型和 2M$_1$ 型两种不同的白色云母，并且各自具有不同的 b_0 值，显示了形成条件的差异，很可能指示成矿条件的临界范围。进一步的矿物成分分析有望为区域成矿规律研究提供更多信息。

本研究建立的云母结构分析技术可广泛应用于云母类矿物种属鉴定和多型鉴别，对地质科研、矿产勘探、矿物选冶等工作均具有重要的借鉴意义。

致谢：本研究野外工作过程中，得到了甘肃省酒泉市肃北县德源矿业房国顺高级工程师、张伟工程师和金塔县亚泰矿业马永升高级工程师、霍生英高级工程师以及李旭德工程师的帮助和指导，在此深表感谢！

参 考 文 献

[1] 宋仁奎, 应育浦, 叶大年. 滇西南澜沧群多硅白云母的多型和化学成分特征及其意义[J]. 岩石学报, 1997, 13(2): 152-161.

[2] 江万, 吴珍汉, 叶培盛, 等. 西藏拉萨地块中-新生代火山岩中多硅白云母捕虏晶特征及其地质意义[J]. 现代地质, 2007, 21(2): 286-290.

[3] 黄文涛, 于俊杰, 郑碧海, 等. 新疆阿克苏前寒武纪蓝片岩中多硅白云母的研究[J]. 矿物学报, 2009, 29(3): 338-344.

[4] 洪汉烈, 李菲, 牟善彬, 等. 一种绢云母样品的综合鉴定分析[J]. 岩矿测试, 2002, 21(1): 68-70.

[5] 聂轶苗, 牛福生, 刘淑贤, 等. 应用 X 射线衍射-扫描电镜-光学显微镜鉴定黑龙江石墨尾矿中的绢云母[J]. 岩矿测试, 2015, 34(2): 194-200.

[6] 邓苗, 汪灵, 林金辉. 川西微晶白云母的 X 射线粉晶衍射分析[J]. 矿物学报, 2006, 26(2): 131-136.

[7] 宋功保, 彭同江, 刘福生, 等. 我国主要白云母的矿物学特征研究[J]. 矿物学报, 2005, 25(2): 123-130.

[8] Tappert M C, Rivard B, Giles D, et al. The Mineral Chemistry, Near-infrared, and Mid-infrared Reflectance Spectroscopy of Phengite from the Olympic Dam IOCG Deposit, South Australia[J]. Ore Geology Reviews, 2013, 53: 26-38.

[9] Li H J, Zhang L F, Christy A G, et al. The Correlation between Raman Spectra and the Mineral Composition of Muscovite and Phengite[M]//Dobrzhinetskaya L F, Faryad S W, Wallis S, et al. Ultrahigh Pressure Metamorphism. London: Elsevier, 2011: 187-212.

[10] Wiewiora A, Weiss Z. X-ray Powder Transmission Diffractometry Determination of Mica Polytypes: Method and Application to Natural Samples[J]. Clay Minerals, 1985, 20(2): 18.

[11] Gaillot A C, Drits V A, Veblen D R, et al. Polytype and Polymorph Identification of Finely Divided Aluminous Dioctahedral Mica Individual Crystals with SAED. Kinematical and Dynamical Electron Diffraction[J]. Physics and Chemistry of Minerals, 2011, 38(6): 435-448.

[12] Sassi F P, Scolari A. The b_0 Value of the Potassic White Micas as a Barometric Indicator in Low-grade Metamorphism of Politic Schists[J]. Contribution to Mineralogy and Petrology, 1974, 45: 143-152.

[13] 左国朝, 何国琦, 李红诚, 等. 北山板块构造及成矿规律[M]. 北京: 北京大学出版社, 1990.

[14] 聂凤军, 江思宏, 白大明, 等. 北山地区金属矿床成矿规律及找矿方向[M]. 北京: 地质出版社, 2002.

[15] 殷先明. 甘肃北山成矿作用研究与展望——兼及与古亚洲成矿域对比[J]. 甘肃地质, 2011, 20(3): 1-6.

[16] 杨合群, 赵国斌, 李英, 等. 新疆—甘肃—内蒙古衔接区古生代构造背景与成矿的关系[J]. 地质通报, 2012, 21(2-3): 413-421.

[17] 杨建国, 谢春林, 王小红, 等. 甘肃北山地区基本构造格局和成矿系列特征[J]. 地质通报, 2012, 31(2-3): 422-438.

[18] 于明杰, 毛启贵, 方同辉, 等. 甘肃公婆泉铜矿床含矿斑岩体地球化学特征、锆石 U-Pb 年龄及 Hf 同位素特征研究[J].

地质与勘探, 2014, 50(1): 145-155.

[19] 王伏泉. 公婆泉铜矿二矿区火山岩的全岩 Rb-Sr 等时线年龄及其构造-成矿意义[J]. 大地构造与成矿学, 1998, 22(增刊): 23-27.

[20] 江思宏, 聂凤军, 刘妍, 等. 北山公婆泉斑岩型铜矿床地球化学特征研究[J]. 地质地球化学, 2002, 30(2): 25-33.

[21] 王伏泉. 白山堂铜矿床两期有关岩体的 Rb-Sr 等时线年龄及其稀土配分特征[J]. 矿物岩石地球化学通报, 1996, 15(3): 187-190.

[22] 陕亮, 许荣科, 郑有业, 等. 北山地区白山堂铜多金属矿区岩浆岩锆石 LA-ICP-MS U-Pb 年代学及其地质意义[J]. 中国地质, 2013, 40(5): 1600-1611.

[23] 惠卫东, 朱江, 邓杰, 等. 甘肃北山白山堂矿区流纹斑岩的 U-Pb 年代学、地球化学特征及其地质意义[J]. 地质与勘探, 2013, 49(3): 484-495.

3.3　甘肃白山堂铜矿区黑云母电子探针分析

黑云母是地壳中分布广泛的一种镁铁矿物,晶体化学式为 $AM_3T_4O_{10}(OH)_2$,其中 T=Si,Al;M=Mg,Fe,Mn,Al,Ti,Li;A=K,Na,Ba,Ca;F,Cl 可替代 $OH^{[1]}$。黑云母的化学成分特征能提供有关成岩成矿物理化学条件、后期热液作用及成矿元素富集的重要信息[2]。例如,矿化剂元素(F、Cl)的含量可以反映热液流体成分变化及成矿富集状况[3-4];Ti 和 Al 的变化可以用来区分不同成因类型的黑云母[5];黑云母矿物往往是许多成矿元素(Cu、Au 等)的载体或富集矿物,黑云母含铜性的研究一直是斑岩铜矿研究的重要领域[2, 6]。但以上研究均需要建立在对黑云母矿物化学成分准确测定的基础上,而利用合适的测试技术方法获得准确的矿物成分数据是首要解决的问题。

由于斑岩型铜矿钾硅酸盐蚀变带中的黑云母多为热液成因黑云母,一般结晶较为细小,产状多样,可呈现浸染状、团斑状、脉状等多种类型,独自产出或与热液石英、绿泥石等矿物共生,且多发生绿泥石化,化学成分已发生改变。因此,对其形态特征研究和化学成分的准确测试与计算就显得相对困难。本研究选取斑岩型铜矿钾硅酸盐蚀变带中黑云母进行研究,拟建立一套准确测定黑云母化学成分的测试技术,并对测试结果进行分析与讨论。

3.3.1　实验部分

3.3.1.1　样品来源

本研究样品采自甘肃白山堂斑岩型铜矿区钾硅酸盐化蚀变带(钻孔岩心 ZK106)。

3.3.1.2　分析方法

在研究样品中黑云母的产状、形态特征的基础上,采用电子探针(EMPA)分析技术建立热液黑云母主量元素的测试分析方法。实验分为以下 4 个步骤。

(1)将采自北山地区白山堂斑岩型铜矿区黑云母(石英)钾长石化带内的岩石样品磨制普通薄片,经偏光显微镜下观察黑云母的产状、形态特征,并挑选出黑云母较新鲜且含量较多的样品,初步排除已部分绿泥石化或全部绿泥石化的样品。

(2)将挑选出的具新鲜黑云母的岩石磨制成厚度为 0.04 mm 的光薄片,尺寸为 2.5 cm×5.0 cm,试样表面应保证清洁,无磨料、尘埃等其他外来物质,必要时利用超声波清洗器将试样表面清洗干净,并吹干或烘烤。利用偏光显微镜在探针片中标出需要分析的黑云母以待化学成分测试,并附透反射光显微照片;被分析黑云母应大于分析用束斑的 2~5 倍,被分析区内应无微细包体,无研磨划痕,并远离相邻矿物边界。

(3)利用真空喷镀仪对需要进行电子探针成分分析的探针片喷镀约 20 nm 厚碳膜,以确保样品表面良好的导电性;镀膜后将样品保存在真空干燥箱内。

(4)利用电子探针对待测黑云母的主量元素进行定量分析,并利用电子探针测得的全铁含量计算黑云母中 Fe^{2+} 和 Fe^{3+} 含量,进而计算黑云母矿物晶体化学式。

3.3.1.3　实验条件

电子探针分析在中国地质调查局西安地质调查中心的 JXA-8230 型电子探针仪上进行。加速电压

本节编写人:周宁超(中国地质调查局西安地质调查中心);赵慧博(中国地质调查局西安地质调查中心);叶美芳(中国地质调查局西安地质调查中心);闫巧娟(中国地质调查局西安地质调查中心)

15 kV，电子束流值 1×10^{-8} A，束斑直径 5 μm，测试时环境条件为温度 22℃，湿度 50%。

电子探针测试标样应尽量选择与待测样品化学成分及物理性质接近，即同类的矿物样品。本次研究在现有条件下尽可能选用与黑云母成分接近的矿物标样，其中有黑云母（Si，Al）、赤铁矿（Fe）、方镁石（Mg）、透辉石（Ca）、钠长石（Na）、正长石（K）、红钛锰矿（Mn，Ti）、氧化铬（Cr）、赤铜矿（Cu）、石盐（Cl）、萤石（F），以上元素均检测 Kα 线系。对于 Si、Al、Mg、K、Fe、Ca、Ti、Cr、Mn、Cu、Na 元素峰位计数时间选择 20 s，上下背景各 10 s，Cl 峰位计数时间选择 40 s，上下背景各背景值计数时间均选择 20 s，F 元素由于背景值受到其他元素峰值的影响，选择单背景分析，峰位计数时间为 40 s，背景计数时间为 40 s（表 3.5）。

表 3.5　黑云母中各元素电子探针分析条件

元素	标样	晶体	线系	峰值	背景（+）	背景（-）
Si	黑云母	TAP	Kα	20	10	10
Al	黑云母	TAP	Kα	20	10	10
Fe	赤铁矿	LIF	Kα	20	10	10
Mg	方镁石	TAP	Kα	20	10	10
K	正长石	PETH	Kα	20	10	10
Na	钠长石	TAP	Kα	20	10	10
Ca	透辉石	PETJ	Kα	20	10	10
Ti	红钛锰矿	PETJ	Kα	20	10	10
Mn	红钛锰矿	LIFH	Kα	20	10	10
Cr	氧化铬	LIFH	Kα	20	10	10
Cu	赤铜矿	LIF	Kα	20	10	10
F	萤石	LED1	Kα	40	40	0
Cl	氯化钠	PETJ	Kα	40	20	20

3.3.1.4　测试对象的选择

黑云母易发生水化蚀变[7]，虽然在制样前已在普通薄片下对样品进行了挑选，但还是不可避免地存在一定量的黑云母发生了后期蚀变，尽管仍然保留着黑云母的形态特征及部分光学特征，在偏光显微镜下较难鉴定，此时可应用能谱等半定量成分检测技术进行快速甄别。如图 3.7a 为未发生蚀变的新鲜黑云母，其能谱图上可见明显的 K 元素的峰值；图 3.7b 显示黑云母已完全蚀变为绿泥石，其能谱图上可见明显的 K 峰完全消失。如果为黑云母向绿泥石蚀变的中间产物，K 元素峰值介于上述两者之间，这时可应用波谱定量分析后根据 K 元素含量的高低以及各元素含量总和是否达到了 95%以上予以判别。

光薄片在磨制过程中，矿片与载玻片粘接载体是冷杉胶或环氧树脂，由于黑云母发育极完全解理，底部的胶会沿着破裂的解理缝隙溢出至矿片表面，样品抛光质量较差时，会出现较多的胶残留到矿片表面；在喷镀碳膜过程中过高的温度也可导致解理、裂隙中的冷杉胶融化而向矿片表面溢流，从而导致待测矿物被有机质覆盖而影响成分的准确测定，因此在测试过程中应对比二次电子与背散射图像，选择较为洁净、平整、未沿解理破裂的区域进行测试。

3.3.1.5　分析准确度和检出限

由于黑云母含有 OH$^-$，而电子探针不能检测 H 元素，因此黑云母成分中各元素总和往往在 95%左右。本次电子探针测试在对实验条件及测试样品本身进行严格控制的基础上，获得的 22 组数据中元素总和介于 95.74%~99.75%，达到了较好的效果，表 3.6 为部分样品的分析结果。本次实验中各元素的检出限（单位 μg/g）为：F 189，Na 198，Al 157，Mg 113，Si 200，Cl 50，Ca 124，Ti 174，Fe 282，K 62，Cr 218，

表 3.6　白山堂矿区黑云母电子探针分析结果

项目	元素	ZK106-2-2	ZK106-2-3	ZK106-2-3	ZK106-2-4-5	ZK106-2-4-5	ZK106-2-4-5	ZK106-2-5	ZK106-5-2	ZK106-5-3	ZK106-5-4
黑云母电子探针测试结果/%	Al_2O_3	18.84	20.24	19.94	19.97	19.81	19.93	19.83	20.32	19.88	20.12
	MgO	8.54	10.46	10.47	10.19	10.27	10.14	10.07	9.30	10.01	10.05
	SiO_2	34.84	35.78	35.09	35.47	35.86	35.68	36.08	35.41	36.55	34.94
	TiO_2	2.49	0.51	0.96	0.79	0.93	0.97	0.95	2.62	1.63	1.29
	FeO^T	21.67	20.02	20.61	20.19	20.93	19.92	19.46	20.96	21.05	21.90
	$C_{Fe_2O_3}$	0.97	0.64	0.83	0.83	0.71	0.77	0.77	1.06	1.20	0.92
	C_{FeO}	20.80	19.45	19.87	19.44	20.30	19.22	18.76	20.01	19.97	21.07
	Cr_2O_3	0.01	0.01	0.00	0.06	0.01	0.00	0.03	0.00	0.03	0.32
	MnO	0.60	0.57	0.46	0.61	0.61	0.63	0.63	0.11	0.10	0.13
	CuO	0.00	0.00	0.00	0.00	0.00	0.01	0.00	0.00	0.00	0.00
	CaO	0.00	0.00	0.00	0.00	0.00	0.00	0.01	0.01	0.00	0.03
	Na_2O	0.12	0.13	0.13	0.19	0.20	0.23	0.12	0.04	0.03	0.03
	K_2O	8.96	9.75	8.59	8.84	9.39	9.27	9.82	9.02	8.00	8.40
	F	0.83	1.01	1.03	1.01	1.05	1.17	1.07	0.76	0.71	0.77
	Cl	0.16	0.18	0.17	0.18	0.18	0.16	0.19	0.07	0.06	0.07
	$EPM_{总}$	96.66	98.21	96.97	97.02	98.77	97.58	97.75	98.29	97.72	97.69
	$H_2O_{计算值}$	1.75	1.75	1.72	1.73	1.74	1.70	1.73	1.83	1.85	1.81
	$O\text{-}F\text{-}Cl$	0.39	0.47	0.47	0.47	0.48	0.53	0.49	0.34	0.31	0.34
	$C_{总}$	98.50	100.01	98.77	98.83	100.59	99.36	99.56	100.23	99.70	99.59
阴离子数为12计算的阳离子数	Si^{4+}	2.656	2.668	2.643	2.669	2.666	2.674	2.697	2.625	2.700	2.616
	Al^{IV}	1.344	1.332	1.357	1.331	1.334	1.326	1.303	1.375	1.300	1.384
	T-site	4	4	4	4	4	4	4	4	4	4
	Al^{VI}	0.349	0.447	0.414	0.440	0.402	0.434	0.444	0.401	0.431	0.391
	Ti^{4+}	0.142	0.029	0.054	0.044	0.052	0.055	0.053	0.146	0.090	0.072
	Cr^{3+}	0.001	0.001	0.000	0.003	0.001	0.000	0.002	0.000	0.002	0.019
	Fe^{3+}	0.056	0.036	0.047	0.047	0.039	0.044	0.043	0.059	0.067	0.052
	Fe^{2+}	1.326	1.213	1.252	1.223	1.262	1.205	1.173	1.240	1.234	1.320
	Mg^{2+}	0.971	1.163	1.176	1.143	1.139	1.133	1.122	1.028	1.102	1.122
	Mn^{2+}	0.039	0.036	0.029	0.039	0.039	0.040	0.040	0.007	0.006	0.008
	Cu^{2+}	0.000	0.000	0.000	0.000	0.000	0.000	0.000	0.000	0.000	0.000
	M-site	2.883	2.923	2.972	2.939	2.934	2.910	2.876	2.881	2.931	2.984
	Ca^{2+}	0.000	0.000	0.000	0.000	0.000	0.000	0.000	0.001	0.000	0.002
	Na^+	0.017	0.019	0.018	0.027	0.029	0.033	0.018	0.006	0.004	0.004
	K^+	0.871	0.927	0.826	0.848	0.891	0.886	0.936	0.853	0.753	0.802
	A-site	0.888	0.946	0.844	0.875	0.919	0.920	0.955	0.860	0.758	0.808
	C_F	0.201	0.238	0.245	0.240	0.246	0.277	0.253	0.178	0.165	0.181
	C_{Cl}	0.020	0.023	0.022	0.023	0.023	0.020	0.024	0.008	0.008	0.008
	C_{OH}	1.778	1.738	1.733	1.736	1.731	1.703	1.722	1.813	1.827	1.810
	OH-site	2	2	2	2	2	2	2	2	2	2
	$Mg^{\#}$	0.416	0.482	0.479	0.475	0.467	0.476	0.481	0.452	0.471	0.458
	Mg/Fe	0.306	0.405	0.394	0.392	0.381	0.395	0.402	0.344	0.369	0.356

注：FeO^T 为全铁，$C_{Fe_2O_3}$ 和 C_{FeO} 分别为计算得到的三价和二价铁百分含量；$H_2O_{计算值}$ 表示理论计算得到的 H_2O 含量；O-F-Cl 表示 F、Cl 的氧当量；$C_总$ 表示理论计算后得到的黑云母总成分含量，$C_总 = EPM_总 + H_2O_{计算值} - (O\text{-}F\text{-}Cl)$；$C_F$、$C_{Cl}$、$C_{OH}$ 是黑云母分子中 OH 位置的 F、Cl、OH 的摩尔分数。$Mg^{\#} = Mg/(Mg+Mn+Fe^{2+})$；Mg/Fe 为元素质量比。

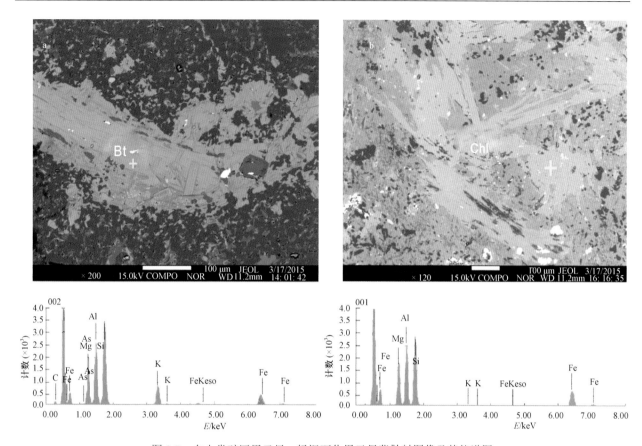

图 3.7　白山堂矿区黑云母、绿泥石化黑云母背散射图像及其能谱图

a. 新鲜黑云母背散射图像及能谱图；b. 绿泥石化黑云母背散射图像及其能谱图。
黄色十字为能谱分析位置；Bt—黑云母，Chl—绿泥石。

Mn 213，Cu 335。黑云母中 H_2O 含量将在数据处理过程中计算得出。

3.3.1.6　Fe^{2+} 与 Fe^{3+} 含量的获得及数据处理

由于电子探针不能区分 Fe^{2+} 与 Fe^{3+}，而只能以全铁 FeO 的形式给出，要获得黑云母中 Fe^{2+} 与 Fe^{3+} 含量还需在电子探针数据的基础上借助待定阳离子数、电价差值等计算方法，或者使用 X 射线光电子能谱（XPS）和穆斯堡尔谱仪等仪器直接测定黑云母中的 Fe^{2+} 与 Fe^{3+} 含量。为了获得准确的黑云母的 Fe^{2+} 和 Fe^{3+} 含量，本次研究中首先采用了待定阳离子数[8]和电价差值[9]两种方法进行了计算，发现两者存在较大差异。其中电价差值法计算得到的 Fe_2O_3 介于 3.10%~8.44%，FeO 介于 9.44%~18.25%；而待定阳离子数法计算得到的 Fe_2O_3 介于 0.64%~1.20%，FeO 介于 18.76%~21.07%。究竟哪种方法更接近于实际情况？前人研究发现云母族矿物有其特殊的复杂性，根据云母结构层内八面体层阳离子种类和充填数量，可将云母划分为二八面体型及三八面体型。前者如白云母其阳离子数为 7，后者如黑云母，其阳离子数为 8。但对大量具有化学分析数据的白云母、黑云母矿物化学式的计算表明，白云母的阳离子数并非总是 7，黑云母的阳离子数在绝大多数情况下不是 8，而是介于 7~8，且与 8 有较大偏差[8]。但是电价差值法是假定黑云母的阴阳离子数均为固定值，矿物中阳离子正电价总数与阴离子负电价总数应平衡，而电子探针得出的 FeO 值把 Fe^{3+} 也当成了 Fe^{2+}，因此分子式中的阳离子总电价必然低于理论电价，据此差值则可求出 Fe^{3+} 含量[10]；待定阳离子数法中阴离子数是唯一已知条件，阳离子数未知，通过一系列计算得出实际阳离子数的可能值，进而计算出 Fe_2O_3 与 FeO 含量。由此，本研究认为待定阳离子数法可能更适合阳离子总数在一定范围内变化的矿物（如黑云母）中 Fe_2O_3 与 FeO 含量的计算。

另外，X 射线光电子能谱分析（XPS）和穆斯堡尔谱仪均可对黑云母进行 Fe_2O_3 与 FeO 含量的半定量分析。其中，穆斯堡尔谱需将黑云母挑出后研磨至 200 目以下，压制成特定薄片[11]才能进行 Fe_2O_3 与 FeO 含量测定，无法在薄片尺度下对黑云母进行原位分析；但是，X 射线光电子能谱分析则能解决这一问题，其可在几微米范围内测量矿物表面的化学状态。对于斑岩型铜矿钾硅酸盐化带中细小的黑云母采用 X 射线光电子能谱分析获得其 Fe_2O_3 与 FeO 含量不失为一种有效的方法，并可与原位电子探针计算结果进行对比验证。

本次研究黑云母的 Fe^{2+} 和 Fe^{3+} 值采用林文蔚等[8]的待定阳离子数法计算获得，H_2O 含量以氧原子数为 12 计算获得，黑云母的结构式以（O, OH, F/2, Cl/2）为 12 计算的阳离子数及相关参数见表 3.6。另外，值得说明的是，随着分析技术的日益发展和矿物研究的逐渐精细化，研究人员已经开始使用激光剥蚀电感耦合等离子体质谱（LA-ICP-MS）联机技术对黑云母进行原位微区成分测定，有效地避开了黑云母中独居石、磷灰石、锆石等副矿物的影响，从而能获得高精度的微量及稀土元素含量[2, 12]。

3.3.2 结果与讨论

3.3.2.1 黑云母化学成分特征

白山堂矿区黑云母电子探针分析成分中 Ti 低（TiO_2 含量介于 0.51%~2.62%）Al 高（Al_2O_3 含量介于 18.84%~20.32%），Al_2O_3/TiO_2 值多远大于 7，属富铝黑云母，与热液黑云母特征一致。前人研究认为斑岩铜矿体系内，热液黑云母以高镁、低铁为特点，富镁质的黑云母与矿化关系密切。但是，白山堂矿区热液黑云母的 Fe 含量相对较高（FeO^T=19.46%~21.90%），Mg 含量相对较低（MgO= 8.54%~10.47%），镁、铁元素质量比 Mg/Fe=0.306~0.405，平均值为 0.374，这与斑岩型铜矿区热液黑云母通常为高镁低铁的特征有所不同。据 Rieder（1998）提出的黑云母命名方法结合 $\sum$Al-Fe/（Fe+Mg）图解对黑云母进行分类[10]，白山堂矿区黑云母属于富铁黑云母并偏向于铁叶云母类型（图 3.8），在 Mg-（Al^{VI}+Fe^{3+}+Ti）-（Fe^{2+}+Mn）图解（图 3.9）中，白山堂矿区黑云母落在镁质黑云母与铁质黑云母两种类型的过渡区域。SiO_2 含量介于 34.84%~36.55%，变化范围较大，MnO 含量介于 0.10%~0.63%，其中 Mn^{2+} 主要以类质同象替代 Fe^{2+}、Mg^{2+} 等进入黑云母矿物中。白山堂矿区黑云母挥发份（F、Cl）含量较低，其中 Cl 含量介于 0.06%~0.19%，而 F 含量介于 0.71%~1.17%，表现为高 F 低 Cl。另外，前人研究认为斑岩铜矿中黑云母中 Cu 含量在 450~1100 μg/g[5]，本研究中 Cu 元素的检出限为 335 μg/g，研究区黑云母中 Cu 元素均未检测出或低于检出限，究其原因可能是电子探针检出限过高。因此，研究黑云母含铜性应用 LA-ICP-MS 技术更为适用。

3.3.2.2 黑云母结晶的物理化学条件及流体特征

在黑云母的 Ti-Mg/（Mg+Fe）温度估算图解（图 3.10）中，白山堂矿区的黑云母结晶温度变化范围较大，但集中在 400~500℃。以 12 个氧原子为单位计算的阳离子数中六次配位铝（Al^{VI}）的含量为 0.27~0.42，据 Albuquerque[13]研究表明，黑云母的高钛和结构式中低 Al^{VI} 指示其形成于相对高温和高氧逸度（f_{O_2}）的介质环境，而白山堂黑云母中 Ti 含量低且具有一定量的六次配位铝，说明其形成的介质环境应为较低的温度和氧逸度。

3.3.3 结论与展望

通过对北山地区白山堂斑岩型铜矿区钾硅酸盐化带的黑云母进行形态及化学成分研究，确定了此类

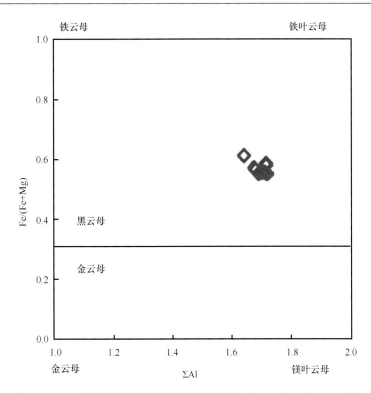

图 3.8　白山堂斑岩型铜矿热液黑云母成分的$\sum$Al-Fe/（Fe+Mg）分类图

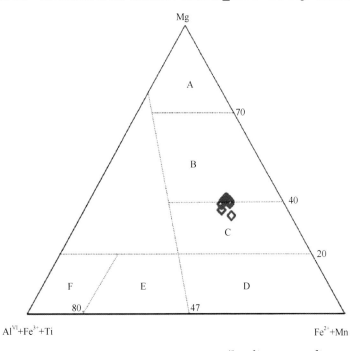

图 3.9　白山堂斑岩型铜矿热液黑云母成分的 Mg-（Al^{VI}+Fe^{3+}+Ti）-（Fe^{2+}+Mn）分类图
A—金云母；B—镁质黑云母；C—铁质黑云母；D—铁叶云母；E—铁白云母；F—白云母。

细小热液黑云母电子探针主量元素分析流程，初步选定了适合黑云母电子探针成分分析的测试条件，并取得了较好的测试结果。对比研究认为利用探针数据计算黑云母中 Fe^{2+}与 Fe^{3+}，待定阳离子数法更为可靠，而原位直接测定黑云母中 Fe^{2+}与 Fe^{3+}，X 射线光电子能谱为一种潜在的分析方法。研究发现白山堂矿区热液黑云母以浅褐色为主，多为高铁低镁黑云母，这与斑岩型铜矿区热液黑云母通常为高镁低铁的特征有所不同。另外，在电子探针的检测精度下较难准确测定出黑云母中的 Cu 元素含量，LA-ICP-MS联用技术在黑云母含铜性及其他微量元素研究方面应该更为适合。

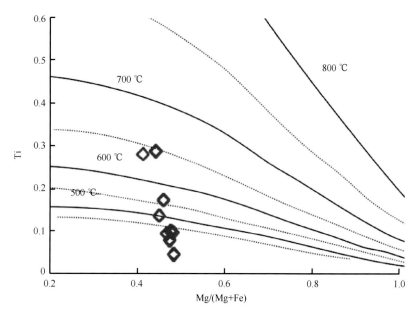

图 3.10　白山堂斑岩型铜矿热液黑云母的结晶温度 Ti-Mg/（Mg+Fe）估算图（底图据 Henry 等[14]）

参 考 文 献

[1] 李胜荣, 许虹, 申俊峰, 等. 结晶学与矿物学[M]. 北京: 地质出版社, 2008: 240-242.

[2] 刘彬, 马昌前, 刘园园, 等. 鄂东南铜山口铜(钼)矿床黑云母矿物化学特征及其对岩石成因与成矿的指示[J]. 岩石矿物学杂志, 2010, 29(2): 151-165.

[3] Kesler S E, Issigonis M J, Brownlow A H, et al. Geochemistry of Biotites from Mineralized and Barren Intrusive Systems[J]. Economic Geology, 1975, 70(3): 559-567.

[4] 熊小林, 石满全, 陈繁荣. 浅成一次火山岩黑云母 Cu, Au 成矿示踪意义[J]. 矿床地质, 2001, 21(2): 107-111.

[5] 傅金宝. 斑岩铜矿中黑云母的化学组成特征[J]. 地质与勘探, 1981(9): 16-19.

[6] 柳少波, 王联魁. 侵入体中黑云母含铜性研究进展[J]. 地质科技情报, 1995, 14(3): 67-72.

[7] 王彦华, 谢先德, 罗立峰. 花岗岩中黑云母风化的矿物变化机制[J]. 地球化学, 1999, 28(3): 239-247.

[8] 林文蔚, 彭丽君. 由电子探针分析数据估算角闪石、黑云母中的 Fe^{3+}、Fe^{2+}[J]. 长春地质学院学报, 1994, 24(2): 155-162.

[9] 郑巧荣. 由电子探针分析值计算 Fe^{3+} 和 Fe^{2+}[J]. 矿物学报, 1983, 3(1): 55-62.

[10] 李鸿莉, 毕献武, 胡瑞忠, 等. 芙蓉锡矿田骑田岭花岗岩黑云母矿物化学组成及其对锡成矿的指示意义[J]. 岩石学报, 2007, 23(10): 2605-2614.

[11] 戴正华. 穆斯堡尔谱测量样品厚度对结果的影响与确定[J]. 陕西师范大学学报(自然科学版), 1997, 25(4): 33-35.

[12] 胡建, 邱检生, 王汝成, 等. 广东龙窝和白石岗岩体锆石 U-Pb 年代学、黑云母矿物化学及其成岩指示意义[J]. 岩石学报, 2006, 22(10): 2464-2474.

[13] Albuquerque A C. Geochemistry of Biotites from Granitic Rocks, Northern Portugal[J]. Geochimica et Cosmochimica Acta, 1973, 37(7): 1779-1802.

[14] Henry D J, Uidotti C V, Thomoson J A. The Ti-saturation Surface for Low-to-Medium Pressure Metapelitic Biotites: Implications for Geothermonmetry and Ti-substitution Mechanisms[J]. American Mineralogist, 2005, 90(2): 316-328.

3.4 甘肃白山堂铜矿区黄铁矿特征 LA-ICP-MS 与电子探针联合分析

黄铁矿是地壳中分布最广的硫化物，形成于多种不同的地质条件。不同地质条件下形成的黄铁矿，其晶体形态与成分各有差异。黄铁矿矿物晶体形态受矿物组构（成分与结构）及其形成条件（如氧逸度、硫逸度和介质盐度）的共同制约。在某种程度上，黄铁矿晶形特征可反映出其生成时的地质环境[1-5]。硫化物中的主量、微量元素含量或比值往往是成矿作用的灵敏指示，可以为成矿预测和找矿勘探研究提供有关的科学信息。黄铁矿中微量元素包括两部分：一是呈类质同象替代形式进入黄铁矿晶格的元素，如替代 Fe 的 Co、Ni 元素和替代 S 的 As、Se、Te 等元素；二是呈机械混入物形式存在于黄铁矿中的元素，如 Au、Ag、Cu、Pb、Zn、Sb、Bi、W、Sn 等元素。黄铁矿中的微量元素主要是在形成过程中捕获的，其含量的大小直接与形成时矿液的介质成分和形成的物理化学条件相关[6]。若成矿溶液的介质成分复杂，则黄铁矿中的微量元素成分复杂。不同期次或不同矿化类型形成的黄铁矿，由于其形成的物理化学条件不同，使微量元素的成分存在明显的差异。因此，对硫化物的微量元素特征进行分析是非常必要的。

一般情况下，硫化物的主量元素测定常用电子探针法，而微量元素的准确测定则比较困难。电子探针法由于检出限较高（约$>50 \times 10^{-6}$），不适合分析硫化物中的微量元素。传统的硫化物微量元素分析方法是从岩石中分离出硫化物单矿物，将其溶解，再进行测定。这种传统方法存在的不足有两个方面：①单矿物分选中由于不精细，导致黄铁矿的测试结果受到其他伴生矿物相，如雌黄铁矿、黄铜矿、斑铜矿等的影响，获得的结果是混合组分的平均值；②在矿物生长过程中，微量元素的分布可能随物理化学条件不断发生变化，微区原位分析是更理想的研究手段。

LA-ICP-MS 是在电感耦合等离子体质谱的基础上结合激光剥蚀进样技术而成的一种固体微区分析技术。国内外学者利用 LA-ICP-MS 技术在硫化物矿物痕量元素分析方面开展了一系列工作，但是由于硫化物的剥蚀行为与硅酸盐、氧化物不同，校准硫化物分析用的标准物质缺乏，阻碍了 LA-ICP-MS 技术在硫化物痕量元素分析中的广泛应用[7-8]。

本研究尝试应用 LA-ICP-MS 进行黄铁矿微量元素测定，同时结合电子探针分析，对甘肃白山堂铜矿区的黄铁矿样品进行研究，探讨其成矿指示意义。

3.4.1 实验部分

3.4.1.1 样品来源及分析方法

本研究黄铁矿样品均采自甘肃白山堂铜矿区。该区黄铁矿从成矿早期一直延续到成矿后期，故选取了早期绢英岩化阶段与晚期次生石英岩化阶段（黄铁矿再次充填）两个不同期次的黄铁矿进行形态与成分特征研究。样品切割成厚约 0.1 mm 的薄片，抛光，备 LA-ICP-MS 和电子探针分析。

本研究实验工作在西安地质调查中心 JXA-8230 型电子探针、由德国相干公司生产的 GeoLas Pro 型激光剥蚀系统以及 Agilent 7700x 型电感耦合等离子体质谱仪（美国 Agilent 公司）构成的 LA-ICP-MS 上完成。

3.4.1.2 LA-ICP-MS 分析条件

实验过程中采用 60 μm 激光束对分析样品进行斑点式剥蚀，采用 He 作为载气，重复频率 5 Hz，

本节编写人：闫巧娟（中国地质调查局西安地质调查中心）；赵慧博（中国地质调查局西安地质调查中心）；周宁超（中国地质调查局西安地质调查中心）；李艳广（中国地质调查局西安地质调查中心）；叶美芳（中国地质调查局西安地质调查中心）

激光能量约 6 J/cm²。每个样品点分析时间为 60 s，其中有效分析时间为 40 s，前后各有 10 s 用于采集背景信号。MASS-1 为人工合成的硫化物，是激光剥蚀分析硫化物的常用标样。由于其与测试样品基体匹配，可以最大限度地减小基体效应，故所有的分析数据都采用 MASS-1 标样值来进行校正，且以 Fe 作为内标元素进行元素含量的计算，以确保获得更好的测试结果。使用 NIST SRM 610（人工玻璃）进行标定，据 MASS-1 的 19 次测试结果进行计算，除 Te、As、Se 和 Cd 外，多数元素分析精度（RSD）好于 10%，甚至好于 5%。

综合考虑黄铁矿的理想元素组成、可能以类质同象等方式进入黄铁矿晶格之中的元素，结合已发表的黄铁矿微量元素组成的数据，选定了 ^{59}Co、^{61}Ni、^{65}Cu、^{66}Zn、^{75}As、^{82}Se、^{95}Mo、^{109}Ag、^{111}Cd、^{118}Sn、^{121}Sb、^{128}Te、^{185}Re、^{208}Pb、^{209}Bi、^{57}Fe、^{197}Au、^{47}Ti 共 18 种元素作为本次测试黄铁矿的微量元素。由于 ^{59}Co、^{61}Ni 对于黄铁矿成因判别的重要性，二者的单元素驻留时间为 0.05 s，其余元素均为 0.01 s。

3.4.1.3　电子探针分析条件

根据国家标准 GB/T 15624—2002 硫化物矿物的电子探针定量分析方法，选取本次实验测试条件为：加速电压 20 kV，电子束流 1×10^{-8} A，束斑直径 1~5 μm，测试时环境温度为 25℃，湿度 60%。

进行电子探针分析元素选择时，首先选择激光剥蚀所测 18 种元素进行一组试验，观察测试结果，对含量较低的元素进行剔除，最终选定 As、Se、Fe、Cu、Ti、Te、S、Co、Ni 作为电子探针的待测元素。元素检出限分别为 As（0.05%）、Se（0.04%）、Fe（0.02%）、Cu（0.03%）、Ti（0.05%）、Te（0.05%）、S（0.01%）、Co（0.02%）、Ni（0.03%）。

应用 LA-ICP-MS 与电子探针分析黄铁矿时测试条件的对比见表 3.7。

表 3.7　LA-ICP-MS 与电子探针法分析黄铁矿成分的测试条件对比

对比项目	LA-ICP-MS	电子探针
检出限	可低于 10^{-9}	$>50\times10^{-6}$
束斑直径	60 μm，可据矿物颗粒的大小进行调整，原位	1~5 μm，原位
实验时间/点	60 s	5 min
样品消耗	10^{-7} g 级	10^{-14} g 级
标样需求	基体匹配标样	元素含量标样
样品要求	不需镀碳膜	需镀碳膜
测试元素	一般为微量	一般为主量

3.4.2　结果与讨论

3.4.2.1　偏光显微镜下黄铁矿形态特征

绢英岩化阶段的代表性样品为黄铜矿化、黄铁矿化、绢英岩化流纹斑岩，岩石具块状构造、片状粒状变晶结构、碎裂结构。岩石原岩为流纹斑岩，斑晶由斜长石、石英组成，基质由显微隐晶-晶质的斜长石、石英及黑云母组成。岩石后期被明显改造，表现为：①岩石发生较明显的绢英岩化，以硅化为主，还有轻微的碳酸盐化。长石、石英斑晶发生分解，已转变为硅化石英颗粒集合体，但仍保留斑晶的半自形晶形；②基质中呈现流动构造，细粒长石转变为绢云母，暗色矿物黑云母退变质成绿泥石与蛭石，并析出铁质，局部产生硅化集合体；③岩石受到应力作用改造，产生许多微裂隙，富铁热液贯入，冷却结晶成赤铁矿、黄铁矿等，黄铁矿周围可见硅化石英的压力影（图 3.11a）。岩石发生较明显的矿化作用，金属矿物围绕硅化石英团块及绢云母分布。金属矿物以黄铁矿（含量约 35%~45%）为主，呈片状、脉状、浸染状分布，与绢云母关系密切，局部呈弯曲细丝状，沿绢云母的挠曲方向排列（图 3.11c、d）。

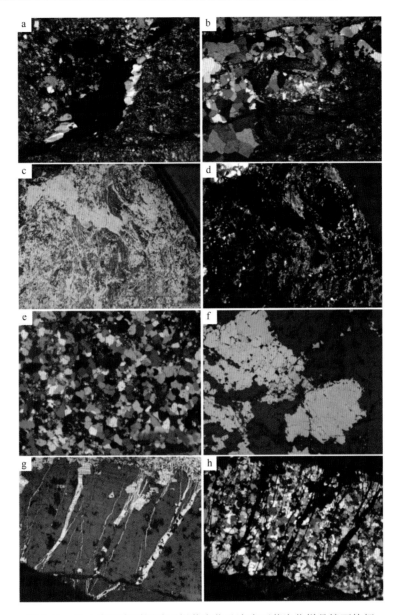

图 3.11 白山堂斑岩型铜矿区绢英岩化及次生石英岩化样品镜下特征
a. 黄铁矿周围出现石英压力影；b. 斑晶斜长石分解；c. 黄铁矿局部呈弯曲细丝状，沿着绢云母的挠曲方向；d. 黄铁矿与绢云母关系密切；
e. 岩石发生强烈硅化；f. 岩石中少量的黄铜矿；g. 黄铁矿沿裂隙分布（反射光）；h. 黄铁矿沿裂隙分布（正交偏光）。

次生石英岩化阶段的代表性样品为黄钾铁矾化、黄铁矿化次生石英岩，岩石具块状构造、斑状结构，强硅化，现主要由石英组成，有少量的金属矿物与黄钾铁矾。金属矿物以黄铁矿为主，分布于次生石英岩的次生裂隙中，呈条带状、细脉状分布，黄铁矿多呈半自形粒状，岩石中含少量的黄铜矿（图 3.11e~h）。

总体来说，在绢英岩带上的黄铁矿晶形较好，多呈立方体晶形，横截面多为正方形；在次生石英岩中，黄铁矿晶形较差，多呈集合体分布，分离出来的单矿物多以混晶形式存在。

3.4.2.2 黄铁矿化学成分特征

1）主量元素 Fe、S 特征

黄铁矿化学成分标准值为 Fe 46.55%，S 53.45%，S/Fe=2，w（Fe）/w（S）理论值为 0.857，其实际值与理论值的差异具有可靠的指示意义。沉积成因黄铁矿中的铁、硫含量与理论值相近或硫的含量略高，内生黄铁矿型铜（多金属）矿床中的黄铁矿与理论值相比亏硫[9-11]。有学者用 $\delta Fe\text{-}\delta S$ 进行黄铁矿的主量元素标型特征分析[12]。δFe 或 δS 是用来表征黄铁矿样品中的 Fe 元素或 S 元素偏移理论值的程度（Fe 质量分数的理论值为 46.55%，S 为 53.45%），其计算公式如下，其中 Fe 和 S 代表质量分数（%）。

$$\delta Fe = \frac{Fe - 46.55}{46.55} \times 100\% \qquad (3.1)$$

$$\delta S = \frac{S - 53.45}{53.45} \times 100\% \qquad (3.2)$$

白山堂矿区早期绢英岩化阶段与晚期次生石英岩化阶段形成的黄铁矿的 S 和 Fe 含量列于表 3.8。从 S/Fe 原子比值可以看出：随着成矿过程的演化，次生石英岩化阶段形成的黄铁矿比绢英岩化阶段形成的黄铁矿稍富硫，推测随着成矿温度的降低，流体中硫逸度逐渐增大。白山堂铜矿的 $w(Fe)/w(S)$ 值范围为 0.845~0.906，平均值 0.877，富铁亏硫的特征较为明显。

表 3.8　绢英岩化阶段与次生石英岩阶段的样品分析结果　　　　　　　　　%

成矿阶段	样品编号	Fe 含量	S 含量
绢英岩化阶段	BST12-8	46.65	52.77
	B2014-P1	46.32	53.26
次生石英岩阶段	BST12-14	46.56	52.83
	B2014-P2	46.19	53.17

注：表格中的数值为多次测试结果的平均值。

2）微量元素特征

（1）$w(As)$ 及 $w(Fe)/w(S+As)$ 值

As 能以类质同象形式替代 S 存在于黄铁矿晶格中，不同成因类型矿床的黄铁矿中 $w(As)$ 是不同的[13]，As 含量及 $w(Fe)/w(S+As)$ 值具有很重要的标型意义。$w(Fe)/w(S+As)$ 值与其形成的深度有较好的相关性，在深部形成环境此值为 0.846，在中部形成环境此值为 0.863，而在浅部形成环境此值为 0.926[9]。白山堂铜矿黄铁矿的 $w(Fe)/w(S+As)$ 值介于 0.730~0.882，平均值为 0.852，说明其形成环境为深部形成的环境，表明本区的铜矿体为隐伏矿体，位于较深位置，这与本区的地质特征是一致的。在 $\delta Fe/\delta S\text{-}As$ 图上（图 3.12a），白山堂斑岩型铜矿的样品点均落入岩浆热液区。

（2）$w(Co)$、$w(Ni)$ 及 $w(Co)/w(Ni)$ 值

大量研究证实，黄铁矿的 Co、Ni 含量及 Co/Ni 值具有一定的标型意义，Co、Ni 的含量变化受黄铁矿沉淀时的物理化学条件控制。因此黄铁矿中的 Co、Ni 含量常被用来作为判别黄铁矿形成环境的经验性指示器。由于 Ni 的沉淀速率小于 Fe，Ni 容易进入黄铁矿的晶格，并且在还原环境下活动性差，因此黄铁矿中 Ni 的含量可以提供成矿流体的信息。梅建明[11]研究认为，一般高温型黄铁矿的 Co 含量高于 1000×10^{-6}，中温型黄铁矿的 Co 含量介于 $100 \times 10^{-6} \sim 1000 \times 10^{-6}$，低温型黄铁矿的 Co 含量小于 100×10^{-6}。王奎仁[10]总结了不同类型矿床中黄铁矿的 Co/Ni 值特征，指出沉积型黄铁矿的 Co/Ni 值远小于 1，变质热液型接近于 1，岩浆热液型为 1~5，火山热液型为 5 以上。火山热液型与岩浆热液型矿床中，大量 Co 连续的类质同象替换 Fe，而 Ni 则为有限的类质同象形成不连续的固溶体，所以 Co/Ni 值较高。王亚芬[14]的统计结论显示，变质作用使黄铁矿的 Co/Ni 值发生很大变化，变质程度深，则此值增大。所以对黄铁矿的 Co 及 Co/Ni 值进行分析，可以进一步对其成因类型及变质程度进行研究。该研究还指出 $w(Co)/w(Ni)$ 值越大，其形成温度越高。

白山堂矿区黄铁矿 LA-ICP-MS 分析结果显示，样品中 Co 含量变化很大，介于 $1.84 \times 10^{-6} \sim 4551 \times 10^{-6}$，平均值为 492×10^{-6}，与火山喷气块状硫化物矿床中的黄铁矿相似，总体上反映了白山堂铜矿区黄铁矿属于与火山活动有关的热液成因，且属中高温热液型。样品 BST12-14 的 Co/Ni 平均值为 7.49，大部分样品的 Co/Ni 值小于 1；B2014-P1 样品的 Co/Ni 平均值为 14.98，有 50%样品的 Co/Ni 值小于 1；BST12-8 样

品的 Co/Ni 平均值为 4.4，且此值均大于 1；B2014-P2 样品的 Co/Ni 平均值为 11.38，仅有两个样品点的
Co/Ni 值小于 1。总体来说，绢英岩化带黄铁矿的 Co/Ni 值小于次生石英岩带，黄铁矿的形成温度较低。
这与斑岩铜矿自岩体中心向外温度降低的蚀变分带一致。

　　在白山堂斑岩铜矿区黄铁矿 $w(Co)/w(Ni)$ 分布图上（图 3.12b），绢英岩化带样品 BST12-8 及 B2014-P$_2$
的样品点多位于热液成因区，而次生石英岩样品 BST12-14 及 B2014-P$_1$ 的样品点多分散在火山成因区，
部分分布于沉积成因区，显示该区黄铁矿为火山-热液成因。

　　此外，BST12-14 样品中黄铁矿存在两种情形，一种黄铁矿包裹黄铜矿，另一种黄铁矿不包裹黄铜矿。
对这两种黄铁矿的 Co 含量进行比较发现，不包裹黄铜矿的黄铁矿中 Co、Ni 的含量要高于包裹黄铜矿的
黄铁矿，二者应为不同期次的产物。

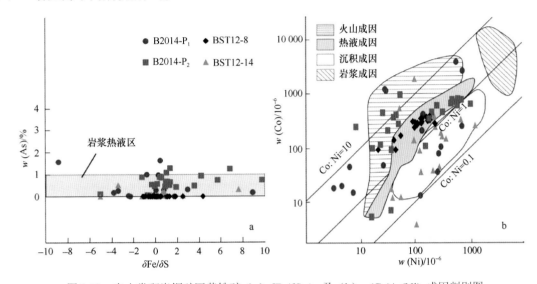

图 3.12　白山堂斑岩铜矿区黄铁矿（a）$\delta Fe/\delta S$-As 及（b）$w(Co)/w(Ni)$ 成因判别图

　　（3）$w(Se)$ 及 $w(S)/w(Se)$ 值

　　徐国风等[15]总结了部分国外资料：沉积型黄铁矿中 $w(Se)$ 为 $0.5\times10^{-6}\sim2\times10^{-6}$，$w(S)/w(Se)$ 为
$25\times10^4\sim50\times10^4$；热液矿床中 $w(Se)$ 为 $20\times10^{-6}\sim50\times10^{-6}$，$w(S)/w(Se)$ 为 $1\times10^4\sim2.67\times10^4$。对 $w(Se)$
及 $w(S)/w(Se)$ 值分析，可以进一步对其成因类型进行佐证。白山堂铜矿区样品 LA-ICP-MS 分析结
果表明，其 $w(Se+Te)$ 与 $w(S)$ 表现出明显的负相关关系，说明 Se 和 Te 均以类质同象的形式取代 S
而进入黄铁矿的晶格中。样品中 $w(Se)$ 平均值为 $12.2\times10^{-6}\sim51.6\times10^{-6}$，$w(S)/w(Se)$ 为 $1.11\times10^4\sim5.11\times10^4$，
说明本区黄铁矿是与火山作用有关的热液成因。

　　（4）不同期次黄铁矿微量元素对比

　　对不同期次黄铁矿微量元素进行对比分析，可以研究成矿热液在不同阶段的不同特征。白山堂矿区
次生石英岩中的黄铁矿，其（As+Se+Te+Sb）含量（平均值 0.235%）远大于绢英岩中的黄铁矿（平均值
0.047%），说明在成矿后期，成矿溶液的介质成分复杂，有更多的元素（如 As、Se、Te、Sb）以类质同
象形式替代硫。

　　（5）主量、微量元素相关性对比

　　对黄铁矿主量、微量元素含量进行相关性分析，可以推测各元素在黄铁矿中的赋存形式，呈负相关
性的两元素通常是以类质同象的形式出现，呈正相关性的两元素则通常是由其组成的矿物以包裹体的形
式出现，无相关性的元素则对应多种出现形式。

　　白山堂斑岩型铜矿区黄铁矿的部分主量、微量元素散点图显示 S 与 Zn、Cu、Pb 均无相关性，说明
这几种元素并不是简单的以闪锌矿、黄铜矿及方铅矿包裹体的形式产出。Fe 与 Co、Ni 等元素均无明显
的相关性，说明黄铁矿中 Co、Ni 并不是简单的以连续固溶体（FeS$_2$-CoS$_2$-NiS$_2$）的形式产出[16]。

　　结合该研究区斑岩铜矿的典型蚀变特征及先后顺序,得到如下结论:①在黄铁矿的形态特征方面,成矿早期的黄铁矿以立方体为主,晚期的黄铁矿其形态多不规则,结晶度较差,多沿裂隙发育;②在黄铁矿的化学成分方面,亏硫高铁的特征反映出它与内生热液作用成因相近,均为热液成因黄铁矿,且各种主量、微量元素图解显示其形成于深部环境,属中高温热液型,是与火山作用有关的热液成因。

3.4.2.3　黄铁矿 LA-ICP-MS 分析特点

　　处理 LA-ICP-MS 分析数据时发现,部分测试点为毒砂,而不是黄铁矿。因此,分析时应注意区分黄铁矿与其他的硫化物(如毒砂)。如何避免在 LA-ICP-MS 分析中选错分析位置,就显得非常重要。经对比研究发现,黄铁矿与毒砂有显著不同的特征,可据此进行判断:①黄铁矿在反光显微镜下呈黄白色,均质性;毒砂呈亮白色,高反射率,强非均质。毒砂具有强脆性,故而在薄片中多呈压碎结构(图 3.13a、b);②毒砂与黄铁矿的硬度相差不大,但是其剥蚀坑特征却有较大的差别(图 3.13c、d)。黄铁矿的剥蚀坑边缘平整,激光剥蚀出来的物质大部分随载气带走,只在剥蚀坑的周围出现晕圈;而毒砂的剥蚀坑边缘粗糙,激光剥蚀出来的物质分散在剥蚀坑的边缘,坑底部有未剥蚀物质。这表明毒砂的剥蚀特性与黄铁矿不同,应考虑熔点的影响。

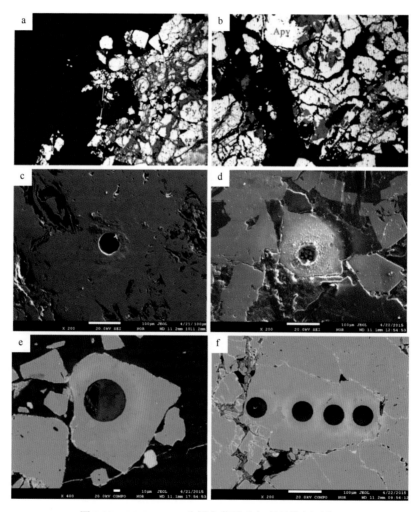

图 3.13　LA-ICP-MS 分析中黄铁矿与毒砂特征对比

a. 黄铁矿单偏光显微镜下特征;b. 毒砂单偏光显微镜下特征;c. 黄铁矿激光剥蚀坑的扫描电镜二次电子图像,剥蚀残留物少;d. 毒砂激光剥蚀坑的扫描电镜二次电子图像,剥蚀残留物多;e. 黄铁矿激光剥蚀坑的扫描电镜背散射电子图像,黄铁矿被击穿;f. 黄铁矿激光剥蚀坑的扫描电镜背散射电子图像,矿物边缘的剥蚀坑被击穿。

观察激光剥蚀坑的背散射电子图像发现，部分剥蚀坑的底部（图 3.13e、f）可见两种截然不同的物质，可能是黄铁矿被击穿后，露出其下伏的矿物所致。进一步观察发现，出现以上现象的剥蚀坑均位于矿物颗粒的边部，表明黄铁矿边部较薄而易被击穿，故在进行激光剥蚀实验时，分析点应尽量选取在黄铁矿颗粒的中心。

3.4.3　结论

本研究基于白山堂斑岩型铜矿区黄铁矿的形态特征，通过电子探针、LA-ICP-MS 等仪器建立了黄铁矿的主量、微量元素测试分析技术，依据各元素的含量及比值讨论了黄铁矿的成因、环境及其对斑岩型铜矿成矿找矿的指示意义。主要得出了如下结论：白山堂斑岩型铜矿区的黄铁矿在成矿早期多以立方体为主，晶形较好；在成矿晚期形态不规则，结晶较差，多沿裂隙发育。研究区黄铁矿中的主量元素显示出亏硫高铁的特征，微量元素特征表明其形成于深部环境，属与火山作用有关的中高温热液型黄铁矿。

参 考 文 献

[1] 陈光远, 孙岱生, 张立, 等. 黄铁矿成因矿物学[J]. 现代地质, 1987, 1(1): 60-76.

[2] 蔡元吉, 周茂. 金矿床黄铁矿晶形标型特征实验研究[J]. 中国科学(地球科学), 1993, 23(9): 972-978.

[3] 黄菲, 寇大明, 宋丹, 等. 山西耿庄黄铁矿晶须形貌的显微观测及其标型意义[J]. 地质学报, 2011, 85(9): 1486-1492.

[4] 谢巧勤, 陈天虎, 范子良, 等. 铜陵新桥硫铁矿床中胶状黄铁矿微尺度观察及其成因探讨[J]. 中国科学(地球科学), 2014, 44(12): 2665-2674.

[5] 寇大明, 黄菲, 姚玉增, 等. 黄铁矿晶体形貌学研究进展[J]. 矿物学报, 2009, 29(3): 333-337.

[6] 刘英超, 杨竹森, 侯增谦, 等. 青海玉树东莫扎抓铅锌矿床围岩蚀变和黄铁矿-闪锌矿矿物学特征及意义[J]. 岩石矿物学杂志, 2011, 30(3): 490-506.

[7] 周涛发, 张乐骏, 袁峰, 等. 安徽铜陵新桥 Cu-Au-S 矿床黄铁矿微量元素 LA-ICP-MS 原位测定及其对矿床成因的制约[J]. 地学前缘, 2010, 17(2): 306-318.

[8] 王彦斌, 唐索寒, 王进辉, 等. 安徽铜陵新桥铜金矿床黄铁矿 Rb/Sr 同位素年龄数据——燕山晚期成矿作用的证据[J]. 地质论评, 2004, 50(5): 538-541.

[9] 周学武, 李胜荣, 鲁力, 等. 辽宁丹东五龙矿区石英脉型金矿床的黄铁矿标型特征研究[J]. 现代地质, 2005, 19(2): 231-238.

[10] 王奎仁. 地球与宇宙成因矿物学[M]. 合肥: 安徽教育出版社, 1989: 100-108.

[11] 梅建明. 浙江遂昌治岭头金矿床黄铁矿的化学成分标型研究[J]. 现代地质, 2000, 14(1): 51-55.

[12] 严育通, 李胜荣, 张娜. 不同成因类型金矿床成矿期黄铁矿成分成因标型特征[J]. 黄金, 2012, 33(3): 11-16.

[13] 宫丽, 马光. 黄铁矿的成分标型特征及其在金属矿床中的指示意义[J]. 地质找矿论丛, 2011, 26(2): 162-166.

[14] 王亚芬. 海相火山岩型铜矿床中黄铁矿 Co/Ni 比值特征及地质意义[J]. 地质与勘探, 1981(8): 52-58.

[15] 徐国风, 邵洁涟. 黄铁矿的标型特征及其实际意义[J]. 地质论评, 1980, 26(6): 541-546.

[16] 张宇, 邵拥军, 周鑫, 等. 安徽铜陵新桥铜硫铁矿床胶状黄铁矿主、微量元素特征[J]. 中国有色金属学报, 2013, 23(12): 3492-3502.

3.5　甘肃北山斑岩铜矿区钾长石粉晶 X 射线结构研究

长石族矿物具有典型的架状结构特征，是由 Si—O 四面体和 Al—O 四面体通过公共角顶在三度空间形成骨架，骨架中的大空隙对碱性长石和斜长石而言是由 K、Ca、Na 大阳离子所占据。根据 Si、Al 阳离子在四面体的分布特征，长石四面体又可分出 $T_{1(O)}$、$T_{2(O)}$、$T_{1(m)}$ 和 $T_{2(m)}$ 四个结晶方位，四个位置的不同揭示了 Si、Al 从混溶到规律占位即无序-有序的演化过程。随着 Si、Al 阳离子分布的变化，无序-有序的转变提供了长石最有信息价值的结构状态，亦即高温无序-低温有序的转变。

长石族矿物的结构状态反映了岩浆结晶过程中物理化学条件的变化过程，是指示成因条件的重要矿物学参数。不同地质体中钾长石 Al-Si 有序度往往可在一定的范围内变化，并表现出一定的规律性。根据钾长石的 Al-Si 有序度和 Al 在不同结构位置的占位率（即结构态），可以了解地质过程中的物理化学条件及其演化过程，对于成矿预测等也有重要的指示意义。长石结构状态的研究能提供许多岩石成因方面的信息，尤其是了解矿物形成温度条件及形成后所经历的温度历史。通常认为，高温相结晶或经历高温作用的长石，具有低的有序度（或小的三斜度）；低温或缓慢冷却结晶以及经历较长地质时代的长石，具有较高的有序度（或大的三斜度）。

前人在这些方面开展了较多的研究工作。在温度及判断成因方面，芮宗瑶[1]认为，一般情况下，未遭受热液流体作用的火山岩、次火山岩，其钾长石有序度较低，一旦有流体的蚀变作用，其有序度也将增高。陈文明等[2]对西藏玉龙斑岩中钾长石斑晶的有序度及三斜度计算并测定其形成温度，通过与中酸性岩浆岩的固相线做一对比，判断钾长石的成因非岩浆成因，而是后期热液改造成因。在与含矿性联系方面，赵佩莲[3]对含铀矿体与不含矿矿体中钾长石的三斜度、有序度利用费氏台法分析，得出其三斜度、有序度平均值均高于不成矿体的结论。在花岗岩成因研究方面，长石的有序度也起到了不可或缺的作用，对于不同成因花岗岩长石的有序度有明显的区别，如重熔型花岗岩长石有序度趋于低有序型结构，其分布较为均一；交代型花岗岩长石有序度趋于高有序型结构，但分布显示不均一性[4]。长石形成的温度确定在花岗岩成因研究中起着不可替代的作用。鲁西峰山似斑状花岗岩的斑晶为 750℃，基质形成温度为 600℃，为重熔型花岗岩。桐庐杂岩体中共存的两种碱性长石研究表明其为岩浆混合作用的产物[5]。在同一区域岩浆成因的花岗岩体中，长石有序度能灵敏地指示岩浆演化的方向和趋势，进而判断花岗岩形成的条件[6]。

目前，测定钾长石结构的方法主要有红外光谱法和 X 射线粉晶衍射法，前人对钾长石的结构（有序度、三斜度）开展了较多的研究工作。在钾长石有序度计算方面，对于碱性长石中 Si-Al 分布，目前主要是利用 X 射线粉晶衍射与红外光谱法来求解，其中 X 射线衍射法中最常用的有 Wright 和 Stewart[7]的"三峰法"、Ragland[8]的有序度计算方法。Hovis[9]对碱性长石的 X 射线粉晶衍射资料作了系统的研究，提出利用 $(\bar{1}13)$ 峰及 (060) 峰计算碱性长石不同四面体位置 Al 占位率的方法。叶大年和金成伟[10]提出的长石结构参数计算方法得到了广泛的应用。对碱性长石的结构状态，目前我国均是采用 X 射线衍射资料中 (060) 峰及 $(\bar{2}04)$ 峰的 2θ 值来求解的，但单斜晶系的碱性长石 $(\bar{2}04)$ 峰常被其他峰叠覆。陈小明和刘昌实[11]运用多种计算方法进行地质实例计算后认为，Hovis[9]的方法计算出来的结果与地质事实较为符合。在红外光谱研究有序度方面，刘高魁和彭文世[12]对斜长石与钾长石光谱作了频率归属总结，并解释类质同象的置换结果，一般使得吸收带变宽和产生频率位移。利用红外光谱对钾长石进行有序度测定，主要是利用 600~650 cm^{-1} 范围内（用 V1 标记）和 500~550 cm^{-1} 范围内（用 V2 标记）的吸收带频率位置

本节编写人：赵慧博（中国地质调查局西安地质调查中心）；刘三（中国地质调查局西安地质调查中心）；叶美芳（中国地质调查局西安地质调查中心）；侯弘（中国地质调查局西安地质调查中心）；闫巧娟（中国地质调查局西安地质调查中心）；周宁超（中国地质调查局西安地质调查中心）

的偏移。

综上所述，前人大多对斜长石有序度与三斜度测法和计算方法作了系统的研究，但对其与岩石的后期热液交代关系与成矿关系研究较少。故本次选取较典型的斑岩铜矿区，对该区钾长石斑晶以及基质中细小的钾长石进行结构分析，将结构与蚀变组合、钾化交代、含矿与非含矿结合起来，拟探讨钾长石对成矿的指示性意义。

3.5.1　研究区域与地质背景

研究区位于甘肃北山公婆泉斑岩铜矿区，岩性为一套以花岗斑岩为主体，主要是英安斑岩与花岗闪长岩，斑晶以钾长石、斜长石、石英等为主，基质中存在粒径较小的钾长石。围岩具较强且清楚的蚀变带分布，以赋矿斑岩体为中心，向外可分为 5 个带，分别为：绢云次生石英岩带、黑云母石英钾长石化带、青磐岩化带、角岩化带和石英钠长石化、矽卡岩化带。斑岩型铜矿体即主要产于钾化蚀变带内。

根据研究内容对样品进行针对性采集，采集的岩石样品包括两个矿区的斑岩，种类涉及蚀变较轻微的钾长石斑晶、基质中粒度稍小的钾长石等。在送样之前首先对采集的样品进行岩矿鉴定，对下一步制备样品进行前期筛选。

3.5.2　实验部分

钾长石的结构状态研究方法，其关键步骤是前期长石的单矿物分选阶段和 X 射线衍射分析。进一步的验证工作利用电子探针分析。

3.5.2.1　长石矿物的前期分选

将选取的样品进行分选，长石单矿物挑选大致可分为：破碎、淘洗、烘干、过筛、电磁、浮选、重液分离、显微镜观察和包袋等步骤。

3.5.2.2　X 射线衍射测试技术

1）测试条件

测试仪器为 D/max 2500 型 18 kW X 射线粉晶衍射仪（日本理学公司），主要的测试条件为：X 射线 Cu 靶；电压 40 kV；电流 200 mA；滤波：石墨单色器；狭缝：SS=DS=1°，RS=0.05 mm；探测器：闪烁计数管；扫描方式：连续扫描（步长扫描）；扫描步长 0.02°；扫描速度 5°/min；扫描范围：校正扫描 18°~25°，样品扫描 12°~53°；θ 偏差为 0.000°。

2）计算步骤

（1）数据及谱图修正：因样品中石英混晶较多，故选择石英的标定角度（2θ=20.212°）作为内标。将实测样品（不加内标）衍射图，用 MDI Jade 程序依据标样寻找的"标差"重新计算标定 2θ 值。

（2）晶格常数计算：利用 MDI Jade7.0 程序，其使用衍射谱图全扫描迹线，PDF 为 2007 最新版数据库，其中的数据是经过粉末指标化计算得出并经过国际认证。Jade 搜索着重在缩放窗口暗含的衍射峰上，一般将衍射峰强度重新归一化到当前缩放窗口最大比例进行 S/M。Jade 所检索的是那些强线与缩放窗口中衍射峰匹配的 PDF 物相。在检索前需要指出的是，如果谱图存在大的 2θ 误差时，应使用角度校正工具进行校正。如果数据是通过可变狭缝收集的，应将其转换为固定狭缝的强度。

利用 Jade 7.0 软件对所测样品进行物相检索。一般来说，判断一个物相是否存在有三个条件：①标准卡片中的峰位与测量峰的峰位是否匹配；②标准卡片的峰强比与样品峰的峰强比大致相同；③检索出来的物相包含的元素在样品中必须存在。X 射线衍射分析结果显示样品不纯，含有多种其他物质。利用该软件物相鉴定的结果为钾长石、斜长石、石英等。

通过 Jade 计算晶格常数的步骤如下：①对校正扫描数据进行寻峰处理，利用石英的（$2\theta=20.212°$）校正长石的（$\bar{2}01$）峰记为 d 校。②运用 d 校值校正样品扫描中长石的（$\bar{2}01$）峰。③X 射线衍射定性分析，选择粉晶衍射数据与 ICDD 数据库中吻合度最好的卡片。④根据 X 射线衍射数据结合检索的 ICDD 数据库中卡片给出的标准衍射峰位对 X 射线衍射图进行峰位的标定。⑤运行 Jade7.0 软件的晶格常数计算功能，程序在给定的偏差范围内自动对比衍射线峰位并自动指标化，同时根据指标化结果计算出晶格常数、晶胞体积等数据。

（3）计算结构参数。通过指标化计算出来的数据，将所需要利用的数据挑选出来，代入相应的公式（表 3.9）进行计算，得到的结果见表 3.10。

表 3.9　结构参数的计算公式

计算参数	特征	计算公式
三斜度 ΔX	α 角、γ 角偏离单斜对称的大小，（130）和（$1\bar{3}0$）或（131）和（$1\bar{3}1$）反射分裂的程度	$\Delta X_{(131)}=12.5\times[d_{(131)}-d_{(1\bar{3}1)}]$ $\Delta X_{(130)}=7.8\times[d_{(130)}-d_{(1\bar{3}0)}]$
有序度 δ	Al 和 Si 在四面体中排列的规律	$\delta=\{9.063+[2\theta_{(060)}-2\theta_{(\bar{2}04)}]\}/0.34$
结构参数 η	碱性长石有序度的标志	$\eta=6.68\times2\theta_{(060)}-7.44\times2\theta_{(\bar{2}04)}+99.182$
T1$_{(o)}$+T1$_{(m)}$	晶格中 Al 和 Si 的分布状况	T1$_{(o)}$+T1$_{(m)}$=$13.015+0.695\times2\theta_{(060)}-0.813\times2\theta_{(\bar{2}04)}$
T2$_{(o)}$+T2$_{(m)}$	晶格中 Al 和 Si 的分布状况	T2$_{(o)}$+T2$_{(m)}$=1−T1$_{(o)}$+T1$_{(m)}$
Or	钾长石中 K_2O 占 K_2O、Na_2O 的含量	式（3.1）：Or=$1930.77-87.69\times2\theta_{(\bar{2}01)}$ 式（3.2）：Or=$2031.77-92.19\times2\theta_{(\bar{2}01)}$
Ab	钾长石中 Na_2O 占 K_2O、Na_2O 的含量	Ab=100%−Or
温度/℃	钾长石形成最低温度	曲线拟合公式

3.5.2.3　电子探针分析

为了验证 X 射线衍射计算出来的结果可靠性，采用中国地质调查局西安地质调查中心引进的日本电子公司 JXA-8230 型电子探针进行验证。分析样品为制备的探针片，经离子溅射仪镀炭导电，载入样品台测定。分析中使用 1 μm 或 5 μm 电子束，加速电压 15 keV，电流 1.002×10^{-8} A。

3.5.3　结果与讨论

3.5.3.1　长石单矿物的显微镜形态研究

因研究区岩石次生蚀变较普遍，故本次对长石的研究首先运用显微镜观察其形态。通过偏光显微镜筛选出较新鲜或蚀变较弱的含长石样品（图 3.14），继而进行挑选，在挑选过程中先粗碎，将肉眼可见的斑晶挑选出来，继而将样品细碎，将基质中的长石挑出。由于基质中的长石颗粒细小，部分岩石基质属于霏细结构，故基质中的长石颗粒难免会夹杂细小的石英或其他矿物，形成混晶矿物。

通过显微镜观察，斑岩中的长石斑晶，晶粒可达 2 mm 以上，晶形为短柱状，横截面分别为宽板状（图 3.14a、c）、细长板状（图 3.14b），斑晶多数被绢云母交代（图 3.14e），部分仍保留长石的板状晶形假象（图 3.14d）；斑岩中的基质部分，基质的颗粒细小，粒径多小于 0.05 mm（图 3.14f）；其中岩石中的斜长石、绢云母已完全或部分交代长石，给挑选单矿物及下一步工作增加了难度。

将挑出来的单晶矿物于实体显微镜下拍照观察（图 3.14g~l），长石斑晶颜色多为浅黄色、淡粉色等；晶形相对较好，呈短柱状，放大可见不太平整的柱面，观察到解理。细小的基质长石颜色与斑晶颜色相对应，有浅黄色、肉红色等；晶形相对较差，常见到与石英的混晶体，且有个别样品混晶现象尤其明显。

表 3.10　北山斑岩铜矿区中钾长石的晶胞参数

采样地区	样品编号	长石类型	晶胞常数（单位：a_0, b_0, c_0: Å；α, β, γ: 度°）						空间群	晶系	三斜度 $\triangle X$	有序度 δ	结构参数 η	Or含量（%）Or%	Al 的占位率		温度/℃
			a_0	b_0	c_0	α	β	γ							$T_{1(o)}+T_{1(m)}$	$T_{2(o)}+T_{2(m)}$	
白山堂矿区	B2014-K1	钾长石斑晶	8.5751（8）	12.9940（6）	7.2202（1）	90.320（7）	116.046（9）	88.990（1）	C-1（2）	三斜	0.41	0.61	1.62	94.86	0.90	0.10	273
	B2014-K2	钾长石基质	8.5742（8）	12.9860（8）	7.2180（8）	90.304（8）	116.035（9）	88.984（3）	C-1（2）	三斜	0.42	0.64	1.68	94.49	0.90	0.10	266
	B2014-K3	钾长石基质	8.5802（2）	12.9955（6）	7.2233（6）	90.329（6）	116.043（8）	88.987（3）	C-1（2）	三斜	0.41	0.66	1.76	95.96	0.91	0.09	257
	B2014-K4	钾长石斑晶	8.5839（1）	13.0035（2）	7.2246（6）	90.319（3）	116.045（6）	88.968（6）	C-1（2）	三斜	0.42	0.61	1.65	96.70	0.90	0.10	269
	G55-6	钾长石	8.5909（4）	13.0157（2）	7.2312（2）	90.313（6）	116.057（4）	89.002（4）	C-1（2）	三斜	0.41	0.64	1.74	98.45	0.91	0.09	260
	G55-9	钾长石	8.5726（2）	12.9921（7）	7.2200（6）	90.314（1）	116.036（9）	88.994（6）	C-1（2）	三斜	0.41	0.62	1.65	94.21	0.90	0.10	269
	G55-10	钾长石斑晶	8.5787（7）	12.9964（1）	7.2232（3）	90.329（2）	116.050（1）	88.989（1）	C-1（2）	三斜	0.41	0.65	1.73	95.69	0.91	0.09	261
公婆泉矿区	G2014-K1-1	钾长石	8.5947（9）	13.0158（2）	7.2325（5）	90.312（5）	116.065（2）	89.001（3）	C-1（2）	三斜	0.41	0.66	1.82	98.82	0.92	0.08	251
	G2014-K1-2	钾长石	8.5934（8）	13.0150（4）	7.2321（3）	90.314（6）	116.057（4）	89.022（1）	C-1（2）	三斜	0.39	0.66	1.81	99.01	0.92	0.08	252
	G2014-K2	钾长石斑晶	8.5905（1）	13.0129（3）	7.2302（9）	90.310（6）	116.053（1）	89.014（1）	C-1（2）	三斜	0.40	0.64	1.75	98.27	0.91	0.09	259
	G2014-K3	钾长石	8.5835（9）	13.0034（7）	7.2268（2）	90.329（1）	116.047（4）	88.996（4）	C-1（2）	三斜	0.40	0.66	1.78	96.70	0.92	0.08	255
	G2014-K4	钾长石	8.5780（2）	13.0003（3）	7.2243（7）	90.313（5）	116.055（2）	88.999（1）	C-1（2）	三斜	0.41	0.64	1.71	95.60	0.91	0.09	263
	G2014-K5	钾长石	8.5788（9）	13.0103（7）	7.2242（6）	90	116.019（6）	90	C2/m（12）	单斜		0.52	1.44	95.87	0.88	0.12	293
	ZK10-5-15	钾长石	8.5849（3）	13.0036（5）	7.2262（2）	90.314（2）	116.050（9）	89.014（7）	C-1（2）	三斜	0.40	0.64	1.73	96.98	0.91	0.09	261
	ZK10-5-17	钾长石	8.5599（9）	12.9700（3）	7.2100（1）	90.299（8）	116.099（8）	88.999（9）	C-1（2）	三斜	0.41	0.62	1.59	91.72	0.89	0.11	276
	ZK10-5-24	钾长石	8.5777（7）	13.0117（2）	7.2241（9）	90	116.009（9）	90	C2/m（12）	单斜		0.51	1.42	95.60	0.88	0.12	296

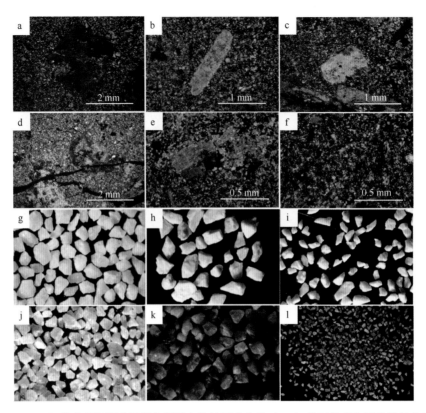

图 3.14 （a~f）北山斑岩铜矿区英安斑岩中的长石矿物及（g~l）长石单矿物显微镜放大图像

图 3.14 中的（g~l）各小图说明如下：（g）斑岩中长石斑晶整体呈灰白色-淡黄色，半透明，边缘透明，混晶（石英）明显，两种长石在镜下不易区分（25×）。（h~i）长石斑晶颜色多为浅黄色，晶形相对较好，呈短柱状，放大可见不太平整的柱面，观察到解理。细小的基质长石颜色与斑晶颜色相对应，为浅黄色，晶形相对较差，常可见到与石英的混晶体（h. 斑晶 6.5×，i. 基质长石 6.5×）。（j）长石单矿物颜色不匀，呈灰白-淡黄-浅肉红等，边缘较透明，混晶石英较多，两种长石不易区分（10×）。（k）单矿物颜色整体发肉红色，颜色不均，呈灰白-淡黄-肉红等，边缘较透明，混晶石英较多，两种长石不易区分（25×）。（l）基质中长石呈灰白色，颗粒较小，与石英混晶严重（10×）。

3.5.3.2　钾长石的结构参数计算结果分析

通过计算，测得的钾长石晶系多为三斜晶系为主，少数单斜晶系（表 3.10）。钾长石系列中从微斜长石到透长石，由于温度升高以及结构体四面体中硅和铝分布状态不同，由三斜逐渐变为单斜，空间群同时产生变化。白山堂矿区钾长石主要为三斜晶系，晶胞参数约为 a_0=8.5784 Å，b_0=12.9948 Å，c_0=7.2215 Å，α=90.318°，β=116.042°，γ=88.982°；公婆泉矿区钾长石分为单斜晶系和三斜晶系的中微斜长石两种，中微斜长石晶胞参数约为 a_0=8.5820 Å，b_0=13.0040 Å，c_0=7.2254 Å，α=90.262°，β=116.050°，γ=89.170°，单斜晶系晶胞参数约为 a_0=8.5782 Å，b_0=13.0110 Å，c_0=7.2242 Å，α=90°，β=116.014°，γ=90°。可知，公婆泉矿区三斜晶系钾长石的晶胞体积稍大于白山堂矿区中的钾长石。

将计算出来的结果先利用特征峰 $2\theta_{(\bar{2}01)}$、$2\theta_{(\bar{2}04)}$、$2\theta_{(060)}$，在"三峰法"上投点（图 3.15），两个矿区的数据点均落在正长石向最大微斜长石之间的过渡种属（红色为白山堂矿区，蓝色为公婆泉矿区），属于中微斜长石。根据特征峰 $2\theta_{(\bar{2}04)}$、$2\theta_{(060)}$ 在图上投点推测 $2\theta_{(\bar{2}01)}$ 值，发现预测值与实测值差值大于 0.1°，判断其属于异常晶胞。并利用相应的计算公式对钾长石的结构参数（三斜度、有序度、结构参数、Or 值、Al 占位率）及温度进行计算，得出单斜有序度为 0.51~0.66，属于中有序，三斜度为 0.40~0.42，结构参数为 1.42~1.81，Or 值为 91.72%~99.01%，对应的结构温度为 250~296℃（图 3.16）。另外，钾长石斑晶相比基质中的钾长石而言，有序度稍低，斑晶结晶温度稍高，具体结构参数数据见表 3.10。

通过测得的晶胞参数与计算参数得出，a_0 灵敏地反映了矿物成分 Or 值的变化，呈正相关性。

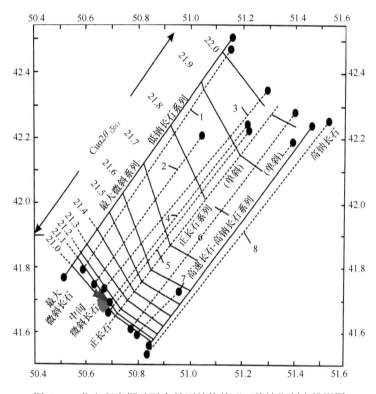

图 3.15　北山斑岩铜矿区中长石结构的"三峰法"判定投影图

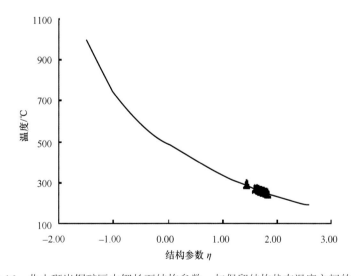

图 3.16　北山斑岩铜矿区中钾长石结构参数 η 与保留结构状态温度之间的关系

3.5.3.3　Or 值与电子探针数据比对

针对 X 射线衍射公式计算出来的 Or 值，本研究采取了电子探针测定的方法进行验证。5 件样品均选自挑选钾长石单矿物的部分样品，编号为 G55-5、G55-6、G55-10、B2014-K3、B2014-K2，前期工作为先在显微镜下寻找出较新鲜的钾长石，画圈标注（图 3.17）。

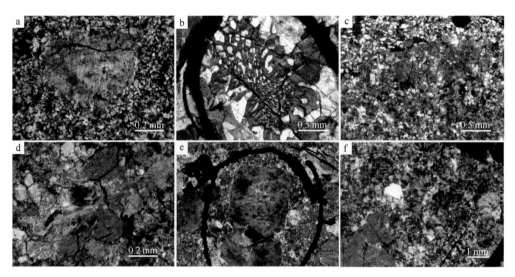

图 3.17　北山斑岩铜矿中钾长石显微镜图像（电子探针光薄片样品）

a. G55-5 中的斑晶钾长石；b. G55-6 中钾长石与石英呈文象交生结构；c. G55-10 中钾长石残余斑晶；d. B2014-K3 中交代蚀变中的钾长石；
e. B2014-K2 较大且新鲜的钾长石斑晶；f. B2014-K2 基质钾长石与石英呈纤维放射状结构。

利用测得的数据计算出钾长石的 Or 值，与利用 X 射线衍射数据公式 $Or=1930.77–87.69×2\theta_{(\bar{2}01)}$ 和 $Or=2031.77–92.19×2\theta_{(\bar{2}01)}$ 两种方法计算出来的数据做一对比（表 3.11），对比发现，$Or= 2031.77–92.19×2\theta_{(\bar{2}01)}$ 计算出来的数据与电子探针数据误差值较小（0~3%），前者计算出来的误差偏大，故后者为更好地利用 X 射线衍射数据计算钾长石 Or 值的方法，同时说明利用 X 射线衍射方法来标定长石的 Or 值是可靠、有效的。

另外，在其他样品比对情况均较好的情况下，在 B2014-K3 样品中，电子探针数据与 X 射线衍射的误差值较大，约 9%。结合显微镜下观察（图 3.17d），钾长石呈现残留体形态，原始晶形颗粒较大，约为 3 mm×5 mm，原始钾长石大多数分解产生细小的钾长石和石英颗粒，故判断该钾长石为未经交代的原始晶体而并非热液形成。通过该方法进一步印证了白山堂矿区中的钾长石的成因分为两种，一种是原始岩浆结晶成因，一种是后期热液交代成因。

表 3.11　两种计算方法与探针数据比对　　　　　　　　　　　　　%

计算方法	样品编号	式（3.1）计算值	式（3.2）计算值	电子探针平均值	式（3.1）误差	式（3.2）误差
式（3.1） $Or=1930.77–87.69×2\theta_{(\bar{2}01)}$	G55-6	91.82	98.45	95.35	3.53	3.11
	G55-9	87.79	94.21	93.99	6.20	0.22
	G55-10	89.19	95.69	97.32	8.13	1.63
式（3.2） $Or=2031.77–92.19×2\theta_{(\bar{2}01)}$	G2014-K2	91.65	98.27	96.53	4.88	1.74
	G2014-K3	90.16	96.70	87.41	2.75	9.29

3.5.3.4　钾长石结构状态研究意义

根据计算结果，对斑岩铜矿中的钾长石的结构参数进行分析研究，研究表明，应用 X 射线粉晶衍射法对钾长石进行结构测定，该测试技术可以为典型斑岩型铜矿成矿提供一定的指示意义。

（1）判断长石的形成温度

温度是影响钾长石有序度最重要的因素。两个矿区的钾长石均为中微斜长石，具有异常晶胞，白山堂矿区钾长石形成的结构温度为 257~273℃，平均值为 267℃，公婆泉矿区钾长石形成的结构温度为 251~296℃，平均值为 266℃，两个矿区的长石温度范围趋于一致，根据计算的数据进行了曲线拟合（见

图 3.14）。对于天然长石来说，长石结晶时的结构状态最高，随着温度的降低，结构状态也随之降低，至某一程度时结构状态保留了下来。陈文明等[2]研究表明，三斜微斜长石与单斜正长石之间的转变很可能在至今的地质历史中是一个不可逆过程，即微斜长石加热可以转变为正长石，而正长石冷却不会转变为微斜长石。因此，目前测定的中微斜长石的结构温度应为钾长石形成时的最高温度，那么计算出来的温度就应该是钾长石斑晶形成时的温度。

（2）判断钾长石的成因类型

本研究所测得的温度明显低于中酸性岩浆岩的固相线，大量的实验也证明了中酸性岩浆岩的固相线温度为 650~925℃[13]，因此含矿斑岩体的大部分钾长石不是在岩浆中结晶，也不是由岩浆成因的高温单斜钾长石冷却或者经后期热流体改造转变而成，它应该是热液作用（包括结晶、重结晶、交代、次生加大等）的产物。

并且根据 $2\theta_{(\overline{2}04)}$ 和 $2\theta_{(060)}$ 三峰图推测出钾长石的 $2\theta_{(\overline{2}01)}$ 与实测值差异较大，大于 $0.1°$，属于异常碱性长石，证实为热液交代成因长石而并非岩浆成因。另外，结合电子探针数据在 B2014-K3 样品中出现的异常，结合偏光显微镜，进一步印证了白山堂矿区中的钾长石的成因分为两种，一种是原始岩浆结晶成因，另一种是后期热液交代成因。

（3）判断钾长石斑晶与基质的形成环境

钾长石 Al/Si 有序度主要受温度和冷却速度的影响。根据测得的数据，总的来说，钾长石结构状态比较均匀。通过比较斑晶钾长石与基质中钾长石的有序度（见表 3.10）发现，斑岩中钾长石斑晶有序度稍低，证明钾长石斑晶和基质在相近的时间内形成，但斑晶的生长速度比基质快，表现为无序。斑晶结晶温度稍高，冷却速度快，形成了较低有序的钾长石斑晶，斑岩中基质冷凝速度较慢，结晶延续时间长，形成了有序度稍高于前者的基质。

另外，长石的结构状态与岩石形成的深度有显著的关系，根据前人研究，在浅成岩中往往是过渡状态的长石居多。该区的钾长石以过渡相为主，有序度介于 0.51~0.66，验证其为超浅成相为主的岩石。

（4）通过研究钾长石的结构及成因，建立有序度对成矿作用的指示

根据上述研究认为钾长石成因为热液交代成因，结合该区的锆石年龄数据可以推断热液形成时间。所以通过该区钾长石的有序度及温度计算，对研究流体成分、温度、热液年龄等提供数据支撑，进而对矿床的成因具有一定的指示意义。另外，据前人研究，火山杂岩和非含矿斑岩的钾长石与含矿斑岩的钾长石有明显的不同，前二者的钾长石多为透长石，后者的钾长石多为正长石系列，故可以通过其他非含矿斑岩的钾长石结构数据进行对比，为成矿提供指示性的指标，此方面有待深入研究。

3.5.4　结论与展望

应用 X 射线粉晶衍射法可以快速测定钾长石的结构参数，该方法是利用 X 射线粉晶衍射法技术精确测定晶格常数，利用数据指标化 d、2θ 值进一步计算一系列结构参数。该技术的难点之一在于蚀变带岩石中矿物的选取，为此本研究是建立在大量岩矿鉴定的基础上进行的。难点之二在于数据校正标准的选取，对数据的校正可以采取两种办法进行探讨：①溴酸钾（111）校正。溴酸钾较为稳定，但经实验对比，溴酸钾校正效果不如根据石英峰校正精确；②石英峰校正。因样品中的石英较多，故采取因地制宜的方法，针对该地区岩石面对长石、石英混晶严重的问题，在测试过程中选择石英的标定角度（$2\theta=20.212°$）作为内标来进行标定。难点之三在于：①石英混晶（较多）对长石有序度测定的影响；②钾长石与斜长石混晶严重对结果的影响；③斜长石蚀变对结果的影响。

通过研究，长石的结构状态能提供许多岩石成因方面的信息，尤其是有助于了解矿物形成温度条件及形成后所经历的温度历史。电子探针在原地检测成分、区分不同区域成分的变化、由成分直接换算长石牌号等方面优势明显。如果结合扫描电镜进行微观形貌成像能促进对长石生成环境的深入研究。但是，如需在宏观上把握某类型花岗岩中长石的平均成分，并深入研究长石结构状态与成分变化甚至温度变化的关系

就必须依赖 X 射线衍射技术，在此基础之上结合其他不同的方法辅助验证方可获得更为准确的数据。

致谢： 本研究野外工作过程中，得到甘肃省酒泉市肃北县德源矿业公司房国顺高级工程师、张伟工程师和金塔县亚泰矿业公司马永升、霍生英高级工程师以及李旭德工程师的帮助和指导，在此深表感谢！

参 考 文 献

[1] 芮宗瑶. 中国斑岩铜(钼)矿床[M]. 北京: 地质出版社, 1984: 102-239.

[2] 陈文明, 盛继福, 钱汉东. 西藏玉龙斑岩铜矿含矿斑岩体钾长石斑晶的有序度及成因探讨[J]. 岩石学报, 2006, 22(4): 1017-1022.

[3] 赵佩莲. 铀的成矿与不成矿花岗岩体中长石结构状态之研究(以 6217 矿床为例)[J]. 地质地球化学, 1983(10): 62-64.

[4] 金妙娟. 含锡花岗岩体中钾长石有序度的分布特征及其地质意义[J]. 矿产与地质, 1987, 1(3): 25-31.

[5] 陈小明, 刘昌实. 桐庐杂岩体中共存的两种碱性长石研究[J]. 地质评论, 2001, 3(3): 317-321.

[6] 汪绍年. 同一花岗岩套不同定位深度岩石中的长石特征及其意义[J]. 广西地质, 1992, 3(5): 23-32.

[7] Wright T L, Stewart D B. X-ray and Optical Study of Alkali Feldspar. ii. An X-ray Method for Determinating the Composition and Structural State from Measurement of 2θ Values for Three Reflections[J]. American Mineralogist, 1968, 53: 88-104.

[8] Ragland P C. Composition and Structural State of the Potassic Phase in Perthites as Related to Petrogenesis of Granitic Pluton[J]. Lithos, 1970, 3(2): 167-189.

[9] Hovis G L. Effect of Al-Si Distribution on the Power Diffraction Maxima of Alkali Feldspar and an Easy Method to Determine T1 and T2 Site Oppupanies[J]. Canadian Mineral, 1989, 27: 107-118.

[10] 叶大年, 金成伟. X 射线粉末法及其在岩石学中的应用[M]. 北京: 科学出版社, 1984: 76-128.

[11] 陈小明, 刘昌实. 碱性长石中 Al-Si 分布的计算方法讨论——以江西相山及山东七宝山火山–侵入杂岩为例[J]. 地质论评, 1997, 43(6): 601-606.

[12] 刘高魁, 彭文世. 长石的红外光谱及其在测定硅铝有序度上的应用[J]. 地质地球化学, 1979(11): 31-37.

[13] Piwinskil A J. Studies on Batholithic Feldspars: Sierra Nevada Califomia[J]. Contributions to Mineralogy and Petrology, 1968, 17(3): 204-223.

3.6　凹凸棒石矿综合分析技术与应用

凹凸棒石黏土是一种稀缺资源，它在工业领域有着极为广泛的应用，也被称为"万用之土"。由于其特殊的晶体结构和纤维状形貌特征，使得这类矿物在某些方面表现出独特的物理化学性质，如表面积、孔径、脱水和高温相变及吸附活性点等，因此凹凸棒石在吸附、流变性能和催化剂方面具有广泛的应用前景。

凹凸棒石又称坡缕石，是一种层链状结构的含水富镁铝硅酸盐黏土矿物。具有 2∶1 型层状结构，即两层硅氧四面体夹一层镁（铝）氧八面体。在每个 2∶1 层中，四面体片角顶隔一定距离方向颠倒，形成层链状结构特征。在四面体条带间形成与链平行的通道，从而构成了平行 X 轴的链条及通道。通道中填充着沸石水。晶体形状为针状、棒状、纤维状[1-3]。由于其优良的物化特性，凹凸棒石的应用领域几乎涉及社会生活的各个方面，如用作干燥剂、抑菌剂、杀虫剂、油品脱色除味剂、饲料活性添加剂和水质处理剂等[4-5]。

皖东地区是我国重要的凹凸棒石黏土、膨润土矿及伊利石矿成矿区，目前已经发现和评价的矿床（点）达几十处。本区的凹凸棒石黏土、膨润土矿及伊利石矿主要赋存于上第三系火山喷发沉积地层中，黏土矿的形成与沉积盆地的古地理环境条件有着密切的关系，形成同一矿床同一层位出现不同矿种（相变）、同一层位不同沉积环境不同矿种等现象[6-8]。发育在第三系含矿岩系之下大侵蚀凹地，在火山活动期，受区域性构造影响，使凹地进一步下沉，因而扩大了盆地的范围。盆地较为开阔，水体有一定深度，物质来源丰富，沉积物以玄武岩风化物和火山碎屑为主成分，稳定，分选性好，矿床（点）规模大，矿石质量好，矿层底板为泥岩类或玄武岩。如安徽省明光市官山凹凸棒石黏土矿[9-11]。

目前有关凹凸棒石黏土的研究，大多着重于地质特征、矿石类型和物性方面，对矿物组成、矿物结构、晶体结构和微观形貌的研究较少，且传统方法较多，利用现代大型仪器测试很少，不能满足高的准确度和精密度的要求。同时，由于凹凸棒石黏土形成的地质因素，其往往含有白云石、石英、蒙脱石等杂质，要采取一定的分离方法来解决凹凸棒石提纯的问题。因此，本研究主要着重于探索苏皖地区凹凸棒石矿的分离技术，矿物组成、矿物结构、晶体结构和微观形貌等方面特征。

3.6.1　仪器与主要材料

DHG-9145A 电热恒温鼓风干燥箱（上海齐欣科学仪器有限公司），KQ-500DE 数控超声波清洗器（昆山超声仪器有限公司），LDZ5-2 离心机（北京雷勃尔离心机有限公司），JA1203N 电子天平（上海精密科学仪器有限公司），Rigaku D/max 2500 X 射线衍射仪（日本理学公司），Nicolet 5700 红外光谱仪（美国热电公司），769YP-15A 粉末压片机（天津市科器高新技术公司），Mastersizer 2000 激光粒度分析仪（英国马尔文公司），Setaram 热分析仪（法国塞塔拉姆公司），JEOL JXA-8100 电子探针（日本电子公司），JEOL JSM-5610LV 扫描电子显微镜（日本电子公司）。

30%过氧化氢：分析纯，用于前处理去除有机质；盐酸：分析纯，用于前处理去除碳酸盐；去离子水，实验室自制；溴化钾：光谱纯，用于红外光谱分析稀释剂；无水乙醇：分析纯。

3.6.2　样品前处理方法

3.6.2.1　样品粉碎

粉碎样品时，试样按低品位至高品位的顺序进行加工，设备运转时先以基岩、废石清洗设备，每个样品加工开始时将第一次加工的适量样品弃去。再用碎样机对样品进行粉碎，加工，过 20 目筛。

本节编写人：沈加林（中国地质调查局南京地质调查中心）；许乃岑（中国地质调查局南京地质调查中心）

3.6.2.2 凹凸棒石分离技术

凹凸棒石黏土中常伴有白云石、方解石、蒙脱石、蛋白石、石英及少量重矿物，如进行粒度分析和热分析，需要进行矿物分离、提纯。本研究采用的分离方法是将原土粉碎并研磨过筛后，快速加入到过量的 5%热稀盐酸（50℃）中，当没有气泡产生时，加入冷水冷却溶液并稀释剩余的稀盐酸。经多次洗涤过滤后，在 60℃条件下烘干，得到不含碳酸盐的凹凸棒石黏土。

将上步得到的样品研磨过 20 目筛后，加入到分散剂六偏磷酸钠水溶液（浓度为 5%）中，对溶液搅拌并超声，使黏土充分分散在水中，然后静置 8 h。取出上层悬浮液，用离心机离心后得到固体样，将固体样用蒸馏水稀释后再离心。反复 5 次后，获得纯的凹凸棒石样品，烘干备用[12-15]。

3.6.3 样品分析方法

本研究的凹凸棒石样品采自安徽明光。皖东明光—来安地区自上新世以来，未发生过明显的构造运动，地貌特征为准平原。本区凹凸棒石黏土主要分布在古近纪和新近纪断陷盆地西部边缘，西南为张八岭台拱隆起区。含矿岩系基底高低起伏，形成一些侵蚀凹地。其后女山—六合、明光—施官断裂又重新摆布了凹地的格局，形成了一些内陆湖盆，在火山喷发前和间歇期接受了沉积，为凹凸棒石黏土矿的形成提供了沉积场所。

3.6.3.1 X 射线衍射分析

XRD 是利用 X 射线在晶体中的衍射现象来分析样品的矿物组成、晶体结构、晶胞参数、晶体缺陷的方法[16-21]。 XRD 各项检测分析方法已被广泛应用于矿物学研究，不仅可以用来研究物质的晶相结构，还可进行物相的定性和定量分析研究。

凹凸棒石是一种具有天然纤维状与棒状形态的水合硅酸铝镁矿物，由于其结构特殊，具有比表面积大和孔道多等特点，因此具有很好的吸附性能。由于形成条件和环境的差异，凹凸棒石具有不同的晶体结构，物化性能和应用领域也不尽相同。天然的凹凸棒石中通常会含有石英、白云石和蒙脱石等其他矿物杂质，同时存在分子间的范德华力、氢键的作用和矿物间的层间作用力。在利用凹凸棒石之前，需要先对其进行物相分析，并采用适当方法处理凹凸棒石原矿中的杂质。

本节实验采用 Rigaku D/max 2500 型转靶 X 射线衍射仪（日本理学公司）对分离处理前后的样品进行 X 射线衍射分析。测试条件为：Cu Kα 靶，辐射 λ=1.540 538 Å。工作电压 40 kV，工作电流 200 mA，采样步宽为 0.02°。扫描速度 10°/min。DS（发射狭缝）=1°，SS（防散射狭缝）=1°，RS（接收狭缝）=0.3 mm，扫描范围为 5°~80°。采用 MDI Jade5.0 软件将样品的 X 射线衍射谱图和 X 射线衍射标准卡片进行对比，来判断样品的主要物相组成。

3.6.3.2 红外光谱分析

红外光谱分析是利用矿物分子的振动、转动能级跃迁确定矿物组成、结构的方法[22]。红外光谱具有高度的特征性，采用与标准化合物的红外光谱对比的方法进行分析鉴定。红外光谱技术在矿物鉴定、混合物-岩石的矿物组合分析、矿物结构的有序无序研究及由于阳离子置换造成的类质同象矿物研究等方面应用广泛。红外光谱分析通过研究矿物组成元素的分子或离子在红外光谱的特征振动，来揭示矿物的结构和化学键特征。

本节实验采用 Nicolet 5700 型红外光谱仪对凹凸棒石的红外光谱特性进行测试。

本节实验将 300 mg 的溴化钾与 2 mg 的凹凸棒石样品粉末共同研磨，用油压机压成圆片状，然后直接将样品置于傅里叶变换红外光谱仪的红外光路中进行分析。测试条件为：扫描次数为 64 次，分辨率 8 cm^{-1}，检测器为 DTGS CsI，分束器 CsI，增益 4，速度 0.3165，扫描范围为 400~4000 cm^{-1}。样品粉末与光谱纯的溴化钾按照 1∶100 的比例混合，压制成直径 13 mm 的溴化钾透明圆片，采用透射法进行红外光谱测试，得到红外吸收光谱图。

3.6.3.3 热分析

矿物热处理过程中发生的结构变化可以通过差热分析来进行研究。

采用通氮气氛保护的 Setaram 热分析仪，对凹凸棒石在不同温度区间段出现的结构、性质变化进行分析，并研究不同加热速率对凹凸棒石的热焓、质量变化曲线的影响[23-25]。

3.6.3.4 激光粒度分析

传统的粒度分析方法视颗粒大小及致密程度而定，对松散的砾石可采用直接测量法，砂级碎屑多采用筛析法，粉砂及黏土级细粒常用沉降法、流水法、液体比重法等方法。目前，粒度范围在 0.02~2000 μm 的沉积物一般采用激光粒度仪测定[26]。

本实验采用 Mastersizer 2000 激光粒度仪，样品上机测试时部分细小颗粒会在前处理静置后发生粘连，从而导致测试结果出现偏差，为消除粘连作用给样品测试带来的偏差，保证样品颗粒更为彻底地分散和测试结果的准确性，需要对烧杯中混杂水体的样品进行超声处理，至激光强度不变为止，进行粒度数据测试。

3.6.3.5 扫描电镜分析

凹凸棒石的早期研究在微观尺度形貌、表面特征分析等方面由于受仪器条件限制开展较少。二十世纪八九十年代开始，TEM 和 SEM 在黏土研究中得到广泛应用，主要应用于研究凹凸棒石纤维状结构变化与蒙脱石片层生长的一些直观关系。通过 TEM 研究发现了针状凹凸棒石向片状蒙脱石转化的直接证据。

本实验采用 JEOL JSM-5900LV 型扫描电子显微镜，直观地观察凹凸棒石的外观形貌和粒径分布情况。将样品粉末均匀撒在样品台上，样品表面喷金。通过入射电子将从样品中激发出信息，产生样品表面的高分辨率图像，用来进行固体物质表面形貌观察。扫描电镜检测条件为：加速器电压 15 kV，工作距离 12 mm，束斑 21，工作模式为二次电子（SEI），放大倍数 75 倍。

3.6.4 结果与讨论

3.6.4.1 X 射线衍射分析

从分离前后的凹凸棒石 X 射线衍射谱图（图 3.18）中可以看出：分离前的样品矿物组成为凹凸棒石（d=1.059 nm，d=0.449 nm，d=0.426 nm）、白云石（d=0.370 nm，d=0.289 nm，d=0.219 nm）、石英（d=0.426 nm，d=0.335 nm，d=0.184 nm）。凹凸棒石含量为 89%，白云石含量为 7%，石英含量为 4%。

分离后的样品矿物组成为：凹凸棒石（d=1.075 nm，d=0.449 nm，d=0.427 nm）、石英（d=0.427 nm，d=0.335 nm，d=0.182 nm）。凹凸棒石含量为 98%，石英含量为 2%。从图 3.18 中可以看出：白云石特征峰消失，石英特征峰强度降低。用样品谱图与纯凹凸棒石的 JCPDS 标准卡片（21-0958 号）谱图对比看出：凹凸棒石（110）面的峰最强，其 2θ 角位于 8.5°的位置。表明分离后的样品去除了白云石，提高了凹凸棒石的纯度。

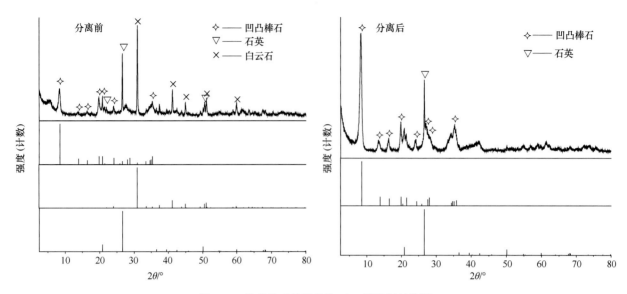

图 3.18　分离前后的凹凸棒石 X 射线衍射谱图

3.6.4.2　红外光谱分析

凹凸棒石作为一种黏土矿物，最重要的红外光谱吸收谱带为水和羟基的伸缩振动和弯曲振动峰。从凹凸棒石的红外光谱图（图 3.19）中可以看出样品吸收谱带主要在以下 4 个区域。

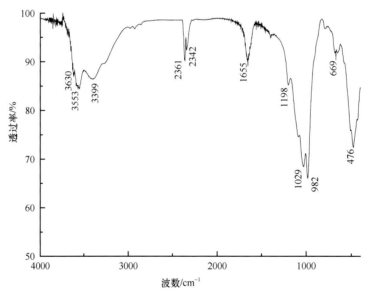

图 3.19　分离后的凹凸棒石红外光谱图

高频区（3700~3000 cm^{-1}）：该区为羟基（—OH）、结晶水 H_2O、沸石水 H_2O、吸附水 H_2O 的伸缩振动。其中 3553 cm^{-1} 为凹凸棒石的主要鉴定谱带，而 3630 cm^{-1} 处为羟基—OH 的吸收峰位置，3630~3399 cm^{-1} 是矿物结晶水、沸石水或吸附水的吸收带。

中频区（1700~1400 cm^{-1}）：1655 cm^{-1} 处有明显的吸收带是表征结晶水、沸石水或吸附水弯曲振动的红外谱带的位置。1817 cm^{-1} 是 C=O 的伸缩振动，1442 cm^{-1} 附近的宽强吸收是 C—O 伸缩振动。

中低频区（1300~600 cm^{-1}）：1200~800 cm^{-1} 主要为 Si—O—Si、Si—O 键的伸缩振动。在这一带的吸收位置为 1198 cm^{-1}、1080 cm^{-1}（弱）、1029 cm^{-1}、982 cm^{-1}。800~600 cm^{-1} 属于 Si—O—Si、Si—O—M

的弯曲振动。这一带在 669 cm^{-1} 有尖锐的吸收带，此吸收峰为石英的主要鉴定谱带。

低频区（600~400 cm^{-1}）：600~400 cm^{-1} 主要为 Si—O 弯曲振动、M—O 的伸缩振动和 Si—O—M 的弯曲振动。主要表现为 471 cm^{-1} 形成较强峰，这是凹凸棒石在该区的主要鉴定谱带。

3.6.4.3　热分析

分离后的样品热分析结果如图 3.20 所示，第一个吸热谷的温度为 84℃，质量损失 7.1%；第二个吸热谷的温度为 213℃，质量损失 9.7%；第三个吸热谷的温度为 423℃，质量损失 16.0%；第四个吸热谷的温度为 651℃，质量损失 16.6%。

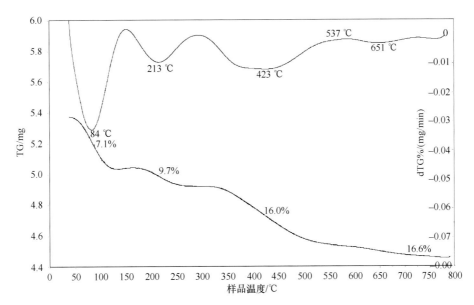

图 3.20　分离后的凹凸棒石热分析曲线

根据凹凸棒石的晶体结构和晶体化学式，其中存在 4 种状态的水，包括表面吸附水、孔道吸附水、结晶水和结构水。第一个吸热谷的温度为 84℃，属于孔道吸附水脱出热效应；第二个吸热谷的温度为 213℃，应属于部分结晶水脱出热效应，外表面吸附水和孔道吸附水的质量为 9.7%；第三个吸热谷的温度为 423℃，应属于第二部分结晶水脱出，脱水量为 16.0%；第四个吸热谷的温度为 651℃，应属于结构水脱出效应，脱水量为 16.6%。

3.6.4.4　激光粒度分析

粒径分布是指某一粒子群中，不同粒径的粒子所占比例。

分离后的凹凸棒石样品激光粒度分析结果（图 3.21）显示，凹凸棒石的颗粒折射率为 1.510，颗粒吸收率为 0.1，遮光度 7.57%，径距 2.515，比表面积 0.802 m^2/g，表面积平均粒径 D[3，2]为 8.799 μm，体积平均粒径 D[4，3]为 18.276 μm。粒度分布均匀。

3.6.4.5　扫描电镜分析

从分离后的凹凸棒石样品的扫描电镜图像（图 3.22）可以看出，凹凸棒石在 6000 倍扫描电镜下有团聚现象，颗粒均匀，颗粒大小约为 4 μm。说明经过处理的凹凸棒石粉末样品较细，而且均匀。

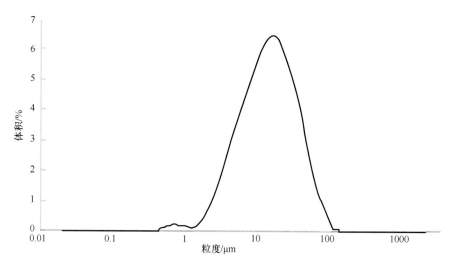

图 3.21 分离后的凹凸棒石激光粒度分析曲线

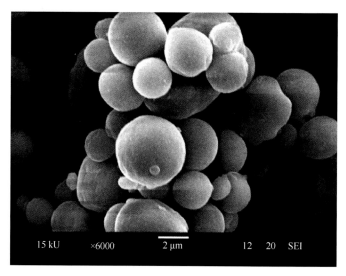

图 3.22 分离后的凹凸棒石样品扫描电镜图像

3.6.5 结论

对采自安徽明光的凹凸棒石进行破碎分离、X 射线衍射分析可知，凹凸棒石样品较纯，含有少量的白云石、石英和长石，经过分离后白云石被去除，石英含量降低，凹凸棒石的纯度得到提高。目前，如何将蒙脱石从凹凸棒石中分离出来依然很困难，所以在提纯凹凸棒石时首先要考虑所选矿石的类型，即要选择易于提纯的凹凸棒石矿石（即杂质矿物为石英或白云石的矿石）。皖东地区的凹凸棒石纯度较高，且杂质矿物为白云石适合作为提纯矿石。

通过红外光谱分析发现，凹凸棒石矿物中含有大量结构水，进一步热分析确定了凹凸棒石四种状态的水，包括表面吸附水、孔道吸附水、结晶水和结构水，可以推理出其微结构。经过粒度分析和扫描电镜分析可以看出样品分布均匀、粉末细致，可用作开发精细凹凸棒石产品。

参 考 文 献

[1] 宋宁宁, 王丽萍, 耿建新, 等. 凹凸棒石黏土资源化现状研究[J]. 中国环保产业, 2007(1): 26-28.
[2] 周济元, 崔炳芳. 国外凹凸棒石黏土的若干情况[J]. 资源调查与环境, 2004, 25(4): 248-259.

[3] Salehi M H, Tahamtani L. Magnesium Uptake and Palygorskite Transformation Abilities of Wheat and Oat[J]. Magnesium Uptake and Palygorskite Transformation, 2012, 22(6): 834-841.

[4] 樊国栋, 沈茂. 凹凸棒黏土的研究及应用进展[J]. 化工进展, 2009, 28(1): 99-105.

[5] 马玉恒, 方卫民, 马小杰. 凹凸棒土研究与应用进展[J]. 材料导报, 2006, 20(9): 43-46.

[6] 朱海清, 周杰. 凹凸棒石黏土的开发利用现状及发展趋势[J]. 矿产保护与利用, 2004(4): 14-17.

[7] 张旺强, 段九存, 陈月源, 等. 凹凸棒石黏土脱色力的测试[J]. 岩矿测试, 2006, 25(2): 143-146.

[8] Chen T H, Xu H F, Lu A H, et al. Peng Shuchuan and Yue Shucang[J]. Science in China (Earth Sciences), 2004, 47(11): 985-994.

[9] 胡涛, 钱运华, 金叶玲, 等. 凹凸棒土的应用研究[J]. 中国矿业, 2005, 14(10): 73-76.

[10] 易发成, 田煦. 苏皖凹凸棒石黏土矿石评价的若干问题[J]. 建材地质, 1995(3): 1-6.

[11] 袁慰顺. 对凹凸棒石黏土成因及应用问题的探讨[J]. 中国非金属矿工业导刊, 2008(6): 19-43.

[12] 崔永丽, 关家樑, 潘业才. 凹凸棒土的纯化及吸附性能研究[J]. 中国非金属矿工业导刊, 2009(1): 31-39.

[13] 郭洪. 凹凸棒土的提纯研究[J]. 安徽化工, 2005(6): 5-6.

[14] 金叶玲, 陈静, 钱运华, 等. 纯化凹凸棒石黏土的理化表征与纯化机理[J]. 煤炭学报, 2005, 30(5): 642-646.

[15] 陈天虎, 彭书传, 黄川徽, 等. 从苏皖凹凸棒石黏土制备纯凹凸棒石[J]. 硅酸盐学报, 2004, 32(8): 965-969.

[16] 刘中根, 于庆龙. 浅析江苏两地凹凸棒石黏土矿地质构造及其特征[J]. 西部探矿工程, 2005(9): 1-2.

[17] 吴乾荣. 择优取向在黏土矿物 X 射线衍射定量分析中的应用研究[J]. 岩矿测试, 1996, 15(2): 147-149.

[18] 熊飞, 尹琳, 蔡元峰, 等. 凹凸棒黏土中坡缕石的内标法 X 衍射定量分析研究[J]. 高校地质学报, 2005, 11(3): 453-458.

[19] 金叶玲, 钱运华, 朱洪峰, 等. 超细粉碎对凹凸棒石黏土晶体结构及形貌的影响[J]. 非金属矿, 2004, 27(3): 14-27.

[20] 杨婕, 陈敬中. 江苏盱眙坡缕石的矿物学特征[J]. 资源调查与环境, 2004, 25(3): 190-196.

[21] 蔡元峰, 薛纪越, 潘宇观, 等. 坡缕石精细鉴定的粉末 X 射线衍射法[J]. 矿物学报, 2008, 28(4): 343-349.

[22] 蔡元峰, 薛纪越. 安徽官山两种坡缕石黏土的成分与红外吸收谱[J]. 矿物学报, 2011, 31(3): 323-329.

[23] 黄健花, 刘元法, 金青哲, 等. 加热影响凹凸棒土结构的光谱分析[J]. 光谱学与光谱分析, 2007, 27(2): 408-410.

[24] 王平华, 宋功品. 两种黏土与 PVC 复合材料的热性能及微结构分析[J]. 高分析材料科学与工程, 2006, 22(1): 138-141.

[25] 陈天虎, 王健, 庆承松. 热处理对凹凸棒石结构、形貌和表面性质的影响[J]. 硅酸盐学报, 2006, 34(11): 1406-1410.

[26] 金叶玲, 钱运华, 朱洪峰, 等. 凹凸棒石黏土助磨超细粉碎的研究[J]. 化工矿物与加工, 2005(8): 10-12.

3.7　滑石物相分析技术与应用

　　滑石是一种机械性能良好、化学性质稳定、白度高，同时兼具较好的润滑性、热稳定性、吸附性、悬浮性和流变性的镁质硅酸盐。世界滑石探明储量约为 8 亿 t，远景储量为 20 亿 t 以上。我国滑石探明储量为 2.5 亿 t，居世界第二位，年产量约为世界年产量的 40%。滑石为白色或粉红色有脂肪感的软矿物，为一种层状含水镁硅酸盐矿物，化学成分为 $Mg_3(Si_4O_{10})(OH)_2$，按理论组成计算 SiO_2 含量为 63.5%，MgO 含量为 31.7%，H_2O 含量为 4.8%[1-5]。

　　滑石属单斜晶系，晶体呈六方或菱形，常呈片状或致密块状集合体。颜色有白、浅绿、浅黄、灰、粉红、浅褐色等，半透明，白色条痕。块状者具油脂光泽，片状者具珍珠光泽。由于其富有很强的滑腻感，故因此而得名。

　　作为一种含水的、具有 2∶1 层状构造的硅酸盐矿物，滑石的每个晶层是由两层 Si—O 四面体中夹一层 Mg—O（O—H）八面体构成，在其晶格结构中 Si—O 四面体联接成层，形成连续的六方网状层，活性氧朝向一边，然后每个六方网状层的活性氧相向，通过一层"氢氧镁石"层联接，构成双层。双层内部各离子的电价已经中和，联系牢固，双层与双层之间仅以微弱的余键相吸，结果使滑石具有完全的片状解理。层内的 Si—O 键要比层与层之间的分子力强得多，因此当滑石断裂时产生两种不同表面，即基本的正面解理面和侧面。由于这些层面内部是由其中的—Si—O—Si—联接而成，没有极性，因而疏水。侧面或边棱有 SiOH 和 MgOH 基团存在，故有一定的亲水性。

　　本节使用 X 射线衍射（XRD）、傅里叶变换红外光谱（FTIR）、激光粒度分析（PSA）、热分析（TG-DSC）、扫描电子显微镜（SEM）五种分析方法对滑石的物相特征进行分析。

3.7.1　仪器与主要材料

　　DHG-9145A 电热恒温鼓风干燥箱（上海齐欣科学仪器有限公司），KQ-500DE 数控超声波清洗器（昆山超声仪器有限公司），LDZ5-2 离心机（北京雷勃尔离心机有限公司），JA1203N 电子天平（上海精密科学仪器有限公司），Rigaku D/max 2500 X 射线衍射仪（日本理学公司），Nicolet 5700 红外光谱仪（美国热电公司），769YP-15A 粉末压片机（天津市科器高新技术公司），Mastersizer 2000 激光粒度分析仪（英国马尔文公司），Setaram 热分析仪（法国塞塔拉姆公司），JEOL JXA-8100 电子探针（日本电子公司），JEOL JSM-5610LV 扫描电子显微镜（日本电子公司）。

　　30%过氧化氢：分析纯，用于前处理去除有机质；盐酸为分析纯，用于前处理去除碳酸盐；去离子水：实验室自制；溴化钾为光谱纯，用于红外光谱分析稀释剂；无水乙醇为分析纯。

3.7.2　样品分析方法

3.7.2.1　X 射线衍射分析

　　X 射线衍射是利用 X 射线在晶体中的衍射现象来分析样品的矿物组成、晶体结构、晶胞参数、晶体缺陷的方法。根据样品产生衍射信号的特征去分析、计算试样的晶体结构和晶胞参数，可以得到很高的精度[6-9]。称取约 2 g 的滑石粉末试样于洁净干燥的玛瑙研钵中研磨至 325 目以下，用手捻搓无颗粒感即可。用背装法将滑石粉装填在 0.5 mm 试样架上，用 Rigaku D/Max 2500 型转靶 X 射线衍射仪进行测定，选用 Cu Kα 靶带石墨单色器，λ=1.540 538 Å。工作电压 40 kV，工作电流 200 mA，采样步宽 0.02°。扫

本节编写人：沈加林（中国地质调查局南京地质调查中心）；许乃岑（中国地质调查局南京地质调查中心）

速度 10°/min。DS（发射狭缝）= 1°，SS（防散射狭缝）= 1°，RS（接收狭缝）= 0.3 mm，扫描范围为 5°~80°。采用 MDI Jade5.0 软件对滑石样品的 X 射线衍射谱图和 X 射线衍射标准卡片进行对比，来判断样品的主要物相组成。

为了获得更准确的实验数据，XRD 分析样品需要磨至 200 目。

3.7.2.2　红外光谱分析

利用红外光谱谱图上样品的吸收峰的位置、形状和强度等信息，确定滑石官能团和化学键的情况。

红外光谱分析是利用矿物分子的振动、转动能级跃迁确定矿物组成及其结构的方法[10-12]。本实验采用 Nicolet 5700 型红外光谱仪对滑石的红外光谱特性进行测试，检测条件为：扫描次数 64 次，分辨率 8 cm^{-1}，检测器 DTGS CsI，分束器 CsI，增益 4，速度 0.3165，扫描范围 400~4000 cm^{-1}。

滑石样品粉末与光谱纯的溴化钾按照 1：100 的比例混合，压制成直径 13 mm 的溴化钾透明圆片，采用透射法进行红外光谱测试，得到红外吸收光谱图。

3.7.2.3　激光粒度分析

粒度的最直观也最有效的表示方式就是以完整的分布曲线及数据分布的报表来体现。包括曲线、表格粒度分布、重要指标以及其他粒径参数值，如 dv10、dv50、dv90，质量平均粒径、比表面积等[13-15]。我国细微粒度滑石粉产品具有较高的附加值，价格高于普通滑石粉。《中华人民共和国进出口税则》税则号列 2526.2020 项下分列了两个子目，分别是"25262020.01 滑石粉，按体积比 90% 小于等于 18 μm"（暂定税率 5%）与"25262020.90 滑石粉"（暂定税率 10%），存在 5% 的税率差。对细微粒度滑石粉的测定成为滑石粉出口检测的一项重要指标。

由于滑石的疏水性，在水中无法分散测定，直接使用激光衍射粒度仪测定结果偏差很大，无法准确测量，各检测机构对测量结果争议较大。文章使用乙醇与乙二醇单丁醚混合溶剂对滑石粉进行分散测定其粒度。

本实验采用 Mastersizer 2000 激光粒度仪，粒径测试范围为 0.02~2000 μm，进样器为 Hydro 2000 Mu（A）。

3.7.2.4　热分析

热分析是对不同粒度范围的矿物在不同温度区间段出现的结构、性质变化进行分析，并研究不同加热速率对矿物热焓、质量变化曲线的影响[16]。本实验采用通氮气氛保护的 Setaramlabsysevo 热分析仪，温度范围 20~1150℃；升温过程为：20℃保温 30 min，然后升温至 1150℃，升温速率 5℃/min；保护气氛为氮气，吹气速率 20 mL/min。坩埚材质为氧化铝。

影响差热分析实验结果的主要因素有升温速率、参比的种类以及样品的装填情况，特别是进行定量分析时，样品的粒度对实验结果也会造成影响，因此在实验过程中必须严格控制上述实验条件。

3.7.2.5　扫描电镜分析

为了直观地观察滑石外观形貌和粒径分布情况，实验采用扫描电镜进行测试[17-18]。样品粉碎至 200 目，均匀撒在样品台上，样品表面喷金。通过入射电子将从样品中激发出信息，产生样品表面的高分辨率图像，用来进行固体物质表面形貌观察。本实验采用 JEOL JSM-5900LV 型扫描电子显微镜，检测条件为：加速器电压 15 kV，工作距离 12 μm，束斑 21，工作模式为二次电子（SEI）。

3.7.3　结果与讨论

3.7.3.1　X 射线衍射分析

滑石是一种天然非金属矿，具有特定的晶体结构。在 X 射线衍射测定中，在给定波长的条件下，呈现出该物质特有的衍射谱线。将待测物质分析试样的衍射数据，如晶面间距（d）、衍射角（2θ）和衍射峰相对强度（I/I_1），与标准滑石的衍射数据对比，即可判断试样中是否含有滑石。

滑石的 X 射线衍射数据，经 Jade7.0 分析软件自动寻峰并检索，软件根据匹配度给出一系列检索结果。将测定的滑石晶面间距及衍射峰相对强度，与检索的 JCPDS 标准卡片谱图对照，该滑石的 X 射线粉晶衍射数据与 JCPDS 标准卡片（10-0558 号）的数据符合得很好。因此选择标准数据卡片 JCPDS#10-0558 的数据作为参考数据（其标准的 X 射线衍射数图见图 3.23），将实际样品的 X 射线衍射谱图与标准数据中的晶面间距对照，快速鉴别样品的滑石。经鉴定滑石样品为单斜晶系，空间群为 C2/c。XRD 谱图中样品的主要物相为滑石（d=0.942 nm，d=0.469 nm，d=0.312 nm），2θ 角分别位于 9.38°、18.90°、28.56°的位置（图 3.23）。

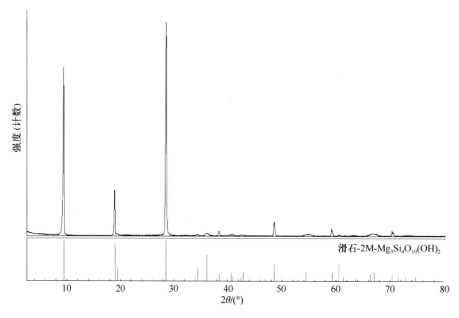

图 3.23　滑石 X 射线衍射谱图

3.7.3.2　红外光谱分析

滑石的主要特征吸收峰为 3676 cm^{-1}、1017 cm^{-1}、669 cm^{-1}（图 3.24）。样品在 4000~400 cm^{-1} 具有滑石粉标准物质红外光谱中的 Si—O—Mg 和 Mg—OH 的振动吸收特征组峰。滑石属于层状硅酸盐矿物，这类硅酸盐矿物结构中的硅氧骨干，主要由 [SO$_4$] 四面体共三个角顶联接成两向展平的网层。在层状结构硅酸盐矿物中，除了 [SO$_4$] 四面体呈层状排列外，[MgO$_6$] 八面体也呈六方网层的排列，在红外光谱中有所体现。

3.7.3.3　热分析

滑石既耐热又不导热，耐火度可高达 1490~1510℃。滑石受热时有明显的脱水吸热效应。滑石结构

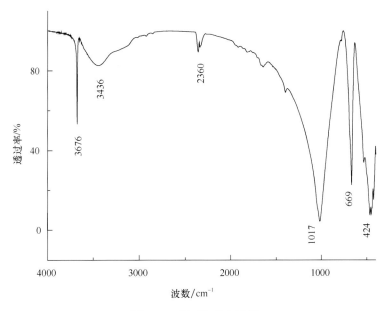

图 3.24　滑石红外光谱图

水以 OH^- 和 H^+ 的形式存在于矿物晶格中。加热至 122℃时，有较弱的吸热反应，析出吸附水——中性 H_2O 分子；至 912℃时，有强烈的脱水吸热效应，发生相变，生成顽火辉石，出现有微凉的膨胀，这是由于生成顽火辉石的同时，游离出方石英的结果，析出全部的结构水（图 3.25）。滑石受热失去全部结构水后，晶格遭到破坏。滑石煅烧后的耐热性会增强。相变反应为：

$$3MgO \cdot 4SiO_2 \cdot H_2O \xrightarrow{700\sim900℃} 3(MgO \cdot SiO_2)+SiO_2+H_2O$$

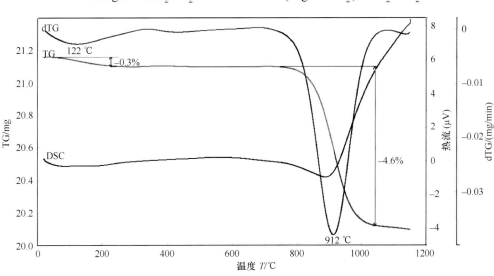

图 3.25　滑石热分析曲线

3.7.3.4　激光粒度分析

经过激光粒度分析，滑石的颗粒折射率为 1.589，颗粒吸收率为 0.1，遮光度 10.38%，径距 2.181，比表面积 0.635 m^2/g，表面积平均粒径 $D[3,2]$ 为 11.108 μm，体积平均粒径 $D[4,3]$ 为 19.094 μm（图 3.26）。粒度分布均匀。

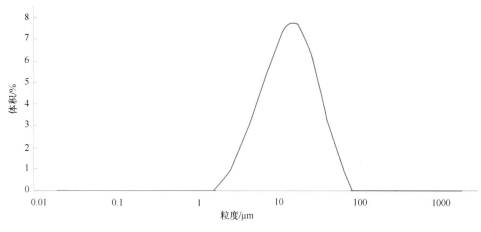

图 3.26 滑石粒度分析曲线

3.7.3.5 扫描电镜分析

经过扫描电镜分析，可以看出放大 10 000 倍的扫描电镜下，滑石呈片状，有油脂光泽，呈六角形。颗粒均匀，大小约 2 μm（图 3.27）。

图 3.27 滑石扫描电镜照片

3.7.4 结论

滑石在开采、粉碎等加工过程中，都会产生粉尘。滑石中有贵橄榄石、直闪石、透闪石等像石棉一样的纤维杂质，在滑石生产中要严格控制粉尘。

通过 X 射线衍射、红外光谱、热分析、粒度分析、扫描电镜分析，表明滑石为片状、有油脂光泽的矿物，晶体结构属于单斜晶系。样品在 400~4000 cm^{-1} 区间内具有滑石粉标准物质红外光谱中的 Si—O—Mg 和 Mg—OH 的振动吸收特征组峰。滑石结构水以 OH$^-$ 和 H$^-$ 的形式存在于矿物晶格中，体积平均粒径 D[4，3]为 19.094 μm，颗粒较细接近 18 μm。可应用于超细滑石粉产品深加工。

本研究应用多种物相分析方法，较为全面地反映了滑石的晶体结构、矿物结构和形貌特征，可以推广到滑石鉴定工作中。

致谢：感谢中国地质调查局地质调查工作项目"矿产、海洋与油气资源调查中的现代测试技术体系研究"（1212011120273）对本工作的资助。

参 考 文 献

[1] 李萍, 刘文磊, 杨双春, 等. 国内外滑石的应用研究进展[J]. 硅酸盐通报, 2013, 32(4): 668-671.

[2] Hojamberdiev M, Tadjiev P K, Xu Y H. Processing of Refractory Materials Using Various Magnesium Sources Derived from Zinelbulak Talc-magnesite[J]. International Journal of Minerals, Metallurgy and Materials, 2011, 18(1): 105-114.

[3] 陆现彩, 尹琳, 赵连泽, 等. 常见层状硅酸盐矿物的表面特征[J]. 硅酸盐学报, 2003, 31(1): 60-65.

[4] 农以宁, 曾令民. 龙胜滑石矿晶体结构的 Rietveld 精修[J]. 理化检验(物理分册), 2004, 41(8): 405-406.

[5] Xu X H, Wu J F, Hu S G. Sythesis of Cordierite from Rectorite-Talc-Alumina without Additives[J]. Journal of Wuhan University of Technology (Materials Science), 2004, 19(2): 14-16.

[6] 薛雍, 江向峰, 钟玉峰. 标准曲线法 X 射线粉晶衍射直接分析滑石中微量石棉[J]. 岩矿测试, 2010, 29(3): 322-324.

[7] 唐锦玉. 利用 X 射线衍射分析测定龙胜滑石矿中的石棉[J]. 广西地质, 1995, 8(4): 69-72.

[8] 韩合军. 碳酸盐型滑石物相分析方法研究[J]. 中国非金属矿工业导刊, 2014(4): 22-35.

[9] 卢烁十. 滑石的晶体化学研究及其在有色金属硫化矿选矿中的浮选现状和实践[J]. 矿冶, 2010, 19(3): 8-11.

[10] 杨德君, 赵永魁, 陆雅琴, 等. ICP-AES 法测定滑石中主次量成分[J]. 光谱学与光谱分析, 2002, 22(1): 86-88.

[11] 韩炜, 陈敬中, 吴驰飞. 滑石的最小及最佳纳米粒子的结构表征与计算[J]. 岩石矿物学杂志, 2005, 24(2): 139-144.

[12] 李正龙, 张强, 崔林. 辉钼矿、石墨和滑石的晶体化学与可选性质[J]. 有色金属, 1991, 43(4): 41-47.

[13] 任叶叶, 张俭, 严俊, 等. 应用 X 射线衍射-红外光谱等技术研究滑石在机械力研磨中的形貌和晶体结构变化及影响机制[J]. 岩矿测试, 2015, 34(2): 181-186.

[14] 由健, 刘成雁. 国产 X 射线衍射仪在婴儿爽身粉石棉检测的应用[J]. 现代科学仪器, 2013(4): 187-189.

[15] 赵景红, 盛向军, 陈新, 等. 滑石粉的 X 射线衍射快速定性筛选方法[J]. 冶金分析, 2013, 33(9): 32-36.

[16] 王艳, 王多君, 易丽. 空气气氛中滑石的热分解动力学实验研究[J]. 中国科学院大学学报, 2015, 32(1): 70-73.

[17] 姜晓谦, 马鸿文, 李歌. 白云岩型滑石矿的化学提纯及性能表征[J]. 中国非金属矿工业导刊, 2011(6): 22-39.

[18] 周剑雄, 陈振宇, 孟丽娟, 等. 电子探针在中药滑石质量检验中的应用[J]. 电子显微学报, 2010, 29(6): 540-543.

3.8 石棉物相分析技术与应用

石棉是天然纤维状硅酸盐类矿物质的总称，按其矿物成分和化学成分不同，可分为蛇纹石石棉和闪石石棉两大类。前者属于蛇纹石的纤维状变种，后者为角闪石的纤维状变种。蛇纹石石棉又称温石棉，矿物学上称为纤维蛇纹石，其用途最广，是最重要的一种石棉。蛇纹石是一种含水的富镁硅酸盐的总称，具有层状结构；有着相同的单位结构层。蛇纹石石棉为石棉中的优等石棉，呈浅黄绿、深绿，至黑色、浅褐红，近于白色，条痕为白色；色泽呈细致块状的平行纤维结构；能溶于硫酸及盐酸中，析出二氧化硅；蛇纹石类石棉的纤维很柔软，富有坚韧性，纤维细丝可以捻成线，呈露着绢丝光泽；能耐相当高的温度而不易断裂或熔化。但石棉焙烧到450℃时，仅仅失去所含的结晶水而变脆；温度加到800℃时，出现断裂的形态；加到1500℃时，才开始熔解；由此可见它的耐温度。这类石棉是制造石棉纺织品的优良材料。

闪石石棉有许多种类，包括铁石棉、青石棉、透闪石石棉、直闪石石棉和阳起石石棉五种。其中碱性闪石组的一些纤维状变种具有不同色调的蓝色，因而又称为蓝石棉。蓝闪石性硬，浅灰蓝，天蓝，条痕为浅灰黄色，呈粒状或柱状结构，耐热性低，但可作过滤用。

随着对石棉特性研究的深入，人们发现石棉对人体具有较大的危害，微小的石棉纤维能长期飘浮在空气中，一旦吸入人体肺部，容易导致肺部纤维化，进而诱发恶性肿瘤，目前已经被认定为 A 类致癌物质。为了更好地对产品进行无石棉检测，许多国家和组织制定了各自的石棉检测标准[1-3]。

本研究使用 X 射线衍射（XRD）、扫描电子显微镜（SEM）、傅里叶变换红外光谱（FTIR）和热分析（TG-DSC）四种分析方法相结合对试样中的石棉进行物相分析[4-7]。

3.8.1 仪器与主要材料

DHG-9145A 电热恒温鼓风干燥箱（上海齐欣科学仪器有限公司），KQ-500DE 数控超声波清洗器（昆山超声仪器有限公司），LDZ5-2 离心机（北京雷勃尔离心机有限公司），JA1203N 电子天平（上海精密科学仪器有限公司），Rigaku D/max 2500 X 射线衍射仪（日本理学公司），Nicolet 5700 红外光谱仪（美国热电公司），769YP-15A 粉末压片机（天津市科器高新技术公司），Mastersizer 2000 激光粒度分析仪（英国马尔文公司），Setaram 热分析仪（法国塞塔拉姆公司），JEOL JXA-8100 电子探针（日本电子公司），JEOL JSM-5610LV 扫描电子显微镜（日本电子公司）。

30%过氧化氢：分析纯，用于前处理去除有机质；盐酸：分析纯，用于前处理去除碳酸盐；去离子水，实验室自制；溴化钾：光谱纯，用作红外光谱分析的稀释剂；无水乙醇：分析纯。

3.8.2 样品分析方法

3.8.2.1 X 射线衍射分析

X 射线衍射是目前检测石棉的常用方法之一，根据样品产生衍射信号的特征去分析、计算试样的晶体结构和晶胞参数，可以得到很高的精度。其依据是每种矿物都具有特定的 X 射线衍射数据和谱图，且衍射峰强度与含量成正比，可判断试样中是否含有某种石棉矿物，并测定其含量[8-11]。石棉类型的测定主要通过测试晶面间距 d 值（nm），相对强度 I、θ 或 2θ 角，其中 d 值是最可靠的依据。

本实验采用 Rigaku D/Max 2500 型转靶 X 射线衍射仪对石棉的晶体结构、晶胞参数进行测定。实验

本节编写人：沈加林（中国地质调查局南京地质调查中心）；许乃岑（中国地质调查局南京地质调查中心）

条件为：Cu Kα 靶，辐射 λ=1.540 538 Å。工作电压 40 kV，工作电流 200 mA，采样步宽 0.02°。扫描速度 10°/min。DS（发射狭缝）=1°，SS（防散射狭缝）=1°，RS（接收狭缝）= 0.3 mm，扫描范围 5~80°。

采用 MDI Jade5.0 软件对石棉样品的 X 射线衍射谱图和 X 射线衍射标准卡片进行对比，来判断样品的主要物相组成。

3.8.2.2　红外光谱分析

红外光谱分析是利用矿物分子的振动、转动能级跃迁确定矿物组成及其结构的方法。与 XRD 相似，利用矿物特有的红外吸收谱特征来鉴定和分析矿物。通过对样品的特征红外吸收峰进行分析，通过是否含有石棉的特征峰来鉴别样品中是否含有石棉[12-15]。

本实验采用 Nicolet 5700 型红外光谱仪对矿物的红外光谱特性进行测试。检测条件为：扫描次数 64 次，分辨率 8 cm^{-1}，检测器 DTGS CsI，分束器 CsI，增益 4，速度 0.3165，扫描范围 400~4000 cm^{-1}。矿物样品粉末与光谱纯的溴化钾按照 1：100 比例混合，压制成直径为 13 min 的溴化钾透明圆片，采用透射法进行红外光谱测试，得到红外吸收光谱图。

3.8.2.3　热分析

热分析是对不同粒度范围的矿物在不同温度区间段出现的结构、性质变化进行分析，并研究不同加热速率对矿物热焓、质量变化曲线的影响。结合比表面积、粒度等实验结果，研究矿物在该粒度分布条件下的热变化规律。

石棉是一类含水的硅酸盐，其脱热脱水反应是石棉热性能特征之一。用热分析方法取得石棉矿物的热谱，并结合其他方法深入研究其热学性状，对鉴定石棉种属及其伴生共生矿物、了解石棉的物性都有重要意义。

本实验采用通氮气氛保护的 Setaramlabsysevo 热分析仪，温度范围 20~1150℃；升温过程为：20℃ 保温 30 min，然后升温至 1150℃，升温速率 5℃/min；保护气氛为氮气，吹气速率 20 mL/min。坩埚材质为氧化铝。影响差热分析实验结果的主要因素有升温速率、参比的种类以及样品的装填情况，特别是进行定量分析时，样品的粒度对实验结果也会造成影响，因此在实验过程中必须严格控制上述实验条件。

3.8.2.4　扫描电镜分析

扫描电镜法与光学显微镜相比，具有更高分辨本领和放大倍数。采用扫描电镜检测石棉是各国采用较多的方法，特别是对于大气粉尘、水体中的石棉检测十分有效。为了直观地观察石棉外观形貌和粒径分布情况，本实验采用扫描电镜测试。

样品均匀撒在样品台上，样品表面喷金。通过入射电子将从样品中激发出信息，产生样品表面的高分辨率图像，用来进行固体物质表面形貌观察。本实验采用 JEOL JSM-5900LV 型扫描电子显微镜，检测条件为：加速器电压 15 kV，工作距离 12 mm，束斑 21 μm，工作模式为二次电子（SEI）。

3.8.3　结果与讨论

3.8.3.1　X 射线衍射分析

将石棉的 X 射线衍射谱图（图 3.28）与 JCPDS 标准卡片谱图对比看出：X 射线衍射谱图中样品的矿物组成为蛇纹石（d=0.724 nm，d=0.362 nm，d=0.250 nm）、方解石（d=0.303 nm，d=0.191 nm，d=0.187 nm）。蛇纹石含量为 86%，方解石含量为 14%。用图 3.28 中谱线与纯蛇纹石的 JCPDS 标准卡片谱图对比看出：

2θ 角分别位于 12.22°、24.54°、35.91° 的位置。

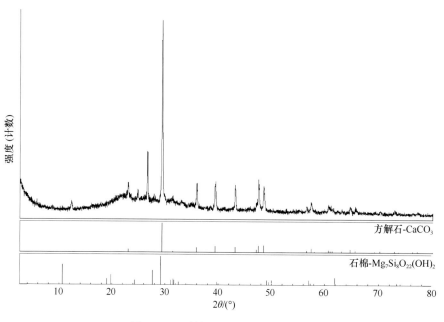

图 3.28　石棉样品 X 射线衍射谱图

蛇纹石是一种水合硅酸镁矿物，其理想分子式为 $Mg_3(Si_2O_5)(OH)_4$，主要成分是 MgO 和 SiO_2。作为 1∶1 型三八面体层状硅酸盐，即其结构单元层由硅氧四面体的六方网层与氢氧镁石的八面体层按 1∶1 结合而成，其中硅氧四面体联接成网状$(Si_2O_5)_n$，在层中所有四面体都朝着一个方向，与氢氧镁石层相联；氢氧镁石层由 $Mg-O_2(OH)_4$ 组成八面体层，一个方向每 3 个羟基有 2 个被硅氧四面体角顶的活性氧替代。

3.8.3.2　红外光谱分析

石棉的红外光谱谱图（图 3.29）显示样品的主要特征吸收峰为：有晶格 OH 伸缩振动产生的 3689 cm^{-1}、3644 cm^{-1}；吸附水伸缩振动产生的 3435 cm^{-1}；弯曲振动产生的 1634 cm^{-1}；Si—O 伸缩振动产生的 1077 cm^{-1}、1028 cm^{-1}、957 cm^{-1}；阳离子氧振动（蛇纹石石棉的 M—O 振动）产生的 606 cm^{-1}、434cm^{-1}。与蛇纹石石棉的标准红外特征峰值相符合。

其红外光谱中，它的主要伸缩振动（Si—O 键）谱带强吸收位移到 957 cm^{-1} 处，并且在 1150~900 cm^{-1} 有三个吸收谱带，其强度随着吸收频率的递增而减弱。

3.8.3.3　热分析

差示扫描量热法（DSC）是在程序控制温度下，测量输给物质和参比物的功率差与温度关系的一种技术。从图 3.30 中 DSC 曲线可看出：蛇纹石石棉在 675℃ 有一个放热峰，而在 815℃ 有一个较为尖锐的吸热峰，为蛇纹石石棉的相变温度。

热重法（TG）能准确测量物质的质量变化及变化速率，只要物质受热时发生质量的变化，都可以用热重法来研究。图 3.30 中石棉的热重曲线显示，蛇纹石石棉烘焙煅烧到 400℃ 时，失去水分；450~700℃ 时，化学结构水也失去，脱去 14.1%结构水；700~800℃ 时则质地变脆，失去弹性，易受外力作用而成粉末状，即使重新添加水也不可能恢复其原有特性。

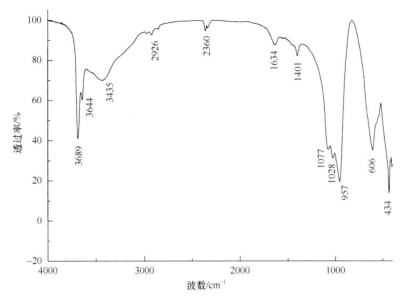

图 3.29　蛇纹石石棉纤维红外光谱谱图

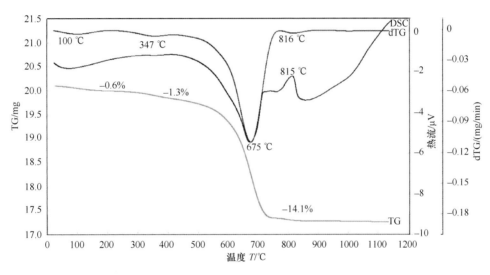

图 3.30　蛇纹石石棉热分析曲线（TG-DSC 曲线）

　　如果蛇纹石石棉经过高温而改变其性质，即使重新加入水分，也不可能恢复它原有的特性，故各种石棉制品使用温度的极限范围为 600~800℃，最大也不超过 900℃。对高温操作的机械设备，在选用石棉绝热材料时，要充分掌握石棉的特性。

3.8.3.4　扫描电镜分析

　　为了进一步判定样品中是否含有纤维，进行扫描电镜分析，从扫描电镜照片（图 3.31）中可以看出：在放大 10000 倍的扫描电镜下，样品呈纤维状，呈卷曲的圆柱形，分布均匀。纤维长径比大于 20∶1。每根纤维长度大于 5 μm，宽度小于 0.5 μm。

3.8.4　结论

　　通过对石棉进行 X 射线衍射、热分析、红外光谱分析、扫描电镜可以看出：样品主要物相为蛇纹石

图 3.31 蛇纹石石棉扫描电镜照片

石棉（d=0.724 nm，d=0.362 nm，d=0.250 nm），其含量为 86%。样品微观形貌为纤维状卷曲圆柱形，其红外特征谱与蛇纹石石棉的标准红外特征峰值相符合。蛇纹石石棉相变温度为 815℃；450~700℃时，失去化学结构水；700~800℃时，质地变脆，失去弹性，易受外力作用而成粉末状。根据蛇纹石矿物的 X 射线衍射特征和红外光谱特征可以有效地检测出样品中的微量蛇纹石，通过热分析进一步确定了含水矿物蛇纹石的结构，再通过扫描电镜形貌分析发现该矿物呈纤维状，确定矿物为石棉。四种物相分析方法相互佐证可以作为鉴定蛇纹石石棉的可靠方法。

致谢：感谢中国地质调查局地质调查工作项目"矿产、海洋与油气资源调查中的现代测试技术体系研究"（1212011120273）对本工作的资助。

参 考 文 献

[1] 杨博, 张振忠, 赵芳霞, 等. 蛇纹石综合利用现状及发展趋势[J]. 材料导报, 2010, 24(15): 381-384.

[2] 冯惠敏, 杨怡华. 化妆品中石棉含量检测方法[J]. 中国非金属矿工业导刊, 2009(3): 26-30.

[3] 汤晓萍, 刘超, 韩欣怡. 偏光显微镜法检测工业矿物粉料中石棉[J]. 冶金分析, 2015, 35(4): 44-48.

[4] Lu B Q, Xia Y B, Qi L J. Infrared Absorption Spectra of Serpentine Cat's Eye from Sichuan Province of China [J]. Journal of Shanghai University, 2005, 9(4): 365-368.

[5] 孙传敏. 用天然矿物透闪石制备硅酸钙镁晶须[J]. 成都理工大学学报, 2005, 32(1): 65-71.

[6] 李俊芳, 杨海峰, 闫妍, 等. 消费品中石棉检测技术研究[J]. 分析仪器, 2014(1): 51-56.

[7] 封亚辉, 李建军, 程薇, 等. 自行车闸皮中石棉的鉴定方法[J]. 硅酸盐通报, 2009, 28(5): 1102-1106.

[8] Chen Z Z, Mao W M, Wu Z C. Preparation of Semi-solid Aluminum Alloy Slurry Poured through a Water-cooled Serpentine Channel[J]. International Journal of Minerals, Metallurgy and Materials, 2012, 19(1): 48-53.

[9] Yang X R, Mao W M, Gao C. Semisolid A345 Alloy Feedstock Poured through a Serpentine Channel[J]. International Journal of Minerals, Metallurgy and Materials, 2009, 16(5): 603-607.

[10] 靳贵英, 林生文, 王淼. X 射线衍射法测定滑石粉中石棉成分[J]. 中国无机分析化学, 2014, 4(2): 65-69.

[11] 张梅, 高孝礼, 黄光明, 等. 微量石棉的 X 射线衍射定量检测[J]. 岩矿测试, 2010, 29(3): 309-312.

[12] 孙凤久, 楼丹花, 李莉娟. 方解石晶体振动模式群论分析和红外光谱的 DFT[J]. 东北大学学报, 2008, 29(1): 145-148.

[13] 董发勤, 罗素琼. 大鼠体内青石棉纤维表面变化的红外光谱研究[J]. 光谱学与光谱分析, 2003, 23(6): 1086-1089.

[14] 何伟平, 韦小兰, 容英霖. 用红外光谱法定量测定滑石粉中的石棉含量[J]. 分析测试学报, 1992, 11(1): 52-54.

[15] 吴瑾光. 近代傅里叶变换红外光谱技术及应用[M]. 北京: 科学技术文献出版社, 1994: 102-105.

3.9　高岭石和蒙脱石物相分析技术与应用

高岭石和蒙脱石同属于黏土矿物。高岭石属于两层型铝硅酸盐，晶体化学式为 $2Al_2(Si_2O_5)(OH)_8$。Si—O 四面体中四个氧原子位于四个顶点，一个硅原子位于四面体的中心。硅氧四面体群的三个顶点氧原子分别与相邻的三个硅氧四面体联接，组成二维延伸的平面层；第四个顶点氧原子仅与四面体中的硅原子联接，处于硅氧四面体的同一侧和水铝氧八面体层的铝联接，为四面体和八面体所共有。高岭石具有良好的烧结性、耐火性、物化稳定性，良好的覆盖和遮盖性能，是陶瓷、橡胶、塑料、化工、冶金、油漆等工业的主要原料，大量用于陶瓷的制坯及釉料，橡胶、塑料、油漆等填充剂，化工工业催化剂，冶金工业耐火材料等。结构单元层的堆垛和晶体结构的变化对高岭石的物理化学性质有直接的影响[1-6]。

蒙脱石晶体结构是由两层硅氧四面体片中夹一层铝（镁）氧八面体片构成的 2∶1 型单斜晶系结构。层间有可交换合阳离子和含水层（2~3 层）。由八面体中填充的阳离子类型和价态蒙脱石矿物分为二八面体、三八面体两个亚族。当三价阳离子占据 2/3 八面体空间时形成二八面体片，而当二价阳离子占据所有八面体空间时则形成三八面体片。两个结构单元层之间则由大半径阳离子等填充[7-12]。

黏土物相分析常用的方法有 X 射线衍射法、红外光谱法等多种方法。高岭石、蒙脱石的 X 射线衍射研究内容多集中在其有序度、多型、结构缺陷等性质，对其精细结构方面的研究有待于进一步完善。红外光谱法也可用来分析一些矿物结晶度，相对于 X 射线衍射法主要的优势在于利用红外光谱可以有效地分析矿物中的羟基振动，在分析高岭石、蒙脱石的羟基和八面体空位等方面有独到之处。本节使用 X 射线衍射法、红外光谱法、热分析、激光粒度分析和扫描电镜分析对高岭石和蒙脱石的矿物结构、晶体结构、微观形貌等物相特征进行研究。

3.9.1　仪器与主要材料

DHG-9145A 电热恒温鼓风干燥箱（上海齐欣科学仪器有限公司），KQ-500DE 数控超声波清洗器（昆山超声仪器有限公司），LDZ5-2 离心机（北京雷勃尔离心机有限公司），JA1203N 电子天平（上海精密科学仪器有限公司），Rigaku D/max 2500 X 射线衍射仪（日本理学公司），Nicolet 5700 红外光谱仪（美国热电公司），769YP-15A 粉末压片机（天津市科器高新技术公司），Mastersizer 2000 激光粒度分析仪（英国马尔文公司），Setaram 热分析仪（法国塞塔拉姆公司），JEOL JXA-8100 电子探针（日本电子公司），JEOL JSM-5610LV 扫描电子显微镜（日本电子公司）。

去离子水，实验室自制；溴化钾：光谱纯，用作红外光谱分析的稀释剂；无水乙醇：分析纯。

3.9.2　样品检测方法

3.9.2.1　X 射线衍射分析

X 射线衍射是利用 X 射线在晶体中的衍射现象来分析样品的矿物组成、晶体结构、晶胞参数、晶体缺陷的方法。根据样品产生衍射信号的特征分析、计算试样的晶体结构和晶胞参数，可以得到很高的精度[13-14]。本实验采用 Rigaku D/max 2500 型转靶 X 射线衍射仪对高岭石、蒙脱石的晶体结构、晶胞参数进行测定。实验条件为：Cu Kα 靶，辐射 $\lambda=1.540\,538$ Å。工作电压 40 kV，工作电流 200 mA，采样步宽 0.02°。扫描速度 10°/min。DS（发射狭缝）= 1°，SS（防散射狭缝）= 1°，RS（接收狭缝）=0.3 mm，扫描范围 5°~80°。采用 MDI Jade5.0 软件对岩石样品的 X 射线衍射谱图和 X 射线衍射标准卡片进行对比，来判断

本节编写人：沈加林（中国地质调查局南京地质调查中心）；许乃岑（中国地质调查局南京地质调查中心）

矿物的主要物相组成。

为了获得更准确的实验数据，XRD 分析样品需要磨至 200 目，高岭石、蒙脱石样品需要进行分离实验。

3.9.2.2　红外光谱分析

红外光谱分析是利用矿物分子的振动、转动能级跃迁确定矿物组成、结构的方法[15-19]。本实验采用 Nicolet 5700 型红外光谱仪对矿物的红外光谱特性进行测试。检测条件为：扫描次数 64 次，分辨率 8 cm^{-1}，检测器 DTGS CsI，分束器 CsI，增益 4，速度 0.3165，扫描范围 400~4000 cm^{-1}。

矿物样品粉末与光谱纯的溴化钾按照 1∶100 的比例混合，压制成直径为 13 mm 的溴化钾透明圆片，采用透射法进行红外光谱测试，得到红外吸收光谱图。

3.9.2.3　热分析

热分析是对不同粒度范围的矿物在不同温度区间段出现的结构、性质变化进行分析，并研究不同加热速率对矿物热焓、质量变化曲线的影响。结合比表面积、粒度等实验结果，研究在该粒度分布条件下矿物的热变化规律[20-21]。本实验采用通氮气氛保护的 Setaramlabsysevo 热分析仪，温度范围 20~1150℃；升温过程为：20℃保温 30 min，然后升温至 1150℃，升温速率 5℃/min；保护气氛为氮气，吹气速率 20 mL/min。坩埚材质：氧化铝。

影响差热分析实验结果的主要因素有升温速率、参比的种类以及样品的装填情况，特别是进行定量分析时，样品的粒度对实验结果也会造成影响，因此在实验过程中必须严格控制上述实验条件。

3.9.2.4　激光粒度分析

粒度最直观、最有效的表示方式是通过完整的分布曲线及数据分布报表体现出来的，包括曲线、表格粒度分布、重要指标以及其他粒径参数值，如 dv10、dv50、dv90，质量平均粒径和比表面积等。

本实验采用 Mastersizer 2000 激光粒度仪，粒径测试范围为 0.02~2000 μm；进样器：Hydro 2000Mu（A）。确定矿物颗粒的折光系数（水中的折射率和吸收率），研究在粒度测试过程中 pH、分散剂种类、超声对其在水分散体系中分散稳定性的影响，确定矿物粒度的最佳测试条件。

3.9.2.5　扫描电镜分析

为了直观地观察高岭石、蒙脱石外观形貌和粒径分布情况，实验采用扫描电镜测试[22-24]。样品粉碎至 200 目，均匀撒在样品台上，样品表面喷金。通过入射电子将从样品中激发出信息，产生样品表面的高分辨率图像，用来进行固体物质表面形貌观察。本实验采用 JEOL JSM-5900LV 型扫描电子显微镜。检测条件为：加速器电压 15 kV，工作距离 12 mm，束斑 21 μm，工作模式为二次电子（SEI）。

3.9.3　结果与讨论

3.9.3.1　X 射线衍射分析

1）高岭石

图 3.32 为 a、b、c、d 四种高岭石样品的 X 射线衍射谱图。从图中可以发现：衍射角为 35°~40°时，b 样品有 6 个衍射峰，分别以两个山字形出现，为高岭石特征峰；a、c、d 样品有 4 个衍射峰，分别以两个指字形出现，为地开石特征峰。根据特征峰判断出 b 样品物相为高岭石，而 a、c、d 样品物相为地开石。

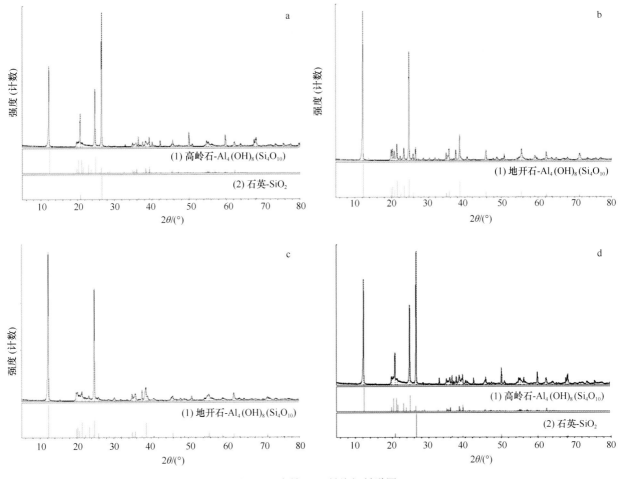

图 3.32 高岭石 X 射线衍射谱图

2）蒙脱石

蒙脱石 X 射线衍射谱图（图 3.33）与蒙脱石的 JCPDS 标准卡片（13-0135 号）谱图对比看出：XRD 谱图中样品的主要物相为蒙脱石（d=1.533 nm，d=0.510 nm，d=0.448 nm），2θ 角分别位于 5.76°、17.38°、19.82°的位置。

3.9.3.2 红外光谱分析

1）高岭石

用红外光谱研究高岭石，主要分析结构中羟基（—OH）的谱带吸收和变化以及 1100~600 cm^{-1} 的 Si—O、Al—OH、Si—O—Al 振动。从图 3.34 中样品低频区的红外光谱可以看出，OH 摆动位于 950~900 cm^{-1} 范围内。1100~1000 cm^{-1} 处呈现一个强吸收带，由三个峰组成。1088 cm^{-1} 较宽、较弱，它是 Si—O 垂直层振动的 A$_1$ 模式，在 1036 cm^{-1} 和 1002 cm^{-1} 处呈一对双峰，属于 E 模式，是由于 Si—O 四面体片有效对称性低，简并解除而分裂成两个谱带的。在 800~600 cm^{-1} 范围有两条谱带，分别位于 797 cm^{-1} 和 694 cm^{-1}，具有特征的 Al—OH 垂直振动，可能涉及内表面羟基层。550~400 cm^{-1} 有三条强的吸收谱带，其中 539 cm^{-1} 主要归属高岭石 Si—O—Al 伸缩振动，其余的 470 cm^{-1} 和 430 cm^{-1} 归属 Si—O 弯曲振动，它们是石英的红外特征吸收峰，说明样品中存在石英相。

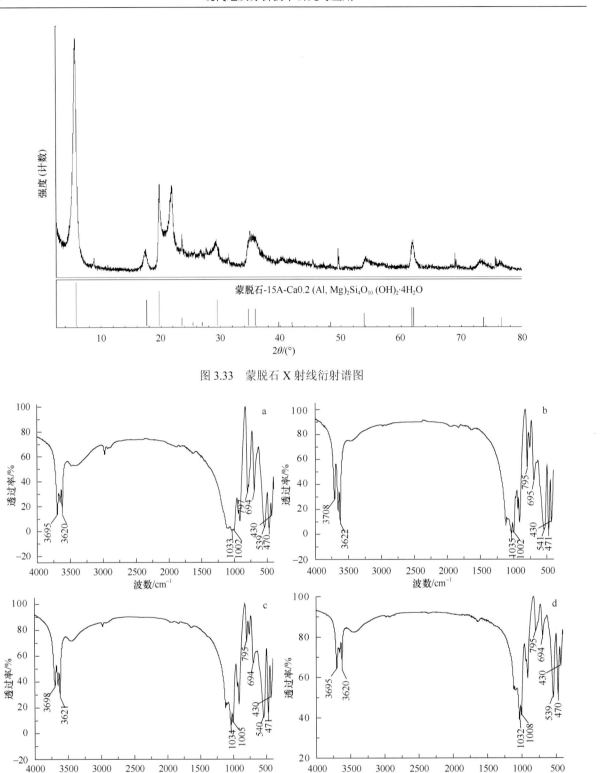

图 3.33　蒙脱石 X 射线衍射谱图

图 3.34　高岭石红外光谱谱图

2）蒙脱石

从蒙脱石红外光谱谱图（图 3.35）中可以看出，蒙脱石样品在 3300~3600 cm^{-1} 附近有宽广的吸收谷，这都是由 H_2O 伸缩振动引起，样品中含水量的多少，可使其特征波数有微小的变化，而在 1600~1650 cm^{-1}

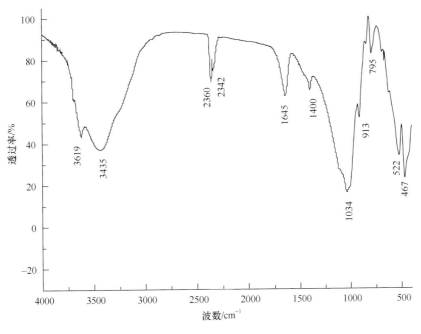

图 3.35　蒙脱石红外光谱谱图

处的吸收谷，是 H_2O 弯曲振动频率，这就表明在蒙脱石分子中含有一定的结晶水。$900\sim1100~cm^{-1}$ 处的吸收峰为 Si—O 的伸缩振动。以上由蒙脱石红外光谱数据中所得到的有关水的信息和原子结构形态变化的基本规律，为解析蒙脱石结构提供了基础。在蒙脱石晶体结构中的 Si—O 四面体和 Al—O 八面体所形成的结构层间充满着游离的多个水分子和可交换的阳离子。这种结构特性，决定了在一定外界条件下中心离子能被电性相同、电荷量相近的离子交换。

3.9.3.3　热分析

1）高岭石

由图 3.36a 高岭石热分析的 dTG 曲线来看，75℃左右有一明显的吸热谷，脱除大部分表面吸附水，继续升温，脱除层间水；511℃有一吸热谷，为高岭石脱羟基所致；明显的脱羟基作用从 400℃左右开始，到 511℃最强，在 600℃左右已几乎完全脱去结构水，而转化为偏高岭石。从 TG 曲线上看，高岭石样品的总失重率约为 11.5%，而在 370~652℃区间样品的失重率为 10.8%，正是等于高岭石的理论含水量。从 DSC 曲线上看，在 993℃发生相变。

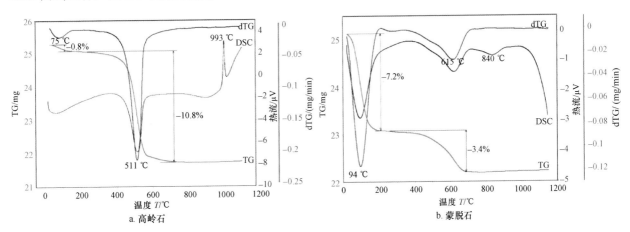

a. 高岭石　　　　　　　　　　　　b. 蒙脱石

图 3.36　高岭石和蒙脱石热分析曲线

2）蒙脱石

由图 3.36b 蒙脱石热分析 dTG、DSC 曲线来看，低温区 94℃处为强吸热谷，是脱除表面吸附水的温度，说明矿物层间含有相当数量的 Na 离子，615℃有一弱第二吸热谷；高温区脱羟（OH）温度为 840℃。从 TG 曲线上看，加热至 195℃左右失重 7.2%，失去的是表面吸附水；352~723℃时失重率为 3.1%，723℃时吸热饱和失去全部结晶水并开始放热。

3.9.3.4　激光粒度分析

1）高岭石

经过激光粒度分析，高岭石的颗粒折射率为 1.533，颗粒吸收率为 0.1，遮光度 8.09%，径距 3.387，比表面积 2.08 m²/g，表面积平均粒径 $D[3, 2]$ 为 2.880 μm，体积平均粒径 $D[4, 3]$ 为 12.368 μm。粒度分布均匀，如图 3.37a 所示。

2）蒙脱石

经过激光粒度分析，蒙脱石的颗粒折射率为 1.555，颗粒吸收率为 0.1，遮光度 7.08%，径距 3.047，比表面积 1.06 m²/g，表面积平均粒径 $D[3, 2]$ 为 6.672 μm，体积平均粒径 $D[4, 3]$ 为 12.386 μm。粒度分布均匀，如图 3.37b 所示。

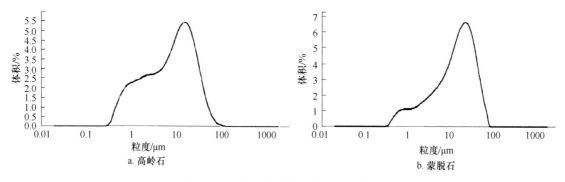

图 3.37　高岭石和蒙脱石粒度分析曲线

3.9.3.5　扫描电镜分析

1）高岭石

经过扫描电镜分析可以看出，放大 10 000 倍的扫描电镜下，高岭石呈片层状。颗粒均匀，颗粒大小在 1 μm 左右，如图 3.38a 所示。

2）蒙脱石

经过扫描电镜分析可以看出，放大 5000 倍的扫描电镜下，蒙脱石呈片层状。颗粒均匀，大小约为 2 μm。与蒙脱石结构相一致，如图 3.38b 所示。

3.9.4　结论

通过对样品进行 X 射线衍射、红外光谱、热分析、激光粒度分析和扫描电镜分析等研究，认为高岭石为 1∶1 型层状构造黏土矿物。扫描电镜图像呈片层状，符合高岭石结构类型。X 射线特征峰为：衍

a. 高岭石　　　　　　　　　　　　　　　　　b. 蒙脱石

图 3.38　高岭石和蒙脱石扫描电镜照片

射角在 35°~ 40°时样品有 6 个衍射峰，分别以 2 个山字形出现。主要红外吸收特征峰为 1088、1036、1002、797、694、539 cm^{-1}，分别于 75℃、400~511℃、600℃脱去表面吸附水、层间水、结构水。

蒙脱石作为 1∶2 性层状构造黏土矿物，扫描电镜图像呈片层状，符合蒙脱石结构类型。X 射线特征 d 值为 1.533 nm、0.510 nm、0.448 nm，主要红外特征峰为 3300~3600 cm^{-1}、1600~1650 cm^{-1}，分别于 94℃、195℃、723℃失去表面吸附水、表面吸附水、结构水，表明了蒙脱石层间吸附有大量的水。

致谢：感谢中国地质调查局地质调查工作项目"矿产、海洋与油气资源调查中的现代测试技术体系研究"（1212011120273）对本工作的资助。

参 考 文 献

[1]　赵杏媛, 张有瑜. 粘土矿物与粘土矿物分析[M]. 北京: 海洋出版社, 1990: 22-26.

[2]　魏克武. 高岭石晶体结构和表面性质[J]. 非金属矿, 1992(1): 48-53.

[3]　崔吉让, 方启学, 黄国智. 一水硬铝石与高岭石的晶体结构和表面性质[J]. 有色金属, 1999, 51(4): 25-30.

[4]　柳建春, 黄宝贵. 红土型铝矿中三水铝石的分离方法研究[J]. 岩矿测试, 1995, 14(3): 161-165.

[5]　卢琪, 吴瑞华. 昌化田黄鸡血石的矿物学特征研究[J]. 岩石矿物学杂志, 2010, 29(增刊): 56-61.

[6]　张守亮, 崔文元. 巴林鸡血石的宝石矿物学研究[J]. 宝石和宝石学杂志, 2002, 4(3): 26-30.

[7]　Yang K F, Huang Y J, Dong J Y. Preparation of Polypropylene/Montmorillonite Nanocomposites by Intercalative Polymerization: Effect of in situ Polymer Matrix Functionalization on the Stability of the Nanocomposite Structure[J]. Chinese Science Bulletin, 2007, 52(2): 181-187.

[8]　陈天虎, 徐惠芳, 鲁安怀, 等. 蒙脱石和凹凸棒石纳米复合材料制备、表征和潜在应用[J]. 硅酸盐通报, 2004, 23(1): 40-43.

[9]　王锦荣, 周汉文, 曾伟能, 等. 合浦高岭土矿物特征对白度的影响[J]. 中国非金属矿工业导刊, 2010(3): 24-30.

[10]　李婷, 陈涛. 福建寿山高山石与坑头石的矿物学特征[J]. 岩石矿物学杂志, 2010, 29(4): 414-420.

[11]　Hong　H L, Min X M, Zhou Y. Orbital Calculations of Kaolinite Surface: On Substitution of Al^{3+} for Si^{4+} in the Terahedral Sites[J]. Journal of Wuhan University of Technology (Materials Science), 2007, 22(4): 661-662.

[12]　Li A M, Xu M J, Li W H, et al. Adsorption Characterizations of Fulvic Acid Fractions onto Kaolinite[J]. Journal of Environmental Sciences, 2008, 20: 528-535.

[13]　王轶, 常娜, 刘亚非, 等. 应用 X 射线衍射-激光拉曼光谱-电子探针等分析测试技术研究旬阳朱砂玉的矿物特征[J]. 岩矿测试, 2014, 33(6): 802-807.

[14]　任强, 武秀兰, 吴建鹏. XRD 在无机材料结晶度测定中的应用[J]. 陶瓷科学与艺术, 2003(3): 18-20.

[15]　何伟平, 韦小兰, 容英霖. 用红外光谱法定量测定滑石粉中的石棉含量[J]. 分析测试学报, 1992, 11(1): 52-54.

[16] 李小红, 江向平, 陈超, 等. 几种不同产地高岭土的漫反射傅里叶红外光谱分析[J]. 光谱学与光谱分析, 2011, 31(1): 114-118.

[17] 刘钦甫, 许红亮, 张鹏飞. 煤系不同类型高岭岩中高岭石结晶度的区别[J]. 煤炭学报, 2000, 25(6): 576-580.

[18] 翁诗甫. 傅里叶变换红外光谱分析[M]. 北京: 化学工业出版社, 2010: 291-362.

[19] 刘才群. 用红外光谱法研究高岭石矿物[J]. 中国陶瓷, 1989(1): 9-13.

[20] 张敬阳, 叶玲. 龙岩高岭土矿物学特征及插层复合物的制备[J]. 岩石矿物学杂志, 2011, 30(2): 307-312.

[21] 雷绍民, 许天翼, 占长林, 等. 蒙皂石矿物及无机凝胶制备与机理研究[J]. 武汉理工大学学报, 2008, 30(12): 67-71.

[22] 方飚, 买潇, 陶金波. 昌化黄石的宝石学特征[J]. 岩石和宝石学杂志, 2008, 10(1): 38-40.

[23] 陈涛, 严雪俊, 鲁纬, 等. 昌化鸡血石的宝石学研究[J]. 宝石和宝石学杂志, 2009, 11(2): 7-19.

[24] 陈涛, 姚春茂, 亓利剑, 等. 田黄的矿物组成与微形貌特征初步研究[J]. 宝石和宝石学杂志, 2009, 11(3): 1-6.

3.10　紫金山铜多金属矿蚀变矿物组合分析技术与应用

紫金山铜钼矿田位于上杭—云霄北西向深大断裂带与北东向宣和复式背斜南西倾伏端交汇部位、上杭北西向白垩纪陆相火山断陷盆地东缘。矿区主要地质体有：燕山早期酸性复式花岗岩体，呈北东向沿复背斜核部大规模侵入并遭受后期强烈的热液蚀变，是铜矿主要容矿围岩；燕山晚期（早白垩世）中酸性潜火山相英安斑岩、隐爆角砾岩、花岗闪长斑岩，沿紫金山火山通道侵位于燕山早期的复式花岗岩体中，形成长 1.5 km，宽 0.5 km，长轴走向呈北东向的椭圆形复式岩筒，其顶部发育环状隐爆角砾岩带和震碎花岗岩带，两侧沿北西向裂隙带发育英安斑岩脉和热液角砾岩脉群，由它们组成的紫金山火山机构在平面上总体呈"蟹形"，是一个较完整的岩浆-气液活动体系。矿区北东、北西向两组断裂构造十分发育，成矿前的北东、北西向断裂交汇处是岩浆活动的通道，控制着紫金山火山机构、复式斑岩筒的形成；成矿后的北东、北西向断裂导致南东、北东断块的上升，矿体遭受剥蚀。控矿的北西向裂隙成群成带沿紫金山主峰两侧展布，形成长大于 2 km，宽大于 1 km 的北西向裂隙密集带。英安斑岩、热液角砾岩、含铜硫化物等脉体大多沿该组裂隙分布，并具有一致的产状等特征，表明北西向裂隙是矿床最重要的控岩控矿构造[1-3]。

紫金山铜钼矿田包括了高硫浅成低温热液型铜矿床（紫金山式）以及斑岩型铜钼矿床（罗卜岭式）。不同成因类型的矿床在不同区域依次分布。

紫金山式铜矿床属于燕山晚期次火山热液成因的矿床，矿床内出露的各类岩石均遭受强烈的热液蚀变，原岩除原生石英外，其他造岩矿物几乎全被蚀变矿物所替代。主要蚀变类型有石英绢云母化、地开石化、石英明矾石化、低温硅化。其中石英明矾石化是本类型矿床的特征蚀变，又是铜矿的近矿蚀变；低温硅化是次生金矿的近矿蚀变。热液蚀变以复式斑岩筒为中心作环带状展布[4-6]。

紫金山铜多金属矿属高硫型浅成低温热液矿床，以往对高硫化型矿床蚀变矿物的检测主要采用显微镜镜下观测及化学分析法反演推算，由于原岩矿物组分几乎蚀变殆尽，镜下对蚀变矿物鉴定相当困难。而使用近红外、中红外光谱和 X 射线衍射则可以快速、准确地确定蚀变矿物组成和分子结构。在区域内北西向裂隙带采集样品 60 组，采用近红外、中红外光谱和 X 射线衍射对其矿物组成和分子结构进行分析，相互验证，得出紫金山地区的近红外、中红外光谱和 X 射线衍射特征参数[7-8]。

近红外和中红外光谱、X 射线衍射技术在矿产资源勘查中具有重大的作用，是能够准确进行蚀变带划分的重要技术。矿物蚀变作为找矿标志，长期以来在找矿工作中发挥着重要的作用。蚀变与矿化的关系紧密联系，通过对蚀变矿物的研究，可以对成矿物质来源提供线索，进而对成矿的机理进行研究。矿床蚀变矿物较简单，主要有石英、地开石、明矾石、绢云母，其次为重晶石、氯黄晶和绿泥石[9-11]。

3.10.1　实验部分

3.10.1.1　红外光谱法分析紫金山铜多金属矿矿物组合

采用美国热电公司生产的 Nicolet 5700 型红外光谱仪对矿物的红外光谱特性进行测试。检测条件为：扫描次数 64 次，分辨率 8 cm^{-1}，检测器 DTGS CsI，分束器 CsI，增益 4，速度 0.3165，扫描范围 400~4000 cm^{-1}。

样品粉末与溴化钾（光谱纯）按照 1∶100 的比例混合，压制成直径 13 mm 的溴化钾透明圆片，采用透射法进行红外光谱测试，得到红外吸收光谱图[12-17]。

本节编写人：沈加林（中国地质调查局南京地质调查中心）；许乃岑（中国地质调查局南京地质调查中心）；张静（中国地质调查局南京地质调查中心）

3.10.1.2　X 射线衍射法分析蚀变矿物组合

　　X 射线衍射分析技术利用 X 射线在矿物晶体中的衍射作用获得特征矿物信息，可以准确获得铜多金属矿中的蚀变矿物的组成和结构[18-22]。

　　采用 Rigaku D/max 2500 型转靶 X 射线衍射仪（日本理学公司）进行相组成分析。检测条件为：Cu Kα 靶，辐射 λ=1.540538 Å。工作电压 40 kV，工作电流 200 mA，采样步宽 0.02°。扫描速度 10°/min。DS（发射狭缝）= 1°，SS（防散射狭缝）= 1°，RS（接收狭缝）= 0.3 mm。扫描范围 5°~80°。采用 MDI Jade5.0 软件对岩石样品的 X 射线衍射谱图和 X 射线衍射标准卡片进行对比，来判断紫金山矿石的主要物相组成。

3.10.2　结果与讨论

3.10.2.1　红外光谱法分析紫金山铜多金属矿矿物组合特征

　　对 40 组红外光谱（图 3.39）峰位进行寻峰，得到地开石的红外特征参数为 3620 cm⁻¹（表 3.12）。

　　地开石主要吸收谱带为：1100~1000 cm⁻¹ 处呈现一个强吸收带，在 1034 cm⁻¹ 和 1007 cm⁻¹ 处呈一对双峰，属于 E 模式，是由于 Si—O 四面体片有效对称性低，简并解除而分裂成两个谱带的。在 800~600 cm⁻¹

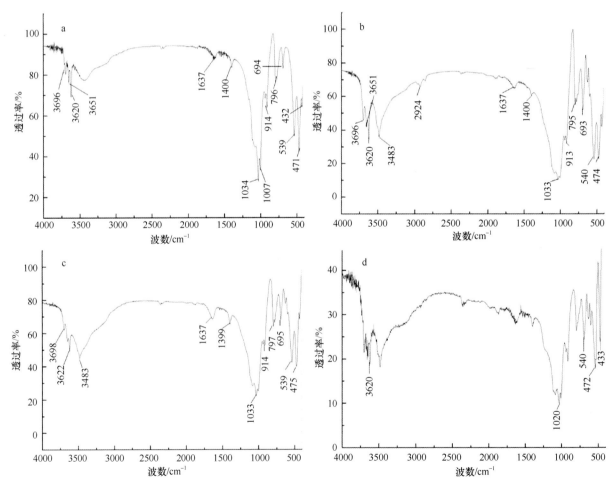

图 3.39　紫金山铜多金属矿红外光谱谱图

a. 地开石硅化复成分隐爆角砾岩；b. 弱明矾石化地开石硅化英安玢岩；

c. 明矾地开石硅化英安玢岩；d. 绢云母硅化英安玢岩。

表 3.12　地开石红外光谱峰位

样品编号	中红外光谱峰位/cm⁻¹	样品编号	中红外光谱峰位/cm⁻¹
y1	3696，3650，3620*，3448，1033，1006，538，471	y21	3620*，3482，1232，1088，1028，798，689，630，602，530
y2	3482，1085，797，778，693，628，601，462	y22	3698，3654，3626，3480，1084，1033，1008，914，797，695
y3	3621*，3482，1085，1034，1004，913，692，628，601，462	y23	3626，3485，1239，1085，1030，914，798，694，630，602
y4	3650，3629，3621*，3483，1086，1034，1004，914，692，628	y24	3626，3485，1020，1085，798，694，630，602，540，474
y5	3482，1637，1400，1087，1034，1005，914，693，541，471	y25	3624，3504，3386，2342，1633，1402，1034，914，797
y6	3701，3651，3621*，3483，1034，913，796，693，537，470	y26	3650，3621*，3483，1081，1033，797，693，628，538，476
y7	3696，3651，3620*，3483，1085，1033，913，796，693，538	y27	3650，3620*，3483，1081，1034，797，694，538，474
y8	3620*，3484，1085，1033，1005，913，796，693，629，541	y28	3651，3621*，3483，1070，1033，796，693，627，538，478
y9	3696，3654，3620*，3483，1085，1033，913，692，628，601	y29	3645，3625，3478，2357，1633，1032，799，692，540，482
y10	3696，3650，3620*，3482，1085，1033，1005，913，693，539	y30	3646，3479，2355，1633，1403，1101，1031，1008，913，796
y11	3696，3650，3620*，3483，1085，1033，913，796，540	y31	3702，3651，3621*，3483，1085，1034，1004，913，796，691
y12	3588，3620*，3483，1085，1034，1006，913，693，796，628	y32	3646，3479，2351，1416，1031，796，693，602，543
y13	3696，3651，3620*，3483，1032，913，796，693，540，474	y33	3621*，3482，1655，1400，1084，798，695，480
y14	3699，3654，3622*，3470，2360，1033，1005，914，797，694	y34	3625，3470，1633，1402，1033，797，695，539，480
y15	3698，3653，3621*，3483，1004，913，796，693，628，536	y35	3478，1866，1651，1633，1402，915，791，681，471
y16	3698，3619*，3481，2358，1398，1087，1033，1007，913	y36	3646，1544，1538，1031，799，692，539，477
y17	3697，3653，3621*，3484，1085，1034，1006，913，797，693	y37	3646，3625，3478，1866，1633，1614，1028，912，557
y18	3699，3654，3620*，3483，1086，1033，1006，913，693，538	y38	3673，3485，2355，1006，914，796，693，629，541，470
y19	3699，3646，3521，3484，1085，1033，1005，913，796，693	y39	3646，3617，3507，3484，2358，1866，1633，1401，796
y20	3698，3652，3621*，3483，1083，1032，1005，914，796，693	y40	3673，3625，3485，1633，1402，1034，796，694，541，476

范围有两条谱带，分别位于 796 cm⁻¹、694 cm⁻¹，具有特征的 Al—OH 垂直振动。550~400 cm⁻¹ 有三条强的吸收谱带，其中 539 cm⁻¹ 主要归属地开石 Si—O—Al 伸缩振动，其余 471 cm⁻¹ 和 432 cm⁻¹ 归属 Si—O 弯曲振动，它们是石英的红外特征吸收峰，说明样品中存在石英相。

高频区出现 3696、3651、3620 cm⁻¹ 三个吸收带，前两个吸收带为八面体外部 Al—OH 伸缩振动谱带，后一个是八面体内部 Al—OH 伸缩振动谱带。

对 40 组红外光谱峰位进行寻峰，得到明矾石的红外特征参数为 3483 cm⁻¹（表 3.13）。

表 3.13　明矾石红外光谱峰位

样品编号	中红外光谱峰位/cm⁻¹	样品编号	中红外光谱峰位/cm⁻¹
y1	3696，3650，3620，3448，1033，1006，538，471	y9	3696，3654，3620，3483*，1085，1033，913，692，628，601
y2	3482*，1085，797，778，693，628，601，462	y10	3696，3650，3620，3482*，1085，1033，1005，913，693，539
y3	3621，3482*，1085，1034，1004，913，692，628，601，462	y11	3696，3650，3620，3483*，1085，1033，1006，913，796，540
y4	3650，3629，3621，3483*，1086，1034，1004，914，692，628	y12	3588，3620，3483*，1085，1034，1006，913，693，796，628
y5	3482*，1637，1400，1087，1034，1005，914，693，541，471	y13	3696，3651，3620，3483*，1032，913，796，693，540，474
y6	3701，3651，3621，3483*，1034，913，796，693，537，470	y14	3699，3654，3622，3470，2360，1033，1005，914，797，694
y7	3696，3651，3620，3483*，1085，1033，913，796，693，538	y15	3698，3653，3621，3483*，1004，913，796，693，628，536
y8	3620，3484*，1085，1033，1005，913，796，693，629，541	y16	3698，3619，3481*，2358，1398，1087，1033，1007，913

续表

样品编号	中红外光谱峰位/cm⁻¹	样品编号	中红外光谱峰位/cm⁻¹
y17	3697, 3653, 3621, 3484*, 1085, 1034, 1006, 913, 797, 693	y33	3621, 3482*, 1655, 1400, 1084, 798, 695, 480
y18	3699, 3654, 3620, 3483*, 1086, 1033, 1006, 913, 693, 538	y34	3625, 3470, 1633, 1402, 1033, 797, 695, 539, 480
y19	3699, 3646, 3521, 3484*, 1085, 1033, 1005, 913, 796, 693	y35	3478, 1866, 1651, 1633, 1402, 915, 791, 681, 471
y20	3698, 3652, 3621, 3483*, 1083, 1032, 1005, 914, 796, 693	y36	3646, 1544, 1538, 1031, 799, 692, 539, 477
y25	3624, 3504, 3386, 2342, 1633, 1402, 1034, 914, 797	y37	3646, 3625, 3478, 1866, 1633, 1614, 1028, 912, 557
y26	3650, 3621, 3483*, 1081, 1033, 797, 693, 628, 538, 476	y38	3673, 3485*, 2355, 1006, 914, 796, 693, 629, 541, 470
y27	3650, 3620, 3483*, 1081, 1034, 797, 694, 538, 474	y39	3646, 3617, 3507, 3484, 2358, 1866, 1633, 1401, 796
y28	3651, 3621, 3483*, 1070, 1033, 796, 693, 627, 538, 478	y40	3673, 3625, 3485*, 1633, 1402, 1034, 796, 694, 541, 476
y29	3645, 3625, 3478, 2357, 1633, 1032, 799, 692, 540, 482	y41	1002, 915, 798, 543
y30	3646, 3479, 2355, 1633, 1403, 1101, 1031, 1008, 913, 796	y42	2351, 1538, 1337, 1007, 666
y31	3702, 3651, 3621, 3483*, 1085, 1034, 1004, 913, 796, 691	y43	2351, 1256, 914, 801, 694, 801, 694, 666, 543, 478
y32	3646, 3479, 2351, 1416, 1031, 796, 693, 602, 543	y44	3693, 3621, 3474, 1633, 1399, 1034, 794, 695, 542

明矾石属于无水硫酸盐，它的红外吸收光谱特征为：3483 cm⁻¹ 附近出现一个尖锐的吸收峰，是由—OH 基团伸缩振动引起；1033 cm⁻¹ 中等强度吸收带是非对称伸缩振动；913 cm⁻¹ 附近的峰是对称伸缩振动；474 cm⁻¹ 的弱吸收峰是弯曲振动。从图中看出还有地开石特征峰和石英。

绢云母在高频区的 3620 cm⁻¹ 附近有一个中等强度的吸收峰，归属 Al—O—H 的振动；在中频区 1020 cm⁻¹ 附近有一个强吸收带，归属 Si—O—Si 的振动；低频区有三个吸收带 540 cm⁻¹、472 cm⁻¹、433 cm⁻¹。

3.10.2.2 X 射线衍射分析法测定蚀变矿物组合特征

通过对 60 组样品的 X 射线衍射结果（图 3.40）分析得出四种蚀变矿物组合，分别是：a 为石英、地开石蚀变矿物组合，b 为石英地开石、明矾石蚀变矿物组合，c 为石英、地开石、绢云母蚀变矿物组合，d 为黄铁矿化石英、地开石、明矾蚀变矿物组合。从而得到各蚀变矿物的 X 射线衍射特征参数（d 值）为石英 3.348 Å，明矾石 2.980 Å，地开石 7.177 Å，绢云母 10.002 Å（表 3.14）。

石英：热形成的石英是矿床分布最广、形成较早、延续时间最长的蚀变矿物。硅化在各热液阶段都有发生。但典型的低温硅化仅分布于热液通道上部，形成于铜矿化之后。低温硅化与金矿化具有密切的时空及成因联系。X 射线衍射特征谱线为 d=3.348 Å。

地开石：地开石呈白、浅灰色，铁染呈粉红色。隐晶、显微鳞片状，粒度 0.003~0.2 mm，集合体呈致密块状。X 射线衍射主要特征谱线为 d=7.177 Å。地开石化是继石英绢云母化之后的又一次热液蚀变，主要形成于隐爆作用期间，分布于英安斑岩体及其外接触带中，叠置于石英-绢云母带之上，其分布范围仅次于石英绢云母化。

绢云母：绢云母呈淡绿色、黄绿色或白色，微鳞片状，部分鳞片较大者过渡为绢白云母，粒径 0.005~0.2 mm。X 射线衍射鉴定属 2M₁ 型，主要特征谱线为 d=10.002 Å。绢云母多与第一世代石英共生，面型交代长石及暗色矿物。绢云母是矿床形成较早、分布广泛的蚀变矿物之一，主要发育于矿床深部及外围广大地区。

3.10.3 结论

对红外光谱分析结果进行初步归纳总结，发现了紫金山铜多金属矿勘查区内与成矿密切相关的贫铝

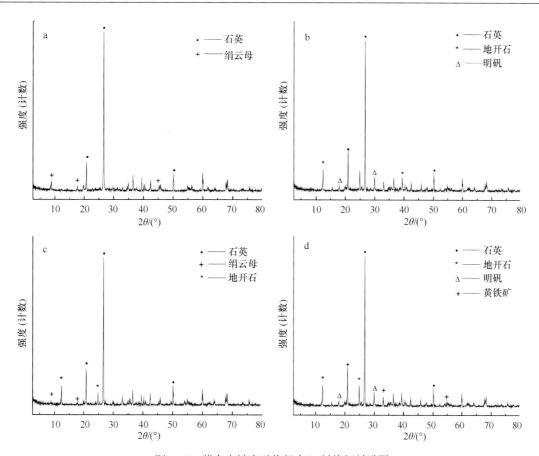

图 3.40 紫金山蚀变矿物组合 X 射线衍射谱图

表 3.14 紫金山蚀变矿物 X 射线衍射主要物相及相应特征 *d* 值

样品编号	X 射线衍射主要物相及相应特征 *d* 值/Å
y1	石英（3.368），地开石（7.272），白云母（10.293）
y2	石英（3.361），地开石（7.228），明矾石（2.994）
y3	石英（3.349），地开石（7.180），明矾石（2.986），黄铁矿（2.714）
y4	石英（3.356），地开石（7.261），明矾石（2.994）
y5	石英（3.349），地开石（7.190），明矾石（2.982），黄铁矿（2.712）
y6	石英（3.346），地开石（7.168），明矾石（2.982），黄铁矿（2.710），绢白云母（10.041）
y7	石英（3.348），地开石（7.178），明矾石（2.986）
y8	石英（3.346），地开石（7.160），明矾石（2.984）
y9	石英（3.351），地开石（7.199），明矾石（2.986），黄铁矿（2.712）
y10	石英（3.349），地开石（7.179），明矾石（2.982），绢白云母（10.108）
y11	石英（3.349），地开石（7.158），明矾石（2.982），绢白云母（10.005）
y12	石英（3.345），地开石（7.157），明矾石（2.982）
y13	石英（3.343），地开石（7.145），明矾石（2.984），黄铁矿（2.707），绢白云母（9.998）
y14	石英（3.344），地开石（7.155），绢白云母（9.996）
y15	石英（3.341），地开石（7.146），黄铁矿（2.710），绢白云母（10.014）
y16	石英（3.346），地开石（7.167），明矾石（2.985）
y16-1	石英（3.348），地开石（7.180），明矾石（2.984），黄铁矿（2.712）
y17	石英（3.341），地开石（7.144），黄铁矿（2.710），绢白云母（9.998）
y18	石英（3.346），地开石（7.158），明矾石（2.986）
y19	石英（3.343），地开石（7.156），绢白云母（10.018）
y20	石英（3.348），地开石（7.179），绢白云母（10.040）

续表

样品编号	X 射线衍射主要物相及相应特征 d 值/Å
y21	石英（3.344），地开石（7.167），明矾石（2.982），黄铁矿（2.709）
y22	石英（3.344），地开石（7.165），明矾石（2.984）
y23	石英（3.346），地开石（7.166），绢白云母（10.019），长石（3.176）
y24	石英（3.348），地开石（7.169），绢白云母（10.060），明矾石（2.982）
y25	石英（3.346），地开石（7.168），绢白云母（10.067）
y26	石英（3.346），地开石（7.158），绢白云母（10.083）
y27	石英（3.349），地开石（7.190），绢白云母（10.086）
y28	石英（3.351），地开石（7.181），绢白云母（10.088）
y29	石英（3.349），地开石（7.189），绢白云母（10.027），明矾石（2.990）
y30	石英（3.349），地开石（7.189），绢白云母（10.027）
y31	石英（3.346），地开石（7.167），黄铁矿（2.710），明矾石（2.984）
y32	石英（3.346），地开石（7.178），明矾石（2.984）
y33	石英（3.346），地开石（7.179），明矾石（2.978）
y34	石英（3.344），地开石（7.157），绢白云母（10.037）
y35	石英（3.346），地开石（7.177），绢白云母（10.040）
y36	石英（3.343），地开石（7.156），绢白云母（10.000），明矾石（2.980）
y37	石英（3.346），地开石（7.168），绢白云母（10.021）
y38	石英（3.348），地开石（7.179），黄铁矿（2.710），明矾石（2.990）
y39	石英（3.344），地开石（7.166），绢白云母（9.998）
y40	石英（3.344），地开石（7.166），绢白云母（10.017）
y41	石英（3.344），地开石（7.147），绢白云母（10.000），黄铁矿（2.710）
y42	石英（3.346），地开石（7.167），绢白云母（10.020），黄铁矿（2.710）
y43	石英（3.346），地开石（7.157），绢白云母（9.998）
y44	石英（3.346），地开石（7.166），绢白云母（10.018），黄铁矿（2.710）
y45	石英（3.348），地开石（7.189），绢白云母（10.024），黄铁矿（2.712）
y46	石英（3.348），地开石（7.180），绢白云母（10.064），黄铁矿（2.712）
y47	石英（3.341），地开石（7.144），黄铁矿（2.707）
y48	石英（3.343），地开石（7.157），绢白云母（9.998），黄铁矿（2.710）
y49	石英（3.346），地开石（7.170），绢白云母（10.020）
y50	石英（3.348），地开石（7.177），绢白云母（10.022）
y51	石英（3.351），地开石（7.181），绢白云母（10.062）
y52	石英（3.348），地开石（7.181），绢白云母（10.039），黄铁矿（2.712）
y53	石英（3.348），地开石（7.177），绢白云母（10.038），黄铁矿（2.712）
y54	石英（3.348），地开石（7.168），绢白云母（10.025），黄铁矿（2.710）
y55	石英（3.351），地开石（7.190），绢白云母（10.061），黄铁矿（2.715）
y56	石英（3.346），地开石（7.167），绢白云母（10.019）
y57	石英（3.348），地开石（7.168），绢白云母（10.063），黄铁矿（2.711）
y58	石英（3.346），地开石（7.180），绢白云母（10.002），黄铁矿（2.711）
y59	石英（3.349），绢白云母（10.040）
y60	石英（3.349），绢白云母（10.039）

绢云母的光谱特征参数（3620 cm^{-1} 以地开石为主），可以辅助地质人员快速识别矿体。不同吸收波长的明矾石（特征参数 3483 cm^{-1}）用三维地质软件表达，能清楚地反映明矾石温度的分带特征，从而推测成矿流体的运动方向。

　　对紫金山蚀变矿物 XRD 分析结果进行初步归纳总结，发现了紫金山铜多金属矿勘查区内与成矿密切相关的石英的 XRD 特征参数（d=3.348 Å），比石英标准谱图值（d=3.344 Å）略大，这是由于低温热液蚀变冷却过程中，随着方石英的析出，晶胞体积变大，晶面间距也变大。明矾石的 XRD 特征参数（*d*=2.980 Å），比明矾石标准谱图值（*d*=2.990 Å）略小，这是由于含硫酸的低温热液作用于酸性火山岩导致 Na 离子对 K 离子的置换，由于 Na 离子半径小于 K 离子半径，使得晶胞体积变小，晶面间距 *d* 值也变小。地开石的 XRD 特征参数（*d*=7.177 Å），比地开石标准谱图值（*d*=7.150 Å）略大，这是由于 Al 离子被 Cr、Fe、Mn、Mg、Cu 离子置换，由于这些离子的离子半径大于 Al 离子，导致晶面间距变大。绢云母的 XRD 特征参数（*d*=10.002 Å），比绢云母标准谱图值（*d*=10.190 Å）略小，这是由于绢云母与石英共生相互熔融，导致晶面间距变小。

　　致谢：感谢中国地质调查局地质调查工作项目"紫金山及周边铜多金属矿整装勘查区实验测试技术支撑体系研究与应用"（12120113014800）对本工作的资助。

参 考 文 献

[1] 杨念, 洪汉烈, 张小文, 等. 海南乐东抱伦金矿金矿物的特征研究[J]. 矿物岩石, 2009, 29(2): 31-37.

[2] 郝天珧, 朱振海, 张明华, 等. 海洋油气渗漏烃蚀变带的地球物理检测及在中国海区的应用[J]. 地球物理学报, 2001, 44(2): 245-254.

[3] 韩善楚, 潘家永, 郭国林, 等. 跃进沟铜多金属矿床成矿元素赋存特征研究[J]. 华东理工大学学报, 2008, 31(1): 12-20.

[4] He Y L, Zhang Q, Shao S X, et al. REE Characteristics of the Fanshan Alunite Deposit in Zhejiang Province, China[J]. Chinese Journal of Geochemistry, 2006, 25(4): 365-372.

[5] 苏文超, 张弘, 夏斌, 等. 贵州水银洞卡林型金矿床首次发现大量次显微-显微可见自然金颗粒[J]. 矿物学报, 2006, 26(3): 257-260.

[6] 刘妍, 赵元艺, 崔玉斌, 等. 西藏含索铜多金属矿床岩相学、矿相学特征及其成因意义[J]. 岩石学报, 2011, 27(7): 2109-2131.

[7] Zhong X H, Liu Y, Liu W Y. Structure Characteristics of Dickites in Copper-Gold Deposit[J]. Journal of the Chinese Ceramic Society, 2015, 2(3): 130-139.

[8] 韩善楚, 潘家永, 郭国林, 等. 跃进沟铜多金属矿床成矿元素赋存特征研究[J]. 东华理工大学学报(自然科学版), 2008, 31(1): 12-20.

[9] 唐菊兴, 王登红, 汪雄武, 等. 西藏甲玛铜多金属矿矿床地质特征及其矿床模型[J]. 地球学报, 2010, 31(4): 495-506.

[10] 郑文宝, 陈毓川, 宋鑫, 等. 西藏甲玛铜多金属矿元素分布规律及地质意义[J]. 矿床地质, 2010, 29(5): 775-784.

[11] 刘仕军, 周癸武. 云南兰坪科登涧构造热液型铜多金属矿[J]. 云南地质, 2014, 33(1): 51-54.

[12] 郭娜, 郭科, 张婷婷, 等. 基于短波红外勘查技术的西藏甲玛铜多金属矿热液蚀变矿物分布模型研究[J]. 地球学报, 2012, 33(4): 641-653.

[13] 修连存, 郑志忠, 俞正奎, 等. 近红外光谱仪测定岩石中蚀变矿物方法研究[J]. 岩矿测试, 2009, 28(6): 519-523.

[14] 周轶群, 胡道功. 青海五龙沟金矿区蚀变矿物光谱特征与找矿应用[J]. 地质力学学报, 2012, 18(3): 17.

[15] 连长云, 章革, 元春华. 短波红外光谱矿物测量技术在普朗斑岩铜矿区热液蚀变矿物填图中的应用[J]. 矿床地质, 2006, 24(6): 621-637.

[16] 毛晓长, 刘文灿, 杜建国, 等. ETM+和 ASTER 数据在遥感矿化蚀变信息提取应用中的比较——以安徽铜陵凤凰山矿田为例[J]. 现代地质, 2005, 11(2): 309-314.

[17] 丛丽娟, 岑况, 朱所, 等. 利用 ASTER 数据提取蚀变异常方法研究——以内蒙古朱拉扎嘎金矿为例[J]. 河南理工大学学报, 2007, 26(6): 652-658.

[18] 迟广成, 宋丽华, 王娜, 等. X 射线粉晶衍射仪在山东蒙阴金伯利岩蚀变矿物鉴定中的应用[J]. 岩矿测试, 2010, 29(4): 475-477.

[19] 王翠芝, 张文媛. 紫金山金铜矿明矾石的红外光谱及 XRD 特征[J]. 光谱学与光谱分析, 2013, 33(7): 1969-1972.

[20] 刘羽, 刘文元, 王少怀. 紫金山金铜矿二元铜硫化物成分特点的初步研究[J]. 矿床地质, 2011, 30(4): 735-741.

[21] 许英霞, 秦克章, 丁奎首, 等. 富铜红辉沸石在新疆哈密三岔口铜矿床的发现与矿物学特征[J]. 矿物学报, 2006, 26(3): 291-295.

[22] 刘伯崇, 李金春, 马云海. 天鹿铜矿床粉砂岩型铜矿石特征[J]. 西北地质, 2005, 38(3): 41-47.

3.11 金银碲化物矿物的交生结构特征及对成矿条件的指示

三道湾子金矿位于黑龙江省黑河市西北部。该矿是近年发现的典型碲化物型浅成中低温热液矿床，矿床中 90%以上的金储量源于碲化物矿物，是我国发现的首例独立碲化物型金矿床[1-3]。三道湾子金矿中金银碲化物数量多种类丰富，并发现 Au-Ag-Te 矿物间普遍存在交生结构，其类型主要有两种：碲银矿-针碲金银矿交生结构和碲金银矿-碲银矿（碲汞矿、碲金矿）交生结构。本研究采用光学显微镜、扫描电镜、电子探针、X 射线粉晶衍射、微区 X 射线衍射及透射电镜等测试方法对交生结构进行了详细研究，其结果为探讨成矿条件提供了直接证据。

3.11.1 研究区域地质背景与样品采集

三道湾子金矿大地构造位于大兴安岭早古生代陆缘增生构造带，矿区出露地层主要为下白垩统龙江组，岩性为粗安岩、粗安质火山角砾岩等，是金矿体的直接围岩。矿区北侧出露下白垩统光华组的流纹质含角砾凝灰岩、流纹岩、英安岩等，覆盖在龙江组之上。

石英脉是三道湾子金矿床中金的主要载体，其次为硅化粗面安山岩。矿床的主要矿石矿物包括碲化物、硫化物及少量自然金和银金矿。其中金、银碲化物为三道湾子金矿最主要的载金矿物，主要包括碲金矿、斜方碲金矿、碲金银矿、针碲金银矿、碲银矿、六方碲银矿、碲铅矿和碲汞矿。硫化物矿物主要包括黄铁矿、黄铜矿、方铅矿和闪锌矿等。脉石矿物主要为石英、长石等。

本研究所需样品采自矿区主矿脉 130 中段，为含金银碲化物矿物石英脉。磨制成光薄片以备分析研究使用。

3.11.2 实验方法及主要原理

本研究主要对样品开展了矿物学特征观察、化学成分分析、物相及结构分析等测试工作。其中宏观矿物学特征采用莱卡 4500P 型光学显微镜进行，交生结构微形貌及矿物成分半定量分析采用 Mira XMU 型场发射高分辨扫描电子显微镜（配能谱），化学成分分析采用 JXA-8230 型电子探针波谱，微区物相结构分析采用理学 D/max Rapid IIR 18kW 型旋转阳极微区衍射仪（束斑 30 μm）和美国 Bruker 公司的 SMART APEX_CCD 单晶衍射仪以及 FEI 公司的 Tecnai G2 F20 S-TWIN 型热场发射透射电子显微镜，其中透射电子显微镜分析样品采用 FIB（聚焦离子束）技术制取。

透射电镜电子衍射模式结合 FIB 制样技术是对微细矿物结构研究的有效方法。FIB 切割技术是利用液态金属镓离子源产生离子束，再通过静电透镜将离子束聚焦成极小尺寸（10 nm）的显微切割束照射在样品表面，一方面产生高分辨图像用于选取目标区域及实时观测制样过程，另一方面产生高速离子束以物理溅射的方式在取样目标区进行四面开槽，再对槽中心样品进行表面剥离减薄至可供透射电镜或高分辨电镜研究的厚度。该技术是目前研究微细矿物过程中解决制样难题的关键手段，集精确定位、显微观测和细微加工功能于一体，具有快速、高效、对原样品组织损害小等优点，适用于从纳米或微米尺度的试样中直接切取薄膜样品。

3.11.3 实验与研究成果

3.11.3.1 交生结构矿物组合与形态

采用反光显微镜和扫描电镜（配能谱）对三道湾子金矿矿石中碲化物矿物进行详细研究，发现金银碲

本节编写人：许虹（中国地质大学（北京））

化物阶段主要有两种交生结构类型，第一种为碲银矿-针碲金银矿的交生结构，以碲银矿为基底（主晶），针碲金银矿（客晶）呈蠕虫状、细长条带状分布其中（图3.41a）；第二种为碲金银矿-碲银矿的交生结构，主晶为碲金银矿，碲银矿呈细长条带状分布其中（图3.41b），有时可同时出现碲汞矿和碲金矿客晶（图3.41c）。

　　在碲银矿-针碲金银矿的交生结构中，针碲金银矿呈乳滴状（粒度2~20 μm）、细长条带状（长10~35 μm，宽2~5 μm）定向分布于主晶碲银矿内部，主晶外部未见针碲金银矿出现。主晶和客晶矿物界限相对平直，未见明显港湾状。该类交生结构按体积主晶碲银矿约占2/3，客晶针碲金银矿约占1/3，可推测其总成分接

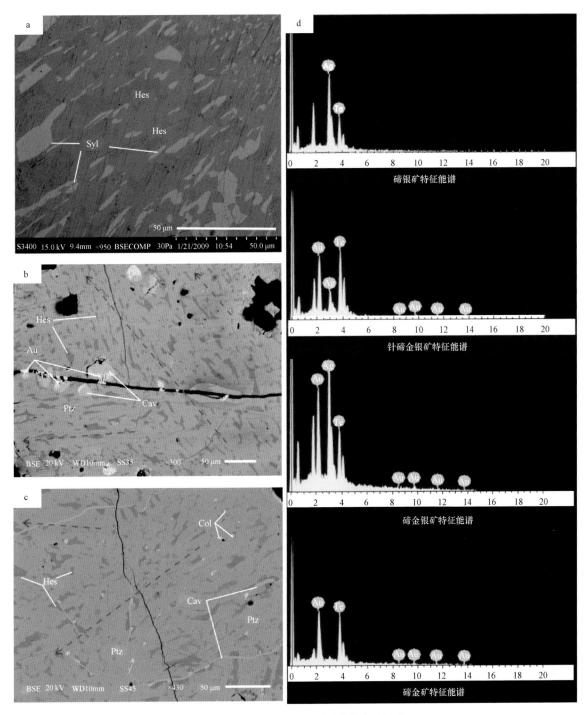

图 3.41　三道湾子金矿典型碲化物交生结构

a. 碲银矿中针碲金银矿交生结构；b. 碲金银矿中的碲银矿交生结构；c. 碲金银矿中碲银矿、碲汞矿和碲金矿交生结构；d. 矿物典型能谱特征。箭头为出溶矿物的定向分布方向。Syl 针碲金银矿；Hes 碲银矿；Cav 碲金矿；Ptz 碲金银矿；Col 碲汞矿；Au 自然金。

近于 Ag_5AuTe_6。

在碲金银矿-碲银矿的交生结构中，主晶为碲金银矿，客晶多为碲银矿，碲银矿呈细长条带状（长 10~50 μm，宽 2~10 μm），较为定向地分布在主晶碲金银矿内部，未见穿切主晶边部现象，偶见乳滴状的碲汞矿和蠕虫状或细条带状的碲金矿（长 50~150 μm，宽约 3 μm）呈客晶在该结构中出现。该类交生结构中按体积计算主晶碲金银矿约占 2/3，客晶碲银矿约占 1/3，可推测其总成分接近于 $Ag_8Au_2Te_3$。

两种类型的交生结构中，客晶矿物呈现较明显定向，均分布均匀。客晶与主晶的边界较为平直圆滑，不见明显港湾状。

碲银矿在反光显微镜下观察，具有强非均质性（暗橙色-暗蓝灰色），显示该矿物为单斜晶系[4]。已知碲银矿在不同温度下形成两种不同晶系：高温等轴晶系和低温单斜晶系，二者转变温度是 145℃[5-7]。

3.11.3.2　交生结构矿物化学成分

采用扫描电镜和电子探针对以上交生结构碲化物矿物进行分析测试（表 3.15），结果表明：第一种交生结构的主晶为碲银矿，客晶为针碲金银矿；第二种交生结构的主晶为碲金银矿，客晶为碲银矿（碲汞矿、碲金矿）。两类交生结构的主晶、客晶矿物成分均稳定。碲银矿除少数符合化学配比特征外（Ag/Te=2/1），大多数碲银矿中 Te 含量高于 Ag_2Te 的标准配比。针碲金银矿中则 Au 含量普遍比标准配比偏高。

表 3.15　三道湾子金矿中碲化物交生结构化学成分分析结果（10^{-2}）

交生结构类别		点号	Se	Au	S	Fe	Cu	Zn	Co	Ni	Ag	Te	Bi	Total	化学式	矿物名称
第一种交生结构（扫描电镜测试）	主晶	1	—	—							60.63	39.37	—	100.00	Ag_2Te	
		2	—	—							61.08	38.92	—	100.00	Ag_2Te	碲银矿
		3	—	0.06							64.57	35.37	—	100.00	Ag_2Te	
	客晶	4	—	24.31							15.54	60.15	—	100.00	$AuAgTe_4$	
		5	—	29.32							13.30	57.39	—	100.00	$AuAgTe_4$	针碲金银矿
		6	—	27.56							3.11.44	60.00	—	100.00	$AuAgTe_4$	
		7	—	23.09							15.47	61.44	—	100.00	$AuAgTe_4$	
第二种交生结构（电子探针测试）	主晶	1	0.15	25.27						0.00	41.43	32.58	0.19	99.63	$AuAg_3Te_2$	
		2	0.01	24.57				0.08			40.72	32.68	0.38	98.43	$AuAg_3Te_2$	
		3	0.07	25.02	0.00			0.02	0.01		41.49	32.66	0.38	99.66	$AuAg_3Te_2$	碲金银矿
		4	0.15	24.93			0.01	0.05			41.14	32.77	0.47	99.51	$AuAg_3Te_2$	
		5	0.13	24.88			0.03		0.02		41.28	32.41	0.10	98.84	$AuAg_3Te_2$	
		6	0.04	25.00	0.01						40.70	32.56	0.15	98.46	$AuAg_3Te_2$	
		7	0.12	24.89		0.01			0.02		41.19	32.34	0.33	98.90	$AuAg_3Te_2$	
	客晶	8	0.20	1.64	0.01			0.02	0.05	0.02	57.44	40.40	0.06	99.82	Ag_2Te	
		9	0.09	0.45	0.02		0.00				57.84	40.57	0.01	99.00	Ag_2Te	
		10	0.18	0.36	0.00					0.03	58.54	40.56	0.06	99.77	Ag_2Te	
		11	0.18	0.24	0.03		0.00	0.03	0.02	0.02	58.96	40.54	0.01	100.08	Ag_2Te	碲银矿
		12	0.15	0.43	0.01		0.07			0.03	58.21	40.64	0.01	99.54	Ag_2Te	
		13	0.26	0.92	0.01		0.01				57.68	40.48	0.04	99.40	Ag_2Te	
		14	0.18	0.67	0.01		0.01				58.39	40.03	0.02	99.32	Ag_2Te	
		15	0.16	0.63	0.02		0.01			0.01	58.68	40.85	0.02	100.46	Ag_2Te	
	客晶	16	0.19	40.48	—	—				0.02	1.48	55.86	0.76	98.78	$AuTe_2$	
		17	0.20	41.88	0.02			0.04		0.01	1.28	54.72	0.66	98.79	$AuTe_2$	碲金矿
		18	0.06	41.38				0.00		0.01	1.30	55.01	0.67	98.46	$AuTe_2$	

注：测试单位为，扫描电镜：北京科技大学；电子探针：中国地质科学院矿产资源研究所，测试条件为：仪器型号 JXA-8230，加速电压 20 kV，电流 20 nA，束斑直径 1 μm 或 5 μm。标样：Au 标样 Pd/Au 合金；Ag 标样 AgS；Te 标样 HgTe；Fe、Cu 和 S 标样 CuFeS₂；As、Sb、Pb 和 Zn 标样分别使用 FeAsS、Sb₂S₃、PbS 和 ZnS；"—"表示低于检测限。

3.11.3.3　交生结构矿物物相结构分析

采用微区 XRD 对样品三个测试区域（含有交生结构）的物相进行微区分析，实验结果（图 3.42）表明：组成交生结构的结晶相物质为碲金银矿和碲银矿。这一结论与其电子探针和扫描电镜化学成分测试结果完全吻合。

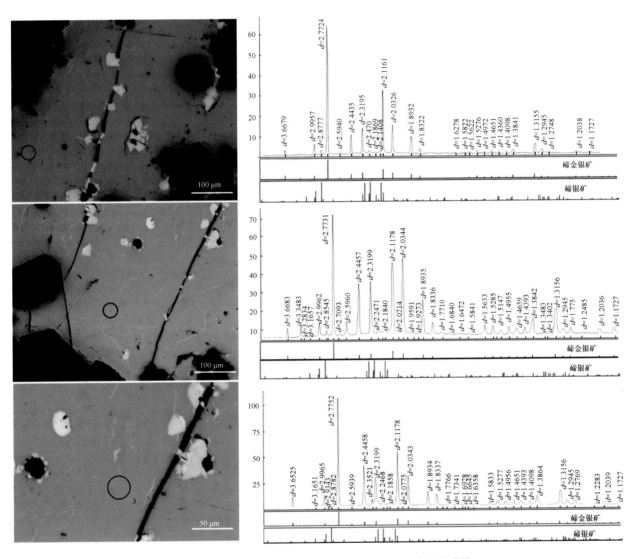

图 3.42　交生结构的 Au-Ag-Te 矿物的微区 X 射线衍射谱图

碲金银矿晶胞参数可以反映结晶温度，碲金银矿由等轴晶系低温相（a_0=10.38 Å）向中高温相（a_0=5.20 Å）的转变温度为 210±10℃[8-9]。故对脉状矿石中的碲金银矿采用 X 射线衍射进行晶胞参数测试。测试结果得到碲金银矿晶胞参数 a_0 分别为 10.39、10.38、103.9、10.41 Å，平均值为 10.39 Å。这一数据表明碲金银矿为等轴晶系的低温相产物。由此认为其形成温度低于相转变温度 210±10℃。此外，还利用高分辨透射电子显微镜（HRTEM）对交生结构中的碲金银矿进行分析（图 3.43）。通过电子衍射花样以及比对标准卡片可得到碲金银矿的晶胞参数，实验结果与单晶衍射结果一致。

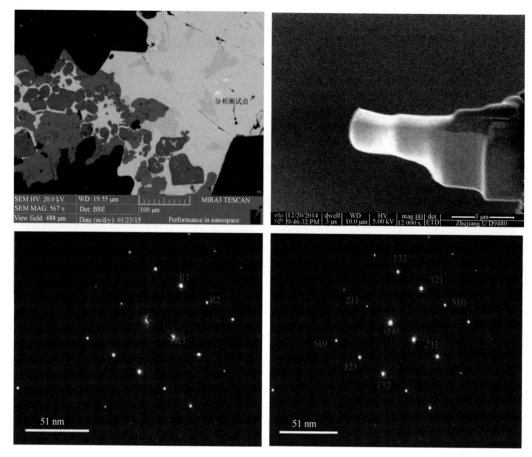

图 3.43 碲金银矿（Ag_3AuTe_2）样品及透射电镜电子衍射花样

3.11.3.4 交生结构对成矿温度的指示

交生结构的矿物学分析结果对成矿温度有一定的指示意义。与交生结构的碲金银矿-碲银矿共生的矿物组合有碲金银矿（主晶）、碲银矿（客晶），有时还见少量碲金矿，其上可见少量自然金的存在，同时未发现自然银的存在。根据 Bortnikov 等[10]的 Au-Ag-Te 矿物的稳定图解，这一共生组合的稳定温度区间应为 150~280℃。

碲金银矿晶胞参数对温度的指示为：碲金银矿由等轴晶系低温相（a_0=10.38 Å）向中高温相（a_0=5.20 Å）的转变温度为 210±10℃。X 射线衍射单晶方法测得该矿床中碲金银化合物成矿阶段的碲金银矿的晶胞参数是 10.38 Å，对照前人数据，该矿物为等轴晶系的低温相产物。由此认为其形成温度低于相转变温度 210±10℃。

综上所述，可推测碲金银矿-碲银矿交生结构形成温度为 150~220℃。研究对象均产于脉状碲化物矿石中，该类矿石在三道湾子矿床中是在金银碲化物阶段的后期大量出现，其结晶温度代表碲金银成矿后期温度。

3.11.4 结论与展望

三道湾子金矿中金元素通常以碲化物矿物的形式赋存，碲化物矿物种类多样，粒度通常为微米级，并且常出现 Au-Ag-Te 矿物的复杂交生结构，包括碲银矿-针碲金银矿以及碲金银矿-碲银矿两种类型，客晶矿物呈现较明显定向且分布均匀。通过对交生结构中的矿物进行成分、物相、结构等矿物学特征测试，并通过矿物学分析得出碲金银矿-碲银矿交生结构形成温度为 150~220℃，反映出该矿床成矿后期的温度。

本研究对无法利用常规分析手段进行测试的微细矿物（微米级），采用一系列微区分析技术精确测定其矿物学特征，可以满足微细粒矿物研究的需要。利用矿物学特征指示矿床形成条件的方法，能更直接地获得矿物形成温度，该方法与其他成矿温度方法（如流体包裹体测温）的研究结果进行对比讨论，对深入并完善矿床成因研究具有一定的意义。

致谢：感谢中国地质调查局地质调查项目（12120113015100）对本工作的资助。

参 考 文 献

[1] 陈美勇，刘俊来，胡建江，等. 大兴安岭北段三道湾子碲化物型金矿床的发现及意义[J]. 地质通报，2008，27(4): 584-587.

[2] 赵胜金，刘俊来，白相东，等. 黑龙江三道湾子碲化物型金矿床流体包裹体及硫同位素研究[J]. 矿床地质，2010，29(3): 476-488.

[3] Liu J L, Bai X D, Zhao S J, et al. Geology of the Sandaowanzi Telluride Gold Deposit of the Northern Great Xing'an Range, NE China: Geochronology and Tectonic Controls[J]. Journal of Asian Earth Sciences, 2011, 41(2): 107-118.

[4] 卢静文，彭晓蕾. 金属矿物显微鉴定手册[M]. 北京: 地质出版社，2010: 85.

[5] Sharma S K. Transformation of Structure in Silver-Tellurium Alloy Films[J]. Nature, 1963, 198: 280-281.

[6] Kracek F C, Cabri L J. Phase Relations in the System Tellurium-Silver[J]. American Mineralogist, 1966, 51: 14-18.

[7] Frueh A J. The Structure of Hessite, Ag_2Te-III[J]. Zeitschrift für Kristallographie-Crystalline Materials, 1959, 112(1-6): 44-52.

[8] Frueh A J. The Crystallography of Petzite, Ag_3AuTe_2[J]. American Mineralogist, 1959, 44(7-8): 693-701.

[9] Cabri L J. Phase Relations in the Au-Ag-Te System and Their Mineralogical Significance[J]. Economic Geology, 1965, 60(8): 1569-1609.

[10] Bortnikov N S, Kramer K, Genkin A D, et al. Parageneses of Gold and Silver Tellurides at the Florencia Gold Deposit, Cuba[J]. International Geology Review, 1988, 30(3): 294-306.

3.12　大台沟超深铁矿矿物组分分析技术

含铁的矿物种类很多，有工业价值可作为炼铁原料的铁矿石主要有磁铁矿、赤铁矿、镜铁矿、针铁矿、褐铁矿和菱铁矿等；而黄铁矿、白铁矿、磁黄铁矿、毒砂和臭葱石等含铁矿物含有较大量的硫和砷，虽然铁含量也很高，但不能作为炼铁原料；含铁的硅酸盐和磷酸盐也不能作为铁矿石。由于含铁矿物种类繁杂，仅仅依据化学分析方法不足以确定铁矿石中铁元素的赋存状态，也确定不了矿区的含铁矿物种类，无法判断所测样品中有多少铁元素是可以被工业利用。本研究在大台沟超深铁矿采集 29 件铁矿石样品，利用 X 射线粉晶衍射物相分析方法，确定了可作为炼铁原料的含铁矿物组分为磁铁矿、赤铁矿和菱铁矿，不能作为炼铁原料的含铁矿物组分为滑石、角闪石、绿泥石和黄铁矿。

3.12.1　研究区域与地质背景

本溪大台沟铁矿床位于本溪市桥头镇，该矿床为隐伏的超大型铁矿床，埋深 1100~1200 m，已控制矿体延长 2000 m，最大延深 840 m，最宽处 1100 m，矿体总体为近直立的厚板状体，夹石很少，为单一矿体。矿石类型为磁铁石英岩（磁铁矿石）、赤铁石英岩（赤铁矿石）及其过渡类型的磁铁赤铁石英岩（混合矿石）。铁矿石品位在 25%~62%，矿床中有害杂质含量低[1]。

3.12.2　研究方法与主要原理

X 射线粉晶衍射 Rietveld 全谱拟合半定量方法，是将计算强度数据以一定的峰形函数与实验强度数据拟合，在拟合过程中不断调整峰形参数和结构参数的值，使得计算强度值一步一步向实验强度值靠近，拟合一般采用最小二乘法，拟合直到两者的差值 M 最小，即 $M=\sum W_i(Y_{oi}-Y_{ci})^2$，式中 Y_{oi}、Y_{ci} 为步进扫描第 i 步的实测强度和计算强度，W_i 为统计权重因子，$W_i=1/Y_i$。使 M 最小的过程也就是峰形和晶体结构的精修过程，式中求和遍及所有强度的数据点。把所有矿物 X 射线衍射谱图的衍射峰强度与谱图库中寻找的唯一对应矿物峰强完全拟合，得到矿石中矿物组分含量，同种结晶习性的矿物组合测量结果的绝对误差一般不得超过 5%（质量分数）。

3.12.3　实验部分

3.12.3.1　仪器和工作条件

Bruker-D8 型 X 射线粉晶衍射仪（德国布鲁克公司）。其主要测量条件为：X 射线管选用铜靶；管压 40 kV；管流 40 mA；扫描范围（2θ 角）为 4°~65°（全谱）；检测器为闪烁计数器，加镍滤片；DS（发散狭缝）和 SS（防散射狭缝）为 1.0 mm；RS（接收狭缝）为 0.1 mm；步长为 0.02°/步；扫描速度为 0.5 s/步[2-3]。

3.12.3.2　实验方法

（1）样品采集：实验样品来自大台沟超深铁矿床，采集不同深度钻心矿石样品 29 件，矿层埋深从 −1439.05~−2003.57 m，采样纵深约 564.52 m，每个矿样分别采集 1~2 kg。

本节编写人：迟广成（中国地质调查局沈阳地质调查中心）；陈英丽（中国地质调查局沈阳地质调查中心）；殷晓（中国地质调查局沈阳地质调查中心）

（2）样品制备：X 射线粉晶衍射矿物组分半定量分析样品粒度磨制小于 15 μm，以便更好地控制 X 射线粉晶衍射矿物半定量分析误差。

（3）样品测试：在给定的测试条件下，用 X 射线粉晶衍射仪对样品进行扫描，获得相应矿石的 X 射线粉晶衍射花样图谱，并利用全谱拟合软件进行矿物定性解译和矿物组分半定量分析[4-6]。

3.12.4　结果与讨论

3.12.4.1　铁矿石矿物组分分析

利用样品 X 射线粉晶衍射花样图谱峰位和峰强与图库中查找的矿物峰位和峰强符合程度，确定样品中矿物相[7]；在完成样品中所有物相检出的基础上，采用 Rietveld 全谱拟合半定量方法，得到大台沟超深铁矿 29 个岩心样品的矿物组分含量。分析结果显示（表 3.16）：大台沟铁矿脉石矿物主要为石英，个别矿段脉石矿物以滑石、角闪石和绿泥石为主；样品中含铁矿物除了赤铁矿、磁铁矿和菱铁矿外，还发现了滑石、绿泥石、角闪石三种含铁矿物。

表 3.16　矿样 X 射线粉晶衍射 Rietveld 全谱拟合半定量分析结果

序号	深度/m	矿物组分/%								
		石英	赤铁矿	磁铁矿	滑石	白云石	角闪石	绿泥石	菱铁矿	方解石
1	1440	80.8	19.2	—	—	—	—	—	—	—
2	1460	78.5	21.5	—	—	—	—	—	—	—
3	1480	78.2	21.8	—	—	—	—	—	—	—
4	1500	77.7	22.3	—	—	—	—	—	—	—
5	1520	75.8	19.5	—	2.5	—	—	—	—	2.1
6	1540	74.0	18.0	—	3.0	—	—	—	5.1	—
7	1560	36.9	63.1	—	—	—	—	—	—	—
8	1580	77.2	20.9	—	1.9	—	—	—	—	—
9	1600	78.2	19.5	—	2.3	—	—	—	—	—
10	1620	90.5	9.5	—	—	—	—	—	—	—
11	1640	97.6	1.3	—	1.1	—	—	—	—	—
12	1660	73.4	26.6	—	—	—	—	—	—	—
13	1680	84.2	6.2	—	4.5	—	—	5.1	—	—
14	1700	80.0	11.8	8.3	—	—	—	—	—	—
15	1720	61.6	5.6	18.5	7.2	—	—	—	7.1	—
16	1740	68.4	7.4	24.2	—	—	—	—	—	—
17	1760	77.5	2.4	20.1	—	—	—	—	—	—
18	1780	64.4	1.9	21.5	12.3	—	—	—	—	—
19	1800	36.5	—	24.6	—	—	—	—	38.9	—
20	1820	69.4	5.2	18.7	6.7	—	—	—	—	—
21	1840	60.6	—	24.0	15.4	—	—	—	—	—
22	1860	28.5	—	21.4	50.1	—	—	—	—	—
23	1880	51.1	—	21.5	27.4	—	—	—	—	—
24	1900	29.9	—	29.8	20.2	—	—	20.0	—	—
25	1920	73.8	—	19.9	—	—	6.3	—	—	—
26	1940	60.6	—	28.6	10.8	—	—	—	—	—
27	1960	61.1	—	34.0	4.9	—	—	—	—	—
28	1980	67.6	—	15.2	—	—	17.2	—	—	—
29	2000	81.9	—	14.0	—	—	4.2	—	—	—

3.12.4.2　主要矿石矿物分布特征

大台沟铁矿矿石矿物主要为赤铁矿和磁铁矿两种。在矿体–1440~–1680 m 埋深矿段，矿石矿物为赤铁矿，赤铁矿最高含量为 63.1%，最低含量为 1.3%，一般在 20%左右；在矿体–1700~–1820 m 埋深矿段，矿石中含有赤铁矿和磁铁矿两种矿石矿物，其中赤铁矿含量为 1.9%~11.8%，磁铁矿含量为 8.3%~24.6%，–1700 m 矿段以赤铁矿（11.8%）为主，磁铁矿含量（8.3%）小于赤铁矿，其余矿段以磁铁矿为主；在矿体–1840~ –2000 m 埋深矿段，矿石矿物均为磁铁矿，磁铁矿含量为 14.0%~34.0%，一般在 20%左右。

3.12.4.3　X 射线粉晶衍射矿物半定量分析的精密度和准确度

本次研究利用 X 射线粉晶衍射仪在相同条件下对 D1311-51 号铁矿石样品（表 3.16 中的第 26 号）进行半定量分析，平行测定 5 次，统计结果见表 3.17。石英含量为 59.0%~60.7%，平均值 59.8%，标准偏差 0.63%；磁铁矿含量为 27.8%~29.5%，平均值 28.7%，标准偏差 0.61%；滑石含量为 9.6%~10.3%，平均值 10.0%，标准偏差 0.30%；白云石含量为 1.2%~1.6%，平均值 1.4%，标准偏差 0.16%。随着矿物组分含量的减少，X 射线粉晶衍射半定量分析结果的相对标准偏差明显变大，总体而言含量在 5%以上的矿物，相对标准偏差不大于 3%；含量为 1%~5%的矿物，相对标准偏差不大于 12%；基本满足 X 射线粉晶衍射矿物半定量分析质量（DZ/T 0130.1~16—2006）要求。

表 3.17　X 射线粉晶衍射半定量矿物成分分析误差统计　　　　　　　　　　　　%

参考值	石英	磁铁矿	滑石	白云石	总量
	60.1	28.7	9.6	1.6	100.0
	59.0	29.5	10.3	1.2	100.0
测定值	59.6	28.8	10.3	1.3	100.0
	59.7	28.8	10.1	1.4	100.0
	60.7	27.8	9.9	1.5	99.9
平均值	59.8	28.7	10.0	1.4	100.0
标准偏差	0.63	0.61	0.30	0.16	—
相对标准偏差	1.0	2.	2.9	11.3	—

为了考察矿物 X 射线粉晶衍射半定量分析的准确度，选取矿区磁铁矿和赤铁矿单矿物样品，磁铁矿或赤铁矿质量分数与石英质量分数按 1：9、3：7、5：5、7：3 比例，配制 X 射线粉晶衍射分析 4 个标准样品（每个样质量为 1.0 g 左右），每个标样在给定的仪器条件下，对磁铁矿和赤铁矿含量进行平行测定 5 次，得到石英与磁铁矿或赤铁矿混合标样 X 射线粉晶衍射谱图后，利用 Rietveld 全谱拟合方法进行半定量分析，由表 3.18 数据可以计算出铁矿物的测定值与参考值的相对偏差分别小于 12.8%、4.7%、2.8%、2.5%，表明本方法的测试结果与标准值基本相符。

表 3.18　人工配制标准样品中赤铁矿和磁铁矿的准确度验证　　　　　　　　　　%

参考值	赤铁矿				磁铁矿			
	10	30	50	70	10	30	50	70
	10.7	28.8	48.7	70.7	9.2	30.5	49.2	68.9
	9.2	31.2	50.9	69.5	10.6	30.2	50.9	70.6
测定值	10.3	30.6	50.7	70.9	10.1	29.1	51.2	71.2
	8.7	29.1	49.3	68.2	8.9	28.9	48.9	70.8
	9.7	29.1	48.8	69.7	8.2	30.9	49.1	69.8
平均值	9.7	29.8	49.7	69.8	9.4	29.9	49.9	70.3
相对偏差	≤10.3	≤4.7	≤2.4	≤2.5	≤12.8	≤3.4	≤2.8	≤1.9

3.12.5　结论

利用 X 射线粉晶衍射技术分析大台沟超深铁矿 29 件铁矿石样品，能有效地检测出矿石中赤铁矿、磁铁矿、菱铁矿、石英、滑石、白云石、角闪石、绿泥石和方解石 9 种矿物组分与含量；发现矿区含铁矿物除了赤铁矿、磁铁矿和菱铁矿矿石矿物外，还有滑石、绿泥石和角闪石 3 种含铁元素的脉石矿物。统计发现从–1440 m→–1700 m→–1820 m→–2000 m 埋深，矿床中铁矿石类型从赤铁矿石→赤铁磁铁矿石→磁铁矿石转变，铁矿体从浅部到深部，氧化作用逐渐减弱；本次研究在埋深–1800 m 矿段发现了达到工业品位的菱铁矿层，增加了大台沟超深铁矿的矿床储量。本次研究成果为大台沟超深铁矿评价、勘探、开采、选矿提供了新的技术支撑。

参 考 文 献

[1] 洪秀伟, 庞学伟, 刘学文, 等. 辽宁本溪大台沟铁矿地质特征[J]. 中国地质, 2010, 37(5): 1426-1432.
[2] 马喆生, 施倪承. X 射线晶体学——晶体结构分析基本理论及实验技术[M]. 武汉: 中国地质大学出版社, 1995: 2-23.
[3] 姚心侃. 多晶 X 射线衍射仪器的技术进展[J]. 现代仪器, 2001(3): 1-4.
[4] 廖立兵, 李国武. X 射线衍射方法与应用[M]. 北京: 地质出版社, 2008: 134-136.
[5] Paciorek W A, Meyer M, Chapuis G. On the Geometry of a Modern Imaging Diffractometer[J]. Acta Crystallographica Section A, 1999, 55(3): 543-557.
[6] He B B. Introduction to Two-dimensional X-ray Diffraction[J]. Powder Diffraction, 2003, 18(2): 71-80.
[7] 中国科学院贵阳地球化学研究所. 矿物 X 射线粉晶鉴定手册[M]. 北京: 科学出版社, 1978: 117-122.

3.13　磷灰石物相分析技术与应用

磷灰石，分子式 $Ca_5(PO_4)_3$（F, Cl, OH, CO_3），是地壳中磷的重要赋存矿物，其结构中存在着广泛的类质同象替换。在表生条件下，AsO_4^{3-}、VO_4^{3-}、SO_4^{2-} 可置换 PO_4^{3-} 进入磷灰石矿物，F^-、OH^-、Cl^-、CO_3^{2-} 等附加阴离子替换行为在磷灰石中也非常普遍。这些类质同象替换对磷灰石的性质有着很大的影响。磷灰石矿物依据其附加阴离子的不同，可分为氟磷灰石[$Ca_5(PO_4)_3F$]、羟磷灰石[$Ca_5(PO_4)_3OH$]、氯磷灰石[$Ca_5(PO_4)_3Cl$]和碳磷灰石。研究认为磷灰石的成分可指示演化流体成分组成[1]，氯元素可作为层状侵入体中铂族元素的找矿指标[2]，通过研究磷灰石中的羟磷灰石和碳磷灰石，可推测地质古环境气候条件[3]，作为寻找油气田的一个重要指标。因此，采用适当的技术手段对自然界样品中的磷灰石进行物相分析，了解其矿物学特征和化学组成，准确判定其亚类，是地质实验分析工作中的重要内容。

3.13.1　实验部分

3.13.1.1　样品来源和处理

本研究样品部分采自陕西勉县茶店磷矿区和云南会泽县梨树坪磷矿区，均为沉积型磷矿；另有部分样品是从市场收集到的古象牙制品。

将样品分别制备光薄片，供岩矿鉴定、激光拉曼分析和电子探针分析。另将样品粉碎至粒径≤74 μm，供 X 射线衍射和化学分析。

3.13.1.2　仪器和试剂

样品的岩矿鉴定使用 Zeiss Axioscope 40 型偏光显微镜，全岩物相分析使用日本理学 D/max 2500 型 X 射线衍射仪（XRD），单矿物的成分分析使用日本电子 JXA-8230 型电子探针（EPMA），单矿物的分子结构分析使用英国雷尼绍 inVia 型激光拉曼光谱仪（LRM），化学物相分析分别使用荷兰帕纳科 Axios 4.0kW 型 X 射线荧光光谱仪（XRF）、美国热电 IRIS Intrepid-2 型电感耦合等离子体发射光谱仪（ICP-OES）、PHS-3C 离子选择性电极（ISE）和 UV-160A 比色计（COL）完成。

硝酸（分析纯），二级实验用水。

3.13.1.3　实验方法

利用现代先进分析仪器与经典化学分析方法相结合，检测磷灰石中的氟磷灰石、羟磷灰石、氯磷灰石和碳磷灰石，建立磷灰石物相的定量分析方法。采用的研究步骤如下：首先应用偏光显微镜、X 射线衍射仪、电子探针和激光拉曼光谱仪对样品中磷灰石矿物的形态、组成、成分与结构特征等进行鉴别，据此设计相应的化学物相分析流程，选择选择性溶剂（醋酸等）进行条件试验，确定最佳溶解、分离条件，最后利用 XRF、ICP-OES、化学容量法、离子选择性电极（ISE）、比色计（COL）等测定磷酸盐矿物物相组成。

经条件实验，各分析项目采用的测试条件如下。

本节编写人：郑民奇（中国地质调查局西安地质调查中心）；叶美芳（中国地质调查局西安地质调查中心）；赵慧博（中国地质调查局西安地质调查中心）；王轶（中国地质调查局西安地质调查中心）；刘三（中国地质调查局西安地质调查中心）；王鹏（中国地质调查局西安地质调查中心）

1）X 射线衍射分析

样品的制备为粉末法，测试条件为：Cu 靶 40 kV，200 mA，DS=SS=1°，接收狭缝 0.15 mm，扫描范围 5°~56°，步长 0.02°/step，滤波：石墨单色器，接收器：闪烁计数器。

2）电子探针分析

将研究样品磨制成光薄片，表面喷镀导电碳质薄膜，实验条件为：加速电压 15 kV，电子束流值选用 $1×10^{-8}$ A，束斑选用 5 μm，标样均选用国家标准物质。利用电子探针的扫描背散射电子成像分析技术，在 1000 倍以上的放大倍数下仔细观察样品表面的形貌特征，鉴定微区的矿物成分。

3）激光拉曼光谱分析

选用 514.5 nm 氩离子激光器，输出功率 30 mW，光谱狭缝 20 μm，1800 l/mm 光栅，50 倍长焦物镜，高聚焦模式。数据采集范围 100~1800 cm^{-1}，曝光时间 10 s，叠加 3 次。数据采集和处理软件为 Renishaw Wire 2.0。

4）化学物相分析

分别使用 XRF、ICP-OES、ISE、COL 及化学容量法（VOL）等进行样品全分析，了解矿物的主量和微量元素组成，寻找相关矿物的特征。分析流程依据 GB/T 14506.28—2010、GB/T 1871.1—1995、GB/T 1871.4—1995、GB/T 1871.5—1995、GB/T 1872—1995 等实验室检测标准。分析项目包括 Si、Al、Ca、Mg、Ti、K、Na、Fe、Mn、P、Ba、Sr、Cu、Pb、Zn、Co、Ni、V、F、Cl 等元素。

5）磷灰石矿物及物相样品的分解

羟磷灰石、碳磷灰石、碳-羟磷灰石和碳-氟磷灰石矿物使用化学方法进行分离很难，不可实现，磷灰石矿物及物相样品采用酸分解。通过条件试验，选定了硝酸（体积比 5∶95）溶剂（其他磷酸盐不溶解）和分解的最佳工作条件。

称取 0.1000 g 磷灰石样品（粒径 0.074 mm）于 100 mL 容量瓶中，加 40 mL 硝酸（体积比 5∶95），室温下浸取 12 h，加水稀释至刻度，摇匀；用 ICP-OES 和磷钒钼黄比色法测定溶液中的磷，ICP-OES 和容量法测定钙，离子电极法测定氟，比色法和离子色谱法测定氯。

3.13.2　结果与讨论

3.13.2.1　磷灰石显微特征观察

云南会泽样品（WX-P-1、WX-P-3、WX-P-5）中的磷灰石族矿物多数属于胶态磷灰石，另外还有细晶磷灰石、微晶磷灰石等。磷灰石在样品中均呈鲕粒状分布（图 3.44a、b），多呈椭圆形，并有同心纹层，显示圈层生长，表面多附着炭质，呈胶态出现，鲕粒中心有碎屑矿物石英等。陕西茶店样品（WX-P-CD）中，有两种存在形式：一种是胶磷矿（图 3.44c），大多含有炭质，故呈黑色，不显光性，显均质，形态呈浑圆形、椭圆形、扁圆形；另一种是细晶磷灰石（图 3.44d），呈正中突起，负延性，形态不规则，呈粒状、短柱状及不规则状。KWP01-2 样品中磷灰石主要以微晶磷灰石（图 3.44e）和胶磷矿为主，两者有分层现象，同时也有炭质的存在。KWP01-D-1 为项目中收集的古象牙样品，出现分层结构，由上至下依次为胶态磷灰石-纤维磷灰石-微晶磷灰石。

岩矿鉴定对磷灰石的细类较难分辨，需借助其他仪器共同定名。所以通过镜下鉴定可对磷灰石族矿物的赋存状态及结晶形态、大小、伴生矿物之间关系等做大致判断，不能区分细类。

3.13.2.2　X 射线衍射分析

根据 X 射线衍射仪操作步骤及相应测量程序得出一系列衍射数据（图 3.45）。将所得的衍射数据与标

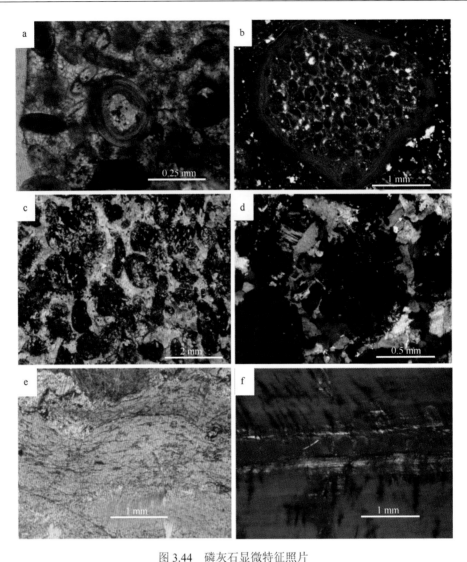

图 3.44　磷灰石显微特征照片

a. WX-P-1 中胶磷矿鲕粒；b. WX-P-3 中胶磷矿复鲕；c. WX-P-CD 中胶磷矿；d. WX-P-CD 中细晶磷灰石；e. KWP01-2 中微晶磷灰石；
f. KWP01-D-1 中微晶磷灰石、纤维磷灰石、胶磷灰石。

准物质的衍射数据（JCPDS）卡片及其他有关衍射分析手册进行对照，可对氟磷灰石、羟磷灰石、氯磷灰石、碳磷灰石等进行定性分析。根据 K 值等数据可对该相进行半定量分析。将实测值与理论值相比，经粗略估计，氟磷灰石含量 56%，氯磷灰石含量小于 1%，氟磷灰石对应主要谱线为：2.80（100）、2.70（60）、1.77（40）；氯磷灰石对应主要谱线为：2.77（100）、2.86（90）、2.78（90）。

3.13.2.3　电子探针分析

从图 3.46 电子探针背散射图像中可见，云南会泽胶磷矿主要为以皮壳状、鲕状为主的多相集合体，呈超显微晶体，粒径为 0.001 mm，属于隐晶质的磷酸盐矿物。通过制备电子探针薄片对磷灰石矿物进行分析（表 3.19），胶磷矿含有较高的 P_2O_5，其中 Mg、Mn、Ce 等杂质元素均呈细小包裹体形式存在，没有进入矿物晶格中；另该区磷灰石中 F 的含量介于 1.881%~5.018%，结合镜下观察胶磷矿中富碳与方解石，初步推断该区磷灰石主要以碳-氟磷灰石为主[4-5]。接下来采用激光拉曼光谱分析继续佐证。

3.13.2.4　激光拉曼光谱分析

通过制备拉曼薄片对磷灰石矿物进行分析，根据所测出的矿物分子结构振动频率可以准确地对磷灰

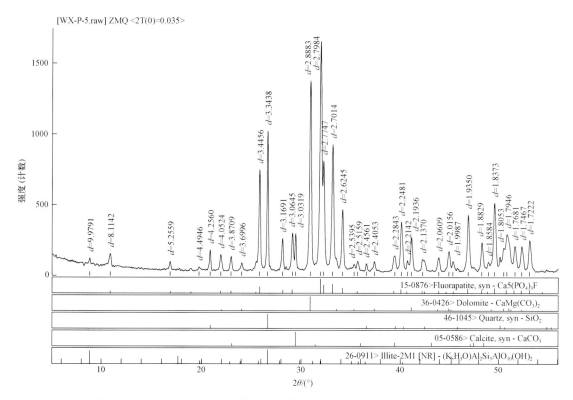

图 3.45　含氟磷灰石样品 X 射线衍射谱图（样品 WX-P-5，采自云南会泽）

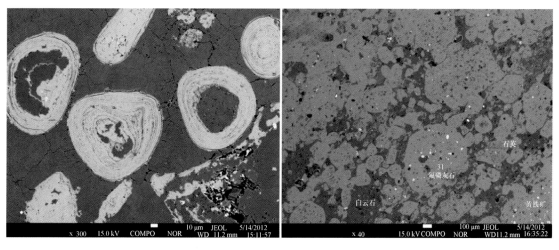

a. 样品 WX-P-1（采自云南会泽）　　　　　　　　　b. 样品 WX-P-3（采自云南会泽）

图 3.46　含氟磷灰石胶磷矿样品电子探针背散射电子图像

石进行结构定名[6-8]。通过制备拉曼薄片对磷灰石矿物进行分析（图 3.47），云南会泽样品特征峰值为 428、580、589、963、1039、1052、1077、1345、1602 cm^{-1}；陕南茶店样品特征峰值为 429、589、963、1040、1056 cm^{-1}（表 3.20）。在前人研究中[9]，PO_4^{3-} 基团频带中有四个频移峰，ν_1 波数值 962~965 cm^{-1} 为[PO_4]对称伸缩振动峰，在各磷灰石亚种中均为强带，波数值稳定仅有极微小偏移；ν_2 波数值 419~431 cm^{-1} 为[PO_4]基团的弯曲振动峰，属较强峰带，各亚种磷灰石中均稳定，振动频率仅有微小偏移；ν_3 波数值为 1040~1049 cm^{-1} 属[PO_4]非对称伸缩振动峰，仅在[CO_3]置换[PO_4]较多的碳氟磷灰石亚种中出现；ν_4 波数值为 575~593 cm^{-1} 为[PO_4]弯曲振动峰，为弱带，各亚种中有较大偏移，有的样品中甚至消失。另外[CO_3]基团频带，表现为 1061~1088 cm^{-1} 强特征峰，云南会泽样品在 1077 cm^{-1} 有强特征峰，此频带属于 CO_3^{2-} 代替部分 PO_4^{3-}，占据了磷灰石的结构位置，不是碳酸盐的混入物，故推测云南会泽磷灰石含 CO_3^{2-}。

表 3.19　磷灰石电子探针数据　　　　　　　　　　　　　　　%

元素	元素含量			
	WX-P-1	WX-P-3-1	WX-P-3-2	WX-P-3-3
F	3.442	5.018	4.469	1.881
MgO	0.027	0.017	0.056	0
CaO	55.848	54.746	56.215	55.508
Cl	0.007	0	0.027	0.071
Ce_2O_3	0.068	0	0	0
P_2O_5	42.340	39.914	39.060	42.311
MnO	0.033	0.108	0.057	0.082
总计	100.314	97.690	97.996	99.045

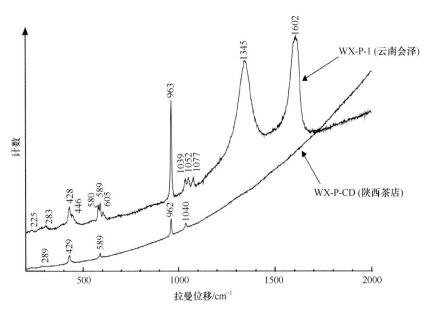

图 3.47　两个矿区磷灰石样品（WX-P-1、WX-P-CD）拉曼光谱谱图

表 3.20　样品的拉曼光谱波数归属　　　　　　　　　　　　　　　cm^{-1}

波数归属	云南会泽	陕西勉县茶店
ν_2 波数：PO_4^{3-} 基团的弯曲振动	428	429
ν_4 波数：[PO_4]弯曲振动，为弱吸收带	580，589	589
ν_1 波数：PO_4^{3-} 基团对称伸缩振动	963	963
ν_3 波数：[PO_4]非对称伸缩振动吸收带，仅在[CO_3]置换[PO_4]较多的碳氟磷灰石亚种中出现	1039，1052	1040，1056
CO_3^{2-} 基团频带	1077	—
石墨 C 原子晶格的缺陷（d 峰）与 C 原子 sp_2 杂化的面内伸缩振动（g 峰）	1345，1602	—

3.13.2.5　化学分析

　　磷灰石通常采用酸和碱溶解，在溶解过程中 OH 和 CO_3 已被损失。通过实验，在室温条件下（20~25℃）用硝酸（5∶95）溶解磷灰石，ICP-OES、离子电极法（ISE）、比色法（COL）、容量法（VOL）测定磷灰石的特性元素 P、F、Cl、Ca，利用特性元素计算矿物的含量。从表 3.21 得知磷灰石采用硝

酸（体积比 5∶95）溶解后，测定特性元素 Ca、P、F、Cl，再换算为氟磷灰石，结果与 X 射线衍射的测试结果吻合。

表 3.21　磷灰石化学测试分析结果

分析方法	元素或组分	含量/%			备注
		WX-P-1	WX-P-3	WX-P-5	
VOL	Ca	33.98	32.85	33.29	—
ICP	Ca	34.64	33.34	33.64	—
ICP	P	12.2	9.36	11.42	—
COL	P	11.72	9.22	11.08	—
ISE	F	2.26	1.76	2.07	—
COL	Cl	0.071	0.142	0.106	—
XRD	$Ca_5(PO_4)_3F$	60	48	56	磷灰石
	$Ca_5(PO_4)_3F$	59.98	46.72	54.94	以 F 计算
	$Ca_5(PO_4)_3Cl$	1.04	2.08	1.56	以 Cl 计算
	$Ca_5(PO_4)_3F$	62.58	48.04	58.62	以 P 计算

3.13.3　结论

本次研究首先通过镜下岩矿鉴定对矿物进行定性，分析其成岩环境及围岩矿物，继而采用 X 射线衍射、电子探针分析技术确定磷灰石种属为氟磷灰石，再利用拉曼光谱进行结构分析，结合岩矿鉴定结果中方解石含量较多的结论，确定了云南会泽的磷灰石以碳-氟磷灰石为主，含少量氯磷灰石。在进行化学物相分析中，选择硝酸溶解，采用多种化学方法（ICP-OES、ISE、VOL、COL）检测磷灰石中的氟磷灰石、氯磷灰石，其检测结果比 X 射线衍射半定量分析结果准确，从而确定了元素在矿物中的准确含量。

对于磷灰石不同种属的检测，属于测试难点，不同仪器有不同的优势与劣势，但是经过互补就可以优劣结合，实现种属的区分。

参 考 文 献

[1] Boudreau A E, McCallum I S. Investigations of the Stillwater Complex. Ⅴ. Apatites as Indicators of Evolving Fluid Composition[J]. Contributions to Mineralogy and Petrology, 1989, 102: 138-153.

[2] Boudreau A E. Chlorine as an Exploration Guide for the Platinum-group Elements in Layered Intrusions[J]. Journal of Geochemical Exploration, 1993, 48: 21-37.

[3] 邱检生, 张晓琳, 胡建. 鲁西碳酸盐中磷灰石的原位激光探针分析及成岩意义[J]. 矿物学报, 2009, 29(11): 2855-2865.

[4] 刘羽, 贺英侠. 某些不同成因类型磷灰石矿物学特征[J]. 矿物学报, 1992, 12(4): 359-366.

[5] 刘晓东, 华仁民. 福建碧田 Au-Ag-Cu 矿床含金石英脉中磷灰石的阴极发光研究[J]. 矿物学报, 2003, 23(2): 129-134.

[6] Antonakos A, Liarokapis E, Leventouri T. Micro-Raman and FTIR Studies of Synthetic and Natural Apatites[J]. Biomaterials, 2007, 28(19): 3043-3054.

[7] Awonusi A, Morris M, Tecklenburg M. Carbonate Assignment and Calibration in the Raman Spectrum of Apatite[J]. Calcified Tissue International, 2007, 81(1): 46-52.

[8] Comodi P, Liu Y. CO_3 Substitution in Apatite[J]. European Journal of Mineralogy, 2000, 12(5): 965-974.

[9] 刘永先, 戈定夷, 曾允孚, 等. 滇东磷块岩矿床中磷灰石的富集特征[J]. 矿物岩石, 1994, 14(4): 17-34.

3.14　碳酸盐矿物物相分析技术与应用

碳酸盐类矿物是钙、镁、铁、锰、锌、铅、锶、钡等与$[CO_3]^{2-}$结合的化合物，变种达 100 种之多，在地壳中有着广泛的分布。单独利用物理方法或化学分析方法进行碳酸盐矿物的定量，分析技术难度较大[1-2]。因为这些碳酸盐矿物阳离子都为二价，相互间能形成广泛的类质同象置换，形成几组连续的完全类质同象系列矿物。碳酸盐的形成多种多样，有沉积成因、火成成因，还有生物成因。不同成因的碳酸盐其结构可能存在一定的不同，为化学选择性溶解、分离碳酸盐矿物带来困难，造成无法准确确定矿物的组成[2]。如白铅矿（$PbCO_3$）与角铅矿（$Pb_2Cl_2CO_3$）、蓝铜矿$[Cu_3(CO_3)_2(OH)_2]$与孔雀石$[Cu_2CO_3(OH)_2]$ 采用化学分析方法分离检测是不可实现的。

本研究通过采集自然界较常见的方解石、白云石、菱镁矿、菱铁矿、菱锰矿、碳酸锶矿、毒重石、白铅矿、菱锌矿、泡铋矿、蓝铜矿等碳酸盐矿物，利用岩相学显微镜、X 射线衍射仪、电子探针、拉曼光谱仪等大型分析测试设备研究其矿物学特征，准确确定其矿物种属，并尝试选择适当的化学试剂溶解、分解，测定各种矿物的特性元素，利用特性元素计算各碳酸盐矿物的含量，从而建立了碳酸盐矿物物相定量分析方法。

3.14.1　实验部分

3.14.1.1　样品来源及制备

本研究样品部分采自陕南田家沟方解石矿、小尖山白云岩、广东怀集县蒲屏岭铋矿和广西大新下雷锰矿，另有部分样品从市场购置得来。

广东怀集县蒲屏岭铋矿是亚洲最大泡铋矿。矿床位于燕山晚期钾长花岗岩-花岗岩株顶部，外接触带泥盆系郁江组变质形成的矽卡岩中，赋矿构造为近南北向断裂及其旁侧的次微细裂隙，已查明矿区铋金属储量为 2751.1 t。矿区现采矿区域泡铋矿（$Bi_2[CO_3]O_2$）含量为 0.337%。

广西大新下雷锰矿探明储量超过 1 亿 t。矿石以碳酸锰矿为主，平均品位为 16%左右。矿体呈多层薄层状，缓倾斜，埋藏深，开采技术条件差，采矿回收率低。目前现有矿山企业只利用锰品位大于 16%的锰矿石，而开采过程中丢弃占资源总量 30%的含锰 14%~16%贫锰矿，造成资源的极大浪费。

样品分别制备光薄片，供岩矿鉴定、激光拉曼分析和电子探针分析。另样品粉碎至粒径≤74 μm，备X 射线衍射和化学分析。

3.14.1.2　仪器设备

样品的岩矿鉴定使用 Zeiss Axioscope 40 型偏光显微镜，全岩物相分析使用日本理学 D/max 2500 型X 射线衍射仪，单矿物成分分析使用日本电子 JXA-8230 型电子探针，单矿物分子结构分析使用英国雷尼绍 inVia 型激光拉曼光谱仪，化学物相分析分别使用荷兰帕纳科 Axios 4.0kW 型 X 射线荧光光谱仪、美国热电 IRIS Intrepid-2 型电感耦合等离子体发射光谱仪、德国耶拿 NOVAA300 型原子吸收光谱仪和北京海光 XGY-1011A 原子荧光分光光度计完成。

――――――――――

本节编写人：郑民奇（中国地质调查局西安地质调查中心）；叶美芳（中国地质调查局西安地质调查中心）；赵慧博（中国地质调查局西安地质调查中心）；王轶（中国地质调查局西安地质调查中心）；刘三（中国地质调查局西安地质调查中心）；王鹏（中国地质调查局西安地质调查中心）

3.14.1.3　主要试剂

醋酸、草酸、硝酸、盐酸：分析纯；实验用水：二级。

3.14.1.4　实验方法

首先应用偏光显微镜、X 射线衍射仪、电子探针和激光拉曼光谱仪对样品中碳酸盐矿物的形态、组成、成分与结构特征等进行鉴别，据此设计相应的化学物相分析流程，选择选择性溶剂（醋酸、草酸、硝酸、盐酸等）进行条件试验，确定最佳溶解、分离条件，最后利用 X 射线荧光光谱仪（XRF）、电感耦合等离子体发射光谱仪（ICP-OES）、原子荧光光谱仪（AFS）、原子吸收光谱仪（AAS）、红外光谱仪及化学容量法（VOL）等测定碳酸盐矿物物相组成。本研究旨在建立各种分析方法对方解石、白云石、菱镁矿、菱铁矿、菱锰矿、碳酸锶矿、毒重石、白铅矿、菱锌矿、泡铋矿、蓝铜矿等碳酸盐矿物的检测（工作）条件。

经条件实验，最终采用的测试条件如下：

（1）X 射线衍射分析：Cu 靶；管压 40 kV；管流 200 mA；狭缝系统：SS=DS=1°，RS=0.15 mm；滤波：闪烁计数器；探测器：石墨单色器；扫描步长 0.02°；扫描速度 10°/min；扫描范围 5~56°。

（2）电子探针分析：加速电压 15 kV，电子束流值选用 1×10^{-8} A，束斑选用 5 μm，标样均选用国家标准物质。

（3）激光拉曼光谱分析：Ar^+ 激光器，波长 514.5 nm；激光功率 30 mW；扫描速度为 10 秒/3 次叠加；光谱仪狭缝 20 μm；扫描范围 150~3000 cm^{-1}。

（4）碳酸盐矿物及物相样品分解：用化学物相分析方法进行碳酸盐矿物的定量分析，主要是基于碳酸盐矿物有一定规律的化学组成，利用不同的碳酸盐矿物在不同酸性介质中的溶解性能差别，及在一定浸取条件下被浸取的碳酸盐矿物元素之间的比例关系，用物理分析结果判断确定矿物组成，再利用检测的特性元素含量，计算每个碳酸盐矿物的含量。

碳酸盐矿物及物相样品采用酸分解[2-4]，通过试验选择选择性溶剂和分解的最佳工作条件。①方解石族：方解石、白云石、菱镁矿、菱锌矿、菱锰矿和菱铁矿，采用草酸、醋酸和高氯酸，在常温条件或水浴加热，溶解；②文石族：白铅矿、毒重石和菱锶矿，选择稀酸（盐酸、硝酸和磷酸），在水浴加热条件下溶解；③孔雀石族：蓝铜矿、泡铋矿，选择稀酸（盐酸、硝酸），在加热条件下溶解。

方解石：称取 0.1000 g 样品于 100 mL 容量瓶中，加 40 mL 醋酸（5:95），室温（20~25℃）浸取 12 h，用水稀释刻度，摇匀；采用 ICP-OES 和容量法测定 CaO，红外光谱法测定二氧化碳含量。

白云石：称取 0.1000 g 样品于 100 mL 容量瓶中，加 40 mL 醋酸（5:95），水浴浸取 1 h，用水稀释至刻度，摇匀；采用 ICP-OES 和容量法测定 CaO 和 MgO，再测定样品的二氧化碳含量。

菱镁矿：称取 0.1000 g 样品于 100 mL 容量瓶中，加 40 mL 盐酸（5:95），水浴浸取 1 h，用水稀释至刻度，摇匀；采用 ICP-OES 和容量法测定 MgO 和 Mn。再测定样品的二氧化碳含量。

白铅矿、菱锌矿：称取 0.1000 g 样品于 100 mL 容量瓶中，加 40 mL 醋酸（1:9），水浴浸取 1 h，用水稀释至刻度，摇匀；采用 ICP-OES 和容量法测定 Pb 和 Zn。

菱锰矿：称取 0.1000 g 样品于 100 mL 容量瓶中，加 20 mL 高氯酸（1:99），水浴浸取 1 h，用水稀释至刻度，摇匀；采用 ICP-OES 和 AAS 测定 Mn。

菱铁矿：称取 0.1000 g 样品于 100 mL 容量瓶中，加 40 mL 盐酸（5:95），水浴浸取 1 h，用水稀释至刻度，摇匀；采用 ICP-OES 和 AAS 测定 Fe，红外光谱法测定二氧化碳含量。

毒重石、菱锶矿：称取 0.1000 g 样品于 100 mL 容量瓶中，先加 50 mL 热水，搅拌，过滤；沉淀加 40 mL 盐酸（1:99），水浴浸取 1 h，用水稀释刻度，摇匀；采用 ICP-OES 和重量法测定 Ba 和 Sr。

蓝铜矿：称取 0.1000 g 样品于 100 mL 容量瓶中，加 40 mL 盐酸（5∶95），室温下（20~25℃）浸取 24 h，用水稀释至刻度，摇匀；采用 ICP-OES 和 AAS 测定 Cu。

泡铋矿：称取 0.1000 g 样品于 100 mL 容量瓶中，加 30 mL 盐酸（1∶99），水浴浸取 2 h，用水稀释至刻度，摇匀；采用 ICP-OES 和 AFS 测定 Bi。

（5）化学物相分析

分别使用 XRF、ICP-OES、AFS、AAS、红外光谱及化学容量法、重量法等进行样品全分析，了解矿物的主量和微量元素组成，寻找相关矿物的特征。分析流程依据 GB/T 14506.28—2010、GB/T 3286.1—2012、GB/T 3286.4—2012、GB/T 3286.5—2014 等实验室检测标准，分析项目包括 Si、Al、Ca、Mg、Ti、K、Na、Fe、Mn、P、Ba、Sr、Cu、Pb、Zn、Co、Ni、V 等元素。

3.14.2　结果与讨论

3.14.2.1　岩矿鉴定

碳酸盐矿物的光性特征大多十分相似，仅利用光学手段准确区分比较困难[1]。它们在显微镜下的特征共性与异性并存，共性为多数具有高级白干涉色（个别被其体色掩盖）、菱形解理、闪突起等，异性表现为颜色、双晶、突起（闪突起）、形态、轴性等有所不同。常见碳酸盐矿物，如方解石、白云石、菱镁矿、菱锌矿、菱锰矿、菱铁矿、白铅矿、毒重石、钡解石、蓝铜矿、泡铋矿等在显微镜下的特征如图 3.48 所示。油浸法和染色法是对碳酸盐矿物进行准确鉴定较常用的手段，但操作非常烦琐，油液和染色剂多为有机试剂，具有一定毒性和腐蚀性。本研究并未采用油浸法和染色法，除了少数矿物（如蓝铜矿和孔雀石），多数碳酸盐矿物并不能轻易地明确区分。

3.14.2.2　X 射线衍射分析

将所得的衍射数据与标准物质的衍射数据（JCPDS）卡片及其他有关衍射分析手册进行对照，可对样品中碳酸盐矿物进行定性分析，准确判断其种属。方解石主要谱线为：3.035（100）、1.913（17）、1.875（17）；白云石主要谱线为：2.886（100）、2.192（30）、1.804（20）、1.786（30）；菱镁矿主要谱线为：2.74（100）、1.70（90）、2.10（80）、1.34（60）；菱锌矿主要谱线为：2.75（100）、1.703（45）、3.55（50）；菱锰矿主要谱线为：2.85（100）、1.767（29）、3.667（29）；菱铁矿主要谱线为：2.795（100）、1.7315（35）、2.134（20）；白铅矿主要谱线为：3.59（100）、1.934（15）、1.859（15）；毒重石主要谱线为：3.722（100）、3.662（47）、2.15（24）；2.629（21）、2.592（23）、2.018（19）；钡解石主要谱线为：3.55（100）、2.51（65）、2.048（20）、6.15（18）、1.943（18）；碳酸锶矿主要谱线为：3.535（100）、2.4511（33）、2.0526（50）；蓝铜矿主要谱线为：3.50（100）、5.15、2.53（80）；孔雀石主要谱线为：2.857（100）、3.693（85）、5.055（75）、5.993（55）、2.52（55）、2.778（45）；泡铋矿主要谱线为：2.952（100）、3.72（40）、2.734（35）、1.617（35）、2.135（30）、6.841（25）[5]。

图 3.49 为研究样品 WX-Cu-2 的 X 射线衍射谱图。可以看出，5.1423、3.5162 以及 2.5370 等特征谱线与 PDF 卡片 11-0682（蓝铜矿）一致，表明样品中存在蓝铜矿；另外谱线中 7.3486、5.9443、5.0605 和 2.8422 与 PDF 卡片 41-1390（孔雀石）一致，表明样品中还存在孔雀石。虽然蓝铜矿与孔雀石在化学组成上相似，颜色相近，但其 X 射线衍射谱图显著不同，可以根据 X 射线衍射分析结果清楚地区分开来。同样，其他结晶完好的碳酸盐矿物也可以根据 X 射线衍射定性分析进行准确鉴别。

3.14.2.3　电子探针分析

研究样品的电子探针分析结果见表 3.22。

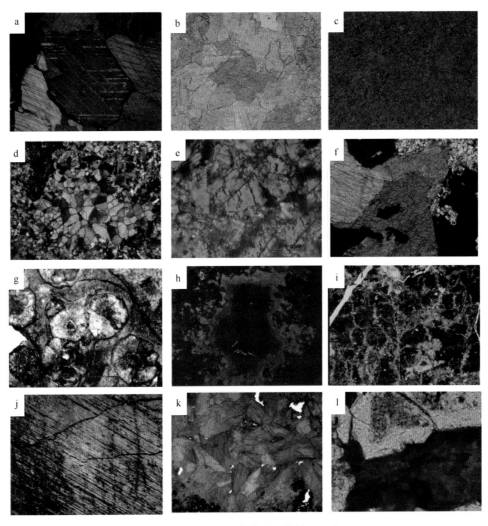

图 3.48　碳酸盐矿物偏光显微镜下照片

a. TJG-003 方解石双晶；b. WJW-001 白云石菱面体；c. WX-Mg-2 菱镁矿；d. WX-Pb-4 菱锌矿粒状集合体；e. WX-Pb-1 菱锌矿解理；f. WX-Mn-5 菱锰矿菱形解理；g. 菱铁矿圈层生长；h. WX-Pb-4 白铅矿（胶状外观）；i. DZ-001 毒重石；j. BJ-001 钡解石干涉色；k. WX-Cu-2 蓝铜矿（单偏光）；
l. 泡铋矿呈纤维毛发状。

采用电子探针对碳酸盐进行定性、定量分析，根据所测出的矿物组成元素的种类和含量可以区分方解石、白云石、菱镁矿、菱铁矿、菱锰矿、碳酸锶矿、毒重石、菱钴矿、白铅矿、菱锌矿和泡铋矿等。分析中，因为电子探针不能测定 C、O 和 H，分析总和往往不能达到 100%±2%。但根据各碳酸盐矿物的理想晶体化学式计算，可以准确推算矿物组成。如方解石样品分析总和为 56.08%，是因为在方解石的化学分子式中 CaO 含量约 56%，测得氧化物不含 CO_2。这一分析结果可以完美匹配 $CaCO_3$ 分子式，充分表明分析样品为方解石，而非白云石等其他碳酸盐矿物。

菱镁矿、菱锌矿、菱锰矿、菱铁矿、白铅矿、毒重石、蓝铜矿和泡铋矿等矿物电子探针分析结果中主成分大致代表了其阳离子组成，分析结果中若考虑 CO_2 和 OH，分析总和也可达到检测要求。因此，在对矿物进行电子探针分析时，分析总和低于或远远低于 100% 时，必须考虑测试矿物是否为碳酸盐矿物，以及是否含 OH，根据理想晶体化学式计算可判断实际分析矿物种属。

3.14.2.4　激光拉曼光谱分析

制备的样品光薄片经激光拉曼光谱分析，并与 RRUFF 等国际著名矿物资料数据库对比，可以准确对方解石、白云石、菱镁矿、菱铁矿、菱锰矿、毒重石、蓝铜矿等碳酸盐矿物进行鉴别，但白铅矿、菱钴

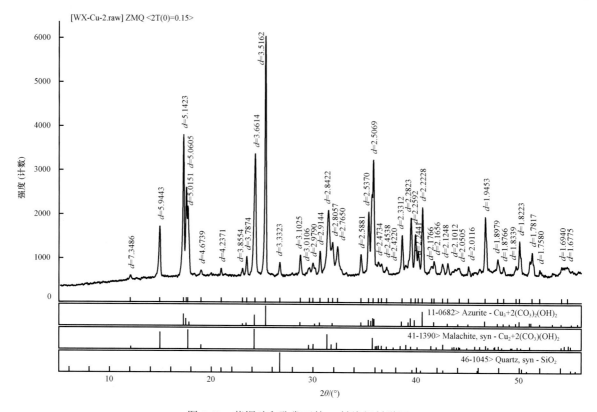

图 3.49　蓝铜矿和孔雀石的 X 射线衍射谱图

表 3.22　碳酸盐矿物电子探针成分结果　　　　　　　　　　　　%

组分	含量									
	方解石	白云石	菱镁矿	菱锌矿	菱锰矿	菱铁矿	白铅矿	毒重石	蓝铜矿	泡铋石
MgO	0.25	21.12	46.82	1.52	1.49	0.16	0.00	0.01	0.02	0.00
CaO	55.81	30.58	0.20	—	1.14	0.56	—	0.03	—	0.03
FeO	0.02	0.00	0.00	1.58	2.50	57.74	—	0.00	0.01	0.34
MnO	0.00	0.04	0.00	0.01	56.12	0.48	0.01	0.00	0.02	0.00
ZnO	0.00	0.00	—	63.32	—	—	0.05	—	—	—
PbO	—	—	—	0.06	—	—	83.14	—	—	—
CoO	—	—	—	0.01	—	—	—	—	—	—
CdO	—	—	—	0.25	—	—	—	—	—	—
In$_2$O$_3$	—	—	—	0.01	—	—	—	—	—	—
SiO	—	—	—	—	—	0.36	—	—	0.12	0.63
K$_2$O	—	—	—	—	—	0.02	—	—	—	—
SrO	—	—	—	—	—	0.00	0.06	0.84	—	—
Ag$_2$O	—	—	—	—	—	—	0.00	-	—	—
SO$_3$	—	—	—	—	—	—	0.30	—	—	—
BaO	—	—	—	—	—	—	—	71.94	—	—
Cr$_2$O$_3$	—	—	—	—	—	—	—	4.63	—	—
CuO	—	—	—	—	—	—	—	—	68.59	—
Bi$_2$O$_3$	—	—	—	—	—	—	—	—	—	88.53
合计	56.08	51.75	47.02	66.74	61.24	59.32	83.146	77.74	68.76	89.52

注：“—”表示未检测；总和不足 100%的剩余成分主要为 CO$_2$。

矿、泡铋矿等样品因结构较复杂、结晶度较差、前人研究资料较少等原因，尚不能通过拉曼光谱分析有效识别。

碳酸盐矿物中[CO$_3$]基团的振动是其主要振动模式。其中，1050~1120 cm^{-1}与结构中[CO$_3$]基团的对称伸缩振动（v_1）有关；680~760 cm^{-1}与变形弯曲振动（v_4）有关；840~910 cm^{-1}与弯曲振动（v_2）有关；1350~1520 cm^{-1}与反对称伸缩振动（v_3）有关[6-8]。图 3.50 为分析样品中菱锰矿（MnCO$_3$）、毒重石（BaCO$_3$）、菱铁矿（FeCO$_3$）和菱镁矿（MgCO$_3$）的拉曼光谱，这四种矿物均为[CO$_3^{2-}$]与二价金属离子以离子键结合而成，其振动以[CO$_3$]基团的振动为主，但二价阳离子的不同也会影响[CO$_3$]基团的振动行为。从金属离子的质量数来看，Ba^{2+}>Fe^{2+}>Mn^{2+}>Mg^{2+}，由于电价相同，其相应离子半径为：Ba^{2+}<Fe^{2+}<Mn^{2+}<Mg^{2+}。

从图 3.50 可以看出，碳酸盐最显著的特征峰 v_1 的拉曼位移依次为：菱镁矿（1095 cm^{-1}）>菱铁矿（1086 cm^{-1}）>菱锰矿（1085 cm^{-1}）>毒重石（1059 cm^{-1}）。由于拉曼光谱分析的误差约 2 cm^{-1}，故而可以认为菱铁矿（1086 cm^{-1}）与菱锰矿（1085 cm^{-1}）的 v_1 拉曼位移是相当的，在应用拉曼光谱对此两种矿物进行鉴定时，只根据 v_1 特征峰是不能区分的，必须参考其他一些特征峰的拉曼位移，如 733 cm^{-1} vs. 717 cm^{-1}、293 cm^{-1} vs. 288 cm^{-1} 等。菱锰矿与菱铁矿的 v_1 拉曼位移相当，显然与它们阳离子质量数相近、半径相近有关。对于菱镁矿和毒重石来说，其阳离子半径差距较大，v_1 拉曼位移差别也较大。根据观察可以判断，碳酸盐二价阳离子矿物的 v_1 拉曼位移的大小与其阳离子的质量数成反比，与二价阳离子半径大小成正比，即阳离子半径越大，v_1 拉曼位移越大，这一认识与前人的研究基本一致[4]。并且本研究也观察到柴超和汪立金[9]发现的菱铁矿约 500 cm^{-1} 的拉曼光谱特征，本研究中该特征峰出现在约 508 cm^{-1}。很显然，这一特征峰可以作为区分菱铁矿与菱锰矿的有效判别标志。

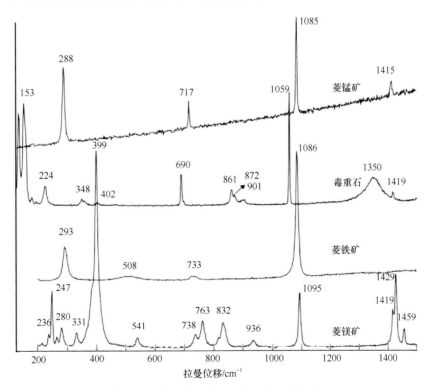

图 3.50　常见碳酸盐矿物的拉曼光谱谱图

3.14.2.5　化学物相分析

由于碳酸盐矿物结构相似，其化学物相在通常条件下进行溶解分离是十分困难的，只有用不同的碳酸盐矿物在不同酸性介质、温度中的溶解性能差别，进行选择性溶解分离，才能实现碳酸盐化学物相分析。

通过实验，在常温条件下，选择草酸（5∶95）溶解方解石，盐酸（5∶95）溶解蓝铜矿；在水浴加热条件下，选择草酸（5∶95）溶解白云石，盐酸（5∶95）溶解菱镁矿，草酸（10∶90）溶解白铅矿和菱锌矿，盐酸（5∶95）溶解菱铁矿，高氯酸（1∶99）溶解菱锰矿，盐酸（1∶95）溶解泡铋矿。先加热水溶解、过滤，再用盐酸（1∶99）溶解（水浴加热）沉淀毒重石和菱锶矿。

采用 VOL、COL、AAS、AFS、ICP-OES、重量法等方法测定特性元素，利用特性元素量计算碳酸盐矿物的含量见表 3.23。

表 3.23　碳酸盐矿物的各种分析方法检测结果比对

分析方法	白云石		方解石		菱镁矿		菱铁矿		菱锌矿	
	项目	WX-Cal-1	项目	TJG-003	项目	WX-Mg-2	项目	WX-Fe-2	项目	WX-Zn-3
VOL	CaO	29.54	CaO	55.59	MgO	46.22	Fe	17.72	—	—
VOL	MgO	20.89	CaO	55.59	MgO	46.22	Fe	17.72	—	—
ICP-OES	—									
红外光谱法	CO_2	46.27	CO_2	43.52	CO_2	51.23	CO_2	13.41	CO_2	11.59
XRD	CaMg[CO$_3$]$_2$	95	CaCO$_3$	99	MgCO$_3$	97	FeCO$_3$	36	ZnCO$_3$	13
化学法	CaMg[CO$_3$]$_2$	95.53	CaCO$_3$	98.92	MgCO$_3$	98.16	FeCO$_3$	35.31	ZnCO$_3$	11.74

分析方法	白铅矿		毒重石		菱锰矿		孔雀石		泡铋矿	
	项目	WX-Pb-1	项目	DZ-002	项目	WX-P-1	项目	WX-Cu-2	项目	WX-Bi-2
VOL	Pb	47.12	—		—		—		—	
ICP-OES	Pb	46.34	Ba	38.98	Mn	27.43	Cu	50.35	Bi	0.33
AAS	Pb	46.88	Sr	1.18	Mn	27.72	Cu	49.56	—	—
重量法	—	—	Ba	40.23						
AFS	—	—							Bi	0.35
XRD	PbCO$_3$	61	BaCO$_3$	55	MnCO$_3$	61	Cu$_3$[CO$_3$]$_2$[OH]$_2$	96	Bi$_2$[CO$_3$]O$_2$	<1
化学法	PbCO$_3$	60.48	SrCO$_3$	2	MnCO$_3$	57.41	Cu$_3$[CO$_3$]$_2$[OH]$_2$	91.03	Bi$_2$[CO$_3$]O$_2$	0.427

利用现代先进的分析仪器（XRF、XRD、EMPA、LRM、ICP-OES）与经典的化学分析方法结合，检测碳酸盐中的方解石、白云石、菱镁矿、菱铁矿、菱锰矿、毒重石、白铅矿、菱锌矿、泡铋矿、孔雀石，化学物相分析结果与分析仪器结果吻合。

3.14.3　结论

本研究建立了碳酸盐矿物中的方解石、白云石、菱镁矿、菱铁矿、菱锰矿、毒重石、白铅矿、菱锌矿、泡铋矿、孔雀石等矿物物相综合分析方法。通过镜下岩矿鉴定、X 射线衍射、激光拉曼光谱和电子探针确定碳酸盐矿物的组分和含量；选择合适的选择性溶剂溶解样品，用化学方法（XRF、ICP-OES、AFS、AAS、VOL、重量法、红外光谱等）分别测定其特性元素，进而计算其中碳酸盐矿物的含量。此方法比单一物理或化学分析方法更为准确。

参 考 文 献

[1] 赵珊茸, 边秋娟, 王勤燕. 结晶学及矿物学(第二版)[M]. 北京: 高等教育出版社, 2012: 430-440.
[2] 龚美菱. 方解石族碳酸盐矿物物相分析[M]. 西安: 陕西科学技术出版社, 1996: 101-106.
[3] 龚美菱. 相态分析与地质找矿[M]. 北京: 地质出版社, 2007: 26-31.
[4] 郑大中. 矿石中菱镁矿、白云山、方解石的化学物相分析[J]. 地质实验室, 1993, 9(3): 145-149.
[5] 于吉顺, 雷新荣, 张锦化, 等. 矿物 X 射线粉晶鉴定手册(谱图)[M]. 武汉: 华中科技大学出版社, 2011: 1-756.
[6] 徐培苍, 李如壁, 王永强, 等. 地学中的拉曼光谱[M]. 西安: 陕西科学技术出版社, 1996: 1-176.
[7] Buzgar N, Apopei A I. The Raman Study on Certain Carbonates[J]. Analele Stiintifice ale Universitatii, 2009, 2: 97-112.
[8] 侯怀宇, 尤静林, 吴永全, 等. 碱金属碳酸盐的拉曼光谱研究[J]. 光散射学报, 2001, 13(3): 162-166.
[9] 柴超, 汪立金. 菱铁矿的拉曼光谱研究[J]. 西部探矿工程, 2012(1): 156-158.

3.15　耐火黏土矿物分析鉴定技术与应用

耐火黏土是一种以高岭石为主体的多种矿物的混合物。高岭石多数不是由单纯的矿物所组成，常常有或多或少的非黏土矿物相伴生。由不同高岭石矿物组成的黏土物理化学性质有所差别[1]。因此，对高岭石原料的黏土矿物成分进行研究是合理利用原料的基础；对高岭石矿物组成、共生组合以及它们的空间分布规律进行研究，是探讨高岭石成因和矿床地质评价的基础。所以，鉴定耐火黏土的矿物种类对于其实际开发和利用具有至关重要的价值，精确鉴定和研究黏土矿物是有现实意义的。

黏土矿物结晶颗粒一般都非常细小，鉴别它们就显得十分困难和复杂。采用一般鉴定技术如偏光显微镜或化学成分分析等精细地鉴定黏土矿物是十分困难的。耐火黏土的初步鉴定通过 X 射线荧光光谱法、X 射线衍射法结合电子显微镜技术，即可以完成对其基本的鉴定，但是将其煅烧后，特别是完全形成莫来石相后，单纯使用 X 射线衍射技术进行鉴定就很难完成，必须结合化学分析法、体积密度法等综合技术手段。通过这些分析手段，可以得到耐火黏土各种矿物学特征及物理化学指标，依据这些指标来区分为何种耐火黏土矿物。

3.15.1　研究区域与地质背景

我国耐火黏土矿资源十分丰富，华北地区的耐火黏土占全国储量的 48%，属于一水硬铝石型，主要矿物成分除了一水硬铝石外，还有高岭石、伊利石、铁、钛的氧（氢氧）化物，及少量的绿泥石。该地区的耐火黏土质量比较好，其 Al_2O_3、SiO_2、Fe_2O_3、TiO_2 含量总和在 84%左右，广泛应用于冶金、建材行业。

3.15.2　鉴定方法与主要原理

由于耐火黏土颗粒极细，一般都在 10 μm 以下，多数小于 2 μm，在这种粒度下，采用常规光学显微镜鉴定耐火黏土难度就比较大，而具有放大倍数更高的电子显微镜在鉴定耐火黏土过程中，能够清晰地观察耐火黏土颗粒的大小和形态。

同时耐火黏土又是微小的晶体，适于采用 X 射线衍射法进行鉴定。铝土矿的晶体属斜方晶系或单斜晶系，高岭石晶体属三斜晶系，耐火黏土具有良好的晶型，其矿物的晶系不同和晶体结构的差异，使得采用 X 射线衍射法能够辨别耐火黏土矿物。

3.15.3　实验部分

3.15.3.1　体积密度测定

1）样品制备

将实验室样品按规定缩分成实验用的材料约 1000 g，破碎过筛，直至样品全部通过 5.0 mm 的筛网，将颗粒小于 2.0 mm 的样品丢弃，颗粒在 2.0~5.0 mm 的样品缩分至 200~500 g 备用。

2）试样质量测定

将试样用水洗涤或用一定压力的空气吹洗以除去表面的粉尘，置于 105℃电热干燥箱中烘干至恒重，置于干燥器中冷却至室温，称取 40.00~60.00 g 试样备用。

本节编写人：安树清（中国地质调查局天津地质调查中心）；张莉娟（中国地质调查局天津地质调查中心）

3）试样体积测定

将试样分别放入烧杯中，加入蒸馏水淹没试样，浸泡数分钟，将水完全倒出，然后将试样倒在含有一定量水的棉布上，将试样表面的水擦干（以试样颗粒之间不粘连为准）；再将试样用漏斗装入已加入 50.00 mL 蒸馏水的 100.00 mL 滴定管中，放置 1 min，读取液面数值 V。

4）试样体积计算

试样体积按下列公式计算：

$$BD = M/V \tag{3.3}$$

式中，BD 为体积密度（g/cm³）；M 为试样质量（g）；V 为试样体积（cm³）。

3.15.3.2　X 射线衍射法分析

1）分析仪器和工作条件

仪器为 Bruker D8 ADVANCE X 射线衍射仪，测定条件为：Cu Kα 辐射，X 射线源：铜靶 Cu Kα₁（λ=1.540 598）；发散狭缝与散射狭缝均为 1°，接收狭缝为 0.3 mm；扫描速度：根据衍射峰的强度，采用 2°（2θ）/min 或 4°（2θ）/min；采样步宽：根据衍射峰的宽度，采用 0.02°（2θ）或 0.04°（2θ）；工作电压 30~45 kV；工作电流 25~40 mA；扫描范围 5°~70°（2θ）。

2）分析方法

X 射线衍射粉晶物相分析按照 HDJ-ZY-ZX-02 X 射线衍射粉晶物相分析方法进行试样测定。将样品用玛瑙研钵研细，过 74 μm（200 目）筛，然后装样压片，放入样品台。对谱图依次进行平滑、扣背底、去除 Kα₂ 和多峰分离处理。在进行物相鉴定时，考虑到实验误差及试样与标准样品的差异，允许测量的衍射数据与 PDF 卡片数据有一定的误差。要求前八强线 d 值尽量符合，相对误差约在 1%以下；相对强度误差可较大，但变化趋势或强弱次序应尽量相符。

3）数据处理及分析

利用仪器自带的软件 Diffrac Plus Eva 进行相应的数据处理（曲线平滑处理、寻峰、峰面积计算等）；利用 Diffrac Plus Search 进行物相检索；利用 Diffrac Plus Topas P 对 X 射线线形进行函数模拟和基本参数法拟合；利用 Diffrac Plus Dquant 做物相的定量分析。也可以打印出样品的 X 射线衍射谱图，人工对照 PDF（Powder Diffraction File）卡片，逐一查找出样品所含物相。

3.15.3.3　扫描电镜鉴定

采用岛津 EPMA-1600 型扫描电镜进行鉴定，测定条件为：加速电压 15~20 kV；工作距离 16 mm。

1）制样

原样切片抛光，获取平整光滑的表面后喷碳；喷涂设备：KYKYSBC-2 制样机；喷涂材料：光谱纯碳；喷涂条件：高真空。

2）照相

装样：平整放入样品室样品台，用导电胶固定，按照仪器条件进行照相。

3.15.4　结果与讨论

耐火黏土的原料鉴定相对比较容易，但是其煅烧产品的性质极为相近，往往用单一的技术手段难以进行鉴定。通过本项目的研究，利用化学分析数据的元素含量，采用体积密度法、X 射线衍射法、扫描电镜法等综合方法来鉴定铝土矿。

3.15.4.1　体积密度分析

三氧化二铝的含量是耐火黏土的最重要指标之一，通过简易的体积密度方法，也可以粗略地了解煅烧耐火黏土的类型。通过大量的实验数据，推断出体积密度和三氧化二铝含量的对应关系，煅烧铝土矿体积密度为 2.80~3.40 g/cm^3，对应三氧化二铝的含量为 37.80%~91.74%；煅烧高岭石体积密度为 2.47~2.60 g/cm^3，对应三氧化二铝的含量为 24.76%~42.96%；莫来石体积密度为 2.55~2.90 g/cm^3，对应三氧化二铝的含量为 42.23%~78.30%。

3.15.4.2　X 射线衍射分析

1）铝土矿

铝土矿主要成分是氧化铝，系含有杂质的水合氧化铝，是一种土状矿物。白色或灰白色，因含铁而呈褐黄或浅红色。密度 3.9~4.0 g/cm^3，硬度 1~3，不透明，质脆，极难熔化，不溶于水，能溶于硫酸、氢氧化钠溶液。

铝土矿组成成分异常复杂，是多种地质来源极不相同的含水氧化铝矿石的总称，如一水软铝石、一水硬铝石和三水铝石（$Al_2O_3 \cdot 3H_2O$）；有的是水铝石和高岭石（$2SiO_2 \cdot Al_2O_3 \cdot 2H_2O$）相伴构成；有的以高岭石为主，且随着高岭石含量的增高，构成为一般的铝土岩或高岭石质黏土。铝土矿一般是化学风化或外生作用形成的，很少有纯矿物，总是含有一些杂质矿物，或多或少含有黏土矿物、铁矿物、钛矿物及碎屑重矿物等。经 X 射线衍射分析，其特征峰值 d 值为：0.347 076、0.254 655、0.237 582、0.208 240、0.173 851、0.160 020、0.151 047、0.140 403 nm，典型特征谱图见图 3.51。

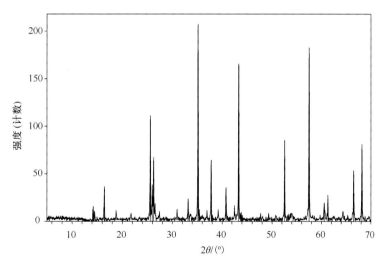

图 3.51　铝土矿典型的 X 射线衍射谱图

2）煅烧后的铝土矿实验结果

铝土矿的加热变化可分为三个阶段：分解阶段、二次莫来石化阶段和结晶烧结阶段。

分解阶段（400~1200℃）：在该阶段，铝土矿中的水铝石和高岭石在 400℃时开始脱水，至 450~600℃反应激烈，700~800℃完成。水铝石脱水后形成刚玉假象，此种假象仍保持原来水铝石的外形，但边缘模糊不清，折射率较水铝石低，在高温下逐步转变为刚玉。高岭石脱水后形成偏高岭石，950℃以上时偏高岭石转变为莫来石和非晶态 SiO_2，后者在高温下转变为方石英。反应式如下：

$$\alpha\text{-}Al_2O_3 \cdot H_2O（水铝石）\rightarrow（400\sim600℃）\rightarrow\alpha\text{-}Al_2O_3（刚玉假象）+H_2O\uparrow$$

$$Al_2O_3 \cdot 2SiO_2 \cdot 2H_2O（高岭石）\rightarrow（400\sim600℃）\rightarrow Al_2O_3 \cdot 2SiO_2（偏高岭石）+H_2O\uparrow$$

$$3（Al_2O_3 \cdot 2SiO_2）（偏高岭石）\rightarrow（400\sim600℃）\rightarrow 3Al_2O_3 \cdot 2SiO_2（莫来石）+4SiO_2（非晶态 SiO_2）$$

二次莫来石化阶段（1200~1400℃或1500℃）：在1200℃以上，从水铝石脱水形成的刚玉与高岭石分解出来的游离 SiO_2 继续发生反应形成莫来石，被称为二次莫来石：

$$3Al_2O_3+2SiO_2\rightarrow（\geqslant1200℃）\rightarrow 3Al_2O_3+2SiO_2（二次莫来石）$$

在二次莫来石化时，发生约10%的体积膨胀。同时在1300~1400℃以下时铝土矿中的 Fe_2O_3、TiO_2 和其他杂质与 Al_2O_3、SiO_2 反应既可形成液相，Fe_2O_3、TiO_2 也可进入莫来石的晶格形成固溶体。液相的形成，有助于二次莫来石化的进行，同时也为重晶烧结阶段准备了条件。

重晶烧结阶段（1400~1500℃）：在二次莫来石化阶段，由于液相的形成，已经开始发生某种程度的烧结，但进程很缓慢。只有随着二次莫来石化的完成，重晶烧结作用才开始迅速进行。

温度在1400~1500℃以上时，由于液相的作用，刚玉与莫来石晶体长大，1500℃时长大至约 10 μm，到1700℃分别为 60 μm 和 90 μm；同时，微观气孔在1200℃到1400~1500℃约为 100~300 μm，基本保持不变；在1400~1500℃以后迅速缩小与消失，气孔率降低，物料迅速趋向致密。

二次莫来石的形成量与铝土矿中水铝石、高岭石的相对含量有关。如果高岭石加热分解出的 SiO_2 与水铝石分解出的 Al_2O_3 正好达到莫来石的组成，则二次莫来石的量将会达到最大。前人研究[1-6]与实践都证明，Al_2O_3 含量在65%~70%的铝土矿，Al_2O_3/SiO_2 值接近莫来石的 Al_2O_3/SiO_2 值（2.55），在煅烧后莫来石的含量最高，二次莫来石化程度最大；而 Al_2O_3 含量较高或较低的铝土矿烧结较容易，温度也较低。在1400~1500℃以上时，二次莫来石的形成趋于完全，逐渐发生着固体颗粒的溶解与析晶过程，逐步导致晶粒堆积致密，直到最后形成连续的固相骨架，液相填充空隙，使铝土矿完全烧结[2]。

填充在空隙中的液相冷却后即为玻璃相。烧结后铝土矿的玻璃相化学组成有如下特点：玻璃相中 Al_2O_3/SiO_2 值随铝土矿 Al_2O_3/SiO_2 值降低而降低。煅烧温度提高时（由 1500℃到 1700℃），玻璃相中的 Al_2O_3 含量减少，SiO_2 含量增加[3]。

煅烧后的耐火黏土，经 X 射线衍射分析发现，熟铝土矿的晶相主要是刚玉相 Al_2O_3，衍射峰的 d 值为 0.349、0.256、0.209、0.160 nm。而高岭土的煅烧仅是失去结晶水，未达到转换成莫来石相的温度，因此，主要晶形坍塌，残留极小的衍射峰的 d 值为 0.718、0.357 和 0.234 nm，同时形成极少的莫来石相，出现衍射峰的 d 值为 0.539、0.342、0.340、0.229 nm；莫来石的晶相基本上为莫来石相，主要衍射峰的 d 值 0.539、0.342、0.340、0.229 nm 峰。从以上分析可以看出，使用铝土矿或高岭石煅烧的莫来石在没有全部形成莫来石相时，在 X 射线衍射峰上还是存在细小的差别，但是当煅烧达到1700℃时完全形成莫来石相，两者就无法通过 X 射线衍射进行分析鉴定。

3）高岭石

高岭石属于黏土矿物，其化学组成为 $Al_4[Si_4O_{10}]（OH）_8$，晶体属三斜晶系的层状结构硅酸盐矿物。多呈隐晶质、分散粉末状、疏松块状集合体。呈白或浅灰、浅绿、浅黄、浅红等颜色，条痕白色，土状光泽。三斜晶系，$a_0=0.514$ nm，$b_0=0.893$ nm，$c_0=0.737$ nm，$\alpha=91.8$，$\beta=104.7$，$\gamma=90$；$Z=1$。层间没有阳离子或水分子存在，强氢键（O—OH=0.289 nm）加强了结构层之间的联结。高岭石成分常较简单，只有少量 Mg、Fe、Cr、Cu 等代替八面体中的 Al，而 Al、Fe 代替 Si 数量通常很低。碱和碱土金属元素多是机械混入物。由于晶格边缘化学键不平衡，可引起少量阳离子交换。高岭石中结构层的堆积方式是相邻的结构层沿 a 轴相互错开 1/3a，并存在不同角度的旋转。所以，高岭石存在着不同的多型。高岭石经过煅烧由晶态变成了无定形的非晶态。从衍射图中还可以看出高岭石及其煅烧产物中都含有少量的石英。高岭石的典型 X 射线衍射峰 d 值为：0.539 634、0.342 748、0.339 003、0.288 438、0.269 409、0.254 298、0.242 832、0.229 123、0.220 676、0.212 084、0.183 916、0.169 460 nm，其 X 射线衍射典型特征谱图见图 3.52。

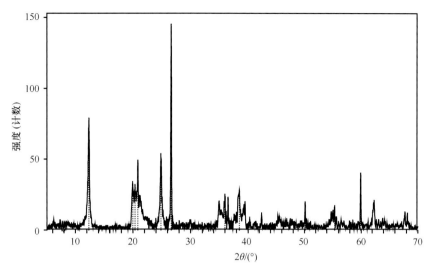

图 3.52　高岭石典型 X 射线衍射谱图

4）莫来石

在大气压下，莫来石是 Al_2O_3-SiO_2 系中唯一稳定的化合物，具有联锁的晶粒结构特征，其组成处在 $2Al_2O_3$-SiO_2 至 $3Al_2O_3$-SiO_2 之间。纯莫来石的 Al_2O_3 含量范围为 62%~100%，为高铝材料，其结构中[AlO_6]八面体起到了稳定的骨架支撑作用，因而莫来石十分稳定，耐火度高达 1850℃，抗化学侵蚀，抗高温蠕变。电熔法合成的莫来石晶粒发育良好，呈针状或柱状，解理明显，易于破碎；烧结法合成的莫来石晶粒细小，通常呈粒状，无明显的解理存在，破碎比较困难。采用化工原料合成的莫来石纯度较高，而采用天然矿物原料合成的莫来石通常含有较多的杂质。合成莫来石的烧结温度取决于<4 μm 粒度所占的比例，当材料的粒度都在 4 μm 以下时，材料的致密度最高。煅烧温度：合成莫来石一般在 1200℃ 即开始形成，到 1650℃ 时终止，此时显微晶状。当温度超过 1700℃ 时，结晶才发育良好[4-6]。莫来石的典型 X 射线衍射特征峰 d 值为：0.540 966、0.343 423、0.340 003、0.289 291、0.270 110、0.255 024、0.243 066、0.229 938、0.221 165、0.212 471、0.189 354、0.184 666 nm，其 X 射线衍射典型特征谱图见图 3.53。

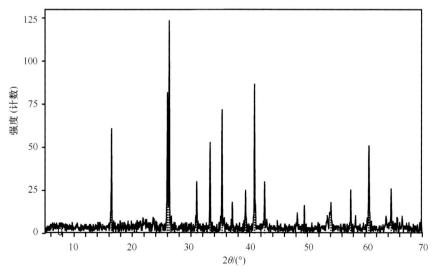

图 3.53　莫来石典型 X 射线衍射谱图

3.15.4.3　扫描电镜分析

1）铝土矿

铝土矿烧结材料主要结晶相呈粒状，大部分为直接结合，次晶相为发育不完整的块状莫来石。粒状颗粒的结合有三种形式——脖子状、馒头堆积状和摄粒状，取决于原始颗粒的纯度。颗粒中心与边缘部位的组成变化较大，SiO_2、TiO_2 和 Fe_2O_3 等杂质有向内渗透的趋势（图 3.54a）。

2）煅烧高岭石

大部分呈片状，发育比较完整，颗粒之间直接结合，有的呈须状交接，有的呈馒头状堆积在一起（图 3.54b）。还有个别富铁、富 SiO_2 和富 TiO_2 的颗粒，形状不规则。未经煅烧时形貌呈片状，有单片也有叠片，650℃煅烧后产物形貌还是片状，单片数量大大减少，颗粒之间间隙减小。这是因为高岭土煅烧时，随着羟基的脱去，高岭石晶格发生扭曲，结块增加。

3）莫来石

大部分为发育较完整的长柱状晶体，并形成交错联锁的连续网络结构（图 3.54c）。有少数莫来石呈块状，形成断续的网络结构，交错较少。偶尔观察到单个晶体在空洞中单独生长。长柱状莫来石的结合形式是交错联锁的连续网络结构，有利于显著提高高温力学性能，在颗粒结合的交接处，TiO_2 和 Fe_2O_3 含量明显增高，说明它们对莫来石烧结和长大起着重要作用。

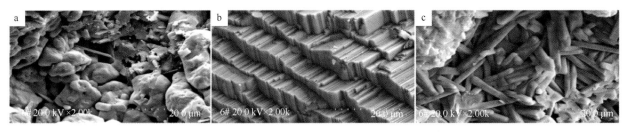

图 3.54　铝土矿（a，2000 倍）、煅烧高岭石（b，5000 倍）与铝土矿烧制（纯）莫来石（c，2000 倍）扫描电镜照片

3.15.5　结论

研究表明，耐火黏土的原料铝土矿和高岭石的鉴定方法比较容易，通过 X 射线衍射技术、电子显微镜技术都可以完成鉴定，但是将其煅烧后，特别是完全形成莫来石相后，单纯使用 X 射线衍射技术进行鉴定就很难完成，必须结合化学分析法、体积密度法等综合技术手段。针对上述情况，对耐火黏土的鉴定建议采用以下综合手段：首先根据铝土矿、高岭石、莫来石的物理化学性质不同，利用 X 射线荧光光谱压片法测定铝土矿、高岭石、莫来石的主要元素含量，进行第一步鉴别；再结合体积密度法的测定值和多晶 X 射线衍射仪的定量分析谱图，进行第二步鉴别；对于仍无法明确判定的矿物，继续进行扫描电镜鉴定的逐步深入分析。如果 Al_2O_3 含量为 44.05%~46.62%，有可能为煅烧高岭石，铝土矿的可能性很小；如果体积密度大于 2.8，Al_2O_3 含量大于 80%，一般可以认为是铝土矿。

通过 X 射线荧光光谱、X 射线衍射和扫描电镜等手段，可以得到耐火黏土（煅烧高岭石、铝土矿、莫来石）各种矿物学特征及物理化学指标，这些指标存在着较大的差异，依据这种差异区分为何种耐火黏土矿物。该项技术打破了传统的耗时长、不确定因素多的单一矿物物相鉴定方式，建立完善的耐火黏土矿物系统的矿物物相分析方法，大大提高了这一类矿物的鉴别效率。

参 考 文 献

[1]　张燕, 郭岚. 耐火砖用黏土熟料陶瓷复合物的烧结[J]. 耐火与石灰, 2009, 34(3): 54-59.

[2]　段锋, 马爱琼, 肖国庆. Al_2O_3/SiO_2 比和煅烧对煤系高岭土物理性能与显微结构的影响[J]. 硅酸盐通报, 2013, 32(8): 1614-1619.

[3]　刘新红, 张磊, 冯隆, 等. 煅烧气氛对 Al_2O_3-Si 材料组成、结构和性能的影响[J]. 耐火材料, 2012, 46(6): 410-413.

[4]　王新锋, 阮玉忠, 陈永瑞, 等. 煅烧温度与保温时间对合成莫来石材料结构与性能的影响[J]. 硅酸盐通报, 2010, 29(4): 984-991.

[5]　李颖华, 黄剑锋, 曹丽云. 利用粉煤灰与铝土矿合成莫来石的研究[J]. 无机盐工业, 2010, 42(3): 48-50.

[6]　周健儿, 赵世凯, 胡学兵, 等. 预烧温度对二次煅烧工艺合成的针状莫来石显微形貌的影响[J]. 人工晶体学报, 2010, 39(5): 1281-1286.

3.16　硼矿石物相分析技术与应用

我国能源资源供需形势严峻，迫切需要加大地质找矿力度，提高资源利用效率，切实提高低品位矿产资源的利用。在矿物选矿和冶金过程中，矿石物相分析具有重要作用。物相分析是在研究物质组成的过程中形成和发展起来的。它在地质找矿与矿床评价、选冶工艺研究与生产实践、矿产资源综合利用与回收试验研究以及环境监测与治理等领域，均获得了广泛的应用，已发展成为分析化学的一个独立的学科分支。近年来，矿石物相分析方法研究较多，如：锰矿石中锰的物相分析；钼矿物相分析以及铜矿、铁矿、金等各种矿石物相分析方法研究[1-5]。此外也有各种仪器应用于物相分析，如电感耦合等离子体发射光谱法在钼矿石物相分析、X 射线衍射分析技术在花岗岩物相分析上的应用[6-7]等。物相分析在冶金工艺上应用较多，在非金属领域研究还不够广泛，以往研究中关于硼矿石物相分析未见报道。为指导低品位硼矿选冶技术，提高低品位硼矿利用率，建立硼矿石物相分析方法是非常必要的。

本研究利用 X 射线衍射仪、X 射线荧光光谱等技术分析硼矿石中硼镁石、硼镁铁矿及电气石三种矿物共生组合特点，通过化学实验等方法对这三种矿物进行物相分析鉴定。经过大量的实验验证，探讨了样品制备、分离方法、溶剂组成等测试条件，确保了分析测试的准确性和方法的可操作性，建立了硼矿石物相分析方法。

3.16.1　研究区域与地质背景

我国重要硼矿产地有 8 处，其中东北地区有 6 处，辽宁和吉林地区的硼矿储量占总量的 65%，集中在辽宁省的硼矿主要分布在凤城、宽甸、大石桥三个地区，储量较大的矿床有凤城翁泉沟矿床、宽甸花园沟矿床、宽甸二人沟矿床、宽甸栾家沟矿床、宽甸五道岭矿床、营口后仙峪矿区，这些矿区都属于大型和特大型矿区，占全区探明储量的 91.98%。辽吉东部的沉积变质再造型硼矿床，西起辽宁的营口，经凤城、宽甸向东，一直延伸至吉林省的集安，矿带长达 300 km，宽约 50 km。这是中国重要的硼矿工业类型，分布在华北地台的北缘。硼矿体产在宽甸群固定的含硼层位——富镁的碳酸盐岩中，矿体直接围岩伴有电气石，有时为金云橄榄岩和菱镁岩，矿体产状与围岩常整合产出。矿体倾角各个矿床均不一样。矿体的形态主要是似层状、透镜状。矿体长度一般为 50~500 m，最大可达 3000 m，厚度 10~15 m，最厚的有 160 多米。在矿石类型上，这类硼矿又可分 4 个亚型，即硼镁石型、磁铁矿-硼镁石型、硼镁石-遂安石型、晶质铀矿-磁铁矿-纤维硼镁石-硼镁铁型。

产出于辽（宁）东—吉（林）南硼矿成矿带的主要矿石为硼镁石、硼镁铁。本项目选择辽宁东部丹东、宽甸矿区及山东矿区作为样品的采集地[8]。此区域内矿石种类、数量丰富，为硼矿石的选取和采集提供了有力保障。

3.16.2　实验部分

3.16.2.1　矿物分离流程

硼矿石矿物分离流程如图 3.55 所示。

本节编写人：王海娇（中国地质调查局沈阳地质调查中心）；杨柳（中国地质调查局沈阳地质调查中心）

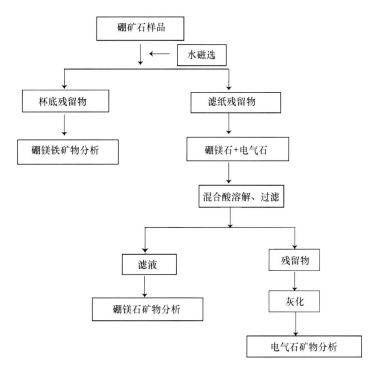

图 3.55　硼矿石矿物分离流程图

3.16.2.2　分析方法

将样品粉碎 160 目，称取 1.0000 g 置于 250 mL 烧杯内，加入少量水冲洗，将烧杯放于磁石（1000 高斯）上，顺时针搅拌，待烧杯底部有样品明显吸附时，将未吸附样品小心倾入滤纸内收集，重复大约 10 次至无可见浮物。烧杯底部残渣用于硼镁铁矿物分析。

滤纸上收集的样品用于硼镁石和电气石两种矿物分析。用少量水将滤纸上的残渣冲洗到 250 mL 烧杯内，加入混合酸 15 mL、热水 50 mL，调节电热板温度为 200℃，溶样 20 min。用定量滤纸过滤，滤液用于硼镁石矿物分析。将残渣置于铂金坩埚内，调节马弗炉温度为 600℃，灰化 90 min，灰化后的残渣用于电气石矿物分析。

硼镁铁、硼镁石及电气石矿物成分分析参考专著《岩石矿物分析（第四版）》。

3.16.3　结果与讨论

3.16.3.1　溶剂的组成及其浓度选择

在化学物相分析中，利用选择性溶剂溶解矿物的化学反应，生成气体、生成难溶化合物或改变化合物某元素价态，以此达到溶解分离的目的。通过测定三种单矿物在不同溶剂和不同浓度下的溶解情况，计算溶解率来确定和选择溶剂及其浓度。本实验分别对盐酸、硝酸、硫酸、氢氟酸、磷酸、柠檬酸、草酸七种酸在不同浓度进行实验，得出硼镁石和硼镁铁在不同浓度的盐酸、硫酸、硝酸中溶解率相近，难以用酸法分离，电气石基本不溶于酸；将硼镁铁矿物分离后，配制盐酸、硝酸、水（体积比为 3∶1∶4）可将硼镁石全部溶解，实现与电气石分离。

3.16.3.2　湿法磁分离硼镁石与硼镁铁矿物

由于硼镁石与硼镁铁均易被酸分解，单纯采用酸法很难实现这两种矿物的分离，依据硼镁铁具有较强磁性而硼镁石不具有的物理属性，采用 500、1000、1500、2000 高斯等不同磁力的磁石进行湿法分离硼镁石与硼镁铁两种矿物。实验发现，随着磁石磁力的增加，硼镁铁的回收率增加，当磁力达到 2000 高斯以上时，硼镁石的回收率在 50% 以下，故不能选磁力过大的磁石进行分离。

3.16.3.3 试样粒度对分析方法的影响

浸取条件的选择是通过测定各种单矿物在不同浸取条件下的浸取率来建立的，样品粒径的大小是影响溶样及湿法分离的主要原因，试验用的单矿物的粒度及细磨方式必须统一。用作物相分析的试样，其粒度及细磨方式应与浸取条件时一致。实验结果表明，样品粒度缩小，溶样的效果更好，但样品粒度小于 160 目后，样品中的硼镁石与硼镁铁难以分离，故不适于将样品粉碎到 160 目以下进行物相分析。

3.16.3.4 方法应用

在辽宁东部丹东、宽甸两地硼矿区，选择有代表性的矿床类型采集样品，对样品进行磨片及粉碎加工。利用岩矿鉴定、X 射线衍射仪、电子探针等分析手段对所采集的硼矿石矿样进行定性和半定量分析，掌握所采硼矿石矿样的结构、构造、矿物组合及矿物含量特征。根据以上工作结果确定了六件硼矿石样品（编号 DS11048-1 至 DS11048-6）进行方法研究，各样品的矿物组合及半定量结果列于表 3.24。

表 3.24　X 射线衍射仪分析硼矿石样品矿物组合　　　　　　　　　　　　　　%

矿物	含量					
	DS11048-1	DS11048-2	DS11048-3	DS11048-4	DS11048-5	DS11048-6
硼镁石	3.16	6.4	10.5	21.2	41.1	43.5
硼镁铁	5.6	7.5	6.8	12.6	15.4	15.2
电气石	8.3	10.3	16.8	35.7	29.8	27.8
蛇纹石	1.3	1.8	2.6	5.2	6.0	4.0
黑云母	—	1.3	1.3	2.7	4.9	4.9
橄榄石	1.3	—	—	5.5	4.5	4.5
石英	79.2	70.7	61.9	16.8	—	—

经 X 射线衍射分析，所采集的六件样品均为硼矿石，富含硼镁石、硼镁铁、电气石三种矿物（表 3.25）。

表 3.25　化学法测定硼矿石样品中硼、镁、铝、铁等元素含量　　　　　　　　%

样品编号	含量				烧失量
	B_2O_3	MgO	Al_2O_3	TFe_2O_3	
DS11048-1	4.04	6.79	3.53	3.81	1.65
DS11048-2	9.08	13.15	5.10	5.72	3.24
DS11048-3	12.11	17.44	6.59	8.05	4.34
DS11048-4	18.16	26.12	9.87	11.65	6.41
DS11048-5	22.18	31.08	9.84	12.39	7.39
DS11048-6	25.19	33.87	8.30	10.60	8.04

应用湿法磁分离六件硼矿石样品，分别测定硼镁石、硼镁铁、电气石三种矿物中硼、镁、铁、硅等元素含量见表 3.26。

通过 X 射线荧光光谱测定结果（表 3.27）分析比较，湿法磁分离硼矿石中硼镁石、硼镁铁及电气石三种矿物，分离后其化学组分与其样品本身组成是相符合的，表明分离是较完全、可实施的。但对于低品位硼矿样品，电气石的分离情况受其他矿物干扰较大，有待进一步实验。

表 3.26　湿法磁分离各单矿物样品中硼元素含量　　　　　　%

单矿物	B₂O₃ 含量					
	DS11048-1	DS11048-2	DS11048-3	DS11048-4	DS11048-5	DS11048-6
硼镁石	2.52	6.46	8.75	12.57	16.11	20.07
硼镁铁	0.40	0.91	1.17	2.35	2.97	2.14
电气石	1.06	1.47	1.99	2.94	2.77	2.70

表 3.27　X 射线荧光光谱测定分离后的硼镁石、硼镁铁、电气石三种单矿物中镁、铝、铁等元素含量　　　%

样品编号	硼镁石			硼镁铁			电气石		
	MgO	Al₂O₃	TFe₂O₃	MgO	Al₂O₃	TFe₂O₃	MgO	Al₂O₃	TFe₂O₃
DS11048-1	2.63	0.024	0.12	2.99	0.21	3.17	1.1	3.28	0.42
DS11048-2	6.69	0.061	0.37	4.59	0.14	4.65	1.5	4.78	0.64
DS11048-3	8.92	0.092	0.48	6.28	0.26	6.45	2.01	6.17	0.85
DS11048-4	13.38	0.12	0.73	9.28	0.29	9.58	3.01	9.36	1.27
DS11048-5	17.84	0.16	0.97	9.98	0.39	9.73	3.03	9.31	1.31
DS11048-6	22.41	0.28	1.42	8.78	0.24	7.94	2.51	7.66	1.06

3.16.4　结论

根据硼矿石中硼镁石、硼镁铁和电气石三种矿物组合的特点，采用仪器与化学实验等方法进行物相分析方法研究。经过大量的实验验证，得出从样品制备、分离方式、溶剂组成等方面的测试条件，同时利用 X 射线衍射及 X 射线荧光光谱等大型仪器辅助进行方法验证，保证了分析测试的准确性和方法的可操作性，建立了硼矿石物相分析方法，为我国非金属物相分析开发了新的技术体系。

参 考 文 献

[1] 苏凯, 谷志君, 王越. 矿石中钼物相的分离方法研究[J]. 黄金, 2009, 30(10): 55-58.
[2] 郑民奇, 于淑霞, 程秀花. 钼矿石物相的快速分析方法[J]. 岩矿测试, 2011, 30(1): 40-42.
[3] 郑民奇, 李邦民, 程秀花. 钛矿石物相的快速分析[J]. 岩矿测试, 2010, 29(1): 61-63.
[4] 王海军. 复杂矿石中金的化学物相分析进展[J]. 黄金科学技术, 2013, 21(2): 55-58.
[5] 黄宝贵. 铁矿石化学物相分析中硅酸铁的分离测定方法述评[J]. 岩矿测试, 2010, 29(2): 169-174.
[6] 施小英. 电感耦合等离子体原子发射光谱法应用于钼矿石物相分析[J]. 理化检验(化学分册), 2010, 46(1): 79-83.
[7] 黄宝贵, 张志勇, 杨林, 等. 中国化学物相分析研究的新成就(上)[J]. 中国无机分析化学, 2011, 1(2): 6-12.
[8] 李文光. 我国硼矿资源概况及利用[J]. 化工矿物与加工, 2002(9): 37.

3.17　高磷铁矿中铁磷元素赋存状态研究

高磷铁矿是我国一种重要的铁矿类型，在我国中南和西南地区广泛分布。在鄂西地区已经探明大、中型高磷铁矿矿床储量超过 20 亿 t，占我国铁矿总储量的 3.99%[1]。鄂西和湘西北地区的高磷铁矿发现于 1956 年，铁矿层均产于上泥盆统黄家磴组和写经寺组，共分为四层矿石：Fe3 矿层赋存在写经寺组（D3x）下段底部，遍布于全区绝大多数矿区，且多为主矿体，厚度一般为 1.5~3.4 m，分布近百平方千米。矿石主要为钙质鲕状赤铁矿或砂质鲕状赤铁矿，品位相对较高（19%~58%），平均品位在 45% 左右，高于我国铁矿石的平均品位 32.6%[2-4]，并常有富铁矿产出，磷的含量普遍较高。

官店高磷铁矿床是鄂西地区大型高磷铁矿代表性矿床之一，属于低硫高磷鲕状赤铁矿矿石，其含磷量一般超过 0.3%，有的甚至高达 0.9%，经过常规选矿后磷含量仍然高于我国钢铁企业精铁矿的磷含量必须低于 0.2%~0.3%[5] 的标准。对于这类铁矿如要得到有效的利用必须降低其含磷量。本节对鄂西恩施官店地区高磷铁矿中铁、磷元素的赋存状态进行了分析研究。

3.17.1　实验部分

在显微镜下对所采集的样品进行仔细观察，通过薄片鉴定工作确定了矿石中的主要矿物及大致含量；通过 X 射线粉晶衍射分析了解样品中主要矿物的组成及含量；通过化学分析准确测定了样品中主要元素铁、磷、硫的含量，分析了铁和磷元素的物相；最后对鲕状赤铁矿使用电子探针微区分析，确定了高磷铁矿中矿物的元素含量及分布。

3.17.1.1　粉晶 X 射线衍射分析

粉碎样品，过 200 目筛，压片。分析仪器为德国布鲁克 Bruker D8 Advance 型 X 射线粉晶衍射仪，测试条件为：加速电压 40 kV，分析电流 40 mA，扫描速度 10°/min。

3.17.1.2　化学分析及化学物相分析

使用滴定法、比色法和燃烧法对高磷铁矿中的主要元素铁、磷、硫进行了测定。具体操作流程参照"岩矿分析"行业标准。

3.17.1.3　电子探针微区分析

通过显微镜分析、粉晶 X 射线衍射分析及化学分析等宏观分析方法，本研究对高磷铁矿的矿物组成和元素组成有了详细信息，但是对于铁元素和磷元素究竟是以何种形式存在于高磷铁矿中还不清楚，所以对高磷铁矿中的主要矿物磷灰石、赤铁矿、绿泥石、石英进行微区成分分析，对矿石中的赤铁矿进行面分析。

点分析条件为：加速电压 15 kV，分析电流 0.10 μA，电流束斑 1 μm。

面分析条件为：加速电压 15 kV，分析电流 0.10 μA，分析元素 Fe、P、Ca、Si、Al、O、Mg，扫描步长 0.5 μm，扫描时间 2 ms。

本节编写人：谭靖（中国地质调查局武汉地质调查中心）

3.17.2　结果与讨论

3.17.2.1　野外现场分析及显微镜鉴定

通过野外现场分析发现，所选地区的高磷铁矿主要是鲕状赤铁矿，少有鲕状绿泥石菱铁矿，由其构成的铁矿层呈层状、似层状，矿体产出于砂岩或页岩的层系中，单体厚度为 0.2~8 m。

通过显微镜下观察发现该矿区赤铁矿自然类型主要有三大类：鲕状赤铁矿、砾状赤铁矿和砂状赤铁矿，其储量分布比例大致为 62∶30∶8。这三类矿石经光学显微镜鉴定，发现主要由三部分构成：鲕粒、机械沉积的早期陆源碎屑物（以石英为主）、鲕粒间和碎屑间充填的胶结物（图 3.56）。

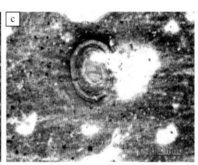

图 3.56　官店高磷铁矿显微镜下照片

a. 鲕状赤铁矿，b. 砾状赤铁矿鲕粒，c. 砂状赤铁矿鲕粒、石英碎屑与胶结物。

该铁矿的矿石成分较为复杂，除主要的赤铁矿、褐铁矿、菱铁矿外，还有方解石、白云石、石英、绿泥石、黄铁矿、胶磷矿、磷灰石及黏土矿物等。矿石中金属矿物组成为：赤铁矿（40%~52%）、褐铁矿（4%~8%）、菱铁矿（2%~5%），含少量磁铁矿、黄铁矿、黄铜矿、斑铜矿、辉铜矿等。脉石矿物以绿泥石（10%~16%）和石英（14%~18%）为主，含少量高岭石（3%~9%）和磷灰石（4%~11%）。

3.17.2.2　粉晶 X 射线衍射分析

矿石的 X 射线粉晶衍射分析结果见图 3.57 和表 3.28。可知矿石中可供回收的矿物是赤铁矿，有害的矿物是磷灰石。选矿的主要造渣矿物是绿泥石中的 Al_2O_3 和石英。

3.17.2.3　化学分析及化学物相分析

矿石矿物的主要化学元素分析结果为 TFe 53.40%、Fe_2O_3 73.37%、FeO 2.68%、S 0.016%、P 0.93%。该矿石的 TFe/FeO 值为 19.93，属于酸性矿石，其品位为 53.40%，有回收利用价值。有害元素为硫、磷，其中硫的含量较低，只有 0.016%，不会影响回收利用，而磷的含量较高，达到 0.93%，属于高磷低硫铁矿石，磷的含量远高于行业标准，不利于矿石的回收利用。

根据矿物化学分析可知，矿石中的有益元素为 Fe，有害元素主要是 P。对 Fe 和 P 元素开展化学物相分析，表明矿石中 95.34% 的 Fe 存在于赤铁矿、褐铁矿中，其他矿石的 Fe 含量仅为 4.66%，矿石中 97.84% 的 P 存在于磷灰石中，其他矿石的 P 含量仅为 2.16%（表 3.29）。

3.17.2.4　电子探针微区分析

矿石的电子探针定量分析及面分析结果见表 3.30、图 3.58 和图 3.59。

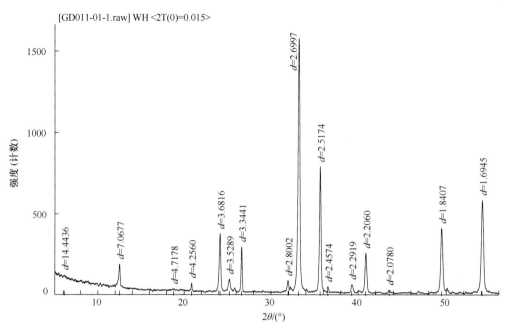

图 3.57   磷灰石粉晶 X 射线衍射谱图

表 3.28   磷灰石粉晶 X 射线衍射分析结果   %

样品编号	磷灰石	绿泥石	石英	赤铁矿
1	6.7	9.5	4.5	79.3
2	7.9	8.2	6.1	77.8
3	6.3	10.2	4.9	78.6

表 3.29   矿石中铁和磷元素化学物相分析结果   %

铁相	赤铁矿、褐铁矿	其他矿物	合计	磷相	磷灰石	其他矿物	合计
铁含量	50.91	2.49	53.4	磷含量	0.91	0.02	0.93
铁的占有率	95.34	4.66	100	磷的占有率	97.84	2.16	100

表 3.30   主要矿物电子探针分析结果   %

矿物名称	各组分含量								
	Na_2O	MgO	Al_2O_3	SiO_2	CaO	TiO_2	MnO	FeO	P_2O_5
磷灰石	0.47	0.1	—	—	51.02	—	0.03	3.55	42.09
赤铁矿	—	0.56	3.86	4.29	0.17	0.13	0.21	83.87	0.24
石英	—	—	—	98.89	—	0.11	—	0.76	0.18
绿泥石	0.22	5.76	25.18	24.52	0.21	—	0.19	32.72	0.15

赤铁矿是矿石中的主要含铁矿物，也是矿石的主要回收利用矿物。赤铁矿在矿石中的表现形式分以下几种：

（1）由图 3.59a 可知，赤铁矿以绿泥石为核心，和绿泥石以及磷灰石形成环带结构，呈鲕砾状。鲕粒大小不等，在 10~200 μm。

（2）少量赤铁矿呈不规则状与磷灰石形成胶状结构，没有很明显的界限，嵌布粒度非常细，只有几微米到十几微米。

（3）还有少量赤铁矿以粒状存在于脉石矿物中，这类赤铁矿大小接近，一般为 50 μm 左右。

（4）由表 3.29 可知，石英和磷灰石中都有微量的 Fe，磷灰石中 Fe 含量为 3.55%，石英中 Fe 含量为 0.76%，由于在普通光学显微镜下可见石英颗粒包裹有细小赤铁矿，内部裂隙也存在赤铁矿，且石英和胶

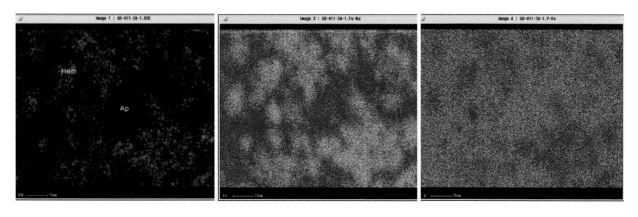

图 3.58　不规则状赤铁矿和磷灰石中 P 和 Fe 的面分布

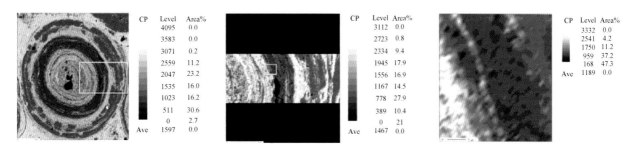

a. 赤铁矿与磷灰石呈环带结构图 (放大倍数分别为 200、500、5000 倍)

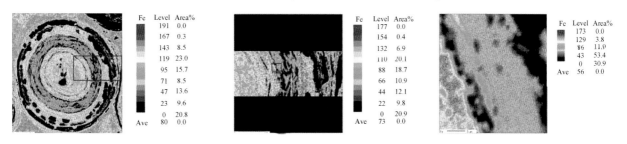

b. 赤铁矿的铁元素分布图 (放大倍数分别为 200、500、5000 倍)

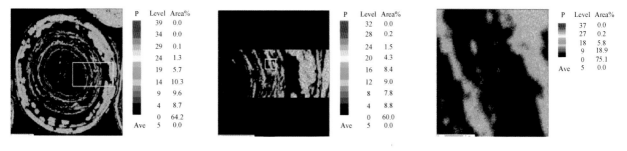

c. 赤铁矿的磷元素分布图 (放大倍数分别为 200、500、5000 倍)

图 3.59　矿物中的铁和磷元素分布图

磷矿的化学式组成决定了 Fe 元素无法与之发生类质同象交换，说明部分铁质矿物呈微细或超微细包裹物形式存在于石英和胶磷矿颗粒内部或内部裂隙内。

磷灰石是矿石中的有害矿物，磷灰石在矿石中的存在形式分为以下几种：

（1）大多数磷灰石以独立矿物形式存在于脉石矿物间隙中，或者存在于鲕砾状赤铁矿的间隙中，这类磷灰石较大，其大小一般为几百微米。

（2）部分磷灰石与赤铁矿形成环带结构，这类磷灰石较小，只有几微米到十几微米。

（3）还有部分磷灰石出现在鲕状赤铁矿边缘出现，其粒度与环带结构中的磷灰石相似。

（4）电子探针数据表明赤铁矿中 P_2O_5 含量为 0.24%，CaO 平均含量为 0.17%；石英中 P_2O_5 含量为 0.18%。推测含磷矿物呈微细或超微细包裹物形式存在于赤铁矿和石英中。

通过以上对高磷铁矿详细的分析，认为铁、磷元素在高磷铁矿中的赋存状态如下：

（1）铁元素的赋存状态。①独立矿物：这是 Fe 元素在矿石中的最主要存在形式。Fe 以赤铁矿、鲕绿泥石、褐铁矿等独立矿物的形式存在。多数赤铁矿和绿泥石以及磷灰石形成环带结构，呈鲕砾状。鲕粒大小不等，介于 10~200 μm。少量赤铁矿呈不规则状与磷灰石形成胶状结构没有明显的界限，嵌布粒度非常细，只有几微米到十几微米。还有少量赤铁矿以粒状存在于脉石矿物中，这类赤铁矿大小接近，一般为 50 μm 左右。褐铁矿主要呈致密块状嵌布，常为不规则状沿赤铁矿鲕粒的边缘交代。②微细包裹物（即机械混入物）：部分铁质矿物呈微细或超微细包裹物形式存在于石英和胶磷矿颗粒内部或内部裂隙内。

（2）磷元素的赋存状态。①独立矿物：P 元素在矿石中主要以磷灰石的独立矿物形式出现，磷灰石的嵌布粒度极不均匀，在脉石矿物颗粒间隙中的磷灰石较大，其大小一般为几百微米。而与赤铁矿形成环带结构的磷灰石较小，只有几微米到十几微米。还有部分磷灰石在鲕状赤铁矿边缘出现，其粒度与环带结构中的磷灰石相似。②微细包裹物：部分含磷矿物呈微细或超微细包裹物形式存在于赤铁矿和石英中。

3.17.3　结论

本研究通过宏观的薄片鉴定、衍射分析和化学分析确定了高磷铁矿的矿物、元素组合及含量。而后着重进行了微观电子探针分析，确定了铁元素主要以赤铁矿、鲕绿泥石和褐铁矿等独立矿物的形式存在于高磷铁矿中，少数铁质矿物呈微细或超微细包裹物形式存在于石英和胶磷矿颗粒内部或内部裂隙内；磷元素主要以磷灰石的独立矿物形式存在，少数含磷矿物呈微细或超微细包裹物形式存在于赤铁矿和石英中。

为使该地区的高磷铁矿石得到利用，除去矿物中的磷灰石和胶磷矿是重中之重，在常规选矿无法达到要求时，可根据磷元素的赋存状态，选择浮选法、浸出法、冶炼法和微生物法[6]来进行脱磷，从而得到优质精铁矿。

参 考 文 献

[1] 郝先耀, 戴惠新, 赵志强. 高磷铁矿石降磷的现状与存在问题探讨[J]. 金属矿山, 2007(1): 7-10.

[2] 孟嘉乐, 曹晶. 高磷铁矿湿法脱磷研究[J]. 冶金研究, 2008(12): 287-288.

[3] 孙富来. 中国铁矿资源[J]. 矿产资源利用, 1995(7): 4-6.

[4] 张泾生. 我国铁矿资源开发利用现状及发展趋势[J]. 中国冶金, 2007, 17(1): 1-6.

[5] 柏少军, 文书明, 刘殿文, 等. 云南某高磷铁矿石工艺矿物学研究[J]. 矿冶, 2010, 19(2): 91-93.

[6] 黄晓毅, 王景双, 周波. 高磷铁矿降磷技术进展[J]. 矿产保护与利用, 2009, 2(4): 50-54.

3.18　丹巴杨柳坪铜镍硫化物铂族矿床铂族元素赋存状态研究

根据铂族元素矿床产出的地质环境、元素组合、成矿作用性质及矿化类型，将我国铂族矿床划分为岩浆型、热液型和外生型三大类和铜镍型、铬铁矿型、钒钛磁铁矿型、矽卡岩型、斑岩型、热液型、石英脉型、构造蚀变岩型、镍钼型及砂铂矿床十个亚类[1]。其中，铜镍硫化物铂族矿床是我国主要的铂族金属产出矿床。但是该类型铂族矿床不仅岩体组成复杂，岩体主要由橄榄岩、辉橄岩、辉石岩、辉长岩、苏长岩及闪长岩组成；而且该类型矿床蚀变现象普遍，常见闪石化、滑石化、蛇纹石化、绿泥石化等蚀变现象；此外，该类型矿床的矿物组成复杂，矿物中不仅含有大量的金属硫化物和铂族金属，还包括 Co、As、Au、Ag、Se、Sb、Te 等元素组成的共生/伴生矿物[2-6]。因此，对该类型矿床资源进行准确评价与制定合理矿石选冶工艺等，需要系统、准确地研究矿石中铂族元素的赋存状态。

铂族元素赋存状态的研究主要是查明铂族元素在矿石中以何种矿物的形式存在[7]。目前，常见的铂族元素赋存形式主要有单矿物、类质同象、显微包裹体及吸附态四种。在铜镍硫化物铂族矿石中，铂元素形成的单矿物主要以砷铂矿、承德矿及锑钯铂矿等形式存在。其次，由于铂族元素与同族元素间具有相似的化学属性，所以类质同象也是其主要赋存状态之一[8-10]。此外，矿床中部分铂族矿物的粒径达到纳米级，所以呈显微包体形式赋存于硫化物或硅酸盐等矿物中。因此，在查明矿石中铂族元素赋存状态的同时掌握其分布规律，可为矿床的资源评价及矿石选冶提供依据。

丹巴杨柳坪是我国典型的铜-镍硫化物铂族元素矿床，位于松潘—甘孜造山带的东缘，康滇地轴南北向构造带北端、小金和金汤弧形构造带北西部[11]。大地构造上位于上扬子地台西北部褶皱带、松潘—甘孜褶皱系雅江褶皱带的丹巴—茂汶复背斜南西侧、南北向杨柳坪背斜与北西向银厂沟背斜复合部位。矿区内含有前震旦系、震旦系、奥陶系、志留系、泥盆系、石炭系及二叠系地层，其中泥盆系为主要的赋矿层位。矿床包括杨柳坪、正子岩窝、协作坪及打枪岩窝四个矿段，矿体主要位于基性-超基性岩中。杨柳坪矿段的主要岩石类型为蛇纹岩、透闪石化二辉橄榄岩、全蛇纹石化橄榄岩、滑石化二辉橄榄岩、全透闪石化单辉辉石岩、全透闪石化二辉辉石岩和蚀变辉长岩。常见的蚀变作用有蛇纹石化、滑石化、碳酸盐化、绢石化、透闪石化、阳起石化、绿泥石化和斜黝帘石化。常见结构有细粒纤状变晶结构、变海绵陨铁结构、变余自形等粒结构、粒状鳞片状变晶结构、变余辉长结构、中粒粒状结构、反应边结构、包含结构、矿物交生结构及片状/块状构造。正子岩窝矿段内岩体变质作用强烈，主要的岩石类型有蛇纹岩、滑石片岩、透闪石片岩、绿泥石片岩和黑云菱镁矿片岩。

由于丹巴杨柳坪铜-镍硫化物铂族元素矿床中的铂族元素含量较低，且其分布又存在较强的非均质性；其次，该矿床中铂族矿物的粒径较小，在偏反光显微镜下不易观察，而且对于该矿床中铂族元素赋存状态的研究尚不深入，所以导致该矿床中铂族元素的开发与选冶技术迟迟未能取得重大进步。

3.18.1　实验部分

目前，铂族元素赋存状态分析方法根据其性质，分为化学分析方法与物理分析方法[12-13]。其中化学分析方法有电感耦合等离子体质谱法、中子活化法、原子吸收光谱法、原子荧光光谱法、电感耦合等离子体发射光谱法等。这类方法主要是根据铂族元素的化学性质对其进行研究，可准确地检测出矿石中铂族元素的含量查明各元素的相态，但无法提供矿石中铂族矿物的形态特征及其与围岩间的相关关系[14-17]。物理分析方法主要是利用矿物的物理性质观察其赋存状态，如扫描电镜、透射电镜、X 射线断层扫描等，此类方法可清晰地观察到岩石中铂族矿物的赋存状态及形貌，但无法获得全岩中铂族元素的含量信息[18-20]。

本节编写人：徐金沙（中国地质调查局成都地质调查中心）；王坤阳（中国地质调查局成都地质调查中心）

3.18.1.1　仪器设备

本次采用 Hitch S-4800 型场发射扫描电镜观察丹巴杨柳坪铜镍硫化物铂族元素矿床中铂族矿物与其共生/伴生矿物间的相关关系及其在硫化物、硅酸盐及碳酸盐岩等岩石中的分布规律及赋存状态；利用牛津 IE250X-Max50 能谱仪测试铂族矿物组成元素的含量。

3.18.1.2　样品处理及测量条件

此次将样品统一制备成 3 cm×3 cm 的光片，以确保样品 X 射线出射角，进而保证 X 射线能谱分析结果的准确性。扫描电镜加速电压选择 20 kV，放大倍数×100~×20 000，分辨率 2~20 nm，主要采集矿物的背散射电子信号，通过调节合适的对比度、饱和度，获得细节表现清晰、层次鲜明的高质量图像（图 3.60）。X 射线能谱仪主要采集元素的特征 X 射线能量，根据分析需求采用不同的分析模式，采用点分析可获得分析点的定量分析结果，精度可达到千分之一；采用线分析模式可获得所有元素在分析轨迹上的含量的分布规律；采用面分析可获得整个分析区域中元素的含量分布规律及其各元素之间相关关系。

3.18.2　结果与讨论

丹巴杨柳坪铜镍硫化物铂族元素矿床中含有六种铂族元素，其中以 Pt、Pd 为主，其他四种按照其含量递减依次为 Os、Ru、Ir、Rh。矿床中 Pt 含量为 $0.02×10^{-6}$~$1.67×10^{-6}$，Pd 含量为 $0.03×10^{-6}$~$4.01×10^{-6}$，Os 含量低于 $0.05×10^{-6}$，Ru 含量低于 $0.1×10^{-6}$，Ir 含量为 $0.69×10^{-9}$~$12×10^{-9}$，Rh 含量为 $15.9×10^{-9}$~$20.1×10^{-9}$。

3.18.2.1　杨柳坪矿段铂族元素赋存状态特征

1）铂元素赋存状态

杨柳坪矿段中的铂元素主要有以下几种赋存状态：①独立矿物形式存在。砷铂矿作为杨柳坪矿段中主要的铂元素矿物（表 3.31），其粒径分布范围为 2 μm×3 μm~60 μm×70 μm，常赋存于黄铜矿、镍黄铁矿内部/边界及硅酸盐矿物中。砷铂矿呈三角形、椭圆形、次圆状及不规则的短柱状等形态（图 3.60a~d）。②类质同象形式存在。常有锑类质同象砷元素与砷铂矿形成同一矿物，通过线扫描可清晰地观察到砷与铂元素的正相关关系（图 3.60e~g）。

2）钯元素赋存状态

钯元素作为杨柳坪矿段另一主要的铂族元素，其赋存状态主要有以下几种：①独立矿物形式存在。常见的独立矿物有碲锑钯矿、铋碲钯矿及少量的六方锑钯矿、锑钯矿（表 3.32），其粒径分布范围为 2 μm×3 μm~100 μm×100 μm，主要赋存于磁黄铁矿、黄铜矿及镍黄铁矿等金属矿物及蛇纹石等硅酸盐矿物中，碲锑钯矿呈乳滴状、短柱状、不规则溶蚀港湾状及椭圆状等形状，铋碲钯矿呈圆形、不规则多边形及椭圆形等形状，锑钯矿呈短柱状及溶蚀港湾状（图 3.60h~k）。②类质同象形式存在。偶见钯元素呈类质同象的形式赋存于砷铂矿及硫砷铑矿中。

3）铑元素赋存状态

杨柳坪矿段中还发现了铑元素，但是其含量较低，为 11.58%，仅发现其呈硫砷铑矿物的形式存在，粒径大约 3 μm，赋存于钛铁矿间隙的硅酸盐矿物中（图 3.60 l）。

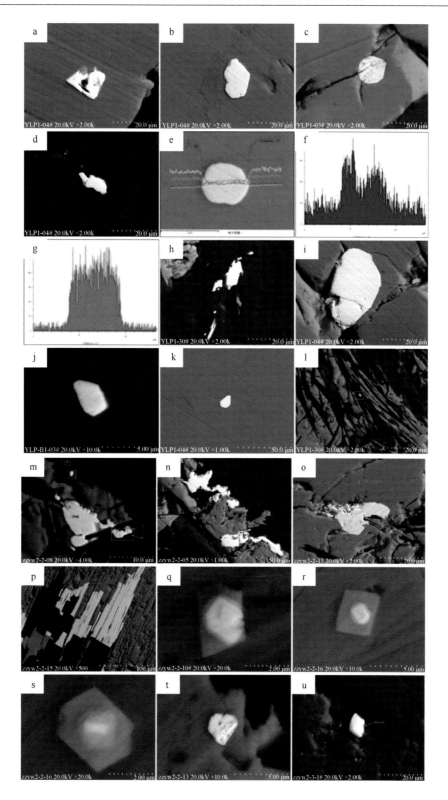

图 3.60　四川丹巴铂族矿物背散射电子图像及线扫描图像

a. 杨柳坪三角形砷铂矿背散射图；b. 杨柳坪椭圆状砷铂矿背散射图；c. 杨柳坪次圆状砷铂矿背散射图；d. 杨柳坪溶蚀港湾状砷铂矿背散射图；e. 杨柳坪砷铂矿线扫描图像；f. 杨柳坪不规则状碲锑钯矿背散射图；g. 杨柳坪圆形铋碲锑钯矿背散射图；h. 杨柳坪多边形锑钯矿背散射图；i. 杨柳坪乳滴状碲锑钯矿背散射图；j. 杨柳坪微米级硫砷铑矿背散射图；k. 杨柳坪溶蚀港湾状自然铂背散射图；l. 杨柳坪溶蚀港湾状砷铂矿背散射图；m. 杨柳坪溶蚀港湾状自然铂背散射图；n. 杨柳坪溶蚀港湾状砷铂矿背散射图；o. 正子岩窝溶蚀港湾状碲铂矿背散射图；p. 正子岩窝柱状锑钯矿背散射图；q. 正子岩窝环带状硫砷铱矿背散射图；r. 正子岩窝环带状硫砷铱矿背散射图；s. 正子岩窝环带状硫砷铑矿背散射图；t. 正子岩窝砷铂矿（铑类质同象）背散射图；u. 正子岩窝四边形锇、钌硫化物背散射图。

表 3.31　杨柳坪矿段铂元素测试结果　　　　　　　　　　　%

样品编号	含量						
	As	Pt	Sb	Fe	Ni	S	Cu
YLP-1-4	43.30	54.76	1.93	—	—	—	—
YLP-1-4-1	40.48	50.50	2.57	1.91	—	1.18	3.36
YLP-1-4-2	38.47	51.58	4.11	1.79	—	1.67	2.38
YLP-1-4-3	39.82	54.84	3.80	1.53	—	—	—
YLP-1-6	39.82	54.84	3.80	1.53	—	—	—
YLP-1-30	41.60	54.06	1.53	2.82	—	—	—
YLP-B1-03	40.62	52.84	2.78	2.41	1.35	—	—
YLP-B1-03-1	39.02	52.73	4.12	3.21		0.92	
YLP-B1-03-2	40.65	56.09	3.26	—	—	—	—
YLP-26	40.65	56.09	3.26	—	—	—	—

表 3.32　杨柳坪矿段钯元素测试结果　　　　　　　　　　　%

样品编号	含量							
	Pd	Sb	Te	Bi	Fe	Ni	As	Pt
YLP-1-30-11	25.03	24.43	35.01	14.40	1.13	—	—	—
YLP-1-30-22	22.85	33.58	31.52	—	1.00	11.06	—	—
YLP-1-30-21	39.60	47.05	9.55	—	0.89	2.91	—	—
YLP-1-04-1	26.42	17.99	32.95	21.50	0.53	0.61	—	—
YLP-1-04-17	26.22	30.50	33.40	—	0.84	9.04	—	—
YLP-1-04-30	27.16	17.06	32.75	23.03	—	—	—	—
YLP-1-04-21	42.96	35.08	14.25	5.88	1.84	—	—	—
YLP-B1-03-6	17.29	—	59.36	13.82	1.99	7.53	—	—
YLP-B1-03-20	31.21	12.39	42.95	10.34	1.92	1.20	—	—
YLP-1-04-4	1.12	0.81	—	—	—	—	43.30	54.76

4）杨柳坪矿段铂族元素赋存状态规律

杨柳坪矿段中的铂族元素矿物主要以铂、钯的独立矿物为主，少量的铑矿物既赋存于镍磁黄铁矿等金属硫化物中，也赋存于硅酸盐等矿物中。其次，该矿段铂族元素的赋存状态为类质同象。铂族矿物的分布具有较强的非均质性，而且铂族矿物粒径分布较宽，从数微米至数十微米，常穿插载体矿物，相互间具有复杂的相关关系。

3.18.2.2　正子岩窝矿段铂族元素赋存状态特征

1）铂元素赋存状态

正子岩窝矿段中的铂元素主要有以下几种赋存状态：①独立矿物形式存在。砷铂矿作为正子岩窝矿段主要的铂元素矿物（表 3.33），其粒径分布范围为 0.2 μm×0.3 μm~60 μm×60 μm，主要赋存于磁黄铁矿、镍黄铁矿、硅酸盐及碳酸盐矿物中，少部分以包裹体的形式赋存于黄铁矿等载体矿物中，磁黄铁矿中的砷铂矿常穿切数个磁黄铁矿颗粒，部分延伸到蛇纹石或碳酸盐矿物中。砷铂矿呈溶蚀港湾状、椭圆状、乳滴状及不规则多边形等形状。此外还见少量的自然铂，其粒径大约为 5 μm，分布在硅酸盐矿物中（图 3.60 m、n）。②类质同象形式存在。呈类质同象的铂元素主要赋存于碲锑钯、硫铑铱、硫铱铑等矿物中。

表 3.33　正子岩窝矿段铂元素测试结果　　　　%

样品编号	含量					
	As	Pt	Sb	Fe	S	Ni
ZZYW2-2-08-3	9.27	84.92	—	5.81	—	—
ZZYW2-2-08-7	10.02	85.76	1.24	2.97	—	—
ZZYW2-2-08-1	41.62	55.14	—	3.24	—	—
ZZYW2-2-02-11	41.41	55.01	1.60	1.19	0.80	—
ZZYW2-2-05-11	40.05	54.95	4.30	0.70	—	—
ZZYW2-2-05-10	39.39	55.94	4.67	—	—	—
ZZYW2-2-07-1	43.16	55.27	—	1.58	—	—
ZZYW2-2-10-19	37.69	52.31	4.36	3.61	2.03	—
ZZYW2-2-11-18	41.95	55.94	—	2.11	—	—
ZZYW2-2-11-33	38.72	57.28	—	4.00	—	—
ZZYW2-2-12-13	42.65	56.04	1.31	—	—	—
ZZYW2-2-13-8	39.31	52.56	3.25	3.13	1.75	—
ZZYW2-2-15-23	6.56	91.73	—	1.70	—	—
ZZYW2-2-15-18	41.09	53.81	1.86	2.34	0.90	—
ZZYW2-2-16-8	42.17	53.28	—	2.00	0.84	1.71

2）钯元素赋存状态

正子岩窝矿段中的钯元素也是其主要的铂族元素的之一，钯元素的赋存状态主要有以下几种：①独立矿物形式存在。常见的单矿物有碲锑钯矿、锑钯矿、碲钯矿，偶见六方锑钯矿、碲铋钯矿、铋锑钯矿（表 3.34），其粒径分布范围为 0.2 μm×0.3 μm~30 μm×100 μm。常赋存于磁铁矿、镍黄铁矿、磁黄铁矿中，受到磁黄铁矿、黄铁矿、黄铜矿等载体矿物的裂隙及颗粒内部孔隙形态的控制，呈各种不规则形状出现在载体矿物的裂隙、边缘及载体矿物孔隙中，少量碲锑钯矿赋存于蛇纹石中（图 3.60 o、p）。②类质同象形式存在。呈类质同象的钯元素主要赋存于砷铂矿、硫铑铱等铂族矿物中。

表 3.34　正子岩窝矿段钯元素测试结果　　　　%

样品编号	含量						
	Pd	Sb	Te	Ni	Fe	S	Bi
ZZYW2-2-7	17.43	18.06	13.02	8.92	24.75	17.82	—
ZZYW2-2-04-3	25.56	—	49.95		0.95	—	23.54
ZZYW2-2-05-4	28.43	29.29	30.13	5.92	1.65	—	4.58
ZZYW2-2-07-8	27.48	32.13	31.63	7.42	1.34	—	
ZZYW2-2-10-4	16.88	31.80	35.82	13.54	1.30	0.66	
ZZYW2-2-12-19	21.69	39.15	39.15	—	—	—	
ZZYW2-2-13-6	25.70	20.57	33.88	1.49	1.12	—	17.23
ZZYW2-2-14-1	19.35	33.10	32.43	13.26	1.87	—	
ZZYW2-2-15-7	26.02	33.21	30.75	10.03	—	—	
ZZYW2-2-15-31	23.02	37.97	25.86	9.38	0.59	—	
ZZYW2-2-15-43	23.87	33.00	31.52	11.62	—	—	
ZZYW2-2-15-5	27.96	26.45	31.95	—	—	—	13.63
ZZYW2-2-15-6	45.85	51.38	2.77	—	—	—	
ZZYW2-2-18-35	26.42	25.16	35.06	2.18	—	—	11.16
ZZYW2-3-05-7	27.01	—	34.12	—	0.56	—	38.31

3）铱元素赋存状态

正子岩窝矿段中含铱的矿物较为稀少，铱元素的赋存状态主要有以下几种：①独立矿物形式存在。该矿段发现的含铱元素的矿物主要为硫砷铱矿（表 3.35），其粒径为 0.5 μm×0.5 μm~2 μm×2 μm，呈六边形及纺锤状位于载体矿物辉砷钴矿颗粒内部。此外偶见硫砷铱矿与硫砷铑矿常形成环带状结构，硫砷铑矿呈近等厚环边围绕在硫砷铱矿颗粒外部（图 3.60 q、r）。②类质同象形式存在。铱元素主要以类质同象的形式赋存于砷铑矿、砷铂矿、碲锑钯矿及含钌、锇、硫的铂族矿物中。

表 3.35　正子岩窝矿段铱元素测试结果　　　　　　　　　%

样品编号	含量									
	Ir	Pt	Rh	As	Ni	Co	Fe	S	Sb	Pd
ZZYW2-2-10-30	35.26	9.64	7.14	27.67	1.62	1.21	4.46	13.00	—	—
ZZYW2-2-10-20	34.72	—	2.29	26.55	1.79	1.72	7.57	15.80	1.02	—
ZZYW2-2-16-5	23.21	—	11.40	32.56	2.21	3.46	5.03	16.11	—	1.13
ZZYW2-3-06-1	44.52	6.95	3.56	24.69	—	0.65	4.22	13.30	2.12	—

4）铑元素赋存状态

正子岩窝矿段中的铑元素含量较低，其赋存的形式有：①独立矿物形式存在。呈独立矿物形式存在的主要为硫砷铑矿（表 3.36），其粒径为 1 μm×1 μm~2 μm×3 μm，硫砷铑矿物不仅以近等厚环边的形式围绕硫砷铱矿物，还呈单矿物的形式被硅酸盐矿物包裹（图 3.60 s）。②类质同象的形式存在。铑元素还以类质同象的形式赋存于硫砷铱、砷铂矿等铂族矿物中。

表 3.36　正子岩窝矿段铑元素测试结果　　　　　　　　　%

样品编号	含量							
	Rh	Pt	As	Fe	S	Os	Ni	Co
ZZYW2-2-13-19	1.81	54.12	18.64	15.04	10.39	—	—	—
ZZYW2-2-13-17	3.04	46.56	39.02	5.39	5.99	—	—	—
ZZYW2-2-16-13	11.74	—	39.24	7.20	18.19	5.03	6.82	11.80

5）锇、钌元素赋存状态

正子岩窝矿段中含锇、钌元素的含量极低，因此在该矿段中仅发现了一粒径为 7 μm×10 μm 的含锇（34.97%）、钌（25.06%）的硫化物，该硫化物呈四边形、纺锤体状出现在硅酸盐矿物中（图 3.60 u）。其次，锇、钌两种元素的赋存状态主要以类质同象的形式赋存于硫砷铱、硫砷铑及砷铂矿等铂族矿物中。

6）正子岩窝矿段铂族元素赋存状态规律

正子岩窝矿段中的铂族元素矿物仍以铂、钯的独立矿物为主，但是与砷铂矿相比，碲锑钯矿等含钯元素矿物分布较少，碲锑钯矿等含钯元素矿物单颗矿物的粒径较砷铂矿大。其次为铱、铑元素矿物，还含有少量的锇、钌元素矿物。该矿段的铂族元素赋存状态与杨柳坪矿段相比，其铂族矿物的粒径分布范围更宽，与载体矿物/围岩的穿插关系更为复杂。铂族矿物分布的非均质性较强，局部区域铂族矿物呈"窝状"分布，如砷铂矿、碲锑钯矿等常局部富集，也有不少区域呈零星分布，如硫砷铱矿、硫砷铑矿零星分布于磁铁矿、硅酸盐矿物中。此外该矿段的类质同象赋存状态发育，铂与钯、铂与铱、铱与铑之间常出现类质同象。

3.18.2.3 协作坪矿段铂族元素赋存状态特征

协作坪矿段中含铂族元素的矿物主要发现了碲锑钯矿、砷铂矿（表 3.37）两种矿物。碲锑钯矿粒径为 8 μm×12 μm~10 μm×12 μm，赋存于黄铁矿的边缘、磁黄铁矿的内部及镍磁黄铁矿边缘的裂隙中，呈纺锤体状、乳滴状、近四边形等形状。砷铂矿粒径为 1 μm×5 μm~8 μm×15 μm，赋存于磁黄铁矿与硅酸盐矿物的接触带，部分砷铂矿被黄铁矿包裹，呈溶蚀港湾状、不规则多边形等形状。其次在该矿段中发现钯呈类质同象赋存于砷铂矿中，铑呈类质同象赋存于砷铂矿、辉砷钴矿中。

表 3.37 协作坪矿段铂族元素分析结果 %

样品编号	含量											
	Pt	As	Fe	S	Sb	Rh	Cu	Pd	Bi	Te	Ni	Co
XZP4-1-1-9	54.60	39.12	6.28	—	—	—	—	—	—	—	—	—
XZP4-1-04-1	54.84	41.58	2.74	0.84	—	—	—	—	—	—	—	—
XZP4-1-08-1	52.42	39.78	3.60	1.97	2.24	—	—	—	—	—	—	—
XZP4-1-08-3	46.18	37.45	6.02	3.32	2.73	2.36	1.93	—	—	—	—	—
XZP4-1-14-9	44.09	39.07	2.65	2.71	3.78	6.30	—	1.40	—	—	—	—
XZP4-1-1-1	—	—	1.11	—	18.18	—	—	27.40	18.68	33.80	0.84	—
XZP4-1-08-5	—	—	1.23	—	31.88	—	—	28.17	—	31.02	7.70	—
XZP4-1-14-2	—	43.71	7.58	20.17	—	2.45	—	—	—	—	9.22	16.87

协作坪矿段中含铂族元素的矿物较杨柳坪矿段、正子岩窝矿段少，且含铂族元素的矿物较单一，矿物呈零星分布，未观察到局部富集的铂族矿物，铂族矿物与载体矿物/围岩间的相关关系相对比较简单。

3.18.3 结论

在丹巴铜镍硫化物铂族元素矿床的几个矿段中，正子岩窝、杨柳坪的铂族元素矿物含量较协作坪高，主要是含铂、钯元素的矿物。铂主要以砷化物的形式大量出现，砷铂矿的分配比例达 42.91%，其次为少量的自然铂。钯主要以 Te-Sb 化合物的形式出现，其次为锑化物，此外还以 Te-Bi 化合物的形式出现，碲锑钯矿分配比例达 10.62%，锑钯矿分配比例达 9.37%，四碲锑钯矿分配比例为 0.27%，铋碲钯矿分配比例达 5.09%。铱、铑、钌、锇在该矿床中出现相对较少，主要以硫化物的形式出现，常以特殊的环带状等形式存在，硫砷铑矿分配比例为 0.2%，硫砷铱矿分配比例为 0.54%，硫钌锇矿分配比例为 0.14%。

铂族元素标准物质与其赋存状态的标准分析方法在有关丹巴杨柳坪铜镍硫化物铂族元素矿床中铂族元素赋存状态的研究中起到了举足轻重的作用，但目前国内外有关铂族元素地球化学特征的相关研究中鲜有涉及该方法。因此为了系统地对矿床中铂族元素赋存状态进行研究，应加强对铂族元素标准物质与赋存状态分析标准方法的研究。

参 考 文 献

[1] 王登红. 中国西南铂族元素矿床地质、地球化学与找矿[M]. 北京: 地质出版社, 2007.

[2] McClenaghan M B, Cabri L J. Review of Gold and Platinum Group Element (PGE) Indicator Minerals Methods for Surficial

Sediment Sampling[J]. Geochemistry Exploration Environment Analysis, 2011, 11: 251-263.

[3] Wirth R, Reid D. Nanometer-sized Platinum-group Minerals (PGE) in Base Metal Sulfides: New Evidence for an Orthomagmatic Origin of the Merensky Reef PGE Ore Deposit Bushveld Complex, South Africa[J]. The Canadian Mineralogist, 2013, 51: 143-155.

[4] 来雅文, 甘树才. 铂族元素和钴、镍的地球化学亲和性与赋存状态研究[J]. 地质与勘探, 2005, 41(3): 50-52.

[5] 杨小斌, 杨宝, 王晓云. 青海果洛龙洼金矿床金的赋存状态研究[J]. 地质与勘探, 2006, 42(5): 57-59.

[6] 杨剑, 易发成. 黔北下寒武统黑色岩系元素赋存状态及富集模式[J]. 矿物学报, 2012, 32(2): 281-286.

[7] 邢乐才, 罗泰义, 漆亮. 梅树村第五层凝灰岩铂族元素地球化学探讨[J]. 矿物学报, 2011, 31(增刊): 1024.

[8] 白梅, 钟宏, 朱维光, 等. 云南宾川苦橄岩和高钛玄武岩的铂族元素(PGE)地球化学特征[J]. 矿物学报, 2011, 31(增刊): 158-159.

[9] 宋谢炎, 曹志敏, 罗辅勋. 四川丹巴杨柳坪铜镍铂族元素硫化物矿床成因初探[J]. 成都理工大学学报(自然科学版), 2004, 31(3): 256-264.

[10] Pina R, Gervilla F. Platinum-group Elements-bearing Pyrite from the Aguablanca Ni-Cu-sulphide Deposit (SW Spain): A LA-ICP-MS Study[J]. European Journal of Mineralogy, 2013, 25: 241-252.

[11] 四川省地质矿产局. 四川省区域地质志[M]. 北京: 地质出版社, 1991.

[12] 周剑雄, 毛水和. 电子探针分析[M]. 北京: 地质出版社, 1988: 85-99.

[13] 毛水和. 电子探针分析与系列矿物研究[J]. 矿物学报, 1987, 7(2): 147-153.

[14] 陈丽华, 何锦发. 电子探针波谱及能谱分析在石油地质上的应用[M]. 北京: 地质出版社, 1991.

[15] 刘永康, 叶先贤, 李德忍, 等. 我国铂族元素矿物的电子探针研究[J]. 地球化学, 1984(2): 189-194.

[16] Godel B, Barnes S J. Platinum-group Elements in the Sulfide Minerals and the Whole Rocks of the J-M Reef (Stillwater Complex): Implication for the Formation of the Reef[J]. Chemical Geology, 2008, 248: 272-294.

[17] Li Y Q, Li Z L. Platinum-group Elements and Geochemical Characteristics of the Permian Continertal Flood Basalts in the Tarim Basin Northwest China: Implications for the Evolution of the Tarim Large Igneous Province[J]. Chemical Geology, 2012, 328: 278-289.

[18] Orberger B, Xu Y, Reeves S J. Platinum Group Elements in Mantle Xenoliths from Eastern China[J]. Tectonophysics, 1998, 296: 87-101.

[19] Godel B, Barnes S J. Platinum Ore in Three Dimensions: Insights from High-resolution X-ray Computed Tomography[J]. Geology, 2010, 38(12): 1127-1130.

[20] 杜婷, 周振新, 李丽敏, 等. 扫描电镜中颗粒能谱定量分析的质量效应[J]. 理化检验(化学分册), 2012, 48(6): 365-369.

3.19　铁铜多金属矿床矿物及元素赋存状态研究

微区实验技术在矿床地质研究中的应用已有多年，主要是利用大型分析仪器（如扫描电子显微镜和电子探针）对各种矿物进行定性和定量分析，提供矿物的微观形貌及元素信息，如通过微区分析来揭示矿床成因，成矿过程中的源、运、储等关键过程的机理，查明各类矿石伴生组分分布规律等[1-2]。微区实验技术以其原位、直观、迅速、精确等特点，可以为矿床地质研究、矿山找矿和矿产资源的综合高效利用提供重要的数据和信息。

我国西南的西昌—滇中地区是重要的铁铜多金属矿资源基地，分布有拉拉铜铁矿床、大红山铁铜矿床、东川铜铁矿床（东川稀矿山式铁矿）和武定迤纳厂铁铜矿床等一批大、中型产于元古代地层中的铁铜多金属矿床[3-4]（图 3.61）。这些矿床与国外典型的铁氧化物铜金矿床（IOCG 矿床）在成矿地质背景、成矿时代、围岩蚀变特征、成矿元素组成特征等方面有诸多的相似之处[5-6]。通过对该区典型矿床微区实验技术方法的研究，揭示各类矿物的成因和赋存状态，可为揭示矿床成因，矿产开发，资源（如金、稀土、铀、钴、钼等伴生元素）综合利用等提供重要依据。

本次测试样品主要来自云南武定迤纳厂铁铜矿床，同时收集了四川会理拉拉铜矿床、云南大红山铁铜矿床、云南东川稀矿山式铁铜矿床的相关样品。样品包括主矿体矿石、蚀变带围岩及脉石等，来自矿区的钻孔岩心、平硐、采坑及矿区周缘的露头采样。矿石矿物以磁铁矿为主，其次为黄铁矿与黄铜矿，少量的磷灰石、辉钼矿、斑铜矿以及微量的自然金、独居石、氟碳铈矿和赤铁矿，矿石构造以浸染状和脉状-网脉状为主。

3.19.1　实验部分

3.19.1.1　仪器设备

扫描电镜的放大倍数大、分辨率高、图像清晰，可解决岩石中矿物定名和矿物含量估计不准确的问题，能够发现显微镜鉴定长期忽略的少量标志型变质矿物组合[7]。在观察矿物形貌的同时，扫描电镜配备的能谱仪还可定性-半定量测试矿物的成分、元素的分布规律及矿物固态包裹体的成分，可为矿床中伴生元素的综合利用提供准确信息。本次测试所用仪器为日立 S-4800 扫描电镜。

电子探针可满足不同样品的定性和定量分析，分析范围可达到 1 μm 至几纳米，对矿石样品中的微细矿物和矿脉及难以获取的细小样品的成分鉴定工作是非常有效的[8]。本次测试使用的是日本岛津 EPMA-1600 型电子探针，分析的元素范围为 B~U，除主量元素的定量分析之外，通过仪器状态的调整也可获得较高的微量元素分析测试精度。

3.19.1.2　样品制备

扫描电镜分析对矿石等地质样品无特殊要求，镀膜最常用的材料是光谱纯的金和碳，也可用金-钯合金。电子探针样品制备质量的好坏直接影响分析结果的准确性。用于电子探针特征 X 射线波谱分析的样品应满足以下要求：①制备标准的探针片；②样品表面要平整清洁；③目标矿物的光学显微镜鉴定与圈点；④样品表面应有良好的导电性。对于非导电样品要在其表面喷镀一层碳膜或不含样品元素的金属薄膜，膜的厚度一般不大于 100 Å，在用标样分析时，被测试样和标样要在相同条件下喷镀。本实验需测试

本节编写人：杨颖（中国地质调查局成都地质调查中心）；徐金沙（中国地质调查局成都地质调查中心）；王坤阳（中国地质调查局成都地质调查中心）；杨波（中国地质调查局成都地质调查中心）

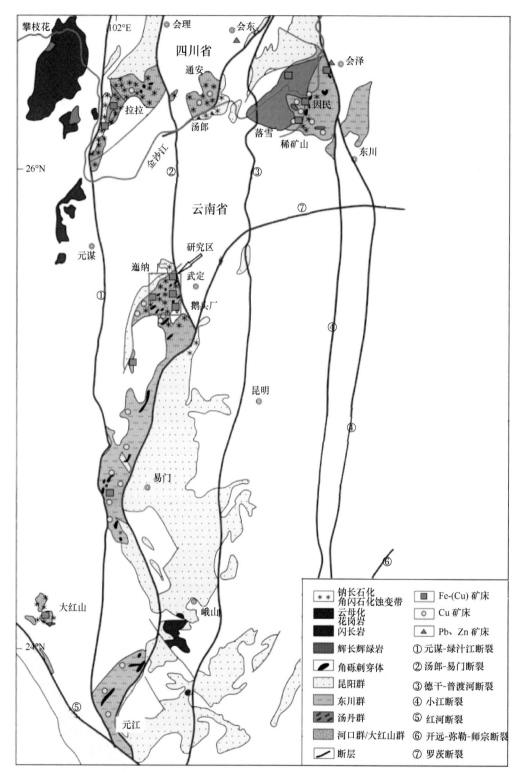

图 3.61　西昌—滇中地区元古代地层矿产分布简图

样品中的金元素，选择碳为镀膜材料。

3.19.1.3　分析方法

　　扫描电镜的具体分析包括以下几个方面：样品形貌观察、单点能谱分析、线扫描分析和面扫描分析。

其中样品形貌观察通常在低倍下进行，可了解样品的整体形貌，辨别组成样品的矿物种类、大小以及相互关系。单点能谱分析可分析样品中各组成元素的含量，通常是在定性的基础上进行半定量分析，通过背景扣除、重叠峰剥离求得特征峰的积分强度，通过 ZAF 基质校正得到试样的化学成分。通过能谱分析，结合显微镜下特征，基本可确定矿物的种属。线扫描分析能获得元素含量变化的线分布曲线，其结果和试样形貌进行对照分析，能直观地获得元素在不同区域的分布情况。面扫描分析可得到元素的 X 射线面分布图，图上光密度越高的地方表明元素相对浓度越高，面扫描图片的扩大倍数可以按常规方式改变，也可以把所有感兴趣元素组合在一起得到全元素分布图，对于不同的矿石矿物，分析的元素类型依据研究目的而定。

利用电子探针进行矿物的定量分析，以确定金属矿物的准确元素含量。实验基本条件为：加速电压 20 kV，电流 20 nA；束斑直径 1~5 μm。针对不同元素使用中国国家标准委员会的标样进行标定：Bi、Te、Au、Ag、Co、Ni 的标样均为各自的纯金属，Au 标样为 Pd-Au 合金；Ag 标样为 AgS；Te 标样为 Hg Te；Fe、Cu 和 S 标样为 $CuFeS_2$；As、Pb 和 Zn 标样分别为 FeAsS、PbS 和 ZnS。分析的相对误差低于 10%。

3.19.2　结果与讨论

3.19.2.1　矿石矿物种类

通过设定扫描电镜和电子探针分析仪在分析样品时的加速电压、发射电流、分析时间、放大倍数、工作距离等技术指标，将背散射电子像、二次电子像、能谱的面扫描和线扫描技术、波谱等多种技术方法手段结合，结合光学显微镜观察，查明了西昌—滇中铁铜多金属矿床的矿石中除常见的磁铁矿、镜铁矿、菱铁矿、赤铁矿、黄铜矿、黄铁矿以外，还存在自然金、晶质铀矿、硅酸铀矿、锡石、氟碳铈矿、辉钼矿、独居石、碲银矿、辉砷钴矿、铌钨铀矿、磷灰石、碲铋矿等矿物。

这些微区分析技术方法联用所确定的矿物种类，再次佐证了西昌—滇中地区的铁氧化物铜金矿床在矿物的组合特征和成矿元素分布规律等诸多方面与国际上典型的 IOCG 矿床有极强的可比性[9]，也为今后此类矿物中伴生元素的综合利用提供了更加有用的信息。

3.19.2.2　典型矿物赋存规律

利用扫描电镜背散射电子图像和能谱技术，查明了武定迤纳厂铁铜矿床中自然金及含铀矿物的存在，自然金主要赋存于黄铜矿与黄铁矿的裂隙中（图 3.62），含铀矿物（铌钨铀矿、晶质铀矿）呈粒状包含于黄铜矿中（图 3.63）。自然金呈他形长条状分布在硫化物矿物颗粒间，粒径为 0.004 mm，粒度属显微微粒金（0.005~0.0005 mm），金矿物总体成色较高，杂质相对较少，矿物中金的质量分数为 83.29%，银的质量分数为 12.56%，矿物定名为含银自然金。含铀矿物据能谱数据分析为晶质铀矿和铌钨铀矿。

上述矿物组合及赋存状态表明，迤纳厂铁铜矿床中的金主要以含银自然金形式存在于黄铜矿、黄铁矿中，金的成矿作用与硫化物（黄铜矿、黄铁矿）密切相关，而晚于铁（磁铁矿）的成矿期。黄铜矿、黄铁矿、含银自然金、晶质铀矿和铌钨铀矿的存在，表明其具有 IOCG 矿床的特征。

3.19.2.3　成矿主元素和伴生元素赋存规律

（1）利用扫描电镜背散射电子图像和能谱线扫描技术，查明了矿石中的矿物组分和自然金的赋存状态（图 3.64）。能谱线扫描图像显示金矿物左侧为黄铜矿，右侧为磁铁矿，金矿物呈他形枝状赋存于黄铜矿与磁铁矿的裂隙中，成分以金、银为主。

（2）利用扫描电镜背散射电子图像和能谱面扫描技术，查明了矿石中的主成矿元素及其矿物（黄铜矿、磁铁矿）的分布特征（图 3.65）。矿石中包括黄铜矿、磁铁矿、磷灰石、含砷硫化钴镍矿、辉钼矿、

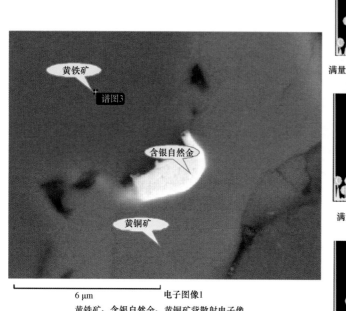

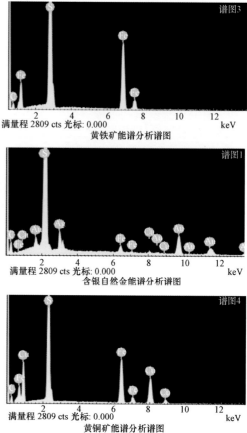

电子图像1

黄铁矿、含银自然金、黄铜矿背散射电子像

黄铁矿能谱分析谱图

含银自然金能谱分析谱图

黄铜矿能谱分析谱图

图 3.62 黄铜矿与黄铁矿裂隙中自然金的赋存状态及能谱图

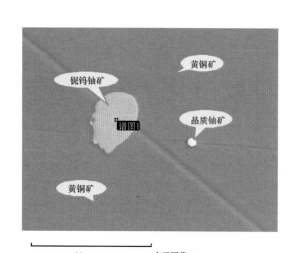

电子图像1

铌钨铀矿、黄铜矿、晶质铀矿的背散射电子像

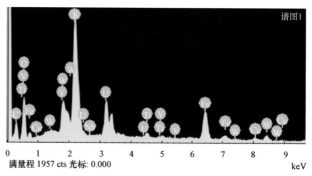

铌钨铀矿的能谱分析谱图

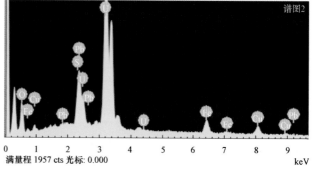

晶质铀矿的能谱分析谱图

图 3.63 矿石中含铀矿物的赋存状态及能谱图

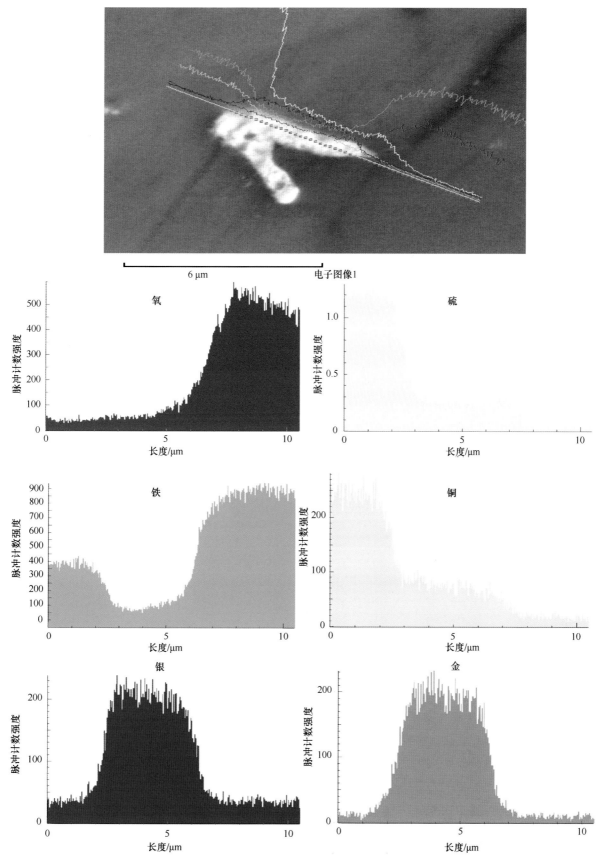

图 3.64　自然金矿物的背散射电子图像及能谱线扫描图

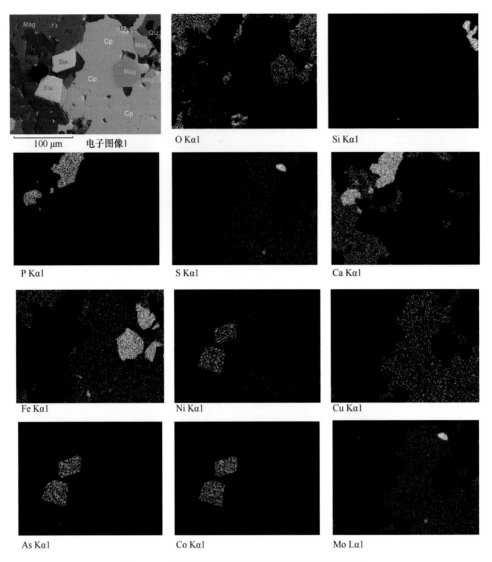

图 3.65　铁铜矿石矿物及元素赋存状态及能谱图

黄铜矿—Cp；磁铁矿—Mag；磷灰石—Ap；含砷硫化钴镍矿—Sie；辉钼矿—Mol；石英—Qtz。

石英等矿物，其中黄铜矿以他形不规则晶粒状存在，粒径为 0.1~0.2 mm，磁铁矿呈自形-半自形状分布，辉钼矿呈半自形板状晶，黄铜矿与辉钼矿呈毗邻镶嵌，与磁铁矿呈包含关系。磁铁矿生成早于黄铜矿成矿期，伴生的钼元素主要以辉钼矿形式存在，与黄铜矿等近于同期，相伴产出。

　　武定迤纳厂铁铜矿床矿石呈现自形-半自形-他形晶粒状结构、交代残余结构、包含结构和枝状结构，结合矿石构造主要为浸染状构造、脉状-网脉状构造，整体上表现出热液矿床的矿石组构特征。矿石矿物共生组合特征表明，成矿包括早期的磁铁矿-磷灰石阶段和稍晚期的黄铜矿阶段。元素分布表明，磁铁矿为铁的主要工业矿物，黄铜矿为铜的最主要工业矿物，矿石元素以 Cu、Fe、S 为主，伴生 Ni、Co、Mo、As 等。以上特征更进一步验证了迤纳厂铁铜矿床属于典型的 IOCG 矿床。

3.19.3　结论

　　通过配置有能谱的场发射扫描电镜和电子探针的多种实验技术的联用，对云南武定迤纳厂铁铜矿床典型矿石的矿相及元素赋存状态进行了系统研究，查明该矿床主要成矿元素为铜、铁，伴生有金、银、镍、钴、钼、铀等，成矿期主要分为早期的磁铁矿-磷灰石阶段和晚期的黄铜矿阶段，金主要赋存于晚期的硫化物（黄铜矿、黄铁矿）中，确认了武定迤纳厂铁铜矿床属于IOCG矿床。

　　本研究通过显微镜、扫描电镜及电子探针测试方法的联用，为铁铜多金属矿床及伴生元素的综合高效利用等提供了重要支撑，建立的成熟的铁铜多金属矿床微区测试技术方法体系，可应用于西昌—滇中地区其他同类矿床的研究中。

参 考 文 献

[1]　Williams P J, Barton M D, Johnson D A, et al. Iron Oxide Copper-Gold Deposits: Geology, Space-Time Distribution, and Possible Modes of Origin[M]. Economic Geology, Economic Geology and the Bulletin of the Society of Economic Geologists: One Hundredth Anniversary Volume, 1905 —2005, 2005: 371-405.

[2]　张德贤, 戴塔根. 澳大利亚昆士兰州 ERNEST HENRY IOCG 矿床中磁铁矿地球化学组成及其意义[J]. 矿物学报, 2013, 33(增刊): 1083.

[3]　毛景文, 余金杰, 袁顺达, 等. 铁氧化物-铜-金(IOCG)型矿床: 基本特征、研究现状与找矿勘查[J]. 矿床地质, 2008, 27(3): 267-278.

[4]　方维萱, 柳玉龙, 张守林, 等. 全球铁氧化物铜金型(IOCG)矿床的 3 类大陆动力学背景与成矿模式[J]. 西北大学学报(自然科学版), 2009, 39(3): 404-413.

[5]　Zhao X F, Zhou M F. Fe-Cu Deposits in the Kangdian Region, SW China: A Proterozoic IOCG (Ironoxide-Copper-Gold) Metallogenic Province[J]. Mineralium Deposita, 2011, 46(7): 731-747.

[6]　Sandrin A, Edfelt A, Waight T E, et al. Physical Properties and Petrologic Description of Rock Samples from an IOCG Mineralized Area in the Northern Fennoscandian Shield, Sweden[J]. Journal of Geochemical Exploration, 2009, 103(2-3): 80-96.

[7]　陈莉, 徐军, 陈晶. 扫描电子显微镜显微分析技术在地球科学中的应用[J]. 中国科学(地球科学), 2015, 45(9): 1347-1358.

[8]　刘亚非, 赵慧博, 高志文, 等. 应用偏光显微镜和电子探针技术研究安徽铜官山矽卡岩型铜铁矿床伴生元素金银铂钯铀的赋存状态[J]. 岩矿测试, 2015, 34(2): 187-193.

[9]　Groves D I, Bierlein F P, Meinert L D, et al. Iron Oxide Copper-Gold (IOCG) Deposits through Earth History: Implications for Origin, Lithospheric Setting, and Distinction from Other Epigenetic Iron Oxide Deposits [J]. Economic Geology, 2010, 105(3): 641-654.

3.20　变温条件下流体包裹体拉曼光谱分析

　　流体包裹体研究作为目前地球科学研究中最活跃的领域之一，已广泛应用于矿床学、构造地质学、石油勘探、地球内部的流体迁移以及岩浆系统演化过程等领域。其主要研究内容包括：①研究矿物中流体包裹体的成因，恢复地质环境。②研究流体包裹体的成分和物相变化，获取地质过程中的物理化学参数。③研究不同岩石（如岩浆岩、变质岩、沉积岩等），不同矿床（金属和非金属矿床、油气藏等）以及岩溶等地质体中的流体包裹体特征[1]。

　　流体包裹体显微温度测定和成分分析作为流体包裹体研究的基本方法和手段，能够提供准确、详细的流体包裹体各种热力学参数和分子组分，对于了解古流体的组成、发展和演化有非常重要的作用。目前，以显微热台、冷热台以及爆裂仪为代表的流体包裹体显微测温技术已趋于成熟，在流体包裹体研究领域也得到了广泛应用[2]。流体包裹体成分分析，按其取样方式以及数据代表性可分为群体包裹体成分分析和单个流体包裹体成分分析。群体包裹体成分分析是通过压碎或热爆裂萃取法获得成群包裹体爆裂后释放出来的混合流体，其优点是获取样品的数量大，可以满足绝大多数分析仪器的实验要求，缺点是数据代表性差，无法区分不同世代的流体包裹体，甚至会得出错误的结论。单个流体包裹体分析相对于群体包裹体分析，其最大优势就在于分析数据所代表的信息是有确定意义的，并且能够有选择性的对多个世代的包裹体分别进行测试以获得不同时期流体变化活动的信息，从而通过控制分析样品对岩石内的流体包裹体进行十分精细的研究。该方法的缺点是单个包裹体的体积有限，因而每次能够检测的分子数量很有限，同时流体包裹体成分分析对检测仪器的要求也很高，要求该仪器同时具备高的空间分辨率、高灵敏度和低检出限[3]。

　　激光拉曼光谱是一种微区分析技术，具有高精度、无损和快速等特点，非常适用于对不同地质时期的单一原生、次生流体包裹体进行非破坏性的独立测试。目前激光拉曼光谱已成为流体包裹体研究的基本工具之一，不仅为流体包裹体相变理论和热力学计算提供了全新实验数据，也为建立流体包裹体地质温压计提供了新的依据，特别是为烃类有机包裹体的成分测定提供了简单、可行的测试手段，对研究油层、油气储存及运移规律具有重要作用[4]。

　　然而，拉曼光谱作为一种应用于流体包裹体研究的微区检测技术，依然存在许多缺陷和问题，还需要不断地完善和深入。如室温下的实验条件与流体包裹体捕获时温压环境的巨大差异所带来的实验数据偏差，还不能真实反映流体包裹体捕获时的物理化学状态和相态关系，许多重要的化学组分和官能团在常温下不具有拉曼光谱活性，无法利用拉曼光谱进行分析测试。鉴于这种情况，Dubessy 等[5]在国际上首先利用人工配制标准盐水溶液结合变温状态下的拉曼光谱测试技术，对地质领域感兴趣的冰和盐水化合物进行研究，其结果证明在低温状态下拉曼光谱是测定各种盐水化合物的有效手段，不仅可以对流体包裹体盐水溶液中盐度进行测定，而且可以鉴别出流体包裹体盐水溶液中各种阳离子种类，并可获得盐水溶液中各类阳离子含量比值，以及常温下流体包裹体中不同阴离子团浓度的极其重要的信息。所以，变温状态下的流体包裹体拉曼光谱测试技术的突破，无疑给地学领域流体包裹体的研究提供了一种全新的分析测试手段。

3.20.1　实验部分

3.20.1.1　仪器设备

　　英国 Renishaw 公司 inVia 型激光拉曼光谱仪，配置 514.5 nm 氩离子激光器和 785 nm 近红外激光器，

本节编写人：王志海（中国地质调查局西安地质调查中心）；叶美芳（中国地质调查局西安地质调查中心）

数据处理采用 WIRE 2.0 软件。英国 Linkam TMS 94 冷热台，温度范围：−196~600℃。

3.20.1.2　标准盐水溶液样品制备

标准盐水溶液由分析纯 NaCl、CaCl₂、Na₂CO₃、NaHCO₃、Na₂SO₄、NaHSO₄、NaNO₃ 等粉末与二次去离子水（电阻率>18 MΩ·cm）配制而成。配制完毕即立刻注入石英玻璃毛细管，密封，待测。标准盐水溶液配制浓度见表 3.38。

表 3.38　人工配制标准盐水溶液的浓度系列

溶液名称	溶液浓度/（mol/L）	测试条件
NaCl	0.05，0.1，0.2，0.5，1.0，2.0，5.0，饱和溶液	常温，低温
CaCl₂	0.05，0.1，0.2，0.5，1.0，2.0，5.0，饱和溶液	常温，低温
Na₂CO₃	0.05，0.1，0.2，0.5，1.0，2.0，饱和溶液	常温
NaHCO₃	0.05，0.1，0.2，0.5，1.0，1.1，饱和溶液	常温
Na₂SO₄	0.02，0.05，0.1，0.2，0.5，1.0，2.0，饱和溶液	常温
NaHSO₄	0.05，0.1，0.2，0.5，1.0，2.0，5.0	常温
NaNO₃	0.05，0.1，0.2，0.5，1.0，2.0，饱和溶液	常温

3.20.1.3　测试条件和测试流程

本研究全部样品（包括：标准盐水溶液样品和合成包裹体）的测试都是在中国地质调查局西安地质调查中心拉曼光谱实验室进行的。测试中，激光拉曼光谱仪选用 514.5 nm 氩离子激光器，共聚焦模式，输出功率 30 mW，光栅 1800 l/mm，狭缝 20 μm，物镜 50 倍长焦。测试前用单晶硅片对光谱仪进行校正，确保 520 cm⁻¹ 特征峰偏移小于 0.01 cm⁻¹。数据采集范围 2800~3800 cm⁻¹，曝光时间 20 s，叠加 10 次。

实验测试流程：将人工配制的 Na₂CO₃、NaHCO₃、NaNO₃、NaHSO₄ 和 Na₂SO₄ 盐水溶液样品注入石英玻璃管中，进行常温测试。NaCl、CaCl₂ 盐水溶液密封后载入冷热台，控制冷热台缓慢降温至−185℃，随即升温至−50~−28℃不等，当观察到冰发生"初熔"时，立即停止加热并快速降温至−185℃，恒温控制在−185℃不变，进行原位拉曼光谱测试[6]。

3.20.2　结果与讨论

3.20.2.1　常见阴离子钠盐溶液的激光拉曼光谱特征

在选择的扫描范围内，二次去离子水的拉曼光谱主要表现为中心位置在 1640 cm⁻¹ 附近的由弯曲振动形成的弱宽缓特征峰和 2800~3800 cm⁻¹ 区间的主要由伸缩振动形成的强宽缓包络特征峰（图 3.66）。各阴离子团的拉曼光谱除了水的特征峰，还有各自的特征峰（图 3.66a）。本次实验中 CO_3^{2-}、SO_4^{2-}、HSO_4^-、HCO_3^- 和 NO_3^- 离子团的拉曼特征峰位置分别为：1064~1068 cm⁻¹、978~981 cm⁻¹、1050~1053 cm⁻¹、1011~1019 cm⁻¹ 和 1045~1048 cm⁻¹。

从图 3.66b 可以看出，同为钠盐溶液，相同摩尔浓度的不同阴离子钠盐对水特征峰的峰形和强度的影响是不一样的，受其钠盐影响的水特征峰自外而内分别为 CO_3^{2-}、SO_4^{2-}、HSO_4^-、HCO_3^- 和 NO_3^-。与纯水相比，CO_3^{2-}、SO_4^{2-}、HSO_4^- 的钠盐对水特征峰强度有增强作用，HCO_3^- 的钠盐基本与纯水相当，而 NO_3^- 的钠盐则对水特征峰的强度有抑制作用，这种增强或抑制作用可能与阴离子钠盐溶液对氢键作用的影响有关。

分析结果表明，CO_3^{2-}、SO_4^{2-}、HSO_4^-、HCO_3^- 和 NO_3^- 在拉曼谱图上有明显的特征峰，其高度、半高宽和面积都显著地随阴离子浓度的增加而变大，其特征峰与水特征峰的对应参数比值均与阴离子浓度呈良好

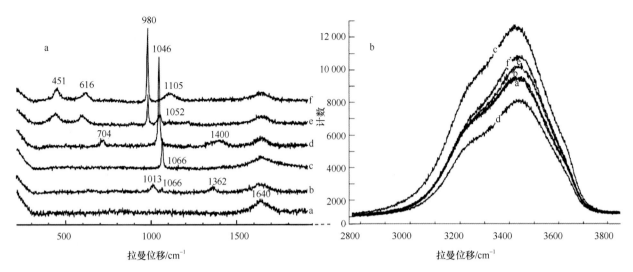

图 3.66　二次去离子水与配制 1 mol/L 钠盐溶液的拉曼光谱谱图

二次去离子水及 1 mol/L 钠盐溶液中阴离子团的拉曼特征峰谱图，其中 a. H_2O，b. HCO_3^-，c. CO_3^{2-}，d. NO_3^-，e. HSO_4^-，f. SO_4^{2-}。

的正相关。鉴于特征峰强度面积积分与浓度的对应关系最为精确，因而选用 CO_3^{2-}、SO_4^{2-}、HSO_4^-、HCO_3^- 和 NO_3^- 的特征峰强度面积积分与浓度的关系来绘制工作曲线，如图 3.67 所示。

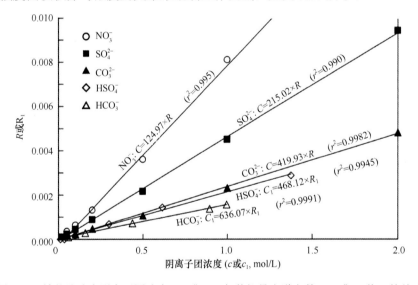

图 3.67　钠盐溶液中阴离子团浓度（c 或 c_1）与其拉曼光谱参数（R 或 R_1 值）的关系

对于 NO_3^-、SO_4^{2-} 和 CO_3^{2-} 而言，指其配制溶液浓度 c 和拉曼光谱参数 R 的关系；对于 HSO_4^- 和 HCO_3^- 而言，指其在溶液中实际浓度 c_1 和拉曼光谱参数 R_1 的关系。NO_3^- 相关曲线在有限区域中未全部展示。

3.20.2.2　低温下标准盐水溶液的拉曼光谱测试

1）纯水

水在低温下的拉曼谱图与常温下有显著不同，如图 3.68a 所示。常温下水的特征峰为 2800~3800 cm^{-1} 的包络峰，并随水中溶质的种类和浓度不同而略有变化。而在低温冷冻条件下（－185℃），水凝固为冰，随着形成冰的温度和压力不同，产生 I_h、Ⅱ、Ⅲ、Ⅴ、Ⅵ、Ⅶ、Ⅷ、Ⅸ等不同多型的冰，具有不同的拉曼特征峰。本研究获得的－185℃下冰的拉曼特征峰包括 3122 cm^{-1} 显著的特征峰和 3243 cm^{-1}、3360 cm^{-1} 的宽缓特征峰（图 3.68a）。

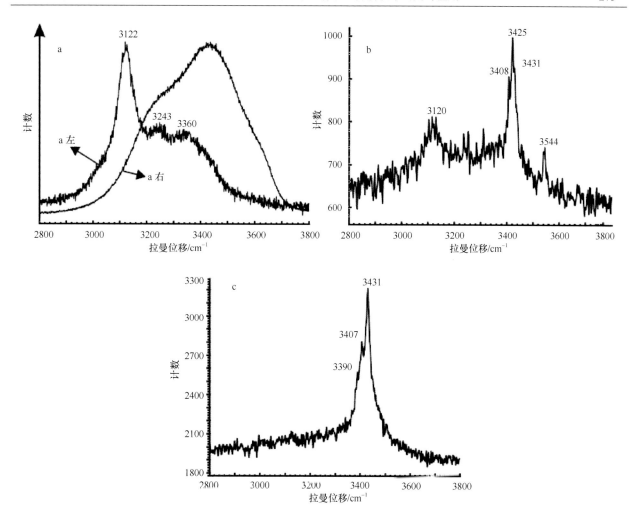

图 3.68　纯水（a）、饱和 NaCl 溶液（b）和饱和 CaCl$_2$ 溶液（c）在-185℃的拉曼光谱
特征谱图（2800~3800 cm^{-1}）

2）NaCl-H$_2$O 溶液

饱和 NaCl 溶液在-185℃下的拉曼光谱（2800~3800 cm^{-1}）主要由约 3120、3408、3425、3431 和 3544 cm^{-1} 的尖锐谱峰组成（图 3.68b）。其中，约 3120 cm^{-1} 谱峰为冰特征峰，余下的四个显著特征峰与低温下形成的 NaCl 水合物的振动有关，约 3408 cm^{-1} 和 3431 cm^{-1} 特征峰构成 3425 cm^{-1} 特征峰的肩峰，并随着 NaCl 溶液浓度的降低变得不显著。随着 NaCl 溶液浓度的增加，3120 cm^{-1} 特征峰的峰高和峰面积急剧下降，而 3425 cm^{-1} 特征峰的峰高和峰面积显著增加，如图 3.69a 所示。分析表明，3425 cm^{-1} 特征峰与 3120 cm^{-1} 特征峰的峰高和峰面积之比，与 NaCl 溶液的浓度均呈良好的正相关，峰面积比与浓度的正相关关系更加显著（表 3.39）。

NaCl 水合物 3425 cm^{-1} 特征峰和冰 3120 cm^{-1} 特征峰的峰面积之比 R（$R=A_{3425}/A_{3120}$）与 NaCl 溶液浓度 c（mol/L）的相关关系式为

$$R=0.1935\times c+0.1796\ (r^2=0.9995) \tag{3.4}$$

3）CaCl$_2$-H$_2$O 溶液

饱和 CaCl$_2$ 溶液在-185℃下的拉曼光谱特征如图 3.68c 所示，表现为 3390、3407、3431 cm^{-1} 的显著特征峰，与 CaCl$_2$ 溶液在低温下形成的水合物振动有关。在非饱和 CaCl$_2$ 溶液的低温拉曼光谱图中（图 3.69b），还有 3120 cm^{-1} 的冰特征峰。随着 CaCl$_2$ 溶液浓度增加，3431 cm^{-1} 特征峰的峰高和峰面积显著

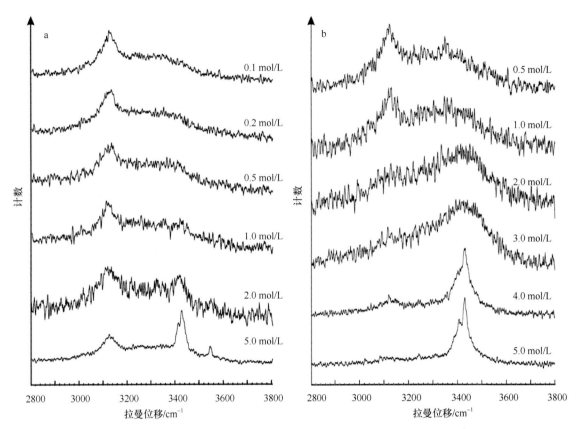

图 3.69　不同浓度 NaCl 溶液（a）和 CaCl$_2$ 溶液（b）在-185℃的拉曼光谱特征谱图（2800~3800 cm^{-1}）

增加，冰的 3120 cm^{-1} 特征峰的峰高和峰面积减小（图 3.69b）。CaCl$_2$ 水合物的 3431 cm^{-1} 特征峰与冰的 3120 cm^{-1} 特征峰的峰面积之比 R 与 CaCl$_2$ 溶液的浓度呈较好的正相关（表 3.39），其相关关系式为

$$R=0.9179×c+0.0491（r^2=0.9458）\tag{3.5}$$

表 3.39　不同浓度的 NaCl 和 CaCl$_2$ 溶液在-185℃的拉曼光谱特征值

配制的 NaCl 浓度/（mol/L）	特征峰拉曼位移/cm^{-1}	特征峰面积积分（计数）	峰面积比 $R=A_{3425}/A_{3120}$	配制的 CaCl$_2$ 浓度/（mol/L）	特征峰拉曼位移/cm^{-1}	特征峰面积积分（计数）	峰面积比 $R=A_{3425}/A_{3120}$
0.1	3119	23047	0.20	0.5	3120	12100	0.45
	3429	4610			3429	5445	
0.2	3119	19447	0.21	1.0	3118	10424	0.52
	3423	4054			3431	5585	
0.5	3123	10590	0.29	2.0	3124	9939	2.51
	3429	3098			3433	24947	
1.0	3116	13452	0.37	4.0	3115	8378	3.91
	3423	4977			3431	32731	
2.0	3116	11517	0.57	5.0	3108	4263	4.33
	3416	6565			3431	18459	
5.0	3121	26395	1.15				
	3426	30354					

3.20.3　结论

采用人工配制的标准盐水溶液建立的流体包裹体的常温和低温拉曼光谱分析工作曲线，可用于一定

温压条件下形成的流体包裹体盐度的测定与计算。本节所建立的流体包裹体盐度低温拉曼光谱测定方法，主要适用于中、高盐度（>0.5 mol/L）的流体包裹体。用于测试盐度>0.5 mol/L 的 NaCl-H$_2$O 体系包裹体，数据精度好于 20%；用于测试盐度>0.5 mol/L 的 CaCl$_2$-H$_2$O 体系包裹体，数据精度最高可达 5%，达到了半定量-定量测定的要求。另外，为获得更准确的数据，建议对拉曼光谱谱图进行拟合计算时，采取多次计算求平均值的方法以减小误差。

参 考 文 献

[1] 倪培, 蒋少涌, 凌洪飞, 等. 流体包裹体面的研究背景、现状及发展前景[J]. 地质论评, 2001, 47(4): 398-404.

[2] 卢焕章, 范宏瑞, 倪培, 等. 流体包裹体[M]. 北京: 科学出版社, 2005.

[3] 陈晋阳, 郑海飞, 曾贻善. 流体包裹体的喇曼光谱分析进展[J]. 矿物岩石地球化学通报, 2002, 21(2): 133-138.

[4] 徐培苍, 李如壁, 王永强, 等. 地学中的拉曼光谱[M]. 西安: 陕西科学技术出版社, 1996.

[5] Dubessy J, Audeoud D, Wilkins R, et al. The Use of Raman Microprobe MOLE in the Determination of the Electrolytes Dissolved in the Aqueous Phase of Fluid Inclusions[J]. Chemical Geology, 1982, 37: 137-150.

[6] 倪培, 丁俊英, 饶冰. 人工合成 H$_2$O 及 NaCl-H$_2$O 体系流体包裹体低温原位拉曼光谱研究[J]. 科学通报, 2006, 51(9): 1073-1078.

3.21　湖南柿竹园钨锡多金属矿床不同颜色萤石中流体包裹体实验技术研究

　　湖南柿竹园钨锡多金属矿床是一个产于千里山燕山期复式花岗岩岩体东南内弯处与泥盆系泥质条带灰岩接触带上的超大型矽卡岩-云英岩复合型钨锡多钨多金属矿床。从岩体向外大致可分出三个矿化带，即：矽卡岩-云英岩型钨锡钼铋矿带、高中温热液型锡铅锌矿带和中低温热液铅锌锑矿带。根据矿石类型的空间分布、穿插关系、矿化特点及矿物共生组合等可将成矿作用分为四个阶段：①早期矽卡岩阶段，形成了 W、Sn 初步富集，主要金属矿物有黑钨矿、锡石、石榴子石、辉石、符山石、石英和无色萤石；②晚期矽卡岩和云英岩化阶段，这一阶段热液活动特别强烈，持续时间长，是本区最重要的成矿阶段，主要金属矿物有白钨矿、黑钨矿、辉钼矿、锡石、辉铋矿、毒砂；脉石矿物主要有石榴子石、角闪石、黄玉、绿柱石、石英、长石类、云母类、紫色-浅紫色-浅米黄色萤石；③石英-氧化物阶段，主要以含钨锡石英脉为代表，主要金属矿物有白钨矿、黑钨矿、磁铁矿、黄铁矿、磁黄铁矿和自然铋，脉石矿物主要有石英、绿泥石、云母类、电气石、绿色-紫色-浅紫色萤石；④石英-硫化物阶段，主要金属矿物有黄铁矿、闪锌矿、方铅矿、黄铜矿、白钨矿，脉石矿物主要有方解石、石英、深紫-紫色萤石、深蓝-蓝色萤石。

　　柿竹园钨锡多锡多金属矿床富含 F、Cl 和 B，萤石储量达 7000 余万 t，也是我国目前已发现的最大的伴生萤石超大型矿床之一[1]。萤石是该矿床的一种"贯通性"矿物，也是各成矿阶段的主要脉石矿物，不同成矿期和成矿阶段均有萤石晶出，并与钨、锡、钼、铋、铍等矿化关系密切。20 世纪 70 年代末伊汉辉教授首次测量了柿竹园矿床中包裹体的均一温度及爆裂温度，其后有众多的学者对柿竹园钨锡多金属矿床开展了不同程度成矿流体性质以及不同矿物的流体包裹体研究[2-7]。指出在石英中流体包裹体的主要成矿阶段的温度分别为 330~480℃ 和 130~300℃[8-9]；方解石中流体包裹体的主要成矿温度在 170~310℃ 和 130~210℃[10]。而本矿区不同颜色萤石中流体包裹体没有开展系统的研究。

　　本节利用流体包裹体测温法、激光拉曼光谱分析和同步辐射 X 射线荧光显微探针分析法，对柿竹园特大型钨锡多金属矿床不同成矿阶段萤石中的流体包裹体进行较详细的研究，获得了有关该矿床成矿流体和矿床成因的大量信息。

3.21.1　实验部分

3.21.1.1　流体包裹体测温分析

　　首先将萤石磨制成两面抛光厚度为 100~300 μm 的测温片。其中均一法测定是在 LinkamTHMS600 型冷热台中完成的。测试前先用一系列已知熔化温度的标准物质对仪器进行温度校正，其中冷冻温度测试精度为 0.1℃，均一温度≤2℃。由于萤石解理发育和硬度低，在冷冻时包裹体容易出现胀裂和泄漏，为了减少测量误差，采用了先测均一温度后冷冻的方法，并且在测试过程中始终严密监视和剔除那些被胀裂和泄漏包裹体的一些结果。无论均一法还是冷冻法，都要采取 Goldstein 等[11]的循环冷冻-加热技术。

3.21.1.2　激光拉曼探针分析

　　萤石中单个流体包裹体的气相和液相借助于激光拉曼探针分析。由于拉曼光谱是一种微区光谱分析

本节编写人：黄惠兰（中国地质调查局武汉地质调查中心）；谭靖（中国地质调查局武汉地质调查中心）；李芳（中国地质调查局武汉地质调查中心）；邱昆峰（（中国地质大学（北京））

技术，它对测定样品的要求很高，主要适用于透明矿物中的包裹体分析，可以把激光光束聚焦到所需要分析的单个包裹体上进行测试。按常规方法磨制成厚度为 100~300 μm 的包裹体薄片并双面抛光即可。由于萤石的拉曼光谱本身会产生荧光现象，浅部包裹体的信号比深部包裹体强，在分析时应尽量选用靠近薄片表面的包裹体。将样品表面清洗干净后，可以直接置于拉曼探针显微镜的载物台上，选择合适的物镜，将需要分析的包裹体放置于镜头中央的十字丝下待测。实验所用仪器为显微共焦拉曼光谱仪，通常选择激光光源为 514 nm 的 Ar+激光器，若所测样品有荧光等因素的干扰，则可以选择波长为 514、785 nm 的激光光源来尽量避开干扰。选择所测光谱的计数时间一般大于 10 s，叠加 10 次以上，100~4500 cm^{-1} 全波段一次取峰。激光束斑大小约为 1 μm，光谱分辨率 0.14 cm^{-1}。

3.21.1.3　同步辐射 X 射线微束荧光分析

同步辐射 X 射线微束荧光分析（μXRF）方法可用于高分辨、高灵敏的物质元素组成、含量和分布研究[12]。萤石中单个流体包裹体特征微量元素测定是在上海应用物理研究所上海光源进行的。分析仪器为同步辐射 X 射线荧光显微探针。实验方法为先将萤石岩样品切片，磨制成厚度为 100~300 μm 的包裹体薄片并双面抛光，然后将薄片适当加热，从载玻片上取下，用酒精清洗后再用超声波清洗，在偏光显微镜下寻找所要测试的包裹体，只要适合于光源空间分辨率下作微束荧光分析的包裹体（10 μm×10 μm或 20 μm×20 μm），并确定其是否露出表面，在显微镜下对薄片中所选的包裹体位置作出明显标记、照相后，将薄片粘贴在四方框架（有机框或铅板框）上，即可用于实验[13-14]。其原理是用具备能量分辨的 X 射线荧光探测器（如硅锂或硅漂移探测器）获取样品的荧光谱，可高灵敏度地同时探测多种元素。实验所用的 X 射线光源来自上海同步辐射装置（SSRF）带有 K-B 镜聚焦的 BL15U1 束线，上海光源储存环的电子能量为 3.5 GeV，束流强度为 200 mA，入射光子能量为 14.04 keV，光斑大小为 1.5 μm×1.5 μm，其空间分辨率达 1.5 μm 量级。检测限达 10^{-12}~10^{-10} g，相对浓度达到 10^{-6} 级。X 射线入射到样品表面处，样品与入射光夹角为 45°，探测器与入射光间的夹角为 90°，探测器与样品之间的工作距离（5~50 mm）因样品而设定。显微观测系统中显微镜正对样品。Si（Li）探测器铍窗厚度为 7.5 μm，能量分辨率为 133 eV。将标样 NIST SRM614 进行了标定，检测时间为 500 s。

3.21.2　结果与讨论

3.21.2.1　不同成矿阶段萤石晶体形态和颜色及流体包裹体主要特征

1）萤石晶体的颜色和形态

柿竹园钨锡多金属矿床不同产状的萤石具有不同颜色，其晶形也略有差别。①早矽卡岩以及各种云英岩和黑钨矿-石英脉中的萤石，多为白色，少数为浅黄绿色，呈他形粒状，团粒状集合体，粒径最大有 2 mm，一般为 0.1~0.4 mm。②晚矽卡岩以及各种云英岩和黑钨矿-石英脉中的萤石，呈浅绿色、浅紫红色和浅紫色等，呈他形粒状，团粒状集合体，粒径最大有 3 mm，一般为 0.4~1.1 mm。③网脉状云英岩中的萤石，呈米黄色、浅紫红色、绿色-浅绿色、浅紫色等，呈他形粒状，粒径一般在 0.1~0.2 mm，最大 0.5 mm，最小 0.02 mm。④成矿期后结晶的萤石，多数为紫光色、深紫色、蓝色等，呈他形粒状或块状集合体。结晶较粗，粒径在 0.2~1 mm，最粗者达 5 mm 以上。尤其是在中低温梳状石英脉中的萤石，结晶粗大，粗晶颗粒可见八面体解理碎块。在大理岩或晶洞中能见到最晚期结晶的萤石，见有较多立方体的晶形。

2）萤石中流体包裹体主要特征

不同成矿阶段萤石中的流体包裹体类型皆以液体包裹体为主（$L_{H_2O}+V_{H_2O}$，或 L_{H_2O}），包裹体大小多为 2~35 μm，包裹体形态多种多样，以不规则状、萤石负晶形（或半自形）、椭圆形和圆形最为常见。不同成矿阶段中流体包裹体特征大致有如下差别：①早-晚矽卡岩萤石中主要是两相的气液包裹体和少数单相液体包裹体，形态多不规则。②产于云英岩和黑钨矿石英脉的萤石，除了主要为气液包裹体外，还有少量气体包裹体和极少量 CO_2 包裹体。包裹体形态较规则，以负晶形和椭圆形为主。③在梳状石英-方解石脉中，萤石中除了气液包裹体外，含少量纯液体（由单一液相水组成）包裹体和较多气体（由纯 CO_2 气体组成）包裹体，形态较规则，常呈圆形、规则多边形和负晶形（图 3.70）。

3.21.2.2　均一温度和盐度

图 3.71 列出了柿竹园 8 组不同颜色萤石样品中包裹体的均一温度（T_H）及其均一个数。可以看出从深色萤石到浅色萤石，T_H 值由低逐渐变高。萤石中气液包裹体的成分和盐度基本相同，大致属 H_2O-$NaCl$型。不同颜色萤石成矿溶液的盐度皆介于 1.7~5.0 wt%NaCl（表 3.40），只有浅色萤石包裹体的盐度略高于深色萤石，说明成矿溶液盐度较低（图 3.72a），故未将包裹体盐度一一具体列出。

对于不同盐度的包裹体，本研究按刘斌等[15]的数据模型拟合得到成矿流体的密度。根据盐度范围为 1%~30%时不同情况，使用不同含盐度的 A、B、C 参数值，可以获得流体的密度（表 3.40），柿竹园钨矿床不同颜色的萤石成矿流体的密度变化范围为 0.802~0.967 g/cm^3（图 3.72b）。

3.21.2.3　单个包裹体成分分析

单个包裹体测试结果（图 3.73）表明：即使在同一样品中，不同两相水溶液包裹体的组成成分亦可有较大差别，显示这些包裹体可能具有不同的捕获史或存在非均匀混合现象。总的来说，气相部分都是以 CO_2 为主（个别为纯 CO_2），其次是 CH_4（有的全为 CH_4）或含少量 N_2 和 H_2；液相部分主要是 H_2O（或为纯 H_2O），另有少量 CO_2 和 CH_4。与镜下观察以及冷冻测试结果基本一致。

3.21.2.4　单个包裹体微量元素分析

为了探明萤石中流体包裹体与成矿作用的关系，特选取了晚期矽卡岩-云英岩阶段的萤石包裹体中的 W、Bi、Mo、Rb、Co、Cu、Ta、Fe、Mn、Pb、Sb、Sr、Sn 和 Zn 共 14 个元素进行了同步辐射 X 射线微束荧光分析。从包裹体特征微量元素富集浓缩图（图 3.74）可以清楚地看出，在包裹体所在的位置，W、Bi、Mn 和 Fe 的相对含量很高，表明萤石包裹体溶液中富含成矿物质，是形成钨铋钼矿的成矿流体。流体中的 Zn、Pb、Co、Ta 和 Rb 含量亦较高，此外还有少量 Sn、Cu、Sb、Sr、Mo，这些都是柿竹园钨锡矿床的有用组分。

3.21.2.5　矿床成因探讨

柿竹园萤石矿床不同产状不同颜色的萤石矿物特征、包裹体类型、形态、大小、均一温度（T_H）、微量元素含量都有明显不同，表明它们是在不同时间、不同条件下形成的，反映出成矿多期、多阶段的特点。矿区各种产状萤石中流体包裹体的 T_H 值为 110~286℃，盐度为 1.7~5.0 wt%NaCl，密度为 0.802~0.967 g/cm^3。流体主要为 $NaCl$-H_2O 溶液。这与内蒙古林西地区萤石矿床[16]中萤石均一温度为 140~270℃，盐度为 0.18%~4.65 wt%NaCl，密度为 0.61~0.95 g/cm^3，以及埃及东部 Mueilha 锡矿床[17]中锡石-黑钨矿-萤石矿床中萤石均一温度介于 120~270℃，盐度为 4.0%~11.0 wt%NaCl，密度为 0.813~0.974 g/cm^3 相比，其流体成因很类似。萤石包裹体的研究证实，柿竹园 W、Sn 多金属矿床主要成矿作用发生在中-高温阶段，含矿溶液是一种低盐度和中低密度、含较多 F、Cl 等挥发份组分的弱酸性气液，气相部分含少量 CO_2、CH_4 和 N_2。不同萤石矿床类型其萤石挥发份组分是不同的，如墨西哥北部 Encantada-Buenvaista 萤石矿床[18]中的包裹体为 CH_4 饱和的低盐度流体及 CH_4 不饱和的高盐度流体。

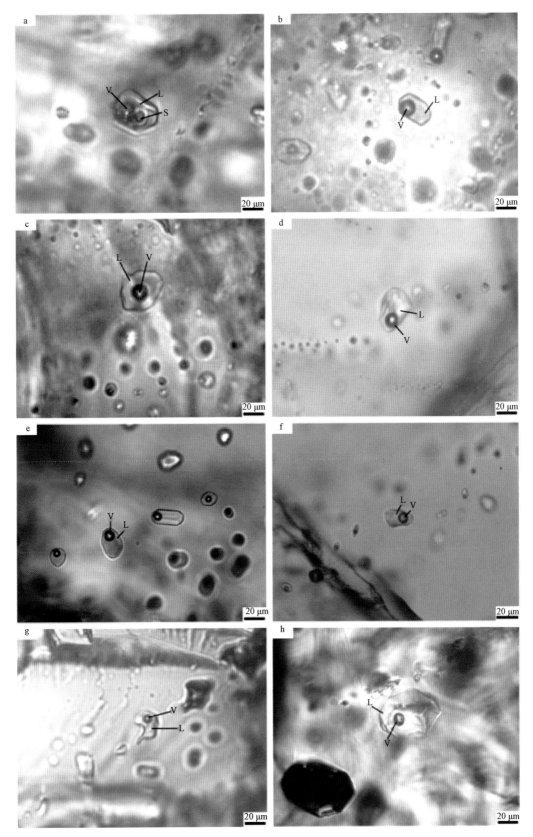

图 3.70　柿竹园钨矿矿床萤石中流体包裹体特征

a. 420-1.无色萤石中气液两相包裹体；b. 470-1.浅黄-绿色萤石中气液两相包裹体；c. 470-2.淡绿色萤石中气液两相包裹体；d. 457-3.浅紫色萤石中气液两相包裹体；e. 445-2.绿色萤石中气液两相包裹体；f. 407-2.米黄色萤石中气液两相包裹体；g. 457-4.蓝色萤石中气液两相包裹体；h. 490-1.紫色萤石中气液两相包裹体。L. 液相；V. 气相；S. 固相。

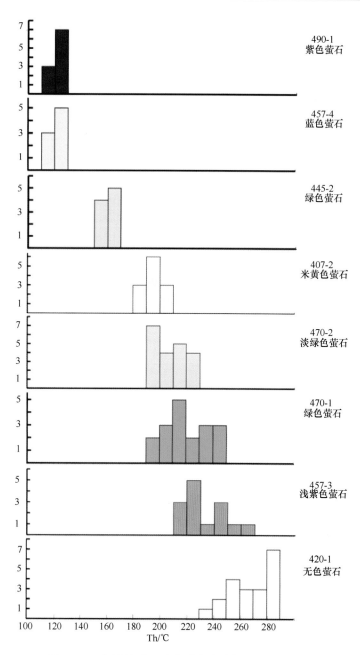

图 3.71 不同颜色萤石中气液包裹体均一温度直方图

表 3.40 柿竹园钨矿床不同颜色萤石中流体包裹体显微测温结果

成矿阶段	样品编号	颜色	温度/℃	盐度/wt%NaCl	密度/（g/cm³）	压力/×10⁵Pa
早矽卡岩中的萤石	420-1	无色	238~286	2.0~3.5	0.831~0.770	587~747
	457-3	浅紫色	210~262	3.0~5.0	0.877~0.827	541~702
晚矽卡岩-云英岩中的萤石	470-1	浅黄-绿色	190~242	1.7~3.0	0.890~0.838	458~624
	470-2	淡绿色	190~228	1.7~2.7	0.892~0.860	458~582
钨矿-石英脉中的萤石	407-2	米黄-黄绿色	180~205	3.0~3.5	0.939~0.924	387~444
	445-2	绿色	150~170	2.7~4.1	0.907~0.891	459~542
梳状石英脉中的萤石	457-4	蓝色	110~130	1.7~2.0	0.963~0.949	265~321
	490-1	紫色	115~130	2.0~4.6	0.961~0.967	284~346

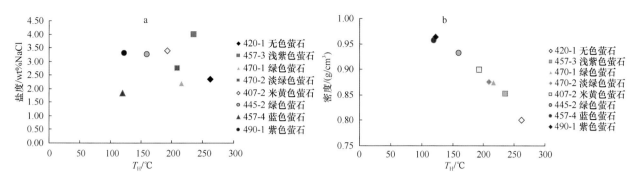

图 3.72　不同颜色萤石中温度-盐度-密度分布图

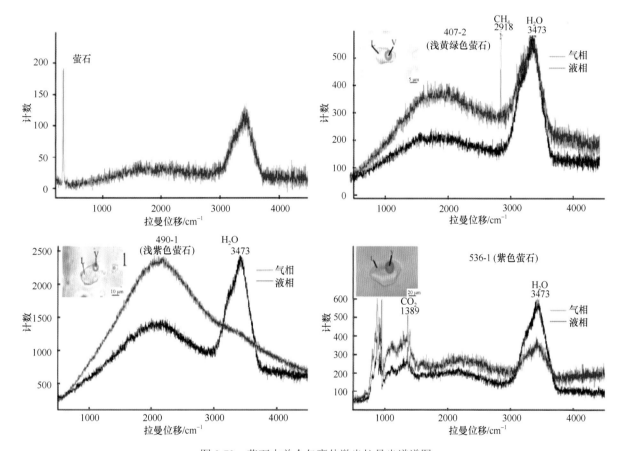

图 3.73　萤石中单个包裹体激光拉曼光谱谱图

而本矿床的成矿流体仅含少量 CO_2、CH_4 和 H_2S 等成分。由于大气降水的渗入，引起成矿溶液化学成分和性质发生变化，从而破坏了矿液内部物理化学系统的平衡和络合物的稳定性，导致金属矿物的大量沉淀。微区 X 射线荧光光谱分析（μXRF）显示紫色萤石中微量元素的种类较多，其 W 含量最高，即反映了在成矿阶段（矽卡岩阶段、云英岩阶段和黑钨矿-石英脉阶段）的萤石中，W、Sn、Mo、Bi、Pb、Zn 等成矿元素的含量明显比不含矿的梳状石英脉中的萤石高，表明在成矿阶段的流体中，这些元素的浓度比非成矿阶段的流体中的浓度要高得多。

3.21.3　结论与展望

（1）柿竹园钨锡多金属矿床中，早期萤石颜色较浅（无色至浅绿-浅米黄色）；中期萤石颜色为紫-浅紫-绿色-浅绿色；晚形成的萤石普遍颜色较深，多为蓝色、深紫色。不同颜色的萤石成矿溶液的含盐度

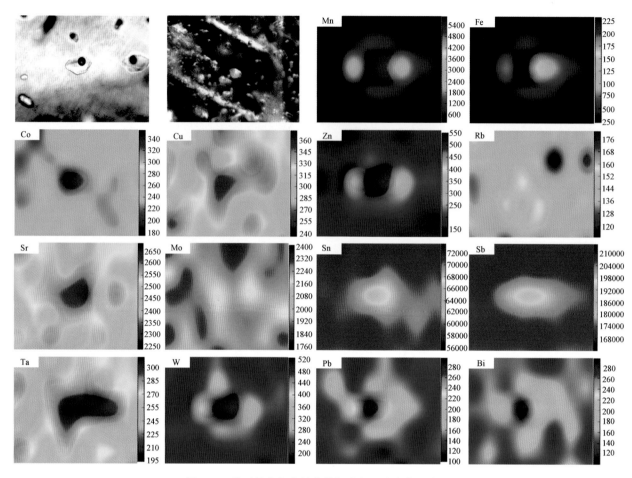

图 3.74　萤石单个包裹体中特征微量元素富集浓缩图

元素分布是在原图裁剪所测的包裹体部分。

有一些变化，浅色萤石的盐度要略高于深色萤石，总的盐度为 1.7~5.0 wt%NaCl，说明成矿溶液含盐度较低。不同颜色的萤石成矿流体的密度也不同，即晚期深色萤石密度偏高，早期浅色萤石稍为偏低。结合地质特征以及相对低的均一温度和盐度，该区萤石成矿流体主要与岩浆热液和大气降水的混合热液有关，属于中高温-中低温热液成因。

（2）不同颜色萤石包裹体的成分也有一定差异，深色萤石气相部分主要是 CO_2、CH_4 和 N_2；但无色萤石不含 N_2，液相部分主要是 H_2O（或为纯 H_2O），仅含少量 CH_4。含矿脉萤石含有较多的 W、Sn、Mo、Bi、Pb、Zn 等主要成矿元素，包裹体的类型和含量大体能反映矿床的地球化学类型，这一点可以作为区别含矿萤石和不含矿萤石的地球化学标志。

（3）萤石是许多热液矿床中重要的脉石矿物，其元素含量及相关参数能揭示成矿流体性质、来源与演化。同时，有必要加强萤石微观结构的观察和配套的流体包裹体设备，拟对热液矿床成因研究中的应用提供借鉴。

参 考 文 献

[1] 刘义茂, 王昌烈, 胥友志, 等. 柿竹园超大型钨多金属矿床的成矿条件与成矿模式[J]. 中国科学(地球科学), 1998, 28(增刊): 49-56.

[2] 卢焕章. 南岭地区各种类型钨矿床的气液包裹体特征和形成温度的研究[J]. 地球化学, 1977(3): 179-193.

[3] 王昌烈, 罗仕徽, 胥有志, 等. 柿竹园钨多金属矿床地质[M]. 北京: 地质出版社, 1987.

[4]　刘义茂, 王昌烈, 胥友志, 等. 柿竹园超大型钨矿床的成矿作用与成矿条件[J]. 云南地质, 1995, 14(4): 212-219.

[5]　毛景文, 李红艳. 湖南柿竹园矽卡岩-云英岩型 W-Sn-Mo-Bi 矿床地质和成矿作用[J]. 矿床地质, 1996, 15(1): 1-15.

[6]　毛景文, 李红艳, 宋学信. 湖南柿竹园钨锡钼铋多金属矿床地质与地球化学[M]. 北京: 地质出版社, 1998: 136-179.

[7]　程细音, 祝新友, 王艳丽, 等. 柿竹园钨锡多金属矿床矽卡岩中碱交代脉研究[J]. 中国地质, 2012, 39(4): 1023-1033.

[8]　宋学信, 张景凯. 柿竹园野鸡尾钨锡钼铋多金属矿床流体包裹体研究[J]. 矿床地质, 1990 , 9(4): 332-338.

[9]　康先济, 黄惠兰. 柿竹园矿床石英的成因矿物学研究[J]. 华南地质与矿产, 1997, (3): 60-69.

[10]　武丽艳, 胡瑞忠, 彭建堂. 湖南柿竹园矿田柴山铅锌矿床的 C、O 同位素组成及其研究意义[J]. 地球化学, 2013, 42(1): 73-81.

[11]　Goldstein R H, Reynolds T J. Systematics of Inclusion in Diageneric Minerals[M]. Society of Sedimentary Geology, 1994: 199.

[12]　Zhang L L, Yan S, Jiang S, et al. Hard X-ray Micro-focusing Beamline at SSRF[J]. Nuclear Science and Techniques, 2015, 26(6): 1-8.

[13]　于福生, 袁万明, 韩松, 等. 同步辐射 X 射线荧光微探针技术测定熔融包裹体中的微量元素[J]. 高能物理与核物理, 2004, 28(6): 675-678.

[14]　王阳恩, 陈传仁, 黄宇营, 等. 用 SRXRF 微探针研究含油气单个流体包裹体的微量元素分布[J]. 科学技术与工程, 2009, 20(9): 6145-6149.

[15]　刘斌, 沈昆. 流体包裹体热力学[M]. 北京: 地质出版社, 1999: 1-5.

[16]　曾昭法, 曹华文, 高峰. 内蒙古林西地区萤石矿床流体包裹体研究[J]. 地球化学, 2013, 42(1): 73-81.

[17]　Mohamed M A M. Evolution of Mineralizing Fluids of Cassiterite-Wolframite and Fluorite Deposits from Mueilha Tin Mine Area, Eastern Desert of Egypt, Evidence from Fluid Inclusion[J]. Arabian Journal of Geosciences, 2013, 6: 775-782.

[18]　Trinkler M, Monecke T, Thomas R. Constraints on the Gensis of Yellow Fluorite in Hydrothermal Barite-Fluorite Veins of the Erzgebirge, Eastern Germany: Evidence from Optical Absorption Spectroscopy, Rare-Earth-Element Data, and Fluid-inclusion Investigations[J]. Canadian Mineralogist, 2005, 43: 883-898.

3.22　铁铜多金属矿床流体包裹体实验技术

铁氧化物铜金矿床（IOCG 矿床）的概念来源于 1975 年澳大利亚南部发现的特大型元古宙奥林匹克坝铜-铀-金-银-稀土矿床，后来随着全球该类型矿床的不断发现和系统研究比对基础上，引起了矿床学界对该矿床的广泛关注[1]。随后 Hitzman 等[2]将其归纳为一种新的矿床类型——铁氧化物铜金矿床（IOCG 矿床）。Sillitoe[3]将 IOCG 矿床定义为含有大量磁铁矿和（绒）赤铁矿的矿床，并伴有黄铜矿与斑铜矿，矿产组合变化范围大，与一定的构造-岩浆环境有关。IOCG 矿床与深成侵入岩及同时期活动的断裂有密切的关系。该矿床的主要含矿岩性为石榴黑云片岩、磁铁黑云片岩以及（磁铁矿）钠长变粒岩。其矿化作用通常以钠长石化和钾长石化为主，一般深部发育钠长石化，浅部发育钾长石化，为较典型的钾、钠硅酸盐化蚀变相。根据矿床形态、岩性和构造特点，IOCG 矿床可分为脉状、热液角砾岩型、矽卡岩型、沿层交代层状（mantos）和前几项（或部分）的复合型。脉状矿床往往产在侵入岩体内，尤其是等粒辉长质闪长岩和闪长岩中，而大型矿床则出现在距侵入岩体接触带 2 km 内的火山-沉积序列中。IOCG 型矿床通常与沿断裂侵入的闪长质成分的岩墙有关，伴随有钠质、钙质和钾质或复合性的蚀变作用，从侵入岩体向上或向外，蚀变分带从磁铁矿-阳起石-磷灰石变成镜铁矿-绿泥石-绢云母，含有矿化元素 Cu-Au-Co-Ni-As-Mo-U-LREE，可以见到矽卡岩围绕闪长岩体接触带展布。

西昌—滇中地区元古代地层中的铁铜多金属矿床成矿时代较早，且后期改造作用强烈，流体在该类矿床的形成过程中扮演着重要的作用，是矿质沉淀、活化富集的重要介质。流体包裹体保留了成矿流体的成分和性质，通过对包裹体气-液-固相成分、均一温度和冰点温度测试可以获得成矿时的温度，成矿溶液的盐度、密度及成矿流体的组分[4]。

本研究运用流体包裹体实验技术方法对西昌—滇中地区铁铜多金属矿床中流体包裹体特征开展研究，并与典型的 IOCG 矿床成矿系统进行对比，从而揭示矿床成因、成矿过程中的源、运、储等关键过程的机理等内容。

3.22.1　研究区域与地质背景

研究区位于我国西南腹地，纵贯川滇两省，北起西昌，南至元江，西以攀枝花—楚雄为界，东至昭通—曲靖一带，南北长约 500 km，东西宽近 100 km，面积约 10 km^2。研究区内出露岩石主要以变质岩-混合岩杂岩为主，并有少量新元古代基性岩浆岩如基性杂岩体、辉长岩体（岩脉）及玄武岩出露。主要出露地层为前震旦系、上震旦统到志留系、三叠系至白垩系和新生界，以前震旦系河口群、东川群、会理群变质岩系为主[5]。河口群岩性为一套片岩和变钠质火山岩；东川群主要为板岩、千枚岩和白云质大理岩；会理群主要为石英岩、炭质千枚岩、薄层泥质灰岩、砂段岩、千枚岩、英安岩等。区内岩浆活动不同程度地发生于吕梁期、晋宁期和海西期。主要岩浆岩类型有：变钠质火山岩、片状蛇纹岩及角闪辉长岩、花岗岩和灰绿辉长岩等[6]。

研究区在大地构造上位于扬子地块西南缘，为我国重要铁铜成矿区之一，一些产于元古代地层中的铁铜矿床（如云南迤纳厂铁铜矿、拉拉铜矿、东川稀矿山式铁铜矿和云南新平大红山铜铁矿等）在构造环境、围岩蚀变特征、矿物和元素组合等诸多方面都具有普遍的 IOCG 矿床特征。本节以四川拉拉铜铁多金属矿床为主要研究对象。

本节编写人：潘忠习（中国地质调查局成都地质调查中心）；杨波（中国地质调查局成都地质调查中心）；杜谷（中国地质调查局成都地质调查中心）

3.22.2　实验部分

3.22.2.1　仪器设备

测试仪器为 RENISHAW InVia Reflex 激光拉曼光谱仪，配置 514 nm 激光器；LINKAM THMSG600型冷热台；Leica DM4500P 型光学显微镜。应用激光拉曼光谱仪对岩矿中的流体包裹体内的气相、液相、固相进行成分分析测试可以获得特征峰拉曼位移，据此对流体包裹体的拉曼活性成分进行定性分析，可以判断成矿流体的各种组分和性质；应用冷热台对流体包裹体进行冷冻和加热获得包裹体的均一温度和冰点温度（或者子晶熔化温度），据此可以确定矿床形成的温度、成矿流体的盐度、密度和压力等。

3.22.2.2　实验方法

1）样品采集和制备

在西昌—滇中地区拉拉铜矿床等地采集与矿化和蚀变有关的、不同矿化阶段的包含流体包裹体的新鲜的、具有代表性的矿物和岩石样品，如含矿石英脉、方解石脉及岩石等。将野外采集的标本按包裹体制作要求制备成包裹体片。本次研究共采集样品 359 件，其中包括拉拉铜矿样品 284 件，大红山铜矿样品 62 件，东川稀矿山式铁铜矿样品 13 件。

2）实验条件

通过对拉拉铜矿代表性样品的气液包裹体进行不同的激光功率、曝光时间、叠加次数的激光拉曼光谱成分测定条件试验，经过对比确定选用激光功率 20 mW、曝光时间 10~15 s、叠加次数 1~3 次最合适。

对冷热台采用测定标准物质熔点或人工包裹体标样的方法进行温度校正，将标准物质或人工包裹体标样的测定值与其理论值进行对比，制作温度校正曲线。

3）样品测试

在流体包裹体测定之前，先观察流体包裹体镜下的分布特征、形态、大小、丰度、相态以及类型，流体包裹体的形成期次，鉴定原生、次生。再对包裹体进行分类，并根据不同的类型进行成分和温度测试。

（1）包裹体成分测定

选择有代表性的流体包裹体，根据最佳实验条件测定流体包裹体内气相、液相、各类子矿物的激光拉曼光谱图，根据谱图的特征拉曼位移确定所代表的成分。

（2）均一法温度测定

将选好的流体包裹体薄片放入冷热台中心区，使待测包裹体最清晰并记录其特征。调节升温速率为5~10℃/min，不断观察流体包裹体在加热过程中的变化，当流体包裹体中气相缩小或扩大接近均一时，将升温速率降至 1~2℃/min，观察流体包裹体的气相或液相消失时的温度，记录该温度；为提高测温精度可重复上述步骤 2~3 次，取其平均读数，然后进行温度校正，即得到所测流体包裹体的均一温度（T_H）。

本次不同类型的包裹体绝大多数均一成液相，极少数在完成均一前爆裂。

（3）冷冻法温度测定

将选好的流体包裹体薄片放入冷热台中心区，设置所需温度，打开降温开关快速冷冻，使冷热台降温到使包裹体液相完全冻结，恒温 1~3 min，调节升温速率，缓慢回温，观察流体包裹体在回温过程中的变化，记录下初熔温度，当接近最后一块冰消失前，将升温速率降到 0.5~1.0℃/min，观察并记录流体包裹体内最后一块冰晶消失温度；为了提高测温精度可重复上述测定步骤 2~3 次，取其平均读数；初熔温度和最后一块冰晶消失温度经温度校正得到准确的初熔温度和冰点温度；根据冷热台测定获得的冰点温度，利用前人的实验相图或经验公式即可得到流体盐度，通过含石盐子矿物的流体包裹体的流体盐度与石盐子矿物完全熔化温度来计算盐度。

3.22.3 结果与讨论

3.22.3.1 包裹体岩相学特征

　　整个研究区流体包裹体主要见于石英、方解石和萤石等脉石矿物中，其中以石英中包裹体较多，方解石、萤石次之。包裹体以原生为主，个体大小差异大，类型较复杂。流体包裹体以气液相包裹体为主，含子矿物包裹体次之，包裹体整体上较发育，个体大小差异大，类型较复杂。

　　根据流体包裹体的物理状态分类，可分为五种基本类型：第Ⅰ类型为气液两相盐水包裹体（Ⅰ），主要为富液相盐水包裹体，少数为富气相。富液相包裹体气液比一般为<25%，少部分可达 40%，主要呈不规则形-椭圆状。富气相包裹体气液比可达 50%~75%。富液相包裹体在各类石英脉中最为发育，在包裹体中所占比例可达 50%（图 3.75）。

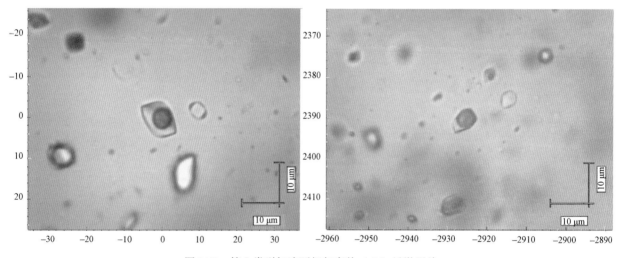

图 3.75　第Ⅰ类型气液两相包裹体（Ⅰ）显微照片

　　第Ⅱ类型为含石盐子晶三相包裹体（Ⅱ），这类包裹体在室温下为两相（L+HAL）或三相（L+V+HAL）组成，在含矿石英脉中分布较为普遍。包裹体大小为 2~30 μm，集中在 4~20 μm 范围内，形态有椭圆状、近圆状、不规则状等（图 3.76）。气液比 5%~20%，少数达 40%。此类包裹体在主矿化期阶段石英等主矿物中出现较多，其捕获流体即为成矿的主热液。

　　第Ⅲ类型为含不透明子矿物多相包裹体（L+V±HAL+Mt±HEM），这类包裹体在室温下为两相（L_{H_2O}＋子矿物）或三相（L_{H_2O}+V+子矿物）组成，子矿物有：以石盐、磁铁矿、赤铁矿、方解石、黄铜矿为主，偶见赛黄晶（图 3.77a~e），这类包裹体在主矿化期中出现较多，表现为主矿化期硫化物化阶段含黄铜矿和黄铁矿等子矿物，主矿化期铁氧化物阶段含磁铁矿和赤铁矿等子矿物，其捕获流体为成矿的主热液。

　　第Ⅳ类型为盐水溶液包裹体（L_{H_2O}），室温下为单相液体包裹体，形态为次圆状、长条状、不规则状，大小 2~10 μm（图 3.78）。此类包裹体主要赋存于矿化后期方解石脉和石英脉中。

　　第Ⅴ类型为气相包裹体（V_{H_2O} 或 V_{CO_2}），此类包裹体数量极少。

3.22.3.2 流体包裹体成分分析

　　西昌—滇中地区拉拉铜矿、东川稀矿山式铁铜矿、大红山铁铜矿和武定迤纳厂铁铜矿第Ⅰ类型包裹

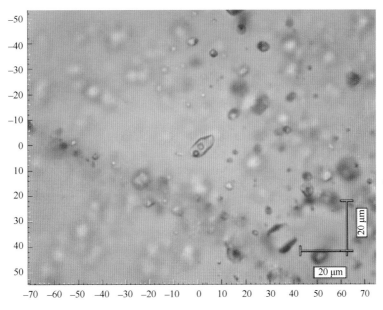

图 3.76　第 II 类型含石盐子晶三相包裹体（II）显微照片

体以 H_2O 为主要气相成分，其次为 CO_2、CH_4、N_2。第 II 类型和第 III 类型包裹体气相成分为 H_2O，极少数为 CO_2、CH_4、N_2。研究区域总体上包裹体气相成分表现为 H_2O、CO_2、CH_4、N_2，以 H_2O 为主要气相成分，且 $H_2O > CO_2 > CH_4$，其中主矿化期所含气相 H_2O 含量要明显高于另外其他期次；次要的气相成分为 CO_2，这一成分的含量随着矿化的进行逐渐增加，表现出矿化后期热液＞主矿化期硫化物阶段＞主矿化期铁氧化物阶段的特点。各类包裹体液相成分均为 H_2O（见图 3.79）。

各成分特征峰为：H_2O 的拉曼峰位于 3000~3700 cm^{-1}，根据盐度差异，峰形陡缓各异；CO_2 峰位位于 1285、1387 cm^{-1} 左右；CH_4 峰位于 2915 cm^{-1} 左右；N_2 峰位于 2327 cm^{-1} 左右；包裹体内子矿物方解石的峰位于 1087、281、712 cm^{-1}，磁铁矿位于 665 cm^{-1} 左右，赤铁矿位于 1313 cm^{-1} 左右，黄铜矿位于 288 cm^{-1} 左右（如图 3.77d）。本次发现包裹体内子矿物有赛黄晶，峰位位于 614、325 cm^{-1}（图 3.77e）。

3.22.3.3　包裹体测温

通过对拉拉铜矿、大红山铁铜矿、东川稀矿山式铁铜矿的 1476 个包裹体进行均一法、冷冻法测温和数据处理，实验结果（表 3.41）表明：第 I 类型包裹体（L+V）的均一温度范围为 100~580℃，冰点温度为 0.2~21.3℃，盐度为 0.35%~23.24% NaCl。第 II 类型为含石盐子晶三相包裹体，其均一温度范围为 100~550℃，盐度为 26.31%~66.75% NaCl。第 III 类型为含不透明子矿物的多相包裹体（L+V±HAL+Mt±HEM），其均一温度范围为 100~500℃，盐度为 4.96%~66.75% NaCl。其中含铁氧化物（磁铁矿、赤铁矿）的包裹体均一温度为 100~500℃，盐度为 4.96%~66.75% NaCl；含硫化物（黄铜矿、黄铁矿）的包裹体均一温度为 115~180℃，盐度为 12.85%~49.11% NaCl。

3.22.3.4　矿床成因

前人对拉拉铜矿流体包裹体研究表明，成矿温度一组与磁铁矿有关为 310~442℃[7]，另一组与硫化物有关为 200~270℃，成矿盐度为 13%~17% NaCl，成矿深度为 3~4 km[8]，甚至接近地表环境[7]。成矿流体早期为岩浆水，晚期以变质水为主并有少量大气降水混入；成矿的硫来自上地幔，但有少量海水硫混入。表明拉拉铜矿流体为岩浆热液、变质热液和大气降水；成矿温度为中高温；金属氧化物以磁铁矿、赤铁矿为主，硫化物以黄铜矿为主，在包裹体中表现为含磁铁矿、赤铁矿、黄铜矿子矿物。同时表明矿

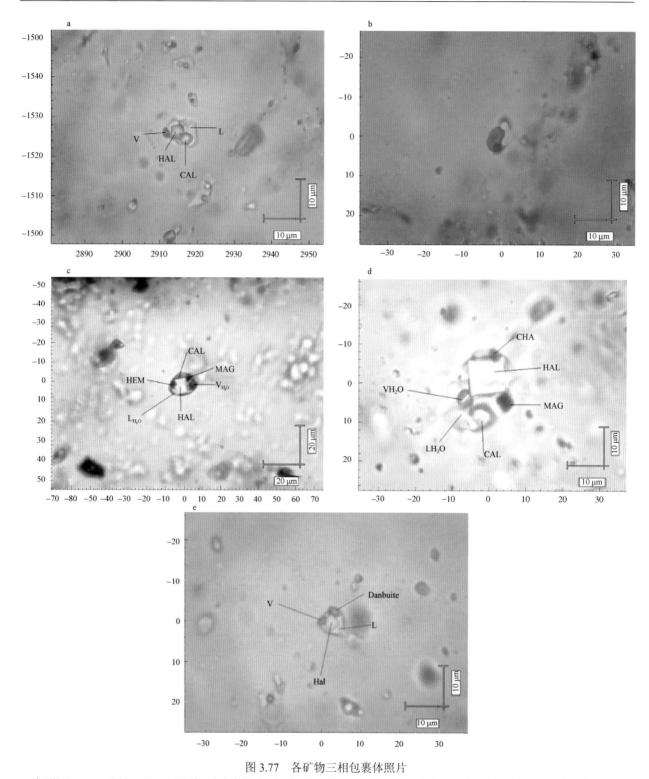

图 3.77　各矿物三相包裹体照片

a. 含石盐（HAL）、方解石（CAL）子矿物三相包裹体；b. 含赤铁矿子矿物三相包裹体；c. 含石盐（HAL）、方解石（CAL）、赤铁矿（HEM）、
磁铁矿（MAG）子矿物三相包裹体；d. 含石盐（HAL）、方解石（CAL）、黄铜矿（CHA）、磁铁矿（MAG）子矿物三相体包裹体；
e. 含石盐（HAL）、赛黄晶（DAN）子矿物三相包裹体。

化前期流体为富含碱质和挥发份的高氧化性岩浆，具有高温（500~580℃）的特点并发生了不混熔，从而
分离出高温高钠的岩浆热液，与围岩发生钠化反应；主矿化期铁氧化物阶段流体为中高温，主矿化期硫
化物阶段流体由岩浆热液变为变质热液，并与海水发生混合作用（均一温度 160~300℃），铜、金发生沉
淀。至矿化后期，主要流体转化为低温（100~200℃）的大气降水，矿化结束。

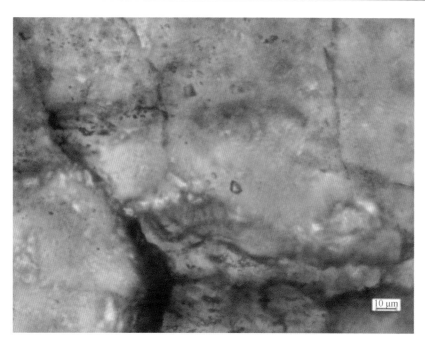

图 3.78　第Ⅳ类型盐水溶液包裹体（L_{H_2O}）

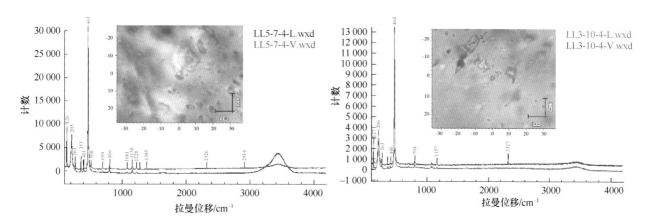

图 3.79　第Ⅰ、Ⅱ类型包裹体激光拉曼谱图

迤纳厂矿床液体包裹体特征为：Ⅰ矿化前期包裹体均一温度的高频值为 550~600℃，盐度高频值为 45%~50% NaCl；Ⅱ-1 主矿化期铁氧化物-稀土矿化阶段包裹体均一温度高频值为 300~350℃，盐度高频值为 15%~20% NaCl，但有少量特高值，这些值与岩浆角砾岩相接近；Ⅱ-2 主矿化期硫化物-金矿化阶段均一温度高频值为 200~300℃，盐度高频值为 10%~15% NaCl；Ⅲ矿化后期均一温度高频值为 150~200℃，盐度高频值为 10%~15% NaCl。表明迤纳厂矿床成矿流体为岩浆热液、变质热液、大气降水的混合流体[9]。

稀矿山式含铜铁矿石中的石英包裹体多且大，包括气液包裹体、气体包裹体、液体包裹体、含 NaCl 子矿物的包裹体和纯 N_2 包裹体；其均一温度变化较大，集中在 190~290℃（平均 219.5℃），属于中高温；成矿流体盐度高，介于 31%~53% NaCl；成矿流体密度为 0.7624~1.3227 g/cm³，属于高密度流体。稀矿山含铜铁矿成矿流体为岩浆热液+地表海水[10]。

大红山矿床流体包裹体分为富液相、含子晶多相（L+S+V）和纯 CO_2 三类。其均一温度介于 103~456℃，盐度范围为 0.53%~59.76% NaCl，密度为 0.80~1.45 g/cm³。该矿床成矿流体为地幔流体+海水[11]。

通过对研究区各类包裹体进行成矿期次划分，可以看出矿化前期包裹体均一温度高频值在 500℃以上，盐度在 59.8% NaCl 以上；主矿化期成矿温度集中在 100~500℃，其中主矿化期铁氧化物阶段包

表 3.41　西昌—滇中地区铁铜多金属矿流体包裹体特征及测温结果

矿区	样品编号	主矿物	包裹体类型	包裹体个数	均一温度（平均值）/℃	盐度/%NaCl
	LL3-10	石英	II	14	131~550（298）	43.83~66.75
		石英	III	6	150~455（315）	43.33~66.75
		石英	I	7	139~175（152）	0.7~22.38
	LL3-32	石英	II	26	140~390（177）	30.27~49.68
		石英	I	3	150~161（157）	23.05
	LL5-7	石英	II	22	105~400（162）	26.31~47.44
		石英	III	3	120~247（162）	30.27~41.05
		石英	I	12	130~255（183）	0.35~23.05
	LL5-2	石英	I	26	110~420（221）	4.96~22.85
	LL5-15	石英	II	22	135~535（270）	30.70~48.55
		石英	I	4	245~425（301）	18.04~22.38
		石英	IV	2	—	30.87~36.33
		石英	II（富气）	3	578~580（579）	33.20~35.32
	LL3-3	石英	I	12	140~400（182）	16.89~17.79
		石英	III	1	154	17.61
	LL5-12	石英	III	4	140~161（154）	14.97~53.26
		石英	II	8	125~156（133）	32.39~49.68
		石英	I	12	100~238（146）	8.55~22.44
	LL4-7	石英	I	8	150~170（160）	13.40~15.96
		石英	II	2	206~209（207）	46
		石英	III	2	168~275（222）	13.40~43.35
	LL4-18	石英	I	12	130~191（155）	3.39~22.71
		石英	II	5	130~160（144）	31.63~37.41
		石英	III	4	137~150（142）	38.01~50.89
拉拉铜矿	LL6-18	石英	I	17	131~170（153）	6.45~22.44
		石英	II	25	130~180（146）	30.92~47.44
	LL6-20	石英	I	7	130~360（198）	9.47~23.05
		石英	II	15	140~153（146）	31.39~41.94
		石英	III	14	135~447（183）	14.25~69.63
	LL7-5	石英	I	23	140~360（206）	5.41~17.52
		石英	II	33	100~330（182）	31.63~38.55
		石英	II（富气）	19	160~360（257）	11.7~35.32
	LL7-10	石英	I	16	125~387（228）	6.74~20.22
		石英	II	19	110~290（176）	26.40~35.32
	LL7-11	石英	I	9	139~360（199）	5.11~21.40
		石英	II	19	140~410（210）	32.39~53.88
	LL7-6	石英	I	7	130~390（209）	13.94~22.38
		石英	II	33	115~410（217）	28.43~49.68
		石英	III	2	117~125	33.77~35.65
	LL7-3	石英	I	27	151~175（162）	15.96~23.05
		石英	II	25	145~183（161）	30.92~34.04
	LL7-15	石英	I	13	132~373（160）	7.86~19.45
		石英	II	35	120~183（138）	31.15~57.75
		石英	III	4	140~180（153）	12.85~49.11
	LL7-17	石英	I	26	138~260（156）	4.65~19.45
		石英	II	35	136~245（154）	29.43~48.55
	LL7-22	石英	I	12	140~415（268）	3.55~22.24
		石英	II	11	130~310（168）	29.28~54.51
	LL5-38	石英	II	19	150~210（181）	31.87~43.35

矿区	样品编号	主矿物	包裹体类型	包裹体个数	均一温度（平均值）/℃	盐度（%NaCl）
拉拉铜矿	LL3-24	石英	I	47	135~380（214）	0.88~18.63
		石英	II	21	120~185（147）	30.92~39.19
		石英	III	1	130	35.32
	LL5-13	石英	I	8	150~222（175）	—
		石英	II	35	120~400（228）	30.48~59.76
		石英	III	13	170~500（300）	38.16~59.76
大红山	DHS2-2	石英	I	21	137~223（193）	4.96~16.15
		方解石	I	21	137~223（193）	4.96~16.15
		石英	II	3	169~207（191）	29.78~31.88
	DHS2-3	石英	I	9	178~242（217）	7.59~19.84
		石英	II	11	140~217（158）	32.68~56.27
	DHS2-6	石英	I	9	195~255（224）	8.95~14.87
		石英	II	12	150~237（179）	32.37~54.51
	DHS2-8	石英	I	12	152~212（184）	1.40~20.07
		石英	II	7	181~381（225）	34.34~53.47
		石英	III	2	159~203	53.28
	DHS2-9	石英	I	18	153~231（196）	1.22~21.40
	DHS2-1	石英	I	14	147~393（217）	2.57~21.68
		石英	II	6	155~174（166）	50.98~59.76
	DHS1-25	石英	I	9	154~290（222）	8.41~21.82
		石英	II	13	117~230（176）	31.83~59.76
		石英	IV	4	（~8）~2.5	—
	DHS1-4	石英	I	16	145~220（179）	3.55~23.24
		石英	II	43	120~243（159）	29.66~53.26
		石英	III	1	160	36.68
	DHS1-5	石英	I	20	120~284（180）	1.57~22.38
		石英	II	37	125~305（195）	32.92~59.76
	DHS1-8	方解石	I	2	220~320	—
		方解石	II	43	220~430（301）	35.99~42.4
	DHS1-15	石英	I	17	135~180（148）	3.39~23.05
		石英	II	19	130~160（144）	30.92~53.26
		石英	III	1	140	—
	DHS1-19	石英	I	6	130~280（165）	2.57~21.68
		石英	II	23	110~166（133）	30.48~39.76
		石英	III	2	100~140	33.48~39.35
	DHS1-21	石英	I	18	110~220（162）	1.74~20.97
		石英	II	21	120~250（159）	29.86~42.40
		石英	III	7	140~165（156）	7.86~42.40
	DHS2-27	石英	I	24	119~280（220）	12.28~20.07
		石英	II	7	140~240（204）	41.14~53.26
	DHS3-8	石英	I	20	165~214（187）	1.74~20.97
		石英	II	18	150~227（179）	33.48~47.44
		石英	III	3	150~215（178）	4.96~47.44
	DHS3-10	石英	I	32	160~360（224）	2.57~20.97
		石英	II	12	150~320（201）	32.13~40.61
		石英	III	2	205~221	33.20~34.68
	DHS4-2	方解石	I	65	100~340（156）	3.39~23.05
		方解石	II	4	100~120（111）	29.66~42.40
东川稀矿山	XKS3	方解石	I	37	150~339（204）	9.21~23.05
		方解石	II	16	165~257（196）	29.66~33.77

裹体的均一温度在 310~470℃，盐度在 30.27%~61.63% NaCl；主矿化期硫化物阶段包裹体的均一温度集中在 160~300℃，盐度在 15.96%~26.31% NaCl；矿化后期均一温度在 100~200℃，盐度在 0.4%~23.05% NaCl。

综上所述，西昌—滇中地区的拉拉铜矿、迤纳厂矿床、大红山铁铜矿、东川稀矿山式铁铜矿的成矿温度、成矿流体盐度以及成矿流体来源均与典型的 IOCG 矿床的特征相似，因此本研究认为这四处矿区具备 IOCG 矿床的成矿流体特征。

3.22.4 结论与展望

在西昌—滇中地区产于元古代地层中的铁铜多金属矿床（拉拉矿床、迤纳厂矿床、大红山铁铜矿、东川稀矿山式铁铜矿）的流体包裹体，与其他类型矿床相比，具有以下几个主要特征：①通过对矿床内包裹体成分、均一温度和冰点温度测试，确定其一般为多流体性质。②包裹体内气相成分组成多样，含有 H_2O、CO_2、CH_4。③包裹体内含透明子矿物石盐、方解石，不透明子矿物磁铁矿、赤铁矿、黄铜矿、黄铁矿，并且在主成矿期氧化物阶段子矿物以磁铁矿、赤铁矿为主，在硫化物阶段以黄铜矿和黄铁矿为主。④流体温度为中高温。

本研究运用流体包裹体实验技术获得了铁铜多金属矿床的包裹体特征，对该类型矿床的成矿流体性质、成矿过程和矿床的厘定具有重要意义。流体包裹体研究作为一门学科正处于快速发展的阶段，还存在一些有待解决的问题，而这些问题也正是流体包裹体实验技术研究的未来方向和目标，即：①流体包裹体体积的准确测定或精确求解；②单个多相流体包裹体总体以及各相化学成分的快速、准确测定；③单个流体包裹体的 H、O、C 同位素分析；④单个流体包裹体内流体的机械提取技术；⑤更系统、准确的包裹体定年技术以及单个流体包裹体的定年技术。其中一些技术和方法正在发展之中，并很有可能在近年实现，而有些是比较困难的，需要人们开展长期的研究以及新技术的支持。

参 考 文 献

[1] Roberts D E, Hudson G R T. The Olympic Dam Copper-Uranium-Gold-Silver Deposit, Roxby Downs, South Australia[J]. Economic Geology, 1983, 78: 799-822.
[2] Hitzman M W, Oreskes N, Einaudi M T. Geological Characteristics and Tectonic Setting of Proterozoic Iron Oxide (Cu-U-Au-REE) Deposits[J]. Precambrian Research, 1992, 58(1-4): 241-287.
[3] Sillitoe R M. Iron Oxide-Copper-Gold Deposits: An Andean View[J]. Mineralium Deposita, 2003, 38: 787-812.
[4] 卢焕章, 范宏瑞, 倪培, 等. 流体包裹体[M]. 北京: 科学出版社, 2004.
[5] 杨应选, 仇定茂, 阚梅英, 等. 西昌—滇中前寒武系层控铜矿[M]. 重庆: 重庆出版社, 1988.
[6] 耿元生, 杨崇辉, 王新社, 等. 扬子地台西缘变质基底演化[M]. 北京: 地质出版社, 2008.
[7] 金明霞, 沈苏. 四川会理拉拉铜矿床流体特征及成矿条件研究[J]. 地质科技情报, 1998, 17(增刊): 46-48.
[8] 孙燕, 李承德, 冯祖杰. 四川省拉拉铜矿床含金性及金的赋存状态研究[J]. 矿物岩石, 1994, 14(2): 67-73.
[9] 侯林, 丁俊, 王长明, 等. 云南武定迤纳厂铁-铜-金-稀土矿床成矿流体与成矿作用[J]. 岩石学报, 2013, 29(4): 1187-1202.
[10] 叶霖. 东川稀矿山式铜矿地球化学研究[D]. 贵阳: 中国科学院地球化学研究所, 2004: 96-97.
[11] 吴孔文, 钟宏, 朱维光, 等. 云南大红山层状铜矿床成矿流体研究[J]. 岩石学报, 2008, 24(9): 2045-2057.

3.23　雪山嶂铜多金属矿床金属矿物流体包裹体研究

地质作用过程中流体所起的作用和它们扮演的角色是近年来地球科学领域的一个重要前沿课题。因此流体包裹体作为唯一的原始成岩、成矿流体真实情况的记录者，越来越被地学研究者所重视。红外显微镜问世于 20 世纪 80 年代，开创了对不透明-半透明矿物内部结构和流体包裹体的红外光学成像研究的新领域[1]。随后国内外很多地质学家开展了不透明-半透明金属矿物的流体包裹体研究，取得了很多重要的研究成果，对流体包裹体学及矿床学方面有了新的认识。适合红外显微镜研究的金属矿物主要有：暗色闪锌矿、金红石、黑钨矿、辉钼矿、辉锑矿、黄铁矿、深黝铜矿、黝铜矿、银镍黝铜矿、硫锑铜银矿、钛铁矿、赤铁矿、铬铁矿、车轮矿等矿物[2-8]。

雪山嶂铜多金属矿区内矿床类型复杂，矿物种类多样，其中主要的金属矿物有方铅矿、黄铜矿、黑钨矿、闪锌矿、黄铁矿和石榴子石等。本研究对该地区的闪锌矿、黑钨矿和石榴子石进行红外显微镜下流体包裹体观测，同时结合透明脉石矿物进行流体包裹体对比研究，为矿床成因提供更为可靠的理论数据。

3.23.1　实验部分

3.23.1.1　主要工作原理

自然界中矿物根据其透明度分为透明矿物、半透明矿物和不透明矿物。这是由矿物晶体电子跃迁所需能量（能级差）与可见光能量大小所决定的。人类眼睛能够感应的可见光波长范围为 0.35~0.75 μm，对应的电子势能为 3.5~1.65 eV。当矿物的能级差 E_g<1.65 eV，可见光完全或部分被矿物吸收，而不被人类所感应，所以形成不透明-半透明矿物。红外显微镜所采用的光源是红外光，红外光的特点是波长宽，能量低，波长范围为 0.76~2.5 μm，对应的 E_g<1.65 eV。理论上，某些不透明金属矿物能级差比近红外射线能量高，从而不吸收近红外射线，而在近红外条件下呈现透明状态（图 3.80）[9]。利用矿物这一性质，地质学家开展了半透明-不透明矿物的红外透射成像研究，展现了半透明-不透明矿物的流体包裹体特征，为流体包裹体学研究领域开辟一种新的研究手段。

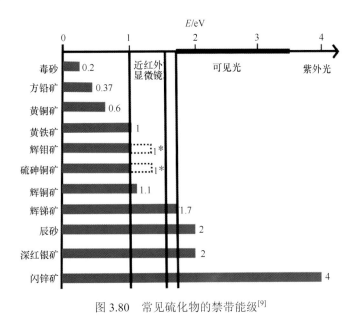

图 3.80　常见硫化物的禁带能级[9]

本节编写人：李芳（中国地质调查局武汉地质调查中心）

3.23.1.2　仪器设备

红外显微镜系统主要由载物台、红外光源、聚光镜、物镜、调焦机构、图像转换管、目镜、摄像头及计算机组成。目前红外显微镜可以提供两个波长范围（长红外波长 $\lambda \leqslant 2200$ nm 和短红外波长 $\lambda \leqslant 1100$ nm）从而满足不同金属矿物中流体包裹体研究。流体包裹体显微测温是使用英国 Linkam-THMS600 冷热台配备红外显微镜进行（温度范围：$-195 \sim 600\,^{\circ}\text{C}$）。

3.23.1.3　样品采集和制备

雪山嶂铜多金属矿床位于广东省英德市，属南岭成矿带，选取其中具有代表性的三个矿床（周屋铜金矿、镆山峇铅锌矿、樟天洞钨矿）进行石榴子石、闪锌矿和黑钨矿三种金属矿物流体包裹体观测。

金属矿物流体包裹体测温片的制备要求与透明矿物测温片一致，双面抛光，且抛光效果需要更好（如黄铁矿、辉锑矿等不易磨光矿物，则需要高度抛光），由于主矿物为半透明-不透明矿物，故测温片要比常规透明矿物薄，厚度一般在 $90 \sim 120$ μm，有利于金属矿物中流体包裹体观测。

根据闪锌矿、黑钨矿、石榴子石三种金属矿物红外射线吸收能力差别，使用短红外波（$\lambda \leqslant 1100$ nm），利用 Q-imaging 成像系统进行红外显微镜下流体包裹体观测。

3.23.1.4　测试方法

红外显微镜对不透明-半透明矿物中流体包裹体观测的内容，与常规的偏光显微镜下透明矿物中流体包裹体研究内容基本一致。流体包裹体按成因可分为原生包裹体、次生包裹体和假次生包裹体，其中原生包裹体和假次生包裹体是在矿石矿物生长过程中随机捕获的，其成分、均一温度和盐度能够直接地反映成矿流体的性质；次生包裹体则对矿石形成后的地质演化历史研究具有重要的意义。目前根据金属矿物中流体包裹体物相特征，将流体包裹体分为六大类：纯液相包裹体(L)、纯气相包裹体(V)、气液两相包裹体(L+V)、含子矿物的多相包裹体（L+V+S）、含 CO_2 三相包裹体（$L_{H_2O} + NaCl + L_{CO_2} + V_{CO_2}$）和熔流包裹体。

在详细研究和充分描述了金属矿物中流体包裹体的形态、大小、丰度等物相特征和成因类型的基础上，进行包裹体的显微测温分析。在红外显微镜载物台上安装冷热台（温度范围为$-194 \sim 600\,^{\circ}\text{C}$），物镜更换为长工作距离红外物镜，即可进行流体包裹体的测温工作。金属矿物中流体包裹体进行显微测温分析的测温点为初熔温度（T_{EU}）、冰点温度（T_M）和均一温度（T_H）。

3.23.2　结果与讨论

3.23.2.1　流体包裹体岩相学特征

1）周屋金铜矿石榴子石和石英流体包裹体

周屋金铜矿床中暗色石榴子石和石英进行了系统的流体包裹体观测。周屋铜金矿床石榴子石颗粒大，半透明，结晶程度好，有明显的环带结构。在红外显微镜下观察，其中流体包裹体较发育，包裹体个体变化范围较大（$2 \sim 50$ μm）；形态各异，主要为椭圆形、负晶形或半自形、负晶形、多边形、不规则状等；分布状态以小群分布为主，部分呈定向分布；包裹体类型主要有液相（L 型）、气液两相（L+V 型）和含子晶三相包裹体（L+V+S 型）。

含矿石英脉中石英的包裹体较发育，包裹体大小为 $2 \sim 25$ μm；形态多样，呈椭圆形、负晶形、米粒状、不规则状等；包裹体呈自由分布和小群分布为主，部分包裹体沿裂隙定向分布；包裹体类型主要有纯液相（L 型）、气液两相（L+V 型），以及少量纯气相（V 型）包裹体（图 3.81）。

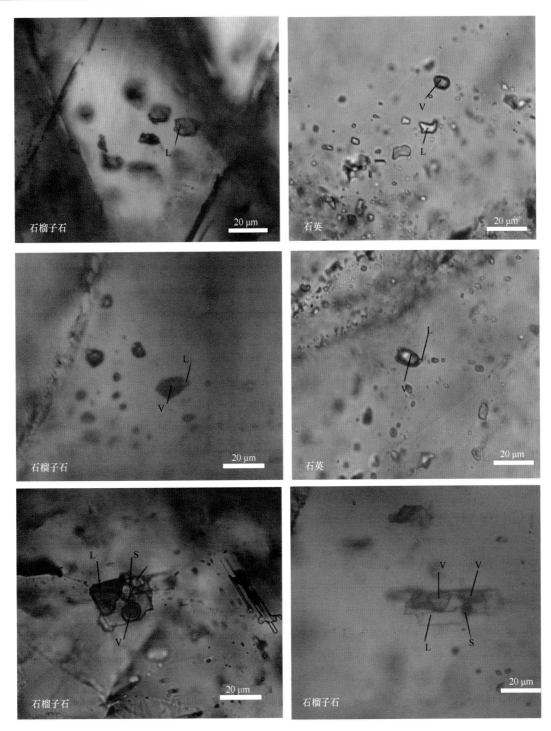

图 3.81　周屋金铜矿中石榴子石和石英流体包裹体特征

2）铝山崇闪锌矿和石英流体包裹体

铝山崇闪锌矿中流体包裹体整体特点为数量少但个体较大，分布不均匀。其流体包裹体类型主要为气液两相包裹体（L+V 型）和纯气相包裹体（V 型）。包裹体大小为 6~20 μm，个别达到 40 μm，气液比为 10%~20%；形状为管状、负晶形、多边形、椭圆形和不规则状等，多为定向分布次生包裹体，少数为小群分布的原生包裹体。石英中流体包裹体类型主要为气液两相包裹体（L+V 型）、含 CO_2 三相包裹体（L_{H_2O} +NaCl+ L_{CO_2} + V_{CO_2}）、纯液相包裹体（L 型）以及少量纯气相包裹体（V 型），包裹体大小为 6~25 μm；形状为椭圆形、多边形和不规则状等，分布多为小群分布和定向分布（图 3.82）。

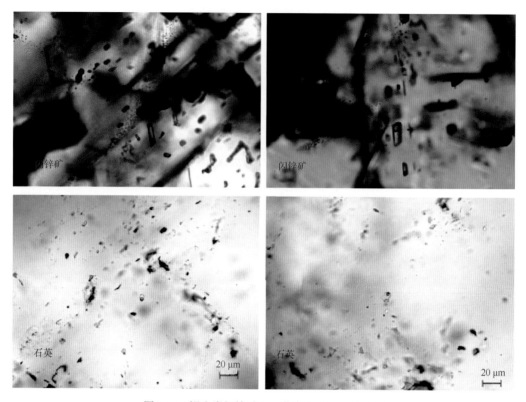

图 3.82　锢山峚闪锌矿和石英中流体包裹体特征

3）樟天洞黑钨矿和石英流体包裹体

樟天洞黑钨矿在红外显微镜下透明度变化较大，流体包裹体特点为小且多，这可能与后期黄铜矿及石英脉充填交代脆性的黑钨矿破坏了原生包裹体造成的。包裹体类型主要为气液两相包裹体（L+V 型），形状为米粒状、椭圆形等；包裹体大小为 3~10 μm，个别达到 15 μm；气液比为 10%~20%；多为小群分布和定向分布。石英脉中流体包裹体特征与黑钨矿相似，其特点为小且多，包裹体类型主要为气液两相包裹体（L+V 型）和纯液相包裹体（L 型），形状为米粒状、椭圆形等；包裹体大小为 3~10 μm，个别达到 15 μm；气液比为 10%~20%（图 3.83）。

3.23.2.2　流体包裹体热力学特征

1）石榴子石流体包裹体

金属矿物流体包裹体的热力学观测主要是针对周屋金铜矿床中的石榴子石流体包裹体进行，测温结果为：①气液比为 15%~20% 的包裹体，均一温度（T_H）为 230~250℃（均一至液相），盐度（S）为 12.8%~13.07% NaCl。②气液比为 25%~30% 的包裹体，均一温度（T_H）为 420~470℃（均一至液相），盐度（S）为 4.18%~4.96% NaCl。③气液比为 30%~35% 的包裹体，均一温度（T_H）为 450~490℃（均一至气相），盐度（S）为 15.96%~17.08% NaCl。

2）石英流体包裹体

周屋含矿石英脉中自由分布或小群分布的原生流体包裹体（L+V 型）测定结果为：①气液比为 15%~20% 的包裹体：均一温度（T_H）为 210~250℃，盐度（S）为 8.55~12.85% NaCl；均一温度（T_H）为 225~251℃，盐度（S）为 4.65%~4.18% NaCl。②气液比为 20%~25% 的包裹体：均一温度（T_H）

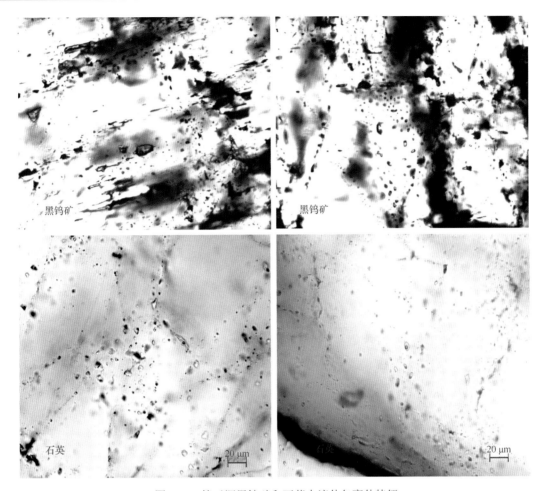

图 3.83　樟天洞黑钨矿和石英中流体包裹体特征

为 290~320℃，盐度（S）为 12.28%~13.40% NaCl。③气液比为 70%~75% 的包裹体：均一温度（T_H）为 290~320℃（均一至气相），盐度（S）为 10.49%~12.05% NaCl。

石榴子石和石英均一温度直方图（图 3.84a）表明，大部分石榴子石形成温度较高（均一温度为 400~500℃），部分包裹体在温度达到 500℃ 以上仍未均一，也有小部分石榴子石（气液比小）均一温度低（220~260℃）；石英中流体包裹体均一温度范围为 220~260℃、280~340℃，与石榴子石相比形成温度较低，其中富气两相包裹体和富液两相包裹体出现于同一石英颗粒中，而且它们的均一温度大体一致，集中在 290~320℃，显示出沸腾包裹体的特点，这一现象在石英的均一温度直方图中可以明显地反映出来。从石榴子石和石英中流体包裹体均一温度和盐度散点图（图 3.84b）可以看出，高温石榴子石具有低盐度和高盐度两种性质流体，小部分低温石榴子石具有中、高盐度流体，与大部分石英的均一温度和盐度范围一致。

3.23.3　讨论

通过雪山嶂地区金属矿物流体包裹体观测，发现在金属矿物流体包裹体观察及测温过程中存在一些问题和难点。

3.23.3.1　矿物红外透明度的变化

金属矿物在红外透射中透明度变化范围比较大，主要的原因是微量元素的存在导致矿物电子跃迁能

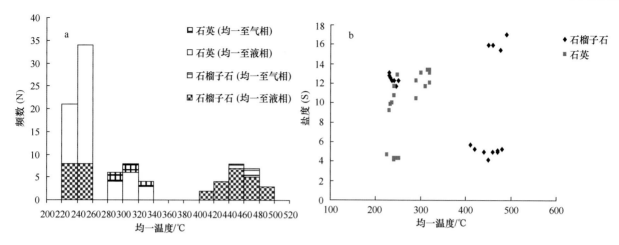

图 3.84　周屋石英和石榴子石中流体包裹体的均一温度直方图（a）和均一温度和盐度散点图（b）

级差的降低，从而导致矿物在近红外条件下不透明。韫山崇闪锌矿在偏光显微镜下为不透明-半透明，在红外显微镜下透明度较好，但由于大部分闪锌矿内部分布有大量乳滴状黄铜矿，黄铜矿在红外显微镜下不透明的原因，使得该类型闪锌矿无法观察，只有少数表面较干净的闪锌矿其内部可以观察到少量流体包裹体。

3.23.3.2　流体包裹体红外透明度的变化

很多不透明矿物中流体包裹体整体上呈黑色或暗灰色，分辨不清其相态，如暗色闪锌矿、黑钨矿等矿物中均有这种现象。目前对于这种现象有两种解释：①由主矿物与包裹体的流体相存在强折射造成的[10]；②被捕获的流体与主矿物发生反应，在包裹体内壁上形成某些显微矿物，这些矿物容易吸收红外射线，而造成流体包裹体变暗[11]。

对此采取的解决措施有：①适当降低样品的厚度；②从晶体不同的方位进行制片，同时要加强抛光度，以减弱流体与主矿物间的强折射。

3.23.3.3　红外显微测温存在的难点

由于在红外显微镜下，流体包裹体的图像是通过红外电子感应转换成数据信号，最后通过计算机软件处理在显示器上输出的，红外光沿着包裹体壁发生强烈折射，从而很难观察到冰晶的形成[7]。所以大部分不透明-半透明矿物的初熔温度是无法观察到的。冰点温度只能通过包裹体中气泡的大小、形状及位置在冷冻与回温过程中发生的根本性变化来确定。为此本研究采用冷冻法与循环测温技术相结合得到冰点温度[12]。

红外显微镜下观测流体包裹体的均一温度也存在一定的难度：①由于受热红外光干扰，高温下矿物的透明度减弱[3]；②红外光下，包裹体壁由于发生强烈折射而变粗，所以使得部分包裹体在加温过程中气泡逐渐变小，而藏于包裹体内壁无法判断是否已均一。因此均一温度的测定也要采用循环测温技术。

3.23.4　结论与展望

运用红外显微镜对雪山嶂铜多金属矿床中的闪锌矿、黑钨矿、石榴子石流体包裹体观测，得出这三种金属矿物中除了含有黄铜矿的闪锌矿外，其他金属矿物红外透明度较好，流体包裹体较为发育。进一步通过石榴子石和石英中流体包裹体温压地球化学对比研究，发现石榴子石中发育有富液相包裹体、富气相包裹体和含子矿物多相包裹体。矽卡岩阶段温度主要为 450~490℃，盐度范围为 15.96%~17.08% NaCl，属于高温、高盐度流体。退变质-氧化物阶段的均一温度为 450~230℃，盐度为 4.96%~13.07% NaCl，最后硫化物阶段为相对低温低盐度（均一温度 210~250℃，盐度为 4.65%~4.18% NaCl），铜矿主要在硫化物阶段形成。成矿流体在 290~320℃区间内发生了强烈的沸腾作用，改变了体系内的物理化学条件，导致大量含铜的金属硫化物沉淀，沸腾作用对铜矿的形成和富集起着重要作用。

随着红外技术和照相技术的发展，红外显微镜应用于流体包裹体研究所发挥的作用越来越突出，开拓了流体包裹体学研究的新领域。红外显微镜将应用于更广泛的不透明矿石矿物中，为成矿流体的研究工作提供直接的理论依据。目前，我国红外显微镜应用于流体包裹体的研究工作具有良好的发展前景，将会引起更多地质学家的重视。

参 考 文 献

[1] Campbell A R, Hackbarth C J, Plumlee G S, et al. Internal Features of Ore Minerals Seen with the Infrared Microscope[J]. Economic Geology, 1984, 79: 1387-1392.

[2] Bailly L, Bouchot V, Beny C, et al. Fluid Inclusion Study of Stibnite Using Infrared Microscopy: An Example from the Brouzils Antimony Deposit (Vendee, Armorican Massif, France) [J]. Economic Geology and the Bulletin of the Society of Economic Geologists, 2000, 95(1): 221-226.

[3] Kouzmanov K, Bailly L, Ramboz C, et al. Morphology, Origin and Infrared Microthermometry of Fluid Inclusions in Pyrite from the Radka Epithermal Copper Deposit, Srednogorie Zone, Bulgaria[J]. Mineralium Deposita, 2002, 37: 599-613.

[4] 李芳, 吕新彪, 刘艳荣. 红外显微镜在地质学的应用与前景[J]. 岩矿测试, 2006, 25(4): 355-359.

[5] Ni P, Zhu X, Wang R C, et al. Constraining Ultrahigh-pressure (UHP) Metamorphism and Titanium Ore Formation from an Infrared Microthermometric Study of Fluid Inclusions in Rutile from Donghai UHP Eclogites, Eastern China[J]. Geological Society of America, 2008, 10(9): 1296-1304.

[6] 曹晓峰, 吕新彪, 何谋春, 等. 共生黑钨矿与石英中流体包裹体红外显微对比研究——以瑶岗仙石英脉型钨矿床为例[J]. 矿床地质, 2009, 28(5): 611-620.

[7] 董少花, 毕献武, 胡瑞忠, 等. 湖南瑶岗仙石英脉型黑钨矿床成矿流体特征[J]. 矿物岩石, 2009, 28(5): 611-620.

[8] 格西, 苏文超, 朱路艳, 等. 红外显微镜红外光强度对测定不透明矿物中流体包裹体盐度的影响: 以辉锑矿为例[J]. 矿物学报, 2011, 31(3): 366-371.

[9] Shuey R T. Semiconducting Ore Minerals[M]. Amsterdam: Elsevier, 1975: 415.

[10] 许国建. 不透明矿物流体包裹体红外显微测温法的应用现状[J]. 地质科技情报, 1991, 10(3): 91-95.

[11] Mancano D P, Campbell A R. Microthermometry of Enargite in the Lepanto, Philippines, High Sulfidation Cu-Au Deposit Using Infrared Microscopy[C]//Proceedings of Biennial Pan-American Conference on Research on Fluid Inclusions, 1994: 55.

[12] Goldstein R H, Reynolds T J. Systematics of Fluid Inclusions in Diagenetic Minerals[R]. Society for Sedimentary Geology, 1994.

第4章 岩石矿物分析技术与应用研究

　　固体矿产勘查及矿床成矿规律研究是地质工作重要的组成部分，岩石矿物分析技术是支撑找矿突破不可或缺的重要基础。目前的发展趋势是经过化学手段分离后采用重量法、容量法、比色法测定等经典化学分析方法，或是用原子吸收光谱仪、火焰光度计、极谱仪等单元素分析仪器进行逐个元素测定的经典方法已经逐渐被淘汰，具有灵敏度高、精密度好、抗干扰能力强且具备多元素同时分析特点的电感耦合等离子体质谱仪（ICP-MS）、电感耦合等离子体发射光谱仪（ICP-OES）以及 X 射线荧光光谱仪（XRF）等三大现代化的分析仪器，已经成为目前国际岩矿分析的主流。重要成矿区带和整装勘查区特殊矿种多元素分析测试技术、复杂基体超低痕量元素的准确测定以及高含量元素的精确测定是岩矿分析技术的关键，原因在于矿石样品矿物组成复杂，元素含量范围宽，既有百分之几十的造岩基体成分，又含有 mg/g 级微量元素以及μg/g 甚至 ng/g 级的超痕量元素。

　　本章共 20 节，紧扣岩矿分析的主题，内容涉及金属矿石矿物和非金属矿石矿物的分析。既包括 XRF 法测定镍矿石、铁矿石、钼铜矿石、铅锌矿、钒钛磁铁矿、磷矿石和石膏矿中主次量元素的分析方法，也含 ICP-OES/MS 测定钨矿石、铌钽矿、铍矿石、铝土矿、铜多金属矿、铁铜多金属矿复杂基体样品、铅锌矿、钒钛磁铁矿、磷矿石、石墨矿和芒硝矿中的多种元素的分析方法。样品前处理方式如敞开偏硼酸锂碱熔、敞开体系酸溶、密闭高压溶样、微波酸溶等均有介绍。其中采用封闭酸溶分解样品、碰撞/反应池消除干扰、有机试剂增敏以及 HG 与 ICP-MS 联用技术，对地质样品中稀散元素镓、铟、铊、锗、硒和碲的分析方法；利用氢氟酸介质，解决了铌、钽、钨等易水解元素的 ICP-OES/MS 测定问题，这些都是一个新的尝试，很有借鉴意义。

撰写人：屈文俊（国家地质实验测试中心）；杨小丽（中国地质调查局武汉地质调查中心）

4.1　钨矿石、铌钽矿石、铍矿石中多元素配套分析技术

钨矿、铌钽矿被国家列为保护性开采的特定矿种。钨矿床中常伴有砷、锗、铜、钼、铅、锌、银等组分；铌钽矿石中钽铌常与锡、钨、锂、铀、钛、锆、钼、铯等稀有金属共生；铍是稀有金属矿产资源之一，主要以铍铜合金和铍金属的形式广泛用于航空、航天工业和核反应堆。钨矿石、铌钽矿、铍矿石中主次痕量元素的准确测定有利于确定矿石品位、矿床储量及综合利用。

目前针对铌钽、钨矿石以及铍矿石样品的电感耦合等离子体发射光谱/质谱（ICP-OES/MS）分析方法比较缺乏。钨矿石、铌钽矿石、铍矿石均存在基体复杂、难于完全分解的特点。偏硼酸锂对试样有很强的分解能力，可以有效地分解土壤、岩石、水系沉积物及硫化物矿中的硅酸盐成分[1-3]；氢氟酸-硝酸封闭压力酸溶可保证大多数难溶痕量元素的完全分解，同时保证易挥发元素在密封条件下不会损失。何红蓼等[4]、张保科等[5-6]应用封闭压力酸溶 ICP-MS 法测定地质样品中的 47 个元素，经氢氟酸和硝酸溶解后不需赶除氢氟酸，直接利用耐氢氟酸进样系统 ICP-OES 测定铌钽矿中的铌和钽，防止铌、钽元素在溶液中的水解，也保证了高含量铌、钽、钨分析的准确度，是封闭压力酸溶方法测定痕量元素的有效补充。

本节分别采用偏硼酸锂碱熔、封闭压力酸溶处理样品，ICP-OES/MS 测定；通过对封闭压力酸溶样品进行氢氟酸介质 ICP-OES/MS 的条件研究，解决了铌、钽、钨等易水解元素的测定问题，建立了测定钨矿石、铌钽矿以及铍矿石中的主次痕量元素的配套分析方法。

4.1.1　钨矿石、铌钽矿石 ICP-OES/MS 配套分析方法

4.1.1.1　实验部分

1）仪器设备

Optima 8300 电感耦合等离子体发射光谱仪（美国 PerkinElmer 公司），采用同心雾化器及旋流雾室。仪器参数为：ICP 射频功率 1300 W，辅助气流量 0.2 L/min，冷却气流量 10.0 L/min，载气流量 0.55 L/min，氩气吹扫光路系统，轴向观测，观测距离为 3，溶液提升量 1.5 mL/min。

耐氢氟酸系统：由刚玉中心管、雾室和雾化器组成。

质谱仪器主要工作参数见表 4.1。

表 4.1　ICP-MS 仪器主要工作参数

工作参数	设定值	工作参数	设定值
功率	1350 W	采样锥	1.0 mm
冷却气（Ar）流量	13.0 L/min	截取锥	0.7 mm
辅助气（Ar）流量	0.70 L/min	测定方式	跳峰
雾化气（Ar）流量	0.85 L/min	扫描次数	40 次

2）标准溶液和试剂

铌、钽、钨标准储备溶液（1.000 mg/mL）：由纯物质溶解配制。

多元素混合标准工作溶液：配制方法参见文献[5]。

偏硼酸锂：分析纯，预先在铂金皿中脱水，磨碎后备用。

本节编写人：马生凤（国家地质实验测试中心）；王蕾（国家地质实验测试中心）；许俊玉（国家地质实验测试中心）；温宏利（国家地质实验测试中心）

硝酸、氢氟酸：均为优级纯。

水：电阻率达到 18 MΩ·cm。

3）实验方法

方法 1：偏硼酸锂碱熔。准确称取 0.1000 g 样品（粒径应小于 74 μm）样品置于 15 mL 石墨坩埚中，加入 0.4 g 无水偏硼酸锂（与样品质量比例约为 1：4），混匀，放入瓷坩埚中。将坩埚置于已升温至 1000℃的马弗炉中熔融 15 min。取出坩埚立即将熔融物倒入已装有约 5% 王水的 30 mL 烧杯中。将烧杯放入数控超声波振荡器振荡 15~30 min 至溶液溶解清亮，定容至 100 mL 容量瓶中。分取溶液 10.00 mL 移入 25.00 mL 比色管中，准确加入 250 μg/mL 的 Cd 标准溶液 1.0 mL，用 5% 王水稀释至刻度，摇匀，备用。

方法 2：封闭压力酸溶（常规封闭压力酸溶）。称取 0.0250 g 样品（粒径应小于 74 μm）于封闭溶样器的聚四氟乙烯内罐。加入 1.5 mL 氢氟酸、1.0 mL 硝酸，盖上聚四氟乙烯上盖，装入钢套中封闭。放入烘箱中于 190℃ 保温 36 h。冷却后开盖，将聚四氟乙烯内罐在 170℃ 电热板加热蒸发至干后，再加入 0.5 mL 硝酸蒸发至干，此步骤重复一次。加入 50% 盐酸 3 mL，盖上聚四氟乙烯上盖，将聚四氟乙烯内罐再次装入钢套中封闭，于 150℃ 烘箱中保温 3 h，待溶样器冷却后，把溶液转移至 25 mL 容量瓶中并稀释至刻度。此溶液为 ICP-MS 测定用。

方法 3：封闭压力酸溶（耐氢氟酸进样系统）。称取 0.1000 g 钨矿石或铌钽矿石（粒径应小于 74 μm）置于封闭溶样器的内罐中，加入 2.0 mL 氢氟酸、1.0 mL 硝酸，密封后将溶样器放入烘箱中 190℃ 加热 30 h。冷却后取出内罐，将溶液转移至 25 mL 塑料容量瓶中，用水稀释定容至刻度，此溶液直接用于 ICP-OES（耐氢氟酸进样系统）测定高品位的钨矿石、铌钽矿石中的 Nb、Ta、W。分取 2.00 mL 溶液，用水稀释至 10.00 mL，此溶液为 ICP-MS（耐氢氟酸进样系统）使用的溶液，可测定 Li、Cu、Zn、Ga、In、Tl、Mo、As。

4.1.1.2　结果与讨论

1）溶样方法适用范围

（1）钨铌钽

由于钨、铌、钽是易水解元素，在低浓度硝酸和王水介质中易水解产生沉淀，造成测定结果偏低，而在氢氟酸或酒石酸作用下可生成稳定络合物，避免水解的产生。实验过程中测定在不含氢氟酸的酒石酸介质中的高浓度铌、钽的结果仍然会偏低，主要原因是铌、钽在蒸干形成盐类之后，只能在含氢氟酸的溶液中溶解。样品溶液中应含有氢氟酸，保证钨、铌、钽的准确测定。ICP-OES/MS 一般使用玻璃进样系统，进入仪器的溶液需赶除氢氟酸，避免进样系统受到氢氟酸的腐蚀。在测定高含量钨、铌、钽时，仪器配有耐氢氟酸进样系统是十分必要的。

方法 2（常规封闭压力酸溶）将样品经封闭压力酸溶后赶除氢氟酸，不利于样品中高含量铌、钽的测定。为了确定方法 2 适用于铌钽矿的含量范围，将 6 个岩石国家标准物质 GBW07104 经封闭酸溶后加入铌、钽、钨各 20、30、40、50、60 μg，将溶液蒸干，用 50% 盐酸复溶，ICP-MS 测定，进行加标回收实验。加标回收实验结果表明，方法 2 经 50% 盐酸提取后，ICP-MS 可以准确测定铌、钽、钨的含量为 1300 μg/g。本研究确定方法 2 中铌、钽、钨测定上限为 1000 μg/g。

采用封闭压力酸溶的方法分解钨矿石样品，使用耐氢氟酸进样系统的 ICP-OES 测定钨、铌含量，使钨、铌以稳定的可溶性络合物形态存在于溶液中，有效地解决了钨、铌在酸性介质中极易水解而影响其准确测定问题[7-8]。使用方法 3（封闭压力酸溶后不赶除氢氟酸）利用 ICP-OES（耐氢氟酸进样系统）可测定 Nb、Ta、W 含量大于 1000 μg/g 的钨矿石、铌钽矿石。

（2）造岩元素

方法 1 偏硼酸锂碱熔 ICP-OES 分析的方法主要测定钨矿石、铌钽矿石以及铍矿石中的造岩元素 Al_2O_3、

CaO、TFe$_2$O$_3$、K$_2$O、MgO、MnO、Na$_2$O、P$_2$O$_5$、SiO$_2$、TiO$_2$。

（3）其他痕量元素

采用方法 2 封闭压力酸溶分解后，根据目前国家标准物质的定值，用 ICP-MS 可以测定其中的 Li、Be、Sc、Rb、Y、Nb、Cs、La、Ce、Pr、Nd、Sm、Eu、Gd、Tb、Dy、Ho、Er、Tm、Yb、Lu、Ta、W 等 23 种元素。

由于钨、铌、钽在低浓度酸性介质中易水解产生沉淀，造成测定结果偏低。且现有的铌钽矿石以及钨矿石标准物质的定值比较少，故在封闭压力酸溶的岩石标准物质 GBW07105、GBW07106 中加入不同浓度的铌、钽、钨标准溶液，进行加标回收实验，考察铌、钽的水解是否影响其他元素的测定。GBW07105、GBW07106 经封闭酸溶后加入浓度为 1000 µg/mL 的铌、钽各 2.5 mL；GBW07105、GBW07106 经封闭酸溶后加入浓度为 1000 µg/mL 的铌、钽、钨各 5.0 mL，分别相当于样品中含有 5%和 10%的 W、Nb、Ta。蒸干后再用 50%盐酸复溶后用 ICP-MS 测定。加标回收实验结果表明，铌钽矿中的高含量铌、钽在不含有氢氟酸稀酸的条件下产生的沉淀不影响其他痕量元素的测定。

针对钨矿石、铌钽矿石以及铍矿石样品的特点，使用偏硼酸锂碱熔、封闭压力酸溶结合配备耐氢氟酸进样系统的 ICP-OES/MS 分析方法的特点、适用样品类型及测定元素见表 4.2。

表 4.2　分析方法的特点、适用样品类型及测定元素

样品分解方式	适用样品类型	分析技术	测定元素
偏硼酸锂碱熔	铌钽矿石、钨矿石、铍矿石	ICP-OES	Al$_2$O$_3$、CaO、TFe$_2$O$_3$、K$_2$O、MgO、MnO、Na$_2$O、P$_2$O$_5$、SiO$_2$、TiO$_2$
封闭压力酸溶	铌钽矿石（铌钽含量小于 0.1%）	ICP-MS	Li、Be、Sc、Rb、Y、Nb、Cs、La、Ce、Pr、Nd、Sm、Eu、Gd、Tb、Dy、Ho、Er、Tm、Yb、Lu、Ta、W
	钨矿石（钨含量小于 0.1%）铍矿石	ICP-MS	Li、Be、Sc、Ti、Cr、Co、Ni、Cu、Zn、Ga、Rb、Sr、Y、Mo、Cd、In、Sn、Sb、Cs、La、Ce、Pr、Nd、Sm、Eu、Gd、Tb、Dy、Ho、Er、Tm、Yb、Lu、W、Tl、Pb、Bi、Th、U
	铌钽矿石及钨矿石（铌钽钨含量大于 0.1%）	ICP-OES	Nb、Ta、W
		ICP-MS	Li、Cu、Zn、Ga、In、Tl、Nb、Ta、W、Mo、As

2）分析线的选择及干扰校正

元素 Ga 在本方法所使用的 ICP-MS 仪器上的首选同位素是 ^{69}Ga，大量实验数据表明，^{69}Ga 标准物质的测定结果高于其标准值的 1~3 倍，说明 ^{69}Ga 存在严重干扰；^{71}Ga 存在 ^{55}Mn^{16}O 干扰，但标准物质的测定结果与标准值基本吻合，说明复合离子干扰比较小。

元素 Ge 在本方法所使用的 ICP-MS 仪器上的首选同位素是 ^{72}Ge，但 ^{72}Ge 受到 ^{56}Fe^{16}O 的严重干扰，使测定结果高于其标准值的 5~10 倍；而 ^{74}Ge 虽然存在 ^{58}Fe^{16}O 复合离子的干扰，但由于 ^{58}Fe 丰度只有 0.282，影响很小，并且可以进行干扰扣除（铁的氧化物 ^{58}Fe^{16}O、镍的氧化物 ^{58}Ni^{16}O 对 ^{74}Ge 测定产生干扰，干扰系数分别约为 0.000 008 和 0.0002），并且标准物质测定结果与标准值符合，因此本方法选择 ^{74}Ge。

ICP-MS 的干扰校正参见文献[6]。

3）方法检出限

在选定的工作条件下，按照方法 1 的 11 次流程空白的结果计算标准偏差，以 3 倍标准偏差计算求得方法检出限。偏硼酸锂碱熔测定铌钽矿石、钨矿石中 Si、Al、Fe、Ca、Mg、K、Na、Mn、Ti、P 等 10 个元素的方法检出限为 0.027%~0.22%。按照方法 2 的实验方法，在选定的工作条件下，以 10 ng/mL Rh 和 10 ng/mL Re 混合溶液为内标溶液，5%盐酸介质，对 11 次的流程空白结果计算标准偏差，以 3 倍标准偏差计算求得方法检出限。常规封闭压力酸溶 ICP-MS 测定铌钽矿石及钨矿石中 33 个元素的方法检出限为 0.04~5.0 µg/g。按照方法 3 的实验方法，在选定工作条件下，ICP-MS 对 11 次的流程空白结果计算标

准偏差，以 3 倍标准偏差计算求得方法检出限，方法检出限介于 0.002~1.7 µg/g。

4）方法精密度与准确度

按方法 1（偏硼酸锂碱熔）处理铌钽矿石（GBW07154）、钨矿石（GBW07241）国家标准物质各 10 次并用 ICP-OES 测定，对该方法的准确度和精密度进行了验证，测定结果（表 4.3）为便于与标准物质的标准值对照，以氧化物的形式给出。

表 4.3　方法 1 的准确度与精密度（铌钽矿石及钨矿石）　　　　　　　%

元素	GBW07154（铌钽矿石）				GBW07241（钨矿石）			
	测定值	标准值	RSD	相对误差	测定值	标准值	RSD	相对误差
Al₂O₃	14.65	14.28±0.19	1	2.6	10.96	11.15±0.8	1	−1.7
CaO	0.19	0.107±0.01	13.7	73.4	4.04	4.17±0.08	1.2	−3.2
Fe₂O₃	0.31	0.324±0.021	2	−4.6	5.72	5.6±0.07	1.7	2.2
K₂O	2.17	2.04±0.06	1.6	6.5	1.65	1.58±0.07	0.9	4.6
MgO	0.06	0.05±0.006	5.1	14.2	0.13	0.14±0.01	2.8	−4.6
MnO	0.12	0.115±0.01	1	0.4	0.09	0.09±0.006	0.8	−3.1
Na₂O	3.73	3.62±0.08	1	2.9	0.12	0.12±0.01	6.1	−1.3
P₂O₅	0.36	0.347±0.025	2.3	3.7	0.018	—	3.6	—
SiO₂	75.64	75.06±0.51	0.5	0.8	71.5	71.27±0.22	0.8	0.3
TiO₂	0.03	0.027±0.002	12.8	2	0.04	0.044±0.006	1	−1.7

使用方法 2（封闭压力酸溶）测定铌钽矿石（GBW07154）、钨矿石（GBW07241）国家标准物质各 10 次，用 ICP-MS 测定，对该方法的准确度和精密度进行了验证，测定结果见表 4.4。

表 4.4　方法 2 的准确度与精密度

元素	GBW07154（铌钽矿石）				元素	GBW07241（钨矿石）			
	测定值/（µg/g）	标准值/（µg/g）	RSD/%	相对误差/%		测定值/（µg/g）	标准值/（µg/g）	RSD/%	相对误差/%
Li	2929	3670±110	3.1	−20.2	Li	222	(200)	3.2	11
Be	118	120±7	4.3	−2	Ti	466	474±66	2.6	−1.8
Sc	0.43	0.42±0.052	4.9	2.8	Cr	6.11	(6.5)	3.7	−6
Rb	1861	2231±82.3	2.1	−16.6	Co	3.05	2.7±0.7	2.7	13.1
Y	2.48	2.7±0.55	3.6	−8.1	Ni	3.88	4.1±1.8	4.9	−5.5
Nb	29	29.57±1.75	7.1	−1.8	Cu	820	790±40	2	3.8
Cs	597	600±29	3.2	−0.5	Ga	19.3	17.8±1.0	2.3	8.3
La	2.84	2.81±0.51	3	1.1	Ge	2.6	2.5±0.5	1.4	4.1
Ce	2.96	2.93±0.33	2.7	1	Rb	795	800	1.5	−0.7
Pr	0.68	0.71±0.13	3.3	−4.5	Y	3.17	2.8±1.0	2.3	13.3
Nd	2.91	2.91±0.43	3.1	0	Mo	4.17	4.2±1.2	2	−0.6
Sm	0.71	0.66±0.13	2.7	7.5	In	8.48	8.7±1.1	2.4	−2.6
Eu	0.14	(0.14)	3.7	0.6	Sb	5.77	5.1±1.0	4.7	13.2
Gd	0.74	0.73±0.026	3.9	1.2	Cs	41	36	1.5	13.8
Tb	0.13	(0.12)	4.2	4.2	La	5.18	5±0.6	2.1	3.7
Dy	0.6	0.57±0.052	3.8	5.3	Ce	10.6	10±1.0	1.7	6.1
Ho	0.1	0.11±0.035	5.5	−13.6	Pr	1.19	1.1±0.3	2.1	8.2
Er	0.26	0.24±0.044	5.1	6.9	Nd	4.26	4±0.5	1.4	6.5
Tm	0.03	0.035±0.007	0	−14.3	Sm	0.74	0.79±0.14	1.7	−6.7

续表

元素	GBW07154（铌钽矿石）				元素	GBW07241（钨矿石）			
	测定值/（μg/g）	标准值/（μg/g）	RSD/%	相对误差/%		测定值/（μg/g）	标准值/（μg/g）	RSD/%	相对误差/%
Yb	0.21	0.21±0.06	3.2	1.9	Eu	0.16	0.15±0.05	4.9	7.4
Lu	0.03	（0.025）	19.9	3.3	Gd	0.67	0.64±0.15	1.8	4.2
Ta	70.2	72.56±4.91	7.4	−3.2	Tb	0.13	0.15±0.09	4.6	−11
W	16.7	16.4±1.2	7.2	1.7	Dy	0.5	0.46±0.14	3.3	8.7
					Ho	0.11	0.11±0.03	4.1	1.1
					Er	0.24	0.23±0.08	3	6.3
					Tm	0.04	0.04±0.01	0.8	4.8
					Yb	0.27	0.28±0.09	2.3	−4.8
					Lu	0.06	0.06±0.03	5.4	−1.7
					W	155	150±30	1.1	3
					Tl	5.15	5±0.7	1.2	3
					Th	2.1	2.2±0.2	1.1	−4.6

4.1.2　铍矿石 ICP-OES/MS 分析方法

偏硼酸锂碱熔 ICP-OES 法可测定铍矿石中的 Si、Al、Fe、Ca、Mg、K、Na、Mn、Ti、Be。封闭压力酸溶 ICP-MS 法可测定铍矿石中包括稀土元素、Nb、Ta、Zr 等难溶元素在内的 40 种痕量元素。

4.1.2.1　偏硼酸锂碱熔 ICP-OES 分析方法

按铌钽矿石分析方法 1 的步骤将 GBW07183（铍矿石）独立处理并测定 12 次，计算其相对标准偏差（RSD）以及相对误差，结果见表 4.5。

表 4.5　方法 1 和方法 2 的精密度

元素	方法 1：GBW07183（铍矿石）				元素	方法 2：GBW07183（铍矿石）			
	标准值/%	测定值/%	RSD/%	相对误差/%		标准值/（μg/g）	测定值/（μg/g）	RSD/%	相对误差/%
SiO_2	71.97	72.56	—	0.8	Y	18.11	18.72	2.24	3.4
TiO_2	0.01	0.01	2.8	0	Mo	3.37	3.57	2.29	6.1
Al_2O_3	15.55	15.64	0.9	0.6	La	5.18	5.15	7.18	−0.6
TFe_2O_3	0.47	0.45	2.6	−4.3	Ce	10.6	10.55	6.72	−0.5
MnO	0.02	0.021	2.1	5	Pr	1.31	1.16	6.98	−11.1
MgO	0.083	0.08	2.4	−3.6	Nd	5.11	4.71	7.3	−7.9
CaO	0.52	0.55	5.3	5.8	Sm	1.72	1.69	5.76	−2.0
Na_2O	3.63	3.58	1	−1.4	Eu	0.09	0.09	4.54	−3.3
K_2O	3.28	3.19	0.8	−2.7	Gd	2.46	2.45	3.52	−0.6
BeO	3.02	3	2.2	−0.7	Tb	0.48	0.45	3.00	−7.3
					Dy	3.09	2.62	1.87	−15.2
					Ho	0.58	0.47	2.42	−19.0
					Er	1.71	1.36	2.13	−20.6
					Tm	0.25	0.20	3.32	−20.0
					Yb	1.65	1.35	2.01	−18.2
					Lu	0.22	0.19	2.17	−13.2

4.1.2.2　封闭压力酸溶 ICP-MS 分析方法

封闭压力酸溶 ICP-MS 法同样可以测定铍矿石中的 Li、Sc、Ti、Cr、Co、Ni 等 40 个元素。按照铌钽矿石分析方法 2 的步骤将铍矿石标准物质 GBW07183 独立处理并测定 12 次，计算相对标准偏差（RSD），由于目前定值元素较少，只统计了部分元素的结果，见表 4.5。

4.1.2.3　铍矿石实际样品分析

在四川雪宝顶采集了铍矿石样品，按照实验方法分别采用偏硼酸锂碱熔、封闭压力酸溶方法处理 ICP-OES 测定，与粉末压片 X 射线荧光光谱法（XRF）进行了对比，结果见表 4.6。

表 4.6　实际样品分析　　　　　　　　　　　　　　　%

元素	测定值			元素	测定值		
	偏硼酸锂熔融 ICP-OES	封闭酸溶 ICP-OES	粉末压片 XRF		偏硼酸锂熔融 ICP-OES	封闭酸溶 ICP-OES	粉末压片 XRF
SiO$_2$	64.67	—	64.84	MnO	0.008	0.006	0.009
Al$_2$O$_3$	18.11	18.57	17.79	Na$_2$O	1.92	1.25	1.653
CaO	0.018	0.02	0.05	TiO$_2$	0.0037	0.003	0.005
TFe$_2$O$_3$	0.31	0.23	0.301	Be	4.01	4.19	—
K$_2$O	0.054	0.06	0.06	Li	0.38	—	—
MgO	0.13	0.07	0.145				

4.1.3　结论

封闭压力酸溶方式结合 ICP-OES/MS，与耐氢氟酸进样系统联用，避免了高含量的铌、钽、钨在弱酸性溶液中的水解，可测定不同品位的钨矿石和铌钽矿石中的铌、钽、钨以及不包括稀土元素在内的铍、钪、铷、钇、铯、锂、铜、锌等伴生元素。样品处理不需要赶除氢氟酸，流程简便、快速。

偏硼酸锂碱熔结合 ICP-OES，可测定铌钽矿石和钨矿石中的主量元素。铌钽矿石、钨矿石经封闭压力酸溶后，赶除氢氟酸，用盐酸复溶提取，再用 ICP-MS 可测定铌含量小于 0.1%、钽含量小于 0.1% 的铌钽矿石中的 23 个元素。我国铌钽原矿的品位比较低，一般的铌钽原矿的铌、钽以及伴生元素都能采用该方法进行测定。

采用封闭压力酸溶、偏硼酸锂碱熔处理样品，ICP-OES/MS 进行测定，建立了分析铍矿石中主次痕量元素配套的技术方法，并与 XRF 的方法进行了比较，结果表明依据铍矿石中的元素含量高低的不同，适当选择不同样品处理与测量方式可以很好地完成铍矿石中多元素的快速分析。

参　考　文　献

[1] 王龙山, 郝辉, 王光照, 等. 偏硼酸锂熔矿-超声提取-电感耦合等离子体发射光谱法测定岩石水系沉积物土壤样品中硅铝铁等 10 种元素[J]. 岩矿测试, 2008, 27(4): 287-290.

[2] 古丽冰, 邵宏翔, 舒桂明. ICP-OES 法对硅酸盐测定中 LiBO$_2$ 与样品熔融后玻璃熔珠酸溶解问题的研究[J]. 光谱实验室, 2000, 17(5): 503-505.

[3] 马生凤, 温宏利, 巩爱华, 等. 偏硼酸锂碱熔-电感耦合等离子体发射光谱法测定硫化物矿中硅酸盐相的主成分[J]. 岩矿测试, 2009, 28(6): 535-540.

[4]　何红蓼, 李冰, 韩丽荣, 等. 封闭压力酸溶-ICP-MS 法分析地质样品中 47 个元素的评价[J]. 分析试验室, 2002, 21(5): 8-12.

[5]　张保科, 温宏利, 王蕾, 等. 封闭压力酸溶-盐酸提取-电感耦合等离子体质谱法测定地质样品中的多元素[J]. 岩矿测试, 2011, 30(6): 737-744.

[6]　张保科, 王蕾, 马生凤, 等. 电感耦合等离子体质谱法测定地质样品中铜锌铕钇铽的干扰及校正[J].岩矿测试, 2012, 31(2): 253-257.

[7]　王蕾, 张保科, 马生凤, 等. 封闭压力酸溶-电感耦合等离子体光谱法测定钨矿石中的钨[J].岩矿测试, 2014, 33(5): 661-664.

[8]　邵海舟, 刘成花. 电感耦合等离子体原子发射光谱法测定铌铁中铌钛钽硅铝磷[J]. 冶金分析, 2011, 31(12): 54-57.

4.2　镍矿石中主次痕量元素 X 射线荧光光谱分析技术研究

镍矿石可分为三大类：硫化镍矿，全球镍矿资源中硫化镍矿约占 28%；红土镍矿和深海含镍锰结核。镍在海洋中有高达一亿吨以上的储量，约占全球镍矿资源的 17%，海底镍锰结核由于开采技术及对海洋污染等因素，目前尚未实际开发。准确测定镍矿石中的主次痕量元素对于提高矿石的综合利用价值具有重要意义。

镍矿石的分析技术中，火焰原子吸收光谱法（FAAS）可测定红土镍矿石[1-3]中多种元素，但属于单元素测定方法，测定耗时长，基体干扰严重。电感耦合等离子体发射光谱法（ICP-OES）可同时测定红土镍矿的多种元素而得到了广泛的应用[4-5]，但存在样品前处理比较耗时、基体效应等问题。采用粉末压片和熔融制样 X 射线荧光光谱法（XRF）主要可测定红土镍矿中的主次痕量元素（如 Al、Ca、Cr、Co、Fe、K 等）[6-10]，应用于测定硫化镍矿由于其中存在大量还原物质，给熔融制样带来了困难，因此针对硫化镍矿的报道相对较少。

本节在前人研究的基础上，建立了应用 XRF 测定硫化镍矿和红土镍矿中的主、次、痕量元素的分析方法。即采用超基性岩、黄铁矿和光谱纯三氧化二镍人工混合配制多个校准物质，以硝酸钡作为氧化剂使样品充分氧化，用熔融制样法测定了硫化镍矿中的 16 种主、次、痕量元素；采用 XRF 粉末压片法和熔融制样法测定了红土镍矿中的主、次、痕量元素。

4.2.1　研究区域与地质背景

硫化镍矿来自于甘肃金昌。矿物组成复杂，常见的金属矿物主要有镍黄铁矿、磁黄铁矿、黄铜矿、紫硫镍矿、方黄铜矿、墨铜矿、四方硫铁矿、磁铁矿、铬尖晶石等。矿石中的镍平均含量为 1.29%。

红土镍矿来自云南元江。元江镍矿是一个结合型氧化矿，主要由蛇纹石、针铁矿、磁铁矿、石英和透闪石等矿物组成。原矿的化学组成相对简单，主要含有硅、镁和铁等元素，另含有少量的镍和铝，镍的品位在 0.8% 以上。

4.2.2　实验部分

4.2.2.1　仪器条件选择

硫化镍矿及红土镍矿中的各元素的 XRF 测量条件，见表 4.7。

表 4.7　分析元素的 XRF 测量条件

元素	分析线	分析晶体	准直器/μm	探测器	电压/kV	电流/mA	2θ/（°）	背景/（°）	PHALL/UL
Fe	Kα	LiF200	150	Dupl	60	60	57.5012	58.6264	15/72
Ni	Kα	LiF200	150	Dupl	60	60	48.6702	49.9274	18/70
Na	Kα	PX1	550	Flow	30	120	27.3634	26.4642	35/65
Mg	Kα	PX1	550	Flow	30	120	22.8550	20.6668	35/65
Al	Kα	PE002	550	Flow	30	120	144.7150	143.200	32/75
Si	Kα	PE002	550	Flow	30	120	109.1366	111.0028	32/75
P	Kα	Ge111	550	Flow	30	120	141.0896	143.544	36/65
S	Kα	Ge111	550	Flow	30	120	110.6998	113.055	35/65

本节编写人：李小莉（中国地质调查局天津地质调查中心）

元素	分析线	分析晶体	准直器/μm	探测器	电压/kV	电流/mA	2θ/(°)	背景/(°)	PHALL/UL
K	Kα	LiF200	150	Flow	30	120	136.677	138.4616	33/66
Ca	Kα	LiF200	150	Flow	30	120	113.1188	112.1054	33/68
Mn	Kα	LiF200	150	Dupl	60	60	62.9762	64.6492	15/72
Ti	Kα	LiF200	150	Flow	40	90	86.1884	85.4912	36/63
Cr	Kα	LiF200	150	Dupl	40	90	76.9650	76.006	31/74
Cu	Kα	LiF200	150	Dupl	60	60	45.0238	45.9904	20/69
Co	Kα	LiF200	150	Dupl	60	60	52.7754	53.9956	16/71
V	Kα	LiF200	150	Dupl	40	90	76.9518	75.9972	30/74
Br	Kα	LiF200	150	SC	60	60	29.9356	30.9988	20/70
Rh	$Kα_C$	LiF200	150	SC	60	60	18.4262	—	26/78

4.2.2.2　校准样品配制及其含量

由于我国只有 GBW07283 一个钴镍矿标准物质，本研究采用超基性岩、黄铁矿、光谱纯三氧化二镍混合，人工配制校准样品测定硫化镍矿，各元素的含量范围见表 4.8。

我国的红土镍矿标准物质较少，采用自制的含镍的硅镁镍矿管理样建立校准曲线，测定红土镍矿中 Ni、Fe、Cr_2O_3、Co、Al_2O_3、SiO_2、MgO、CaO 和 MnO 等 9 种组分，各元素的含量范围见表 4.8。

表 4.8　自制硫化镍矿、红土镍矿校准样品中元素含量范围

元素	含量/%	元素	含量/%	元素	含量/%
Ni	0.11~14.19	MgO	0.26~38.34	Fe	7.27~24.85
S	0.065~32.17	SiO_2	14.13~54.89	Al_2O_3	0.78~12.14
Cu	0.0097~2.47	CaO	0.16~14.78	MnO	0.14~0.50
V	0.0030~0.011	K_2O	0.009~2.15	Co	0.014~0.054
P	0.013~0.14	Fe_2O_3	7.04~48.37	MgO	0.85~34.15
Ti	0.042~0.42	Al_2O_3	0.21~29.26	SiO_2	33.54~48.91
Cr	0.033~0.29	MnO	0.023~0.26	CaO	0.04~1.34
Co	0.0049~0.20	Ni	0.65~2.39	Cr_2O_3	0.42~1.48

4.2.2.3　样品制备

硫化镍矿（熔融制片）：称取样品 0.2 g，加入混合熔剂（$Li_2B_4O_7$：$LiBO_2$：LiF=4.5：1：0.5）6.0 g 和硝酸钡 2 g，充分混合后置于铂金坩埚中，加入 10%溴化锂溶液 0.5 mL，于 650℃下预氧化 15 min，然后升温至 1030℃熔融 12 min，使熔融物混合均匀，将熔融物浇铸在模具中冷却剥离。

红土镍矿（粉末压片）：称取样品 4.0 g，倒入放置有塑料圈的工具钢块上，用称样勺把样品拨成中间稍突出，放入压力机中，在 40 t 压力下，保压 15 s 压制成型。

红土镍矿（熔融制片）：准确称取在 105~110℃烘干的镍矿石校准样品 0.35 g、混合熔剂（$Li_2B_4O_7$：$LiBO_2$=12：22）7.0 g 及硝酸锂 1.00 g（预先 105~110℃烘干），置于铂金坩埚中，充分搅拌，滴入溴化锂饱和溶液 6 滴，在 600℃预氧化 6 min，熔融 12 min。为了使熔融物彻底混合均匀，在熔样过程中添加少量碘化铵。

4.2.3　结果与讨论

4.2.3.1　硫化镍矿熔样温度的选择

选择 1000、1030、1050、1100℃四个温度进行试验，不同熔融温度对 S 的强度的影响见图 4.1。

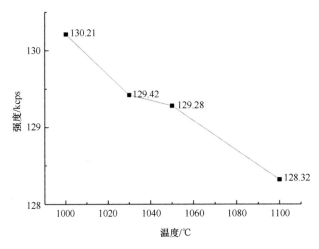

图 4.1　不同熔融温度对 S 强度的影响

高于 1100℃时，考虑到 S 的挥发加剧，没有列入试验范围。实验发现，熔融温度为 1100℃时镍矿石中 S 的强度最低，熔融温度为 1000℃时 S 的强度较 1030℃、1050℃的强度高，但熔融状态不均匀透彻，样片的测定结果重现性差，硅的测定结果偏低；在 1030~1050℃温度下样片熔融均匀透彻，样片测定结果的重现性好，硅的测定结果与其标准值相符，而在 1050℃温度下熔融片中硫的强度较低，因此选用 1030℃作为熔融温度。

4.2.3.2　硫化镍矿预氧化温度的选择

使用硝酸钡作为氧化剂，分别在 400、500、600、650、700℃温度下进行预氧化，熔融后测定 S 的强度，实验结果表明硝酸钡在 650℃下，S 的强度最高，氧化效果最佳。因此实验选择在 650℃下预氧化 20 min。

4.2.3.3　硫化镍矿熔融制样氧化剂的选择

硫化物的还原性极强，因此在硼酸盐熔融硫化物之前要充分氧化，防止硫的挥发及对坩埚的腐蚀。常用的氧化剂有硝酸铵、硝酸锂、硝酸钠。由于硝酸铵的沸点低（210℃），并且和硫化物反应生成挥发性 SO_2 而不是稳定的 SO_3，所以硝酸铵的氧化效果较差。加入硝酸铵的样品经预氧化和熔融后，坩埚受到了不同程度的腐蚀，表面显现不光滑，有斑状腐蚀印迹。硝酸锂、硝酸钠的氧化效果都较好，而硝酸锂的吸水性强，因此一般选用硝酸钠作为氧化剂。使用硝酸钠作为氧化剂，虽然硫的氧化效果好，但由于镍矿石中铁的含量较高，如直接测定误差较大。而硝酸钡不仅是强氧化剂，而且 Ba 作为重吸收剂可以补偿元素间的吸收-增强效应，使铁的测定准确度大大改善。当加入硝酸钡的样品经预氧化和熔融后，坩埚被腐蚀情况减少很多，在坩埚底部及侧壁无被腐蚀。本方法选择硝酸钡作为氧化剂。

4.2.3.4　硫化镍矿熔融制样内标元素的选择

在 XRF 分析中使用内标元素进行基体校正已被人们所熟知。内标法的优点是不仅可以补偿吸收效应和仪器漂移，还可以校正由于熔融样片表面纹理及其他制样缺陷引入的分析误差。在内标法中要求：样品中不含内标元素或含量可忽略，被分析元素与内标元素的波长相近，能量相似，两条分析线间没有其他元素的吸收限。类似地 Tm Lα（0.1732 nm）与 Ni Kα（0.1659 nm）波长相近，且两条线间没有其他元素的吸收限，因此可使用 Tm 作为 Ni 的内标，镍的分析准确度和精密度得到了明显的改善。

4.2.3.5　硫化镍矿熔融制样比例

通过硫化镍矿熔融制样比例试验，不同比例校准曲线的回归参数 RMS（均方根）见表 4.9，RMS 越小，校准曲线的线性越好。熔剂与样品的质量比（稀释比）为 30∶1、40∶1 的校准曲线的效果都较好。而稀释比为 30∶1 时较 40∶1 时测定各元素的强度高，且考虑到硫化镍矿中微量元素的测定，最终选用熔剂与样品的质量比为 30∶1。

表 4.9　硫化镍矿不同熔融比例校准曲线的 RMS 值

元素	RMS 值		元素	RMS 值	
	稀释比 30∶1	稀释比 40∶1		稀释比 30∶1	稀释比 40∶1
S	0.136 43	0.119 32	Cu	0.021 15	0.017 20
P	0.005 43	0.004 80	SiO_2	0.401 71	0.328 47
Cr	0.005 64	0.006 56	Al_2O_3	0.456 89	0.442 73
Ti	0.014 23	0.013 68	Fe_2O_3	0.134 71	0.086 81
Mn	0.004 13	0.003 96	CaO	0.088 26	0.058 87
Co	0.002 98	0.002 70	MgO	0.078 93	0.059 32
Ni	0.073 56	0.064 69	K_2O	0.014 63	0.012 82

4.2.3.6　方法技术指标

1）方法准确度

选择了两个国家级标准物质 GNI03 和 GNI04（项目后期由中国地质科学院地球物理地球化学勘查研究所研制的标准物质），制备熔片后用 XRF 进行测定，验证硫化镍矿方法的准确度，测定结果见表 4.10。熔融制片 XRF 法可准确测定硫化镍矿中的 16 种元素，但由于稀释比例大，对于硫化镍矿中的痕量元素如 Co、V 的测定误差较大。

选择两个红土镍矿实际样品 308-5 和 308-1，分别用粉末压片法和熔片法制样，用 XRF 进行测定，其测定值与化学值对比见表 4.11。分析数据表明，使用粉末压片法可准确测定红土镍矿中的 Ni、Fe、Cr_2O_3、Co、Al_2O_3、CaO 和 MnO 7 种元素，方法简便、快速。使用熔片法由于消除了粒度效应和矿物效应，可准确测定红土镍矿中的 9 种元素。

表 4.10　硫化镍矿分析方法准确度　　　　　　　　　　　　　　　%

元素	硫化镍矿 GNI04		硫化镍矿 GNI03	
	测定值	标准值	测定值	标准值
P	0.028	0.027±0.0036	0.082	0.083±0.0033
S	18.32	18.14±0.41	3.73	3.78±0.07
Fe_2O_3	34.71	34.71±0.32	14.62	14.69±0.12
SiO_2	27.17	27.40±0.12	46.5	46.85±0.17
Al_2O_3	4.67	4.62±0.10	8.54	8.65±0.15
CaO	2.6	2.55±0.04	4.82	4.70±0.10
MnO	0.078	0.079±0.0024	0.13	0.14±0.01
MgO	9.66	9.88±0.22	14.43	14.45±0.31
Cu	1.58	1.52±0.04	0.17	0.16±0.01
Na_2O	0.68	0.69±0.03	1.57	1.55±0.03
Ni	6.04	5.93±0.10	1.05	1.02±0.04
K_2O	0.37	0.34±0.02	0.95	0.90±0.02
Cr	0.073	0.072	0.13	0.12±0.02
Co	0.15	0.13±0.01	0.029	0.026±0.0009
Ti	0.15	0.14±0.01	0.4	0.41±0.02
V	0.01	0.0061±0.0006	0.014	0.011±0.0007

表 4.11　红土镍矿分析方法准确度　　　　　　　　　　　　　　　　　%

元素	红土镍矿 308-5			红土镍矿 308-1		
	化学法	熔融制片	粉末压片	化学法	熔融制片	粉末压片
Ni	1.65	1.65	1.62	1.89	1.85	1.91
Co	0.16	0.16	0.17	0.02	0.02	0.019
Fe	8.63	8.65	8.83	9.75	9.65	9.52
SiO_2	44.99	44.62	46.56	48.91	48.65	47.81
Al_2O_3	1.5	1.46	1.26	1.71	1.77	1.76
CaO	0.73	0.78	0.6	1.34	1.38	1.37
MnO	0.17	0.17	0.17	0.22	0.21	0.2
Cr_2O_3	0.6	0.59	0.6	1.07	1.02	1.02
MgO	23.89	24.23	24.46	18.94	19.18	19.32

2）方法检出限

根据标准样品中各组分含量与元素分析线的谱峰及背景的计数率、测量时间和检出限的计算公式，计算出各组分的检出限见表 4.12。

表 4.12　方法检出限　　　　　　　　　　　　　　　　　　　μg/g

元素	硫化镍矿方法检出限	元素	红土镍矿方法检出限	
			粉末压片	熔融制片
Ni	717	Ni	25	72
S	5925	Fe	63	324
Cu	131	Co	7	10
Mn	272	Al_2O_3	120	447
P	106	MnO	6	21
Cr	60	MgO	35	258
Co	70	SiO_2	450	1725
Ti	90	CaO	35	111
V	120	Cr_2O_3	10	57
Al_2O_3	2700			
Na_2O	1000			
Fe_2O_3	3300			
CaO	341			
SiO_2	3600			
K_2O	1000			
MgO	840			

4.2.3.7　方法的应用

应用 XRF 熔融片法测定了采自甘肃金川镍矿（硫化镍矿）的 4 个低、中、高品位的硫化镍矿样品，测定结果见表 4.13，XRF 测定值和化学法测定值基本吻合。

表 4.13　硫化镍矿样品分析结果对照　　　　　　　　　　　　　　　%

元素	1#样品		2#样品		3#样品		4#样品	
	化学值	测定值	化学值	测定值	化学值	测定值	化学值	测定值
Fe_2O_3	15.3	14.96	23.76	24.15	46.4	46.45	50.08	50.37
TiO_2	0.56	0.59	0.092	0.089	0.097	0.095	0.055	0.058
SiO_2	39.8	39.39	27.1	27.34	15.02	14.82	7.46	7.31
Al_2O_3	7.06	7.07	1	1.07	0.8	0.84	0.41	0.45

续表

元素	1#样品		2#样品		3#样品		4#样品	
	化学值	测定值	化学值	测定值	化学值	测定值	化学值	测定值
P	0.16	0.15	0.044	0.39	0.047	0.046	0.022	0.02
S	1.3	1.18	7.05	6.92	19.63	19.45	26.7	26.54
MgO	25.46	25.14	27.92	28.1	12.05	11.75	6.54	6.65
MnO	0.18	0.2	0.14	0.14	0.09	0.087	0.056	0.055
CaO	4.04	4.22	0.49	0.48	1.15	1.11	0.45	0.51
Cu	0.18	0.17	1.16	1.14	2.32	2.31	2.91	2.91
Co	0.018	0.022	0.046	0.044	0.11	0.12	0.2	0.21
Zn	0.014	0.012	0.015	0.014	0.032	0.033	0.035	0.033
Ni	0.43	0.43	2.16	2.15	4.98	4.87	9.35	9.57
K_2O	0.66	0.63	0.11	0.1	0.046	0.041	0.016	0.014
Na_2O	0.91	1.02	0.074	0.063	0.086	0.93	0.049	0.045
Cr	0.28	0.26	0.34	0.32	0.17	0.16	0.087	0.089

4.2.4 结论

采用超基性岩、黄铁矿和光谱纯三氧化二镍人工混合配制多个校准物质，采用硝酸钡作为氧化剂，样品充分氧化，应用熔融制片法准确测定了硫化镍矿中的 16 种主、次量元素。

使用粉末压片法，可准确测定红土镍矿中的 Ni、Fe、Cr_2O_3、Co、Al_2O_3、CaO 和 MnO 7 种元素，方法简便、快速。熔融制片法由于消除了粒度效应和矿物效应，可准确测定红土镍矿中的 9 种元素，满足日常分析检测的要求。

致谢：感谢中国地质调查局地质调查工作项目（1212011120267）对本工作的资助。

参 考 文 献

[1] 邹爱兰, 任凤莲, 邓世林. 火焰原子吸收光谱法测定铜镍矿浮选产品中铜、镍、镁[J]. 光谱实验室, 2002, 19(3): 349-352.
[2] 王慧, 刘烽, 许玉宇, 等. 火焰原子吸收光谱法测定红土镍矿中的铅[J]. 岩矿测试, 2012, 31(3): 434-437.
[3] 何飞顶, 李华昌, 袁玉霞. 氢化物发生-原子荧光光谱法同时测定红土镍矿中砷锑铋[J]. 冶金分析, 2011, 31(4): 44-47.
[4] 胡顺峰, 王霞, 郭合颜, 等. 电感耦合等离子体发射光谱法测定红土镍矿石中镍铬镁铝钴[J]. 岩矿测试, 2011, 30(4): 465-468.
[5] 王国新, 许玉宇, 王慧. 电感耦合等离子体发射光谱法测定红土镍矿中镍钴铜[J]. 岩矿测试, 2011, 30(5): 572-575.
[6] 黄进初, 喻东, 吴永红, 等. 高精度 XRF 技术在新疆某铜镍矿的应用[J]. 金属矿山, 2010(6): 137-138.
[7] 屈太原, 李华昌, 冯先进. 便携式 X 射线荧光光谱仪测定红土镍矿中 7 种元素[J]. 冶金分析, 2012, 32(3): 25-29.
[8] 李小莉, 张莉娟, 曾江萍, 等. X 射线荧光光谱法测定镍矿石中主次元素[J]. 分析试验室, 2012, 31(11): 82-85.
[9] 林忠, 李卫刚, 褚宁, 等. 熔融制样-波长色散 X 射线荧光光谱法测定红土镍矿种铁、镍、硅、铝、镁、钙、钛、锰、铜和磷[J]. 分析仪器, 2012(4): 53-57.
[10] 彭南兰, 李小莉, 华磊. X 射线荧光光谱法测定红土镍矿中多种元素[J]. 中国无机分析化学, 2012, 2(1): 47-50.

4.3　铝土矿中稀土元素及微量元素分析技术研究

我国铝土矿储量约为 5.42 亿 t，位居世界第八位，且铝土矿分布集中，储量大于 500 万 t 的大中型矿床共有 114 个。随着经济的发展，对铝的需求量不断加大，相应地对铝土矿的需求量也越来越高。我国古风化壳型铝土矿常共生和伴生有多种矿产，如稀土金属、镓、锂、铌、钽、钛、钪等。赋存的稀土元素是研究铝土矿成因的重要指示元素，其丰度能够提供母岩物质、成矿环境与成矿过程等地质和地球化学信息；其次，我国主要从铝生产过程中回收镓，并且具备了成熟的回收方法。研究铝土矿中的共伴生稀土元素及其他微量元素分析方法，可以更好地将其中的稀土元素、镓、钪、钒等元素利用起来，为发展铝工业高新技术开创广阔前景，同时也满足国家矿产资源综合开发利用的发展需要。

铝土矿中主要组分元素分析方法的研究已比较成熟，国内外先后制订了铝土矿石 X 射线荧光光谱标准分析方法（Australian Standard 2564—1982）和化学分析标准方法（GB/T 3257.1~6—1999）。我国分析工作者也结合国内铝土矿的特征对其中的主次量元素进行了大量研究，如粉末压片 X 射线荧光光谱法（XRF）测定铝土矿中的主次痕量元素[1 2]，熔融制片 XRF 法测定铝土矿中的主次量组分等[2-6]。但是对铝土矿中的稀土元素及其他微量元素分析方法研究得较少，目前已见文献报道的包括 XRF 法测定其中的 S、Pb、Zn、Sr、Zr、V、Ga 和 Cr 等元素[2]；火焰原子吸收光谱法（FASS）测定 Na、K、Ga[7-8]；电感耦合等离子体发射光谱法（ICP-OES）测定 V、As、Ga、Ge、Li、Cr、Nb、Ta、Zr、Hf、Sc 等元素[9-16]；电感耦合等离子体质谱法（ICP-MS）测定 Li、Sr、Ga、Nb、Ta、Zr、Hf[17-18]；光度法测定 Ga 等元素[19]。然而这些分析方法存在各自的局限性，如 XRF 分析比钠轻的元素效果不佳；FASS 不能进行多元素同时测定，且线性范围窄；ICP-OES 需要样品量大，某些元素的检出限有限；光度法的缺点是给出分析结果的时间长，分析灵敏度因元素而异。

ICP-MS 具有灵敏度高、谱线相对简单、检出限低等优点，已成为稀散和稀土元素测定最常用的方法，但较少应用于铝土矿方面的测试。一是由于微量元素在铝土矿含量较低，分析测试时受基体成分干扰较严重，准确测定的难度较大；二是由于铝土矿呈高铝、高硅、低铁的特点，其晶体结构牢固，化学稳定性较强，不易被一般的酸碱所分解，样品处理存在一定的难度，在溶液制备过程中通常采用高温碱熔法，会导致溶液中盐分浓度增高、基体效应严重，无法发挥 ICP-MS 的优越性。因此本研究尝试对比混合酸多次分解的敞开式容器法、封闭压力酸溶法和碱金属熔剂熔融法三种预处理方式消解铝土矿样品，采用 ICP-MS 开展铝土矿中稀土元素及 Li、Sc、Ga、Nb、Tb 等微量元素的测定，力求建立一种简便高效、准确可靠的铝土矿分解和测定方法。

4.3.1　样品地质背景

本研究所用铝土矿样品采自贵州修文小山坝矿区和广西平果县。

小山坝矿区位于贵州省贵阳市北西，铝土矿层长 400~1800 m，宽 200~800 m。矿体厚 1.3~3.4 m，平均厚 2.32 m。由粗糙状、半粗糙状铝土矿石、砾屑豆鲕状矿石及致密状铝土矿石组成。主要矿物为一水硬铝石，平均含量为 Al_2O_3 68.47%，SiO_2 10.9%，铝硅比 6.2。

平果铝土矿田位于平果县城西和西北部，特点是储量多，矿体大，品位高，埋藏浅，大部分是露天，极易开采。矿石品位高，氧化铝含量高达 60.45%。其中的铝土矿主要为一水硬铝石，次为三水铝矿石，伴生有黄铁矿、炭质及黏土矿物等，延伸较稳定，属古风化壳原地堆积-近代喀斯特堆积亚型铝土矿床。

本节编写人：杨小莉（中国地质调查局武汉地质调查中心）；杨小丽（中国地质调查局武汉地质调查中心）

4.3.2　实验部分

4.3.2.1　主要仪器及工作参数

X-SeriesⅡ型电感耦合等离子体质谱仪（美国 Thermo Element 公司）。用质量浓度分别为 10 μg/L 的 Li、Be、Co、In、U 的标准混合调谐液对仪器条件进行优化，使仪器灵敏度、氧化物产率、双电荷产率、分辨率等各项指标达到测定要求。仪器工作参数见表 4.14。

表 4.14　ICP-MS 仪器工作条件

工作参数	设定条件	工作参数	设定条件
RF 发射功率	1350 W	扫描方式	跳峰
采样锥/截取锥（镍）	1.0 mm/0.4 mm	测量点/峰	3
冷却气（Ar）流量	13 L/min	重复测定次数	3
载气（Ar）流量	1.02 L/min	质谱计数模式	脉冲/模拟
样品提升量	1.0 mL/min	质量分辨率	0.65~0.8 u
采样深度	7.8 mm	氧化物产率	<0.5%
采样模式	全质量	双电荷产率	<2%

4.3.2.2　标准物质及主要试剂

标准储备溶液：使用国家标准有色金属及电子材料分析测试中心研制的多元素标准溶液（100.0 μg/mL），逐级稀释，配制成多元素混合标准溶液系列；使用 Nb、Ta 元素标准溶液（1000.0 μg/mL），逐级稀释，配制成 Nb、Ta 混合标准溶液系列。按照上述拟定的仪器工作及测量条件测定各元素的谱线强度，绘制的标准曲线线性关系较好，相关系数均大于 0.9999。

内标铑、铼标准溶液（1.000 g/L）由国家标准物质研究中心提供，使用前用 3%硝酸逐级稀释至 10.0 μg/L。

标准物质：铝土矿国家一级标准物质 GBW07177、GBW07178、GBW07180、GBW07181、GBW07182。盐酸、硝酸、氢氟酸、高氯酸均为优级纯。过氧化钠为分析纯。

4.3.2.3　样品分解方法

从工作矿区采回的样品，经碎样处理后，将其置于 80℃恒温干燥箱中干燥 24 h，取出放入干燥器中冷却、备用。

混合酸多次分解的敞开式容器法（方法 1）：准确称量 0.005 00 g 样品于 30 mL 聚四氟乙烯坩埚中，用少许高纯水润湿；考虑到铝土矿难溶的特点，在溶样前，先加入 50%硝酸 2 mL，摇匀，放置过夜；然后加入 50%硝酸 2 mL，将坩埚置于 200℃控温电热板上加热至近干；将控温电热板的温度调到 240℃，再加入 2 mL 50%氢氟酸和 1 mL 高氯酸，继续加热至近干，重复多次，直至溶液清亮；加入 2 mL 高氯酸加热至近干，重复一次；接着加入 1 mL 50%硝酸加热至近干，重复一次；最后加入 50%硝酸 4 mL 和 10 mL 水，加热煮沸，冷却后转入 100 mL 聚丙烯容量瓶中，定容，摇匀待上机测定。

封闭压力酸溶法（方法 2）：准确称量 0.0250 g 样品于 20 mL 聚四氟乙烯溶样器内胆中，用少许高纯水润湿；加入 0.5 mL 硝酸和 1 mL 氢氟酸，盖上坩埚盖，放入高压密闭消解罐中，拧紧，置于 185℃烘箱中消解 24 h；取出内胆坩埚，在电热板上 185℃蒸干；再次加入 2~3 滴硝酸蒸干；接着加入 50%硝酸 3 mL，再次放入高压密闭消解罐中，置于 135℃烘箱中二次消解 3 h；冷却后取出坩埚，将溶液定容至 25 mL 聚四氟乙烯瓶中，摇匀，放置过夜待测。

碱金属熔剂熔融法（方法 3）：称取 0.5000 g 试样置于已铺有 2.00 g 过氧化钠的刚玉坩埚中，用细玻璃棒搅匀，再覆盖一薄层过氧化钠，置于马弗炉中在 700℃下恒温保持 10 min。取出刚玉坩埚，稍冷却后放入 200 mL 烧杯中，加入 30 mL 热水提取溶液，待剧烈反应过后，边搅拌边滴加盐酸至沉淀恰好完全溶解，再过量 3~5 滴盐酸，用去离子水洗出坩埚，将试液定容至 100 mL 容量瓶中，静置待测。

4.3.3　结果与讨论

4.3.3.1　分析同位素的选择、内标及干扰校正

内标选择原则为：元素质量数小于 103 的以 ^{103}Rh 为参考内标，元素质量数大于 103 的以 ^{185}Re 为参考内标。^{153}Eu 和 ^{157}Gd 需要进行脱机校正，干扰及校正系数分别为 ^{137}Ba^{16}O×0.0005 和 ^{140}Ce^{16}OH×0.008；^{159}Tb 需要进行在线校正，其干扰及校正系数为 $-1.47×^{145}$Nd^{16}O 和 $-0.7594×^{163}$Dy。

4.3.3.2　不同方法验证结果

本实验随机选取小山坝铝土矿区样品（XSB-10，其中 Al_2O_3 含量 67.58%）和平果铝土矿区样品（PG-4，其中 Al_2O_3 含量 60.20%），对比了混合酸多次分解的敞开式容器法（方法 1）、封闭压力酸溶法（方法 2）和碱金属熔剂熔融法（方法 3）三种预处理方法消解铝土矿样品的效果，在 ICP-MS 相同仪器条件下测定，各元素的测定对比结果见表 4.15。

对铝土矿样品使用较多的处理方法是碱金属熔融法[9-10, 13-15]，采用氢氧化钠或氢氧化钠+过氧化钠作为熔剂分解铝土矿样品，所得结果均与其标准值吻合较好，这主要得益于氢氧化钠较强的样品分解能力，酸化后所得溶液清澈透明。虽然酸化过程中也引入了盐酸，但因有大量 NaCl 的存在，此温度下沸点较低的 $GaCl_3$ 也不会挥发损失，对测定结果不会造成影响。

表 4.15　不同样品预处理方法测定结果对比　　　　　　　　　　μg/g

元素	XSB-10 样品测定值			PG-4 样品测定值		
	方法 1	方法 2	方法 3	方法 1	方法 2	方法 3
La	275	109	242	71.7	39.4	69.5
Ce	507	381	447	144	89.3	143
Pr	55.4	20.2	48.7	14.9	2.27	14.6
Nd	186	64.3	160	53.2	8.64	52.1
Sm	33.0	10.0	28.6	13.0	2.40	12.6
Eu	5.23	1.52	4.59	3.03	0.66	3.00
Gd	26.0	9.64	23.3	15.2	3.95	14.7
Tb	2.98	0.85	2.76	2.65	0.68	2.62
Dy	14.0	3.16	12.9	14.3	3.42	13.8
Ho	2.42	0.52	2.33	2.46	0.56	2.40
Er	6.73	1.43	6.86	6.39	1.38	6.33
Tm	1.10	0.20	1.21	1.10	0.24	1.11
Yb	7.43	1.24	8.45	7.19	1.54	7.43
Lu	1.04	0.17	1.21	1.00	0.22	1.04
Li	87.3	88.9	—	164	170	—
Sc	8.56	7.92	—	4.66	4.92	—
Ga	41.1	40.0	42.2	36.3	36.0	35.7
Nb	81.5	87.2	—	64.1	67.2	—
Ta	7.97	8.03	—	6.39	7.03	—

注："—"表示未测定。

表 4.15 测定结果表明，采用本研究的混合酸多次分解敞开容器法分析的稀土元素数据与碱金属熔融法分析数据一致；封闭压力酸溶法的测定值普遍偏低。采用碱熔法能够将样品分解更为完全，并且样品溶液能够长时间保持清亮；但同时会引入大量碱金属离子，造成溶液盐分过高，测定过程中容易堵塞雾化器和取样锥口，且碱熔法操作烦琐，要求分析者有丰富的操作经验。本研究的样品预处理技术采用混合酸多次分解的敞开式容器法，操作简便，测定限低，即使铝土矿中 Al_2O_3 含量高达 60%以上也可有效地将样品溶解，保证待测元素的全部溶出。

4.3.3.3　各个元素的检出限和样品的检出下限

在仪器的最佳工作条件下测定，绘制各元素的标准曲线，用所建立的标准曲线测定空白溶液。方法检出限是用实验室 10 次流程试剂空白测定结果的 3 倍标准偏差计算求得的，稀释倍数为 2000；以检出限的 10 倍作为本方法的检出限，考虑样品量和稀释体积，计算样品的检出下限结果见表 4.16。

4.3.3.4　方法准确度

选用铝土矿国家一级标准物质 GBW07177、GBW07178、GBW07180、GBW07181、GBW07182 按照本方法流程处理样品并测定，计算各待测元素的准确度（没有参考值的元素没有列出）。由表 4.17 可见，ΔlgC 值介于–0.01~0.06，表明该方法的测定值与标准值相吻合，具有较高的准确度。

4.3.3.5　方法加标回收率

为了验证方法的可靠性，取铝土矿未知样品（各元素的平均值已知）进行稀土元素和其他微量元素的加标回收实验，按照混合酸多次分解的敞开式容器法制备样品，并向其中加入各元素的单标准溶液，

表 4.16　各个元素的方法检出限和样品的检出下限　　　　　　　μg/g

元素	空白 10 次测定值										方法检出限	样品的检出下限
La	0.025	0.027	0.028	0.019	0.021	0.025	0.031	0.036	0.013	0.015	0.021	0.071
Ce	0.024	0.013	0.036	0.015	0.01	0.01	0.013	0.014	0.03	0.009	0.028	0.093
Pr	0.003	0.005	0.006	0.004	0.006	0.005	0.004	0.005	0.006	0.005	0.003	0.010
Nd	0.008	0.013	0.008	0.01	0.006	0.014	0.013	0.006	0.009	0.01	0.009	0.029
Sm	0.012	0.025	0.017	0.013	0.015	0.023	0.01	0.015	0.024	0.023	0.017	0.056
Eu	0.005	0.006	0.004	0.002	0.002	0.004		0.01	0.004	0.012	0.010	0.034
Gd	0.003	0.008	0.007	0.006	0.009	0.002	0.009	0.013	0.003	0.012	0.011	0.038
Tb	0.012	0.009	0.006	0.011	0.013	0.004	0.005	0.006	0.012	0.009	0.010	0.033
Dy	0.008	0.012	0.009	0.011	0.006	0.007	0.004	0.015	0.004	0.009	0.010	0.034
Ho	0.009	0.013	0.004	0.005	0.006	0.004	0.006	0.008	0.005	0.005	0.008	0.028
Er	0.012	0.004	0.008	0.004	0.005	0.006	0.004	0.005	0.006	0.008	0.008	0.026
Tm	0.012	0.014	0.005	0.011	0.013	0.008	0.005	0.005	0.008	0.004	0.011	0.037
Yb	0.005	0.004	0.001	0.008	0.002	0.004	0.005	0.002	0.004	0.011	0.009	0.030
Lu	0.004	0.001	0.003	0.005	0.006	0.004	0.012	0.011	0.005	0.011	0.011	0.038
Li	0.132	0.128	0.132	0.131	0.116	0.113	0.112	0.113	0.114	0.128	0.027	0.089
Sc	0.043	0.023	0.026	0.03	0.022	0.034	0.03	0.04	0.033	0.024	0.021	0.071
Ga	0.057	0.053	0.055	0.055	0.062	0.07	0.065	0.064	0.058	0.06	0.016	0.053
Nb	0.077	0.080	0.071	0.075	0.053	0.054	0.054	0.053	0.052	0.052	0.036	0.119
Ta	0.047	0.047	0.046	0.046	0.047	0.043	0.036	0.073	0.061	0.098	0.055	0.183

表 4.17　方法准确度

标准物质编号	Li			Ga		
	标准值/（μg/g）	测定值/（μg/g）	ΔlgC	标准值/（μg/g）	测定值/（μg/g）	ΔlgC
GBW07177	80.6	87.0	0.03	70	68	−0.01
GBW07178	111	127	0.06	65	70	0.03
GBW07180	567	600	0.02	26.9	28.8	0.03
GBW07181	35.1	35.5	0.01	82	88	0.03
GBW07182	147	150	0.008	72	78	0.03

上机测试。表 4.18 测定结果表明，各元素的加标回收率为 92.7%~105.7%，回收效果良好，能满足实际样品分析要求。

表 4.18　方法回收率

元素	平均值/（μg/g）	加标量/（μg/g）	测定值/（μg/g）	回收率/%	元素	平均值/（μg/g）	加标量/（μg/g）	测定值/（μg/g）	回收率/%
La	275	50	308.1	94.8	Er	6.73	1	7.4	95.4
Ce	507	100	583.3	96.1	Tm	1.10	0.1	1.1	95.0
Pr	55.4	10	63.4	97.0	Yb	7.43	1	8.5	100.7
Nd	186	30	207.8	96.2	Lu	1.04	0.2	1.2	94.0
Sm	33.0	5	38.3	100.7	Li	87.3	15	103.2	100.9
Eu	5.23	1	5.9	95.0	Sc	8.56	1.5	10.6	105.5
Gd	26.0	5	30.6	98.7	Ga	41.1	5	48.7	105.7
Tb	2.98	0.5	3.3	94.9	Nb	81.5	15	89.9	93.2
Dy	14.0	2	16.4	102.7	Ta	7.97	1	8.3	92.7
Ho	2.42	0.5	2.8	95.7					

4.3.4　结论与展望

　　针对铝土矿样品的预处理技术可分成混合酸分解的敞开式容器法、封闭压力酸溶法和碱金属熔剂的熔融法。本实验的样品预处理技术采用混合酸反复分解的敞开式容器法，分析获得的稀土元素数据与碱金属熔剂熔融法分析数据一致，解决了酸溶铝土矿样品难以完全溶解的问题，保证了高铝样品的彻底溶解。与碱金属熔剂的熔融法相比，该预处理技术的金属离子带入少，分析本底低，测定限低，能有效地将铝土矿样品溶解，可以保证待测痕量元素的全部溶出。此次研究采用 ICP-MS 测定铝土矿中的稀土元素及微量元素，无需进行基体分离或痕量元素富集等复杂操作，通过选择合适的内标、分析元素同位素及仪器工作参数实现了各元素的准确测定。该方法具有灵敏度高、准确度与精密度好、操作简单等优点。

　　铝土矿中的稀土元素及微量元素分析方法的建立，将现代高精度测试仪器与有效的分离富集手段结合起来，拓宽了复杂矿样中的元素分析测试手段。可为找矿勘查提供较多的地质与地球化学信息，同时有利于稀土元素、镓、钪、钒等元素的综合利用。

参 考 文 献

[1]　邓赛文，梁国立，方明渭，等. X 射线荧光光谱快速分析铝土矿的方法研究[J]. 岩矿测试, 2001, 20(4): 305-308.
[2]　张爱芬，马慧侠，李国会. X 射线荧光光谱法测定铝矿石中主次痕量组分[J]. 岩矿测试, 2005, 24(4): 307-310.
[3]　彭南兰，华磊，秦红艳. X 射线荧光光谱法测定文山地区铝土矿中多种组分[J]. 矿物学报, 2013, 33(4): 530-534.
[4]　严家庆，唐宇峰. X 射线荧光光谱法快速测定铝土矿中的主成分[J]. 光谱实验室, 2012, 19(6): 3689-3692.

[5] 高志军, 陈静, 陈浩凤, 等. 熔融制样-X射线荧光光谱法测定硅酸盐和铝土矿中主次组分[J]. 冶金分析, 2015, 35(7): 73-78.

[6] 钟代果. 铝土矿中主成分的 X 射线荧光光谱分析[J]. 岩矿测试, 2008, 27(1): 71-73.

[7] 陈忠书, 金绍祥. 火焰原子吸收光谱法测定铝土矿中钾、钠[J]. 矿产与地质, 2007, 21(5): 599-600.

[8] 朱鲜红, 李德生, 张晶华, 等. 乙酸丁酯萃取火焰原子吸收光谱法测定铝土矿中微量镓[J]. 冶金分析, 2004, 24(6): 63-65.

[9] 杨载明. 电感耦合等离子体发射光谱法测定铝土矿样品中镓三种前处理方法的比较[J]. 岩矿测试, 2011, 30(3): 315-317.

[10] 黄肇敏, 崔萍萍, 周素莲. 电感耦合等离子体发射光谱法测定高铁三水铝土矿中的主量和次量元素[J]. 矿产与地质, 2007, 21(4): 476-478.

[11] 刘春晓, 刘英, 臧慕文. 悬浮液进样 ICP-OES 测定铝土矿中的铁、镁、硅、钙和钛[J]. 分析试验室, 2004, 23(3): 34-36.

[12] 潘钢, 肖静, 邹丽萍. ICP-OES 测定铝土矿中低含量氧化钙——酸溶和碱熔预处理方法比较[J]. 矿产综合利用, 2013(4): 57-59.

[13] 王琰, 孙洛新, 张帆, 等. 电感耦合等离子体发射光谱法测定含刚玉的铝土矿中硅铝铁钛[J]. 岩矿测试, 2013, 32(5): 719-723.

[14] 文加波, 商丹, 宋婉虹, 等. 电感耦合等离子体发射光谱法测定铝土矿中镓——酸溶和碱熔预处理方法比较[J]. 岩矿测试, 2011, 30(4): 481-485.

[15] 文加波, 李克庆, 向忠宝, 等. 电感耦合等离子体原子发射光谱法同时测定铝土矿中 40 种组分[J]. 冶金分析, 2011, 31(12): 43-49.

[16] Santana F A D, Barbosa J T P, Matos G D, et al. Direct Determination of Gallium in Bauxite Employing ICP-OES Using the Reference Element Technique for Interference Elimination[J]. Microchemical Journal, 2013, 110: 198-201.

[17] 杨小丽, 邵鑫, 曾美云, 等. 密闭消解电感耦合等离子体质谱法测定铝土矿中锂、锶、镓、铌、钽、锆和铪[J]. 现代科学仪器, 2010(6): 133-135.

[18] Zhang W, Qi L, Hu Z, et al. An Investigation of Digestion Methods for Trace Elements in Bauxite and Their Determination in Ten Bauxite Reference Materials Using Inductively Coupled Plasma-Mass Spectrometry[J]. Geostandards & Geoanalytical Research, 2015, 41(1): 64-88.

[19] 徐瑞银, 宋存义. Triton X-100 增敏光度法测定铝土矿中的微量钪[J]. 分析试验室, 2005, 24(2): 35-37.

4.4　铁矿石中主次量元素分析技术研究

　　随着国民经济对铁矿石需求的不断增加，对铁矿石检测方法的研究工作也日趋活跃。从近几年发表的铁矿石检测方法研究文献来看，在主量元素测定方面，X 射线荧光光谱法（XRF）占主导地位。早期发表的 X 射线荧光光谱法文献（包括国家标准方法 GB/T 6730.62—2005）主要涉及硅、铝、钙、镁、锰、磷、钛等元素，多数没有涉及全铁的测定[1-7]。虽然近几年[8-12]对全铁测定的精密度有所提高，但分析的准确度仍较差，不能满足仲裁分析的要求。铁矿石中主量元素测定的另一主要技术手段是电感耦合等离子发射光谱法（ICP-OES）[13-16]，可测定铝、钙、硅、镁、锰、磷、钛等元素。

　　在微量元素测定方面，一般采用化学分析方法或原子吸收光谱法分别进行测定[17-19]，也可以采用 ICP-OES 法测定除硫以外的部分微量元素。砷、锑、铋、汞等元素主要采用原子荧光光谱法[20-22]。电感耦合等离子体质谱法（ICP-MS）现很少应用于铁矿石中微量元素的测定，偶见有文献测定其中稀土元素的含量[23]。相对于早期对铁矿石检测方法的研究，大型仪器应用明显多于常规技术手段，因此需要对矿石类样品检测方法进行梳理，建立以大型仪器为主的矿石类样品检测方案，以便准确、快速地测定铁矿石中的主次量元素。

　　本文以 XRF 和 ICP-OES/MS、原子吸收光谱法为主，其他小型仪器为辅，建立了铁矿石中主次量元素的配套检测方案。XRF 主要测定元素有 TFe、MgO、Al_2O_3、SiO_2、K_2O、Na_2O、CaO、TiO_2、MnO、P_2O_5、S 等；ICP-MS 主要测定元素有 Cu、Co、Ni、Pb、Zn、Cd、Bi、V、Ba、Y 及稀土元素等；ICP-OES 主要测定元素有 Cu、Co、Ni、Pb、Zn、Cd、V、Ba、Mn 等；原子荧光光谱主要测定元素有 As、Sb、Hg；多元素分析仪测定元素有 S。

4.4.1　实验部分

4.4.1.1　X 射线荧光光谱分析方法

　　选用铁矿石国家一级、二级和部级标准物质，包括磁铁矿、赤铁矿、菱铁矿、含砷铁矿、钒钛磁铁矿等 26 件进行条件实验。

　　分析主要步骤为：称取 7 g 混合熔剂（四硼酸锂-偏硼酸锂-氟化锂，质量比 4.5∶1∶0.5），加入硝酸铵 1 g，以及适量样品和 Co_2O_3 粉或钴玻璃粉（钴玻璃粉的制作方式就是将熔剂和高纯 Co_2O_3 按 9∶1 的质量比，混匀，熔融成熔片，粉碎至 200 目以下）。实验的预氧化温度为 700℃，时间为 5 min；在选定的熔样温度下熔融 8 min。

4.4.1.2　电感耦合等离子体质谱分析方法

1）酸溶分析方法

　　准确称取 0.1000 g 试样于 50 mL 聚四氟乙烯烧杯中，用几滴水润湿，加入 10 mL 硝酸、10 mL 氢氟酸、2 mL 高氯酸，将聚四氟乙烯烧杯置于 200℃的电热板上蒸发至高氯酸冒烟约 3 min，取下冷却；再依次加入 10 mL 硝酸、10 mL 氢氟酸、2 mL 高氯酸于电热板上加热至高氯酸烟冒尽。趁热加入 8 mL 王水，在电热板上加热至溶液体积剩余至 2 mL 左右，取下冷却，定容至 100 mL。

本节编写人：曾江萍（中国地质调查局天津地质调查中心）；安树清（中国地质调查局天津地质调查中心）；徐铁民（中国地质调查局天津地质调查中心）

2）碱熔分析方法

准确称取 0.1000 g 试样于刚玉坩埚中，加入 1 g 过氧化钠，混匀，再加 0.5 g 过氧化钠覆盖。将称好样品的刚玉坩埚盖上坩埚盖，放入已经升温至 700℃的马弗炉中加热至样品呈熔融状（大约需要 15 min），保持片刻后取出。刚玉坩埚冷却后，将其放入装有 80 mL 沸水的 200 mL 烧杯中，在电热板上加热至熔块溶解。洗出刚玉坩埚，玻璃烧杯盖上表面皿，放置过夜。提取液用滤纸过滤，用氢氧化钠溶液冲洗烧杯和沉淀，弃去滤液。用塑料镊子提起滤纸，用水冲洗漏斗颈。用热硝酸溶解沉淀至 10 mL，冷却后用硝酸稀释至 25 mL。取其中的 1 mL 溶液用水稀释至 10 mL，该溶液直接用于 ICP-MS 测定。

4.4.1.3　电感耦合等离子体发射光谱分析方法

准确称取 0.5000 g 试样置于铂坩埚或聚四氟乙烯坩埚中，加数滴水润湿矿样，加 50%硫酸 4 mL 及氢氟酸 6~8 mL，加热分解样品。期间不时摇动坩埚，待冒三氧化硫白烟后再加 4~6 mL 氢氟酸处理一次，继续加热至冒白烟 2~3 min。冷却后加入盐酸 10 mL，加热提取。将坩埚内物移入 150 mL 烧杯中，用水洗净坩埚。烧杯置于电热板上加热溶解可能残存的铁矿石，待体积浓缩至数毫升后再加入浓硝酸 3~5 mL，加热溶解硫化矿物。矿样完全溶解后补加 50%硫酸 6 mL，再次蒸发至冒白烟 5 min。冷却，加入 50%硝酸 4 mL，用热水加热使盐类完全溶解。冷却后将溶液移入 100 mL 容量瓶中，用水稀释至刻度，摇匀，备用。

4.4.1.4　原子荧光光谱分析方法

1）汞的测定

准确称取 0.5000 g 试样于 25 mL 聚四氟乙烯比色管中，加入 50%王水 10 mL 溶解样品，轻轻摇动比色管，将比色管转移至沸水浴中保持 1 h，期间摇动 1~2 次，使试样溶解完全，然后取出比色管，冷却后用 5%酒石酸溶液定容至刻度，摇匀。此溶液直接用于测定 Hg。

2）砷和锑的测定

准确称取 0.5000 g 试样于 50 mL 烧杯中，加少许水润湿，加入 50%王水 20 mL，盖上表面皿，在低温电热板上加热，溶解试样，沸腾后保持 45~60 min，期间摇动两次。取下冷却，用水吹洗表面皿和烧杯壁，加入 10 mL 浓盐酸，将溶液转移至 50 mL 比色管中，加入 10 mL 还原剂（将 120 g 硫脲和 50 g 抗坏血酸溶解定容于 1000 mL 容量瓶中，介质为蒸馏水），定容、摇匀。此溶液直接用于测定 As、Sb。

4.4.1.5　多元素分析仪测定硫

选取与试料同类型并且含量相近的标准物质制作工作曲线。分别准确称取 0.0500、0.1000、0.1500、0.2000、0.2500、0.3000 g 样品于一系列瓷舟中测定。依据硫的含量称取 0.0200~3.0000 g 试料，按照 Muti EA2000 多元素分析仪操作进行测定。

4.4.2　结果与讨论

4.4.2.1　X 射线荧光光谱法分析

1）熔样温度

选择 1050℃、1150℃两个温度进行实验。温度高于 1150℃时，熔融状样品会对坩埚产生较大腐蚀，而没有列入实验范围。通过熔片比较，1150℃时铁矿石的熔片透明，而在 1050℃温度下，铁矿石的熔片肉眼可见不均匀现象。延长熔融时间至 15 min，熔片熔融状态未发生改变。从标准曲线可知，在 1050℃熔融温度下，全铁的标准曲线的线性较差，其回归参数 RMS（均方根）为 0.7589，大多数的点偏离标准曲线；在 1150℃熔融温度下全铁的标准曲线的线性较好，其 RMS 值为 0.2521。因此，本实验选用1150℃作为熔样温度。

2）硫保护剂及用量

在进行熔样温度实验时，发现在 1050℃温度下，可能是由于硫在高温下易挥发的特性，硫元素的标准曲线的线性好于 1150℃温度下的标准曲线的线性。因此在熔样温度为 1150℃时，加入防止硫在高温下挥发的保护剂碳酸锂。分别加入 0.01、0.1、1 g 碳酸锂进行实验，三种用量的 RMS 值分别是 0.1828、0.016 56、0.016 83，其标准曲线的线性有了改善。三种加入量对标准曲线的影响没有明显差别。

3）内标元素的选择及用量

选用 Co 和 Ni 进行对比实验，同时按照熔剂：氧化钴（氧化镍）=10：1 的比例，制作钴和镍玻璃粉，采用 4.4.1.1 实验条件进行，实验结果表明使用 Co 作为内标元素的测定结果明显优于以 Ni 作为内标元素的测定结果；分别选用 0.1、0.2、0.3、0.7 g 钴玻璃粉进行实验，其 RMS 值分别是 0.6333、0.5832、0.3547、0.3546。从实验结果可以看出，当钴玻璃粉含量太低时，RMS 值较大，标准曲线的线性较差。当钴玻璃粉量大于 0.3 g 时，铁测定结果的稳定性较好，所以本实验采用 0.35 g 钴玻璃粉。

4）熔剂与样品的比例

按照熔剂与样品的质量比为 10：1、15：1、30：1，在其他条件完全相同的情况下，熔融制备玻璃样片。实验发现，当熔剂与样品的质量比为 10：1 时由于加入钴玻璃粉，熔融物的流动性较差，驱赶气泡困难，不易脱出坩埚，且熔融物对铂金合金坩埚的腐蚀性较大；当熔剂与样品的质量比为 15：1 时，其熔融物的流动性均很好，熔片均匀、通透，其标准曲线的 RMS 值明显好于熔剂与样品质量比为 30：1 时的 RMS 值。从以上实验来看，熔剂与样品的质量比为 30：1 的测定结果总体较差，而熔剂与样品的质量比为 15：1 和 10：1 总体接近，考虑到熔样过程的操作性，最终选用熔剂与样品的质量比为 15：1（表 4.19）。

表 4.19　熔剂-样品质量比与标准曲线对 RMS 值的影响

元素	RMS 值			元素	RMS 值		
	质量比 10：1	质量比 15：1	质量比 30：1		质量比 10：1	质量比 15：1	质量比 30：1
TFe	0.277 14	0.351 87	1.050 03	CaO	0.131 77	0.134 51	0.048 41
Al$_2$O$_3$	0.090 88	0.101 82	0.135 52	K$_2$O	0.013 90	0.014 07	0.072 05
SiO$_2$	0.166 68	0.187 77	0.342 09	Mn	0.032 41	0.010 35	0.3599
P$_2$O$_5$	0.001 91	0.003 45	0.031 98	TiO$_2$	0.079 73	0.076 73	0.070 51
S	0.015 85	0.033 48	0.053 07	Na$_2$O	0.008 83	0.007 45	0.011 84
MgO	0.123 86	0.088 86	0.062 08				

5）方法检出限

表 4.20 中多数为对低含量元素进行 10 次测定得出的检出限数据，而对于铁、硅、铝元素，由于很难找到合适的样品，其检出限数据为仪器的理论值。

由于熔片法检测硫、氧化钾、氧化钠的检出限不能满足铁矿石的测定要求，因此采用了压片法进行实验。利用 25 个标准物质建立工作曲线，测定出硫、氧化钾、氧化钠的检出限分别为 43.38 μg/g、75.12 μg/g 和 92.94 μg/g，硫、氧化钾、氧化钠的测定限分别为 144.6 μg/g、250.4 μg/g 和 309.8 μg/g。

表 4.20　方法检出限及测定限

元素	检出限（3 s，%）	测定限（10 s，%）	元素	检出限（3 s，%）	测定限（10 s，%）
P_2O_5	0.004	0.013	MgO	0.002	0.05
S	0.032	0.11	K_2O	0.028	0.093
SiO_2	0.033	0.1	Na_2O	0.052	0.175
Al_2O_3	0.035	0.114	MnO	0.003	0.01
CaO	0.027	0.09	TiO_2	0.03	0.1
TFe	0.006	0.02			

6）方法准确度和精密度

分别选取了国家标准物质 GBW07223a（赤铁矿）、GBW07226（钒钛磁铁矿）和含砷铁矿 YSBC14722-98、磁铁矿样品 YSBC11701-94 及高硫铁矿、磁铁矿 GFe-7、赤铁矿 GBW07223a、钒钛磁铁矿 GBW07226 和含砷铁矿石 YSBC14722-98，独立处理并测定 10 次（高硫铁矿 8 次）进行精密度和准确度实验。为了验证工作曲线对不同矿种的有效性，在建立工作曲线时剔除了相应的标准物质，所有测得的相对标准偏差均低于允许限（只有个别元素含量低于检出限）。

4.4.2.2　电感耦合等离子体质谱法分析

1）干扰实验

溶液中 V、Cu、Co、Ni、Pb、Zn、Cd、Y、Ba、Bi 的浓度均为 50.00 μg/L 时，Fe^{3+} 的加入量分别为 200、400、600 mg/L，Fe^{3+} 对 V、Cu、Co、Ni、Pb、Zn、Cd、Y、Ba、Bi 的测定基本无干扰。Fe^{3+} 的加入量为 400~600 mg/L 时对稀土元素的测定基本无干扰。

2）方法回收率

分别称取标准物质 GBW07223a、GBW07226、YSBC14722、YSBC11701 各 0.1000 g，加入 50 mg 的 GBW07104，进行稀土元素回收率实验，各元素所得的回收率在 91.2%~112.5%。V、Cu、Co、Ni、Pb、Zn、Cd、Y、Ba、Bi 按照 4.4.1.2 方法进行样品溶解，采用内标校正法，加入标准溶液进行回收实验，各元素所得的回收率在 91.1%~114.3%。

3）方法精密度

以 GBW07226（钒钛磁铁矿）按 4.4.1.2 方法独立处理并测定 10 次，进行 ICP-MS 精密度实验，结果见表 4.21，相对标准偏差（RSD）均小于 10%。

表 4.21　钒钛磁铁矿标准物质 GBW07226 的精密度

GBW07226	V	Co	Ni	Cu	Zn	Cd	Ba	Pb	Bi	Y
10 次测定值/（μg/g）	2853	189.6	120.9	216	352.7	0.179	17.36	3.156	0.024	0.88
	2843	188.2	119.9	213.1	349.5	0.187	17.03	3.147	0.021	0.866
	2867	188.8	120.4	213.9	352	0.168	17.24	3.101	0.028	0.881
	2863	189.3	120.4	214.8	350.1	0.175	17.31	3.148	0.028	0.872
	2843	180.8	125.5	216.3	349.5	0.172	17.03	2.93	0.025	0.871
	2867	189.7	121.9	219.8	352	0.182	17.24	3.11	0.023	0.896
	2803	195.4	122	216.3	350.1	0.181	17.31	3.26	0.022	0.871
	2866	191.1	127.4	227.1	351.8	0.177	17.26	3.14	0.026	0.852
	2919	184.3	121.5	215	329.7	0.176	17.32	3.16	0.024	0.9
	2907	188.9	116.3	215.3	338.6	0.164	17.16	3.12	0.026	0.846
标准值/（μg/g）	2868	181.3	121.4	214.6	348.3	0.178	17.32	3.3	0.025	0.876
RSD/%	1.08	2.28	2.38	1.8	2.04	3.62	0.67	2.98	9.06	1.96

4.4.2.3　电感耦合等离子体发射光谱法分析

1）方法准确度

选用加标回收率的方法对测定的准确度进行控制。在待测样品中加入 2 mL 标准溶液，标准溶液中 Ba、Cd、Co、Ni、Pb、V、Zn 的浓度为 20.0 mg/L，Cu、Mn 的浓度为 200 mg/L。与样品一同进行实验，测得各元素的加标回收率在 89.09%~102.6%（表 4.22）。

2）方法精密度

制备 7 份样品溶液进行精密度实验，测得的相对标准偏差（RSD）列于表 4.22。RSD 均小于 5%，符合精密度的允许限。

表 4.22　加标回收率和精密度实验

元素	测定值/（μg/L）	加入量/（μg/L）	测量值/（μg/L）	回收率/%	RSD/%
Ba	36.5	400	427.3	97.89	3.48
Cd	378.1	400	748.5	96.20	1.9
Co	69.2	400	418.0	89.09	2.32
Cu	147.1	4000	4047	97.59	1.78
Mn	7292	4000	11480	101.7	1.31
Ni	283.3	400	664.5	97.25	2.21
Pb	255.0	400	672.2	102.6	2.04
V	101.0	400	486.6	97.13	1.89
Zn	440.9	400	821.7	97.72	2.56

4.4.2.4　原子荧光光谱法分析

1）铁元素干扰实验

在不同浓度的 Hg、As、Sb 标准溶液中加入不同浓度的铁盐，考察铁元素（预先称取三氧化二铁试剂溶于浓盐酸中，配制成浓度为 20 mg/mL 的三氧化二铁溶液）对 Hg、As、Sb 标准溶液测量的影响情况。结果表明，Fe 对 Hg、As、Sb 测定结果无明显影响，实验产生的偏差较小，数据较为可靠。

2）方法准确度和精密度

对 Hg、As、Sb 进行加标回收率实验，回收率为 90%~110%，表明测量结果可靠。精密度实验结果获得其相对标准偏差均小于 4%，符合精密度的允许限。

4.4.3　结论

依据铁矿石中的主、次、痕量元素含量特点，硅、铝、钛等元素依据不同含量可以选用 XRF、ICP-OES/MS 或原子吸收光谱法测定，硫元素依照含量不同可以选用 XRF（包括压片法）、碳硫仪、多元素分析仪测定。利用熔片法 XRF 测定铁矿石中的硫含量可达 10%，测定五氧化二钒含量可达 5%，满足了高含量钒的检测需要。

X 射线荧光光谱法在检测常量元素方面的技术优势以及对环境友好的特点，因此只要元素含量合适，推荐优先使用 X 射线荧光光谱法。

致谢：感谢中国地质调查局地质调查工作项目"区域地质调查样品测试方法应用研究"（1212010916038）对本工作的资助。

参 考 文 献

[1] 李超. XRF 法测定铁矿石中 TFe、SiO$_2$ 和 P[J]. 光谱实验室, 2005, 22(2): 360-362.

[2] 童晓, 赵宏风, 张焱. X 射线荧光分析钒钛铁矿中主次量元素[J]. 光谱实验室, 2004, 21(6): 1081-1084.

[3] 杨红, 王新海, 周德云, 等. X 射线荧光光谱法测定铁矿石中 As 含量[J]. 冶金分析, 2003, 23(5): 62-64.

[4] 张飘飞. X 射线荧光光谱法测定铁矿石中各组分[J]. 冶金分析, 2003, 23(3): 53-55.

[5] 许鸿英, 张继丽, 张艳萍, 等. X 射线荧光光谱分析多矿源铁矿石中 9 种成分[J]. 冶金分析, 2009, 29(10): 24-27.

[6] 袁家义, 吕振生, 姜云. X 射线荧光光谱熔融制样法测定钛铁矿中主次量组分[J]. 岩矿测试, 2007, 26(2): 158-160.

[7] Safi M J, Rao M B, Rao K S P, et al. Chemical Analysis of Phosphate Rock Using Different Methods—Advantages and Disadvantages[J]. X-Ray Spectrometry, 2006, 35: 154-158.

[8] Kataokay Y, Hommah H, Kohnoh H. X 射线荧光分析法测定铁矿石中全铁[J]. 冶金分析, 2011, 31(7): 18-21.

[9] 张立新, 杨丹丹, 孙晓飞, 等. X 射线荧光光谱法分析铁矿石中 19 种组分[J]. 冶金分析, 2015, 35(7): 60-66.

[10] 张莉娟, 徐铁民, 李小莉, 等. X 射线荧光光谱法测定富含硫砷钒铁矿石中的主次量元素[J]. 岩矿测试, 2011, 30(6): 772-776.

[11] 杨峰, 杨秀玖, 刘伟洪, 等. 熔融制样-波长色散 X 射线荧光光谱法测定铁矿石中 12 种主次成分[J]. 分析试验室, 2015, 34(3): 351-355.

[12] Ustundag Z U, Kagan K Y. Multi-element Analysis of Pyrite Ores Using Polarized Energy-dispersive X-ray Fluorescence Spectrometry[J]. Applied Radiation and Isotopes, 2007, 65: 809-813.

[13] 马新蕊. 电感耦合等离子体发射光谱法测定硫铁矿中的铁、硫、铜、锌、砷、铅[J]. 云南化工, 2008, 35(3): 58-60.

[14] 黄睿涛, 廖子云, 易婷, 等. 电感耦合等离子体发射光谱法快速测定铁矿石中多种元素[J]. 理化检验(化学分册), 2009, 45(8): 1002-1004.

[15] 崔德松. 碳酸钠-四硼酸钠碱熔-电感耦合等离子体发射光谱法测定铬铁矿中 11 种元素[J]. 岩矿测试, 2012, 31(1): 138-141.

[16] 王卿, 赵伟, 张会堂, 等. 过氧化钠碱熔-电感耦合等离子体发射光谱法测定钛铁矿中铬磷钒[J]. 岩矿测试, 2012, 31(6): 971-974.

[17] 周景涛, 李建强, 李仁勇. 氢化物发生电加热石英管原子吸收法测定包头铁矿中的砷、锑、铋[J]. 分析试验室, 2007, 26(7): 104-107.

[18] 张秀春. 火焰原子吸收法测定铁矿中锰和铜[J]. 分析科学学报, 1997, 13(3): 264-266.

[19] 周凤英. 利用原子吸收法测定硫铁矿中的铜、铅、锌[J]. 矿业快报, 2006(10): 59-60.

[20] 周伟, 朱晓红. 氢化物原子荧光法测定铜及铜合金中痕量砷[J]. 冶金分析, 2004, 24(2): 55-57.

[21] 辛文彩, 张波, 夏宁, 等. 氢化物发生-原子荧光光谱法测定海洋沉积物中砷、锑、铋、汞、硒[J]. 理化检验(化学分册), 2010, 46(2): 143-145.

[22] 李波, 崔杰华, 刘东波, 等. 微波消解-氢化物发生原子荧光法同时测定土壤中的砷汞[J]. 分析试验室, 2008, 27(7): 106-108.

[23] 陈贺海, 荣德福, 付冉冉, 等. 微波消解-电感耦合等离子体质谱法测定铁矿石中 15 个稀土元素[J]. 岩矿测试, 2013, 32(5): 702-708.

4.5 钼铜多金属矿中主次量元素分析技术研究

钼铜矿以钼、铜为主，共生铅、锌等元素，矿石矿物主要为辉钼矿、黄铜矿，其次有黄铁矿、方铅矿、闪锌矿和磁铁矿[1-2]。随着钼铜多金属矿资源找矿力度的不断加大，对样品分析的质量和效率要求也越来越高，传统的单元素、多方法配套分析如原子吸收光谱法、比色法、原子荧光光谱法、重量法以及燃烧法等，分析流程冗繁，已不能满足地质找矿的需要。

电感耦合等离子体发射光谱法（ICP-OES）可不必分离干扰元素，直接进行多元素同时测定，大大缩短了分析周期，提高了测试准确度和精密度，已经成为现代分析测试技术发展的方向。铜矿石、钼矿石中多元素的 X 射线荧光光谱法（XRF）和 ICP-OES 分析技术研究已有相关报道[3-6]，成为实验室日常分析测试的主要手段。本研究建立了粉末压片波长色散 X 射线荧光光谱法（XRF）测定钼铜多金属矿中 Mo、Cu、Pb、Zn、As、Ni、S 等主次量元素，ICP-OES 测定 Cu、Mo、Pb、Zn、W 等元素的配套分析方法。经过实际应用和比对检验，测定结果能满足 DZ/T 0130—2006《地质矿产实验室测试质量管理规范》要求。

4.5.1 样品矿物特性

研究样品主要采自西藏自治区墨竹工卡县邦浦钼铜多金属矿区，I、II 矿体成矿岩体主要为喜马拉雅晚期二长花岗斑岩、黑云母二长花岗岩、花岗闪长斑岩、石英二长斑岩等。矿区主要金属矿物有辉钼矿、黄铜矿、方铅矿、闪锌矿、黄铁矿、黝铜矿和磁铁矿等，非金属矿物主要有长石、石英、黑云母、绢云母、方解石等，其次为绿帘石、绿泥石等矿物[7-8]。

4.5.2 粉末压片波长色散 X 射线荧光光谱法测定主次量元素

4.5.2.1 仪器工作条件

Axios X 射线荧光光谱仪（荷兰帕纳科公司），最大功率为 4.0 kW，最大激发电压 60 kV，最大电流 125 mA，SST 超尖锐陶瓷端窗（75 μm），Rh 靶 X 光管，68 位（直径 32 mm）样品交换器，SuperQ 4.0I 软件。各元素分析条件见表 4.23。

SL201 半自动压片机（上海盛力仪器有限公司）。低压聚乙烯环，内径 32 mm，外径 40 mm。

4.5.2.2 样品前处理

将加工好的试样（−200 目）适量置于低压聚乙烯环内，于 30 t 压力下保持 10 s，压制成内径 32 mm、外径 40 mm 的样片，编号，置于干燥器内待测。参考标准样品与待测样品同时制备。

本法样品前处理简单，针对矿区样品建立方法，可保证较高的准确度和较好的精密度。由于 XRF 法受基体影响较为明显，若加入工作曲线的参考标准样品与待测样品基体不匹配，则测定结果可能产生较大的误差。

4.5.2.3 参考标准样品选择及工作曲线建立

粉末压片波长色散 XRF 法在理论上要求参考标准样品与待测样品应具有"可比性"，即尽可能使基体、

本节编写人：李明礼（西藏自治区地质矿产勘查开发局中心实验室）；王祝（西藏自治区地质矿产勘查开发局中心实验室）；邬国栋（西藏自治区地质矿产勘查开发局中心实验室）

表 4.23 元素测量条件

分析线	晶体	准直器/μm	探测器	滤光片	电压/kV	电流/mA	2θ/(°) 峰值	2θ/(°) 背景	PHD LL	PHD UL	测量时间/s 峰值	测量时间/s 背景
Cu Kα	LiF200	150	Duplex	Al200	60	60	45.0230	1.6868	20	69	40	20
Pb Lβ₁	LiF200	150	Scint	无	60	60	28.2384	1.4056	21	78	30	10
Zn Kα	LiF200	150	Scint	无	60	60	41.7844	0.7650	15	75	30	16
As Kβ	LiF200	150	Scint	Al200	60	60	30.4366	0.5644	20	78	30	10
Mo Kα	LiF200	150	Scint	无	60	60	20.2928	0.7640	27	66	40	10
								-0.4474				10
Ni Kα	LiF200	150	Duplex	Al200	60	60	48.6612	1.2916	18	70	30	10
S Kα	Ge111	300	Flow	无	30	120	110.7512	3.4488	27	78	24	10
Zr Kα	LiF200	150	Scint	无	60	60	22.52	-0.3778	24	72	20	10
Ti Kα	LiF200	300	Flow	无	40	90	86.1678	-1.3294	29	71	20	10
Si Kα	PE002	300	Flow	无	30	120	109.1008	2.2162	24	78	18	10
Al Kα	PE002	300	Flow	无	30	120	144.899	2.956	22	78	12	10
Fe Kα	LiF200	150	Duplex	无	60	60	57.5234	0.7792	15	72	12	10
Mg Kα	PX1	700	Flow	无	30	120	22.4826	2.2152	19	76	20	10
Ca Kα	LiF200	300	Flow	无	30	120	113.142	-1.0628	32	73	20	6
Rh Kα-C	LiF200	150	Scint	无	60	60	18.4580		26	78	10	

注: PHD 为脉冲高度分析器, LL 代表下甄别阈, UL 代表上甄别阈; Rh Kα-C 为康普顿散射线; Flow 为气流探测器, Scint 为闪烁探测器, Duplex 为混合探测器。

矿物结构、制样粒度等保持一致, 且参考标准样品中各元素应有足够宽的含量范围和适当的含量梯度, 但在实际工作中很难实现。王祎亚等[9]研究发现矿物效应会影响硫元素分析结果的准确度, 李国会等[10]认为当待测样品中含有硫时, 若硫的价态单一, 可用含同一价态硫的参考标准样品进行分析, 粉末压片法能满足一般分析要求。实验发现, 钼铜矿中的硫主要以硫化物形式存在, 矿物效应对其测定结果的影响不大[11-12]。

本研究选用 GBW07238、GBW07239、GBW(E)070024 及自制参考标准样品 JK-1、JK-2、JK-3(采自邦浦钼铜矿区, 经典方法定值)建立工作曲线, 为使工作曲线含量梯度更合理, 用 GBW07238 按不同比例稀释制备 7 个参考标准样品 MoCuBY1~MoCuBY7。稀释配制参考标准样品含量梯度范围见表 4.24。

结合西藏矿区样品的特殊性, 为使工作曲线有较好的基体适用性, 同时加入西藏地区的铜、铅、锌多金属矿标准物质 GBW07162~GBW07175, 各组分的含量范围见表 4.25。

表 4.24 配制标准样品中主要成分含量

自制标样编号	Cu/(μg/g)	Pb/(μg/g)	Zn/(μg/g)	Mo/(μg/g)	Ni/(μg/g)	S/%	备注
MoCuBY1	17.1	3.4	20.7	1510	13.7	0.165	m(GBW07238):m(稀释基体)=2:18
MoCuBY2	21.3	4.3	23.2	2265	14.0	0.247	m(GBW07238):m(稀释基体)=3:17
MoCuBY3	29.8	6.0	28.3	3375	14.5	0.411	m(GBW07238):m(稀释基体)=5:15
MoCuBY4	42.4	8.6	35.8	6040	15.2	0.657	m(GBW07238):m(稀释基体)=8:12
MoCuBY5	50.9	10.4	40.9	7550	15.7	0.836	m(GBW07238):m(稀释基体)=10:10
MoCuBY6	59.3	12.1	45.9	9060	16.1	1.002	m(GBW07238):m(稀释基体)=12:8
MoCuBY7	71.3	14.7	53.4	11325	16.8	1.253	m(GBW07238):m(稀释基体)=15:5

表 4.25 校准样品各组分含量范围

元素	含量范围/(μg/g)	元素	含量范围/%
Cu	17.1~54 900	SiO₂	38.05~77.29
Mo	4.6~11 325	Al₂O₃	7.27~21.58
Pb	8.6~52 200	Fe₂O₃	4.39~14.66
Zn	20.7~8300	CaO	0.22~23.03
As	66.1~5900	MgO	0.47~3.4
Ni	13.7~211	TiO₂	0.13~1.1
S	937~67 700		

注: SiO₂、Al₂O₃、Fe₂O₃、CaO、MgO、TiO₂用于基体校正。

4.5.2.4　基体效应与谱线重叠干扰的校正

采用粉末压片法，即使试样粒径小于 75 μm（–200 目），依然存在粒度、矿物和基体效应。本法采用康普顿散射线做内标校正，同时用经验系数法校正基体元素的影响，综合数学校正公式如下。

$$C_i = D_i - \sum (L_{im} Z_m) + E_i R_i [1 + \sum_{j=1}^{n} \alpha_{ji} Z_j + \sum_{j=1}^{n} \frac{\beta_{ij}}{1 + \delta_{ij} C_i} Z_j + \sum_{j=1}^{n} \sum_{k=1}^{n} \alpha_{ijk} Z_j Z_k] \tag{4.1}$$

式中，C_i—未知样品中分析元素 i 的含量；D_i—分析元素 i 的校准曲线的截距；L_{im}—干扰元素 m 对分析元素 i 的谱线重叠干扰校正系数；Z_m—干扰元素 m 的含量或计数率；E_i—分析元素 i 校准曲线的斜率；R_i—分析元素 i 的计数率（或与内标线强度的比值）；Z_j、Z_k—共存元素 j 或 k 的含量或计数率；n—共存元素的数目；α、β、δ、γ—基体校正因子；i、j（或 k）和 m 分别为分析元素、共存元素和干扰元素。

4.5.2.5　方法检出限

根据各待测元素的计数率及测量时间，采用式（4.2）可计算各待测元素的检出限。

$$L_D = \frac{3\sqrt{2}}{m} \sqrt{\frac{I_b}{t}} \tag{4.2}$$

式中，m—单位含量的计数率；I_b—背景计数率；t—峰值和背景计数时间。

受试样基体影响，样品组分和含量不同，其散射背景也不同，式（4.2）计算的检出限并未考虑基体效应和粒度效应的影响，为克服上述缺点，选用表 4.25 中的稀释基体及钼铜矿标准样品，各制备一个样片，按照表 4.23 中的分析条件重复测量 11 次后进行统计，计算出每个标样中含量最低的元素所对应的标准偏差 σ，将 3σ 作为检出限，所得各待测元素的方法检出限见表 4.26。

表 4.26　方法检出限　　　　　　　　　　　　　　　　μg/g

元素	理论检出限	测定限	元素	理论检出限	测定限
Cu	3.0	8.46	SiO_2	70.3	210
Pb	2.7	8.7	Al_2O_3	20.1	57.27
Zn	1.9	6.36	Fe_2O_3	16.2	45.78
As	2.4	7.8	CaO	10.4	31.26
Mo	1.0	6.51	MgO	6.4	24.78
Ni	1.7	4.89	TiO_2	3.8	10.59
S	8.4	24.42			

注：SiO_2、Al_2O_3、Fe_2O_3、CaO、MgO、TiO_2 为基体校正组分。

4.5.2.6　方法精密度和准确度

选用国家一级标准物质 GBW07162（多金属贫矿石）分别制备 11 个样片，按表 4.23 中的分析条件进行测量，对测量结果进行精密度统计，各待测组分的相对标准偏差（RSD）均小于 2.07%（表 4.27），本法测量结果的精密度好。

选用铜矿石国家一级标准物质 GBW07169 及未参加校准回归的自制标准参考物质 MoCuBY2 按未知样品进行测量，同时验证自制标准样品各组分理论计算值与测量结果的差异，其分析结果对照见表 4.28。由表中数据可知，本法测量值与标准值基本吻合。

4.5.2.7　实际样品分析

用建立的方法对实际钼铜矿样品进行检测，将检测结果与经典分析方法进行比较（表 4.29）表明，本法能满足钼铜矿样片的日常检测，测试质量与经典方法基本吻合。

表 4.27　方法精密度

测定次数	元素测量值/（μg/g）						S 测量值/%
	Cu	Pb	Zn	Mo	As	Ni	
1	2562	4303	8317	26.3	431	27.7	2.59
2	2592	4286	8336	26.6	420	27.1	2.63
3	2587	4363	8325	26.9	449	27.6	2.61
4	2516	4290	8299	26.3	436	27.9	2.66
5	2612	4311	8249	26.4	439	27.9	2.57
6	2603	4289	8332	26.3	429	27.6	2.60
7	2598	4298	8300	26.8	431	27.5	2.58
8	2569	4325	8366	26.1	419	27.3	2.65
9	2534	4316	8352	26.9	428	27.4	2.62
10	2600	4326	8278	26.7	436	27.2	2.64
11	2549	4309	8281	26.3	442	27.3	2.62
平均值	2575	4311	8312	26.5	433	27.5	2.62
标准偏差	31.3	22.2	34.8	0.28	8.97	0.27	0.029
RSD/%	1.21	0.52	0.42	1.06	2.07	0.98	1.10

表 4.28　方法准确度

元素	MoCuBY2			GBW07169		
	理论值/（μg/g）	测定值/（μg/g）	相对偏差/%	标准值/（μg/g）	测定值/（μg/g）	相对偏差/%
Cu	21.3	21.0	−1.41	54 900	54 687	−0.39
Pb	4.30	ND	—	11 200	11 084	−1.04
Zn	23.2	23.8	2.59	6100	6132	0.52
As	—	ND	—	5900	5808	−1.56
Mo	2265	2230	−1.55	33.3	34.7	4.20
Ni	14.0	14.5	3.57	212.2	211	−0.57
S	0.247	0.253	2.43	4.67	4.65	−0.43

注：MoCuBY2 中各元素的理论值为理论计算值。ND 表示未检出；S 元素的含量单位为%。

表 4.29　方法比对分析结果　　　　　　　　　　　　μg/g

样品编号	分析方法	元素测量值						
		Cu	Pb	Zn	Mo	Ni	As	S
样品 1	经典	1120	1513	1249	2495	12.45	39.92	0.44
	本法	1160	1550	1280	2549	12.90	39.12	0.45
样品 2	经典	6702	335	181	1130	16.24	426	0.85
	本法	6660	340	190	1104	15.99	421	0.86
样品 3	经典	2080	120	870	1203	8.71	18.12	1.10
	本法	2040	130	890	1253	8.34	17.35	1.10
样品 4	经典	3560	28.2	55.3	1969	18.99	14.31	2.36
	本法	3580	24.8	53.1	1976	19.69	15.21	2.33
样品 5	经典	3190	460	336	329	23.17	20.50	2.13
	本法	3270	430	350	343	22.99	20.84	2.26
样品 6	经典	345	76.0	28.4	1988	21.39	131	0.77
	本法	320	70.7	30.6	1943	21.83	140	0.75
样品 7	经典	1888	72.2	46.2	1489	23.95	41.03	3.23
	本法	1840	80.1	40.5	1444	23.54	40.13	3.12
样品 8	经典	3133	29.0	42.2	1756	23.54	221	2.59
	本法	3040	25.7	40.1	1824	25.33	213	2.70
样品 9	经典	750	20.1	70.9	5853	18.12	105	1.90
	本法	770	22.5	75.3	5993	18.53	109	1.82
样品 10	经典	1040	41.4	190	7773	15.79	100	2.17
	本法	1090	44.2	201	7893	16.62	106	2.11

注：As 元素为原子荧光光谱法的测量值；S 元素为燃烧法的测量值，含量单位为%；其他元素均为 ICP-OES 法的测量值。

4.5.3 电感耦合等离子体发射光谱法测定铜铅锌钨钼

4.5.3.1 仪器及主要试剂

Optima 5300DV 型全谱直读电感耦合等离子体光谱仪（美国 PerkinElmer 公司），十字交叉雾化器，具轴向、径向观测模式。在高海拔地区（3700 m 以上）仪器的最佳工作条件为：功率 1350 W，冷却气流量 15.0 L/min，辅助气流量 0.20 L/min，雾化气流量 0.67 L/min，进样量 1.5 mL/min，雾化器压力 105 kPa，积分时间 2~10 s。

盐酸、硝酸、高氯酸、氢氟酸：均为分析纯。

多元素混合标准储备液：选用相应浓度的有证混合标准溶液、单标溶液稀释至所需浓度，并逐级稀释，配制成系列标准工作溶液，溶液介质为 10%王水，同时配制标准空白溶液。

Cu、Pb、Zn 标准溶液 1：浓度为 0.01、0.1、0.2、0.5、1、5、10 mg/L。W、Mo 标准溶液 2：浓度为 1、2、5、10、20、50 mg/L。

实验用水：去离子水。

4.5.3.2 样品前处理

准确称取 0.1000 g 试样（−200 目）于 50 mL 聚四氟乙烯烧杯中，用水润湿，加入 2 mL 盐酸，置于 160℃电热板上蒸至湿盐状，取下稍冷却，依次加入 5 mL 盐酸、5 mL 硝酸、4.5 mL 氢氟酸和 1.5 mL 高氯酸，置于 200℃的电热板上加热至高氯酸白烟冒尽，取下稍冷却，用 10 mL 50%的王水提取，转移至 50 mL 容量瓶中，用去离子水稀释至刻度，摇匀，待测。

本法采用混合酸分解样品，流程简单、分析速度快，受基体影响较小。在日常分析中，针对未知矿石矿物或成分复杂的样品具有较好的适用性。

4.5.3.3 定容体积及酸度实验

钼铜矿中待测组分含量相差较大，为实现准确测量，对试样溶液的最佳定容体积进行了试验。结果表明：定容体积较小时，试样溶液流动性较差，不利于进样，离子化程度较低；定容体积太大时，试样溶液中的低含量元素光谱强度太低，测定结果精密度较差。对于西藏地区的钼铜矿样品，本法确定 0.1000 g 样品定容体积至 50 mL，分析结果能够保证良好的准确度和精密度。

酸度是影响测定的重要因素之一，不同元素在不同酸度条件下，谱线强度会随之发生变化。王学伟等[13]采用四酸溶样 ICP-OES 法测定地质样品中的 Sc 时发现，盐酸的酸度大于 20%时谱线强度下降明显，同时酸度过高也会加快进样系统的老化。杨珍等[14]应用 ICP-OES 法测定含铀地质样品中的微量铅，认为 5%~60%硝酸介质对测定结果无影响。本节用 GBW07238 和 GBW07239 为实验样品，分别研究了 5%、10%、15%、20%王水介质的试样溶液中各元素的光谱强度，结果表明，在 5%~15%王水介质中各元素的光谱强度差别不大，测定结果与其标准值接近；在 20%王水介质中各元素的光谱强度明显下降，可能是酸度过高造成溶液黏度增大、试样进样量减少，而导致了光谱强度降低。综合考虑，确定试样溶液介质为 10%王水。

4.5.3.4 谱线选择与方法检出限

为保证较高的灵敏度和尽可能宽的线性范围，根据西藏地区钼铜矿中各元素含量范围，采用不同观测模式通过对比实验选择灵敏度高、干扰少的谱线作为分析线，并在仪器最佳工作条件下，绘制各元素的标准曲线。用标准曲线测试空白试样 11 次，用 3 倍空白试样标准偏差作为方法检出限，10 倍空白试样标准偏差作为方法测定下限。各分析元素的观测波长、观测方式和检出限、测定下限列于表4.30。

表 4.30 待测元素的观测波长、观测方式、检出限、测定下限

分析元素	观测波长/nm	观测方式	检出限/（μg/g）	测定下限/（μg/g）
Cu	324.749	轴向	1.88	6.28
Mo	202.033	径向	1.86	6.21
Pb	220.354	轴向	2.02	6.74
W	239.706	轴向	1.60	5.33
Zn	213.859	轴向	1.55	5.17

4.5.3.5 方法精密度和准确度

选取国家一级标准物质 GBW07238、GBW07239、GBW07241，按照方法样品独立处理 11 份，在优化的仪器条件下进行测定，分别计算相对标准偏差（RSD）和相对误差。表 4.31 结果表明，RSD 为 1.36%~9.42%，相对误差为−7.36%~7.96%，表明本方法的精密度和准确度较好。

表 4.31 标准物质测试的精密度和准确度

标准物质编号	元素	标准值/（μg/g）	测量值/（μg/g）	相对误差/%	RSD/%
GBW07238 （钼矿石）	Cu	93.6	99.0	5.73	6.25
	Mo	15100	14388	−4.71	2.75
	Pb	18.7	19.4	3.50	8.70
	W	3600	3476	−3.44	2.52
	Zn	65.5	70.7	7.96	4.13
GBW07239 （钼矿石）	Cu	48.6	45.0	−7.36	7.68
	Mo	1100	1036	−5.86	3.32
	Pb	26.1	25.8	−1.01	9.42
	W	1000	996	−0.43	4.53
	Zn	120	126	4.82	2.43
GBW07241 （钨矿石）	Cu	960	982	2.34	3.29
	Mo	980	934	−4.68	1.36
	Pb	81.2	82.4	1.51	4.24
	W	2200	2220	0.89	5.53
	Zn	103	101	−1.88	2.70

4.5.3.6 方法加标回收试验

为了验证方法可靠性，取三个西藏钼铜矿样品 TMC-4、TMC-6、TMC-8 进行加标回收实验（按样品前处理制备试样溶液各 11 份），测试结果见表 4.32。各元素测定结果的相对标准偏差（RSD）介于 3.30%~8.81%，加标回收率介于 91.2%~105.2%，表明方法有较高的精密度和回收率，准确度满足 DZ/T 0130—2006 要求。

表 4.32 样品测试的精密度和加标回收率

样品编号	元素	平均测定值/（μg/g）	RSD/%	加标量/（μg/g）	加标后测定值/（μg/g）	加标回收率/%
TMC-4 （钼铜矿）	Cu	1602	3.30	1000	2567	96.5
	Mo	20 292	4.41	5000	24 850	91.2
	Pb	74.1	3.91	30	103	96.3
	W	90.4	5.46	78	172	105.2
	Zn	11 000	3.45	3000	13 740	91.3
TMC-6 （钼铜矿）	Cu	51.3	4.13	40	90.4	97.7
	Mo	9582	5.25	10 000	19 170	95.9
	Pb	3335	5.10	1000	4380	104.5
	W	137	6.48	100	241	103.9
	Zn	49.4	5.52	50	100	101.3

续表

样品编号	元素	平均测定值/（µg/g）	RSD/%	加标量/（µg/g）	加标后测定值/（µg/g）	加标回收率/%
TMC-8 （钼铜矿）	Cu	480	4.58	800	1241	95.2
	Mo	6310	5.85	7000	13 075	96.6
	Pb	8.85	8.81	50	60.6	103.4
	W	148	5.92	100	247	98.7
	Zn	44.8	4.62	90	134	99.1

4.5.4　结论与展望

本研究建立的钼铜多金属矿配套分析方法，具有较好的适用性，推广应用到铜多金属矿区样品分析测试，解决了经典化学法配套分析方案中检出限及精密度结果不理想的问题，提高了批量样品分析测试效率，满足了地质大调查和地质找矿的需要。其中 XRF 法已应用于分析冈底斯成矿带上的浦桑果、驱龙、甲玛以及邦铺等铜多金属矿区地质样品；ICP-OES 具有较广的适用范围，通过样品前处理，几乎可以实现所有未知样品的准确测定，特别适合预查、普查阶段矿区样品的分析测试。

对矿区矿物特性熟悉且与标准样品基体匹配的样品，优先推荐使用 XRF 分析方法，该方法不需复杂的样品前处理，特别适合详查、勘探阶段矿区日常分析测试。该方法的缺点是对标准样品与待测样品的基体一致性要求较高，为使 XRF 法适用于更多种类型样品的分析，应加快相应国家标准物质的研制。

参 考 文 献

[1] 周雄，温春齐，张学全，等. 西藏邦铺钼铜多金属矿床硫、铅同位素地球化学特征[J]. 地质与勘探，2012, 48(1): 24-30.

[2] 胡兆鑫，马生明，朱立新，等. 安徽马头斑岩型钼铜矿床元素富集贫化规律及其找矿意义[J]. 地质与勘探，2014, 50(3): 504-514.

[3] 夏鹏超，李明礼，王祝，等. 粉末压片制样-波长色散 X 射线荧光光谱法测定斑岩型钼铜矿中主次量元素钼铜铅锌砷镍硫[J]. 岩矿测试，2012, 31(3): 468-472.

[4] 曹慧君，张爱芬，马慧侠，等. X 射线荧光谱法测定铜矿石中主次成分[J]. 冶金分析，2010, 30(10): 20-24.

[5] 罗学辉，王春生，陈占生，等. 粉末压片-波长色散 X 射线荧光光谱法在钼矿石测定中的应用[J]. 黄金科学技术，2011, 19(2): 78-80.

[6] 徐进力，邢夏，张勤，等. 电感耦合等离子体发射光谱法直接测定铜矿石中银铜铅锌[J]. 岩矿测试，2010, 29(4): 377-382.

[7] 周雄. 西藏邦铺钼铜多金属矿床流体包裹体研究[D]. 成都：成都理工大学，2009: 22-31.

[8] 周雄，温春齐，张学全，等. 西藏邦铺钼铜多金属矿床子自旋共振测年[J]. 矿床地质，2010, 29(增刊): 851-852.

[9] 王祎亚，詹秀春，樊兴涛，等. 粉末压片-X 射线荧光光谱法测定地质样品中痕量硫的矿物效应佐证实验及其应用[J]. 冶金分析，2010, 30(1): 7-11.

[10] 李国会，马光祖，罗立强，等. X 射线荧光光谱法分析中不同价态硫对测定硫的影响及地质试样中全硫的测定[J]. 岩矿测试，1994, 13(4): 264-268.

[11] 胡永斌，刘吉强，胡敬仁，等. 西藏邦铺钼铜多金属矿床含矿斑岩的地球化学：对成岩源区与成矿机制的启示[J]. 岩石学报，2015, 31(7): 2038-2052.

[12] 杨海锐. 西藏浦桑果铜多金属矿金属硫化物矿物学特征[D]. 成都：成都理工大学，2013: 31-43.

[13] 王学伟，彭南兰，唐琦平，等. 四酸溶样电感耦合等离子体发射光谱法测定地质样品中的钪[J]. 岩矿测试，2014, 33(2): 212-217.

[14] 杨珍，贺攀红，张延玲，等. 双毛细管在线干扰校正-电感耦合等离子体发射光谱法测定含铀地质样品中微量铅[J]. 岩矿测试，2015, 34(5): 528-532.

4.6　雪山嶂铜多金属矿中稀土元素及微量元素现代仪器分析技术研究

雪山嶂地区矿产资源十分丰富，主要矿种有铅、锌、铜、银、钨、锡、钼、铁、硫、稀土元素及铌、钽等。已发现矿床、矿点数十处，其中工作程度达详查勘探的很少，大部分仅达踏勘、普查程度，找矿空间巨大[1]。铜多金属矿矿物种类繁多，元素含量范围宽。样品分解难易程度受其形成环境，如温度、压力、元素存在形式等影响较大。同时样品溶液基体复杂给仪器分析带来了一定的难度，加之没有配套的现代仪器标准分析方法，这些因素影响了雪山嶂铜多金属矿中稀土元素及微量元素含量的准确测定。电感耦合等离子体质谱（ICP-MS）适合地质试样中痕量、超痕量元素分析，已成功应用于岩石矿物等多类型地质样品中多元素的同时测定[2-9]。ICP-MS 前处理方法主要有敞开酸溶法[10-11]、封闭压力酸溶法[12-13]、微波消解法[14-15]、碱熔法[16-18]，选择合适的样品前处理程序是保证 ICP-MS 分析结果准确度的重要因素。

近年来，随着该地区地质工作研究程度的不断深入，对样品分析提出了更高的要求，如要求方法适用范围更广、测定的元素更多、检出限更低、精密度更高等。而已有的研究报道表明，雪山嶂铜多金属矿元素分析技术研究方面存在以下问题：①针对铜多金属矿的多元素同时测定技术方面研究不足，没有有效利用现代仪器手段进行深入的试验研究；②雪山嶂地区铜多金属矿伴生元素多、基体复杂，对该地区铜多金属矿样品前处理过程研究较少，相关分析方法的准确度有待提高。本节根据采集区铜多金属矿含硫、含碳高的特性，预先采用敞开消解去除样品中易挥发的硫和碳及部分有机质，再进行封闭压力酸溶，保证了样品的完全充分溶解和测定的准确性。

4.6.1　研究区域与地质背景

研究区铜矿物有斑铜矿、黄铜矿、辉铜矿、铜锌矿、铜镍硫矿等，平均出矿品位只有 0.82%，且与其他矿物（黄铁矿、闪锌矿、黄铁矿、方铅矿、辉钼矿、石英等）伴生，组分复杂多变，所含元素种类较多（Cu、Au、Ag、Pb、Zn、Ni、Ti、Mn、Ca、Fe、K、Si、Al、Mg、Na、Ta、As、Sb、Hg、F、Cd 等）[19]。通过在雪山嶂地区两次野外勘查，采集了该地区大宝山、周屋、金门三个典型矿床的 60 件铜多金属矿样品，采用 X 射线荧光光谱进行半定量测定，样品中伴生的主要元素有 As、Zn、Bi、W、Pb，且硫含量较高。

4.6.2　实验方法

4.6.2.1　标准溶液及试剂

标准储备溶液：用单元素的标准储备溶液配制，再按要求混合配制。考虑到元素间的相容性和稳定性，将混标分成三组，分别为：MSTD1（稀土元素），MSTD2（Mo、Bi、U），MSTD3（Nb、W）。

标准工作溶液：根据仪器的灵敏度和实际样品中元素含量，由标准储备液稀释制备。具体浓度及元素组合见表 4.33。其中 MSTD1 和 MSTD2 标准组合保存期限为一个月，MSTD3 现用现稀释。

表 4.33　校正工作曲线的浓度　　　　　　　　　　　　　　　　　　　　μg/mL

标准溶液编号	元素	最高点浓度	溶液介质
MSTD1	La、Ce、Pr、Nd、Sm、Eu、Gd、Tb、Dy、Ho、Er、Tm、Yb、Lu、Y	80、160、40、35、20、8、20、8、18、8、8、8、20、10、80	3%硝酸
MSTD2	Mo、Bi、U	200、100、100	3%硝酸
MSTD3	Nb、W	200、200	3%硝酸，5%酒石酸，5 滴氢氟酸

本节编写人：杨小丽（中国地质调查局武汉地质调查中心）；邹棣华（中国地质调查局武汉地质调查中心）

实验所用硝酸、氢氟酸、高氯酸均为优级纯。

仪器调谐溶液：Li、Be、Co、In、Ce、U 各元素浓度为 10 mg/L，介质为 5%硝酸。

4.6.2.2　仪器条件

本试验方法采用 X Series II 型电感耦合等离子体质谱仪进行测定，初始化仪器测定条件（表 4.34）采用调谐溶液进行仪器参数最佳化调试，保证仪器性能和分析数据符合质量监控规范。

表 4.34　ICP-MS 测定条件

工作参数	设定条件	工作参数	设定条件
RF 发射功率	1350 W	扫描方式	跳峰
采样锥/截取锥（Ni）	1.0 mm/0.4 mm	测量点/峰	3
冷却气（Ar）流量	13 L/min	重复测定次数	3
载气（Ar）流量	1.02 L/min	质谱计数模式	脉冲/模拟
样品提升量	1.0 mL/min	质量分辨率	0.65~0.8 u
采样深度	7.8 mm	氧化物产率	≤0.5%
采样模式	全质量	双电荷产率	≤2%

4.6.2.3　样品处理

称取 50 mg 样品于聚四氟乙烯坩埚中，用少量水润湿后加入 1.5 mL 硝酸、1.5 mL 氢氟酸、0.5 mL 高氯酸，置于 140℃电热板上蒸至湿盐状。再加入硝酸、氢氟酸各 1.5 mL，加盖及钢套密封，于 190℃烘箱中溶解 48 h，冷却后取出。于 220℃电热板上蒸发至干，加入 3 mL 硝酸蒸至湿盐状，加入 50%硝酸 3 mL，加盖及钢套密封，置于 150℃烘箱中溶解 12 h。冷却后取出，用 2%硝酸定容于 25 mL 塑料瓶中。

4.6.3　结果与讨论

4.6.3.1　样品溶解方法

预先通过 X 射线荧光光谱法对样品进行半定量测定，其中伴生的主要元素有 As、Zn、Bi、W、Pb，且硫含量较高。雪山嶂地区几个典型的矿床中多为复合型金属矿床，矿化类型主要为矽卡岩型铜矿。试验采用先低温将样品消解，后在密闭溶样器中在高温高压下用氢氟酸和硝酸长时间溶样，使待测元素溶解，高倍稀释后用 ICP-MS 测定。

4.6.3.2　方法检出限

在仪器最佳工作条件下测定标准曲线溶液，稀土元素及微量元素标准曲线呈线性，其相关系数均在 0.9995 以上。按照实验方法溶出空白溶液，连续测定 12 次，用测定值的标准偏差的 3 倍乘以方法的稀释因子计算方法检出限（3 s），测定下限以 3 倍的方法检出限计算，见表 4.35。国家标准方法中没有测定稀土元素及铌、铋、铀的分析方法，只有钨和钼元素的分析方法。通过比较，本方法测定的铜矿石中的微量元素 W、Mo 检出限小于国家标准方法 GB/T 14353—2010《铜矿石、铅矿石和锌矿石化学分析方法》中测定最低值，体现出本方法检出限低的优点。

4.6.3.3　方法准确度和加标回收率

为验证微量元素（W、Mo、Nb、Bi、U）测定方法的准确度，对 11 个多金属矿标准物质进行准确度验证，表 4.36 中列出了其中 5 种标准物质的测定结果及准确度数据。

表 4.35　方法检出限和测定下限　　　　　　　　　　μg/g

元素	同位素	检出限	测定下限	元素	同位素	检出限	测定下限
Y	89	0.004	0.012	Dy	163	0.005	0.015
La	139	0.003	0.009	Ho	165	0.002	0.006
Ce	140	0.008	0.02	Er	166	0.004	0.012
Pr	141	0.004	0.012	Tm	169	0.002	0.006
Nd	146	0.008	0.025	Nb	93	0.008	0.03
Sm	147	0.006	0.018	Mo	95	0.012	0.04
Eu	151	0.007	0.021	W	182	0.020	0.06
Gd	158	0.007	0.021	Bi	209	0.030	0.09
Tb	159	0.003	0.009	U	238	0.008	0.03

表 4.36　方法准确度和精密度

标准物质编号	分析项目	Mo	W	Bi
GBW07233（铜矿石）	测定值/（μg/g）	1.39	3.87	1.78
	标准值/（μg/g）	1.4	4.1	1.5
	RE/%	0.63	5.77	−17.1
	YE/%	25.8	21.9	25.1
	RSD/%	1.51	1.19	1.44
GBW07235（铅矿石）	测定值/（μg/g）	1.59	15	13.9
	标准值/（μg/g）	1.6	17.6	15.6
	RE/%	0.63	16	11.4
	YE/%	25.2	17.4	17.7
	RSD/%	0.5	1.7	1.23
GBW07237（锌矿石）	测定值/（μg/g）	3.18	2.63	50.7
	标准值/（μg/g）	2.8	3.4	56.4
	RE/%	12.7	25.5	10.68
	YE/%	22.9	22.9	14.2
	RSD/%	2.06	1.42	1.09
GBW07166（铜精矿）	测定值/（μg/g）	2266	3.44	159
	标准值/（μg/g）	2240	3	140
	RE/%	−1.15	−13.8	−12.8
	YE/%	6.85	22.6	11.9
	RSD/%	3.09	1.37	2.37

注：RE 为样品相对误差，YE 为方法允许偏差，RSD 为相对标准偏差。

由于多金属矿标准物质中没有 Nb 和 U 的标准值，因此将 11 个未知样品进行了加标回收试验，加标回收率为 90.7%~110%（表 4.37）。采用 3 个未知样品重复测定 12 次，计算测定元素精密度（RSD）为1.38%~23.6%，精密度和准确度满足 DZ/T 0130.4—2006《地质矿产实验室测试质量管理规范　第 4 部分：区域地球化学调查样品化学成分分析》的要求。

4.6.3.4　本方法与传统方法的对比研究

选择雪山嶂大宝山、周屋、金门三个矿区 9 个不同样品进行稀土元素测定，并对本方法和过氧化钠碱熔沉淀分离-阴离子树脂交换法测定稀土元素的结果进行比对。如图 4.2 所示，柱状代表的是偏差范围，两种方法结果比较的相对偏差小于 15%，说明采用本文的先敞开后封闭的溶样方法，能将待测稀土元素全部溶出，溶样方法准确、可靠。

表 4.37 加标回收实验

样品编号	Nb				U			
	加标前/（μg/g）	加标量/（μg/g）	测定值/（μg/g）	回收率/%	加标前/（μg/g）	加标量/（μg/g）	测定值/（μg/g）	回收率/%
1	1.05	1.00	2.03	99.3	0.7	0.8	1.54	102
2	14.9	15	31.1	104	1.02	1	1.99	98.5
3	7.7	8	16.3	109	4.76	5	9.7	99.4
4	1.6	2	3.72	103	17	15	32.3	101
5	6.82	6	13.3	103	4.6	4	8.54	99.3
6	3.6	3	7.2	109	3.92	4	7.51	94.8
7	7	8	14.9	99.3	7	8	14.1	94
8	1.6	2	3.51	97.5	1.8	1.5	3.35	102
9	0.57	0.5	1.14	106	1.8	2	3.71	97.6
10	5.4	5	11.2	108	4	5	8.16	90.7
11	0.1	0.1	0.19	95	0.05	0.05	0.11	110

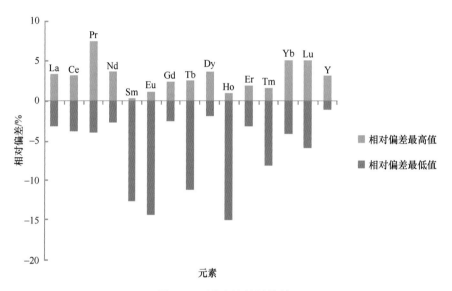

图 4.2 两种方法结果偏差

4.6.4 结论与展望

本研究选取我国典型整装勘查区广东雪山嶂地区铜多金属矿，建立了预先敞开酸溶再进行封闭压力溶样测定铜多金属矿中稀土元素及微量元素（Nb、U、W、Mo、Bi）的分析方法。有效去除了样品中的硫及其他还原物质。结果表明，该方法流程空白低，精密度高，与国家标准方法 GB/T 14353—2010《铜矿石、铅矿石和锌矿石化学分析方法》相比，检出限更低，适合在地质行业推广及应用。

目前还未建立铜矿石中稀土元素及铋、铌和铀元素的国标分析方法，该方法的建立也为稀土元素及其他微量元素国标分析方法奠定了基础。

致谢：感谢中国地质调查局地质调查工作项目"区域地质调查样品测试方法应用研究"（12120113014700）对本工作的资助。

参 考 文 献

[1] 高晶晶, 刘季花, 张辉, 等. 高压密闭消解-电感耦合等离子体质谱法测定海洋沉积物中稀土元素[J]. 岩矿测试, 2012, 31(3): 425-429.

[2] 蔡锦辉, 韦昌山, 张燕挥, 等. 广东省大宝山钼多金属矿区岩浆岩成岩时代研究[J]. 华南地质与矿产, 2013, 29(2): 146-155.

[3] An J, Lee J, Lee G, et al. Combined Use of Collision Cell Technique and Methanol Addition for the Analysis of Arsenic in a High-chloride-containing Sample by ICP-MS[J]. Microchemical Journal, 2015, 120: 77-81.

[4] 钱玉平, 向兆, 汪岸, 等. 电感耦合等离子体质谱法测定多金属矿石中的稀土元素[J]. 资源环境与工程, 2013, 27(5): 708-710.

[5] Zhang W, Hu Z C, Liu Y S, et al. Reassessment of HNO$_3$/HF Decomposition Capability in High Pressure Digestion of Felsic Rocks for Multi-element Analysis by ICP-MS[J]. Geostandards and Geoanalytical Research, 2012, 36(3): 271-289.

[6] 王君玉, 吴葆存, 李志伟, 等. 敞口酸溶-电感耦合等离子体质谱法同时测定地质样品中 45 个元素[J]. 岩矿测试, 2011, 30(4): 440-445.

[7] 张保科, 温宏利, 王蕾, 等. 封闭压力酸溶-盐酸提取-电感耦合等离子体质谱法测定地质样品中的多元素[J]. 岩矿测试, 2011, 30(6): 737-744.

[8] 李金英, 郭冬发, 姚继军, 等. 电感耦合等离子体质谱(ICP-MS)新进展[J]. 质谱学报, 2002, 23(3): 164-179.

[9] 李冰, 杨红霞. 电感耦合等离子体质谱(ICP-MS)技术在地学研究中的应用[J]. 地学前缘, 2003, 10(2): 367-378.

[10] 黄光明, 蔡玉曼, 王冰, 等. 敞开酸溶-电感耦合等离子体光谱法测定钨矿石和钼矿石中微量元素[J]. 岩矿测试, 2013, 32(3): 431-435.

[11] 白金峰, 薄玮, 张勤, 等. 高分辨电感耦合等离子体质谱法测定地球化学样品中的 36 种元素[J]. 岩矿测试, 2012, 31(5): 814-819.

[12] 文田耀, 孙文军, 周瑶, 等. 封闭溶样-原子吸收法测定钼精矿中的金[J]. 黄金, 2013, 34(8): 78-80.

[13] 张勇, 王玉功, 刘建军. 封闭溶样-电感耦合等离子体质谱法测定地质样品中痕量金[J]. 中国无机分析化学, 2013, 3(1): 34-37.

[14] 雷美康, 彭芳, 曹培林, 等. 微波消解-氢化物发生原子荧光光谱法同时测定钨矿中砷汞[J]. 冶金分析, 2013, 33(4): 44-47.

[15] Wang T S, Yang Y X, Ya Y, et al. Determination of Arsenic and Mercury in Soil by Microwave Digestion and Hydride Generation-Atomic Fluoescence Spectrometry[J]. Agricultural Science & Technology, 2013, 14(4): 651-653.

[16] 刘晓杰, 李玉梅, 刘丽静. 电感耦合等离子体发射光谱法测定稀土矿石中的三氧化二铝[J]. 岩矿测试, 2013, 32(3): 436-440.

[17] 文加波, 商丹, 宋婉虹, 等. 电感耦合等离子体发射光谱法测定铝土矿中镓——酸溶和碱熔预处理方法比较[J]. 岩矿测试, 2011, 30(4): 481-485.

[18] 杨载明. 电感耦合等离子体发射光谱法测定铝土矿样品中镓三种前处理方法的比较[J]. 岩矿测试, 2011, 30(3): 315-317.

[19] 王小飞, 戚华文, 胡瑞忠, 等. 粤北石英脉型钨多金属矿床中钨锡铋银钼的赋存状态研究[J]. 地质学报, 2011(85): 405-421.

4.7 硫化铜矿样品 X 射线荧光光谱分析技术研究

硫化铜矿石是我国铜矿的主要类型，但该类铜矿石大多以金属共生矿的形式存在，并常伴生有多种重金属和稀有金属，不容易进行多组分快速同时分析[1-3]。X 射线荧光光谱法（XRF）作为一种快速、准确的多元素同时分析技术，目前随着样品制备设备在温度、稳定性控制上的进步，以及通过熔融熔剂优选、XRF 仪器激发效率提高、校准条件的仔细选择，建立 XRF 在各类矿物矿石类样品，包括硫化铜矿石样品的测试技术已经成为可能，也具有十分重要的现实意义[4-6]。

硫化铜矿样品含有重金属元素，并含有高浓度的硫，需要采用 XRF 熔融制片法以更好地消除矿物效应，但会出现金属元素特别是重金属元素对熔融坩埚的腐蚀以及高含量硫如何保留在熔融体的问题[2-3, 7-8]。在这方面，前人对硫化矿物样品 XRF 分析的制样试验已进行尝试[9-15]，例如增加熔剂的种类和混合比例以及增加低温条件下的预氧化步骤取得了很好的效果。低温预氧化过程可以使得不同状态的硫最大限度地保留在熔融体中，获得良好的熔融效果[16-20]，而且在高温熔融过程中，也不易破坏熔融设备。与常用的化学法相比，通过改进制样条件，利用 XRF 分析硫化铜矿样品可采用流程更为简便的样品制备方法，操作过程更为快速，所需化学试剂尤其是酸碱溶液量大为降低，更具有绿色环保性。因此，可满足硫化铜矿石样品的多元素快速同时分析的要求。

4.7.1 研究区域与地质背景

本实验使用的硫化铜矿石样品采集于江西省赣州市淘锡坑矿区。该矿区位于北-北东向的九龙脑—营前岩浆岩带与东西向的古亭—赤土区域构造-岩浆-成矿带的交汇部位，是九龙脑—淘锡坑矿田的一部分。硫化铜矿石样品的类型属于石英脉型黄铜矿矿石，矿石中主要的矿物包括黄铜矿、黄铁矿，以及少量黑钨矿，局部有磁黄铁矿，脉石矿物主要为石英，以及少量的云母、萤石和绿泥石等。其中黄铜矿呈团块状、黄铜色、半自形，局部含量较多，是该区域铜矿石资源开发利用的重要对象。

4.7.2 实验部分

4.7.2.1 试剂

硝酸钠，硝酸锶，硼酸盐混合熔剂，溴化锂，硝酸铵，碘化铵。

4.7.2.2 仪器设备

Axios 型 X 射线荧光光谱仪（荷兰帕纳科公司）。
熔样机，玛瑙研钵，马弗炉，分析天平，铂金坩埚套件。

4.7.2.3 样品制备方法

分别准确称取样品 0.1500 g、硝酸钠 1.0000 g、硝酸锶 1.0000 g，倒入玛瑙研钵中进行充分研磨混匀。混匀后，倒入瓷坩埚中混合熔剂表面做出的凹坑里，然后继续把剩余的另一半混合熔剂倒入凹坑上，将混合均匀的样品和硝酸钠、硝酸锶包裹在混合熔剂中。然后将装好样品、预氧化剂和混合溶剂的瓷坩埚移到马弗炉中预氧化，预氧化温度为 600℃，预氧化时间为 20 min。

本节编写人：唐力君（国家地质实验测试中心）；李小莉（中国地质调查局天津地质调查中心）

预氧化操作完成之后，仔细把瓷坩埚中的所有熔剂、样品都移入铂金坩埚中，操作过程中需注意把预氧化后的小固体样品块包裹在混合熔剂中。再加入 10%溴化锂 0.5 mL 至铂金坩埚中的混合熔剂上。此时把装好待熔物的铂金坩埚放入熔样机进行熔融，制成玻璃熔片，待测。

4.7.2.4　结果与讨论

1）氧化剂和预氧化温度实验

硫化铜矿样品是还原性极强的物质，只有转化为硫酸盐才能保持稳定。由于硫在高温熔融过程中易挥发以及硫化物易腐蚀样品制备工具（坩埚），需将硫完全保留在熔融体中是熔融制片 XRF 分析的难点。为了获得更好的样品熔融效果，在实验中分别采用氧化剂硝酸锂、硝酸钠、硝酸锶、硝酸钡在 400℃、500℃、600℃、700℃温度下对铜精矿标准物质 GBW07166 进行 15 min 的预氧化操作。从低温到预氧化温度的缓慢升温，可使不同氧化剂在不同温度下发挥氧化作用，最终达到更好的氧化效果。低价态硫可以更好地保存在熔融体中。经过试验可知，硝酸锂在 400℃时即可提供充分的氧化环境，硝酸钠在 600℃的氧化效果较好，硝酸锂的吸水性强，熔融体冷却容易结晶，硝酸锶和硝酸钡在 600℃、650℃时的氧化效果最佳。本实验采用硝酸钠和硝酸锶各 1 g 作为氧化剂，样品在马弗炉中 600℃预氧化 20 min 后，再熔融对铂金坩埚几乎无腐蚀。

2）熔剂和熔样比例选择试验

为了能定量将硫化铜样品中的高含量硫保留在熔融体中，除了氧化剂、熔融温度和时间要严格保持一致外，熔剂对硫化物的熔融效果以及对硫的强度也有一定影响。常用的熔剂有四硼酸锂、偏硼酸锂及四硼酸锂+偏硼酸锂不同比例的混合熔剂。硫化铜矿在偏硼酸锂中熔融速度慢，熔融物黏稠，流动性差。且硫化物经氧化的产物三氧化硫与偏硼酸锂的结合性极差，在偏硼酸锂中 SO_3 会以 SO_2 的形式挥发逸出。为此采用硝酸钠和硝酸锶作为氧化剂，在预氧化温度、熔融温度、时间等其他条件完全一致的情况下，分别实验了 100%四硼酸锂、67%四硼酸锂+33%偏硼酸锂、75%四硼酸锂+17%偏硼酸锂+8%氟化锂、50%四硼酸锂+50%偏硼酸锂、33%四硼酸锂+67%偏硼酸锂等多种熔剂，实验证实随着混合熔剂中偏硼酸锂含量的增加，S 的强度逐渐增加，当偏硼酸锂含量占 67%时 S 的强度最大，约为以纯四硼酸锂作为熔剂时的强度的 117%。当偏硼酸锂含量超过 70%时，熔融物易结晶。因此熔融硫化铜矿时宜采用四硼酸锂∶偏硼酸锂=12∶22 的混合熔剂，熔融物的流动性好，熔点低且硫的强度大。

铜矿石属多金属矿石，伴生元素较多，基体复杂，且铜矿熔融物的黏附性极强，因此采用大比例的样品与熔剂比例试验，以获得良好的熔样效果，能降低硫化铜矿样品中金属元素特别是重金属元素的不利影响，并且能保护熔样设备，特别是保护熔样用的铂金坩埚，而且才可能更好地降低基体效应，更好地提高制样重现性和效果。到目前为止，较为大比例的硫化铜矿石样品与混合熔剂的熔融试验表明，对熔融铂金坩埚几乎无破坏，即可避免坩埚被腐蚀、被损坏，是一种可行的熔融制备方法。

3）熔融温度

四硼酸锂的熔点为 920℃，偏硼酸锂的熔点为 845℃，采用混合熔剂设置的熔样温度一般应高于助熔剂的熔点 100~150℃为宜。而且在温度选择时，既要考虑减少组分 S 的挥发，又要使主量元素的熔融效果好。

选择 1000℃、1030℃、1050℃、1100℃四个温度作为试验温度。温度高于 1100℃时，样品中的 S 挥发加剧，而没有列入试验温度。通过试验发现，在 1030℃、1050℃温度下高温熔融体均匀透彻，而且制样的重现性好，二氧化硅的测量结果与其标准值相符，但在 1050℃温度下硫的测量强度较低，因此选用 1030℃作为熔融温度。

4）脱模剂的选择及用量

多年来 XRF 分析一直使用铵盐、溴化物或碘化物作为脱模剂。Br 是易挥发元素，在玻璃熔片中残留的量是不同的，从而对其他元素谱线的吸收程度不同。在本实验中，Br 的存在对 S 的测量强度影响很大，Br 的测量强度越大，对 S 的吸收效应就越大，从而 S 的测量强度就越小。因此，最好是每次加入 10%溴化锂溶液 0.5 mL，保持加入量一致，使 Br 的测量强度能保持一致。另外，可根据熔融体的冷却状态和移出熔样机的状态，另根据需要加入少量易挥发的碘化铵作脱模剂，以帮助熔融物脱模，从铂金坩埚倾倒得更干净、彻底。进行此类熔融制样法需要的浇注铂金坩埚内面较深，熔融体能比较容易包裹样品，而常规熔融制样法使用的铂金坩埚内面较浅，不易包裹住样品，在实验过程中需引起注意。

5）标准物质试验

XRF 分析时，需要尽可能选择与实际样品类型相近的标准物质作为 XRF 仪器标准样品。由于目前硫化铜矿样品的标准物质较少，根据拟进行的该类型硫化铜实际样品的组分特点，选择部分国家和行业标准物质作为校准样品。

按照样品制备方法，对标准物质进行样品制备试验，基本上参与试验的标准物质的熔融制样过程顺利，倾注后迅速调整浇注坩埚，使得熔融体铺满整个坩埚底部即可顺利制备完整的玻璃熔片。在进行熔融样品制备过程中，实验发现未加入脱模剂时，熔融体冷却后，一方面容易与铂金坩埚黏结，可以说无法脱锅，另一方面熔融体冷却成为碎片，部分碎片也与铂金坩埚黏结，无法脱锅，也就无法形成完整的玻璃熔片。

在部分标准物质的熔融制备过程中，熔融体冷却成玻璃熔片时，玻璃熔片有单一裂缝，但可用标签纸进行固定。

同时对标准物质进行重复熔融制备试验，在马弗炉预氧化，分两批，每批 3 个置于熔样机进行熔融。第一批有一个熔融体能正常冷却，形成完整玻璃熔片，顺利脱模；其他两个和第二批的三个熔融体在冷却过程中，发出崩裂的声音，冷却后在玻璃熔片中都有一条明显的裂缝，但可用贴纸进行固定，也可进行仪器测量。

6）谱线选择

铜矿石属多金属矿石，伴生的元素较多，基体效应、谱线重叠干扰严重。铜矿石中的主元素的含量范围变化大，需通过经验系数法对基体效应加以校正。As Kβ 线与 Br Kα 线重叠，故选 As Kα 线作为分析线，由于 As Kα 线与 Pb Lα 线完全重叠，因此在测定 As 时需扣除 Pb 的干扰；Pb Lβ 线与 Br Kα 线重叠，测定 Pb 时要扣除 Br 的干扰。

由于 Cu Kα 线与 Sr Kα 线能量相近，且中间没有其他元素的吸收限，因此可采用 Sr 作为 Cu 的内标。内标法的优点不仅可以补偿吸收增强效应和仪器漂移外，还可以校正由于熔融玻璃片的表面纹理及其他制样缺陷引入的分析误差。在仪器条件选择实验中，采用 Sr 作内标，Cu 校准曲线的 RMS 值为 0.230 94；不用 Sr 作内标，Cu 校准曲线的 RMS 值为 0.881 54。另外，S 可采用 Rh Lα 线作为内标进行基体校正。以 Rh Lα 线作内标时，S 校准曲线的 RMS 值为 0.143 00；而不使用 Rh Lα 线作内标时，S 校准曲线的 RMS 值为 0.554 31。

7）实际硫化铜矿样品制备试验

按照样品制备方法，对采集于南方某矿区的硫化铜矿样品进行熔融制备试验，操作程序与标准物质熔融制备一致，共有近 20 个实际硫化物矿样品均能获得完整的玻璃熔片，见图 4.3，表明了样品制备的实际应用价值。

该硫化铜矿样品类型属于石英脉型黄铜矿矿石，矿石中主要的矿物包括黄铜矿、黄铁矿，黄铜矿物呈团块状，是矿产资源开发利用的重要对象。按照要求对硫化铜矿石样品进行加工，并送到不同的部级实验室进行分析检测，获得硫化铜矿石中主要元素的浓度数据，具体见表 4.38。即硫化铜矿样品的主要组分铜和硫的测量参考值与本实验 XRF 分析方法的测量值进行对比，两种方法结果是吻合的。

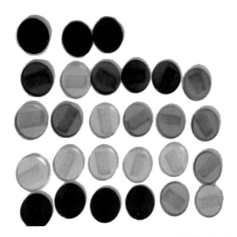

图 4.3　多个硫化铜矿样品的熔融制备结果

表 4.38　硫化铜矿中主要元素铜和硫的 XRF 测量值与参考值的比较　　　　　　%

样品编号	Cu		S	
	参考值	XRF 测量值	参考值	XRF 测量值
1	0.41	0.33	0.5	0.42
2	0.64	0.59	0.84	0.77
3	0.68	0.55	0.81	0.68
4	0.83	0.82	1.14	0.95
5	1.02	0.97	1.24	1.28
6	1.21	1.16	1.56	1.37
7	1.65	1.57	1.83	1.64
8	2.18	2.09	2.34	2.32
9	3.79	3.7	3.91	3.74
10	4.62	4.39	4.64	4.66
11	4.66	4.54	4.69	4.53
12	6.1	5.94	6.57	6.46
13	6.46	6.43	6.88	6.68
14	6.77	6.74	7.15	7.02
15	7.15	7.00	7.55	7.47
16	13.59	13.68	14.64	14.45
17	14.6	14.85	15.1	15.64
18	18.55	18.37	29.64	29.87
19	31.69	33.16	33.64	34.38

4.7.3　结论

通过 XRF 常规样品制备法的多次试验，特别是熔融制样法试验，在硫化铜矿样品中加入氧化剂硝酸锶和硝酸钠可将低价态的硫转化为硫酸盐，使高含量的硫更好地保存在熔融体中，证明了熔融制备法能获得良好的样品制备效果，在 XRF 分析硫化铜矿样品中具有可行性。但由于熔融制样法测定铜矿石的稀释倍数大，部分低含量元素及微量元素的测定就很困难了，需要考虑进行更好的制样试验，克服该方法测定主量、微量元素的局限。

另外，标准物质的缺乏制约了硫化铜矿样品分析。例如，标准物质样品组分元素的不完全，造成基体效应校准时的数据不完整；标准物质的数量有限，对校准曲线造成局限。采用人工混合标准样品进行试验，使用不同的标准样品混合作为校准样品，可以使用两个或两个以上标准样品作为母体，以更好地弥补组分元素、校准样品不足的影响。

参 考 文 献

[1] 硫化物矿物标准物质研制小组. 硫化物矿物标准物质的研制[J]. 岩矿测试, 1995, 14(2): 81-112.

[2] 李小莉, 唐力君, 黄进初. X 射线荧光光谱熔融片法测定铜矿中的主次元素[J]. 冶金分析, 2012, 32(7): 67-70.

[3] 唐力君, 李小莉, 王淑贤, 等. 硫化铜样品的 X 射线荧光光谱分析方法探索[C]//第九届全国 X 射线光谱学术报告会. 2011: 63.

[4] 吉昂. X 射线荧光光谱三十年[J]. 岩矿测试, 2012, 31(3): 383-398.

[5] 罗立强, 詹秀春, 李国会. X 射线荧光光谱仪[M]. 北京: 化学工业出版社, 2008: 107-126.

[6] 吉昂, 陶光仪, 卓尚军. X 射线荧光光谱分析[M]. 北京: 科学出版社, 2003: 199-237.

[7] Norrish K, Thompson G M. XRS Analysis of Sulphides by Fusion Methods[J]. X-Ray Spectrometry, 1990, 19(2): 67-71.

[8] Gazulla M F, Gómez M P, Orduña M, et al. New Methodology for Sulfur Analysis in Geological Samples by WD-XRF Spectrometry[J]. X-Ray Spectrometry, 2009, 38(1): 3-8.

[9] 袁汉章, 刘洋, 秦颖. X 射线荧光光谱法测定硫化物矿中的主元素[J]. 分析试验室, 1992, 11(2): 52-54.

[10] 贺慧明, 陈远盘, 张玉清. XRFS 绝对量薄样法分析闪锌矿、黄铜矿单矿物的研究[J]. 光谱学与光谱分析, 1992, 12(6): 93-98.

[11] 贺慧明, 陈远盘, 张玉清. XRF-薄样-比例常数法分析闪锌矿、黄铜矿单矿物的研究[J]. 光谱学与光谱分析, 1991, 11(2): 54-60.

[12] 刘江斌, 黄兴华, 武永芝, 等. X 射线荧光光谱法同时快速测定多金属矿样品中的铜、铅、锌、钼、钨和硫等元素[J]. 光谱实验室, 2012, 29(3): 1555-1558.

[13] 曹慧君, 张爱芬, 马慧侠, 等. X 射线荧光光谱法测定铜矿中的主次成分[J]. 冶金分析, 2010, 30(10): 20-24.

[14] 田琼, 黄建, 钟志光, 等. 波长色散 X 射线荧光光谱法测定铜精矿中铜铅锌硫镁砷[J]. 岩矿测试, 2009, 28(4): 382-384.

[15] 应晓浒, 陈少鸿. 普通 X 射线荧光光谱仪分析铜精矿样品在储存过程中化学态的变化[J]. 光谱学与光谱分析, 2005, 25(6): 952-954.

[16] West M, Ellis A T, Potts P J, et al. 2014 Atomic Spectrometry Update—A Review of Advances in X-ray Fluorescence Spectrometry[J]. Journal of Analytical Atomic Spectrometry, 2004, 29: 1516-1563.

[17] Spangenberg J, Fontbote L, Pernicka E. X-Ray Fluorescence Analysis of Base Metal Sulphide and Iron-Manganese Oxide Ore Samples in Fused Glass Disc[J]. X-Ray Spectrometry, 1994, 23(2): 83-89.

[18] Lankosz M. A New Approach to the Particle-size Effect Correction in the X-ray Fluorescence Analysis of Multimetallic Ore Slurries[J]. X-Ray Spectrometry, 1988, 17(4): 161-165.

[19] 夏鹏超, 李明礼, 王祝, 等. 粉末压片制样-波长色散 X 射线荧光光谱法测定斑岩型钼铜矿中主次量元素钼铜铅锌砷镍硫[J]. 岩矿测试, 2012, 31(3): 468-472.

[20] 王祎亚, 詹秀春, 樊兴涛, 等. 粉末压片-X 射线荧光光谱法测定地质样品中痕量硫的矿物效应佐证实验及其应用[J]. 冶金分析, 2010, 30(1): 7-11.

4.8　铁铜多金属矿复杂基体样品中稀土元素分析技术研究

西昌—滇中地区是我国西南地区重要的金属矿产资源基地,该区域有拉拉铜铁矿床、大红山铁铜矿、东川铜铁矿床(东川稀矿山式铜铁矿)、武定迤纳厂铁铜矿床等一批大中型产于元古代地层中的铁铜多金属矿床。这些矿床铁、铜共生,并含有稀土元素、金、银、铀、钴、钼等多种伴生元素,其中稀土元素的含量对其矿床成因的研究和伴生元素的有效利用有十分重要的意义。该区域的铁铜多金属矿床由于围岩蚀变强烈,且均不同程度地受到后期热液的改造,并且其矿石类型多样,例如:按照主成矿元素的矿物存在形式可划分为黄铜矿-磁铁矿矿石、辉钼矿-黄铜矿矿石、黄铜矿矿石和磁铁矿-黄铜矿矿石,因而会影响其稀土元素的快速、准确测定。

电感耦合等离子体质谱(ICP-MS)因具有高灵敏度、背景低、干扰少的优点,已被广泛运用于地质样品中痕量和超痕量元素的测定。本研究工作根据西昌—滇中地区铁铜多金属矿样品基体组成的特点,利用高分辨电感耦合等离子体质谱(HR-ICP-MS)的特点,探索出一套准确、快速,且适应该区域铁铜多金属矿中的稀土元素测定方法,从而为该区域矿床地质研究、找矿勘查以及矿产资源的综合利用提供技术保障。

4.8.1　实验部分

本研究采集四川拉拉矿区的典型样品进行实验分析,该样品围岩及岩体岩蚀变强烈,矿物组成复杂,其赋矿围岩(河口群)一般为石英钠长岩、板岩和大理岩等一套沉积变质岩,其中有些样品在光学显微镜下含有富含钡的矿物(如重晶石等)。为了了解样品的基体组成特征以及稀土元素的分析讨论,采用 X 射线荧光光谱法(XRF)测定样品中的主、次量组分含量[1]。

4.8.1.1　标准溶液与试剂

100 μg/mL 的 15 种稀土元素混合标准溶液,1000 μg/mL 的 Rb、Sr、Zr、Hf、W、Mo、Pb、Zn、U、Th、V、Ti、Sn、Li、Be、Sc、Ni、Ga、As、Sb、Cd、Ag、In、Cs 标准溶液。将标准溶液逐级稀释,用 2%硝酸配制成不同浓度梯度的混合标准溶液。

本实验所用的硝酸、氢氟酸采用亚沸蒸馏制得,高纯水为 18 MΩ·cm 纯化水。

4.8.1.2　仪器测量条件

本实验采用 ELEMENT 2 高分辨电感耦合等离子体质谱仪,在样品测试前,需要先调节仪器条件参数,以满足实验灵敏度和分辨率的要求。采用 1 ng/g 混合元素标准溶液进行调节,调节后仪器参数达到最佳化,灵敏度达到 1 ng/g In 的信号大于 1 000 000 cps,同时氧化物产率达到实验要求,测量条件列于表 4.39。

4.8.1.3　实验方法

采用封闭高温酸溶法进行样品的前处理,具体方法如下[2]:称取 0.05 g 试样于封闭溶样器的聚四氟乙烯内罐中,加入 1 mL 氢氟酸和 1 mL 硝酸,盖上聚四氟乙烯盖,装入钢套中,扭紧钢套盖后将其放入 180℃的烘箱中加热 48 h。取出,冷却后取出内罐于电热板上蒸发近干,加入 0.5 mL 硝酸蒸发近干驱赶氢氟酸,

---

本节编写人:杨波(中国地质调查局成都地质调查中心);胡志中(中国地质调查局成都地质调查中心);杜谷(中国地质调查局成都地质调查中心)

表 4.39　HR-ICP-MS 仪器工作条件

工作参数	设定条件	工作参数	设定条件
功率	1250 W	SEM 电压	2450 V
冷却气（Ar）流量	16.0 L/min	数据采集次数	2 Runs/4 Passes
辅助气（Ar）流量	0.79 L/min	采集时间	0.01 s/元素
样品载气（Ar）流量	1.08 L/min	分辨率	300~10000
提取电压	−1629 V	高真空	8.5×10^{-8} mbar

此步骤反复两次。然后加入 2 mL 硝酸、2 mL 水再次封闭，置于 130℃烘箱中保温 3 h。冷却后将溶液转移至 25 mL 容量瓶中，定容备用。上机测定前，取 2 mL 溶液稀释至 10 mL，用 ICP-MS 测定，使用 ^{103}Rh、^{115}In 作为内标监控。

4.8.2　结果与讨论

4.8.2.1　样品前处理方法

由于研究区域内部分围岩中含有的一些难溶的矿物，如 Zr 的含量较高[3]，为了保证稀土元素及微量元素的准确测定，本实验采用封闭高温酸溶法能够有效地溶解样品。

4.8.2.2　质谱干扰

目前地质样品中稀土元素的 ICP-MS 测定过程中，由于存在多原子离子干扰，稀土元素的准确度和精确度容易受到影响[4-5]，其中 Ba 元素对 Eu 元素的干扰尤为明显。稀土元素 Eu（^{151}Eu、^{153}Eu）均可能分别受到 ^{135}Ba^{16}O、^{136}Ba^{16}OH 以及 ^{137}Ba^{16}O^{134}、Ba^{16}OH 的干扰，因此会导致在稀土元素的配分模式图中出现 Eu 正异常的假象，这些地球化学数据信息将会在地质应用研究中造成对原岩恢复、岩石成因等解释方面的误判。

本研究区域部分样品中含有较高的钡，本方法试验中采用的样品就含有重晶石等富含钡的矿物。如课题组采用 XRF 测定样品中的主次量组分，测量结果（表 4.40）表明了河口群地层岩石样品具有较高的 Ba 含量，最高可达 966 μg/g，因而有必要解决由此带来的影响。而高钡基体样品的稀土元素分析过程中采用质谱的高分辨率克服多原子离子干扰不失为一种可靠、快速的实验技术方法。因此本研究利用质谱仪器具有高分辨率的特点，解决干扰的影响。

表 4.40　河口群地层岩石样品的主量元素分析结果

样品编号	SiO$_2$/%	Al$_2$O$_3$/%	Fe$_2$O$_3$/%	MgO/%	CaO/%	K$_2$O/%	Na$_2$O/%	TiO$_2$/%	P$_2$O$_5$/%	MnO/%	Ba/(μg/g)	低分辨 300 下 Eu 测定值/(μg/g)	高分辨 10 000 下 Eu 测定值/(μg/g)
1	62.052	13.06	10.938	0.196	1.948	4.191	3.792	1.375	0.408	0.06	130	5.37	4.61
2	61.192	12.683	13.13	0.235	1.269	5.303	2.818	1.365	0.379	0.042	167	4.16	3.23
3	58.755	11.706	16.038	0.191	1.751	3.921	3.321	1.205	0.463	0.047	966	3.25	1.06
4	57.335	12.174	17.02	0.195	1.559	5.413	2.517	1.15	0.297	0.049	199	9.83	7.58
5	68.621	10.998	8.175	0.227	1.336	7.26	0.634	0.281	0.034	0.039	443	11.24	9.81
6	69.272	12.515	6.103	0.163	0.671	7.655	0.286	0.323	0.048	0.022	414	12.14	9.96
7	67.434	11.206	10.904	0.579	0.906	5.658	1.47	0.295	0.031	0.034	379	3.58	2.33
8	49.668	10.002	11.166	1.488	8.328	5.856	0.888	0.552	0.552	0.276	255	6.32	5.56
9	43.553	16.083	13.715	5.07	8.053	1.879	3.046	2.252	0.214	0.183	491	5.16	3.68
10	43.826	16.26	13.421	6.966	8.342	1.066	3.492	1.614	0.247	0.229	525	3.67	1.34

为对比不同分辨率下样品中 Eu 元素含量分析结果的差异（样品消解后的稀释倍数为 1000 倍），分别在低分辨（300）和高分辨（10 000）两种模式下对同一份样品溶液进行测试。如表 4.40 测量结果显示，在高分辨模式下测量的 Eu 含量均低于低分辨模式下测量的 Eu 含量，且有 Ba 含量越高则影响程度越大的

趋势，说明由于 Ba 的氧化物或多原子离子干扰确实影响了 Eu 含量的准确测定，而采用高分辨模式能够有效地减少干扰带来的影响。研究者[5-6]曾经尝试使用配制不同浓度的 Ba 基体溶液计算其对 Eu 含量测量的影响程度，已证明不同浓度的 Ba 基体对稀土元素的影响差别较大，这一现象也暗示着由于地质样品复杂的基体组成，其多原子离子造成的干扰程度不可能是相同的，故在实际样品分析过程中须结合样品的基体特征，在满足数据的地质应用和解释基础上，通过采用较高的分辨率，最大程度地减少干扰，从而使数据更加接近于真实值。

4.8.2.3　方法检出限

在仪器最佳化的条件下，对样品空白溶液连续测定 10 次，以 6 倍测定结果的标准偏差计算，考虑 5000 倍的稀释倍数，计算得到方法检出限。各元素的检出限介于 0.000 49~0.14 μg/g（表 4.41），完全能够满足测试需求。

表 4.41　方法检出限　　　　　　　　　　　　　　　　　　　　　　μg/g

元素	检出限	元素	检出限
Y	0.0040	La	0.0062
Ce	0.14	Pr	0.0019
Nd	0.0097	Sm	0.0018
Eu	0.0008	Gd	0.0035
Tb	0.000 69	Dy	0.0011
Ho	0.000 57	Er	0.0017
Tm	0.000 49	Tb	0.000 90
Lu	0.000 49		

4.8.3　结论与展望

针对西昌—滇中地区铁氧化物铜金矿床中具有典型特征的样品，特别是具有复杂基体样品中的稀土元素测定实验，研究表明封闭高温酸溶 ICP-MS 法适用于该矿床中的多数岩石、矿物的微量元素、稀土元素分析的测定。尤其是本研究区域内部分围岩中 Zr 的含量较高，测定此类型样品时，建议使用高温高压密闭消解法，以确保稀土元素和微量元素含量的测定准确。

高 Ba 含量的样品由其产生的氧化物和多原子离子对 Eu 测定的叠加作用是不同程度存在的，在质谱的低分辨模式下，极其容易造成 Eu 测定值偏高。不同基体中 Ba 对 Eu 的干扰程度差别很大，这说明如果利用 Ba 对 Eu 进行数学校正，基体匹配是一个重要的前提条件。但实际上地质样品较难满足这一条件，故对于高 Ba 含量的地质样品中稀土元素的测定，采用高分辨质谱的高分辨模式是一种可靠、快速的分析方法。

参 考 文 献

[1] 罗立强, 詹秀春, 李国会. X 射线荧光光谱仪[M]. 北京: 化学工业出版社, 2007.
[2] 岩石矿物分析编委会. 岩石矿物分析(第四版　第二分册)[M]. 北京: 地质出版社, 2011: 284-303.
[3] 李冰, 杨红霞. 电感耦合等离子体质谱原理和应用[M]. 北京: 地质出版社, 2005.
[4] Raut N M, Huang L S, Aggarwal S K, et al. Determination of Lanthanides in Rock Samples by Inductively Coupled Plasma Mass Spectrometry Using Thorium as Oxide and Hydroxide Correction Standard[J]. Spectrochimica Acta Part B: Atomic Spectroscopy, 2003, 58(5): 809-822.
[5] 王冠, 李华玲, 任静, 等. 高分辨电感耦合等离子体质谱法测定地质样品中稀土元素的氧化物干扰研究[J]. 岩矿测试, 2013, 32(4): 561-567.
[6] 白金峰, 张勤, 孙晓玲, 等. 高分辨电感耦合等离子体质谱法测定地球化学样品中钪钇和稀土元素[J]. 岩矿测试, 2011, 30(1): 17-22.

4.9　含重晶石的银铅矿中铅的分析技术研究

重晶石的化学成分是硫酸钡，其化学性质非常稳定，难溶于强酸、强碱溶液[1-3]。对于含重晶石的银铅矿而言，采用酸溶无法完全释放样品中的铅，而且在使用容量法分析时，由于样品通常经盐酸-硝酸-氢氟酸-硫酸-氢溴酸处理[4]，容易生成的硫酸铅钡复盐而使铅的测试结果低于真实值[5-8]。ISO 13545—2000中指出，当钡含量超过1%时，即会对铅的测定产生影响。西藏昌都地区和湖北省孝昌县小河—青山口地区的银铅矿样品中重晶石的含量较高，部分可达80%，由于大量重晶石的存在，酸溶方法不能彻底分解样品，而且铅钡复盐的形成也会影响铅含量的准确测定。因此，对于高含量重晶石（40%~80%）与银铅矿共生时，测定其中铅的溶矿方法有待改进。

近年来，已有关于重晶石中铅含量测定方法的相关报道，如高压浸取-火焰原子吸收光谱法[9]、微波加热酸浸提-原子吸收光谱法[1]、微波消解-原子吸收光谱法[2]、电感耦合等离子体发射光谱法（ICP-OES）[10]等，但只适用于微量铅（铅含量<0.5%）的检测，不能满足铅含量较高的银铅矿样品的分析需求。本节改进了样品处理方法，采用过氧化钠熔融分解样品，同时加入一定量的氯化钡溶液以消除硫酸钡对铅测定的干扰，应用ICP-OES测定铅的含量，通过选择合适的稀释倍数结合高盐雾化器的使用，可快速、准确地测定含重晶石的银铅矿中的铅。

4.9.1　研究区域与地质背景

本文所用样品采自西藏昌都矿区和湖北省孝昌县小河—青山口矿区。

西藏昌都矿区的铅多金属矿中铅平均品位为4.20%，银平均品位为43.55×10⁻⁶，共生重晶石的最高品位达到88.68%。岩性划分为碎裂岩、碎裂灰岩、方铅矿重晶石岩、方铅矿化角砾岩。单个矿化体呈脉状、似层状、透镜状。矿石类型有蚀变灰岩型铅银矿石及致密块状矿石、条带状矿石、角砾状矿石、星点浸染状矿石。脉石矿物主要为方解石、重晶石，富矿与重晶石相关。该区矿床地质特征以铅矿为主矿种，部分地段为铅银共生矿种，重晶石可作为共（伴）生矿产对待。

湖北省孝昌县小河—青山口矿区处于秦岭褶皱系南秦岭—淮阳褶皱带武当—淮阳褶皱亚带广水褶皱束双峰尖背斜南西翼，属桐柏山—大别山金、银、铜、铅、锌多金属成矿亚带。其银铅矿中铅平均品位为4.53%，银平均品位为10.07×10⁻⁶，共生重晶石的平均品位为46.38%。

4.9.2　实验部分

4.9.2.1　仪器及工作条件

Optima 2100DV型电感耦合等离子体发射光谱仪（美国PerkinElmer公司），CCD检测器，波长范围110~700 nm。仪器工作参数为：射频功率1300 W，蠕动泵泵速50 r/min，垂直观测高度15 mm，雾化气流量0.80 L/min，辅助气流量0.20 L/min，积分时间10 s，重复次数3次。

Axios PW型波长色散X射线荧光光谱仪（荷兰帕纳科公司），最大功率4.0 kW，最大激发电压60 kV，最大电流125 mA，SST超尖锐陶瓷端窗（75 μm）铑钯X射线光管。仪器工作参数为：铅、钡分析晶体LiF 200，铅分析谱线Lβ，钡分析谱线Lα。

马弗炉（湖北英山县建力电炉制造有限公司）。

本节编写人：付胜波（湖北省地质局第六地质大队）；戴伟峰（湖北省地质局第六地质大队）；罗磊（湖北省地质局第六地质大队）；魏灵巧（湖北省地质局第六地质大队）

艾柯 KL-UP-III-20 型实验室超纯水机 (成都唐氏康宁科技发展有限公司)。

4.9.2.2　标准物质及主要试剂

铅标准储备溶液 (1000 μg/mL): 国家标准物质研究中心研制。

氯化钡溶液 (100 g/L): 称取 100.00 g 优级纯氯化钡溶于适量水中, 定容至 1000 mL。

盐酸、硝酸、氢氟酸、高氯酸、过氧化钠均为优级纯, 水为去离子水。

4.9.2.3　实验方法

准确称取样品 0.1000 g 于刚玉坩埚中, 加入过氧化钠搅拌均匀后放入已升温至 700℃的马弗炉中熔融 30 min, 取出, 放入烧杯中, 依次加入少量热水和盐酸提取; 洗出坩埚后, 向烧杯中加入 100 g/L 氯化钡溶液并在电热板上加热煮沸数分钟; 取下冷却后定容到 250 mL; 分取 10 mL 溶液于 100 mL 容量瓶中, 加入 20 mL 盐酸, 用水稀释至刻度, 摇匀后放置澄清, 待测。

4.9.3　结果与讨论

4.9.3.1　标准参考样品的配制

由于没有相应的国家标准物质, 本研究根据样品的主要成分, 将高纯硫酸钡和标准物质 GBW07167 按不同比例混合后用棒磨机加工 4 h 以配制标准参考样品 RG-1~RG-3。其组成信息为: RG-1 由 75.36 g 高纯硫酸钡和 10.30 g 的 GBW07167 组成, 其中硫酸钡含量为 87.97%, 铅含量为 6.87%; RG-2 由 47.00 g 高纯硫酸钡和 16.38 g 的 GBW07167 组成, 其中硫酸钡含量为 74.16%, 铅含量为 14.76%; RG-3 由 39.59 g 高纯硫酸钡和 10.04 g 的 GBW07167 组成, 其中硫酸钡含量为 79.77%, 铅含量为 11.55%。

4.9.3.2　标准参考样品均匀性检验

将每个标准参考样品称取 4 份, 每份 5 g, 压片后每份样品用 XRF 测定 5 次, 将荧光强度结果按下列公式进行统计[11]:

组间方差和: $Q_1 = \sum_{i=1}^{m} n(\bar{X}_i - \bar{X})^2$ 　　　　　　　　　　　　　　　　　(4.3)

组内方差和: $Q_2 = \sum_{i=1}^{m} \sum_{j=1}^{n} (X_{ij} - \bar{X}_i)^2$ 　　　　　　　　　　　　　　　(4.4)

统计量: $F = \dfrac{Q_1 / \gamma_1}{Q_2 / \gamma_2}$ 　　　　　　　　　　　　　　　　　　　　　(4.5)

式中, $\gamma_1 = m-1$, 第一自由度; $\gamma_2 = N-m$, 第二自由度; m—测量的样品数; n—每个样品的测量次数。

根据自由度 (第一自由度为 3, 第二自由度为 16) 查 F 分布临界表值得 $F_{临}$=3.24, 表 4.42 中的所有统计量均小于 3.24, 所以配制的标准参考样品 RG-1、RG-2 和 RG-3 是均匀的。

4.9.3.3　ICP-OES 仪器条件的优化

1) 分析谱线的选择

由于 ICP-OES 光源的激发能量高, 具有大量发射谱线, 几乎每种元素的分析谱线均受到不同程度的干扰。以谱线的信背比高、不受或少受光谱干扰为原则[12], 选择 Pb 的分析谱线, 参考仪器所提供的 Pb

表 4.42 标准参考样品的 XRF 测定结果及统计量

标准参考样品	元素	荧光强度/kcps					统计量 F 值
RG-1	Pb	316.218	316.175	316.207	314.250	316.085	1.87
		316.276	316.256	316.510	316.520	316.230	
		316.158	316.171	316.110	316.326	316.221	
		316.255	316.413	316.423	316.440	316.255	
	Ba	424.775	424.552	424.369	424.268	424.268	1.27
		424.426	424.364	425.368	424.553	424.264	
		424.365	424.374	424.224	421.630	424.614	
		424.654	424.250	424.360	424.291	424.317	
RG-2	Pb	689.385	689.293	689.362	689.497	689.100	0.35
		689.510	689.467	690.013	688.500	689.411	
		689.256	689.284	689.153	689.617	689.392	
		689.465	689.804	689.826	689.862	689.465	
	Ba	368.092	367.904	367.749	367.664	367.664	0.36
		367.797	367.745	368.591	367.904	367.661	
		367.746	367.754	367.627	363.500	367.956	
		367.990	367.649	367.742	367.684	367.705	
RG-3	Pb	511.633	511.561	511.614	511.720	511.409	2.79
		511.730	511.697	512.124	512.141	511.653	
		511.532	511.554	511.451	511.814	510.154	
		511.695	511.961	511.978	512.006	511.695	
	Ba	365.180	364.978	364.812	364.720	364.720	0.71
		364.864	364.808	365.718	364.979	364.717	
		364.808	364.817	364.681	364.798	365.034	
		365.070	364.704	364.804	364.741	364.765	

的各分析线的信噪比及受干扰情况，比较自动积分与手动积分的信号值，通过对标准参考样品进行测定，综合考虑谱线干扰元素及谱线发射强度，本实验选择谱线 220.353 nm 作为 Pb 的分析线。

2）雾化器的选择

采用过氧化钠处理后的溶液中盐类浓度较高，会增加溶液的黏度和比重，易造成雾化器不同程度的堵塞，进而影响雾化效率，导致仪器漂移，增大了检测的难度[13-15]。本节使用高盐雾化器和普通雾化器进行连续多次测定对比实验，发现普通雾化器的检测结果变化非常大，而高盐雾化器的检测结果比较稳定。因此本实验采用高盐雾化器。

4.9.3.4 分解方法的选择

含重晶石的银铅矿是一种难以分解的矿石。本节分别采用王水（盐酸-硝酸）、四酸（盐酸-硝酸-氢氟酸-高氯酸）、过氧化钠 3 种方法分解样品，ICP-OES 测定。由表 4.43 测定结果可以看出，对于标准物质 GBW07235，王水、四酸和过氧化钠处理后铅的测定结果相差不大，而且精密度较好，这可能是因为标准物质中不含重晶石，易于分解；对于实际样品，采用王水、四酸溶解，铅的测定结果明显低于过氧化钠熔融的测定结果，而且精密度较差，这是因为酸溶的分解能力弱于碱熔，无法完全释放含重晶石的银铅矿中的铅。因此，本实验采用过氧化钠熔融法处理样品。

表 4.43 样品采用不同分解方法处理的测定结果 %

样品编号	分解体系	铅含量				RSD
		分次测定值（n=3）			平均值	
样品 1	王水	6.58	6.85	5.95	6.46	7.15
	四酸	6.57	6.44	6.76	6.59	2.44
	过氧化钠	7.23	7.28	7.20	7.24	0.56
样品 2	王水	4.25	4.19	4.65	4.36	5.73
	四酸	4.26	4.31	4.66	4.41	4.94
	过氧化钠	4.65	4.59	4.74	4.66	1.62
样品 3	王水	5.85	5.69	6.14	5.89	3.87
	四酸	5.99	6.21	6.31	6.17	2.65
	过氧化钠	6.87	6.93	6.84	6.88	0.67
GBW07235	王水	4.20	4.16	4.19	4.18	0.50
	四酸	4.16	4.18	4.20	4.18	0.48
	过氧化钠	4.25	4.14	4.16	4.18	1.41

4.9.3.5 氯化钡溶液对铅测定的影响

过氧化钠熔融可以充分释放银铅矿中的铅，但由于样品中存在大量的硫酸钡，在处理过程中易生成铅钡复盐[7-8]，导致铅的测定结果偏低。为了准确测定铅的含量，本研究加入氯化钡以置换铅钡复盐中的铅，以此消除硫酸钡对铅测定的干扰。

氯化钡的加入量对测定结果的影响见表 4.44。从结果可以看出，不加氯化钡溶液，含重晶石的银铅矿中铅的测定结果明显偏低；随着氯化钡溶液的加入，铅的测定值逐渐增大。当氯化钡溶液的加入量超过 5 mL 时，测定值趋于稳定。此外，对不含重晶石的铅矿石（标准物质 GBW07235），由于样品中无硫酸钡的存在，预处理过程中不会生成铅钡复盐沉淀，所以铅的测定结果基本不会受到氯化钡溶液加入量变化的影响。因此，在含重晶石的样品分析中，选择加入 5 mL 氯化钡溶液（100 g/L）消除硫酸钡的干扰。

表 4.44 氯化钡溶液加入量对铅测定结果的影响 %

样品编号	铅含量的参考值	100 g/L 氯化钡溶液不同加入量时铅含量的测定值					
		0 mL	1 mL	3 mL	5 mL	7 mL	9 mL
RG-1	6.87	6.21	6.42	6.71	6.85	6.72	6.81
RG-2	14.76	14.06	14.26	14.65	14.70	14.81	14.72
RG-3	11.55	10.92	11.15	11.39	11.59	11.51	11.50
GBW07235	4.17	4.17	4.21	4.15	4.09	4.23	4.18

4.9.3.6 取样量和稀释倍数的选择

本实验采用过氧化钠熔融样品，熔解后的样品中存在大量的盐分，直接测量或者稀释倍数过小时，试样溶液易堵塞 ICP-OES 的进样系统，影响测量的准确度；取样量过大时，过氧化钠的用量随之增大，必须采用高倍稀释以降低盐分的影响，但当稀释倍数过大时，会使待测元素的分析信号减弱，进而影响结果的准确性。经多次实验，在不影响测量稳定性的情况下，综合考虑仪器灵敏度以及检出限，确定取样量为 0.1000 g，定容至 250 mL 后稀释 10 倍进行测定。

4.9.3.7　方法性能

1）方法检出限

按照分析方法制备 12 份空白并测定，铅含量的测定结果分别为：0.079%、0.077%、0.077%、0.077%、0.080%、0.081%、0.093%、0.081%、0.083%、0.078%、0.082%、0.083%，标准偏差为 0.0043%，以 3 倍标准偏差所对应的含量计算方法检出限，即方法的检出限为 0.013%。

2）方法准确度和精密度

选择标准参考样品 RG-1、RG-2、RG-3 及标准物质 GBW07235，分别平行称取 12 份，按照确定的方法进行处理及测定，从表 4.45 可以看出，铅的测定值与其参考值基本吻合，相对误差为 0.1%~0.7%，精密度（RSD，$n=12$）为 0.6%~1.6%，准确度与精密度均较好，能够满足实际分析的需求。

表 4.45　方法准确度与精密度　　　　　　　　　　　%

样品编号	铅含量				平均值	参考值	相对误差	RSD
	分次测定值							
RG-1	6.88	6.99	6.92	6.74	6.82	6.87	0.7	1.6
	6.58	6.82	6.74	6.87				
	6.75	6.89	6.88	6.79				
RG-2	14.85	14.81	14.88	14.70	14.75	14.76	0.1	0.6
	14.69	14.75	14.83	14.75				
	14.65	14.77	14.58	14.73				
RG-3	11.50	11.56	11.74	11.56	11.53	11.55	0.2	0.8
	11.43	11.57	11.63	11.49				
	11.45	11.43	11.49	11.52				
GBW07235	4.18	4.23	4.21	4.15	4.19	4.18	0.2	1.0
	4.14	4.13	4.28	4.20				
	4.15	4.21	4.17	4.18				

按实验方法对标准参考样品 RG-1、RG-2、RG-3 进行加标处理，加标量为 2%，铅的测定值分别为 9.13%、16.41% 和 13.59%，经计算，铅的加标回收率为 97.9%~102.9%，符合《地质矿产实验室测试质量管理规范》（DZ/T 0130.1—2006）的回收率要求（95%~105%）。

3）本方法与传统方法的对比

选择 20 个实际样品，按本研究拟定的分析方法与其他实验室分析方法（容量法和原子吸收光谱法）分别进行测定。从表 4.46 可以看出，本方法与其他方法的相对偏差在 0.20%~3.70%，均小于相应的相对偏差允许限，能够用于实际样品的分析测试。

4.9.4　结论

本研究优化了含重晶石的银铅矿样品的前处理和仪器测量等条件，建立了 ICP-OES 准确测定含重晶石的银铅矿中铅元素的分析方法。采用过氧化钠熔融样品，解决了酸溶无法彻底分解此类型银铅矿样品的问题；加入氯化钡溶液消除了重晶石与铅生成铅钡复盐沉淀对铅测定的影响；选择合适的取样量与稀释倍数，结合高盐雾化器有效避免了基体干扰，获得了稳定、可靠的分析数据。方法检出限为 0.013%，加标回收率为 97.9%~102.9%。本方法适合批量地质样品的分析测试，为地质找矿提供了有力的技术支撑。

表 4.46　本方法与其他分析方法测定结果的比较　　　　　　　　　　　　　　%

样品编号	铅含量		相对偏差	相对偏差允许限	判定结果
	容量法或原子吸收光谱法	本法			
样品 4	7.62	7.59	0.20	3.46	合格
样品 5	0.42	0.43	1.18	8.35	合格
样品 6	6.17	6.32	1.20	3.74	合格
样品 7	2.95	2.90	0.85	9.16	合格
样品 8	2.67	2.58	1.71	5.06	合格
样品 9	7.90	7.85	0.32	3.41	合格
样品 10	5.93	5.86	0.59	3.83	合格
样品 11	4.53	4.59	0.66	4.20	合格
样品 12	4.17	4.09	0.97	4.36	合格
样品 13	13.97	13.85	0.43	2.65	合格
样品 14	0.39	0.41	2.50	8.47	合格
样品 15	0.35	0.34	1.45	8.78	合格
样品 16	23.45	23.56	0.23	1.99	合格
样品 17	0.59	0.56	2.61	7.74	合格
样品 18	1.89	1.99	2.58	5.56	合格
样品 19	2.77	2.70	1.28	9.57	合格
样品 20	15.52	15.39	0.42	2.51	合格
样品 21	0.14	0.13	3.70	10.83	合格
样品 22	0.57	0.60	2.56	7.71	合格
样品 23	0.95	0.91	2.15	6.84	合格

致谢：感谢中国地质调查局地质调查工作项目"典型矿物与矿石实验测试技术研究"（1212011120272）对本工作的资助。

参 考 文 献

[1]　贺大鹏, 龚琦, 方铁勇, 等. 微波加热酸浸提-原子吸收光谱法测定重晶石中铅镉[J]. 冶金分析, 2007, 27(5): 51-55.

[2]　韦小玲, 黄玉龙, 贺大鹏, 等. 微波消解样品-火焰原子吸收光谱法测定重晶石中铅[J]. 理化检验(化学分册), 2008, 44(2): 1199-1203.

[3]　王峰, 倪海燕. 萤石重晶石方解石共生非金属矿物分析方法研究[J]. 岩矿测试, 2013, 32(3): 449-455.

[4]　Donaldson E M. An Evalution of Four Titrimetric Methods for the Determination of Lead in Ores[J]. Talanta, 1976, 23: 163-171.

[5]　González A F, Pedreira V B, Prieto M. Crystallization of Zoned (Ba, Pb) SO₄ Single Crystals from Aqueous Solutions in Silica Gel[J]. Journal of Crystal Growth, 2008, 310: 4616-4622.

[6]　Sinha B C, Roy S K. Separation of Lead Sulphate from Barium Sulphate in Their Determination in Glass[J]. Talanta, 1975, 22: 763-765.

[7]　李志伟. EDTA 络合滴定法快速测定含钡铅矿石中的铅[J]. 岩矿测试, 2013, 32(6): 920-923.

[8]　卢彦, 冯勇, 李刚, 等. 酸溶-电感耦合等离子发射光谱法测定密西西比型铅锌矿床矿石中的铅[J]. 岩矿测试, 2015, 34(4): 442-447.

[9]　李向欣, 龚琦, 莫利书. 高压浸取-火焰原子吸收光谱法测定重晶石中铅[J]. 理化检验(化学分册), 2004, 40(6): 343-344.

[10]　崔德松. 电感耦合等离子体发射光谱法测定重晶石矿石中 Cu、Pb、Zn[J]. 计量与测试技术, 2009, 36(11): 12-14.

[11]　胡晓燕. 标准样品的均匀性检验及判断[J]. 冶金分析, 1999, 19(1): 41-43.

[12]　张超, 李享. 电感耦合等离子体发射光谱法测定镍矿石中镍铝磷镁钙[J]. 岩矿测试, 2011, 30(4): 473-476.

[13]　杨朝勇, 陈发荣, 庄峙厦, 等. 微柱固相萃取-电感耦合等离子体质谱联用技术用于测定高盐样品中痕量的铅[J]. 厦门大学学报, 2001, 40(5): 1062-1066.

[14]　张辉, 朱爱美, 张俊, 等. 高盐分海洋沉积物样品洗盐预处理方法的研究[J]. 海洋科学进展, 2012, 30(3): 423-431.

[15]　张宁, 郭秀平, 李星, 等. 巯基棉分离富集 ICP-AES 法测定高盐冶金废水中痕量铅镉铜银[J]. 岩矿测试, 2014, 33(4): 551-555.

4.10　内蒙古东乌旗铅锌矿中主次量元素分析技术研究

铅锌矿目前主要采用传统的化学分析方法和小型仪器检测其中的主次量元素，试剂用量多、步骤烦琐、耗时长，在实际应用中有明显局限性。熔融制样 X 射线荧光光谱法（XRF）具有制样简单，对矿石组成复杂的试样能完全熔融及主次量成分同时测定的优点，已应用于矿石样品中主量元素的检测中[1-6]。但是金属矿中往往硫含量较高，易挥发损失且腐蚀坩埚，使玻璃熔片爆裂[7-9]造成测定结果不准确。Claisse 和 Blanchette[7]在熔剂中通过添加氧化剂硝酸钠来保护硫。张莉娟等[8]以硝酸铵为保护剂，碳酸锂为稳定剂，使硫转化为硫酸盐，有效地防止了硫的挥发，可准确测定全铁和含量达到 5.29%的硫。Norrish 等[9]采用预氧化步骤，解决了铂金坩埚的腐蚀问题。

上述矿石样品中的主量元素的检测方法及硫元素处理方法为建立铅锌矿主量元素的熔融制样-XRF 奠定了基础。石镇泰和牛艳红[10]采用 XRF 分析成分简单的锌精矿中的主次量元素，但是对复杂的铅锌尾矿中的主量元素的检测误差较大。罗学辉等[11]采用高倍稀释熔融制样，可有效测定铅锌矿中 15 种元素的含量，但因高倍稀释而降低分析组分的含量，影响方法检出能力。电感耦合等离子体质谱法（ICP-MS）在测定铅锌矿微量元素方面有极大的技术优势[12-15]，如熊英等[14]利用 ICP-MS 法测定铜矿石、铅矿石和锌矿石中的镓、铟、铊、钨和钼。张世涛[15]通过在线加入内标校正基体效应和接口效应，利用 ICP-MS 法测定铅锌矿中的镓、铟、锗、铊 4 种稀散元素，检出限明显优于其他分析方法。

内蒙古东乌旗地区具有特殊的地质构造背景和有利的成矿环境，是铅锌矿床形成的主要区域[16]。其矿石类型多为含混合矿石的银铅锌硫化物矿石，含有银、金、砷、铜、镉、硫、铟、汞、钾、钠、镓等多种伴生组分。本节以内蒙古东乌旗铅锌矿为研究对象，通过氧化剂的选取实验有效防止坩埚腐蚀，对熔剂、氧化剂用量、熔样温度、预氧化温度、熔融比例进行了优化选择，减少高倍稀释带来的分析误差，建立了 XRF 熔融玻璃片法测定铅锌矿中的主次量元素、ICP-MS 测定稀土元素及微量元素的配套分析方法。

4.10.1　实验部分

4.10.1.1　X 射线荧光光谱分析主次量元素

1）仪器与工作条件

Epsilon 5 型三维偏振能量色散 X 射线荧光光谱仪（荷兰帕纳科公司），最大功率 600 W，Gd 靶，25~100 kV，0.5~24 mA，铍窗厚 300 μm 的钆阳极 X 射线管，PAN-32 锗探测器；配 SuperQ4.0D 软件；成都多林智能熔样机。各分析元素的测量条件见表 4.47。

表 4.47　元素的 XRF 测量条件

元素	分析线	晶体	准直器/μm	探测器	电压/kV	电流/mA	谱峰/（°）	背景/（°）	PHA/（LL/UL）	滤片
Pb	Lβ_1	LiF200	150	Sc	60	60	28.22	27.79	21/78	Al200
Fe	Kα	LiF200	150	Dupl	60	60	57.50	58.63	15/72	Al200
Si	Kα	PE002	550	Flow	30	120	109.1	111.01	32/75	无
Cr	Kα	LiF200	150	Dupl	60	60	69.35	70.60	15/72	Al200
S	Kα	Ge111	550	Flow	30	120	110.7	113.0	35/65	无
Cu	Kα	LiF200	150	Dupl	60	60	45.02	45.99	20/69	Al200
As	Kα	LiF200	150	Sc	60	60	33.90	35.26	20/78	Al200
Zn	Kα	LiF200	150	Sc	60	60	41.78	42.99	15/78	Al200
Al	Kα	PE002	550	Flow	30	120	144.7	143.2	32/75	无
Ca	Kα	LiF200	150	Flow	30	120	113.1	112.11	33/68	无

本节编写人：王娜（中国地质调查局天津地质调查中心）；徐铁民（中国地质调查局天津地质调查中心）；安树清（中国地质调查局天津地质调查中心）

2）样片制备

准确称取已于 60℃烘干的铅锌矿样品 0.2000 g、混合熔剂（四硼酸锂：偏硼酸锂：溴化锂=49.75：49.75：0.5）6.0 g 及硝酸钡 1.0 g（预先在 105~110℃烘干），置于铂金坩埚中，在 650℃马弗炉中预氧化15 min，取出冷却后加入 10%溴化锂溶液 6 滴，于半自动高频感应熔融炉中在 1030℃下熔融 12 min。熔融后迅速倒入铂金模具中成型，熔片充分冷却后取出，贴上标签，待测。

4.10.1.2　电感耦合等离子体质谱分析稀土元素及微量元素

1）仪器及试剂

X Series II 型电感耦合等离子体质谱仪（美国 Thermo Elemental 公司），仪器的工作条件列于表 4.48。

表 4.48　ICP-MS 仪器工作参数

工作参数	设定条件	工作参数	设定条件
功率	1400 W	截取锥（Ni）孔径	0.8 mm
冷却气（Ar）流量	15.4 L/min	测量方式	跳峰
辅助气（Ar）流量	0.80 L/min	进样泵速	30 r/min
雾化气（Ar）流量	0.86 L/min	测量模式	标准
采样锥（Ni）孔径	1.0 mm	总采集时间	36 s

多元素混合标准工作溶液：由单个标准溶液（100 μg/mL）分成轻、重稀土元素组合，逐级稀释而得，介质为 2%硝酸。

ICP-MS 调节液：10 ng/mL，介质为 2%硝酸，包含 Li、Co、In、U 元素。

Rh、Re 内标溶液：10 ng/mL，介质为 2%硝酸，由 100 μg/mL 储备液稀释制备。

超纯水：由 Elix 5 型超纯水系统（美国密理博公司）制得。

硝酸钡、溴化锂均为分析纯试剂；硝酸、氢氟酸均为 MOS 级，经双瓶亚沸蒸馏器蒸馏所得。

2）溶样方法

称取 0.0500 g 样品于密闭溶样器的聚四氟乙烯内罐中，加入 1 mL 氢氟酸和 0.5 mL 硝酸，盖上盖，装入钢套中，拧紧钢套盖并放入烘箱，于 190℃保温 48 h，冷却后开盖，取出聚四氟乙烯内罐，在电热板上于 180℃蒸发至干。加入 0.5 mL 硝酸蒸发至干，此步骤再重复一次。加入 5 mL 50%硝酸，再次封闭于钢套中，于 130℃保温 3 h，冷却后开盖，利用洗瓶将样品吹移至洁净塑料瓶中，准确定容至 50 mL，随同试样做空白样品。在仪器选定条件下与样品一同进行 ICP-MS 测定。

4.10.2　结果与讨论

4.10.2.1　熔片制样-XRF 测定铅锌矿中的主次量元素

1）标准样品及各元素含量范围

铅锌矿石中 S、Cu、Pb、Zn、Fe、SiO_2 的含量范围较广，为了提高分析检测的准确度，要求所选择的标准物质具有广泛的代表性。实验中除了采用 10 个不同矿种的铅矿石作为标准物质（GBW07163、GBW07165、GBW07167、GBW07171、GBW07172、GBW07235、GBW07236、GBW07269、GBW07286、BY0111-1），还配制了 9 个人工标准样品作为工作曲线（根据铅锌矿中各元素的含量范围，在上述 9 个标准物质中加入不同含量的方铅矿标准物质 GBW07269 和闪锌矿标准物质 GBW07270 配制而成）。标准样品中各组分的含量范围列于表 4.49。

表 4.49　标准样品各组分含量范围　　　　　　　　　　　　　　%

元素	含量	元素	含量
Pb	0.43~8.43	Cu	0.028~1.05
Fe_2O_3	3.79~28.02	As	0.0085~1.27
SiO_2	0.34~47.90	Zn	0.062~13.90
Cr	0.0026~0.040	Al_2O_3	0.14~12.88
S	0.38~4.90	CaO	0.20~34.56

2）样品熔融条件的优化选择

（1）熔剂的选择

对混合熔剂 1（四硼酸锂：偏硼酸锂：氟化锂=4.5：1：0.5）及混合熔剂 2（四硼酸锂：偏硼酸锂：溴化锂=49.75：49.75：0.5）两种熔剂对内蒙古东乌旗铅锌矿样品进行熔融效果实验。结果表明，使用混合熔剂 1 熔融样品时需要定量加入溴化锂，且熔融片中溴的残余量不同而干扰其他元素的测定。使用混合熔剂 2 时，熔融片中溴的残余量基本一致，对其他元素的干扰效应小，因此在本实验中采用混合熔剂 2。

（2）氧化剂及用量的选择

硫化物具有较强的还原性，易挥发，且对铂金坩埚有强腐蚀性，因此在熔融样品前需将硫化物进行充分的氧化。常见的氧化物有硝酸铵、硝酸锂、硝酸钠和硝酸钡，由于硝酸铵的沸点低（210℃），且易与硫化物反应生成不稳定的二氧化硫而氧化效果较差，对铂金坩埚的锅底和锅壁会有不同程度的腐蚀。硝酸锂、硝酸钠、硝酸钡对硫化物的氧化效果较好，但硝酸锂具有强吸水性而不易保存，硝酸钠对直接测定铅锌矿中的高含量铁的干扰较大，硝酸钡易储存且 Ba 作为重吸收剂可以补偿元素间的吸收-增强效应，可大大提高测定铅锌矿中铁的准确度，因此本实验选取硝酸钡作为氧化剂。

以混合熔剂 2（四硼酸锂：偏硼酸锂：溴化锂=49.75：49.75：0.5）作为熔剂，考察了不同含量的硝酸钡氧化剂对内蒙古东乌旗铅锌矿样品的影响。结果表明：加入不同量（1.00 g、1.50 g 和 2.00 g）的硝酸钡，所测元素 S、Pb、As、Si 的荧光强度值基本不发生改变，为了节约试剂，选用 1.00 g 硝酸钡作为氧化剂。

（3）熔样温度的选择

熔融温度是影响铅锌矿溶样效果的重要因素。温度过低，样品熔解不完全，温度过高则会导致易挥发元素的损失。实验选取 1000℃、1030℃、1050℃、1100℃考察了熔样温度对元素信号的影响。结果表明：当熔样温度为 1100℃时，S、Pb、As 和 Si 的信号强度最低；当熔样温度为 1000℃、1030℃和 1050℃时，S、Pb、As 和 Si 的信号强度差别不明显。但是熔样温度为 1000℃时，熔融不均匀导致制样重现性差；当熔样温度为 1030℃、1050℃时，熔融均匀透彻，制样重现性好。为了降低功耗，节约成本，本实验选用 1030℃作为熔融温度。

（4）预氧化温度的选择

以硝酸钡作为氧化剂，考察了不同预氧化温度（400℃、500℃、600℃、650℃和 700℃）对 S 信号强度的影响。随着预氧化温度的升高，S 的信号强度先增加后减小，并在 650℃达到最大。因此实验选取 650℃作为预氧化温度。

（5）熔融比例的选择

在熔剂及熔样温度固定的情况下，熔融比例越大，样品熔融越彻底。实验考察了熔融比例为 1：20 和 1：30 时，铅锌矿标准物质的熔融效果，结果表明以两种比例熔融的各元素校准曲线的线性相关性都较好，为了减少基体效应对各元素测定的影响，本实验采用 1：30 的比例熔融制样。

3）方法精密度和准确度

按照 4.10.1.1 制样方法制备 GBW07165（铅锌矿石）样片 10 个并用 XRF 测定，获得的相对标准偏差为 0.82%~6.46%，表明方法重现性好。

　　利用建立的熔片制样 XRF 法测定内蒙古东乌旗铅锌矿实际样品中各组分的含量，并与化学法的测定结果进行对比，考察本方法的准确度。由表 4.50 的结果可以看出，两种方法的测定值基本一致，表明建立的方法是准确、可靠的。

表 4.50　方法准确度　　　　　　　　　　　　　　　　%

元素	铅锌矿实际样品 1#		铅锌矿实际样品 2#	
	化学法	本法	化学法	本法
Pb	29.63	29.32	31.11	30.92
Fe$_2$O$_3$	14.57	14.35	22.58	22.36
SiO$_2$	24.29	24.01	7.39	7.23
S	15.27	15.03	26.40	26.15
Cu	0.54	0.52	0.062	0.060
As	0.23	0.21	0.16	0.15
Zn	3.78	3.72	8.60	8.62
Al$_2$O$_3$	5.73	5.63	1.38	1.42
CaO	2.45	2.31	3.35	3.31

4.10.2.2　ICP-MS 测定铅锌矿中的稀土元素及微量元素

1）铅锌含量对稀土元素及微量元素测量的影响

　　铅锌矿中含有高含量的铅和锌，实验考察了铅和锌的含量对测定稀土元素、微量元素的影响。通过向 50 mg 标准物质 GBW07173（Pb 含量 2.14%，Zn 含量 6.06%）、GBW07163（Pb 含量 2.17%，Zn 含量 4.26%）、GBW07171（Pb 含量 5.27%，Zn 含量 8.71%）和 GBW07172（Pb 含量 25.58%，Zn 含量 8.73%）中加入 25 mg 的 GBW07104 测定稀土元素的回收率。如图 4.4 所示，当 Pb 含量小于 5.27%，Zn 含量小于 8.71% 时，稀土元素的回收率为 91%~108%，基本没有产生影响；当 Pb 含量达到 25.58% 时，稀土元素的回收率降至 85% 左右，表明高含量的 Pb 会导致稀土元素的回收率降低，因此在铅锌矿样品测定稀土元素过程中要尽量除去 Pb，以降低基体干扰。

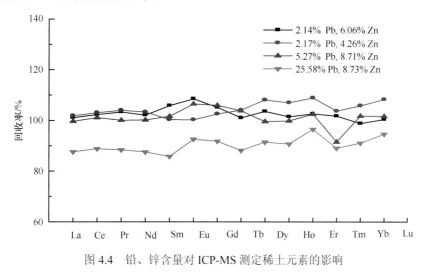

图 4.4　铅、锌含量对 ICP-MS 测定稀土元素的影响

　　由于铅、锌含量较高的铅锌矿标准物质中缺乏 Co、Ni、Cd、Ga、Ge、In、Bi 等微量、痕量元素的定值数据，故采用铅、锌含量不同的内蒙古东乌旗铅锌矿实际样品 1#（Pb 含量 29.63%，Zn 含量 3.72%）、实际样品 2#（Pb 含量 30.92%，Zn 含量 8.62%）、实际样品 3#（Pb 含量 15.26%，Zn 含量 16.69%）和实际样品 4#（Pb 含量 2.96%，Zn 含量 28.15%），通过加标回收实验考察铅和锌的含量对测定稀土元素和微量元素的影响，结果如表 4.51 所示。可见微量元素 Co、Ni、Cd、Ga、Ge、In、Bi 的回收率为 81.7%~106.9%，表明含量不同的铅、锌对微量元素的测定没有影响。

表 4.51　重量元素加标回收率

元素	铅锌矿实际样品 1#				铅锌矿实际样品 2#				铅锌矿实际样品 3#				铅锌矿实际样品 4#			
	原始值/ (μg/g)	加标量/ (μg/g)	测量值/ (μg/g)	回收 率/%	原始值/ (μg/g)	加标量/ (μg/g)	测量值/ (μg/g)	回收 率/%	原始值/ (μg/g)	加标量/ (μg/g)	测量值/ (μg/g)	回收 率/%	原始值/ (μg/g)	加标量/ (μg/g)	测量值/ (μg/g)	回收 率/%
^{59}Co	20.64	20.00	40.19	98.9	67.10	65.00	124.67	94.3	27.89	30.00	59.92	103.5	57.08	55.00	105.10	93.8
^{60}Ni	30.35	30.00	57.63	95.5	12.42	10.00	20.30	90.5	10.25	10.00	18.08	89.3	26.92	25.00	48.15	92.7
^{71}Ga	19.35	20.00	38.31	97.3	4.95	5.00	9.67	97.2	2.42	2.50	4.02	81.7	9.52	10.00	19.12	97.9
^{72}Ge	5.85	5.00	11.10	102.3	1.82	2.00	3.75	98.0	2.79	2.50	5.10	96.4	1.96	2.00	4.01	101.1
^{89}Y	17.60	15.00	30.74	94.3	7.16	7.00	13.48	95.2	3.86	4.00	7.48	95.2	11.61	10.00	21.31	98.6
^{114}Cd	26.37	25.00	51.06	99.4	2.88	3.00	6.06	103.1	14.22	15.00	29.91	102.4	70.47	70.00	144.70	103.0
^{115}In	9.50	10.00	17.14	87.9	0.21	0.20	0.43	106.0	2.12	2.00	3.85	93.3	0.68	0.50	1.08	91.5
^{209}Bi	67.50	65.00	133.77	101.0	182.40	185.00	392.75	106.9	48.24	50.00	101.87	103.7	217.80	215.00	404.48	93.5

2）方法准确度

采用 4.10.1.2 溶样方法处理铅锌矿标准样品 GBW07235、GBW07237（铅、锌含量均小于 5%）并测定稀土元素及微量元素的含量，获得的测定值与其标准值基本吻合，表明本方法应用于分析铅、锌含量小于 5% 的铅锌矿的准确度较高。

4.10.3　结论与展望

应用 XRF 测定铅锌矿中的主次量元素，以易储存的硝酸钡作为氧化剂，可防止铅锌矿中的硫及金属元素与铂金坩埚反应生成合金而腐蚀坩埚。通过确定熔融时间和温度，建立的熔融方法可有效测定铅锌矿中的主量元素，重现性和准确度良好。

利用 ICP-MS 同时测定铅锌矿标准样品中的稀土元素及微量元素，含量不同的铅、锌对微量元素的测定没有影响，高含量的铅会导致稀土元素回收率降低，因此在铅锌矿样品测定稀土元素过程中要尽量除铅，以降低基体干扰。建立的密封酸溶样品处理方法在铅、锌含量小于 5% 时准确度较高。

铅锌矿分析方法正逐渐从化学分析法及单一元素分析向仪器分析及多元素同时分析方向发展，利用大型仪器以同时、快速、准确测定铅锌矿中的主次痕量元素是今后的发展方向。

致谢：感谢中国地质调查局地质调查工作项目"内蒙古东乌旗铅锌矿现代配套分析技术及样品粒度影响研究"（12120113014900）对本工作的资助。

参 考 文 献

[1] 张建波, 林力, 王谦, 等. X 射线荧光光谱法同时测定镍红土矿中主次成分[J]. 冶金分析, 2008, 28(1): 15-19.

[2] 孟德安, 马慧侠. X 射线荧光光谱法测定白云石中 12 种元素的含量[J]. 理化检验(化学分册), 2014, 50(1): 76-79.

[3] 罗学辉, 张勇, 艾晓军, 等. 熔融玻璃片-波长色散 X 射线荧光光谱法测定铁矿石中全铁及其他多种元素的分析进展[J]. 中国无机分析化学, 2011, 1(3): 23-26.

[4] 冯丽丽, 张庆建, 丁仕兵, 等. X 射线荧光光谱法测定锆石中 10 种主次成分[J]. 冶金分析, 2014, 34(7): 51-55.

[5] 李小莉. 熔融制片-X 射线荧光光谱法测定锰矿样品中主次量元素[J]. 岩矿测试, 2007, 26(3): 238-240.

[6] 罗学辉, 苏建芝, 鹿青, 等. 熔融制样 X 射线荧光光谱法测定铜矿石中 16 种主次量元素[J]. 岩矿测试, 2014, 33(2): 230-235.

[7] Claisse F, Blanchette J S. Physics and Chemistry of Borate Fusion[M]. Canada: Fernand Claisse Incorporated, 2004: 32-84.

[8]　张莉娟, 徐铁民, 李小莉, 等. X 射线荧光光谱法测定富含硫砷钒铁矿石中的主次元素[J]. 岩矿测试, 2011, 30(6): 772-776.

[9]　Norrish K, Tompson G M. XRS Analysis of Sulphides by Fusion Method[J]. X-Ray Spectrometry, 1990, 19(2): 67.

[10]　石镇泰, 牛艳红. X 射线荧光光谱法测定锌精矿中 7 组分[J]. 甘肃冶金, 2013, 35(6): 77-79.

[11]　罗学辉, 苏建芝, 鹿青, 等. 高倍稀释熔融制样-X 射线荧光光谱法测定铅锌矿中主次组分[J]. 冶金分析, 2014, 34(1): 50-54.

[12]　杨捷, 庄丽亨, 高振中. 电感耦合等离子体直读光谱法测定方铅矿中的微量元素[J]. 矿产与地质, 1988, 2(4): 89-93.

[13]　周燕, 郑培玺, 王铁夫, 等. 电感耦合等离子体质谱法测定铅锌矿区土壤中微量元素[J]. 理化检验(化学分册), 2011, 47(5): 583-585.

[14]　熊英, 吴赫, 王龙山. 电感耦合等离子体质谱法同时测定铜铅锌矿石中微量元素镓铟铊钨钼的干扰消除[J]. 岩矿测试, 2011, 30(1): 7-11.

[15]　张世涛. 电感耦合等离子体质谱法测定铅锌矿中镓铟锗铊[J]. 化学与粘合, 2014, 36(6): 460-462.

[16]　贾丽琼, 王治华, 徐文艺, 等. 内蒙古东乌旗 1017 高地银铅锌矿床地质地球化学特征及成因初探[J]. 地质与勘探, 2014, 50(3): 550-563.

4.11 超贫磁铁矿中磁性铁分析技术研究

超贫磁铁矿在《超贫磁铁矿勘查技术规范》（DB13/T 1349—2010）中规定为达不到现行铁矿地质勘查规范边界品位（TFe<20%）要求，但其磁性铁边界品位达到6%、工业品位达到8%以上，在当前技术经济条件下，通过选矿富集，可以开发利用的含铁岩石的总称。我国超贫磁铁矿资源储量丰富，其中河北、辽宁省的超贫磁铁矿预计储量均超过10亿 t[1]。超贫磁铁矿的开发利用能够有效缓解铁矿石后备资源的不足，同时拓宽传统铁矿资源的概念，对认识、开发非传统矿产资源和保证国民经济发展，无论是在理论上还是在实践上都有重要的意义[2]。

磁性铁是指比磁化系数大于 3000×10^{-6} cm^3/g 的含铁矿物（强磁性矿物）中的铁，是超贫磁铁矿勘查中的基本分析项目之一，准确测定超贫磁铁矿中磁性铁的含量对于圈定矿体、划分矿石类型及进行资源储量估算具有重要意义。在测定超贫磁铁矿中的磁性铁时，首先要定量分离其中的强磁性矿物，然后测定强磁性矿物中的含铁总量。磁性铁分析属于化学物相分析，相关研究比较少[3]，而且目前国内外尚无铁矿石中磁性铁分析的标准方法。在磁性铁的分析中，目前应用较多的分离方法是磁选法，包括手工内磁选法、手工外磁选法、WFC 型磁选仪法等。手工内磁选法由于操作简便，已被广泛应用于铁矿石中磁性铁的测定，也有学者建议将其作为测定磁性铁的基准方法[4]，但是所用磁铁的有效磁场强度难以保证，而且受人为操作的影响较大，使得分析结果的准确度和精密度较差。手工外磁选法的适用性较差，不能分离严重氧化的磁铁矿石中的磁性铁，此外，在使用该方法时，还应首先与手工内磁选法的结果进行对比，无系统误差后才能使用[5]，因而限制了该方法的实际应用。WFC 型磁选仪法在一定程度上可以降低人为操作因素的影响，提高铁矿石中磁性铁分析结果的重现性[6-7]，但是操作相对烦琐，而且 WFC 型磁选仪使用的是永磁铁，其磁场强度一旦发生变化，永磁铁与磁选管之间的距离就需要仔细调整，目前已很少使用。此外，班俊生等[7]参考《选煤用磁铁矿粉试验方法》（GB/T 18711—2002）中磁性物含量的测定方法（磁选管法）对磁铁矿样品进行磁选分离，并将测定结果与手工内磁选法的测定结果进行对比，无明显差异，然而磁选管法所需样品的用量大、操作相对复杂，不适合应用于大批量地质样品的分析实验。

本研究用 50 mL 滴定管、电磁铁和三相异步电动机，设计了一种新型磁选装置——电磁式磁性铁分选装置，可以有效地控制磁场强度的强弱及有无，通过优化电磁式磁性铁分选装置的工作条件，实现了超贫磁铁矿中的强磁性矿物和非（弱）磁性矿物的定量分离，结合重铬酸钾容量法，建立了超贫磁铁矿中磁性铁的分析方法。

4.11.1 研究区域与地质背景

所用超贫磁铁矿样品采自湖北省竹山县吴家湾矿区，矿区位于湖北省竹山县得胜镇，竹山县城北西315°方向，直距 37 km。矿区矿石为含磁铁矿绢云片岩，灰色-深灰色，鳞甲片变晶结构，条带状或细粒侵染状构造，整个矿带储藏矿产资源量 210 万 t。

采用粉末压片法对样品进行了 X 射线荧光光谱（XRF）分析，同时采用手工内磁选法、重铬酸钾容量法测定了样品中的全铁（TFe）含量及磁性铁（mFe）含量，结果列于表 4.52。

根据《超贫磁铁矿勘查技术规范》（DB13/T 1349—2010）的规定，结合表 4.52 中结果可以看出，所用样品均属于超贫磁铁矿（TFe<20%，mFe>6%）的范畴，而且部分样品中 Ti、P 的含量较高，具有一定的综合利用价值（TiO$_2 \geqslant$5%，P$_2$O$_5 \geqslant$1%）。

本节编写人：罗磊（湖北省地质局第六地质大队）；黄瑞成（湖北省地质局第六地质大队）；付胜波（湖北省地质局第六地质大队）；魏灵巧（湖北省地质局第六地质大队）

表 **4.52**　超贫磁铁矿样品的主要化学组成

元素	含量范围/%	元素	含量范围/（μg/g）
Na_2O	0.2500~9.010	S	55.10~99.40
MgO	0.7300~5.790	V	39.50~428.8
Al_2O_3	11.94~30.76	Cr	10.10~247.8
SiO_2	34.00~54.26	Co	9.200~71.30
K_2O	0.020 00~21.77	Ni	2.900~164.2
CaO	0.4800~7.330	Cu	2.000~278.4
TiO_2	1.490~5.060	Zn	78.70~354.4
P_2O_5	0.082 00~2.770	Rb	10.10~258.6
Mn	0.022 00~0.2 200	Sr	34.80~468.0
Zr	0.028 00~0.099 00	Y	29.70~142.9
TFe	9.90~20.00	Nb	29.90~124.7
mFe	6.02~14.75	Ba	15.30~3 402

4.11.2　实验部分

4.11.2.1　仪器及试剂

1）实验仪器

电磁式磁性铁分选装置主要由电磁铁、50 mL 滴定管和三相异步电动机组成，实验所用的磁选装置如图 4.5 所示。用 50 mL 滴定管作为磁选管，通过夹子固定，由三相异步电动机带动在垂直方向做往复运动；电磁铁磁极的间距固定为 14.5 mm，通过改变电流的大小来调整磁选强度的强弱。

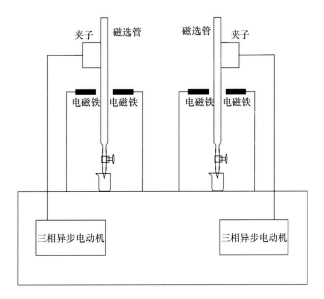

图 4.5　电磁式磁性铁分选装置示意图

考虑到 50 mL 滴定管下部活塞开关的塞孔较小，不利于样品的转移，因此实验时将滴定管下部截去，接上橡胶管，磁选结束后，取下橡胶管，用洗瓶冲洗即可将吸附在管壁的强磁性矿物颗粒快速转移到锥形瓶中。

在 WFC 型磁选仪的基础上，本装置以电磁铁替代永磁铁，断电即消磁，磁选结束后无须将磁选管取下即可进行强磁性矿物颗粒的转移，提高了工作效率；而且不会在磁铁周围长期存在一定强度的磁场，同时也避免了永磁铁在长期使用过程中会出现不同程度的磁损失而导致磁场强度减弱，进而影响分离结果等情况的出现。此外，装置拥有两套独立的激磁和传动系统，工作时互不干扰。

2）标准与主要试剂

铁矿石物相分析标准物质：GBW07271、GBW07274、GBW07275、GBW07276。

重铬酸钾标准溶液（2 mg/mL）：准确称取 3.5119 g 在 150℃烘干 2 h 的基准物质重铬酸钾，加水溶解后移入 2000 mL 容量瓶中。此溶液 1 mL 相当于 2 mg 铁。

钨酸钠溶液（30 g/L）：称取 3 g 钨酸钠溶于适量水中，然后稀释至 100 mL。

三氯化钛溶液（75 g/L）：将 50%盐酸和三氯化钛溶液等体积混合，现用现配。

硫酸铜溶液（20 g/L）：将 2 g 硫酸铜溶于适量水中，然后稀释至 100 mL。

二苯胺磺酸钠溶液（8 g/L）：将 4 g 二苯胺磺酸钠溶于适量水中，然后稀释至 500 mL。

除特别注明外试剂均为分析纯，水为去离子水。

4.11.2.2　实验方法

1）电磁式磁性铁分选装置分离法

向磁选管中注水至 2/3 管长处，打开磁选装置开关；准确称取 0.2000 g 或 0.5000 g 样品（视样品含量而定）于 10 mL 烧杯中，加水使样品混合均匀，转移入磁选管中开始磁选；磁选 5 min 后结束，用水冲洗磁选管 3~5 次，取下橡胶管，断电，用水将吸附在管壁上的颗粒转移至 250 mL 锥形瓶中。

2）手工内磁选法

准确称取 0.2000 g 或 0.5000 g 样品（视样品含量而定）于表面皿中，加入少量水，用带有玻璃套的永久磁铁在表面皿中来回缓慢移动进行磁选，抽出永久磁铁，用洗瓶将磁性部分转移至 250 mL 锥形瓶中，重复数次直至样品中的磁性矿物颗粒全部选出。

4.11.2.3　磁性铁的溶解及测定

向锥形瓶中加 50%盐酸 25 mL，盖上表面皿，置于已升温至 160℃的电热板上溶解 15 min，取下冷却至室温。加入 1 mL 钨酸钠溶液，快速滴加三氯化钛溶液至溶液刚好变为蓝色，滴加 1 滴硫酸铜溶液，加水至 100 mL 左右，振摇锥形瓶至蓝色褪去，加入 2 滴二苯胺磺酸钠溶液，用重铬酸钾标准溶液滴定至紫色出现为终点。

4.11.3　结果与讨论

4.11.3.1　分离条件的优化

影响电磁式磁性铁分选装置分离效果的因素主要有电流强度（磁场强度）、磁选管运动频率以及磁选时间。强磁性矿物的比磁化系数大于 $3000 \times 10^{-6}\ cm^3/g$，非（弱）磁性矿物的比磁化系数通常不超过 $300 \times 10^{-6}\ cm^3/g^{[5,\,8]}$。在适当的电流下，电磁铁产生的磁力只能够吸住强磁性矿物从而实现强磁性矿物与非（弱）磁性矿物的定量分离。样品通过磁选管时，强磁性矿物颗粒在磁极附近聚集，因此必须使磁选管运动，才有利于加速强磁性矿物颗粒的分离。此外，磁选时间的长短影响强磁性矿物是否彻底分离。

1）电流强度的确定

按照实验方法，考察了电流强度在 0.5~3.0 A 范围内对铁矿石物相分析标准物质 GBW07271 中磁性铁分离效果的影响。从表 4.53 结果可以看出，随着电流的增大，分离出的磁性铁的含量逐渐增大。当电流强度为 2.5 A 时，分离出的磁性铁的含量为 10.03%，相对误差为 0.3%，低于 DZ/T 0130.1—2006《地质矿产实验室测试质量管理规范》（以下简称"规范"）中所规定的磁性铁分析的相对误差允许限（4.363%），表明磁性铁基本分离完全；当电流强度为 3.0 A 时，分离出的磁性铁的含量为 10.58%，相对误差为 5.8%，高于《规范》所规定的相对误差允许限。这可能是因为当电流强度为 3.0 A 时电磁铁所产生的磁场强度过强，而 GBW07271 为磁铁赤铁矿石[9]，含有氧化程度不等的半假象赤铁矿，其中部分比磁化系数在 $500×10^{-6}$~ $3000×10^{-6}$ cm³/g 的半假象赤铁矿也被吸附在管壁上，导致分析结果偏高。因此，选择磁场强度为 2.5 A 进行后续的实验研究。

2）磁选管运动频率的确定

按照实验方法，考察了磁选管运动频率在 0~80 r/min 范围内对标准物质 GBW07271 中磁性铁分离的影响。从表 4.53 结果可以看出，当磁选管静止时，分离出的磁性铁的含量远远高于标准值，这是因为磁选管静止时不能对吸附的磁性铁进行清洗，造成样品大量聚集从而形成夹带作用，导致分析结果偏高；当磁选管开始运动时，在 20~80 r/min 范围内，分离出的磁性铁的含量随着运动频率的增大而减小，但变化幅度不大，其相对误差（0.7%~3.9%）小于相应的相对误差允许限（4.363%），符合《规范》要求。考虑到低频率运行有利于减小装置的损耗，本实验选择磁选管运动频率为 40 r/min 进行后续的实验研究。

3）磁选时间的确定

按照实验方法，考察了磁选时间在 1~6 min 范围内对标准物质 GBW07271 中磁性铁分离的影响。从表 4.53 结果可以看出，磁选时间在 5 min 以上时磁性铁基本分离完全，相对误差为 0.6%~0.7%，小于相应的相对误差允许限（4.363%），符合《规范》要求。本实验选择磁选时间为 5 min。

表 4.53 电流强度、磁选管运动频率和磁选时间对磁性铁分离的影响

电流强度/A	磁性铁测定值/%	相对误差/%	磁选管运动频率/（r/min）	磁性铁测定值/%	相对误差/%	磁选时间/min	磁性铁测定值/%	相对误差/%
0.5	4.88	51.2	0	33.97	239.7	1	12.25	22.5
1.0	7.74	22.6	20	10.39	3.9	2	11.29	12.9
1.5	8.40	16.0	40	10.07	0.7	3	10.64	6.4
2.0	8.95	10.5	60	9.89	1.1	4	10.56	5.6
2.5	10.03	0.3	80	9.68	3.2	5	10.07	0.7
3.0	10.58	5.8				6	9.94	0.6

注：所用标准物质为 GBW07271，其磁性铁分量的标准值为 10.00%，相对偏差允许限为 4.363%。

4.11.3.2 磁性铁分析方法的选择

磁性铁矿物是通过物理方法分离了矿石中非（弱）磁性矿物后的产物，不含有橄榄石、辉石、云母等难溶的含铁硅酸盐，分解较为容易[10]。因此，本实验用 50%盐酸分解样品。用 50%盐酸分解样品时，适当加热有利于反应的进行，但温度不宜过高，因为温度过高会使溶液沸腾，导致三氯化铁挥散以及耗酸量增大。根据实际情况，本实验选择电热板的温度为 160℃。

磁性铁的测定方法与铁矿石中全铁含量的测定方法相同，通常是样品溶解后先用氯化亚锡溶液还原，再用三氯化钛溶液还原，最后用重铬酸钾标准溶液滴定[11]。为简化实验步骤，直接用三氯化钛溶液还原铁（III→II），加入 Cu（II）盐催化试液中的溶解氧以及空气中的游离氧等氧化过量的少量 Ti（III），继而用重铬酸钾标准溶液滴定[12-14]。

4.11.3.3　方法性能

1）方法准确度和精密度

在已优化的实验条件下，对标准物质 GBW07274、GBW07275 和 GBW07276 平行分析 11 次，结果列于表 4.54。GBW07274、GBW07275 和 GBW07276 磁性铁分析的相对误差分别为 0.6%、0.5% 和 0.002%，相对标准偏差（RSD）分别为 1.2%、0.7% 和 0.5%，表明本方法的准确度和精密度较好，不仅满足了超贫磁铁矿中的低含量磁性铁的测定要求，而且能满足普通磁铁矿中的高含量磁性铁的测定要求。

表 4.54　方法准确度和精密度　　　　　　　　　　　　　　%

标准物质编号	磁性铁标准值	分次测定平均值	相对误差	相对误差允许限	RSD
GBW07274	0.80	0.81	0.6	10.07	1.2
GBW07275	18.50	18.41	0.5	3.227	0.7
GBW07276	33.80	33.80	0.002	2.196	0.5

2）方法检出限

参考 HJ168—2010《环境监测分析方法标准制修订技术导则》中的规定，重铬酸钾容量法测定磁性铁的检出限（MDL）是根据所用滴定管产生的最小液滴体积来计算，公式如下：

$$MDL = k\lambda\rho V_0 M_1 / M_0 V_1 \tag{4.6}$$

式中，λ 为被测组分与滴定液的摩尔比；ρ 为滴定液的质量浓度（g/mL）；V_0 为滴定管所产生的最小液滴体积（mL）；M_0 为滴定液的摩尔质量（g/mol）；M_1 为被测项目的摩尔质量（g/mol）；V_1 为被测组分的取样体积（mL）；当为一次滴定时，$k=1$；当为反滴定或间接滴定时，$k=2$。

在本方法中，被测组分磁性铁与重铬酸钾滴定液的摩尔比为 6∶1，重铬酸钾滴定液的质量浓度为 1.76×10^{-3} g/mL，滴定管所产生的最小液滴体积为 1/24 mL，重铬酸钾滴定液的摩尔质量为 294.19 g/mol，被测组分的取样体积为 100 mL，被测项目磁性铁的摩尔质量为 55.85 g/mol，重铬酸钾滴定磁性铁为一次滴定，此外，实验的最大称样量为 0.5 g，所有溶液全部用于滴定。经计算得本方法的检出限为 0.017%，以 10 倍检出限作为测定下限，即本方法的测定下限为 0.17%，低于铁矿石物相分析标准物质中磁性铁的最低含量（0.80%），能够满足实际的测定要求。

4.11.4　实际样品分析

按照优化的实验方法，对 3 个超贫磁铁矿样品进行 5 次平行分析，并将测定结果与手工内磁选法的结果进行对比。从表 4.55 可以看出，该方法与手工内磁选法的测定结果一致，相对偏差小于相应的相对偏差允许限；而且本方法的精密度优于手工内磁选法的精密度，相对标准偏差（RSD，$n=5$）小于 1.0%，说明该方法满足实际样品的分析要求。

表 4.55　本法与手工内磁选法的分析结果对比　　　　　　　　　　%

样品编号	本法		手工内磁选法		相对偏差	相对偏差允许限
	测定平均值	RSD	测定平均值	RSD		
样品 1	7.88	0.2	7.52	3.6	2.3	6.890
样品 2	11.14	0.4	11.39	1.3	1.1	5.848
样品 3	15.09	0.9	14.88	1.5	0.72	5.099

4.11.5　结论与展望

采用电磁式磁性铁分选装置分离超贫磁铁矿中的磁性铁，能够有效地控制磁场强度，避免永磁铁在使用过程中出现磁损失的情况，结合重铬酸钾容量法，可以实现低含量磁性铁的定量分离，方法的准确度（相对误差）小于 1.0%，精密度小于 1.5%。

相比于传统的手工内磁选法，本方法量化了磁性铁分离的参数，降低了人为因素的影响，提高了分析结果的准确性和重现性，为规范磁性铁的分析流程、促进铁矿石中磁性铁标准分析方法的建立提供了一定的参考。今后需要对磁选装置进行完善，例如引入水流控制系统，进一步提高装置的自动化程度，以期能够更加快速、准确地测定磁性铁的含量。

致谢： 感谢中国地质调查局地质调查工作项目"现代光质谱技术在钨铁铜等重要矿种成矿及伴生元素同时分析中的研究与应用示范"（12120113014300）对本工作的资助。

参 考 文 献

[1] 李厚民, 王瑞江, 肖克炎, 等. 中国超贫磁铁矿资源的特征、利用现状及勘查开发建设——以河北和辽宁的超贫磁铁矿资源为例[J]. 地质通报, 2009, 28(1): 85-90.

[2] 周红春, 刘传权, 李中明, 等. 河南嵩县南岭超贫磁铁矿的地质特征与找矿模式[J]. 现代地质, 2010, 24(1): 89-97.

[3] 徐书荣, 王毅民, 潘静, 等. 关注地质分析文献, 了解分析技术发展——地质分析技术应用类评述论文评介[J]. 地质通报, 2012, 31(6): 994-1016.

[4] 龚美菱. 铁矿石物相分析法[J]. 冶金分析, 1982, 2(2): 31-34.

[5] 唐肖玫. 铁矿石中磁性铁的测定方法研究——应用 WFC-1 型物相分析磁选仪快速分离磁性铁[J]. 冶金分析, 1982, 2(2): 9-13.

[6] 曾波, 段清国, 张玉滨, 等. 铁矿石中磁性铁的测定方法研究[J]. 冶金分析, 2005, 25(3): 58-60.

[7] 班俊生, 任金鑫, 刘桂珍, 等. 磁铁矿中磁性物成分的测定及可选性评价[J]. 岩矿测试, 2013, 32(3): 469-473.

[8] 岩石矿物分析编委会. 岩石矿物分析(第四版)[M]. 北京: 地质出版社, 2011: 738-740.

[9] 郭茂生, 唐肖玫, 王峰, 等. 铁矿物相分析标准物质的研制[J]. 岩矿测试, 1996, 15(4): 311-318.

[10] 张新卫. ICP-AES 法测定铁矿石尾矿磁性铁中的硅、铝、硫、钙和锰[J]. 现代科学仪器, 2010(5): 103-104.

[11] 芮李竹. 一般铁矿石的物相分析[J]. 福建分析测试, 2010, 19(1): 64-67.

[12] 赵怀颖, 温宏利, 夏月莲, 等. 无汞重铬酸钾-自动电位滴定法准确测定矿石中的全铁含量[J]. 岩矿测试, 2012, 31(3): 473-478.

[13] 李玉茹, 吴爱华, 喻星, 等. 铬铁矿中铁的快速测定方法研究[J]. 中国无机分析化学, 2012, 2(1): 17-21.

[14] 闵红, 任丽萍, 秦晔琼, 等. 铁矿石中全铁含量分析的研究进展[J]. 冶金分析, 2014, 34(4): 21-26.

4.12　超深铁矿中磁性铁分析技术研究

磁选分离技术是利用磁性铁进行分离的一种简单、有效的物理选矿方法。由于其洁净、无污染，在很多领域都得到了广泛的应用[1-2]。传统磁性铁分析方法为称取一定量试样，置于培养皿中，加入水将试样浸湿，用带有铜套的永久磁铁接近水面磁选，将永久磁铁吸住的磁性部分用水冲洗接入另一培养皿中；经过多次磁选直至没有磁性铁为止，将得到的磁性部分再反复进行磁选，以除掉夹带的非磁性矿物。这种操作方法的主要缺点是：需要人为经验判断洗涤次数，容易出现清洗不彻底或由于水流难以控制使磁性铁流失等现象，另外各实验室采用的永久磁铁规格不统一也会导致实验的重现性较差[3-6]。

本节主要研究与地质实验分析测试相结合的磁性铁分析技术，设计了由框架、传动及淋洗系统三大部分组成的磁性铁分离装置。并通过改变磁场强度、样品粒度、样品深度等条件，研究这些条件变化与磁性铁分选程度之间的变化规律，建立了大台沟超深铁矿磁性铁分析测试技术。另外，还研究了碎样过程（主要包括碎样时间、样品粒度等）及前处理方法对磁性铁分析结果的影响，通过各种条件的正交实验确定了重现性较高的磁性铁分离方法。

4.12.1　实验部分

4.12.1.1　磁性铁分离装置简介

设计的实验测试用磁性铁分离装置，该装置由框架、传动及淋洗系统三大部分组成，框架上安装有永久磁铁和磁选管（滴定管）。传动系统借助马达带动永久磁铁磁铁做垂直方向的往复运动，淋洗装置用来洗涤矿粒。当试样在磁选管中进行磁选时，磁力垂直于重力。由于磁力的作用，使磁性铁矿粒偏离其垂直下落的轨迹，并被吸在磁极近处的磁选管管壁上，非磁性铁矿粒分离的主要方式是借助重力及水流淋洗的作用。框架上永久磁铁的磁极按正负相反方向排列并能做垂直方向的往复运动，从而使磁性铁矿粒所在位置的磁场方向交替交换，减少了磁性铁对非磁性铁矿粒的夹带。为了适应某些氧化严重的磁性铁矿粒的分选，框架上下部各设有一组永久磁铁，以防止漏选。

4.12.1.2　磁性铁传统分析方法

称取 0.2 g 试样，置于 12 cm 表面皿中，加入 20 mL 水将试样浸湿，用带有铜套的永久磁铁接近水面磁选，将永久磁铁吸住的磁性部分用水冲洗接入另一表面皿中[7]；经过多次磁选直至没有磁性铁为止，将得到的磁性部分再反复进行磁选，以除掉夹带的非磁性矿物，将得到的磁性矿物转入 250 mL 锥形瓶中，加入 50%盐酸 40 mL，加热溶解完全，并浓缩至 10 mL 左右，滴加氯化锡至黄色褪尽，再过量 2~3 滴，用水吹洗瓶壁，流水冷却，加入 10 mL 氯化汞溶液，放置 3~5 min，用水稀释至 120 mL 左右，以二苯胺磺酸钠指示剂，加入 20 mL 硫酸-磷酸混合酸，用重铬酸钾标准溶液滴定至刚出现稳定的紫色为终点[8]。

本节所设计的装置与传统磁性铁分析方法相比的突出优点是实现了分离过程的量化：通过改变试管与磁场面的距离可有效控制磁场强度，通过淋洗系统可提供稳定流量的水流，通过机械系统可以控制振动翻转的频率，从而实现了参数条件的量化及可控，提高了分离效率，可一人对多个样品同时操作[9-10]。

本节编写人：汪寅夫（中国地质调查局沈阳地质调查中心）；安帅（中国地质调查局沈阳地质调查中心）；高慧莉（中国地质调查局沈阳地质调查中心）

4.12.2　结果与讨论

4.12.2.1　实验条件

利用 GBW07273（磁性铁含量 30%）对磁性铁分离过程中可能对回收率造成影响的 5 个条件（磁场强度、水流速度、翻转速度、淋洗时间和样品品位）进行单因素实验，实验结果见图 4.6。

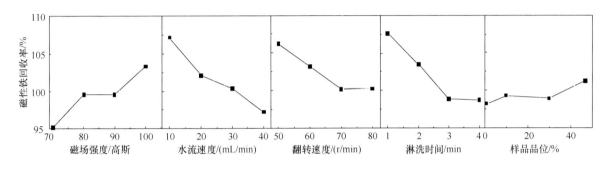

图 4.6　磁性铁回收率单因素试验效应曲线

通过单因素实验发现，随着永磁铁磁性的增强，磁性铁回收率提高，但随着永磁铁磁性的继续增强，测定结果偏高，与标样值超差，这是由于磁场强度过大造成样品大量聚集在试管壁上，翻转洗涤不彻底形成夹带作用，使分离后的样品中包含有氧化铁等非磁性铁，在滴定过程中造成误差。水流速度对回收率有一定影响：水流流速过小，清洗不彻底，造成回收率偏高；水流过大，部分磁性铁被洗走，回收率偏低。翻转速度在 70 r/min 以下时清洗不彻底，形成夹带作用，造成回收率偏高，转速在 70 r/min 以上时回收率稳定在 100%左右，但考虑到装置设计方面的问题应采用低转速为宜。淋洗时间在 3 min 以上时回收率趋于稳定且符合要求，考虑到尽可能缩短分析时间，以控制在 3~4 min 为宜。应用本装置对 GBW07272（磁性铁含量 10%）、GBW07273（磁性铁含量 46.9%）、GBW07274（磁性铁含量 30%）、GBW07275（磁性铁含量 0.8%）五个国家一级标准物质进行试验，回收率均满足要求，但低品位样品的回收率偏差较大。

将上述单因素实验综合，进行 5 因素 4 水平正交实验确定最佳条件，实验方案及统计结果见表 4.56 和表 4.57。表 4.56 中磁场强度和淋洗时间两个条件极差最大，对试验最终结果影响显著，从表 4.57 的方差分析中也可验证这一点，并且方差分析统计结果可以有效地避免试验误差带来的影响，弥补极差分析的缺陷。表 4.57 中样品品位的 F 值为 0.148，说明样品品位对结果影响的显著性小。而水流速度和翻转速度的 F 值较小是由于已经从单因素试验中获得了较为优化的实验条件。通过效应曲线，以回收率和各条件的交点确定本次实验的最佳条件是磁场强度为 80 高斯，水流速度 30 mL/min，翻转速度 70 r/min，淋洗时间 3 min。

4.12.2.2　低温氧化作用对结果的影响

实验考察了机械研磨（碎样等前处理过程）对磁铁矿产生的低温氧化作用及其对回收率的影响。利用采集的不同含量的铁矿石样品进行实验，研究碎样过程中样品的碎样时间、样品粒度及磁性铁回收率三者间的关系[11-12]。通过对研磨后样品进行 X 射线衍射分析表明，随着研磨时间的增加，磁铁矿衍射峰强度明显减弱，衍射峰宽化，赤铁矿的衍射峰强度逐渐增强[13-14]。利用球磨机（500 r/min）对磁铁矿样品进行加工，在球磨罐内放入直径不等的氧化锆小球，小球与样品比例为 1：1，填充系数约为 1：5。利用 CYL2000 型激光粒度仪测试不同研磨时间后的样品粒度，样品在乙醇溶液中超声分散后测定，如图 4.7a 所示（横坐标为研磨时间，纵坐标为颗粒粒径），研究表明随着碎样时间的变化（10、30、60、120、600 min，

表 4.56 磁性铁回收率正交试验

实验次数	磁场强度/高斯	水流速度/(mL/min)	翻转速度/(r/min)	淋洗时间/min	样品品位/%	回收率/%
实验1	70	10	50	1	0.8	103.4
实验2	70	20	60	2	10	102.7
实验3	70	30	70	3	30	99.1
实验4	70	40	80	4	46.9	95.2
实验5	80	10	60	3	46.9	103.4
实验6	80	20	50	4	30	99.6
实验7	80	30	80	1	10	103.9
实验8	80	40	70	2	0.8	102.7
实验9	90	10	70	4	10	102.2
实验10	90	20	80	3	0.8	101.5
实验11	90	30	50	2	46.9	105.4
实验12	90	40	60	1	30	103.2
实验13	100	10	80	2	30	105.1
实验14	100	20	70	1	46.9	106.7
实验15	100	30	60	4	0.8	103.8
实验16	100	40	50	3	10	102.6

表 4.57 磁性铁回收率正交试验统计结果

项目	偏差平方和	自由度	F 值	F 临界值
磁场强度	41.197	3	1.823	3.290
水流速度	15.382	3	0.681	3.290
翻转速度	7.382	3	0.327	3.290
淋洗时间	45.697	3	2.022	3.290
样品品位	3.337	3	0.148	3.290
误差	113.00	15		

10、20、30 h），在研磨初期（0~1 h），样品的平均粒径迅速下降，从 100 μm 减小到 20 μm。这是由于研磨初期颗粒粒径较大，颗粒与颗粒之间为点和点的接触，冲击作用明显，当粒径减小到一定程度后，由于团聚作用，破碎效率降低。当粒径减小至 15 μm 左右以后，随着研磨时间增加，粒径变化不明显。

利用盐酸溶解邻菲罗啉络合法测定样品的氧化率，邻菲罗啉络合 Fe^{2+} 离子防止其氧化，在碱性条件下将溶解的 Fe^{3+} 沉淀过滤，滤液采用分光光度法测定[14]。磁性铁氧化率随研磨时间变化如图 4.7b 所示（横坐标为研磨时间，纵坐标为氧化率）。图中显示，氧化率随研磨时间增加而提高，且在 0~12 h 内增幅较大，可以推测在研磨过程中磁铁矿发生了氧化反应。而反应速率的变化趋势有待进一步研究，初步推测可能是由于研磨后期平均粒度不断降低，很多小颗粒吸在一起，发生了团聚作用，阻止了磁性铁的氧化速度。

由粒度、氧化率、磁性铁回收率实验分析结果推断可知，在碎样过程中样品发生了低温氧化作用，使样品磁性铁含量降低。在碎样过程中颗粒的机械碰撞不仅使磁铁矿颗粒变细，而且可能影响到磁铁矿常温氧化、磁学性质和晶体结构，所以在磁性铁分析中应严格控制碎样时间。另外，本研究在一定程度上证明了土壤和沉积物中的碎屑磁铁矿在表生过程中受到地质作用、颗粒碰撞时发生了氧化反应形成赤铁矿的机制，对矿体中观察到的磁铁矿与赤铁矿的复合体成因给出了模拟验证结果。

4.12.2.3 实际样品测试结果

本次实验测试样品为大台沟超深铁矿区矿石。大台沟超深铁矿矿区位于辽宁省本溪市平山区桥头镇

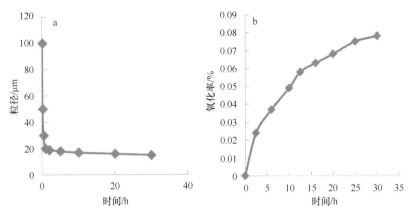

图 4.7　研磨时间与样品平均粒径（a）和氧化率（b）的关系

台沟村—房身村一带，是近年发现的最大的鞍山式铁矿床。大台沟铁矿属于深埋较大的鞍山式铁矿，金属矿物以磁铁矿、假象赤铁矿、赤铁矿为主，含有少量的褐铁矿、黄铁矿等金属矿物；非金属矿物以石英为主，其他矿物有透闪石、阳起石、黑云母、铁白云石、铁方解石和绿泥石等[15-16]。实验采用磁性铁分离装置在最佳条件下对采集的大台沟铁矿石样品进行分离分析，重复测定 5 次取平均值，分析结果显示采集样品的两个大台沟磁铁矿钻孔中磁性铁主要集中在埋深 1550~1950 m 和 1700~2000 m，矿石中磁性铁含量分别为 10.2%~43.2%和 10.2%~30.5%。

4.12.3　结论

对于铁矿石中的磁性铁的分析，虽然已经有较为成熟的化学方法，但该方法耗时较长，程序也相对烦琐，重现性较差，易受人为操作的影响。使用磁性铁分离装置能够提高方法的重现性，减少人工操作带来的误差，提高分离效率。另外，经实验证明在磁性铁分析过程中样品加工（主要指样品破碎过程）所产生的低温氧化作用无法避免，会直接影响到磁性铁的回收率，而现代地质实验室所采用的样品加工装置各不相同，因此不能从碎样时间上简单一概而论，应从样品粒度、氧化率等参数的变化中判断样品加工过程对磁性铁回收率的综合影响。

参 考 文 献

[1]　Klein C. Some Precambrian Banded Iron-formations (BIFs) from around the World: Their Age, Geologic Setting, Mineralogy, Metamorphism, Geochemistry and Origin[J]. American Mineralogist, 2005, 90: 1473-1499.

[2]　Dissing L R, Frei R, Stendal H, et al. Characterization of Enriched Lithospheric Mantle Components in 2.7Ga Banded Iron Formations: An Example from the Tati Greenstone Belt, Northeastern Botswana[J]. Precambrian Research, 2009, 172: 334-356.

[3]　Frei R, Polat A. Source Heterogeneity for the Major Components of 3.7Ga Banded Iron Formations (Isua Greenstone Belt, Western Greenland): Tracing the Nature of Interacting Water Masses in BIF Formation[J]. Earth and Planetary Science Letters, 2007, 253: 263-281.

[4]　Zhang X, Zhang L, Xiang P, et al. Zircon U-Pb Age, Hf Isotopes and Geochemistry of Shuichang Algoma-type Banded Iron-formation, North China Craton: Constraints on the Ore-forming Age and Tectonic Setting[J]. Gondwana Research, 2011, 20(1): 137-148.

[5]　Mc Lennan S M. Rare Earth Elements in Sedimentary Rocks; Influence of Provenance and Sedimentary Processes[J]. Reviews in Mineralogy and Geochemistry, 1989, 21: 169-200.

[6]　Elderfield H, Sholkovitz E R. Rare Earth Elements in the Pore Waters of Reducing near Shore Sediments[J]. Earth and Planetary Science Letters, 1987, 82: 280-288.

[7]　张去非, 穆晓东. 微细粒弱磁性铁矿石资源的特征及分选工艺[J]. 矿冶工程, 1999, 23(4): 9-14.

[8] 丁仕兵, 刘稚. 重铬酸钾滴定法测定铁矿石中铁含量不确定度的评估和计算[J]. 冶金分析, 2002, 22(1): 63-65.

[9] 林松. 微波消解-电感耦合等离子体质谱法同时测定土壤样品中八种重金属元素[J]. 福建分析测试, 2008, 17(3): 21-23.

[10] 郑大中, 郑若峰. 岩石、土壤、沉积物中氧化亚铁与氧化高铁的分离与测定[J]. 岩矿测试, 1988, 7(1): 28-31.

[11] 郑红霞, 汪琦, 潘喜峰. 磁铁矿球团氧化机理的研究[J]. 烧结球团, 2003, 28(5): 13-15.

[12] 王夏冰. 磨球直径和添加剂对行星球磨行为的影响[J]. 机床与液压, 2002(6): 276-277.

[13] 刘维平. 高能球磨法制备钨、铁纳米粉的正交实验研究[J]. 有色矿冶, 2000, 16(5): 40-43.

[14] Dvornik M I, Zaytsev A V. Research of Surfaces and Interfaces Increasing during Planetary Ball Milling of Nanostructured Tungsten Carbide/Cobalt Powder[J]. International Journal of Refractory Metals and Hard Materials, 2012, 36: 271-277.

[15] 周世泰. 鞍山—本溪地区条带状铁矿地质[M]. 北京: 地质出版社, 1994.

[16] 张秋生. 辽东半岛早期地壳与矿床[M]. 北京: 地质出版社, 1988.

4.13　金矿中金元素电位滴定分析技术研究

目前对地质样品中金含量的测定主要有重量法、容量法（碘量法和氢醌法）、原子吸收光谱法[1]、电感耦合等离子体质谱法（ICP-MS）等[2]。作为我国地质测试实验室常用的分析方法，容量法的分析流程为纯人工操作，需要消耗大量的人力物力，从而导致工作效率的降低；另一方面，由于滴定终点需要通过指示剂颜色变化来人工判断，则可能因分析人员的分析经验或对色差的敏感度等因素影响，导致数据的精密度产生偏差。原子吸收光谱法和 ICP-MS 法仅适用于金含量较低的地质样品[3]。如何开发研究一种兼具准确度高、测定范围宽、工作效率高、降低人体伤害的测定方法，是目前分析测试机构面临的、亟须解决的难题。

电位滴定法类似于化学滴定法，利用电极电位在化学剂量点附近的突变来代替指示剂的颜色变化确定滴定终点，被测物质含量的计算与化学滴定法相同。电位滴定法用电位变化代替了指示剂颜色变化来确定终点，避免了传统滴定中没有合适的指示剂指示终点、溶液浑浊使终点不易判定、终点颜色变化不明显等问题，从而避免了检测人员主观判断可能引入的误差。采用自动电位滴定仪进行测试，还可以实现试样的自动滴定分析。目前，电位滴定法已得到广泛的应用，如冶金行业采用氢醌电位滴定法测定合质金中的金；电位滴定法测定铜电解质中金和银等[4-11]。地质矿产分析领域中由于地质样品的组成比较复杂，各元素之间的干扰情况不好判断，使得电位滴定法的应用比较少，目前采用电位滴定法分析的仅有锰矿中的锰[12]和铁矿中的全铁。

本节在研究金矿分解方法和金元素分离富集方法的基础上，深入研究了将电化学理论中电位滴定分析法用于准确测定金矿中金含量的条件，从而为解决滴定终点的判定受测试者、环境等因素的影响而导致精密度和正确度不高的难题提供了较好的途径。

4.13.1　方法主要原理

采用氢醌为标准滴定液的电位滴定法是以氯化银电极为参比电极、铂金复合电极为指示电极，在 pH 为 2~2.5 的磷酸-磷酸二氢钾缓冲液中用氢醌为滴定液，定量地还原 Au^{3+} 为 Au^0，根据消耗氢醌标准溶液的量，计算金含量。

根据 Nersnt 方程求出突跃终点的电极电位为

$$E = E^0 - \frac{0.059}{6} \lg \frac{[Cl^-]^8 [Q]^8 [H^+]^6}{[AuCl_4^-]^2 [H_2Q]^3} \tag{4.7}$$

计算得氢醌与金反应的氧化还原电位为 0.699 V。

4.13.2　实验部分

4.13.2.1　仪器及工作条件

本节使用仪器为瑞士万通 868 型电位滴定仪，工作条件为：滴定模式 DET，信号漂移速率 30 mV，最小加液量 20 μL，滴定评估临界值 1~5，搅拌速度 5~7 r/s。

4.13.2.2　标准溶液及试剂

金标准储备溶液：称取光谱纯金粉 0.1000 g 于 50 mL 烧杯中，加入 10 mL 新配制的王水，加热溶解。

本节编写人：栾日坚（中国冶金地质总局山东局测试中心）；马明（中国冶金地质总局山东局测试中心）；张玉强（中国冶金地质总局山东局测试中心）

在水浴上蒸干后，再加入 50 mL 浓盐酸，微热溶解后移入 1000 mL 容量瓶中，释释至刻度，摇匀备用。此溶液浓度为 100 μg/mL。

金标准溶液：移取金标准储备溶液，稀释配制成 10 μg/mL 的金标准溶液。

氢醌标准储备溶液：称取 1，4-对苯二酚 0.8375 g 溶于 400 mL 水中，加浓盐酸 20 mL，转移至 1000 mL 容量瓶中，定容。

氢醌标准滴定液：取 20 mL 氢醌标准溶液，稀释至 1000 mL。

磷酸二氢钾缓冲溶液：称取 100 g 磷酸二氢钾溶于 1000 mL 水中，加入磷酸 24 mL，调节 pH=2.5。

盐酸（1.40 g/mL），王水（浓度 50%），氢氧化钠溶液（浓度 1%）。

4.13.2.3　实验方法

1）金标准溶液实验

吸取五份金标准溶液各 5~50 mL 于坩埚中，加入 1 mL 王水在电热板上低温（<100℃）加热蒸干，加入 2 mL 盐酸蒸至无酸味，再立即加入 10 mL 磷酸二氢钾缓冲溶液（pH2.5），以氢醌为标准滴定溶液，电位滴定仪自动滴定，计算氢醌标准滴定溶液的滴定度 T（μg/mL）。

2）样品分析

称取 20.00 g 于 30 mL 瓷坩埚中，低温升至 700~750℃ 焙烧 1 h，取出冷却，转入 100 mL 塑料密封瓶内，用少许水润湿，加入 50%王水 40 mL，于沸水浴中加热 1 h，再加水至 80~120 mL，加入 0.2~0.3 g 塑料泡沫，在振荡器上振荡 1 h。取出塑料泡沫洗净，移入 50 mL 瓷坩埚中，由低温升至 700~750℃，灰化 1 h。加入 1 mL 王水在电热板上低温（<100℃）加热蒸干，加入 2 mL 盐酸蒸至无酸味，加入 10 mL 磷酸二氢钾缓冲溶液，以氢醌为标准滴定溶液，电位滴定仪自动滴定。

4.13.3　结果与讨论

4.13.3.1　样品前处理条件优化

1）泡沫塑料预处理方法的影响

为提高泡沫塑料对金的吸附率，选择 10%盐酸、1%氢氧化钠溶液和 5%三正辛胺溶液分别对泡沫塑料进行预处理。分取金标准溶液（100 μg/mL）分别放入经三种溶液预处理过的 0.3 g 泡塑中，按实验方法测定对金的吸附率（表 4.58）。由表 4.58 可见，以 1%氢氧化钠溶液处理的塑料泡沫吸附率最高，但是对金的吸附率仍然不能满足分析质量要求。

表 4.58　不同预处理方法对 Au 检测数据的影响

金加入量/μg	10%盐酸 吸附金量/μg	吸附率/%	1%氢氧化钠 吸附金量/μg	吸附率/%	5%三正辛胺 吸附金量/μg	吸附率/%	活性炭再 吸附金量/μg	吸附率/%
50	40.20	80	46.37	93	45.50	91	49.24	98
100	82.73	83	95.93	96	91.35	91	98.09	98
200	168.21	84	187.09	94	183.72	92	195.55	98
300	252.07	84	281.74	94	272.14	91	291.41	97
400	324.51	81	376.78	94	361.90	90	392.69	98
500	400.96	80	473.66	95	451.99	90	487.91	98
600	477.53	80	565.84	94	540.51	90	580.41	97
700	569.20	81	675.64	97	642.11	92	688.81	98
800	657.90	82	750.83	94	729.08	91	777.67	97

考虑到活性炭对金具有很好的吸附性，将经 1%氢氧化钠溶液预处理的塑料泡沫继续负载活性炭，进行上述实验，所得结果平均值列于表 4.58。由数据看出，通过负载活性炭，塑料泡沫的吸附率可达到 97%~98%，能够满足分析质量要求。

2）溶液酸度的影响

溶液酸度是影响金吸附率的重要因素，按实验方法改变加入王水溶液的浓度，观察金的吸附率，结果表明溶液酸度在 15%~25%时都可以获得理想的吸附率。

3）振荡时间的影响

按实验方法改变振荡吸附时间，振荡时间为 45 min 时，测得结果符合要求。即表示富集分离完全，但是考虑到样品中沉淀物阻碍离子交换作用，实际分析时振荡时间可适当延长至 60 min。

4.13.3.2 金矿中共生元素的干扰

氢醌标准滴定液的选择性较好，少量铜、银、镍、铅、锌、镉不影响测定，样品中锑、砷、硒、碲、汞经灼烧大部分已除去，可以不用考虑。测定经过泡沫塑料分离富集后溶液，确定残留干扰元素。选择 7 个金标准物质 GBW07801、GBW07802、GBW07803、GW07804、GBW07297、GBW07298、GBW07300，按实验方法最后定容至 50 mL 容量瓶中，采用 ICP-OES 测试溶液中除 Au 元素以外的其他残留元素含量。样品经分离富集后，大量的金属元素已被分离去除，只尚存少量的 Cu（≤0.05 mg）和 Fe（≤3 mg）。

向溶液中定量加入 Cu、Fe 的标准溶液后进行测定，Cu 含量>4 mg，Fe 含量>10 mg 时对 Au 元素的测定有干扰，经泡沫吸附后残留的 Cu、Fe 都很低，不会引起干扰。

4.13.3.3 测定条件优化

1）仪器条件优化

在本研究所用滴定仪设置中，对滴定过程可能存在影响的因素包括：滴定评估临界值、最小进样量、最大进样量、信号漂移率、搅拌速率。

实验中判断电位等当点的方式为一级微分判断法，其等当点取决于 ERC（equivalence point recognition criterion，滴定曲线一级微分）与 EPC（equivalence point criterion）两个参数。滴定反应发生时，测得的指示电极的电位 E 对滴定剂体积 V 作图，可得滴定曲线，一般来说，曲线突跃范围的中点即为化学计量点。如果突跃范围太小，变化不明显，可做一级微分滴定曲线，即 $\Delta E/\Delta V$ 对 V 的曲线，其上的最大值对应滴定终点。也可做二级微分，即 $\Delta E^2/\Delta V^2$ 对 V 的曲线图，$\Delta E^2/\Delta V^2$ 等于零的点即滴定终点。

在仪器滴定过程中发生电位突跃时，只有当 ERC＞EPC 时，仪器系统才会认为该电位突跃为滴定终点进行读数。设定不同的 EPC 值（1~15），按实验方法测定。由于 Au 含量比较低，因此测定 Au 时 EPC 设定值为 1~5。

最小进样量和最大进样量与滴定反应进行的时间有关，进样量低，则滴定时间长，反之则滴定时间缩短。但同时最小进样量相当于临近等当点处的进样量，若想要获得更为准确的等当点，则最小进样量需要相应降低。若溶液中待测元素含量极低，则最大进样量同样需要降低。经实验设定最小进样量为 20 μL，最大进样量为 50 μL。

信号漂移率（signal drift）是指滴定时产生的电位在单位时间内的回落值。样品需要快速滴定时，信号漂移率设置为增大，慢速滴定时则反之，对仪器最终读数的精确度和显示曲线的平滑度有所影响，故而设定为信号漂移率 30 mV/min。

在滴定进行过程中，搅拌速率可随时更改，以有明显漩涡且无气泡产生为宜，可根据试液体积自行确定并更改，一般情况下搅拌速率可采用 5~7 r/s。

2）滴定温度优化

氢醌与 Au^{3+} 的氧化还原反应为两步反应，第一步反应比较快，但是第二步的歧化反应比较慢。所以在滴定初始 Au^{3+} 转变为 Au^+ 时反应速度较快，但在滴定条件下 Au^+ 不稳定，会产生歧化反应生成 Au^0 和 Au^{3+}，导致常有回头现象。通过升高溶液温度加快第二步反应，可以避免回头现象。调节控温磁力搅拌器温度为 25℃、30℃、40℃、50℃、60℃、70℃，按实验方法测定，结果表明温度高于 40℃会导致测定结果偏低，温度为 25℃时样品平行不好，测定结果偏高。因此确定滴定温度为 30~40℃。

4.13.3.4　方法验证

选择高、中、低不同含量的国家标准物质 GBW07804、GAu-18 和 GBW07802 各 12 份样品平行分析，测定结果见表 4.59，方法的精密度（RSD）都能满足质量规范要求。

表 4.59　方法精密度　　　　　　　　　　　　　　　　　　μg/g

测定次数	金的测定值			测定次数	金的测定值		
	GBW07804	GAu-18	GBW07802		GBW07804	GAu-18	GBW07802
1	2.29	9.12	38.4	8	2.61	9.68	39.12
2	2.88	9.88	37.5	9	2.53	10.26	37.33
3	2.79	11.03	36.91	10	2.47	10.33	35.64
4	3.06	10.41	37.47	11	2.64	9.97	37.81
5	1.97	11.21	39.28	12	2.54	10.67	37.44
6	2.66	9.57	37.41	平均值	2.58	10.21	37.67
7	2.54	10.34	37.67	RSD/%	10.76	5.91	2.56

4.13.4　结论

本研究建立了以氢醌为标准滴定液，电位滴定仪测定金元素含量的分析方法。在经过 1%氢氧化钠溶液处理的泡沫塑料上，再负载活性炭，可以将泡塑对金的吸附率提高至 98%。这种分离富集方法比传统的活性炭分离富集法的劳动强度低，生产效率高，也解决了人工滴定终点的判定受人、环境等因素的影响导致精密度不高的难题。如果采用自动电位滴定仪进行测试，还可以实现试样的自动分析。

参 考 文 献

[1] 葛艳梅. 王水溶样-火焰原子吸收光谱法直接测定高品位金矿石的金量[J]. 岩矿测试, 2014, 33(4): 491-496.

[2] 周旭亮, 陈永红, 孟宪伟, 等. 2011—2012 年中国金分析测定的进展[J]. 黄金, 2013, 34(12): 72-76.

[3] 高慧莉, 宋丽华, 郝原芳. 地质样品中金的测定方法研究[J]. 地质与资源, 2014, 23(6): 577-579.

[4] Langea U, Mirsky V. Electroanalytical Measurements without Electrolytes: Conducting Polymers as Probes for Redox Titration in Non-conductive Organic Media[J]. Analytica Chimica Acta, 2012, 744: 29-32.

[5] Tan W, Norde W, Koopal L. Humic Substance Charge Determination by Titration with a Flexible Cationic Polyelectrolyte[J]. Geochimica et Cosmochimica Acta, 2011, 75: 5749-5761.

[6] Hoppin J, Brock J, Davis B, et al. Reproducibility of Urinary Phthalate Metabolites in First Morning Urine Samples[J]. Journal of Chemistry, 2002, 110(5): 515-518.

[7] 张红玲, 赵如琳, 黄劲松. 硫氰酸钾-自动电位滴定法测定锡铅焊料中银[J]. 分析试验室, 2015, 34(5): 545-548.

[8] 胡德新, 马德起, 苏明跃, 等. 微波溶样-自动电位滴定法测定铬矿石中三氧化二铬[J]. 岩矿测试, 2011, 30(1): 83-86.

[9] 王婷香. 硝酸银电位滴定法测定高纯二氧化锗中氯[J]. 冶金分析, 2015, 35(5): 74-76.

[10] 金央, 余赵, 李军. 自动电位滴定法测定硼矿酸解液中的硼酸含量[J]. 无机盐工业, 2015, 47(2): 60-66.

[11] 郝会军, 杨俐苹, 金继运. 自动电位滴定法测定土壤有机质含量[J]. 中国土壤与肥料, 2011(1): 83-87.

[12] 张国胜, 马德起, 谷松海. 自动电位滴定测定锰矿石中锰的方法研究[J]. 岩矿测试, 2013, 32(4): 595-599.

4.14　硫铁矿中铁的自动电位滴定分析技术研究

硫铁矿是黄铁矿、白铁矿及磁黄铁矿的总称。硫铁矿最大的特点就是主要含硫和铁两种资源，是我国生产硫酸的主要来源，但硫铁矿氧化焙烧一吨硫酸，即可产生 0.8~0.9 t 的烧渣，若不进行综合利用，不仅浪费资源，还会对土壤、水体及大气造成不同程度的污染[1-2]。因此，硫铁矿中铁含量的准确测定不仅具有很大的现实意义和经济意义，可以为炼铁、生产无机化工产品提供技术支持，还可为探讨金属矿床成因等地学研究工作奠定基础。

在现代地质与地球化学分析技术中，电感耦合等离子体发射光谱/质谱（ICP-OES/MS）等仪器虽然已是公认的准确、快速的元素含量分析方法，但是对于高含量元素的测定需要经过多级稀释，仪器的波动乘以较大的稀释因数带来了不可忽视的误差，最终使得测定结果不可靠。容量法作为一种经典的化学分析方法，在中、高含量元素的分析中依然具有无可比拟的优势。目前实验室对于硫铁矿中含量较高的铁的测定多采用的还是手动滴定法，该法成本低，分析速度快，方法体系完善，但是其测定结果的优劣与分析人员密切相关，存在指示剂终点判断和人为操作等误差，可靠性和稳定性相对较低。

电位滴定法是根据滴定过程中指示电极电位的突跃确定滴定终点的一种电容量分析法，近年来随着智能型自动电位滴定仪的应用，实现了滴定过程的智能化控制、滴定终点的自动判定和记录，并且配备了高分辨率的加液器，加入标准溶液的量可准确到 0.0001 mL。电位滴定技术正以其操作简单、成本低、准确度和精密度好等优势受到分析工作者的关注[3-5]，在地质行业应用于分析岩石矿物越来越广泛[6-10]。本节采集了来自青海驼路沟、西藏甲玛、内蒙古珠拉扎嘎和小狐狸山以及福建平峰地区的样品，主要是有色、多金属矿床中伴生的硫铁矿，含硫品位为 10%~30%，进行了硫铁矿样品分解、前处理方式、仪器参数条件研究，建立了自动电位滴定分析硫铁矿中全铁含量的方法，取得了较好的准确度和精密度。

4.14.1　实验部分

4.14.1.1　仪器

Titroline alpha plus 全自动多功能电位滴定仪（德国 Schott 公司），指示电极为 Pt6280 电极，参比电极为 B2920+电极。

磁力搅拌仪。

4.14.1.2　标准溶液及试剂

重铬酸钾标准溶液：准确称取在 150℃烘干 2 h 的基准重铬酸钾 3.5119 g，加水溶解后移入 2000 mL容量瓶中，用水稀释至刻度，摇匀，必要时以铁标准溶液标定。此溶液 1 mL 相当于 2 mg 铁。

氯化亚锡溶液（100 g/L）：将 10 g 氯化亚锡结晶体（SnCl$_2$·2H$_2$O）溶于 20 mL 盐酸中，加热溶解，冷却后用水稀释至 100 mL，现用现配。

三氯化钛溶液（15 g/L）：用 5%盐酸稀释 10%三氯化钛溶液（约 15%的三氯化钛溶液），现用现配。

稀重铬酸钾溶液（0.25 g/L）。

硫酸-磷酸混合酸：将 150 mL 浓硫酸缓缓倒入 700 mL 水中，冷却后加入 150 mL 磷酸，搅匀。

钨酸钠溶液：称取 25 g 钨酸钠溶于适量的水中（若浑浊需过滤），加 5 mL 磷酸，用水稀释至 100 mL。

除特别注明外试剂均为分析纯，水为新鲜去离子水。

本节编写人：赵怀颖（国家地质实验测试中心）

4.14.1.3 实验步骤

称取 0.1 g 试样（精确至 0.0001 g）置于铺有 2 g 氢氧化钠的刚玉坩埚中，再覆盖一层约 1 g 过氧化钠，加上瓷坩盖，放入马弗炉中，升温至 650℃，并在此温度下保持 15 min 至试样全熔，取出坩埚，冷却后放入 250 mL 烧杯中，加 50 mL 热水提取，煮沸，加入 20 mL 浓盐酸酸化至溶液清亮，洗出坩埚，趁热滴加氯化亚锡溶液并不断搅拌，直到溶液保持淡黄色，加 15 滴钨酸钠溶液作指示剂，滴加三氯化钛溶液并不断搅拌，直到溶液变为蓝色，再滴加稀重铬酸钾溶液至无色，加入 15 mL 硫酸-磷酸混合酸，加水至 100 mL 左右，自动电位滴定仪控制用重铬酸钾标准溶液滴定。

设定磁力搅拌仪搅拌速度，滴定速度（一般选择"medium"）、选择电位突跃点数（本实验选择一个 EQ）、最大停止体积（一般选择 50 mL）等相关参数。完成滴定过程，与仪器相联接的电脑自动感应电位变化，智能控制每次滴定液的加入量，绘制 E-V 滴定曲线，根据滴定液加入量和电位变化值给出滴定突跃终点的标准溶液体积和突跃电位。亦可把测得的电位值（E）和消耗的滴定液体积（V）记录，绘出一次微熵 ΔE/ΔV-V 滴定曲线，曲线的转折点即为滴定的终点，读取终点的标准溶液体积，由此计算铁的含量。

随同试料进行双份空白试验，所有试剂取自同一瓶，需注意的是，空白试验还原时不加氯化亚锡，只加三氯化钛溶液，其余所用试剂量和步骤均与测定试样相同。

4.14.1.4 全铁含量的计算

按下式计算试样中全铁含量 w（质量分数），数值单位以%表示。

$$w = \frac{(V_1 - V_0) \times T}{m \times 1000} \times 100 \qquad (4.8)$$

式中，V_1 为试料消耗的重铬酸钾标准溶液体积（mL）；V_0 为空白试验消耗的重铬酸钾标准溶液体积（mL）；T 为重铬酸钾标准溶液对铁的滴定度（mg/mL），此溶液 1 mL 相当于 2 mg 铁，即 T=2.00 mg/mL；m 为试样的质量（g）。

4.14.2 结果与讨论

4.14.2.1 样品分解方式研究

目前在测定矿石中全铁含量时，对于易溶解的矿物大都采用传统的电热板加热-酸分解溶样[11-14]，选取不同的硫铁矿标样和样品进行酸溶分解，分别采用盐酸和盐酸-硝酸的方式溶解。具体操作如下：称取试样于烧杯中，加入盐酸和氟化钾溶液，加热溶解试样，待试样完全溶解后，加入饱和硼酸溶液再进行测定（因为氟离子对电极表面有一定的腐蚀，采用加入硼酸使之与氟离子络合生成氟硼酸，可消除影响）。而采用盐酸-硝酸的方式溶解样品时转为硫酸介质再进行测定。试验发现，较纯的硫铁矿矿物用盐酸就很容易溶解完全，溶液清亮，但是对于大多数矿石类样品的溶样时间较长，一般需 2~3 h 以上，而且对于一些较难溶解的矿物还需对残渣进行再处理，一般是在高温下灼烧残渣，用碱熔解残渣，再用盐酸溶解熔融物，步骤甚为烦琐。

碱熔分别采用过氧化钠单一熔剂、过氧化钠-氢氧化钠混合熔剂进行分解。用过氧化钠单一熔剂熔解黄铁矿及硫含量高的硫化矿样品时，用刚玉坩埚直接碱熔易炸坩，所以先将样品在 550~600℃灼烧 1 h，除硫后再在 750℃下熔解 15 min。用过氧化钠-氢氧化钠混合熔剂熔解时，将试样置于铺有氢氧化钠的刚玉坩埚中，上部再覆盖一层过氧化钠，从低温缓慢升至 650℃，并在此温度下保持 15 min 至试样全熔。

比较溶样效果发现，酸溶耗时较长，而且由于地质样品的多样性、复杂性和未知性往往还需对残渣再做处理，步骤烦琐，所以考虑以碱熔方式分解样品。采用过氧化钠单一熔剂和过氧化钠-氢氧化钠混合熔剂均能将样品分解完全。但采用过氧化钠单一熔剂时，需要进行灼烧前处理，而且需要较高的熔样温度；而采用过氧化钠-氢氧化钠混合熔剂熔融，熔样方式相对简单，熔样温度低，对刚玉坩埚的侵蚀亦小，所以最终选择采用过氧化钠-氢氧化钠混合熔剂熔融的方式进行样品前处理。

4.14.2.2　电极选择

在酸性介质中的滴定，汞电极、铂电极等可用作指示电极，但前者不能在硫酸根及卤素离子浓度较高时使用，某些离子选择性电极也因其适用的 pH 范围，不能涵盖滴定的整个 pH 范围，而铂电极尤其适用于有氧化还原体系的滴定，因此选用光亮铂电极作为指示电极[15-17]。

4.14.2.3　滴定方式研究

1）抗坏血酸溶液直接滴定

研究中尝试用电位滴定的方式来进行终点判断，用抗坏血酸来滴定全铁。因为抗坏血酸的水溶液不稳定，微量的重金属离子、氧化酶或紫外光的照射，都催化抗坏血酸的分解，譬如来自蒸馏水中的少量铜对抗坏血酸被氧化有催化作用，所以在配制溶液时加入一定量的 EDTA 来抑制这一效应，改善抗坏血酸溶液的稳定性。

取铁标准溶液用抗坏血酸进行电位滴定试验，滴定温度控制在 50℃，绘制出 E-V 和一次微熵 $\Delta E/\Delta V$-V 滴定曲线，如图 4.8a 所示，没有明显的突跃终点。尝试通过改变滴定介质的方法来增加电位突跃，在标准溶液中加入 50%硫酸 5 mL 后曲线如图 4.8b 所示，依然没有明显的突跃终点。改变滴定温度分别为室温、55℃、65℃、75℃，滴定曲线依然和图 4.8b 类似，没有明显的电位突跃终点。

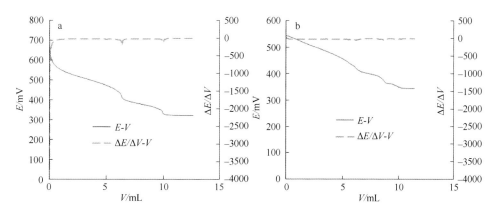

图 4.8　不同介质的电位滴定曲线

2）重铬酸钾标准溶液滴定

因为从传统的氧化还原滴定分析法考虑，Fe^{3+} 的测定比 Fe^{2+} 更烦琐，所以先将 Fe^{3+} 还原为 Fe^{2+}，再用重铬酸钾标准溶液来滴定，以下分别对几种还原方式进行了研究比较。

（1）$SnCl_2$-$HgCl_2$-$K_2Cr_2O_7$ 法

移取铁标准溶液，趁热滴加 $SnCl_2$ 溶液至无色后过量 2 滴，冷却后加入 $HgCl_2$ 溶液，搅拌放置 3~5 min，加硫酸-磷酸混合酸，自动电位滴定仪控制用 $K_2Cr_2O_7$ 标准溶液滴定，曲线如图 4.9a 所示，终点突跃明显，此法公认准确度较高。由表 4.60 亦可证明，方法准确度、精密度均较好，因此应用较为广泛。但是，这种方法所用的 $HgCl_2$ 为有毒试剂，管理复杂，测定过程中 $HgCl_2$ 亦会影响电极的灵敏度和使用寿命，此外还会对环境造成严重污染，在许多国家已日趋淘汰。

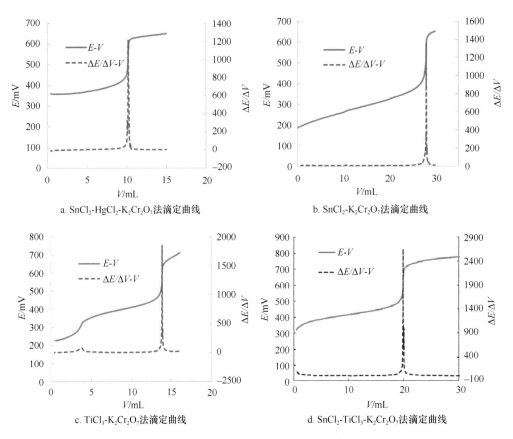

a. SnCl$_2$-HgCl$_2$-K$_2$Cr$_2$O$_7$法滴定曲线　　　　b. SnCl$_2$-K$_2$Cr$_2$O$_7$法滴定曲线

c. TiCl$_3$-K$_2$Cr$_2$O$_7$法滴定曲线　　　　d. SnCl$_2$-TiCl$_3$-K$_2$Cr$_2$O$_7$法滴定曲线

图 4.9　不同还原方式下的电位滴定曲线

（2）SnCl$_2$-K$_2$Cr$_2$O$_7$法

对于无汞法的研究思路为：一是对预处理阶段指示剂的改进。指示剂在 Fe^{3+}恰好完全还原为 Fe^{2+}时变色，用全自动电位滴定仪可以准确控制 SnCl$_2$的用量，从而避免剧毒试剂 HgCl$_2$的引入，但是利用终点电位计算法计算出的电位是标准状态下的电位，直接应用于实际会有较大的误差，必须引入条件电极电位，而条件电极电位受多方面条件的影响，且 SnCl$_2$还原需在 70℃条件下进行，此温度会对电极的使用寿命造成一定程度的影响，所以试验中不考虑采用。

二是对还原剂的改进。为了避免剧毒试剂的引入，并且能够简单、准确地测定全铁含量，尝试采用加入过量的 SnCl$_2$作为单一的还原剂，考察电位滴定是否能够区分 K$_2$Cr$_2$O$_7$氧化过量的 SnCl$_2$和 Fe^{2+}，是否存在两个电位突跃。具体操作如下：移取铁标准溶液，趁热滴加 SnCl$_2$溶液至无色后过量 1 mL，加入硫酸-磷酸混合酸，自动电位滴定仪控制用重铬酸钾标准溶液滴定。滴定曲线如图 4.9b 所示，只有一个滴定终点，过量的 Sn^{2+}的电位突跃与 Fe^{2+}的突跃部分相互干扰重合，区分不开，不能用来测定铁的含量。

（3）TiCl$_3$-K$_2$Cr$_2$O$_7$法

为了简化实验步骤，减少试剂的使用，尝试采用加入过量的 TiCl$_3$作为单一的还原剂还原 Fe^{3+}为 Fe^{2+}来测定铁的含量，考察电位滴定是否能够区分 K$_2$Cr$_2$O$_7$氧化过量的 TiCl$_3$和 Fe^{2+}。具体操作如下：移取铁标准溶液，趁热滴加 TiCl$_3$溶液至无色后过量 1 mL，加入硫酸-磷酸混合酸，自动电位滴定仪控制用 K$_2$Cr$_2$O$_7$标准溶液滴定。曲线如图 4.9c 所示，溶液中过量的 Ti^{3+}与 Fe^{2+}均会与 K$_2$Cr$_2$O$_7$溶液发生氧化还原反应，它们在等当点时的电位突跃点不重合，可以区分，仪器可以自动计算出两个滴定终点，给出对应的终点体积，从而计算出样品中铁的含量。此方法简化了实验步骤，节省了试剂，避免了手动目视滴定存在的主观误差，虽然需要判断两次终点，有两次误差累积，但分辨率较高，如表 4.60 可知，相对误差仅为 0.20%，相对标准偏差为 0.40%。而由于 K$_2$Cr$_2$O$_7$氧化过量的 Ti^{3+}的突跃电位即第一个电位突跃不明显，尤其对于碱熔样品，溶液基体复杂导致初始电位高，第一个突跃终点判断困难甚至无法判断，所以此方法也不适用。

（4）$SnCl_2$-$TiCl_3$-$K_2Cr_2O_7$ 法

尝试采用其他不需 $HgCl_2$ 除去的还原剂代替过量的 $SnCl_2$，较常用的是 $TiCl_3$，即先用 $SnCl_2$ 将大部分 Fe^{3+} 还原为 Fe^{2+}；再以钨酸钠为指示剂，用过量的 $TiCl_3$ 继续将剩余的 Fe^{3+} 还原，用稀 $K_2Cr_2O_7$ 溶液氧化过剩的还原剂。具体操作如下：移取铁标准溶液，趁热滴加 $SnCl_2$ 溶液至淡黄色后，加入钨酸钠溶液作指示剂，滴加 $TiCl_3$ 溶液至蓝色，再滴加稀 $K_2Cr_2O_7$ 溶液至无色，加硫酸-磷酸混合酸，自动电位滴定仪控制用 $K_2Cr_2O_7$ 标准溶液滴定。滴定曲线如图 4.9d 所示，从 $\Delta E/\Delta V$-V 曲线可以看出终点突跃明显，由表 4.60 可知方法的相对误差为 0.13%，相对标准偏差为 0.22%，准确度和精密度均较好。

表 4.60　不同测定方法的结果比较

还原方式	测定方式	滴定消耗标准溶液体积/mL					平均消耗的体积/mL	相对误差/%	RSD/%
$SnCl_2$-$HgCl_2$-$K_2Cr_2O_7$	自动电位滴定	10.013	9.990	10.010	9.995	10.000	10.002	0.02	0.10
$TiCl_3$-$K_2Cr_2O_7$	自动电位滴定	10.034	10.069	9.963	9.999	10.037	10.020	0.20	0.40
$SnCl_2$-$TiCl_3$-$K_2Cr_2O_7$	自动电位滴定	9.976	10.032	10.016	10.020	10.023	10.013	0.13	0.22
$SnCl_2$-$TiCl_3$-$K_2Cr_2O_7$	手动滴定	10.09	9.98	10.15	10.13	9.96	10.06	0.62	0.86

通过对四种还原方式的比较，$SnCl_2$-$TiCl_3$-$K_2Cr_2O_7$ 法不仅避免了剧毒试剂的引入，而且滴定终点电位突跃明显，结果准确度较高，精密度较好，所以选择此方法来测定硫铁矿中的全铁含量。

4.14.2.4　测定方式比较

移取铁标准溶液，按照 $SnCl_2$-$TiCl_3$-$K_2Cr_2O_7$ 法进行手动目视滴定和自动电位滴定的测定比较。其中，手动滴定操作过程中滴加 4 滴二苯胺磺酸钠指示剂，以 $K_2Cr_2O_7$ 标准溶液滴定至紫色出现为终点。

结果如表 4.60 所示，自动电位滴定与手动滴定结果相比，相对误差较小，精密度优于手动滴定。这是因为手动滴定存在体积读数误差、终点颜色判断误差以及搅拌不均匀等因素引入的误差，而且分析工作者的操作水平也影响到测定结果。相比之下，自动滴定仪具有高分辨率的加液器，自动智能控制，在远离滴定终点时快速加入滴定液，一次加入量约 0.4 mL，接近滴定终点时逐渐放慢滴定液加入速度，一次加入量少至 0.01 mL 甚至更低。判断终点无需指示剂，通过对电极反应的实时跟踪和数字计算得到终点，并配有电磁搅拌台，使滴定反应充分完成。所以本实验选择 $SnCl_2$-$TiCl_3$-$K_2Cr_2O_7$ 自动电位滴定法来准确测定硫铁矿中全铁的含量。

4.14.2.5　滴定介质研究

在滴定过程中加入硫酸-磷酸混合酸，能够使 Fe^{3+} 与磷酸生成稳定的络合物，降低 Fe^{3+}/Fe^{2+} 的氧化还原电位，使滴定终点清晰、稳定。试验中发现，分取铁标准溶液，按照 $SnCl_2$-$TiCl_3$-$K_2Cr_2O_7$ 法测定时，分别加入硫酸-磷酸混合酸 0、10、15、20 mL 时，滴定终点的 $\Delta E/\Delta V$ 值分别为 1258、2120、3138、2845 mV/mL，可见加入硫酸-磷酸混合酸可以明显增加滴定终点的电位突跃，而过量时影响不大，所以本实验选择硫酸-磷酸混合酸加入量 15 mL。但有磷酸存在时，Fe^{2+} 容易被氧化为 Fe^{3+}，所以加入磷酸后，不能放置过久，最好在滴定前加入。

4.14.2.6　常见离子的干扰研究

移取铁标准溶液，加入常见的干扰离子测定铁的回收率。试验中发现，当铜的含量大于 0.5 mg 时，回收率小于 98%，建议预先分离，这是因为 $SnCl_2$ 能使 Cu^{2+} 还原为 Cu^{+}，所生成的 Cu^{+} 能被 $K_2Cr_2O_7$ 氧化，同时 Cu^{2+} 又能促使 Fe^{2+} 被空气中的氧氧化。钒含量大于 1.0 mg，锑含量大于 0.7 mg 时，铁的回收率大于

102%，建议预先进行分离。钼含量达到 1.5 mg 时，铁的回收率在 99%～101%，表明钼不干扰测定。此外 Cr、Ni 含量高时，由于离子本身的颜色，使 Fe^{3+} 还原时不易观察，需要预先分离。

试样经碱熔分解，用水浸取时，Fe 可与 W、Mo、Cr、As 等分离，用氢氧化铵沉淀。

4.14.2.7　硫铁矿分析应用研究

通过对样品溶解方式、反应体系酸度、试剂加入量等条件进行优化研究，建立了氢氧化钠-过氧化钠碱熔，$SnCl_2$-$TiCl_3$-$K_2Cr_2O_7$ 自动电位滴定法测定硫铁矿中的全铁的分析方法，与 GB/T 2463—2008 国标方法进行比较，分别测定国家标准物质 GBW07267（铁含量为 46.09%±0.29%）的全铁含量。自动电位滴定法的相对误差＜0.3%，相对标准偏差（RSD）＜0.2%（$n=10$），准确度和精密度均较好，而且多次测定的极差仅为 0.22%，小于手动滴定的极差 0.42%，更好地保证了测定的重复性和数据的准确度。

分别应用 $SnCl_2$-$TiCl_3$-$K_2Cr_2O_7$ 自动电位滴定法和 GB/T 2463—2008 国标方法分析采集的硫铁矿样品，样品主要是在有色、多金属矿床中伴生的硫铁矿，含硫品位 10%～30%。两种方法分析结果的一致性较好（表 4.61）。

表 4.61　硫铁矿样品分析结果　　　　　　　　　　　　%

样品编号	采样地点	TFe 含量	
		自动电位滴定法	GB/T 2463—2008 国标方法
1	西藏甲玛	28.50	28.74
2	青海驼路沟	30.60	30.82
3	内蒙古朱拉扎嘎	30.76	31.18
4	内蒙古小狐狸山	9.81	9.71
5	福建平峰	29.16	29.05

4.14.3　结论

采用本节建立的自动电位滴定法测定硫铁矿中的全铁含量，弥补了手动滴定受分析者、指示剂等误差影响的不足，提高了地质样品中的高含量元素测定的准确度和精密度，保证了分析结果的可靠性和稳定性，为地质找矿、地学研究和矿石的加工利用等工作奠定了坚实的基础。

参 考 文 献

[1] 庹必阳, 王建丽, 钱蕾. 磁选富集硫铁矿烧渣中含铁矿物的研究[J]. 矿业研究与开发, 2013, 33(1): 38-41.

[2] 张跃, 唐明林, 龚家竹, 等. 硫铁矿生产硫磺尾渣用于建筑涂料的生产研究[J]. 无机盐工业, 2013, 45(1): 42-43.

[3] Sahoo P, Mallika C, Ananthanarayanan R, et al. Potentiometric Titration in a Low Volume of Solution for Rapid Assay of Uranium: Application to Quantitative Electro-reduction of Uranium (Ⅵ) [J]. Journal of Radioanalytical & Nuclear Chemistry, 2012, 292(3): 1401-1409.

[4] Farkaš Z, Poša M, Tepavčević V. Determination of pK a Values of Oxocholanoic Acids by Potentiometric Titration[J]. Journal of Surfactants & Detergents, 2014, 17(4): 609-614.

[5] Gonzaga F B, Cordeiro L R. Precise Determination of Hypochlorite in Commercial Bleaches with Established Traceability Using Automatic Potentiometric Titration[J]. Accreditation & Quality Assurance, 2014, 19(4): 283-287.

[6] 姚海云, 谭靖, 夏晨光. 全自动电位滴定分析仪精密测定矿石中的铀[J]. 铀矿地质, 2004, 20(3): 178-183.

[7] 赵怀颖, 吕庆斌, 巩爱华, 等. 自动电位滴定技术精确测定铜矿石中高含量铜的方法研究[J]. 岩矿测试, 2015, 34(6): 672-677.

[8] 马德起, 谷松海, 张国胜, 等. 自动电位滴定测定锰矿石中锰的方法研究[J]. 岩矿测试, 2013, 32(4): 595-599.

[9] 郝会军, 杨俐苹, 金继运. 自动电位滴定法测定土壤有机质含量[J]. 中国土壤与肥料, 2011(1): 83-87.

[10] 马兵兵. 电位滴定法测定石灰中有效氧化钙含量[J]. 理化检验(化学分册), 2013, 49(2): 205-207.

[11] 谢岁强, 胡秀艳, 李晓燕, 等. 氯化亚锡-次甲基蓝-重铬酸钾无汞滴定法测定铁矿石中全铁[J]. 冶金分析, 2013, 33(4):

72-74.

[12] 赵树宝. 三氯化钛还原-高锰酸钾无汞滴定法测定铁矿石中全铁量[J]. 冶金分析, 2010, 30(1): 77-80.

[13] 王艳, 应海松, 廖海平. 小波变换在自动电位滴定仪测定铁矿石中铁含量的应用[J]. 理化检验(化学分册), 2007, 43(12): 1035-1037.

[14] 闵红, 任丽萍, 秦晔琼, 等. 铁矿石中全铁含量分析的研究进展[J]. 冶金分析, 2014, 34(4): 21-26.

[15] 应海松, 王艳, 廖海平. 微波溶样-自动电位滴定法测定铁矿石中全铁量[J]. 岩矿测试, 2007, 26(5): 413-415.

[16] 伍建君, 汪严, 杨孝容. 自动电位滴定法标定硫酸铈溶液和测定硫酸亚铁片中铁含量[J]. 理化检验(化学分册), 2014, 50(11): 1386-1389.

[17] 赵怀颖, 温宏利, 夏月莲, 等. 无汞重铬酸钾-自动电位滴定法准确测定矿石中的全铁含量[J]. 岩矿测试, 2012, 31(3): 473-478.

4.15 地质样品中稀散元素镓铟铊锗硒碲分析技术研究

镓、铟、铊、锗、硒和碲均属稀散元素，但它们的物理化学性质并不相同，在地壳中的丰度及岩石中的含量也相差甚远。分析方法一般按不同元素不同含量分很多种，如分光光度法[1]、原子吸收光谱法[2]、原子发射光谱法[3]、电化学法等[4]。近十年来，有不少学者报道了利用电感耦合等离子体质谱法（ICP-MS）测定地质样品中稀散元素的分析方法[5-8]。

Se 元素因为存在不可忽视的干扰问题而无法在 ICP-MS 上直接测定，需采取有效的干扰消除方法；Te 元素由于本身含量较低，在 ICP-MS 上灵敏度受限也不能准确测定，需要采取有效的增敏技术来提高灵敏度。碰撞/反应池技术在 ICP-MS 中的应用研究已有十多年的历史[9-10]，该技术对消除四极杆质谱仪中多原子离子的干扰具有很好的效果。近年来有关利用碰撞/反应池 ICP-MS 技术测定各种实际样品的应用研究越来越多[11]。另有学者研究了在溶液中加入少量含碳的有机试剂，可在一定程度上提高难电离元素的信背比，改善元素的检出限。例如 Longerich[12] 研究了部分可溶性的有机试剂（如乙醇、醋酸等）对元素 ICP-MS 分析信号的影响。李冰和尹明[13]研究了仪器操作条件对乙醇基体中元素测定的影响。也有少数学者研究了氢化物发生（HG）和 ICP-MS 的联用技术[14]，主要集中在水样、生物样品中痕量元素的测定及各种铅化合物的测定。HG 与 ICP-MS 联用时，可有效达到分离基体和预富集分析物的效果，且等离子体为无水操作，明显减少了多原子离子的形成。

本研究针对地质样品中镓、铟、铊、锗、硒和碲的 ICP-MS 分析方法，采用封闭酸溶分解样品，重点探讨了碰撞/反应池消除干扰、有机试剂增敏以及 HG 与 ICP-MS 联用在稀散元素分析方面的应用，最终建立了 ICP-MS 测定稀散元素的四种配套分析方法。

4.15.1 实验部分

4.15.1.1 仪器

X Series II 电感耦合等离子体质谱仪（美国 ThermoFisher 公司）。仪器工作参数为：射频功率 1300 W，载气（Ar）流量 0.85 L/min，冷却气流量 14 L/min，辅助气流量 0.80 L/min，蠕动泵转速 30 r/min，扫描方式为跳峰，扫描次数 50，采样深度 80 step，分辨率为 100。

高纯氩气（纯度>99.99%）。

4.15.1.2 主要材料与试剂

镓、铟、铊、锗、硒、碲混合标准溶液：10 mg/L（购自国家标准物质研究中心），使用时用 2%硝酸配制成浓度为 0、1、10、50、100 μg/L 的工作标准系列（添加有机试剂实验中，标准系列配制时需加入体积分数为 4%的乙醇），按各方法上机测定，绘制标准曲线。

氢氟酸、硝酸、盐酸、高氯酸、甲醇、乙醇、丙酮均为分析纯。

水为去离子水（电阻率≥15 MΩ·cm）。

4.15.1.3 样品处理方法

准确称取 0.0500 g 样品于封闭溶样器的聚四氟乙烯内罐中。在内罐中加入 0.5 mL 氢氟酸和 0.5 mL 硝酸，在电热板上低温（130~150℃）加热蒸发至近干。然后加入 1 mL 氢氟酸和 0.5 mL 硝酸，盖上内盖，装入钢套中，拧紧钢套盖。将溶样器放入烘箱中，于 185℃加热 24 h。待冷却后开盖，取出聚四氟乙烯内罐，于电

本节编写人：程秀花（中国地质调查局西安地质调查中心）；黎卫亮（中国地质调查局西安地质调查中心）

热板上蒸至近干，加入 0.5 mL 硝酸蒸至近干，重复此操作一次。加入 5 mL 硝酸，再次放入封闭钢套中，于烘箱中 150℃恒温加热 8 h。冷却后取出，开盖，用水稀释并称重至 50 mL，摇匀后作为分析溶液，同时做流程空白。在添加有机试剂的实验中，样品分解按照前述封闭酸溶方法进行，在定容时加入 4%的乙醇溶液。

4.15.2 结果与讨论

4.15.2.1 封闭酸溶 ICP-MS 法测定镓铟铊锗

1）方法检出限

按照样品分解方法同时制备 11 份样品空白溶液，在本研究选择的实验条件下，对 11 份样品空白溶液进行平行测定，以 3 倍标准偏差计算，并考虑样品稀释倍数得到 Ga、In、Tl 和 Ge 方法检出限分别为 0.78、0.05、0.04 和 0.06 μg/g。

2）方法精密度与准确度

在实验条件下，选用国家一级标准物质 GBW 系列样品中的 Ga、In、Tl 和 Ge 平行测定 5 次，从表 4.62 中可以看出，其测定值与标准值基本一致，相对标准偏差（RSD）均在 8%以内。

表 4.62 方法准确度与精密度

标准物质编号	Ga			In			Tl			Ge		
	标准值/(μg/g)	测定值/(μg/g)	RSD/%	标准值/(μg/g)	测定值/(μg/g)	RSD/%	标准值/(μg/g)	测定值/(μg/g)	RSD/%	标准值/(μg/g)	测定值/(μg/g)	RSD/%
GBW07103	19	20.18	1.17	0.02	0.027	6.79	—	—	—	2	2.441	3.89
GBW07104	18.1	19.15	2.23	0.037	0.032	4.59	0.16	0.135	5.12	0.93	1.145	4.23
GBW07105	24.8	22.97	1.98	0.064	0.081	7.82	0.12	0.015	6.02	0.98	1.19	3.65
GBW07106	5.3	5.162	3.21	0.026	0.017	6.16	0.36	0.33	2.84	1.16	1.426	2.23
GBW07107	26	26.57	2.41	0.082	0.093	3.34	0.71	0.674	3.92	3.1	3.704	4.34
GBW07108	7.1	7.406	3.62	0.042	0.031	4.78	0.35	0.285	5.31	0.67	0.795	6.78
GBW07109	35.8	35.84	1.24	0.15	0.161	6.11	0.76	0.8	3.52	0.95	1.26	5.21
GBW07110	19.8	20.84	2.34	0.11	0.12	4.84	1.02	1.172	4.98	1.11	1.433	2.13
GBW07111	20.8	21.53	3.13	0.08	0.057	7.82	0.39	0.39	3.88	1	1.26	4.12
GBW07112	23.7	24.13	1.78	0.12	0.071	6.96	0.07	0.07	5.19	1.06	1.294	5.01
GBW07113	20.5	22.41	2.43	0.09	0.084	3.17	0.83	0.907	2.78	1.17	1.538	3.83
GBW07114	0.21	0.404	5.03	0.066	0.04	7.81	0.07	0.05	4.89	0.15	0.148	5.97

4.15.2.2 碰撞/反应池 ICP-MS 法测定硒

1）质谱干扰

硒在 ICP-MS 中有多个同位素，但均存在一定的质谱干扰问题，^{75}Se 会受到 ^{40}Ar^{35}Cl 的干扰，^{78}Se 受到 ^{40}Ar^{38}Cl 的干扰，^{80}Se 受到 ^{40}Ar^{40}Ar。虽然实验中采用封闭酸溶分解样品时不使用盐酸，不会引入大量的 Cl 原子，但是氩气中大量 Ar 原子的存在使得多原子离子的干扰不容忽视。文献[10]对各种碰撞/反应类型、反应气种类以及应用作了较为详尽的阐述，本实验采用氢氦混合气（体积比为 7∶93），选择碰撞/反应模式以消除上述质谱干扰。

2）碰撞气流量

在纯水溶液和含有 10 μg/L In 和 Se 的混合标准溶液中考察 ^{78}Se、^{80}Se、^{82}Se 和 ^{115}In 在不同碰撞气流量下的信背比，结果显示：随着碰撞气体流量的增大，纯水溶液中的背景信号值下降非常明显；当碰撞气流量大于 4.0 mL/min 时，背景信号基本变化较小；在 10 μg/L 的 In 和 Se 混合标准溶液中，各同位素信号随着碰撞气流量的增大也明显下降，降低幅度由剧烈下降至缓慢降低。同时试验过程中观察到当碰撞气流量大于 5 mL/min 时，标准溶液中的各同位素测量信号的精密度变差，且不稳定。因而选择 4.5 mL/min 作为碰撞气的流量。

3）载气流量及 ICP 功率的影响

当载气流量较少时，样品引入量会也较少，因而信号强度也较低；载气流量太大时，背景强度降低，各同位素信号强度同样也降低，其原因主要是载气流量增大时，碰撞气流量就会增大，离子束中的原子数目也会相应增加，使得离子碰撞概率加大，最终导致信号强度下降。实验选择 0.85 L/min 作为载气流量。另一方面，在碰撞气流量为 4.5 mL/min、载气流量为 0.85 L/min 时，考察了不同 ICP 功率对信号的影响，结果表明随着 ICP 功率从 1000 W 增大至 1400 W，^{78}Se、^{80}Se、^{82}Se 和 ^{115}In 同位素信号强度均不断增大而后略有降低，因此选取 Se 和 In 同位素信号强度高的 1300 W 作为最佳功率。

4）测量同位素及检出限

在选择的最佳碰撞/反应模式下，同位素 ^{80}Se 的丰度高于 ^{78}Se 和 ^{82}Se，多次测定的相对标准偏差（RSD）相对较小，故实验选取 ^{80}Se 为测定同位素。按照建立的分析方法对样品空白溶液进行 11 次连续测定，以 3 倍标准偏差计算，并考虑样品稀释倍数得到 Se 的方法检出限为 0.08 μg/g。

5）标准物质及实际样品分析

采用本文方法对地质样品标准物质以及实际样品中的硒进行了测定，结果见表 4.63。可以看出，对于标准物质，本方法测定硒的结果与其标准值基本一致；对于实际样品，本方法的测定值与采用行业标准 NY/T 1104—2006（土壤中全硒的测定）中的原子荧光光谱法（AFS）的测定结果基本一致。

表 4.63　样品分析结果

标准物质编号	标准值/（μg/g）	本法测定值/（μg/g）	RSD/%	实际样品编号	AFS 测定值/（μg/g）	本法测定值/（μg/g）	RSD/%
GBW07106	0.08	0.10	4.2	C121250001	1.36	1.26	3.4
GBW07401	0.14	0.15	4.0	C121250002	0.53	0.55	5.4
GBW07404	0.64	0.61	3.2	C121250003	0.69	0.63	6.0

4.15.2.3　乙醇增强 ICP-MS 法测定镓铟铊锗碲

1）有机试剂增敏试验

选用甲醇、乙醇、丙酮这三种水溶性较好的有机试剂进行试验，将浓度为 0.5%~10% 的三种试剂加入 10 ng/mL 多元素混合标准溶液中，考察其对测定元素信号强度的影响。结果表明：在甲醇或乙醇存在下 Ga、In、Tl、Ge 和 Te 等 5 个分散元素的信号强度均增强，尤其是对于电离能比较大的 Te 增强得更为明显；随着甲醇和乙醇浓度的增加，各元素信号强度先增加后趋于稳定或慢慢降低，在甲醇和乙醇浓度为 4% 时增敏效果基本达到最大；当丙酮浓度为 0.5% 时，5 个分散元素的信号强度均有所增强，但随着浓度的增加，除碲之外，其他元素信号均下降明显。因此实验选取加入 4% 乙醇作为增强剂。

2）入射功率和雾化气流量

考察了不同入射功率（1100~1500 W）和雾化气流量（0.60~1.0 L/min）对元素分析信号强度的影响。结果表明，各元素强度随等离子体入射功率的增大呈现台阶式的增加，尤其对电离能较大的元素 Te 增强幅度更为明显，在 1400 W 时达到峰值；随着雾化气流量的增大，各元素信号强度先明显增强而后迅速减小，载气流量为 0.80 L/min 时均达到峰值。实验选取最佳入射功率为 1400 W，最佳雾化气流量为 0.80 L/min。

3）方法检出限

在选用的最佳条件下对空白溶液连续测定 11 次，按 3 倍标准偏差计算方法检出限。获得 Ga、In、Tl、Ge 和 Te 检出限分别为：0.023、0.012、0.010、0.021、0.023 μg/g。

4）样品分析

在上述选定的条件下，平行称取岩石国家标准物质 GBW07103 至 GBW07108 各一份进行测定，表 4.64 结果表明：5 个分析元素的测定结果均在标准值的允许误差之内，其 RSD 均小于 10%。

表 4.64　样品中 Ga、In、Tl、Ge 和 Te 分析结果

标准物质编号	Ga			In			Tl			Ge			Te		
	标准值/（μg/g）	测定值/（μg/g）	RSD/%	标准值/（μg/g）	测定值/（μg/g）	RSD/%	标准值/（μg/g）	测定值/（μg/g）	RSD/%	标准值/（μg/g）	测定值/（μg/g）	RSD/%	标准值/（μg/g）	测定值/（μg/g）	RSD/%
GBW07103	19.0	20.2	2.6	0.020	0.027	6.8	1.93	1.85	3.3	2.00	1.91	3.57	0.021	0.029	5.98
GBW07104	18.1	18.6	3.0	0.037	0.045	5.5	0.16	0.18	3.1	0.93	0.98	3.11	0.017	0.025	6.42
GBW07105	24.8	25.3	2.8	0.063	0.076	5.6	0.12	0.13	3.6	0.98	1.04	4.77	0.022	0.029	5.25
GBW07106	5.30	5.16	3.2	0.026	0.037	5.3	0.36	0.34	4.0	1.16	1.07	4.16	0.038	0.047	5.62
GBW07107	26.0	25.6	2.1	0.082	0.096	5.3	0.71	0.74	2.5	3.10	3.33	2.56	0.023	0.031	5.98
GBW07108	7.10	7.34	2.3	0.042	0.054	6.2	0.35	0.36	3.5	0.67	0.74	3.56	0.024	0.030	6.22

4.15.2.4　氢化物发生 ICP-MS 法测定锗和碲

1）氢化物发生器装置

氢化物发生器与 ICP-MS 联用可省去雾室，直接将生成的气态氢化物引入等离子体中，但一般需要氢化物发生器具有较好的气液分离装置，以保证有气态氢化物和极少量的水汽进入炬管。氢化物发生器的结构影响着 HG-ICP-MS 灵敏度、精密度和准确度，本研究自制了一种氢化物发生器装置见图 4.10。这种装置用细长玻璃管作为后续反应区以及气液分离区。在玻璃管上连接上软管，并将其弯成 U 形以平衡气压，利用 U 形管连通器原理以及下水管道排水原理达到气液分离的目的。经试验，此装置具有很高的灵敏度以及较好的稳定性（RSD<10%）。

2）氢化物发生体系中的酸、碱浓度试验

一般氢化物发生试验中多使用盐酸-硼氢化钾作为反应体系。本研究采用正交法试验了盐酸浓度从 1% 增大至 30%、硼氢化钾浓度从 0.5% 增大至 4% 时的氢化物发生效果。结果表明：当盐酸浓度不断增大时，Ge 和 Te 灵敏度先明显增大而后增大幅度趋于平缓，Se 变化不明显；随着硼氢化钾浓度的不断增大，Ge、Se、Te 灵敏度均不断增大，但稳定性变差（RSD 变大），当硼氢化钾浓度为 4% 时，酸碱反应太剧烈，生成的大量气体消耗了等离子体的能量，从而导致等离子体熄火。还原剂硼氢化钾不稳定容易分解，尤其是在酸性介质中会很快分解，但在碱性介质中相当稳定，因而硼氢化钾溶液中需要加入氢氧化钾。实验中发现氢氧化钾介质浓度太大，碱性太强，会消耗大量的盐酸而导致分析元素信号强度降低；氢氧化钾介质浓度太小时硼氢化钾不稳定，并不断有小气泡产生，影响蠕动泵进样的稳定性。最终选择 20%盐酸+2%硼氢化钾（0.1%氢氧化钾介质）为最佳氢化物发生反应体系。

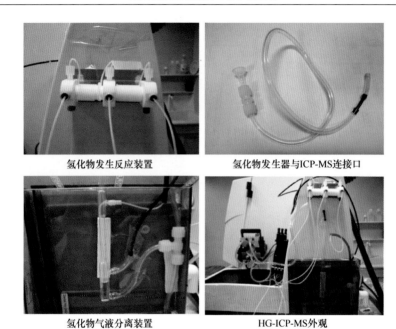

氢化物发生反应装置　　　　　　　氢化物发生器与ICP-MS连接口

氢化物气液分离装置　　　　　　　HG-ICP-MS外观

图 4.10　自制的氢化物发生器装置

3）载气流量的影响

当载气流量太小时，信号强度特别小，随着载气流量缓慢增大，强度逐渐增大，到达峰值后迅速减小。当载气流量太大时，气液分离不够完全，少量液体会被载气带入等离子体中，造成等离子体的熄灭，试验最终确立 0.95 L/min 为最佳载气流量。

4）稳定性试验和氢化物反应残余效应研究

试验了本文设计的 HG-ICP-MS 的信号稳定性，对含 Ge 和 Te 均为 10 ng/L 的标准溶液平行测定 20 次，其信号强度的 RSD 分别为 8.3%和 2.12%。这种连续流动氢化物发生器中，所有的溶液都要通过气液分离，因而一些未反应完全的样品溶液可能会残留在气液分离器壁上，将造成严重的记忆效应。从图 4.11 趋势可以看出，本节研制的氢化物发生装置在 ICP-MS 中的残余效应大约持续 3~4 min，比较容易清洗。

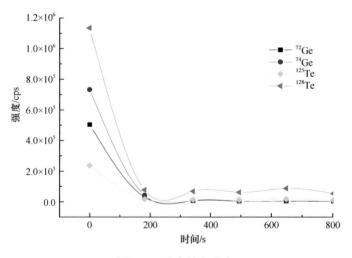

图 4.11　残余效应试验

5）方法检出限

在本研究选择的实验条件下，对 11 份样品空白溶液进行平行测定，以 3 倍标准偏差计算，并考虑样品稀释倍数为 1000，得到 Ge 和 Te 的检出限分别为 0.007 μg/g 和 0.006 μg/g。

6）方法精密度和准确度

在本项目研究的实验条件下，选用国家一级标准物质 GBW 系列样品中的 Ge、Te 平行测定 5 次，从表 4.65 中可以看出，Ge 和 Te 的测定值与其标准值基本吻合，RSD 均在 8%以内，精密度较好。

表 4.65　方法准确度与精密度

标准物质编号	Ge 标准值/（μg/g）	74Ge 测定值/（μg/g）	RSD/%	Te 标准值/（μg/g）	125Te 测定值/（μg/g）	RSD/%
GBW07103	2	2.24	4.67	0.021	0.028	5.82
GBW07104	0.93	1.04	5.79	0.017	0.015	4.12
GBW07105	0.98	1.19	2.19	0.022	0.042	7.62
GBW07106	1.16	1.43	3.89	0.038	0.056	6.85
GBW07107	3.1	3.10	3.76	0.022	0.027	3.33
GBW07108	0.67	0.72	4.53	0.024	0.024	4.63

4.15.3　结论与展望

由于质谱干扰的存在，以及仪器灵敏度有限而元素含量低等诸多因素，采用 ICP-MS 一次性直接测定稀散元素 Ga、In、Tl、Ge、Se、Te 的思路难以实现。在氢化物发生 ICP-MS 研究中，前人所建立的方法对于 Ga、Se 和 Te 的检出限虽然有所降低，但是并未很好地发挥氢化物发生的优势。本研究采取碰撞/反应池来消除干扰、添加有机试剂来提高灵敏度以及利用氢化物发生样品引入系统等措施建立了 4 种配套分析方法，其中氢化物发生进样系统最大的优点是通过产生目标元素气态氢化物而与基体分离，与 ICP-MS 联用时基本上不用考虑基体效应的影响。

Ge、Se 和 Te 在岩石中的含量低，尤其是 Te，在不能降低检出限时，可考虑增大称样量（>2 g），提高这些低含量元素在试液中的浓度将是实现准确测定的有效方法之一，同时考虑加大样品量之后的样品分解方法也是下一步攻关的方向。

<h1 align="center">参 考 文 献</h1>

[1]　赵慧玲, 刘建. 泡塑吸附分离萃取光度法测定粉煤灰中的镓[J]. 岩矿测试, 2010, 29(4): 465-468.

[2]　Wu C C, Liu H M. Determination of Gallium in Human Urine by Supercritical Carbon Dioxide Extraction and Graphite Furnace Atomic Absorption Spectrometry[J]. Journal of Hazardous Materials, 2009, 163(163): 1239-1245.

[3]　孙中华, 章志仁, 毛英, 等. 电弧蒸馏光谱法测定化探样品中痕量银锡铅硼镓[J]. 岩矿测试, 2004, 23(2): 153-156.

[4]　Lee G J, Lee H M, Uhm Y R, et al. Square-wave Voltammetric Determination of Thallium Using Surface Modified Thick-film Graphite Electrode with Bi Nanopowder[J]. Electrochemistry Communications, 2008, 10(12): 1920-1923.

[5]　张勤, 刘亚轩, 吴健玲. 电感耦合等离子体质谱法直接同时测定地球化学样品中镓铟铊[J]. 岩矿测试, 2003, 22(1): 21-27.

[6]　李国榕, 王亚平, 孙元方, 等. 电感耦合等离子体质谱法测定地质样品中稀散元素铬镓铟碲铊[J]. 岩矿测试, 2010, 29(3): 255-258.

[7]　高贺凤, 王超, 张立纲. 电感耦合等离子体质谱法精确测定地质样品中的微量元素镓[J]. 岩矿测试, 2013, 32(5): 709-714.

[8]　陈波, 刘洪青, 邢应香. 电感耦合等离子体质谱法同时测定地质样品中锗硒碲[J]. 岩矿测试, 2014, 33(2): 192-196.

[9] 白金峰, 刘彬, 张勤, 等. 碰撞池-电感耦合等离子体质谱法测定地球化学样品中钒和铬[J]. 冶金分析, 2009, 29(6): 17-22.

[10] 余兴. 电感耦合等离子体四极杆质谱碰撞/反应池技术现状与进展[J]. 冶金分析, 2013, 33(3): 14-23.

[11] 杨林, 于珊. 碰撞反应电感耦合等离子体质谱法直接测定卤水中的溴碘[J]. 岩矿测试, 2013, 32(3): 502-505.

[12] Longerich H P. Effect of Nitric Acid, Acetic Acid and Ethanol on Inductively Coupled Plasma Mass Spectrometric Ion Signals as a Function of Nebuliser Gas Flow, with Implications on Matrix Suppression and Enhancements[J]. Journal of Analytical Atomic Spectrometry, 1989, 4(7): 665-667.

[13] 李冰, 尹明. 乙醇在电感耦合等离子体质谱中的增强效应研究[J]. 光谱学与光谱分析, 1995, 15(5): 35-40.

[14] 刘湘生, 刘刚, 高志祥, 等. 氢化物发生-电感耦合等离子体质谱联用技术研究[J]. 分析化学, 2003, 31(8): 1016-1020.

4.16　磷矿石现代仪器分析技术研究

我国的磷矿资源比较丰富，是一种重要的化工矿物原料，主要用于生产磷肥，部分用作化工原料生产磷酸及其他磷酸盐产品。磷矿中伴生的氟资源对氟化工行业是一个重要的来源。因此，提高磷矿石中包括氟在内的主次量成分分析的准确度，可以提升磷矿石中氟资源的利用率。

磷矿床常伴生有钡、锶、铀、稀土元素、钒、镉、铅、铬、汞、砷、碘等微量元素。传统的分析以经典的化学方法为主[1-2]，只能检测磷矿石中的单一元素，分析步骤冗长，操作条件要求高，不能满足大批量样品快速分析的要求。而具备多元素同时分析能力的现代大型仪器分析方法可以使得磷矿石的多元素分析速度大大提高。在磷矿石的 XRF 分析方法中，一般采用直接粉末压片和硼酸盐熔片两种制样方式[3-7]，压片制样是一种节约试剂和分析时间的绿色、环保的化学分析方法，但由于样品粒度效应和矿物学效应的影响使得某些元素的测定结果不能满足精密度与准确度的要求，较低稀释比的熔融制样可以同时完成主次量组分和低含量氟组分的准确测定，低稀释比的制样方式解决了氟组分荧光产额低导致的准确度低、精密度差、检出限高的问题。在磷矿石的电感耦合等离子体发射光谱/质谱（ICP-OES/MS）分析方法中，可根据测定元素的不同采用酸溶或碱熔等不同的样品制备方式[8-11]。这些方法具有操作简便、劳动强度低等特点，可实现主量、微量元素的同时测定，是实现包括磷矿石在内的地质样品多元素同时分析的主导方法。

4.16.1　X 射线荧光光谱法测定磷矿石中 12 种主次量元素

4.16.1.1　仪器及测量条件

RIX 2100 型 X 射线荧光光谱仪（日本 Rigaku 公司），端窗铑靶 X 光管，真空（50 Pa）光路，视野光栏 Φ30 mm。各元素的测量条件见表 4.66。需要注意的是，当氟组分选择粗狭缝时，通过调节 PHA 数值可以排除 Mg Kβ 二次线的干扰，但不能消除 Fe 含量高的样品中 Fe 对 F 的干扰，只能选择标准狭缝，通过扣除 Fe Lα 谱线的重叠干扰进行校准。

FRONT-2 型电热式熔样机：国家地质实验测试中心研制。

铂金坩埚（95%铂+5%金）：用于制备熔融玻璃片。

4.16.1.2　主要试剂

偏硼酸锂：四硼酸锂（质量比 22∶12）：高纯试剂（张家港市火炬分析仪器厂生产），在 600℃马弗炉中烘 4 h，冷却，备用。

碘化锂溶液（脱模剂）：采用分析纯碘化锂试剂配制成浓度为 400 mg/mL 的溶液。

硝酸铵（氧化剂）：分析纯。

4.16.1.3　样品制备

在 105℃烘箱内烘 2 h，除去吸附水。按照一定的熔样比分别称取烘过的样品和高纯试剂偏硼酸锂-四硼酸锂（质量比 22∶12），并称取一定量的氧化剂硝酸铵，均盛放于瓷坩埚内，搅拌均匀。在开始熔样前将混匀的样品转移到铂金坩埚内，加入碘化锂脱模剂溶液，用一次可以熔融 4 个样品的 FRONT-2 型电热式熔样机熔融成玻璃片，在熔融好玻璃片的非测量面贴上标签待测。标准样品和被测样品采用相同的方法制样。

本节编写人：许俊玉（国家地质实验测试中心）；王祎亚（国家地质实验测试中心）；马生凤（国家地质实验测试中心）；温宏利（国家地质实验测试中心）

表 4.66 分析元素的 XRF 测量条件

元素	分析线	分析晶体	探测器	电压/kV	电流/mA	2θ/(°)	背景/(°)	PHA LL	PHA UL
F	Kα	RX-35	F-PC	30	120	39.5	41.00	100	300
Na	Kα	RX-35	F-PC	30	120	25.52	26.85	140	278
Mg	Kα	RX-35	F-PC	30	120	21.14	23.00	130	340
Al	Kα	PET	F-PC	30	120	144.85	140.00	100	300
Si	Kα	PET	F-PC	30	120	109.25	111.00	100	300
P	Kα	Ge	F-PC	30	120	141.20	143.00	100	300
K	Kα	LiF3	F-PC	30	120	136.60	140.70	100	300
Ca	Kα	LiF3	F-PC	30	120	113.15	110.90	100	300
Ti	Kα	LiF1	Sc	50	50	86.12	84.20	100	300
Sr	Kα	LiF1	Sc	50	70	25.12	27.27	100	300
Mn	Kα	LiF1	Sc	50	70	62.96	64.60	100	300
Fe	Kα	LiF1	Sc	50	70	57.50	55.18	89	372

4.16.1.4 校准曲线

采用磷矿石、岩石国家一级标准物质、磷矿石管理样和人工配制标准样品作为校准样品。各组分的含量范围见表 4.67，所有组分的校正都采用经验系数法。

表 4.67 校准样品中各组分的含量范围 %

元素	含量	元素	含量
F	0.07~3.54	K_2O	0.17~4.16
Na_2O	0.059~3.38	CaO	0.60~52.68
MgO	0.21~8.19	TiO_2	0.037~2.37
Al_2O_3	0.58~18.82	MnO	0.015~0.17
SiO_2	1.25~59.23	TFe_2O_3	0.78~13.4
P_2O_5	0.16~38.45	SrO	0.0106~0.16

4.16.1.5 结果与讨论

1）方法检出限

对于 Na_2O、MgO 和 F 组分，选择低含量样品制作浓度与净谱峰曲线，计算灵敏度，以低含量段背景强度的平均值作为背景强度计算检出限；对于其余组分，尽量选择低含量的一个样品计算检出限。检出限的计算结果见表 4.68。

表 4.68 方法检出限 μg/g

元素	检出限	元素	检出限
F	1121	K_2O	35
Na_2O	97	CaO	181
MgO	283	TiO_2	61
Al_2O_3	154	MnO	4
SiO_2	150	TFe_2O_3	250
P_2O_5	67	SrO	6

2）方法精密度和准确度

按照建立的方法对未参加校准的两个标准样品（GBW07210 与 HUN2）分别制备 10 个样片，按照表 4.66 的测量条件对 10 个样片进行测定，统计方法精密度，结果见表 4.69。低含量 MnO、TiO$_2$、Na$_2$O 和 F 的方法精密度（RSD）分别为 3.17%、4.99%、1.50% 和 4.11%，其余组分的 RSD 均控制在 1.00% 以内。低含量的 Na$_2$O 和 F 与统计计数较低有关。

表 4.69 还给出了磷矿石标准物质 GBW07212 中 12 个主、次、痕量组分测量结果，各组分的分析值与相应的标准值均吻合，说明此方法适用于磷矿石样品中各量级元素的分析。

4.16.2　电感耦合等离子体发射光谱法测定磷矿石中主次量元素

4.16.2.1　仪器及测量条件

IRIS 型电感耦合等离子体发射光谱仪（美国 Thermo Fisher 公司），元素测量条件见表 4.70。
高温马弗炉，超声波振荡器。

表 4.69　方法精密度和准确度

元素	GBW07210			HUN2		GBW07212	
	标准值/%	测量值/（μg/g）	RSD/%	参考值/（μg/g）	RSD/%	标准值/（μg/g）	测量值/（μg/g）
F	3.54	3.50	1.96	0.61	4.11	0.51	0.48
Na$_2$O	0.33	0.31	1.07	0.28	1.50	0.14	0.13
MgO	0.43	0.52	0.81	3.56	0.24	7.12	7.24
Al$_2$O$_3$	0.58	0.62	0.98	14.76	0.38	4.06	4.07
SiO$_2$	3.26	3.16	0.51	45.33	0.32	38.80	38.96
TFe$_2$O$_3$	1.04	1.09	0.44	10.63	0.16	3.08	3.09
P$_2$O$_5$	36.89	36.86	0.11	5.97	0.23	6.06	6.31
MnO	0.024	0.021	3.17	3.19	0.30	0.026	0.028
SrO	0.077	0.077	0.66	0.53	0.82	0.055	0.055
K$_2$O	0.17	0.15	0.89	5.34	0.26	2.63	2.58
CaO	51.32	51.87	0.10	0.019	3.39	19.42	19.58
TiO$_2$	0.037	0.043	4.99	0.048	0.32	0.48	0.50

表 4.70　ICP-OES 测量条件

工作参数	设定条件	工作参数	设定条件
ICP 功率	1350 W	泵速	110 r/min
冷却气（Ar）流量	15.0 L/min	溶液提升量	2 mL/min
辅助气（Ar）流量	0.5 L/min	进样时间	40 s
雾化器（Ar）压力	28 psi	高盐雾化器	—
曝光时间	短波 20 s，长波 10 s	旋流雾室	—

4.16.2.2　主要试剂

无水偏硼酸锂：取分析纯含水偏硼酸锂（LiBO$_2$·8H$_2$O），在铂金皿中于 700℃脱水 7~10 min，待水分烤干后，磨碎，装瓶备用。

单元素标准储备溶液：购买市售有证的单元素标准储备溶液。

镉内标溶液（250 μg/mL）：分取 50.00 mL 镉标准储备溶液（5000 μg/mL），移入 1000 mL 容量瓶中，用 5% 王水稀释，定容至刻度。

4.16.2.3　样品制备方法

称取大约 30 mg 样品（精确至 0.01 mg）置于 10 mL 石墨坩埚中，加入 125~126 mg 无水偏硼酸锂（与样品的比例约为 1：4），充分混匀，将石墨坩埚放入瓷坩埚中，一并置于 1000℃ 高温炉中熔融 15 min。取出坩埚，立即将熔融物倒入已备有 15 mL 左右的 5% 王水的 100 mL 烧杯中。将烧杯放入数控超声波振荡器振荡 10~15 min 使溶液溶解清亮。待溶液完全溶解后移入 25 mL 比色管中，准确加入 250 μg/mL 的镉标准溶液 1.0 mL，用 5% 的王水稀释至刻度，摇匀备用。

4.16.2.4　标准曲线

直接用单元素标准储备溶液配制多元素混合校准标准溶液，也可用市售多元素混合标准储备溶液进行稀释得到；根据试样溶液中各元素的浓度范围配制各元素的校准标准溶液系列，各元素（项目）的系列至少 5 个点。标准溶液 1 为：测定项目 Al_2O_3、Fe_2O_3、CaO、MgO、K_2O、Na_2O、TiO_2，溶液介质为 10% 王水。标准溶液 2 为：测定项目 MnO、P_2O_5，溶液介质为 10% 王水。值得一提的是，校准标准溶液的保存期限为 6 个月。制备多元素混合校准标准溶液时注意元素间的相容性和稳定性，并对单元素标准储备溶液进行检查，以避免杂质影响标准溶液的准确度，并定期检查其稳定性。

硅校准标准溶液：选择磷矿石的国家一级标准物质，如 GBW07210、GBW07211、GBW07212 或其他与被分析样品含量相近的标准物质，按试料化学处理方法进行分解，制备成硅的校准标准溶液；此溶液经过准确度验证后，方可使用（硅校准标准溶液转移至聚丙烯瓶中保存，保存期限为 10 天）。

4.16.2.5　结果与讨论

1）方法检出限

与样品同时熔融处理偏硼酸锂熔剂 125.0 g 的空白溶液，准确加入 250 μg/mL 镉标准溶液 1.0 mL，用 5% 王水稀释至刻度 25 mL，摇匀。进行 10 次测定结果计算标准偏差，10 倍的标准偏差再乘以稀释倍数计算各元素的检出限（μg/g）为：SiO_2 0.100，Al_2O_3 0.070，CaO 0.100，MgO 0.027，K_2O 0.150，Na_2O 0.220，TiO_2 0.040，MnO 0.010，Fe_2O_3 0.020，P_2O_5 0.050。

2）方法精密度和准确度

按照所建立的方法，选用标准物质 GBW07210、GBW07211、GBW07212 制备 12 份样品溶液进行测定，统计精密度和准确度，结果见表 4.71。

表 4.71　方法精密度和准确度

元素	GBW07210（磷块岩）				GBW 07211（磷块岩）				GBW07212（硅镁质磷矿）			
	标准值/ （μg/g）	测量值/ （μg/g）	相对 误差/%	RSD/%	标准值/ （μg/g）	测量值/ （μg/g）	相对 误差/%	RSD/%	标准值/ （μg/g）	测量值/ （μg/g）	相对 误差/%	RSD/%
Al_2O_3	0.58±0.04	0.56	−3.4	3.10	2.58±0.06	2.63	1.94	2.03	4.06±0.02	3.97	−2.22	2.11
CaO	51.32±0.13	51.30	0.04	1.15	40.71±0.15	40.70	−0.02	0.66	19.42±0.08	19.71	1.49	0.62
Fe_2O_3	1.04±0.03	1.02	−1.92	5.2	1.08±0.02	1.07	−0.93	2.86	3.08±0.03	3.17	2.92	0.97
K_2O	0.17±002	0.18	5.88	1.0	0.28±0.02	0.30	7.14	2.00	2.63±0.05	2.65	0.76	2.69
MgO	0.43±0.002	0.42	−2.32	2.33	8.19±0.06	8.03	−1.95	1.33	7.12±0.09	7.01	−1.54	1.45
MnO	0.024±0.002	0.022	−8.33	1.50	0.015±0.002	0.014	−6.66	2.85	0.026±0.002	0.03	15.38	4.61
Na_2O	0.33±0.02	0.34	2.94	3.79	0.059±0.010	0.06	1.69	10.3	0.14±0.02	0.18	28.57	17.87
P_2O_5	36.89±0.07	36.80	−0.24	0.56	20.86±0.06	20.90	0.19	0.85	6.06±0.03	5.90	−2.64	0.47
SiO_2	3.26±0.05	3.39	3.98	2.38	3.61±0.04	3.75	3.88	1.80	38.80±0.08	39.75	2.45	0.90
TiO_2	0.037±0.002	0.034	−8.10	3.60	0.14±0.01	0.12	−14.29	3.75	0.48±0.02	0.47	−2.08	2.25

4.16.3 电感耦合等离子体质谱法测定磷矿石中的多组分

4.16.3.1 仪器及测量条件

电感耦合等离子体质谱仪测量条件见表 4.72。

表 4.72 ICP-MS 仪器测量条件

工作参数	设定条件	工作参数	设定条件
功率	1350 W	测量方式	跳峰
冷却气（Ar）流量	13.0 L/min	扫描次数	50
辅助气（Ar）流量	0.75 L/min	停留时间/通道	10 ms
雾化气（Ar）流量	1.0 L/min	每个质量通道数	3
采样锥（Ni）孔径	1.0 mm	总采集时间	20 s
截取锥（Ni）孔径	0.7 mm		

4.16.3.2 样品制备

称取 25 mg 或 50 mg 样品（精确至 0.01 mg）于封闭溶样器的内罐中。加入 1 mL 氢氟酸、0.5 mL 硝酸，盖上聚四氟乙烯上盖，装入钢套中封闭。将溶样器放入烘箱中，加热 48 h，温度控制在 190℃±5℃左右。冷却后取出内罐，置于电热板上加热蒸至近干，再加入 0.5 mL 50%的硝酸蒸发近干，重复操作此步骤一次。

加入 50%硝酸 5 mL，盖上聚四氟乙烯上盖，将聚四氟乙烯内罐再次装入钢套中封闭。将溶样器放入烘箱中，于 130℃保温 3 h。冷却后取出内罐，将溶液定量转移至比色管或容量瓶中。用水稀释，定容至 25 mL（或 50 mL），摇匀。此溶液直接用于 ICP-MS 测定。

4.16.3.3 标准曲线

单元素标准储备溶液：市售有证的单元素标准储备溶液。

多元素混合校准标准溶液：直接用单元素标准储备溶液配制多元素混合校准标准溶液，也可用市售多元素混合标准储备溶液进行稀释得到。配制的多元素混合校准标准溶液的元素组合、浓度、介质见表 4.73。

表 4.73 多元素混合标准储备溶液

混合标准储备溶液编号	元素	元素浓度/（µg/mL）	溶液介质
混标 1	La、Ce、Pr、Nd、Sm、Eu、Gd、Tb、Dy、Ho、Er、Tm、Yb、Lu、Sc、Y	20	3 mol/L 硝酸
	Li、Be、Ti、V、Cr、Mn、Co、Ni、Cu、Zn、Ga	20	3 mol/L 硝酸
混标 2	As、Rb、Sr、Zr、Mo、Cd、In、Sn、Sb、Cs、Ba、W、Tl、Pb、Bi、Th、U	20	6 mol/L 硝酸，50 g/L 酒石酸，几滴氢氟酸
混标 3	Nb、W、Ta	20	6 mol/L 硝酸，50 g/L 酒石酸，几滴氢氟酸

校准标准溶液：根据试样溶液中各元素的浓度范围，取不同微升的多元素混合标准储备溶液至 100 mL 容量瓶中，配制各元素的校准标准溶液系列（各元素的系列至少 5 个点），加入 5 mL 硝酸，用水稀释至刻度，摇匀。混合标准溶液稀释时现用现配且补加 0.1 mL 氢氟酸。

内标元素混合溶液：直接分取铑和铼单元素标准储备溶液配制内标元素混合溶液，铑和铼含量各为 10 ng/mL。

单元素干扰溶液：分别配制钡、铈、镨、钕、锆（浓度各为 1 µg/mL），钛（浓度为 10 µg/mL），铁、钙（浓度各为 250 μg/mL）单元素溶液，用于求干扰系数 k。

4.16.3.4 结果与讨论

（1）方法检出限

平行测定 11 份流程空白溶液，计算空白的平均值和标准偏差，按 10 倍标准偏差计算得到方法检出限，获得 42 种元素的检出限为 0.006~0.067 μg/g。

（2）方法精密度

将磷矿石标准物质 GBW 07210 单独溶矿测定 10 次，计算其相对标准偏差（RSD）低于 5%。

（3）方法准确度

由于目前现有的磷矿石标准物质中的微量元素没有定值，采用过氧化钠熔融分解试样，提取液在强碱性下沉淀，过滤分离出大量熔剂，沉淀用酸复溶后用 ICP-MS 测定 La、Ce、Pr、Nd、Sm、Eu、Gd、Tb、Dy、Ho、Er、Tm、Yb、Lu、Y、Nb、Ta、Zr、Hf 等 19 个元素，两种样品制备方式对测量结果没有显著性差异，结果见表 4.74。

表 4.74 碱熔与封闭酸溶分析结果对照　　　　　　　　　　　μg/g

元素	溶样方式	GBW07210	GBW07211	GBW07212	鄂P11高	鄂P11中	川P11高	川P11中	黔P11高
Y	碱熔	36.3	66.8	35.7	11.9	13	150	461	216
	封闭酸溶	36.4	66.2	37.2	12.5	14.1	150	446	216
Zr	碱熔	0.69	34	30.8	43.8	53.6	58	7.95	0.67
	封闭酸溶	1.01	0.21	31.2	43.8	57.3	56	0.64	0.67
Nb	碱熔	0.72	3.08	4.2	4.5	5.23	5.56	6.03	1.5
	封闭酸溶	0.75	2.16	4.42	4.49	6.69	5.55	5.16	1.5
La	碱熔	10.3	27	18.6	14.9	16.8	63.1	138	48.1
	封闭酸溶	10.5	27.7	19.1	15.4	18	63.1	127	48.1
Ce	碱熔	19.8	25	29.5	26.9	29.7	50.9	72.2	93.5
	封闭酸溶	19.8	25.9	30.1	27.2	31.8	51	69.2	93.5
Pr	碱熔	2.42	5.2	4.92	3.44	3.88	11.8	24.1	13.9
	封闭酸溶	2.48	5.35	5.1	3.52	4.17	11.7	23.2	13.9
Nd	碱熔	11.1	21.9	21.2	13.2	14.9	49.1	106	65.3
	封闭酸溶	11.1	22.2	21.8	13.4	16	48.8	101	65.3
Sm	碱熔	2.65	4.56	4.85	2.7	3.23	9.78	22.4	16.1
	封闭酸溶	2.67	4.57	4.99	2.57	3.28	10.1	21.3	16.1
Eu	碱熔	0.82	1.08	1.16	0.68	0.91	2.42	5.58	4.18
	封闭酸溶	0.81	1.05	1.23	0.67	1.01	2.36	5.46	4.18
Gd	碱熔	3.77	6.52	5.65	2.73	3.2	14.5	34.4	24.2
	封闭酸溶	3.94	6.6	6.21	2.88	3.43	14.3	33.1	24.2
Tb	碱熔	0.48	0.79	0.73	0.33	0.4	1.77	4.31	3.02
	封闭酸溶	0.46	0.78	0.75	0.32	0.41	1.76	4.13	3.02
Dy	碱熔	3.46	5.95	4.72	1.99	2.32	13.5	33.4	22.3
	封闭酸溶	3.42	5.98	4.85	2.01	2.55	13.4	32.2	22.3
Ho	碱熔	0.84	1.4	0.9	0.39	0.44	3.08	7.81	4.95
	封闭酸溶	0.79	1.37	0.95	0.39	0.49	3.14	7.47	4.95
Er	碱熔	2.66	4.26	2.57	1.12	1.34	9.66	24.7	14.9
	封闭酸溶	2.63	4.29	2.69	1.18	1.35	9.62	23.5	14.9
Tm	碱熔	0.34	0.52	0.29	0.14	0.17	1.21	3.06	1.76
	封闭酸溶	0.35	0.52	0.32	0.14	0.19	1.16	2.91	1.76

续表

元素	溶样方式	GBW07210	GBW07211	GBW07212	鄂 P11 高	鄂 P11 中	川 P11 高	川 P11 中	黔 P11 高
Yb	碱熔	2	3.31	1.67	0.86	1.05	7	18.1	9.84
	封闭酸溶	1.98	3.19	1.8	0.89	1.12	7.24	17.4	9.84
Lu	碱熔	0.27	0.47	0.24	0.12	0.16	1.02	2.51	1.27
	封闭酸溶	0.27	0.47	0.25	0.12	0.17	1	2.42	1.27
Hf	碱熔	0.03	0.9	0.87	1.14	1.64	1.68	0.12	0.07
	封闭酸溶	0.02	0.02	0.82	1.2	1.71	1.56	0.14	0.07
Ta	碱熔	0.01	0.32	0.32	0.35	0.43	0.48	0.12	0.02
	封闭酸溶	0.01	0.02	0.32	0.35	0.8	0.48	0.07	0.02

4.16.4　结论与展望

本研究建立了应用 XRF、ICP-OES、ICP-MS 现代仪器为主的磷矿石分析方法，针对不同元素含量的分析配套流程，可以准确、快速检测磷矿石中的多元素。

在 XRF 分析体系中，建立了较低的稀释比（5∶1）熔片制样，XRF 测定磷矿石中包括氟元素在内的 12 个组分的分析方法，可以解决较低含量、低荧光产额氟组分的分析，同时还能准确测定其他主要成分，方法的精密度和准确度较好，检出限较低。但氟的测试结果容易受到环境的污染，氟的检出限还是比较高，因此建议待测样片及时测定或者保存在干燥器中。如果能进一步降低检出限，将更好地解决低含量氟组分的测定问题。

在 ICP-OES 分析体系中，采用偏硼酸锂熔融，王水介质，可以同时测定磷矿石中的磷、硅、铝、铁、钛、钙、镁、锰、钾、钠元素，经过国家标准物质和大量样品验证，实验结果可靠。

在 ICP-MS 分析体系中，采用封闭酸溶的方式溶解样品，可以实现包括稀土元素在内的多元素同时测定，具有准确度高、操作简便快速、成本低、污染少等特点，有效解决了磷矿石中痕量元素一次制样同时测定的难题，广泛适用于磷矿石等地质样品的分析，具有很好的推广价值和应用价值。

参 考 文 献

[1] 岩石矿物分析编委会. 岩石矿物分析(第四版　第二分册)[M]. 北京: 地质出版社, 2011: 206-262.

[2] 王祎亚, 邓赛文, 王毅民, 等. 磷矿石分析方法评述[J]. 冶金分析, 2013, 33(4): 26-34.

[3] Wang X H, Li G H, Zhang Q, et al. Determination of Major, Minor and Trace Elements in Seamount Phosphoriteby XRF Spectrometry[J]. Geostandards and Geoanalytical Research, 2004, 28(1): 81-88.

[4] 王祎亚, 许俊玉, 詹秀春, 等. 较低稀释比熔片制样 X 射线荧光光谱法测定磷矿石中 12 种主次痕量组分[J]. 岩矿测试, 2013, 32(1): 58-63.

[5] 李可及, 易建春, 潘钢. X 射线荧光光谱法测定磷矿石中 11 种主次组分[J]. 冶金分析, 2013, 33(9): 28-33.

[6] 曾江萍, 张莉娟, 李小莉, 等. 超细粉末压片-X 射线荧光光谱法测定磷矿石中 12 种组分[J]. 冶金分析, 2015, 35(7): 37-43.

[7] 李红叶, 许海娥, 李小莉, 等. 熔融制片-X 射线荧光光谱法测定磷矿石中主次量组分[J]. 岩矿测试, 2009, 28(4): 379-381.

[8] 吴迎春, 岳宇超, 聂峰. 电感耦合等离子体发射光谱法测定磷矿石中磷镁铝铁[J]. 岩矿测试, 2014, 33(4): 497-500.

[9] 郭振华. 电感耦合等离子体发射光谱法测定磷矿石中常量元素硅磷硫钙镁铝铁钛锰[J]. 岩矿测试, 2012, 31(3): 446-449.

[10] 吴赫, 王龙山, 王光照. 密封高压消解罐消解-电感耦合等离子质谱法测定磷矿石中铅镉[J]. 应用化工, 2014, 43(2): 376-378.

[11] 郭振华, 何汉江, 田凤英. 混合酸分解-电感耦合等离子体质谱法测定磷矿石中 15 种稀土元素[J]. 岩矿测试, 2014, 33(1): 25-28.

4.17　石膏矿中主次量元素分析技术研究

石膏作为非金属矿物的典型代表，因其具有高强度、高绝缘性、耐高温、耐酸碱等诸多优良的理化性能，广泛应用于建筑、化工和中医等诸多领域，已成为我国重点发展的非金属矿物之一。石膏中元素的含量在一定程度上会影响其品质，例如 Ca、S 的含量是判别石膏品级的主要依据；建筑用石膏对 Si、Al、K、Na 的含量要求较高；硫酸工业中所用石膏对 Mg 的含量有限制；用于制造模型的石膏对 Fe、Ti 等元素的含量有要求；医用石膏对微量元素 Sr 的含量有要求。因此，准确测定石膏中的主、次量元素含量对于石膏矿石的开发利用具有十分重要的意义。

石膏的成分分析通常采用化学法，如 S 用重量法测定，Ca、Mg、Al 用 EDTA 容量法测定，Si、Fe 用分光光度法测定等。化学法的分析周期长、操作烦琐、试剂用量大。X 射线荧光光谱法（XRF）绿色环保、制样简单、分析速度快，建立石膏的 XRF 分析方法具有十分重要的实际应用价值。非金属矿物的 XRF 分析技术已有报道，但鲜有用于分析石膏的报道。在应用 XRF 分析非金属矿物时，通常采用熔融法制备样品[1-3]，既能够消除矿物效应和粒度效应，降低基体的影响，还可以避免粉末制样法因粉末散落对 X 光管和试样室清洁度及真空度的影响[4-5]。考虑到硫元素在高温下熔融时会挥发，袁秀茹等[6]在分析白云岩时，采用粉末压片法对硫元素进行测试，其他元素则采用熔融法制样；刘江斌等[7]在测定石灰石时，也是采用粉末压片法对其中的硫元素进行测试，其他元素则采用熔融法制样。但是压制相应的样品需要更多的分析步骤，增加了工作量。李国会等[8]用四硼酸锂-偏硼酸锂混合熔剂并加入硝酸锂氧化剂在 1000℃熔融制样，防止了硫的熔融损失，而且能将各类岩石样品制成高质量的玻璃样片；宋义等[9]也采用四硼酸锂-偏硼酸锂并加入氧化剂硝酸锂在 1000℃熔融制样，有效地降低了熔点，避免了熔融制样过程中硫的挥发；应晓浒和林振兴[10]采用四硼酸锂-偏硼酸锂在 1000℃制备氟石熔融片，有效地抑制了样品中硫的挥发；李红叶等[11]采用四硼酸锂-偏硼酸锂在 1050℃熔融制备样品，用 XRF 测定磷矿石中包括硫元素在内的 13 种主次量组分，取得了较好的分析结果。但是上述文献中硫元素的测定范围（0.01%~10.00%）较窄，无法满足石膏中的高含量硫（12.60%~51.91%）的测定需求。此外，石膏标准物质匮乏，难以建立适合各元素测量范围和梯度的标准曲线。

针对应用 XRF 分析石膏存在标准物质匮乏和硫含量较高在高温下易挥发损失的问题，本节采用高纯硫酸钙、石膏标准物质与土壤、岩石、水系沉积物、碳酸盐等标准物质配制相应的人工标准样品；用四硼酸锂-偏硼酸锂混合熔剂熔融制备石膏样品，有效地抑制样品中硫的挥发，同时消除了样品的粒度效应和矿物效应，建立了 XRF 测定石膏矿中硅、铝、铁、钙、镁、钾、钠、钛、硫、锶 10 种主、次量元素的方法。

4.17.1　研究区域与地质背景

样品采自湖北应城，矿区位于扬子淮地台江汉断陷的云应凹陷中部云应向斜盆地西缘。云应盆地是扬子淮地台江汉断陷中的云应凹陷南部的一个断陷盆地，面积 188 km^2，为北西西-南东东向的似纺锤状对称盆地。矿石主要成分为纤维石膏，以细晶纤维石膏为主，占纤维石膏的 85%以上。纤维石膏品位高且稳定，为 92%~96%。

本节编写人：魏灵巧（湖北省地质局第六地质大队）；黄瑞成（湖北省地质局第六地质大队）；付胜波（湖北省地质局第六地质大队）；罗磊（湖北省地质局第六地质大队）

4.17.2　实验部分

4.17.2.1　仪器及主要试剂

Axios PW 型波长色散 X 射线荧光光谱仪（荷兰帕纳科公司），最大功率 4.0 kW，最大激发电压 60 kV，最大电流 125 mA，SST 超尖锐陶瓷端窗（75 μm）铑钯 X 射线光管，样品交换器一次最多可放 68 个样品（直径 32 mm），SuperQ 5.0 高级智能化操作软件。各元素的 XRF 测量条件见表 4.75。

FRONT-2 型电热式熔样机：国家地质实验测试中心研制。

铂金坩埚：95% Pt+5% Au。

四硼酸锂-偏硼酸锂（质量比 22∶12）混合熔剂：高纯试剂，在 650℃马弗炉内烘 4 h，冷却备用。

溴化锂溶液（脱模剂）：化学纯试剂（国药集团化学试剂有限公司），配制为 1 g/mL 溶液备用。

表 4.75　分析元素的 XRF 测量条件

元素及谱线	分析晶体	准直器/μm	探测器	电压/kV	电流/mA	2θ/(°)			PHD 范围
						峰值	背景 1	背景 2	
Si Kα	PE002	300	Flow	30	120	109.0782	2.301	—	24~78
Al Kα	PE002	300	Flow	30	120	144.8664	2.4946	−1.8818	22~78
Fe Kα	LiF200	150	Duplex	60	60	57.5106	0.8464	—	15~72
Ca Kα	LiF200	150	Flow	30	120	113.1156	1.621	—	29~73
Mg Kα	PX1	700	Flow	30	120	22.552	1.6984	−2.0654	35~65
K Kα	LiF200	300	Flow	30	120	136.697	2.016	—	31~74
Na Kα	PX1	700	Flow	30	120	27.2838	2.2178	−1.7742	35~72
Ṭi Kα	LiF200	300	Flow	60	60	86.1606	−1.4094	—	27~71
S Kα	Ge111	300	Flow	30	120	110.6698	2.6996	—	35~65
Sr Kα	LiF200	150	Scint	60	60	25.1332	0.6856	—	22~78

4.17.2.2　样品制备

准确称取 0.6500 g 样品和 5.8500 g 四硼酸锂-偏硼酸锂混合熔剂于瓷坩埚中，搅拌均匀后倒入铂金坩埚中，加入一滴溴化锂溶液，放入已升温至 1050℃的熔样机中按照设定程序全自动熔融玻璃片。熔样程序为：样品预熔 2 min，上举 1.5 min，摆平 0.5 min，往复 4 次（在此期间熔样机内部不停地旋转）后取出，冷却后贴上标签放入干燥器中待测。

4.17.3　结果与讨论

4.17.3.1　石膏人工标准样品的配制

在 XRF 分析中保持基体的一致性是准确分析的前提，而现有的石膏标准物质少，元素含量的梯度变化大，不足以建立分析范围足够宽的标准曲线，需要配制相应的石膏人工标准样品。此外，样品中的重金属元素含量过高时，会腐蚀铂金坩埚，因此不能采用熔融法制备样品。采用粉末压片 XRF 法对石膏样品进行分析，得到了石膏样品的主要组成元素和重金属元素的含量范围，详细结果列于表 4.76。

从石膏的主要元素组成来看，重金属元素的含量较低，可以采用熔融法制备样品，同时根据所得到的石膏样品中主要组成元素的含量范围，采用高纯硫酸钙、石膏标准物质（GBW03109a，GBW03111a），土壤（GBW07401~GBW07411），岩石（GBW07101~GBW07112），水系沉积物（GBW07301~GBW07302），

表 4.76　石膏样品主要组成元素的含量范围　　　　　　　　　　　　　　　%

元素	含量范围	元素	含量范围
SiO_2	2.31~19.04	Co_3O_4	5.50~43.00
Al_2O_3	2.67~6.96	NiO	1.30~20.20
Fe_2O_3	0.06~2.22	CuO	0.60~533.80
CaO	22.74~40.55	ZnO	8.50~76.50
MgO	0.45~3.95	Rb_2O	1.70~50.10
K_2O	0.24~0.72	Y	0.50~4.50
Na_2O	2.53~5.05	ZrO_2	8.40~125.00
TiO_2	0.01~0.28	CdO	0.40~8.20
SO_3	22.72~35.38	Ba	10.50~300.00
SrO	0.02~0.43	PbO	2.20~147.80

碳酸盐（GBW07127~GBW07136）等国家一级标准物质配制相应的人工标准样品 SG1~SG12。人工标准样品中各元素的含量范围如下：SiO_2 为 0.295%~36.59%，Al_2O_3 为 0.042%~14.98%，Fe_2O_3 为 0.036%~13.40%，CaO 为 10.00%~49.24%，MgO 为 0.173%~13.00%，K_2O 为 0.006%~1.52%，Na_2O 为 0.005%~1.84%，TiO_2 为 0.002%~4.13%，SO_3 为 12.60%~51.91%，SrO 为 0.002%~0.183%。

4.17.3.2　熔剂及稀释比的确定

熔样之前需要选定合适的熔剂，以使熔剂和石膏样品的酸度相适宜，本研究根据能量最低原理[12]选定适合熔融石膏样品的四硼酸锂-偏硼酸锂（质量比 22：12）混合熔剂。

石膏样品中待测元素的含量相差较大，为了准确测定，对样品与熔剂的稀释比（样品与熔剂的质量比）进行了试验。分别按 1：5、1：9、1：15 的稀释比（$m_{样品}$：$m_{熔剂}$）称取熔剂和样品于坩埚中，熔融后测量。稀释比为 1：5 时，样品流动性较差；稀释比为 1：15 时，样品中低含量元素的测量信号强度过低，增大了测量误差。因此本研究选择采用 1：9 的稀释比熔融样品，所制备的样品均匀、浓度适中，能够兼顾不同元素、不同含量的测定。

4.17.3.3　烘样温度的影响

石膏样品含有大量结晶水（H_2O^+）和吸附水（H_2O^-），测量结果受烘样温度影响较大，为此本实验选择 45℃和 105℃进行试验。当烘样温度为 45℃时，所配制的标准曲线线性较好；当烘样温度为 105℃时，所配制的标准曲线出现明显的偏离现象，而且曲线下部的标准点全部是由 GBW03109a 和高纯硫酸钙参与配制的人工标准样品。造成这种情况的原因是高纯硫酸钙不含结晶水，GBW03109a 含 4.21%的结晶水（H_2O^+），而 GBW03111a 含 17.23%的结晶水（H_2O^+），105℃烘样时 GBW03111a 失去大量的结晶水（H_2O^+），造成结果偏高；45℃烘样时所有样品只失去吸附水（H_2O^-），所以所有标准点均在曲线上。

4.17.3.4　熔融温度的选择

选取 5 件不同含量的石膏样品，分别在 950℃、1000℃、1050℃、1100℃、1150℃下按照实验方案熔融。当熔融温度为 950℃时，5 件样品中均有不熔物存在；当熔融温度为 1000℃时，有一件样品中存在不熔物；当熔融温度为 1050℃、1100℃ 和 1150℃时，5 件样品中不存在不熔物，均能熔清。

在高温下熔融含硫矿物时，会出现硫损失和热稳定性的问题。因此称取石膏标准物质 GBW03109a 和 GBW03111a 分别在 1050℃、1100℃、1150℃、1200℃、1250℃温度下熔融并测定硫的荧光强度，从表 4.77 可以看出，在 1050~1150℃范围内，硫元素的荧光强度变化不大；1200℃时硫的荧光强度明显减弱，到 1250℃时硫的荧光强度分别降至 106.3348 kcps（GBW03109a）和 102.2384 kcps（GBW03111a），仅为 1050~1150℃时平均强度的 46.84%和 58.86%。这表明当温度不高于 1150℃时，石膏矿中的硫在熔融过程中基本没有挥发损失，可能是石膏中的硫主要以硫酸盐的形式存在，可以在较高的温度下稳定存在[13-15]；另外，熔剂中含有碱性的偏硼酸锂能够很好地结合强酸性的 SO_3，从而将硫保留在玻璃熔片中。考虑到高温对熔样机和铂金坩埚的损耗较大，故选择熔矿温度为 1050℃。

表 4.77　不同熔融温度下硫的测定结果　　　　　　　　　　　　kcps

石膏标准物质	硫的荧光强度				
	1050℃	1100℃	1150℃	1200℃	1250℃
GBW03109a	229.0816	225.6980	226.2404	187.7964	106.3348
GBW03111a	173.1312	175.8108	172.1844	165.8272	102.2384

4.17.3.5　基体效应校正

用熔融法制样虽然消除了粒度、矿物效应，减小了基体效应，但由于石膏中各组分的含量变化很大，仍需采用理论 α 系数进行基体效应校正。校正公式如下：

$$w_i=D_i-\Sigma\,(L_{ik}Z_k)+E_iR_i\left(1+\sum_{j=1}^{n}\alpha_{ij}Z_j\right) \tag{4.9}$$

式中，w_i 为未知样品中分析元素 i 的含量；D_i 为分析元素 i 校准曲线的截矩；L_{ik} 为干扰元素 k 对分析元素 i 的谱线重叠干扰校正系数；Z_k 为干扰元素 k 的含量或计数率；E_i 为分析元素 i 校准曲线的斜率；R_i 为分析元素 i 的计数率；Z_j 为共存元素 j 的含量；n 为共存元素 j 的数目；α 为基体校正因子；i、j 和 k 分别为分析元素、共存元素和干扰元素。

4.17.3.6　标准化样品的选择

标准化样品用来修正环境条件及仪器的微小变化对分析结果的影响。标准化样品的含量过高，其计数率高，在校正系数中不能很好地反映仪器的较大变化；标准化样品的含量太低，计数率低，校正系数会放大仪器的微小变化，从而造成较大的分析误差。标准化样品可用样品制备方法制备，也可直接从绘制标准曲线的标准样品中选取，本文直接从标准样品中选取一个含量适中的样品作为标准化样品。

4.17.3.7　方法性能

1）方法检出限

根据分析元素的测量时间，计算各元素的检出限。从表 4.78 可以看出方法检出限为 4~135 μg/g，基本低于相关方法的检出限，可以满足石膏样品中主、次量元素的测试需求。

表 4.78　方法检出限　　　　　　　　　　　　　　　μg/g

元素	检出限		元素	检出限	
	本法	相关方法		本法	相关方法
SiO_2	135	42~400	K_2O	18	35~400
Al_2O_3	126	77~400	Na_2O	75	89~400
Fe_2O_3	17	18~400	TiO_2	25	61~500
MgO	30	98~283	SO_3	76	92
CaO	79	181~500	SrO	4	6~61

2）方法准确度和精密度

按照实验方法，将不参加回归的石膏标准物质 GBW03110 平行分析 12 次，由表 4.79 结果可知，除了含量较低的 Na_2O 和 SrO 的相对误差不高于 10%以外，其余元素的相对误差均低于 3%；除了含量较低的 Na_2O、TiO_2 和 SrO 的相对标准偏差（RSD）不高于 3%以外，其余元素的 RSD 均低于 1%，能够满足实际样品的分析需求。

表 4.79　方法准确度和精密度　　　　　　　　　　　　　%

元素	GBW03110		相对误差	RSD
	标准值	12 次测量的平均值		
SiO_2	7.21	7.24	0.4	0.4
Al_2O_3	1.92	1.95	1.6	0.4
Fe_2O_3	0.63	0.62	1.6	0.4
MgO	4.92	4.98	1.2	0.9
CaO	28.5	28.38	0.4	0.5
K_2O	0.38	0.39	2.6	0.3
Na_2O	0.021	0.023	9.5	2.4
TiO_2	0.1	0.099	1	1.6
SO_3	32.55	32.58	0.1	0.4
SrO	0.071	0.077	8.5	1.6

4.17.4　结论

本研究建立了熔融制样 X 射线荧光光谱仪同时测定石膏中的钙、硫、硅等主、次量元素的分析方法。针对硫含量在 12.60%~51.91%的石膏样品，使用四硼酸锂-偏硼酸锂（质量比 22∶12）混合熔剂可以在熔融过程中有效结合石膏中的硫，抑制了硫在高温时的挥发。选择石膏、高纯硫酸钙和其他标准物质配制成相应的人工标准样品，解决了石膏标准物质缺乏的问题，同时增强了样品基体的适应性。采用高温熔融制样结合理论 α 系数消除矿物效应、粒度效应以及校正谱线重叠干扰和基体效应，满足了地质样品批量分析测试的需要，具有良好的推广应用价值。

参 考 文 献

[1] 仵利萍, 刘卫. 熔融制样-X 射线荧光光谱法测定重晶石中主次量元素[J]. 岩矿测试, 2011, 30(2): 217-221.

[2] 王祎亚, 许俊玉, 詹秀春, 等. 较低稀释比熔片制样 X 射线荧光光谱法测定磷矿石中 12 种主次痕量组分[J]. 岩矿测试, 2013, 32(1): 58-63.

[3] 王梅英, 李鹏程, 李艳华, 等. 蓝晶石矿中氟钠镁铝硅铁钛钾钙元素的 X 射线荧光光谱分析[J]. 岩矿测试, 2013, 32(6): 909-914.

[4] 袁家义. X 射线荧光光谱法测定萤石中氟化钙[J]. 岩矿测试, 2007, 26(5): 419-420.

[5] 罗明荣. 硅灰石的 X 射线荧光光谱分析[J]. 岩矿测试, 2007, 26(3): 245-247.

[6] 袁秀茹, 余宇, 赵峰, 等. X 射线荧光光谱法同时测定白云岩中氧化钙和氧化镁等主次量组分[J]. 岩矿测试, 2009, 28(4): 376-378.

[7] 刘江斌, 曹成东, 赵峰, 等. X 射线荧光光谱法同时测定石灰石中主次痕量组分[J]. 岩矿测试, 2008, 27(2): 149-150.

[8] 李国会, 卜维, 樊守忠. X 射线荧光光谱法测定硅酸盐中硫等 20 个主、次、痕量元素[J]. 光谱学与光谱分析, 1994, 14(1): 105-110.

[9] 宋义, 郭芬, 谷松海. X 射线荧光光谱法同时测定煤灰中的 12 种成分[J]. 光谱学与光谱分析, 2008, 28(6): 1430-1434.

[10] 应晓浒, 林振兴. X 射线荧光光谱法测定氟石中的氟化钙和杂质的含量[J]. 光谱实验室, 2000, 17(1): 78-81.

[11] 李红叶, 许海娥, 李小莉, 等. 熔融制片-X 射线荧光光谱法测定磷矿石中主次量组分[J]. 岩矿测试, 2009, 28(4): 379-381.

[12] Claisse F, Blanchette J S. 卓尚军译. 硼酸盐熔融的物理与化学[M]. 上海: 华东理工大学出版社, 2006.

[13] 李小莉, 安树清, 徐铁民, 等. 熔片制样-X 射线荧光光谱法测定煤灰样品中主次量组分[J]. 岩矿测试, 2009, 28(4): 385-387.

[14] 张莉娟, 徐铁民, 李小莉, 等. X 射线荧光光谱法测定富含硫砷钒铁矿石中的主次量元素[J]. 岩矿测试, 2011, 30(6): 772-776.

[15] 黎香荣, 陈永欣, 罗明贵, 等. 波长色散 X 射线荧光光谱法同时测定钒渣中的主次量成分[J]. 岩矿测试, 2011, 30(2): 222-225.

4.18　滑石矿中有害组分的现代仪器分析技术研究

辽宁海城范家堡滑石矿田位于宽甸台拱英落—草河口—太平哨复向斜的北翼。地台的基底由太古宙鞍山群及早元古宙辽河群变质杂岩组成。盖层为晚元古宙细河群钓鱼台组碎屑岩建造。本区岩浆活动具有多旋回、多阶段、多岩类的发育特点。矿田的含矿层位主要为大石桥组三段及局部大石桥组二段。含矿岩系的主要岩性有：白云石大理岩、含石英菱镁矿大理岩、绿泥石化白云石大理岩、绿泥绢云千枚岩或黑云母片岩薄层组成。含矿岩系平均厚度为 2356 m，其中碳酸盐累计厚度为 2206 m，而菱镁矿大理岩夹菱镁矿层总厚度约占碳酸盐层总厚度的 1/3，是滑石矿体的主要围岩。矿带一般距大石桥组底界 50~450 m，发育较好的地段矿化带厚度达 170~360 m。本节建立了采用偏光显微镜、X 射线衍射、水筛分离重量法、电子探针及扫描电镜鉴定滑石矿中石棉的鉴定方法，以及采用电感耦合等离子体质谱（ICP-MS）测定滑石矿中有害元素铅、铬、镉和原子荧光光谱法测定砷、汞的配套方法。

4.18.1　研究区地质背景

范家堡子滑石矿床产于下元古界辽河群大石桥组三段上部的碎裂含石英菱镁大理岩中，矿体严格受褶皱、断裂构造控制。矿床集中分布于向斜、背斜的翼部和端部。主要有 4 条矿体及矿体群。矿体的形态为似层状、扁豆状、透镜状、团块状，少数矿体形态不规则，有分支复合现象。矿体控制长度数百米，矿体厚度几米至近百米。矿石以粉红色、白色、浅蛋青色和紫灰色为主，地表主要呈浅棕色或蜡黄色。

辽宁海城范家堡子滑石矿，属于镁质大理岩中的区域变质热液交代矿床，以其规模巨大、质量优良而驰名中外，矿山年产原矿 10 万余 t，是我国三大滑石生产出口基地之一。

4.18.2　矿石矿物特征

矿石矿物为滑石，脉石矿物主要为菱镁矿，其次为石英，并普遍含少量磷灰石。局部出现少量黄铁矿、炭质（部分已石墨化），个别样品见到微量-少量白云石，有害矿物主要为纤维状角闪石类（透闪石石棉、蓝闪石石棉、直闪石石棉、阳起石石棉及镁铁闪石石棉）和纤维状蛇纹石（温石棉）等硅酸盐矿物。矿石主要组构为鳞片变晶结构、粒状鳞片变晶结构、交代蚕食结构及交代残余结构，块状、浸染状和片状构造。矿石化学组成为：MgO 31.0%~36.2%，SiO_2 42.1%~62.6%，CaO 小于 1.9%，Fe_2O_3 小于 0.5%，白度为 85~93[1]。

4.18.3　滑石矿中石棉的检测方法

4.18.3.1　偏光显微镜鉴定法

对于块状滑石原矿，首先肉眼观察样品中是否存在梳状、放射状纤维集合体，如果确有上述特征的矿物存在，则需要在样品中根据存在部位的不同选择不同方向进行切片，需经切割、粗磨、细磨等过程制成岩石薄片，岩石薄片厚度为 0.03 mm。在偏光显微镜下观察鉴定，以确认矿石中纤维状物质是否为石棉类矿物（蛇纹石类、闪石类矿物）以及该矿物是否发育成石棉。如果存在石棉类矿物，则需要进行 X 射线衍射法及水筛重量法定量分析。

对于粉末状样品，将制好的水浸薄片测试样品分别放在偏光显微镜载物台上，在正交偏光系统下，

本节编写人：刘琦（中国地质调查局沈阳地质调查中心）；赵爱林（中国地质调查局沈阳地质调查中心）

从低倍物镜至高倍物镜的顺序观察，如果发现存在纤维状物质，需要进一步观察纤维物的形貌，平行测定 5 次。某些发育良好的石棉会看到解理和干涉色（图 4.12），同一切面干涉色有所不同，只要在一个试样中发现有长纤维状的物体，且可以看到解理，可确定该样品中存在石棉[2]。如果发现只有纤维状物体存在，而没有石棉解理和干涉色，可认为疑似石棉（这时应注意在样品加工过程中是否混入纤维状的物体），这时需要进行镜下多方位观察及碾压实验（闪石石棉具有沿解理破碎的特点）。观察中确定存在石棉类矿物时，则需要进行 X 射线衍射法及水筛重量法进行定量分析。

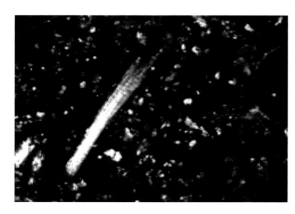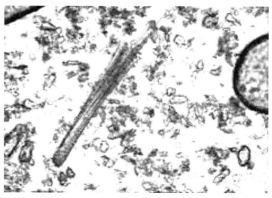

图 4.12　滑石样品角闪石石棉正交偏光显微照片及滑石样品透闪石石棉单偏光显微照片

显微镜鉴定法是滑石中石棉类矿物定性分析方法。由于非金属矿中石棉含量一般具有微量和分布不均匀的特点，薄片下进行鉴定测得的矿物含量只代表样品的局部特征，需要注意的是薄片中难以涵盖样品所有的信息，如果薄片中含有石棉类矿物，则需要进一步用水筛分离重量法进行定量分析。

4.18.3.2　X 射线衍射分析方法

应用 X 射线衍射仪法将样品的 X 射线衍射数据与标准谱库中石棉类矿物的标准 X 射线衍射数据对比，来判断试样中是否含有某种石棉矿物，鉴定试样中的石棉种类，从而判定试样中是否含有石棉矿物[3-8]。

将滑石粉末用毛玻璃片均匀压入样片圆孔中，或将配制好的样品在不施加任何外力的情况下均匀洒入塑料载样片的圆孔中，制成待测样品。将配制含有不同比例（分别为 0.1%、0.5%、1%、1.25%、2.5%）的透闪石石棉和滑石混合样品按上述条件进行分析，测试数据列于表 4.80。由测试结果可以看出 X 射线衍射法可以满足滑石样品中透闪石石棉检出限为 0.1% 的要求。

4.18.3.3　水筛分离重量法

选用小于 325 目滑石粉和透闪石（石棉）样品，配制含量为 0.25%、0.5%、1%、2.5% 和 5% 五个含量级别的样品；选择合适粒级的水筛（325 目），称取 100~200 g 样品，对样品进行水筛分离，收集分布于筛上的样品，称重后计算得出石棉类矿物的含量（表 4.81）。

由于时间和经费制约，本次实验样本量小，尚不能完全确定此方法是否可以用于定量分析石棉含量，但从实验结果（表 4.81）看出，样品的石棉回收率最小为 44.6%，最高为 51.0%，回收率相对稳定。利用这种方法可判别滑石中是否含有石棉，并可估算透闪石石棉含量，滑石中石棉含量计算公式为

$$石棉含量 \approx 2 \times 筛上石棉质量 / 样品质量$$

4.18.3.4　电子探针及扫描电镜鉴定法

使用电子探针分析仪对制备好的样品进行 X 射线扫描、背散射电子扫描、能谱元素面（线）扫描，

表 4.80　X 射线衍射分析数据　　　　　　　　　　　　　　　　　%

| 序号 | 主要矿物半定量分析结果 | | | | 可能出现矿物半定量分析结果 | | | | |
| | 透闪石 | | 滑石 | 白云石 | 菱镁矿 | 蛇纹石 | 蒙脱石 | 石英 | 方解石 |
	配制含量	测试含量							
1	0.1	0.1	92.3	4.8	1.5	0.6	0.4	0.1	0.2
2	—	0.2	94.4	4	0.7	0.4	0.3	—	—
3	—	0.2	93.2	3.4	0.8	0.7	0.6	0.5	0.6
4	0.5	0.4	93.7	2.9	1.6	0.6	—	—	0.5
5	—	0.5	95.7	2.1	0.8	0.5	0.4	—	—
6	—	0.7	91.8	3.5	2.2	0.5	0.8	0.2	0.4
7	1	0.9	91.2	5.3	1.2	0.5	0.7	0.2	—
8	—	0.9	92.3	5.1	0.4	0.5	0.7	—	—
9	—	1	91	5.2	2.1	0.3	—	0.3	—
10	1.25	1	93.2	4.1	0.3	0.7	0.7	—	—
11	—	1.1	94.1	3.9	0.3	0.5	—	—	—
12	—	1.3	90	6.8	0.6	0.4	0.8	0.1	—
13	2.5	2.3	91.5	4.5	0.6	0.6	0.5	0.1	—
14	—	2.5	90.1	6.2	0.2	0.3	0.5	0.2	—
15	—	2.4	89.2	6.2	1	0.6	—	0.7	—

表 4.81　水筛重量法实验数据

样品序号	滑石加入量/g	透闪石加入量/g	透闪石含量/%	筛上存留量/g	透闪石回收率/%
1	99.75	0.25	0.25	0.12	48.0
2	99.5	0.5	0.5	0.24	48.0
3	99.0	1.0	1.0	0.51	51.0
4	97.5	2.50	2.5	1.21	48.4
5	95.0	5.0	5.0	2.23	44.6
6	190.0	10.0	5.0	4.58	45.8
7	175.0	25.0	5.0	11.28	45.1

从形貌、形态以及元素分布（图 4.13）研究还能对石棉种类作出判断[9]。粉末样品称样量为 0.1 g，压片直径 0.4 mm，压片压力为 1000 MPa，表面喷涂导电膜，样品镀膜厚度与标样保持一致。

4.18.3.5　滑石中石棉分析综合判别方法

以上四种方法都具有局限性，对于不同的样品在进行检测前要进行方法的选择，对不同方法的测试结果需要进行综合判别。如果在 X 射线衍射测定结果中，未出现石棉矿物衍射特征峰，则判定该试样中不含石棉。如果在 X 射线衍射测定结果中，出现了某种石棉类矿物衍射特征峰，同时在偏光显微镜下，发现了该矿物呈纤维状，则判定该试样含石棉，必要时进行水筛分离法进行半定量检测。如果在 X 射线衍射测定结果中，出现了某种石棉矿物衍射特征峰，但在偏光显微镜下，未发现该矿物呈纤维状，需要进行大量样品的水筛分离法检测，最终确定样品中石棉类矿物的存在与否，判定该试样是否含石棉，如果含石棉则进行定量计算。

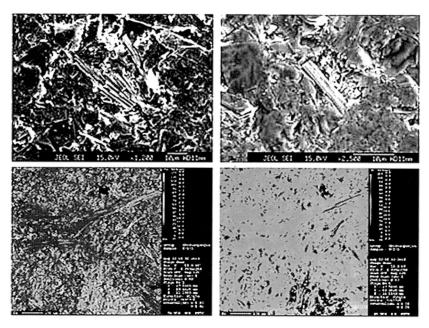

图 4.13　电子探针分析滑石中石棉的形貌、形态以及元素分布

4.18.4　滑石矿中有害元素分析方法

4.18.4.1　ICP-MS 测定铅铬镉

1）仪器工作条件及标准溶液

仪器型号为 X SeriesⅡ电感耦合等离子体质谱仪（美国 Thermo Fisher 公司）：测量通道 1，驻留时间 10 000 μs，扫描次数 100，采样深度 150，冷却气流量 14 L/min，助燃气流量 0.75 L/min。

Pb、Cr、Cd 标准溶液：使用 100 μg/mL 的 Pb、Cr、Cd 单元素标准溶液（国家标准物质研究中心）稀释成浓度为 1 μg/mL 的标准溶液，再稀释至浓度为 0.00、1.00、10.00、50.00、100.00 ng/mL 的标准溶液。

2）样品处理

称取 0.050~0.1000 g 待测样品于聚四氟乙烯坩埚中，以水润湿，加 5 mL 硝酸、5 mL 氢氟酸及 1 mL 硫酸于电热板上加热消解到冒白烟 5 min，取下，用 50%硝酸 5 mL（保持最终分析溶液中硝酸的浓度 3%~5%）提取盐类并加热使之溶解，以纯水定容至 50 mL 容量瓶中。用 ICP-MS 以 Rh 为内标对 Pb、Cr、Cd 进行测定（必要时以计算法或碰撞池技术等解决基体可能对 Cr 及 Cd 的干扰）。

3）溶样方法对比

对 ICP-MS 测定滑石样品进行三种不同消解方法对照，表 4.82 结果表明三种样品处理方法无显著性差别，实际工作中可根据实验室的资源配备情况进行选择。

表 4.82　溶样方法比对　　　　　　　　　　　　　　　　　　　　　　μg/g

分析编号	溶样方法	测定值		
		Cr	Pb	Cd
1	敞开酸溶	1.28	0.81	0.053
	密闭酸溶	1.26	0.77	0.049
	微波消解	1.22	0.83	0.052
2	敞开酸溶	7.83	5.24	0.52
	密闭酸溶	8.01	5.33	0.47
	微波消解	7.9	5.17	0.39

4）方法技术指标

按实验方法独立处理并测定实际样品 11 次,得出各元素的精密度均小于 2.5%,说明方法精密度较好。对一样品进行了加标回收试验,在样品消解前加入相当于最终样品含量的标准溶液,Pb、Cr、Cd 浓度分别 10、5、1、10 μg/mL,回收率在 94.2%~110% 以内,说明方法准确较高。

分析方法的检出限按全流程样品空白测定 11 次,以 3 倍标准偏差进行计算,得到 Pb、Cr、Cd 分析方法检出限分别为 0.24 μg/mL、0.39 μg/mL、0.021 μg/mL。

4.18.4.2　原子荧光光谱法测定砷汞

标准系列的配制:使用 As、Hg 单元素标准溶液(国家标准物质研究中心)1000 μg/mL。将 As 标准溶液稀释成浓度为 1 μg/mL 的标准储备液,系列标准溶液浓度为 0.00、1.00、2.00、4.00、8.00、10.00 ng/mL,介质为 5% 盐酸;将 Hg 标准储备液稀释成浓度为 0.01 μg/mL 的标准储备液,用储备液溶液配制成标准系列,系列标准溶液浓度为 0.00、0.20、0.40、0.8、1.6、2.00 ng/mL,介质为 5% 盐酸,还原剂为 1.25% 硼氢化钾、0.5% 氢氧化钠的介质。采用原子荧光光谱法分析 As、Hg 的含量,仪器测量条件设定见表 4.83。

表 4.83　原子荧光光谱仪分析 As、Hg 的测量条件

As 的分析		Hg 的分析	
工作参数	设定条件	工作参数	设定条件
砷特种阴极灯电流	40 mA	汞特种阴极灯电流	16 mA
日盲光电倍增管负高压	300 V	日盲光电倍增管负高压	310 V
原子化器高度	8 mm	原子化器高度	8 mm
原子化器温度	200℃	原子化器温度	200℃
载气压力	0.02 MPa	载气压力	0.02 MPa
载气流量	400 mL/min	载气流量	400 mL/min
屏蔽气流量	900 mL/min	屏蔽气流量	900 mL/min

1）分析程序

称取待测样品 0.50~1.000 g 于溶解管中,加入 50% 王水 10 mL,于电热板上水浴溶解一小时左右,取下待溶液冷却后,以纯水冲至 50 mL 刻度线后均匀,放置澄清,分取 10 mL 溶液于烧杯中,加入硫脲及抗坏血酸粉末各 0.5 g,搅拌溶解并摇匀,放置数分钟后用原子荧光光谱仪以氢化物方式进行 As 的测定。取一定量的澄清溶液直接进样,用原子荧光光谱仪以冷原子氢化物方式进行 Hg 的测定。

2）方法技术指标

分析方法检出限按全流程样品空白测定 11 次,以 3 倍标准偏差计算得到 As、Hg 分析方法的检出限分别为 0.149 μg/g、4.6 ng/g;As、Hg 分析方法的精密度分别为 10.9%、7.26%。

对样品进行了加标回收试验,在样品消解前加入相当于最终样品含量的标准溶液(As、Hg 浓度分别 5 μg/mL、10 μg/mL),计算得到各元素回收率为 94.2%~110%,说明方法准确较高。

4.18.5　结论与展望

现代仪器分析技术解决了滑石中石棉及 Pb、Cr、Cd 等重金属的检测过程中对含量极低的杂质矿物的分析和检出的要求,包括 X 射线衍射仪的新型探测技术(阵列式探测器)、电子探针中场发射技术、相衬色散显微镜、微分热重量分析法、中子活化法等为降低方法和仪器检出限提供了条件。

参 考 文 献

[1] 潘兆橹. 结晶学及矿物学[M]. 北京: 地质出版社, 1994.

[2] 钟辉, 赵爱林, 迟广成. 滑石中石棉的鉴定方法研究[J]. 地质调查与研究, 2008(1): 72-76.

[3] 赵彤彤, 欧阳昌俊, 袁东明, 等. X 射线衍射仪快速鉴定各种伴生非金属矿物中的滑石[J]. 中国非金属矿工业导刊, 2003(3): 31-32.

[4] 农以宁, 曾令民. X 射线衍射法测定药用滑石粉中石棉的研究[J]. 中国中药杂志, 2002, 27(7): 524-527.

[5] 陈永康, 李德辉. 化妆品中石棉检测方法的研究[J]. 化学工程师, 2010(9): 22-25.

[6] 冯惠敏, 杨怡华. 化妆品中石棉含量检测方法[J]. 中国非金属矿工业导刊, 2009(3): 26-30.

[7] 冯惠敏, 苏昭冰, 王勇华, 等. 化妆品中石棉检测试样处理方法研究[J]. 中国非金属矿工业导刊, 2009(5): 31-33.

[8] 封亚辉, 程薇, 张梅, 等. 爽身粉中石棉鉴定方法的研究[J]. 地质学刊, 2009(4): 417-419.

[9] 周剑雄, 陈振宇, 孟丽娟, 等. 电子探针在中药滑石质量检验中的应用[J]. 电子显微学报, 2010, 29(6): 540-543.

4.19　芒硝矿化学成分分析技术研究

　　根据芒硝的化学成分和矿物特性，在进行芒硝的全分析和组合分析时，常需要在水溶和酸溶两个不同的体系中测定不同的项目。对于易溶性盐类组分，采用于水溶体系中测定水溶性钾、钠、钙、镁、硫酸根、氯、溴、碘、硼、锂、铷、铯、锶、钡、碳酸根、重碳酸根以及水不溶物、吸附水、总水分等项目。对于伴生的难溶组分，则采用酸溶体系测定酸溶性钙、镁、硫酸根、硼和酸不溶物等项目。用作食品、医药等方面的芒硝，还应增加铅、锌、铜、砷、钡、氟等有害元素分析项目。

　　常用的经典化学分析方法以重量法、比色法、容量法为主，单元素小型仪器为辅，这些方法虽然测试结果准确，但是其分析时间长，程序繁杂，所需化学试剂较多，对环境的污染也比较严重，难以满足当今分析测试要求。一些学者使用电感耦合等离子体发射光谱（ICP-OES）、电感耦合等离子体质谱（ICP-MS）、X 射线荧光光谱（XRF）等仪器建立的芒硝矿分析方法，实现了在同一份溶液中多元素的同时测定，简化了操作手续，提高了工作效率。但由于芒硝样品的特性使得这些方法存在一定的局限性，例如 ICP-OES 测定 K、Na、Ca、Mg 时由于溶液的盐分较高，必须使用高盐雾化器；ICP-MS 测定微量元素时，样品的基体效应和仪器的记忆效应会严重影响准确性；离子色谱法测定 Cl⁻、Br⁻、I⁻时需先化学分离溶液中的 SO_4^{2-} [1-2]；XRF 的压片法可以测定常量元素 S，但是由于矿物效应和颗粒效应的影响，测定误差较大。本研究主要讨论应用 ICP-OES 测定芒硝矿中的 K、Na、Ca、Mg、SO_4^{2-} [3-6]和离子色谱测定 Cl⁻、Br⁻、I⁻的分析方法[7]。

4.19.1　实验部分

4.19.1.1　仪器设备

1）ICP-OES 工作条件

ICP-OES 工作条件见表 4.84。

2）离子色谱仪工作条件

离子色谱仪工作条件见表 4.85。

表 4.84　ICP-OES 工作条件及元素测定波长

工作参数	设定值	元素	波长/nm
功率	1150 W	K	766.490
雾化气流量	0.2 L/min	Na	589.592
辅助气流量	0.50 L/min	Ca	315.887
样品冲洗时间	30 s	Mg	279.553
冲洗泵速	75 r/min	S	182.034，182.624
分析泵速	75 r/min		
观测高度	13 mm		
积分时间	长波段 5 s，短波段 7 s		
垂直观测高度	10 mm		
氩气纯度	99.999%		

本节编写人：王冠（中国地质调查局成都地质调查中心）

表 4.85　离子色谱工作条件

仪器工作参数		梯度淋洗程序		
参数	设定条件	阶段	需要时间/min	氢氧化钠溶液浓度/（mol/L）
淋洗方式	梯度淋洗	平衡	2	0.005
泵速	1.0 mL/min	测定（梯度开始）	0	0.005
进样量	25 μL	测定（梯度结束）	15	0.030
柱温箱温度	35℃			

4.19.1.2　样品分解

称取 2.0000 g 试样，置于 250 mL 烧杯中，加入 150 mL 沸水，用玻璃棒搅散试样，盖上表面皿，置于电热板上加热至微沸，并保持 20 min，中途应搅拌数次，取下。冷却至室温过滤，用水冲洗烧杯并将不溶物全部转至滤纸上，再用水洗涤滤纸及不溶物至无氯根（用 10 g/L 硝酸银溶液检查）。滤液和洗液收集于 250 mL 容量瓶中，用水稀释至刻度，摇匀。分取试样的水不溶物滤液，适当稀释后，直接用 ICP-OES 法测定 K、Na、Ca、Mg、S。在标准溶液中添加一定量的硫酸钠，测定时基体干扰可以基本消除。

分取水不溶物的滤液 10 mL 至 50 mL 容量瓶中定容，用离子色谱法测定 Cl⁻、Br⁻、I⁻。

4.19.2　结果与讨论

4.19.2.1　ICP-OES 法测定芒硝矿中的钾钠钙镁硫

1）测定谱线的选择

配制含有芒硝矿中常见伴生元素 K、Na、Ca、Mg、S 的溶液进行扫描，观察有无干扰峰，并记录谱线信号和背景强度，比较同一元素几条可选分析线的实验结果，从中选定无干扰和信背比较高的谱线作为分析线。同时参考样品中待测元素的大致含量，最终选择分析线 K 为 7664 nm，Na 为 5895 nm，Ca 为 3158 nm，Mg 为 2795 nm。S 的谱线 1807 nm 受到 Ca 和 Mg 的干扰，背景值较大，本方法选择 1820 nm 和 1826 nm。

2）溶液酸度的选择

由于液体的密度、黏度及表面张力等物理性质对谱线强度有不同的影响，分别在水、5%硝酸、5%盐酸、5%硫酸的介质中测定 K、Na、Ca、Mg，用选定的谱线考察不同介质对谱线强度的影响。实验数据如表 4.86 所示，测定元素在水介质中测定的灵敏度最高，测定值与配制浓度值接近，而在硫酸介质中由于硫酸黏稠度高造成液体的雾化效率低，使得测定结果严重偏低。

表 4.86　不同介质对测定结果的影响　　　　　　　　　　　　　　μg/mL

元素	溶液浓度	测定值			
		水	5%盐酸	5%硝酸	5%硫酸
K	1	0.9976	1.0394	1.0513	0.9833
Na	100	99.676	99.304	98.81	95.043
Ca	5	5.0474	5.0245	4.9735	4.4664
Mg	1	0.9902	0.9904	0.9953	0.9191

3）共存离子的影响

（1）硫酸根对钾钠钙镁测定的影响

分别在 0.01%、0.05%、0.1%的 SO_4^{2-} 溶液中配制含有 0、1、5、10、20 μg/mL 的 K、Na、Ca、Mg 溶液系列，ICP-OES 测定，观察计数变化，考察其对 K、Na、Ca、Mg 测定的影响。实验结果表明，硫酸根对钙的测定稍有影响，对钾、钠、镁的影响不明显。

　　根据芒硝矿中钙的含量范围，在浓度为 0.005%、0.01%、0.02%、0.03%、0.04%、0.05%、0.06%、0.07%、0.08%、0.09%、0.1%、0.2%、0.5%、1%的 SO_4^{2-} 溶液中加入浓度为 20 μg/mL 的 Ca 标准溶液，上机测定并计算 Ca 元素的灵敏度。实验结果表明加入 SO_4^{2-} 后，Ca 的灵敏度明显降低，SO_4^{2-} 浓度在 0.02%~0.07% 时，对 Ca 的测定影响相对平稳[8]。

　　（2）硫酸钠对钾钙镁测定的影响

　　分别配制 A、B 两组标准系列：A 系列将 K、Ca、Mg 以及 Na、SO_4^{2-} 配制为混合标准溶液，其中加入 Na、SO_4^{2-} 浓度为 0、1、10、20、50、100 μg/mL。B 系列中 K、Ca、Mg 浓度为 0、1、5、10、20 μg/mL，再用标准配制含有不同浓度硫酸钠基体的系列溶液作为样品，测定其中的 K、Ca、Mg，考察硫酸钠对 K、Ca、Mg 测定的影响。

　　通过试验发现其中 Ca 受到的影响最大，以 Na_2SO_4 的浓度为横坐标，Ca 的浓度为纵坐标作图，由图 4.14 可见，当 Na_2SO_4 浓度为 200~500 μg/mL 时，Ca 的测定浓度相对平稳，说明在此浓度范围内，Na_2SO_4 浓度的变化对 Ca 的测定影响不明显，且从前期的实验可知芒硝样品（稀释 10 倍）中 SO_4^{2-} 的浓度范围在 500 μg/mL 左右。

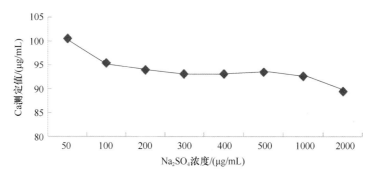

图 4.14　Na_2SO_4 对 Ca 测定的影响

4）溶液介质的选择

　　分别在水、0.01%硫酸、0.05%硫酸、0.1%硫酸四种不同介质中配制校准系列，K、Ca、Mg 的系列浓度为 0、1、5、10、20 μg/mL，Na 的系列浓度为 0、10、50、100、200 μg/mL。测定 0.005%、0.01%、0.02%、0.03%、0.04%、0.05%、0.06%、0.07%、0.08%、0.09%、0.1%、0.2%、0.5%、1%硫酸介质中浓度为 20 μg/mL 钙的标准溶液，观察测定值与理论值是否吻合。

　　从图 4.15 可看出，当标准溶液的 SO_4^{2-} 浓度与待测溶液 SO_4^{2-} 浓度一致时，测定值与真值最接近。因此，根据稀释 10 倍后芒硝矿中硫酸根的大致含量，本实验选择 0.05%的硫酸作为标准溶液介质。

　　配制一定浓度的硫酸钠作为样品基体加入系列标准溶液中，使其最终含有硫酸钠的浓度为 500 μg/mL，测定钾、钙、镁（表 4.87）。实验数据表明，在校准溶液中添加了硫酸钠作为基体匹配，测定时干扰基本消除，可以实现对钾、钙、镁的准确测定。

　　通过以上实验，将水不溶物的滤液稀释 10 倍后，配制两个校准系列来测定其中的钾、钠、钙、镁、硫酸根，一是测定钾、钙、镁，标准溶液以 500 μg/mL 的硫酸钠溶液作为介质，由于钠芒硝矿中的钾含量较低，稀释以后测定可能达不到其检出限，因此可以用母液直接测定；二是测定钠和硫酸根，标准溶液以为水介质。

4.19.2.2　离子色谱法测定芒硝中的氯溴碘

　　分别选用浓度为 10、20、30、40 mmol/L 的氢氧化钠作淋洗液分离各种阴离子。实验结果表明，随

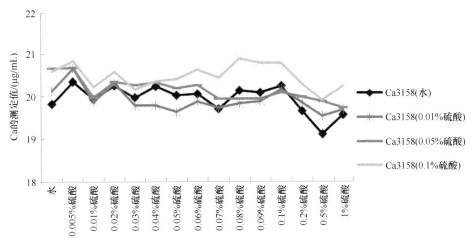

图 4.15　不同介质对 20 μg/mL 钙溶液的影响

表 4.87　Na₂SO₄ 基体匹配后各元素的测定值　　　　　　　　　　μg/mL

元素	溶液浓度	测定值					
		50	100	200	300	400	500
K	10	10.83	10.33	10.45	10.26	12.27	9.9052
Na	10	10.15	10.10	10.63	10.71	10.73	10.09
Ca	100	98.86	100.00	99.53	101.14	98.01	99.431
Mg	10	9.64	9.69	10.55	10.39	10.46	9.749

着氢氧化钠浓度的增加，各离子的保留时间减少，但是分离度也相应降低。由于芒硝样品中硫酸根的浓度过高，SO_4^{2-} 离子峰会将其他离子峰覆盖，因此只能选用梯度淋洗来分离样品中的阴离子。

采用氢氧化钠为流动相，阴离子交换分离，抑制电导检测，同时分离溶液中的 Cl^-、Br^-、I^-，样品中的阴离子保留能力差别比较大，而 OH^- 的洗脱能力又比较弱，采用梯度淋洗，可以同时分离多种阴离子，这样既保证峰形和分离度，又可以使保留时间较长的离子在短时间出峰。试验选用不同的浓度梯度淋洗，使离子在最佳保留时间和最佳峰形条件下出峰，然后对其测定。结果表明，Cl^-、Br^- 的出峰时间比较短，它们之间的分辨率比较高；I^- 的出峰时间比较长，由于保留时间长，峰形也不是很好。最终确定的淋洗液氢氧化钠溶液浓度为 5~30 mmol/L，耗时 37 min。

分取水不溶物的滤液稀释 5 倍后上机测定，标准溶液浓度为 5 μg/mL 的 F^-、Cl^-、Br^-、I^-、NO_3^-、SO_4^{2-}，各元素的出峰顺序为 F^-、Cl^-、NO_3^-、Br^-、SO_4^{2-}、I^-。

4.19.3　ICP-OES 和离子色谱法的检出限

在最佳化的仪器条件下，对样品流程空白溶液重复测定 12 次，计算相对偏差，以 3 倍相对标准偏差作为其仪器检出限。根据称样量和定容体积计算出方法检出限，结果见表 4.88。

表 4.88　元素检出限

元素	仪器检出限/（μg/mL）	方法检出限/（μg/g）	元素	仪器检出限/（μg/mL）	方法检出限/（μg/g）
K	0.21	26.25	Cl^-	0.005	0.625
Ca	0.0084	1.05	Br^-	0.03	3.75
Na	0.035	4.37	I^-	0.1	12.5
Mg	0.0048	0.6			
SO_4^{2-}	0.48	60			

4.19.4　结论

通过基体匹配在 ICP-OES 仪器上实现了芒硝矿中 K、Na、Ca、Mg、SO_4^{2-} 的同时测定，简化了操作手续、提高了工作效率，且具有时间短、耗费溶剂少等优点，适合批量样品的分析和测定。采用梯度淋洗测定的 Cl、Br⁻、I⁻具有良好的线性关系，氯、溴、碘含量在检出限以上的样品可通过离子色谱直接测定。通常芒硝中的溴和碘含量很低，达不到检出限，需进一步的分离富集。

由于芒硝样品的特性使得其分析方法存在一定的局限性，很多方法都不成熟，还需进一步的探索研究。

参 考 文 献

[1] 王梅英, 王敏捷, 李鹏程, 等. 离子色谱法同时测定天然碱矿中氯离子和硫酸根离子[J]. 岩矿测试, 2013, 32(4): 586-589.

[2] 许素丽, 刘巧红. 盐水中硫酸根的测定方法[J]. 氯碱工业, 2010, 46(4): 33-34.

[3] 俞锦豪. ICP-AES 法间接测定精盐水中硫酸根含量[J]. 氯碱工业, 2000, 36(4): 40-41.

[4] 林杰. 快速、精确测定硫酸根含量新方法[J]. 纯碱工业, 2004(4): 28-29.

[5] 冉广芬, 马海州. 硫酸根分析技术及应用现状[J]. 盐湖研究, 2009, 17(4): 58-62.

[6] 吴跃飞, 张中华, 李宁. 等离子体发射光谱法测定二次盐水中的硫酸根[J]. 中国氯碱, 2009(1): 35-36.

[7] 郭开强. 离子色谱测定岩盐样品中硫酸根及氯离子方法[J]. 新疆有色金属, 2011(1): 46-47.

[8] 卢立国. 芒硝生产中硫酸根测定方法的比较[J]. 中国氯碱, 2008(7): 33-35.

4.20 石墨中常量元素分析技术研究

石墨是碳元素的结晶矿物，属六方晶系，常呈鳞片状，是一种特殊的非金属材料，具有优良的金属性能。通过全国性的矿产资源供求分析，确定了石墨属于 21 世纪国民经济发展难以保证需求的矿种，并在《石墨行业准入条件》中明确提出石墨是战略性非金属矿产品。石墨的研究已成为当今研究的热点，随着石墨应用领域的不断扩展，准确、快速测定石墨样品的化学成分对于石墨选矿、应用及科研具有重要的指导意义。

硅、铝、钙、镁、铁、钛、锰、磷等元素在石墨中属于杂质元素。目前测定石墨中常量元素分析是参考 JC/T 1021.5—2007 非金属矿物和岩石化学分析方法，该方法需逐项检测，操作烦琐，流程长，同时产生大量含汞、铬废液，污染环境，不能满足石墨矿地质勘查、选矿和资源利用等批量快速测试分析的需要。电感耦合等离子体发射光谱（ICP-OES）技术已应用于测定磷矿石、煤及煤灰、长石、铝土矿、石煤等非金属矿中常量元素硅、磷、硫、钙、镁、铝、铁、钛、锰等[1-5]。也有文献报道 ICP-OES 法测定高纯石墨灰分中 14 种杂质金属元素[6-8]，但 ICP-OES 技术用于石墨矿中多种常量元素的测定方法目前较少报道。

石墨在常温常压条件下用酸碱很难将其分解，需采用高温（1000℃）碱熔才能完全分解。碱熔时若将样品直接与熔剂混合，石墨因高温产生大量二氧化碳可致迸溅，造成样品损失。一般情况下，应预先灼烧除碳再进行样品处理。但坩埚若使用贵金属铂坩埚，在高温灼烧阶段石墨易产生火焰，造成铂坩埚的损坏[9]；使用瓷坩埚对灼烧后的灰分有黏附，致使样品损耗；使用铁、瓷、高铝材质的坩埚碱熔容易使坩埚部分熔解，制备的样品中易引入被测元素。

本研究在铂坩埚底部铺垫碳酸钾后灼烧石墨样品，避免对铂坩埚的损害；样品灼烧后直接在原坩埚中用碳酸钠碱熔，样品基本无损失；然后将铂坩埚置于聚四氟乙烯烧杯中加入稀盐酸提取碱熔物，采用 ICP-OES 法同时测定石墨中的硅、铝、钙、镁、铁、钛、锰、磷 8 种常量元素。分析过程简单、分析速度快。

4.20.1 研究区域与地质背景

样品采集于区域变质型石墨矿床（晶质石墨-鳞片石墨）：内蒙古兴和；接触变质型石墨矿床（土状石墨）：湖南郴州鲁塘。内蒙古兴和石墨矿是我国著名的大型石墨矿床之一，该矿床位于内蒙古台背斜中段之南部。矿石的矿物成分主要为斜长石、石英、微斜长石、石墨，局部含黑云母和角闪石较多，有时见有少量普通辉石，另有微量黄铁矿。矿石的化学成分含碳量一般为 2.5%~5%，局部高达 8.71%，最低为 0.5%，平均为 4.1%，属贫矿石。全硫含量为 0.01%~3.96%，多数为 0.01%~0.1%。内在水分一般为 0.5%~2%，灰分为 88%~98%。湖南郴州鲁塘石墨矿属接触变质型隐晶质石墨矿，该矿床位于粤桂湘赣褶皱带骑田岭褶皱区鲁塘复向斜东翼，骑田岭花岗岩体西侧，江都庙断裂和金湘源断裂之间的外接触变质围岩中。矿石的主要矿物成分为石墨，其次为石英、绢云母、方解石、红柱石等，具有土状或致密块状构造，呈微鳞片变晶、鳞片变晶及隐晶质结构。矿石中固定碳含量一般为 75%~80%，灰分 17.10%~21.47%，挥发份 0.3%~1.71%，水分 2.40%~6.45%，硫 0.02%~1.16%。

4.20.2 实验部分

4.20.2.1 仪器及工作条件

Prodigy XP High Dispersion 全谱直读电感耦合等离子体发射光谱仪（美国 Leeman 公司），工作条件为：

本节编写人：赵良成（河北省地矿中心实验室）；程文翠（河北省地矿中心实验室）；胡艳巧（河北省地矿中心实验室）

采用中阶梯光栅分光系统，电荷注入检测器（CID），可拆卸式三层石英同心炬管，高效旋流雾化室，垂直观测方式。仪器工作参数为：激发功率 1.15 kW，冷却气（Ar）流量 18.0 L/min，辅助气（Ar）流量 0.2 L/min，雾化气（Ar）压力 0.2618 MPa，蠕动泵转速 1.2 mL/min，曝光时间 15 s，提升时间 15 s，垂直观测高度 15 mm。

4.20.2.2　标准溶液及主要试剂

标准溶液的配制：浓度为 1 mg/mL。标准储备液均采用光谱纯或优级纯试剂配制。

混合标准工作液：逐级稀释储备液，配制需要的混合标准工作液。

盐酸、碳酸钾、碳酸钠：优级纯。

水：去离子水（电阻率为 18 MΩ·cm）。

4.20.2.3　样品处理

准确称取 0.2500 g 高碳含量的石墨样品置于已均匀铺垫 0.50 g 碳酸钾的铂坩埚中。再置于已升温至 850℃的马弗炉中灼烧 3~4 h，至无黑色碳粒。取出铂坩埚稍冷却，用玻璃棒小心搅拌均匀，再覆盖 0.80 g 碳酸钠，放回马弗炉中继续升温至 1000℃，保持 50 min。取出铂坩埚冷却至室温，置于 200 mL 聚四氟乙烯烧杯中，加入约 100 mL 沸水提取样品，洗净坩埚后趁热在不断搅拌下加入 50%盐酸 28 mL 进行酸化，冷却后移至 250 mL 容量瓶中，用水稀释至刻度，摇匀，备 ICP-OES 测定。同时做试剂空白试验。

将 Prodigy XP High Dispersion ICP-OES 仪器开机预热 30 min，按照仪器操作条件在各元素设定的波长处同时测定试样溶液和工作曲线各元素浓度的发射强度，由仪器自带软件进行基体校正及背景扣除，得出浓度直读结果。一次制样，同时测定石墨中的硅、铝、钙、镁、铁、钛、锰、磷 8 种常量元素的含量。

4.20.3　结果与讨论

4.20.3.1　坩埚材质的选择

石墨样品不经高温灼烧直接碱熔时，会产生大量二氧化碳气体，易致样品迸溅。因此石墨样品需进行灼烧除去样品中的碳。非金属矿物和岩石化学分析方法（JC/T 1021.5—2007）中介绍使用瓷坩埚灼烧石墨，灼烧后的样品直接在瓷坩埚中进行碱熔分解，瓷坩埚部分分解会引入大量被测元素如硅、铝等，影响测定，故灼烧后的残渣需转移到金属坩埚中再进行碱熔；选择常见的高铝坩埚易引入大量铝离子，影响测定；银、铁等金属坩埚的熔点低，不能满足灼烧石墨需要的温度；使用铂坩埚灼烧，在高温产生发亮的火焰，有可能侵蚀铂坩埚[9]。所以坩埚选择既要考虑坩埚材质的熔点，又要考虑碱熔时坩埚是否部分分解，引入干扰离子影响测定。铂坩埚熔点 1772℃，熔点高满足了灼烧石墨的温度，同时碱熔时熔解的微量铂不影响硅、铝、钙、镁、铁、磷、锰的测定。本节通过试验选择如下灼烧方法：在铂坩埚底部铺垫一层试剂，将样品置于铂坩埚底部中间部位，进行高温灼烧。尽量避免石墨高温产生发亮的火焰与铂坩埚直接接触，灼烧后在同一坩埚中加入碳酸钠熔剂进行碱熔，省去了前处理过程中转换坩埚所造成的样品损失。本方法铂金坩埚体积为 25 mL。

4.20.3.2　称样量及定容体积

石墨样品包括低碳（固定碳含量：50.0%~80.0%）、中碳（固定碳含量：80.0%~94.0%）及高碳（固定碳含量：94.0%~99.9%）样品，灼烧后灰分的含量范围较宽，如果称量样大会增加灼烧时间和增加熔剂用量，导致测定样品溶液离子浓度超过 1%[10]，易堵塞雾化器使测定过程不稳定；如果称样量太少，有的元素达不到检出限，影响测定结果准确度。本实验选择不同含量的石墨样品对称样量进行灼烧时间、溶液澄清状况、元素灵敏度等试验，经比对确定称样量。结果显示石墨样品在 850℃灼烧时间小于 3 h 时，样品灼烧不完全；当灼烧时间达到 4 h 时，样品全部呈灰分状态存在，熔融酸化后溶液澄清。低碳及中碳石墨样品称取 0.1000、0.2500、0.5000 g 按操作步骤处理后定容至 250 mL，可满足检测要求，高碳石墨样品称取 0.1000、0.2500、0.5000、1.000 g 处理后定容至 100 mL，可满足检测要求。称样量越大，灼烧时间越长。在实际应用时根据具体被测元素含量及检出限调整称样量及定容体积。

4.20.3.3　灼烧及碱熔熔剂的确定及用量

在铂坩埚底部铺垫的熔剂，熔点要高于灼烧石墨的温度（850℃）[9]，否则灼烧时熔剂融化易包裹样品，引起样品迸溅，而且碱熔后熔融物应易于提取。文献[4]试验了几种常用的熔剂：氢氧化钠（钾）、过氧化钠、焦硫酸钾、偏硼酸锂、碳酸锂-硼酸、碳酸钠、碳酸钾。其中氢氧化钠（钾）、过氧化钠、焦硫酸钾熔点均在 700℃[10]以下，在灼烧石墨样品时，未达灼烧需要的温度。偏硼酸锂[4]、碳酸锂-硼酸[7]作为熔剂的样品经碱熔后难以提取。碳酸钠熔点（854℃）[4]稍低，在灼烧石墨试样时，部分熔化后包裹试样，使灼烧时间增加；碳酸钾熔点（891℃）[4]满足灼烧石墨需要的温度，灼烧石墨样品后，碳酸钾试剂呈灰色，对样品无包裹，样品灼烧完全，碱熔后易于提取。因此本文选用碳酸钾铺垫坩埚底部进行灼烧，即加入 0.5 g 碳酸钾。

石墨矿组成复杂，灼烧完成后，由于灰分组成复杂，用酸很难将其完全溶解，且无法准确测定样品中的 SiO_2，因此选择碳酸钠进行碱熔。对于 ICP-OES 分析，含盐量过高，易导致雾化器堵塞及等离子体熄灭等情况发生。一般的样品与熔剂比例为 1∶5[11]。本实验在确定称样量为 0.25 g，在坩埚底部铺垫粉状碳酸钾为 0.50 g 的基础上，对碳酸钠的用量进行了实验。结果表明，碳酸钠用量为 0.30、0.50 g 时，溶液浑浊；用量达到 0.80 g 时，溶液澄清且等离子体稳定；碳酸钠用量大于 2.00 g 时，溶液中盐类的浓度大于 1%，溶液澄清但测定时等离子体火焰不稳定，影响测试结果。最终确定碳酸钠的用量为 0.80 g。

4.20.3.4　分析谱线的选择及干扰的消除

本法在选定仪器最佳工作条件下，研究了各被测元素图谱及背景。经过对样品溶液的多次扫描，对硅、铝、钙、镁、铁、钛、锰、磷的单标溶液、混标溶液扫描，对每一元素在其他 7 种元素不同的测定波长处所产生的强度进行了观察，比较了各条谱线的谱图背景形状和强度值、谱线附近的干扰及背景影响情况及测定过程的稳定性和结果的准确性。通过对试验结果的研究比较，为 8 种元素选择了较为灵敏、背景低、检出限低、信噪比高、干扰小的谱线作为待测元素的分析谱线。本方法选择的各元素的最佳分析谱线及背景校正模式见表 4.89。

表 4.89　元素测定波长和背景校正位置　　　　　　　　　　　　　　　nm

元素	分析谱线	背景校正	元素	分析谱线	背景校正
SiO_2	251.611	左，右	Fe_2O_3	259.940	左，右
Al_2O_3	396.152	左，右	TiO_2	336.122	左，右
CaO	317.933	左，右	MnO	257.610	左，右
MgO	280.270	左，右	P_2O_5	213.618	左

通过 Prodigy 高色散型全谱直读电感耦合等离子体发射光谱仪自带的扣背景软件消除背景干扰。对于非光谱的基体干扰，可通过降低可溶盐浓度及样品与配制的标准系列进行基体匹配来消除。在碱熔样品溶液中，存在大量熔剂，产生基体干扰。因此在灵敏度允许的前提下，样品稀释倍数尽可能大，可以减少高盐量造成的基体影响。本方法经过多次实验，选择石墨样品碱熔时试剂加入量为：碳酸钾 0.5 g，碳酸钠 0.8 g，钠、钾盐浓度控制在 0.5%~0.8%。

4.20.3.5　方法线性范围

确定了前处理条件及仪器测量条件，通过干扰探讨试验可选出各个元素的分析谱线，同时建立相应的标准曲线，得出各个元素的标准曲线线性回归方程、相关系数和线性范围，结果显示 SiO_2、Al_2O_3、Fe_2O_3 在 0~200 μg/mL，CaO、MgO 在 0~50 μg/mL，TiO_2、MnO、P_2O_5 在 0~20 μg/mL 的范围内呈线性，相关系数均在 0.9993~1.0000。

4.20.3.6　方法检出限

按分析流程处理空白溶液 12 份并测定，计算分析结果的标准偏差，同时考虑稀释因子 1000，以 3 倍的标准偏差计算方法检出限，结果见表 4.90，本方法检出限可满足生产和科研的分析要求。

表 4.90　方法检出限　　　　　　　　　　　　　　　　μg/g

元素	方法检出限	元素	方法检出限
SiO_2	228	Fe_2O_3	60
Al_2O_3	60	TiO_2	13
CaO	66	MnO	17
MgO	18	P_2O_5	200

4.20.3.7　方法准确度、精密度和回收率

为考察该方法的准确度，采用光谱纯石墨粉和国家一级标准物质 GBW07105（岩石成分标准物质）按称样质量比为 3:2 和 4:1 的比例配制两个验证样品 Z-1 和 Z-2，分别处理和测定 3 次，取其平均值，验证样品中 SiO_2、Al_2O_3、CaO、MgO、Fe_2O_3、TiO_2、MnO、P_2O_5 含量与实际石墨矿样品相近。由于光谱纯石墨中灰分含量在 10 μg/g 以下，灼烧后，石墨样品中 8 种元素含量已经很低，所以两个验证样品 Z-1 和 Z-2 的参考值以 GBW07105 的标准值为主，而测定值以 GBW07105 的实际称样量计算。

对石墨矿国家一级标准物质 GBW03120 按本法分析步骤独立处理并测定 12 次，计算其相对误差和相对标准偏差，验证样品 Z-1 和 Z-2 独立处理并测定 12 次，计算相对标准偏差，结果见表 4.91，可以看出各样品的测定值与参考值相符，相对误差小于 8.00%，精密度（RSD）为 0.7%~7.2%。

表 4.91　方法准确度和精密度　　　　　　　　　　　%

元素	GBW03120（石墨矿）				Z-1				Z-2			
	标准值	测定值	相对误差	RSD	标准值	测定值	相对误差	RSD	标准值	测定值	相对误差	RSD
SiO_2	10.34	10.40	0.58	2.4	44.64	44.61	−0.06	1.7	44.64	44.60	−0.09	1.6
Al_2O_3	5.60	5.66	1.07	0.8	13.83	13.76	−0.49	1.4	13.83	13.76	−0.48	0.7
CaO	0.74	0.75	1.35	3.1	8.81	8.88	0.82	3.1	8.81	8.91	1.09	3.0
MgO	0.50	0.54	8.00	1.7	7.77	7.69	−1.00	2.6	7.77	7.83	0.75	3.7
Fe_2O_3	1.48	1.46	−1.35	0.9	13.40	13.37	−0.20	2.5	13.40	13.62	1.67	1.8
TiO_2	0.55	0.56	1.82	1.0	2.37	2.39	0.91	1.8	2.37	2.44	3.01	1.8
MnO	0.022	0.021	−4.55	3.9	0.169	0.17	−1.16	2.9	0.169	0.16	−3.23	4.4
P_2O_5	0.16	0.15	−6.25	7.2	0.95	0.94	3.34	6.1	0.95	0.97	3.00	6.0

用 GBW03120（岩石成分标准物质）和鳞片石墨样品 Y-2 进行全流程加标回收率实验，按前述操作步骤对样品进行前处理。高纯物质作为标准物质在样品灼烧前加入，其中部分高纯物质是直接称取定量固体加入的，含量低的成分配制成溶液分取后在铂坩埚中蒸干加入，标准加入量与样品待测元素含量接近，验证该法的准确性，得出各元素的加标回收率为 90.50%~105.0%，如表 4.92 所示。实验结果表明本方法可以满足石墨分析质量要求。

表 4.92　加标回收试验　　　　　　　　　　　　　　　　　　　%

元素	GBW03120				Y-2			
	标准值	加标量	加标后测定值	回收率	标准值	加标量	加标后测定值	回收率
SiO$_2$	10.34	10.00	19.39	90.50	3.23	3.50	6.620	96.86
Al$_2$O$_3$	5.60	6.00	11.22	93.67	1.09	1.50	2.460	91.33
CaO	0.74	1.00	1.696	95.60	0.37	0.50	0.833	92.60
MgO	0.50	1.00	1.436	93.60	0.67	1.00	1.704	103.4
Fe$_2$O$_3$	1.48	2.00	3.580	105.0	1.15	1.50	2.56	94.00
TiO$_2$	0.55	1.00	1.461	91.10	0.015	0.03	0.044	96.67
MnO	0.022	0.04	0.0603	95.75	0.0078	0.015	0.023	101.3
P$_2$O$_5$	0.16	0.20	0.352	96.00	0.043	0.050	0.0893	92.60

4.20.3.8　本方法与传统方法的对比研究

选取土状和鳞片石墨样品 Y-1、Y-2 与验证样品 Z-1、Z-2 共 4 个样品，采用本法和经典化学分析方法分别测定。SiO$_2$ 采用重量法；Al$_2$O$_3$ 采用容量法；CaO、MgO 含量大于 5%的采用容量法，含量小于 5%的采用原子吸收光谱法；TiO$_2$、P$_2$O$_5$、Fe$_2$O$_3$ 采用分光光度法；MnO 采用原子吸收光谱法。测定结果如表4.93 所示，本法的测定值与经典化学分析法的测定结果基本吻合。

表 4.93　不同样品分析方法测定结果对比　　　　　　　　　　　　　　%

样品编号	测试方法	测定值							
		SiO$_2$	Al$_2$O$_3$	CaO	MgO	Fe$_2$O$_3$	TiO$_2$	MnO	P$_2$O$_5$
Z-1	经典化学法	44.48	13.81	8.82	7.75	13.39	2.43	0.18	0.93
	本法	44.61	13.76	8.88	7.69	13.37	2.39	0.17	0.94
Z-2	经典化学法	44.72	13.88	8.76	7.90	13.43	2.35	0.17	0.94
	本法	44.60	13.76	8.91	7.83	13.62	2.44	0.16	0.97
Y-1	经典化学法	14.51	8.23	1.27	0.44	0.70	0.35	0.017	0.11
	本法	14.50	8.48	1.30	0.46	0.67	0.35	0.016	0.12
Y-2	经典化学法	3.23	1.09	0.37	0.67	1.15	0.015	0.0078	0.043
	本法	3.27	1.11	0.38	0.69	1.16	0.016	0.0078	0.042

4.20.4　结论与展望

本研究建立了碳酸钾-铂坩埚灼烧石墨样品、碳酸钠熔矿、盐酸提取、ICP-OES 法同时测定石墨矿中除钾、钠外的多种常量元素含量的方法，避免了对铂坩埚的损毁及样品在处理过程中的损失，可一次制样，同时测定多种元素，操作简单，分析结果准确，重现性好。本方法由于受仪器对被测溶液含盐量的影响，需要将样品溶液进行大比例稀释以降低可溶盐浓度，因此对于含量低的元素及微量元素，其准确度、精密度可能会受到影响。

应用 ICP-OES 测定石墨中的钾、钠，ICP-OES/MS 测定石墨中含量低于方法检出限的痕量元素是后续的研究方向。

参 考 文 献

[1] 郭振华. 电感耦合等离子体发射光谱法测定磷矿石中常量元素硅磷硫钙镁铝铁钛锰[J]. 岩矿测试, 2012, 31(3): 446-449.
[2] 谭雪英, 张小毅, 赵威. 电感耦合等离子体发射光谱法测定煤及煤灰样品中 21 个主次微量元素[J]. 岩矿测试, 2008, 27(5): 375-378.
[3] 王小强. 电感耦合等离子体发射光谱法同时测定长石矿物中钾钠钙镁铝钛铁[J]. 岩矿测试, 2012, 31(3): 442-445.

[4] 王琰, 孙洛新, 张帆, 等. 电感耦合等离子体发射光谱法测定含刚玉的铝土矿中硅铝铁钛[J]. 岩矿测试, 2013, 32(5): 719-723.

[5] 吴峥, 张飞鸽, 张艳. 电感耦合等离子体发射光谱法测定石煤中的 13 种元素[J]. 岩矿测试, 2013, 32(6): 978-981.

[6] Koshino Y, Narukawa A. Determination of Trace Metal Impurities in Graphite Powders by Acid Pressure Decomposition and Inductively Coupled Plasma Atomic Emission Spectrometry[J]. Analyst, 1993, 118: 827-830.

[7] Watanabe K, Inagawa J. Determination of Impurity Elements in Graphite by Acid Decomposition Inductively Coupled Plasma Atomic Emission Spectrometry[J]. Analyst, 1996, 121(5): 623-625.

[8] Watanabe M, Narukawa A. Determination of Impurity Elements in High Purity Graphite by Inductively Coupled Plasma Atomic Emission Spectrometry after Microwave Decomposition[J]. Analyst, 2000, 125(6): 1189-1191.

[9] 岩石矿物分析编委会. 岩石矿物分析(第四版 第四分册)[M]. 北京: 地质出版社, 2011: 1271-1275.

[10] 中南矿冶学院分析化学教研室. 化学分析手册[M]. 北京: 科学出版社, 1984: 245-291.

[11] 岩石矿物分析编委会. 岩石矿物分析(第四版 第二分册)[M]. 北京: 地质出版社, 2011: 4-5.

第5章　现场分析技术与应用

现场分析技术与应用研究是实验测试技术的重要组成，是分析测试发展方向之一，为快速进行现场对象研究提供及时、准确乃至决策性的科学数据，该技术已在地学研究、环境保护、矿产资源勘探等方面获得了广泛应用并取得重要成就。

在地学研究方面，现场流体实时监测随着钻孔深度的推进而不断获得地球深部不同深度的流体信息。例如发现了龙门山中央断裂深部流体的多组分异常，且异常频率高、强度大，这些特征表明了流体异常与深部主滑移带的响应关系，暗示汶川大地震形成的裂隙具有非对称性分布的特征，为流体的入侵提供了良好且主要通道。钻探流体实时检测也已在海洋钻探工程中获得应用，识别出海洋钻探泥浆中的碳水化合物。

在环境保护方面，便携式气相色谱仪进行环境中易挥发气体的现场检测，固相微萃取技术进行环境有机污染物的现场检测，消除了样品运输和人为的影响，获得潜在污染源的准确位置，为污染物的跟踪监测、评价和处置提供了依据。

在矿产资源勘查方面，针对野外样品分析的便携式 X 射线荧光光谱仪（P-XRF）已开发出系列商品化仪器，是一种先进的无损多元素快速分析方法，可应用于矿产勘查、土壤和沉积物重金属元素的现场快速检测等。通过标准溶液校准与矿石样品酸消解溶液样品的制备，解决了多金属矿石复杂基体样品 EDXRF 分析时缺少基体匹配校准标样、粒度效应和矿物效应校正困难的问题，使矿石样品 EDXRF 分析的可靠性大幅度提高。

本章主要阐述了钻探流体现场分析技术、覆盖区浅钻取样样品车载能量色散 X 射线荧光光谱（EDXRF）现场分析、车载偏振-EDXRF 现场分析铜铅锌矿石、树脂富集 EDXRF 分析水样中重金属及现场应用的研究成果，拓展了现场分析技术的应用范围。例如，选用 S-930 螯合树脂富集水样中 V、Mn、Fe、Co、Ni、Cu、Zn 和 Pb 等 8 种重金属元素，各元素的 EDXRF 分析检出限约 10 g/L，方法检出限比直接分析水样降低了约 2 个数量级，为采用 EDXRF 谱仪技术开展水样现场分析奠定了基础。

当然，现代现场分析技术的要求已不再局限于测定物质的元素组成，还要求进行形态分析、微区表面分析、微观结构分析，以及对化学和生物特性作出瞬时追踪、无损和在线监测与控制。因而，需要利用超微电子技术、先进的检测器技术和现代通信网络技术，加快研发自动化的现场分析方法，为地质调查、资源勘查、环境评价等研究领域提供技术支撑。

撰写人：唐力君（国家地质实验测试中心）

5.1　钻探流体现场分析技术研究与应用

实验测试是地学研究的重要技术支撑。利用成熟的、稳定性好的分析设备，采取稳健的分析流程，开展野外现场分析技术和应用研究，包括钻探流体现场分析，可为地学和矿产勘查提供快速、实时、可靠乃至决策性的测试数据支撑[1-3]。钻探流体现场分析已在国内外科学钻探工程中应用并获得良好成果[4-7]，如德国深钻、中国大陆科钻、汶川科钻等。

目前钻探流体现场分析和研究表明随钻流体来源的种类较多[8-12]。一般情况下，钻探过程中出现的氡异常肯定来自于地下，只有及时了解和掌握钻探、钻孔等参数变化，排除钻探过程、钻探泥浆性质等非地下流体影响因素，才可能准确判断地下流体来源及其运移方式，获得可靠的源自地下的信息[9-13]。在钻探工程中，钻探气体、泥浆等流体样品容易循环到地面，保证流体样品采集和研究的连续性，是钻孔深部地下地球化学研究的样品保证[5, 8-9, 14]，对钻探流体的现场分析十分有意义，有助于深入理解钻探工程的相关性和地下深部流体地球化学规律。

5.1.1　研究区域与地质背景

汶川地震断裂带科学钻探工程在汶川大地震和复发微地震的源区——龙门山断裂带实施了数口中-浅科学群钻，对钻探的岩心、岩屑和流体样品进行多学科观测、测试和研究。钻探工程主要将穿过龙门山断裂带的映秀—北川断裂，该断裂又称龙门山中央断裂，是龙门山断裂带的 3 条主要逆冲断裂之一，处于以彭灌杂岩体和宝兴杂岩体为代表的前寒武纪变质杂岩地层与三叠系含煤系地层之间[15-16]。钻探工程也同时实施流体现场分析，并通过钻探流体现场分析获得断裂带地下深部流体分析和研究成果。

5.1.2　钻探流体现场分析方法主要原理

通常钻探流体的可分析种类为大气常见组分甲烷、氩、氢、氡和汞，采用现场分析技术包括气体质谱仪、测氡仪和测汞仪[5, 14, 17-20]，基于技术的便捷性、仪器的小型化和便携式进行测量，例如测汞仪的自校准系统和测氡仪的长期稳定性[21-22]。

5.1.2.1　气体质谱仪

小型气体质谱仪分析 Ar、CH_4、H_2、CO_2、He、N_2 和 O_2 等组分，其采用四极杆质量分析器，离子进入可变电场后，在交变电场的作用下，只有具合适的曲率半径的离子可以通过中心小孔到达检测器，实现不同质荷比（m/z）离子的检测。该质谱仪采用毛细管连续进样方式，完成一次分析的时间只需大约 5 s。

5.1.2.2　测氡仪

测氡仪在线分析 Rn，其内置抽气泵进行间断性抽气，氡气进入样品腔中。氡衰变产生的带电粒子在电场作用下吸附在探测器表面，衰变产生的不同能量的 α 粒子在探测器中产生不同的电脉冲信号，经过多道脉冲幅度分析器的分解后得到不同能量的 α 粒子的脉冲信号，并计算出氡的浓度。该测氡仪以连续氡气监测模式，完成一次分析的时间约为 5 min。

本节编写人：唐力君（国家地质实验测试中心）；劳昌玲（国家地质实验测试中心）

5.1.2.3　测汞仪

RA-915AM 测汞仪检测汞，其使用原子吸收光谱技术，进入吸收室的气体如果含有汞，在波长 254 nm 处的汞共振线，则通过吸收室的光线会因部分被汞吸收，由此可得到汞的浓度。除了仪器需要短暂时间的自我校准之外，检测时间间隔极短，实现连续检测。

5.1.3　结果与讨论

5.1.3.1　标准化移动实验室的应用

现场实验室通常是利用钻孔周边环境，进行实验室基础建设，包括板房建设、实验房改造。基于以上二者改造而成的现场流体分析实验室，均不是专门分析实验室，其布局、空间对现场分析有局限性[20, 23-25]。因此，为了更好地完成野外现场分析和数据质量，已设计了可移动式整装现场流体分析实验室，实现整个实验室的可移动性，便于整体的运输，到达野外现场只需接气、接电即可进行现场分析测试。另外，所携带标准气体的气体管路预先布局，便于分析仪器的快速、简单校准。而且移动实验室内部采用机柜配置各类仪器，集约化了实验室的仪器布局，机柜采用推拉式，便于分析仪器设备的校准、灯丝等各类零部件更换和检修等。

5.1.3.2　流体现场分析应用

钻探流体的现场分析以及部分样品采集，为科学钻探提供了及时、准确、可靠的分析数据和有价值的地学信息，为开展探索流体与钻探工程间的关系，揭示气体实时数据与地下流体之间的规律提供支撑。例如，已通过钻探流体现场分析发现了高浓度 H_2，检测到其浓度远远大于临界爆炸浓度，当 H_2 浓度过高时需要及时采取预防措施，所以钻探工程须对其引起足够重视。

钻探流体现场分析是近似深入到地球内部的一种分析监测技术，能随着钻探工程钻孔的深度而不断获得地球内部不同深度的流体信息。通常，国内外的气体组分监测范围主要在地表以下较浅的部分，而从钻探工程的钻孔中获得的流体多种组分信息，将更不易受到地表其他因素干扰，更能准确地探知地表以下、地下较深处的地球内部活动。如图 5.1 所示，钻孔流体变化与时间结合获得的流体与时间关系剖面，可以初步得到流体随时间的变化情况，同时图中也显示出 He、Ar 和 Rn 在 2015 年初有一个明显的高值变化。在非取心钻进情况下，由于没有采集实际固体岩心样品，仅通过钻探泥浆循环获得岩屑样品，因此，现场流体分析将提供可靠的、其他方法难以得到的来自地下的测量数据。

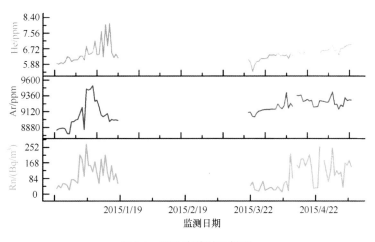

图 5.1　钻孔流体时间剖面

另外，进行样品的场外深入分析检测和研究，包括泥浆样品中的汞测试和样品中多种同位素分析，例如 He、C、Ar 同位素分析，以作进一步来源和分类研究，获得流体变化、气体识别和异常成因，研究流体来源和水岩相互作用及与地质活动关系。

5.1.3.3 流体与岩性相关性研究

通过岩性的分类和识别，对钻孔岩心在不同深度的分布，以及岩性、结构、构造和组成物质在岩心分布的厚度进行统计分析，能更好地鉴别和厘定岩性变化而可能引起的流体分析结果的响应特征。

通过岩性与流体的对应关系比较分析，断裂带科学钻探钻孔出现的最多岩性为变质砂岩、碳质板岩、板岩，并夹有部分断层角砾岩、断层泥、石英岩等。变质砂岩裂隙较为发育，在这段岩心中气体容易储存。碳质板岩、板岩板状劈理非常发育，岩心极为破碎，该段岩心中的碳质含量比较高，可能会造成含碳气体组分含量较高。钻孔岩心断层泥多为条带状，每条带厚度较小，对流体异常可能有贡献，但要理清流体和该段岩性的对应关系较难。

在实际钻探过程中，在钻孔岩性主要以砂岩和板岩为主，且为碳质含量较高的碳质板岩，并含有细脉状方解石，伴随着角砾状破碎和层状劈理的情况下，对应的流体分析监测发现了 CH_4 和 CO_2 含量明显增加。如图 5.2 所示，其中 CH_4 含量由 180 ppm 增加至 1000 ppm，最高可达到 1980 ppm。而在含有块状方解石的钻孔中，检测得到 CO_2 浓度高达 2.65%。图 5.2 还展示了两个钻探回次的现场流体分析获得的 CH_4 和 CO_2 变化，呈现出与钻孔岩心岩性中碳质板岩的相关性。第一个回次获得的钻孔岩心的岩性主要为碳质变粉砂岩，局部条带状构造，组成物质为粉砂岩含量约 50%，泥质含量约 30%，碳质含量约 15%，钙质含量约 5%，方解石呈 1~2 mm 细脉状，并且有 8 cm 的岩心呈角砾状破碎。第二个回次获得的钻孔岩心的上半段岩性为碳质变粉砂岩，下半段为含碳质变粉砂岩，C 含量约为 7%。流体分析发现第一个回次出现 CH_4 和 CO_2 同时的高值异常，而在第二个回次后半段 CH_4 浓度逐渐下降。流体实时监测获得的高浓度 CH_4 和 CO_2 很可能是钻孔岩心地层中的 C 和 O_2 以及泥浆中的 H_2O 发生反应产生的，部分 CO_2 也可能由方解石的分解产生。当然，由于在钻孔岩心中发现有角砾状破碎岩石和大量的层状劈理，不排除地下地层中本身携带着 CH_4 和 CO_2 组分的可能性。

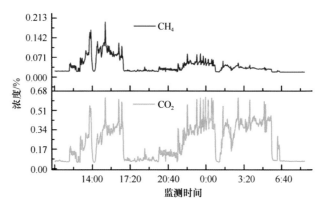

图 5.2 碳质板岩井段对应的 CH_4 和 CO_2 变化

5.1.4 结论与展望

野外现场分析作为第一时间获取测量数据的方式，无疑能满足科研工作者现场快速判断、决策的需要。现场分析技术方法的便捷性、简单化是发展的重要方向，现场分析仪器的小型化、集成化、便携式和多功能化是技术手段的长期发展目标。

现场分析在一定条件下是最适合的样品分析方式，易于进行早期的样品分析结果比较，并降低成本，减少样品采集的盲目性，提高工作效率，特别是研究对象为气体等易挥发性样品时，现场分析的针对性和及时性是实验室内分析方法无法达到的，具有不可比拟的优势。

预先做好现场分析技术和设备储备，特别是做好适合社会化物流的整装实验室，例如可移动式集装箱式的整装实验室，对于快速开展各种野外现场分析，满足资源勘探、地学研究和钻探流体研究具有重要意义。另外，无线网络技术包括远程监控技术，有利于为现场分析提供实时获得、处理和发布等功能，大幅改善分析方法的准确性和稳定性。

参 考 文 献

[1] 岩石矿物分析编委会. 岩石矿物分析·第四版[M]. 北京: 地质出版社, 2011.

[2] Guardia M D L, Salvador G. Green Industrial Analysis[M]// Handbook of Green Analytical Chemistry. John Wiley & Sons, 2012.

[3] Meyers R A. Encyclopedia of Analytical Chemistry: Application, Theory and Instrumentation[M]. John Wiley & Sons, 2000.

[4] Tang L J, Luo L Q, Lao C L, et al. Real Time Fluid Analysis during Drilling of the Wenchuan Earthquake Fault Scientific Drilling Project and Its Responding Features[J]. Tectonophysics, 2014, 619-620: 70-78.

[5] 唐力君, 王晓春, 王健, 等. 科学钻探工程中的随钻实时流体分析[J]. 岩矿测试, 2011, 30(5): 637-643.

[6] 徐书荣, 王毅民, 潘静, 等. 关注地质分析文献, 了解分析技术发展——地质分析技术应用类评述论文评介[J]. 地质通报, 2012, 31(6): 994-1016.

[7] 吴淑琪. 中国地质实验测试工作六十年[J]. 岩矿测试, 2013, 32(4): 527-531.

[8] Luo L Q, Zhan X C, Sun Q. Fluid Geoanalysis in the Chinese Continental Scientific Drilling Project[J]. Geostandards and Geoanalytical Research, 2004, 28(2): 325-331.

[9] 罗立强, 王健, 李松, 等. 中国大陆科学钻探现场分析与地下流体异常识别[J]. 岩矿测试, 2004, 23(2): 81-86.

[10] 罗立强, 孙青, 詹秀春. 中国大陆科学钻探主孔 0~2000 米流体剖面及流体地球化学研究[J]. 岩石学报, 2004, 20(1): 185-191.

[11] 詹秀春, 罗立强, 李迎春, 等. 中国大陆科学钻探主孔 4906 米附近氢气体异常的解析[J]. 岩矿测试, 2006, 25(1): 1-4.

[12] 詹秀春, 罗立强, 李迎春, 等. 关于 CCSD 主孔 4820~4930m 井段气体异常的初步解释[J]. 中国地质, 2005, 32(2): 320-329.

[13] 唐力君, 王广, 王健, 等. 汶川地震断裂带科学钻探工程一号孔主断层的随钻流体响应特征[J]. 地球学报, 2013, 34(1): 95-102.

[14] Jorg E, Thomas W, Martin Z. Real-time Mud Gas Logging and Sampling during Drilling[J]. Geofluid, 2006, 6: 225-233.

[15] 许志琴, 李海兵, 吴忠良. 汶川地震和科学钻探[J]. 地质学报, 2008, 82(12): 1613-1622.

[16] Li H B, Wang H, Xu Z Q, et al. Characteristics of the Fault-related Rocks, Fault Zones and the Principal Slip Zone in the Wenchuan Earthquake Fault Scientific Drilling Project Hole-1 (WFSD-1)[J]. Tectonophysics, 2013, 584: 23-42.

[17] Michael H R, Katy A B. Can in Situ Geochemical Measurements be More Fit-for-Purpose than Those Madeex Situ?[J]. Applied Geochemistry, 2012, 27(5): 969-976.

[18] Bendicho C, Lavilla I, Pena-Pereira F, et al. Green Chemistry in Analytical Atomic Spectrometry: A Review[J]. Journal of Analytical Atomic Spectrometry, 2012, 27(9): 1831-1857.

[19] 关胜. 便携式气相色谱仪的介绍及其在环境污染事故应急监测中的应用[J]. 理化检验(化学分册), 2012, 48(8): 995-999.

[20] Pawliszyn J. Integration and Miniaturization Facilitate on-site and in-vivo Analysis[J]. Trends in Analytical Chemistry, 2011, 30(9): 1363-1364.

[21] Pawliszyn J. Why Move Analysis from Laboratory to on-site[J]. Trends in Analytical Chemistry, 2006, 25(7): 633-634.

[22] 苏晓鸣. 现场快速分析技术及其在地质分析中的应用[J]. 上海地质, 2004(2): 37-43.

[23] 罗立强, 吴晓军. 现代地质与地球化学分析研究进展[M]. 北京: 地质出版社, 2014.

[24] Tobiszewski M, Mechlińska A, Namieśnik J. Green Analytical Chemistry—Theory and Practice[J]. Chemical Society Reviews, 2010, 39(8): 2869-2878.

[25] Turner C. Sustainable Analytical Chemistry—More than Just being Green[J]. Pure and Applied Chemistry, 2013, 85(12): 2217-2229.

5.2　覆盖区浅钻样品的车载实验室现场分析

野外地质工作区大多比较偏僻，尤其在青藏高原、西北荒漠、西南山地、东北森林覆盖区，由于受自然地理条件限制，每年野外的工作周期只有几个月，钻探、找矿现场常常在重要的钻井决策或找矿方向上产生困惑，迫切需要分析数据的支持。为提高矿产勘查效率，解决地质和钻探人员的现场需求，近年来低能耗、小型化、高性能野外分析测试装备的不断推出，为现场分析工作提供了现实可能性。

能量色散X射线荧光光谱（EDXRF）技术是一种先进的无损多元素快速分析方法。20世纪80年代以来，EDXRF技术在找矿[1-2]、矿石开采、选矿[3]、冶金、合金分析[4]、土壤和沉积物重金属污染监测[5-6]、汽车破碎残渣监测[7]以及轻工生产中品位监测和生产流程自动控制[8]等方面的现场分析应用越来越广泛，在欧洲月球探测器[9]、日本月球探测[10]和行星探测器[11]上也有应用。近年来，微型X射线光管制作技术、新型半导体探测器技术发展十分迅速，高性能手持式XRF分析器开始大量应用于地质找矿[12]，在野外原位分析方面受到青睐，并已开始引起地学研究人员的关注；但在分析元素的数目及检出限方面与小型实验室仪器的差距很大。澳大利亚科学家应用台式X射线荧光光谱仪在南极现场实验室开展了总金属分析[13]，分析元素达10种，比较系统地评估了南极两个垃圾处理站的重金属污染情况。便携式波长色散XRF光谱仪（WDXRF）也曾被用于现场分析中，但波长色散仪器属光学设备，对环境温度和振动等更为敏感。20世纪90年代，荷兰的船载岩心扫描仪应用了EDXRF技术[14]。德国早在1984年将EDXRF设备进行车载化并进行了实地测试[15]，该设备采用需要液氮冷却的锂漂移探测器，大大限制了该仪器车的应用范围。

本节主要报道了台式偏振激发EDXRF光谱仪通过车载方式，在内蒙古和新疆等地对采用轻便钻采集的覆盖层和基岩样品进行现场分析的研究结果。

5.2.1　实验部分

5.2.1.1　仪器和设备

能量色散X射线荧光光谱仪：德国Spectro公司制XEPOS+型偏振激发能量色散X射线荧光（PE-EDXRF）光谱仪。配备Pd靶X射线管，最高电压50 kV，最大电流2 mA，最大功率50 W；硅漂移探测器，铍窗厚度15 μm，分辨率148 eV（5.9 keV处），电制冷型，无需液氮冷却；配备Zr、Pd、Co、Zn、CsI、Mo、Al_2O_3和HOPG等8个二级靶（偏振靶），可根据分析元素选定；带X射线快门的12位置样品自动交换系统，可在氦气和空气两种介质下进行测定；仪器总质量75 kg，分析元素范围为Na~U。

GJ100-3碎样机（南昌力源矿冶设备公司）；BL-220 H电子天平（日本岛津公司）；NJ6596SFD5军用依维柯四驱越野车（南京）；试样底膜：TF-240聚丙烯薄膜（德国Fluxana公司，厚度4 μm）。

5.2.1.2　现场样品加工方法

覆盖区浅钻取样有多种工艺，如空气循环钻、取心钻等；取样的目的也有所不同，比如以获取基岩样品为目的的钻进，再如以获取矿化层为目的的钻进等。因此，所取得的样品的岩性和形态也有所区别。一般是在现场地质人员对岩心编录完成之后，按要求的取样密度进行样品的加工、制备和分析。

根据现场样品的性状和量的大小，确定样品加工方案。

本节编写人：詹秀春（国家地质实验测试中心）；樊兴涛（国家地质实验测试中心）

土壤样品：在加工之前，用烘箱在 60℃下烘干。采用木棒手工研碎，过 20 目筛，弃去草根、石子等，再进一步手工研碎，过 60 目筛。然后用玛瑙球磨机研细（10 min），多余的样品作为副样保留。

砂石类样品：先用小型颚式破碎机，调节出料粒度为 0.4 mm，进行中碎，然后用二分器缩分至细碎所需的样品量（约 150 g），再用振动磨磨细 3 min，保留副样。

岩心样品：先手工砸成最大轴长度小于 50 mm 的碎块，然后用小型颚式破碎机粗碎成小于 10 mm 粒径，再调节出料粒度为 0.4 mm、全量中碎，用二分缩分至细碎所需的样品量（约 150 g），然后用振动磨磨细 3 min，保留副样。如果全量样品小于 150 g，可以全部放入振动磨，振动粉碎 3 min。

在上述样品加工过程中，需要详细记录样品的来源、原编号。来自钻探或其他地质人员的样品，签署送样单。制备好的样品和副样一般在样品袋上按原编号标记，并在编制好的记录单上，记录加工日期、设备、操作人员等信息，同时要严格控制样品之间的交叉污染。在两个样品的加工间隔，须对所使用的加工设备进行清洗。对于不粘壁的样品，用高压空气吹洗。对于粘壁的样品，则用水进行清洗，棉布擦干后，再热风机烘干；或者用石英砂重复一次样品加工过程，再用高压空气吹洗干净。

5.2.1.3　现场分析试样的制备

直接粉末法制备试样：用内环、外环和盖子三件套制备塑料盒，盒底厚为 4 μm 聚丙烯膜（德国 FLUXANA 公司，TF-240 型），加入 4.0 g 风干后的试样，平底玻璃棒压实后，即可放入仪器进行测量。

校准用标准样品：采用以上相同方法制备。

5.2.1.4　测量条件、方法校准和样品测量

采用 4 个不同的激发条件，以期达到比较好的激发效率和较高的分析效果[16]。为适应野外现场分析环境，测量均在空气气氛中进行。采用 4 个二级靶分别激发各分析元素。Na、Mg、Al、Si、P、S、Cl 采用 HOPG 二级靶激发，管电压 17.5 kV，管电流 2.0 mA，以 Kα 线为分析谱线；K、Ca、Ti、V、Cr、Mn 采用 Co 二级靶激发，管电压 35 kV，管电流 1.0 mA，以 Kα 线为分析谱线；Fe、Co、Ni、Cu、Zn、Ga、Ge、As、Se、Br、Rb、Sr、Y、Hf、Ta、W、Bi、Tl、Pb、Th、U 采用 Mo 二级靶激发，管电压 40 kA，管电流 0.88 mA，Fe 至 Y 以 Kα 线为分析谱线，Hf 至 U 以 Lα 线为分析谱线（Pb 采用 Lβ₁ 线）；Zr、Nb、Mo、Ag、Cd、In、Sn、Sb、I、Cs、Ba、La、Ce 采用 Al₂O₃ 二级靶激发，管电压 49.5 kV，管电流 0.7 mA，以 Kα 线为分析谱线。建立方法时各激发条件均测量 300 s；现场分析时，测定时间均缩短为 100 s，如此可以达到 6 件样品/h 以上的分析速度。

方法校准样品：以 GBW07401~GBW07408、GBW07423~GBW07424、GBW07426~GBW07430，GBW07301~GBW07312 和 GBW07103~GBW07114 三个系列的地球化学标准物质为主，还附加了多个矿石标准物质，使感兴趣的元素均具有合理的含量范围。

方法校准步骤：①先对各校准样品进行测量，根据所给定的各标准物质的组成计算其质量系数；以测量得到的 Mo 靶 Kα 线的康普顿散射强度与瑞利散射线强度的比值为纵坐标，以质量系数为横坐标，按对数函数进行拟合，获取质量系数校准参数，目的是在未知样品分析时，当被测组分的含量不足 100%的情况下，也可通过基本参数法计算轻元素的含量。②对于采用 Mo、Al₂O₃ 和 Co 靶测量得到的数据，以 Mo 靶 Kα 线的康普顿散射强度为内标进行基体校正和方法校准；对于采用 HOPG 靶测量得到的数据，用基本参数法进行基体校正和方法校准。这些校正和校准过程均采用仪器配备的软件进行，无需脱机计算。

现场分析时，车载 XRF 光谱仪开机后老化光管，稳定 1 h 后，进行仪器能量刻度校准；之后，测试地质标准物质，测定结果符合要求后测试样品和质量控制样。每组 12 个样品，包括 10 个未知样品、1 个重复样、1 个标准样品。

5.2.2 结果与讨论

5.2.2.1 样品用量对分析结果的影响

采用 GBW07306、GBW07307、GBW07105 和 GBW07112 共 4 个样品，各按 0.50、1.00、2.00、3.00、4.00 和 5.00 g 取 6 份样品，放入样品杯中进行测量，并记录所得到的浓度。在实验限定的条件下开展的取样量试验表明，大多数元素在样品量达到 1 g 以上时，分析结果受样品量的影响很小；但 Sn、Ba 这样的重元素在采用 K 系线进行分析时，样品量变化对测定结果影响较大。特别是 Ba 元素，由于其 K 系荧光 X 射线的能量达到 32 keV，在样品中的穿透深度大，谱线强度在样品量达到 5 g 以上时才趋于稳定。因此，进行样品制备时应严格控制样品的用量，或者使样品用量在 5 g 以上。

5.2.2.2 分析精度和样品制备精度

采用 GBW07403~GBW07405 各制备 3 份平行样品，GBW07105、GBW07112 和 GBW07307 各制备 4 份平行样品。各样品重复测量 4 次。结果表明，主量元素的总分析精度（RSD）优于 2%，主要受制样精度控制。不同含量的痕量元素的总分析精度一般优于 5%，元素含量低时总分析精度可达约 20%。制样精度（方差）在分析总精度（方差）中所占的比例一般大于 50%，且元素原子序数越小、含量越高（计数统计涨落小），所占的比例越大；元素含量很低时，由于计数率下降，统计涨落的影响显著，且受背景扣除和重叠干扰扣除等因素所影响，谱峰面积的拟合误差变大，制样精度（方差）所占的比例反而减小。

5.2.2.3 方法可靠性

野外工作期间，按照约 10%的比例进行标准样品测量，监控分析质量及方法的可靠性。图 5.3 是在新疆金窝子对 GBW07301~GBW07303 各 6 次，GBW07304、GBW07305 各 7 次，GBW07306~GBW07312 各 8 次重复测量得到的统计结果。参加统计的元素包括 K、Ca、Ti、V、Cr、Mn、Fe、Ni、Cu、Zn、Ga、As、Rb、Sr、Y、Zr、Nb、Ba、Pb、Th 等 20 种。元素含量大于 10 μg/g 时，测量结果的相对标准偏差（RSD）

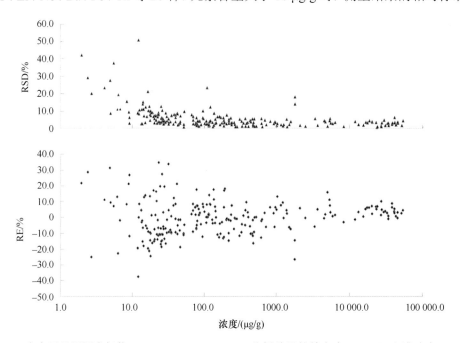

图 5.3　金窝子现场国家标物 GBW07301~GBW07312 分析结果的精密度（RSD）和准确度（RE）

GBW07301~GBW07303 各 6 次，GBW07304、GBW07305 各 7 次，GBW07306~GBW07312 各 8 次测量。

约在 10%以下，测量结果的准确度（相对误差）优于 20%；个别高含量样品精密度差的原因可能是仪器受外界条件影响产生波动所造成的。Ga 和 Ni 两个元素存在系统偏低的情况，经方法修正后结果可满足现场分析要求。

关于未知样品分析结果，文献[17]已作报道，在此不再赘述。

5.2.2.4　现场应用示范示例

自 2009 年以来，车载 EDXRF 实验室在内蒙古西乌旗、新疆金窝子、黑龙江多宝山等覆盖区浅钻取样，青海祁曼塔格铁铜铅锌多金属矿区、西藏拉抗俄铜钼多金属矿区钻探、江西银坑深钻等多种不同景观区，开展了数以千计的矿产勘查样品现场加工和分析示范。通过远程运载、颠簸、高海拔、高温湿度等多种不同地理、气候和工程条件的考验，运行良好。图 5.4 是新疆金窝子 L307 钻孔砷元素含量随井深的变化趋势的野外现场数据与实验室数据的对比情况。

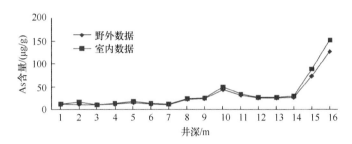

图 5.4　新疆金窝子 L307 钻孔砷元素含量随井深的变化趋势

5.2.3　结论

采用小型 PE-EDXRF 法结合直接粉末制样技术，可以同时分析硅酸盐基体中的 K、Ca、Ti、V、Cr、Mn、Fe、Ni、Cu、Zn、Ga、As、Rb、Sr、Y、Zr、Nb、Ba、Pb、Th 等 20 种元素。有些元素（Br、Sn、Sb、W、Bi、U 等）在含量较高时也是可以分析的。除 Co 元素外，过渡金属元素的测定限在 10 mg/kg 左右。现场应用示范工作中，对车载 EDXRF 技术方法进行了现场分析精密度、准确度考核，与实验室结果进行了多次比对，证明在中、低矿化度及全岩样品分析方面已经可以满足现场分析要求，具有快速、简便、低能耗的特点。

本工作注重现场样品加工制备的代表性，在文献报道的相关工作中是不多见的。对于西部偏远覆盖区的勘查找矿工作，所述方法应该具有比较好的现场分析支撑能力。

参 考 文 献

[1]　周四春，赵琦，陈慈德. 现场多元素X荧光测量技术勘查金矿研究[J]. 核技术, 1999, 22(9): 539-544.

[2]　杨岳衡，刘铁兵，李厚民. 多元素X射线荧光分析方法在山东郭城金矿成矿预测中的应用[J]. 黄金科学技术, 2000, 8(5): 13-19.

[3]　施逢年，孙业长. 含锑矿石预选特征的研究[J]. 现代科学仪器, 2009(3): 11-16.

[4]　高新华，丁志强. X射线荧光分析技术在冶金分析中的应用[J]. 钢铁, 2001, 36(3): 64-68.

[5]　Satllard M O, Apitz S E, Dooley C A. X-ray Fluorescence Spectrometry for Field Analysis of Metals in Marine Sediments[J]. Marine Pollution Bulletin, 1995, 31: 297-305.

[6]　Kerstin H, Thomas R, Jorg V. Two and Three Dimensional Quantification of Lead Contamination in Alluvial Soils of a Historic Mining Area Using Field Portable X-Ray Fluorescence (FPXRF) Analysis [J]. Geomorphology, 2009, 110: 28-36.

[7]　Oscar G F, Sofia P, Ignacio Q, et al. Analysis of Lead Content in Automotive Shredder Residue (ASR)[J]. Waste Management,

2009, 29: 2549-2552.

[8] 杨雪梅, 庹先国, 任家福, 等. 用于在线 X 荧光分析的自动制样送测系统的研制[J]. 冶金自动化, 2007(3): 44-47.

[9] Swinyard B M, Joy K H, Kellett B J, et al. The SMART 1 Ream, a X-ray Fluorescence Observations of the Moon by SMART-1/D-CIXS and the First Detection of Ti Kα from the Lunar Surface[J]. Planetary and Space Science, 2009, 57: 744-750.

[10] Yamamoto Y, Okada T, Shiraishi H, et al. Current Status of X-ray Spectrometer Development in the SELENE Project[J]. Advances in Space Research, 2008, 42: 305-309.

[11] Okada T, Kate M, Fujimura A, et al. X-ray Fluorescence Spectrometer onboard Muses-C[J]. Advances in Space Research, 2000, 25(2): 345-348.

[12] 赖万昌, 葛良全, 吴永鹏, 等. 轻型 XRF 分析仪在铁精矿品质快速检测中的应用[J]. 金属矿山, 2003(7): 48-52.

[13] Scott C S, Ian S, Nicholas J G, et al. Assessment of Metal Contamination Using X-ray Fluorescence Spectrometry and the Toxicity Characteristic Leaching Procedure (TCLP) during Remediation of a Waste Disposal Site in Antarctica[J]. Journal of Environmental Monitoring, 2008, 10: 60-70.

[14] Jansen J H F, Vander Gaast S J, Koster B, et al. CORTEX, a Ship Board XRF Scanner for Element Analyses in Split Sediment Cores[J]. Marine Geology, 1998, 151: 143-153.

[15] Kramar U. First Experiences with a Tube Excited Energy Dispersive X-ray Fluorescence in Field Laboratories [J]. Journal of Geochemical Exploration, 1984, 21: 373-383.

[16] 詹秀春, 樊兴涛, 李迎春, 等. 直接粉末制样-小型偏振激发能量色散 X 射线荧光光谱法分析地质样品中多元素[J]. 岩矿测试, 2009, 28(4): 501-506.

[17] 樊兴涛, 李迎春, 王广, 等. 车载台式能量色散 X 射线荧光光谱仪在地球化学勘查现场分析中的应用[J]. 岩矿测试, 2011, 30(2): 155-159.

5.3　车载偏振-EDXRF 现场分析铜铅锌矿石

偏振激发能量色散 X 射线荧光光谱（PE-EDXRF）分析技术于 20 世纪 90 年代开展了一些开拓性的分析应用研究[1-4]，证明检出限比普通 EDXRF 法改善了约 3 倍[3]。该技术在我国的应用研究起步于 21 世纪初，典型应用包括地球化学样品[5-6]、水泥[7]、炉渣[8-9]、卤水[10-11]、土壤[12-13]、铁矿石[14]和生铁[15]等，这些工作中除卤水分析[10-11]之外，样品制备均采用了粉末压片技术。

微小型 X 射线管及电致冷半导体探测器的产品化，对地质勘查找矿现场分析工作发挥了极大的推动作用。自 2007 年起，国家地质实验测试中心的研究团队开展了直接粉末制样 PE-EDXRF 车载现场分析应用研究[16-17]。龙昌玉等[18]采用直接粉末制样-非偏振台式 EDXRF 现场快速测定了多金属矿中的 17 种组分。Stark 等[19]采用非偏振台式 EDXRF 对南极某垃圾处理场的重金属进行了土壤分级测量。采用直接粉末制样法的精度不如玻璃熔片法和粉末压片法高[20]，但对于野外现场分析，直接粉末制样法是一种比较简便、实用的制样手段。然而，XRF 分析是一种基于比较的分析技术，对于高矿化度或矿石样品，由于存在严重的基体效应而又找不到足够多的基体匹配的校准样品，导致分析数据准确度会受到严重影响，乃至给出错误的结果，成为制约现场分析高矿化度样品发展的瓶颈。

符斌等[21]、Zhang 等[22]通过加入琼脂糖凝固盐酸-硝酸消解得到的锌精矿与铅锌矿样品溶液，采用实验室波长色散 X 射线荧光光谱法（WDXRF）分析了其中的铅、锌、铁元素。这种制样方法既具有溶液法的优点又具有固体法的优点，并且避免了两者固有的缺点。

本节针对 XRF 现场分析高矿化度样品存在的困难和测试过程中可能出现的问题，设计了具有双层聚碳酸酯膜结构的样品盒，开展了酸消解+双层膜液体样品盒强酸性溶液进样、酸消解+缓冲-络合剂近中性溶液进样等系列前处理及进样方法的研究，并应用于青海祁曼塔格高原矿区多金属铜铅锌矿石中铜、铅、锌三种元素的 PE-EDXRF 技术现场分析，得到了可靠的分析结果。

5.3.1　实验部分

5.3.1.1　仪器及测量条件

XEPOS+型 PE-EDXRF 光谱仪。实验选用钼二级靶，多道分析器选择 2048 道，测量能量范围为 0~25 keV，工作条件为：管流 0.88 mA，管压 40 kV，测量时间 200 s。测量元素分析谱线：Cu Kα，Zn Kα，Pb Lβ$_1$。野外仪器用电是由发电机供给 UPS，UPS 稳定电压后再供给仪器。

5.3.1.2　标准溶液和主要试剂

铜标准溶液：5 mg/mL，10%硝酸介质；铅标准溶液：5 mg/mL，10%硝酸介质；锌标准溶液：5 mg/mL，10%硝酸介质。

铜、铅、锌（银）矿石与精矿成分的分析标准物质：GBW07162（多金属贫矿石）、GBW07163（多金属矿石）、GBW07164（富铜银矿石）、GBW07165（富铅锌矿石）、GBW07166（铜精矿）、GBW07167（铅精矿）、GBW07168（锌精矿）。

硝酸（BVIII级，北京化学试剂研究所），盐酸（BVIII级，北京化学试剂研究所），氢氟酸（双瓶蒸馏）。蒸馏水由 Mili-Q 纯化系统纯化的高纯水，电阻率为 18 MΩ·cm。王水（50%）：由三体积的盐酸与一体积的硝酸混合后，与四体积的高纯水充分混合均匀，现用现配。

本节编写人：詹秀春（国家地质实验测试中心）；蒯丽君（国家地质实验测试中心）

5.3.1.3 双层薄膜样品盒

为了直接分析高酸度样品,本工作设计了具有双层聚碳酸酯膜结构的样品盒。该样品盒主要是由内、中、外套管和杯盖四部分构成。将第一层 4 μm 聚碳酸酯膜固定在内套管与中套管之间,第二层 4 μm 聚碳酸酯膜固定在中套管与外套管之间,使内、中、外套管底部均与聚碳酸酯薄膜处于同一水平位置,用于盛放液体样品。将一定体积溶液移取至双层膜样品盒内,盖上带有吸附剂的杯盖,双层膜结构的液体样品盒即制作完成。

双层薄膜结构的样品盒能够有效地阻止液体泄漏,在样品盒顶端增加了可吸附酸气的颗粒状 CaO 试剂,有效地吸附顶端释放的挥发性酸气,从而为溶液法测试提供了双保障,保护了仪器与设备的安全。由于分析对象是重金属元素,总厚度 8 μm 的双层膜对 X 射线荧光强度的影响不显著。

5.3.1.4 校准样品制备及方法校准

混合标准溶液的制备:分别移取一定体积的铜、铅、锌标准溶液于 25 mL 玻璃容量瓶内,用高纯水定容至刻度,混合均匀后静置备用。共配制六份,其中一份是空白溶液,其他 5 份为铜、铅、锌的混合溶液,浓度范围分别为:Cu 10~200 μg/mL, Pb 5~100 μg/mL, Zn 5~200 μg/mL,三种元素的浓度配比尽可能高低交替,避免线性相关。

方法校准:以混合标准溶液作为校准样品,采用二级靶 Mo Kα 线的康普顿散射内标校正基体效应。Cu、Pb、Zn 三种校准元素的标准曲线均呈现良好的线性关系,线性相关系数均达 0.9999 及以上。

5.3.1.5 样品制备

文献[23-24]报道了王水消解地质样品结合电感耦合等离子体发射光谱/质谱测量的方法。温宏利等[23]采用王水溶样电感耦合等离子体发射光谱法同时测定铁铜铅锌矿石中 Cu、Pb、Zn、As、Ag、Cd、Hg、Mo 等 8 个元素,分析国家标准物质 GBW07162~GBW07168 得到大部分元素的相对标准偏差小于 5%且相对误差小于 10%。原地质矿产部制定的岩石和矿石分析规程 DZG93-01 中,分析地质样品中铜、铅、锌量的操作步骤是:先后顺序添加盐酸与硝酸试剂,根据实际样品中测量元素含量情况,选择添加盐酸或硝酸提取。

本文采用文献[23](方案 1)与 DZG93-01(方案 2)的方法,进行样品前处理操作。

5.3.1.6 溶液样品测定

准确移取 5 mL 澄清溶液于双层膜溶液样品盒,盖上盖子,在洁净干燥的滤纸上静置一段时间,确认无泄漏后,放入仪器配备的样品盒容器内,将样品盒容器与样品杯一起放入仪器样品室内载样盘的指定位置。为避免液体意外泄漏可能对仪器的损坏,每次仅放入一个待测样品且放置在样品盘 2 号位置,测量。测试完毕,测试样连同样品盒容器一道取出。

5.3.2 结果与讨论

5.3.2.1 双层膜液体样品盒的可行性探讨

为模拟仪器工作状态,将盛放一定体积的待测溶液的双层膜液体样品盒,放置在一个封闭的空间内,并且在样品盒周围等距离位置分别放置润湿 pH 试纸。24 h 之后 pH 试纸均未变色,样品盒内溶液未出现漏泄现象。放置一周后，样品盒的内层样品盖上出现有极少量液滴附着，pH 试纸仍未发生明显颜色变化，样品盒溶液无明显泄漏现象。将 9 组盛装待测溶液的双层膜液体样品盒放置在该封闭空间内，放置半年，用于放置样品盒的滤纸有一个出现少许溶液的痕迹，其余双层样品盒底部的聚碳酸酯膜变得更加柔软，且均未出现破裂的现象。为避免酸性介质的溶液对聚碳酸酯膜的缓慢腐蚀，测量时间不宜过长，测量完毕应该立即取出样品盒。实验中，使用的 PE-EDXRF 功率为 50 W，分析了近百件高酸度液体样品，其中最长测量时间为 600 s，未发现液体泄漏情况，说明该样品盒能够满足实际测试要求。需要明确的是，这种双层膜样品盒是为低功率 EDXRF 光谱仪分析高酸度液体样品设计的，由于高功率 WDXRF 光谱仪对样品的辐照很强，特别是在以酸度较高的样品进样时，本双层膜液体样品盒使用的安全性和适用性未进行考证。

5.3.2.2 样品酸溶方式的比较

样品分析的准确度：采用方案 1 与方案 2 两种酸溶样品方式，对编号为 81MS01、81MS02、81MS10、81MS12 四件青海省地质矿产测试应用中心实验室的管理样品进行前处理，使用现场车载 PE-EDXRF 进行分析。这些管理样品中铜、铅、锌的含量参考值范围分别为：Cu 0.01%~1.57%，Pb 0.045%~4.20%，Zn 0.14%~4.86%。结果表明，方案 2 的测量数据更接近于参考值，对于含量在 5‰以上的铜、铅、锌，方法准确度均优于 5%，测定结果令人满意。

样品分析的精密度：在祁曼塔格矿区现场对编号为 QMTG 15 与 QMTG 85 的两种未知矿石样品，采用方案 1 和方案 2 分别进行 10 次重复取样、消解后分析测定。结果表明，采用方案 1 的精密度较差，特别是 Pb 含量较高的样品，可能是由于样品消解不完全所致。采用方案 2，除了一个样品的 Zn 含量较低外，其他元素的精密度（RSD，n=10）均小于 2%。方案 2 的测量数据更接近于参考值。

祁曼塔格矿区样品分析结果比较：在祁曼塔格矿区现场，采用车载 PE-EDXRF 对 13 件矿区矿石样品进行了分析，实验数据列于表 5.1。其中的原子吸收光谱（AAS）数据由青海省地质矿产测试应用中心设在矿区的现场实验室测量得到。由实验结果可以看出，方案 1 的数据在准确度、精密度等分析指标上都不如方案 2，可能主要是由于在海拔四千多米以上的祁曼塔格地区，水浴的实际温度约为 88℃，不足以提供快速酸消解矿石的条件，导致部分元素的消解不完全，测量结果整体偏低。

表 5.1 祁曼塔格矿区样品 PE-EDXRF 与 AAS 测量结果的对比   %

样品编号	Cu 测量值			Pb 测量值			Zn 测量值		
	方案 1	方案 2	AAS	方案 1	方案 2	AAS	方案 1	方案 2	AAS
QMTG14	2.09	2.50	2.38	17.0	19.4	19.3	0.16	0.21	0.22
QMTG15	4.14	5.12	4.79	20.3	23.4	23.1	0.21	0.27	0.28
QMTG16	2.52	2.92	3.04	4.94	5.48	5.54	0.11	0.12	0.15
QMTG17	2.14	2.18	2.20	25.8	29.1	31.3	0.18	0.24	0.26
QMTG20	1.43	1.74	1.58	2.36	2.74	2.50	0.11	0.13	0.15
QMTG47	0.66	0.75	0.76	4.31	4.73	4.74	0.09	0.11	0.12
QMTG56	2.08	2.53	2.58	3.40	3.97	4.03	1.28	1.54	1.60
QMTG71	3.68	4.38	4.49	1.66	1.88	1.91	0.59	0.69	0.75
QMTG75	2.62	3.18	3.19	1.38	1.64	1.63	0.98	1.19	1.24
QMTG84	4.70	5.69	5.69	0.66	0.78	0.78	1.26	1.55	1.58
QMTG85	7.23	8.57	8.45	1.91	2.00	2.21	0.95	1.13	1.19
QMTG86	3.35	4.00	4.11	1.37	1.55	1.61	1.24	1.47	1.57
QMTG90	6.22	7.18	7.16	2.34	2.62	2.62	2.16	2.51	2.57

5.3.3 结论与展望

通过标准溶液校准与矿石样品酸消解溶液样品的制备，实现了矿石样品的 PE-EDXRF 准确分析，解决了多金属矿石复杂基体样品 EDXRF 分析时缺少基体匹配校准标样、粒度效应和矿物效应校正困难的问题，使矿石样品 EDXRF 分析的可靠性大幅度提高。采用 PE-EDXRF 分析技术，使用研制的专利双层膜液体样品盒，照射在样品上的 X 射线功率低，样品不会因温度升高而在分析面产生气泡，或出现样品盒底膜破裂，确保了 PE-EDXRF 分析酸性液体样品的安全性。

通过在祁曼塔格矿区现场对实验室管理样及未知样品开展的车载实验室现场分析表明，采用电热板加热的样品消解方案，配合使用双层膜溶液样品盒建立的 PE-EDXRF 分析测试方法，能够很好地解决高矿化度样品及矿石样品的较高精度现场分析问题。采用水浴加热方式时，管理样和未知样的结果均偏低；水浴法加热溶解的操作简单，在要求不高的场合，通过管理样分析结果求取偏差修正系数，也可以给出比较满意的数据。

本研究使车载 PE-EDXRF 分析矿石样品的能力得到显著改善，与采用 AAS 的现场分析技术相比，所述方法具有不需要燃气等辅助材料等突出优点，能够为多金属矿石样品的现场分析提供快速、准确、安全、低污染的解决方案，同时对已建立的中、低矿化度样品的粉末制样-车载 PE-EDXRF 现场分析技术是一个很好的补充和完善。

参 考 文 献

[1] Heckel J, Brumme M, Weinert A, et al. Multi-element Trace Analysis of Rocks and Soils by EDXRF Using Polarized Radiation[J]. X-Ray Spectrometry, 1991, 20(6): 287-292.
[2] Heckel J, Haschke M, Brumme M, et al. Principles and Applications of Energy-dispersive X-ray Fluorescence Analysis with Polarized Radiation[J]. Journal of Analytical Atomic Spectrometry, 1992, 7(2): 281-286.
[3] Heckel J. Using Barkla Polarized X-ray Radiation in Energy Dispersive X-ray Fluorescence Analysis[J]. Journal of Trace and Microprobe Techniques, 1995, 2(13): 97.
[4] Kramar U. Advances in Energy-dispersive X-ray Fluorescence[J]. Journal of Geochemical Exploration, 1997, 58(1): 73-80.
[5] 詹秀春, 罗立强. 偏振激发-能量色散 X 射线荧光光谱法快速分析地质样品中 34 种元素[J]. 光谱学与光谱分析, 2003, 23(4): 804-807.
[6] Zhan X C. Application of Polarized EDXRF in Geochemical Sample Analysis and Comparison with WDXRF[J]. X-Ray Spectrometry, 2005, 34(3): 207-212.
[7] 谢荣厚, 詹秀春. 水泥生料的偏振化能量色散 X 射线荧光光谱分析[J]. 中国建材科技, 2002, 11(6): 46-48.
[8] 谢荣厚, 詹秀春. 高炉渣的偏振化能量色散 X 射线荧光光谱分析[J]. 冶金分析, 2004, 24(2): 37-39.
[9] 葛镧, 甄洪香, 徐增芹. 偏振式能量色散 X 射线荧光光谱仪分析高炉渣[J]. 理化检验(化学分册), 2007, 43(6): 450-451.
[10] 樊兴涛, 詹秀春, 巩爱华. 能量色散 X 射线荧光光谱法测定卤水中痕量溴铷砷[J]. 岩矿测试, 2004, 23(1): 15-18.
[11] 樊兴涛, 詹秀春, 巩爱华. 偏振激发-能量色散 X 射线荧光光谱法测定卤水中主量元素硫氯钾钙[J]. 岩矿测试, 2007, 26(2): 109-116.
[12] 樊守忠, 张勤, 吉昂. 偏振能量色散 X 射线荧光光谱法测定水系沉积物和土壤样品中多种组分[J]. 冶金分析, 2006, 26(6): 27-31.
[13] 王平, 王焕顺, 李玉璞. 偏振能量色散 X 射线荧光光谱法测定土壤中金属元素[J]. 环境监测管理与技术, 2008, 20(3): 41-43.
[14] 耿刚强, 宁国东, 王巧玲, 等. XEPOS 型偏振能量色散 X 射线荧光光谱仪分析蒙古铁矿石[J]. 岩矿测试, 2008, 27(6): 423-426.
[15] 甄洪香, 徐增芹, 葛镧. 能量色散偏振 X 射线荧光光谱法测定生铁中锰和钛[J]. 理化检验(化学分册), 2008, 44(2): 164-165.
[16] 詹秀春, 樊兴涛, 李迎春, 等. 直接粉末制样-小型偏振激发能量色散 X 射线荧光光谱法分析地质样品中多元素[J]. 岩矿测试, 2009, 28(6): 501-506.

[17] 樊兴涛, 李迎春, 王广, 等. 车载台式能量色散 X 射线荧光光谱仪在地球化学勘查现场分析中的应用[J]. 岩矿测试, 2011, 30(2): 155-159.

[18] 龙昌玉, 李小莉, 张勤, 等. 能量色散 X 射线荧光光谱仪现场快速测定多金属矿中 17 种组分[J]. 岩矿测试, 2010, 29(3): 313-315.

[19] Stark S C, Graham S, Nicholas J, et al. Assessment of Metal Contamination Using X-ray Fluorescence Spectrometry and the Toxicity Characteristic Leaching Procedure (TCLP) during Remediation of a Waste Disposal Site in Antarctica[J]. Journal of Environmental Monitoring, 2008, 10(1): 60-70.

[20] de Vries J L, Vrebos B A R, Grieken R V, et al. Handbook of X-ray Spectrometry: Methods and Techniques[M]. Handbook of X-Ray Spectrometry: Methods and Techniques, 1993: 657-687.

[21] 符斌, 方明渭, 周杰, 等. 用于 X 射线荧光光谱分析的凝胶制样法[J]. 冶金分析, 2002, 22(5): 6-9.

[22] Zhang G, Hu X, Ma H. A Gel Sample Preparation Method for the Analysis of Zinc Concentrates by WD-XRF[J]. Minerals Engineering, 2009, 22(4): 348-351.

[23] 温宏利, 马生凤, 马新荣, 等. 王水溶样-电感耦合等离子体发射光谱法同时测定铁铜铅锌硫化物矿石中 8 个元素[J]. 岩矿测试, 2011, 30(5): 566-571.

[24] 范凡, 温宏利, 屈文俊, 等. 王水溶样-等离子体质谱法同时测定地质样品中砷锑铋银镉铟[J]. 岩矿测试, 2009, 28(4): 333-336.

5.4　树脂富集EDXRF分析水样中重金属及现场应用

　　水质污染是中国面临的最为严重的环境问题之一。我国多地主要矿区的土壤及周边水体受到锰、铅、镉、汞、锌、铜等重金属的复合污染，造成污染地区人群中各种疾病频发[1-2]。通常，水样在采集后需在48 h甚至24 h内送回实验室测定。偏远地区水样的分析存在运输周期长、成本高等问题，急需研发现场快速分析技术。便携式X射线光谱分析技术（P-XRF）适合野外现场快速和原位分析[3-5]，但在检测水体中金属元素时，X射线散射本底值高，信噪比低，检出限约为1~10 mg/L，无法直接测量自然界水体中含量为1~1000 μg/L的重金属，需要采用合适的样品预富集过程。化学富集制样技术已在实验室应用多年，如何使这些技术与携带式XRF结合应用于浓度低至ppb级的环境水体质量的现场监测，是一个既具有方法学研究意义又具有实际应用价值的课题。

　　树脂固液萃取法（以下简称树脂富集法）富集倍数较高（10^2~10^4），加入具有选择性吸附或螯合功能的基团后可增加吸附金属离子的种类，提升吸附能力，达到更为理想的富集效果[6-9]；且可直接制成薄样品，大大提高XRF分析的信噪比，改善检出限。本实验选用S-930螯合树脂富集水样中V、Mn、Fe、Co、Ni、Cu、Zn和Pb等8种重金属元素，通过过滤的方式制备成薄试样，富集倍数约2000倍，各元素的EDXRF分析检出限约10 μg/L，为采用EDXRF光谱仪技术开展水样现场分析奠定了基础。

5.4.1　实验部分

5.4.1.1　仪器及测量条件

　　PANalytical Minipal 4型EDXRF光谱仪。仪器测量条件为：V、Mn、Fe、Co、Ni、Cu和Zn等7种元素采用Kα线，Pb采用Lβ₁线分析，Rh靶X射线管，Al初级束过滤片，X射线管电压30 kV，管电流μA，测量时间400 s。

5.4.1.2　材料和主要试剂

　　0.45 μm微孔滤膜（北京北化黎明膜分离技术有限责任公司）。S-930螯合树脂（郑州勤实科技有限公司）。硝酸（BⅧ级，北京化学试剂研究所）。

　　缓冲溶液：50%的乙酸钠-乙酸缓冲液，0.1 mol/L氢氧化钠，0.1 mol/L硝酸。

　　多元素混合标准储备液：由钒、锰、铁、钴、镍、铜、锌、铅8种单标准溶液（1000 μg/mL）按照组合稀释而得，以1 mol/L硝酸为介质（国家有色金属及电子材料分析测试中心）。

5.4.1.3　分析流程

　　取S-930树脂20 g，在105℃烘4 h后放入高速粉碎机中碎2 min，取出后放入行星球磨仪中，在500 r/min条件下运行10 min，过200目筛。过筛后的树脂用4 mol/L盐酸浸泡过夜，再经去离子水冲洗至pH约5，储存于聚乙烯瓶中。

　　取20 mg处理后的S-930树脂，放入盛有100 mL待测水样的250 mL锥形瓶中，用醋酸-醋酸铵缓冲液调节pH=4，电磁搅拌30 min后，将树脂抽滤到0.45 μm微孔滤膜上，取下滤膜，用4 μm的TF-240型聚丙烯薄膜将滤膜包夹在中间，制作成"双层包夹样品盒"，用Minipal 4型EDXRF光谱仪测量。

本节编写人：詹秀春（国家地质实验测试中心）；翟磊（国家地质实验测试中心）

5.4.1.4　方法校准

取 100 mL 混合标准溶液，加入 5 种主量元素 Na（20 mg/L）、K（2 mg/L）、Mg（20 mg/L）、Ca（20 mg/L）、Al（20 μg/L），按照 5.4.1.3 节的流程制备校准样品并测量，以浓度为横坐标、X 射线荧光强度为纵坐标，计算元素谱线净强度与其浓度的关系。

5.4.2　结果与讨论

5.4.2.1　富集条件

富集条件实验采用 Cu、Zn、Pb、Ni、Mn、Fe、Co、V 等 8 种元素浓度均为 1000 μg/L 的混合标准溶液，适量加入 Na（20 mg/L）、K（2 mg/L）、Mg（20 mg/L）、Ca（20 mg/L）、Al（20 μg/L），以模拟实际天然水样的条件[10]。

采用单因素法确定了最佳实验条件。量取 100 mL 混合标准溶液于 250 mL 锥形瓶中，加入缓冲溶液，用 pH 计控制溶液的初始 pH，定量加入树脂，在转速为 500 r/min 下电磁搅拌一定时间，控制实验过程中的温度。抽滤后，滤膜用 EDXRF 测量，滤液用 ICP-OES 测量，计算富集率。

树脂的用量：Fe、Cu、Pb 在 10 mg 树脂时即达到大约 100%吸附，V、Co、Ni、Zn 的吸附率随树脂量的增加略微上升，20 mg 之后保持稳定；Mn 的吸附率和强度均随树脂量增加而增加，最大吸附率仅约 30%，故选取 20 mg 的树脂量。

溶液的 pH：随着溶液 pH 的增加，Mn 的强度和吸附率明显升高；V 的强度和吸附率先增加后减少，在 pH 为 3~4 时达到最大；Co、Ni、Zn、Pb 随着溶液 pH 的增加，其强度和吸附率增至 pH 为 4 后保持稳定；与文献[10]报道的该树脂对金属元素的最佳吸附 pH 一致，最终选择溶液的初始 pH 为 4。

富集时间：Co、V、Ni、Zn 随着搅拌时间的增加，其强度和吸附率增加，但在 30 min 后保持稳定，这与文献[11]提出的搅拌时间参数相同。其他元素在搅拌 10 min 之后，其强度和吸附率无明显变化，故选择搅拌时间为 30 min。

富集温度：Mn、Cu、Zn、Ni、Co 随着吸附温度的增高，其强度和吸附率略微增加，Pb、Fe 和 V 强度和吸附率无明显变化。故本方法不要求严格控制实验温度，可满足野外地区 0~40℃水温下的现场实验。此次实验因加入的混合标准溶液的浓度均为 200 μg/L，故使得 Mn 的吸附率较 1000 μg/L 升高，保持在 80%~90%。

综上所述，最佳富集条件为：树脂用量 20 mg，溶液 pH 为 4，富集时间 30 min，富集温度 0~40℃。在此条件下除了 Mn 的富集率（仅约 30%）偏低外，其他元素均超过 90%。

5.4.2.2　共存离子的干扰

在最佳富集条件下，依次添加 5 种不同浓度的主量元素 Na（5~100 mg/L）、K（0.5~10 mg/L）、Mg（5~100 mg/L）、Ca（5~100 mg/L）、Al（10~500 μg/L）于含有 8 种微量元素 Cu、Zn、Pb、Ni、Mn、Fe、Co、V（1000 μg/L）的混合标准溶液中。

在不加入其他主量元素的条件下，Mn 的回收率随着 Na 加入量的增加，降低幅度较小（吸收率降低<5%），随着 Ca、Mg 加入量的增加，降低幅度较高（最高的吸收率降低达 80%），当 Al 浓度>100 μg/L 时，Mn 的回收率降低约 20%。表明该树脂对 Mn 的吸附作用受 Ca、Mg 干扰离子的影响较大，也与该树脂对 Mn 的亲和力最小有关。水体中 5~100 mg/L 的 Na、Mg、Ca 和 10~500 μg/L 的 Al 均不会影响树脂对除 Mn 外的其他 7 种微量元素的吸附，0.5~10 mg/L 的 K 不会影响树脂对所有 8 种微量元素的吸附。

5.4.2.3　方法检出限

分别按公式计算了仪器检出限（LLD）和方法检出限（LDM）。其中 LLD 经 Std-1 至 Std-12 混合标准溶液的谱图数据计算得到，为 12 个标准样品各元素中最低 5 个浓度的平均值，V、Mn、Fe、Co、Ni、Cu、Zn 和 Pb 的仪器检出限分别为 1.1、2.8、1.2、1.0、1.3、1.2、1.8 和 6.2 µg/L；通过测量 7 个空白样品计算得到的 V、Mn、Fe、Co、Ni、Cu、Zn 和 Pb 的方法检出限分别为 3.0、4.4、14.3、3.4、4.7、9.6、18.4 和 9.1 µg/L。

$$\text{仪器检出限：} LLD = \frac{3\sqrt{2N_{\text{Bi}}}}{S_i} \tag{5.1}$$

$$\text{方法检出限：} LDM = \frac{3S_{\text{Bi}}}{S_i} \tag{5.2}$$

式中，N_{Bi} 表示元素 i 的背景强度值，单位为 counts；S_{Bi} 表示空白样品中元素 i 谱峰位置积分强度的标准偏差；S_i 表示元素 i 的灵敏度，单位为 counts/（µg/L）。

Zn、Pb、Fe 和 Cu 的方法检出限远高于其仪器检出限。可能主要是由于 Fe 和 Cu 有比较高的仪器本底值；Zn 是一个实验室空白比较高的元素，在低含量时难以控制；Pb 的谱线能量为 12.6 keV，由于仪器的最高激发电压只有 30 kV，谱峰位置的散射本底很高，树脂膜中的水分含量的变化会造成散射本底的变化，从而影响 Pb 谱线强度计算的准确性。

本法得到的检出限比 XRF 直接测量水体样品[12]降低了约 2 个数量级，优于文献[13]使用 100 mg PAN 树脂、90 min 吸附时间得到的 Cu、Pb、Co 的方法检出限 19.7 µg/L、29.6 µg/L、4.5 µg/L，元素 V、Co、Ni 的检出限与 ICP-OES 方法相当。

5.4.2.4　方法精密度

配制 4 种不同浓度的多元素混合标准溶液，浓度分别为 20、50、200 和 500 µg/L，按照上述实验方法重复测定 10~12 次，计算各元素测量值的相对标准偏差（RSD）作为方法的精密度。20 µg/L 的 Pb 测量平均值为 8.9 µg/L，RSD 高达 61.6%；Zn 在低于 50 µg/L 浓度时的测量值偏高，如 20 µg/L 浓度的 RSD 达 50%。其他元素的精密度较好，RSD 为 1.3%~17.5%，随浓度升高，RSD 值变小，均能满足测试要求。但 Mn 在较高浓度值（>0.5 mg/L）时的 RSD>20%，可能是因为吸附不完全所致。

5.4.2.5　方法准确度

测量国家地质实验测试中心配制的天然水样标准物质 DW-1 至 DW-4，各重复 5 次，结果见表 5.2。

表 5.2　天然水样标准物质 DW-1 至 DW-4 的 EDXRF 分析结果　　　　　　µg/L

元素	DW-1 测量值	DW-1 标准值	DW-2 测量值	DW-2 标准值	DW-3 测量值	DW-3 标准值	DW-4 测量值	DW-4 标准值
V	1.2±2.9	3.3*	0.8±1.1	3.5*	0.8±0.6	3.6*	7.4±1.3	13.0
Mn	9.1±4.6	6.9	33.6±15.6	33.3	118.7±73.4	160.0	69.3±60.0	135.0
Fe	89.3±24.4	100.0	218.3±30.8	220.0	350.3±33.2	340.0	542.0±50.6	540.0
Co	0.9±2.8	0.98*	0.7±0.8	0.63*	0.9±.8	0.85*	3.3±3.1	3.8*
Ni	15.8±3.0	15.5	34.4±3.4	29.5	41.4±7.3	41.6	69.2±6.5	75.8
Cu	13.6±4.2	14.8	53.1±3.6	53.2	61.1±10.4	61.0	90.3±10.0	91.5
Zn	26.0±9.5	20.2	37.2±23.4	31.2	54±22.8	50.7	165.4±21.0	167.0
Pb	3.5±9.2	3.3	3.9±6.8	7.0	21.0±1.1	21.7	34.0±10.0	30.2

注："*"因 DW 系列标准物质中未定值，使用在国家地质实验测试中心应用电感耦合等离子体质谱仪测得的数据；表中的测量值=平均值±2 倍的标准偏差。

其中，Mn 的测量结果不够稳定，可能由于地下水中较高含量的 Ca、Mg 对 Mn 富集过程造成影响，浓度超过 100 μg/L 时，数据偏低，误差很大。其他大部分元素的测量结果与标准值基本一致。

5.4.2.6　黑龙江某矿区野外现场应用

在黑龙江某矿区，对周边水体进行野外现场采样和驻地分析，共采集和分析地表水样品 18 个（含 2 个重样）、地下水样品 6 个（含 1 个重样）。

依照我国地下水、地表水采集、前处理等相关规范（HJ/T 91—2002，HJ/T 164—2004）进行样品采集和处理。现场用聚乙烯塑料瓶采集水样约 1000 mL，用 0.45 μm 硝化纤维真空抽滤到另一干净的聚乙烯塑料瓶中，编号。分取过滤后的澄清水样 100 mL，按前述方法在 12 h 之内完成分离、富集和测试；剩余水样加入硝酸酸化（浓度 1%）密封保存，于 14 天内在国家地质实验测试中心完成 ICP-MS 测试。

表 5.3 是 Zn、Pb、Mn、Ni、Cu 等 5 个元素的驻地 EDXRF 测量数据与实验室 ICP-MS 数据的比较。Pb 全部低于 EDXRF 检出限，与 ICP-MS 的结果没有冲突。Ni 和 Cu 的数据普遍比较低，与 ICP-MS 的结果基体一致，但存在驻地 EDXRF 测量数据系统偏低的现象。Mn 是检出率最高的元素，与 ICP-MS 数据相比，存在系统偏低现象，其中 F、K、a、d 四个样品偏低过多；但其中有 A、O、P 三个样品的驻地 EDXRF 数据明显高于实验室 ICP-MS 数据，这或许与 Mn 元素本身的富集效率低、受共存元素影响大有关。Zn 的 EDXRF 现场数据与 ICP-MS 数据总体上是一致的，但当浓度低于 100 μg/L 时，EDXRF 数据存在系统偏高的情况，特别是 L 和 N 两个样品的差距明显。Zn 是一个易于被污染的元素，如何在现场分析中控制污染是需要解决的问题。

表 5.3　黑龙江某矿区周边水样中重金属元素分析结果对比　　　　　　　　μg/L

采样地点	Zn 含量		Pb 含量		Mn 含量		Ni 含量		Cu 含量	
	EDXRF	ICP-MS	EDXRF	ICP-MS	EDXRF	ICP-MS	EDXRF	EDICP-MS	EDXRF	ICP-MS
A	<18.4	10.7	<9.1	0.2	46.8	11.6	<4.7	3.8	9.7	12.0
B	<18.4	9.1	<9.1	0.1	22.0	18.1	<4.7	2.6	<9.6	1.6
C	23.1	13.7	<9.1	0.2	12.6	19.5	<4.7	2.5	<9.6	0.9
D	<18.4	5.2	<9.1	0.3	51.5	73.2	<4.7	3.9	<9.6	2.0
E	<18.4	5.8	<9.1	0.2	29.1	24.9	<4.7	2.4	<9.6	0.8
F	62.9	47.8	<9.1	1.0	221.6	302.9	<4.7	6.9	<9.6	9.2
G	<18.4	8.4	<9.1	0.2	18.5	20.8	<4.7	2.5	<9.6	1.3
G'	<18.4	6.1	<9.1	0.2	18.5	20.5	<4.7	2.3	<9.6	1.0
H	<18.4	5.6	<9.1	0.4	10.2	9.5	<4.7	2.3	<9.6	0.6
I	<18.4	4.6	<9.1	0.2	32.7	27.5	<4.7	2.3	<9.6	0.8
J	<18.4	6.2	<9.1	0.2	6.7	10.1	<4.7	2.7	<9.6	0.8
K	<18.4	8.2	<9.1	0.3	973.0	1512.4	4.8	9.9	12.4	26.0
L	62.9	3.1	<9.1	0.0	<4.4	1.1	<4.7	4.3	<9.6	6.2
M	<18.4	5.2	<9.1	0.1	11.8	16.4	<4.7	8.3	<9.6	1.7
N	36.6	3.6	<9.1	0.0	4.7	15.1	<4.7	4.8	<9.6	0.9
N'	<18.4	4.4	<9.1	0.1	<4.4	15.3	<4.7	6.1	<9.6	1.1
O	<18.4	0.3	<9.1	0.0	15.3	0.1	<4.7	2.0	<9.6	1.9
P	<18.4	19.1	<9.1	1.3	25.9	10.4	<4.7	16.7	<9.6	11.2
a	552.4	749.0	<9.1	2.4	14.9	40.2	10.6	22.0	237.7	243.4
b	<18.4	2.2	<9.1	0.1	72.0	76.9	<4.7	5.3	<9.6	2.0
c	164.8	345.1	<9.1	0.5	11.8	9.6	<4.7	8.8	<9.6	9.9
d	23.9	20.6	<9.1	0.3	40.1	95.9	22.4	42.5	<9.6	4.0
e	<18.4	2.4	<9.1	0.1	25.9	28.7	<4.7	9.6	<9.6	2.4
e'	<18.4	2.2	<9.1	0.1	16.5	23.8	5.8	10.9	<9.6	2.1

注：ICP-MS 数据由国家地质实验测试中心提供，标注"'"表示为重复样。

EDXRF 与 ICP-MS 分析的是同源水样，但 ICP-MS 分析的样品是经 1%硝酸酸化后的样品，测量时等离子体的温度也比较高，如果经 0.45 μm 薄膜过滤后的水样中仍含有细微的固体悬浮颗粒，就有可能造成两种分析方法测量结果的差异，这可能是驻地 EDXRF 结果系统偏低的主要因素。但是，对于 EDXRF 结果显著高于 ICP-MS 的情况，则应从 EDXRF 富集及测量过程分析原因。总体上，EDXRF 现场数据的有效性是明显的。

5.4.3　结论与展望

采用树脂富集 EDXRF 分析水体样品中的重金属元素，方法检出限比直接分析水样降低了约 2 个数量级。根据方法的精密度、准确度测试数据，V、Fe、Co、Ni、Cu 基本满足Ⅰ类水体，Mn 和 Zn 可以满足Ⅲ类水体的野外驻地快速检测要求。但 Mn 富集率低，受共存元素的影响比较大；Zn 在低含量时数据不稳定，受实验环境条件影响较大；Pb 是毒性重金属，环境指标要求高，由于谱峰位置的散射背景高，滤膜上的水分含量不同时对低含量的样品会造成显著的测量误差，采用高能激发（本实验为 30 keV）应该可以改善数据质量。另外，由于环境水样中可能存在细小的固体悬浮颗粒，树脂富集 EDXRF 法与酸化后带回实验室用其他方法测量的结果可能会存在一些差异。

本工作的开展，使车载 EDXRF 实验室不仅可以现场分析全岩及部分矿石样品，并且可以分析水体样品，有利于提高综合性的调查能力。

参 考 文 献

[1] 欧异斌, 刘忠义, 娄敏, 等. 重金属在水体中的化学状态、危害及其防治对策[J]. 中国环境管理, 2013, 5(6): 50-53.

[2] 廖兴盛, 庞娅, 汤琳, 等. 选择性吸附水体重金属污染物的研究进展[J]. 工业水处理, 2013, 33(10): 1-5.

[3] 樊兴涛, 李迎春, 王广, 等. 车载台式能量色散 X 射线荧光光谱仪在地球化学勘查现场分析中的应用[J]. 岩矿测试, 2011, 30(2): 155-159.

[4] 张勤, 樊守忠, 潘宴山, 等. Minipal 4 便携式能量色散 X 射线荧光光谱仪在勘查地球化学中的应用[J]. 岩矿测试, 2007, 26(5): 377-380.

[5] 王戈, 武斌, 苏文, 等. Minipal 4 便携 X 射线荧光光谱仪现场快速测定水系沉积物中多种元素[J]. 现代仪器, 2012, 18(1): 48-52.

[6] Sharma R K, Pant P. Preconcentration and Determination of Trace Metal Ions from Aqueous Samples by Newly Developed Gallic Acid Modified Amberlite XAD-16 Chelating Resin[J]. Journal of Hazardous Materials, 2009, 163: 295-301.

[7] Oral E V, Dolak I, Temel H, et al. Preconcentration and Determination of Copper and Cadmium Ions with 1, 6-bis (2-carboxy aldehyde phenoxy) butane Functionalized Amberlite XAD-16 by Flame Atomic Absorption Spectrometry[J]. Journal of Hazardous Materials, 2011, 186: 724-730.

[8] Metwally S S, Hassan M A, Aglan R F. Extraction of Copper from Ammoniacal Solution Using Impregnated Amberlite XAD-7 Resin Loaded with LIX-54[J]. Journal of Environmental Chemical Engineering, 2013, 34: 1-8.

[9] Duran C, Senturk H B, Elci L, et al. Simultaneous Preconcentration of Co(Ⅱ), Ni(Ⅱ), Cu(Ⅱ), and Cd(Ⅱ) from Environmental Samples on Amberlite XAD-2000 Column and Determination by FAAS[J]. Journal of Hazardous Materials, 2009, 162: 292-299.

[10] 苏彦平, 杨健, 刘洪波. 太湖南泉水域水体及水华蓝藻中常量元素 Ca、Na、Mg、K 和 Al 的特征和变化[J]. 农业环境科学学报, 2011, 30(3): 539-547.

[11] Kuzmin V I, Kuzmin D V.Sorption of Nickel and Copper from Leach Pulps of Low-grade Sulfide Ores Using Purolite S930 Chelating Resin[J]. Hydrometallurgy, 2014, 141: 76-81.

[12] 刘明, 林霖. X 射线荧光能谱法测试水样中重金属元素[J]. 实验科学与技术, 2013, 11(6): 7-8.

[13] 唐红梅, 邱海鸥, 田雨荷, 等. β-环糊精聚合物包结 PAN 树脂富集-XRF 测定痕量 Cu, Co, Cr 与 Pb[J]. 分析试验室, 2012, 31(10): 89-91.

第6章　海洋分析技术与应用

随着海洋事业的发展和海洋开发进程的加快，我国海洋油气资源勘探、海洋地质调查与环境评价工作正在逐步加强，同时对分析测试技术也提出了新的要求。分析测试方法的检出限低、成本低、简便、快捷等方面要求也是测试技术水平和能力提高的重要指标，这些指标的提高对于海洋地质、油气、环境调查与研究工作提供了更好的实验技术支撑。

本章建立了应用离子色谱法测试海水和孔隙水中 F^-、Cl^-、NO_2^-、Br^-、NO_3^-、SO_4^{2-}、I^-、PO_4^{3-} 等阴离子和 Li^+、Na^+、NH_4^+、K^+、Mg^{2+}、Ca^{2+}、Sr^{2+} 和 Ba^{2+} 等阳离子的分析方法，体现了离子色谱法具有操作简单、分析速度快、检出限低和重现性好的特点。该方法可应用于海水和孔隙水中各项离子的现场快速分析，在河口海岸带环境调查、全球气候变化研究、海底油气资源调查、天然气水合物资源勘查等工作中发挥重要作用。

^{210}Pb 是一种现代沉积测试的常用方法，但以往主要采用 α 能谱仪进行测试，这种测试方法需要借助示踪剂和进行化学前处理，无疑会对环境造成污染。^{234}Th 测年方法是一种快速沉积环境下的测年方法，由于受准确测量方法的限制，应用十分有限。本章介绍了应用高纯锗γ探测器和超低本底铅室技术，较为准确测量样品中 ^{210}Pb、^{137}Cs 和 ^{234}Th 放射性比活度，解决了同时测量 ^{210}Pb、^{137}Cs 和 ^{234}Th 问题。该测年方法经黄河口和长江口地区海洋沉积物测年应用，验证了具有操作简单、样品无污染、环境无污染的特点。

生物标志化合物是记载原始生物母质特殊分子结构信息的有机化合物，在海洋油气地球化学及油气勘探中具有重要的地位，由于其特征、稳定的结构而具有独到的溯源意义，已被广泛应用于指示生源输入、母质类型、沉积环境，并作为油气源对比、运移、生物降解、描述油藏流体非均值性等方面的评价和研究。鉴于此，本章研究了应用加速溶剂萃取技术（ASE）-固相萃取技术（SPE）-气相色谱/质谱技术（GC-MS）测定海洋沉积物中的正构烷烃、部分甾萜烷烃和芳烃等生物标志物的分析方法。通过对海洋沉积物生物标志物的分析测试和对比，表明了 ASE 和 SPE 两种技术的有效结合，具有萃取效率高、溶剂用量少、分离净化效果好、操作方便快捷、环境污染小的特点，可以充分体现现代分析技术的优越性。

本章所建立的海水和孔隙水阴阳离子分析技术、海洋沉积物测年技术，以及海洋生物标志物现代分析技术，可以满足当前海洋地质、油气、环境等研究领域实验测试要求，具有重要的实用应用价值。

撰写人：刁少波（中国地质调查局青岛海洋地质研究所）

6.1 离子色谱分析技术在海水和孔隙水阴阳离子分析中的应用

离子色谱仪自问世以来，从测定氯离子和硫酸根离子开始，目前已发展成为分析无机阴离子的首选方法，可分析水相样品中的 F^-、Cl^-、Br^- 等卤素离子及硫酸根、硫代硫酸根、氰根等阴离子；近年来随着离子色谱技术的发展，其在无机阳离子分析方面也有了很大的进展，可有效分析水相样品中的 Li^+、K^+、Na^+、Ca^{2+}、Mg^{2+}、NH_4^+ 等离子。离子色谱以其所需样品量少、检出限低、灵敏度高、选择性好、线性范围宽和多种无机阴阳离子组分同时测定等特点，发展速度在色谱技术中位列前茅。

6.1.1 海水和孔隙水分析应用地质背景

海水是一种盐溶液，富含溶解性盐类；孔隙水是指占据在海洋沉积物颗粒孔隙空间的水溶液，盐分较高，基体复杂。由于海水和孔隙水的高氯和高钠，其他阴阳离子含量相对较低，有时甚至可相差数万倍，使样品前处理较复杂，给分析测试带来一定的困难。海水和孔隙水中 Cl^-、SO_4^{2-} 浓度的异常，作为地球化学异常的一种，已经成为海底油气资源、天然气水合物资源勘查识别的重要标志。天然气水合物作为一种全新的清洁能源，以埋藏浅、规模大、资源量大和能量密度高等特点成为地球上未来最大的能源库，是新能源研究领域的热点。勘查区沉积物地球化学异常是天然气水合物赋存的最重要标志之一[1-4]。

大量研究表明，海洋沉积物孔隙水中 Cl^- 浓度异常和 SO_4^{2-} 浓度梯度已成为两项最为重要的识别天然气水合物的地球化学指标[5-13]。除此之外，还有一些其他识别天然气水合物的地球化学指标。杨涛等[14]研究表明天然气水合物区的孔隙水中 NH_4^+ 和 HPO_4^{2-} 浓度明显偏高，因而 NH_4^+ 和 HPO_4^{2-} 浓度异常也可作为一种潜在的天然气水合物地球化学勘查新指标；Ca^{2+}、Mg^{2+} 和 Sr^{2+} 含量随深度下降明显，而 Ba^{2+}、Mg^{2+}/Ca^{2+} 和 Sr^{2+}/Ca^{2+} 比值升高明显，这些特征与天然气水合物赋存区浅表层沉积物孔隙水的阳离子浓度及比值变化趋势相似[15-17]。

随着天然气水合物研究的进一步深入，孔隙水中 Br^-、I^-、NO_3^-、PO_4^{3-}、K^+、Na^+、Ca^{2+}、Mg^{2+}、Sr^{2+}、Ba^{2+}、NH_4^+ 等阴阳离子地球化学异常越来越受到重视。通过研究阴阳离子的异常分布，寻求一种更加灵敏的示踪剂，已成为天然气水合物勘查中迫切需要解决的问题。近年来，离子色谱法逐步应用于海水和孔隙水中部分阴阳离子测试方法的研究，并取得较大进展，在海水和孔隙水中阴阳离子浓度异常研究方面发挥了重要的作用，相关报道较多[4, 18-27]。

6.1.2 海水和孔隙水中阴离子的离子色谱分析技术

6.1.2.1 实验方法

1）仪器与试剂

ICS 2000 离子色谱仪（美国戴安公司），F^-、Cl^-、NO_2^-、Br^-、NO_3^-、SO_4^{2-}、I^-、PO_4^{3-} 色谱分析条件见表 6.1。超纯水仪 ST-DR 40（广州市通创生物科技有限公司）。

阴离子标准溶液 20 mg/L F^-、30 mg/L Cl^-、100 mg/L Br^-、100 mg/L NO_3^-、150 mg/L SO_4^{2-}、150 mg/L PO_4^{3-}（美国戴安公司）和 100 mg/L I^-（中国计量科学研究院）；氢氧化钾淋洗液（美国戴安公司）；99.999%氮

本节编写人：郑凯清（中国地质调查局广州海洋地质调查局）；王彦美（中国地质调查局广州海洋地质调查局）；李强（中国地质调查局广州海洋地质调查局）

气（广东普莱克斯韶钢液化工业气体有限公司广州分公司）；超纯水（电阻率 18.25 MΩ·cm）。

表 6.1 海水和孔隙水中阴离子色谱分析条件

色谱条件	测试参数	色谱条件	测试参数
色谱柱	AS19-HC（4 mm×250 mm）	抑制电流	115 mA
淋洗方式	梯度淋洗	进样量	25 μL
氢氧化钾淋洗液浓度	0~20 min（10 mmol/L） 20~25 min（40 mmol/L） 25~30 min（10 mmol/L）	时间	30 min
流速	0.25 mL/min		

2）样品预处理

海水和孔隙水样品经 0.45 μm 滤膜过滤后，用超纯水分别稀释 10 倍和 100 倍，其中稀释 10 倍的样品用于测试 F^-、Br^- 和 I^-，稀释 100 倍的样品用于测试 Cl^-、NO_2^-、NO_3^-、SO_4^{2-}、PO_4^{3-} 等离子。Br^- 和 SO_4^{2-} 可根据实际样品中离子浓度的含量适当调整稀释倍数。

6.1.2.2 结果与讨论

1）阴离子分析柱的选择

用阴离子标准溶液配制标准储备液（1.000 mg/mL），用表 6.1 中的色谱条件测试高容量的 AS19-HC 色谱柱（4 mm×250 mm）的分析性能，结果显示，各离子组分间分辨情况良好，可以使 F^-、Cl^-、NO_2^-、Br^-、NO_3^-、SO_4^{2-}、I^-、PO_4^{3-} 等 8 种阴离子有效分离，色谱分离谱图见图 6.1。

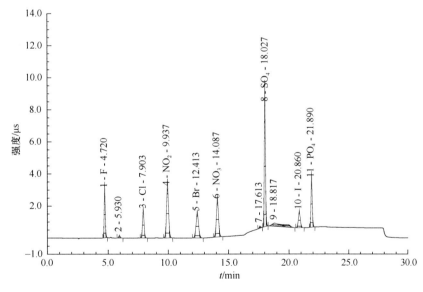

图 6.1 AS19-HC 色谱柱分离各阴离子色谱图

各离子的浓度（单位 mg/L）：F^- 0.60，Cl^- 0.90，NO_2^- 3.00，Br^- 3.00，NO_3^- 3.00，SO_4^{2-} 4.50，I^- 3.00，PO_4^{3-} 4.50。

2）阴离子分析工作曲线的建立

分别准确移取 0.50、1.00、2.00、3.00、5.00 mL 的 F^-、Cl^-、NO_2^-、Br^-、NO_3^-、SO_4^{2-}、PO_4^{3-} 和 I^- 标准溶液，于 5 只 100 mL 容量瓶中，使用新鲜制备的超纯水稀释至刻度，混匀，各阴离子标准系列浓度见表 6.2。在色谱分析条件下（表 6.1）测试，建立上述阴离子分析的工作曲线，各阴离子工作曲线相关系数均大于 0.999。

表 6.2　阴离子工作曲线浓度　　　　　　　　　　　　　　　　　　　　　mg/L

标准系列	各离子浓度							
	F^-	Cl^-	NO_2^-	Br^-	NO_3^-	SO_4^{2-}	I^-	PO_4^{3-}
1	0.10	0.15	0.50	0.50	0.50	0.75	0.50	0.75
2	0.20	0.30	1.00	1.00	1.00	1.50	1.00	1.50
3	0.40	0.60	2.00	2.00	2.00	3.00	2.00	3.00
4	0.60	0.90	3.00	3.00	3.00	4.50	3.00	4.50
5	1.00	1.50	5.00	5.00	5.00	7.50	5.00	7.50
相关系数/%	99.912	99.996	99.991	99.958	99.951	99.905	99.992	99.975

3）海水和孔隙水样品稀释比的确定

　　海水和孔隙水中高含量的 Cl^- 会影响测试结果，且对其他含量较低的阴离子产生干扰，通过选择适当的稀释比，可实现多种阴离子的同时测定。海水样品分别稀释 500、200、100、50、20 和 10 倍后，按照选定的测试条件，研究其稀释倍数的影响，结果见表 6.3。海水中 F^- 的含量较低，当稀释比>100 倍时测试结果波动较大，而在稀释 10 倍、20 倍的测试结果均较为稳定；当稀释比为 10 倍和 20 倍时，由于样品中 Cl^- 的浓度太高，导致色谱峰变形，信号溢出，无法检测到数据。而当稀释比分别为 50、100、200、500 倍时，Cl^- 色谱峰趋于正常，但随着稀释比的增大，Cl^- 的测试结果产生波动，显示大比例的稀释，可导致 Cl^- 测试结果偏高，在稀释 100 倍和 50 倍时测试 Cl^- 结果较稳定；Br^- 的测试结果随着稀释比的增大也有增高的趋势，当稀释比为 500 倍时，测试结果较低稀释比的结果偏高近 60%之多，而在 10、20、50 倍稀释时测试值均稳定在 67.2~68.2 mg/L；SO_4^{2-} 的测试结果显示，海水样品稀释 50、100、200 倍时均稳定在 2800 mg/L 左右，而稀释比过高或过低，都会导致测试结果的偏高或偏低；PO_4^{3-} 的测试结果产生较大范围的波动，变化基本无规律，推测可能是因样品放置时间较长性质已发生改变；在所有稀释后的样品中，均未能检出 NO_2^-、NO_3^- 和 I^-，可能是由于实验用的海水中 NO_2^-、NO_3^- 和 I^- 含量过低所致。

表 6.3　海水样品不同稀释比的阴离子测试结果　　　　　　　　　　　　　mg/L

海水稀释比	各离子浓度							
	F^-	Cl^-	NO_2^-	Br^-	NO_3^-	SO_4^{2-}	I^-	PO_4^{3-}
500 倍	3.21	20 431	n.a.	104.5	n.a.	2 943	n.a.	n.a.
500 倍	5.47	20 538	n.a.	109.4	n.a.	2 949	n.a.	10 055
500 倍	9.75	20 660	n.a.	108.5	n.a.	2 969	n.a.	271.58
200 倍	0.00	19 885	n.a.	79.2	n.a.	2 861	n.a.	n.a.
200 倍	1.11	19 913	n.a.	79.5	n.a.	2 870	n.a.	139.9
200 倍	0.40	19 985	n.a.	79.5	n.a.	2 869	n.a.	n.a.
100 倍	1.44	19 544	n.a.	70.7	n.a.	2 830	n.a.	1984
100 倍	2.13	19 592	n.a.	70.8	n.a.	2 832	n.a.	n.a.
100 倍	1.55	19 658	n.a.	70.9	n.a.	2 841	n.a.	86.5
50 倍	1.30	19 424	n.a.	67.8	n.a.	2 819	n.a.	39.3
50 倍	1.90	19 542	n.a.	68.1	n.a.	2 821	n.a.	39.5
50 倍	1.57	19 519	n.a.	67.9	n.a.	2 828	n.a.	39.0
20 倍	1.03	n.a.	n.a.	67.3	n.a.	2 768	n.a.	18.2
20 倍	1.02	n.a.	n.a.	67.2	n.a.	2 765	n.a.	4.25
20 倍	0.98	n.a.	n.a.	67.2	n.a.	2 768	n.a.	15.0
10 倍	1.17	n.a.	n.a.	68.0	n.a.	2 731	n.a.	4.39
10 倍	0.95	n.a.	n.a.	68.1	n.a.	2 734	n.a.	4.35
10 倍	1.02	n.a.	n.a.	68.2	n.a.	2 736	n.a.	7.40

　　注：n.a.表示未检出。

孔隙水样品分别稀释 500、200、100、50、20 和 10 倍后，按照选定的测试条件研究其稀释倍数的影响。测量结果（表 6.4）显示，孔隙水中由于 F^- 的含量较低，当稀释比>100 倍时测试结果波动很大，在稀释 10 倍、20 倍时测试结果较为稳定；当稀释比≤20 倍时，由于样品中 Cl^- 的浓度太高，色谱峰产生变形，信号溢出，无法检测出含量，而当稀释比为 500~100 倍时，随着稀释倍数的增大，测试结果偏高，这一实验结果的变化趋势与海水稀释实验基本一致，在稀释 200 和 100 倍时 Cl^- 测试结果较稳定；Br^- 的测试结果随着稀释倍数的增大也有增高的趋势，在稀释 10、20、50 倍时测试值较为稳定；SO_4^{2-} 的测试数据在稀释 500 倍时略有偏高，稀释 10 倍时测试结果又偏低，而在稀释比为 20、50、100、200 倍时测试结果比较稳定；孔隙水中的 I^- 含量很低，仅在稀释 10 倍时检测到含量约为 2.12 mg/L，在其他稀释比实验中均为未检出；PO_4^{3-} 测试结果也不理想，不同稀释比的测试数据无规律可循，相同稀释比的三个平行样的数据也不具有重复性，推测也可能是因孔隙水样品放置时间较长其性质发生变化所致；在所有稀释后的样品中，均未能检出 NO_2^- 和 NO_3^- 浓度，可能是用于实验的孔隙水样品中 NO_2^- 和 NO_3^- 含量过低。

表 6.4　孔隙水样品不同稀释比的阴离子测试结果　　　　　　　　　　mg/L

孔隙水稀释比	各离子浓度							
	F^-	Cl^-	NO_2^-	Br^-	NO_3^-	SO_4^{2-}	I^-	PO_4^{3-}
500 倍	10.52	22 451	n.a.	128.8	n.a.	2767	n.a.	785.3
500 倍	2.65	22 558	n.a.	128.2	n.a.	2784	n.a.	534.5
500 倍	10.78	22 807	n.a.	126.7	n.a.	2823	n.a.	485.7
200 倍	1.52	21 515	n.a.	88.5	n.a.	2721	n.a.	n.a.
200 倍	1.12	21 435	n.a.	88.0	n.a.	2728	n.a.	182.8
200 倍	0.98	21 493	n.a.	88.3	n.a.	2734	n.a.	204.7
100 倍	0.61	21 246	n.a.	77.6	n.a.	2731	n.a.	232.8
100 倍	0.87	21 252	n.a.	77.8	n.a.	2739	n.a.	115.2
100 倍	1.05	21 369	n.a.	77.9	n.a.	2746	n.a.	68.5
50 倍	0.75	20 999	n.a.	73.5	n.a.	2719	n.a.	34.7
50 倍	0.83	21 040	n.a.	73.8	n.a.	2725	n.a.	n.a.
50 倍	0.94	21 057	n.a.	73.8	n.a.	2734	n.a.	53.6
20 倍	0.99	n.a.	n.a.	74.0	n.a.	2722	n.a.	19.8
20 倍	1.04	n.a.	n.a.	74.2	n.a.	2722	n.a.	20.8
20 倍	1.04	n.a.	n.a.	74.0	n.a.	2722	n.a.	22.2
10 倍	1.06	n.a.	n.a.	74.8	n.a.	2691	2.0917	8.06
10 倍	1.15	n.a.	n.a.	75.0	n.a.	2696	2.1235	10.1
10 倍	1.06	n.a.	n.a.	75.1	n.a.	2701	2.1344	10.0

注：n.a.表示未检出。

综上所述，稀释 100 倍的海水和孔隙水样品，可测试 Cl^- 和 SO_4^{2-}；稀释 10 倍时，测试 F^-、Br^- 和 I^- 均可获得较满意结果；对于 NO_2^-、NO_3^- 和 PO_4^{3-}，虽然上述实验结果不理想（推测与实验用的样品放置时间有关），但在标准溶液以及空白加标回收实验中测试结果的重复性都较好。因此，对于新鲜采集的海水和孔隙水样品，推荐选取稀释 100 倍进行测试。

4）方法精密度

将孔隙水样品分别稀释 100 倍和 20 倍，测试 Cl^-、NO_2^-、NO_3^-、SO_4^{2-} 和 PO_4^{3-} 以及 F^-、Br^- 和 I^-，并平行测定 11 次，计算所得相对标准偏差（RSD）为 0.16%~1.97%（表 6.5）。

表6.5 阴离子测试精密度试验

测试项目	孔隙水-稀释100倍					孔隙水-稀释20倍		
	Cl^-	NO_2^-	NO_3^-	SO_4^{2-}	PO_4^{3-}	F^-	Br^-	I^-
测试值/（mg/L）	21 400	n.a.	n.a.	2 863	n.a	0.70	71.4	n.a.
	21 494	n.a.	n.a.	2 873	n.a	0.72	71.4	n.a.
	21 562	n.a.	n.a.	2 878	n.a	0.73	71.4	n.a.
	21 631	n.a.	n.a.	2 889	n.a	0.74	71.5	n.a.
	21 701	n.a.	n.a.	2 899	n.a	0.73	71.6	n.a.
	21 757	n.a.	n.a.	2 906	n.a	0.71	71.6	n.a.
	21 809	n.a.	n.a.	2 912	n.a	0.71	71.6	n.a.
	21 850	n.a.	n.a.	2 924	n.a	0.72	71.7	n.a.
	21 890	n.a.	n.a.	2 921	n.a	0.71	71.7	n.a.
	21 931	n.a.	n.a.	2 926	n.a	0.70	71.6	n.a.
	21 944	n.a.	n.a.	2 931	n.a	0.70	71.6	n.a.
平均值/（mg/L）	21 725	—	—	2 902	—	0.72	71.56	—
RSD/%	0.84	—	—	0.81	—	1.97	0.16	—

注：n.a.表示未检出。

5）方法检出限

将阴离子混合标准溶液稀释100倍，分别测试F^-、Cl^-、NO_2^-、Br^-、NO_3^-、SO_4^{2-}、I^-、PO_4^{3-}，并平行测定11次，计算标准偏差，从而计算方法检出限（单位 mg/L）为：F^- 0.0015，Cl^- 0.0012，NO_2^- 0.0012，Br^- 0.0017，NO_3^- 0.0020，SO_4^{2-} 0.0025，I^- 0.0016，PO_4^{3-} 0.0028。

6）加标回收实验

孔隙水样品（编号45GC）分别稀释100倍和20倍，加入适量的Cl^-、NO_2^-、NO_3^-、SO_4^{2-}和PO_4^{3-}以及F^-、Br^-和I^-标准溶液，进行加标回收实验，结果见表6.6，加标回收率为97.1%~104.9%，取得了满意的结果。

表6.6 阴离子加标回收率

测试项目	样品45GC-稀释100倍					样品45GC-稀释20倍		
	Cl^-	NO_2^-	NO_3^-	SO_4^{2-}	PO_4^{3-}	F^-	Br^-	I^-
测定值/（mg/L）	47.65	0	0	27.36	0	0.055	3.72	0.00
加标后测定值/（mg/L）	88.63	5.13	5.12	32.47	10.3	1.03	8.94	10.09
回收量/（mg/L）	40.98	5.13	5.12	5.11	10.3	0.97	5.22	10.09
加标量/（mg/L）	39.08	5.00	5.00	5.00	10.0	1.00	5.00	10.00
回收率/%	104.9	102.6	102.4	102.2	103.0	97.1	104.4	100.9

7）样品前处理实验

OnGuard II 银柱和 OnGuard II 钠柱能有效去除海水和孔隙水样品中高含量的Cl^-，通过对比研究，考察银柱和钠柱处理后对其余7种阴离子测试的影响。实验结果表明，样品经银柱和钠柱处理后，Cl^-含量明显降低，但同时对样品中 Br^-、NO_3^-、I^-、PO_4^{3-} 的测定也会产生较明显的影响。由于银柱和钠柱具有较强的共沉淀、吸附及离子交换作用，对卤族阴离子、碱土金属离子具有很强的保留作用，因此对于海水和孔隙水样品中多种离子组分同时检测并不适用。

6.1.3　海水和孔隙水中阳离子的离子色谱分析技术

6.1.3.1　实验方法

1）仪器与试剂

ICS 2100 离子色谱仪（美国戴安公司），Li^+、Na^+、NH_4^+、K^+、Mg^{2+}、Ca^{2+}、Sr^{2+}、Ba^{2+} 各离子的色谱分析条件见表 6.7。超纯水仪 ST-DR 40（广州市通创生物科技有限公司）。

阳离子标准溶液 50 mg/L Li^+、200 mg/L Na^+、250 mg/L　NH_4^+、500 mg/L K^+、250 mg/L Mg^{2+}、500 mg/L Ca^{2+}（美国戴安公司）和 100 mg/L Sr^{2+}、100 mg/L Ba^{2+}（中国计量科学研究院）；MSA（甲基磺酸）淋洗液（美国戴安公司）；99.999%氮气（广东普莱克斯韶钢液化工业气体有限公司广州分公司）；超纯水（电阻率 18.25 MΩ·cm）。

表 6.7　海水和孔隙水中阳离子色谱分析条件

色谱条件	测试参数	色谱条件	测试参数
色谱柱	CS12A（4 mm×250 mm）	抑制电流	60 mA
淋洗方式	等度淋洗	进样量	25 μL
淋洗液浓度	20.0 mmol/L	时间	30 min
流速	0.25 mL/min		

2）样品预处理

海水和孔隙水样品经 0.45 μm 滤膜过滤后，用超纯水分别稀释 20 倍和 100 倍。其中稀释 20 倍的样品用于测试 Li^+、NH_4^+、Sr^{2+}、Ba^{2+}；稀释 100 倍的样品用于测试 Na^+、K^+、Mg^{2+}、Ca^{2+}。NH_4^+ 的测试可根据实际样品中离子浓度的含量适当调整稀释倍数。

6.1.3.2　结果与讨论

1）阳离子分析柱的选择

用阳离子标准溶液配制标准储备液（1.00 mg/mL），用表 6.7 中的色谱条件分别考察了 CS15（4 mm×250 mm）和 CS12A（4 mm×250 mm）两种高容量分析柱的分析性能。结果表明，CS15 色谱柱可将 Li^+、Na^+、NH_4^+ 和 Mg^{2+} 四种阳离子有效分离，分离度均大于 2.80，但对 K^+、Ca^{2+}、Sr^{2+} 和 Ba^{2+} 四种阳离子不能有效识别及分离；而 CS12A 色谱柱能够同时将 Li^+、Na^+、NH_4^+、Mg^{2+}、K^+、Ca^{2+}、Sr^{2+} 和 Ba^{2+} 八种阳离子有效分离，分离度均大于 1.78，色谱分离谱图见图 6.2。因此，阳离子分析柱选择 CS12A 色谱柱。

2）阳离子分析工作曲线的建立

分别准确移取 0.10、0.20、0.50、1.00 mL 的 Li^+、Na^+、NH_4^+、K^+、Mg^{2+} 和 Ca^{2+} 标准溶液于 4 只 100 mL 容量瓶中，分别准确移取 0.5、1.00、2.50、5.00 mL 的 Sr^{2+} 和 Ba^{2+} 标准溶液于 4 只 100 mL 容量瓶中，使用新鲜制备的超纯水稀释至刻度，混匀，各阳离子标准系列浓度见表 6.8。在色谱分析条件下（表 6.7）测试，建立上述阳离子分析的工作曲线，各阳离子工作曲线的相关系数均大于 0.999。

3）海水和孔隙水样品稀释比的确定

海水和孔隙水中 Na^+ 含量高而其他阳离子含量较低，通过选择适当的稀释比，可实现多种阳离子的同时测定。海水样品分别稀释 500、200、100、50、20 和 10 倍后，按照选定的测试条件，研究其稀释倍数的

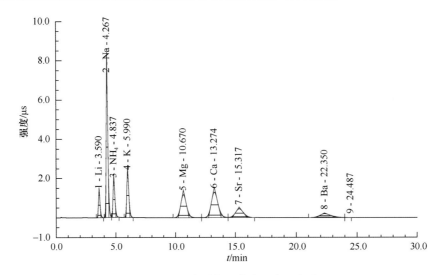

图 6.2 CS12A 色谱柱分离各阳离子色谱图

各离子的浓度（单位 mg/L）：Li$^+$ 0.25，Na$^+$ 1.00，NH$_4^+$ 1.00，K$^+$ 2.50，Mg^{2+} 1.25，Ca^{2+} 2.50，Sr^{2+} 2.50，Ba^{2+} 2.50。

表 6.8 阳离子工作曲线浓度   mg/L

标准系列	各离子浓度							
	Li$^+$	Na$^+$	NH$_4^+$	K$^+$	Mg^{2+}	Ca^{2+}	Sr^{2+}	Ba^{2+}
1	0.05	0.20	0.25	0.50	0.25	0.50	0.50	0.50
2	0.10	0.40	0.50	1.00	0.50	1.00	1.00	1.00
3	0.25	1.00	1.25	2.50	1.25	2.50	2.50	2.50
4	0.50	2.00	2.50	5.00	2.50	5.00	5.00	5.00
相关系数/%	99.966	99.977	99.985	99.986	99.984	99.930	99.977	99.992

影响（表 6.9）。海水稀释 10 倍时，由于高浓度 Na$^+$ 的干扰，Li$^+$ 未检出，稀释 20 倍时 Li$^+$ 可以成功检测；稀释 20~50 倍时 Sr^{2+} 可以获得稳定的测试结果；当稀释比≤50 倍时，Na$^+$ 的色谱峰产生变形，无法检出，稀释比为 100~500 倍时，Na$^+$ 色谱峰正常，可以顺利检测；海水中 K$^+$、Mg^{2+} 和 Ca^{2+} 的分析受稀释比影响不大，测试结果较稳定；稀释后 NH$_4^+$ 和 Ba^{2+} 均未被检出，可能是用于实验的海水样品中 NH$_4^+$ 和 Ba^{2+} 含量较低所致。

表 6.9 海水样品不同稀释比的阳离子测试结果   mg/L

海水稀释比	各离子浓度							
	Li$^+$	Na$^+$	NH$_4^+$	K$^+$	Mg^{2+}	Ca^{2+}	Sr^{2+}	Ba^{2+}
500 倍	n.a.	5238	n.a.	368.3	1379	423.6	n.a.	n.a.
500 倍	n.a.	5233	n.a.	368.7	1382	426.2	n.a.	n.a.
500 倍	n.a.	5265	n.a.	371.9	1378	430.5	n.a.	n.a.
200 倍	n.a.	5022	n.a.	378.1	1336	398.2	n.a.	n.a.
200 倍	n.a.	5023	n.a.	380.7	1336	401.8	n.a.	n.a.
200 倍	n.a.	5018	n.a.	377.6	1337	398.1	n.a.	n.a.
100 倍	n.a.	4914	n.a.	382.7	1313	398.9	15.00	n.a.
100 倍	n.a.	4917	n.a.	381.7	1313	399.6	13.14	n.a.
100 倍	n.a.	4926	n.a.	383.4	1314	399.3	13.13	n.a.
50 倍	n.a.	n.a.	n.a.	384.8	1300	395.8	9.04	n.a.
50 倍	n.a.	n.a.	n.a.	385.2	1300	396.5	8.99	n.a.
50 倍	n.a.	n.a.	n.a.	385.1	1301	396.6	9.53	n.a.
20 倍	0.077	n.a.	n.a.	396.1	1276	392.0	10.08	n.a.

续表

海水稀释比	各离子浓度							
	Li$^+$	Na$^+$	NH$_4^+$	K$^+$	Mg^{2+}	Ca^{2+}	Sr^{2+}	Ba^{2+}
20 倍	0.079	n.a.	n.a.	396.1	1275	391.9	10.09	n.a.
20 倍	0.078	n.a.	n.a.	396.2	1275	392.1	10.21	n.a.
10 倍	n.a.	n.a.	n.a.	380.9	1244	388.6	6.75	n.a.
10 倍	n.a.	n.a.	n.a.	381.1	1243	388.4	6.76	n.a.
10 倍	n.a.	n.a.	n.a.	381.1	1242	388.5	6.76	n.a.

注：n.a.表示未检出。

　　孔隙水样品同样是分别稀释 500、200、100、50、20 和 10 倍后，研究其稀释倍数的影响，测试结果见表 6.10。孔隙水稀释 20 倍时，Li$^+$可以顺利分离并检测；当稀释比<50 倍时，Na$^+$由于含量太高，色谱峰产生变形，信号溢出，因而无法正常检出，当稀释比分别为 100、200 和 500 倍时，Na$^+$的色谱峰正常，测试结果正常波动，考虑操作的方便性，选择稀释倍数为 100；由于 NH$_4^+$含量太低，稀释至 20、50、100、200 和 500 倍时均未能检出，而稀释 10 倍时，虽然测定 NH$_4^+$浓度分别为 2174、2173 和 2176 mg/L，但这并非 NH$_4^+$的色谱峰，而是由于高含量的 Na$^+$色谱峰拖尾所致；K$^+$含量适中且峰位对其他离子没有干扰，不同的稀释比下 K$^+$均可正常测试；当稀释比为 10 倍时，Mg^{2+}浓度太高引起信号溢出，无法检出，稀释比为 20、50、100 和 200 时测试结果较为稳定，因此，Mg^{2+}的稀释倍数可介于 20~200 倍；稀释比为 10、20、50 和 100 倍时，Ca^{2+}的测试结果较为一致，但是随着稀释倍数继续增加，测试结果出现明显波动，因此 Ca^{2+}的稀释倍数可在 10~100 倍选择；Sr^{2+}的测试结果在稀释比为 10 倍和 20 倍时较为一致，随着稀释倍数的增大，测试结果出现较大波动，当稀释比增大至 200 倍和 500 倍时，由于含量太低，不能检出，因此选择稀释比为 10 或 20 倍较为合适；在各稀释倍数的试验中，Ba^{2+}均未能被检出，可能是用于实验的孔隙水样品中 Ba^{2+}含量太低所致。

　　综上所述，稀释 100 倍的海水和孔隙水样品，可用于测试 Na$^+$、K$^+$、Mg^{2+}和 Ca^{2+}，稀释 20 倍时，Li$^+$、NH$_4^+$、Sr^{2+}和 Ba^{2+}均可获得较满意的测试结果。

表 6.10　孔隙水样品不同稀释比的阳离子测试结果　　　　　　　　　mg/L

孔隙水稀释比	各离子浓度							
	Li$^+$	Na$^+$	NH$_4^+$	K$^+$	Mg^{2+}	Ca^{2+}	Sr^{2+}	Ba^{2+}
500 倍	n.a.	5982	n.a.	435.6	1388	440.2	n.a.	n.a.
500 倍	n.a.	5976	n.a.	421.4	1381	424.5	n.a.	n.a.
500 倍	n.a.	6069	n.a.	421.8	1382	428.6	n.a.	n.a.
200 倍	n.a.	5758	n.a	421.6	1314	372.1	n.a.	n.a.
200 倍	n.a.	5711	n.a	412.6	1311	371.1	n.a.	n.a.
200 倍	n.a.	5603	n.a	411.8	1312	372.2	n.a.	n.a.
100 倍	n.a.	5532	n.a.	421.6	1295	358.9	13.77	n.a.
100 倍	n.a.	5521	n.a.	421.2	1297	360.1	15.71	n.a.
100 倍	n.a.	5538	n.a.	424.7	1299	360.8	14.49	n.a.
50 倍	n.a.	5436	n.a.	422.2	1278	359.0	12.49	n.a.
50 倍	n.a.	5576	n.a.	437.3	1290	359.1	12.04	n.a.
50 倍	n.a.	5568	n.a.	437.9	1290	359.5	12.74	n.a.
20 倍	2.31	n.a.	n.a.	446.4	1283	362.6	10.39	n.a.
20 倍	2.16	n.a.	n.a.	446.7	1282	362.6	10.40	n.a.
20 倍	2.43	n.a.	n.a.	446.6	1284	362.9	10.39	n.a.
10 倍	n.a.	n.a.	2173	444.6	n.a.	359.6	9.92	n.a.
10 倍	n.a.	n.a.	2174	432.2	n.a.	359.1	9.98	n.a.
10 倍	n.a.	n.a.	2176	446.2	n.a.	360.5	9.82	n.a.

注：n.a.表示未检出。

4）方法精密度

将孔隙水样品分别稀释 100 倍和 20 倍，分别测试 Na^+、K^+、Mg^{2+} 和 Ca^{2+} 及 Li^+、Sr^{2+}、NH_4^+ 和 Ba^{2+}，并平行测定 11 次，计算所得相对标准偏差（RSD）为 0.30%~1.76%（表 6.11）。

表 6.11　阳离子测试精密度试验

分析项目	孔隙水-稀释 100 倍				孔隙水-稀释 20 倍			
	Na^+	K^+	Mg^{2+}	Ca^{2+}	Li^+	Sr^{2+}	NH_4^+	Ba^{2+}
	2977	451.6	1354	400.2	0.039	11.43	n.a.	n.a.
	2983	453.4	1356	401.0	0.038	11.39	n.a.	n.a.
	2989	453.5	1360	400.9	0.038	11.44	n.a.	n.a.
	2993	454.4	1361	403.0	0.038	11.52	n.a.	n.a.
	2995	454.3	1363	402.7	0.037	11.52	n.a.	n.a.
测试值/（mg/L）	2998	454.7	1363	403.0	0.038	11.52	n.a.	n.a.
	2998	455.0	1364	403.1	0.039	11.37	n.a.	n.a.
	3000	455.2	1367	404.1	0.038	11.39	n.a.	n.a.
	3003	456.4	1366	404.3	0.038	11.43	n.a.	n.a.
	3006	456.4	1368	404.4	0.039	11.60	n.a.	n.a.
	3005	458.7	1368	404.2	0.039	11.56	n.a.	n.a.
平均值/（mg/L）	2995	454.9	1363	402.8	0.038	11.47	—	—
RSD/%	0.30	0.41	0.32	0.37	1.76	0.67	—	—

注：n.a.表示未检出。

5）方法检出限

将阳离子混合标准溶液稀释 100 倍，分别测试 Na^+、K^+、Mg^{2+}、Ca^{2+}、Li^+、Sr^{2+}、NH_4^+ 和 Ba^{2+}，并平行测定 11 次，计算标准偏差，从而计算方法检出限（单位 mg/L）分别为：Na^+ 0.000 74，K^+ 0.000 90，Mg^{2+} 0.000 13，Ca^{2+} 0.000 46，Li^+ 0.000 27，Sr^{2+} 0.000 66，NH_4^+ 0.001 14 和 Ba^{2+} 0.000 81。

6）加标回收实验

孔隙水样品（编号 45GC）分别稀释 100 倍和 20 倍，加入适量的 Na^+、K^+、Mg^{2+} 和 Ca^{2+} 以及 Li^+、Sr^{2+}、NH_4^+ 和 Ba^{2+} 标准溶液，分别进行加标回收实验，获得加标回收率为 95.2%~106.8%（表 6.12）。

表 6.12　阳离子加标回收率

分析项目	样品 45GC-稀释 100 倍				样品 45GC-稀释 20 倍			
	Na^+	K^+	Mg^{2+}	Ca^{2+}	Li^+	Sr^{2+}	NH_4^+	Ba^{2+}
测定值/（mg/L）	27.65	4.68	13.52	4.97	0.008	0.39	6.02	0.00
加标后测定值/（mg/L）	54.71	14.96	18.64	14.89	1.04	5.44	11.02	4.76
回收量/（mg/L）	27.06	10.28	5.12	9.92	1.03	5.05	5.00	4.76
加标量/（mg/L）	25.34	10.00	5.00	10.00	1.00	5.00	5.00	5.00
回收率/%	106.8	102.8	102.4	99.2	102.9	101.1	100.0	95.2

6.1.4　结论与展望

本节通过研究海水和孔隙水中 F^-、Cl^-、NO_2^-、Br^-、NO_3^-、SO_4^{2-}、I^-、PO_4^{3-} 等阴离子和 Li^+、Na^+、

NH_4^+、K^+、Mg^{2+}、Ca^{2+}、Sr^{2+}、Ba^{2+}等阳离子的分析方法，确定了仪器的最佳测试条件，针对海水和孔隙水中高盐组分的特点，详细探讨了海水和孔隙水中阴阳离子测试的最佳稀释倍数，检出限和回收率均取得满意的结果。建立的海水和孔隙水中8项阴离子和8项阳离子的离子色谱分析技术，样品前处理简单，通过适当的稀释比可实现多种离子的同时快速测定，应用于海水和孔隙水中各项离子的现场快速分析，将在河口海岸带环境调查、全球气候变化研究、海底油气资源调查、天然气水合物资源勘查等工作中发挥重要作用。

值得一提的是，由于海水和孔隙水受储存环境、运输时间的影响较大，部分离子组分容易逸失，影响测试结果。

参 考 文 献

[1] 凌洪飞, 蒋少涌, 倪培, 等. 沉积物孔隙水地球化学异常: 天然气水合物存在的指标[J]. 海洋地质动态, 2001, 7(7): 34-37.

[2] 蒋少涌, 凌洪飞, 杨競红, 等. 同位素新技术方法及其在天然气水合物研究中的应用[J]. 海洋地质动态, 2001, 7(7): 24-29.

[3] 蒋少涌, 凌洪飞, 杨競红, 等. 海洋浅表层沉积物和孔隙水的天然气水合物地球化学异常识别标志[J]. 海洋地质与第四纪地质, 2003, 23(1): 87-94.

[4] 葛璐, 杨涛, 杨競红, 等. 海洋沉积物孔隙水中阴阳离子含量的离子色谱法分析方法[J]. 海洋地质与第四纪地质, 2006, 26(4): 125-130.

[5] Hesse R, Harrison W. Gas Hydrates (Clat hrates) Causing Pore Water Freshening and Oxygen Isotope Fractionation in Deep-Water Sedimentary Sections of Terrigenous Continental Margins[J]. Earth and Planetary Science Letters, 1981, 55: 453-462.

[6] Kastner M, Kvenvolden K A, Whiticar M J. Relation between Pore Fluid Chemistry and Gas Hydrates Associated with Bottom-simulating Reflectors at Cascadia Margin, Site 889 and 892[C]//Carson B, Westbrook G K, Musgrave R J, et al.Proceedings of the Ocean Drilling Program, Scientific Results, 146. Texas: Texas A&M University (Ocean Drilling Program), 1995: 175-187.

[7] Borowski W S, Paull C K, Ussler III W. Global and Local Variations of Interstitial Sulfate Gradients in Deep-Water, Continental Margin Sediments: Sensitivity to Underlying Met Hane and Gashydrates[J]. Marine Geology, 1999, 159: 131-154.

[8] Ussler III W, Paull C K. Ion Exclusion Associated with Marine Gas Hydrate Deposits[C]//Natural Gas Hydrates: Occurrences, Distribution and Detection.Washington: American Geophysical Union, 2001, 124: 41-52.

[9] Zhu Y H, Huang Y Y, Matsumoto R, et al. Geochemical and Stable Isotopic Compositions of Pore Fluid Sand Authigenic Siderite Concretions from Site 1146, ODP Leg 184: Implications for Gas Hydrate[C]//Prell W L, Wang P, Blum P, eds. Proceedings of the Ocean Drilling Program.2003: 1-15.

[10] Hesse R. Pore Water Anomalies of Submarine Gas-Hydrate Zones as Tool to Assess Hydrate Abundance and Distribution in the Sub Surface: What Have We Learned in the Past Decade[J]. Earth Sciences Reviews, 2003, 61: 149-179.

[11] 蒋少涌, 杨涛, 薛紫晨, 等. 南海北部海区海底沉积物中孔隙水的 Cl^- 和 SO_4^{2-} 浓度异常特征及其对天然气水合物的指示意义[J]. 现代地质, 2005, 19(1): 45-54.

[12] 陆红锋, 孙晓明, 张美. 南海天然气水合物沉积物矿物学和地球化学[M]. 北京: 科学出版社, 2011.

[13] 吴庐山, 杨胜雄, 梁金强, 等. 南海北部神狐海域沉积物中孔隙水硫酸盐梯度变化特征及其对天然气水合物的指示意义[J]. 中国科学(地球科学), 2013, 43(3): 339-350.

[14] 杨涛, 蒋少涌, 杨競红, 等. 孔隙水中 NH_4^+ 和 HPO_4^{2-} 浓度异常: 一种潜在的天然气水合物地球化学勘查新指标[J]. 现代地质, 2005, 19(1): 55-60.

[15] 杨涛, 蒋少涌, 葛璐, 等. 南海北部陆坡西沙海槽XS-01站位沉积物孔隙水的地球化学特征及其对天然气水合物的指示意义[J]. 第四纪研究, 2006, 26(3): 442-448.

[16] 邬黛黛, 叶瑛, 吴能友, 等. 琼东南盆地与甲烷渗漏有关的早期成岩作用和孔隙水化学组分异常[J]. 海洋学报, 2009, 31(2): 86-96.

[17] 杨涛, 蒋少涌, 葛璐, 等. 南海北部琼东南盆地 HQ-1PC 沉积物孔隙水的地球化学特征及其对天然气水合物的指示意义[J]. 中国科学(地球科学), 2013, 43(3): 329-338.

[18] Rozan T F, Luther G W. An Anion Chromatography/Ultraviolet Detection Method to Determine Nitrite, Nitrate, and Sulfide Concentrations in Saline (Pore) Waters[J]. Marine Chemistry, 2002, 77: 1-6.

[19] 郭磊, 杨薇, 胡荣宗. 离子色谱法检测海水中常见阴离子的前处理法研究——电解银电极法[J]. 电化学, 2000, 6(4): 458-462.

[20] 余心田. 银柱吸附, 离子色谱法测定海水中的 NO_3^--N[J]. 中国环境监测, 2006, 22(1): 24-26.

[21] 李国兴, 施青红, 郭莹莹, 等. 离子色谱-抑制电导法分别测定海水中阴离子和阳离子[J]. 分析科学学报, 2006, 22(2): 153-156.

[22] 郭莹莹, 叶明立, 施青红, 等. 离子色谱-抑制电导法分别测定海水中阴离子和阳离子[J]. 理化检验(化学分册), 2006, 42(3): 185-188.

[23] 李文杰, 张国棋, 孙海燕. 海水中 5 种阳离子的色谱分析[J]. 中国预防医学杂志, 2006, 7(3): 226-227.

[24] 林红梅, 林奇, 徐国杰, 等. 离子色谱法测定海水中的阳离子[J]. 化学分析计量, 2011, 20(2): 27-29.

[25] 林红梅, 林奇, 张远辉, 等. 在线样品前处理大体积进样离子色谱法直接测定海水中亚硝酸盐、硝酸盐和磷酸盐[J]. 色谱, 2012, 4(30): 374-377.

[26] 刘晓丹, 杜韶娴, 刘胜玉, 等. 离子色谱法测定珠江口半咸水中阴离子含量[J]. 理化检验(化学分册), 2012, 49(9): 1066-1068.

[27] 殷月芬, 于怡, 郑立, 等. 离子色谱法测定南海海水中的硝酸盐和磷酸盐及其对地球化学意义的初探[J]. 中国无机分析化学, 2012, 2(3): 15-17.

6.2 海洋沉积物 ^{234}Th、^{210}Pb 和 ^{137}Cs 测年技术与应用

海洋地质研究工作中，沉积物是主要的测试和研究对象，而确定沉积物年龄的地质年代学是地质研究工作的重要组成部分，它使人们对地质事件有了具体的时间概念。可通过地质事件进行对比，进而揭示更深层次的地质意义，既具理论意义更具应用价值。

自 ^{14}C 测年技术成为重要的地质测年技术以来，放射性同位素测年技术不断发展。Goldberg[1]在 20世纪 60 年代首先提出用 ^{210}Pb 放射性测定冰雪层的年龄。Robbins 和 Edgington[2]首先研究了美国密西湖中沉积物的 ^{137}Cs 的分布情况，用 ^{210}Pb 测年方法计算出 ^{137}Cs 的分布特征，并证实其出现的峰值与核爆炸的时间密切相关。当时，国内外许多研究者应用 α 谱仪开展 ^{210}Pb 测年研究与应用[3-11]，γ 谱仪专用于 ^{137}Cs 的测年研究与应用。^{234}Th 测年技术与 ^{210}Pb 测年技术的原理基本相同，是一种快速沉积区域的测年技术。因其半衰期较短，采用 α 谱仪开展 ^{234}Th 测年的研究十分困难。随着半导体技术的发展，高分辨率和高探测效率的高纯锗探测器出现，配备超低本底铅室，使得多道 γ 能谱仪应用广泛，同时也促进了开展 γ 谱仪的 ^{210}Pb、^{137}Cs 和 ^{234}Th 测年技术应用与研究[12-13]。但是，有关 ^{210}Pb、^{137}Cs 和 ^{234}Th 测年技术的标准方法并不配套，在地质矿产行业标准的同位素地质样品分析方法中，仅有 α 谱仪的 ^{210}Pb 地质年龄测定。

青岛海洋地质研究所于 2006 年引进一台超低本底高纯锗多道 γ 能谱仪，本研究在前期开展的 α 能谱 ^{210}Pb 测年基础上，开展了 γ 能谱 ^{234}Th、^{210}Pb 和 ^{137}Cs 的测年研究与应用。

6.2.1 研究区域与地质特征

6.2.1.1 长江口海域

长江口是一个丰水多泥沙、中等潮汐强度、有规律分汊的三级分汊和四口入海河口。自徐六泾节点向下，由崇明岛分为南支与北支水道，南支由长兴岛和横沙岛分为南港与北港水道，南港在九段沙又分为南槽和北槽水道。以九段沙、横沙浅滩等拦门沙滩顶（口门）为界划分为口内和口外地区。口内河槽冲淤多变，洲滩活动迁移频繁，在地貌形态上表现为河口沙岛、边滩、心滩、沙嘴及水下淤积体接踵排列。

自河口至–10 m 水深线地形平坦，沿长江河道分布着一些正、负地形，河口砂坝发育。–10 m 水深线以东地形向东南倾斜，在–10～30 m 水深线范围内，坡降增大，为 0.6‰~0.8‰。再向东地形也变得平坦，坡降仅为 0.1‰。在–50 m 等深线附近有一自东南向西北延伸的长江古河道。

6.2.1.2 黄河口地区

近代黄河三角洲通常是指黄河 1855 年至今在垦利县境内流入渤海期间形成的三角洲，其以垦利县宁海为顶点，南至淄脉沟，西至徒骇河。黄河三角洲包括两部分：一部分是 1855 年以前已是陆地，1855 年以后分流河道经过此处，其上堆积了现代黄河三角洲沉积物（分流河道、天然堤、决口扇和泛滥平原沉积物）；另一部分则是 1855 年以后堆积成陆（包括潮间带）。

黄河三角洲自 1855 年以来分流河道多次改道，每一次改道则形成新的三角洲叶瓣。由于三角洲不断向海洋扩展，三角洲顶点下移（目前已移至渔洼附近），使整个三角洲叶瓣复合体向海洋方向移动，三角洲海岸线也不断向海洋移动。黄河三角洲前缘主要指被海水淹没的部分，包括河口沙坝和末端沙坝两部

本节编写人：刁少波（中国地质调查局青岛海洋地质研究所）；徐磊（中国地质调查局青岛海洋地质研究所）；辛文采（中国地质调查局青岛海洋地质研究所）

分。河口沙坝为分流河道入海处形成的浅滩，沉积物粒径为 0.029~0.058 mm，主要为粗粉砂级沉积物，黏土含量小于 8%。末端沙坝主要沉积于三角洲前缘斜坡的边缘，主要为河流带来的细粒沉积物，常伴生底栖生物。前三角洲位于三角洲前缘和侧缘之外的坡折带。表层沉积物以黏土质粉砂为主，黏土约占 26%。前三角洲一般分布于水深 10~15 m 处，为较典型的海洋环境。

自 1855 年以来现代黄河三角洲共形成 8 个叶瓣。考虑到现今的活动叶瓣活动期还没有结束，从 1855 年至 1976 年形成的 7 个叶瓣，平均活动期为 16 年，可见活动期是相当短的。黄河三角洲叶瓣一般均有三个活动期阶段和一个非活动期阶段的演化过程。

6.2.2 实验部分

6.2.2.1 仪器与试剂

BE3830 型超低本底多道 γ 能谱仪（美国奥泰克公司）；BSA224s-CW 型电子天平（万分之一，德国赛多利斯公司）；低温烘箱（上海福玛实验设备有限公司）；玛瑙研钵；表面皿；银片，厚 0.1~0.2 mm，Φ26 mm；精密 pH 试纸；样品盒。

^{208}Po 或 ^{209}Po 示踪剂；盐酸（分析纯），按计算比例用去离子水配制成浓度为 6 mol/L 和 0.1 mol/L；过氧化氢（分析纯）；柠檬酸三钠（分析纯），按计算比例用去离子水配制成浓度为 20%；盐酸羟胺（分析纯），按计算比例用去离子水配制成浓度为 20%；抗坏血酸（分析纯）；氨水（分析纯）；去离子水；去污粉。

6.2.2.2 样品采集与前处理

沉积物岩心采集后，首先要将样品从样品管中取出。通常采用切割的办法将岩心柱一分为二，根据所需测量的样品深度和所需的样品量进行取样。取样厚度一般为 1 cm，也可以根据需要的样品量进行调整。样品采集后，按唯一性标识进行标记。

标记后的样品在 110℃烘箱内烘干（准确称量计算出含水量），再用玛瑙研钵研磨至 100 目，放置于密封的塑料袋中备用。^{210}Po 测年样品的化学制备过程为：先称取适量的 ^{209}Po 示踪剂放置于 250 mL 烧杯中，低温烘干。称取样品 5~10 g，加入 30 mL 6 mol/L 盐酸、2 mL 30% H_2O_2。在 80℃~90℃的电热板上浸取 2 h，用离心机在 2000 r/min 转速下离心 10 min，取出清液。将沉淀再次加入 6 mol/L 盐酸 20 mL 继续浸取 1 h，用离心机离心 10 min 后，合并清液，清液放置在低温条件下烘干。加入 0.1 mol/L 盐酸 30 mL 溶解，加入 2.5 g 抗坏血酸、2 mL 20%柠檬酸钠和 2 mL 20%盐酸羟胺，用氨水和 0.1 mol/L 盐酸调至 pH≈2，并使溶液的体积为 60 mL。将单面涂漆的银片用去污粉和去离子水清洗干净，放入上述 pH≈2 的溶液中，在 85℃水浴锅内恒温 4 h，取出银片晾干后放入 α 谱仪进行测量。

6.2.2.3 样品测试

1）γ 能谱仪测量

样品的 ^{234}Th 测量：取出密封在样品袋里的样品后，准确称量样品的质量（15 g 以上），放置在密封的测量盒中，放入 γ 谱仪的低本底铅室中进行 γ 谱测量。

样品的 ^{210}Pb、^{226}Ra 和 ^{137}Cs 测量：取出密封在样品袋里的样品后，准确称量样品的质量（15 g 以上），放置在密封的测量盒中 15 天以上，放入 γ 谱仪的低本底铅室中进行 γ 谱测量。

^{234}Th 用 63.9 keV 和 92.6 keV 的 γ 射线能量峰进行测量；^{226}Ra 用其子体 ^{214}Pb 和 ^{214}Bi 的 351.9 keV 和 609.2 keV 的 γ 射线能量峰进行测量；^{210}Pb 用 46.5 keV 的 γ 射线能量峰进行测量；^{137}Cs 用 661.6 keV 的 γ 射线能量峰测量。^{210}Pb 的 γ 射线能量峰 46.5 keV 和 ^{234}Th 的 γ 射线能量峰 63.9 keV 的测试谱图见图 6.3a，^{214}Bi

的γ射线能量峰 609.2 keV 和 ¹³⁷Cs 的γ射线能量峰 661.6 keV 的谱图见图 6.3b。

2）α能谱仪测量

将制作的 ²¹⁰Po 样品片放入α谱仪真空室，抽真空达到一定的真空度后进行测量，²⁰⁹Po 的α射线能量峰在 4.882 MeV，²¹⁰Po 的α射线能量峰在 5.311 MeV。²⁰⁹Po 和 ²¹⁰Po 的α射线能量峰谱图如图 6.3c 所示。

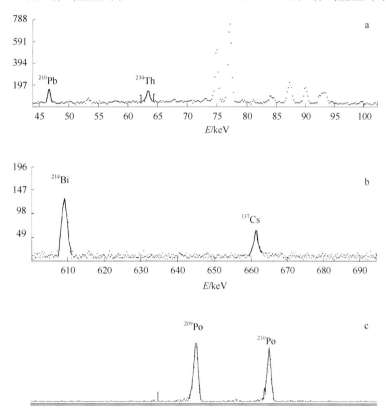

图 6.3　²¹⁰Pb-²³⁴Th-²¹⁴Bi-¹³⁷Cs-²⁰⁹Po-²¹⁰Po 的射线能量峰谱图
a. ²¹⁰Pb 和 ²³⁴Th 的γ射线能量峰谱图，b. ²¹⁴Bi 和 ¹³⁷Cs 的γ射线能量峰谱图，c. ²⁰⁹Po 和 ²¹⁰Po 的α射线能量峰谱图。

6.2.3　结果与讨论

6.2.3.1　长江口海域 ²³⁴Th 测年

选择长江口海区两个钻孔（CKJ-1 和 CKJ-2）进行了 0~5 cm ²³⁴Th 放射性核素的 γ 谱测量，样品初次测试后，放置三个月再进行第二次测量，两个钻孔的两次测试结果见表 6.13 和表 6.14。可以看出，长江口两个钻孔的核素 ²³⁴Th 第一次测试结果范围分别为 32.05~72.10 Bq/kg 和 34.45~69.53 Bq/kg，第二次测试结果范围分别为 28.22~48.94 Bq/kg 和 33.67~43.84 Bq/kg。从两次测量结果来看，第二次的测量结果有明显地减少，表明顶层的样品放置 100 天之后，过剩的 ²³⁴Th 基本衰退。

6.2.3.2　长江口海域 ²²⁶Ra、²¹⁰Pb 和 ¹³⁷Cs 测年

在长江口海区选择一个钻孔（CJK-1）进行了 0~48 cm ²²⁶Ra、²¹⁰Pb 和 ¹³⁷Cs 放射性核素的 γ 谱测量，并计算出过剩 ²¹⁰Pb 的放射性比活度。以 CJK-1 孔的过剩 ²¹⁰Pb 和 ¹³⁷Cs 比活度对数为横坐标，深度为纵坐标作图，得到 CJK-1 孔的过剩 ²¹⁰Pb 和 ¹³⁷Cs 比活度与深度的关系图（图 6.4）。可以看出，过剩 ²¹⁰Pb 比活度在 12~25 cm 和 25~45 cm 呈明显的线性相关关系，也就是说具有放射性衰变规律，但 ¹³⁷Cs 不具有明显的峰值。

表 6.13　CJK-1 钻孔 ^{234}Th 测试结果　　　　　　　　　Bq/kg

深度/cm	^{234}Th-1	^{234}Th-2	过剩 ^{234}Th
0.25	72.10±7.30	41.17±4.17	30.93±8.41
0.75	66.28±6.96	31.05±3.26	35.23±7.69
1.25	51.36±4.93	48.94±4.28	2.42±6.81
1.75	39.46±4.73	33.58±4.03	5.88±6.21
2.25	32.05±4.28	28.22±3.77	3.83±5.70
2.75	43.13±4.92	35.75±4.08	7.38±6.39
3.25	34.74±4.43	34.52±4.40	0.22±6.25
3.75	41.28±4.66	32.34±3.65	8.94±5.92
4.25	40.44±4.43	41.04±4.50	0.6±6.31
4.75	43.17±4.90	40.08±4.55	3.09±6.69

表 6.14　CJK-2 钻孔 ^{234}Th 测试结果　　　　　　　　　Bq/kg

深度/cm	^{234}Th-1	^{234}Th-2	过剩 ^{234}Th
0.5	69.53±7.10	43.84±4.98	25.69±8.67
1.5	39.69±4.51	35.47±4.03	4.22±6.05
2.5	36.03±4.09	33.67±3.83	2.36±5.60
3.5	34.45±3.91	43.47±4.94	−9.02±6.30
4.5	36.73±4.17	33.89±3.85	2.84±5.68

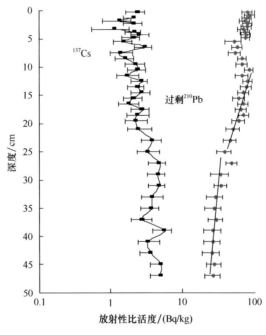

图 6.4　CJK-1 钻孔 ^{137}Cs、^{210}Pb 放射性比活度与钻孔深度关系图

6.2.3.3　黄河口地区 ^{210}Pb、^{137}Cs 测年

在黄河口海区选择两个钻孔（HH-1 和 HH-2）进行了 ^{210}Pb、^{226}Ra 和 ^{137}Cs 放射性核素的 γ 谱测量，分别以这两个孔的过剩 ^{210}Pb 和 ^{137}Cs 比活度为横坐标，深度为纵坐标作图，相应的过剩 ^{210}Pb 和 ^{137}Cs 比活度与深度的关系见图 6.5。从 HH-1 孔的过剩 ^{210}Pb 和 HH-2 孔的过剩 ^{210}Pb 可以看出，样品的放射性比活度随着深度变化具有明显的衰变规律。由于 γ 谱仪的探测效率有限，大部分样品的 ^{137}Cs 低于检出限。

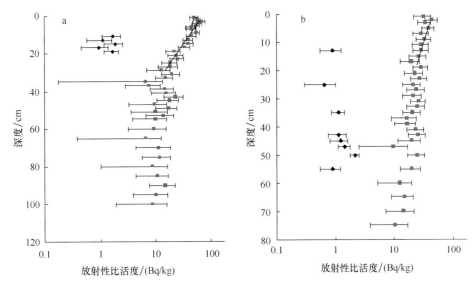

图 6.5 HH-1 钻孔（a）和 HH-2 钻孔（b）^{137}Cs、^{210}Pb 放射性比活度与钻孔深度关系图

为开展 α 谱仪和 γ 谱仪的对比研究，进行了其中一个钻孔（HH-2）的 ^{210}Po 放射性核素测量。以 HH-2 钻孔的过剩 ^{210}Po 比活度为横坐标，深度为纵坐标作图，得到 HH-2 钻孔的过剩 ^{210}Po 比活度与深度的关系图（图 6.6），可以看出样品的过剩 ^{210}Po 也具有明显的衰变规律。

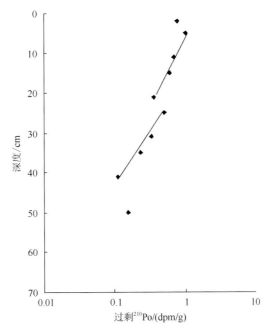

图 6.6 HH-2 钻孔 ^{210}Po 放射性比活度与钻孔深度关系图

6.2.3.4 沉积速率估算

假定一定深度（h）的样品的过剩 ^{234}Th 放射性比活度为 N_h，表层样品的过剩 ^{234}Th 放射性比活度为 N_0，深度（h）样品与表层样品之间的年代计算公式为：

$$t_h = \tau \times \ln (N_0/N_h) \tag{6.1}$$

式中，τ 表示放射性核素的平均寿命。

1）长江口海域

首先选择表 6.13 中的过剩 ^{234}Th 比活度与深度数据，进行了 CJK-1 钻孔 0~5 cm 的 ^{234}Th 沉积速率估算，估算的结果为 6.5~8.3 mm/a。同样进行了 CJK-2 钻孔的过剩 ^{234}Th 估算的沉积速率应为 5.5~10.3 mm/a。在 ^{210}Pb 测年中可以用两种模式进行计算：一种是初始放射性比活度恒定（CIC），另一种是沉积通量恒定（CRS）。选择图 6.4 中过剩 ^{210}Pb 比活度与深度的数据，进行了 CJK-1 钻孔的沉积速率估算，以 10~25 cm 段为第一段，用 CIC 模式估算出沉积速率为 6.9 mm/a；以 25~47 cm 段为第二段，用 CIC 模式估算出沉积速率为 13.6 mm/a。选择图 6.4 中 ^{137}Cs 与深度的数据进行了估算，由于下部没有样品测量，因此不知下部样品中是否具有 ^{137}Cs，假定下部样品中没有 ^{137}Cs，根据样品中的 ^{137}Cs 与深度关系，估算出其平均沉积速率应大于 10.2 mm/a。

2）黄河口地区

选择图 6.5a 中的过剩 ^{210}Pb 比活度与深度的数据，估算 HH-1 钻孔的沉积速率，以 3~29 cm 段为第一段，用 CIC 模式估算的沉积速率为 0.57 cm/a。因 ^{137}Cs 测量接近检测限，测量的数据点较少，只能以现有数据为参考，以现有 ^{137}Cs 与深度数据估算沉积速率为>0.43 cm/a。选择图 6.5b 中的过剩 ^{210}Pb 比活度与深度的数据，估算 HH-2 钻孔的沉积速率。以 2~17 cm 段为第一段，用 CIC 模式估算的沉积速率为 0.81 cm/a；以 19~29 cm 段为第二段，用 CIC 模式估算的沉积速率为 1.03 cm/a。HH-2 钻孔的 ^{137}Cs 测量数据也较少，按 ^{137}Cs 与深度关系计算沉积速率约 1.02 cm/a。用图 6.6 中的过剩 ^{210}Po 比活度进行了 HH-2 钻孔沉积速率估算，15~45 cm 段用 CIC 模式估算的沉积速率为 0.97 cm/a。

6.2.4　成果应用

20 世纪 80 年代我国许多研究者进行了 ^{210}Pb 测年研究，如夏明等[4]应用 α 谱仪开展了珠江口地区的 ^{210}Pb 测年研究。业渝光等[8]应用 α 谱仪开展现代黄河三角洲的 ^{210}Pb 测年研究，并进行剖面 ^{210}Pb 标准化的研究，用沉积物颗粒表面积的办法进行标准化归一，归纳了黄河三角洲的叶瓣模式，估算出河口的快速堆积速率，很好地解释河口地区的快速堆积问题。范德江等[10]曾进行中国陆架 ^{210}Pb 测年的应用研究，概括了沉积速率的几种基本特征，主要有垂直分布和扰动的特征，垂直分布一般分为一段式、二段式和多段式，在表层或多段中间又有扰动的特征，甚至出现随深度增加的现象。李凤业等[11]应用 α 谱仪开展了黄海、渤海泥质沉积区现代沉积速率研究。王福等[13]应用 γ 谱仪开展了渤海地区 ^{210}Pb 和 ^{137}Cs 的测年研究，并指出在某些深度上受潜水位波动、生物扰动的影响，过剩 ^{210}Pb 比活度不随深度变化，若受强风暴潮的影响，某些层位的过剩 ^{210}Pb 比活度出现低值。

由长江口海域的 ^{210}Pb 测年结果来看，其估算的沉积速率基本一致。从 CJK-1 钻孔 0~5 cm 段的过剩 ^{210}Pb 比活度来看，在 0~4.75 cm 段具有明显的混合层特征，而且 5~10 cm 段的过剩 ^{210}Pb 比活度是由浅到深越来越高，不具有随深度衰变的特征，说明具有扰动的现象。CJK-1 基本可以认为在 0~10 cm 段，过剩 ^{210}Pb 比活度与深度基本上不呈现衰变的特征，是一个扰动层。在 10~25 cm 段为第一沉积段，25~47 cm 段为第二段。由于没有进行下层样品的测试，因此无法断定其下是否还有不同的沉积段。但从两段的沉积速率来看，几乎差一倍，说明沉积环境明显发生了改变，沉积速率逐渐变慢，河口逐渐在向外推移。

在黄河口地区的两个钻孔 HH-1 和 HH-2 都具有明显的多段性和扰动性，HH-1 钻孔采用 ^{210}Pb 和 ^{137}Cs 两种方法进行对比，沉积速率相对较慢，但在 30 cm 以下有明显的扰动，具有"事件沉积"的迹象。王福等[13]在开展渤海湾 ^{210}Pb 和 ^{137}Cs 测年研究中，提出"特殊事件"造成了随深度呈急剧变化的现象，如图 6.5a 中 30~50 cm 段的测试结果。HH-2 钻孔具有明显"二段式"分布的沉积特征。^{210}Pb 用 CIC 模式估算的两段沉积速率变化不大，同时 ^{210}Po 用 CIC 模式估算的两段沉积速率与 ^{210}Pb 的测试结果基本一致，而且 ^{137}Cs 测年的结果非常一致。这说明沉积速率的估算较为准确，但是在 0~5 cm 段有一个扰动层，在

25~30 cm 和 60~70 cm 段有明显的"特殊事件"。这种"特殊事件"可能和"风暴潮"有关，也可能和黄河发生大规模的"洪水"有关。

6.2.5　结论与展望

^{234}Th、^{210}Pb 和 ^{137}Cs 三种测年方法各有不同，但可以相互印证，如长江口海域的 CJK-1 钻孔的 ^{234}Th、^{210}Pb 和 ^{137}Cs 测年结果对比较为理想，说明在快速沉积的湖泊和河口在 ^{210}Pb 和 ^{137}Cs 无法进行定年的表层，可以发挥它的作用。从黄河口地区 HH-1 和 HH-2 钻孔的 ^{210}Pb 和 ^{137}Cs 测年结果来看，估算的沉积速率较为一致，但 ^{210}Pb 测年结果可以给出一些"特殊事件"的信息。利用低本底多道 γ 能谱仪不仅可以同时给出 ^{234}Th、^{210}Pb 和 ^{137}Cs 三种核素的测试结果，而且样品在测试后可以进行其他化学元素的分析，保持了原有的化学特性。

HH-2 钻孔的 ^{210}Po 的 α 谱仪测试结果与 ^{210}Pb 的 γ 谱仪测试结果非常一致，说明 γ 谱仪的 ^{210}Pb 测试结果可以取代 α 谱仪的测试。但是 α 谱仪需要前期的化学处理，测试完成后样品无法再开展其他分析，而且化学处理过程的废液对环境造成一定的污染。此外，在化学处理过程中需要添加示踪剂 ^{209}Po，示踪剂 ^{209}Po 是一种严格控制的放射性物质，一旦进入人体也容易造成危害。由于其半衰期较长，需要长期地严格控制，因此需要采用其他的测试方法取代这种测试方法，无疑 γ 谱仪的测试方法是一种非常好的替代办法。

采用低本底高纯锗多道 γ 能谱仪进行测年具有以下优点：①可以同时测量多种放射性核素；②样品前处理过程简单，对环境不造成任何破坏；③不需要添加任何稀释剂，不需要特定的保护措施；④样品保持了原有的化学特性，测试结束后可进行其他的化学分析测试。因此应用超低本底高纯锗 γ 谱仪开展 ^{234}Th、^{210}Pb 和 ^{137}Cs 测年方法是一种简捷、环保的测年方法。

参 考 文 献

[1] Goldberg E D. Geochronology with ^{210}Pb in Radioactive Dating[M]. Vienna: IAEA, 1963: 121-131.
[2] Robbins J A, Edgington D N. Determination of Recent Sedimentation Rates in Lake Michigan Using ^{210}Pb and ^{137}Cs[J]. Geochimica et Cosmochimica Acta, 1975, 39: 285-305.
[3] Smith J N, Watton A. Sediment Accumulation Rates and Geochronologies Measured in the Saguenay Fjord, Using Pb-210 Dating Method[J]. Geochimica et Cosmochimica Acta, 1980, 44(2): 225-239.
[4] 夏明，张承蕙，马志邦，等. 铅-210 年代学方法和珠江口、渤海锦州湾沉积速度的测定[J]. 科学通报，1983(5): 291-295.
[5] 业渝光，薛春汀，刁少波，等. 现代黄河三角洲叶瓣模式的 ^{210}Pb 证据[J]. 海洋地质与第四纪地质，1987, 7(增刊): 75-80.
[6] Battiston G A, Degetto S, Gerbasi R. The Use of ^{210}Pb and ^{137}Cs in the Study of Sediment Pollution in the Lagoon of Venice[J]. Science of the Total Environment, 1988, 77: 15-23.
[7] Eisma D, Berger G W, Chen W Y. Pb-210 as a Tracer for Sediment Transport and Deposition in the Dutch-German Waddensea[J]. Coastal Lowlands, 1989, 29: 237-253.
[8] 业渝光，和杰，刁少波，等. 现代黄河三角洲 ^{210}Pb 剖面的标准化方法——粒度相关法[J]. 地理科学，1992, 12(4): 379-386.
[9] 陈国栋，业渝光，刁少波. 黄河三角洲的 ^{210}Pb 剖面与再沉积作用[J]. 海洋地质与第四纪地质，1995, 15(2): 1-10.
[10] 范德江，杨作升，郭志刚. 中国陆架 ^{210}Pb 测年应用现状与思考[J]. 地球科学进展，2000, 15(3): 297-302.
[11] 李凤业，高抒，贾建军，等. 黄、渤海泥质沉积区现代沉积速率[J]. 海洋与湖沼，2002, 33(4): 364-369.
[12] 王宏，姜义，李建芬，等. 渤海湾老狼坨子海岸带 ^{14}C、^{137}Cs 和 ^{210}Pb 测年与现代沉积速率的加速趋势[J]. 地质通报，2003, 22(9): 658-664.
[13] 王福，王宏，李建芬，等. 渤海地区 ^{210}Pb、^{137}Cs 同位素测年的研究现状[J]. 地质论评，2006, 52(2): 244-250.

6.3　海洋生物标志物现代分析技术

生物标志化合物是记载了原始生物母质特殊分子结构信息的有机化合物，在海洋油气地球化学及油气勘探中具有重要的地位。由于其特征、稳定的结构而具有独到的溯源意义，它们被广泛应用于指示生源输入、母质类型、沉积环境，并作为油气源对比、运移、生物降解、描述油藏流体非均值性等方面的评价和研究指标[1-7]。生物标志物涉及的化合物种类非常多，主要包括正构烷烃、各种异构烷烃、甾萜烷类、各类芳烃和含氧、含氮化合物等，而且随着现代分析技术的不断发展和更新，越来越多的新生物标志化合物被识别出来，因此本研究主要针对正构烷烃、植烷、姥鲛烷、部分甾萜烷烃、芳烃等生物标志物，建立了一套系统的现代分析测试技术。

海洋沉积物生物标志物整个分析测试技术主要分为萃取技术、净化分离技术和仪器分析技术三个部分。对于萃取技术主要包括经典的索氏抽提技术、加速溶剂萃取技术、超声萃取技术、微波萃取技术等[8-12]；净化技术则一般采用自填的氧化铝或硅胶玻璃柱，以及市售的固相萃取小柱[13-20]；现代仪器分析技术主要包括气相色谱技术、气相色谱-质谱技术以及液相色谱技术等[21-22]。经过综合考虑样品的分析时间、萃取效率、净化效果及仪器分析能力等因素，最终采用加速溶剂萃取技术（ASE）-固相萃取技术（SPE）-气相色谱/质谱技术（GC-MS）等现代分析技术对海洋沉积物中的正构烷烃、植烷、姥鲛烷、部分甾萜烷烃、芳烃等生物标志物进行系统的方法研究。

6.3.1　实验部分

6.3.1.1　仪器与试剂

7890A-5975C 型气相色谱-质谱联用仪(美国 Aglient 公司)；ASE200 加速溶剂萃取仪(美国 ThermoFisher 公司)；固相萃取仪（美国 VacMaster 公司）；KL512/509J 型恒温水浴氮吹仪（北京康林公司）。

n-C$_9$~n-C$_{40}$ 正构烷烃、姥鲛烷（Pr）、植烷（Ph）等烷烃标准品（1000 μg/mL）购自美国 AccuStandard 公司；萘（N）、1-甲基萘（N1）、2-甲基萘（N2）、2，6-二甲基萘（N3）、2，3，6-三甲基萘（N4）、苊（ANA）、二氢苊（ANY）、芴（F）、菲（Phe）、1-甲基菲（Phe1）、3，6-二甲基菲（Phe2）、蒽（A）、荧蒽（FL）、芘（Py）、苯并[a]蒽（BaA）、䓛（C）、苯并[b]荧蒽（BbF）、苯并[k]荧蒽（BkF）、苯并[a]芘（BaP）、茚并[1，2，3-c，d]芘（IN）、二苯并[a，h]蒽（DBA）、苯并[g，h，i]苝（BPE）等芳烃标准品（100~2000 μg/mL）、胆甾烷（10 mg/mL）、17β（H），21β（H）-藿烷（0.1 mg/mL）均购自美国 Sigma-Aldrich 公司；氘代二十四烷（C$_{24}$D$_{50}$）购自美国 CIL 公司；氘代萘、氘代二氢苊、氘代菲、氘代䓛、氘代苝等氘代芳烃标准品（4.0 mg/mL）购自美国 AccuStandard 公司。二氯甲烷、正己烷、甲醇（HPLC 级）购自德国 Merck 公司。硅胶小柱（SiO$_2$，1 g/6 mL，德国 CNW 公司）；氰丙基小柱（C$_3$-CN，0.5 g/6 mL，德国 CNW 公司）；硅胶填料（SiO$_2$，0.147~0.175 mm，美国 Sigma-Aldrich 公司）；SiO$_2$/C$_3$-CN 复合柱（由氰丙基小柱填充 1 g 硅胶填料制备而成）。

6.3.1.2　样品采集与制备

样品采集后，需预先在–20℃左右的冰箱中预冻，分析前在低于–50℃的真空冷冻干燥仪中冷冻干燥 48 h 左右。经过冷冻干燥后的海洋沉积物样品，需要进行充分研磨混匀，按唯一性标识进行标记，然后

本节编写人：张媛媛（中国地质调查局青岛海洋地质研究所）；贺行良（中国地质调查局青岛海洋地质研究所）；李凤（中国地质调查局青岛海洋地质研究所）

放入冰箱中冷冻保存。

6.3.1.3　样品前处理

称取适量混匀后的海洋沉积物样品至 ASE 的不锈钢萃取池中，加入定量内标物，设置 ASE 仪器参数并进行萃取。萃取得到的样品溶液加入铜片除硫，旋蒸，后经氮吹仪浓缩至约 0.5 mL，然后将样品溶液转移至硅胶-氰丙基复合固相萃取小柱（SiO₂/C₃-CN）上，分别采用正己烷和正己烷-二氯甲烷（体积比 1∶1）淋洗小柱，得到饱和烃和芳烃馏分，然后将饱和烃和芳烃馏分经过氮吹仪再浓缩至 80 μL 体积，最后进行气相色谱-质谱联用仪（GC-MS）测定。

6.3.1.4　仪器测试条件

1）饱和烃

利用正构烷烃（$n\text{-}C_9 \sim n\text{-}C_{40}$）、姥鲛烷（Pr）和植烷（Ph）以及 5α-胆甾烷、17β（H），21β（H）-藿烷等饱和烃的混合标准溶液，优化并确立了 GC-MS 的最佳仪器工作参数。色谱（GC）参数：DB-5MS 色谱柱（30 m×0.25 mm×0.25 μm）；色谱载气为 99.999%高纯 He；进样量 1 μL，不分流进样；进样口温度 300℃；柱流量为 1.0 mL/min。柱箱升温程序：60℃保持 1 min，以 5℃/min 升到 310℃，保持 20 min。质谱（MS）参数：四极杆温度 150℃，离子源温度 230℃，传输杆温度 280℃；全扫描模式，质量扫描范围 m/z 50~650，溶剂延迟 4 min。

2）芳烃

利用芳烃（16 种多环芳烃、部分甲基萘、甲基菲）混合标准溶液，优化并确立了 GC-MS 的最佳仪器工作参数。色谱（GC）参数：DB-5MS 色谱柱（30 m×0.25 mm×0.25 μm）；色谱载气为 99.999%高纯 He；进样量 1 μL，不分流进样；进样口温度 300℃；柱流量为 1.0 mL/min。柱箱升温程序：80℃保持 1 min，以 10℃/min 升到 100℃，再以 4℃/min 升到 290℃，保持 5 min。质谱（MS）参数：四极杆温度 150℃，离子源温度 230℃，传输杆温度 280℃；全扫描模式，质量扫描范围 m/z 50~650，溶剂延迟 5 min。

6.3.1.5　定性与定量

通常对于正构烷烃选择 m/z 85 或 m/z 57 特征离子碎片，甾烷选择 m/z 217，萜烷选择 m/z 191，芳烃的选择离子碎片较多（表 6.15）。沉积物中正构烷烃、甾萜烷烃、芳烃的定性分析主要根据各类化合物的物理化学性质，以及各组分的保留时间而进行。因商品化的甾萜烷烃标准溶液难以购置齐全，且价格十分昂贵，因此国内外所报道的海洋沉积物生物标志物定量分析方法大多停留在半定量层面。本研究对正构烷烃、部分甾萜烷烃和芳烃的半定量分析所采用的提取离子、内标物见表 6.15。

表 6.15　生物标志物定量分析检测离子及内标物

化合物类别	定量离子（m/z）	定量内标物
正构烷烃	85/57	氘代二十四烷（$C_{24}D_{50}$）
甾萜烷烃	217，191	5α-胆甾烷 17β（H），21β（H）-藿烷
芳烃	128，142，156，170，152，153，166，180，178，192，206，220，228，242，252，276，278，202，216	氘代萘、氘代二氢苊、氘代菲、氘代䓛、氘代苝

6.3.2　结果与讨论

6.3.2.1　固相萃取工作条件优化

1）淋洗溶剂和淋洗体积

选取硅胶小柱（SiO₂）和硅胶-氰丙基复合柱（SiO₂/C₃-CN）对饱和烃、芳烃的淋洗溶剂和淋洗体积进行了考察，确立了用正己烷洗脱饱和烃（F1）、二氯甲烷-正己烷（体积比 1∶1）洗脱芳烃（F2）为最佳洗脱溶剂，并确定了最佳淋洗体积，考察结果见表 6.16。通过正构烷烃和芳烃的分段洗脱平均回收率数据不难发现，用 1.5 mL 正己烷（HEX）淋洗时，硅胶柱上有 9% 的正构烷烃被洗出，而硅胶-氰基复合柱上目标组分仍保留在柱内；当继续用 1.5 mL 正己烷淋洗时，正构烷烃组分在两柱上均被大量洗出（前者 84%，后者 92%）；而当正己烷洗脱至 4.5 mL 时，两柱上的正构烷烃组分均可达到满意回收（累积回收率高达 96%~98%），但硅胶柱上已经有 25% 的芳烃组分被淋洗至正构烷烃组分内（即 F1 馏分），而硅胶-氰丙基复合柱则可达到饱和烃和芳烃组分的完全分离。当继续用 4.5 mL 正己烷-二氯甲烷（HEX/DCM，体积比 1∶1）淋洗固相萃取小柱时，吸附在两种不同填料固相萃取小柱上的芳烃组分均可被完全洗脱，在 4.5~6.0 mL 馏分中均未检出芳烃化合物。因此，在硅胶-氰丙基复合柱上仅需分别使用 4.5 mL 正己烷和 4.5 mL 正己烷-二氯甲烷（体积比 1∶1）洗脱，即可实现饱和烃和芳烃组分的完全分离并得到满意的累积回收率（99%）。

表 6.16　SiO₂ 与 SiO₂/ C₃-CN 固相萃取柱分段淋洗饱和烃和芳烃的回收率

柱类型	样品淋洗条件		回收率/%	
	馏分及淋洗液	淋洗体积/mL	正构烷烃	芳烃
SiO₂	F1∶HEX	0~1.5	9	n.d.
		1.5~3.0	84	n.d.
		3.0~4.5	3	25
	F2∶HEX-DCM（1∶1）	0~1.5	n.d.	54
		1.5~3.0	n.d.	12
		3.0~4.5	n.d.	3
		4.5~6.0	n.d.	n.d.
SiO₂/C₃-CN	F1∶HEX	0~1.5	n.d.	n.d.
		1.5~3.0	92	n.d.
		3.0~4.5	6	n.d.
	F2∶HEX-DCM（1∶1）	0~1.5	n.d.	20
		1.5~3.0	n.d.	53
		3.0~4.5	n.d.	26
		4.5~6.0	n.d.	n.d.

注："n.d." 表示未检出。

2）样品基体效应

由于上述实验只是利用混合标准溶液进行了初步的净化分离条件优化，未考虑复杂基体的影响。为了验证上述条件的可行性，同时简化分析步骤，本研究移取了适量原油样品溶于正己烷中，利用硅胶-氰丙基复合固相萃取柱对其进行分析，考察基体干扰物质存在下对样品中饱和烃和芳烃组分的分离效果。原油中正构烷烃（m/z 85）、萜烷（m/z 191）、甾烷（m/z 217）和部分芳烃（萘 m/z 128，烷基萘 m/z 142、m/z 156、m/z 170，芘 m/z 153）等组分的分段淋洗特征离子色谱图如图 6.7 所示。结果表明，仅利用 4.5 mL

正己烷和 4.5 mL 正己烷-二氯甲烷（体积比 1∶1）洗脱时，原油样品中饱和烃和芳烃组分仍可得到很好的分离。全部的正构烷烃、萜甾烷烃类均可被洗脱至正己烷馏分中（图 6.7a1~a3），而在正己烷-二氯甲烷馏分中均无检出（图 6.7b1~b3）。另外，利用 4.5 mL 正己烷洗脱饱和烃组分时，芳烃组分仍可被硅胶-氰丙基填料所保留，即便是萘及其烷基同系物、苊等相对分子质量较小的芳烃化合物也未见明显洗出（图 6.7a4），直至继续使用 4.5 mL 正己烷-二氯甲烷淋洗时方可洗脱（图 6.7b4）。

可见，饱和烃和芳烃组分在硅胶-氰丙基复合柱上经正己烷、正己烷-二氯甲烷（体积比 1∶1）的洗脱行为与标准混合液完全一致。同时，通过观察柱填料的色层变化还可发现，与目标化合物共存的有色极性杂质大多数可被 SiO_2/C_3-CN 填料所保留，未被淋洗液洗脱出，达到了满意的净化效果。

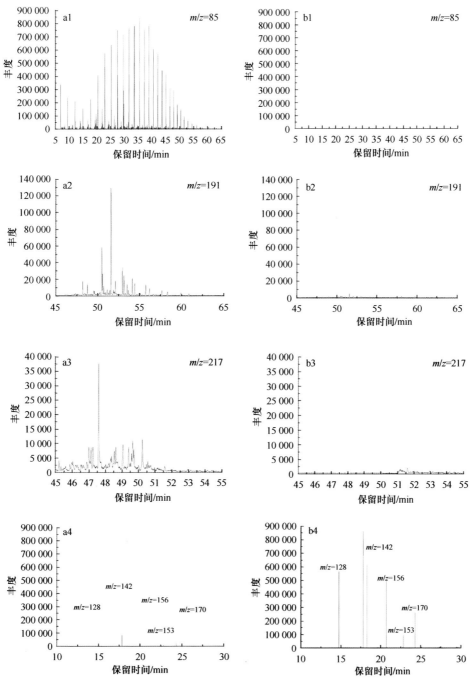

图 6.7　SiO_2/C_3-CN 复合柱对原油中饱和烃和芳烃组分的分离效果

6.3.2.2 加速溶剂萃取与传统索氏抽提技术的对比研究

对海洋沉积物进行 ASE 萃取，首先对萃取溶剂、萃取温度、萃取时间、萃取次数等条件进行优化，本研究确定的条件：二氯甲烷-甲醇（体积比 9∶1）为溶剂萃取，萃取温度 100℃，静态萃取时间 10 min，萃取次数 2 次。由于索氏抽提技术（SOX）是传统的经典萃取方法，采用上述确定的最佳条件进行 ASE 萃取，并与 SOX 进行对比研究，从而验证利用 ASE 进行海洋沉积物生物标志物分析方法的可行性。

称取相同质量的原油加标海洋沉积物样品，分别利用 ASE 和 SOX 进行样品前处理，平行萃取 3 份，然后经过 SPE 净化处理，GC-MS 测定，两种方法所得正构烷烃、芳烃、甾萜烷烃（T 代表萜烷，Z 代表甾烷）的测定结果对比见图 6.8。可以看出，对大部分化合物来说，ASE 与 SOX 对目标化合物的萃取效果相当，从而验证了本研究建立的 ASE 方法与经典 SOX 方法具有较好的一致性。但 ASE 与 SOX 相比，消耗溶剂少，耗时短，自动化程度高，实验操作更加方便、快捷。

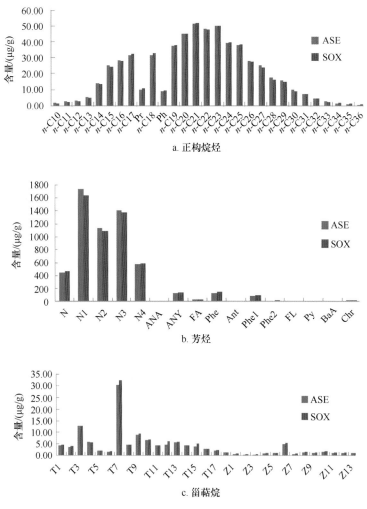

图 6.8 加速溶剂萃取与索氏抽提对目标物萃取效率对比

6.3.2.3 固相萃取不同填料种类之间的对比研究

利用正构烷烃和芳烃标准混合溶液，选取传统的硅胶小柱（SiO₂）和新型硅胶-氰丙基复合柱（SiO₂/C₃-CN）对饱和烃和芳烃的分离效果进行了考察，由于市售甾萜烷烃标准品的种类不全且价格昂贵，而其洗脱行为与正构烷烃完全一致，并进入同一馏分中，所以溶液中只加入 5α-胆甾烷标准品，但并不影响饱和烃和芳烃组分淋洗分割点的确定。

图 6.9 是饱和烃和芳烃组分中部分代表性单体化合物的回收率柱状图。对比 a 和 b 两小图不难发现，尽管硅胶小柱和硅胶-氰丙基复合柱上的正构烷烃、甾萜烷烃和芳烃单体化合物均可有效回收，其累积回收率介于 80%~110%（易挥发的 n-C_9 和 n-C_{10} 除外），但在硅胶小柱上，部分芳烃化合物主要为萘及其甲基系列、芘等环数较少的低分子量芳烃化合物已被正己烷洗脱至饱和烃馏分中，而硅胶-氰丙基复合柱对饱和烃和芳烃各单体化合物的分离效果比硅胶柱更佳，可实现饱和烃和芳烃各单体化合物的绝对分离。鉴于以上填料种类的试验结果，故选取硅胶-氰丙基复合柱（SiO_2/C_3-CN）作为海洋沉积物中正构烷烃、甾萜烷烃、芳烃等生物标志物的固相萃取小柱。

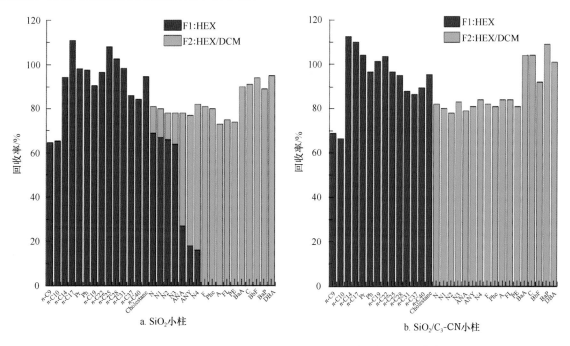

图 6.9　单体化合物在 SiO_2 和 SiO_2/C_3-CN 两种小柱上的回收率

6.3.3　结论

研究了应用加速溶剂萃取（ASE）-固相萃取（SPE）-气相色谱/质谱（GC-MS）技术测定海洋沉积物中正构烷烃、部分甾萜烷烃和芳烃等生物标志物的分析方法。结果表明：利用 ASE 技术能够实现海洋沉积物生物标志物样品的快速、高效萃取，且与经典的索氏抽提技术相当；采用 SPE 新型硅胶-氰丙基（SiO_2/C_3-CN）复合固相萃取柱，仅需 4.5 mL 正己烷和 4.5 mL 正己烷-二氯甲烷（体积比 1∶1）就能够有效避免地使用传统硅胶层析柱时芳烃馏分被洗脱到饱和烃馏分中的情况，实现了饱和烃和芳烃的绝对分离和净化。

ASE 和 SPE 两种技术的有效结合，充分体现了现代分析技术的优越性：萃取效率高、溶剂用量少、分离净化效果好以及操作方便快捷、对环境造成的污染小。因此，ASE 和 SPE 在海洋生物标志物研究领域具有重要的实用价值及广泛的分析应用前景。

参　考　文　献

[1]　Ratnayake N P, Suzuki N, Matsubara M. Sources of Long Chain Fatty Acids in Deep Sea Sediments from the Bering Sea and the North Pacific Ocean[J]. Organic Geochemistry, 2005, 36: 531-541.

[2] Carreira R S, Araújo M P, Costa T L F, et al. Lipids in the Sedimentary Record as Markers of the Sources and Deposition of Organic Matter in a Tropical Brazilian Estuarine-Lagoon System[J]. Marine Chemistry, 2011, 127: 1-11.

[3] Strong D J, Flecker R, Valdes P J, et al. Organic Matter Distribution in the Modern Sediments of the Pearl River Estuary[J]. Organic Geochemistry, 2012, 49: 68-82.

[4] Seki O, Nakatsuka T, Shibata A H, et al. Compound-specific n-alkane $d^{13}C$ and dD Approach for Assessing Source and Delivery Processes of Terrestrial Organic Matter within a Forested Watershed in Northern Japan[J]. Geochimica et Cosmochimica Acta, 2010, 74: 599-613.

[5] Xing L, Tao S Q, Zhang H L, et al. Distributions and Origins of Lipid Biomarkers in Surface Sediments from the Southern Yellow Sea[J]. Applied Geochemistry, 2011, 26: 1584-1593.

[6] Rudolf J, Ahmed I R, Patricia M M, et al. Natural Product Biomarkers as Indicators of Sources and Transport of Sedimentary Organic Matter in a Subtropical River[J]. Chemosphere, 2006, 64: 1870-1884.

[7] Andersson R A, Meyers P A. Effect of Climate Change on Delivery and Degradation of Lipid Biomarkers in a Holocene Peat Sequence in the Eastern European Russian Arctic[J]. Organic Geochemistry, 2012, 53: 63-72.

[8] Gómez-Brandón M, Lores M, Domínguez J. A New Combination of Extraction and Derivatization Methods that Reduces the Complexity and Preparation Time in Determining Phospholipid Fatty Acids in Solid Environmental Samples[J]. Bioresource Technology, 2010, 101: 1348-1354.

[9] Clayton R M, Elizabeth H D, Katherine H F. Rapid Sequential Separation of Sedimentary Lipid Biomarkers via Selective Accelerated Solvent Extraction[J]. Organic Geochemistry, 2015, 88: 29-34.

[10] Lucia L, Karstein H, Helge T H, et al. An Automated Extraction Approach for Isolation of 24 Polyaromatic Hydrocarbons (PAHs) from Various Marine Matrixes[J]. Analytica Chimica Acta, 2006, 573-574: 181-188.

[11] Zhou Y, Sheng G Y, Fu J M, et al. Triterpane and Sterane Biomarkers in the YA13-1 Condensates from Qiongdongnan Basin, South China Sea[J]. Chemical Geology, 2003, 199: 343- 359.

[12] 张普, 刘卫国. 不同抽提方法比较黄土-古土壤类脂物中正构烷烃的分布特征[J]. 岩矿测试, 2010, 29(3): 201-206.

[13] Alzaga R, Montuori P, Ortiz L, et al. Fast Solid-phase Extraction-Gas Chromatography-Mass Spectrometry Procedure for Oil Fingerprinting Application to the Prestige Oil Spill[J]. Journal of Chromatography A, 2004, 1025: 133-138.

[14] Yang Z Y, Hollebone B P, Wang Z D, et al. Method Development for Fingerprinting of Biodiesel Blends by Solid-phase Extraction and Gas Chromatography-Mass Spectrometry[J]. Journal of Separation Science, 2011, 34: 3253-3264.

[15] Yang Z Y, Yang C, Wang Z D. Oil Fingerprinting Analysis Using Commercial Solid Phase Extraction (SPE) Cartridge and Gas Chromatography-Mass Spectrometry (GC-MS)[J]. Analytical Methods, 2011, 3: 628-635.

[16] 李凤, 张媛媛, 贺行良.等. 硅胶-氰丙基复合固相萃取柱分离原油中饱和烃及芳烃组分[J]. 分析测试学报, 2013, 32(7): 796-802.

[17] 王欢业, 刘卫国, 张普. 地质样品正构烷烃组分分离纯化的部分问题探究[J]. 岩矿测试, 2011, 30(1): 1-6.

[18] Pernet F, Pelletier C J, Milley J. Comparison of Three Solid-phase Extraction Methods for Fatty Acid Analysis of Lipid Fractions in Tissues of Marine Bivalves[J]. Journal of Chromatography A, 2006, 1137: 127-137.

[19] Russell J M, Werne J P. The Use of Solid Phase Extraction Columns in Fatty Acid Purification[J].Organic Geochemistry, 2007, 38: 48-51.

[20] Mills C T, Goldhaber M B. On Silica-based Solid Phase Extraction Techniques for Isolating Microbial Membrane Phospholipids: Ensuring Quantitative Recovery of Phosphatidylcholine-derived Fatty Acids[J]. Soil Biology & Biochemistry, 2010, 42: 1179-1182.

[21] 李振广, 宋桂侠, 于佰林. 色谱-质谱分析在有机地球化学研究中的应用[J]. 分析测试学报, 2004, 23(增刊): 309-313.

[22] Simoneit B R. A Review of Current Applications of Mass Spectrometry for Biomarker/Molecular Tracer Elucidations[J]. Mass Spectrometry Reviews, 2005, 24: 719-765.

第7章　有机污染物分析技术与应用

随着当前地质调查需求由"资源"向"资源与环境"并重，有机地球化学分析测试作为新开展的分析测试技术，近十年来在地质实验测试领域取得了飞速发展，已成为多目标地质调查的重要技术支撑，在环境地质调查、生态地球化学调查及研究金属成矿作用及规律等方面发挥重要作用。本章共 6 小节，主要内容如下。

7.1 节在多种海岸带沉积物中持久性有机污染物前处理方法的基础上，优化了相关仪器测定参数，最终建立了 22 种有机氯农药（OCPs）、14 种多环芳烃（PAHs）、7 种多氯联苯（PCBs）系统分析方法体系及质量控制体系。

7.2 节建立了土壤和沉积物中 28 种挥发性有机物现场前处理技术方法，有效地避免了挥发性有机物在采样、运输及保存等环节带来的损失，大大提高了挥发性有机物的分析精度。

7.3 节将自制的 PEG/SiO$_2$ 有机-无机杂化的涂层材料用于固相微萃取探头，并对地质、环境中的有机磷农药、脂肪酸和正构烷烃进行测定，证明该涂层材料具有很好的热稳定性及萃取性能。

7.4 节比较并评价了母乳中脂肪和有机氯农药的四种萃取方法的提取效率，同时对一定量的母乳样本中六六六和滴滴涕农药进行分析，指明北京地区人体中有机氯农药的暴露水平及变化趋势。

7.5 节在建立长江三角洲典型区域内的土壤和植物样品中多环芳烃分析方法的基础上，分析了其污染水平、分布特征，并针对其潜在生态风险进行了评价。

7.6 节优化建立了紫金山铜多金属矿石中正构烷烃、甾烷和萜烷等生物标志物的加速溶剂萃取方法，并针对部分样品中生物标志物特征进行分析，为进一步研究生物标志物与成矿作用的关系提供了相关数据资料。

本章着眼于当前有机地球化学调查中的热点，从土壤、沉积物、水和生物等多环境介质入手，分别就样品采集、前处理方法及材料研制、仪器分析测试技术等诸多环节展开研究，进一步对一些典型有机污染物的分布特征、人体暴露水平和潜在生态风险进行分析和评价，并对生物标志物和金属成矿作用进行了初步探索，以期为今后有机地球化学分析测试技术的发展提供有价值的科学依据。

撰写人：沈加林（中国地质调查局南京地质调查中心）

7.1　地质调查海岸带沉积物中有机污染物分析技术与方法的建立及应用

　　海岸带是陆地与海洋的结合部和过渡带，兼具陆地和海洋双重特性[1]。我国《海岸带和海涂资源综合调查简明规程》规定：海岸带的宽度为离海岸线向陆地延伸 10 km，向海延伸 15 km 处。海岸带的地理优势和资源优势使其在沿海地区的经济发展中起着极其重要的作用。但同时，作为两种性质不同的海陆生态系统的交互地带，它又是一个环境脆弱带和敏感地带，极易受人为活动的影响和破坏[2-3]。随着我国沿海地区经济的快速发展以及工业化程度的不断提高，海岸带的资源承载负担和环境治理压力持续增加，海岸带的环境污染问题已经日益突出[4-5]。

　　《国家中长期科学和技术发展规划纲要（2006—2020 年）》将海洋环境生态与环境保护列为重点研究领域和优先主题，其中特别强调"要重点开发海洋生态与环境监测技术和设备，发展近海海域生态与环境保护"，说明我国近海海域包括海岸带的生态环境问题已经引起国家有关部门的高度重视。目前，关于海岸带地质调查以及生态环境研究亟需解决的关键性、基础性问题主要有：海岸带多时空、多环境介质中污染物特别是有机污染物的调查仍需进一步深入；海岸带沉积物中多种有机污染物的配套分析方法体系仍不完善，且落后于当前地质行业先进仪器的测试水平。

　　本节以长江口海岸带为研究区域，从沉积物样品的采集和保存条件出发，比较了多种前处理方法对PAHs、OCPs 和 PCBs 等典型持久性有机污染物提取效率的影响，优化并确立了各类污染物的仪器测定条件。所建立的配套分析方法体系，有助于准确、客观地分析和评价海岸带环境中有机物的时空分布特征、污染状况和环境来源，进而为控制和削减污染物的排放提供关键性技术支撑和基础性的数据资料。

7.1.1　实验部分

7.1.1.1　仪器设备

　　Agilent 6890N 气相色谱仪，配 μECD 检测器（美国 Agilent 公司）；Agilent 1100 高效液相色谱系统（美国 Agilent 公司），附带荧光检测器（FLD）；戴安 ASE-300 快速溶剂萃取仪，34 mL 萃取池，250 mL 收集瓶（美国 Dionex 公司）；氮气：纯度≥99.999%；KQ250TDE 高功率数控超声波清洗器（昆山市超声仪器有限公司）；索氏提取器，规格 150 mL；RE-52AA 旋转蒸发仪（上海亚荣生化仪器公司）；KL512J 数控氮吹浓缩仪（北京康林科技有限公司）；马弗炉；Welchrom 固相萃取小柱（硅胶和弗罗里硅土填料，1 g，6 mL）。

7.1.1.2　标准物质和试剂

　　标准物质：8 种 OCPs 混合标准，1000 μg/mL（中国计量科学研究院）；20 种 OCPs 混合标准，2000 μg/mL（美国 Supelco 公司）；六氯苯（HCB）单标溶液，100 μg/mL（中国计量科学研究院）；o, p'-DDT 单标溶液 100 μg/mL（中国计量科学研究院）；7 种 PCBs（PCB28、52、101、118、153、138、180）单标溶液（美国 Sigma 公司）；EPA610 PAHs 混合标准样品（美国 Supelco 公司），具体浓度为：苊 1000 μg/mL，芴、荧蒽、苯并（b）荧蒽、二苯并（a，h）蒽、苯并（g，h，i）菲 200 μg/mL，菲、蒽、芘、苯并（a）蒽、䓛、苯并（k）荧蒽、苯并（a）芘、茚并（1，2，3-cd）芘 100 μg/mL；海洋沉积物标准样品 SRM1944（美国国家标准技术研究院），各目标化合物的参考值如下：苊 0.57±0.03 mg/kg，芴 0.85±0.03 mg/kg，菲

本节编写人：沈加林（中国地质调查局南京地质调查中心）；沈小明（中国地质调查局南京地质调查中心）；时磊（中国地质调查局南京地质调查中心）；吕爱娟（中国地质调查局南京地质调查中心）；胡璟珂（中国地质调查局南京地质调查中心）；蔡小虎（中国地质调查局南京地质调查中心）

5.27±0.22 mg/kg 蒽 1.77±0.33 mg/kg，荧蒽 8.92±0.32 mg/kg，芘 9.70±0.42 mg/kg，苯并（a）蒽 4.72±0.11 mg/kg，䓛4.86±0.10 mg/kg，苯并（b）荧蒽 3.87±0.42 mg/kg，苯并（k）荧蒽 2.30±0.20 mg/kg，苯并（a）芘 4.30±0.13 mg/kg，二苯并（a，h）蒽 0.424±0.069 mg/kg，苯并（g，h，i）苝 2.84±0.10 mg/kg，六氯苯 6.03±0.35 μg/kg，α-HCH 2.0±0.3 μg/kg，p，p'-DDE 86±12 μg/kg，p，p'-DDD 108±16 μg/kg，p，p'-DDT 170±32 μg/kg，PCB28 80.8±2.7 μg/kg，PCB52 79.4±2.0 μg/kg，PCB101 73.4±2.5 μg/kg，PCB118 58.0±4.3 μg/kg，PCB138 62.1±3.0 μg/kg，PCB153 74.0±2.9 μg/kg，PCB180 44.3±1.2 μg/kg。替代物分别为 2，4，5，6-四氯间二甲苯（美国 Supelco 公司）和 1-氟萘（1-FN，上海安普公司）。

无水硫酸钠：分析纯，450℃下高温灼烧 6 h，冷却后置于干燥器中备用；硅藻土；铜片：弱酸活化，再依次用蒸馏水和丙酮冲洗后氮吹干燥；石英砂：高温灼烧后过 60 目金属筛，去除粉末备用；滤纸，用丙酮浸泡，确认不含目标污染物后，晾干备用；正己烷、丙酮、二氯甲烷等试剂均为农残级，乙腈为色谱纯。

7.1.1.3 样品采集和保存

在目标海岸带研究区域内（样品的采集点位见图 7.1），根据不同研究目的，用不锈钢筒式采样器采集表层（0~20 cm）或深层的沉积物样品。充分混匀后置于 1 L 棕色玻璃瓶中，编号后放于存有冰块的保温箱中避光保存，样品尽快运回实验室分析。采集的沉积物样品置于铝箔纸上自然阴干，剔除杂物后于玛瑙研钵中研碎，过 60 目金属筛，充分混匀后待有机分析。

图 7.1 研究区域采样点分布

7.1.1.4 样品前处理及净化

1）样品提取

沉积物样品称取量为 10.00 g，SRM1944 标准样品称取量为 0.20 g。OCPs 提取试剂为正己烷-丙酮（体积比 1∶1），PAHs 提取试剂分别选择正己烷、二氯甲烷、正己烷-二氯甲烷（体积比 1∶1）、正己烷-丙酮（体积比 1∶1）。

索氏提取：将称取的样品装入索氏纸筒内。于索氏抽提筒内加入加入适量替代物，接收瓶中加入 200 mL 提取溶剂。水浴加热，回流速度控制在 6~8 次/h，抽提 24 h。

超声波辅助提取：将称取的样品装于 100 mL 具塞三角玻璃瓶中，加入适量替代物和 40 mL 提取溶剂，浸泡过夜。于 25℃ 水浴中超声 30 min，重复 3 次，合并上清液于圆底烧瓶中。

加速溶剂萃取：将称取的样品与一定量的分散剂（硅藻土）混匀后，加入 34 mL 萃取池中，加入适量替代物。萃取池底部预先加入 2 g 硅胶，萃取池的空隙用灼烧过的石英砂填满。加速溶剂萃取条件：温度 100℃，压力 10.34 MPa，加热 5 min，静态提取 7 min，60%池体积冲洗，循环两次。提取结束后溶剂转移到圆底烧瓶中。

2）样品浓缩净化

将提取溶剂过无水硫酸钠，并放入活化铜片脱硫后旋转蒸发，正己烷作为替换溶剂浓缩至 1~2 mL，至 SPE 柱净化。SPE 柱先用 10 mL 正己烷淋洗后，将浓缩的提取液转入，PAHs 用 15 mL 正己烷-二氯甲烷（体积比 1∶1）淋洗液淋洗，OCPs 用 15 mL 正己烷-丙酮（体积比 4∶1）淋洗液淋洗，淋洗过程中确保层析柱填料顶端保持湿润。收集洗脱液，氮吹浓缩，PAHs 用乙腈定容，OCPs 和 PCBs 用正己烷定容，待仪器分析。

7.1.1.5 仪器测定条件

1）液相色谱条件

色谱柱规格：Supelcosil^{TM} LC-PAH 专用色谱柱（15 cm×4.6 mm×0.5 μm）；柱温 20℃；进样体积 15 μL；流速 0.8 mL/min；流动相为乙腈-水，梯度洗脱程序：0~10 min 水与乙腈的比例为 40∶60；10~40 min 水与乙腈的比例为 0∶100；40~42 min 水与乙腈的比例为 40∶60。保留时间定性，外标法定量。由于苊烯没有荧光响应，本节不作讨论。在浓度梯度为 2~200 μg/L 浓度范围内 PAHs 各组分的线性良好，相关系数（R^2）均在 0.999 83 以上，满足外标法定量的分析要求。

2）气相色谱条件

TG-5MS 色谱柱（60 m×0.25 mm×0.25 μm）。程序升温条件：初始柱温 150℃，以 4℃/min 升温至 220℃，再以 3℃/min 升温至 300℃，保持 4 min。进样口温度 250℃，检测器温度 305℃，载气为氮气（纯度 99.999%），流量 1.0 mL/min，进样量 1.0 μL，不分流进样。以保留时间定性和峰面积外标法定量。在浓度梯度为 2~200 μg/L 浓度范围内 OCPs 和 PCBs 各组分线性良好，相关系数（R^2）范围为 0.997 99~0.999 43，满足外标法定量的分析要求。

7.1.1.6 质量控制

以高温灼烧的石英砂作为空白样品进行全流程监控，结果表明实验过程中没有带入目标化合物的污染以及对其检测带来干扰的物质。一般以空白加标回收率来计算实验过程中目标化合物的损失，即向空白基质（石英砂或者经高温灼烧后不含目标检测物质的沉积物样品）中加入一定量的标准物质，经提取、浓缩、净化、测定后计算其回收率。由于空白基质成分简单，目标化合物组分比较容易进入提取溶剂中，其回收率往往不能代表实际沉积物样品的真实提取效率。SRM1944 沉积物标准样品，是由美国国家标准研究院将采自纽约和新泽西实际海洋沉积物样品混合后定值制成，其基质比较复杂也更能客观地评价不同提取方法的提取效率。因此，本研究选取该标准样品来考察本方法的回收率。此外还用替代物的回收率来监控每个样品测定流程中的损失情况。

7.1.2   结果与讨论

7.1.2.1   PAHs 提取条件优化

1）提取溶剂对 PAHs 测定值的影响

以加速溶剂萃取法为例，分别研究了不同溶剂对 SRM1944 标准样品中 PAHs 测定值的影响。研究结果表明，二氯甲烷作为提取溶剂 PAHs 的测定值最高，其次是正己烷-二氯甲烷和正己烷-丙酮，正己烷最低。两种混合溶剂提取 PAHs 的测定值比较接近。

二氯甲烷作为提取溶剂对菲、荧蒽和芘影响较大，其测定值分别比正己烷-二氯甲烷（体积比 1∶1）提取高了 1.05、1.14 和 0.96 mg/kg。将不同溶剂提取的 SRM1944 中 PAHs 各组分的测定值与其参考值相比，其回收率范围分别为：正己烷 60.7%~91.2%，二氯甲烷 82.5%~103.6%，正己烷-二氯甲烷 76.5%~90.4%，正己烷-丙酮 75.3%~98.0%。杨佰娟等[6]研究了不同提取溶剂对沉积物中 PAHs 提取回收率的影响，结果也表明二氯甲烷的提取率高于二氯甲烷-丙酮和正己烷-丙酮混合溶剂，混合溶剂在提取过程中可能引入了更多的杂质。由于二氯甲烷的沸点较低，旋转蒸发时水浴温度较低且浓缩时间较短，因此选择二氯甲烷作为海洋沉积物样品优先选择的提取溶剂[7]。

2）不同提取方法对 PAHs 提取效率的比较

超声波辅助提取、索氏提取和加速溶剂萃取（ASE）三种方法测定 SRM1944 中 PAHs 各组分浓度与其参考值相比，其回收率见图 7.2。不同提取方法对沉积物中 PAHs 各组分的提取效率存在较为明显的差异。超声波辅助提取 SRM1944 中 PAHs 各组分回收率范围为 63.2%~99.5%，索氏提取为 80.0%~100.1%，ASE 为 82.5%~103.6%。ASE 对沉积物中 PAHs 的提取效率最高，其次是索氏提取和超声波辅助提取。超声波辅助提取过程中容易出现超声死区，从而导致 PAHs 某些组分提取效率偏低[8]。与传统的索氏提取法相比，ASE 有提取效率更高、溶剂用量少及耗时较短等优点，在海岸带沉积物中 PAHs 前处理过程中有广泛的应用前景[9-10]。

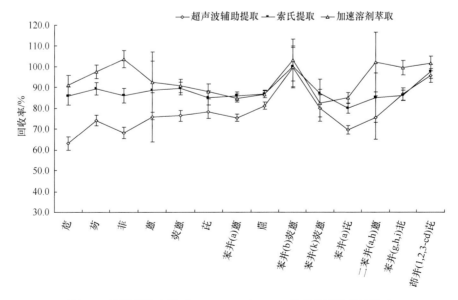

图 7.2   不同提取方法对 SRM1944 中 PAHs 各组分回收率的影响

3）ASE 在海岸带沉积物样品 PAHs 分析中的应用

本研究最终选择 ASE-高效液相色谱/质谱法作为最终的前处理及仪器测定条件，并于实际沉积物样品

PAHs 分析中加以应用，其结果见表 7.1。从表中可以看出，除了茚并（1，2，3-cd）芘之外，各点均普遍检出 PAHs，14 种 PAHs 的浓度范围介于 88.48~5206.97 ng/g。替代物 1-FN 的回收率范围为 80.1%~96.7%，样品重复性测定标准偏差为 5.3%~8.3%。本方法完全适合地质调查中海岸带沉积物中 PAHs 的分析测定。

表 7.1　部分海岸带沉积物样品中 PAHs 浓度水平　　　　　　　　　　　　　　　　ng/g

PAHs	检出限	含量							
		样品 1	样品 2	样品 3	样品 4	样品 5	样品 6	样品 7	样品 8
萘	<5.00	20.21	57.79	40.98	8.90	79.77	170.87	195.01	97.39
苊	<5.00	17.55	41.42	54.17	1.19	2.53	183.24	188.76	98.10
芴	<2.50	5.36	69.67	11.15	2.62	7.03	37.91	39.97	20.91
菲	<5.00	29.20	470.92	42.16	21.29	36.04	125.74	136.11	99.13
蒽	<5.00	3.45	39.04	6.20	4.66	1.05	27.29	36.31	18.91
荧蒽	<2.50	21.41	820.53	30.06	12.95	19.85	113.34	167.08	126.28
芘	<1.00	21.23	830.49	29.21	10.38	14.22	119.51	167.84	126.94
苯并（a）蒽	<0.50	7.04	441.35	11.23	4.22	5.93	55.54	91.82	64.23
䓛	<0.50	7.72	698.61	13.32	6.67	9.28	56.06	78.66	58.62
苯并（b）荧蒽	<1.00	10.13	805.61	21.02	5.60	8.29	79.22	109.98	82.30
苯并（k）荧蒽	<0.50	3.55	314.23	8.24	2.56	4.32	27.66	41.35	30.12
苯并（a）芘	<1.00	5.28	555.96	10.57	1.90	1.87	50.50	87.01	55.81
二苯并（a，h）蒽	<0.50	1.41	43.81	2.66	1.50	2.07	10.24	14.09	8.53
苯并（g，h，i）芘	<1.00	7.73	17.54	13.50	4.04	6.37	58.61	76.18	62.39
茚并（1，2，3-cd）芘	<8.00	<8.00	<8.00	<8.00	<8.00	<8.00	<8.00	<8.00	<8.00
∑PAHs	—	161.27	5206.97	294.47	88.48	198.62	1115.73	1430.17	949.66

7.1.2.2　OCPs 和 PCBs 提取条件优化

1）含硫样品前处理方法的选择

许多实际海岸带沉积物样品含元素硫（S8）及硫化物，会使 ECD 检测器瞬间达到饱和，目标化合物会被硫化物的强信号峰覆盖，影响物质的分析。目前，沉积物脱硫的方法主要有四丁基氨-亚硫酸盐脱硫法及活化铜片脱硫法等。前者由于试剂获取较难且步骤烦琐，目前应用较少。而铜粉脱硫则因为操作简单（只需在沉积物提取时，或者在沉积物提取后的溶剂中加入用稀酸活化后的铜片），且脱硫效果较好而被广泛应用[11-14]。本节采用铜片净化除硫化物的方法，将铜片经稀硝酸浸泡，纯水、丙酮洗净，干燥后置于样品提取液中静置，直至铜片不再变黑，过滤，处理效果可以满足样品分析要求。

2）加速溶剂萃取循环次数对提取效率的影响

以加速溶剂萃取为研究对象，当系统压力为 10.3 MPa，加热 5 min，温度 100℃，静态提取 6 min，冲洗体积为 60%萃取器体积，考察循环次数对 SRM1944 提取效率的影响，结果表明：循环一次的回收率为 67.4%~98.2%，循环两次的回收率为 80.1%~105.9%，循环三次的回收率为 67.8%~104.1%。综合考虑时间和提取效率，以下实验均选择循环两次。

3）不同提取方法对 OCPs 和 PCBs 提取效率的比较

三种提取方法的回收率分别为：索氏提取 87.9%~103.7%，加速溶剂萃取 80.1%~105.9%，超声波辅助提取 78.6%~93.8%。超声波辅助提取对 HCB 和 PCB28 的效率相对较高，优于加速溶剂萃取但低于索氏提取，而对于其他物质，超声波辅助提取的提取效率均为最低。加速溶剂萃取和索氏提取的效率相对较高，从图 7.3 可以看出索氏提取法对于每种物质的提取效率都较稳定，相比之下加速溶剂萃取的提取效率对不同物质变化较大，对于 p，p'-DDT 达到 105.9%，明显高于另外两种方法，而对于 PCB28 则只有 80.1%。本实验以 SRM1944 标准样品作为加标的基质，它是由海洋沉积物样品经多次定值后制成，其基质与实际沉积物样品比较接近，也更能客观地评价不同提取方法的提取效率。

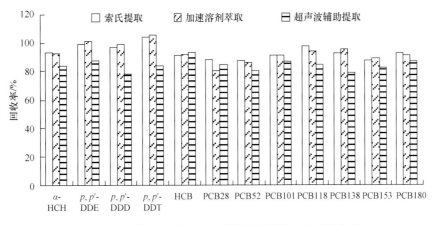

图 7.3　12 种 OCPs 和 PCBs 采用不同提取方法的回收率

4）ASE 在海岸带沉积物样品 OCPs 和 PCBs 分析中的应用

本研究最终选择 ASE 萃取，气相色谱-质谱法作为最终的前处理及仪器测定条件，并于实际沉积物样品 PAHs 分析中加以应用，其结果见表 7.2。可以看出，OCPs 的检出率较高，其范围为 62.5%~87.5%；PCBs 除了 PCB28 的检出率为 75%外，其他化合物普遍较低。检出的 OCPs 浓度介于 0.26~2.68 ng/g，检出的 PCBs 浓度介于 0.36~1.02 ng/g。替代物 2，4，5，6-四氯间二甲苯的回收率范围为 76.9%~92.3%，样品重复性测定的标准偏差为 2.6%~10.1%。本方法完全适合地质调查中海岸带沉积物中 OCPs 和 PCBs 的分析测定。

表 7.2　部分海岸带沉积物样品中 OCPs 和 PCBs 浓度水平　　　　　　　　ng/g

化合物	检出限	含量							
		样品 1	样品 2	样品 3	样品 4	样品 5	样品 6	样品 7	样品 8
α-HCH	0.08	0.27	0.55	0.27	0.23	0.22	0.25	<0.08	0.26
p，p'-DDE	0.07	2.68	0.72	2.09	<0.07	1.33	0.83	1.23	2.22
p，p'-DDD	0.17	0.71	<0.17	0.29	<0.17	0.21	0.33	0.24	0.74
p，p'-DDT	0.12	1.08	<0.12	0.94	<0.12	0.64	0.82	0.67	1.76
HCB	0.07	<0.07	1.07	0.19	0.53	0.18	0.44	<0.07	<0.07
PCB28	0.16	0.43	0.84	0.59	<0.16	0.36	0.47	<0.16	0.59
PCB52	0.12	<0.12	<0.12	<0.12	<0.12	<0.12	<0.12	<0.12	<0.12
PCB101	0.09	<0.09	<0.09	<0.09	<0.09	<0.09	<0.09	<0.09	<0.09
PCB118	0.14	0.43	<0.14	<0.14	<0.14	<0.14	<0.14	<0.14	<0.14
PCB138	0.13	<0.13	<0.13	<0.13	<0.13	<0.13	<0.13	<0.13	<0.13
PCB153	0.16	<0.16	<0.16	<0.16	<0.16	<0.16	<0.16	<0.16	<0.16
PCB180	0.13	<0.13	0.57	1.02	<0.13	<0.13	<0.13	<0.13	<0.13

7.1.2.3　保存时间对沉积物中 PAHs 和 OCPs 含量的影响

以实际沉积物样品为例，分析其在 4℃条件下分别保存 7 天、14 天和 30 天后沉积物中 PAHs 和 OCPs 含量变化。结果表明，保存 30 天后，沉积物中 PAHs 和 OCPs 部分组分的含量有比较明显的降低，其中蒽的含量已经低于方法检出限，说明随着保存时间的延长，沉积物中的 PAHs 和 OCPs 可能会通过微生物降解、挥发以及光解等途径遭受损失。因此，建议沉积物样品采集后，应该尽可能地在 14 天内完成萃取，并在 30 天内完成仪器测定。

7.1.3　结论与展望

本研究系统地建立了海岸带沉积物中典型的半挥发性有机物 PAHs、OCPs 和 PCBs 采样保存、前处理及仪器测定的方法体系，并以美国国家标准技术研究院（NIST）研制的海洋沉积物标准样品 SRM1944 来考察方法的准确性。结果表明：沉积物样品采集后，应冷藏保存，半挥发性有机物应尽可能在 14 天内完成萃取，在 30 天内完成仪器测定；加速溶剂萃取相比索氏提取和超声波辅助提取对目标化合物的提取效率更高，其范围分别为：PAHs 82.5%~103.6%，OCPs 和 PCBs 80.1%~105.9%。将所建立的加速溶剂萃取-SPE 净化-高效液相色谱分析测定海岸带沉积物中 PAHs 和加速溶剂萃取-SPE 净化-气相色谱测定海岸带沉积物中 OCPs 和 PCBs 分析方法，应用于长江口海岸带沉积物中典型半挥发性有机物的测定，取得了比较满意的结果，PAHs 含量范围为 88.48~5206.97 ng/g，样品重复性测定的标准偏差为 5.3%~8.3%；OCPs 和 PCBs 含量范围为 0.76~5.60 ng/g，样品重复性测定的标准偏差为 2.6%~10.1%。本方法代表了当今海岸带沉积物半挥发性有机物绿色、高效分析的发展方向，能够为深入调查海岸带沉积物中 PAHs、OCPs 和 PCBs 等污染物提供较强的技术支撑。

致谢：感谢中国地质调查局地质调查项目（1212010816020）对本工作的资助。

参 考 文 献

[1] 姚佳, 王敏, 黄沈发, 等. 海岸带生态安全评估技术研究进展[J]. 环境污染与防治, 2014, 36(2): 81-87.

[2] 文冬光, 吴登定, 张二勇. 中国海岸带主要环境地质问题[C]//海岸带地质环境与城市发展论文集. 北京: 中国大地出版社, 2005.

[3] 徐谅慧, 李加林, 李伟芳, 等. 人类活动对海岸带资源环境的影响研究综述[J]. 南京师大学报(自然科学版), 2014, 37(3): 124-131.

[4] 李栓虎, 雷坤, 徐香勤, 等. 海岸带狭义非点源污染的研究现状[J]. 环境污染与防治, 2014, 36(3): 94-98.

[5] 杨静, 张仁铎, 翁士创, 等. 海岸带承载力评价方法研究[J]. 中国环境学报, 2013, 33(增刊): 178-185.

[6] 杨佰娟, 陈军辉, 张新庆, 等. 沉积物中痕量多环芳烃湿法与干法提取的比较研究[J]. 分析测试学报, 2008, 27(11): 1210-1213.

[7] 李庆玲, 徐晓琴, 黎先春, 等. 加速溶剂萃取、气相色谱-质谱测定海洋沉积物中的痕量多环芳烃[J]. 分析测试学报, 2006, 25(5): 33-37.

[8] Ping S, Linda K W, Panuwat T, et al. Characterization of Polycyclic Aromatic Hydrocarbons (PAHs) on Lime Spray Dryer (LSD) Ash Using Different Extraction Methods[J]. Chemosphere, 2006, 62(2): 265-274.

[9] 沈小明, 吕爱娟, 沈加林, 等. 长江口启东—崇明岛航道沉积物中多环芳烃分布来源及生态风险评价[J]. 岩矿测试, 2014, 33(3): 374-380.

[10] 平立凤, 李振, 赵华, 等. 土壤样品中多环芳烃分析方法研究进展[J]. 土壤通报, 2007, 38(1): 179-184.

[11] Xu J, Yu Y, Wang P, et al. Polycyclic Aromatic Hydrocarbons in the Surface Sediments from Yellow River, China[J]. Chemosphere, 2007, 67: 1408-1414.

[12] 黎冰, 解起来, 廖天, 等. 扎龙湿地表层沉积物有机氯农药的污染特征及风险评价[J]. 农业环境科学学报, 2013, 32(2): 347-353.

[13] 秦延文, 张雷, 郑丙辉, 等. 渤海湾主要入海河流入海口沉积物有机氯农药污染特征及其来源分析[J]. 农业环境科学学报, 2010, 29(10): 1900-1906.

[14] 王英辉, 薛瑞, 李杰, 等. 漓江桂林市区段表层沉积物有机氯农药分布特征[J]. 中国环境科学, 2011, 31(8): 1361-1365.

7.2　土壤和沉积物中挥发性有机样品的采集及现场处理技术

挥发性有机物（VOCs）是一类沸点为 50~260℃、室温下饱和蒸气压超过 70.91 Pa 的易挥发性有机化合物[1]，这类化合物可存在的介质非常广泛，包括空气、水体、固体土壤中都发现有挥发性有机物的存在[2]，而且其中的大部分都会对人体造成伤害，如致癌、致畸、致突变、白血病等[2-3]。VOCs 主要是一些石油化工燃料燃烧、工厂排污、装潢涂料、制冷剂、农药喷洒等[4]的使用进入环境中，并通过降水过程进入土壤、河流、江水。绝大多数 VOCs 是弱极性或非极性疏水性化合物，因此更易于分配到非水相中，很大一部分分配到颗粒物相直至进入沉积物中[5]。由此可见，土壤和沉积物是挥发性有机污染物在江河入海口处的主要归宿，调查研究土壤和沉积物中的 VOCs 具有重要的生态环境意义。

环境样品的采集和保存，是整个有机污染物分析流程中的重要环节，是确保有机物分析准确性、反映采样点环境实际污染状况的基础。一旦在样品采集、保存或运输过程中出现偏差，样品的测定和数据处理就失去了意义。因此，对于环境样品的采集方法和保存条件（如采样器具的选择、温度和避光等保存条件的确立、样品保存和分析时间的限制等），均有严格的要求。

对于挥发性有机污染物土壤或沉积物样品的采集和分析，目前一般采取的是现场采样，低温保存运输回实验室，称取一定量的样品，吹扫捕集-气相色谱-质谱测定[3, 6-8]。由于土壤或沉积物无法像水质样品一样添加浓盐酸等作为保护剂，该方法同样也无法避免挥发性有机物在样品运输以及在分取等过程中的损失问题。

要避免上述问题的出现，就必须利用现代仪器分析技术，在采样现场对某些环境样品进行现场处理，使待测的有机污染物提取富集或者在样品介质中固定下来，便于后续的运输及保存，从而提高分析效率和分析精度。

7.2.1　土壤和沉积物中挥发性有机物分析测试方法的建立

7.2.1.1　仪器设备与标准

Finnigan Trace DSQ 气相色谱-质谱联用仪（美国 Thermo 公司）；Tekmar ATOMX 固液全自动吹扫捕集仪（美国 Teledyne Tekmar 公司）。

挥发性有机化合物混合标准溶液：各组分质量浓度均为 2000 mg/L；氯乙烯标准溶液：2000 mg/L（甲醇介质）；内标替代物溶液用甲醇配成内标（氟苯）和替代物（4-溴氟苯、1，2-二氯苯-D_4），质量浓度均为 2000 mg/L，介质甲醇为农残级；实验用水为超纯水。

7.2.1.2　样品采集与制备

采用自主设计制作的采样工具对土壤、沉积物样品进行采样，根据目标物浓度采集 1~5 g 样品，其中低浓度采集 5 g，高浓度采集 1 g。将待分析样品直接装入样品瓶中，加入纯水覆盖固定，标记密封样品瓶，4℃下冷藏运输至实验室，直接通过吹扫捕集-气相色谱-质谱联用技术进行分析测定。最大限度地减少采样过程中目标污染物的损失，减少运输过程与实验室二次前处理过程中带来的目标污染物的二次损失。

本节编写人：胡璟珂（中国地质调查局南京地质调查中心）；沈加林（中国地质调查局南京地质调查中心）；沈小明（中国地质调查局南京地质调查中心）；时磊（中国地质调查局南京地质调查中心）；吕爱娟（中国地质调查局南京地质调查中心）；蔡小虎（中国地质调查局南京地质调查中心）

7.2.1.3 仪器工作条件

吹扫捕集条件：阀温度 140℃，吹扫温度 40℃，吹扫时间 11 min，流量 40 mL/min，捕集管解析温度 270℃，解析时间 2 min，传输时间 1 s；气源为氦气（纯度 99.999%）。

气相色谱条件：J&W DB5-MS 毛细管色谱柱（30 m×0.25 mm×0.25 μm），载气为氦气，流量控制 1.0 mL/min。程序升温：气相色谱柱初始温度 35℃，以 8℃/min 速率升温至 140℃，再以 20℃/min 升温至 180℃后，保持 4.0 min。

质谱条件：电子轰击电离源（EI），电子能量为 70 eV，离子源温度 250℃，检测方式为全扫描，扫描范围（m/z）为 35~270。

7.2.1.4 色谱行为

利用全扫描检测对标准系列目标物及相对应内标替代物进行分析，28 种挥发性有机物标准目标物的总离子流色谱图见图 7.4。

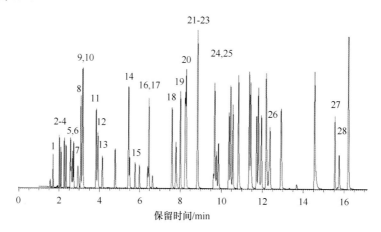

图 7.4　28 种挥发性有机物目标物的总离子流色谱图

7.2.1.5 校准曲线与方法检出限

分别移取一定量的标准使用液和内标替代物溶液至加入了 10 mL 纯水的吹扫瓶中，配制成 0.4、1、4、20、40、50 μg/L 的标准溶液，内标替代物质量浓度均为 10 μg/L，放置于自动进样器中，按仪器工作条件测定，以内标法定量，各目标物的含量与对应峰面积的比值绘制校准曲线。相关目标物的保留时间、定量离子、线性方程和相关系数见表 7.3。按照公式 MDL=$S \times t_{(n-1, \alpha=0.99)}$ 计算（$n=7$，$t=3.14$）28 种目标化合物的方法检出限见表 7.3。

表 7.3　28 种挥发性有机物保留时间、定量离子、线性方程、相关系数和检出限

峰号	化合物	保留时间/min	定量离子（m/z）	线性回归方程	相关系数	方法检出限/（μg/kg）
1	氯乙烯	1.73	62	$y=7.24\times10^{-3}x-3.19\times10^{-3}$	0.9934	0.36
2	1，1-二氯乙烯	2.04	96	$y=2.17\times10^{-2}x-2.92\times10^{-3}$	0.9995	0.30
3	二氯甲烷	2.12	84	$y=1.61\times10^{-2}x-3.51\times10^{-3}$	0.9982	0.26
4	反式1，2-二氯乙烯	2.29	96	$y=2.55\times10^{-2}x+1.80\times10^{-3}$	0.9991	0.22
5	顺式1，2-二氯乙烯	2.59	96	$y=2.66\times10^{-2}x+5.84\times10^{-3}$	0.9990	0.28
6	三氯甲烷	2.75	83	$y=3.81\times10^{-2}x+5.72\times10^{-3}$	0.9991	0.18
7	1，1，1-三氯乙烷	2.98	97	$y=3.44\times10^{-2}x+1.78\times10^{-3}$	0.9990	0.26

续表

峰号	化合物	保留时间/min	定量离子(m/z)	线性回归方程	相关系数	方法检出限/(μg/kg)
8	1，2-二氯乙烷	3.11	62	$y=2.96\times10^{-2}x+2.13\times10^{-4}$	0.9994	0.22
9	四氯化碳	3.21	117	$y=2.84\times10^{-2}x+1.04\times10^{-3}$	0.9988	0.20
10	苯	3.22	78	$y=9.24\times10^{-2}x+6.85\times10^{-3}$	0.9997	0.18
11	三氯乙烯	3.91	95	$y=2.28\times10^{-2}x+3.76\times10^{-3}$	0.9973	0.26
12	1，2-二氯丙烷	3.98	63	$y=1.61\times10^{-2}x+3.63\times10^{-3}$	0.9990	0.22
13	溴代二氯甲烷	4.22	83	$y=3.00\times10^{-2}x+1.54\times10^{-3}$	0.9997	0.22
14	甲苯	5.52	92	$y=6.67\times10^{-2}x+2.38\times10^{-2}$	0.9991	0.16
15	1，1，2-三氯乙烷	5.85	83	$y=2.07\times10^{-2}x+3.85\times10^{-3}$	0.9998	0.32
16	氯代二溴甲烷	6.48	129	$y=2.41\times10^{-2}x+1.08\times10^{-2}$	0.9990	0.26
17	四氯乙烯	6.54	164	$y=3.42\times10^{-2}x+4.47\times10^{-3}$	0.9992	0.38
18	氯苯	7.68	112	$y=7.80\times10^{-2}x+1.66\times10^{-2}$	0.9997	0.30
19	乙苯	8.09	91	$y=9.81\times10^{-2}x+3.31\times10^{-2}$	0.9994	0.18
20	间、对二甲苯	8.38	106	$y=1.14\times10^{-1}x+4.21\times10^{-2}$	0.9993	0.16
21	苯乙烯	8.92	104	$y=9.35\times10^{-2}x+3.80\times10^{-2}$	0.9989	0.24
22	邻-二甲苯	8.94	106	$y=6.26\times10^{-2}x+2.25\times10^{-2}$	0.9993	0.24
23	溴仿	8.95	173	$y=1.99\times10^{-2}x+1.13\times10^{-2}$	0.9982	0.26
24	1，3-二氯苯	11.81	146	$y=8.33\times10^{-2}x+2.41\times10^{-2}$	0.9995	0.30
25	1，4-二氯苯	12.04	146	$y=8.56\times10^{-2}x+2.89\times10^{-2}$	0.9992	0.26
26	1，2-二氯苯	12.45	146	$y=8.58\times10^{-2}x+2.49\times10^{-2}$	0.9994	0.24
27	1，2，4-三氯苯	15.64	180	$y=5.55\times10^{-2}x+2.72\times10^{-2}$	0.9983	0.32
28	萘	15.84	128	$y=1.37\times10^{-1}x+3.02\times10^{-2}$	0.9987	0.28

7.2.1.6　方法精密度和回收率

加入 4、40 μg/L 的混合标准溶液，按实验方法进行样品处理与测定，测得平均回收率为 70.7%~115.5%（$n=7$），相对标准偏差为 1.7%~7.8%。

7.2.2　土壤和沉积物中挥发性有机物分析测试方法的应用

将建立的分析方法应用于实际样品的测定，部分样品的分析测试结果见表 7.4。数据显示，8 个样品分析中，在 28 种目标化合物中检出了 12 种挥发性有机物，其中卤代烃类 6 种，苯系物类 4 种，氯代苯类 1 种，多环芳香烃 1 种，检测项目种类分布较好；在检出的 32 组数据中，其中有 16 组数据小于 1 μg/kg，14 组数据介于 1~10 μg/kg，2 组数据介于 10~20 μg/kg，检出物的线性范围分布较广，对于低含量有机物

表 7.4　部分实际样品中的挥发性有机物测定结果　　　　　　　　　μg/kg

化合物	测定结果							
	1#	2#	3#	4#	5#	6#	7#	8#
1，1-二氯乙烯	—	—	—	0.78	—	—	—	0.75
二氯甲烷	1.61	—	3.70	0.91	9.28	5.81	3.56	0.83
氯仿	—	—	0.25	—	3.75			
1，2-二氯乙烷	—	2.64	0.75					
四氯化碳	0.95	—	—					
苯	1.68	—	2.55					
甲苯	—	0.64	0.27					
四氯乙烯	—	1.08	—	—	0.86	0.78	0.74	
氯苯	20.00	2.55	—	—	0.82	1.18	0.94	1.03
苯乙烯	—	—	0.35					
1，2-二氯苯	0.94	—						
萘	—	—	6.00	10.10	—	—	—	

检出效果较好；样品所检出化合物平均加标回收率为 73.3%~88.7%，精密度为 2.68%~6.12%，检测结果的准确性、稳定性较好，质量控制得到了保证。

7.2.3　土壤和沉积物中挥发性有机物现场前处理技术研究

7.2.3.1　样品加标保存实验比对数据分析

在实验室对采集的土壤、沉积物样品进行加标实验，加入配制好的混合标准溶液，采取现有的前处理方法与常规方法对样品进行前处理，同时进行保存时间的条件实验，样品保存天数为 1 天、7 天、14 天后进行分析测试，将测试所得数据进行比对，加标保存样品数据见表 7.5。数据显示，采用常规方法处理后，样品在第 1 天的加标回收率为 81.0%~102.0%，其中 90.0%以上有 13 项，80.0%~90.0%有 15 项；在第 7 天的加标回收率为 74.0%~94.0%，其中 90.0%以上有 2 项，80.0%~90.0%有 23 项，70.0%~80.0%有 3 项；在第 14 天的加标回收率为 62.0%~83.0%，其中 90.0%以上 0 项，80.0%~90.0%有 6 项，70.0%~80.0%有 17 项，60.0%~70.0%有 5 项。

采用项目方法处理后样品在第 1 天的加标回收率为 92.0%~117.0%，28 项都在 90.0%以上；在第 7 天的加标回收率为 85.0%~110.0%，90.0%以上有 26 项，80.0%~90.0%有 2 项；在第 14 天的加标回收率为 82.0%~105.0%，其中 90.0%以上有 24 项，80.0%~90.0%有 4 项。

表 7.5　28 种挥发性有机物采用不同前处理方法保存时间实验的加标回收率　　　　　　%

化合物	常规方法加标回收率			本方法加标回收率		
	1d	7d	14d	1d	7d	14d
氯乙烯	90.0	74.4	62.0	94.0	91.0	87.0
1，1-二氯乙烯	102.0	90.0	79.0	101.0	98.0	93.0
二氯甲烷	90.0	85.0	68.0	103.0	99.0	93.0
反式 1，2-二氯乙烯	90.0	81.0	74.0	98.0	97.0	93.0
顺式 1，2-二氯乙烯	94.0	83.0	71.0	102.0	101.0	97.0
三氯甲烷	95.0	94.0	83.0	102.0	100.0	100.0
1，1，1-三氯乙烷	90.0	87.0	81.0	105.0	100.0	95.0
1，2-二氯乙烷	92.0	86.0	80.0	103.0	98.0	95.0
四氯化碳	91.0	87.0	82.0	102.0	96.0	92.0
苯	87.0	81.0	71.0	102.0	101.0	98.0
三氯乙烯	86.0	84.0	78.0	101.0	97.0	95.0
1，2-二氯丙烷	90.0	85.0	79.0	98.0	97.0	95.0
溴代二氯甲烷	85.0	83.0	77.0	97.0	97.0	93.0
甲苯	88.0	82.0	75.0	108.0	103.0	95.0
1，1，2-三氯乙烷	91.0	87.0.	82.0	101.0	97.0	92.0
氯代二溴甲烷	89.0	87.0	80.0	99.0	97.0	95.0
四氯乙烯	90.0	84.0	78.0	102.0	97.0	94.0
氯苯	87.0	77.0	75.0	109.0	107.0	105.0
乙苯	85.0	83.0	78.0	95.0	92.0	90.0
间、对二甲苯	83.0	81.0	75.0	93.0	89.4	82.0
苯乙烯	81.0	77.0	65.0	112.0	110.8	101.0
邻-二甲苯	85.0	81.0	77.0	92.0	90.5	88.0
溴仿	88.0	83.0	66.5	111.2	107.0	103.0
1，3-二氯苯	88.0	82.1	73.0	107.0	105.0	101.0
1，4-二氯苯	86.0	81.0	74.0	109.0	107.0	97.0
1，2-二氯苯	88.0	80.0	72.0	110.0	107.0	102.0
1，2，4-三氯苯	90.0	84.0	75.0	117.0	107.0	97.0
萘	85.0	84.0	67.0	95.0	85.0	83.0

将两种方法加标回收率数据对比：采用常规方法处理后，样品在第 1 天到第 14 天的加标回收率从 81.0%~102.0%降到 62.0%~83.0%；采用项目方法处理后，样品在第 1 天到第 14 天的加标回收率仅从 92.0%~117.0%降到 82.0%~105.0%。

7.2.3.2　样品加标保存实验结果分析

VOCs 具有强挥发性，采集土壤、沉积物样品时，如果土壤样品暴露在空气中超过 2 min，然后装入密封的装置中，物质就会造成损失。这就指出了一点，装土壤样品时使用称量勺、称量铲或其他称量工具时，都容易造成样品中检测项目的损失。在 4℃条件下，VOCs 仍然会在短短几天内挥发损失一部分，同时在 4℃条件下 VOCs 依然能够被微生物降解。基于此，《水和废水监测分析方法》（第四版）对于土壤、沉积物和污泥样品，规定在 4℃冷藏保存，可保存 14 天，《土壤环境监测技术规范》（HJ/T166）要求样品低温（小于 4℃）保存，存放区域须无有机物干扰，保存期为 7 天。

本研究针对土壤、沉积物样品中挥发性有机物的分析，采用自主设计制作的采样工具进行采样并现场固定的前处理方式，保存运输至实验室，直接通过吹扫捕集-气相色谱-质谱联用技术进行测定分析，样品在第 7 天加标回收率为 85.0%~110.0%，在第 14 天加标回收率为 82.0%~105.0%，比之常规方法大大增加了保存时间，减少了样品在野外采集、运输过程中目标检测物的损失。

7.2.3.3　实际样品实验比对数据分析

采取现有的现场前处理方法与常规方法对相同的环境样品进行前处理，经实验测试分析后将所得数据进行比对。样品 1#经现场前处理后，分析检出二氯甲烷为 0.48 μg/kg，而按照常规方法采集处理，上机分析二氯甲烷小于方法检出限。样品 2#经现场前处理后，分析检出二氯甲烷为 0.41 μg/kg，而按照常规方法采集处理，上机分析二氯甲烷小于方法检出限。样品 3#经现场前处理后，分析检出 1，2-二氯丙烷为 0.42 μg/kg，而按照常规方法采集处理，分析检出 1，2-二氯丙烷为 0.30 μg/kg，两者相差 140.0%。样品 4#经现场前处理后，分析检出氯仿为 0.61 μg/kg，而按照常规方法采集处理，分析检出氯仿为 0.26 μg/kg，两者相差 235.0%。

样品 5#经现场前处理后，分析检出二氯甲烷为 0.91 μg/kg，氯仿为 3.69 μg/kg，1，1，1-三氯乙烷为 2.82 μg/kg，1，2-二氯丙烷为 0.83 μg/kg，1，1，2-三氯乙烷为 2.76 μg/kg，而按照常规方法采集处理，分析检出二氯甲烷为 0.64 μg/kg，氯仿为 1.36 μg/kg，1，1，1-三氯乙烷为 0.67 μg/kg，1，2-二氯丙烷为 0.26 μg/kg，1，1，2-三氯乙烷为 0.96 μg/kg，两者检出化合物分别相差 141.0%、271.0%、421.0%、319.0%、287.0%。

样品 6#经现场前处理后，分析检出二氯甲烷为 0.52 μg/kg，三氯乙烯为 0.36 μg/kg，而按照常规方法采集处理，上机分析二氯甲烷、三氯乙烯小于方法检出限。样品 7#经现场前处理后，分析检出二氯甲烷为 1.76 μg/kg，而按照常规方法采集处理，分析检出二氯甲烷为 0.78 μg/kg，两者相差 226.0%。样品 8#经现场前处理后，分析检出氯仿为 0.60 μg/kg，而按照常规方法采集处理，分析检出氯仿为 0.44 μg/kg，两者相差 136.0%。

以上结果表明，经现场前处理后的检出值高于常规采集方法处理的检出值，并且相同检出的化合物在含量上也有不同，经现场前处理的样品含量要高于常规方法处理的样品含量。

7.2.4　结论

针对土壤、沉积物样品中挥发性有机物的分析，采用自主设计制作的采样工具进行采样并现场固定的前处理方式，保存运输至实验室，直接通过吹扫捕集-气相色谱-质谱联用技术进行测定分析，样品在第 7 天加标回收率为 85.0%~110.0%，第 14 天加标回收率为 82.0%~105.0%，加标样品的回收率在第 1 天到第 14 天仅从 92.0%~117.0%降到 82.0%~105.0%，与常规方法相比增加了保存时间，减小了以往在样品采集及运输、保存等环节造成的检测项目的损失。优化建立的吹扫捕集-气相色谱-质谱技术测定土壤、沉积物中挥发性有机物的方法，方便快捷、灵敏度高、精密度高。实际样品应用中，目标分析项目的检出值高于常规方法的数据，增加了样品检测的可靠度与真实度。

致谢：感谢中国地质调查局地质调查工作项目（1212010816020）对本工作的资助。

参 考 文 献

[1]　吴健, 沈根祥, 黄沈发. 挥发性有机物污染土壤工程修复技术研究进展[J]. 土壤通报, 2005, 36(3): 430-435.

[2]　李宁, 刘杰民, 温美娟, 等. 吹扫捕集-气相色谱联用技术在挥发性有机化合物测定中的应用[J]. 色谱, 2003, 21(4): 343-346.

[3]　刘慧, 朱优峰, 徐晓白, 等. 吹扫-捕集气质联用法测定北京郊区土壤中挥发性有机物[J]. 复旦学报(自然科学版), 2003, 42(6): 856-860.

[4]　Pecoraino G, Scalici L, Avellone G, et al. Distribution of Volatile Organic Compounds in Sicillan Groundwaters Analysed by Head Space-Solid Phase Microextraction Coupled with Gas Chromatography Mass Spectrometry (SPME/GC/MS)[J]. Water Research, 2008, 42: 3563-3577.

[5]　王晨宇, 连进军, 谭培功, 等. 吹扫捕集-气相色谱-质谱法测定海洋沉积物中挥发性有机物[J]. 化学分析计量, 2006, 15(6): 40-42.

[6]　胡璟珂, 马健生, 沈加林, 等. 吹扫捕集-气相色谱-质谱法测定海岸带表层沉积物中挥发性有机物[J]. 理化检验(化学分册), 2012, 48(2): 165-168.

[7]　李宁, 刘杰民, 温美娟, 等. 吹扫捕集-气相色谱联用技术在挥发性有机化合物测定中的应用[J]. 色谱, 2003, 21(4): 343-346.

[8]　殷月芬, 文凌飞, 李必芬, 等. 土壤中挥发性有机化合物的 GC-MS 测定[J]. 分析测试学报, 2003, 22(1): 86-88.

7.3　基于自制有机-无机杂化涂层材料的固相微萃取-气相色谱-质谱联用分析技术

自 1987 年加拿大滑铁卢大学 Arthur 和 Pawliszyn[1]发明固相微萃取（SPME）以来，此技术得到了迅速发展。科学家们通过对萃取探头的形状、结构、涂层材料和萃取模式的不断改进和创新，与气相色谱、高效液相色谱等分析仪器的高通量、自动化联用，更完善的进样接口的研制及其简单化和小型化等特点，使得这种技术可实现气体、液体、固体等多种基质样品进行快速、高效和高灵敏的萃取分析。

在 SPME 技术中，最关键的材料是涂层材料，在萃取过程中就是依靠它对目标分析物的吸收或吸附作用达到萃取的效果。一种好的萃取涂层材料一般需要具备以下优点：萃取容量大，选择性好，热稳定性好，化学稳定性好，不易脱落，制备工艺简单，重现性好等。因此科学家们投入了大量的精力开发适应于不同目标分析物的涂层材料，例如目前商业化较好的聚二甲硅氧烷（PDMS）涂层材料，主要应用于挥发性和非极性化合物，而聚丙烯酸酯（PA）主要应用于极性和半挥发性化合物。

早期制备 SPME 萃取探头一般采用物理涂覆法将涂层材料涂覆在石英纤维外面，但这种方法得到的涂层材料很易脱落，稳定性差。1997 年南佛罗里达大学 Wang 等[2]将溶胶-凝胶法引入 SPME 涂层材料的制备过程中，发现在这种制备方法中涂层材料与纤维基质材料之间有化学结合作用，这使得整个萃取探头的稳定性得到大大提高，还可以对溶胶-凝胶的前驱体化学物质进行选择来设计涂层材料的物理与化学性质，实现对不同目标分析物的萃取，而且溶胶-凝胶制备很容易得到高比表面积的涂层材料，因而获得高的萃取容量和效率。为了进一步发掘该方法的潜力，发挥该方法在实际使用中的作用，溶胶-凝胶法制备 SPME 涂层材料成为分析领域的一个研究重点与热点。例如 Azenha 等[3]通过溶胶凝胶法制备了 PDMS涂层材料，并利用钛丝表面的羟基官能团，成功地把它涂覆在钛丝上，使得 PDMS 与钛基体之间以化学键的形式结合，钛丝的应用可以有效解决传统石英纤维的易断问题，而且得到的萃取探头对汽油的萃取容量远高于商业的 PDMS 探头。Sarafraz-Yazdi 等[4]采用溶胶-凝胶法制备了聚乙二醇/多碳纳米管的复合涂层材料，用于分析环境水样中的甲基叔丁醚，所得到的探头在 320℃下稳定，使用寿命大于 150 次，对于甲基叔丁醚的检出限为 0.3 ng/mL。中山大学 Zhang 等[5]采用溶胶-凝胶法制备了聚吡咯/石墨烯和聚吡咯/β-萘磺酸复合涂层材料，并用于生物极性挥发性有机物如庚醇和癸醛的测定，结果表明这两种复合材料具有均匀的多孔结构，热稳定性良好，检出限低于 60 μg/g。

本研究以 PEG 和硅基为前驱体，采用溶胶-凝胶法制备了一种 PEG/SiO$_2$ 有机/无机杂化的涂层材料，发现该材料具有很好的多孔结构和热稳定性，并以此材料在石英纤维上制备了 SPME 探头，结合气相色谱-质谱（GC-MS）联用技术，分别测定有机磷农药、脂肪酸和正构烷烃，以考察该萃取探头的性能和分析方法的可行性。结果表明该涂层材料表现出来的分析性能优于商业化的涂层材料，证明了该涂层材料可应用于地质和环境样品中的有机磷、脂肪酸、正构烷烃的萃取与分析。

7.3.1　实验部分

7.3.1.1　标准物质和试剂

有机磷农药的标准溶液：甲拌磷、乙拌磷、甲基对硫磷、对硫磷、马拉硫磷，购于农业部环境保护科研检测所，浓度均为 50 mg/L。饱和脂肪酸标准品：十二烷酸（纯度 99.5%）、十三烷酸（纯度 98.5%）、

本节编写人：帅琴（（中国地质大学（武汉）；黄云杰（（中国地质大学（武汉）；徐生瑞（中国地质大学（武汉）；顾涛（中国地质调查局武汉地质调查中心）

十四烷酸（纯度 99.5%）、十五烷酸（纯度 99.0%）、十六烷酸（纯度 99.5%）、十七烷酸（纯度 99.0%）、十八烷酸（纯度 99.5%）、十九烷酸（纯度 99.0%）、二十烷酸（纯度 99.0%）、二十一烷酸（纯度 99.5%）、二十二烷酸（纯度 99.5%）、二十三烷酸（纯度 97%）、二十四烷酸（纯度 96.5%），购于 Dr. Ehrenstorfer 公司。26 种正构烷烃混合标准：正癸烷~正三十五烷（C10~C35），购于 Dr. Ehrenstorfer 公司。

光导纤维（DSD92-79A，武汉邮电科学研究院）；PEG（分子量 20000），甲基三甲氧基硅烷（MTMS），羟基硅油（OH-TSO），含氢硅油（PMHS），四乙氧基硅烷（TEOS），乙烯基三乙氧基硅烷（VTEOS，分析纯，武汉大学化工厂）；甲醇（色谱纯，德国 Merck 公司）；三氟乙酸（TFA）、二氯甲烷（分析纯，国药集团化学试剂有限公司）；三氟化硼-甲醇（14% *w/w*，上海安谱科学仪器有限公司）；正己烷、二氯甲烷、甲醇、丙酮等均为色谱纯；氯化钠、无水硫酸钠等试剂均为优级纯，水为超纯水；高纯氮气（纯度 99.999%）。

商用 PDMS、PA 的 SPME 探头由美国 Supelco 公司生产。

7.3.1.2　PEG/SiO$_2$ 有机-无机杂化涂层固相微萃取探头制备

1）光纤前处理

截取长度为 25 cm 光纤若干根，距光纤一端 2.5 cm 处用刀片轻轻在光纤外表面聚酰胺保护层上划一裂痕（用力要谨慎，防止切断光纤），然后将有裂痕的一端浸渍在丙酮-乙醇的混合溶液中 3~5 min，待聚酰胺保护层在有机溶剂中浸胀后，用镊子轻轻夹下，露出光纤的石英部分。然后分别用蒸馏水（清除灰尘）、甲醇（清洗丙酮等有机物）、超纯水（清洗甲醇）、1 mol/L 氢氧化钠溶液（清洗油脂类有机物）、超纯水（清洗氢氧化钠）进行清洗。

2）PEG/SiO$_2$ 有机-无机杂化涂层固相微萃取探头的制备

溶胶的制备参考文献[6]的方法：准确称取 180 mg 的 PEG，移入聚四氟乙烯离心管中，加入 240 μL 二氯甲烷使其溶解，再加入 120 μL OH-TSO、240 μL TEOS、120 μL VTEOS、240 μL MTMS 和 50 μL PMHS，摇匀，超声 3 min，迅速加入 TFA，再超声 5 min，即制备得到溶胶液。

涂层涂敷及老化：上述溶胶经离心后，取上层清液，将处理好的光纤插入溶胶-凝胶上清液中，垂直放置 10 min，将光纤垂直提出并置于烘箱中风干，重复涂敷 3 次，干燥，然后把涂敷好的纤维固定在微量进样器针管中，插入 GC 进样口，在 270℃下老化 2 h，制得 PEG/SiO$_2$ 有机-无机杂化涂层 SPME 探头。

3）实际样品预处理

土壤样品：称取 10 g 土壤样品（采自河南跑马岭）置于聚四氟乙烯离心管中，缓缓加入 10 mL 二氯甲烷-甲醇（体积比 9∶1）萃取剂，超声 15 min，萃取结束后，将样品放入离心机中在 4000 r/min 条件下离心 10 min，重复以上操作 6 次，最终合并萃取液，用旋转蒸发仪将所得提取液浓缩至 1~3 mL，使用氮气将此萃取液缓慢吹干。将吹干的土壤样品采用正己烷溶解定容至 10 mL，得到土壤前处理试样，用于后续的萃取与分析。

水样：采集武汉东湖和月湖水域水样，水样经过 45 μm 过滤膜过滤，得到的滤液即为水样前处理试样，用于后续的萃取与分析。

7.3.1.3　仪器及工作条件

GC-MS-QP2010 Plus 气相色谱-质谱联用仪（日本岛津公司），Rtx-5MS 色谱柱，30 m×0.25 mm×0.25 μm 石英毛细管柱（美国 Restek 公司），数控超声波清洗器（昆山市超声仪器有限公司），磁力加热搅拌器（江苏金坛大地自动化仪器厂），ME235P 型十万分之一电子天平（德国 Sartorius 公司），电热鼓风干燥箱，101-2AB 型（天津市泰斯特仪器有限公司）。傅里叶变换红外光谱仪（Nicolet6700，美国 Thermo Fisher

公司），超高分辨率场发射扫描电子显微镜（SU8010，日本日立公司，配有能量色散 X 射线荧光光谱仪），综合热分析仪（STA 409 PC，德国耐驰仪器制造有限公司），接触角测量仪（JC2000C1，上海中晨数字技术设备有限公司）。

测定有机磷的 GC-MS 条件：柱箱温度 60℃，进样温度 270℃，进样模式为不分流，压力 100 kPa，载气为高纯 He（99.999%），总流量 50.0 mL/min，柱流量 1.61 mL/min，线速度 46.3 cm/s。升温程序：60℃保持 1 min，以 40℃/min 从 60℃升温至 110℃，再以 5℃/min 从 110℃升温至 190℃，再以 3℃/min 从 190℃升温至 210℃，再以 5℃/min 从 210℃升温至 220℃，再以 40℃/min 从 220℃升温至 265℃。离子源温度 200℃，接口温度 250℃，采集方式 SIM，间隔 0.2 s，以峰面积定量。

测定脂肪酸的色谱条件：载气为高纯 He；柱流量 1.2 mL/min；进样时间 1 min，进样口温度（不分流进样）280℃。升温程序：初温 140℃，保留 2 min，再以 14℃/min 升温至 300℃，保留 1 min；离子源温度 230℃；接口温度 280℃；溶剂延迟时间 2.2 min；定性分析全扫范围 m/z 40~550；采集方式 SIM，间隔 0.2 s，以峰面积定量。

测定正构烷烃的色谱条件：载气为高纯 He；进样口温度（不分流进样）250℃；柱流量 1.56 mL/min。升温程序：初温 90℃，保持 3 min，再以 20℃/min 升温至 105℃，然后以 11℃/min 升温至 240℃，最后以 5℃/min 升温至 310℃，保持 2 min。采集方式 SIM，间隔 0.2 s，以峰面积定量。

7.3.1.4　PEG/SiO₂ 有机-无机杂化涂层固相微萃取探头表征

扫描电镜（SEM）表征：对溶胶-凝胶法制备得到的 PEG/SiO₂ 材料进行形貌观察，同时测定表面微区元素组成及元素面分布，截取 PEG/SiO₂ 固相微萃取探头，对其进行扫描电镜分析，观察其形貌，测量涂层厚度。

红外光谱表征：取 PEG/SiO₂ 溶胶液凝胶后得到的块状物质，加入适量的溴化钾放在研钵中研磨，置于压片机中压片，使样品与溴化钾的混合物形成一个薄片，用红外光谱仪进行分析。

热重分析：在氮气氛围下，将装有 PEG/SiO₂ 杂化材料（10 mg）的坩埚放入热重分析仪中，以 10℃/min 由 30℃升温至 600℃。

萃取材料接触角测量：取凝胶后的玻璃状物质，放在研钵中研磨，然后置于压片机中加压，使样品形成一个薄片，再用接触角测量仪进行接触角测试，调整明暗度、对比度、聚焦、拍照、照片保存，考察所制备材料的疏水性能。

7.3.2　结果与讨论

7.3.2.1　PEG/SiO₂ 有机-无机杂化涂层材料的制备与表征

1）PEG/SiO₂ 溶胶-凝胶制备机理探讨

在溶胶制备过程中，各种试剂发挥着不同的作用，其中烷氧基硅烷（甲基三甲氧基硅烷、四乙氧基硅烷、乙烯基三乙氧基硅烷）作为聚合前驱体，聚乙二醇 20 M、羟基硅油作为聚合物组分，二氯甲烷作为溶剂，含氢硅油（PMHS）作为反应终止剂，三氟乙酸（含 5%水）作为反应的催化剂。

在溶胶反应过程中，主要发生如下几个过程：①烷氧基硅烷水解；②前驱体水解产物以及聚乙二醇、羟基硅油等在三氟乙酸的催化下发生聚合反应，形成网络状结构的聚合物。形成溶胶液后，溶胶-凝胶体系达到凝胶点，即进入凝胶的陈化期。在陈化期内，由于水解-缩合反应（主要是缩合反应）的延续，凝胶强度继续增大，同时形成凝胶网络，即得到湿凝胶，此时整个体系失去流动特性，溶胶从牛顿体向宾汉体转变。湿凝胶在干燥过程中，湿凝胶内的液体（溶剂）通过蒸发排出凝胶体外，一般在室温或 70℃下干燥，可除去绝大多数有机溶剂。凝胶在干燥过程中，由于毛细管作用会产生很大的收缩应力，如果蒸发速率控制不当，极易引起凝胶体变形或龟裂。再对干凝胶进行热处理，目的是形成材料层中稳定的多孔网络结构，使材料的相组成和显微结构能满足萃取的要求。

2）PEG/SiO$_2$有机-无机杂化萃取材料表征

红外光谱表明最终形成的溶胶凝胶材料在 3494 cm^{-1} 处有强烈的吸收峰，根据反应物的组成情况可以看出此处为 Si—OH 键，1110 cm^{-1} 为 Si—O—Si、Si-O-C 的吸收峰，1680 cm^{-1} 处为 C=C 的吸收峰，来自于组分乙烯基三乙氧基硅烷（VTEOS），1260 cm^{-1} 和 802 cm^{-1} 处与 Si(CH$_3$)$_2$ 伸缩振动有关，1260 cm^{-1} 和 755 cm^{-1} 处与 Si(CH$_3$)$_3$ 伸缩振动有关，2900 cm^{-1} 的吸收峰与—CH$_2$—有关，来自于 PEG，2971 cm^{-1} 的吸收峰与—CH$_3$ 的伸缩振动有关。

为了进一步考察所形成的凝胶吸附材料结构，PEG/SiO$_2$有机-无机杂化萃取材料的表面形貌通过高分辨 SEM 测试获得，材料表面 C 和 Si 元素的分布通过 EDS 能谱仪测试获得，而涂层厚度也通过 SEM 测试获得。

从图 7.5a 扫描电镜照片可以看出，所制备得到的 PEG/SiO$_2$有机-无机杂化萃取材料具有发达的孔隙结构，这种结构十分有利于探头对有机物的吸附，还可以看出溶胶凝胶形成的互穿网络结构包覆了球状的 PEG 颗粒。从图 7.5b 能谱图可知，所制备得到的材料中硅元素占大部分，碳元素占小部分。从图 7.5c 硅元素面分析结果可以看出，硅元素呈网状分布于材料中，分布密度较大，离散均匀。从图 7.5d 碳元素面分析结果可得，碳元素穿插于硅元素网状结构中，分布密度较小，离散较不均匀，整体为 Si—O—Si 包覆 PEG 结构。为表征涂层厚度及表面形貌，用 SEM 对 PEG/SiO$_2$有机-无机杂化 SPME 探头涂层进行了表征。

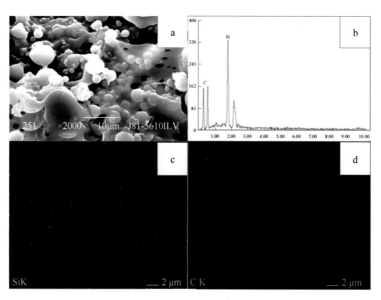

图 7.5　PEG/SiO$_2$有机-无机杂化萃取材料的 SEM 图

对未涂覆和已涂覆的纤维进行扫描电镜测试的对比，发现未涂敷涂层时，光纤表面洁净，直径为 120.7 μm；涂敷涂层后，涂层铺展均匀，直径为 185.8 μm，可知自制有机-无机杂化涂层探头涂层厚度约为 30 μm。

耐热性能是 SPME 探头很重要的一个性能指标。为了考察自制 PEG/SiO$_2$萃取材料的热稳定性以及萃取时的耐热程度，对材料进行了热重分析。在氮气氛围下，将装有 PEG/SiO$_2$杂化材料的坩埚放入热重分析仪中，温度以 10℃/min 从 30℃升温至 300℃的过程中，材料失重大约 1%，这是由于材料本身的吸附水以及残余溶剂和未反应完的小分子化合物挥发引起的。在 300℃升温至 600℃的过程中，材料内部的含氧官能团失去，失重比例达到 27%。在 360℃以下可以认为材料是稳定的，该材料完全能够满足气相色谱分析样品的要求，热稳定性良好。

为表征材料的疏水性，将压制得到的两个 PEG/SiO₂ 薄片在室温下进行了接触角测试，所测得接触角分别为 94.621° 和 97.020°，说明所制备得到的萃取材料的疏水性能良好，能减少在萃取水样中有机物材料对水的吸收，有利于该材料用来制备固相微萃取探头。

7.3.2.2　PEG/SiO₂ 有机-无机杂化涂层材料 SPME-GC-MS 测定水样中有机磷农药分析方法研究

1）分析方法性能

对有机磷农药分析过程中影响其性能的各种条件进行了实验，最终得到的优化条件为：将 5 mL 样品加入 12 mL 顶空瓶中，在室温条件下将 SPME 探头浸入顶空瓶溶液中，在 1000 r/min 磁力搅拌下萃取 40 min，然后将探头置于 GC 进样室解析 5 min。在优化的实验条件下，以峰面积对目标物浓度作图，绘制了甲拌磷、乙拌磷、甲基对硫磷、对硫磷和马拉硫磷 5 种有机磷化合物的标准曲线。结果表明 5 种有机磷化合物分析的标准曲线的线性良好，线性相关系数大于 0.986，检出限为 0.12~0.39 μg/L。由 6 次平行测定计算精密度，所得相对标准偏差小于 7.4%。这些结果表明，基于 PEG/SiO₂ 固相微萃取探头建立的水样中有机磷农药分析方法的性能良好。

2）PEG/SiO₂ 有机-无机杂化涂层与商用涂层萃取有机磷农药效果比较

为了进一步验证自制 PEG/SiO₂ 固相微萃取涂层的萃取效果，在各自最优化条件下，将自制 PEG/SiO₂ 涂层与商用 PA 涂层及商用 PDMS 涂层分别对 5 种有机磷农药标准溶液（10 μg/L）进行萃取实验，结果如图 7.6 所示。可以看出，对于数量级为 10 μg/L 的有机磷农药标准溶液，自制 PEG/SiO₂ 有机-无机杂化涂层固相微萃取探头的萃取性能明显优于商用 PA 和商用 PDMS 探头，进一步表明了自制 PEG/SiO₂ 有机-无机杂化涂层固相微萃取探头的优良性能。

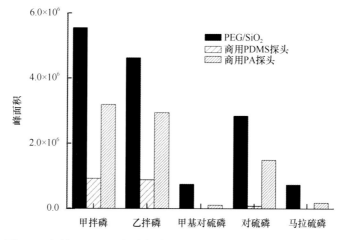

图 7.6　自制 PEG/SiO₂ 探头与商用探头萃取有机磷农药的性能对比

7.3.2.3　PEG/SiO₂ 有机-无机杂化涂层材料 SPME-GC-MS 测定土壤中饱和脂肪酸分析方法研究

1）分析方法性能

对饱和脂肪酸分析过程中影响其性能的各种实验条件进行了优化，最终得到的优化条件如下。甲酯化条件：甲酯化温度 60℃，甲酯化时间 40 min，衍生化反应结束后，将顶空瓶放至室温冷却，再加入 4 mL 超纯水、0.2 g 氯化钠至固相微萃取顶空瓶中，混匀。将样品放置在恒温水浴锅中进行顶空固相微萃取。萃取条件：固相微萃取温度 80℃，萃取时间 40 min。待萃取结束后，缩回固相微萃取涂层，随后快速插入气相色谱-质谱仪的进样口中，在 280℃解析 8 min。本实验选取浓度为 50 μg/L 的饱和脂肪酸标准溶液按照优化的实验条件重复测定 5 次，计算相对标准偏差；方法检出限（LOD）则是连续测定 7 次空白测得信号的标准偏差计算出 S_b 值，代入公式 $LOD=k·S_b/K$（k=3，K 为校准曲线方程的斜率）进行计算。

PEG/SiO$_2$ 有机-无机杂化涂层联合 GC-MS 分析方法对 7 种饱和脂肪酸测定的分析结果表明，线性范围为 0.1~100 mg/L 或 0.5~100 mg/L，对于所有脂肪酸的相关系数均大于 0.9970，表明工作曲线的线性很好，检出限为 0.39~39.4 μg/L，相对标准偏差为 2.5%~17.7%，回收率为 91.15%~108.1%。本研究还分析了探头的重现性，不同探头的相对标准偏差为 8.5%~16%。表 7.6 列出了制备的新型 PEG/SiO$_2$ 涂层萃取饱和脂肪酸的检出限与文献报道的其他方法的检出限，通过对比可见本方法的检出限低，表明自制的 SPME 探头的萃取效果较好。

表 7.6　自制新型 PEG/SiO$_2$ 涂层萃取饱和脂肪酸与文献其他方法检出限的对比　　　　μg/L

萃取方法	饱和脂肪酸检出限							参考文献
	C12	C14	C16	C18	C20	C22	C24	
液液萃取	—	800	700	700	—	—	—	[7]
分散液液微萃取	—	—	0.67	1.06	—	—	—	[8]
顶空固相微萃取	0.51	0.77	1.1	53	170	—	2000	[9]
PEG/SiO$_2$ 萃取	1.87	1.80	0.39	0.82	19.5	23.4	39.4	本方法

2）土壤样品分析

从 3 个土壤前处理试样中取 200 μL 正己烷溶液至 12 mL 固相微萃取顶空瓶中，再加入 800 μL 三氟化硼-甲醇溶液（14%，质量比），混合均匀，放置在恒温水浴锅中进行甲酯化反应，然后进行后续的萃取与分析程序。其中第 3 个样品还采用传统的液液萃取法（LLE）进行萃取，GC-MS 分析，与 SPME 方法进行对比，所有结果列于表 7.7。可以看出其中在这 3 个样品中十六烷酸和二十四烷酸的含量最高（30~100 μg/g），采用 SPME 法得到的含量与 LLE 法得到的含量非常接近，这也进一步说明本研究建立的方法的可靠性。

表 7.7　样品分析结果　　　　μg/g

脂肪酸	样品 1 的 SPME 分析值	样品 2 的 SPME 分析值	样品 3 的分析值	
			SPME 法	LLE 法
C12	2.53[a]±0.09[b]	1.20±0.28	3.35±0.61	3.19±0.41
C14	2.34±0.17	1.48±0.34	2.75±0.53	2.87±0.62
C16	62.6±2.76	47.6±5.02	98.4±8.06	102.4±6.34
C18	15.8±1.13	10.2±1.69	59.8±6.51	58.1±4.21
C20	16.0±0.71	6.24±0.45	26.1±3.96	28.6±3.61
C22	28.9±1.48	9.59±0.70	35.5±3.89	35.1±1.98
C24	37.0±1.06	26.5±3.68	67.3±3.68	70.5±2.96

注：a 表示重复测定三次的平均值；b 表示标准偏差。

7.3.2.4　PEG/SiO$_2$ 有机-无机杂化涂层材料 SPME-GC-MS 测定水样中正构烷烃分析方法研究

1）分析方法性能

对正构烷烃分析过程中影响到材料性能的各个条件进行了优化，最终得到的优化条件为：取 5 mL 样品于 8 mL 顶空瓶中加盖密封，置于磁力搅拌仪上，插入 SPME 萃取探头，并使涂层浸入样品中，在 25 ℃条件下萃取 30 min，然后插入气相色谱进样口热解析 7 min。26 种正构烷烃的分析性能结果表明所有的标准曲线均获得良好的线性，其线性相关系数介于 0.9935~0.9999，相对标准偏差小于 10%。使用 3 倍信噪比计算出有机-无机杂化涂层与商用 PDMS 涂层的检出限分别在 0.011~0.085 μg/L 与 0.045~0.21 μg/L 范围内，可见有机-无机杂化涂层的检出限比 PDMS 涂层低 2~10 倍，表现出对正构烷烃更好的分析性能。

2）PEG/SiO₂ 有机-无机杂化涂层与商用 PDMS 涂层萃取效果比较

实验考察了 PEG/SiO₂ 有机-无机杂化涂层与商用 PDMS 涂层对正构烷烃的萃取效果，结果表明有机-无机杂化涂层对 26 种正构烷烃的萃取效果均优于商用 PDMS 涂层。有机-无机杂化涂层萃取后测得峰面积平均比 PDMS 涂层高 4 倍，提高最多的 C31 正构烷烃达到 15 倍，检出限低 2~10 倍。

3）实际水样分析

按照上述的实验方法，分别分析了蒸馏水、武汉东湖和月湖水域水样中的正构烷烃，并加入 2.0 μg/L 正构烷烃混标测定回收率，结果列于表 7.8。在东湖水样中检出 0.941 μg/L 正构烷烃，其中正十六烷 0.379 μg/L，正十七烷 0.311 μg/L，正十八烷 0.251 μg/L；月湖水样中检出 0.812 μg/L 正构烷烃，其中正二十五烷 0.236 μg/L，正二十六烷 0.576 μg/L，均符合国家标准 GB 3838—2002《地表水环境质量标准》（50 μg/L），加标回收率在 81.1%~109.1%。

表 7.8　实际样品分析结果　　　　　　　　　　　　　　　　μg/L

正构烷烃	测量值			正构烷烃	测量值		
	蒸馏水	东湖水样	月湖水样		蒸馏水	东湖水样	月湖水样
C10	≤0.052	≤0.052	≤0.052	C23	≤0.067	≤0.067	≤0.067
C11	≤0.039	≤0.039	≤0.039	C24	≤0.029	≤0.029	≤0.029
C12	≤0.011	≤0.011	≤0.011	C25	≤0.048	≤0.048	0.236
C13	≤0.018	≤0.018	≤0.018	C26	≤0.048	≤0.048	0.576
C14	≤0.014	≤0.014	≤0.014	C27	≤0.017	≤0.017	≤0.017
C15	≤0.081	≤0.081	≤0.081	C28	≤0.033	≤0.033	≤0.033
C16	≤0.064	0.379	≤0.064	C29	≤0.068	≤0.068	≤0.068
C17	≤0.068	0.311	≤0.068	C30	≤0.037	≤0.037	≤0.037
C18	≤0.042	0.251	≤0.042	C31	≤0.052	≤0.052	≤0.052
C19	≤0.048	≤0.048	≤0.048	C32	≤0.045	≤0.045	≤0.045
C20	≤0.052	≤0.052	≤0.052	C33	≤0.050	≤0.050	≤0.050
C21	≤0.049	≤0.049	≤0.049	C34	≤0.043	≤0.043	≤0.043
C22	≤0.060	≤0.060	≤0.060	C35	≤0.085	≤0.085	≤0.085

7.3.3　结论与展望

本研究以多种聚合物前驱体，采用溶胶-凝胶法制备得到的 PEG/SiO₂ 有机-无机杂化材料，具有发达的孔隙结构，这种结构十分有利于探头对有机物的吸附。该材料热稳定性良好，疏水性强，具备作为固相微萃取涂层材料的潜力。因此，本研究以该材料为涂覆材料，采用光纤外壁浸渍涂敷技术制成了涂层厚度约为 30 μm 的萃取探头，并结合 GC-MS 建立了有机磷农药、饱和脂肪酸、正构烷烃等不同目标物的分析方法。对于有机磷农药的分析方法，其线性范围为 0.1~200 μg/L，检出限在 0.12~0.39 μg/L，相对标准偏差小于 6.0%；对于饱和脂肪酸化合物的分析方法，其线性范围为 0.1~100 mg/L 或 0.5~100 mg/L，检出限在 0.39~39.4 μg/L，回收率为 91.15%~108.1%；对于正构烷烃的分析方法，检出限在 0.011~0.085 μg/L。

本研究自制的 PEG/SiO₂ 有机-无机杂化涂层材料，与商用的涂层材料相比，表现出更优异的萃取效率，可以应用于 SPME 萃取探头的制备，具有很好的应用前景。今后有必要通过优化其制备条件，进一步提高萃取性能，并应用于环境与地质样品的分析与研究。

致谢：感谢中国地质调查局地质调查工作项目（1211302108023-1，12120113014300，1212011120274，1212011120281），国土资源地质调查项目（1212011120277）和国土资源公益性行业专项（201211003-05）对本工作的资助。

参 考 文 献

[1] Arthur C L, Pawliszyn J. Solid-Phase Microextraction with Thermal-desorption Using Fused-Silica Optical Fibers[J]. Analytical Chemistry, 1990, 62(19): 2145-2148.

[2] Wang D X, Chong S L, Malik A. Sol-gel Column Technology for Single-step Deactivation, Coating, and Stationary-phase Immobilization in High-resolution Capillary Gas Chromatography[J]. Analytical Chemistry, 1997, 69(22): 4566-4576.

[3] Azenha M A, Nogueira P J, Silva A F. Unbreakable Solid-phase Microextraction Fibers Obtained by Sol-gel Deposition on Titanium Wire[J]. Analytical Chemistry, 2006, 78(6): 2071-2074.

[4] Sarafraz-Yazdi A, Sepehr S, Es'haghi Z, et al. Application of Sol-gel Based Poly (ethylene glycol)/Multiwalled Carbon Nanotubes Coated Fiber for SPME of Methyl Tert-Butyl Ether in Environmental Water Samples[J]. Chromatographia, 2010, 72(9-10): 923-931.

[5] Zhang Z, Zhu L, Ma Y, et al. Preparation of Polypyrrole Composite Solid-phase Microextraction Fiber Coatings by Sol-gel Technique for the Trace Analysis of Polar Biological Volatile Organic Compounds[J]. Analyst, 2013, 138(4): 1156-1166.

[6] Shuai Q, Ding X X, Huang Y J, et al. Determination of Fatty Acids in Soil Samples by Gas Chromatography with Mass Spectrometry Coupled with Headspace Solid-phase Microextraction Using a Homemade Sol-gel Fiber[J]. Journal of Separation Science, 2014, 37(22): 3299-3305.

[7] Makahleh A, Saad B, Siang G, et al. Determination of Underivatized Long Chain Fatty Acids Using RP-HPLC with Capacitively Coupled Contactless Conductivity Detection[J]. Talanta, 2010, 81(1-2): 20-24.

[8] Pusvaskiene E, Januskevic B, Prichodko A, et al. Simultaneous Derivatization and Dispersive Liquid-Liquid Microextraction for Fatty Acid GC Determination in Water[J]. Chromatographia, 2009, 69(3-4): 271-276.

[9] Cha D, Liu M, Zeng Z, et al. Analysis of Fatty Acids in Lung Tissues Using Gas Chromatography-Mass Spectrometry Preceded by Derivatization-Solid-phase Microextraction with a Novel Fiber[J]. Analytica Chimica Acta, 2006, 572(1): 47-54.

7.4　母乳中典型氯代有机污染物分析技术与应用

有机氯农药（OCPs）和多氯联苯（PCBs）是斯德哥尔摩公约优先控制的持久性有机污染物（POPs）[1]。研究表明，OCPs 和 PCBs 具有很强的脂溶性和超长的半衰期，可通过食物链在人体脂肪内富集，并对其产生显著的致畸、致癌和致突变作用[1-4]，近期一些报道还指出 OCPs 等 POPs 会增加高血压和糖尿病等慢性病风险[5]。

已有的研究表明，母体脂肪内蓄积的 OCPs 和 PCBs 在哺乳期可随着脂肪溶解到母乳中，母乳中富含 3%~7%的脂肪[6-7]，是调查和监测富集在人体脂肪中 OCPs 等物质的良好介质。自 20 世纪 60 年代，全球的研究人员从未停止对人体内 OCPs 和 PCBs 残留水平的调查及相关研究，母乳中 OCPs 的研究主要集中在 OCPs 浓度的监测，以及母体 OCPs 蓄积水平和婴儿哺乳期 OCPs 暴露风险的评价。已有的大量研究表明，尽管全球范围人体内 OCPs 和 PCBs 浓度持续降低，但至今为止 OCPs 和 PCBs 及其代谢物仍然是人体内蓄积浓度最高、代谢速度极慢的 POPs。

因此，母乳中 OCPs 等典型含氯 POPs 分析技术及方法的研究一直备受关注。早在 1951 年 Laug 等[8]就报道了母乳中 DDTs 的分析技术及其浓度，并将单位脂肪（母乳）中 DDTs 的浓度用于评价和估算人体中 DDTs 等 OCPs 的蓄积或暴露水平，单位体积母乳中 OCPs 和 PCBs 含量评价婴儿的暴露水平或摄入量。至此，母乳中脂肪和目标物的提取或分离方法，成为研究评价人体中 OCPs 等污染物暴露水平的必要的和重要的分析技术或手段。母乳是一种水性基质，而脂肪和 OCPs 等化合物是脂溶性物质，故液液萃取（LLE）是最有效和应用最广泛的提取方法[2, 9-13]。研究者通常采用不同极性的有机溶剂或其混合溶液提取脂肪和目标物，然后通过质量法测定脂肪含量，气相色谱-电子捕获法（GC-ECD）或气相色谱-质谱（GC-MS）联用技术分析 OCPs 等有机污染物的浓度。

目前，国内外研究者报道了多种母乳中脂肪和 OCPs 等液液萃取（LLE）的提取方法，并将其应用于母乳中 OCPs 含量及其人体中 OCPs 等的暴露水平及婴儿在哺乳期摄入量的风险评估。但这些报道的方法往往只关注母乳中待测物的提取效率，而忽略了母乳中脂肪的提取效率，从而可能影响单位脂肪中目标物的浓度的准确性以及评价结果的可靠性。

本节重点对比了 4 种已报道的母乳中脂肪和 OCPs 等有机物的 LLE 萃取方法，通过比较各方法对脂肪提取效率、目标物提取效率和单位脂肪中目标物提取效率三个参数，评价方法的准确性和可靠性。在此研究基础上，选择北京为研究区域，以母乳为介质，调查当地居民人体中 OCPs 的残留水平，并与其他研究者前期的研究数据进行对比，分析典型氯代有机污染物的变化趋势。

7.4.1　研究区域与样品来源

OCPs 是迄今为止人类生产量最大、使用面积最广的合成有机类农药。由于 OCPs 特殊的环境毒性，自 1970 年后世界各国相继停止生产和使用，我国也自 1984 年停止生产和使用。尽管如此，食品和环境样品中仍然有 OCPs 的检出。研究证明，饮食和大气吸入是人体目前摄入 OCPs 或 PCBs 等脂溶性污染物的主要暴露途径[14]，特别是食用脂肪类食品，如肉、海鲜和奶制品等。因此，母乳中 OCPs 和 PCBs 等污染物的浓度一方面反映了人体的暴露水平，另一方面直接反映了一个地区食品和生存环境的安全性和质量，而食品和环境安全是我国正在推进的生态文明建设的重要工作。因此，开展地区性人体内有机污染物暴露水平的调查具有重要意义。

本研究选择北京为研究区域主要有以下原因。第一，近期国内外研究结果表明，北京人体内 OCPs浓度处于较高水平，新的调查结果和研究结论具有很强的示范意义和应用价值。北京是国际上有影响力

本节编写人：宋淑玲（国家地质实验测试中心）

的城市，该地区母乳中 OCPs 等有机污染物的浓度既反映了当地居民的暴露水平，也对评价我国居民整体的暴露水平具有重要参考价值。因此，北京地区母乳中 OCPs 等有机污染物的浓度一直备受研究者关注。例如，研究者分别在 2009 年[15]、2005 年[16]和 2011 年[2]调查和评价了北京地区母乳中 OCPs 的浓度、居民暴露水平及婴儿哺乳期 OCPs 摄入量，调查结果均表明北京地区母乳中 OCPs 浓度显著高于发达国家和其他发展中国家。第二，北京长期以来是我国的政治、文化和经济中心。由于这种特殊性，其辖区及周边地区基本没有新的污染源，粮食、蔬菜、水果和肉类食品基本是外地输入，居民的外环境暴露水平（饮食和呼吸等）差异性小，基本可忽略饮食结构对母乳中 OCPs 浓度影响的差异。第三，北京人口密度大，母乳喂养的安全性和科学性普遍受到认同，有利于选取或招募充足的志愿者、采集足够的样品，确保调查结果具有统计学意义，并且为该城市提供最新的人体中 OCPs 暴露水平参考数据，可进一步研究和分析当地居民人体中 OCPs 浓度的变化趋势。

7.4.2　实验部分

7.4.2.1　仪器设备

Shimadzu GC 2010 气相色谱仪，配有 AOC-20i 自动进样器和电子捕获检测器（ECD）；LABORATA4003 型旋转蒸发仪（德国 Heidolph 公司），可调节压力和温度；KL512/509J 型氮吹仪（中国康林公司），可调节水浴温度；SIGMA 3-15 型离心机（美国 Sigma 公司）；DHG-9075A 电热恒温干燥箱（上海恒科科技有限公司）。

7.4.2.2　标准物质和试剂

标准物质：8 种 OCPs 混合标准（α-HCH、β-HCH、γ-HCH、δ-HCH、p,p'-DDE、p,p'-DDD、o,p'-DDT、p,p'-DDT，50 μg/mL，溶剂为甲醇），六氯苯（HCB，101 μg/mL，溶剂为异辛烷）和 7 种 PCBs 混标（PCB28、PCB52、PCB101、PCB118、PCB138、PCB153、PCB180，2.0 μg/mL，溶剂为异辛烷）均购自中国计量科学研究院；替代物混合标准溶液为 EPA8080/8270 农药混合物（2.0 mg/mL，含有 2，4，5，6-四氯-间-二甲苯和二丁基氯菌酸酯），购自美国 Sigma 公司。

正己烷、甲醇、二氯甲烷、丙酮和三氯甲烷均为色谱纯，购自 J&K Barrier 和百灵威公司；乙醚、氨水、乙醇和无水硫酸钠（650℃下烘 4~6 h）均为分析纯，购自北京化学试剂厂；SPE 硅胶小柱（2.0 g，12 mL），购自美国 Supelco 公司。

7.4.2.3　样品采集

鲜奶（220 mL，三元公司生产）购自超市，脂肪含量为 3.5 g/100 mL。

样品：50 个母乳样品采自在北京居住 5 年以上、年龄 27~31 岁、初次分娩的当地居民。样品收集到 40 mL 玻璃瓶中后加盖（瓶盖垫有聚四氟乙烯层），密封保存在–20℃冰箱中。

7.4.2.4　样品前处理及净化

研究中选取和比较了 4 种母乳中脂肪和 OCPs 等脂溶性污染物的 LLE 方法，这些方法的显著差异是提取溶剂的极性不同[17]。将 4 种方法按照提取溶剂的极性由弱到强分别编号为方法 A、B、C 和 D，溶剂分别是正己烷[18]、正己烷-丙酮（体积比 2∶1）[19]、乙醇-乙醚-正己烷（体积比 2∶3∶4）[16]和甲醇-三氯甲烷（体积比 1∶1）[20]。

样品提取：取 10.0 或 5.0 mL（方法 D）鲜奶于 100 mL 分液漏斗中，然后向样品中加入 20 μL 的 16 种目标物的混合标准溶液（1.0 μg/mL，正己烷）和 20 μL 替代物混合标准溶液（1.0 μg/mL，正己烷）并在室温下平衡 4 h。随后，分别按照方法 A、B、C 和 D 中使用的溶剂提取鲜奶中的脂肪和目标待测物，提取液的上层有机相（方法 D 采用离心法使水相和有机相分离，有机相在下层）经无水硫酸钠干燥并旋转蒸发、浓缩到小体积。每个方法平行提取 5 个模拟样品，每个模拟样品提取两次。

恒重法计算脂肪质量或含量：将旋转蒸发至小体积的提取液无损转移至已恒重（M_1，精确至 0.0001 g）的称量瓶中。采用阴干或 40℃恒温箱烘干的方法恒重样品，并记录含有样品提取液的称量瓶质量 M_2（精确至 0.0001 g）。根据 M_1、M_2 和样品质量 $M_总$，依据公式（7.1）计算脂肪质量或脂肪含量。

$$脂肪含量 = \frac{M_2 - M_1}{M_总} \times 100\% \tag{7.1}$$

样品净化：恒重后的脂肪用正己烷转移、定容到 4.0 mL 小瓶中，然后取 2.0 mL 进行 SPE 柱（2.0 g，12 mL 硅胶柱）净化（预先依次用 10 mL 洗脱液和 10 mL 正己烷活化柱子），用 20 mL 二氯甲烷-正己烷（体积比 1∶4）进行洗脱。洗脱液旋转浓缩、氮吹到小体积后，用正己烷定容至 1.0 mL，待 GC-ECD 分析。

7.4.2.5　仪器检测方法

通过色谱柱及其他色谱条件的选择和优化，实验选择了 DM-5ms 色谱柱作为分析柱。最后确定的样品分析的色谱条件见表 7.9。采用表 7.9 中的分析条件时，18 种目标物都达到基线分离（图 7.7）。样品分析时先建立待测物浓度与峰面积的一阶线性方程，并绘制校准工作曲线，要求方程的相关系数（R^2）>0.95。

表 7.9　目标物色谱分析条件

色谱参数	具体分析条件
载气	氮气，纯度 99.999%
压力	恒压，62.05 kPa
进样口温度	恒温 250℃
进样方式及体积	不分流进样，1.5 min 后打开分流阀；1.0 μL
检测器温度	305℃，尾吹 30 mL/min
色谱柱	DM-5ms：50 m×0.25 mm×0.25 μm
程序升温条件	120℃（保持 1.0 min），8℃/min 升温至 180℃，5℃/min 升温至 265℃，20℃/min 升温至 300℃（保持 5 min）

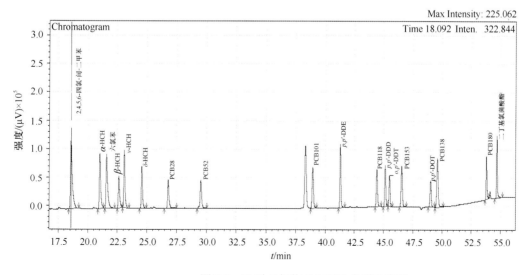

图 7.7　18 种目标物 GC-ECD 色谱分离图

7.4.2.6 质量控制

质量控制是分析测试技术中的重要环节，只有严格的质量控制才能确保实验结果的准确性和可靠性。为比较方法 A、B、C 和 D 对母乳中目标物及脂肪的提取效率，直接的测试结果是目标物的浓度或脂肪含量。但除提取方法会影响这两个实验结果外，实验中所用的试剂、SPE 净化过程和旋转浓缩过程也会影响这两个实验结果。因此，分别比较和考察了试剂空白、SPE 柱净化和旋转蒸发步骤对实验结果的影响。

为确保所有鲜奶样品或试剂中目标物均在检出限以下，分别以方法 A、B、C 和 D 的提取试剂和鲜奶为样品，按照实际样品的提取流程开展试剂和鲜奶样品的流程空白实验。实验结果表明用 4 种溶剂提取鲜奶后，其中目标物均在检出限以下（图 7.8），即低于 0.20 ng/mL。

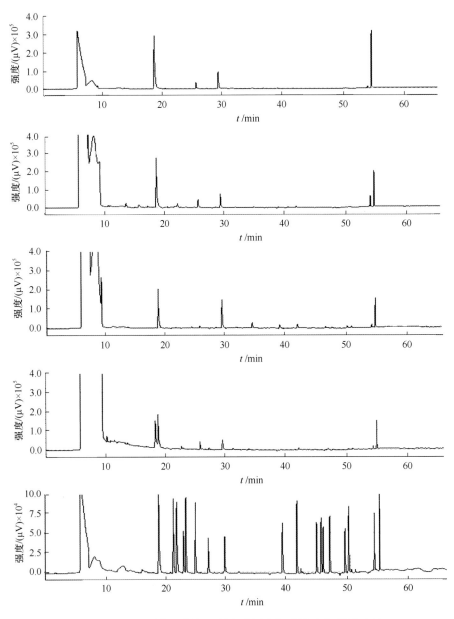

图 7.8　不同方法提取鲜奶后的色谱图和标准溶液色谱图对照
自上而下分别是方法 A、B、C、D 鲜奶空白和标准溶液的色谱图。

考察样品柱净化过程对目标物回收率的影响的结果表明，在净化过程中除二丁基氯菌酸酯外，其他化合物都有满意的回收率（R）和相对标准偏差（RSD）。10 个平行样中，二丁基氯菌酸酯的平均回收率为 77.7%，其他化合物的回收率大于 82.8%，RSD 范围为 3.27%~17.3%。二丁基氯菌酸酯的低回收率可能是由于该化合物有较强的水溶性，并能和 SPE 柱的吸附剂硅胶上的羟基形成氢键作用后有强吸附现象。

在方法 A、B、C 和 D 提取溶剂中加入目标物（每个方法 10 个平行样品），然后在相同条件下旋转蒸发含有目标物的溶液，浓缩、氮吹到小体积后，用正己烷定容到 1.0 mL 进行 GC-ECD 分析，并计算和比较旋转蒸发过程对目标物回收率的影响。结果表明，旋转蒸发过程中溶剂对目标物的回收率没有显著的影响，例如方法 A、B、C 和 D 获得的目标物回收率范围分别为 86.4%~99.8%、78.4%~101.3%、77.6%~99.4%和 87.3%~112%，RSD 为 4.65%~23.3%。实验结果同时证明，旋转蒸发浓缩时水浴温度不宜大于 40℃，否则会造成易挥发、低沸点和低质量数组分 2，4，5，6-四氯-间-二甲苯、α-HCH 和六氯苯的损失。

7.4.3　结果与讨论

7.4.3.1　脂肪提取效率的比较

测试 4 种方法对鲜奶中脂肪的提取回收率和精密度（n=5）[17]，比较 4 种方法对脂肪的提取效率。鲜奶包装上标示的脂肪含量为 6.0 g/100 mL。实验获得的 4 种方法对脂肪提取回收率平均值（R）及 RSD 的对比如图 7.9 所示。实验结果表明提取溶剂的极性与脂肪的提取回收率有相关性。方法 A、B、C 和 D 提取溶剂的极性强度顺序为 A<B<C<D，而方法 C 对脂肪的提取回收率最高（96.5%），方法 A 和 D 对脂肪的提取回收率最低，分别是 21.3%和 53.0%。对于方法 D 对脂肪较低的提取回收率，本研究认为其原因是强极性溶剂甲醇加大了有机相和水相的分离难度，并使除水难度加大，从而使组分在有机相的分配量降低。因此，方法 D 的报道者在原文献[20]中采用离心法促进相分离，并减弱乳化现象。

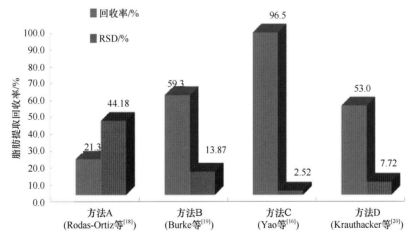

图 7.9　不同 LLE 提取方法对鲜奶中脂肪的提取回收率

各种方法对脂肪回收率的 RSD 值表明，方法 A（44.3%）>方法 B（13.87%）>方法 D（7.72%）>方法 C（2.52%）。方法 A 的高 RSD 值可能归咎于对脂肪的低提取效率和 5 次脂肪含量测量值间较大的波动性。而方法 B 中由于使用了丙酮作提取溶剂，提取液的乳化现象严重，所以导致 RSD 值偏高，这一结论与 Burke 等[19]的研究结论一致。

7.4.3.2　目标物提取效率的比较

以鲜奶样品为实验对象，采用标准溶液添加的方法进行了方法 A、B、C 和 D 对母乳样品中目标物提取效率的实验（n=5），结果见表 7.10。鲜奶（或母乳样品）是黏稠、质地均匀的水溶性样品，方法 A 使用的是非极性溶剂正己烷。正己烷对脂溶性的目标物 OCPs 和 PCBs 有很好的溶解性，但与鲜奶的互溶性或渗透性最差，无法充分地接触到鲜奶中的目标物，所以对目标物的提取回收率最低。实验中采取剧烈振摇分液漏斗的方法也无法使正己烷与样品混合均匀，故无法提高脂肪的提取回收率。

表 7.10   不同 LLE 提取方法得到的目标物的回收率和相对标准偏差

化合物	回收率（相对标准偏差）/%			
	方法 A	方法 B	方法 C	方法 D
2，4，5，6-四氯-间-二甲苯	26.6 (25.1)	73.7 (16.2)	77.4 (5.28)	81.3 (23.9)
α-HCH	29.3 (22.3)	70.0 (12.4)	74.1 (10.3)	98.3 (22.4)
六氯苯	45.7 (26.3)	106 (14.5)	85.8 (12.2)	103 (23.5)
β-HCH	29.9 (31.6)	77.4 (17.1)	73.6 (10.3)	87.1 (22.7)
γ-HCH	32.9 (22.9)	91.3 (18.7)	71.5 (4.67)	89.3 (20.0)
δ-HCH	20.4 (30.0)	85.7 (33.7)	77.6 (10.2)	97.6 (18.6)
PCB28	32.5 (32.1)	71.2 (19.1)	80.2 (11.8)	103 (19.9)
PCB52	41.5 (34.1)	78.9 (15.1)	91.4 (15.8)	91.7 (25.7)
PCB101	38.4 (50.4)	117 (5.58)	84.1 (18.4)	98.7 (25.1)
PCB118	19.4 (39.9)	77.3 (4.66)	79.5 (5.22)	78.3 (16.7)
o，p′-DDE	33.2 (46.7)	80.5 (15.1)	72.7 (20.7)	112 (6.15)
p，p′-DDD	33.5 (36.9)	88.0 (17.9)	87.1 (22.6)	95.9 (23.0)
PCB138	33.8 (32.8)	79.4 (16.5)	82.6 (18.7)	89.1 (24.5)
PCB153	32.3 (36.4)	77.9 (23.9)	86.0 (18.9)	98.4 (59.5)
o，p′-DDD	45.5 (24.9)	83.6 (20.9)	90.6 (19.4)	93.0 (19.8)
p，p′-DDT	33.3 (23.4)	82.1 (34.4)	77.0 (14.0)	101 (23.5)
PCB180	24.8 (38.4)	79.1 (10.3)	73.4 (9.11)	78.6 (10.8)
二丁基氯菌酸酯	16.1 (18.4)	76.6 (27.4)	82.7 (11.7)	89.8 (17.5)

与方法 A 相比，方法 B、C、D 均使用极性溶剂（如丙酮、乙醚、乙醇和甲醇等），显著提高了提取溶剂与样品的渗透性和混溶性，从而提高了目标物的回收率，改善方法的精密度和准确度。值得一提的是，方法 D 使用甲醇和三氯甲烷混合液作提取溶剂，甲醇极好地改善了与鲜奶的渗透性和混溶性，而三氯甲烷对含氯有机污染物有良好的溶解性。因此，方法 D 中目标物的回收率最高。

除了提取溶剂对目标物提取效率或回收率的影响外，目标物的结构理化特性也影响其回收率。例如，共平面多氯联苯 PCB118（2，3′，4，4′，5-五氯联苯）在方法 A、B、C 和 D 中的回收率没有显著差别，比较稳定。相比之下，其他 PCBs 的回收率随着提取溶剂极性的增加而增加，方法 D 获得最高的提取回收率。与 PCBs 情况相反，OCPs 的提取回收率随着提取溶剂用量的增加总体上呈现波动性变化。

7.4.3.3   脂肪中目标物浓度的比较

当前，研究者通常以单位脂肪中 PCBs 或 OCPs 的浓度评价或估算人体中这两类污染物的暴露水平。所以，单位脂肪中目标物浓度的准确性直接影响了评价结果的可靠性和真实性。本研究依据 7.4.3.1 和 7.4.3.2 中得到的脂肪质量和目标物的回收率，计算了 4 种方法获得的单位脂肪中目标物的浓度（ng/g fat），并评价方法 A、B、C 和 D 用于提取母乳中含氯有机污染物含量的准确性，以及评价人体中含氯有机污染物暴露水平的有效性[17]。

根据鲜奶中脂肪含量和添加的目标物的浓度，鲜奶样品中单位脂肪中目标物的理论浓度为 38.5 ng/g fat。而方法 A、B、C 和 D 分别提取的鲜奶样品中单位脂肪中目标物浓度的计算结果由低到高依次为：方法 C<理论浓度 38.5 ng/g fat<方法 B<方法 D<方法 A。根据 7.4.3.1 和 7.4.3.2 的实验结果不难看出，方法 A、

B 和 D 得到的单位脂肪中目标物的浓度远大于其理论浓度，主要原因是三种方法对脂肪的提取效率偏低，特别是方法 A。与其他方法相比，方法 C 的结果偏低是由于目标物的回收率较低。尽管方法 C 获得的单位脂肪中目标物的浓度比理论值低，但所有结果的分散度很小，所有数据的中位值（31.3 ng/g fat）也最接近理论值（图 7.10）。表 7.10 列举了不同提取方法获得目标物的回收率和相对标准偏差（RSD），结果表明方法 C 中目标物的回收率（71.5%~91.4%）和 RSD 值（4.67%~22.6%）波动范围比其他方法小。因此，方法 C 与其他方法相比是最佳的提取方法，也是母乳中 OCPs 残留浓度或人体 OCPs 暴露水平比较准确的评价方法或手段。

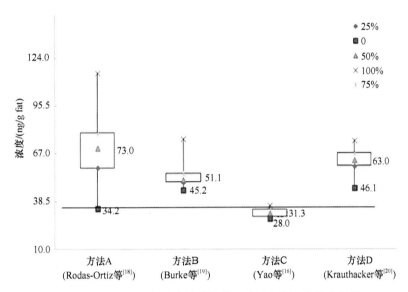

图 7.10　不同 LLE 提取方法单位脂肪中目标物浓度的分布图

图中每种方法所有化合物的平均值、平均值的 25% 和平均值的 75% 绘制出一个长方形，并标示出了最低值和最高值。直线表示理论值 38.5 ng/g。

7.4.4　方法应用

根据研究结果，采用方法 C 调查和分析了 50 个北京地区母乳中 OCPs 的含量，初步评价了 2009—2011 年北京地区人体内 OCPs 暴露水平和蓄积浓度[21-22]，并将该结果与 2010 年其他研究者的数据及其他地区分析结果进行比较。样品分析中执行严格的质量控制程序，50 个样品分成 5 批处理，每批样品 8~12 个样品。每批样品以鲜奶为基质增做空白和空白加标样品（所有目标物添加浓度为 2.0 ng/mL），除轻质组分六氯苯和 2，4，5，6-四氯-间二甲苯外，所有目标物的回收率介于 70%~120%。

50 个母乳样品中 OCPs 分析结果表明，六氯苯[22]、α-HCH、β-HCH、γ-HCH、p，p'-DDE、p，p'-DDD 和 p，p'-DDT 的检出率分别是 100%、20%、100%、10%、100%、10% 和 22%[21]。样品中六氯苯[22]、α-HCH、β-HCH、γ-HCH、p，p'-DDE、p，p'-DDD 和 p，p'-DDT[21] 平均残留浓度分别为 55.0 μg/kg fat、6.57 μg/kg fat、174.6 μg/kg fat、7.67 μg/kg fat、333.8 μg/kg fat、4.18 μg/g fat 和 11.4 μg/kg fat。

7.4.4.1　北京地区母乳中六氯苯的浓度及变化趋势

研究者普遍认为人体摄入 OCPs 主要是通过食用污染性食品或呼吸污染性空气。因此，年龄和分娩次数是影响人体中六氯苯等 OCPs 浓度的主要因素。表 7.11 列出了所有志愿者的年龄和相关信息。研究发现，尽管所有的志愿者年龄差异较小，但其体内六氯苯的蓄积浓度差异较大，浓度范围为 10.9~160.5 μg/kg fat[22]。造成这种结果的原因目前还无法确定，但研究者推测可能与志愿者婴儿时期暴露和生活环境有关，例如饮食习惯和六氯苯的多种环境暴露源。50 个样品中六氯苯的平均浓度为 55.0 μg/kg fat，该蓄积水平明显高于我国 2011 年全国人体内六氯苯平均蓄积水平（33.1 μg/kg fat）[2]以及其他亚洲国家和发达国家人体内六氯苯蓄积浓度的报道值[21]。此外，北京母乳中六氯苯的平均浓度也在逐年下降。例如，2002 年调查数据表明北京地区母乳中六氯苯浓度为 20 μg/kg，本研究的调查结果是 1.76 μg/kg。

表 7.11　所有志愿者的基本信息

样品采集周期	2009—2011 年的水平	样品采集周期	2009—2011 年的水平
样品数（n）	50	哺乳期/天	20~180
分娩次数	1	母乳脂肪含量平均值/%	3.20
志愿者平均年龄	30（27~33）	婴儿性别	24 男孩，26 女孩
志愿者平均体重/kg	56.6[b]	采样时婴儿平均体重/kg	6.20[c]
志愿者平均身高	160	婴儿出生时平均身高/cm	50.8
志愿者身体质量指数（BMI[a]）/（kg/m^2）	19~27，两个志愿者 BMI 超过 24		

注：a 表示 BMI 是身体质量指数，等于体重除以身高的平方；b 表示孕前体重；c 表示采样期间志愿者体重。

7.4.4.2　北京地区母乳中 HCHs 及 DDTs 的浓度及变化趋势

与 2005 年北京母乳中 OCPs 调查数据[16]比较发现，北京地区人体中 OCPs 种类和浓度有显著变化。首先，HCHs 总浓度没有下降，反而从 169 μg/kg fat 增加到 188.9 ng/g fat。其次，各异构体的检出率及浓度发生了明显变化：① α-HCH 和 γ-HCH 的平均浓度分别从 63.9 μg/kg fat 降到 6.57 μg/kg fat 和 55.6μg/kg fat 降到 7.76 μg/kg fat；② β-HCH 代替 α-HCH 成为人体中蓄积的 HCHs 主要异构体，平均浓度达到 174.6 μg/kg fat。分析其可能原因，一方面 β-HCH 在人体的代谢时间最长，另一方面其他异构体如 α-HCH 持续地转化为更加稳定的 β-HCH，且 β-HCH 通过食物链不断地从环境中输送到人体中。

实验结果表明，北京地区人体中 DDTs 的总蓄积浓度明显下降，从 2005 年的 719.1 μg/kg fat 迅速降低至 349.4 μg/kg fat。母体和农药有效成分 p, p'-DDT 的浓度从 83.5 μg/kg fat 下降至 11.4 μg/kg fat。p, p'-DDT 的二级代谢产物 p, p'-DDE 取代母体 p, p'-DDT 成为主要的残留物，检出率为 100%，平均检出浓度为 333.8 μg/kg fat，占 DDTs 总量的 96%。与 Yao 等[16]的研究结果相比，DDEs 与 DDTs 的浓度比值（DDEs/DDTs）从 5 增加到 32，该结果表示志愿者（或当地居民）目前没有接触新的 DDTs 污染源，p, p'-DDE 的高蓄积浓度主要来自于环境中污染物的摄入。

综上所述，北京地区人体中 OCPs 浓度将随着时间逐渐降低，但暴露水平远高于发达国家和其他亚洲国家。六氯苯、β-HCH 和 p, p'-DDE 在相当长时间内，仍然是当地居民体内蓄积的 OCPs 类主要污染物，其中 β-HCH 和 p, p'-DDE 污染主要来源于环境中污染物的直接暴露，而非 HCHs 或 DDTs 新污染源的输入。

7.4.5　结论与展望

全球的研究者自 1951 年就开始以母乳脂肪中含氯有机污染物浓度为指标，评价不同地区、不同国家或不同年龄人群体内含氯有机污染物的蓄积浓度和暴露水平。但长期以来，研究者往往只关注样品提取方法对目标物的提取效率，忽视了提取方法对脂肪的提取效率，以及单位脂肪中目标物浓度的准确性和精密度。为了确保以单位脂肪中含氯有机污染物评价人体含氯有机污染物评价数据的可靠性和真实性，本研究比较了 4 种已报道的母乳中脂肪和含氯污染物的液液提取方法，选取最佳的分析技术方法对北京地区母乳中 OCPs 浓度进行了调查、监测，并对该地区母乳中 OCPs 蓄积浓度和人体暴露水平进行了评价。研究表明，以正己烷-丙酮（体积比 2：1）、乙醇-乙醚-正己烷（体积比 2：3：4）和甲醇-三氯甲烷作为提取溶剂对待测物的提取效率基本满足要求，普遍高于 70%；不同提取方法对脂肪的提取效率差异显著，通常情况下提取溶剂极性越小，脂肪提取效率越低。例如使用单一的非极性溶剂正己烷为提取溶剂，脂肪提取效率只有 44.18%；采用极性溶剂和非极性溶剂混合提取法对目标物和脂肪均有良好的提取效率、满意的准确度和精密度，单位脂肪中所有目标物的浓度最接近理论值，且离散度最小。

研究表明，北京地区母乳及人体中 OCPs 浓度正在逐渐降低，但暴露水平远高于发达国家和其他亚洲国家。六氯苯、β-HCH 和 p,p'-DDE 在相当长时间内，仍然是当地居民体内蓄积的 OCPs 类主要污染物。因此，应该继续关注该地区母乳中 OCPs 浓度及其变化趋势，开展母乳喂养婴幼儿 OCPs 每日摄入量风险评价以及 OCPs 污染源调查。

致谢：感谢国家自然科学基金项目（41473008）对本工作的资助。

参 考 文 献

[1] Wang H S, Chen Z J, Wei W, et al. Concentrations of Organochlorine Pesticides (OCPs) in Human Blood Plasma from Hong Kong: Markers of Exposure and Sources from Fish[J]. Environment International, 2013, 54: 18-25.

[2] Zhou P P, Wu Y N, Yin S, et al. National Survey of the Levels of Persistent Organochlorine Pesticides in the Breast Milk of Mothers in China[J]. Environmental Pollution, 2011, 159: 524-531.

[3] Dietz R, Rigét F F, Sonne C, et al. Three Decades (1983—2010) of Contaminant Trends in East Greenland Polar Bears (Ursus Maritimus). Part 1: Legacy Organochlorine Contaminants[J]. Environment International, 2013, 59: 485-493.

[4] Bechshøft T Ø, Sonne C, Dietz R, et al. Associations between Complex OHC Mixtures and Thyroid and Cortisol Hormone Levels in East Greenland Polar Bears[J]. Environment Research, 2012, 116: 26-35.

[5] Jandacek R J, Heubi J E, Buckley D, et al. Reduction of the Body Burden of PCBs and DDE by Dietary Intervention in a Randomized Trial[J]. Journal of Nutritional Biochemistry, 2014, 25(4): 483-488.

[6] Polder A, Skaare J U, Skjerve E, et al. Levels of Chlorinated Pesticides and Polychlorinated Biphenyls in Norwegian Breast Milk (2002—2006), and Factors that May Predict the Level of Contamination[J]. Science of Total Environment, 2009, 407: 4584-4590.

[7] Mikeš O, Čupr P, Kohút L, et al. Fifteen Years of Monitoring of POPs in the Breast Milk, Czech Republic, 1994—2009: Trends and Factors[J]. Environmental Science of Pollutant Research, 2012, 19: 1936-1943.

[8] Laug E P, Kunze F M, Prickett C S. Occurrence of DDT in Human Fast and Milk[J]. Archives of Industrail Hygiene and Occupational Medicine, 1951, 3: 245-246.

[9] Çok I, Dönmez M K, Uner M, et al. Polychlorinated Dibenzo-p-Dioxins, Dibenzofurans and Polychlorinated Biphenyls Levels in Human Breast Milk from Different Regions of Turkey[J]. Chemosphere, 2009, 76: 1563-1571.

[10] Krauthacker B, Votava-Raić A, Herceg-Romanić S, et al. Persistent Organochlorine Compounds in Human Milk Collected in Croatia over Two Decades[J]. Archives of Environment Contaminant Toxicology, 2009, 57: 616-622.

[11] Snježana Z, Blanka K. Analysis of Polychlorinated Biphenyl Congeners in Human Milk Collected in Zagreb, Croatia[J]. Fresenius Environmental Bullentin, 2004, 13: 346-352.

[12] Wong C K C, Leung K M, Poon B T, et al. Organochlorine Hydrocarbons in Human Breast Milk Collected in Hong Kong and Guangzhou[J]. Archives of Environmental Contaminant Toxicology, 2002, 43: 364-372.

[13] Krauthacker B, Kralj M, Tkalcevic B, et al. Levels of β-HCH, p,p'-DDE, p,p'-DDT and PCBs in Human Milk from a Continental Town in Croatia, Yugoslavia[J]. International Archives of Occupational and Environmental Health, 1986, 58: 69-74.

[14] Zhang H, Lu Y L, Dawson R W, et al. Classification and Ordination of DDT and HCH in Soil Samples from Guangting Reservoir, China[J]. Chemosphere, 2005, 60(6): 762-769.

[15] Yu Y X, Tao S, Liu W X, et al. Dietary Intake and Human Milk Residues of Hexachlorocyclohexane Isomers in Two Chinese Cities[J]. Environmental Science and Technology, 2009, 43: 4830-4835.

[16] Yao Z W, Zhang Y R, Jiang G B. Residues of Organochlorine Compounds in Human Breast Milk Collected from Beijing, People's Republic of China[J]. Bulletin of Environmental Contamination and Toxicology, 2005, 74: 155-161.

[17] Pan M, Ma X D, Song S L, et al. Evaluation of Liquid-Liquid Extraction Methods for Determining the Levels of Lipids and Organochlorine Pollutants in Human Milk[J]. Analytical Letters, 2014, 47: 2173-2182.

[18] Rodas-Ortíz J P, Ceja-Moreno V, Gonzaíez-Navarrete R L, et al. Organochlorine Pesticides and Polychlorinated Biphenyls Levels in Human Milk from Chelem, Yucatán, México[J]. Bulletin of Environmental Contamination and Toxicology, 2008, 80: 255-259.

[19] Burke E R, Holden A J, Shaw I C. A Method to Determine Residue Levels of Persistent Organochlorine Pesticides in Human Milk from Indonesia Women[J]. Chemosphere, 2003, 50: 529-535.

[20] Krauthacker B, Votava-Raić A, Herceg-Romanić S, et al. Persistent Organochlorine Compounds in Human Milk Collected in

Croatia over Two Decades[J]. Archives of Environmental Contamination and Toxicology, 2009, 57: 616-622.

[21] Song S L, Ma X D, Tong L, et al. Residue Levels of Hexachlorocyclohexane and Dichlorodiphenyltrichloroethane in Human Milk Collected from Beijing[J]. Environmental Monitoring and Assessessment, 2013, 185: 7225-7229.

[22] Song S L, Ma J, Tian Q, et al. Hexachlorobenzene in Human Milk Collected from Beijing, China[J]. Chemosphere, 2013, 91: 145-149.

7.5　长江三角洲典型区域多环境介质中多环芳烃污染特征、风险评价及来源研究

多环芳烃（PAHs）作为一类环境中广泛存在的持久、难降解有机污染物，具有较高毒性及致癌、致畸、致突变作用[1]，其在环境中分布及迁移、转化等行为已引起研究者的广泛关注[2-3]。目前有 16 种 PAHs 在美国环境保护总署（EPA）优先控制污染物的名单上，其中 7 种包含在我国优先控制污染物黑名单中[4]。

长江三角洲位于长江和沿海结合部，以沪宁杭为中心，包括江苏沿江地区和浙江杭嘉湖地区以及宁波、绍兴和舟山，占地面积约 $9.92 \times 10^4 \ km^2$。改革开放以来，长三角地区的经济得到前所未有的快速发展，但同时也给该区的环境带来前所未有的压力。土壤是 PAHs 在环境中的储存库和中转站，作为 PAHs 迁移和转化的源和汇，土壤已经成为环境介质中 PAHs 环境地球化学研究的热点之一[5-6]。环境中的 PAHs 具有半挥发性和脂溶性，可通过大气沉降或根系吸收等途径进入植物并在生物体内蓄积，进而可通过食物链的传递和放大对人类健康构成潜在威胁[7-8]，对农产品和人体健康的影响已开始显现。

目前，长江三角洲地区环境介质中 PAHs 污染状况不容乐观，区域环境承载力及农产品的质量和安全都受到威胁。本节针对研究区域内的产业化结构特征及经济发展状况，根据不同功能区在长江三角洲地区选取了几个典型的研究区域对土壤样品和稻谷等植物品进行采集，测定其中 PAHs 的含量，研究其污染特征，并对潜在的生态风险进行评价，拟为控制和削减该地区 PAHs 污染排放、提高农产品质量提供理论依据。

7.5.1　实验部分

7.5.1.1　仪器设备

Agilent1100 高效液相色谱仪，荧光检测器（FLD）；植物样品粉碎机（粉碎仓为不锈钢材质，南京威利朗食品机械有限公司）；KQ-500DE 数控超声波清洗器（昆山超声仪器有限公司）；RE-52AA 旋转蒸发仪（上海亚荣生化仪器公司）；氮吹仪（天津恒奥科技有限公司）；WH-3 漩涡振荡仪（上海沪西分析仪器厂有限公司）；Welchrom 固相萃取小柱（硅胶填料，1 g，6 mL）。

7.5.1.2　标准物质和试剂

EPA610 PAHs 混合标准样品（美国 Supelco 公司），浓度为：萘（Nap）、苊（Ace）1000 µg/mL，芴（Flu）、荧蒽（FluA）、苯并（b）荧蒽（BbF）、二苯并（a，h）蒽（DahA）、苯并（g，h，i）苝（BghiP）200 µg/mL，菲（Phe）、蒽（Ant）、芘（Pyr）、苯并（a）蒽（BaA）、䓛（Chry）、苯并（k）荧蒽（BkF）、苯并（a）芘（BaP）、茚并（1，2，3-cd）芘（IP）100 µg/mL；替代物：1-氟萘（1-FN，上海安普公司），浓度为 2000 µg/mL。

无水硫酸钠（分析纯）：于 450℃ 高温灼烧 6 h，冷却后置于干燥器中备用；石英砂：于 450℃ 高温灼烧后过 60 目金属筛，去除粉末备用；正己烷、丙酮、二氯甲烷等试剂均为农残级，乙腈为色谱纯。

本节编写人：沈小明（中国地质调查局南京地质调查中心）；吕爱娟（中国地质调查局南京地质调查中心）；时磊（中国地质调查局南京地质调查中心）；沈加林（中国地质调查局南京地质调查中心）；胡璟珂（中国地质调查局南京地质调查中心）；蔡小虎（中国地质调查局南京地质调查中心）

7.5.1.3 样品采集和保存

1）植物样品

于研究区域内的不同城市选取 12 个采样点位，其分布见表 7.12。在每个采样点按梅花形采样法采样，将多点采集的处于枯熟期的稻谷样品混合均匀，四分法取约 500 g 装于棕色玻璃瓶中密封保存。采集的样品运回实验室后于–20℃冷冻保存，待前处理。

2）土壤样品

于江苏省启东市滨江化工园周边，上海市崇明岛农业区，上海市金山区石化工业园周边，环太湖江苏省苏州市吴江区震泽、盛泽等镇的工农业区，江苏省南京市江心洲、六合区农业区，江苏省扬州市江都区油田附近农业区等对土壤样品进行采集，采样点信息见表 7.12。根据样点的实际情况，采用蛇形布点法和随机取样混合法采集表层（0~20 cm）土壤，每个样点采集土壤混合均匀后，使用四分法收集足量样品装入棕色玻璃瓶中密封保存，并使用 GPS 定位。样品运回实验室后冷冻保存。

表 7.12　植物和土壤样品采集点信息

样品编号	植物样品采样点		描述	样品编号	土壤样品采样点		描述
	纬度	经度			纬度	经度	
S1	32°36′57.2″N	119°31′27.3″E	南京六合	S13	30°42′04.2″N	121°19′55.2″E	上海金山石化园区
S2	31°57′51.6″N	119°42′07.6″E	丹阳窦庄	S14	31°34′10.2″N	121°38′13.0″E	崇明岛农业区
S3	31°27′56.9″N	120°04′02.1″E	宜兴芳桥	S15	31°48′19.6″N	121°30′39.7″E	启东工业园
S4	31°34′37.7″N	119°51′30.7″E	常州滆湖	S16	30°53′26.2″N	120°38′24.2″E	吴江震泽
S5	31°27′40.7″N	120°04′15.4″E	常州雪堰	S17	30°58′37.0″N	120°36′58.1″E	吴江平望
S6	30°58′26.2″N	120°25′22.9″E	吴江七都	S18	31°25′08.2″N	119°56′51.5″E	宜兴芳桥
S7	30°54′51.3″N	120°29′22.9″E	吴江震泽	S19	32°13′14.0″N	118°49′02.2″E	南京八卦洲
S8	30°56′01.4″N	120°26′24.7″E	吴江八都	S20	32°36′35.8″N	119°28′19.5″E	南京江心洲
S9	30°56′25.8″N	120°40′05.8″E	吴江盛泽	S21	32°02′26.2″N	118°48′26.9″E	南京六合农业区
S10	30°58′37.0″N	120°36′58.1″E	吴江平望	S22	32°36′03.1″N	119°34′25.1″E	扬州市油田附近
S11	31°02′19.6″N	120°31′55.7″E	吴江横扇				
S12	31°01′40.0″N	120°33′54.3″E	吴江松陵				

7.5.1.4 样品前处理及净化

1）植物样品

在前处理之前将冷冻的稻谷样品从冰箱中取出，恢复至室温后用植物样品粉碎机粉碎，过 60 目金属筛。准确称取 10.00 g 经研磨的稻谷样品于 100 mL 磨口三角瓶中，加入正己烷-丙酮（体积比 1∶1）提取溶剂 40 mL，同时加入适量的 1-FN 替代物。于 25℃水浴中超声提取 25 min，重复三次。将提取液合并，过装有无水硫酸钠和脱脂棉的玻璃漏斗。脱水后的提取液经旋转蒸发并用正己烷进行溶剂替换，最终浓缩至 1~2 mL。

浓缩后的提取液经硅胶固相萃取小柱净化：先后用 5 mL 正己烷-二氯甲烷（体积比 1∶1）和 5 mL 正己烷活化柱床，再将提取液加入柱内，并用少量正己烷润洗容器，用 10 mL 正己烷-二氯甲烷（体积比 1∶1）进行洗脱，收集洗脱液，整个固相萃取过程中确保柱床湿润不暴露在空气中。将净化后的提取液经氮吹浓缩并用乙腈定容至 1 mL，上机检测。

2）土壤样品

准确称取 10.00 g 土壤样品与一定量的硅藻土（作为分散剂）混合均匀后，转入 34 mL 萃取池中，同时迅速加入适量 1-FN 替代物。萃取池底部预先加入 2 g 硅胶，萃取池的空隙用灼烧过的石英砂填满。以二氯甲烷作为溶剂进行加速溶剂萃取，萃取条件为：萃取池温度 100℃，压力 10.34 MPa，加热 5 min，静态提取 7 min，60%池体积冲洗，循环两次。提取结束后溶剂经无水硫酸钠干燥后，转移到圆底烧瓶中待浓缩。

将收集的提取溶液过无水硫酸钠后旋转蒸发，并用正己烷作为替换溶剂浓缩至 1~2 mL，用 SPE 柱净化。SPE 柱先用 10 mL 正己烷淋洗后，将浓缩的提取液转入，用 15 mL 正己烷-二氯甲烷（体积比 1∶1）淋洗液淋洗，淋洗过程中确保层析柱填料顶端保持湿润。收集洗脱液，氮吹浓缩，PAHs 用乙腈定容，待高效液相色谱（HPLC）分析。

7.5.1.5　仪器测定条件

色谱条件：Supelcosil™ LC-PAH 专用色谱柱（15 cm×4.6 mm，0.5 μm）；柱温 20℃；进样体积 15 μL；流速 0.8 mL/min；流动相为乙腈-水，梯度洗脱程序和荧光检测波长程序参见文献[9]。保留时间定性，外标法定量。由于苊烯没有荧光响应，本节不作讨论。

7.5.1.6　质量控制

实验所用的玻璃器具均在铬酸洗液中浸泡过夜，依次用自来水、蒸馏水冲洗，于马弗炉中 400℃灼烧后使用。实验过程中每 10 个样品为一批次，每批次样品增加一个溶剂空白、全流程方法空白、基质加标样、样品平行样。用于定量分析的工作曲线线性良好，相关系数均大于 0.998。样品测试过程中用标准物质对工作曲线进行校正，确保相对偏差小于 15%。溶剂空白和全流程方法空白表明实验所用溶剂和实验过程中不存在目标化合物的干扰。基质加标回收率范围为 72.5%~107.9%。相对标准偏差小于 11.6%。用于监控整个分析流程的替代物 1-FN 的回收率在 82.6%~98.4%。实验结果未经回收率校正。

7.5.2　结果与讨论

7.5.2.1　稻谷中 PAHs 总量浓度水平及分布特征

研究地区稻谷中 PAHs 各组分的浓度水平列于表 7.13。15 种 PAHs 的总体浓度水平介于 124.85~344.38 ng/g，平均值为 200.80 ng/g。从表中分析数据可以看出，PAHs 总浓度较低的点为 S8、S1、S6 和 S4，其中 S8、S6 和 S4 分别位于苏州吴江的八都镇、七都镇和常州的雪堰镇，这三点皆距太湖较近，S1 位于南京六合区，这些采样点周围主要以农业区为主，PAHs 人为输入源较少；PAHs 总浓度较高的点为 S10、S9 和 S7，其中 S10 位于吴江的平望镇，离该采样点 500 m 左右有一垃圾焚烧发电厂，燃烧产生的 PAHs 通过大气降尘等途径进入稻谷可能是导致该点 PAHs 浓度最高的原因，S9 和 S7 处于吴江工业和商业比较集中的盛泽镇和震泽镇，频繁的人类活动直接导致稻谷中 PAHs 不断累积。由于南京、宜兴、常州采样点相对较少，因此本节不针对不同城市间 PAHs 的分布特征进行比较研究，但是就苏州吴江的几个采样点而言，工业化程度和人类活动较多地区稻谷中的 PAHs 含量明显高于其他区域，显示 PAHs 的地域性差异与其周围环境及输入源有很大关系[10]。

与其他报道相比，本研究稻谷中的 PAHs 浓度水平要普遍高于天津市东丽区（乳熟期 105±56 ng/g，枯熟期 38±15 ng/g）[11]和江西省南昌市新建县（74.8±13.6 ng/g）[12]。这可能与本研究区的人口密度较大、工业化和城市化进程较快有关。另外，上述报道均为水稻籽粒中 PAHs 含量，在样品前处理过程中均进行了脱壳处理，而本实验中稻谷样品没有经过这一步骤，这也是导致 PAHs 总量相对较高的原因之一。

表 7.13　研究区域稻谷及土壤样品中 PAHs 浓度水平

ng/g

PAHs	植物样品												土壤样品									
	S1	S2	S3	S4	S5	S6	S7	S8	S9	S10	S11	S12	S13	S14	S15	S16	S17	S18	S19	S20	S21	S22
萘	17.44	27.40	22.26	27.07	15.95	15.04	31.45	24.05	25.75	52.25	31.65	34.40	426.45	12.4	30.63	70.07	36.84	37.48	49.80	46.23	42.53	184.24
苊	5.92	5.86	8.79	6.81	4.44	49.01	76.60	4.67	96.68	10.86	10.15	8.94	104.79	<1.00	8.85	<1.00	2.51	2.30	2.72	1.99	8.80	24.84
芴	25.78	33.25	28.41	30.82	27.35	16.19	23.26	16.89	27.89	30.23	31.60	32.14	439.42	2.67	12.35	11.59	11.36	6.52	8.63	8.36	14.06	67.20
菲	66.14	91.97	78.85	88.79	75.07	45.99	77.26	58.36	91.43	138.99	96.93	106.31	3233.02	25.97	153.3	24.32	28.96	51.44	37.19	40.78	57.91	460.89
蒽	1.11	2.10	1.83	3.12	0.65	0.97	1.85	1.36	2.07	2.73	2.07	2.42	385.46	1.55	23.38	1.00	1.03	4.04	1.02	1.07	2.17	41.92
荧蒽	11.82	13.09	21.99	23.90	9.66	4.19	10.16	7.90	13.33	31.65	5.24	5.96	2926.68	39.68	292.84	84.30	40.68	59.27	13.82	26.75	44.05	461.55
芘	5.28	5.64	11.29	14.07	9.65	5.47	1.91	5.54	1.49	20.81	2.27	5.41	3075.19	4.21	388.67	14.54	15.63	29.30	<1.00	<1.00	9.93	584.89
苯并 (a) 蒽	0.59	0.62	1.77	2.77	1.41	0.27	0.86	0.46	1.23	1.34	0.72	3.30	1192.96	31.11	128.02	13.63	31.83	13.99	2.89	4.81	15.60	353.98
䓛	2.04	2.05	6.09	6.28	4.42	2.96	6.02	3.00	13.69	20.57	6.67	1.09	1268.76	10.97	193.92	4.87	11.45	22.67	<1.00	<1.00	8.27	322.19
苯并 (b) 荧蒽	1.10	1.18	2.43	3.73	2.22	1.47	2.99	1.56	4.20	15.69	3.23	3.15	912.66	3.88	143.9	102.14	13.87	25.80	<1.00	<1.00	4.55	465.35
苯并 (k) 荧蒽	0.39	0.52	0.94	1.55	0.72	0.52	0.93	0.54	2.09	10.90	1.50	1.35	469.16	36.53	67.06	11.67	17.50	8.60	<1.00	<1.00	<1.00	120.71
苯并 (a) 芘	0.43	0.63	0.85	2.42	0.75	0.52	0.96	0.51	2.25	5.98	2.49	1.78	1181.68	1.50	151.7	1.31	1.96	12.18	<1.00	<1.00	1.40	255.15
二苯并 (a, h) 蒽	ND	9.13	ND	ND	ND	ND	ND	ND	ND	2.39	ND	ND	100.77	15.05	12.38	7.68	12.88	4.77	<1.00	3.12	13.09	77.45
苯并 (g, h, i) 苝	ND	ND	ND	ND	ND	ND	ND	ND	ND	ND	ND	ND	620.85	<5.00	96.39	<5.00	<5.00	<5.00	<5.00	<5.00	<5.00	204.85
茚并 (1, 2, 3-cd) 芘	ND	ND	ND	ND	ND	ND	ND	ND	ND	ND	ND	ND	653.27	<5.00	63.71	<5.00	<5.00	<5.00	<5.00	<5.00	<5.00	238.13
∑PAHs	138.04	193.45	185.49	211.34	152.28	142.60	234.26	124.85	282.09	344.38	194.54	206.26	16991.12	185.55	1767.10	347.11	226.48	278.36	116.07	133.11	222.36	4103.34

注：ND 表示未检出。

7.5.2.2　稻谷中单体 PAHs 污染特征

所有稻谷样品中均未检出苯并（g，h，i）苝和茚并（1，2，3-cd）芘两种化合物，仅有两个样品中检出二苯并（a，h）蒽，检出率为 16.7%，其余 12 种 PAHs 单体在该区域所有样品中均有不同程度的检出。各单体中菲的含量最高，范围为 45.99~138.99 ng/g；其次为芴（16.19~33.25 ng/g）和荧蒽（5.24~31.65 ng/g）；12 组稻谷样品中强致癌性物质苯并（a）芘含量介于 0.43~5.98 ng/g。分别计算 2 环 PAHs（Nap），3 环 PAHs（Ace、Flu、Phe、Ant），4 环 PAHs（FluA、Pyr、BaA、Chry）和 5 环 PAHs（BbF、BkF、BaP、DahA）占 PAHs 总量的百分比，具体分布见图 7.11。由于 6 环 PAHs 未检出，因此本节不加讨论。可以看出，在所有稻谷样品中 PAHs 以 3 环为主，均在 50%以上，最高可达到 78.65%，其次为 4 环 PAHs（7.64%~22.25%）和 2 环的萘（9.13%~19.26%），5 环 PAHs 所占比例最小。通常可以通过 PAHs 的环数相对丰度来判别其来自热解或石油类污染。高分子量的 PAHs（4 环及以上）主要是由于化石燃料高温燃烧，而低分子量的 PAHs（2~3 环）则来源于石油类污染、化石燃料的不完全燃烧（低温至中等温度）以及天然的地质成岩过程[13]。本研究表明，苏南地区稻谷中 PAHs 的环境来源较为复杂，既有石油源同时也有化石燃料的燃烧源，显示该区域多种产业共同发展的格局。

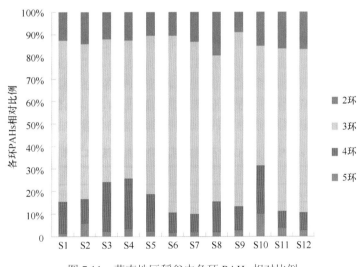

图 7.11　苏南地区稻谷中各环 PAHs 相对比例

7.5.2.3　稻谷中 PAHs 风险评价

由于苏南地区居民大多以大米作为主食，因此研究并评价水稻可食部分及稻谷中污染物风险水平、预测其可能对人类健康带来的潜在威胁具有十分重要的意义。《食品安全国家标准》[14]明确规定了食品中污染物的限量标准，其中稻谷中苯并（a）芘允许的最大含量水平为 5.0 ng/g，对照此标准，本研究除 S10 样点的稻谷超出标准规定值外，其余样点仍处于安全范围内。除了苯并（a）芘外，䓛、苯并（b）荧蒽、苯并（k）荧蒽、苯并（a）蒽、二苯并（a，h）蒽等属于疑似可致癌性 PAHs，这些物质在稻谷中的含量也达到了 4.12~50.89 ng/g。考虑到这些物质会通过饮食输入并在人体内不断蓄积，其对人类健康的长期潜在影响应引起足够的重视。

7.5.2.4　土壤中 PAHs 总量浓度水平及污染特征

研究区域内土壤中 PAHs 各组分的浓度水平列于表 7.13。15 种 PAHs 的总体浓度水平介于 116.07~16991.12 ng/g，平均值为 2437.06 ng/g。就采样点分布而言，PAHs 总浓度最高的点为 S13，其次为 S22 和 S15，其中 S13 位于上海市金山石化园区内，S15 位于启东工业园区内，工业废气及废水的排放对采样点附近土壤中 PAHs 污染具有直接的贡献，S22 位于油田附近，石油的泄露可能是土壤中 PAHs 的主要污染来源；PAHs 总浓度较低点由低到高的采样点依次为：S19、S20、S14、S17、S18 和 S16，这些采样点均位于农田区，受人类活动影响相对较小；最高点土壤中 PAHs 含量是最低点的 146.38 倍。研究区域内 PAHs 的分布明显受到土地利用类型的影响，工业化程度较高、人类活动较为频繁的地区土壤中 PAHs 污染水平较为显著。

就 PAHs 单体而言，萘、芴、菲、蒽、荧蒽、苯并（a）蒽在所有土壤样品中均有检出，如二苯并（a，h）蒽检出率为 90%，苊、芘、䓛、苯并（b）荧蒽、苯并（a）芘检出率为 80%，苯并（k）荧蒽检出率为 70%，苯并（g，h，i）苝和茚并（1，2，3）芘检出率相对较低为 30%。单体 PAHs 浓度含量较高的是菲（24.32~3233.02 ng/g）、芘（ND~3075.19 ng/g）和荧蒽（13.82~2926.68 ng/g），强致癌性物质苯并（a）芘的含量介于 ND~1181.68 ng/g。

7.5.2.5　研究区与其他地区土壤中 PAHs 污染水平比较

目前我国还没有关于 PAHs 方面的土壤质量标准，Maliszewska[15]曾针对美国优先控制 PAHs 含量（Σ_{16}PAHs）制定了土壤有机污染标准：Σ_{16}PAHs<200 ng/g 为未受污染；200 ng/g<Σ_{16}PAHs<600 ng/g 为轻度污染；600 ng/g<Σ_{16}PAHs<1000 ng/g 为中度污染；Σ_{16}PAHs>1000 ng/g 为重度污染。依据此标准，本研究区内 S13、S22 和 S15 点位属于重度污染，其他点位 PAHs 均属于轻度污染水平。农田土壤污染水平远小于工业区及石油泄露区。

其他研究者报道的土壤 PAHs 污染水平见表 7.14。研究区域内农田土壤 PAHs 含量与浙江慈溪比较接近，远低于广州周边、河北省大清河流域和兴化市；上海金山工业区土壤 PAHs 含量与广州周边土壤较为接近。总体而言，长江三角洲土壤处于中等污染水平，部分区域的 PAHs 污染较为严重，也应引起重视。

表 7.14　不同地区土壤中 PAHs 含量对比

土壤利用类型	国家/地区	PAHs 数目	PAHs 浓度范围/（ng/g）	PAHs 浓度平均值/（ng/g）	参考文献
工业区	天津市	16	—	818.2±796.2	[16]
农田	汕头市	16	22~1256	318	[17]
农田	杭州郊区	16	507.21~781.44	675.26	[18]
农田	广州周边	16	42~43 077	—	[19]
农田	福州市	16	100.2~1215.1	522.7	[20]
农田	慈溪市	15	70.4~325.1	189.8	[21]
农田	河北大清河流域	16	54.2~3231.6	405.1	[22]
农田	兴化市	16	673.6~2286.8	1370.3	[23]

7.5.2.6　土壤中 PAHs 生态风险评价

根据 Long 等[24]对水系沉积物中有机污染物的潜在生态风险的分类，对该研究区土壤中 PAHs 的生态风险进行评价，结果如表 7.15 所示，低于 ERL 值说明生物有害几率<10%，极少产生负面生态效应；高于 ERM 值说明生物有害几率高于 50%，负面生态效应较严重；而在 ERL 值和 ERM 值之间则说明负面生态效应一般。本研究区域土壤中绝大多数样品的 PAHs 单体含量及总量低于 ERL 值，其中仅 1~3 个样品的 PAHs 含量在 ERL~EML 之间，具有较轻的生态风险。然而需要注意的是，苯并（b）荧蒽、苯并（k）荧蒽和苯并（g，h，i）苝在所有的样品均有检出，在 Long 等的研究过程中发现，这些化合物的生态风险没有最低的安全值，只要存在就会对生物产生毒害作用，且苯并（a）芘也是一类强致癌的污染物。因此，本研究区域内土壤中 PAHs 具有一定的生态风险。

表 7.15　研究区域土壤中 PAHs 生态风险评价

PAHs	ERL 值/（ng/g）	ERM 值/（ng/g）	<ERL 值的样品个数	在 ERL~ERM 值之间的样品个数	>ERM 值的样品个数
萘	160	2100	8	2	0
苊	16	500	8	2	0
芴	19	540	8	2	0
菲	240	1500	8	2	0
蒽	85.3	1100	9	1	0
荧蒽	600	5100	8	2	0
芘	665	2600	9	1	0
苯并（a）蒽	261	1600	8	2	0
䓛	384	2800	9	1	0
苯并（a）芘	430	1600	9	1	0
苯并（g，h，i）芘	63.4	260	7	3	0
Σ_{16}PAHs	4022	44 792	8	2	0

7.5.2.7　研究区 PAHs 来源识别

环境中 PAHs 来源主要有自然源和人为源。其中自然来源主要包括森林火灾、火山喷发以及微生物的作用过程。人为来源包括各种化石燃料（煤、石油和天然气）以及木材不完全燃烧、石油泄漏、工业"三废"排放、固体废弃物焚烧、汽车尾气等[25-26]。不同污染源产生的 PAHs 的类型和浓度不同，对环境的贡献率也不一样。Baumard 等[27]研究认为，同时对菲/蒽值（Phe/Ant）以及荧蒽/芘值（Fla/Pyr）进行分析，可对沉积物中 PAHs 的来源作出较为准确的判别。热成因 PAHs 的 Phe/Ant<10，而油成因 PAHs 的 Phe/Ant>10。热力学性质上，芘比荧蒽更稳定。Sicre 等[28]建议：Fla/Pyr<1，指示沉积物中 PAHs 主要来源于石油源；Fla/Pyr>1，指示 PAHs 主要来源于燃料的高温燃烧。煤和木材的燃烧，其 Fla/Pyr 值分别为 1.4 和 1。分别计算本研究区各采样点位土壤和植物的 Phe/Ant 值和 Fla/Pyr 值，结果表明仅有 S6 和 S22 点位的 Phe/Ant>10 且 Fla/Pyr<1，显示 PAHs 主要来源于石油源；没有点位显示 PAHs 主要来自燃烧源，研究区域内大部分地区的 PAHs 仍以混合来源为主。S5 点位的 Fla/Pyr=1.0，表明木材燃烧对该点位的 PAHs 有一定贡献。

7.5.3　结论与展望

多环境介质中的 PAHs 类污染物的浓度水平、分布特征、来源判别和风险评价一直是环境地球化学研究的热点。长江三角洲是我国经济比较发达的地区之一，本研究表明，在该区域内一些典型的工业区和农业区，土壤和稻谷中 PAHs 的污染特征、生态风险及其环境来源均应引起重视。PAHs 在苏南地区稻谷和土壤样品中均能普遍检出，稻谷中的浓度水平介于 124.85~344.38 ng/g，土壤中的含量达到116.07~16 991.12 ng/g；大部分地区稻谷质量符合相关食品安全标准，但在部分点位某些 PAHs 单体对人体健康具有潜在威胁；大部分地区土壤质量处于较低的风险水平，但是工业区和油田附近的土壤受污染较为严重；研究区域内 PAHs 以石油源和化石燃烧源混合来源为主。

PAHs 的分布具有明显的地域特征，同时也与当地的土地利用类型及产业结构密切相关，应进一步加强重点污染区域的环境调查，收集更翔实的数据资料，系统性研究 PAHs 在各环境介质中的分布情况及迁移转化规律。

致谢：感谢中国地质调查局地质调查工作项目（1212011120274）对本工作的资助。

参 考 文 献

[1] 葛晓立, 焦杏春, 袁欣, 等. 徐州土壤多环芳烃的环境地球化学迁移特征[J]. 岩矿测试, 2008, 27(6): 409-412.

[2] 周变红, 张承中, 蒋君丽, 等. 西安表土中多环芳烃的污染特征及其来源解析[J]. 环境科学与技术, 2012, 35(8): 97-99.

[3] Kannan K, Johnson-Restrepo B, Yohn S, et al. Spatial and Temporal Distribution of Polycyclic Aromatic Hydrocarbons in Sediments from Michigan Inland Lakes[J]. Environmental Science & Technology, 2005, 39(13): 4700-4706.

[4] 林琳, 郑俊, 杨晓红, 等. 湖州市不同土地利用类型土壤中多环芳烃的分布及来源[J]. 岩矿测试, 2010, 29(6): 683-686.

[5] 刘明阳, 马先锋, 董秋花. 武汉市长江北岸耕地中多环芳烃垂向与纵向分布特征[J]. 环境科学与技术, 2011, 34(7): 83-86.

[6] 曹云者, 柳晓娟, 谢云峰, 等. 我国主要地区表层土壤中多环芳烃组成及含量特征分析[J]. 环境科学学报, 2012, 32(1): 197-203.

[7] 万开, 江明, 杨国义, 等. 珠江三角洲典型城市蔬菜中多环芳烃分布特征[J]. 土壤, 2009, 41(4): 583-587.

[8] Wang Z C, Liu Z F, Yang Y, et al. Distribution of PAHs in Tissues of Wetland Plants and the Surrounding Sediments in the Chongming Wetland, Shanghai, China[J]. Chemosphere, 2012, 89: 221-227.

[9] 吕爱娟, 沈加林, 沈小明. 固相萃取-高效液相色谱法测定地下水中多环芳烃的技术研究[J]. 中国环境监测, 2009, 25(4): 19-22.

[10] 张天彬, 万洪富, 杨国义, 等. 珠江三角洲典型城市农业土壤及蔬菜中的多环芳烃分布[J]. 环境科学学报, 2008, 28(11): 2375-2384.

[11] 焦杏春, 介崇禹, 丁力军, 等. 多环芳烃在水稻植株中的分布[J]. 应用与环境生物学报, 2005, 11(6): 657-659.

[12] 焦杏春, 叶传永, 武振艳, 等. 多环芳烃在水稻籽粒中的分布及其与环境介质含量的关系[J]. 岩矿测试, 2010, 29(4): 331-334.

[13] 胡国成, 郭建阳, 罗孝俊, 等. 白洋淀表层沉积物中多环芳烃的含量、分布、来源及生态风险评价[J]. 环境科学研究, 2009, 22(3): 321-326.

[14] GB 2762—2012, 食品安全国家标准: 食品中污染物限量[S].

[15] Maliszewska K B. Polycyclic Aromatic Hydrocarbons in Agricultural Soils in Poland: Preliminary Proposal for Criteria to Evaluate the Level of Soil Contamination[J]. Applied Geochemistry, 1996, 11: 121-127.

[16] Wang X J, Zheng Y, Liu R M, et al. Medium Scale Spatialstructures of Polycyclic Aromatic Hydrocarbons in the Topsoil of Tianjin Area[J]. Journal of Environmental Science and Health: Part B, 2003, 38: 327-335.

[17] Hao R, Wan H F, Song Y T, et al. Polycyclic Aromatic Hydrocarbons in Agricultural Soils of the Southern Subtropics[J]. China Pedosphere, 2007, 17: 673-680.

[18] 于国光, 张志恒, 叶雪珠, 等. 杭州市郊区表层土壤中的多环芳烃[J]. 生态环境学报, 2009, 18(3): 925-928.

[19] 陈来国, 冉勇, 麦碧娴, 等. 广州周边菜地中多环芳烃的污染现状[J]. 环境化学, 2004, 23(3): 341-344.

[20] 韩志刚, 杨玉盛, 杨红玉, 等. 福州市农业土壤多环芳烃的含量、来源及生态风险[J]. 亚热带资源与环境学报, 2008, 3(2): 34-41.

[21] 李久海, 董元华, 曹志洪, 等. 慈溪市农田表层、亚表层土壤中多环芳烃(PAHs)的分布特征[J]. 环境科学学报, 2007, 27(11): 1909-1914.

[22] 赵健, 周怀东, 陆瑾, 等. 大清河流域表层土壤中多环芳烃的污染特征及来源分析[J]. 环境科学学报, 2009, 29(7): 1452-1458.

[23] 丁爱芳, 潘根兴, 李恋卿. 江苏省部分地区农田表土多环芳烃含量比较及来源分析[J]. 生态与农村环境学报, 2007, 23(2): 71-75.

[24] Long E R, Macdonald D D, Smith S L, et al. Incidence of Adverse Biological Effects within Ranges of Chemical Concentrations in Marine Estuarine Sediments[J]. Environmental Management, 1995, 19: 81-97.

[25] Machado K S, Figueira R C L, Côcco L C, et al. Sedimentary Record of PAHs in the Barigui River and Its Relation to the Socioeconomic Development of Curitiba, Brazil[J]. Science of the Total Environment, 2014, 482-483: 42-52.

[26] 刘明阳, 马先锋, 董秋花. 武汉市长江北岸耕地中多环芳烃垂向与纵向分布特征[J]. 环境科学与技术, 2011, 34(7): 83-86.

[27] Baumard P, Budzinski H, Garrigues P. Plolycyclic Aromatic Hydrocarbons in Sediments and Mussels of the Western Mediterranean Sea[J]. Environmental Toxicology and Chemistry, 1998, 17(5): 765-776.

[28] Sicre M A, Marty J C, Saliot A. Aliphatic and Aromatic Hydrocarbons in Different Sized Aerosols over the Mediterranean Sea: Occurrence and Origin[J]. Atmospheric Environment, 1987, 21: 2247-2259.

7.6 紫金山铜多金属矿中有机质的生物标志物分析技术研究与应用

中国铜矿具有重要经济意义，有开采价值的主要是铜镍硫化物型矿床、斑岩型铜矿床、矽卡岩型铜矿床、火山岩型铜矿床、沉积岩中层状铜矿床、陆相砂岩型铜矿床。在 20 世纪 80 年代以前，研究者对生物在矿床成矿作用重视不够，随着认识的深入，越来越多的研究者开始关注生物、有机质与金属成矿的关系[1-4]。有机成矿作用是指生物衍生产生的有机质在沉积、成岩、成矿过程中对成矿元素发生的作用，包括有机质及各种有机流体对成矿元素的吸附、络合、运移、卸载、聚集等成矿过程。已有研究[5]表明有机质在金属矿床的形成过程中具有重要意义，特别是在铜、铅、锌、金、银、铀等金属元素富集成矿中，有机质是重要的成矿因素。何明勤等[6]研究了大姚铜矿床有机质特征及其与成矿的关系，指出有机质参与成矿作用，且在形成铜矿床的不同作用过程中（包括形成矿源层、成岩成矿作用过程以及改造成矿作用过程）发挥了不同作用，大姚铜矿床的形成是一典型的有机质参与成矿作用的成岩-改造型矿床。

生物标志物也称生物标记化合物、指纹化合物、指纹化石或分子化石，它是由碳、氢和其他元素组成的复杂的有机化合物，其与生物体的母体有机分子的结构差别很小或根本没有差别。生物标志物在石油地质研究中已得到广泛应用，近年来也有许多研究者将生物标志物用于金属矿床的研究，主要解决与矿床成因有关的生物母源、沉积环境、成矿物质来源等方面的问题，其在示踪有机质的来源、成熟度，有机质经历的温度、盐度和氧化还原条件等方面发挥了重要作用。此外，有机质与成矿元素发生作用，必然会在有机分子的分布特征上有所反映。

随着认识的深入，人们发现生物标志物是金属矿床研究中较为有效的方法和手段。朱弟成等[7]从有机地球化学特征、有机质和有机分子与金属元素的关系等方面探讨了有机质在西成矿田泥盆系铅锌矿床中形成过程中的作用，结果显示与矿化有关的岩石（硅质岩和灰岩），主峰碳数均为 nC18，中间支链烷烃、α-蜡烷、胡萝卜烷系列含量比非矿化岩石高，矿床形成于还原环境，矿床中存在来源相同或相似的异源有机质。付修根等[8]对重庆城口高燕锰矿的生物标志物特征及其意义进行了阐述，指出无论是正构烷烃、类异戊二烯烷烃、萜烷还是甾烷特征均反映出该矿床生物母源为菌藻类生物，结合该区区域地质背景，推断高燕锰矿形成于深水、还原、偏碱性的盆地斜坡环境，而在高燕锰矿的形成过程中，无论是在矿质的初始富集阶段还是最终成矿，生物、有机质均发挥了极为重要的作用。李厚民等[9]对滇黔交界地区玄武岩铜矿中有机质的生物标志物特征进行了研究，结果表明该地区玄武岩铜矿中有机质经历了类似的较还原的高盐度环境，可能是高盐度成矿流体及还原的成矿条件的指示。

目前应用于岩石样品中可溶有机物分析可参照的标准方法主要有：岩石中氯仿沥青的测定脂肪抽提器法（SY/T 5118—1995）、岩石中可溶有机物及原油族组分分析（SY/T 5119—2008）和岩石提取物和原油中饱和烃分析气相色谱法（GB/T 18340.5—2010），这些标准方法均采用索氏抽提、薄层色谱或柱色谱分离，气相色谱-火焰离子化法检测饱和烃类生物标志物。气相色谱法应用于分析生物标志物存在一定的缺陷：首先必须通过外标法定性或定量，相关的标准物质缺乏导致生物标志物测定信息不全；其次，不能对同类生物标志物的结构进行分析。近年来随着质谱技术的发展，由于其在灵敏度、特异性、研究方法和通量方面的优势，在生物标志物研究方面有较为广泛的应用前景。目前，关于岩石中生物标志物的分析测试研究相对较少，王海霞和饶竹[10]研究了超临界流萃取/气相色谱-质谱测定油页岩中的生物标志物，其分析结果与经典索氏抽提法的结果和文献报道的结果基本相符。目前，对于铜多金属矿中生物标志物不同提取方法如索氏抽提、超声波辅助萃取、加速溶剂萃取及其提取效率之间的比较仍没有研究。此外对于

本节编写人：沈加林（中国地质调查局南京地质调查中心）；沈小明（中国地质调查局南京地质调查中心）；时磊（中国地质调查局南京地质调查中心）；吕爱娟（中国地质调查局南京地质调查中心）；胡璟珂（中国地质调查局南京地质调查中心）；蔡小虎（中国地质调查局南京地质调查中心）

岩石提取物中饱和烃类组分的分离、提取以及气相色谱-质谱分析条件也可根据不同的实验条件和仪器设备进行参数优化。

　　当前对于紫金山及周边整装勘查区铜多金属矿有机质的生物标志物提取及分析测定相关的研究较少，其用于解释成矿作用的标志物信息仍然欠缺。因此，加强该区域铜多金属矿中的生物标志物分析方法的研究，可进一步为解释其在成矿过程中的作用提供有力的佐证。

7.6.1　研究区地质背景

　　紫金山铜钼矿田位于上杭—云霄北西向深大断裂带与北东向宣和复式背斜南西倾伏端交汇部位、上杭北西向白垩纪陆相火山断陷盆地东缘。矿区主要地质体有：燕山早期酸性复式花岗岩体，呈北东向沿复背斜核部大规模侵入并遭受后期强烈的热液蚀变，是铜矿主要容矿围岩；燕山晚期（早白垩世）中酸性潜火山相英安斑岩、隐爆角砾岩、花岗闪长斑岩，沿紫金山火山通道侵位于燕山早期的复式花岗岩体中，形成长 1.5 km，宽 0.5 km，长轴走向呈北东向的椭圆形复式岩筒，其顶部发育环状隐爆角砾岩带和震碎花岗岩带，两侧沿北西向裂隙带发育英安斑岩脉和热液角砾岩脉群，由它们组成的紫金山火山机构在平面上总体呈"蟹形"，是一个较完整的岩浆-气液活动体系。矿区北东、北西向两组断裂构造十分发育，成矿前的北东、北西向断裂交汇处是岩浆活动的通道，控制着紫金山火山机构、复式斑岩筒的形成；成矿后的北东、北西向断裂导致南东、北东断块的上升，矿体遭受剥蚀。控矿的北西向裂隙成群成带沿紫金山主峰两侧展布，形成长大于 2 km、宽大于 1000 m 的北西向裂隙密集带。英安斑岩、热液角砾岩、含铜硫化物等脉体大多沿该组裂隙分布，并具有一致的产状等特征，表明北西向裂隙是矿床最重要的控岩控矿构造。紫金山铜钼矿田包括了高硫浅成低温热液型铜矿床（紫金山式）以及斑岩型铜钼矿床（罗卜岭式）。

　　铜矿物以蓝辉铜矿、铜蓝、硫砷铜矿为主，脉石矿物主要有石英、明矾石、地开石、绢云母、黄铁矿等。金矿物主要以自然金赋存在石英、褐铁矿之中。铜矿石中 Cu 品位一般为 0.8%~1.3%，单样最高可达42.7%，伴生 Au 的含量为 0.1~0.26 μg/g。铜矿石构造以细脉状、网脉状构造为主，次为细脉浸染状、斑点-斑杂状构造。金矿石构造有胶状、蜂窝状、角砾状等，自然金呈包体金、裂隙金存在于石英、褐铁矿中。

　　矿床内出露的各类岩石均遭受强烈的热液蚀变，原岩除原生石英外，其他造岩矿物几乎完全被蚀变矿物所替代。主要蚀变类型有石英绢云母化、地开石化、石英明矾石化、低温硅化。其中石英明矾石化是本类型矿床的特征蚀变，又是铜矿的近矿蚀变；低温硅化是次生金矿的近矿蚀变。

7.6.2　实验部分

7.6.2.1　仪器设备

　　Finnigan Trace DSQ 气相色谱-质谱仪（美国 Thermo 公司）；ASE300 加速溶剂萃取仪（美国戴安公司），66 mL 萃取池，250 mL 收集瓶；RE-52AA 旋转蒸发仪（上海亚荣生化仪器公司）；索氏提取器，规格 150 mL，磨口圆底烧瓶 250 mL。

7.6.2.2　标准物质和试剂

　　C8~C20 正构烷烃，40 mg/L（美国 Sigma-Aldrich 公司）；C21~C40 正构烷烃，40 mg/L（美国Sigma-Aldrich 公司）；17β（H），21β（H）Hopane（藿烷，美国 Sigma-Aldrich 公司）；Phytane（植烷，美国 Sigma-Aldrich 公司）；5-alpha-Cholestane（胆甾烷，美国 Supelco 公司）；5-α-Androstane（雄甾烷，美国 Supelco 公司）；无水硫酸钠：600℃高温灼烧 6 h，冷却后存于干燥器中；层析硅胶：80~100 目，于140~150℃烘箱中活化 8 h，干燥器中备用；中性氧化铝：100~200 目，于 400~450℃烘箱中活化 4 h，干燥器中备用；铜片：稀酸活化，再依次用蒸馏水和丙酮冲洗后干燥；氯仿、二氯甲烷、正己烷为色谱级。

7.6.2.3 样品提取

索氏提取：将一定量的岩石样品装入索氏纸筒内，接收瓶中加入 200 mL 氯仿作为提取溶剂。水浴加热，回流速度控制在 6~8 次/h，抽提 48 h。

加速溶剂萃取（ASE）：将称取的样品按照 8∶3 的比例加入弗罗里硅土作为分散剂，混匀后加入萃取池中，萃取池的空隙同样用弗罗里硅土填满，以氯仿作为提取溶剂。加速溶剂萃取条件：温度分别选择 90℃、100℃、110℃，压力 10.34 MPa，加热 5 min，静态提取 7 min，60%池体积冲洗，循环次数选择 1 次、2 次、3 次。提取结束后溶剂转移到圆底烧瓶中。

7.6.2.4 样品浓缩和净化

将搜集的提取液过无水硫酸钠后，加入活化的铜片脱硫，直至铜片不再变黑为止。于旋转蒸发仪上将氯仿浓缩至近干后，加入正己烷溶液，再氮吹至小体积后，至层析柱净化。层析柱由下至上依次加入 3 g 硅胶、2 g 氧化铝和 1 g 无水硫酸钠，先用 30 mL 正己烷冲洗柱子，再将浓缩的提取液转入层析柱，分 6 次每次 5 mL 正己烷洗脱柱子，收集洗脱液。将搜集的洗脱液浓缩至 1 mL，待 GC-MS 测定。

7.6.2.5 仪器测定

色谱柱为：DB-5MS 毛细管色谱柱（30 m×0.25 mm× 0.25 μm）。

气相色谱初始条件：进样口温度 280℃，载气为氦气，恒流流量控制，流速 1.0 mL/min。程序升温条件：初始温度 60℃，以 5℃/min 速率升至 290℃保持 25 min。

DSQ 质谱初始条件：离子源电离方式为电子轰击电离源（EI），电子能量为 70 eV，离子源温度 250℃，检测方式为全扫描；质量扫描范围 m/z 50~650；SIM 模式的定量离子（m/z）分别为：正构烷烃 85，甾萜烷烃 217、191；延迟进入质谱时间为 3.0 min。

7.6.3 结果与讨论

7.6.3.1 加速溶剂萃取对岩石样品中氯仿沥青 A 提取条件优化

选择代表性的 3 个岩石样品对 ASE 提取氯仿沥青 A 条件进行优化，考察提取温度和循环次数对提取效率的影响。提取结束后，溶剂转移到圆底烧瓶中，旋转蒸发至小体积，然后转移至恒重的玻璃瓶中，氮吹至干，保存于干燥器中，多次称量直至恒重。所得氯仿沥青 A 含量为萃取物的质量与样品质量的百分比值。

随着温度的升高，样品 1 和样品 2 中氯仿沥青 A 的质量均呈升高的趋势，从 90℃到 110℃样品 1 和样品 2 中氯仿沥青 A 的质量分别增加 0.343%和 0.361%；样品 3 中有机质含量较低，随着温度的升高，氯仿沥青 A 增加幅度相对较小。由于温度较高，低碳数的物质因具有热不稳定性可能会造成损失，在生物标志物相关地化参数判别时会导致结果失真，因此在选择相对适中的 100℃作为提取的最终温度。

在静态提取时间确定为 5 min 的前提下，循环次数是对最终提取结果有着重要影响的参数。在提取温度为 100℃，加热温度 5 min，静态提取温度 5 min，其他条件不变的情况下，考察循环 1~3 次对样品中氯仿沥青 A 提取效率的影响。结果如下：循环 1 次时样品中氯仿沥青 A 的含量普遍偏低，样品 1、样品 2 和样品 3 在循环 1 次时氯仿沥青 A 的含量分别占循环 3 次时的 86.42%、86.51%和 92.89%。循环 2 次和循环 3 次结果较为接近，但循环 3 次的值仍为最高。循环次数越多，提取溶剂与样品接触的时间越长，根据相似相溶原理，样品中的有机质会更充分地从基体中溶出，但如果提取效率达到饱和时，再增加循环次数会导致溶剂的消耗量增加，提取时间延长。因此，综合考虑最终的循环次数为3次。

综上，最终确定的ASE提取条件为：提取温度100℃，压力10.34 MPa，加热5 min，静态提取5 min，60%池体积冲洗，循环3次。

7.6.3.2 加速溶剂萃取与索氏提取对氯仿沥青A提取效率比较

索氏提取氯仿沥青A的方法参照SY/T 5118—1995标准，具体流程如下：称取一定量的样品加入用于索氏抽提的滤纸筒中，纸筒高度应低于虹吸管高度，在圆底烧瓶中加入150 mL氯仿，同时加入活化的铜片脱硫。于水浴中加热，回流速度控制在6~8次/h，提取时间为48 h。提取后的溶液经旋转至小体积，然后转移至恒重的玻璃瓶中，氮吹至干，保存于干燥器中，多次称量直至恒重。所得氯仿沥青A的含量为萃取物的质量与样品质量的百分比值。

将确立的ASE条件与索氏提取进行比较可以看出：优化后的ASE与索氏提取对样品中氯仿沥青A的提取效率比较接近。考虑到ASE方法的优越性以及在批量样品处理中的效率问题，本研究选择ASE作为最终的提取方法。

7.6.3.3 气相色谱条件的优化和设定

初始温度为60℃，其他升温程序不变时，除C8外其余均能出峰。初始温度过高时，会对低碳数的正构烷烃物质造成损失；当初始温度设定为40℃时，能够检测出C8物质，且低碳数的正构烷烃响应均比60℃时有所提高。优化后的C8~C20的SIM谱图见图7.12。

初始温度对C21~C40等高碳数的正构烷烃的出峰影响不大。随着碳数的增大，化合物的沸点越高，其在色谱柱中的滞留时间越长。由于检测器温度及程序升温最后的温度设定较低，高碳数的正构烷烃的色谱-质谱响应较低，从而影响了化合物的定量和定性分析。因此，对气相色谱初始条件进行优化，进样口温度由原先的280℃提高到300℃，程序升温最终温度由290℃提高为310℃，保留时间由20 min增加到25 min。优化后的C21~C40的SIM谱图见图7.13。

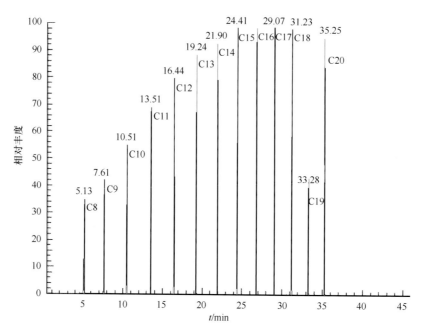

图7.12 优化后的C8~C20的SIM谱图

　　由于 C21~C40 标准系列的溶剂介质为甲苯，其出峰时间在 10 min 之前，而 C8 和 C9 的保留时间分别为 5.13 min 和 7.61 min，如果将两个标准系列混合进样，C8 和 C9 两种物质会被溶剂峰所掩盖。因此本研究用同一色谱-质谱条件对两种标准系列分别进行分析，不会影响实际样品中 C21~C40 正构烷烃的定性和定量分析结果。用相同色谱条件，采用 SIM 模式对几种甾、萜烷烃标准物质进行分析，均能够检测到目标化合物。

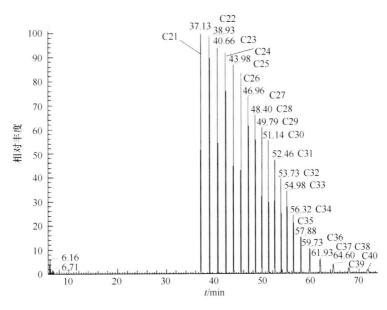

图 7.13　优化后的 C21~C40 的 SIM 谱图

　　最终确立的气相色谱初始条件为：进样口温度 300℃，载气为氦气，恒流流量控制，流速为 1.0 mL/min。程序升温条件：初始温度 40℃，以 5℃/min 速率升至 310℃保持 25 min。DSQ 质谱初始条件：离子源电离方式为电子轰击电离源（EI），电子能量为 70 eV，离子源温度 250℃，检测方式为全扫描，质量扫描范围 m/z 50~650；SIM 模式的定量离子（m/z）分别为：正构烷烃 85，甾烷 217，萜烷 191；延迟进入质谱时间为 3.0 min。

　　运用该方法对所得到的正构烷烃及甾烷、萜烷的保留时间进行总结，见表 7.16。

表 7.16　正构烷烃、甾烷、萜烷的保留时间　　　　　　　　　　　　　　　　min

目标化合物	保留时间	目标化合物	保留时间
C8	5.13	C25	43.98
C9	7.61	C26	45.40
C10	10.51	C27	46.96
C11	13.51	C28	48.40
C12	16.44	5-α-胆甾烷	49.15
C13	19.24	C29	49.79
C14	21.90	C30	51.14
C15	24.41	C31	52.46
C16	26.74	C32	53.73
C17	29.07	17β（H），21β（H）藿烷	54.77
C18	31.23	C33	54.98
植烷	31.54	C34	56.32
C19	33.28	C35	57.88
C20	35.25	C36	59.73
5-α-雄甾烷	35.65	C37	61.93
C21	37.13	C38	64.60
C22	38.98	C39	67.91
C23	40.66	C40	71.73
C24	42.33		

7.6.4　实际样品中生物标志物分析

　　将本研究建立的氯仿沥青 A 提取方法应用于紫金山铜多金属矿岩石样品的生物标志物分析中，所得的部分典型样品的谱图见图 7.14。Y1、Y8、Y12 样品分别采集于研究区域内的 ZK2420 点，其野外定名分别为：褐铁矿化地开石复成分隐爆角砾岩、褐铁矿化地开石硅化英安质隐爆角砾岩、蓝辉铜矿化弱明矾石化地开石硅化英安玢岩。样品中均能检测到正构烷烃的含量，而植烷、5-α-雄甾烷、5-α-胆甾烷、17β（H），21β（H）藿烷等均未检出。正构烷烃的碳数分布主要在 C14~C27，主峰碳为 C15、C16、C17、C18 和 C19，具低碳优势，显示轻烃组分占绝对优势。Gize 和 Barnes[11]研究认为，有机质抽提物中低碳分子组成的正构烷烃（C15~C19）的相对增加是发生矿化作用的重要标准，至于生物标志物在紫金山铜多金属矿中的作用，仍需进一步研究。

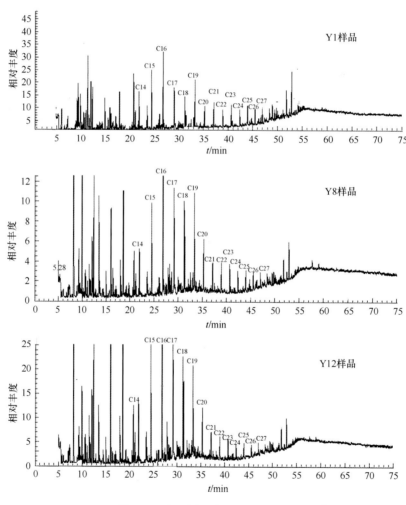

图 7.14　部分样品生物标志物谱图

7.6.5　结论与展望

　　建立岩石中生物标志物高效的提取和测定方法，是研究生物标志物重要的技术基础，其组成和分布特征可为金属矿床研究提供重要的信息。本项目以紫金山铜多金属矿石为研究对象，建立了加速溶剂萃取-气相色谱-质谱测定岩石中的生物标志物的提取和测定方法，并与传统索氏提取进行比较，结果表明优化后的加速溶剂萃取对氯仿沥青 A 的提取效率与索氏提取比较接近，因加速溶剂萃取方法具有快速、高效、溶剂耗量少等优越性，其在批量岩石样品处理中具有明显的优势。将所建立的方法应用于研究区域内实际样品的分析，样品中均能检测到正构烷烃，其碳数分布在 C16~C32，主峰碳为 C17 和 C18，具低碳优势，揭示了轻烃组分占绝对优势。该方法完全适应研究区域内铜多金属矿生物标志物的分析要求，下一步需加强生物标志物在紫金山铜多金属矿成矿过程中的作用研究。

致谢： 感谢中国地质调查局地质调查工作项目（12120113014800）对本工作的资助。

参 考 文 献

[1] Eileen S H, Jeffrey L M. Relationship between Otganic Matter and Copper Mineralization in the Ptoterozoic Nonesuch Formation, Notthern Michigan[J]. Ore Geology Reviews, 1996, 11: 71-88.

[2] Jeffrey L M, Hieshima G B. Organic Matter and Copper Mineralization at White Pine, Michigan, U.S.A[J]. Chemical Geology, 1992, 99: 189-211.

[3] Puttmann W, Hagemann H W, Merz C, et al. Influence of Organic Material on Mineralization Processes in the Permian Kupferschiefer Formation, Poland[J]. Organic Geochemistry, 1988, 13: 357-363.

[4] Sun Y Z, Puttmann W. The Role of Organic Matter during Copper Enrichment in Kupferschiefer from the Sangerhausen Basin, Germany[J]. Organic Geochemistry, 2000, 31: 1143-1161.

[5] 王恩德, 关广岳. 金矿床的有机地球化学研究——腐殖酸对金银迁移沉淀的作用[J]. 地球化学, 1993(1): 55-60.

[6] 何明勤, 冉崇英. 大姚铜矿床有机质特征及其与成矿的关系[J]. 石油与天然气地质, 1991, 12(2): 195-206.

[7] 朱弟成, 朱利东, 林丽, 等. 西成矿田泥盆系铅锌矿床中的有机成矿作用[J]. 地球科学——中国地质大学学报, 2003, 28(2): 201-208.

[8] 付修根, 朱利东, 熊永柱, 等. 重庆城口高燕锰矿的生物标志物特征及意义[J]. 沉积学报, 2004, 22(4): 614-620.

[9] 李厚民, 毛景文, 张长青, 等. 滇黔交界地区玄武岩铜矿中有机质的生物标志物特征及其地质意义[J]. 地质论评, 2005, 51(5): 539-549.

[10] 王海霞, 饶竹. 超临界萃取/气相色谱-质谱测定油页岩中的生物标志物[J]. 岩矿测试, 2000, 19(2): 86-92.

[11] Gize A, Barnes H L.The Organic Geochemistry of Two Mississippi Valley-type Lead-Zinc Deposits[J].Economic Geology, 1987, 82: 457-470.